U0251330

王钊
论文选集

《王钊论文选集》编辑工作组 编

中国水利水电出版社
www.waterpub.com.cn
·北京·

内 容 提 要

王钊教授一生主要从事土工合成材料应用原理、非饱和土的工程特性和岩土工程数值分析等方面的教学和科研工作。论文选集汇集了王钊教授的110余篇论文，按土工合成材料、非饱和土、地基处理、岩土工程数值分析、道路工程五个主要领域进行了全面梳理，反映了王钊教授在岩土科技工作方面的主要成就。

论文选集的部分论文曾公开发表在国内或国外期刊上，部分论文是尚未公开发表的内部论文或专业会议的会议论文，本论文选集皆全文收录，可参考价值高，可供从事土力学及岩土工程研究的技术人员及高等院校师生阅读。

图书在版编目（CIP）数据

王钊论文选集 / 《王钊论文选集》编辑工作组编
. -- 北京 : 中国水利水电出版社, 2018.10
ISBN 978-7-5170-6992-8

Ⅰ. ①王… Ⅱ. ①王… Ⅲ. ①土工学－文集 Ⅳ.
①TU4-53

中国版本图书馆CIP数据核字(2018)第228898号

书　　名　王钊论文选集
　　　　　WANG ZHAO LUNWEN XUANJI
作　　者　《王钊论文选集》编辑工作组　编
出版发行　中国水利水电出版社
　　　　　(北京市海淀区玉渊潭南路1号D座　100038)
　　　　　网址: www.waterpub.com.cn
　　　　　E-mail: sales@waterpub.com.cn
　　　　　电话: (010) 68367658 (营销中心)
经　　售　北京科水图书销售中心 (零售)
　　　　　电话: (010) 88383994、63202643、68545874
　　　　　全国各地新华书店和相关出版物销售网点

排　　版　中国水利水电出版社微机排版中心
印　　刷　北京印匠彩色印刷有限公司
规　　格　184mm×260mm　16开本　49印张　1162千字　8插页
版　　次　2018年10月第1版　2018年10月第1次印刷
印　　数　001—500册
定　　价　280.00元

王钊，男，1945.4.6—2008.1.12，江苏扬州人。1968 年毕业于清华大学水利系，同年至 1979 年在湖北省五峰县水利局从事小水电的开发建设，1979—1981 年在原武汉水利电力学院（今武汉大学）学习，1981 年获固体力学专业硕士学位并留校任教，从事教学和科研工作，1988 年获岩土工程专业博士学位，1992—1993 年作为高级访问学者赴英国进行合作研究，1994 年和 1997 年分别被聘为武汉水利电力大学教授和博士生导师，1998—2003 年为清华大学双聘教授。1994 年被评为电力工业部优秀教师，2000 年被评为中国力学学会优秀力学教师，2004 年被评为湖北省优秀研究生教师。

王钊教授的社会任职包括：中国土工合成材料工程协会常务理事，国际土工合成材料学会中国委员会副秘书长；地基处理委员会委员、《岩土工程学报》、《岩土力学》、《岩石力学与工程学报》编委等。曾应邀出访牛津大学、东京大学、加利福尼亚州立大学、哥伦比亚大学和香港科技大学等，并做学术报告。

王钊教授一生主要从事土工合成材料应用原理、非饱和土的工程特性和岩土工程数值分析等方面的教学和科研工作，先后主持四项国家自然科学基金项目、两项教育部博士点基金项目、两项水利部科技项目、两项交通部西部交通建设科技项目和其他应用研究项目，其内容主要是关于膨胀土渠道滑坡防护与整治、非饱和土坡变形失稳机理及其护坡技术、土工合成材料加筋沥青路面防止反射裂缝的理论与技术、土工织物淤堵机理及防淤堵滤层研发、电渗理论与电动土工合成材料研制、地基处理、三峡工程二期围堰防渗墙（高 90m）应力应变有限元分析、万家寨引黄入晋工程隧洞稳定有限元分析等。主编本科生教材《基础工程原理》、研究生教材《土工合成材料》及专著《国外土工合成材料的应用研究》等 12 本，发表论文 200 余篇，获省部级奖 11 项。

在全球最为古老的十所大学之一英国格拉斯哥大学访学

在工业革命之父詹姆斯·瓦特塑像前

伦敦塔桥边

在美国访问

在日本访问

在香港科技大学访问

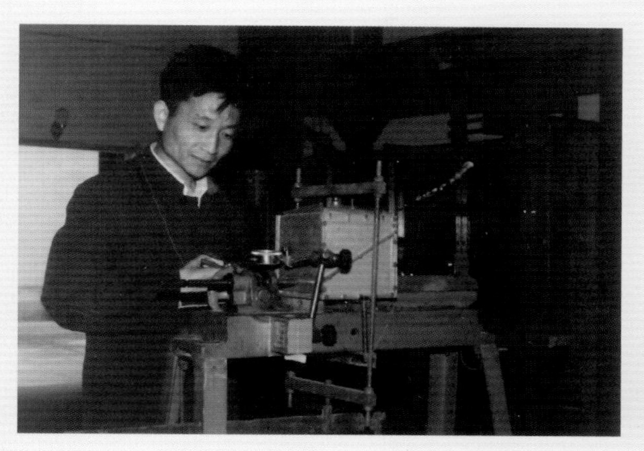

在自制直剪试验装置前

在实验室工作

与殷宗泽、李广信、陈正汉等学者们一起

与 D.G.Fredlund 和包承刚等学者交流

孝感螺旋锚现场试验

工地观察

山西运三高速 41 米高路堤强夯试验段

与 R.M.Koerner 和 Dov Leshchinsky 交流合影

博导风采

与陆士强导师合影

在广东肇庆七星岩

贵州黄果树瀑布边

风景照

研究生答辩后在家中合影

在清华指导的研究生毕业合影

和学生一起迎新年

和深圳弟子合影

带研究生在捷高公司实习参观

与硕博研究生毕业合影

与学生出游

《王钊论文选集》编辑工作组

序 言

这里汇集了王钊教授的110余篇论文，反映了他在岩土科技工作方面的主要成就。读到这些文章，似乎又见到他那谦和儒雅的面容、谆谆教诲学生的情景以及他在工地指导、观察与测试的忙碌身影，也蓦然想起这位同学与老友已经驾鹤西游10年了。

王钊教授和我于上个世纪60年代都在清华大学水利系求学，“文革”后他和我分别攻读了固体力学专业和岩土工程专业的硕士学位，其后又都攻读了岩土工程专业的博士学位，以后很长时间还都主要从事土工合成材料等方面的研究工作。在上世纪90年代后期，清华大学师资紧缺，甚至本科教学都难以为继。当时我的压力很大，与他商量是否考虑到母校任教。他很愿意调到清华大学。但是这期间由于种种手续和人事关系难以解决，他只好以清华大学双聘教授的身份为本科生授课，招收和指导研究生，参编《高等土力学》教材等。在我们最困难的时候，他不辞辛劳地为母校做出了自己的贡献，给予我们极大的帮助和支持，也给学生和年轻教师留下了深刻的印象。

王钊教授是那种现在已不多见的“老式”的教授，不善于拉关系、跑项目、弄经费。但他认真地用有限的经费进行一些很有意义的研究工作，比如加筋地基的设计问题、土工格栅的蠕变问题、电动土工合成材料和螺旋锚的试制与应用，以及岩土工程其它方面的一些实用性的课题，培养出了一批优秀的、高水平的博士和硕士，其中有的学生是仅靠国家发放的很少的研究生培养经费培养出来的。相比于有的教授使用研究生为自己打工赚钱，或只为自己攫取成果与资本，他这种以培养人才为目的的做法体现了中国知识分子传统的优良美德。后来他的几位博士毕业生来清华大学与我们合作进行博士后研究工作，我们都感到他培养的博士都勤恳刻苦，专业知识扎实，独立工作能力强，善于与团队合作，可以在他们身上找到王老师的风格。

可以说王钊老师是我国唯一始终在土工合成材料方面进行科研工作的教授，他在这个领域的研究课题宽广，内容丰富，水平很高。1988年他的博士毕业论文就是研究土工合成材料的加筋土坡问题。在随后的20年中，他从事土工合成材料加筋、防渗排水、调整变形、土质加固等广泛的研究工作。他所培养的研究生的研究课题几乎囊括了与土工合成材料有关的所有方面，其研究生的论文两次获得国际土工合成材料学会（IGS）奖励。在土工合成材料领域的国际学术交流方面，他也做出了极大的贡献。他于2000年到美国进行了两个月的学术访问，走访了许多学者和学术机构，收集到大量的珍贵的资料，出版了《国外土工合成材料应用研究》一书，是国内本领域的一本十分重要的文献。在由 Hoe I. Ling 等编写的“Reinforced Soil Engineering”一书中，纳入了我们共同撰写的“中国加筋土挡土结构的最新发展”（Recent Experiences of Reinforced Soil Retaining Structures in China），将我国关于加筋土的研究和工程实践的进展向国外做了介绍。他也是最早在高校将土工合成材料作为一门选修课程讲授的教授之一，并且早在 1994 年就与陆士强等教授编写了教材《土工合成材料原理》。他是中国土工合成材料工程协会最早的领导成员之一，在协会和 IGS 中国分会中做了大量的组织工作、学术工作和协调工作。他的英年早逝对我国土工合成材料事业的损失是很大的，使我们痛失了一位勤恳、睿智的学者，协会也失去了一位杰出的领导成员。

人们公认太沙基（Terzaghi）是土力学学科的奠基人。其实太沙基本人是亲历亲为地解决许多工程问题的工程师，他在解决实际问题时，更倾向于实用的路线与方法，并不去追求理论的深奥与严密。他发展的理论、概念与方法最终都是服务于工程应用的。从这里收录的王钊教授的论文可以看出，他的研究工作都是密切结合工程应用的，涉及土工合成材料、非饱和土、数值分析、地基处理与道路工程等，都有着深厚的工程背景，追求的是研究工作的实用性。记得在他患病期间，感觉稍好时还出差到外地的现场进行指导，这是岩土工程学者应有的作风。

这本书是由王钊教授的弟子们集资，特别是蒋刚、邹维列、张彬、张玉成等不辞辛苦收集与编撰而成。这些论文仍有着重要的实用和参考价值。这些弟子们怀念着导师在自己求学之路上的指导与关爱，努力继承发扬他的学识和作风，在这个领域里开拓与扩展。作为一名诲人不倦的老师，如王钊教授有知，是应当感到十分慰藉的。

李广信

2018 年 4 月于清华园

编者言

敬爱的王钊老师离开我们已经有十年了，但他那温文尔雅、慈祥宽厚的容颜却永远地留在了我们的脑海里，一刻也未曾离去。

王老师一生主要从事土工合成材料、非饱和土与特殊土（主要是膨胀土、黄土等）的工程性质、地基处理、岩土数值计算等方面的研究，先后培养了六十多名硕士和博士。王老师对我们的指导总是细致入微，从论文的选题、试验、分析、计算到论文的撰写，每一个环节他都言传身教，浸透了他的心血，让我们如沐春风，醍醐灌顶。

王老师不仅是引导我进入土力学殿堂的启蒙恩师，而且在其门下求学期间，他的一言一行，耳濡目染，使我受益良多，深深地烙上了他的印记，一生受用。在90年代初期，王老师让我开展非饱和土方向的研究，受当时文献资料收集途径所限，图书馆很难及时查阅到最新的非饱和土研究资料，常常感到无从下手。王老师就把自己参加国际学术会议期间所收集的论文资料以及原版的D. G. Fredlund和H. Rahardjo教授合著的《Soil Mechanics for Unsaturated Soils》专著给我，要求仔细阅读，了解最新研究动态，至今想起来仍然记忆犹新。2007年得知王老师病重，我和安骏勇到医院探望，他在病床上仍欣慰地谈及不时在期刊上看到学生们的文章，对学生们鼓励有加。当时望着老师日渐消瘦的面庞，我心里难过至极，也感恩于老师对学生们一点一滴进步的默默关注。

王老师一生与人为善、宽容待人，潜心治学、淡泊名利。他的为人为师风格，也潜移默化地影响了我们这些学生的为人处世风格，这也是学生们所继承的一笔宝贵财富。至今同门师兄弟们聚在一起，谈论当年在王老师门下受教的一点一滴，无不为老师渊博的学识、一丝不苟的治学态度、严谨求实的敬业精神和细致入微的科研作风而感慨，也无不感激老师当年对我们的锤炼和严谨要求。

在王老师离开我们十年之际，我们商议将老师病中整理的论文集汇编出版，得到了所有同门师兄弟的积极响应，以此表达对老师的纪念，感念老师对我们的指导与关爱。

谨以文集的出版作为对老师最深的怀念！

蒋刚　南京工业大学
2018年8月

难忘　感恩　纪念

恩师已离开十余载，每每午夜梦回，回想梦中老师的音容笑貌，仍然是儒雅、敦厚、慈祥、软声细语，让人不知不觉产生敬重、亲近的感觉，许是心底里一直都在的期盼，每次梦中的恩师都是康健如初或者病痊愈了，特别开心。梦醒后长时间处在回想的状态，总想再多一点抓住梦中的场景、恩师的笑容……忍不住的一次又一次的感慨：要是恩师仍健在该有多好啊！

犹记得第一次电话联系恩师的时候，心中忐忑，不知恩师是否会收我这个学生，网上查阅有关恩师的个人信息：学术带头人、学术影响大、科研成果丰厚、岩土界赫赫有名的教授与博导……我丝毫没有任何底气：没有特长、成绩又不突出，我可以吗？王老师会收我当学生吗？惴惴不安中我拨通了电话，老师慈祥的声音与温和亲切的话语，打消了我的一切顾虑，我心释然，然后是狂喜，那一刻的感觉至今让我印象深刻。

从师于恩师后，敬重于恩师学术研究与工作上的严谨，以及与人为善、勤俭节约、隐忍并处处为他人考虑的人格魅力，我常常想，上天是何等的眷顾我，在我一生重要的年华里，让我遇到这样一位仁慈、美好，在学习、工作、为人、生活方面使我受益一生的恩师！

犹记得第一篇小论文被恩师修改后的惊叹，连标点符号的错误都没有被忽略！除了页面上密密麻麻细致的修改，页面空白处是对论文总体的修改意见，最后一句是鼓励的话，肯定了论文的工作。此后，一直到我的博士论文出炉（那时候尽管恩师已卧床难起，仍然时时惦念、指导与鼓励），五年里我的成长无不浸润着恩师的心血与希望，也因此从恩师那里，我学到了做事严谨的态度和坚韧努力的性格。

还记得第一次看见恩师从兜里掏钱的情景（给学生购买资料），先是一方手帕，打开后是一个折叠的精盐袋，可以看到里面整整齐齐的百元钞票；也记得在恩师家蹭饭时见到的洗手间内挂着的那一件补丁叠着补丁的旧 T 恤；还记得我们众多的研究生每个月从恩师那里领生活补贴，从入学至毕业，从未间断过，甚至恩师躺在病床上身形消瘦、疼痛使他夜不能寐、治疗需要大笔的费用，他仍然惦记着让家人把研究生的生活费交于我转发给大家，那一刻，我手里握着钱，泪如雨下！恩师对自己小气到吝啬，对我们学生以及同事甚至别人都慷慨大方，让我看到了为人严于律己、宽以待人的品德。恩师虽然生活俭朴，但对待工作一丝不苟，课堂上、讲座时、办公室里等公开正式的场合，恩师从来都是身着正装，整洁、合体、大方，我知道这是恩师对职业、对工作的尊重，对同事和学生的尊重，对别人的尊重。

仍记得时不时去恩师家蹭饭吃。每当此时，师母都会做一桌子好吃的，然后让我们先吃，待我们狼吞虎咽吃完后，她才吃一点。还记得一次晚饭，因恩师牙口不好尽量吃软食，师母特意蒸了水蛋，却被不明真相的我给吃掉，事后被师妹揭穿真相，恩师和师母哈哈大笑，还记得当时欢乐的场景。路上偶遇师母，都要被拉回家里，装上一罐美味的排骨藕汤带回去吃，现在回想，都觉得那是我吃到的最美味的排骨藕汤，足够我此生回味。春节每逢不回家过年时，必然要去恩师和师母家团聚，去了就是恩师和师母的孩子，好吃好喝后，还要带回去一些，师母还要给压岁钱。读书时我已年近而立，这一生中收到的最后几次压岁钱都是来源于恩师和师母，我也早已把他们视作如父母般的长辈，从他们那里我以孩子的身份获得了太多的温暖和幸福。

记得每年元旦前后老师举办的团年饭，美食招待，还有师门兄弟姐妹们的交流，恩师的话仍在耳边：我们每年的团年饭，除了犒劳大家这一年学习工作的辛苦，还有一层意思：不管过去这一年过得如何，收获也好，遗憾也罢，都已成为过去，新的一年又是新的开始！我知道这是恩师为大家举办的一种勉励仪式。

节假日不忙时，恩师也会出资带我们一起游玩，帮助我们减压。恩师和我们一起坐车、一起爬山、一起游戏……这时的恩师和师母变成了孩童，欢声笑语现在仍时时回想在脑海中……后来，恩师病了，是带着学生在外地做现场试验时病倒了，却仍然坚持希望继续完成工作，即使病床上被病痛折磨得疼痛难忍，惦念的仍然是工作、科研、教学、学生……每次去医院，殷殷叮嘱的都是这些，多次术后已经很虚弱了，再去探望，仍然惦念着我的毕业答辩和工作，我是忍着眼中的泪水离开医院的。我曾经千万次地祷告，也无数遍地告诉自己，恩师会好起来的，会康健如初的……

最终这种期盼还是变成了遗憾。听到噩耗的时候，一瞬间泪流满面，和师妹一起即刻启程送恩师最后一程。一路火车站着回到武汉，因为心中的悲痛早已忽略了行程中所有的累。到达后给恩师上了香并祭拜，这一天感觉自己的眼泪就没有停止过，往事一桩桩一幕幕都近在眼前，我在心底告诉自己，恩师虽然今天离开了，我以后会一直把他留在心中。恩师一生坎坷，年轻时上山下乡没少受罪，尽管以后也曾经有过不如意，但从未听他老人家抱怨或提起，这是恩师的品行，他一生都在践行——与人为善、宽容待人……

如今我也为人师，当谨记师恩，以恩师为榜样，诲人不倦！

谨以此文纪念恩师！

胡海英　华南农业大学
2018年9月15日

我与先生点滴一二

2007年11月，我与师弟张彬参加第十届中国土木工程学会土力学及岩土工程学术会议期间得知王老师生病住院，心中无限惦念，会后答谢宴会期间，看着其他老师精神矍铄，后面学生恭敬相随，络绎不绝，想起先生身染重病，不禁伤情，眼泪在酒精诱染后扑簌而下。会后我转道武汉去看望恩师。

当时王老师住在武大中南医院，师母在病房陪护。一见到王老师，心中已经被深深刺痛，为他的身体，因为我眼中的老师从来不是这样的，现在他太瘦了，一定程度几乎难以让人相信这是昔日的老师。七年前，他带我去宜昌参加第五届全国土工合成材料学术会议，他做主题报告，那时风姿翩翩，隽秀绝伦，会下各方晚辈向他请教，也有跟我一起交流的其他院校学生提起老师的加筋土坡稳定计算方法如数家珍，说到他刚做的关于高压测试土工膜渗透试验报告如沐春风，我也深深感受到作为老师的学生的荣光。老师这次的病太突然了，而且是这样让人没有心理准备，因为2003年我毕业后在北京其后的几年也会陆续见到老师，他忙碌着但很愉快，有一次见我们说，刚回去清华，只为能在母校转一圈，广场边坐一坐就很满足。他事先没有联系我们，也没有打扰借住他房子的介玉新老师，他就是这样一位怕给别人增添麻烦、心中充满感恩的人。想不到这次病魔如此猖狂，深深打击了老师。

当时我把近期情况向他作了汇报，他也跟我聊了一些师弟师妹工作落实结果。说起老师的病，他说，是这几年太拼了。是的，老师大学毕业时赶上文革，下放地方五峰水电站设计施工，后来到武大读研究生、工作、读博士，他是想把失去的时间追回来而拼命的，他做任何事都是那么认真尽责、一丝不苟，试验方案他成竹在胸、亲手画图，工地试验、仪器安放，他亲力亲为，与学生一样睡硬板床，过节回家时买不到卧铺票，靠着强健体魄他也能坐一路站半途，一切都是为了工作。如今真的是有心无力了，他对学生那么爱惜，对工作那么不舍，对家人那么珍惜。当时他还给我安排了一项任务，让我联系在中科院武汉岩土所工作的安骏勇师兄，第二天带当时在读的所有师弟师妹去参观岩土所。工作比天大，学生比自己的身体重要，这就是老师当时的胸怀，他的识见。

第二天有安师兄的热情接待和安排，我和师弟师妹圆满完成了老师交付的任务。而这也成了老师跟我最后的场景，再见老师时已经是第二年告别先生了。

王老师，您安息吧，学生永远怀念您，您的高风亮节永远是我前行的指航灯。

七绝纪念先生两首

那年青春年少狂，巨擘指点出峡江。
春蚕犹有丝尽时，先生遗风映朝阳。

十年不觉梦一场，弟兄个个成栋梁。
忆及恩师心有愧，唯有踏石著文章。

王俊奇　华北电力大学

2018年9月22日

目录
CONTENTS

第一部分　土工合成材料

第二部分 非 饱 和 土

第三部分　地　基　处　理

第四部分　岩土工程数值分析

第五部分　道　路　工　程

第一部分

土 工 合 成 材 料

土工织物加筋陡坡的设计和模型试验

王　钊

（农田水利工程系）

摘　要：本文用弹性理论预测陡坡极限平衡所需加筋力和潜在滑动面的位置，并和土工织物加筋堤模型试验的结果相比较。提交的公式和图表可应用于工程设计。

关键词：极限平衡；加筋；土工织物

1　前言

土工织物加筋土挡土墙和土堤的内部稳定的设计方法可以分为两大类：一是极限平衡法，二是有限元法。在极限平衡法中，当材料处于极限平衡时，应力分量满足平衡微分方程，同时，剪切面上的剪应力达到剪切强度 τ_f。

$$\tau_f = c + \sigma \mathrm{tg}\phi \tag{1}$$

式中，c——凝聚力，ϕ——土的内摩角，σ——作用在剪切面上的法向应力。在有限元法中，运用目前较成功的关于土的特性的本构模型，再补充描述加筋材料及其与土相互作用特性的模型[1]。有限元法可以得到应力和位移分布的信息，但决定参数的试验和计算过于复杂，且不能给出安全系数的指标，所以大多数研究者倾向于极限平衡法[2]。

用极限平衡法分析加筋土挡土墙时，假设加筋材料承担作用在墙面上的主动土压力，滑动面近似为通过墙趾的库仑破坏面[3]，而在加筋土斜坡的极限平衡法中，首先试算出没有加筋时滑动圆弧或折线的位置，并基于这个滑动面确定达到一定安全系数所需要的加筋力及加筋材料的长度[4]。比较对挡土墙和斜坡的分析，可见前者考虑了加筋力对滑动面的影响，而后者不计加筋力作用下滑动面位置的变化，这是不完善的，且斜坡滑动面的试算缺乏理论的预测，工作量大。

本文提出的极限平衡法，将挡土墙和斜坡统一于坡角为 β 的陡坡（$\phi < \beta \leqslant \pi/2$），考虑加筋力时滑动面的影响，并用弹性理论预测潜在滑动面的位置及加筋力的大小。研究范围限于建在硬基上的无粘性土坡（$c=0$），并假设孔隙水压力为零。为使该法能应用于工程设计，总结了简明的公式和图表。

2　加筋陡坡的设计

2.1　陡坡稳定所需加筋力

图 1（a）所示陡坡坡角为 β，$\phi < \beta \leqslant \pi/2$ 众所周知，无粘性土坡稳定的要求是 $\beta \leqslant \phi$。

本文发表于 1988 年第 5 期《武汉水利电力学院学报》。

设想在陡坡上复盖一层同样材料的斜坡，使坡角等于 ϕ，这时原陡坡将是稳定的。如加筋材料水平布置，则复盖部分对陡坡坡面的水平作用力即为陡坡稳定所需的加筋力。运用弹性理论对楔形体的分析可以求得复盖部分作用在陡坡上的水平力。

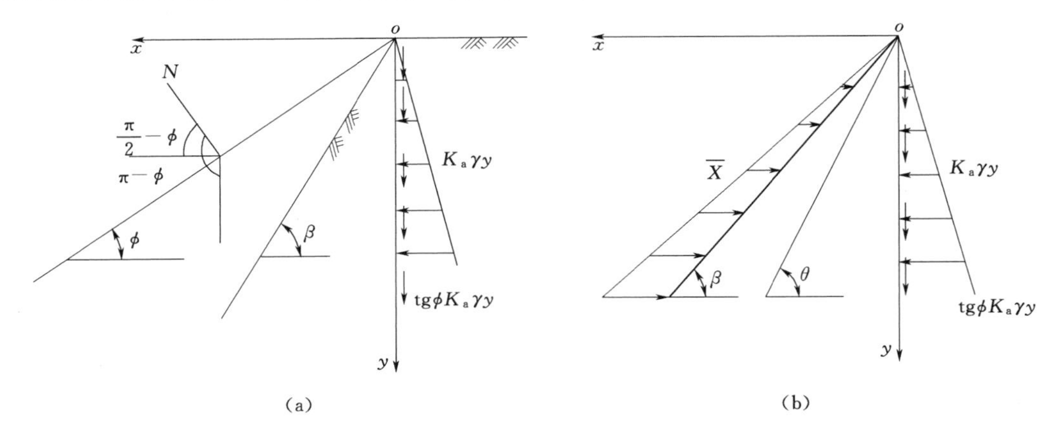

图 1

设有一斜坡坡角为内摩擦角 ϕ，下端和右端为无限长，材料的容重为 γ。作用在楔体（$x \geqslant 0$）上的应力边界条件是：

在左面（$x = y\text{ctg}\phi$），$X = \overline{Y} = 0$

即
$$l\sigma_x + m\tau_{xy} = 0 \quad m\sigma_y + l\tau_{xy} = 0 \tag{2}$$

式中，$l = \cos(N, x) = \sin\phi \quad m = \cos(N, y) = -\cos\phi$

在右面（$x = 0$）

$$\sigma_x = -K_a\gamma y \quad \tau_{xy} = -\text{tg}\phi K_a\gamma y \tag{3}$$

式中，$K_a = \text{tg}^2\left(\frac{\pi}{4} - \frac{\phi}{2}\right)$，是主动土压力系数。

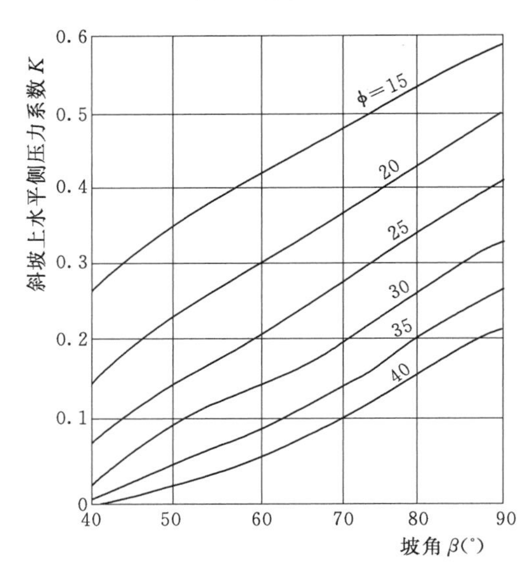

图 2

取多项式应力函数

$$\phi = ax^3 + bx^2y + cxy^2 + dy^3 \tag{4}$$

可以求得楔形体内的应力分量

$$\sigma_x = \text{tg}\phi K_a\gamma x - K_a\gamma y$$
$$\sigma_y = (\text{tg}^3\phi K_a + \text{tg}\phi)\gamma x - (1 + \text{tg}^2\phi K_a)\gamma y \tag{5}$$
$$\tau_{xy} = \text{tg}^2\phi K_a\gamma x - \text{tg}\phi K_a\gamma y$$

取受压正应力为正，并将 $x = y\text{ctg}\beta$ 代入（5）式，可以求得陡坡坡面上的应力，再考虑坡面上单元体的平衡，求得作用在 β 坡面上，相对于垂直方向单位面积上的水平力 $\overline{X}$。

$$\overline{X} = (1 + \text{tg}^2\phi\text{ctg}^2\beta - 2\text{tg}\phi\text{ctg}\beta)K_a\gamma y = K\gamma y \tag{6}$$

式中，K——β 坡面上的水平侧压力系数。

$$K = (1 + \text{tg}^2\phi\text{ctg}^2\beta + 2\text{tg}\phi\text{ctg}\beta)K_a \tag{7}$$

从（7）式可见，当 $\beta=\phi$ 时，$K=0$；当 $\beta=\pi/2$ 时，$K=K_a$；当 ϕ 和 β 取不同数值时，可以从图 2 查得相应的 K 值。

如果陡坡高度为 H，则复盖部分对坡面的总水平作用力为

$$T=\frac{1}{2}K\gamma H^2 \tag{8}$$

为检验上述弹性理论课题的合理性，将（7）式与仰斜式挡土墙当填土表面水平，且与墙背理想为光滑时的主动土压力系数 ξ_a[5] 相比较，$\xi_a=\left[\text{tg}\left(45°-\frac{\phi-\alpha}{2}\right)-\text{tg}\alpha\right]^2\cos\alpha$（$\alpha$ 是墙背与垂直面的夹角，即 $\alpha=\frac{\pi}{2}-\beta$），其值相差很小，例如，当 $\phi=30°$时，K 值与 ξ_a 值列于表 1，可见弹性理论解和散体极限平衡解是接近的。

表 1

β(°)	30	40	50	60	70	80	90
ξ_a	0	0.036	0.095	0.155	0.212	0.270	0.333
K	0	0.032	0.089	0.148	0.208	0.269	0.333

根据摩尔-库仑破坏准则，定义安全度 F_d 等于破坏剪应力与最大剪应力的比值，即

$$F_a=\frac{(\sigma_x+\sigma_y)\sin\phi}{\sqrt{(\sigma_x+\sigma_y)^2+4\tau_{xy}{}^2}} \tag{9}$$

将（5）式代入（9）式，计算出楔体内的 F_d 值皆大于 1，说明楔体是处于弹性状态的。下面将不计复盖部分对陡坡面竖直力的作用，求解陡坡在水平加筋力$\overline{X}$作用下的应力状态，并预测滑动面形状。

2.2 陡坡中潜在滑动面的位置

图 1（b）所示楔体，应力边界条件是：

在左面（$x=y\text{ctg}\beta$）　$l\sigma_x+m\tau_{xy}=-\overline{X}$　　$m\sigma_y+l\tau_{xy}=0$

式中，$l=\sin\beta$，$m=-\cos\beta$，$\overline{X}$见式（6）。

在右面（$x=0$）见式（3）。

取（4）式相同的应力函数，可以求得楔体内应力分量，考虑压应力为正，则倾斜任意角 $\theta(\beta<\theta\leqslant\pi/2)$ 的面上，应力分量为：

$$\begin{aligned}&\sigma_x=(1-\text{tg}\phi\text{ctg}\theta)K_a\gamma y\\&\sigma_y=(1+\text{tg}^2\phi K_a+\text{tg}\phi\text{tg}^2\beta\text{ctg}\theta K_a-2\text{tg}^2\phi\text{tg}\beta\text{ctg}\theta K_a-\text{tg}\beta\text{ctg}\theta)\gamma y\\&\tau_{xy}=(\text{tg}\phi\text{ctg}\theta-1)\text{tg}\phi K_a\gamma y\end{aligned} \tag{10}$$

将（10）式代入（9）式，可以计算出在下式范围内：

$$20°\leqslant\phi\leqslant40°,40°\leqslant\beta<\theta\leqslant90° \tag{11}$$

F_d 在 0.9 和 1.0 之间变化，说明楔体内各点处于极限平衡状态或已进入塑性状态，其滑动面位置可近似确定如下：

$$\text{tg}2\alpha_0=\frac{-2\tau_{xy}}{\sigma_x-\sigma_y}$$

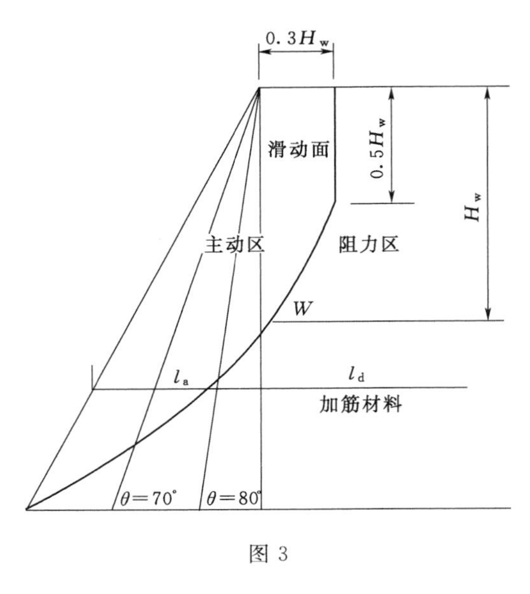

图 3

式中，α_0 为主应力与 x 轴夹角，而滑动面与大主应力夹角为$\pm\left(\frac{\pi}{4}-\frac{\phi}{2}\right)$角，这样可以确定滑动面与 x 轴夹角 ρ，ρ 是 β、ϕ 和 θ 的函数，当 β 和 ϕ 确定后，按不同的 θ 角可计算出 ρ 值，即得到滑动面的位置。图 3 表示 $\beta=60°$、$\phi=30°$时所求得的滑动面。因硬基的限制，最低的滑动面通过坡趾。楔体右端土体滑动面的位置采用挡土墙的研究成果，用两直线表示。其一通过墙与楔体内滑动面交点 W，另一平行于墙面离墙面 $0.3H_w$。两直线在离墙顶 $0.5H_w$ 处相交[3]。

画出（11）式范围内，β 和 θ 采用 10°间隔，ϕ 采用 5°间隔所有的滑动面，用以确定加筋材料在滑动面左侧的长度 l_a，并对其中 12 个不同坡角、不同内摩擦角的滑动面用条分法进行稳定分析，其安全系数皆近似为 1，而与滑动面邻近的任意假想直线滑动面的安全系数皆大于 1。这说明预测的滑动面确为最危险的滑动面。

2.3　加筋材料的布置

加筋材料的层数 N、间距 h、长度 L 是互相制约的，它们和土的性质、坡角、加筋材料的容许强度有关。一种布置方式是使各层加筋材料的加筋力相等，以便充分利用材料强度。总加筋力为 T［见（8）式］，则每层加筋力为 T/N。这个力发生在加筋材料与滑动面的交点上，交点左侧在主动区，长度为 l_a，交点右侧在阻力区，长度为 l_d（图 3）。为防止加筋材料从阻力区拔出，第 i 层阻力区长度

$$l_{di}\geqslant\frac{T/N}{2\gamma y_i \mathrm{tg}\phi_{sf}}$$

式中，y_i——第 i 层加筋材料埋深，ϕ_{sf}——土和加筋材料的摩擦角。可见 l_{ai} 与埋深成反比，这样在坡顶需要很长的加筋材料，抵消了充分利用材料强度的优点；且各层间距不等使施工复杂化。本文推荐加筋材料等间距布置。

2.3.1　加筋材料的间距和层数

加筋材料的间距 h 由最低层水平推力控制：

$$h\leqslant\frac{[T]}{K\gamma H} \tag{12}$$

式中，$[T]$——加筋材料的容许强度，取次于材料的拉伸强度 T_f、蠕变特性和结构的容许侧向变形；并应考虑到施工对材料的损伤。根据笔者对国产纺织和针刺土工织物蠕变试验的结果，以及国外试验资料的推荐，对于容许较大侧向变形的结构，可取 $[T]=0.4T_f$。为便于施工，目前国内外工程实践中最大间距不超过 1m，故限制 $h\leqslant$1m。

加筋材料层数取整数

$$N \geqslant \frac{H}{h} \tag{13}$$

2.3.2 加筋材料的长度

从图3，加筋材料在主动区长度 l_a 可由滑动面位置量出。对每一滑动面取其最大值为常数。对（11）式范围内不同的 β 和 ϕ 值的滑动面量得相应的 l_a 值，将 l_a/H 随 β 和 ϕ 的变化画于图4。

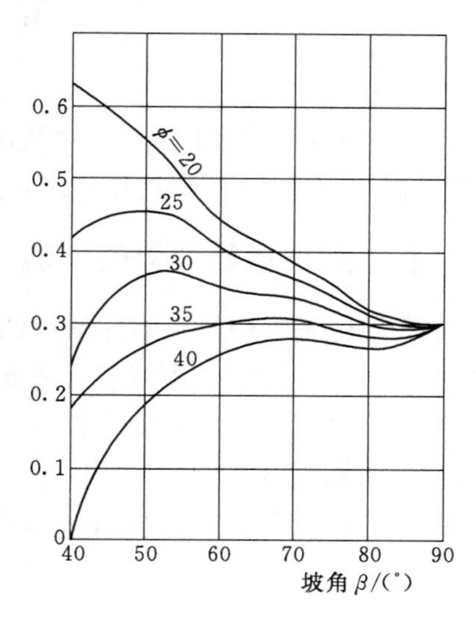

图4

第 i 层加筋材料在阻力区的长度

$$l_a i \geqslant \frac{F_p K \gamma y i h}{2\gamma y_i \operatorname{tg}\phi_{sf}} \tag{14}$$

式中，抗拔出安全系数 F_p 一般取2.0，则各层的 l_{di} 也是常数

$$l_a = \frac{Kh}{\operatorname{tg}\phi_{sf}} \tag{15}$$

式中，土与加筋材料的界面摩擦角 ϕ_{sf}，根据笔者对国产土工织物与平潭砂的界面的剪切试验，以及其他研究者大量试验资料[6]证明，最小可能值 $\phi_{sf}=0.8\phi$。

每层加筋材料的长度为常数，其值是

$$l = l_a + l_d \tag{16}$$

考虑到加筋块体抵抗沿地基整体水平滑动的要求，加筋长 l 的最小值由下式决定

$$l_{min} = \frac{F_s K_a H}{2\operatorname{tg}\phi_{sf}} \tag{17}$$

式中，抗水平滑动安全系数 F_s 可取值1.3。对不同的 ϕ 值，l_{min}/H 列于表2（如地基与陡坡的材料不同，应代入实测的地基与土工织物界面摩擦角计算）。

表2

$\phi/(°)$	20	25	30	35	40
l_{min}/H	1.11	0.73	0.49	0.33	0.23

为防止靠近陡坡坡面处土的滑动，并进一步调动加筋材料的抗拉强度，在坡面应借助模板或砂袋翻卷织物。确定翻卷长度 l_0 的近似方法如下，图5中第 i 层加筋材料承担第 i 层土和第 $i+1$ 层土的水平推力各一半，即第 i 层土水平推力的一半通过翻卷织物传给上一层织物，运用（14）式，分子应改为 $\frac{1}{2}F_i K\gamma y_i h$，故取 $l_0=\frac{1}{2}l_d$，但注意到翻卷织物上埋深的减小和斜坡下垂直压力的减小，取 $l_0=l_d$。

加筋材料总下料长度

$$L = l + l_d + h/\sin\beta \tag{18}$$

总结设计过程如下，工程给定的设计参数包括堤高 H、坡角 β、土的容重 γ、内摩擦角 ϕ，以及加筋材料的拉伸断裂强度 T_f。

（1）由 β 和 ϕ 从（7）式或图2确定水平测压力系数 K。

（2）由（12）式（13）式确定间距 h 和层数 N。

（3）从图 4 查得主动区长度 l_a，由（15）式求得阻力区长度 l_d，（16）式决定加筋材水平长度 l，并检查不小于（17）式或表 2 所列最小长度，（18）式用以确定加筋材料下料总长度 L。

对坡顶有连续均布荷载的情况，可将均布荷载强度 q 变为等代的填土高度 H'，即 $H'=q/\gamma$，并将（12）式和（17）式中的 H 以 $H+H'$ 代入。

3　土工织物加筋坡堤的试验

为观测土工织物加筋陡坡堤的变形特性，完成了三组模型砂堤试验，堤高 0.75m，顶宽 0.4m，坡角 60°，用五层青岛麻纺织厂生产的 1400 旦有纺织物加筋，每层间距 0.15m。第一组织物固定在堤右侧端板上，第二、三组织物的长度 l 分别为 $0.6H$ 和 $0.4H$。试验用平潭砂相对密度 $D_r=0.73$，干容重 $\gamma_a=16.1\text{kN/m}^3$，用 0.15m×0.15m 直剪盒测得砂的内摩角 $\phi=33.8°$，砂和织物的界面摩擦角 $\phi_{sf}=31°$。

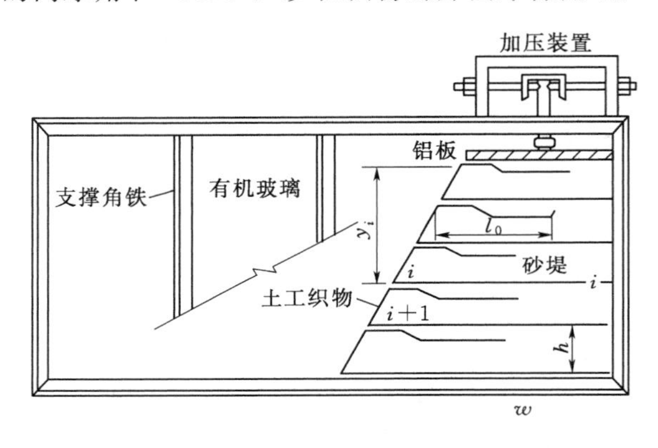

图 5

试验在长 1.85m、高 0.9m、厚 0.3m 的模型槽内进行。槽的正面嵌有 6mm 厚的整块玻璃板，外层是 12.5mm 厚的有机玻璃板，之间衬有一层画有 10mm 边长方格的透明塑料布。为减小垂直于玻璃面的变形，在外面安装支撑角铁（图 5）。在模型槽的右上方装有杆臂垂直于玻璃面的杠杆加压装置，用以施加垂直均匀分布荷载。加压铝板厚 10mm，铝板底面上用聚四氟乙烯和硅脂润滑。

位移测量标记用大头针制成，紧固在织物上，每两针沿织物的间距约为 0.15m，另一些布置在砂中，针尖外面包有醒目的红色塑料套，紧贴玻璃面放置。随着模型堤的加高，针尖相对于某固定格点的水平和竖直位移用 15J（JC 型）测量显微镜测读，读数精度为 6μm。逐一测读所有标记点位移，即可得整个堤断面位移场图形。

试验中，砂堤和织物逐层铺设，最后在堤顶施加均布荷载 13kN/m^2，每增加一层砂测，读一次位移场，由位移矢量可以算得每层织物的应变分布，将三组试验加均布荷载后每层织物上最大拉应变段中点的连线绘于图 6，并与理论预测的滑动面相比较，可见第一、二组连线与预测滑动面的位置基本相符，当织物长度 l 缩小时，最大拉应变连线向堤内侧偏移，其中第三组（$l/H=0.4$）的连线已偏出加筋块体之外，这与加筋长度小于加筋块体整体稳定所需要最小长度（表 2）有关。试验中测得第 4 层织物的端部与周围砂粒的向左

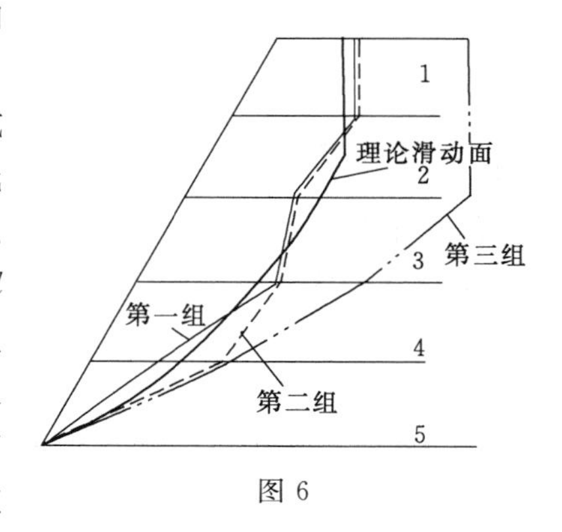

图 6

相对滑动量，第二组（$l/H=0.6$）为 0.2mm，第三组达到 0.58mm。三组试验中织物的最大拉应变皆发生在堤高的中部，而堤坡面的最大水平位移也发生在堤高的中部，两者是吻合的。试验被玻璃面板承压所限，不能观察到破坏时滑动面位置，但从试验观察和有限元对土坝应变场分析的结果，可以看出随着坝的增高，各层最大水平拉应变发生的单元是不变的，故实测最大拉应变连线可以和理论预测的滑动面相较。尽管如此，为进一步检验提出的设计方法，在工程实践中观察加筋堤的变形直至破坏时现象是必要的。

4 结束语

土工织物加筋土堤能充分利用土的抗压和抗剪强度，弥补土没有抗拉强度的缺点，并用具有工程量小、施工方便、总投资低等优点。目前还不能广泛应用的重要原因之一是缺乏正确和简明的设计方法。本文提出的极限平衡法将加筋土挡土墙和斜坡统一于加筋陡坡，用弹性理论和极限平衡分析给出加筋力与滑动面位置的预测，提交的公式和图表可应用于工程设计。在模型砂堤的试验中，织物最大拉伸应变的轨迹与预测的滑动面基本一致。

参考文献

[1] Andrawes. K. Z. , Mcgown. A. , Wilson - Fahmy. R. F. and Mashhour. M. M. The finite element method of analysis applied to soilgeotextile systems. Proc. 2nd int. Conf. on geotextiles, Las vagas, 1982; Vol. 3, 695 - 700.

[2] Studer. J. A. , Meier. P. Earth reinforcement with non woven fabrics: problems and computational possibilities. Proc. 3rd int. Conf. on geotextiles. Vienna, 1986, Vol. 2. 361 - 366.

[3] Mitchell. J. K. Soil improvement - state - of theart report proc. 10th int. Cof. on soil mech. and found. Enene. , Stockholm, 1981; 548 - 553.

[4] Fowlor. J. , Peters. J. , Franhs. L. Influence of reinforcement modulus on design and construction of mohicanville dike no. 2. , Proc. 3rd int. Conf. on geotextiles, Vienna, 1986, Vol. 1. 267 - 272.

[5] Г. К. 克列因著. 陈大鹏，等译. 散体结构力学，人民铁道出版社，1960.

[6] Göbel. G. , Hoy. Piesher. F. Retaining structures made of earth reinforced with textiles. Proc. 3rd int. Conf. on geotextiles, Vienna, 1986, Vol. 2. 413 - 418.

[7] Yamanouchi. T. , Fukuda. N. , Ikegami. M. Design and Techniques of steep reinforced embakments without edge supportings. Proc. 3rd inf. Conf. on geotextiles, Vienna, 1986, Vol. 1. 199 - 204.

显微镜位移跟踪法在土工模型试验中的应用

刘祖德[1]　王　钊[1]　夏焕良[2]

（1. 武汉水利电力学院；2. 葛洲坝水电工程学院）

摘　要： 在土工模型试验研究中，土体质点的位移跟踪成果能提供有关土的本构特性（如剪胀剪缩特征，剪切带的是否存在、滑移线轨迹）和密度变化规律等多方面的信息。本文建议了一种既易于实现和普及，又具有很高精度的位移跟踪方法——坐标读数显微镜直接测读法。本文描述了试验装置构造。它对轴对称课题的半模试验及平面课题的狭槽试验均适用。文中提出了从位移场转化为介质密度场和应变场的概念和方法，并对这种方法在两种土工模型试验中的应用进行了探讨。成果表明它有着广泛的应用和发展前途。

一、前言

土力学研究中土工模型试验仍占有重要的位置。它可提供本构关系在模型试验具体条件下的验证。而更重要的是，它能帮助研究者揭示各种土工现象的机理。近 20 年来，土工模型试验对浅基、深基（特别是桩基础）、挡土结构、土工建筑物、土工原位测试和土层锚杆等土工问题的研究方面都起了推动作用。它在发展土本构关系的研究方面也起着桥梁作用。尤其是土体质点的位移跟踪成果，能提供有关土的剪胀剪缩、剪切带是否存在、滑移线轨迹、破坏面附近剪应变发展过程、土体密度变化规律等多方面信息。迄今为止，已发展了定时连续摄影、全息摄影、X 射线透视铅丸跟踪[1]、X 射线衍射、立体摄影[2]、白光散斑法，以及电感耦合线圈[3]等位移和应变观测技术。然而，其中大部分方法尚不能普及，且观测的精度也不够理想。即使是最近发展的立体摄影法也只能达到 0.03mm 的精度。因此，给出的定量研究成果十分有限。

本文建议了一种既易于实现和普及，又具有很高精度的位移跟踪方法——坐标读数显微镜测读法。它对于轴对称课题的半模试验和平面课题的狭槽试验均适用。

本文还就本文方法对静力触探模拟试验和土工合成材料在土工建筑物中应用等课题的模型试验进行了探索。从中得出了较为清晰的概念，并为建立合理的计算模式提供了可靠的物理基础，表明这一方法有着广泛的发展前途。

二、坐标读数显微镜位移跟踪法试验装置

各种摄影技术和其他光学技术在土工模型试验的测试成果，都存在着后期成果处理十

本文发表于 1989 年 5 月第 11 卷第 3 期《岩土工程学报》。

分麻烦的缺陷。而且由于光学畸变效应和试验槽玻璃的折射作用使摄影底片上的图像呈现畸形，校正手续也颇繁琐。此外，这些技术普遍精度不高，反映不出小应力变化情况下土体微妙的位移变化规律。在轴对称课题中，即使在破坏荷载到达时，离开作用荷载较远的土体质点的位移量往往只有几个微米。例如旁压试验和静力触探试验，在探头直径10倍的距离处，位移量往往只有探头位移的万分之几。然而这种极小的位移对探头的工作机理却起着决定性的作用。因此，简化后期成果处理手续和提高位移读数精度是两项十分迫切的任务。

我们对15J（JLC）型小坐标的测量显微镜（其测读范围仅50×13mm）加以改制，使底盘固定在一个支架上，底面旋转90°，处于铅直方向上。目镜和物镜轴线呈水平状。该轴线位置可用调节螺母沿螺杆移动至目的物的高程处。目的物在纵横坐标两个方向上的位移量就是原始位置和移动后位置 X—Y 坐标读数之差。逐点直接测定和记录，就可省略后期成果处理的各种手续。精度可高达6μm。

可动支架的作用就是使显微镜的活动范围扩大许多倍。理论上可以无限扩大，只要特定介质质点移动范围不超越50×13mm即可满足要求。因此，这种装置对常用的土工模型试验都可适用。支架和显微镜连接系统的总装置见图1。连接结构细部见图2。支架油铅直螺杆，调节显微镜上下移动用的螺母、固定螺栓和底座组成。支架底部为可横向滑动的小车，既可沿轨道滑移，又可根据需要，在靠近目的物处用两个定位螺丝将小车固定。

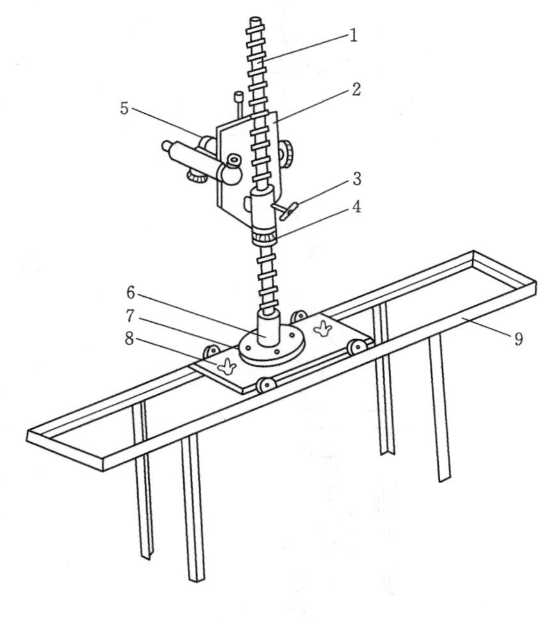

图1

1—螺杆；2—显微镜测量工作台；3—固定螺丝；4—调节螺母；5—连接件（参见图2）；6—底座；7—小车；8—定位螺栓；9—轨道

目的物是试验槽玻璃板后土体中加有标志的圆粒，它可由砂染色而成，也可用大头针针尖代替。后者的优点是大头针垂直于试槽玻璃安放，更能反映砂体的平面移动特征，但对于轴对称试验则针不能过长（<5mm）。大头针尖的截面为较规则的圆形，测读时可选择该圆的某一固定切线方向，以保证观测精度。试验过程中针的转动不会影响成果。相反，砂粒如发生滚动时，由于其形状不规则，会产生较大的误差［图3（b）］。

当然，如果试验任务中要求测定砂体的组构特征变化，那么砂粒的转动规律及其在空间的分布也是研究者感兴趣的问题。

三、砂土静力触探机理的模型试验

根据本文方法，设计了一种可供静力触探模型试验用的轴对称课题半模试验槽（图4）。曾进行了古典荷兰颈缩探头、富格罗探头（带较长的侧壁摩擦套筒）和我国通用的单桥探头（带长70mm的套筒沿长段——指原型尺寸）三者的对比试验。模型探头如图5。

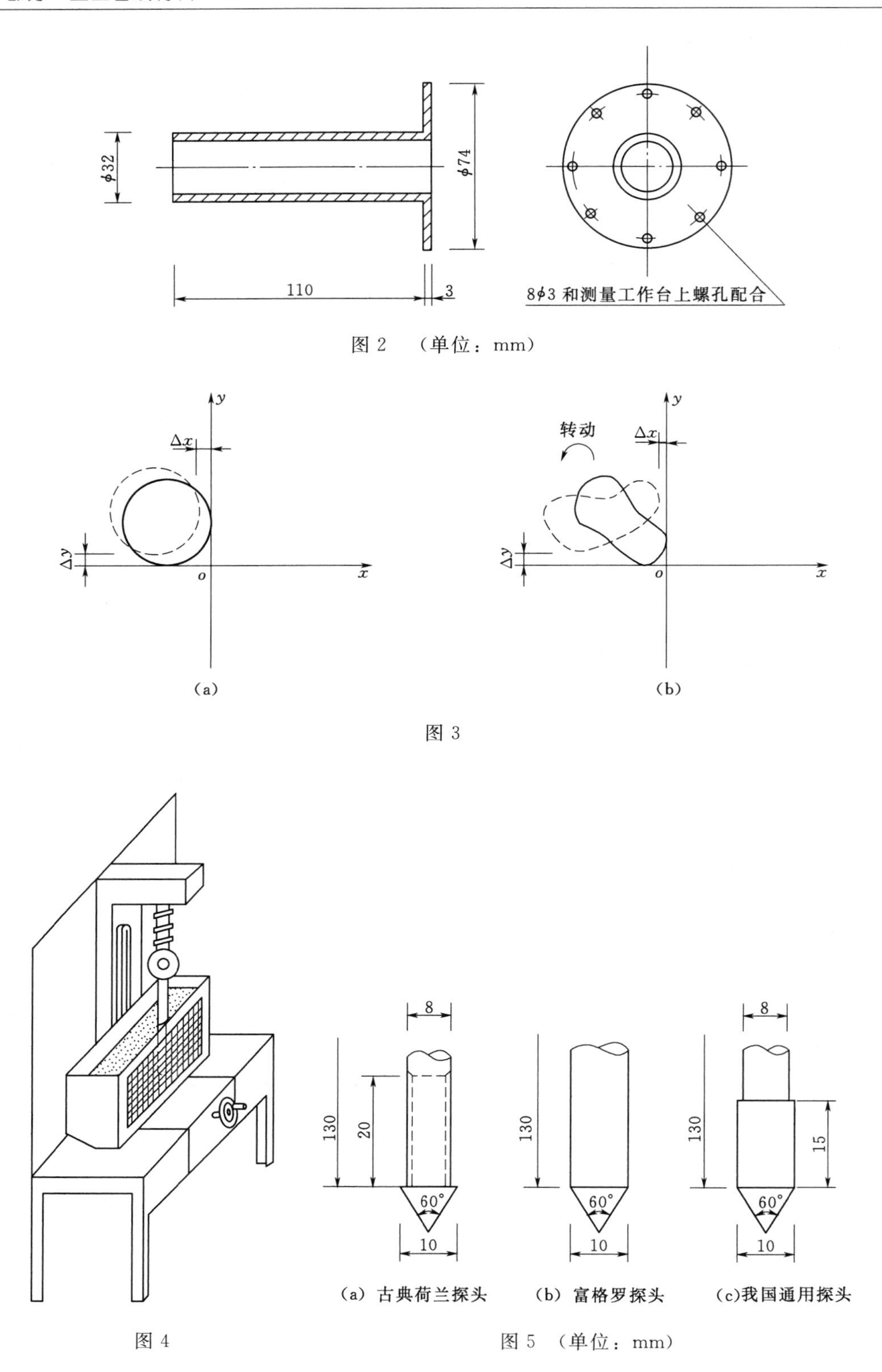

图 2　（单位：mm）

图 3

图 4

图 5　（单位：mm）

砂土为平潭中粗标准砂，相对密度分为两种：松砂 $D_r=0.30$；紧砂 $D_r=0.75$。不同 D_r 与不同类型探头相组合，可测出在各种探头贯入作用下，不同密度砂土中探头阻力和砂粒的位移场。砂粒装填以 20mm 为一层，用控制重量的方法使初始密度均匀（不同落高下砂撒入试槽，然后稍加平整和轻压）。6mm 玻璃板外贴一层有机玻璃板，上刻有10×10mm 的方格线，刻线涂红色，将每层砂铺平后，在紧贴内层玻璃的一边，对准方格线交叉点放置黑色砂粒。即使放置位置离交叉点有误差也无妨。以初读数为基准。以后以每次读数中减去该初始值，即得出土粒的位移量。

（一）试验成果

图 6 为当古典荷兰探头贯入到砂体（$D_r=0.30$）深度 $z=110$mm 处的位移矢量图。此时各单元的形状如图 7 所示，其中虚线表示单元划分线初始位置，再根据由位移所算出单元体变的结果，可得砂体的相对密度等值线图，如图 8 所示。

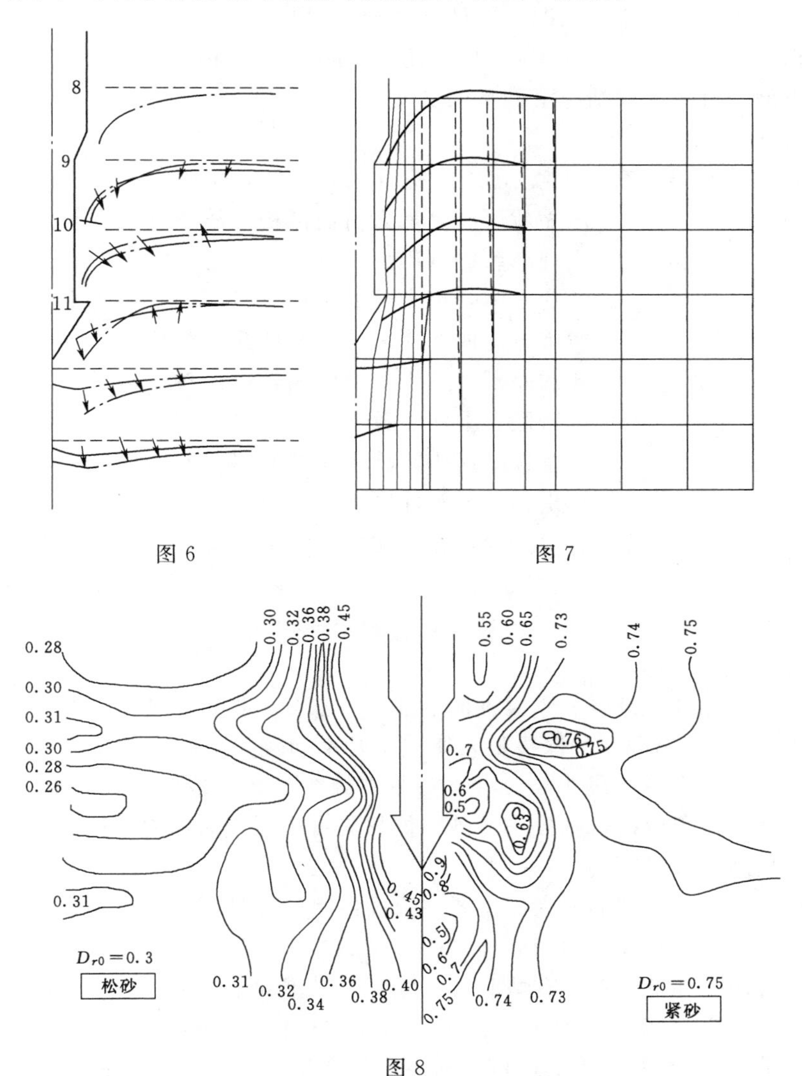

图 6

图 7

图 8

关于从结点的位移转化为各单元体密度变化（包括体变量、相对密度、干容重和孔隙比）的计算机程序可见有关资料[4]，但这是轴对称课题的情况，平面课题中的转换更为简单。

（二）静力触探贯入机理简析

静力触探深层贯入的条件是，探头作用力使砂土所让出的体积等于探头贯入所需要的面积。砂土让出体积的方式有两种：其一是整体滑移，这在颈缩探头中表现得十分明显；其二是砂体在局部范围内的压缩。

探头的贯入方式是靠探杆上的竖向力通过探头锥面转换成为偏向水平方向的作用力来挤压四周的砂土，达到压缩和滑移的目的。锥面的这种力方向的转化作用，使探头周围的土体在贯入过程中沿程都得到压缩。

根据砂粒位移轨迹和密度分布可以推知触探过程中探头周围土体应力状态的大致图像及贯入机理。对于松砂和紧砂情况，机理是完全不同的。

本文不拟对探头形式与土体密度的不同组合情况作详细的介绍，仅着重从位移轨迹和密度分布两方面来分析不同情况下的贯入机理。

1. 松砂中的贯入

由于粒间有足够的空隙（孔隙），砂体易被压缩，故只需探头周围砂体较小范围内的压缩就可满足贯入所需体积，故影响范围较小。砂体不可能出现净剪胀（因为围压也增加了），即使距探头周围轮廓较远的土体，也大部处于进一步压密状态。土体沿着近似对数螺旋方向向四周滑移，塑性区张开角 θ 较小（图 9）。探头形式的差别对贯入阻力影响较小。对富格罗探头，沿侧壁附近压密区自上而下较为平直，说明应力分布较均匀。而对古典荷兰颈缩探头则除了在锥面附近不断形成塑性区，并被向外挤出（加上塑性区土体本身体积压缩）之外，由于锥体上方有空穴的存在，被挤出的土体又会产生应力释放。接着又被上方扩张段再次压缩。不断贯入，不断发生交替的变化，故 D_r 等值线呈现为螳腰形状（图 8）。

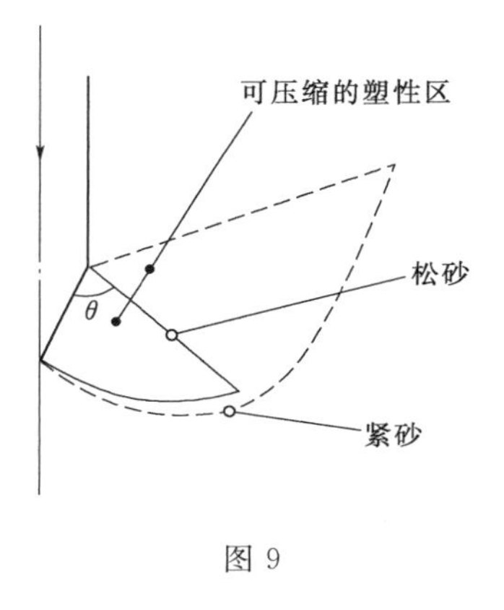

图 9

2. 紧砂中的贯入

对于紧砂，情况远为复杂。紧靠锥面下部，一部分土体也主要为压缩。但由于介质初始相对密度 D_{r0} 大，给出同样的探头贯入体积需要牵动较大范围内砂体的压缩变形和剪切变形。由于力的传递作用，塑性区会沿着对数螺旋线更宽广地向四周扩展（图 9），而紧砂塑性区内部介质体积压缩量则较小。砂粒位移矢量主要为向四周推移。于是，水平方向的影响范围较松砂时大得多。

对于富格罗探头，紧砂的变密区主要在锥面以上的探杆附近，但对古典荷兰颈缩探头则在紧密砂体的贯入中不仅有向四周外侧向的挤压，而且还有砂粒向颈缩段的转移。位移跟踪法测知，锥面侧部上方存在有剪胀变松区，于是锥面下侧的土，由于高应力挤压作用而产生向颈缩段低应力区的运动。这变松区的存在解释了紧砂中贯入的可能性。但应指出，所谓变松是指原始 D_{r0} 很大的基础上有少量的变松（D_r 从 0.75 降至 0.65 左右，锥体上部小范围内低达0.5）。当探头进一步贯入时，这变松区使锥面所挤出的土可以向上隆起，并使原变松区变密，并在其下部再形成新的剪胀区。这样，由于剪胀而形成的变松区不断下移，使得探头在紧砂中也可以不断贯入，且探头阻力大致趋于稳定值。当然，在紧砂中压缩和滑移这两种运动不可能完全同步产生，往往表现为交替出现的过程，因此紧砂中触探阻力变化起伏较大。

依靠坐标读数显微镜位移跟踪法能定量地获得静力触探探头周围介质性状的各种信息，证实了多年来土工界理论分析所得的一个重要结论：静力触探是一种剪切与压缩的综合力学过程。因此，在考虑剪切机理的同时，也要结合考虑塑性区的体变。基于此成果，我们曾提出了一种新的静力触探贯入阻力计算公式[4]。经实测验证，计算结果与实测贯入阻力基本相符。

四、土工合成材料加筋堤的模型试验研究

（一）试验装置

采用显微镜位移跟踪法还可以研究土工合成材料加筋堤的变形机理。为此，制作了一个长1850mm、高900mm、厚300mm的模型槽。槽的正面嵌一层6mm的玻璃，外层为12.5mm的有机玻璃，在两层玻璃之间夹有一层画有10mm×10mm方格的透明塑料布。有机玻璃外面用支撑角铁减小横向变形（图10）。在模型槽的右上角装有杆臂垂直玻璃面的杠杆加压装置，用以施加垂直分布荷载。

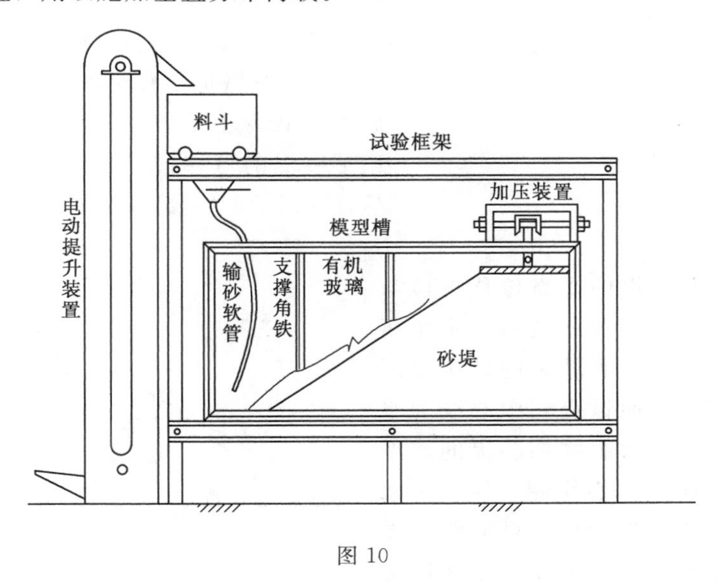

图10

整个模型槽安装在用12.6号槽钢制成的钢架上。架顶设有料斗车。砂料通过电动提升装置贮存在料斗里。

位移测量标志由4mm长的大头针尖制成，外面包有红色塑料套，对准方格点埋设。

试验中发现有边壁摩擦影响，曾用两面涂以硅脂的塑料布减小摩擦，但对比无润滑砂场的位移场，差别仍在测读误差范围之内，故做加筋堤试验时都没有加润滑材料。

（二）试验内容

坡角为30°的试验堤建筑在硬基上。堤高750mm，分五层填筑，每层150mm。共进行三种试验：砂堤、织物加筋堤［图11（a）］和预应力织物加筋堤［图11（b）］。本文任务之一主要是比较填筑完成而没有加垂直荷载时各种堤的位移场。

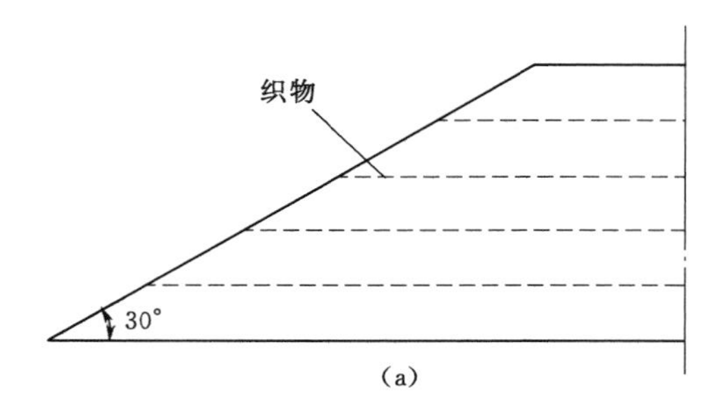

(a)

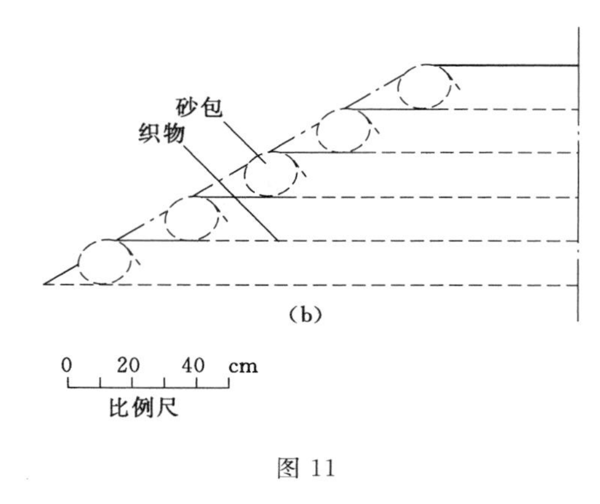

(b)

图11

堤的填筑材料为平潭砂，试验前预先算出每层砂重，并控制输砂软管的出口高度在50mm左右，以保证砂的相对密度 $D_r=0.32$。加筋用的土工合成材料为青岛麻纺织厂生产的1400旦有纺织物。用200mm宽条拉伸试验测得其断裂强度为22.3kN/m，断裂时的延伸率为19.8%。

加筋用的织物在堤中心线处固定。预应力织物的拉伸应力采用5%的断裂强度，由滑轮和砝码预拉，在放置砂包并填筑上一层砂后，翻卷织物如图11（b）所示。砂包的功用为：第一，模拟实际堤坝施工时边坡部位先堆棱体，故设置砂包，且便于卷紧土工织物形成包边；第二，模型试验中它可以防止漏砂。

（三）试验成果及分析

采用显微镜位移跟踪法测得三种模型堤标志点在填筑过程中位移向量的增量。图12绘出了砂堤的位移向量增量。三种模型堤建成后，在最低的一层顶部的累计垂直位移和水平位移分别绘于图13的（a）、（b）。

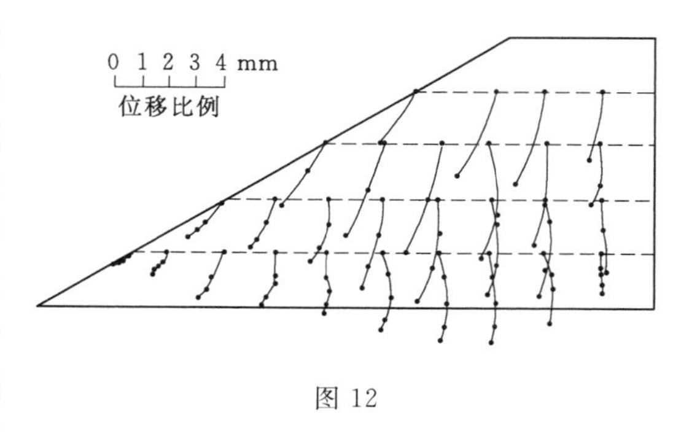

图12

试验结果表明砂堤的垂直位移近似与堤高成正比，水平位移在距坡脚一定距离处达最大值 U_{max}，该点到坡脚的较小范围为水平压缩应变区，而该点到中心线为水平拉伸应变区，预应力织物加筋堤的水平位移方向相反，偏向中心线侧，其拉压水平应变的区域也与砂堤相反，可以明显看出压缩水平应变区域的增大。织物加筋堤的垂直位移较砂堤的均匀。同时，由于织物对水平位移的限制作用，垂直位移的幅值也有所减小，特别是预应力织物加筋堤。预应力织物加筋堤的垂直位移在靠近坡脚处有一极值，这是因放置砂包所引起的。

通过标志点将堤的断面划分为三角形，输入标志点的坐标和增量位移，运用增量线性模型，忽略每个新加层由于自重引起的应变，可以计算出各单元的应变并由此推求得应力。图 14（a）、（b）表示最低一层单元主应力 σ_1 和 σ_3 的比较。图 15 为最低一层单元最大剪应变 γ_{max}的比较。可见 σ_1 和 γ_{max}的分布与垂直位移的分布相近，加筋堤与预应力加筋堤使应力和最大剪应变的分布均匀，且减小了绝对幅值，而预应力加筋堤的 σ_3 在靠近坡脚处出现拉应力。当然拉应力是由土工织物所承受的。这些成果都表明了本文所建议测量方法的有效性。

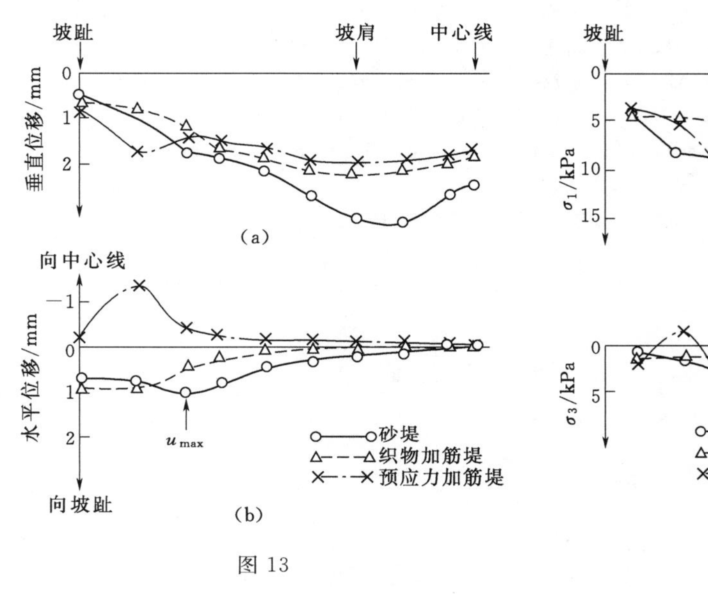

图 13

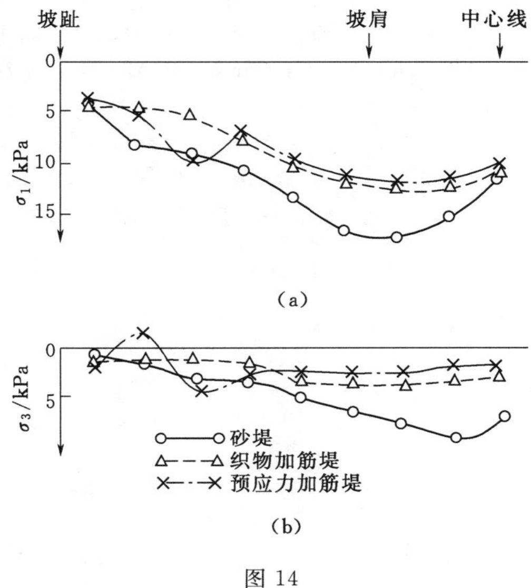

图 14

应用显微镜位移跟踪法还可以探求土工合成材料加筋砂的应力应变关系，为此制作了平面应变三轴剪切盒，盒的内腔 150mm×150mm×150mm，竖直方向 σ_1 由三轴剪切仪轴向加压设备通过上盖板施加，σ_3 由周围压力系统通过两侧橡皮囊施加，在 σ_2 方向（$\varepsilon_2=0$）正面嵌以 20mm 有机玻璃板，从测量标志读得格点的位移变化，可整理得不同应力状态（σ_1 和 σ_3）下的主应变 ε_1 和 ε_3。关于加筋砂的本构模型、计算成果和对比等已超出本文讨论范围，拟另文介绍。

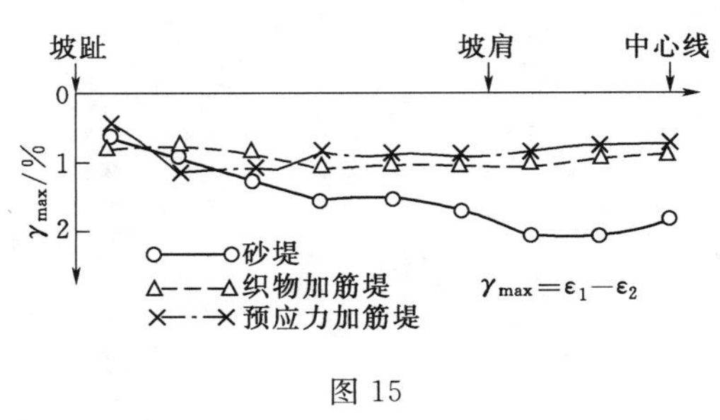

图 15

五、结语

显微镜位移跟踪法为研究静力触探和土工合成材料加筋堤的机理提供了完整、精确的内部位移场，位移测量精度高达 6μm。该法与其他位移测量方法相比，具有简单方便、价格低、易于普及和精度高等优点。可广泛运用于浅基础、桩基础、挡土结构、土工建筑物的模型试验和三轴试验中。位移测量精度已不在于仪器的误差，而主要受试槽边壁摩擦及砂密度控制的影响。另外，在进行大面积多点测读时需时较长，应考虑到介质变形对时间的依赖关系。

总之，显微镜位移跟踪法在揭示不同边界条件下土体内部的变形和破坏机理，在探求土的本构关系中起到了推动作用。

参考文献

[1] Roscoe, K. H., Arthur, J. R. F., James, R. G.. The Determination of Strain in Soils by an X-ray Method, Civil Eng. Publ. Works Rev., Vol. 68, 1963, pp. 873-6 and 1009-12.

[2] Butterfield, R., Harkness, R. M., Aadrawas, K. Z.. A Stereophotogrammetric Method for Measuring Displacement Fields, Geotechnique, Vol. 20, No, 3, 1970, pp. 308-14.

[3] Petic, P. M., Baslic, R., Leitner, F.. The Behavior of Reinforced Embankment, Proc. 2nd Int. Conf. on Geotextiles, Vol. 3, 1982, pp. 631-34.

[4] 夏焕良. 砂土静力触探模型试验研究，武汉水利电力学院硕士论文，1986.

用土工薄膜衬砌小水电站的临时渠道

王　钊

湖北省五峰县黄龙洞水电站水头207m，装有3台800kW发电机，前池容量2万m^3，最大坝高6m。1974年夏季，前池底部出现漏洞，土坝背水侧发生“流土”现象，需停水三个月浇筑部分混凝土底板，并加厚大坝。当时电站供给五峰和宜都两县电力，为减少停电损失和保证施工用水，曾由两县共同在前池底抢修临时渠道，并在压力管道进水口用石灰三合土筑围堰构成容量约120m^3的小前池（图1）。临时渠道长120m，因渠底坡降大（$i=0.008$），为防止冲刷和渗漏，采用厚度为0.15mm、宽为2m的浅绿色聚乙烯土工薄膜衬砌，小前池的溢流堰也用同样的薄膜衬砌。通水运行后渠道曾两次冲毁，后采用如下设计与铺设方法，达到了预期的目的。前池混凝土底板虽然昼夜施工仍保证了水源，在小前池设值班员监视水位变化随时与机房用电话联系，保证了正常供电。

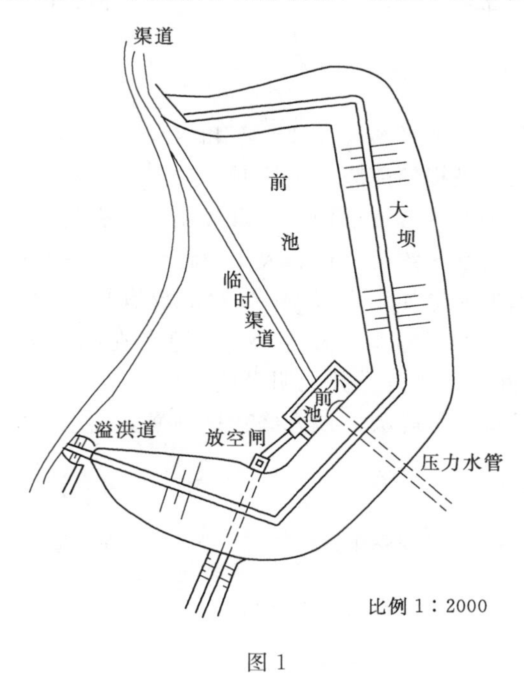

图1

一、渠道过水能力计算

设计流量$Q=0.6m^3/s$，相当于一台机组满负荷用水，渠道断面呈梯形，底宽$b=0.6m$，边坡系数$m=1.5$，因缺乏实测资料，薄膜的粗糙系数n取光滑混凝土的值0.012，用曼宁公式求谢才系数c，计算得正常水深$h=0.265m$，设计流速$V=2.3m/s$。

二、断面设计和接头处理

渠道断面见图 2，薄膜下料长度为 3m，薄膜宽度沿渠道纵向铺设，搭接量为 0.1m，之间涂刷融化的沥青浆，其上用薄木条钉固在预埋于土中的木桩或枕木上（图 3）。

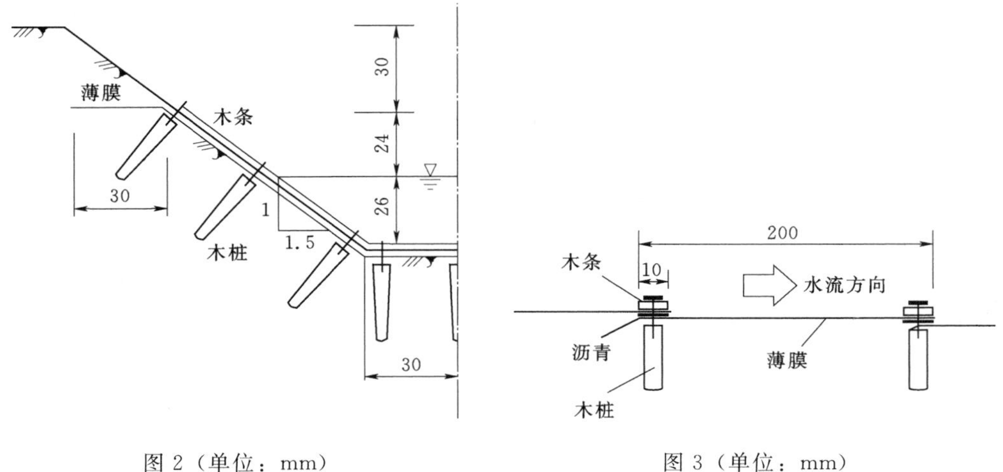

图 2（单位：mm）　　图 3（单位：mm）

三、铺设注意事项

（1）渠道断面应十分小心地平整，去掉碎石和树根。

（2）铺设前应裁去已被破损的薄膜，铺设时应拉平，但不可过紧或过松。

（3）通水时先控制较小流量，逐渐增大至设计流量，避免造成大面积冲毁事故。

通水运行后，发现平均水深约为一尺。大于设计正常水深，这是由于边坡不能保证十分平整，以及接头的阻水现象。如用水深 $h=0.34$m 反算粗糙系数得 $n=0.02$。用此值作为土渠暴露式土工薄膜衬砌的粗糙系数较为合适。笔者在临时渠道拆除后曾保留 1m^2 薄膜，至今已历时 14 年，除稍变硬外，并无明显变化。

实践证明在基土条件差、坡降大的地方修建这种暴露式土工薄膜衬砌的临时渠道是成功的。

笔者在 1974 年为五峰县黄龙洞水电站前池修建工程技术员，在此谨向参加抢建临时渠道的宜都县工程技术人员致谢。

土工织物加筋土坡的分析和模型试验

王　钊

（武汉水利电力学院）

摘　要：本文根据砂土的平面应变等应力比试验，提出的幂函数模型和编制的 RESP 程序，适用于土工织物加筋土坡的有限元分析，计算值与模型试验结果较为一致，文中试制的显微镜位移跟踪装置为观测土工模型试验中的位移场和建立本构模型提供了有力的工具。

一、前言

土工织物被越来越广泛地用于加固软基上的堤、加筋土挡土墙、桥台和其它陡坡。用于加筋土建筑的设计方法主要有极限平衡法和有限元法，前者将织物的容许拉力考虑进行平衡方程，例如修正的圆弧滑动法，此法简单，能给出安全系数，但一些试验和工程实践证明此法过于保守。[1]在有限元法中，可以利用现有的比较完善的关于土的本构模型，补充土与土工织物相互作用，及土工织物本身的应力应变关系，例如文献［2］中，对于土单元采用双曲线（即 Duncan－Chang）模型，为描述土与土工织物界面的剪应力和剪切位移关系采用类似于岩石节理的界面单元，用只能承受拉力的线性单元代表土工织物。通过分析可得到结构的位移场和应力场，也可获得织物拉力分布的信息。有限元法的缺点是计算过于复杂，上述模型中包含大量参数，只有通过很多精确的试验才能取得。此外，双曲模型的参数较难确定；如何反映织物拉伸应力应变关系受侧面法向应力的影响，以及坡面翻卷织物用何种单元形式等，都有待于研究解决。

二、显微镜位移跟踪法和加筋土堤的模型试验

本文用自制的显微镜位移跟踪装置测读加筋土堤模型的位移场，模型堤的试验装置参见图 1，模型堤高度为 0.75m，有关仪器构造、读数方法及试验结果见文献［3］。

三、砂土和土工织物的应力应变关系

（一）砂土的平面应变等应力比试验

根据某些土坝的实测资料及有限元分析结果，可知土坝在填筑期间大小主应力之比 $R=\sigma_1/\sigma_3$ 只是逐渐变化，且幅度不大，一般 $1.25<R<3.5$。因此作为第一次近似可以把它的应力路径看作为等应力比路径，等应力比应力路径下土的应力应变关系可用幂函

本文发表于 1990 年 12 月第 12 期《水利学报》。

数模型表示，一些计算与实测资料的对比表明幂函数模型优于双曲模型，上述幂函数和双曲模型决定参数的试验是在三轴试验轴对称条件下进行的。为模拟堤、坝建筑过程的平面应变等应力比路径，制作了平面应变装置，该装置内腔尺寸为 150mm×150mm×150mm，左右两侧为150mm×150mm 的橡皮囊，连接三轴剪切仪的周围压力系统施加 σ_3，内腔的后壁为 10mm 厚的铜板，前面嵌有 20mm 厚的有机玻璃，下面底板与四壁用四根螺栓连成一个整体，上部为加压盖板由三轴剪切仪的轴向加压设备施加 σ_1（图 2），剪切过程的变形情况借助显微镜观测，根据格点处质点的位移可以计算出每个方格单元的应变，以及试样的平均主应变 ε_1 和 ε_3，按照不同的应力比（$R=1.5$，2.0、2.5、3.0、3.5、4.0）进行试验，将计算出的 $\sigma_1+\sigma_3$ 和 $\varepsilon_1+\varepsilon_3$ 关系整理绘于图 3，ε_1 和 ε_3 关系整理绘于图 4。

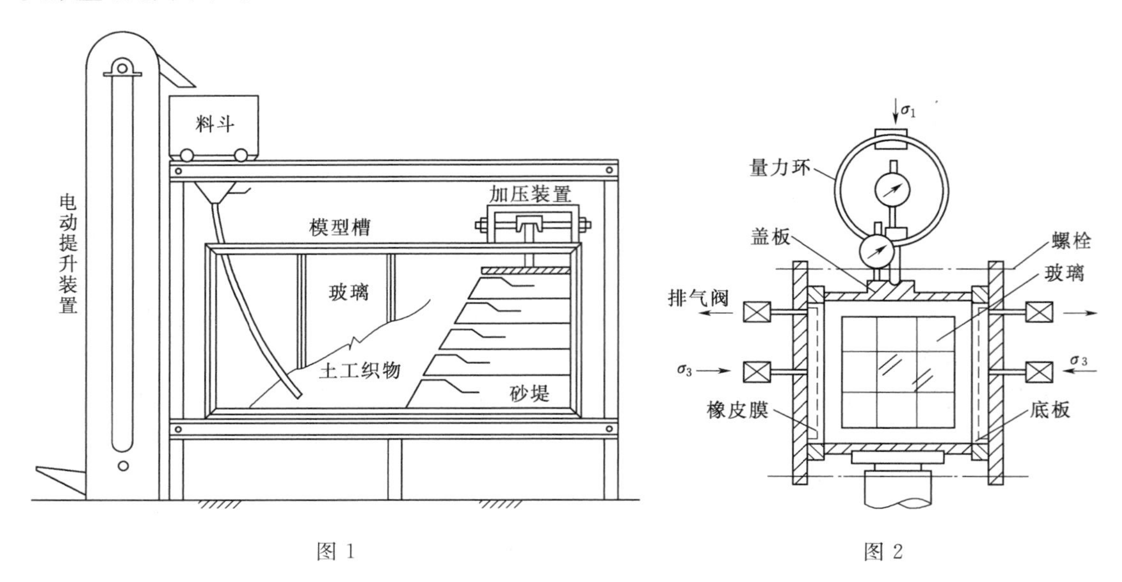

图 1　　图 2

$\sigma_1+\sigma_3$ 和 $\varepsilon_1+\varepsilon_3$ 关系可近似用幂函数表示：

$$\sigma_1+\sigma_3=a_p(\varepsilon_1+\varepsilon_3)^{b_p} \tag{1}$$

式中：a_p 和 b_p 是与应力比 R 有关的参数，可用拉格朗日插值函数整理得：

$$a_p=\begin{cases}181.92R^2-866.32R+1125.26 & (\text{当 } R\leqslant 2.5 \text{ 时})\\ 3.79R^3-16.96R^2+20.61R+91.66 & (\text{当 } R>2.5 \text{ 时})\end{cases}$$

$$b_p=\begin{cases}-0.234R^2+1.116R+0.818 & (\text{当 } R\leqslant 2.5 \text{ 时})\\ 0.268R^3-2.864R^2+10.29R-9.866 & (\text{当 } R>2.5 \text{ 时})\end{cases}$$

从图 4 可近似将 ε_3 和 ε_1 视为线性关系，泊松比 μ 也可表示为 R 的插值函数：

$$\mu=\begin{cases}0.0248R^2-0.1236R+0.515 & (\text{当 } R\leqslant 2.5 \text{ 时})\\ 0.0414R^3-0.4027R^2+1.317R-1.061 & (\text{当 } R>2.5 \text{ 时})\end{cases} \tag{2}$$

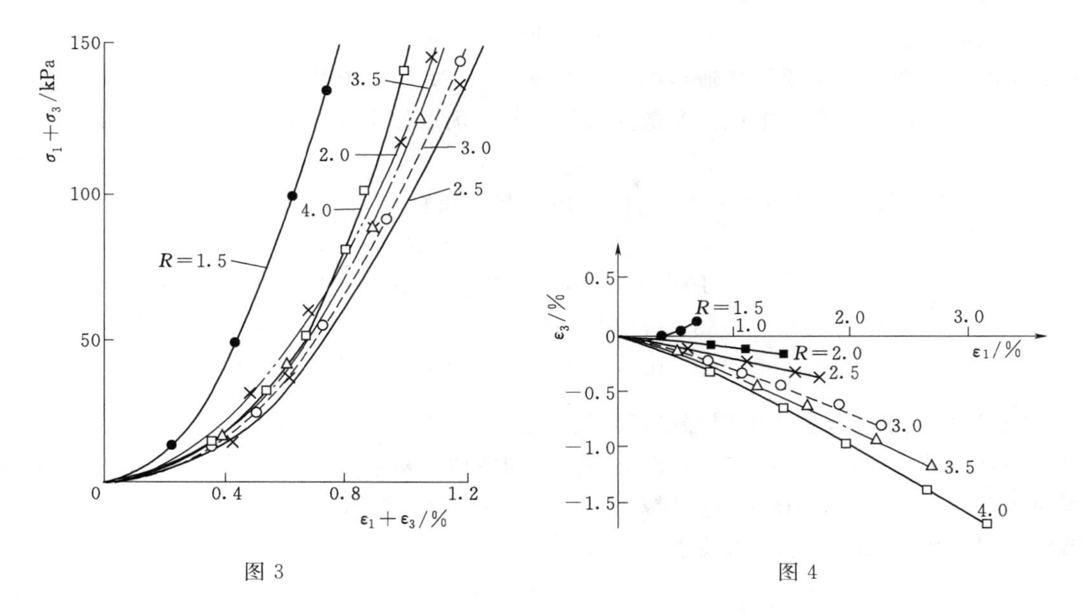

图 3　　　　图 4

（二）土工织物在砂土中拉伸应力应变关系

图 5 为试验装置，放在直剪仪上，上复压力 σ_N 用直剪仪的加压系统施加，拉力 T_1 直接由砝码施加，T_2 用量力环测读，设砂中织物的拉力呈线性分布，取织物的实际拉力为平均值 $(T_1+T_2)/2$。将两根钢针沿垂直于拉力方向固定于砂中的织物上，如试验用的有纺织物可直接将针穿过经纬纱的结点，并使两端皆伸出盒外。用显微镜测读织物受力后两钢针间距离的变化，取盒的两边测得的距离变化的平均值用以计算织物的应变 ε，图 6 为不同 σ_N 作用下织物的拉伸应力-应变曲线，可见随 σ_N 增高，织物的拉伸模量变大，这是因为上复压力限制了织物的横向收缩和纤维间结构的调整，使拉伸有效截面积不致大幅度

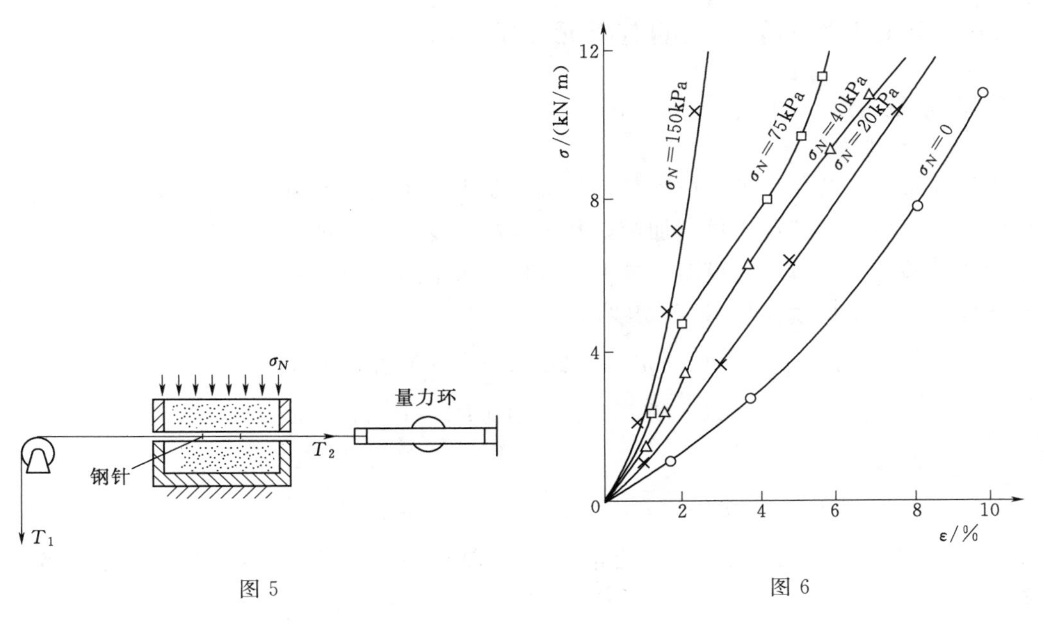

图 5　　　　图 6

减小，同时织物平面随砂土变形呈波浪形，使织物产生预拉伸，越过小应变时拉伸模量较小的阶段，从图 6 可见要找到适当的经验公式拟合 $\sigma_N=20\text{kPa}$、40kPa、75kPa 的曲线是困难的，为反映织物在土中拉伸模量变大的现象，仍近似用幂函数关系来模拟，即

$$\sigma=a_t\varepsilon^{b_t} \tag{3}$$

式中：σ 为单宽拉力，N/m，参数 a_t 和 b_t 由试验曲线确定：

$$a_t=\begin{cases}465+5.80\sigma_N & (\text{当 } \sigma_N\leqslant 20\text{kPa 时})\\419.5+8.07\sigma_N & (\text{当 } \sigma_N>20\text{kPa 时})\end{cases}$$

$$b_t=\begin{cases}1.383+0.00143\sigma_N & (\text{当 } \sigma_N\leqslant 40\text{kPa 时})\\1.422+0.00046\sigma_N & (\text{当 } \sigma_N>40\text{kPa 时})\end{cases}$$

（三）土工织物与砂土的界面剪切特性

用直剪试验确定砂与织物交界面剪应力 τ 和剪切位移 u 之间的关系，剪切盒的剪切面积为 150mm×150mm，试验时剪切盒的上下盒都装砂，将织物固定在下盒的上面，试验结果表明 τ 和 u 之间符合双曲关系[4]，即

$$\tau=u/(a+bu) \tag{4}$$

式中：参数 a 和 b 由试验曲线确定，它们都有明显的物理意义，$1/a$ 表示初始剪切刚度 λ_0，$1/b$ 表示抗剪强度 τ_f，根据剪切刚度的定义 $\lambda_s=\partial\tau/\partial u$ 整理得

$$\lambda_s=\lambda_0(1-\tau/\tau_f)^2 \tag{5}$$

由试验曲线确定抗剪强度：

$$\tau_f=\text{tg}\varphi_{sf}\sigma_N=\begin{cases}0.60\sigma_N & (\text{织物上界面})\\0.74\sigma_N & (\text{织物下界面})\end{cases}$$

式中：φ_{sf} 为砂和织物间的界面摩擦角。

四、土工织物加筋土坡的有限元分析

（一）模型特点

1. 土单元性质

土堤在填土荷载作用下，应力路径的特点是平均主应力不断增加，而大小主应力之比变化较小，故填土荷载属于单调加荷，其应力和应变是一一对应的。本文采用由平面应变等应力比试验确定的幂函数模型［参见式（1）］来描述土的性质。由弹性力学公式和平面应变条件可以导出切线模量 E_t 和切线泊松比 μ_t。

$$E_t=(1+\mu)(1-2\mu)\Delta(\sigma_1+\sigma_3)/\Delta(\varepsilon_1+\varepsilon_3) \tag{6}$$

$$\mu_t=(1-R\Delta\varepsilon_3/\Delta\varepsilon_1)/(1+R)/(1-\Delta\varepsilon_3/\Delta\varepsilon_1) \tag{7}$$

将式（1）代入式（6）得

$$E_t=a_pb_p(\varepsilon_1+\varepsilon_3)^{b_p-1}(1+\mu)(1-2\mu) \tag{8}$$

由图 4，对相同的 R，$\Delta\varepsilon_3/\Delta\varepsilon_1$ 可视为常数，实际应用时，将 μ_t 表示为 R 的插值函数，参见式（2）。

土单元的性质还可用 Duncan－Chang 模型（简称 D－C 模型）描述，其 8 个参数由固结排水三轴试验确定，列于表 1。

表 1

C	φ	K	n	R_f	F	G	D
0	33.8°	384	1.20	0.95	0.115	0.221	24.04

2. 织物单元的性质

采用织物在砂土中不同上复压力下的拉伸应力应变关系［参见式（3）］，则切线拉伸模量：

$$E_{ft}=a_t b_t \varepsilon^{b_t-1} \tag{9}$$

3. 界面单元性质

在织物与砂的上下接触面设置界面单元（图 7 中仅画出上界面），其厚度假设为零，切向弹簧剪切刚度 λ_s 参见式（5），法向弹簧刚度系数取大值，例如 $\lambda_n=10^6$kPa，以阻止界面单元上下结点的法向相对位移。

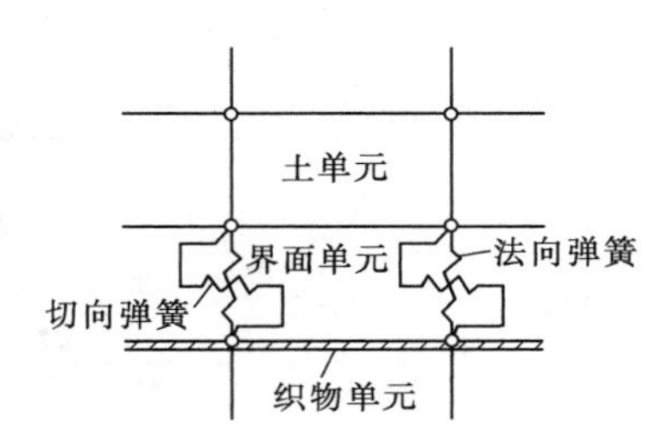

图 7

（二）程序特点

1. 增量迭代法计算变形和应力

2. 坡面翻卷织物的处理

如果将坡面翻卷织物模拟为一种新的单元，单元受力后曲率改变，分析单元性质、推导刚度矩阵十分困难。本文采取迭代法处理，考虑在水平织物层与坡面的交点，织物对该点上下砂结点的作用力 P_x 与砂对织物结点的作用力 F_x 大小相等，每级增量荷载首先以极限平衡理论推导出的水平侧压力 ΔP_x，平均作用在上下砂结点上。

$$\Delta P_x=K\gamma h^2$$

式中：γ 为砂土容重，h 为每层填土高度，K 为填土对坡角为 β 的陡坡坡面的水平侧压力系数。[4]

$$K=(1+\text{tg}^2\varphi\text{ctg}^2\beta-2\text{tg}\varphi\text{ctg}\beta)K_a \tag{10}$$

式中：K_a 为主动土压力系数，计算出相应的织物结点力 ΔF_x，如果两力相差小于 $0.05\Delta P_x$ 则迭代终止，否则以两力平均值作为砂结点荷载进入下一步迭代，计算表明：如果 ΔP_x 偏大，则 ΔF_x 比 ΔP_x 小很多，甚至出现负值，下次迭代的 ΔP_x 就显著减小，最多不超过 8 次迭代即可收敛。

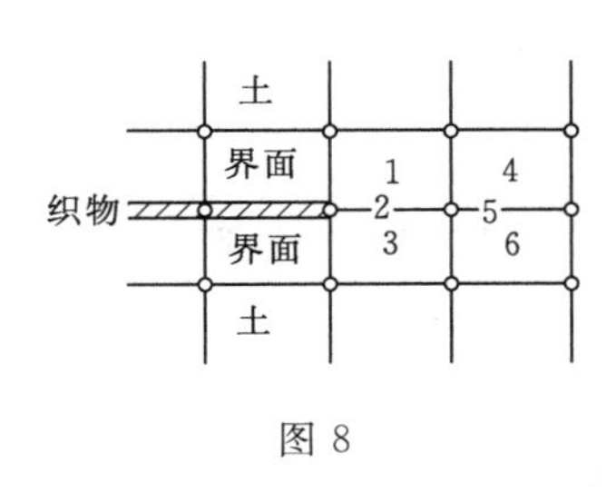

图 8

3. 织物端部单元

当织物较短，其端部单元如图 8 所示，因单元 2 和单元 5 没有织物，令它们的拉伸模量 $E_{ft}=0$，和织物没有公共结点的界面单元 4 和 6 的剪切刚度取大值，例如 $\lambda_s=10^4$kPa，以阻止该界面单元相应上下结点间的水平错位。这样处理可使单元划分统一，程序简单。

4. 砂单元破坏后应力的转移和结点坐标的修正

（三）计算结果和分析

1. 坡角 30°堤的有限元分析和试验比较

分别用 D－C 模型和幂函数模型计算位移场并和测读位移场比较，摘要列于表 2，可见幂函数模型计算结果相差较小，D－C 模型计算的水平位移偏大较多。原因在于变形条件不同，确定 D－C 模型参数时用轴对称试验反映平面应变问题，在轴对称试验中，径向拉应变 ε_r 较大（负值），表现在 ε_1 不大时，体应变 $\varepsilon_v=2\varepsilon_r+\varepsilon_1<0$（剪胀），而平面应变等应力比试验的 $\varepsilon_v=\varepsilon_1+\varepsilon_3$ 在整个剪切过程皆为压应变（图 3）。其次在于应力路径不同，三轴试验是在各向等压固结后，保持 σ_3 不变，增大 σ_1（即 R 不断增大）。不同的应力路径在到达同一应力状态时，应变值是不相同的，通常在整理 D－C 模型的 ε_r 和 ε_1 关系时，忽略各向等压固结引起的体积收缩，从而进一步过估剪胀值，导致较大的水平位移。

表 2

计算模型或试验	最大水平位移/mm	最大水平位移位置	结点水平位移总和/mm	最大垂直位移/mm	最大垂直位移位置	结点垂直位移总和/mm
试验	1.45	坡面上 0.45m 高程	17.50	2.46	坡肩下 0.45m 高程	28.30
D－C	2.13	坡面上 0.30m 高程	24.08	1.85	中心线 0.45m 高程	25.11
幂函数	1.50	坡面上 0.30m 高程	19.57	2.22	中心线 0.45m 高程	27.62

从表 2 还可发现，试验测得最大水平位移的位置比两种模型预测的位置高，这是因为在较高位置砂对玻璃壁的正压力小，水平位移受边壁摩擦影响较小的缘故。此外，较低处玻璃的侧向变形大也会使测读的水平位移偏小。

因幂函数模型的计算结果接近于实验观测值，下面的有限元分析均使用幂函数模型。

2. 60°坡角五层织物加筋堤有限元分析和试验比较

计算单元的划分参见图 9，计算和测读位移场的等值线绘于图 10，计算预测的最大水平和垂直位移分别在测读值的 12％和 10％误差之内，除测得的最大水平位移的位置偏高外，基本是相符的。计算得各层织物的最大拉力发生在堤的中心线处，与极限平衡理论推求的织物拉力比较见表 3，除最低层（高程 0.00）理论推求值未考虑地基摩擦而偏大外，

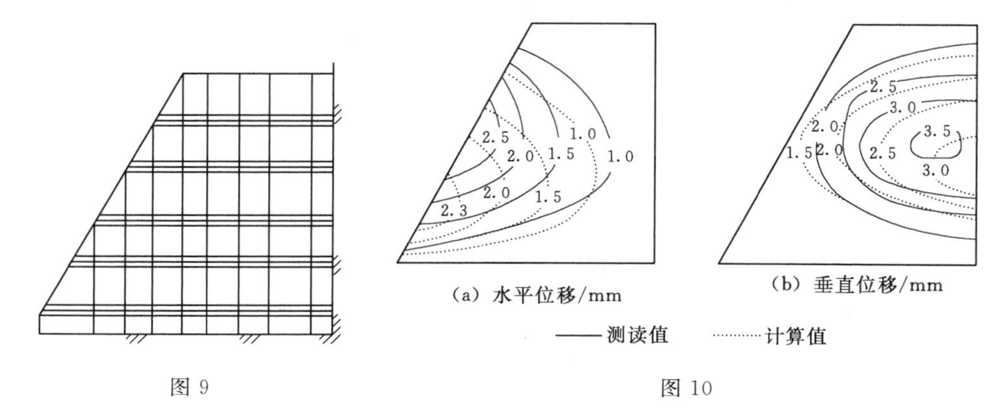

(a) 水平位移/mm　(b) 垂直位移/mm

图 9　图 10

其它各层是相符的。此外，从算得的各单元的应力水平 $S=(\sigma_1-\sigma_3)/(\sigma_1-\sigma_3)_f$（主应力差与破坏主应力差之比）可以看出坡面附近单元的 S 值皆等于 1，这说明了加筋陡坡的一个重要特性：被加筋土体已处于极限平衡或塑性状态，平衡是靠织物提供的拉力维持的。

表 3

织物高程/m		0.00	0.15	0.30	0.45	0.60	总和	不计最低层总和
织物拉力 /(kN/m)	理论值	0.084	0.148	0.113	0.074	0.046	0.465	0.381
	计算值	0.006	0.142	0.139	0.080	0.022	0.389	0.383

3. 改变设计参数的计算比较

把上文坡角 60°的 5 层织物加筋堤的计算结果作为比较基础，每次改变一个设计参数进行计算比较。每次改变的参数有：织物拉伸切线模量 E_{ft}，土和织物界面剪切刚度 λ_s，加筋织物长度 l，加筋层数 N，以及砂的相对密度。对比计算结果可得下面一些规律：①当E_{ft}增大到 2 倍时，最大水平位移减小到 85%，最大垂直位移减小到 88%，在 0.15m 高程线上垂直位移均匀程度变化不大，另外，随着 E_{ft}增大，砂单元的水平限制应力 σ_3 增大，坡面积物发挥的拉力增大。②当 λ_s 增大到 2 倍时，最大水平位移减小到 89%，最大垂直位移减小到 94%，在 0.15m 高程线上垂直位移趋于均匀，砂单元的 σ_3 增大。③当 l 减小时，水平和垂直位移增大，坡面积物发挥的拉力减小。④当 $N=2$ 时，水平和垂直位移显著增大，而织物拉力反而减小。⑤密砂的位移及应变减小了，同时砂单元的 σ_3 减小，坡面积物发挥的拉力变小，这说明对密砂加筋的相对效果较差。

五、结论

（1）土工织物的拉伸模量随土中压力的增加而变大，土中织物的拉伸应力应变关系可近似用幂函数表示。

（2）本文土的幂函数模型比 Duncan - Chang 模型计算结果更接近于模型试验。同时分析了 D - C 模型过估水平位移的原因。

（3）本文的 RESP 程序适用于加筋堤坡问题的分析，在选材和优化设计中具有一定优点。

（4）显微镜位移跟踪法为观察位移场、揭示变形机理及探求应力应变关系，提供了有力的工具。

参考文献

[1] Werner, C. J. et al. An instant road of steep reinforced geotextile. *Proc. of 3rd Int. Conf. on Geotextiles*, Vienna, Vol. Ⅰ, 1986, pp. 71 - 76.

[2] Andra Wes, K. Z. et al, The finite element method of analysis applied to soil - geotextile systems. *Proc. of 2nd Int. Conf. of Geotextiles*, Las Vegas, U. S. A., Vol. Ⅱ, 1982, pp. 695 - 700.

[3] 刘祖德，王钊，夏焕良. 显微镜位移跟踪法在土工模型试验中的应用，岩土工程学报，1989 (3).

[4] 王钊. 土工织物加筋土坡的设计与模型试验. 武汉水利电力学院博士论文，1988.

土工织物滤层淤堵标准的探讨

王　钊　陆士强

（武汉水利电力学院）

摘　要：本文对土工织物滤层的淤堵试验方法进行了综评，推荐用梯度比试验判别淤堵的程度，根据比较试验和理论分析，对试验方法和淤堵标准提出具体建议。

一、前言

土工织物在我国的应用中，约有20%用作滤层，这还不包括已有的90余座储灰坝、10多座尾矿坝中使用的土工织物[1]。

土工织物用作滤层时，水从被保护的土流过织物，水中的土颗粒可能封闭织物表面的孔口或堵塞在织物内部，产生淤堵现象，表现为渗透流量逐渐减小，同时在织物上产生过大的渗透力，严重的淤堵会使滤层失去排水过滤作用。

土颗粒对织物的淤堵主要取决于织物的结构型式、孔径的大小与土颗粒特征粒径的对比，以及水流的条件。目前还没有用于防止淤堵的设计公式，也没有统一的标准说明淤堵容许的程度（在砂滤层的设计中也存在同样的问题）。有的研究者指出，当土的特征粒径 d_{90} 和织物孔径 O_{90} 相接近时，最容易发生淤堵[1]。判断不同级配的被保护土与不同孔径分布的织物滤层是否会发生不容许淤堵的最好方法是进行淤堵试验。

淤堵试验一般要进行较长的时间，达1000小时（40天）[2]，甚至更长，观测渗透流量（或渗透系数）随时间的变化，检验是否能稳定在某个一定数值上。Lawson[3]建议用滤纸收集通过织物滤层的土颗粒，绘制每平方米织物通过的颗粒质量与时间的关系曲线，并指出：只要有土颗粒流失，渗透系数就不可能稳定，可能变大，也可能变小，将土颗粒不再流失作为滤层工作稳定（渗透流量不再变化）的标准。长期渗透试验的困难在于测量渗透系数的影响因素较多，例如伴随产生的生物淤堵和化学淤堵现象，土样和织物试样上可能积聚气泡等。渗透系数不易测准，同时很难给出渗透系数容许下降的幅度。长期渗透试验存在较多的问题，但它毕竟是滤层工作状况的直接模拟，故在条件许可的情况下，应尽可能持续试验到渗透流量稳定为止。

为了用较短的时间判断织物的滤层的工作情况，1972年美国Calhoun提议测量土和土工织物系统中水头损失的变化[4]，该法于1977年为美国陆军工程师兵团所接受[5]，定名为梯度比试验。目前已将这个方法提交给美国试验与材料协会土工织物及有关产品分委员会（ASTM D—35）[6]。梯度比试验装置参见图1。将常水头的水接通装有织物和被保

本文发表于1991年第3期《水力发电学报》。

护土的渗透仪，待渗流稳定后，以一定的时间间隔测读各测压管水位，并计算不同部位的水力坡降（水力梯度），取渗流稳定24小时后的水力梯度按下式计算梯度比GR：

$$GR=i_1/i_2 \tag{1}$$

式中　i_1——土工织物及其上方1吋（25mm）土样的水力梯度；

i_2——上方相邻近的2吋土（从织物上方25mm到75mm）的水力梯度。

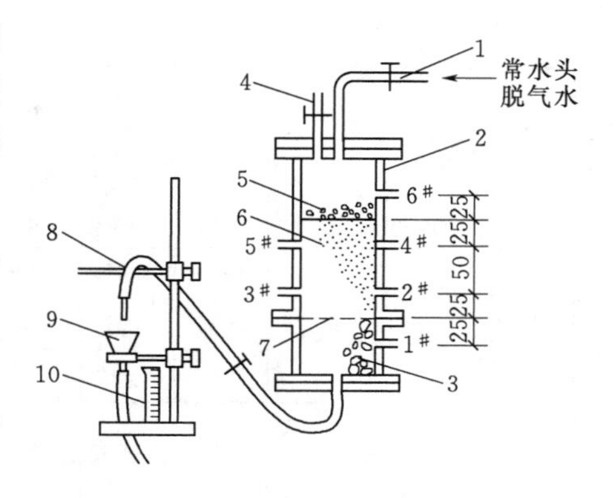

图1　梯度比试验装置图（单位：mm）

1—供水管；2—渗透仪；3—玻璃珠；4—溢水管；5—缓冲砾砂；6—土样；7—土工织物；8—调节管；9—漏斗集水管；10—量筒

#—测压管编号

梯度比试验延续的时间短，用测量多点的水位分布代替渗透系数的量测，方法比较简单。大量比较试验指出，当GR>3时，滤层将产生较严重的淤堵，渗透系数的下降将超过一个数量级，从而不能满足滤层的透水性要求，因此美国陆军工程师兵团制定的指导性规范中将GR≤3作为织物能满足滤层要求的标准。十多年来，很多研究者对梯度比试验进行评价[7,8]，在国内也出现了一些对比试验的论文[1]。

二、梯度比试验的评价

文献［8］中采用理想球形的渥太华砂，通过改变砂中粉粒含量的方法对四种有纺和两种无纺织物进行梯度比试验。将测得的梯度比与粉粒含量绘成曲线，如图2所示。可以看出粉粒含量越大，梯度比越大，也就是说容易产生不容许的淤堵。在不同类型织物中，热粘无纺与扁丝有纺最易淤堵；针刺无纺织物一般能满足滤层要求；而单丝有纺不容易淤堵，最适于作为无粘性土的滤层。

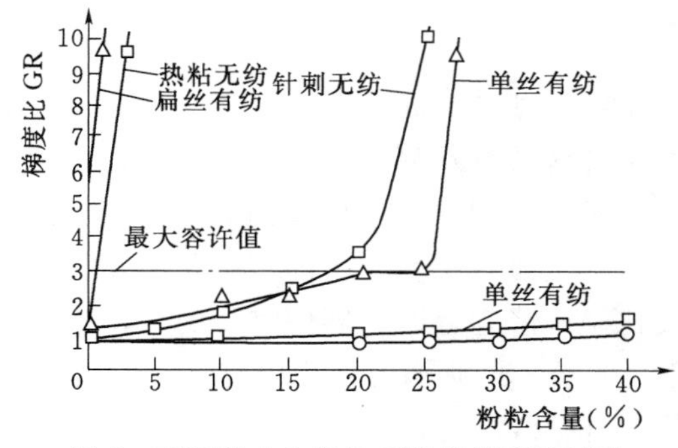

图2　不同的土和织物系统的梯度比试验

本文结合一些工程实际进行了无纺织物滤层的淤堵试验（部分试验结果参见表1），对土工织物的淤堵试验作了一些探索，得出一些看法。

表1

编号	工程名称	土工织物		被保护土							梯度比		渗透系数 k_{14} (cm/s)	
		规格 (g/m²)	O_{95} (mm)	γ_d (g/m³)	d_{15} (mm)	d_{50} (mm)	d_{60} (mm)	d_{85} (mm)	d_{60}/d_{10}	土名	起始	24小时	起始	24小时
1	丰宁县机井	400	0.098	1.47	0.065	0.082	0.090	0.12	1.5	轻砂壤土	1.58	0.73	0.0189	0.0090
2		400	0.091								1.31	0.59	0.0181	0.0087
3		400	0.060								1.33	0.80	0.0173	0.011

续表

编号	工程名称	土工织物		被保护土							梯度比		渗透系数 k_{14} (cm/s)	
		规格 (g/m²)	O_{95} (mm)	γ_d (g/m³)	d_{15} (mm)	d_{50} (mm)	d_{60} (mm)	d_{85} (mm)	d_{60}/d_{10}	土名	起始	24 小时	起始	24 小时
4	德兴县铜矿尾矿坝	270	0.135	1.60	0.09	0.19	0.24	0.40	3.0	尾细砂	1.48	0.60	0.0516	0.0505
5				1.65	0.07	0.13	0.16	0.20	2.8	尾粉砂	1.39	0.93	0.0304	0.0367
6				1.65	0.012	0.09	0.12	0.17	20	尾亚砂	1.11	0.82	0.00008	0.00007
7	咸宁县余码头闸	300	0.141	1.24	0.0035	0.016	0.024	0.047	11	重粉质壤土	1.93	0.84	0.00013	0.00009
8		350	0.123								0.98	1.24	0.000016	0.000015

注　k_{14}是用测压管 1 和 4 的水位差计算得装置的渗透系数。

（一）淤堵试验方法的选择

判断淤堵程度有两种途径：一是仅研究织物本身，观察其渗透特性的变化，例如比较试验前后织物渗透系数的大小；二是把土工织物连同受其影响的土层作为一个整体来考虑，研究土和土工织物系统的渗透特性变化。从土工织物滤层工作情况看，当土粒堵塞在织物孔口或内部时，织物的渗透系数必然是下降的，但作为一个土和织物的系统，随着邻近织物土层的细颗粒流失，系统的渗透系数不一定下降，或下降幅度很小，不影响滤层的工作状况（参见表 1 中的 k_{14}）。因此，第二种研究途径比较符合实际。梯度比试验的出发点就是观测系统各处测压管水位变化，据此可得到系统各处渗透系数的变化规律，因而其理论基础是正确的，是淤堵试验中较好的一种方法。至于淤堵的具体判别标准，还有待于完善以适应于各种情况。

（二）梯度比试验中的淤堵标准

将梯度比 GR＝3 作为淤堵的临界值，很多研究者提出不同的看法。关于梯度比 GR 的大小与织物渗透系数的关系，以及与土和织物系统渗透系数的关系，在下文还要详细讨论。笔者认为梯度比试验中除了梯度比的大小外，更重要的是观察梯度比的变化趋势。因为淤堵是滤层系统中土粒位置调整的过程，有些土这个过程很快，有的土就需要较长的时间。如果试验条件和测试手段是完善的，当梯度比呈下降趋势时，即使测得的 GR 略大于 3，也是容许的。因为试验中靠近织物的土层仅 1 吋厚，其上水力梯度的增大，只相当于加长了 1 吋土层的渗径，对整体不会有大的妨碍。相反，虽然 GR＜3，但变化趋势是上升的，也不能认为不会产生不容许的淤堵。

（三）试验用水

大量试验表明必须采用脱气水，应在抽气机中保持 710mm 水银柱负压下制备。如果用自来水，水中的气体将析出形成气泡，堵塞织物的孔隙，随着时间的推移，个别的气泡会连成一片积聚在织物表面，产生淤堵的假象。

（四）被保护土粒径和级配的影响

一般情况，对粒径分布均匀的土，只要 d_{50} 大于织物的等效孔径 O_{95}，就不会产生不容许的淤堵，例如表 1 中编号 3 的试验，梯度比呈下降趋势且 GR＜3，而整个系统的渗

透系数 k_{14} 下降较小。对于 d_{50} 小于 O_{95} 的情况，例如表 1 中编号 2 的试验，在试验结束后分别取织物上方 1cm 和 7cm 处土样进行颗分试验，其中粒径小于 0.06mm 的粒组含量，在 1cm 处为 3.69%，7cm 处为 10.35%，接近天然状况。可见邻近织物土的细颗粒进入织物孔隙，含量减小，留下的粗颗粒形成了反滤拱架，降低了这段水头差并阻挡离织物较远处细颗粒的流失，这时织物仅起形成土粒反滤层的媒介和保护作用。从颗分结果可以看出，7cm 处积聚的细颗粒含量相当于 1cm 处细粒含量的 3 倍，故 i_2 值增大，梯度比 GR 减小，这种情况不会产生不容许的淤堵是可以理解的。

（五）试验持续的时间

在按图 1 接好装置后，必须在各测压管水位齐平后再开始渗流，而试验起始的时间应是渗流稳定之时。对于粉粒或粘粒含量较大的土，如表 1 中编号 6、7、8，上述两段时间需要 2～5 小时。渗流稳定的标准由 2# （或 3#）测压管水位变化而定。如果每小时变化不超过 10mm 即认为渗流稳定了。至于渗流稳定持续的时间应根据梯度比是否稳定而决定，例如表 1 中编号 1～5 的试验，梯度比随时间持续下降（其中 2 和 5 参见图 3），这种情况持续 24 小时就够了。对于粉粒、粘粒含量较大的土，持续 24 小时后梯度比仍没有稳定（参见图 3 中 6 和 8），这时就应将试验持续下去，直至稳定为止。文献［7］指出，试验趋于稳定的时间对于砂土只需几个小时，对于粉砂约需近 100 小时，而对粘粒含量高的土差不多要 200 小时。图 3 中 6 和 8 在持续 50 小时后，梯度比趋于稳定下降。

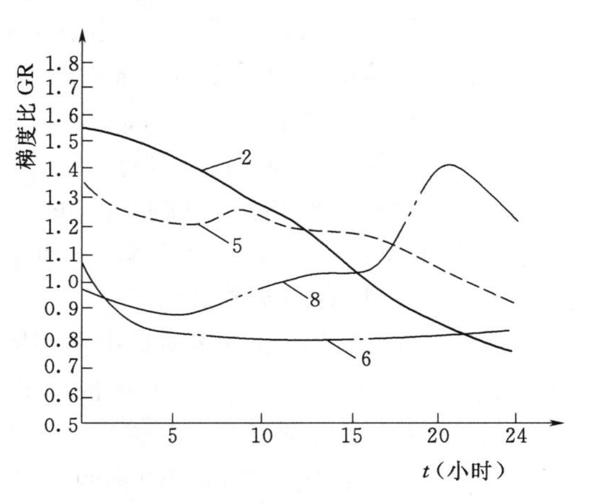

图 3　梯度比随时间的变化

（六）被保护土密度和试验水头的影响

梯度比试验中土样的相对密度 D_r（或制样干容重 γ_d）可由填土施工的要求确定；试验水头（或装置的水力梯度 i）在规范中没有规定，不同的研究者采取不同的数值。例如文献［9］中采用 $i=20$，文献［10］中采用 $i=6$。一般情况，对粉粒、粘粒含量大的土，应采用大的水力梯度。笔者制备三种不同相对密度的丰宁砂，用 $i=5$ 持续试验 24 小时，

表 2

砂密度 \ 梯度比 \ 水力梯度		$i=50$		$i=20$
		起始	24 小时	25 小时
D_r	γ_d(g/cm³)	GR	GR	GR
0.4	1.40	1.31	0.72	1.17
0.6	1.47	1.28	0.80	1.11
0.8	1.55	1.24	1.11	1.09

然后增大到 $i=20$ 再持续 1 小时，测得的梯度比见表 2。可见相对密度大的土，24 小时后梯度比 GR 较大，且梯度比变化幅度较小，同时受水力梯度 i 变化的影响较小。水力梯度对中密和松散的土有明显的影响，大的渗透力使土密实，故大的水力梯度测得的梯度比增大。

（七）织物的含沙量

表 1 中的各项试验，在渗流的后期接水样 600 毫升，沉淀一夜后，均未发现土粒。试验结束后，检查织物试样的背水面也无土颗粒。但织物内部截留的土颗粒是不相同的。定义

$$\mu=(m_1-m_0)/(A\delta) \tag{2}$$

式中　μ——单位体积织物试样的含土量，g/cm³；

m_1——试验后织物试样的烘干质量，g；

m_0——试验前织物试样的质量，g；

A——织物试样的透水面积，cm²；

δ——织物试样的厚度，cm。

在测 m_1 时是将织物试样与土接触的一面朝下放置在清水中，浸泡 30 分钟，让试样表面粘着的土粒自然沉淀，然后再取出烘干。μ 值可作为淤堵程度的辅助标准，同时可作为选择滤层用织物时的参考指标。

对梯度比试验的评价更多地集中在 GR＝3 的临界值确定的问题上。大多数研究者发现 GR 值很少大于 1.5（表 1 中 GR 都小于 1.5），故建议 GR 值应选在 1.5 以下[1]，如果不容许淤堵发生，必须满足 GR≤1 的条件[11]。也有认为 GR＝3 偏小，还可以大些[12]。实际上，GR 值直接决定于临近织物的土层性质与织物系统渗透系数下降的程度，对适合于用梯度比作为判别淤堵指标的土类很有可能 GR 值是一个范围，而不是 3 这一个数。

三、梯度比与渗透系数

在滤层设计的透水性准则中要求土工织物的渗透系数大于被保护土的渗透系数。在梯度比试验中，取土的渗透系数为比较对象，推导出不同梯度比时织物渗透系数下降的比例，以及织物和被保护土系统的渗透系数下降的比例，这对确定梯度比的临界值是有用的。

图 4 为梯度比试验装置的简图。图中各符号的意义为

δ——织物试样厚度；

L——测压管 1 和 2 间土厚；

$2L$——测压管 2 和 4 间土厚；

h_{24}——测压管 2 和 4 的水位差；

h_{12}——测压管 1 和 2 的水位差；

h_g——土工织物的水位差；

h_s——L 厚度土层水位差。

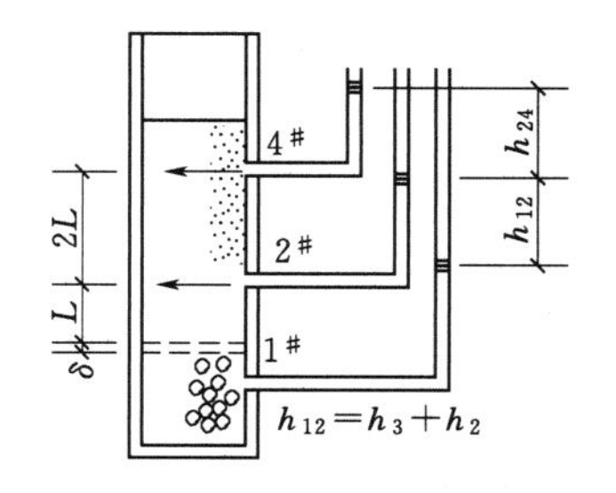

图 4　梯度比试验装置示意图

令：k_{24}^s——$2L$ 土层的渗透系数，因这层土距织物较远，它近似代表了土的渗透系数；

k_{12}——L 土层与织物系统的渗透系数；

k_{12}^{s}——L 土层的渗透系数，因这层土距织物近，随土粒的流失，它可能变大；

k_{12}^{g}——织物的渗透系数。

由梯度比的定义

$$GR=\frac{i_1}{i_2}=\frac{(h_s+h_g)\cdot 2L}{(L+\delta)\cdot h_{24}}$$

由上式得

$$h_g=\frac{GR(L+\delta)}{2L}h_{24}-h_s \tag{a}$$

根据达西定律 $v=ki$，在淤堵试验中各截面的流速相等，即

$$k_{24}^{s}i_2=k_{12}i_1=k_{12}^{s}\frac{h_s}{L}=k_{12}^{g}\frac{h_g}{\delta}$$

由上式得

$$\frac{k_{24}^{s}}{k_{12}}=\frac{i_1}{i_2}=GR \tag{3}$$

$$\frac{k_{24}^{s}}{k_{12}^{g}}=\frac{2Lh_g}{\delta h_{24}} \tag{b}$$

$$h_s=\frac{k_{24}^{s}}{2k_{12}^{s}}h_{24} \tag{c}$$

将（c）式代入（a）式得

$$h_g=\frac{h_{24}}{2L}\left[GR(L+\delta)-L\frac{k_{24}^{s}}{k_{12}^{s}}\right]$$

将上式代入（b）式得

$$\frac{k_{24}^{s}}{k_{12}^{g}}=\frac{L+\delta}{\delta}GR-\frac{L}{\delta}\frac{k_{24}^{s}}{k_{12}^{s}} \tag{4}$$

（3）式为土的渗透系数 k_{24}^{s} 与土和织物系统渗透系数 k_{12} 之比，比值即为梯度比，故梯度比 GR 表示土和织物系统渗透系数相对于土的渗透系数下降的倍数。

（4）式表示织物的渗透系数 k_{12}^{g} 相对于土的渗透系数 k_{24}^{s} 下降的倍数，它与 GR 值有关，同时取决于 k_{24}^{s}/k_{12}^{s}，后者是土的渗透系数与邻近织物的土的渗透系数之比。如果邻近织物的土中细颗粒被水带走，则 k_{12}^{s} 变大，k_{24}^{s}/k_{12}^{s} 小于 1，如细颗粒没有流失，则 k_{12}^{s} 不变，k_{24}^{s}/k_{12}^{s} 等于 1。为观察（4）式的变化规律，取 k_{24}^{s}/k_{12}^{s} 分别等于 0.5 和 1.0，并令 $\delta=0.1L$，将（4）式中各量的变化列于表 3。

表 3

$^{s}_{24}/k^{g}_{12}$ \ GR k_{24}^{s}/k_{12}^{s}	1.0	1.5	2.0	2.5	3.0
0.5	6	11.5	17	22.5	28
1.0	1	6.5	12	17.5	23

从表 3 可以清楚看出织物渗透系数 k_{12}^{g} 相对于土的渗透系数 k_{24}^{s} 下降的倍数，例如邻近

织物土中的细颗粒没有流失（$k_{24}^{s}/k_{12}^{s}=1.0$），当 GR＝3.0 时，$k_{12}^{g}$已下降到 k_{24}^{s}的 1/23。如果淤堵设计准则中给出织物渗透系数下降的限度，例如等于被保护土渗透系数的 1/10，则根据（4）式或表 3 可选择 GR 在 1.5 到 2.0 之间。从表 1 也可以看出，对不同的织物和不同粒径分布的土，GR 值都小于 1.5，整个装置的渗透系数 k_{14}最多下降到初始值的一半左右，因此，选 GR 的临界值为 1.5 是可行的。

四、结语

1. 淤堵问题是土工织物能否用作滤层的关键，淤堵的程度可用梯度比是否稳定下降和 GR 的大小来判别，并将装置的渗透系数 k_{14}和单位体积土工织物中含土量 μ 作为辅助判别标准。

2. 梯度比 GR 值等于土的渗透系数 k_{24}^{s}与织物和邻近土系统的渗透系数 k_{12}的比，同时和织物本身渗透系数 k_{12}^{g}的下降有关，据此可选择 GR 的临界值为 1.5。

3. 淤堵试验必须用脱气水，避免水中析出的气泡堵塞织物的孔隙。

4. 梯度比试验持续的时间，对被保护土的特征粒径 d_{50}大于织物等效孔径 O_{95}的情况只需 24 小时，当 $d_{50}<O_{95}$时，应根据梯度比或装置的渗透系数是否稳定来确定。

5. 梯度比试验中装置的水力梯度 i 在 5 到 20 之间，对粉粒或粘粒含量大的土取较大值，对松散和中密的砂土，梯度比 GR 随水力梯度而增加，对密实的砂土，水力梯度影响较小。

本文是结合原水利电力部下达的“土工合成材料测试标准化研究”项目而撰写的。对土工织物生产厂家无偿提供了大量试样，谨在此表示衷心谢意。

参加试验工作的还有张路、彭桂珍、胡幼常和胡丹兵，在此表示感谢。

参考文献

[1] 中国水力发电工程学会土工合成材料委员会，土工合成材料技术协作网. 第二届土工合成材料科学术会议综合报告，1989.10.

[2] R. M. Koerner and J. P. Welsh. Designing with Geotextiles，John Wiley & Sons，1986.

[3] C. R. Lawson. Filter Criteria for Geotextiles: Relevance and Use，Journal of the Geotechnical Engineering Division ASCE，Vol. 108，No. GT10，October 1982.

[4] C. C. Calhoun. Development of Design Criteria and Acceptance Specification for Plastic Filter Cloth，Army Corps of Engineers，Waterways Experiment Station，Vicksburg，MS，June 1972.

[5] Department of the Army Corps of Engineers. Guide Specification for Plastic Filter Fabrics，1977.

[6] L. D. Suits. ASTM Geotextiles Committee Testing Update，Geotechnical Testing Journal，No. 12，1985.

[7] R. M. Koerner and F. K. Ko. Laboratory Studies on Long - Term Drainage Capability of Geotextiles，Proc. 2nd Int. Conf. Geotextiles，Las Vegas，Aug. 1 - 6，1982.

[8] T. A. Haliburton and P. D. Wood. Evaluation of U. S. Army Corps of Engineers Gradient Ratio Test for Geotextile Performance，Proc. 2nd Int. Conf. Geotextiles，Los Vegas，Aug. 1 - 6，1982.

[9] 伍碧秀，钟翠华. 土工织物水力特征试验，中国土工织物学术会议论文选集，1987.

[10] W. Schober. Filter – Criteria for Geotextiles, Design Parameters in Geotechnical Engineering, BGS, London, Vol. 2, 1979.

[11] W. Dierickx, Model Research on Geotextile Blooking and Cloggig in Hydraulic Engineering. Proc. 3rd Int. Conf. Geotextiles, Vienna/Austria, 1986.

[12] Revision of Manual on the Use of Geotextile in Transportation – Related Applications (Draft), U. S. A.

用土工织物处理膨胀土渠道的滑坡

张学民[1]　王　钊[2]

（1. 湖北省襄樊市水利水电工程团；2. 武汉水利电力学院）

摘　要：本文通过引丹五干渠渠道滑坡的处理，阐明土工织物在膨胀土渠道治理上的应用，总结了设计和施工方法，给出了运行效果的观察和经济效益的比较。

一、概述

膨胀土是一种吸水膨胀软化、失水收缩开裂的特种粘性土，其矿物成分以亲水的蒙脱石和伊利石为主。由于它遇水后强度大幅度下降，一旦土坡产生初始变形，抗剪强度就迅速从峰值下降到残余值，因而给水利工程带来很大的危害，如渠坡失稳引起渠道堵塞或结构物破坏。

湖北省鄂北岗地是我国膨胀土的主要分布区域之一。从1972年引丹灌区开始建设以来，水利工程不断受到膨胀土的危害，在处理各种类型膨胀土破坏过程中积累了一定的经验，也找到了一些行之有效的工程措施，例如修建涵洞、挡土墙，采用植被保护和掺石灰改性等。

土工织物是一种应用于岩土工程的新材料，它具有耐腐蚀、强度高等特点，同时具有排水反滤性能，用它来处理滑坡，不仅可加速土体排水固结和增强土体强度，提高渠坡的稳定性，而且施工操作简便、工期短、投资省。为此，我们在引丹五干渠膨胀土滑坡的处理中进行了首次尝试。

二、工程简况

引丹五干渠设计流量17m³/s，其下段——从淳水泉至姚山水库长17km，1988年春全线竣工不久，还未通水运用，就因夏天雨水淋湿而发生了滑坡，致使渠道堵死，严重的有军干校和何段家等七处。1989年春采用减载回填、掺砂改性、修建涵洞和挡土墙等措施对滑坡进行处理。其中在军干校附近的一处滑坡，长18m，高5.2m，是由渠坡坡顶的堰塘渗水引起的，在处理时，挖除部分滑坡土体后，水下部分采用土工织物分层铺土回填，每层厚度20cm左右，总铺设高度2.3m。为防止坡面织物老化，在坡面设置了30cm厚掺砂土保护层，其断面结构如图所示。土工织物在此起加筋、隔离、排水固结和增加渠坡及软基稳定的作用。为排除渗水，在渠底内坡角挖一道纵向排水沟和垂直水流向四道横

本文发表于1991年第6期《水利工程管理技术》。

参加本项研究工作的还有周兵华、徐荣惠和樊艳等人。本项研究工程受到湖北省水利学会和水电科学基金会的资助。

向排水沟，沟的断面为0.3m×0.3m（图中未画出），沟内填满砾石。

1. 膨胀土的性质

在滑坡现场取原状土样进行室内试验，测得的主要性能指标列于表1。其中反演强度指标系根据滑动面原型观测，反算得滑动时土体的平均强度。从表1可见，反演强度远低于峰值强度，但仍大于残余强度，同时凝聚力c值很小，设计时不计凝聚力，取内摩擦角ϕ等于10°。试验测得自由膨胀率为84%。按照《膨胀土地区建筑技术规范》（GBJ 112—87），当自由膨胀率大于40%时定为膨胀土，可见五干渠的土为偏强的膨胀土。

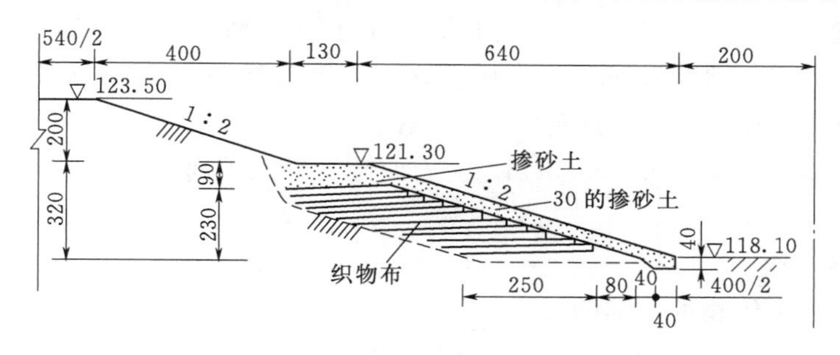

土工织物加筋渠坡断面图（单位：cm）

表1　　滑坡体土样特性指标

含水量/%	干湿容量/(g/cm³)		粒径分布/%			液限/%	塑限/%	峰值强度		残余强度		反演强度		自由膨胀率/%
ω	γ_d	γ	<0.05 mm	<0.005 mm	<0.002 mm	W_L	W_P	C_f /kPa	ϕ_f /(°)	C_r /kPa	ϕ_r /(°)	C /kPa	ϕ /(°)	
23.7	1.50	1.85	100	35.4	22	51.5	27.7	36.5	24.4	5.3	3.6	25	9.3	84

2. 土工织物的性能和技术指标

根据土工织物治理滑坡工程的设计要求，选择的织物应满足强度高、密度大、渗透性能好的产品。通过比较选定襄樊市塑料三厂生产的聚丙烯有纺织物。产品的幅宽为90cm，幅长100m，厚度0.25～0.45mm，系扁平单丝织成，其经纬密度为14×14丝/英寸²。经过多次反复试验，实测性能指标列于表2。

表2　　土工织物性能指标

项目			
单丝抗拉强度/N		34.3	32.4
织物延伸率/%		19	20
织物质量/(g/m²)		87	91
织物抗拉强度 N/5cm	经向	514.9	566.8
	纬向	492.3	567.8
孔径/mm	最大	0.40	0.48
	最小	0	0
	平均	0.08	0.14

三、工程设计

（一）土工织物加筋层布置

1. 间距和层数

加筋层间距 h 由最低层土对边坡的水平推力确定，用式（1）计算：

$$h \leqslant \frac{[\tau]}{K\gamma H} \tag{1}$$

式中：$[\tau]$为织物的容许抗拉强度，一般取抗拉强度的 40%；γ 为回填土的湿容重；H 为加筋土坡的高度；K 为对边坡的侧压力系数，取决于坡角 β 和内摩擦角 ϕ，$K=(1+\text{tg}^2\phi\text{ctg}^2\beta-2\text{tg}\phi\text{ctg}\beta)K_a$，$K_a$ 为主动土压力系数。

代入有关数据，计算得 $h=23.5\text{cm}$。为方便施工采用等间距布置，在 2.3m 范围内布置 11 层。

2. 土工织物长度

用下式计算土工织物的平铺的长度：

$$L=L_a+L_d \tag{2}$$

式中：L_a 为坡面与朗肯破坏面间的最大距离，可由下式：$L_a=H_0\left[\text{tg}\left(45°-\frac{\phi}{2}\right)-\text{tg}(90°-\beta)\right]$计算，$H_0$ 等于 2.3m；L_d 为朗肯破坏面后面（坡体内）织物长度，该段织物起抗拔出作用，$L_a=(F_pKh)/(2\text{tg}\phi_{sf})$，$F_p=3.0$，$F_p$ 为抗拔出安全系数，ϕ_{sf}为土与织物间的界面摩擦角，可近似取 $\phi_{sf}=0.8\phi$，系数 2 代表抗拔出织物有上下两个摩擦面。

用上式计算所需土工织物长度较小，考虑到挖除的部分滑坡体较厚，设计长度取 2.5m，各层长度相等。

（二）土工织物的反滤要求

根据土工织物的孔径和被保护土的特征粒径进行设计。

1. 保持土粒、防止管涌准则

（1）从经典粒状滤层设计准则推广到织物[2]：

$$O_e<d_{85} \tag{3}$$

式中：O_e 为土工织物等效孔径；d_{85} 为土的特征粒径，即土中按重量 85%的土粒粒径比 d_{85} 小。查颗分曲线 $d_{85}=0.024\text{mm}$。核准则不能满足，它没有考虑被保护土的粒径分布，而粒径分布的不均匀性对天然滤层的形成具有影响，故改用下述准则。

（2）考虑到被保护土的级配（不均匀系数 C_u）[3]：

$$O_e<(1.0-2.0)C_ud_{50} \tag{4}$$

式中：d_{50}为土的特征粒径，即土中按重量 50%的土粒粒径比 d_{50} 小。查颗分曲线 $d_{50}=0.0085\text{mm}$，$C_u=15.7$。因此该准则能够满足。

2. 透水性准则

（1）织物渗透系数应大于土的渗透系数。

$$K_{织} \geqslant 10K_{土} \tag{5}$$

一般织物的渗透系数为 10^{-2}cm/s，而实测膨胀土的渗透系数小于 10^{-6}cm/s，该准则满足。

（2）考虑织物孔径和土粒大小应满足[2]：

$$O_e > d_{15} \tag{6}$$

式中：d_{15} 为土的特征粒径，即土中按重量 15% 的土粒粒径比 d_{15} 小。查得 d_{15} = 0.0006mm，该准则也能满足。

从上面的计算可见设计是符合要求的。

四、施工工序

1. 铺设前的准备

挖除部分滑坡体，整平基础，清除树根等杂物，铺 0.1m 厚砂垫层。

2. 织物的铺设

将织物经向垂直于渠道轴线铺好，幅间搭接 6～10cm，用聚丙烯线缝成整块，然后，人力拉平，避免皱折或绷拉过紧。

3. 织物的固定、铺土程序

用竹签将织物边缘和四角固定在基土上，再用铁锹均匀撒土，从织物的一边铺向另一边。

4. 夯实

每层填土厚 30cm 左右，人工夯实达控制干容重后，再进行下一道工序。

五、位移观测和经济效益

为观测坡面的位移，制作了简易沉降板，即在 200mm×200mm×10mm 钢板的中心垂直焊一根长 40cm、ϕ20 的钢筋。将 11 块沉降板逐层布置在坡面织物层上，钢筋头刚好露出坡面以外。分别在施工后一段时间内和降雨、冻融前后进行观测。一年半来实测的最大沉降量为 2cm，水平位移量为 1cm。渠坡的稳定性很好。

土工织物处理方案有效地减小挖填方工程量。整个滑坡体方量为 1445m^3，如采用半挖半填方案也需处理 575m^3。而采用土工织物处理方案仅 176m^3，工程实际总费用与半挖半填方案相比，节省了 25.8%。

从运行效果和经济比较看，土工织物不仅可用于滑坡后的整治，同样可以用于渠坡变形的防护。

参考文献

[1] 王钊．土工织物加筋陡坡的设计和模型试验，武汉水利电力学院学报，1988（5）.

[2] David. J. H. . Geotextiles as Filters，Ground Engineering，1984，March，PP29－42.

[3] Giroud，J. P. . Filter Creteria for Geotexlites，Proc. 2nd. Int. Conf. on Geotextiles. Vol. 1. 1982，PP103－108.

土工织物的拉伸蠕变特性和预拉力加筋堤

王 钊

（武汉水利电力学院水利系）

摘 要： 本文比较了土工织物在不同约束条件下的拉伸和蠕变试验结果，推荐用砂土中的试验特性作为设计标准，此外，还提交了砂堤、土工织物加筋堤和预拉力土工织物加筋堤的模型试验结果。

一、前言

土工织物加筋可以提高土堤的稳定性和减小不均匀沉降，因此得到广泛的应用。土工织物加筋可以起到下面几个作用：一是借助织物与土的摩擦力，使织物中产生拉力，提高堤坡的稳定性；二是织物（特别是无纺织物）具有良好的导水能力，可以加速土堤的固结，增加土自身的抗剪强度；三是织物起到张力膜的作用，使堤基的沉降趋于均匀。加筋堤对织物的基本要求是具有一定的抗拉强度和拉伸变形模量，使得织物在产生较小拉伸变形时，能发挥较大的拉力。

为了弄清土工织物加筋堤的特性，必须首先研究影响土工织物拉伸性能的因素，包括土的约束对织物抗拉强度和变形模量的影响；土工织物在土中的蠕变和应力松弛规律。在此基础上完成了砂堤、加筋砂堤和预拉力加筋堤的模型试验，通过对位移场的观测比较，从而分析了加筋堤，特别是预拉力加筋堤的作用。

二、土工织物的拉伸特性

拉伸试验的内容包括下面几个方面：有纺和无纺织物的抗拉强度及伸长率的测定，并比较试样宽度的影响；砂土中承压情况下织物抗拉强度的比较；有纺和无纺织物的应力应变关系，其中考虑平面应变条件、传递压力的介质和拉伸速率的影响。

（一）土工织物无约束拉伸的强度和伸长率

1. 试验设备

拉伸机型号 WF－10B，为液压式万能试验机。配自制夹具，长 280mm，沿拉伸方向宽 50mm，夹具面有五道啮合的矩形槽口，可有效地防止织物的滑动。拉伸速率调节在 100mm/min。

本文发表于 1992 年 3 月第 14 卷第 2 期《岩土工程学报》。
本文为水利水电科学基金资助项目的研究成果。

2. 试样

共采用六种织物试样，参见表 1。其中三种无纺织物均为 400g/m^2 的产品。试样宽度分别为 50mm 和 200mm，夹具间距为 100mm。

表 1

织物试样			50mm 宽		200mm 宽		
型式	编号	材料	最大强度/(kN/m)	伸长率/%	最大强度/(kN/m)	伸长率/%	横向收缩率/%
无纺	A	维尼纶 50% 丙　纶 50%	13.0/15.6	75/54	14.8/15.9	106/75	41/65
	B	涤纶	13.2/12.5	38/53	15.4/11.9	53/58	57/73
	C	涤纶	6.4/9.5	8/15	17.0/18.2	44/65	67/78
有纺	D	涤纶	18.4/18.6	12/14	15.0/16.0	16/21	
	E	聚丙烯	12.7/23.6	11/16	21.0/28.2	12/13	
	F	聚丙烯 90% 聚乙烯 10%	15.7/16.3	9/13	20.3/22.7	33.3/19.8	

注　斜线左和右分别为纬向和经向试验结果。

3. 试验结果和分析

试验结果列于表 1，分析试验结果可知：

(1) 试样断裂过程延续时间较长，特别是无纺织物，故抗拉强度取整个拉伸过程的最大值，并计算达最大值时的伸长率。

(2) 有纺织物抗拉强度一般大于无纺织物，而伸长率则呈相反的规律。

(3) 织物的经向拉伸强度大于纬向，但也有例外，如试样 B。

(4) 宽试样强度较窄试样的高，且伸长率也表现出同样规律。

(5) 无纺织物试验的成果离散性更大，这种不均匀性在抽查单位面积质量时也有所反映。一般情况，宽试样的离散误差较窄试样小。

(二) 土工织物在砂土中的断裂强度

试验装置如图 1 所示，上覆压力 σ_N 由砝码通过杠杆装置施加，拉力 T_1 用砝码施加，加荷速率为 2kg/5s，T_2 由量力环测定，设砂土中织物的拉力呈线性变化，取织物的拉力为 $(T_1+T_2)/2$。

试样的形式和布置如图 2 所示，以保证断裂部位处于砂中。

用上述装置首先移去上盒做 $\sigma_N=0$ 的拉伸试验，测得的断裂强度与表 1 中数据有较大

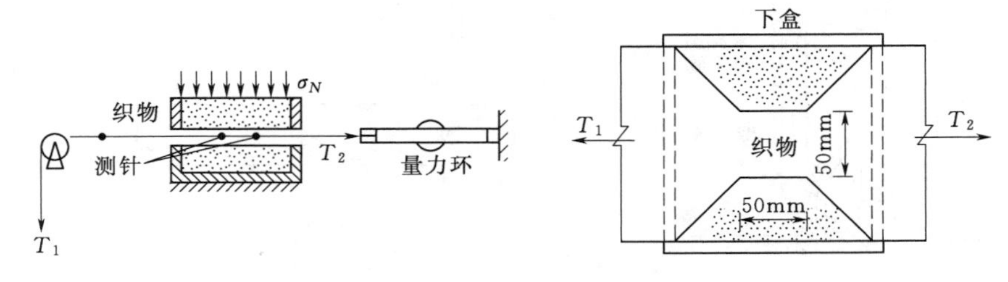

图 1　砂土中拉伸试验　　　　图 2　试样形状和布置

差别，为便于比较，设为单位值。表2中给出不同 σ_N 作用下测得的断裂强度与 $\sigma_N=0$ 测得断裂强度的比值。可以看出，随着上覆压力的增加，两种织物的断裂强度都有所增加，其中无纺织物增长的幅度较大。

表 2

织物类型	断裂强度比值		
	$\sigma_N=0$	$\sigma_N=75$kPa	$\sigma_N=150$kPa
无纺（C）	1	1.37	1.59
有纺（F）	1	1.11	1.20

（三）土工织物的应力应变关系

为了比较土工织物在不同约束条件下的应力应变关系，并观察拉伸速率对拉伸模量的影响，除了前述的无约束拉伸试验外，还测定了以下四种条件下织物的应力应变关系，有的试验因加载条件所限，织物没有达到断裂。

1. *在压力水中的拉伸试验*

这个试验的目的是研究织物表面承受法向压力，但没有介质摩擦作用情况下的拉伸性能。试验在三轴剪切仪上进行，垂直压力由围压系统供给，$\sigma_N=150$kPa，拉力由轴向加压杆反向位移施加，即在杆顶连接杠杆用砝码加拉力。织物的宽度为90mm，外包一层三轴试样橡皮膜（ϕ61.8mm），夹具间距100mm，橡皮膜长于织物试样，两端折叠，并用胶水密封后装在夹具里。膜的中央设排气管，加围压排出织物中的空气后，关闭排气阀。织物的伸长用装在轴向加压杆上的百分表量测。整个装置参见图3。织物试样为无纺织物 C 和有纺织物 F。

2. *无纺织物平面应变拉伸*

在无约束拉伸中，无纺织物的横向收缩率很大，可达50%以上（参见表1）。为了模拟工程实际中的平面应变条件，必须限制横向收缩，因此设计了如图4所示的夹具。四根导杆可以保持间距不变地在下夹具孔中自由滑动。用16个代号为25的滚动轴承（内径5mm，外径16mm）配合M5螺钉夹住织物边缘。轴承外圈可沿导杆滚动，这样在拉伸过

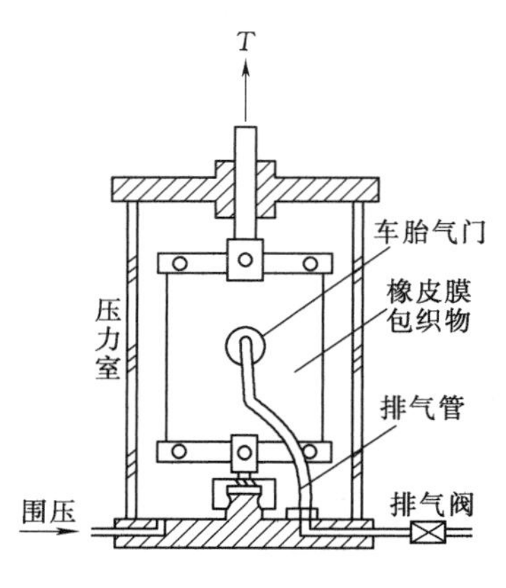

图3 压力水中拉伸试验

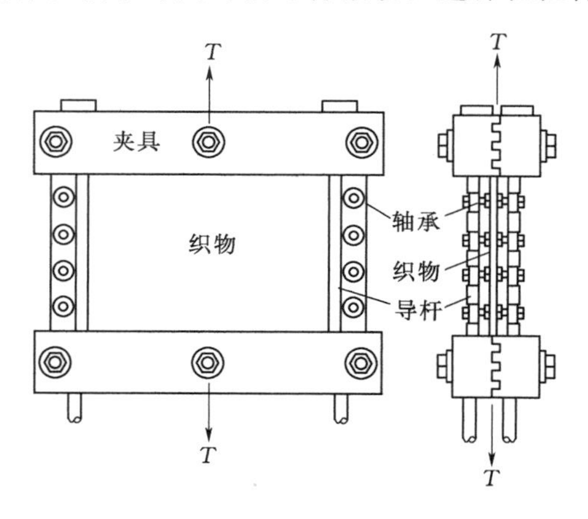

图4 平面应变拉伸试验

程中织物可以自由伸长，但不能横向收缩。试样为无纺织物 C，宽度 200mm，夹具间距 100mm，拉伸速率为 100mm/min。

3. 在压力砂中的拉伸试验

试验装置见图 1，为了测量织物的应变，将两根测针平行固定在砂中的织物上，两端皆伸于盒外，间距 50mm。当织物伸长时，用精度为 6μm 的读数显微镜测读两端间距的变化，取平均值计算拉伸应变。试样为无纺织物 C 和有纺织物 F，宽度为 150mm。

4. 慢速率拉伸

试样为有纺织物 F，宽度 150mm。用上下夹具悬挂于铅直方向，荷载由挂在下夹具上的砝码施加，加荷速率为 5kg/10min。拉伸变形用读数显微镜测量，测读标记是固定在织物上的两根平行测针，沿拉伸方向间隔 50mm。图 5 给出上述拉伸试验的典型成果。

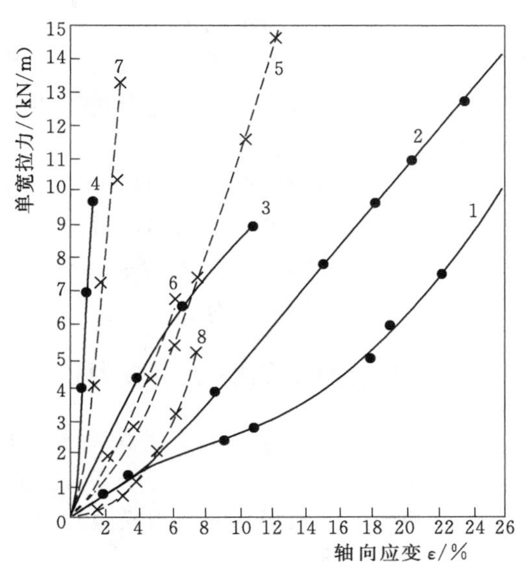

图 5　土工织物的拉伸应力应变关系

1—无纺织物无约束拉伸；2—无纺织物平面应变拉伸；3—无纺织物在 σ_N=150kPa 水中；4—无纺织物在 σ_N=150kPa 砂中；5—有纺织物无约束拉伸；6—有纺织物在 σ_N=150kPa 水中；7—有纺织物在 σ_N=150kPa 砂中；8—有纺织物慢速率拉伸

分析试验结果可以得到下列结论：

（1）土工织物无约束拉伸的变形模量较小，如图 5 中的曲线 1 和 5，特别是无纺织物。这意味着受力不大而产生较大的变形，如直接将无约束拉伸的特性应用于工程设计将产生误解。

（2）同一种织物，当拉伸速率不同时，初始切线拉伸模量相差很大，例如曲线 5 为 33.3kN/m，而曲线 8 为 14.3kN/m。工程实际中织物拉伸速率很慢，用快速拉伸试验的结果指导设计是不妥当的。

（3）在无纺织物的平面应变拉伸试验中，断裂是从试样中间开始的，故周边夹紧轴承引起局部的应力分布不均匀对试验的影响较小。试验测得的拉伸模量较无约束情况下的大一些（比较曲线 2 和 1）；达到最大拉力时的伸长率（42.3%）较无约束情况（65%）小；同时最大强度值（17.6kN/m）也比无约束情况（18.2kN/m）小一些。实际上平面应变拉伸意味着两个方向都受拉，其强度下降是容易理解的。然而平面应变拉伸与织物在土中的拉伸相比，其条件和结果仍相差很远，不能反映砂土约束引起的强度和拉伸模量的提高，看来研制巧妙的平面应变试验装置，甚至是双向拉伸试验装置，意义是不大的。

（4）在压力水中（无摩擦介质）试验所得拉伸模量较无约束情况下的拉伸有所增加（曲线 3 与 1，曲线 6 与 5 比较），特别是无纺织物更为显著。这是因为土工织物具有疏松的结构。无约束拉伸时，纤维将沿拉伸方向排列并伸长，同时纤维之间发生相对滑动，这种结构调整的结果使织物变薄且横向收缩，无疑将减小抗拉有效截面积。如加大纤维之间的挤压力，必然增加纤维之间的摩擦力，从而减小相对滑动和伸长，故获得较大的拉伸模量和抗拉强度。

（5）织物在不同压力的砂中，拉伸模量随压力的增加而提高，例如试验曲线 4 和 7，且以无纺织物拉伸模量的提高更为显著。提高的原因除了法向压力对织物结构调整的限制作用外，还产生了砂与织物表面的摩擦咬合作用。此外，因砂在铅直方向变形的不均匀，使织物不再是一个平面，而形成波浪形，引起纤维或经纬纱在不同方向的预拉伸。从无约束拉伸曲线 1 和 5 可见，在小应变时拉伸模量很低，当预拉应变超过一定值时，模量的提高是很显著的。

总之，土工织物在砂土中的拉伸特性与常规无约束拉伸及平面应变拉伸有显著区别，织物在土中的拉伸应力应变和强度特性才是工程所需要的。笔者曾整理织物在不同压力砂中的拉伸应力应变关系用于有限元分析，和模型砂堤的位移场相比，取得较为一致的结果，并得到沿织物拉应力分布的信息[1]。

三、土工织物的蠕变和应力松弛

土工织物的结构疏松，纤维或经纬纱之间缺少刚性联结，因此蠕变现象是十分明显的。这意味着织物的受力虽维持不变，但长度却不断增加，有可能影响加筋土结构的长期稳定性。同样，土工织物的应力松弛现象表明，即使织物的伸长已不再增加，其应力将会逐渐减小，最终将失去加筋作用。

为了研究聚合物纤维和织物制品的蠕变性能，国外曾进行了大量的试验。例如文献［2］从持续 20 小时的拉伸试验中总结出如下一些规律：聚酯纤维树脂粘合织物的蠕变最小，聚丙烯针刺织物蠕变最大等。文献［3］给出了典型织物样品在无约束情况下蠕变与应力松弛曲线，并指出在没有土侧限条件下的试验中土工织物的蠕变性很强，比工程实际埋在土中强得多，但没有提交土中织物蠕变试验的结果。因此有必要研究国内土工织物在不同土压力下的蠕变和应力松弛性能。

（一）土工织物的蠕变试验

采用图 1 所示装置，选用无纺织物 C 和有纺织物 F 进行较长延时（大于 400 小时）的蠕变试验。试验的拉力 T_1 分别取抗拉强度值的 40%和 60%，织物的法向压力分别为 $\sigma_N=0$、75、150kPa。试验结果绘于图 6、图 7。为了估计更长延时的蠕变特性，对曲线的直线段采用下式描述：

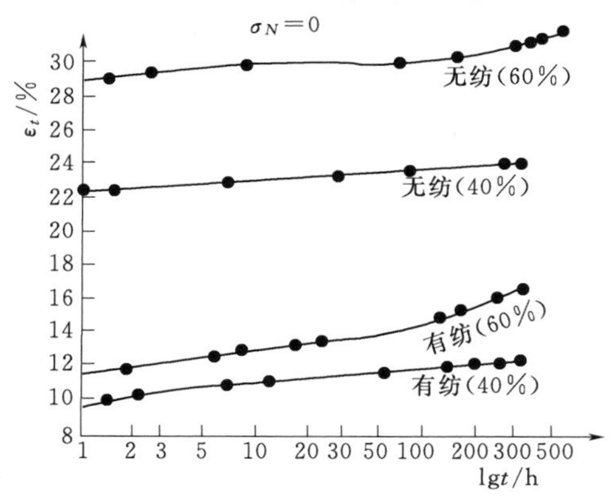

图 6　无约束情况下蠕变过程曲线

$$\varepsilon_t=\varepsilon_1+b\lg t \qquad (1)$$

式中：ε_t 为加载 t 小时后的应变；ε_1 为加载 1 小时的应变；b 为蠕变系数。

从试验曲线可见：

（1）在无约束情况（$\sigma_N=0$），当拉力达抗拉强度的 60%时，两种织物的蠕变应变都将迅速增大，不能用式（1）来表示。另外，有纺织物当 $\sigma_N=75$kPa，平均拉力达 53%抗拉强度时，也属于这一情况。

（2）其他试验条件下的 ε_1 和 b 值列于表 3。由表 3 可见，在砂土中随 σ_N 的增大蠕变

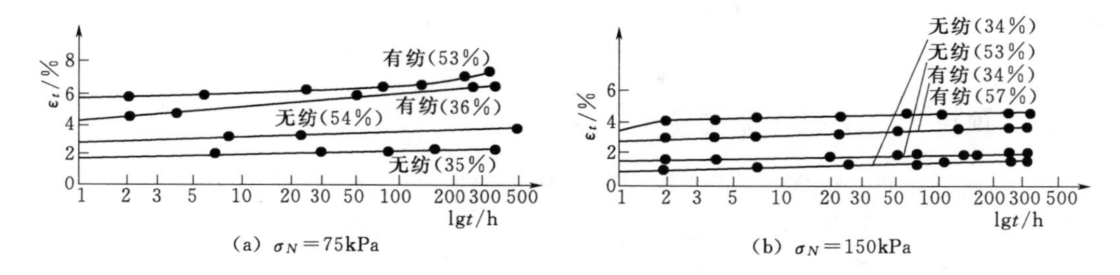

图 7　砂中蠕变过程曲线

应变和蠕变系数显著减小，特别是无纺织物。减小的原因参见拉伸模量增大的分析。另一方面，砂土是蠕变特性不强的材料，土工织物受砂土制约，其蠕变进一步减小。

表 3

织物类型	拉力占抗拉强度百分数/%	垂直压力 σ_N/kPa	ε_1/%	b
有纺织物 F	40	0	9.77	1.09
	36	75	4.24	0.83
	34	150	2.99	0.32
	57	150	3.56	0.46
无纺织物 C	40	0	22.3	0.63
	35	75	1.78	0.25
	54	75	2.90	0.28
	34	150	1.04	0.24
	53	150	1.69	0.10

（3）无纺织物在砂土中其强度和拉伸模量比有纺织物提高得更多，蠕变减小更显著，加之利于排水，故能很好地应用于加筋土结构。

（4）根据表 3 数据，应用式（1）计算$t=100$年后增加的蠕变应变不超过 5%，一般情况（例如 $\sigma_N>75$kPa），取抗拉强度的 40%作为长期稳定的设计容许应力是安全的。

（二）土工织物的应力松弛

土工织物的应力松弛试验要求固定试样的长度不变，随时测量织物的拉力，而织物受力的测量是比较困难的。根据蠕变过程曲线（图 6、图 7）和式（1），本文整理了在一定压力的砂土中保持某个应变值不变时的织物应力 T（占抗拉强度的百分数）随时间的变化规律。图 8 为有纺织物 F 的应力松弛曲线。可见土工织物在一定压力的砂土中应力松弛是缓慢的。当织物的拉力逐渐减小时，土的抗剪强度会随固结而增长，从而保持加筋土建筑有足够的稳定安全系数。此外，沿织物的应力和应变的分布是不均匀的，设计

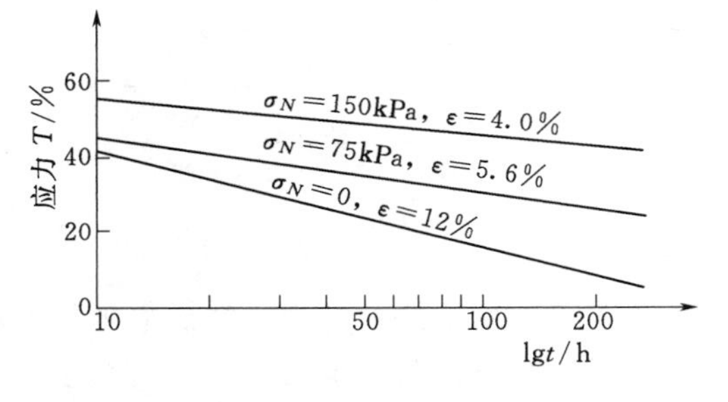

图 8　有纺织物的应力松弛曲线

是按最大拉力和应变考虑的，土工织物的局部有较大的蠕变和应力松弛不会影响整体的稳定。

四、预拉力土工织物加筋堤

上文叙述了加筋土建筑中，土工织物在土中的拉伸特性、蠕变及应力松弛特性。因为织物中纤维或经纬纱是卷曲的，拉直它们产生的应变是不可恢复的，为得到充分的加筋效益需要预加荷载。下面简要总结预拉力加筋堤的试验结果，并与土堤和加筋堤的特性进行比较。

三种模型堤的坡角均为30°，堤高0.75m，采用平潭标准砂，其有效粒径为0.33mm，相对密度为0.37。加筋材料为有纺织物 F，分五层加筋，间距都是0.15m。试验装置、显微镜位移测读法和位移分布参见文献［4］。其中预拉力按抗拉强度的5%施加。

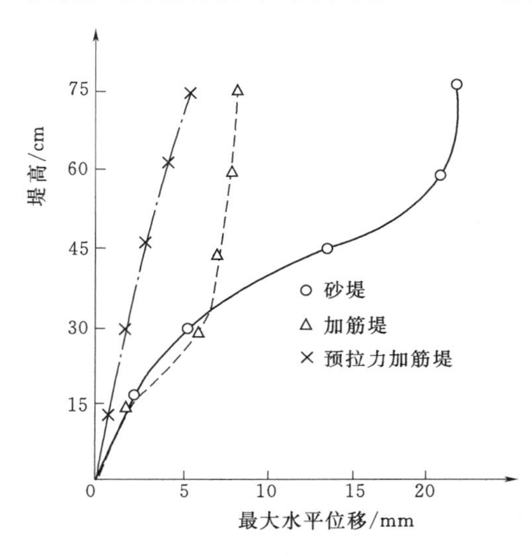

图9　模型堤最大水平位移分布

比较竣工时标高0.15m一层的位移分布，可见砂堤和加筋堤的水平位移皆指向堤坡外侧，加筋堤的水平位移较小，而预拉力加筋堤的水平位移指向堤的中心线侧。该层垂直位移分布以预拉力加筋堤较均匀。

为了比较三种堤的承载力，在堤顶逐级施加均匀荷载，每级10kPa。当加至60kPa时，三堤的水平位移皆指向堤坡外侧，各层的最大水平位移皆发生在过坡肩的铅垂线上，它们沿堤高的分布如图9所示。可见加筋堤特别是预拉力加筋堤对水平位移的限制作用，并且这种限制作用随荷载的加大更趋显著。模型堤承载力破坏的标准是较难掌握的。从堤的坡面位移分布可以看出各测点的位移矢量总是位于堤坡之内，并且随荷载加大逐渐向堤外侧偏移，其中坡面上标高0.6m的测点向坡外侧偏移总是最大。可以肯定只有当该点的位移矢量指向堤坡之外时，才有可能滑动破坏。若以该点的位移矢量刚好与坡面相切（位移矢量与水平轴夹角 θ 等于30°）为滑动的临界状态。表4列出三种模型堤堤顶均布荷载 q 和 θ 的关系。

表4

q/kPa		20	30	40	50	60	80
θ/(°)	砂堤	38.4	30.3	26.7	19.7	10.9	
	加筋堤	39.9	37.7	33.9	31.2	29.8	
	预拉力加筋堤	90.0	86.2	81.2	74.4	69.8	58.1

由表4可见，两者可用线性插值函数表示，从而求得 $\theta=30°$ 时，砂堤、加筋堤与预拉力加筋堤的均布荷载（承载力）q 分别为30.7kPa、59.8kPa、132kPa（此值为外推）。如与砂堤的承载力相比较，加筋堤增加到1.9倍，预拉力加筋堤增加到4.3倍。

五、结语

本文介绍了土工织物在砂土中的拉伸和蠕变试验，以及预拉力土工织物加筋堤的特性，从中可以得到如下结论：

（1）土工织物在砂土中拉伸模量和抗拉强度随着上覆压力的增加而提高。因此，只有进行土中的拉伸试验才能正确地提供土工织物的设计参数。

（2）国产 400g/m^2 的无纺织物的抗拉强度虽比有纺织物的低一些（见表 1），但在砂土中无纺织物的拉伸模量、抗拉强度的提高及蠕变应变的减小都比有纺织物显著，加之无纺织物有利于沿织物平面排水，因此可以有效地应用于加筋土结构。

（3）土工织物在土中蠕变速率减小，抗拉强度提高，可以选用无约束抗拉强度的40%作为设计的容许强度，这比根据无约束蠕变试验推荐的 25%[5]有所提高。

（4）土工织物加筋堤，特别是预拉力土工织物加筋堤，对水平位移有明显的限制作用，同时大幅度提高了堤顶的承载力。

本文得到刘祖德、陆士强教授指导，在此表示感谢。

参考文献

[1] 王钊. 土工织物加筋土坡的分析和模型试验，水利学报，1990，(12)：62－68.

[2] Shrestha S C，Bell J R. Creep Behavjor of Geotextiles under Sustained Loads. Proc of 2nd Int Conf on Geotexiles，1982，3：769－774.

[3] Greenwood J H. The Creep of Geotextiles. Proc of 4th Int Conf on Geotextiles. Geomembranes and Related Ptoducts，1990，2：645－650.

[4] 刘祖德，王钊，夏焕良. 显微镜位移跟踪法在土工模型试验中的应用. 岩土工程学报，1989，11 (3)：1－11.

[5] Veldhuijzen Van ZantanR. Geotextiles and Geomembranes in Civil Engineering. John Wiley & Sons，1986：159.

土工织物反滤层透水性设计准则

胡丹兵[1]　陆士强[2]　王　钊[2]

（1. 湖北省水利水电科学研究所，武汉　430070；2. 武汉水利电力大学，武汉　430072）

摘　要： 本文在大量室内试验的基础上，对现有土工织物反滤层透水性设计准则进行了较详细的讨论，并在美国陆军工程师团准则的基础上建立了新的广义梯度比准则。试验和理论分析表明，新的广义梯度比准则较陆军工程兵团准则具有更广泛的适用性。

关键词： 土工织物；反滤层；透水性；准则；梯度比

1　前言

一般在经常或长期有渗流现象产生的土工建筑物的渗流出口都必须设置反滤层，以防止各类渗透变形的产生，同时保证建筑物排水通畅。

作为反滤层，都应满足排水和保土两项基本要求。传统砂石料反滤层都是由 2～3 层不同粒径的非粘性土按渗流方向由细到粗逐渐增加的次序铺设填筑而成的，其选料和施工都很严格，造价也较高。而且砂石料反滤层的设计准则是太沙基假定被保护土料和反滤料颗粒各自均为相同大小的圆球推导而来的，因此设计准则也不够严格，用该准则设计的砂砾料反滤层时有淤堵情况发生。新型材料土工织物的应用为反滤层的应用开辟了一条新的途径，自 50 年代末至今，土工织物反滤层已在世界上很多国家得到广泛应用。本文的目的就在于通过渗透试验针对土工织物反滤层设计准则这一课题做些探讨性工作。

2　研究现状

和砂砾料反滤层一样，土工织物反滤层同样必须满足排水和保土两项基本要求。实践表明，用土工织物作反滤层发生管涌情况极少，而淤堵现象时有发生，因此研究工作重点放在反滤层的透水性这一课题上就更有意义。现有土工织物反滤层透水性设计准则型式各异，按其表达方式大致可分为以下三类。

2.1　梯度比准则

梯度比准则由美国陆军工程兵团提出，准则规定，土工织物反滤层连续渗流 24h 之后，其梯度比必须小于 3，即

$$GR=i_1/i_2<3$$

式中：i_1 为通过试样底部 25.4mm 范围的织物和土层的水力坡降；i_2 为在其上且与之相

本文发表于 1994 年 5 月第 16 卷第 3 期《岩土工程学报》。

本文为国家教委博士点基金资助项目成果。

邻的 50.8mm 范围的土层的水力坡降。

但是，取定测压管间距为 25.4mm 和 50.8mm 的依据何在，初始水头的变化会影响反滤层的渗透变形速度，那么“24h”是否需跟初始水头联系起来以及“<3”的概念是否全面合理等，这些都是梯度比准则期待进一步解决的问题。

2.2 渗透系数准则

这类准则的特点是用土工织物渗透系数 k_g 和土料渗透系数 k_s 的比值来表达反滤层设计准则，例如：

（1） Giroud 准则，$k_g \geqslant 0.1k_s$；

（2） Christopher & Holtz 准则，$k_g \geqslant (1\sim10)k_s$。

土工织物反滤层影响因素很多，如渗透系数、土的粒径大小及级配、土工织物的孔径大小及分布、土层密度及结构、土工织物的种类和结构、反滤层所受外部荷载及水头等，而且这些因素中并不存在一两个决定因素，若仅用土和土工织物的渗透系数比值来判断反滤层的工作情况，不免有较大的片面性。

2.3 尺寸准则

利用土工织物的某特征孔径和土料的某特征粒径来表达的反滤层的透水性设计准则也很常见，如美国 Colorado 州大学准则规定为

$$O_{95}/d_{15} \geqslant 2$$

式中：O_{95} 为小于该孔径的土工织物孔隙数量占总孔隙数量的 95%；d_{15} 为小于该粒径之土质量占总土质量的 15%。

和渗透系数准则一样，仅用反滤层的单一影响因素来表达反滤层的设计准则，也会存在一定的片面性。

实际上，以上三类准则的应用条件是有所区别的。梯度比准则以试验为依据，可以用来判断反滤层长期工作情况下的透水性，即可以用来判断长期工作情况下反滤层的淤堵情况。渗透系数准则和尺寸准则由太沙基的砂砾料反滤层设计准则演化而来，太沙基在推导该准则时作了被保护土料颗粒和反滤料颗粒各自均为相同大小圆球的假定。然而，土工织物和均匀圆球体反滤料两者的孔隙结构是截然不同的，而且被保护土料也并非均匀球状颗粒，因此渗透系数准则和尺寸准则无法预测渗透作用下土工织物反滤层中土料细颗粒的移动情况，即无法真实反映土工织物反滤层的淤堵情况，只能用来估计反滤层短期工作情况下的渗透性或作为设计土工织物反滤层的依据之一。但本文试验结果表明，这两类准则作为选择材料的依据也不太合适。当前有相当部分工程技术人员不仅利用渗透系数准则和尺寸准则作为选择反滤层材料的依据或准则，甚至有的用它们作为反滤层长期工作的透水准则和淤堵准则。为澄清渗透系数准则与尺寸准则中存在的问题并分析其实用价值，本文将这两类准则和梯度比准则一起讨论，并从广义上统一归纳为透水性准则。

3 对梯度比准则的初步讨论

根据 Darcy 定律，$v=ki$，$k=v/i$，对于土工织物反滤层试样来说，其各层中水流流速相同，因此梯度比实际上是渗透系数的间接反映，用它作为判断淤堵的标准是合理的。

但取定“$GR\leqslant 3$”还有待研究。

如图 1，$GR=i_1/i_2=\left(\frac{v_1}{k_1}\right)\bigg/\left(\frac{v_2}{k_2}\right)$

$$v_1=v_2$$

$$GR=k_2/k_1 \tag{1}$$

若
$$GR>3$$

则
$$k_1/k_2<1/3 \tag{2}$$

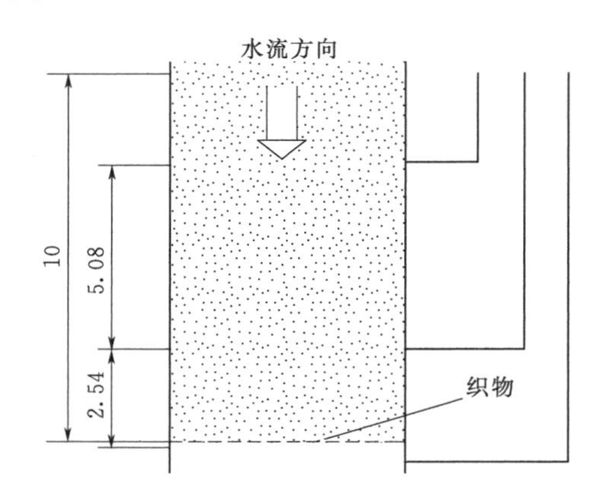

图 1　反滤层试样示意图（单位：cm）

设土层渗透系数为 k_s，织物渗透系数为 k_g，土加织物总厚度为 10cm。下面以土和织物为整体，即长度为 10cm，进行讨论。

实际上，反滤层渗透系数可化为下部 25.4mm 的土和织物复合层渗透系数 k_{gs1} 与上部 76.2mm 土层渗透系数 k_s 的串联形式，即

$$k_{gs}=\frac{4k_sk_{gs1}}{3k_{gs1}+k_s} \tag{3}$$

（1）反滤层未发生渗透变形前。

因织物厚度 $\delta\leqslant 10$cm，故可假定

$$k_{gs}=k_s \tag{4}$$

（2）反滤层发生渗透变形后。

此时若反滤层违背梯度比准则，那么

$$k_1/k_2<1/3 \tag{5}$$

因渗透变形过程中土层中的细颗粒下移，可以肯定上部 76.2mm 土层渗透系数 k_s' 大于其初始值 k_s，为保守起见，取

$$k_s'=k_s=k_2 \tag{6}$$

25.4mm 复合层渗透变形后其渗透系数

$$k_{gs1}'=k_1<\frac{1}{3}k_2=\frac{1}{3}k_s \tag{7}$$

设 $GR=3$

$$k_{gs1}'=\frac{1}{3}k_s \tag{8}$$

又
$$k_{gs}'=\frac{4k_{gs1}'k_s'}{3k_{gs1}'+k_s'} \tag{9}$$

式（7）与式（8）代入式（9）得

$$k_{gs}'=\frac{2}{3}k_s\approx\frac{2}{3}k_{gs} \tag{10}$$

从理论上讲，当 $GR=3$ 时，土工织物反滤层（试样高度为 10cm）的渗透系数只是下降至理想状态的 2/3 左右，若其渗透系数没有继续下降的趋势，很难说反滤层被淤堵。

4 试验论证

4.1 试验仪器

反滤层渗透能力的变化是衡量其淤堵程度的标准，所以试验仪器选用了图 2 所示的渗透仪。

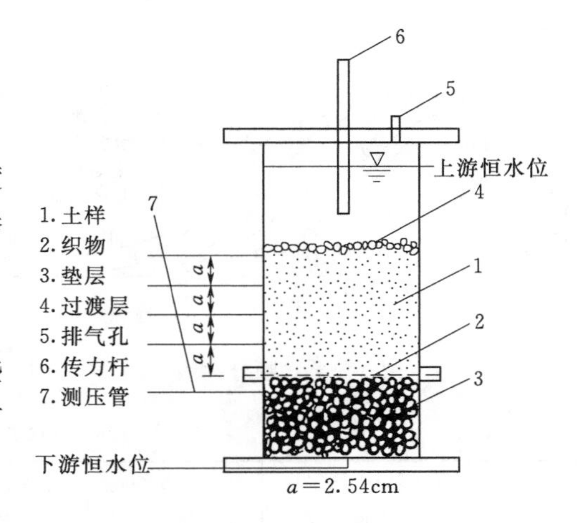

图 2 渗透仪

4.2 试验材料

试验选材以考虑土和土工织物的结构这些内部因素对反滤层的影响为目的，试验所选材料及其性能见表 1、表 2 及图 3、图 4。

4.3 对现有准则的试验论证

在选定了试验手段和试验材料之后，针对渗透系数准则等三类准则做了一定论证性试验。

表 1 土工织物基本特征

织物名称	湖南无纺织物	天津无纺织物	青岛有纺织物
厚度/mm	3.94	2.91	1.33
渗透系数 k_g/(cm/s)	6.40×10^{-2}	2.26×10^{-3}	1.74×10^{-2}
单位面积质量/(g/cm^2)	400	285	—
表面特征	绒毛较多	绒毛较少	—
特征孔径 O_{95}/mm	0.185	0.123	0.213
备注	特征孔径系用 50g 石英砂震筛 20min 所得		

表 2 土的基本性能参数表

土样名称	级配良好粗砂（良粗砂）	缺径粗砂（缺径砂）	级配不良细砂（细砂）	级配良好尾矿砂（良尾砂）	级配不良尾矿砂（不良尾砂）
土颗粒密度 ρ_s/(g/cm^3)	2.68	2.68	2.68	2.86	2.86
最大干密度 ρ_{max}/(g/cm^3)	1.86	1.83	1.66	2.04	1.83
最小干密度 ρ_{min}/(g/cm^3)	1.52	1.46	1.37	1.31	1.29
最大孔隙比 e_{max}	0.76	0.83	0.95	1.18	1.22
最小孔隙比 e_{min}	0.44	0.46	0.61	0.40	0.56
d_{50}/mm	0.930	0.870	0.263	0.130	0.130
不均匀系数 C_u	7.66	8.80	3.28	8.21	2.80
渗透系数 k_s/(cm/s)	5.29×10^{-2} ($D_r=0.77$)	6.31×10^{-2} ($D_r=0.77$)	2.77×10^{-2} ($D_r=0.77$)	—	—

（1）对渗透系数准则的讨论。

首先考虑一下表 3 所示的试验结果。

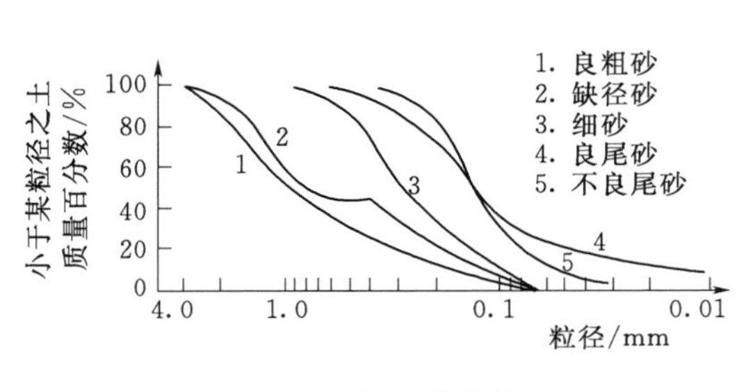

图 3　土样颗分曲线

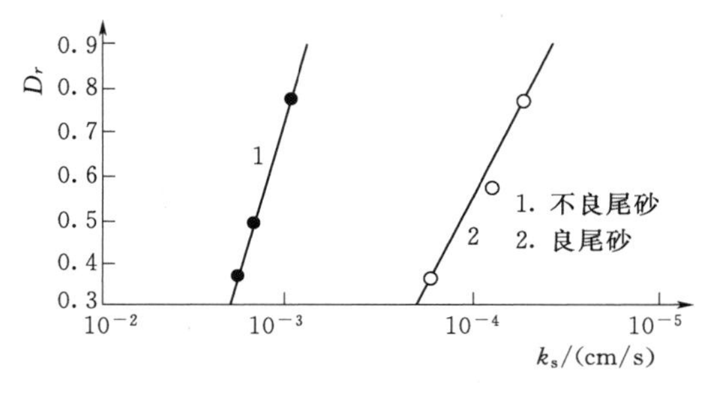

图 4　土样渗透系数

表 3　k_g/k_s 对反滤层透水性的影响

试样	湖南无纺织物＋良尾砂（γ_d＝1.65g/cm³）	天津无纺织物＋良尾砂（γ_d＝1.65g/cm³）	天津无纺织物＋细砂（γ_d＝1.58g/cm³）	湖南无纺织物＋不良尾砂（γ_d＝1.56g/cm³）	湖南无纺织物＋细砂（γ_d＝1.58g/cm³）	湖南无纺织物＋不良尾砂（γ_d＝1.45g/cm³）
	①	②	③	④	⑤	⑥
荷载 σ/kPa	0	0	0	0	0	0
织物 k_g/(cm/s)	6.40×10^{-2}	2.26×10^{-2}	2.26×10^{-2}	6.40×10^{-2}	6.40×10^{-2}	6.40×10^{-2}
土层 k_s/(cm/s)	8.91×10^{-5}	8.91×10^{-5}	2.77×10^{-2}	1.23×10^{-3}	2.77×10^{-2}	1.68×10^{-3}
k_g/k_s	720	250	0.8	50	2.3	40
k'_{gs}/k_{gs}	1.01	1.01	0.07	0.08	0.04	0.04
备注	k'_{gs} 为渗透稳定后试样渗透系数 k_{gs} 为渗透变形未发生前试样渗透系数					

渗透系数直接影响到土工织物反滤层中的渗流状态，从而影响到整个反滤层的工作状态。然而相同的 k_g/k_s，有可能土料级配、颗粒尺寸、土工织物孔隙结构特征都会有所差异，结果反滤层的透水性能则可能存在一定的差异。

表 3 所示，试样①和②、③和④、⑤和⑥比较，它们两两之间渗透系数比值 k_g/k_s 相差较大，但试验表明 k'_{gs}/k_{gs} 却相当接近，即对反滤层渗透性的影响基本相同。

从定性的角度讲，土工织物和土料的渗透性决定了土工织物反滤层的渗透性，然而由于土层中细颗粒在渗流作用下运动规律相当复杂，因而从定量上来描述 k_g/k_s 对反滤层的影响规律，其可靠性极小。

（2）对尺寸准则的讨论。

这类准则只是用尺寸（土的某特征粒径和土工织物的某特征孔径）表达反滤层的设计准则，但土料对反滤层的影响还有一重要因素——级配，故仅用尺寸这一指标表达反滤层的透水准则显然存在很大的片面性。这一点仅用两例试验便可说明。

表 4 中的两个反滤层试样，O_{95}/d_{15} 虽然相近，但反滤层经渗滤试验后透水性所受影响相差很大，k'_{gs}/k_{gs} 相差达 50 倍之多。

前面讨论说明，利用土和土工织物的某特征指标来表达反滤层的透水准则无法反映反

表 4　**O_{95}/d_{15} 对反滤层透水性的影响**

试　样	土的特征粒径 d_{15}/mm	织物的特征孔径 O_{95}/mm	O_{95}/d_{15}	k'_{gs}/k_{gs}
青岛有纺织物＋细砂（D_r＝0.77）	0.115	0.213	1.85	0.025
天津无纺织物＋不良尾砂（D_r＝0.77）	0.068	0.123	1.81	1.240

滤层众多影响因素的作用效果，只有借助试验结果这一能综合反映多影响因素作用的直观指标来判断反滤层的透水性才是较合理和可靠的手段。

（3）对梯度比准则的进一步讨论。

a）对梯度比定义的合理性的讨论。

前面的讨论表明，美国陆军工程师团对梯度比的定义仅适合于淤堵层发生在试样底部25.4mm 范围内的情况。实际并非如此，图 5 所示的是一组由试验得出的反滤层试样上的水力坡降线。其中线 3 所示试样经渗滤试验后于试样上表面 25.4mm 范围内产生了较大的水头损失，试验后将表面 25.4mm 厚的土料分四层取出（每层厚约 6.4mm）进行颗粒分析，发现在第Ⅲ层中细颗粒明显增多（见图 6），也就是说，在表面 25.4mm 范围内有细颗粒淤积现象。

50
40
30
20
10
0
测压管水位/cm
1
2
3
4
土样
织物
测压管位置

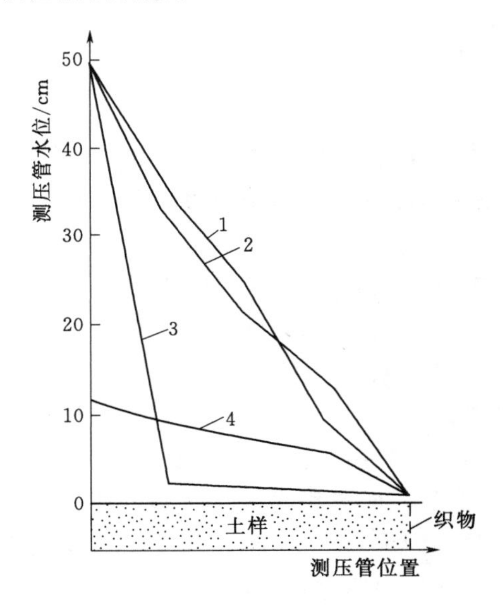

图 5　水力坡降线

1—青岛有纺织物＋良尾砂（γ_d＝1.79g/cm^3）；

2—天津无纺织物＋不良尾砂（γ_d＝1.65g/cm^3）；

3—湖南无纺织物＋不良尾砂（γ_d＝1.45g/cm^3）；

4—天津无纺织物＋缺径砂（γ_d＝1.75g/cm^3）

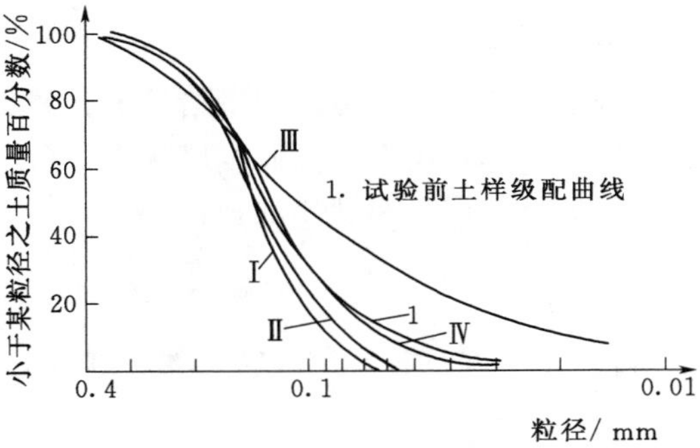

100
80
60
40
20
小于某粒径之土质量百分数/%
Ⅲ
1. 试验前土样级配曲线
Ⅰ
Ⅱ
1
Ⅳ
0.4
0.1
0.01
粒径/ mm

说明：（1）反滤试样为：湖南无纺织物＋不良尾砂（γ_d＝1.65g/cm^3）；（2）表面 1 英寸土样分四层进行颗粒分析，其中Ⅰ、Ⅱ、Ⅲ、Ⅳ分别代表该层土样中从上至下的第 1、2、3、4 层

图 6　上表面 1 英寸土层颗分曲线

b）对淤堵条件的讨论。

当反滤层工作一段时间之后失去透水功效时，我们就可认为它被淤堵。但反滤层是为工程服务的，因此也可以认为当反滤层的透水性满足不了工程需要时，则它被淤堵。

据前面的理论推导，当 $GR=3$ 时，10cm 高的渗透试样的渗透系数只是下降至初始状态的 2/3 左右，这并不能断定反滤层是否被淤堵。

5　梯度比准则的改进

5.1　广义梯度比的定义

设整个反滤层试样中的水头损失为 ΔH，按测压管划分从上到下四层的水头损失为 Δh_i（$i=1$、2、3、4），由于每层厚度为 2.54cm，则这四层的水力坡降为 $\frac{\Delta h_i}{2.54}$（$i=1$、2、3、4）。

取 Δh_i 中的最大值 Δh_{max}，得到四层中最大水力坡降为

$$i_{max}=\frac{\Delta h_{max}}{2.54} \tag{11}$$

那么其余三层的平均水力坡降为

$$\bar{i}=\frac{\Delta H-\Delta h_{max}}{3\times 2.54} \tag{12}$$

广义梯度比 GR'就是 i_{max}与$\bar{i}$之比值，即

$$GR'=\frac{i_{max}}{\bar{i}}=\frac{3\Delta h_{max}}{\Delta H-\Delta h_{max}} \tag{13}$$

5.2　新准则的建立

综合前面的分析，考虑到淤堵层的位置并不一定发生在试样底部，而且当 $GR=3$ 时渗透能力的下降幅度小，因此可以认为，在原梯度比准则的基础上稍作改进，可以建立一个更合理的新的广义梯度比准则：

若土工织物反滤结构试验体连续渗流 24h，其广义梯度比 $GR'\geqslant 3$，而且此时试验体的渗透系数仍呈继续下降趋势，则反滤层被淤堵。

新准则除引入广义梯度比的概念之外，还增加了“渗透系数仍呈继续下降趋势”的条件。因为 $GR=3$ 时，若反滤层渗流稳定，并不能说明它被淤堵。

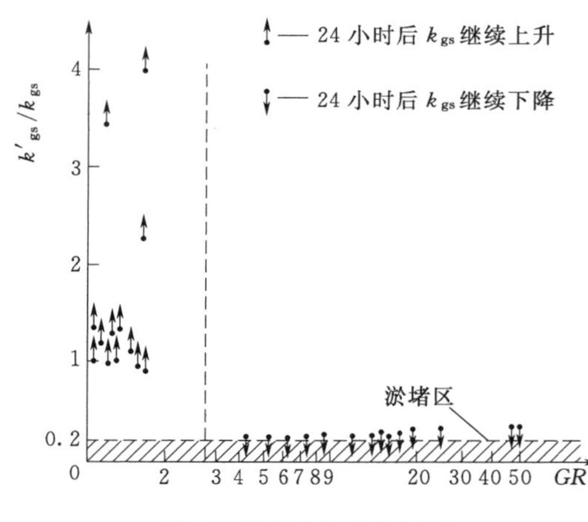

图 7　反滤层性能分区图

5.3　试验论证

为讨论广义梯度比准则的合理性，在试验研究过程中做了大量的试验，测定了 GR'与 k'_{gs}/k_{gs}的变化关系（见图 7）。

图 7 所示的试验结果是在变换多种试验条件（如土工织物、土料、荷载）的情况下得出的，当 $GR'>3$，而且 24h 后反滤层渗透系数仍呈继续下降趋势时，$k'_{gs}/k_{gs}=0.14\sim0.16$，即渗透变形结束后，反滤层的渗透系数呈数量级下降，可以认为反滤层被淤堵。

5.4 新旧准则的比较

在完成上述工作之后，又选择几组试样进行了反滤试验，在试验24h后用新旧准则分别判断其淤堵情况，并在渗流稳定后用直观的试验结果来检查两准则判断结果的可靠性，即用反滤层最终渗透能力变化来检查两准则的合理性（见表5）。

表5　新旧准则的比较

试样		湖南无纺织物+良尾砂 $\gamma_d=1.51g/cm^3$ $\sigma=0$	湖南无纺织物+不良尾砂 $\gamma_d=1.56g/cm^3$ $\sigma=0.1MPa$	青岛有纺织物+良尾砂 $\gamma_d=1.65g/cm^3$ $\sigma=0.1MPa$	青岛有纺织物+不良尾砂 $\gamma_d=1.45g/cm^3$ $\sigma=0$	天津无纺织物+缺径砂 $\gamma_d=1.75g/cm^3$ $\sigma=0$	天津无纺织物+良粗砂 $\gamma_d=1.77g/cm^3$ $\sigma=0$
梯度比 GR		0.82	0.97	1.00	0.87	4.35	1.21
广义梯度比 GR'		1.19	19.97	1.07	16.58	4.35	7.48
k'_{gs}/k_{gs}		3.84	0.10	1.38	0.12	0.047	0.054
24h后反滤层渗透系数的变化		上升	下降	上升	下降	下降	下降
反滤层淤堵性	据 GR 准则	√	√	√	√	×	√
	据 GR' 准则	√	×	√	×	×	×
	实测结果	√	×	√	×	×	×
备注		“√”表示未被淤堵；“×”表示被淤堵					

从表5的结果看，新的梯度比准则能够用来判断淤堵层发生在试样底部25.4mm范围之外的情况。它表明用广义梯度比准则判断反滤层的淤堵情况较陆军工程师团准则更接近实际。

当然，新准则是建立在以砂土为试验材料的试验成果基础上的，而粘性土的渗透变形速度较慢，因此，对粘性土，准则中的“24h”是否合理还待进一步探讨。

6　结语

通过本文的工作，可得出如下主要结论：

（1）土工织物反滤层影响因素很多，用任何单一因素作为反滤层的透水性设计依据都存在较大的片面性。梯度比准则用直观的试验结果为依据，能够真实地评价土工织物反滤层的淤堵情况。

（2）陆军工程兵团准则只适合于淤堵层发生在试样底部25.4mm范围内时的情况，若将梯度比广义化而得到新的梯度比准则，该准则具有更广泛的适用性。

参考文献

[1] Suits L D, Corral R G, Jr & Christopher B R. ASTM Geotextile Committe Testing Update, Geotechnical Testing Journal, 1985, 6 (4).

[2] Giroud J P. Filter Criteria for Geotextites, Proc 2nd Inter Conf Geotextiles. Las Vegas. 1982, 1.

[3] Chri B R, Holtz R D. Geotextile Engineering Manual, U. S. Federal Highway Administration, FH-

WATS—861203.1044.
[4] Yang Hai Chen et al. Hydraulic Testing of Plastic Fabrics. Jr Irrigation & Drainage Div ASCE，1981，(11).
[5] Hoare D J. Synthetic Fabrics as soil Filters. A Review，Jr Geot Eng D ASCE，1982，108 (10).
[6] Hoogendoorn A D & Van Der Meulen T. Preliminary Investigations on Clogging of Fabrice. Proc lst Conf Geotextiles，1977.
[7] 胡丹兵. 土工织物反滤特性试验研究 [硕士学位论文]，武汉水电学院，1990.
[8] 胡丹兵，等. 土工织物反滤层影响因素试验研究. 全国第三届土工合成材料学术会议论文集，天津大学出版社，1992.

土工合成材料的蠕变试验

王 钊

（武汉水利电力大学水利系）

摘 要：本文全面介绍了各种土工合成材料的蠕变试验，包括试样的准备、数据的采集、试验现象的分析，以及成果的整理方法。

关键词：土工织物；土工格栅；蠕变试验

1 前言

蠕变是土工合成材料的一种重要特性，蠕变是指在不变的拉伸荷载作用下，应变随时间而增长。在挡土墙、桥台、堤坡等建筑物中，结构的变形必须限制在一定的范围内，因此，作为加筋元件并承受一定拉力的土工合成材料在结构的使用期限内，其蠕变应变也不能超过允许值。

土工合成材料的蠕变特性与原材料性质、产品的结构型式和拉伸荷载的大小有关，同时也受周围介质及压力和温度的影响。关于土工织物在不同法向土压力作用下的蠕变特性已有另文介绍[1]。文献［2］中也曾叙述有关土工格栅的蠕变试验。然而，目前我国有关测试手册中还没有蠕变试验的方法的介绍[3]。本文着重介绍笔者所作的有关土工合成材料蠕变试验的研究成果。

2 试样的准备

试验共采用四种典型的运用最广的土工合成材料，两种土工格栅 Tensar SR80 和 Tensar SS1，一种针刺无纺织物，单位面积质量为 400g/m^2 和一种有纺织物。其中有纺织物为英国 Don & Low 公司的产品，其余为 Netlon 公司的产品。Tensar SR80 是单向拉伸格栅，每米宽度具有 45 根纵向肋条，Tensar SS1 是双向拉伸格栅，每米宽度具有 25 根纵向肋条，它们的结构参见图 1。四种土工合成材料的化学成分、拉伸强度见表 1。每种材料选用四种不同的蠕变试验拉伸荷载，表示为拉伸强度的百分比，也列于表 1 中。共计 16 个试样。

（1）试样的尺寸

试样尺寸见表 2，其中土工格栅 SR80 和 SS1 的宽度为试样含有的纵向肋条数，在它们的长度范围内分别含有 3 根和 4 根横向肋条，所谓试样长度系指安装测量位移表计的两根平行横杆间的初始距离。参见图 1。

本文发表于 1994 年 11 月第 16 卷第 6 期《岩土工程学报》。

本文为国家教委博士点基金资助项目。

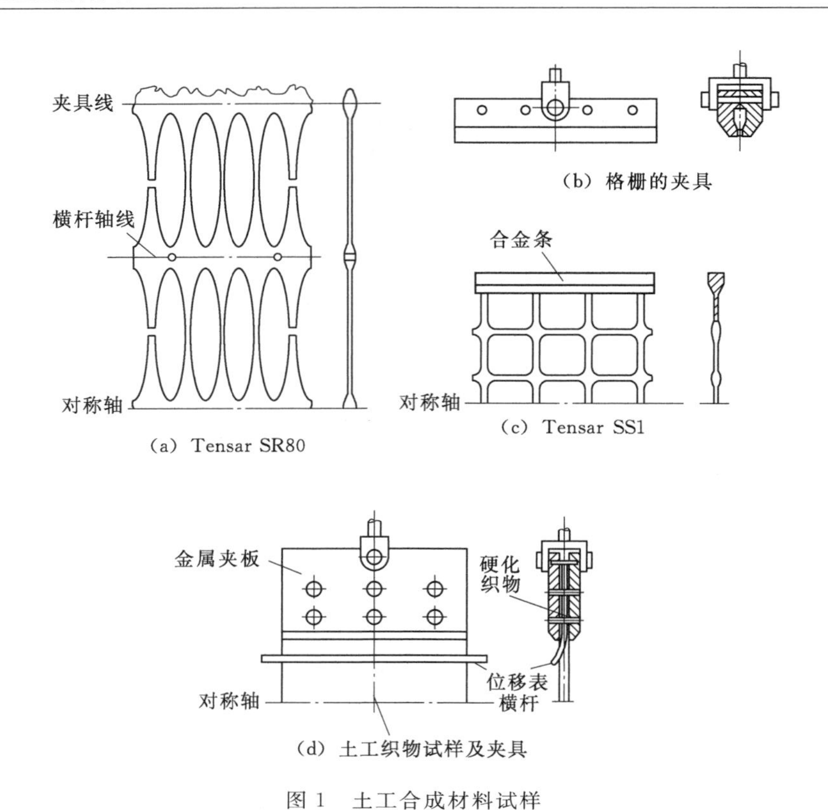

图1　土工合成材料试样

表1　　蠕变试验荷载

试样	原材料	拉伸强度/(kN/m)	试验荷载的百分比/%			
Tensar SR80	高密度聚乙烯	66.6	10	20	40	60
Tensar SS1	聚丙烯	12.5	10	20	40	60
有纺织物	聚丙烯	37.0	10	20	30	40
无纺织物	聚酯	11.5	5	10	15	20

表2　　试样尺寸

试　　样	宽　　度	长　　度/mm
SR80	3条	315
SS1	4条	200
有纺织物	200mm	100
无纺织物	200mm	100

(2) 试样的夹持方法

土工格栅SR80的横向肋条厚度为4.5mm，比较容易夹持，而不需加强。安装位移表计的横杆借助两根小螺钉穿接在横肋上。SS1的横向肋条很薄，仅0.5mm，结点处也只有2.5mm厚，使用一般的夹具易于滑动，如夹持过紧又容易折断。故在试验前用模具在试样两端预先浇铸合金条（图1）。该合金具有低熔点（70℃），可熔于热水中，主要由铅、镉、铋等金属组成，牌号为OS-158，系英国FRY金属有限公司产品。SS1测量位移的表计直接安装于夹具的两端。

土工织物（包括有纺和无纺）在夹具范围内的两面均涂刷加硬化剂的液态玻璃纤维，烘干硬化钻孔后借助金属夹板和小螺钉夹紧。安装位移计的两根平行横杆也同时硬化固定在织物上，相距100mm（图1）。

土工格栅和土工织物的夹具分别绘于图1的（b）和（d），上下夹具形状相同，图中仅画出上夹具和上面一半试样。土工格栅的夹具或土工织物的夹板与U形联件间用一螺栓连接，螺栓不夹紧，允许加荷过程中夹具（板）绕螺栓自由转动。

3　试验过程和现象

（1）调湿

在试验前试样应置于湿度为65%±2%，温度为20%±2℃的实验室中保持24h，试验过程也应保持同样的温度和湿度。

（2）加荷和应变测量

将试样和夹具铅直悬吊于加荷构架上，拉力用砝码借助装有油压千斤顶的小车一次施加。加荷24h内的位移用位移传感器和数据采集仪测录，每个试样的两侧（夹具或横杆的两端）各安一个位移传感器。24h后用百分表换下传感器进行长期测读。测读的时间间隔逐渐加大，本次试验在下到每个时间间隔内都不少于4次测读数据：0～0.1h、0.1～1.0h、1～10h、10～100h、100～1000h。试验共持续1000h以上，有条件应持续10000h以上。用试样两侧测得的位移平均值除以试样初始长度即为应变值。

（3）现象

试验过程中有两个试样断裂，第一个是有纺织物在40%拉伸强度的荷载作用下，在加荷216h后（应变达97.5%），局部经向纤维（4根在试样左侧，1根在中部）断裂，其后断裂纤维数逐渐增多，直至加荷395h完全断裂，断裂时应变达123%。第二个断裂试样是土工格栅SS1在60%拉伸强度的荷载作用下，在加荷后888h，应变达54.4%时，一些纤维丝开始从格栅的纵横肋中剥离，剥离丝逐渐增多，布满所有空格，直至加荷1196h，应变达62%时完全断裂。两试样断裂的位置皆发生在试样测量应变的长度范围内。

此外，无纺织物试样表现出很强的横向收缩特性，且收缩量也随着时间而增大，表3列出不同拉伸荷载作用下，达1000h的试样最小横向宽度（缩颈宽度），以及占初始宽度（200mm）的百分比。

其他三种材料的试样未发现颈缩现象。

表3　　无纺织物的颈缩

荷载百分比/%	5	10	15	20
缩颈宽度/mm	166	140	137	126
缩颈百分比/%	83	70	68.5	63

4　成果的整理和评价

蠕变试验最重要的成果是应变随时间变化的曲线，四种材料在不同荷载作用下的蠕变过程曲线绘于图 2～图 5。图中时间采用对数坐标。从图中可以看出，除断裂和接近断裂的试样外，大多蠕变过程曲线可近似用直线方程描述，以便外推估计更长时间后的蠕变应变。图中 T_s 为拉伸强度。

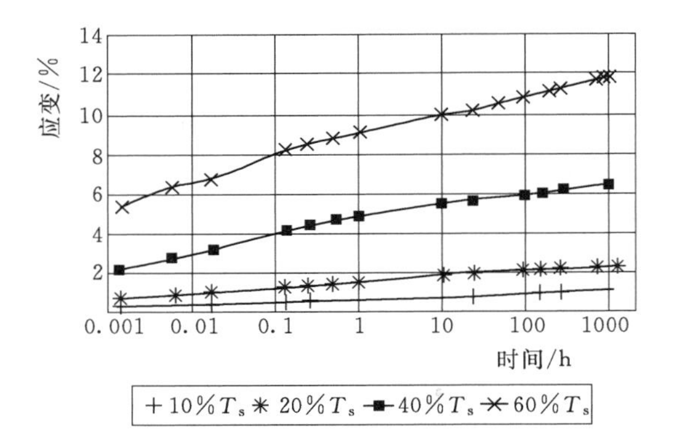

图 2　格栅 SR80 的蠕变曲线

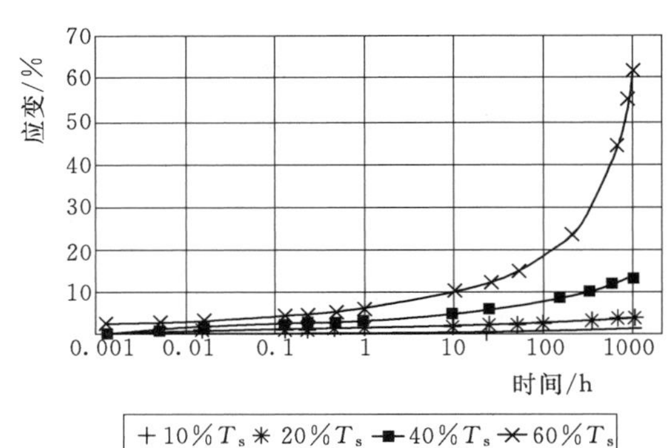

图 3　格栅 SS1 的蠕变曲线

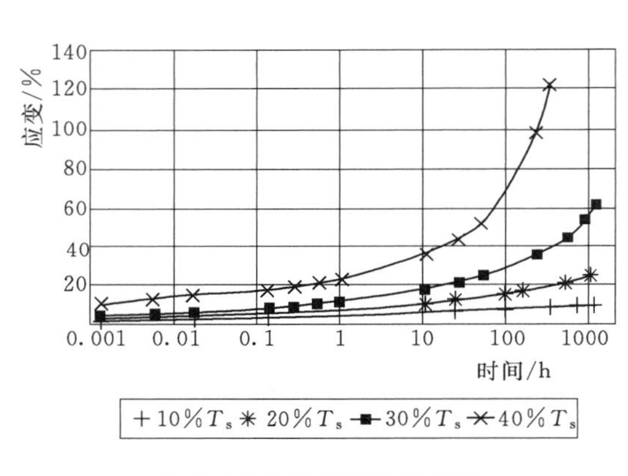

图 4　有纺织物的蠕变曲线

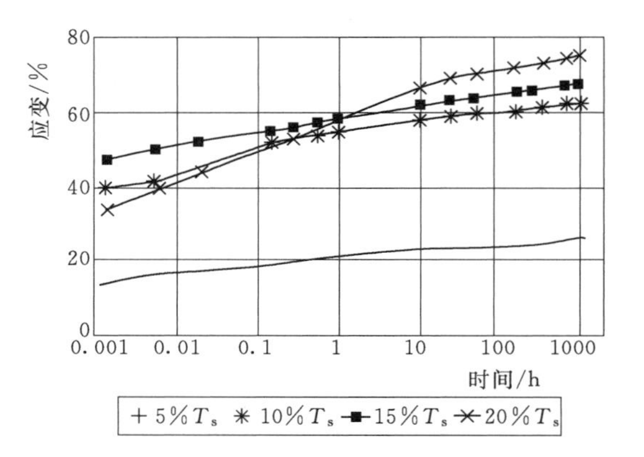

图 5　无纺织物的蠕变曲线

为了比较不同种类土工合成材料在加荷后同一时刻的应力应变关系，将蠕变过程曲线重新整理得等时曲线。其中加荷后 10h 和 1000h 四种土工合成材料的等时曲线分别绘于图 6 和图 7。从等时曲线很容易比较不同材料的加筋特性。

从加荷后不同时刻的等时曲线还可整理出在一定应变条件下，土工合成材料的拉伸模型与时间的关系曲线，参见图 8。其中无纺织物试样应变很大，相应曲线是在应变维持在 30%的条件下绘制的，其它曲线的应变值维持在 10%。

从试验现象和以上曲线可见：

（1）加筋特性的优劣

一般情况，好的加筋材料在相应设计拉伸荷载的作用下应具有较小的蠕变应变和较大的拉伸模量。从图 6～图 8 可知，四种材料从优到劣的顺序为 SR80、有纺织物、SS1 和无纺织物。

（2）加荷速率问题

蠕变试验的荷载是一次施加的，试验中发现荷载施加的快慢会影响初始阶段的应变。

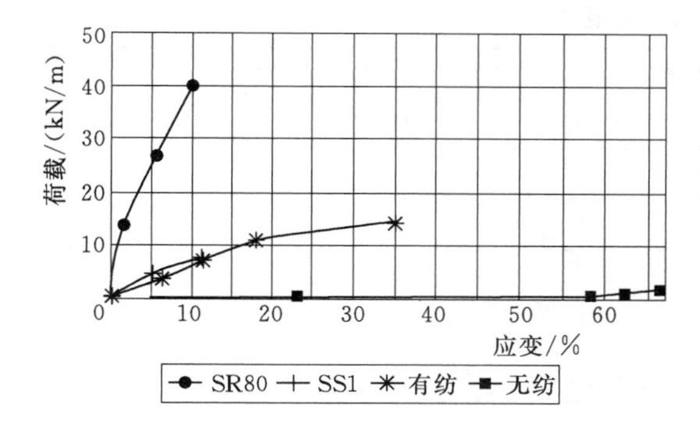

图 6　土工合成材料的等时曲线（10h）

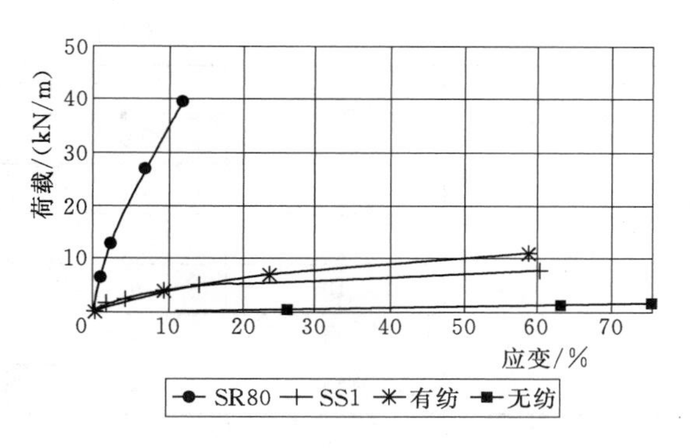

图 7　土工合成材料的等时曲线（1000h）

例如在施加无纺织物试样 20%拉伸强度荷载时，因这个荷载是该样中最大的，加荷（释放油压千斤顶阀门）很小心，致使加荷速度最慢，从图 5 可见，初始阶段测得的应变值反而小于 10%和 15%拉伸强度荷载的试样。

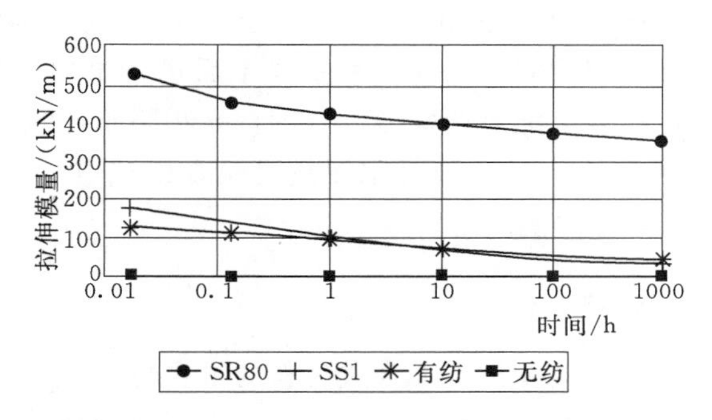

图 8　在一定应变条件下拉伸模量与时间的关系
（无纺为 30%的应变，其它材料为 10%的应变）

（3）预拉伸荷载问题

按照英国有关标准的讨论稿（Draft BS：6906：Part 5），所有蠕变试样须加预拉伸荷载，暂定为拉伸强度的 1%，然后再按设计荷载进行试验，并且预拉伸应变不能计入蠕变应变，以消除织物结构的纤维丝由曲到直而产生的应变。为比较施加 1%拉伸强度的预拉伸应变与其它荷载条件下不同时刻应变的大小，笔者曾重新制样补做四种材料在 1%拉伸强度荷载作用下的蠕变试验，各持续 0.5h，蠕变曲线参见图 9。从图可见 0.5h 内应变的变化不大。现取土工织物试样作比较，表 4 列出 1%拉伸强度荷载作用下 0.5h 的应变和 10%拉伸强度荷载作用下不同时刻的应变，并给出前者占后者的百分比。从表 4 可见这个比例较高，最低者大于 8%，即忽略的应变较大。实际上，土工合成材料产品的应变应该包括结构调整及纤维本身的应变两个方面，且结构调整的应变不易在施工铺放中消除，应考虑在蠕变应变之中。故笔者认为试验不必加预拉荷载，仅需将试样在自重作用下悬挂即可。

（4）环氧树脂应用于试样的准备

环氧树脂可代替上述玻璃纤维及低熔点合金用于硬化夹板中的土工织物和预制土工格栅的夹具包条。笔者对杭州新丰塑料厂生产的聚丙烯有纺织物 PBT－6 及湖北力特塑料制品有限公司生产的土工网络 SQ20 和 HF10 进行试用，都取得较好的效果。所需原料有：

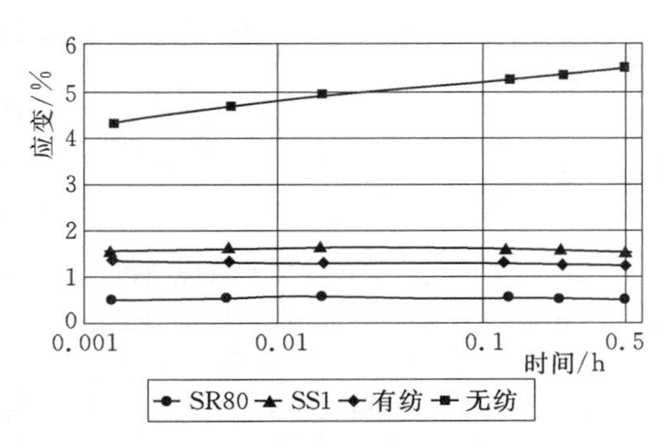

图 9　1%拉伸强度的荷载下蠕变曲线

表 4　　　　土工织物预拉伸应变比较

荷载百分比/%	时间/h	有纺织物		无纺织物	
		应变/%	百分比/%	应变/%	百分比/%
1	0.5	1.37		5.61	
10	0.5	2.95	46.4	41.31	13.58
	10	6.44	21.3	58.35	9.61
	100	7.76	17.6	60.52	9.27
	1000	8.77	15.6	63.16	8.88

环氧树脂（E-44），硬化剂（乙二胺）和增塑剂（邻苯二甲酸二丁酯）。它们的用量（质量）比例为 1：0.1：0.15。将上述配料充分调匀后涂刷在夹板范围内织物的两面，再各贴上一层相同的织物，夹紧风干后进行试验。当用模具制作土工格栅试验用的夹具包条时，在以上配料调好后，立即拌入相当于环氧树脂质量 0.6 倍的细粒填料（如试验中采用宣恩水泥厂 425# 普硅水泥或武汉青山热电厂粉煤灰）。在日平均温度为 15℃条件下，约 18h 即可拆模使用。

5　结语

（1）蠕变是土工合成材料的重要特性，是土工合成材料能否应用于永久性加筋土工程的依据，在目前缺少有关的测试方法或标准的情况下，同时考虑到其在土中蠕变试验的复杂性，建议将试样铅直悬吊于空气中进行试验。

（2）对处于夹具范围内的试样应进行处理，如对土工格栅或土工网络用低熔点合金浇铸夹具包条，对土工织物用玻璃纤维固化。实践中，两者皆可用环氧树脂及其它一些配料代替。

（3）蠕变试验成果可用蠕变过程曲线、等时曲线，以及拉伸模量对时间的关系曲线表示，以评价材料的蠕变特性。

（4）试验前可不必施加预拉伸荷载，仅靠试样自重铅直悬挂。

（5）蠕变荷载一次施加，注意保持各试样施荷速率一致。

笔者于 1992 年 10 月到 1993 年 1 月在英国格拉斯哥的 Strathclyde 大学完成了上述 16 个试样的蠕变试验。感谢该校 A. McGown 教授和 K. Z. Andrawes 教授的指导和安排，以及技术员 G. Carr 先生的帮助。

参考文献

[1]　王钊．土工织物的拉伸蠕变特性和预拉力加筋堤．岩土工程学报，1992，14（2）．

[2]　王正宏．土工格栅在土木工程中的应用．中国土工织物学术讨论会论文选集，中国土工合成材料技术协作网，1987．20-32．

[3]　南京水利科学研究院主编．土工合成材料测试手册．水利电力出版社，1991．

土工织物在泵站基础工程中的应用

王　钊[1]　乔忠森[2]　赵爱萍[2]　娄小江[2]

（1. 武汉水利电力大学；2. 枝江县公社闸泵站建设指挥部）

1　工程概况

公社闸泵站是一排涝泵站，位于湖北省枝江县七星台镇东沮漳河边，装机容量 3×800kW。泵站场地平坦开阔，地面高程为 39.4cm，地表以下依次为亚粘土，层厚 4.7m；粉砂夹淤泥质亚粘土，厚 3.3m；亚砂土夹粉砂，厚 4.6m，下接细砂层。地下水位变动在高程 33.2～36.1m 之间。泵站基底高程为 30.38m，位于亚砂土夹粉砂层中，该层地基承载力设计值为 125kPa，基本与基底压力相等，故不能再承受泵房下游侧填土的侧向压力，原设计中有一空箱式挡土墙，沿泵房后墙平行布置，将填土与泵房隔开。

工程于 1993 年 10 月动工，在基坑挖至 7.2m 深（高程 32.2m）时，坑底大量涌大，发生流土破坏。决定布置管井降水并重挖基坑，将泵房向背离沮漳河方向移动，相应三条出水管道延长 20m，并将坐落在报废回填的基坑上。为防止管道因填土沉降而开裂，需增设 5 座钢筋混凝土排架，下接桩基础，仅此项将增加投资近 70 万元。

经不同方案反复比较，并报省水利厅批准，决定应用土工合成材料，具体措施如下：用有纺织物加筋砂垫层配合预压堤处理管道地基，为保证预压堤填筑和新基坑开挖，修建土工织物临时挡土墙；用土工织物挡地土墙代替空箱式挡土墙。整个工程的剖面如图 1 所示。

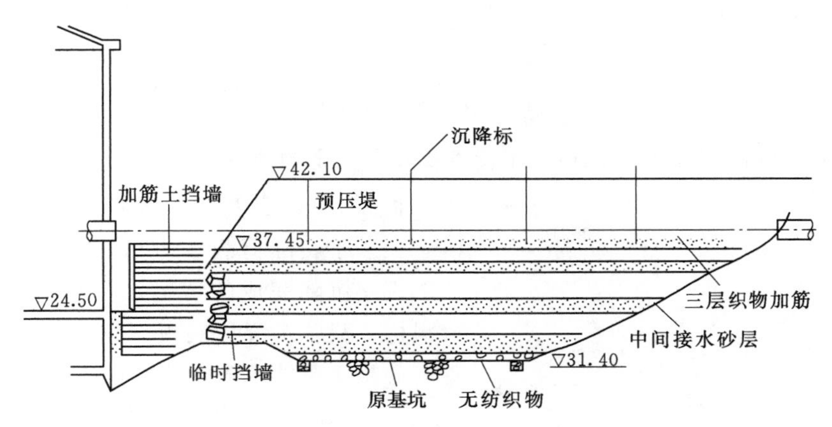

图 1　土工织物处理工程的剖面图

2　土工织物加筋砂垫层管道地基

2.1　无纺织物反滤层

为止住坑底大量的涌水，选用应城防水材料厂生产的 400g/m² 白色无纺织物 900m²，铺在坑底。该织物等效孔径 $O_{95}=0.09$mm，可有效地防止土粒继续流失。其选用标准如下，基坑开挖底面位于粉砂夹游泥质亚粘土中，从土工试验成果中查得土粒的特征粒径 $d_{85}=0.13$mm，满足土工织物持土准则[1]

$$O_{95}<d_{85}$$

在铺设无纺织物前，用砂卵石填平坑边排水沟和涌水洞穴。织物间搭接 10cm，其上复盖 1m 厚细砂层。该砂层可作为水平排水层，同时为其后粘土的回填与碾压打下了基础。

2.2　预压堤和沉降观测

根据《建筑地基基础设计规范》（GBJ 7—89），作为建筑物（管道）的填土地基，其压实系数应达到 0.96（压实系数定义为碾压控制干密度与最大干密度之比），为此进行了室内击实试验和现场碾压试验，测得最大干密度为 1.61g/cm³、最优含水量为 22.5%。但实际回填时，遇到连续阴雨，无法保证最优含水量，为抢工期不得不采用含水量较大（超过 29%）的粘土回填，按要求应在 6 个月内固结度达 90%，为此进行一维排水固结计算，在粘土中夹填 30cm 厚的水平排水砂层，如图 2 所示。分层碾压粘土取三处代表性土样测得压缩系数 a_{1-2}，分别为 0.016、0.034 和 0.049cm²/kg。

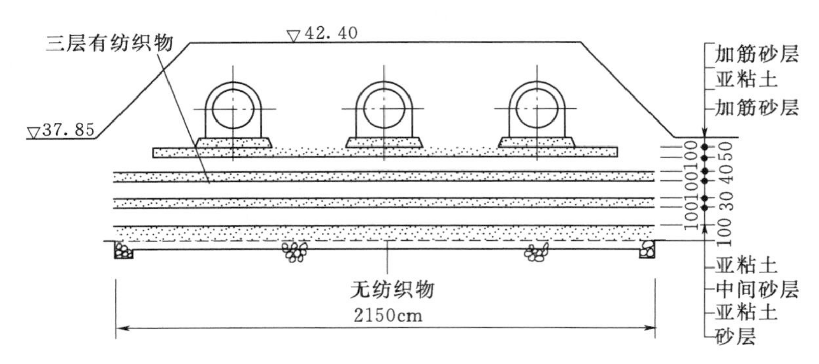

图 2　管道加筋砂地基

预压堤顶的设计高程为 42.4m，而管道及其上覆土的顶部高程为 40.7m，从管垫层高程 37.45m 计算，预压荷载为 4.95m 土重，相当于实际荷载 3.25m 土重的 1.5 倍。为观察沉降完成的情况，在管垫高程设沉降标 8 只。沉降标底板面积30cm×30cm，中心接 1 英寸水管，伸出预压堤顶。

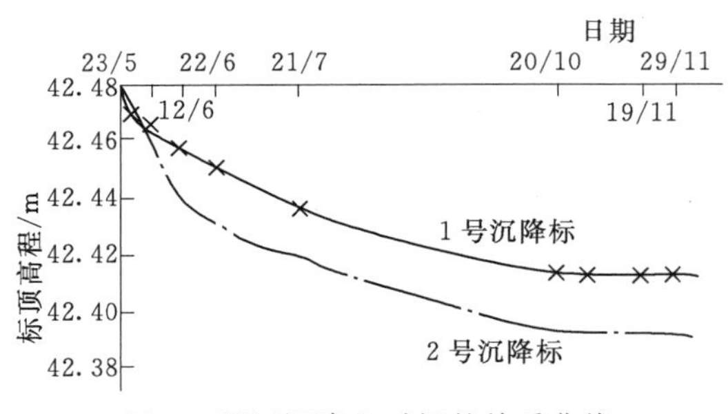

图 3　预压沉降和时间的关系曲线

沉降标的水准测量延续了半年，其中 2 号和 4 号标的沉降曲线绘于图 3，可见半年后沉降已基本完成。说明一维固结计算的预测是相当准确的。预压堤于1995年2月底挖除，实际预压时间达9个月。

2.3 临时土工织物挡土墙

挡土墙高度为3m，其作用有二：一是作为预压堤近泵房侧的陡边坡，二是确保新基坑的开挖。其设计原理参见下文3。选用七星台镇塑料编织袋厂的产品，其双层抗拉强度达36kN/m，共用有纺织物2600m^2。施工前在厂家双层拼接为3×6.0m的大块，共114块。铺筑时织物块长度方向垂直于墙面，沿墙面边缘叠放两层编织袋砂包，然后铺土碾压，翻卷织物，参见图1。每层的厚度为0.5m。共用塑料编织袋1500个。

该墙于1994年3月20日竣工，至挖除预压堤历时一年又一个月，期间，1994年12月挖新基坑起即已完全暴露在外面。施工实践充分证明了，土工织物挡土墙很好地完成了两个作用，并具有施工简单、投资省的特点。

2.4 加筋砂垫层

管道下方土工织物加筋砂垫层既起到上层排水的作用．同时因土工织物的拉力增加的承载力、均匀地扩散管道的压力。加筋砂垫层如图2所示，在预压堤填筑前完成。图中织物间距分别为1.0m和0.5m，仍用七星台塑料编织袋厂产品，双层缝合成21.5m长、5m的大块，共20块。单层用量4300m^2。每层织物在现场手工缝合为整块，针脚间距1寸。

因土工织物加筋砂垫层而增加的地基承载力可用下式计算[1]

$$\Delta P_u = \frac{T}{2R} N_q + 2T\sin\theta / B'$$

式中 T——织物的容许拉伸强度，可取抗拉强度的40%，kN/m；

R——基础两侧地基土隆起的假想圆半径，一般取$R=3$m；

N_q——承载力因数，无因次，由土的内摩擦角查得$N_q=7.82$；

θ——主动破坏面与水平面夹角，$\theta=45°+\frac{q_x}{2}=56°$；

B'——平均基宽，取管道外边缘距离，即$B'=13.8$m。

考虑到三层织物加筋，$T=40\%\times3\times36=43.2$kN/m，将上列值代入公式得

$$\Delta P_u = \frac{43.2}{2\times3}\times7.82 + 2\times43.2\times\sin56°/13.8 = 61.5(\text{kPa})$$

该值已大于管垫层上的基底压力。管道已于1995年9月竣工，试运行正常。

3 土工织物加筋土挡墙

该墙位于泵房下游侧，系永久性挡土墙，墙高6.2m。加筋用纺织物为宜昌市扁丝织袋产品，每英寸14丝，实测抗拉强度为26.6kN/m。其设计如下[1]：

主动土压力系数 $K_a = \text{tg}^2\left(45° - \frac{\varphi}{2}\right) = \text{tg}^2(45° - 15°) = 0.333$

织物容许拉力 $T = 26.6\times40\% = 10.64(\text{kN/m})$

织物间距 $h \leqslant \frac{T}{K_a\gamma H} = \frac{10.64}{0.333\times18\times6.2} = 0.286(\text{m})$（取0.25m）

土工织物长度

$$L=0.3H+\frac{K_a h}{\mathrm{tg}\varphi_{sf}}$$

式中，φ_{ss}为织物与土之间的摩擦角，可取土内摩擦角的0.8倍。

$$L=0.3\times6.2+\frac{0.333\times0.25}{\mathrm{tg}(0.8\times30^\circ)}=2.05(\mathrm{m})$$

此外，根据加筋土体抗滑稳定的要求，土工织物最小长度

$$l_{\mathrm{mix}}=\frac{K_a H}{\mathrm{tg}\varphi_{sf}}=\frac{0.333\times6.2}{\mathrm{tg}24^\circ}=4.64(\mathrm{m})$$

因临时挡土墙墙面距泵房后墙仅5.0m，并考虑到墙先修到管垫层高程（37.45mm）仅2.9m高，泵房运行后再修至地面高程（40.70m），达6.2m高，故设计中，采用$L=4.0$m，间距=0.25m，施工时逐层夯实，并在墙面0.5m范围内填细砂以利排水。为防止墙面翻卷织物（翻卷长度1.3m）老化，沿墙面修筑0.24m厚的砖墙护层。

4　其它应用

在泵站工程中还有一些部位需设反滤层，如前池底板、底板接缝、进水段底板排水孔，以及进水段八字翼墙（挡土墙）的排水孔。其无纺织物滤层的布置参见图4。

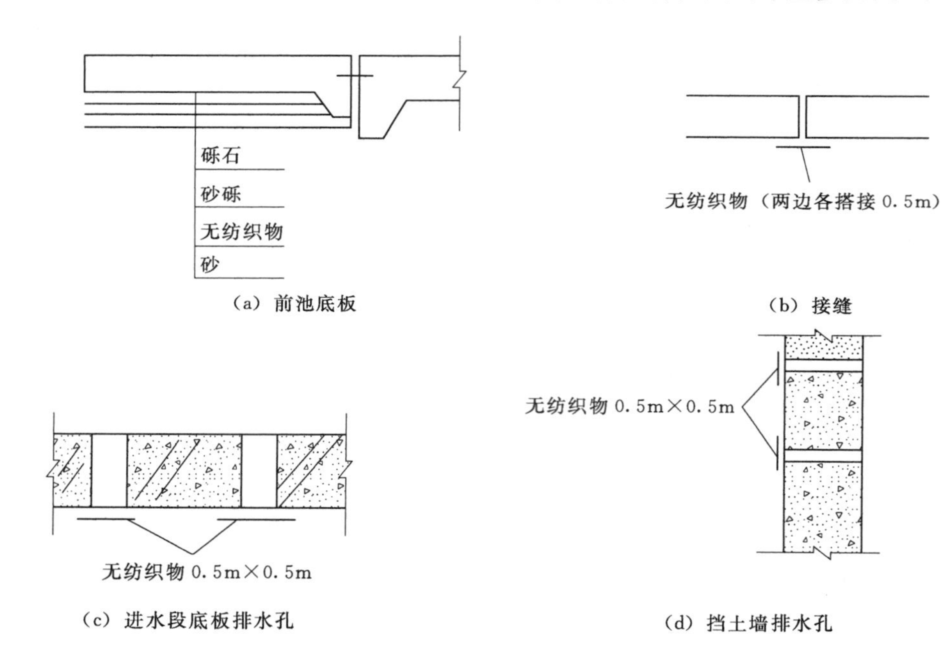

图4　无纺织物滤层的其它应用

5　结束语

枝汇县公社闸泵站工程应用的土工合成材料包括，无纺织物滤层，有纺织物加筋挡土墙和加筋地基。其用量和价格明细表如下。总用量约14000m²，计款4.06万元。

用　途	品种	用量（m^2）	总价（千元）	厂　家
基坑底部反滤	无纺织物	900	4.80	应城防水材料厂
水工建筑反滤	无纺织物	470	2.49	应城防水材料厂
管道基础加筋	有纺织物	4300	8.75	七星台塑料编织袋厂
临时挡土墙	有纺织物	2600	5.30	七星台塑料编织袋厂
	编织袋	3500（条）	3.50	七星台塑料编织袋厂
永久挡土墙	有纺织物	3070	15.80	宜昌扁丝织袋厂

注　表中塑料编织袋还用于其它部位。

工程实践表明，土工合成材料在处理基坑流土破坏、在施工临时挡土措施，以及加筋土地基、加筋土挡墙和反滤层方面都起到很好的作用，它具有运输和施工方便的优点，同时节省投资，仅管道地基处理和永久性挡土墙就节省了近百万元的投资。

参考文献

[1]　陆士强，王钊、刘祖德．土工合成材料应用原理，水利电力出版社，1994.

复合土工膜选材试验的数据处理和决策

王　钊[1]　王协群[2]　谭界雄[3]

（1. 武汉水利电力大学水利系，430072　武汉；
2. 武汉工业大学建筑工程系，430070　武汉；
3. 长江水利委员会设计局，430010　武汉）

摘　要： 根据一水库防渗工程选材时对复合土工膜的检测，阐述了试验数据的处理方法和运用系统评价的知识分析众多的性能指标，最终确定优选的材料。该方法亦可供其它试验数据的整理和选材参考。

关键词： 数据处理；系统分析；复合土工合成材料

前言

某水库工地拟用复合土工膜作为土坝的防渗斜墙和库区的防渗铺盖。参加投标的有5个厂家12种产品，其中，两布一膜产品用于防渗斜墙，一布一膜产品用于防渗铺盖。在送检产品的检测过程中，出现这样一些问题：样品的规格一般偏高于设计要求，试验中有些数据明显偏离平均值；各产品的性能指标均达到设计要求，如何评价优劣。文章针对5种一布一膜产品，规格为200/0.5，即无纺织物单位面积质量为200g/m^2，膜的厚度为0.5mm，说明试验数据的处理方法，并应用系统工程原理中多指标综合排序法从众多达标产品中确定优选的次序。

1　试验数据的处理

1.1　试验数据的取舍

在严格按国家标准[1]取样和制备试样后，根据《土工合成材料测试手册》[2]要求，大多数特性指标均需重复试验10块样品，并用下式提交试验结果。

$$\overline{x}=\frac{1}{n}\sum_{i=1}^{n}x_i \tag{1}$$

$$\sigma=\sqrt{\frac{1}{n-1}\sum_{i=1}^{n}(x_i-\overline{x})^2} \tag{2}$$

式中　$\overline{x}$为算术平均值；σ为标准差；n为试样块数；x_i为第i块试样的试验值。

试验中常出现个别试验值异常偏大或偏小的现象，这可能与操作不当、读数错误，或

本文发表于1998年8月第22卷第4期《大坝观测与土工测试》。
本文为国家自然科学基金资助项目（编号：59679021）。

冲击振动有关，产生的误差称为粗大误差，这种误差不符合系统误差和随机误差的分布规律，使算术平均值歪曲了试验结果，应予剔除。

判断含粗大误差的数据应采用格罗布（Grubbs）准则[3]。显然最可疑的数据是残差绝对值$|x_k-\overline{x}|$最大的数据x_k，用下式计算x_k的统计量$g(k)$，如$g(k)$满足下式，则认为x_k含有粗大误差，应予剔除。

$$g(k)=\frac{|x_k-\overline{x}|}{\sigma}\geqslant g_0(n,\alpha) \tag{3}$$

式中　$g_0(n,\alpha)$为统计量$g(k)$的临界值，它依据n和显著度α而定，α为出现粗大误差的概率，一般取值0.1或0.05。$g_0(n,\alpha)$值参见表1。

表1　统计量 $g(k)$ 的临界值

α	n											
	3	4	5	6	7	8	9	10	11	12	13	14
0.01	1.16	1.49	1.75	1.94	2.10	2.22	2.32	2.41	2.48	2.55	2.61	2.66
0.05	1.15	1.46	1.67	1.82	1.94	2.03	2.11	2.18	2.23	2.28	2.33	2.37

依次判断残差绝对值较大的数据，直至不符合式（3）为止，将剩余的数据（不含粗大误差）用式（1）和式（2）计算算术平均值和标准差。

1.2　数据不确定度的估计和合成

不同厂家的同一测试指标往往具有不同的算术平均值$\overline{x}$和标准差σ，这给比较大小带来困难，如何将$\overline{x}$和σ合成一个指标，既比较了算术平均值的大小，又考虑到误差的影响，这是十分必要的。笔者应用可几误差P.E.的概念。随机误差分析中，高斯（正态）分布是最适用的一种，也是数据统计分析中最重要的概率分布，可几误差P.E.定义为这样一种偏差绝对值，使任一次观测值的偏差$|x_i-\overline{x}|<$P.E.的概念等于50%，也就是该实验中将有半数观测值落在$\overline{x}\pm$P.E.所表示的范围内。通过高斯分布概率曲线的积分，可找到可几误差和标准差的关系。

$$\text{P. E.}=0.6745\sigma \tag{4}$$

为了反映试样的不均匀性，即误差的大小，将算术平均值减去可几误差作为不同产品的合成比较指标。表2中列出的试验结果为剔除粗大误差后的$\overline{x}-$P.E.值，即$\overline{x}-0.6745\sigma$值。也可以将试验结果分别以$\overline{x}-\sigma$、$\overline{x}-2\sigma$或$\overline{x}-3\sigma$的合成指标表示，相应的置信概率分别为68.26%，95.45%和99.73%，后面3种表示有可能过高地估计了误差的影响，故本文推荐采用合成指标$\overline{x}-0.6745\sigma$。

表2　一布一膜产品的特性比较①

		合成比较指标（$\overline{x}-$P.E.）					归一化指标 f_i				
		1	2	3	4	5	1	2	3	4	5
质量/($g\cdot m^{-3}$)	布	207.0	246.5	219.8	264.1	263.7					
	膜	391.2	452.3	527.7	387.0	686.7					
膜厚度/mm		0.485	0.468	0.591	0.524	0.517					

续表

		合成比较指标（$\bar{x}$－P. E.）					归一化指标 f_i				
		1	2	3	4	5	1	2	3	4	5
拉伸强度/(kN·m^{-2})	经向	10.7	13.2	12.5	14.4	13.9	10.66	11.44	9.62	10.40	10.20
	纬向	7.58	13.0	11.0	10.5	13.5	7.55	11.26	8.46	7.59	9.90
拉伸伸长率/%	经向	78.0	84.3	65.0	52.1	57.9					
	纬向	109.5	64.0	98.3	71.1	96.8					
撕裂强度/N	经向	357.9	455.4	418.3	368.1	338.4	356.5	394.6	322.0	266.0	248.3
	纬向	341.1	391.2	370.6	396.2	350.4	339.8	339.0	285.3	286.3	257.1
顶破CBR	强度/N	2327	2301	2509	3132	2325	2318	1994	1931	2263	1706
	应变/%	46.2	44.8	49.1	50.5	48.6	46.4	51.7	63.8	69.9	66.2
落锥孔直径/mm		12.8	12.3	13.7	12.5	13.5	12.8	14.2	17.8	17.3	18.4
渗透系数/(cm·s^{-1})		0	0	0	0	0	0	0	0	0	0

①　表中两个指标各有5个方案。

2　产品优劣的多指标综合排序[4]

从表2可见，共有5个方案（产品），每方案有13个合成比较指标。这些指标中，有一类指标希望越大越好，例如强度；另一类则希望越小越好，例如落锥孔直径、渗透系数和顶破应变。对表2中拉伸伸长率有一基本要求，例如，本工程设计要求该值大于50%，5种产品均已达到，很难判定拉伸伸长率是否更大些为好，故拉伸伸长率指标不参加综合评价。此外，各产品的单位面积质量和膜厚度均与设计要求的规格不同，首先应进行归一化处理，同时，各指标都应无量纲化，以便使各指标的评价尺度统一，然后才能对各方案（产品）的价值进行分析和评估。

2.1　指标的归一化

因各厂家提供的产品规格和设计要求有一定差异，如超过设计要求将使越大越好的指标偏大，使越小越好的指标偏小，故用下列两式对合成比较指标（$\bar{x}$－P. E.）进行归一化处理，以获得归一化指标 f_i，$i=1$，…，n，这里 n 代表每种产品的归一化指标数。

（1）对越大越好的指标

$$f_i=\frac{m\delta}{m'\delta'}(\bar{x}-\mathrm{P.E.})_i \tag{5}$$

（2）对越小越好的指标

$$f_i=\frac{m'\delta'}{m\delta}(\bar{x}-\mathrm{P.E.})_i \tag{6}$$

式中　m，δ 为设计要求的单位面积质量和膜厚度；m'，δ' 为试样的实测单位面积质量和膜厚度。一布一膜的归一化指标也列于表2中。

2.2　指标的无量纲化

对于第 i 个归一化指标 f_i，找出不同产品中的最大值 $f_{i\max}$ 和最小值 $f_{i\min}$，即在产品

$j=1$，…，m 中寻找

$$f_{i\max}=\max_{j=1}^{m}\{f_i\}$$

$$f_{i\min}=\max_{j=1}^{m}\{f_i\} \tag{7}$$

（1）若希望指标 f_i 越大越好，则规定 $f_{i\max}$无量纲化后为 $v_{i\max}$，例如取 $v_{i\max}=100$，而 $f_{i\min}$无量纲化后为 $v_{i\min}$，例如取 $v_{i\min}=1$。用线性插值求第 j 个产品第 i 项指标 f_{ij}的无量纲指标 v_{ij}，参见图 1。

$$v_{ij}=v_{i\min}+\frac{v_{i\max}-v_{i\min}}{f_{i\max}-f_{i\min}}(f_{ij}-f_{i\min}) \tag{8}$$

（2）若希望指标 f_i 越小越好，则规定 $f_{i\max}$无量纲化后为 $v_{i\min}$，例如取 $v_{i\min}=1$，而 $f_{i\min}$无量纲化后为 $v_{i\max}$，例如取 $v_{i\max}=100$。同样用线性插值求第 j 个产品第 i 项指标 f_{ij}的无量纲指标 v_{ij}，参见图 2。

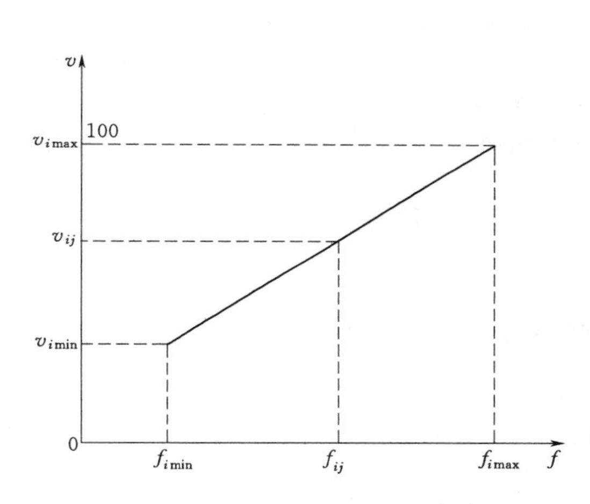

图 1　f_i 越大越好 $f-v$ 关系图

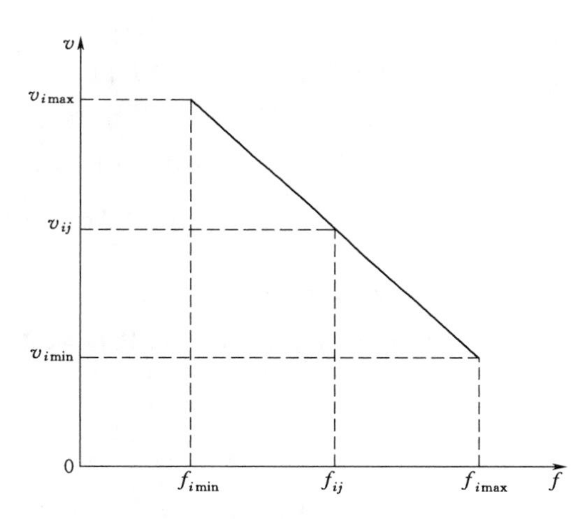

图 2　f_i 越小越好 $f-v$ 关系图

$$v_{ij}=v_{i\max}-\frac{v_{i\max}-v_{i\min}}{f_{i\max}-f_{i\min}}(f_{ij}-f_{i\min}) \tag{9}$$

根据式（8）和式（9）可计算得一布一膜产品的无量纲特性指标，见表 3。

表 3　　一布一膜产品特性的无量纲指标和排序

		产品号					权重 W_i
		1	2	3	4	5	
拉伸强度/(kN·m⁻²)	径向	57.6	100	1	43.4	32.5	0.30
	纬向	1	100	25.3	1.1	63.7	0.30
撕裂强度/N	径向	74.3	100	50.9	13.0	1	0.10
	纬向	100	99	34.8	36.0	1	0.10
顶破CBR	强度/N	100	47.6	37.4	91.1	1	0.10
	应变/%	100	77.7	26.7	1	16.7	0.05

续表

	产品号					权重 W_i
	1	2	3	4	5	
落锥孔直径/mm	100	75.2	11.5	20.4	1	0.05
综合评价值 V_j	55.0	92.3	22.1	28.4	30.0	
优劣排序	2	1	5	4	3	

2.3　权重

为反映不向特性指标对选材决策的影响，应对各个指标赋予不同的权重 W_i。具体分析各项指标，渗透系数对防渗工程而言，无疑是最重要的，理应赋予大的权重，但试验中发现，尽管采用三轴仪围压设备给渗透仪施加600kPa水压（相当于设计水头的6倍），维持压力一昼夜，各样品除因气温变化在精度0.01mL的量管中有微小水位升降外，均测不出渗透量，故该指标及权重不予考虑。剩下7个指标中，拉伸强度是设计指标，且测量精度高（用拉伸传感器测量），应取大值，又因一布一膜产品用于库底防渗，故经向和纬向强度同样重要，权重皆取0.30，其余指标仅用于选材时的比较，故将撕裂的经向、纬向强度和顶破强度分别取权重0.10，而顶破应变和落锥孔直径的测量误差较大，权重分别取0.05，各权重总和为1.00，即 $\sum_{i=1}^{n} W_i = 1.00$。各项指标的权重列于表3。

2.4　产品价值的分析和排序

将各产品的无量纲指标 v_{ij} 与其权重 W_i 相乘求和，即可得各产品的综合评价值 V_j，参见表3。

$$V_j = \sum_{i=1}^{m} W_i v_{ij} \quad (j = 1,2,\cdots,m) \tag{10}$$

V_j 值最大的产品即为最优选择，并可根据 V_j 值的大小确定优选顺序。表3中列出了优劣顺序。

以上的多指标综合排序法中曾进行质量和厚度的归一化处理，使比较的基础相同，也隐含着原材料用量相同的因素。价格和原材料消耗有关，此外，还取决于厂家的生产工艺、利润、运输费用，以及聚氯乙烯膜或聚乙烯膜现场拼接的费用等因素。还应将各产品投标的价格或总投资作为一个指标，进行无量纲化处理，并赋予较高的权重，例如，所有特性指标的权重总和为0.50，投资的权重为0.50，一起进行综合分析，以便得出更符合实际的结论。

3　结论

（1）试验数据中可能含有不符合随机误差分布的粗大误差．应在取算术平均值之前予以剔除，是否含粗大误差可根据格罗布准则判断。

（2）为便于比较不同产品的某项特性指标，应将算术平均值与标准差或与极限误差合成一个数据，笔者建议这个数据采用算术平均值与可几误差的差值表示，即 $x-\text{P.E.}=x-0.6745\sigma$。测试数据中小于该数据的概率约为25%。

（3）因提供的样品，其质量与厚度和设计要求有偏差，在比较特性指标前应进行归一化处理。

（4）应用多指标综合排序法将指标无量纲化，并按其重要性赋予不同的权重，这样得出不同方案（产品）的综合评价值及排序对选材决策是有效的。

文中引用了复合土工膜特性检测的部分数据，向参加试验的人员张路、詹长久、李翠华、彭桂珍、朱碧堂、崔红军、蒋刚、邹维列表示感谢。

参考文献

[1] 中华人民共和国国家标准：GB/T 13760—92. 土工布的取样和试样准备.

[2] 南京水利科学研究院主编. 土工合成材料测试手册. 北京：水利电力出版社，1991.

[3] 丁振良，编. 误差理论与数据处理. 哈尔滨：哈尔滨工业大学出版社，1992.

[4] 王金山，谢家平编著. 系统工程基础与应用. 北京：地质出版社，1996.

土工合成材料加筋地基的应用研究现状

王　钊[1]　王协群[2]

（1. 武汉水利电力大学，武汉　430072；清华大学，北京　100084；
2. 武汉工业大学，武汉　430071）

摘　要： 本文较全面地综述了土工合成材料加筋地基的工程实践、模型试验和设计方法的进展，并试图指出一些需深入研究的问题。

1　引言

加筋土技术的近期发展应归功于1966年法国工程师Vidal的先锋工作[1]，他用镀镍条钢作筋材建筑了加筋土挡土墙，同时，他还预见到加筋材料可以提高地基的承载力。随着土工合成材料产品的开发，目前使用的筋材绝大部分为土工织物和土工格栅。实践中，加筋地基主要应用于堤的软基加筋（不包括边坡加筋）和油、气罐及条形基础的地基加筋。地基和基础设计的内容包括承载力、变形和稳定性计算，故加筋地基的范畴和目的包括增加地基承载力、减小沉降和不均匀沉降，以及提高抗滑稳定性。

伴随工程实践的增多，模型试验和设计方法也在发展。但总体评价是对加筋机理的认识和效果的评价还不够完善，在设计和施工方法等方面都存在一些课题需进一步研究，特别是在浅基础地基加筋上的应用。

2　加筋地基的工程实践

从现有文献资料看，土堤包括海堤和路堤的加筋地基实例较多，而浅基础加筋的实例较少，按这两个方面的运用介绍于下。

2.1　土堤的地基加筋

较早的报导为H. G. Rathmayer等（1985）[2]将有纺织物用于赫尔辛基Vantaa河湾的围垦堤工程，堤基为淤泥质土，在海水中沿堤基铺设织物，然后分别按一道堤和两道平行堤进占的方式，加快了施工速度、减少了抛石量。郑祖桢等（1986）[3]在秦山核电厂海堤工程中，用土工织物有效地隔离了软土地基和填土，并对加筋效果进行了分析计算。D. Williams等（1985）[4]在大雅茅斯旁道工程深达22m的淤泥上，用三层土工织物加筋，修建高度为2～8m的堤，为提高软基抗剪强度，设置塑料排水带，并采用分两级填筑的技术，其间隔时间达10周。俞仲泉等（1989）[5]著文报道我国在海堤软基上的应用，如深

本文发表于2000年3月第11卷第1期（总38）《地基处理》。

圳赤湾港防波堤、北仑港的电厂灰坝，青岛前湾防波堤和厦门东渡港二期围堰等，这些堤都建筑在深厚的淤泥或淤泥质土上，堤高从 4.7～11m，对较高的堤均采用了分期填筑技术。

其他工程实例还有吴正友（1989）[6]在连云港庙岭吹填土围堰施工中，在厚 4～5m 的淤泥上，采用土工织物砂垫层修建了 252m 长，高 7～9m 的抛石围堰。陈洪江等（1992）[7]经不同地基处理方案的对比，在大港选用无纺织物铺于 3m 厚的淤泥和淤泥质土上，修建 5km 长，高 5.5m 的海堤，从 1987 年到 1990 年施工，1991 年 6 月沉降即基本稳定。

除了海堤和围堰外，铁路和公路路堤的地基也应用土工织物加筋，乔正寿（1986）[8]在广茂铁路修建过程中，采用塑料排水带和土工织物联合处理路堤下 7m 厚的软基，仅 43 天就填筑 9m 高的路堤。凌旭初等（1989）[9]在沪嘉高速公路工程中，对其下面正交通道的开挖路堑，采用土工织物砂垫层处理地下水位以下的淤泥质土地基。赵柄新、陈镇威（1989）[10]用土工织物加固处于高含水量岸滩上的路基，起到防止液化的效果。方应杰（1996）[11]在南昆铁路永丰营站和广梅汕铁路工程中采用三到五层土工网（CE131）夹砂卵石层，间距 0.5m，处理软土地基。赵可等（1996）[12]用土工织物和砂垫层处理津港公路试验段浅层较土地基，并分析了加筋作用。其他还有蒋振雄等（1996）[13]和王福胜等（1996）[14]在路基软土地基上的应用。

在福冈国际加筋土会议上，Oikawa（1996）[15]介绍了在深达 11m 极软地基上修建 6m 高路堤的工程，根据地基的不排水强度 C_u＝11kPa，极限堤高仅 1.8m，且沉降达 1.7m。在路堤附近有矿泉水井，不允许采取化学灌浆等措施的情况下，用四至五层土工网或土工格栅，间距 0.6m，分两期填筑达到了设计高度。

从上述工程实例可见，用于堤下的加筋材料包括有纺织物和土工格栅，还有土工网格和无纺织物。处理的软土地基深达 22m，堤高达 11m。对不同的软土深度和堤高，分别采用单层和多层筋材（最多达 5 层），筋材位于堤底或堤身下部，多层筋材间夹砂或砂卵石层，加筋垫层可以和地基中竖向排水体结合使用。加筋地基的作用可归纳如下。

（1）隔离软土地基和堤身，减少填方量；

（2）减小堤的横向变形，但对沉降影响不大；

（3）加速了软土地基排水固结，适应较高的填筑速度；

（4）扩散堤基应力，提高地基承载力和抗滑稳定性。

也有不同的看法，例如，Rowe（1986）[16]认为筋材和土的界面摩擦角与土的内摩擦角基本一致，不能限制横向变形，在文献［15］中还提交了试验堤现场观测资料作为论证。此外，设置竖向排水体，因破坏地表硬壳层和扰动地基软土，将使最终沉降量增大[13]。

2.2　浅基础地基加筋

我国最早的应用报道是王铁儒等（1986）[17]在杭州印染厂气柜地基中的应用，气柜的直径为 15.4m，高 7.85m，重 122.1t，其下淤泥和淤泥质土厚 14m，用抗拉强度为 16kN/m 的土工织物制成长管袋，内装碎石，分四层铺设，总厚度约 1m，直径 23m，并结合砂井进行地基处理。其后，1988 年又将长管碎石袋和有纺织物砂垫层用于处理南京炼油厂2万m^3的油罐地基，同样取得预期效果（王铁儒等，1996）[18]。陈忠（1991）[19]将土工织物用于厂房机器基础的加筋砂垫层。林晓玲（1994）[20]在杭州和绍兴的软土地基上，用长管碎石袋和土工织物加筋砂垫层修建八栋4～8层的楼房，有框架结构和砖混结构。经4～6年的运行观测，楼房沉降均已稳定、运用正常。该项成果于1997年11月通过浙江省建设厅组织的鉴定："在应用土工织物处理房屋地基上，属国内首创，达到国内领先水平"。

其他加筋地基工程还有王钊等（1996）[21]用有纺织物加筋砂和加筋粘土垫层处理泵站的钢筋混凝土管填土地基。王协群设计，并于1999年年初完工的黄石市合兴闸的地基处理工程，用三层抗拉强度为50kN/m的土工格栅，结合间距0.5m的砂垫层代替原设计的96根桩基础。

以上用于浅基础下的土工合成材料加筋土垫层属于换土垫层法，其深度一般不超过3m，筋材的长度由锚固段抗拔出阻力确定，一般不超过基础宽度（或直径）的1.5倍。因土工织物长管袋难于灌装，已逐渐被分层铺设的土工织物和土工格栅代替，筋材间的填土可用砂砾料或粉质粘土，对垫层下软土地基承载力不足的情况，还可结合竖向排水体处理。

3　加筋地基的试验研究

对加筋地基完成了大量室内模型试验和一些现场试验，仍按堤基加筋和浅基础地基加筋分述于下。

3.1　堤基加筋试验

K. Z. Andrawes（1983）[22]用立体摄影技术研究模型砂堤的位移特性，砂堤高度0.9m，下有0.3m厚的橡皮垫层模拟软土地基，试验包括无加筋材料，堤基一层筋材，分别是无纺织物、光滑钢片和粗糙钢片等内容。试验发现无筋材的堤，其堤基最大水平位移发生在距堤脚$B/4$处（B为坡脚至堤中心线的距离），该点与坡脚之间形成压缩区，该点和中心线间是拉伸区；加筋材料使堤基的水平位移减小，垂直位移趋于均匀，而粗糙的钢片降低水平位移的作用更明显，并使最大水平位移发生的点向堤中心移动，即拉伸区减小，压缩区增大。邓卫东等（1992）[23]在模型堤及有纺织物下方设砂垫层，发现最大水平位移发生的位置由堤基向软土地基深处发展，具有阻止侧向变形，减小拉裂区的作用，加筋对沉降的影响不大，因位移向深处传递，沉降甚至比无加筋情况还大些。徐少曼等（1996）[24]对土工织物施以预拉应变，充分发挥了织物强度，提高了加筋效果。

缩尺模型试验易于实施，但材料性质和尺寸的减小不成比例，会影响试验结果。朱维新等（1996）[25]指出与原型不相似的普通小比尺模型试验以及没有获得破坏性状的原型观测，都不能研究出安全可靠的设计方法，应该进行离心模型试验。我国最早进行离心机模型堤试验的是俞仲泉等（1989）[26]，在堤体和软土地基之间设砂垫层，织物位于堤底和砂垫层中间，试验发现这种在两处同时铺设土工织物的方案，既减少了地基变形亦增加了堤体的稳定性；试验还发现土工织物的应变是不均匀的，堤中心线下应变最大，但均不超过5%；试验观察到砂层在土工织物界面的滑动现象。林开球和包承纲（1992）[27]在离心模型试验中发现土工织物加固软基的破坏形式为冲切破坏，指出稳定分析中应考虑填土的抗剪强度。J. S. Sharma 等（1996）[28]用离心模型试验研究深厚软土上的堤，并用新型测力计测土工织物拉力，发现软土深度增大，加筋力增大很多，但仍处于其上横向土压力的量级，虽然发挥的拉力有限，也阻止了地基的破坏。

土工织物加固软土地基，并在其上筑堤的现场试验曾于 1987 年在连云港完成，其中虽然地基和一层土工织物加筋地基的试验堤均在第 43 天，坝土高度分别为 4.04m 和 4.35m 时破坏，织物拉断。赵九斋等（1991）[29]总结了对称性滑弧破坏现象，分析了破坏机理，并进行稳定验算。

3.2 浅基础地基加筋

20 多年来完成大量浅基础加筋的模型试验，研究筋材强度、布置深度、层数和长度对地基承载力的影响，探求加筋地基的性状、提高地基承载力的机理和设计公式。其中最有影响的是 J. Binquet（1975）[30]的研究成果，通过 65 组模型试验的对比分析，发现筋材使传统的滑动面向更深处发展，且筋材的断裂点不在传统滑动面上，而是位于基础边缘下方，筋材的作用提高了地基承载力、改善了荷载和沉降关系，定义承载比 BCR，发现该值不随沉降增加而变化。

$$BCR=\frac{q}{q_0} \tag{1}$$

式中　q_0——未加筋地基的承载力；

　　q——产生同样沉降的加筋地基承载力。

（1）加筋机理

加筋地基提高承载力的原因如前所述，主要有以下几点：

（a）限制软土的侧向变形；

（b）筋材分隔软土和其上的粒状材料；

（c）应力扩散角增加；

（d）筋材拉力向上的分力（张力膜作用）。

实际上，张力膜作用并不明显，Love 等（1987）[31]认为在小沉降变形时可以忽略不计，在大变形时起主要作用，他们在实验中发现应力扩散角增加很少，并指出筋材应有足够抗拉模量以便传递剪应力，故土工格栅在粒状材料中是优选的筋材，但在软粘土地基上，穿过格栅空格的软粘土将降低格栅与其上粒状材料的摩擦力，这种情况土工织物应是较佳选择。这种观点与 K. Hirao 等（1992）[32]一致，认为复合土工织物（上下为无纺织物）亦是好的筋材，认为摩擦力作用比筋材拉力更重要，而筋材的抗拉强度和抗弯刚度对承载力无影响。J. Takemura 等（1991）[33]提出加筋地基直至破坏时的应变场，发现主剪应变区域从基础两边缘向下垂直发展，中间为硬土块可视为基础的一部分，从而增加埋深；峰值荷载时筋材断裂，滑动在硬土块中形成，q 锐减；破坏面位置和形状与筋材长度和层数有关，但产生相近滑动面的试验，其承载力亦相近。

（2）筋材布置

在均匀砂土中研究筋材布置对 BCR 的影响，除 Binquet 外，还有 J. O. Akinmusuru 等（1981）[34]、R. J. Fragaszy 等（1984）[35]、V. A. Cuito 等（1985）[36]、K. Miyazaki 等（1992）[37]和 J. W. Ju（1996）[38]等，总结以上试验成果。

(a) 筋材有效布置深度在 (0.3～1.0)b，一般不超过 1.25b，最大为 2b，b 为基础宽度；

(b) 在有效深度范围内，随层数 N 增加，BCR 增加，当 $N=6$ 时，BCR 不再增加；

(c) 当筋材长度 L 增加时，BCR 增加，$L=4b$ 时增加缓慢，$L=6b$ 时，不再增加；

(d) 筋材强度从 67kN/m 增加到 216kN/m 时，BCR 由 1.7 增加到 2.6；

(e) 对筋材在两端反包的砂垫层，$L=1.5b$ 后，BCR 不再随长度而增加，但 BCR 随反包垫层的厚度而增加；

(f) 对方形基础，$L=2.5b$，BCR 即达最大值，但 BCR 随筋材抗拉强度而增加。

以上试验的 BCR 值在 1.5～4.0。

还有一些试验研究软土地基上加筋砂垫层的承载力，例如文献 [32] 和苏嵌森 (1996)[39] 等。筋材增加了砂垫层的抗弯刚度，从而使 BCR 增大，使沉降变形减小。文献 [32] 定义沉降限制比 SCR

$$SCR=\frac{S_U-S_R}{S_U} \tag{2}$$

式中　S_U——未加筋地基在其破坏荷载 p_u 作用下的沉降量；

S_R——加筋地基在同一 p_u 作用下的沉降量。

试验测得的 SCR 为 5%～30%。

4　加筋地基的设计方法

用于加筋地基的设计方法主要有极限平衡法和有限单元法。

4.1　堤基加筋的设计

应用最多的是基于极限平衡原理的圆弧滑动分析法，即考虑加筋力产生的抗滑力矩计算稳定安全系数 F_s。加筋力矩取决于加筋力的大小和方向。对加筋力的大小有三种取值方法：抗拉强度、允许拉伸强度和对应于一定应变时的强度。前者能充分发挥筋材拉力，但因 F_s 一般在 (1.0～1.3) 小于土工合成材料的安全系数 (不小于 2.5)[40]，故偏于不安全；如取允许拉伸强度则安全系数重复选用，偏于保守；文献 [29] 根据现场试验结果，认为软粘土破坏时平均应变在 15%左右，因而建议对应变较大的土工织物筋材应取 15%～20%延伸率对应的强度作加筋力，而这样选取的前提是织物和土之间不发生相对滑动。对加筋力的方向，一种假设为水平方向，即瑞典法，另一种假设与滑弧相切，即荷兰法。持加筋力水平的有 J. S. Ingold (1983)[41] 和 R. A. Jewell (1982)，[42] 认为加筋力与圆弧相切的有 P. Quasr (1983)[43] 等。R. K. Shenbaga (1996)[44] 讨论了加筋力大小和方向的影响因素，其方向取决于未加筋堤的安全系数和筋材的刚度，而加筋力的大小敏感于要求达到的安全系数和地基土的 C_u 值。从国内一些加筋堤计算结果看，力的方向对安全系数影响不大，例如文献 [7]，假设力水平 F_s 增加 0.033，力和滑弧相切增加 0.036。最令人困惑的是极限平衡分析算得的安全系数比实际情况小得多，似乎低估了筋材的作用，限制了加筋地基的应用。例如文献 [3] 假设加筋力与滑弧相切，F_s 从 1.36 增至 1.46，提高 7.4%。廖树德等 (1996)[45] 在舟山东港海涂顺堤工程中，计算得二层织物提高 F_s 值 0.1～0.2。对圆弧滑动分析法偏于保守有两种解释，一是因筋材和水平砂垫层增加了排水通道，堤的填筑相对较慢时，地基土应选用有效应力强度指标（例如，文献［4］）；第二种解释是因筋材的隔离作用，滑弧向更深处发展（文献［23］和［33］），沿用无加筋时的最危险滑弧产生误差。沈珠江（1998）[46]证明当筋材具有足够强度时，不可能发生圆弧滑动，唯一可能的破坏模式是伴随沉降而产生的横向挤出，由于筋材改变了地表剪应力方向，从而能大幅度提高承载力。刘吉福、龚晓南（1996）[47]认为在圆弧滑动分析中还应考虑筋材界面摩擦力对地基应力状态的影响，应力状态用有限元法分析，然后再用圆弧滑动分析计算 F_s。加筋地基的极限平衡分析仍是当前研究的热点。在极限平衡分析中，除考虑滑弧通过地基产生的抗滑力矩外，对堤身填土的抗滑力矩如何计算？如前所述，文献[27]认为堤身为冲切破坏，应计及填土的抗滑力矩。文献[29]考虑到填土中出现高约 3～4m 的张性和剪性裂缝，建议对低堤（低于 3～4m）不计填土的抗剪强度，对高堤只考虑超过 3～4m 部分填土的抗剪强度。

有限单元法可以计算出加筋地基的应力和变形，计算中对加筋土体有两种处理方法，一种方法是视为复合材料，采用土和筋材复合体的应力应变关系，如 M. Gryczmanski 等（1986）[48]、乐翠英等（1989）[49]和陈文华等（1989）[50]。另一种方法是分别考虑土和筋材的应力应变关系，如 K. Z. Andrawes 等（1982）[51]、R. K. Rowe（1986）[16]、陈环等（1989）[52]和郑玉琨等（1996）[53]。土的应力应变关系可采用现有的弹塑性和非线性模型，补充筋材的拉伸应力应变关系和土与筋材相互作用的模型，后者常用长度为零的弹簧单元[51]或 Goodman 界面滑动单元[52]。

有限单元法的缺点是不能像极限平衡法能直接获得稳定安全系数。文献［52］总结了有限单元法如何判断稳定性。

a. 根据塑性区开展范围，主要是开展宽度与底宽的比较，判断是否失稳，如高有潮等（1983）[54]；

b. 假定滑动面，按滑动面通过单元的应力，用极限平衡法计算安全系数，如王桂萱等（1987）[55]；

c. 降低地基土强度使塑性区充分开展，达到破坏时，强度下降的倍数作为安全系数，如 R. K. Rowe（1985）[56]。对非线性模型可同时降低堤和地基土的弹性模量和抗剪强度，直至最大剪应变等值线贯通为明显滑弧，取降低倍数为安全系数，如王钊（1994）[57]。

当将加筋地基视为复合材料时，也可用弹性或弹塑性理论，例如视为正交各向异性板，应用弹性地基上的梁或板计算应力和变形，参见文献［49］和王铁儒等（1989）[58]。

4.2 浅基础加筋

原则上土堤加筋地基的分析计算方法都可用于浅基础加筋地基，例如，极限平衡分析和有限元分析。这里主要介绍改进的太沙基法和宾奎特（Blnquet）法。

（1）改进的太沙基法

T. Yamahouch（1979）[59]在太沙基极限承载力公式中考虑筋材的作用，得到加筋地基的极限承载力 q_u：

$$q_u = C_u N_c + (2T_i \sin\theta)/b + T_i/r + rs \tag{3}$$

式中 T_i——筋材的拉力，kN/m；

θ——拉力与水平面夹角；

r——筋材变形在基础两侧形成的假想圆半径，m；

s——破坏时基础的沉降。

该式原理清楚、简单，得到广泛应用，例如文献［21］计算三层土工织物提高极限承载力61.5kPa，文献［12］计算三种不同筋材提高的极限承载力分别为：有纺织物37.5kPa、无纺织物10.9kPa、土工网3.8kPa。

运用式（3）时，对于拉力T_i同样存在选值问题，是选抗拉强度、允许拉伸强度，还是达一定应变时的强度。笔者认为，因土工合成材料允许拉伸强度的安全系数和地基允许承载力的安全系数基本相等（2.0～4.0），故T_i应取抗拉强度。文献［32］通过四种不同筋材的32组试验，认为筋材与土的界面摩擦力比拉力本身更重要，建议式（3）中$T_i=T+F_{max}$，即抗拉强度与最大界面摩擦力之和。

关于r和θ的取值，文献［21］中，选$\theta=45°+\frac{\varphi}{2}$，$r=3$m；文献［12］中，$\theta=10°$；文献［7］中，$\theta=10°\sim17°$；文献［10］中，$\theta=10°$，$r=3$m。K. Makiuchi等（1992）[60]指出，r和θ受b和S影响，因r增加时，θ成比例增加，故只考虑r的影响因素，当b或S增大时，r减小。此外，T_i增大时，r也增大，但T_i/r几乎不变。Y. Tanabashi等（1996）[61]发现θ随S而增加，直至$\theta=70°$，r随S增加而减小，从2.0m减至0.2m。在陆士强等（1994）[62]编写的教材中，θ取$45°+\frac{\varphi}{2}$，r取3m或软土地基厚度（当小于6m时）的一半。

应该指出极限承载力除以基底设计压力得到的安全系数和圆弧滑动法得到的安全系数相差很大，吴景海和陈环（1999）[63]引用港工地基规范修订时，用汉森公式和圆弧滑动法分别计算的10项重力式码头，其安全系数平均值比较于表1。可见，相应圆弧滑动法的安全系数要小得多。

表1　　安全系数比较

计算方法	安全系数平均值	均方差	变异系数
汉森公式	4.95	1.06	0.214
简单圆弧滑动法	1.33	0.20	0.150

（2）宾奎特法

J. Binquet（1975）[64]根据模型试验结果，提出设计方法，对于最上层筋材深度小于0.67b的情况，可以不计发生在筋材上部土体的剪切破坏，这时破坏形式有两种：一种是条的滑动，发生在层数少于3或筋材太短，不足以产生要求的摩阻力的情况；另一种是条的拉断，发生在三层以上筋材，且筋材足够长的情况。根据布辛尼斯克解σ_z和τ_{xz}，以及q和q_0可计算出破坏面位置和筋材的拉力，由筋材和土的摩擦系数可以计算出筋材长度。其中，基底下z深度处筋材拉力T_z由下式计算：

$$T_z=\frac{1}{N}\left[\int_0^{x_0}\sigma_z\left(\frac{z}{b}\right)\mathrm{d}x-\tau_{xz\max}\left(\frac{z}{b}\right)\cdot\Delta H\right]\left(1-\frac{q_0}{q}\right)\tag{4}$$

式中　N——筋材层数；

x_0——z 深度处最大剪应力 τ_{xzmax} 点到基底中心线距离；

ΔH——筋材间距。

宾奎特编制了相应的计算图表，参见文献 [65]。R. J. Fragaszy 等（1984）[35] 用宾奎特公式验证自己的实验结果，符合较好，并强调准确测定界面摩擦系数的重要性。宾奎特法基于试验结果和弹性理论，概念清楚，但运用较为复杂。

从式（3）和式（4）的计算结果看，筋材拉力提高承载力的比例并不大，文献 [32] 分析软土地基上单层土工织物对改善承载力没有作用，砂垫层的影响也很小，是因筋材对砂垫层的侧限作用，提高抗弯刚度，从而增加承载力。

除了上述两个公式外，等效粘聚力理论亦可分析加筋地基的承载力，F. Schlosser（1973）[66] 首先提出等效粘聚力 C_{UR} 的概念。

$$C_{UR}=\frac{T\sqrt{K_p}}{2\Delta H} \tag{5}$$

式中 T——筋材的抗拉强度；

K_p——被动土压力系数。

将等效粘聚力迭加于地基土的粘聚力，根据太沙基公式可计算加筋地基的极限承载力。式（5）暗含了多层加筋，并且各层有一定的间距 ΔH。当无法确定筋材的影响厚度时，张建国等（1996）[67] 建议取持力层最大厚度 Z_{max}（$Z_{max}=0.6b$）计算等效粘聚力 $\Delta C=T\cdot \mathrm{tg}\varphi/Z_{max}$。

此外，还可用极限分析法估计加筋地基的极限承载力，文献 [31] 分析加筋垫层的应力扩散角在 25°～30°，据 b 和垫层厚度可计算得垫层低部应力扩散范围 b'，考虑到筋材拉力 T 和拉力与水平面夹角 θ，则地基的极限承载力由 $(\pi+2)C_u$ 增加到 $(\pi+2)C_u\dfrac{b'}{b}+3T\sin\theta/b$。

5 结束语

大量的工程实践证明土工合成材料加筋地基具有承载力高、稳定性好和易于与其他地基处理方法相结合的优点，同时施工方便、造价低。伴随着工程实践，在加筋地基特性研究方面也已完成了众多构思精巧、成本昂贵的试验，取得了丰富成果，并建立了相应的设计理论和公式。目前存在的问题是对加筋地基的作用机理认识还不够深入，反映在设计方法上，还不能正确描述工程实际的性状。

（1）圆弧滑动分析法低估了加筋地基上土堤的稳定性；

（2）铺于地基表层的单层筋材所起的作用主要只是隔离，如何正确评价其对承载力和稳定性的改善；

（3）多层筋材的布置方式和其间填料（无粘性土和粘性土）性质对加筋地基特性的影响；

（4）筋材设计拉力的确定问题；

（5）加筋地基实为加筋土换土垫层法，如何将现有设计公式和《建筑地基基础设计规范》，以及《建筑地基处理技术规范》结合使用。

在研究方法上应充分利用现有的成果，避免重复性试验，在加大实践力度的同时，加深理论分析和研究，反过来，进一步促进土工合成材料加筋地基的实践。

参考文献

[1] H. Vidal，La Terre Armee. Annalcs de 1′ Institut Technique de Batiment et des Travaux Publics，1966，Nos. 223－229，Paris.

[2] H. G. Rathmayer and O. E. Korhonen. Geotextile Reinforced Land Reclamation in the Bay of River Vantaa，Helsinki，Proc. 11th Int. Conf. Soil Mech. and Found. Engng.，1985，1795－1800.

[3] 郑祖祯，徐雄军. 土工织物在秦山核电厂海堤王程中的应用. 中国土工织物学术讨论会论文选集，1987.5，84－89.

[4] D. Williams and R. L. Sanders. Design of Reinforced Embankments for Great Yarmouth Bypass，Proc. of 11th lnt. Conf. SMFE，1985，1811－1814.

[5] 俞仲泉，顾家龙. 应用土工织物加固海堤的工程实例，全国第二届土工织物学术会议论文集，1989，311－317.

[6] 吴正友. 土工织物在连云港吹填围堰工程中的应用，全国第二届土工织物学术会议论文集，1989，376－381.

[7] 陈洪江，杨书遂. 土工合成材料在大港海堤中的应用，全国第三届土工合成材料学术会议论文选集，1992，131－136.

[8] 乔正寿. 土工织物与砂井综合处理软土地基，中国土工织物学术讨论会论文选集，1987.5，161－170.

[9] 凌旭初，严洪彬，彭瑞洪. 沪嘉公路应用土工织物补强稳定软基的研究，全国第二届土工织物学术会议论文集，1989，304－310.

[10] 赵柄新，陈镇威. 用土工织物加固岸滩道路的机理及试验研究，全国第二届土工织物学术会议论文集，1989，355－360.

[11] 方应杰. 土工网格在加筋垫层设计中应用，全国第四届土工合成材料学术会议论文选集，1996，154－158.

[12] 赵可，张宝华，李海骢，李海来. 用土工合成材料加固浅层软土地基，全国第四届土工合成材料学术会议论文选集，1996，172－176.

[13] 蒋振雄，方晞. 宁连一级公路有纺土工织物处理软基的研究，全国第四届土工合成材料学术会议论文选集，1996，177－181.

[14] 王福胜，刘建都. 软土地段土工布加筋路堤的施工，全国第四届土工合成材料学术会议论文选集，1996，182－186.

[15] H. Oikawa，et al. A case History of the Construction of a Reinforced High Embankment on an Extra Soft Ground，Proc. Int. Symposium on Earth Reinforcement，Fukuoka，Japan，1996，261－266.

[16] R. K. Rowe. Numerical Modelling of Reinforced Embankment Constructed on Weak Foundations，2nd Int. Symposium on Numerical Models in Geomechanics，1986，543－551.

[17] 王铁儒，吴炎曦，祁思明. 土工织物在一气柜软基上的应用，中国土工织物学术讨论会论文选集，1987，5，175－184.

[18] 王铁儒，陈文华，杨华民. 土工织物加筋垫层处理油罐软基，全国第四届土工合成材料学术会议论文选集，1996，144－148.

[19] 陈忠. 土工织物在工业建筑上的应用，工业建筑，1991 年第 6 期，41－43.

[20] 林晓玲．土工织物加筋垫层在建筑软基中的应用，工业建筑，1994年第4期，54-55.
[21] 王钊，乔忠森．土工织物在泵站基础工程中的应用，全国第四届土工合成材料学术会议论文选集．1996，104-107.
[22] K. Z. Andrawes and A. McGown. Stereo - Photogrammetric Measurements of the Kinematics Within Plane Strain Model of Reinforced Embankments，Developments in SMFE-1，Model Studies，London，1983，231-261.
[23] 邓卫东，郑玉琨．土工织物加固软土堤坝的静态模型试验，全国第三届土工合成材料学术会议论文选集，1992，32-41.
[24] 徐少曼，林瑞良．预应变土工织物加筋堤坝软基的模型试验和分析，全国第四届土工合成材料学术会议论文集，1996，134-138.
[25] 朱维新，徐光明，刘宁华．加筋体结构的性状及破坏机理，全国第四届土工合成材料学术会议论文集．1996，65-69.
[26] 俞仲泉，李少青．土工织物加固堤基的离心模型试验，岩土工程学报，1989年，第11卷第1期，67-72.
[27] 林开球，包承纲．土工织物加固软基的离心模型试验，全国第三届土工合成材料学术会议论文集．1992，81-84.
[28] J. S. Sharma and M. D. Bolton. Centrifugal and Finite Element Modeling of Reinforced Embankments on Soft Clay，Proc. Int. Symposium on Earth Reinforcement，Fukuoka，Japan，1996，267-272.
[29] 赵九斋，等，土工织物加固路基和天然路基对称性破坏及其分析，岩土工程学报，1991年，第13卷，第2期，73-81.
[30] J. Binquet. Bearing Capacity Tests on Reinforced Earth Slabs，J. Geotech. Engng. Div. ASCE，(101)，GT12，1975，1241-1255.
[31] J. P. Love，et al. Analytical and Model Studies of Reinforcement of a layer of Granular Fill on a soft clay Subgrade，Can. Geotech. J. 24，1987，611-622.
[32] K. Hirao，et al. Laboratory Model Tests on the Application of Composite Fabrics to Soft Clay，Proc. Int Symposium on Earth Reinforcement，Fukuoka，Japan，1992，601-605.
[33] J. Takemura，et al. Bearing Capacities and Deformations of Sand Reinforced with Geogrids，Proc. Int Symposium on Earth Reinforcement，Fukuoka，Japan，1992，695-700.
[34] J. O. Akinmusuru，et al. Stability of Loaded Footings on Reinforced Soil，J. Geotech. Engng. Div. ASCE，(107)，GT6，1981.
[35] R. J. Fragaszy，et al. Bearing Gapacity of Reinforced Sand Subgrades，J. Geotech. Engng.，Vol. 110，No. 10，1984.
[36] V. A. Guito，et al. Bearing Capacity of a Geotextile Reinforced Foundation，Proc. 11th Conf. SMFE，1985，1777-1780.
[37] K. Miyazaki and E. Hirokawa. Fundamental Study of Reinforcement of Sand Layer in Model Test，Proc. Int，Simposium on Earth Reinforcement，Fukuoka，Japan，1992，647-652.
[38] J. W. Ju. Bearing Capacity of Sand Foundation Reinforced by Geonet，Proc. Int. Simposium on Earth Reinforcement，Fukuoka，Japan，1996，603-608.
[39] 苏嵌森．用土工合成材料加筋土垫层加固软弱闸基的试验研究，全国第四届土工合成材料学术会议论文集，1996，139-143.
[40] 水利水电工程土工合成材料应用技术规范 SL/T 225—98，中国水利水电出版社，1998.11.
[41] J. S. Ingold. Some Factors in the Design of Geotextile Reinforced Embankments，Proc. 8th European Conf. SMFE，1983，2，503-508.
[42] R. A. Jewell. A Limit Equilibrium Design Method for Reinforced Embankments，2nd Int. Conf. on

Geotextiles，1982，3，665－670.

[43] P. Quast. Polymer Fabrics Mats for the Improvement of the Embankment Stability，Proc. 8th European Conf. SMFE，1983，2，531－534.

[44] R. K. Shenbaga. Direction and Magnitude of Reinforcement Force in Embankments on Soft Soils，Proc. Int. Symposium on Earth Reinforcement，Fukuoka，Japan，1996，221－225.

[45] 廖树德，胡鹤南，张民强．用土工织物加筋处理软基试验堤的现场观测成果及分析，全国第四届土工合成材料学术会议论文集，1996，128－130.

[46] 沈珠江，土工合成物加强软土地基的极限分析，岩土工程学报，1998，第20卷，第4期，82－86.

[47] 刘吉福，龚晓南，王盛源．一种考虑土工织物抗滑作用的稳定分析方法，地基处理，1996，第7卷，第2期，1－5.

[48] M,Gryczmanski，et al. A composite Theory Application for Analysis of Stress in Subsoil Reinforced by Geotextiles，3th Int. Conf. on Geotextiles，1986，2A.

[49] 乐翠英，王煜，王铁儒，吴炎曦．利用土工织物加固油罐地基的有限元分析，全国第二届土工合成材料学术会议论文集，1989，371－375.

[50] 陈文华，王铁儒．堤坝软基加筋垫层的变形分析，全国第二届土工合成材料学术会议论文集，1989，324－328.

[51] K. Z. Andrawes，et al. The Finite Element Method of Analysis Applied to Soil－Geotextile Systems，2nd Int. Conf. on Geotextiles，1982.

[52] 陈环，邓卫东，郑玉琨．土工织物加筋堤坝的非线性有限元分析，全国第二届土工合成材料学术会议论文集，1989，296－303.

[53] 郑玉琨．土工织物加固砂基作用机理及有限元计算分析研究，全国第四届土工合成材料学术会议论文集，1996，168－171.

[54] 高有潮，陈汀．软粘土地基塑性区开展的非线性有限元分析，岩土工程学报，1983，第1期.

[55] 王桂萱，王中正．有限元法滑弧稳定分析，全国计算岩土力学研讨会论文集，1987.

[56] R. K. Rowe. Reinforced Embankments：Analysis and Design，J. Geotech. Engng. 1985.

[57] 王钊．膨胀土渠坡的有限元分析，第五届全国岩土力学数值分析会议论文集，1994.

[58] 王铁儒，魏新江．土工织物垫层变形的双参数法分析，全国第二届土工合成材料学术会议论文集，1989，329－336.

[59] T. Yamahouch and K. Cotoh. A Proposed Practical Formula of Bearing Capacity for Earthwork Method on Soft Clay Ground Using a Resinous Mesh，Technology Report of Kyushu University，1979，Vol. 52，No. 3，201－207.

[60] K. Makiuchi and K. Minegishi. An Estimation of Improvement Effects of Ceotextile on Bearing Capacity of Soft Ground，Proc. Int. Symposium on Earth Reinforcement，Fukuoka，Japan，1992，327－640.

[61] Y. Tanabaslu，et al. In. Situ Investigation and Numerical Estimation for Bearing Capacity Improvement of Very Soft Ground Reinforced with Ceotextiles，Proc. Int. Symposium on Earth Reinforcement，Fukuoka，Japan，1996，685－690.

[62] 陆士强，王钊，刘祖德．土工合成材料应用原理，水利电力出版社，1994.6.

[63] 关景海，陈环．关于"土工合成物加强软土地基的极限分析"一文的讨论，岩土工程学报，1999年，第21卷，第2期，250－251.

[64] J. Binquet and K. L. Lee. Bearing Capacity Analysis of Reinforced Earth Slabs，J. Geotech. Engng.，Div. ASCE，(101)，GT12，1257－1276.

[65] 土工合成材料工程应用手册，中国建筑工业出版社，1994.11.

[66] F. Schlosser and N. T. Long. Etude dn Comportment dn Materiaux Terre Armee Annales de 1′ Institut Technique de Batiment et des Travaux Pablic, Supplement No. 304, Series Materiaux No. 45.
[67] 张建国，唐曾塾. 土工织物对地基的加固效果，全国第四届土工合成材料学术会议论文集，1996，123-127.

土工合成材料加筋地基设计中的几个问题

王　钊[1]　王协群[2]

（1. 武汉水利电力大学土木与建筑学院土力学教研室，武汉　430072；
清华大学水利水电系岩土工程研究所，北京　100084；
2. 武汉工业大学土木与建筑学院地基基础教研室，武汉　430071）

中图法分类号： TU472　　**文献标识码：** A　　**文章编号：** 1000－4548(2000)04－0503－03

1　引言

从目前工程实例看，土工合成材料加筋地基主要应用于海堤、路堤、围堰和油罐、房屋等浅基础的地基加筋。在设计和分析方法上，对条形浅基础主要应用改进的太沙基极限承载力公式[1]，对软基上的堤仍沿用圆弧滑动面法。应用中发现，这些公式和分析方法往往低估了土工合成材料加筋地基的作用，现就地基基础设计的三个主要内容，包括承载力、变形和稳定性计算，对土工合成材料加筋地基的设计，以及对土工合成材料设计拉力的选择等问题作一些探讨。

2　加筋地基的承载力

改进的太沙基极限承载力公式如下：

$$q_u = c_u N_c + \frac{2T\sin\alpha}{b} + \frac{T}{r} + \gamma s \tag{1}$$

式中：q_u 为加筋地基的极限承载力，kPa；c_u 为地基土的粘聚力，kPa；γ 为地基土容重，kN/m^3；N_c 为承载力因数，无量纲；T 为土工合成材料拉力，kN/m；α 为土工合成材料拉力与水平面夹角，(°)；r 为基础两侧地基土隆起的假想圆半径，m；b 为基础宽度，m；s 为基础沉降，m。

式（1）中，第一项为原地基的极限承载力，第二项表示土工合成材料的张力膜作用，第三、四项为旁侧荷载的影响，隐含了承载力因数 $N_q = 1.0$ 的假定。取承载力的安全系数为 K，K 值在 2～3，可得到土工合成材料增加的地基承载力容许值 Δf

$$\Delta f = \frac{1}{K}\left(\frac{2T\sin\alpha}{b} + \frac{T}{r}\right) \tag{2}$$

从式（2）可见，Δf 与 T 成正比，如用多层筋材，例如层数为 n，则式（2）中 T 为单层筋材拉力的 n 倍，但不管各层间距多大，其效果是相同的，即不能考虑加筋层厚度的

本文发表于 2000 年 7 月第 22 卷第 4 期《岩土工程学报》。

影响。对 r 和 α 的取值，存在不同意见。文献［2］指出，当 b 和 s 增大时，r 减小，α 增加。文献［3］发现当 s 增加时，α 逐渐增加直到 $\alpha=70°$，r 则从 2.0m 减至 0.2m，本文按文献［4］建议，取 $\alpha=45°+\varphi/2$，$r=3$m，并取 b 分别为 2，10，20m，计算一层筋材提高的地基承载力 Δf，计算中，T 分别取 20，50，110kN/m，$\varphi=30°$，$K=2.5$，计算结果列于表 1。

表 1　加筋地基提高的地基承载力

Table 1　Increment of bearing capacity of reinforced foundation

筋材拉力 /(kN·m^{-1})	一层筋材的 Δf/kPa			三层筋材的 Δf_R/kPa		
	b=2m	b=10m	b=20m	b=2m	b=10m	b=20m
20	9.6	4.1	3.4	89.1	72.5	70.4
50	24.0	10.1	8.4	105.0	63.1	57.9
110	52.7	22.3	18.5	186.0	94.3	82.9

从表 1 可见增加的 Δf 随 b 的增加而减小，因此，对筏形基础和宽的堤基而言，单层筋材的效果是很差的。正确的布置方式是采用加筋土垫层，筋材多层布置，在设计中考虑垫层对基底压力的扩散作用和原地基的承载力经埋深修正后的增加值。设计公式为

$$p\frac{b}{b'}-f\leqslant\Delta f \tag{3}$$

式中：p 为基底压力设计值，kPa；b' 为应力扩散在垫层底部的作用宽度，$b'=b+2z\tan\theta$，z 为垫层厚度，m，θ 为地基压力扩散角，(°)，查有关规范，不计筋材对 θ 的影响；f 为经埋深修正后的地基承载力设计值。

将埋深修正值和应力扩散作用叠加于 Δf 即得到加筋土垫层增加的地基承载力设计值 Δf_R，即

$$\Delta f_R=\Delta f+\eta_d\gamma(d+z-0.5)+p\frac{2z\tan\theta}{b+2z\tan\theta} \tag{4}$$

式中：η_d 为基础埋深的地基承载力修正系数；d 为基础埋深，m。则式（3）可改写为

$$p-f_k\leqslant\Delta f_R \tag{5}$$

式中：f_k 为地基承载力标准值，kPa。

现将三层筋材，$z=1.5$m 的 Δf_R 值也列于表 1。计算中，取 $\eta_d=1.1$，$\gamma=19.5\text{kN/m}^3$，$\theta=23°$，$d=0$，$p=100$kPa。从表中数据可见，多层筋材的加筋土垫层明显提高了地基承载力。对油罐和房屋地基，可采用开挖的方式布置筋材和砂垫层；对处于具有表面硬壳层的堤基，可将筋材布置在堤身最低一级平台中，此时，没有地基承载力的埋深修正。

3　加筋地基的沉降

文献［5］首先用立体摄影技术观测软基上加筋堤模型的变形特性，发现当堤基辅设一层筋材时，堤中心的最大沉降减小，而堤脚处沉降增加，沉降的分布趋于均匀，但一层筋材减小的沉降是很小的。这是因为一层筋材的 Δf 很小，而计算沉降的基底压力仅减小 Δf，故沉降 s 无明显减小。

但从式（1）可见，s 可提高地基的极限承载力，即在式（2）的 Δf 中应增加一项 γ_s/K，因此沉降计算应反复进行，直到增加的承载力和减小的沉降相吻合为止。对于多层筋材的加筋土垫层，因 Δf_R 较大，垫层下地基土在 $p-\Delta f_R$ 作用下，沉降减小幅度较大，这种情况可忽略 s 对承载力增大的影响。

4　加筋地基的稳定性

地基稳定性可用圆弧滑动面法验算，但对地基承载力满足设计要求的情况，如果建筑物不承受较大水平荷载、或不是建筑在斜坡上，可以不进行圆弧滑动分析，因为式（1）就是从整体破坏、形成完整的滑动面推导出的地基极限承载力。实践证明，对于承载力不满足设计要求的情况，例如一些软土地基上的堤，可能出现地基土的剪切破坏，表现为大的沉降变形，但不一定产生整体滑动，这时必须进行圆弧滑动分析。抗滑稳定安全系数计算式为

$$F_s=\frac{\sum(c_{ui}l_i+w_i\cos\alpha_i\tan\varphi_{ui})+T}{\sum w_i\sin\alpha_i} \tag{6}$$

式中：w_i 为分条土重，kN；c_u，φ_u 为地基土不排水剪粘聚力和内摩擦角。

不少工程实践表明，堤基铺设的土工合成材料可显著提高地基的稳定性，但用圆弧滑动面法分析，即使假设加筋力与滑弧相切［参见式（6）］，一层土工织物仅能提高 0.04～0.10 的安全系数[6,7]。对此，不少学者投入研究，例如，文献［8］认为，在圆弧滑动分析中还应考虑筋材摩擦力对地基应力状态的影响，应力状态用有限元法分析，然后再用圆弧滑动分析来计算安全系数。文献［9］用极限分析证明，当筋材具有足够强度时，不可能发生圆弧滑动，唯一可能的破坏模式是伴随沉降而产生的横向挤出，由于筋材改变了地基剪应力的方向，从而能大幅度提高地基承载力。

对单层筋材提高地基承载力或稳定性的解释，笔者认为，可归结为筋材的隔离作用，只要筋材有足够的拉伸变形，则可适应大的下垂变形，而不断裂，使堤身整体且较均匀地沉降，堤两侧地基土受挤压隆起，产生如下作用：

（1）埋深增加而提高承载力；

（2）两侧地基土挤压排水，抗剪强度提高；

（3）沉降底面为垂线型，中间大，两边小，对堤身顶部有挤压作用，减小堤顶形成纵向裂缝的可能性。

如用圆弧滑动分析法，考虑到堤顶无裂缝和堤身沉到地基内的部分，则通过堤身的滑弧增长，而堤身的抗剪强度是较高的，此外，因两侧地基土隆起也延长了滑弧，因挤压排水，也提高了抗剪强度，总的作用是提高了抗滑稳定的安全系数。设想没有筋材的隔离，堤身材料混入软土，就像船中货物沉入水中一样，是不可能产生上述作用的。然而单层土工合成材料对地基承载力和稳定性的改善，无论怎样分析，也不允高估，特别是对筋材断裂，隔离失效的情况。文献［10］介绍的现场试验结果的对比，是一个强有力的论证，其中天然地基和一层土工织物加筋地基上的试验堤均在堆堤起的第 43 天破坏，填土高度分别为 4.04m 和 4.35m（此时土工织物拉断），加筋地基堤的破坏高度（极限地基承载力）仅增加 7.7%，相当于稳定安全系数增加 0.04 左右。可见用圆弧滑动分析法计算筋材断

裂时的安全系数是合理的，不能笼统讲该法偏于保守。

5　土工合成材料的设计拉力

在式（1）和式（6）中，土工合成材料的拉力 T 有三种不同的选择，一是极限抗拉强度，二是允许抗拉强度，三是达一定应变时的拉力。显然第一种选择方法将提高地基的承载力或抗滑动安全系数。根据《土工合成材料应用技术规范》（GB 50290—98），土工合成材料允许抗拉强度的安全系数最小为 2.5，该值和地基承载力的安全系数 K 相近，故在式（1）中，T 值应取极限抗拉强度；在式（6）中，因堤坡稳定的安全系数在 1.05～1.35[11]，考虑到土工合成材料要求的安全系数要大一倍，故式（6）中的 T 值应取极限抗拉强度的一半。这样可避免安全系数的重复设置，充分发挥筋材的作用。

针对不同公式选用不同的筋材设计拉力，源于地基承载力和圆弧滑动分析要求的安全系数不同，两者相差近一倍。这是因为在圆弧滑动分析中，安全系数是在同一滑动面上抗剪切力与实际滑动剪切力之比，较准确，故安全系数可取较小值；而地基承载力的安全系数是由完整滑动面上抗剪强度确定的极限承载力与基底压力设计值之比，后者并不是由滑动面上动用的剪切力确定的，不够准确，故安全系数取较大值。

6　结论

（1）一层土工合成材料在加筋堤基中主要起隔离作用，使堤身整体较均匀地下沉，因埋深增加而提高地基承载力；因滑弧长度增大，而提高抗滑稳定性。

（2）考虑到土工合成材料可能拉断，用圆弧滑动分析法计算稳定安全系数是合理的。

（3）正确的地基加筋方法是多层筋材的加筋土垫层，其作用包括筋材的拉力、垫层的应力扩散和埋深修正而提高承载力，设计时应和《建筑地基基础设计规范》相结合。

（4）土工合成材料的设计拉力，在地基承载力计算中应选材料的极限抗拉强度；在圆弧滑动分析中应选极限抗拉强度的一半。

参考文献

[1] Yamanouch T，Gotoh K. A proposed practical formula of bearing capacity for earthwork method on soft clay ground using a resinous mesh. Technology Report of Kyushu University，1979，52（3）：201－207.

[2] Makiuchi K，Minegishi K. An estimation of improvement effects of geotextile on bearing capacity of soft ground. In：Proc Int Symposium on Earth Reinforcement. Fukuoka，Japan，1992. 637－640.

[3] Tanabashi Y. In－situ investigation and numerical estimation for bearing capacity improvement of very soft ground reinforced with geotextiles. In：Proc Int Symposium on Earth Reinforcement. Fukuoka，Japan，1996. 685－690.

[4] 陆士强，王钊，刘祖德．土工合成材料应用原理．北京：水利电力出版社，1994.

[5] Andrawes K Z，McGown A. Stereo－photogrammetric measurement of the kinematics within plane strain model of reinforccd embankments. In：Developments in SMFE－1，London，1983. 231－261.

[6] 郑祖桢，徐雄军．土工织物在秦山核电厂海堤工程中的应用．见：中国土工织物学术讨论会论文选集．1987. 84－89.

[7] 陈洪江，杨书遂. 土工合成材料在大港海堤中的应用. 全国第三届土工合成材料学术会议论文选集.1992，131-136.

[8] 刘吉福，龚晓南，王盛源. 一种考虑土工织物抗滑作用的稳定分析方法. 地基处理，1996，7(2)：1-5.

[9] 沈珠江. 土工合成物加强软土地基的极限分析. 岩土工程学报，1998，20(4)，82-96.

[10] 赵九斋，龙国英，徐啸海，等. 土工织物加固路堤和天然路基对称破坏及其分析. 岩土工程学报，1991，13(2)：73-81.

[11] GB 50286—98 堤防工程设计规范. 北京：中国计划出版社，1998.

土工合成材料加筋地基的设计

王　钊[1,2]　王协群[3]

（1. 武汉水利电力大学土木与建筑学院，湖北武汉　430072；
2. 清华大学水利水电系，北京　100084；
3. 武汉工业大学，湖北武汉　430071）

中图分类号：TU 472　**文献标识码**：A　**文章编号**：1000－4548（2000）06－0731－03

1　引言

土工合成材料加筋土垫层可以提高软土地基的承载力，减小建筑物的沉降，并且具有施工简便、快捷和投资省的优点。80 年代，加筋地基被用于海堤、路堤和油气罐地基的处理[1～3]，90 年代初被用于 4～7 层楼房地基的处理[4]。在地基承载力设计中，大多采用改进的太沙基公式[5]或宾奎特（Binquet）公式[6]，对加筋材料的有效布置范围亦作了大量的模型试验和现场试验，取得了丰硕的成果。目前存在的问题主要有：①在加筋土垫层中，土工合成材料（筋材）的长度和设计拉力如何确定；②如何正确估计筋材拉力对地基承载力的改善；③运用地基承载力设计公式时，怎样考虑压力扩散和埋深修正作用。笔者对以上问题提出一些看法，从而给出加筋土垫层较完整的设计方法，并结合湖北省黄石市合兴闸的改建工程，说明该法的应用。

2　土工合成材料的布置

在加筋土垫层中，土工合成材料的布置方式对地基承载力有明显影响，例如，最靠近基底的第一层筋材布置太深，滑动面可能发生在筋材上方土中；又如筋材数目太少或太短，筋材可能发生拔出破坏。筋材的布置方式可用下列参数描述：层数 n；第一层到基底面距离 Z_1；第 n 层到基底面距离 Z_n 和第 i 层筋材长度 L_i，见图 1。

地基承载力的改善用承载力比（BCR）表示，宾奎特（1975）[7]定义

$$BCR = q/q_0 \tag{1}$$

式中：q_0 为天然地基极限承载力，kPa；q 为加筋地基极限承载力，其沉降等于天然地基在 q_0 作用下的沉降，kPa。宾奎特完成了 65 组加筋地基的试验，其后，Cuido（1985）[8]，Miyazaki（1992）[9]和 Ju（1996）[10]等人对筋材布置也完成了大量试验工作，总结他们得出的试验规律，当 $Z_1 \leqslant 0.67b$，$Z_n \leqslant 2b$ 时，BCR 值在2～4，在此有效布置范围内，BCR 随 n 而增加，当 $n=4$ 时，BCR 已接近最大值。对筋材的长度，试验结果相差较大，文献

本文发表于 2000 年 11 月第 22 卷第 6 期《岩土工程学报》。

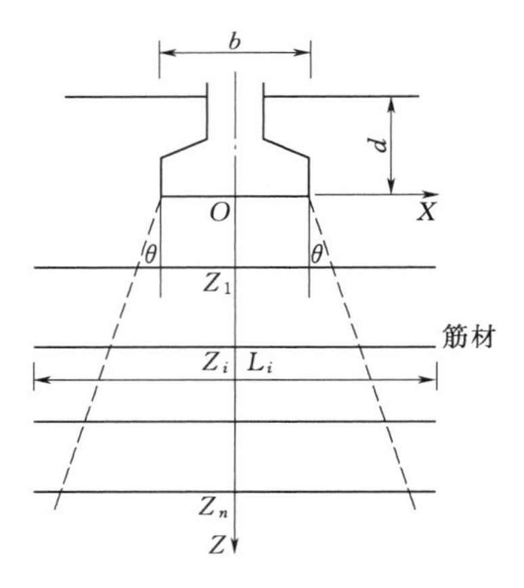

图1　加筋地基的布置
Fig. 1　Arrangement of reinforcements

[7] 认为 $L\leqslant 9b$，文献 [10] 的试验结果表明：$L=6b$，BCR 最大，但与 $L=4b$ 的 BCR 相比，改善不大；试验结果还表明，如果在砂垫层两端将筋材反包，则垫层水平长度增大至 $1.5b$ 时，BCR 即增加很少了。文献 [8] 对方形基础建议 $L=2.5b$。Soni (1992)[11]总结各家试验推荐的筋材长度，从 $3.39b\sim 7.33b$，并根据朗肯理论推导出计算长度的公式，计算结果和试验结果较吻合。

从理论上分析，只有当筋材长度和深度覆盖了整体破坏的完整滑动面范围，BCR 才停止增长。根据 Prandtl－Reissner地基极限荷载理论可以求得基础两侧完整滑动面总长度 L_u，在过渡区的滑动面为对数螺旋线，求深度的极值，可得滑动面最大深度 D_u。

$$L_u=b\left[1+2\tan\left(45°+\frac{\varphi}{2}\right)\cdot\exp\left(\frac{\pi}{2}\tan\varphi\right)\right] \tag{2}$$

$$D_u=\frac{b\cos\varphi}{2\cos\left(45°+\frac{\varphi}{2}\right)}\exp\left[\left(\frac{\pi}{4}+\frac{\varphi}{2}\right)\cdot\tan\varphi\right] \tag{3}$$

根据式 (2) 和 (3) 可求得不同 φ 值对应的 L_u 和 D_u 列于表1。从表1可见，筋材布置的有效深度 ($Z_n\leqslant 2b$) 已达到滑动面的深度，但根据滑动面长度确定筋材长度，则太长了，不仅用料增加，而且增加了基坑（槽）开挖的宽度。适当短些，损失一些地基承载力可能是恰当的。此外，很多研究[7,12,13]发现，加筋地基的破坏面并非向基础某侧发展的完整滑动面，而是从基础边缘向下方近似垂直的发展，或与铅直方向形成一定的压力扩散角。Love (1987)[14]等人发现地基的压力扩散角并不因布置了筋材而增加。故本文建议取没有筋材情况下基底压力扩散线为滑动面，并按两滑动面外侧筋材的抗拔出稳定计算筋材的长度。在计算筋材上摩擦力时，只计算上覆土重引起的正应力，不计基底压力产生的附加应力，则

$$L_i=b+2Z_i\tan\theta+T_aF_{sp}/[f_p\gamma(d+Z_i)] \tag{4}$$

表1　　**滑动面长度和深度**

Table 1　　**Length and depth of sliding surface**

φ/(°)	0	5	10	15	20	25	30	35
$L_u(\times b)$	3.00	3.50	4.14	4.97	6.06	7.53	9.58	12.53
$D_u(\times b)$	0.71	0.79	0.89	1.01	1.16	1.35	1.59	1.90

式中：θ 为压力扩散角，(°)，可从《建筑地基基础设计规范》(CBJ 7—89) 查得；T_a 为筋材允许抗拉强度，kN/m；F_{sp}为抗拔出安全系数，可取 $F_{sp}=2.5$；f_p 为筋材与土的界面摩擦系数，由试验确定，无试验资料时，土工织物可取 $\frac{2}{3}\tan\varphi$，土工格栅可取 $0.8\tan\varphi_c$，φ_c 为垫层土的内摩擦角[15]。

3 加筋地基的承载力和土工合成材料的设计拉力

在条形基础加筋地基承载力设计公式中，宾奎特公式的依据是布辛尼斯克解，将地基视为均质弹性体；改进的太沙基公式适用于软土表面一层筋材的情况，至少在完整滑动面的宽度和深度范围内为均质材料。因此，严格讲，这两个公式均不能应用于加筋砂垫层的设计。

在加筋地基中，土和筋材的相对位移（或位移趋势）形成了土与筋材界面的摩擦力，从而在筋材中产生拉力。筋材拉力对地基承载力的贡献包括以下几个方面：一是拉力向上的分力，二是拉力对基土隆起的约束作用，相当于旁侧荷载，这两个作用出现在改进的太少基公式中，其中第二个作用仅限于基础外侧假想圆的一半，并未作用于整个滑动面范围，严格讲不能视为旁侧荷载，该项应去掉。第三种作用是筋材拉力反作用力所起的侧限作用[12]。笔者建议筋材拉力的侧限作用，可根据极限平衡条件计算，具体做法是将 n 层筋材设计拉力的水平分力除以 Z_n，得到水平限制应力增量 $\Delta\sigma_3=nT\cdot\cos\alpha/Z_n$，$\alpha$ 为筋材拉力与水平面夹角，用极限平衡条件求 $\Delta\sigma_3$ 对应的竖向应力增量 $\Delta\sigma_1$，$\Delta\sigma_1$ 即为提高的极限承载力。再考虑到筋材拉力的向上分力，则筋材提高的地基承载力设计值 Δf 可用式（5）表示：

$$\Delta f=\frac{nT}{K}\left[\frac{2\sin\alpha}{b+2Z_n\tan\theta}+\frac{\cos\alpha}{Z_n}\cdot\tan^2\left(45°+\frac{\varphi}{2}\right)\right] \tag{5}$$

式中：K 为地基承载力安全系数，$K=2.0\sim3.0$。

从式（5）可见 Δf 取决于 T 和 α 的大小，对土工合成材料设计拉力 T 有三种不同的选择：极限抗拉强度，允许抗拉强度和达一定应变时的拉力。根据《土工合成材料应用技术规范》(GB 50290—98)，土工合成材料允许抗拉强度的安全系数大于等于2.5，该值和地基承载力的安全系数 K 以及抗拔出的安全系数 F_{sp} 相近，为避免安全储备的重复设置，建议式（5）中 T 取极限抗拉强度，同时式（4）中 T_aF_{sp} 以 T 代替，即

$$L_i=b+2Z_n\tan\theta+T/[f_p\gamma(d+Z_i)] \tag{6}$$

对拉力方向 α 的取值存在不同意见，文献［7］取 $\alpha=90°$，王钊等（1996）[16]取 $\alpha=45°+\varphi/2$，赵柄新、陈镇威（1989）[17]取 $\alpha=10°$等，文献［9］分析 α 的影响因素，指出 α 和 b 及沉降 s 有关，当 b 或 s 增加时，α 增大。文献［10］发现，当 s 增加时，α 逐渐增加，直到 α 等于70°。笔者仍建议取 $\alpha=45°+\varphi/2$，即筋材变形后沿朗肯主动滑动面方向。

严格讲，水平限制应力 $\Delta\sigma_3$ 的计算和用极限平衡条件计算提高的极限承载力，都要求筋材的长度和布置深度覆盖完整滑动面范围。而大多数工程问题达不到这一要求，应对式（5）修正，式中第二项的 Z_n 取滑动面深度 D_u，参见表1或式（3）；而 φ 值取原地基土的内摩擦角。

$$\Delta f=\frac{nT}{K}\left[\frac{2\sin(45°+\varphi/2)}{b+2Z_n\tan\theta}+\frac{\cos(45°+\varphi/2)}{D_u}\cdot\tan^2(45°+\varphi/2)\right] \tag{7}$$

4 加筋地基的设计

从式（7）可以看出，一层筋材提高的地基承载力是很小的，正确的布置方式是采用

多层筋材，形成加筋土（砂）垫层。土工合成材料加筋土垫层属于换土垫层的范畴，在承载力设计中，必须考虑垫层的压力扩散作用和垫层下软土因埋深修正而提高的承载力，将其叠加于 Δf 即得到加筋土垫层增加的地基承载力设计值 Δf_{R}。

$$\Delta f_{\mathrm{R}}=\eta_{\mathrm{d}}\gamma(d+Z_n-0.5)+p\frac{2Z_n\tan\theta}{b+2Z_n\tan\theta}+\Delta f \tag{8}$$

式中：η_{d} 为基础埋深的地基承载力修正系数；p 为基底压力设计值，kPa。

加筋土（砂）垫层地基承载力设计公式可写成

$$p-f_{\mathrm{k}}\leqslant\Delta f_{\mathrm{R}} \tag{9}$$

式中：f_{k} 为垫层下软土地基承载力标准值，kPa。

土工合成材料的布置深度沿用试验结果：$Z_1\leqslant0.67b$ 和 $Z_n\leqslant2b$，而长度用式（6）确定。对于需要进行变形验算的建筑物还应作变形计算。

5　工程实例

湖北省黄石市合兴闸始建于1876年，1956年曾经改建，闸基坐落在10～18m厚的淤泥质土层上，其下为粉土。由于地基未作处理，加之闸室结构严重老化，发生裂缝变形，成为黄石市长江干堤上重大隐患。根据《黄石市城市防洪规划》和初步设计，决定重建该闸（二级建筑物），拟在闸室下采用外径50cm，长10m的桩，共93根处理地基，后改为土工格栅加筋砂垫层。笔者用本文提出的方法进行了设计计算。

合兴闸基底宽 $b=5\mathrm{m}$，基底压力设计值 $p=280\mathrm{kPa}$，埋深 $d=3.37\mathrm{m}$，淤泥质土 $f_{\mathrm{k}}=100\mathrm{kPa}$，$\gamma=18.4\mathrm{kN/m^3}$，$c=40\mathrm{kPa}$，$\varphi=16°$。拟用三层土工格栅加筋闸基，$Z_1=0.6\mathrm{m}$，$Z_3=1.6\mathrm{m}$，筋材间距0.5m，砂垫层内摩擦角 $\varphi_{\mathrm{c}}=33°$。

从式（9）计算得 $\Delta f_{\mathrm{R}}=180\mathrm{kPa}$，查得式（8）中，$\eta_{\mathrm{d}}=1.1$，$\theta=25°$，计算埋深修正增加的承载力为90.47kPa，压力扩散增加的承载力为64.36kPa，需筋材拉力提供的承载力仅为 $\Delta f=25.17\mathrm{kPa}$，式（7）中，$\varphi=16°$，从表1或式（3）得 $D_{\mathrm{u}}=5.2\mathrm{m}$，计算得 $T=46.61\mathrm{kN/m}$，其中拉力向上分力和侧限应力提高的地基承载力设计值分别为13.76，11.41kPa。将 $T=46.61\mathrm{kN/m}$ 代入式（6），取 $f_{\mathrm{p}}=0.8\tan\varphi_{\mathrm{c}}$，计算得从上向下三层格栅长度分别为6.79，7.12和7.47m。设计采用极限抗拉强度为50kN/m的土工格栅，等长布置，长度为7.50m。

加筋砂垫层于1999年1月竣工，施工期仅一个月。合兴闸竣工后，闸室稳定，在1999年防洪中发挥了作用。

6　结语

以均质地基为前提的宾奎特法和改进的太沙基法，原则上不适用于加筋砂垫层的设计；将筋材拉力的水平分力除以极限平衡区深度就得到筋材的水平限制应力，根据极限平衡条件可求得相应增加的极限地基承载力；土工合成材料的作用是拉力沿水平和铅直两个方向分力作用之和，其设计拉力应和极限抗拉强度相比较，以免安全系数的重复设置；土工合成材料加筋砂垫层提高的地基承载力还必须考虑压力扩散作用和埋深修正值；土工合成材料布置的深度范围，可沿用 $Z_1\leqslant0.67b$ 和 $Z_n\leqslant2b$ 的试验结果，筋材的长度应由压力扩散线外侧抗拔出的稳定性确定。

参考文献

[1] Rathmayer H G，Korhonen O E. Geotextile reinforced land reclamation in the ray of river vantaa [A]. Proc 11th conf. SMFE [C]，Helsinki，1985，1795-1800.

[2] 凌旭初，严洪林，彭瑞洪. 沪嘉公路应用土工织物补强稳定软基的研究 [A]. 全国第二届土工织物学术会议论文集 [C]. 1989，304-310.

[3] 王铁儒，吴炎曦，祁思明. 土工织物在一气柜软基上的应用 [A]. 中国土工织物学术讨论会论文选集 [C]. 1987，175-184.

[4] 林晓玲. 土工织物加筋垫层在建筑软基中的应用 [J]. 工业建筑，1994 (4)：54-55.

[5] Yamanouch T，Gotoh K. A proposed practical formula of bearing capacity for earth work method on soft clay ground using a resinous mesh [R]. Technology Report of Kyushu University，1979，52 (3)：201-207.

[6] Binquet J，Lee K. L. Bearing capacity analysis of reinforced earth slabs [J]. J Geotech Engng，Div ASCE，1975，GT12 (101)：1257-1276.

[7] Binquet J. Bearing capacity tests on reinforced earth slabs [J]. J Geotech Engng，Div ASCE，1975，GT12 (101)：1241-1255.

[8] Guido V A，et al. Bearing capacity of geotextile reinforced foundation [A]. Proc 11th conf SMFE [C]. 1985，1777-1780.

[9] Miyazaki K，Hirokawa E. Fundamental study of reinforcement of sand layer in model test [A]. Proc Int Symposium on Earth Reinforcement [C]. Fukuoka，1992，647-652.

[10] Ju J W. Bearing capacity of sand foundation reinforced by geonet [A]. Proc Int Symposium on Earth Reinforcement [C]. Fukuoka，1996，603-608.

[11] Soni K M，et al. Effect of reinforcement length on bearing capacity [A]. Proc Int Symposium on Earth Reinforcement [C]. Fukuoka，1992，690-694.

[12] Hirao，et al. Laboratory model tests on the application of composite fabrics to soft clay [A]. Proc Int Symposium on Earth Reinforcement [C]. Fukuoka，1992，601-605.

[13] Takemura J，et al. Bearing capacity and deformations of sand reinforced with geogrids [A]. Proc Int Symposium on Earth Reinforcement [C]. Fukuoka，1992，695-700.

[14] Love J P，et al. Analytical and model studies of reinforcement of a layer of granular fill on a soft clay subgrade [J]. Can Geotech J，1987，24：611-622.

[15] GB 50290—98，土工合成材料应用技术规范 [S].

[16] 王钊，乔忠森，等. 土工织物在泵站基础工程中的应用 [A]. 全国第四届土工合成材料学术会议论文选集 [C]. 1996，104-107.

[17] 赵柄新，陈镇威. 用土工织物加固岸滩道路的机理及试验研究 [A]. 全国第二届土工织物学术会议论文集 [C]. 1989，355-360.

水利工程应成为土工合成材料应用的典范

王　钊

（武汉水利电力大学　430072，清华大学　100084）

1　概述

水工建筑物常与水直接接触，承受水压力的作用，对于土质建筑物还承受渗透力的作用，这些特点使土工合成材料更易发挥其功能，例如用土工膜作水池渠道的防渗层就是最早的应用型式之一。1998年在长江和松花江流域出现大洪水，防洪抢险中也使用了大量的土工合成材料。汛后在国家经贸委领导下，围绕土工合成材料在水利工程建设中的推广应用，通过发文征集，各有关部门上报推荐，研究筛选，最后确定了50个水利建设项目作为水利系统应用土工合成材料示范工程，其中四项："湖北省王甫洲水利枢纽围堤防渗工程"、"江苏省江阴市长江护岸工程"、"江苏省仪征市长江护岸工程"和"深圳河二期治理工程"被国家经贸委、建设部定为国家级土工合成材料应用示范工程，国家级示范工程共10项，其中还有交通部4项，铁道和建设部各1项。目前，水利系统50项应用土工合成材料的示范工程，大多已竣工，并按照水利水电工程质量评定和验收规程进行了严格的质量评定和竣工验收，很多工程已在1999年洪水中经受了考验，还将继续经受长期运用的检验。这50项示范工程是从全国各地应用土工合成材料的在建工程中选拔出来的，具有代表性。从工程类型上，包括堤防和海堤的建设、渠道节水防渗、江河护岸、土坝防渗、地基处理和病险水库的除险加固等；从地域分布上，北起黑龙江，南至深圳，遍及全国七大流域；50个示范工程运用了土工合成材料的不同功能，例如，防渗、反滤、排水、防护和加固等；示范工程共应用复合土工膜约340万m^2，土工膜约60万m^2，土工织物约120万m^2，还有一些土工特种材料，其共同的特点是效果好，施工方便、迅速、节省投资。示范工程投入正常运用充分说明了在水利工程中应用土工合成材料这一新材料、新技术是成功的，同时为全国范围的推广应用积累了经验、培养了人才。

为保证示范工程建设质量，各示范工程的主管部门都明确专人负责，并逐级签订责任书，严格按照项目法人责任制、建设监理制和招投标制来组织建设，建立了完整的项目档案，分工负责，优质按期完成。设计和施工中依据《水利水电工程土工合成材料应用技术规范》和其他相应的规范，严格质量控制，做好技术总结工作，进行质量评定和竣工验收。

设计单位选用的土工合成材料符合国家颁布的有关标准，产品具有国家认定检测中心的检测证明，通过测试性能的比较和招标，选择质量符合设计要求、价格较低的产品，并将使用中出现的问题及时反馈给生产单位。

施工单位按合同建立了质量保证体系，成立质量管理小组，实行三级质量管理制，即项目经理部设质量安全部，现场施工队伍配专职质检工程师，班组设质量检查员，同时实行跟踪检测制度和原材料、成品、半成品进场验收制度，按照有关规范和设计文件的要求，对有关人员进行土工合成材料施工的技术培训，合格者发上岗证。

通过50个示范工程的建设和总结，设计和施工人员对土工合成材料的认识从不熟悉到熟悉，从有疑虑到乐于采用：生产厂家进一步了解了市场的需求，改进了产品和服务方法。所有这些为在全国范围宣传和推广应用土工合成材料奠定了基础。

土工合成材料以其优越的性能和丰富的产品型式在水利行业中找到了用武之地，其应用领域之广，范围之宽，是其他任何材料从所未有的。但由于土工合成材料的应用是一门新兴学科，时间还不长，经验还不多，无论在设计和施工中，还是在产品结构型式和销售服务上，不可避免地出现一些问题和不足之处。存在的问题无疑也应认真总结，应指出的是关于土工合成材料的有些作用机理、设计理论和计算方法目前仍处于探索研究阶段，并无定论，有待于在实践中逐步解决。

2　土工合成材料的应用和传统技术的关系——兼谈设计方法的改进

土工合成材料应用于不同的水利工程，可能发挥不同的作用，对其抗拉强度、等效孔径和渗透系数等特性指标的要求可从《水利水电工程土工合成材料应用技术规范》中查找，除此之外，还必须满足有关水利工程的技术规范的要求，例如，堤防工程有国家标准《堤防工程设计规范》（GB 50286—98）等，堤防的设计应满足自身稳定、渗流和变形等方面的要求。正确理解和执行这些规范的基础仍然是有关土力学、水力学、地基与基础和水工建筑物的基本理论，缺少这些知识，可能将土工合成材料用错地方，甚至产生不良的后果。

2.1　渗透变形和渗流量计算

2.1.1　渗透变形的分类和防治

土中渗流引起的破坏称为渗透变形，包括流土和管涌两种基本形式，此外，在土和其他结构的接触面上还会产生接触冲刷。在向上渗流的作用下，表层土在局部范围内发生浮动的现象称为流土，流土发生在渗流出逸处，可以是粘性土，也可以是无粘性土，例如，堤坝下游透水地基上的薄粘土层，在水力坡降作用下鼓起、开裂，下层砂粒在上层土的泉眼中跳动。管涌与流土不同之处在于它只发生在无粘性土中，可以出现在土体表面，也可在土体内部，在渗透水流作用下，土中细颗粒在粗颗粒间形成的孔隙中移动、流失，随孔隙增大，逐渐形成渗流通道，使土体塌陷、破坏。

产生管涌和流土的主要原因是水力坡降过大，发生流土时的临界水力坡降可用下式计算

$$i_{cr}=\gamma'/\gamma_{\omega} \tag{1}$$

式中：浮容重 γ' 的大小近似等于水的容重 γ_{ω}，故 i_{cr} 接近于1.0，允许水力坡降 $[i]=i_{cr}/F_s$，按《碾压式土石坝设计规范》（SDJ 218—84）的要求，安全系数 $F_s=1.5\sim2.0$，即 $[i]=0.5\sim0.67$。

对管涌而言，目前还无适当的公式判别，它仅发生在无粘性土，其中土粒粒径均匀的

无粘性土，不存在细粒流失问题，故为非管涌土，只有当不均匀系数 $C_u>10$，特别是缺少中间粒径时，易发生管涌。前苏联伊斯托明娜从理论分析和试验资料得到不发生管涌的允许水力坡降 [i]=0.10～0.15。国家标准《堤防工程设计规范》中，对级配不连续的无粘性土，管涌破坏的允许水力坡降也是 [i]=0.10～0.15，对 $C_u>5$ 的流土性破坏，[i]=0.50～0.80。从以上分析，对工程实际问题可得到下列看法。

(1) 管涌的允许水力坡降比流土要小得多，也就是说易发生管涌破坏，故通常不提流土，仅讨论管涌破坏。

(2) 取管涌的 [i]=0.10，即水头为渗径的 1/10，如堤前水位为 10m，则堤脚 100m 以外对管涌破坏已有合理的安全系数，防洪时不必在 10 倍水头之外投入大量人力和物力。关键部位是筑堤就近取土形成的水塘，应当填平。

(3) 用土工膜斜墙、水平铺盖或垂直铺膜预防管涌，目的是减少渗透性或增长渗径，可用 [i] 设计土工膜的铺设范围和深度。

(4) 无纺织物常用作护坡材料与土堤间的反滤材料和防止接触冲刷，防止在水位骤降，波浪或潮汐作用下，水流从土堤流出或在护坡材料下沿土堤（坝）面流动时带走细粒土。对现浇混凝土板或模袋混凝土等不透水护面，因渗入的水很少，仅在分块缝下设置约 0.6m 宽的无纺织物层即可。

2.1.2　渗流量计算

渗流量计算可应用达西定律

$$q=kiA \tag{2}$$

式中：k 为渗透系数；A 为过水面积，当 $i<[i]$ 时，不致发生管涌破坏，但如果堤下透水层很深，A 值大；仍会产生很大的漏水量。例如湖北省某水利枢纽，围堤长约 13km，由砂卵石筑成，堤基下砂卵石覆盖层厚达 10m，采用复合土工膜作为斜墙和水平铺盖的防渗材料，其中水平铺盖按 10 倍水头计算。2000 年 4 月随库水位上升，沿江地带渗水现象日渐严重。可见渗流量计算与防管涌一样重要。渗流计算可用近似公式或流网进行，也可用有限元法分析。

2.2　迎水坡防渗材料上的排水滤点和其下的砂砾石垫层

当迎水坡用块石干砌保护时，需在其下设碎石垫层，以均布块石压力，此外，为防止低水位时，水从土堤渗出带走土粒，常设置反滤式垫层或铺设无纺织物滤层。但当迎水坡用现浇混凝土板、模袋混凝土或土工膜防渗时，如在防渗层上设排水滤点或在其下设砂砾石垫层，这种设计是不恰当的，其危害如下：

(1) 滤点破坏了防渗层，增大了渗流量和发生渗透变形的危险。

(2) 高水位时，水从滤点流入土堤，提高了浸润线，浸泡的土坡抗剪强度下降，易形成滑坡。

(3) 低水位时，土堤中水来不及渗出（特别是一些无砂混凝土滤点，渗透系数不确定且较小），在防渗层下产生扬压力，更糟的是砂砾石垫层扩大了扬压力作用面积，可能引起防渗层大面积顶起破坏。

正确的设计是将现浇混凝土板、模袋混凝土或复合土工膜直接置放在整平的迎水坡上。

2.3 无纺织物的反滤排水特征

无纺织物作为反滤材料应具有保土性、透水性和防堵性。《水利水电工程土工合成材料应用技术规范》给出了相应的设计准则。因大多织物滤层隐蔽于土中，很难观测评价其实际工况，但根据堤坝背水坡脚排水系统运行的观察，往往不很理想，渗水很难透过织物滤层，在织物下坡面产生接触冲刷。更糟糕的是织物遮住了流土或管涌的出口，不得已去除排水系统的织物滤层，甚至有的部门规定不得用其作堤防的贴坡排水。从挖出的无纺织物看，迎水一面已形成泥面，受到不同程度堵塞。

因无纺织物的孔径、渗透系数都是在不接触土的情况下测量的，即使淤堵试验的试验用土，其厚度也仅略大于7.5cm，实际工程中织物上均覆以较厚的土层或保护层，孔径与渗透系数大幅度减小，并易于淤堵。此外，无纺织物的渗透系数是用脱气水测量得的，自然界水中含有大量气泡，积聚在无纺织物滤层的迎水面形成气饼，或堵塞在织物内部，减小了透水面积和透水性。是否应从两方面探求改进措施？一是研制符合实际工况的测试方法和仪器，或者修改准则；二是研制新的土工合成材料产品，使其具有固定的不受上覆压力影响的较大的孔径，例如0.1～0.25mm，用以制成中细砂袋，构筑贴坡排水层。

2.4 土工膜的渗透系数和等效厚度

2.4.1 渗透系数

土工膜一般由聚乙烯（PE）或聚氯乙烯（PVC）制成，膜的渗透系数一般在10^{-11}～10^{-12}cm/s，例如《聚乙烯（PE）土工膜防渗工程技术规范》（SL/T 231—98）中要求膜的渗透系数应小于10^{-11}cm/s。应该指出的是膜的渗透系数取决于膜材高分子化合物的结构特性，只是不透水性的一个参考指标。

（1）土工膜的渗透系数很小，不易测准。在采用渗透试验测渗透系数时，为测出渗透水量，需提高水头，例如水压达0.5～1.0MPa；需扩大试样面积并用很细的量管测透过膜的水量。即使采取上述措施也很难测出小于10^{-10}cm/s的渗透系数。

（2）膜的不透水性除用渗透系数表达外，还取决于膜的厚度、施工和运行的保护措施等。据美国土木工程学会论文报导，曾对总面积20万m^2的28处衬砌用土工膜进行检查，发现平均每1万m^2中有26个漏洞，其中15%是自身的孔眼，69%出现在焊缝处。用圆孔形漏洞估算渗透量精度较低，另一种方法是从实测渗漏损失推求土工膜防渗层的渗透系数，前苏联的一些科研机构曾推求全国十三条大型渠道的渗透系数在（2.3～6.1）×10^{-6}cm/s范围，远大于膜材的渗透系数。美国内务部垦务局从60年代开始用土工膜防止渠道渗漏，初期选用的膜厚度大多为0.25mm，到80年代，他们总结了近20年的经验，建议把厚度增加到0.5mm，厚度虽然增加了一倍，而投资只增加15%，防渗效果与耐久性却提高了很多。目前，一些发达国家如日本、德国的渠道防渗膜厚度超过1mm。对照国外经验，《水利水电工程土工合成材料应用技术规范》中规定土石堤坝防渗土工膜厚度不应小于0.5mm，是正确的。特别是对垂直铺膜防渗结构，铺设时易损伤土工膜，膜的损伤目前还无法直接检测，而膜增厚增加的投资与开槽费用相比是微小的，不能因铺膜困难而修改规范，相反应改进铺膜技术以满足规范要求。

由此看来，现场检测土工膜防渗层的渗透系数是至关重要的，特别是垂直铺膜这类隐蔽结构，目前只能用膜后测压井观测，反推实际渗透系数，当上游侧常年无水头时，还得借助于注水井。

2.4.2　等效厚度

土工膜的厚度一般在 0.2～2.0mm，在计算膜引起的水头降低时，常采用等效厚度法，等效厚度等于膜的厚度乘以土的渗透系数，再除以膜的渗透系数。其物理意义是膜的防渗效果与等效厚度的土层相同，这在计算膜下水头，绘制膜后浸润线时，是可行的，但应注意到：

（1）因膜具有自身和焊缝引起的缺陷，如前所述，实际渗透系数远大于试验测得值。

（2）等效厚度土层的防渗可靠性比薄膜大得多。

（3）扬压力对膜的危害比等效厚度粘土要严重。

2.5　模袋混凝土的厚度

模袋混凝土的主要作用是防护，例如减小水流和波浪的冲刷。目前，模袋混凝土厚度取最大和最小厚度的平均值（即峰值和谷底厚度的平均值），如果模袋混凝土是平直斜面，这样取值是正确的。但实际情况是，谷底厚度取决于袋中联线的长度，仅在局部点达最小厚度，大部分区域接近峰顶厚度，模袋混凝土设计时，需进行抗滑稳定分析和抗浮计算，和其重量有关，故平均值低估了模袋混凝土的重量。这里建议用充灌混凝土的方量除以覆盖的面积得到其定义的厚度，然后，考虑联线间距、长度、充灌压力等因素近似计算这一厚度。

2.6　加筋地基的承载力和变形特性

从目前工程实例看，土工合成材料加筋地基主要应用于提高堤基的抗滑动稳定和增加闸基或挡土堆地基的承载力。在设计和分析方法上，对软基上的堤，仍沿用圆弧滑动面法，考虑筋材拉力对抗滑动力矩的贡献，流行的看法是这种算法低估了土工合成材料筋材的作用。此外，估计条形浅基础下因筋材提高的承载力以及沉降计算尚缺乏适用的公式。

铺于堤基的筋材，其作用主要是隔离，只要筋材有足够的拉伸变形，则可适应大的下垂变形，而不断裂，使堤身整体，且均匀的沉降，堤两侧的基土受挤压隆起，产生如下作用：

（1）埋深增加而提高承载力。

（2）两侧地基土挤压排水，抗剪强度提高。

（3）沉降底面为垂线型，中间大，两边小，对堤身顶部有挤压作用，减小堤顶形成纵向裂缝的可能性。

如果用圆弧滑动分析法，考虑到堤顶无裂缝和堤身沉到地基内的部分，则通过堤身的滑弧增长，而堤身土的抗剪强度是较高的，此外，因两侧地基土隆起也延长了滑弧，因挤压排水，也提高了抗剪强度，总的作用是提高了抗滑稳定的安全系数。设想没有筋材的隔离，堤身材料混入软土地基，就像船中货物沉入水中一样，是不可能产生上述作用的。然而单层土工合成材料对地基稳定性的改善，无论怎样分析也不允高估，特别是对筋材断裂，隔离失效的情况。80 年代末在连云港曾进行过现场试验，其中天然地基和一层土工织物加筋地基上的试验堤均在堆筑过程的第 43 天破坏，填土高度分别为 4.04m 和 4.35m

（此时土工织物拉断），加筋地基堤的破坏高度仅增加 7.7%，相当于稳定安全系数增加 0.04 左右。可见传统圆弧滑动分析法计算筋材断裂时的安全系数是合理的，不能笼统讲该法偏于保守。加筋地基正确的设计是多层（3～6 层）加筋砂垫层。

推导加筋砂垫层增加的地基极限承载力 Δq_u 由两部分组成。第一部分为筋材拉力向上分力产生的张力膜作用，第二部分是拉力水平分力产生的侧限应力所对应的竖向极限承载力，表示为下式

$$\Delta q_u = NT\left[\frac{2\sin\left(45° + \frac{\varphi}{2}\right)}{b + Z_n \mathrm{tg}\theta} + \frac{\cos\left(45° + \frac{\varphi}{2}\right)}{D_u}\mathrm{tg}^2\left(45° + \frac{\varphi}{2}\right)\right] \tag{3}$$

式中：N 为筋材层数；T 为筋材极限抗拉强度；φ 为土的内摩擦角；b 为基础宽度；Z_n 为最低一层筋材至基础底面距离；θ 为压力扩散角，从《建筑地基基础设计规范》(GBJ 7—89) 中查找；D_u 为滑动面最大深度。

$$D_u = \frac{b\cos\varphi}{2\cos\left(45° + \frac{\varphi}{2}\right)} e^{\left(\frac{\pi}{2} + \frac{\varphi}{2}\right)\mathrm{tg}\varphi} \tag{4}$$

将 Δq_u 除以 2.5～3.0 的安全系数即得到加筋地基提高的地基承载力设计值。

加筋地基的沉降变形主要由最低一层筋材以下地基的变形构成，可用分层沉降法计算，沉降计算压力为扩散于 Z_n 处的压力。应指出的是多层筋材加筋地基可显著减小沉降量，而堤基下一层筋材减小沉降的作用是可以忽略不计的，它仅能起到部分均匀堤中心和两侧沉降差的作用。

从式（3）可见土工合成材料的设计拉力取极限抗拉强度，这是因为地基承载力的安全系数在 2.5～3.0，该值和土工合成材料允许抗拉强度的安全系数（不小于 2.5）相近，为避免安全系数重复设置，在加筋地基承载力公式中，取极限抗拉强度作为土工合成材料设计拉力。但在加筋土坡稳定分析中，土坡稳定的安全系数在 1.05～1.35，仅为土工合成材料安全系数的一半，故在圆弧滑动分析中土工合成材料的设计拉力应取极限抗拉强度的 1/2。

3 改进施工工艺促进施工的专业化和机械化

施工工艺和施工设备是保证施工质量的重要因素，例如土工膜防渗层大多数缺陷出现在施工焊缝上。目前施工质量较好、机械化程度较高的是模袋混凝土的铺筑，其他施工工艺也应得到相应的改进。

（1）无纺织物滤层沿坡面铺设时，一般应从坡顶向下滚放，如有接头，处于坡下的织物上边缘应置放在坡上织物下边缘的底部；如织物卷沿堤的轴线方向铺放，则应自下而上进行，以保证较高处织物的下边缘处于接缝的上方。

（2）聚乙烯土工膜之间可方便地进行焊接，但膜与混凝土或岩石的连接方式不能像聚氯乙烯膜那样胶粘。目前可用的连接方式有两种，一是凿沟，插入膜后，浇水泥沙浆；二是在混凝土或岩石中埋设螺钉，然后用压条固定膜。应比较这两种方式的优劣，或探索其他的方法。

（3）垂直铺膜形成地下防渗墙有两种铺膜方式：一是将卷材铅直置于槽内，然后水平

移动卷材，将膜展开；二是借助刚性边框将膜块铅直插入槽内，前者的接缝相对少些。应改进成槽方法和护壁防塌技术，同时完善铺膜设备，减小膜被擦伤，或被塌落土块挤压不能到位的现象。此外，槽中膜间接缝的防渗也是至关重要的。

（4）防冲排布的铺放有沿岸坡滚放，水上船抛和冰上铺放。应比较不同铺放方式的适用条件和优缺点，应使清除岸坡和水底杂物，以及压重的铺放机械化。

（5）加筋土层的碾压，对于加筋地基和加筋土挡土墙，因土层较薄，为防压实土层时损伤其下的土工合成材料筋材，特别是临近挡土墙面板处碾压时，防止面板位移，应研制小型且能保证土层压实质量的振动碾压设备。

4　提高产品质量降低价格和开发新品种

制约土工合成材料应用的两个因素：一是缺乏对材料的认识；二是产品的价格。随着示范工程的实施、总结推广和对规范的熟悉，产品的价格成为主要制约因素。

（1）提高产品质量

土工合成材料产品的质量是保证工程质量的先决条件，生产厂家应致力于改进工艺，严格质量管理，选用合格的原材料，确保产品达到出厂说明书中的性能指标，同时努力提高产品的均匀性，减小性能指标的偏差。应改进产品的贮存、包装和运输技术，确保将合格产品运抵施工现场。生产厂家应完善服务方法，提供技术指导，重视用户的意见，搞好售后服务。

（2）降低价格

在确保产品质量的前提下，生产企业应作好成本核算，通过强化管理、挖潜，努力降低成本。价格的降低将提高自身产品的市场竞争力和市场占有率。随着销售量的提高，增加企业的经济收入，反过来扩大生产规模，促进质量的提高和新品种开发，进一步降低价格，步入良性循环的轨道。

在成本核算中，建设单位也应考虑到工程的长期效益，因采用土工合成材料而减小了维修经费，以及在环境保护和生态平衡上起到的积极作用。

（3）开发新品种

随着土工格栅，三维植被网垫和土工格室的生产，根据工程需要和借鉴国外经验，我国的土工合成材料产品型式已日臻完备。然而，水利工程有自身的特殊性，例如受水压作用和经受水流冲刷，加之，应用的迅猛发展，必然对产品的性能提出特殊的要求，例如，防淤堵的贴坡排水材料，防河道冲刷和岸坡崩塌的材料，土工织物夹粘土（或砂土）垫层，新型井管过滤器，铰链式混凝土模袋等。应进一步加强水利建设单位与生产厂家的交流，由水利设计、施工单位提出要求，科研单位，大专院校与生产企业联合，共同开发适用于水利工程需要的土工合成材料产品。

土工合成材料应用的示范工程提高了各级领导和生产、使用部门的科技人员对土工合成材料的认识，从不熟悉到了解后积极应用。这是因为土本身是一种散粒体，需要一种二维连续的介质去提高其整体性，改善其透水性或防止水的渗透，这种连续介质最理想的就是土工合成材料，它的不同产品以其优越的防渗、反滤排水、防护和加筋性能在水利工程中发挥了重要作用。应进一步以示范工程为例，推广应用到其他水利工程，应用新材料、新技术、新工艺和新设备提高我国基础设施工程的建设质量。通过示范工程的总结宣传和新的工程实践，不断提高设计、施工和监理水平，进一步完善有关规范，积极稳妥、科学合理的在全国范围推广应用土工合成材料。

参考文献

[1] 土工合成材料工程应用手册. 北京：中国建筑工业出版社，1994年11月.
[2] 陈仲颐，周景星，王洪瑾. 土力学. 北京：清华大学出版社，1994年4月.
[3] 王钊主编. 基础工程原理. 武汉：武汉水利电力大学出版社，1998年8月.
[4] 赵九斋，龙国英，徐啸海，等. 土工织物加固路堤和天然路基对称破坏及其分析. 岩土工程学报，1991，13(2).

EPS板在埋涵减压中的初步应用

王俊奇[1]　王　钊[2]　姚政法[3]

（1. 武汉水利电力大学，武汉　430072；
2. 武汉水利电力大学，武汉　430072，清华大学，北京　100084；
3. 山西运城高速公路有限公司，运城　044000）

摘　要： 文章介绍了聚苯乙烯泡沫塑料（EPS）的固结性质，利用其压缩性大的特点，将其铺设于一上埋式涵洞顶部及两侧，用以减少涵顶所受填土压力。

关键词： 聚苯乙烯泡沫塑料；涵洞；土压力

1　引言

土体中刚性涵洞或管道承受上覆土压力的作用，其建造方式一般有两种，一种情况是先建涵洞，然后填土，例如路堤下的排水涵洞和土坝坝下埋管，称为上埋式，见图1（a），因涵洞两侧填土较厚，其压缩变形大于刚性涵洞顶部土体的压缩变形，两侧填土对洞顶填土产生下拉的剪切应力，故涵洞承受的压力大于其上覆土的自重，测量结果表明可达上覆土自重的1.4～1.9倍[1]，巨大的压力常使涵洞混凝土开裂、破坏[2]。另一种情况是挖沟、埋管，再覆土，称为沟埋式，见图1（b），覆土压缩变形相对大，受两侧土体向上的剪切力作用（或称土拱效应），故埋管（或涵洞）承受的压力小于覆土的自重。为使上埋法产生类似沟埋法的减载效果，可在管顶布置高压缩性材料，使管预填土相对于两侧填土向下变形，即承受下沉较小的两侧土体向上的摩阻力，这种措施称为“拟沟法”，参见图1（c）。拟沟法已有多个成功的实例，太沙基（Terzaghi）提出了上覆压力的计算公式[3]，美国加利福尼亚公路部门制定了相应的指导准则[4]，采用的高压缩性材料包括松土、柴捆、松针、锯末等，本次实践采用聚苯乙烯泡沫塑料代替。

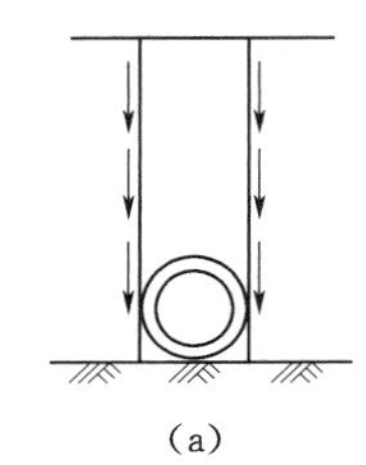
（a）

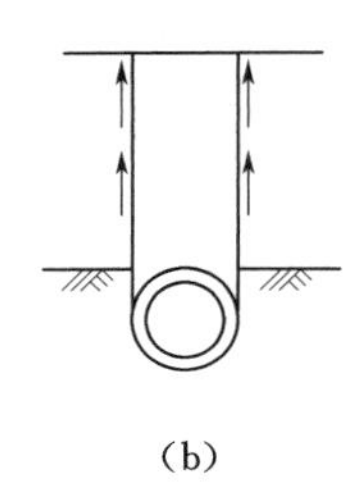
（b）

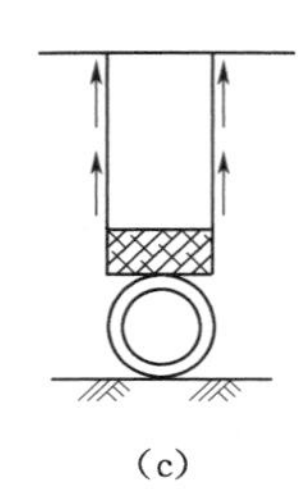
（c）

图1　涵洞和管道受力分析

2　EPS的性能

2.1　EPS的主要性能

聚苯乙烯泡沫塑料是以聚苯乙烯树脂为原料生产而成的内部具有无数微小气孔的塑料。其生产方法有两种：一种是模式法，在文献上简写为EPS（Expand Polystyrene），模式法是在聚苯乙烯树脂中浸入发泡剂，在蒸汽加热情况下，使其体积膨胀，在一定的模具中熔结成不同制品。另一种是由挤出法生产的，简写为XPS（Extruded Polystyrene）。美国和欧洲各国在土工应用上只采用EPS，原因是价格便宜一些，而日本则两种材料均有。一般以EPS泛指两类聚苯乙烯泡沫塑料，事实上也多指前一类。

EPS应用于土工中，主要利用它所具有的下列特性：

（1）质量特轻，在各种天然和人工轻质材料中，EPS最轻；

（2）有独特的变形特性；

（3）有一定的强度，具有自立性；

（4）施工速度快和方便；

（5）缓冲性能好；

（6）良好的隔热性能。

2.2 EPS的固结性能

EPS应用于埋涵减压实践中，主要利用其独特的压缩变形大的特点。为了了解本次试验采用的泡沫塑料的变形特性，我们做了两组试验。EPS板材系由洛阳市塑料工业公司聚苯泡沫厂生产，有两种规格7.5kg/m^{3}和15kg/m^3。实验所用固结仪为南京土壤仪器厂生产的WG-1B型三联中型固结仪，环刀面积为50cm^2，高为2cm。分别将试样切入环刀，进行固结试验，结果见表1。

表1　　EPS固结试验结果

压力/kPa	总变形量/mm		应　变/%	
	7.5kg/m^3	15kg/m^3	7.5kg/m^3	15kg/m^3
0	0	0	0	0
25	4.490	2.77	22.45	13.85
50	13.527	7.804	67.64	39.02
100	19.235	9.801	96.18	49.01
200	19.403	*	97.01	*
400	19.571	*	97.85	*
800	19.890	18.702	99.45	93.51

注　表中*表示由于试验失误未能测得。

本次试验所得结果未如有关文献［5］示出材料出现显著的屈服极限，原因可能在于本试验泡沫的密度较小所致，但与文献［1］试验结果有一定的相似。取压力50kPa时对应的应变得到7.5kg/m^{3}和15kg/m^{3}材料的压缩模量为73.93kPa和128.14kPa。

3　工程应用

3.1　工程概况

本次试验是结合运三高速公路第6(A)合同段工程进行的。运三高速公路是山西运城至河南三门峡209国道的新建高速公路，沿途山高沟深，地形地貌复杂，自然地质病害发育，工程十分艰巨。6(A)合同段长1.5km，为路基工程，沟谷填方处有涵洞四座，试验段选在桩号为K14＋369钢筋混凝土拱涵洞，该涵洞与线路相交100°，设计长度为104.53m，拱顶上最厚填土约为22m。

3.2　试验方案

本次试验所在桩号路堤剖面图如图2，自涵洞第2节和第3节（每节长5m）沉降缝起每两节作为一试验段，共分8段，代表段第3试验段断面如图3所示，各试验段具体布置情况见表2。

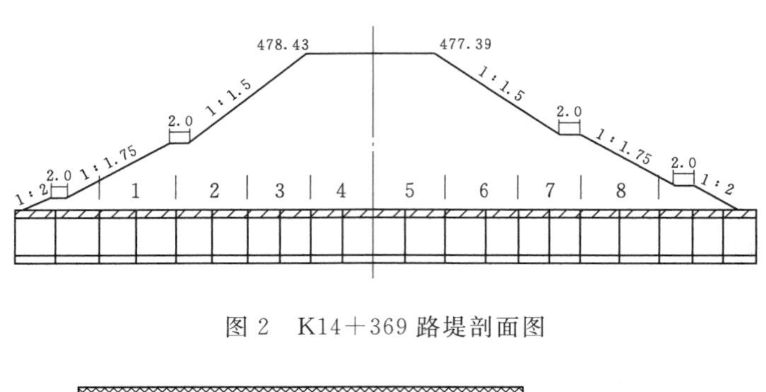

图2　K14＋369路堤剖面图

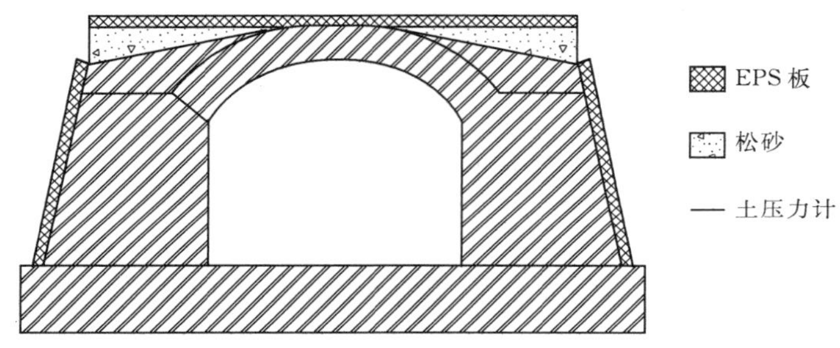

图3　第3试验段断面图

表2　　　　第3试验段布置表

编号	洞顶填料	规格	厚度/m	段长/m	EPS方量/m³	土压力盒数	沉降标数	备注
1	松土	$k=0.7$	2.0	10.0		1		
2	密土	$k>0.9$		10.0		3	1	
3	EPS	7.5kg/m³	0.3	10.0	57	3		外包
4	EPS	7.5kg/m³	0.3	10.25	30.8	2	1	
5	EPS	15kg/m³	0.3	10.25	30.8	2	1	
6	EPS	15kg/m³	0.6	10.0	60	2		
7	EPS	15kg/m³	0.3	10.0	15	2		
8	松砂	$k=0.7$	2.0	10.0		1		

当地填料即为中细砂，故第1段和第8段拱顶均为2m厚松砂。

3.3　初步结果

目前试验仍在进行，据初步检测，已取得明显效果。第3试验段填土厚为1.1m时，土压力为18.6kPa，而填土厚为3.7m时，土压已减至9.9kPa，填土厚为4.5m时，土压力为 8.6kPa 此时边墙一侧计算所得水平压力为 61.76kPa，实际测得 7.7kPa。至 2000 年 1 月 1 日为止填土仍在进行，从 4.5m～7.7m 土压力没有丝毫增加。

4 讨论

EPS 应用于埋涵减压可以取得良好的效果，但与此相关的一些问题却要从理论和数值分析中得到深化，而且需经实践验证。

（1）上埋式及沟埋式管道管顶所受填土压力，公式已给出多个[2,3,6]，但这些公式或以弹性理论推出，或由极限平衡导得，与实际情况有很大出入。

（2）对于拟沟法，管顶垂直压力类似于沟埋法，但在埋设压缩性较大的材料后，不同压缩性材料以及不同的厚度、宽度将会影响拟沟效果的发挥和发挥时间及发挥程度。

（3）拟沟设计中，压缩性材料以上填土的变形范围及其剪切强度的发挥范围也绝不是一处于极限平衡状态的土柱，而应是类似于隧道施工中由填料自承作用形成的土拱，土拱效应的作用范围如何。

（4）采用拟沟法后，由于土拱效应的产生，将会对管道结构两侧填土的水平应力产生影响，也会影响到结构的设计。

（5）可以设想无论上埋法、沟埋法或拟沟法填土后，均应有一等沉面，等沉面的高度如何，主要影响因素是哪些。

（6）压缩性材料及其上土拱的后期蠕变效应如何。

参考文献

[1] J. A. Sladen and J. M. Oswell. The induced trench method - a critical review and case history. Can. Geotech. J. 25. 1988：541 - 549.

[2] 顾安全．上埋式管道及洞室垂直土压力的研究．岩土工程学报，1981：3（1），3 - 5.

[3] Terzaghi，K. Theoretical soil mechanics. New York：John Wiley and Sons，Inc.，1948.

[4] Bacher，A. E. and Kirkland，D. E California Department of Transport structural steel plate pipe culvert research. Design summary and implementation. Transportation Research Record，No. 1008：89 -94.

[5] 陆士强，王钊，刘祖德合编，土工合成材料应用原理．北京：水利电力出版社，1994：128 - 137.

[6] 钱家欢．土力学．南京：河海大学出版社，1995.

土工合成材料在水利工程中应用的一些问题

王　钊

摘　要：土工合成材料在水利工程中应用常遇到下列一些问题，渗透变形和渗流的计算，迎水坡防渗层上排水滤点及其下垫层的设置，无纺织物的反滤排水特性，土工膜的渗透系数和等效厚度，模袋混凝土的厚度，加筋地基的承载力和变形特性等。此外，还有基础桩的水平变形。

关键词：土工合成材料；水利工程；应用

中图分类号：TU472　　**文献标识码：**A　　**文章编号：**1007-6980（2001）01-0040-03

土工合成材料以其优良的工程特性在水利工程中得到越来越广泛的应用，国家标准《堤防工程设计规范》（GB 50286—98）和《土工合成材料应用技术规范》（GB 50290—98）为土工合成材料的应用提供了设计和施工方法的依据，进一步促进了应用。土工合成材料作为一种新型材料在设计和施工中除考虑其本身性能外，还应遵循水工建筑原有的要求，伴随着应用的迅猛推广，不可避免会遇到一些问题。

1　排水滤点和砂砾石垫层

当迎水坡用块石干砌保护时，需在其下设碎石垫层，为防止低水位时水从土堤渗出带走土粒，常设置反滤式垫层或铺设无纺织物滤层。但当迎水坡用现浇混凝土板、模袋混凝土或土工膜防渗时，如在防渗层上设排水滤点或在其下设砂砾石垫层，这种设计是错误的，其危害如下：

（1）滤点破坏了防渗层，增大了渗流量和发生渗透变形的危险；

（2）高水位时，水从滤点流入土堤，提高了浸润线，浸泡的土坡抗剪强度下降，易形成滑坡；

（3）低水位时，土堤中水来不及渗出（特别是一些无砂混凝土滤点，渗透系数较小），在防渗层下产生扬压力，更糟的是砂砾石垫层扩大了扬压力作用面积，可能引起防渗层大面积顶起破坏。

正确的设计是将现浇混凝土板、模袋混凝土或复合土工膜直接置放在整平的迎水坡上。

2　无纺织物的反滤排水特性

无纺织物作为反滤材料应具有保土性、透水性和防堵性。《土工合成材料应用技术规

本文发表于2001年第20卷第1期《岩土工程学报》。

范》给出了相应的设计准则。因大多织物滤层隐蔽于土中，很难观测评价其实际工况，但根据堤坝背水坡脚排水系统运行的观察，往往很不理想，渗水很难透过织物滤层，在织物下坡面产生接触冲刷。更糟糕的是织物遮住了流土或管涌的出口，不得已去除排水系统的织物滤层，甚至有的部门规定不得用其作贴坡排水。从挖出的无纺织物看，迎水一面已形成泥面，受到不同程度堵塞。

因无纺织物的孔径、渗透系数都是在不接触土的情况下测量的，即使淤堵试验用土的厚度也仅略大于 7.5cm，实际工程中织物上均覆以较厚的土层或保护层，孔径与渗透系数大幅度减小，并易于淤堵。此外，无纺织物的渗透系数是用脱气水测得的，自然界水中含有大量气泡，积聚在无纺织物的迎水面形成气饼，或堵塞在织物内部，减小了渗水面积和透水性。应从两方面探求改进措施：一是研制符合实际工况的测试方法和仪器，或者修改准则；二是研制新的土工合成材料产品，使其具有固定的不受上覆压力影响较大的孔径，例如 0.5～1.0cm，用以制成中细砂袋，构筑贴坡排水层。

3　土工膜的渗透系数和等效厚度

3.1　渗透系数

土工膜一般由聚乙烯（PE）或聚氯乙烯（PVC）制成，膜的渗透系数一般在 10^{-11}～10^{-12}cm/s，例如《聚乙烯（PE）土工膜防渗工程技术规范》（SL/T 231—98）中要求膜的渗透系数应小于 10^{-11}cm/s。应该指出的是膜的渗透系数取决于膜材高分子化合物的结构特性，只是不透水性的一个参考指标。

（1）土工膜的渗透系数很小，不易测准。在采用渗透试验测渗透系数时，为测出渗透水量，需提高水头，例如水压达 0.5～1.0MPa；扩大试样面积；用很细的量管测透过膜的水量。即使采取上述措施也很难测出小于 10^{-12}cm/s 的渗透系数。

（2）膜的不透水性除用渗透系数表达外，还取决于膜的厚度、施工和运行的保护措施等。据美国土木工程学会论文报道，曾对总面积 20 万 m^2 的 28 处衬砌用土工膜进行检查，发现平均每 1 万 m^2 中有 26 个漏洞，其中 15%是自身的孔眼，69%出现在焊缝处。用圆孔型漏洞估算渗透量精度较低，另一种方法是从实测渗漏损失推求土工膜防渗层的渗透系数，苏联的一些科研机构曾推求全国 13 条大型渠道的渗透系数在（2.3～6.1）$\times 10^{-6}$ cm/s 范围，远大于膜材的渗透系数。美国内务部垦务局从 60 年代开始用土工膜防止渠道渗漏，初期选用的膜厚度大多为 0.25mm，到 80 年代，他们总结了近 20 年的经验，建议把厚度增加到 0.5mm，厚度虽然增加了 1 倍，而投资只增设 15%，防渗效果与耐久性却提高很多。目前一些发达国家，如日本、德国的渠道防渗膜厚度达 2mm。由此可见，对垂直铺膜防渗结构，铺设时易损伤膜材，而膜的损伤无法直接检测，膜厚增加的投资与开槽费用相比是微小的，不能因铺膜困难和接缝增多而采用薄于 0.5mm 的膜，相反应改进铺膜技术以满足《规范》的要求。

由此看来检测土工膜防渗层的渗透系数是至关重要的，特别是垂直铺膜结构。目前只能用膜后测压井观测，反推实际渗透系数，当上游侧常年无水头时，还得借助于注水井。

3.2　等效厚度

土工膜的厚度一般在 0.2～2.0mm，在计算膜引起的水头降低时，常采用等效厚度法，等效厚度等于膜的厚度乘以土的渗透系数，再除以膜的渗透系数。其物理意义是膜的防渗效果与等效厚度的土层相同，这在计算膜下水头，绘制膜后浸润线时是可行的，但应注意到：

（1）因膜具有自身和焊缝引起的缺陷，如前所述，实际渗透系数远大于试验测得值；

（2）等效厚度土层的防渗可靠性比薄膜大得多；

（3）扬压力对膜的危害比等效厚度粘土要严重。

4　模袋混凝土的厚度

模袋混凝土的主要作用是防护，例如减小水流和波浪的冲刷。目前，模袋混凝土厚度取最大和最小厚度的平均值（即峰顶和谷底厚度的平均值），如果模袋混凝土是平直斜面，这样取值是正确的。但实际情况是，谷底厚度取决于袋中连线的长度，仅在局部点达最小厚度，大部分区域达峰顶厚度，模袋混凝土设计时，需进行抗滑稳定分析和抗浮计算，与其重量有关，故平均值低估了模袋混凝土的重量。这里建议用充灌混凝土的方量除以覆盖的面积得到其定义的厚度，可根据模袋混凝土表面的形状，推求计算厚度的近似公式。

5　加筋地基的承载力和变形特性

从目前工程实例看，土工合成材料加筋地基主要应用于提高堤基的抗滑动稳定和增加闸基或挡土墙地基的承载力。在设计和分析方法上，对软基上的堤，仍沿用圆弧滑动面法，考虑筋材拉力对抗滑动力矩的贡献，流行的看法是这种算法低估了土工合成材料筋材的作用。此外，条形浅基础下因筋材提高的承载力以及沉降计算尚缺乏适用的公式。

笔者认为，铺于堤基的筋材，其作用主要是隔离，只要筋材有足够的拉伸变形，则可适应大的下垂变形，而不断裂，使堤身整体，且均匀的沉降，堤两侧的基土受挤压隆起，产生如下作用：

（1）埋深增加而提高承载力；

（2）两侧地基土挤压排水，抗剪强度提高；

（3）沉降底面为垂线型，中间大，两边小，对堤身顶部有挤压作用，减小堤顶形成纵向裂缝的可能性。

如果用圆弧滑动分析法，考虑到堤顶无裂缝和堤身沉到地基内的部分，则通过堤身的滑弧增长，而堤身土的抗剪强度是较高的，此外，因两侧地基土隆起也延长了滑弧，因挤压排水，也提高了抗剪强度，总的作用是提高了抗滑稳定的安全系数。设想没有筋材的隔离，堤身材料混入软土地基，就像船中货物沉入水中一样，是不可能产生上述作用的。然而单层土工合成材料对地基稳定性的改善，无论怎样分析也不允高估，特别是对筋材断裂，隔离失效的情况。80年代末曾进行过现场试验，其中天然地基和一层土工织物加筋地基上的试验堤均在堆筋过程的第43d破坏，填土高度分别为4.04m和4.35m（此时土工织物拉断），加筋地基堤的破坏高度仅增加7.7%，相当于稳定安全系数增加0.04左右。可见传统圆弧滑动分析法计算筋材断裂时的安全系数是合理的，不能笼统讲该法偏于保守。加筋地基正确的设计是多层（3～6层）加筋砂垫层。

笔者推导加筋砂垫层增加的地基极限承载力 Δq_u 由两部分组成。第1部分为筋材接力

向上分力产生的张力膜作用，第 2 部分是拉力水平分力产生的侧限应力所对应的竖向极限承载力，表示为下式

$$\Delta q_u = NT\left(\frac{2\sin(45^\circ+\varphi/2)}{b+2Z_n\tan\theta}+\frac{\cos(45^\circ+\varphi/2)}{D_u}\tan^2(45^\circ+\varphi/2)\right)$$

式中，N 为筋材层数；T 为筋材极限抗拉强度；φ 为土的内摩擦角；b 为基础宽度；Z_n 为最低一层筋材至基础底面距离；θ 为压力扩散角，从《建筑地基基础设计规范》(GBJ 7—89) 查找；D_u 为滑动面最大深度。

$$D_u = \frac{b\cos\varphi}{2\cos\left(45^\circ+\frac{\varphi}{2}\right)}e^{(\pi/4+\varphi/2)\tan\varphi}$$

将 Δq_u 除以 2.5～3.0 的安全系数即得到加筋地基提高的地基承载力设计值。

加筋地基的沉降变形主要由最低一层筋材以下地基的变形构成，可用分层沉降法计算，沉降计算压力为扩散于 Z_n 处的压力。应指出的是多层筋材加筋地基可显著减小沉降量，而堤基下一层筋材减小沉降的作用是可以忽略不计的，它仅能起到部分均匀堤中心和两侧沉降差的作用。

6 桩基的水平位移

湖北省某排水闸的拱涵长为 74m，由 5 段组成，其下设直径 1m、长 32.5m 的桩基 124 根，桩基嵌入砂岩。当在拱涵上回填堤身时，发现 4 道止水伸缩缝都有不同程度的环形拉开，缝宽 0.5～2.0mm。核算桩基竖向承载力是足够的，且桩基具有一定的水平向承载力，这种变形是始料不及的。原因是闸底板下厚度为 10.0～13.7m 的淤泥质粉质粘土，在堤身填土挤压下水平移动，地基软土的水平移动又带动桩基水平移动。此外，填土含水量高，抗剪强度低，填筑时堤坡土滑动也对拱涵产生水平向摩擦力。

预防这类事故的措施，主要是合理安排施工进度和填挖土顺序，设法提高桩侧土的抗剪强度（如井点降水法）和提高结构的水平抗力。

7 结论

从一些工程实例和事故分析可以形成下列看法。

(1) 管涌破坏仅发生在级配不均匀的无粘性土，限于距堤脚约 10 倍水头的范围内。

(2) 当用斜墙、水平铺盖或垂直墙作土坝防渗结构时，除确保不发生渗透变形外，渗流量的计算也是同等重要的设计考虑。

(3) 土工膜的渗透系数不易测量，仅作为防渗性能的比较指标，膜的自身缺陷、焊缝质量，施工中的破损对防渗性能的影响更大，应强调施工质量和竣工后的检测。

(4) 无论是粘性土还是无粘性土的堤，如堤面有防渗层，例如，现浇混凝土板、模袋混凝土和土工膜等，均不必要在防渗层下满铺无纺织物垫层，正确的做法是将无纺织物条铺在混凝土板分缝下面。

(5) 堤坝表面防渗层上设排水滤点，其下设砂砾石垫层的做法是错误的，其结果是破坏了防渗层，降低了土坡的稳定性，增大了防渗层的扬压力。

(6) 应研制具有固定的较大孔径的土工合成材料作为滤层材料，或改进孔径和渗透系

数的测试方法，使试验条件符合实际工况。

（7）可以用膜的等效厚度进行渗流的理论分析，但应注意到膜的实际防渗性能低于等效厚度的土层，特别是抗施工破坏及抗防渗层下水压力顶托的能力，远不如等效厚度的粘土层。

（8）模袋混凝土主要作用是防护土坡，需验算其抗波浪的上抬能力，因此其厚度应取方量除以覆盖面积。

（9）当堤基设一层土工合成材料时，用修正的圆弧滑动分析法计算稳定安全系数，可以得出合理的结果，正确的加筋地基是加筋砂垫层，可以分别用筋材拉力的水平和垂直分量计算提高的地基承载力。

（10）应认识到不正确的填方和挖方有可能引起桩基的水平位移。

参考文献

[1] 赵九斋，龙国英，徐啸海，等．土工织物加固路基和天然路基对称破坏及其分析．岩土工程学报，1991，13（2）．

[2] 王钊，王协群．土工合成材料加筋地基的设计．岩土工程学报，2000（6）．

有纺土工织物加固软土地基可靠性分析

王　伟[1]　王　钊[2]

（1. 江南大学建工系，江苏无锡　214063；2. 武汉大学土建学院，湖北武汉　430072）

摘　要：通过室内模型试验，研究了有纺土工织物加筋地基土的横向位移随深度的变化规律、加筋砂垫层的剪应力分布、加筋对地基承载力的影响，以及土工织物预应力处理后对控制地基土早期变形的作用等，还讨论了施工工艺和质量对加固效果的影响。应用实例的成功表明，按研究成果要求实施工程处理是可行的。

关键词：土工织物；加固软基；可靠性

中图分类号：TU 472.3－4　　**文献标识码**：A　　**文章编号**：1000－7598－(2001)02－0219－05

1　引言

有纺土工织物（文中简称土工织物）具有高抗拉强度、高抗腐蚀性、良好的整体性、连续性、抗微生物侵蚀性好、质地柔韧能与土很好地结合、抗老化（不直接暴露）、耐久性好、良好的水理性等，并且造价低廉、重量轻。黄文熙先生曾高度评价："土工织物具有很多的优越性，它在基本建设中的推广应用是一种革命性措施，是土力学的一个前缘，可以使工程达到节约投资、缩短工期和保证安全运用的目的。"有人评价："应用土工合成材料对岩土工程将是一场革命"。土的抗压性能较强，但抗剪、抗拉性能较差，把抗拉性能高的土工织物铺设在土体的拉伸变形区，阻止土体的变形，形成刚柔共济的复合结构，恰到好处弥补岩土散粒体的不足。因而土工织物在岩土工程中的应用尤其受到重视，其应用面几乎涉及土木工程的各个领域。没有一种材料能像土工合成材料这样可以解决如此众多的工程问题，其广阔的发展前景是毋需置疑的。但是，在岩土工程界对土工织物加固软土地基也有持怀疑的态度。为此，对土工织物加固软土地基进行可靠性的分析，很有必要。

2　土工织物的工程性能

土工织物具有高模度、低延伸率。而高强度、高模量、低延伸率是作为加筋材料的基本要求和保证。

耐久性是作为地基加固材料必须考虑的主要因素。耐久性是指土工织物的物理和力学性能的稳定性，也是能否应用于永久性工程的关键。耐久性包括多方面的内容，如对辐射、温度变化、化学侵蚀、生物侵蚀、冻融变化及机械损伤等外界因素的抗御能力。美国佛罗里达州 1958 年应用聚氯乙烯土工织物，27 年后取出试样检查，性能仍十分良好。法

本文发表于 2001 年 6 月第 22 卷第 2 期《岩土力学》。

国对一些应用土工织物的代表性工程：路基垫层、土堤、坝坡护面、排水系统进行现场取样试验研究，结果表明，无论是强度还是伸长率都未显示出有超过30%的损失率，而性能降低的原因仅10%～15%归咎于环境长期的使用，其余部分是由施工的机械应力所致。必须指出，施工质量直接影响稳定安全可靠性。工程实践的结论：土工织物可以应用于永久性加固软基工程，并且是安全可靠的。

3　土工织物加固作用的试验研究

为了研究土工织物的加固作用，笔者做了室内模型试验，试验模型示意图见图1，有关试验参数等见文献［1，2］。

3.1　加筋地基土的横向位移

图2为加筋和无筋地基模型试验（半模结果）的位移向量图，宏观地反映了半模地基的横向位移趋势：无筋地基横向位移大，而加筋地基特别是在浅层，地基横向位移约束波。

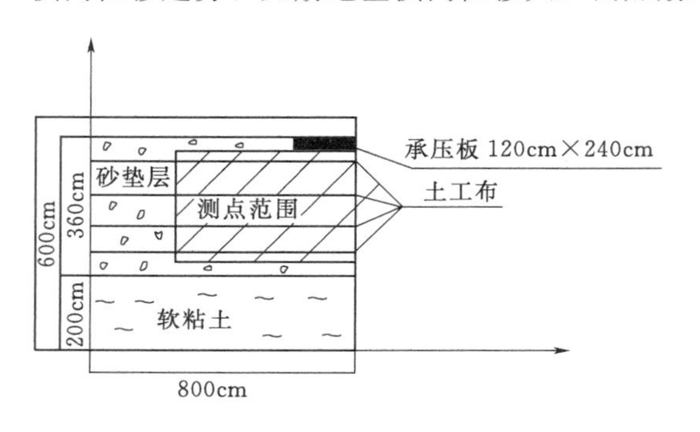

图1　室内模型试验（半模）示意图

Fig. 1　Test installation

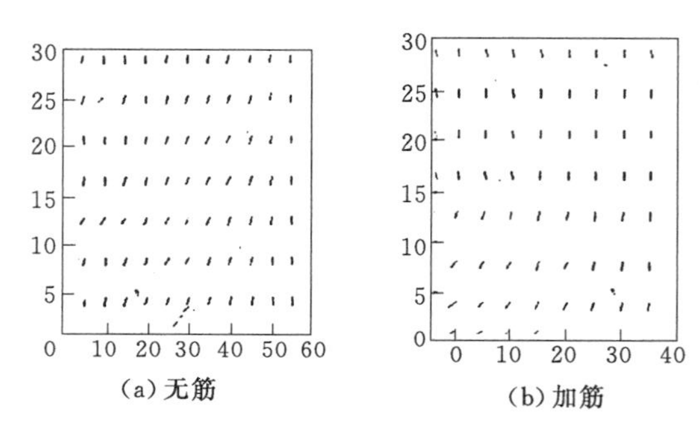

图2　位移矢量图（单位：cm）

Fig. 2　Displacement vector diagram

3.2　加筋地基土的水平位移随深度的变化

图3为无筋和加筋地基在不同铅垂断面随着深度而变的水平位移曲线，（a）、（b）、（c）分别为距基础承桩板20、15、10cm的铅垂断面，由此图反映出加筋地基有极强的约束横向位移的能力，而无筋地基产生了非常大的侧向位移。土工织物加筋抗拉强度越大，则产生的侧向约束力就越大，并由此约束减小横向位移变形，特别是在浅层，加筋垫层约束侧向变形最为明显，改变了浅层地基的位移场。

3.3　加筋砂垫层的剪应力

图4为加筋砂垫层最大剪应力τ_{max}等值线图，从低至高，反映应力变化趋势、发展过程和类型。土工织物加筋垫层将应力扩散、调整到垫层的两侧，而不是向下卧软土层传递，在加筋垫层的底部没有应力集中现象，应力被均化，对下卧软土层不会造成危害。随着外荷的逐渐增大，由局部塑性化的超载区域逐步向受荷较小的区域传递、扩展、均化，能防止垫层剪切破坏，阻止垫层的断裂，增强加筋垫层的整体稳定性和连续性。加筋垫层的刚度越大，效果越显著。另外，垂直荷载使土工织物产生拉伸变形，同时发挥抗拉强度，使基底的垂直应力重新分布、重新调整，使得地基竖向变形大大减小，意味着失稳的

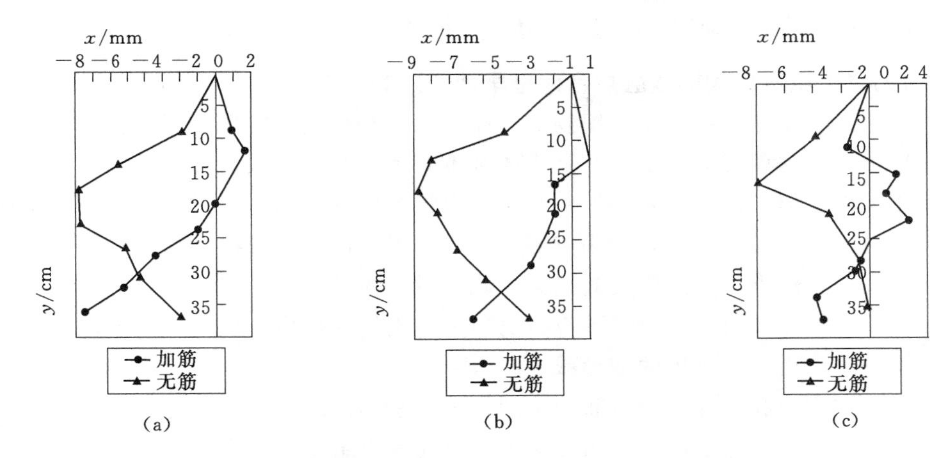

图 3　无筋和加筋地基不同铅垂断面随深度而变化的水平位移曲线

Fig. 3　Variation of horizontal displacement with depth

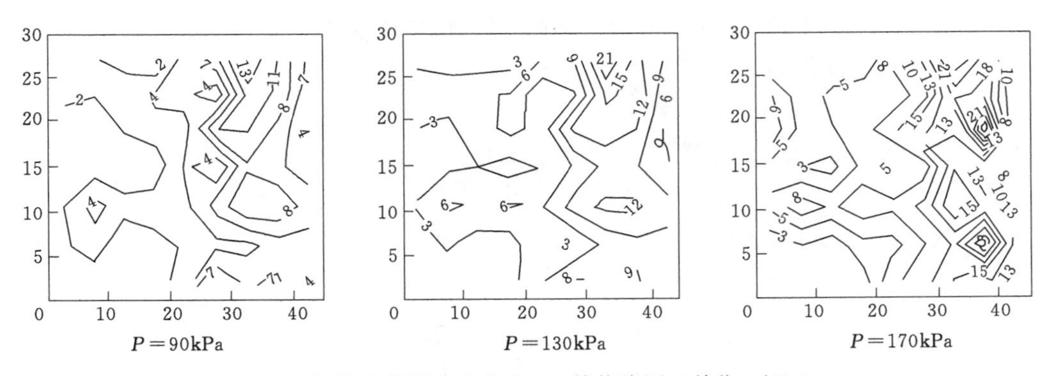

图 4　加筋地基最大剪应力 τ_{max} 等值线图（单位：kPa）

Fig. 4　Isopleth of maximum shear stress τ_{max}

机率减少。

3.4　土工织物加筋对地基承载力的影响

室内模型试验得 $P-S$ 曲线如图5，可看出土工织物加筋垫层加固软基，使地基承载力明显地提高，并表现出压力越大，提高的幅度越大，因为随着压力的逐渐增大，加筋垫层的波纹效应、隔离效应、内聚力效应发挥着越来越大的作用[2]。它们之间的重叠效应、交叉效应及最后形成的综合效应，显示出土工织物加筋垫层加固软基的潜在能力。同时，无筋和加筋进行比较，在相同压力下加筋复合地基竖向沉降量明显地减小，土工织物以突出的高抗拉强度、极好的整体性和连续性，弥补了岩土的不足。显然，土工织

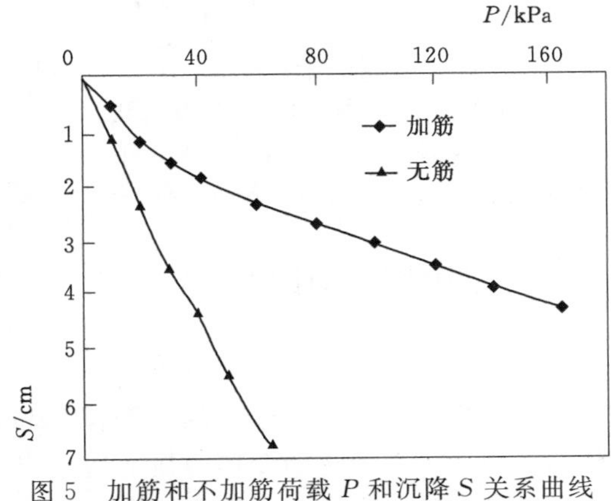

图 5　加筋和不加筋荷载 P 和沉降 S 关系曲线

Fig. 5　Relationship of foundation load P and settle S under conditions of reinforced and non - reinforced

物加筋垫层处理软基是一种切实可行的方法，值得进一步推广应用。

3.5　预应力土工织物对加筋垫层复合地基早期变形的影响

试验证明，在小应变时，土工织物的加筋作用基本上没有发挥，而这时大部分的荷载只能由土体承担，这就意味着受荷初期土体基本要承担全部荷载，势必导致基土在受荷的初期就产生大的变形[1]。鉴于此，如果对土工织物像预应力钢筋混凝土一样，在没有使用之前施加预应力，让其产生一定的预应变，这样就可保证土工织物加筋垫层复合地基在受荷的初期就发挥它的作用，产生其效能。为此，对加预应力和不加预应力的两组土工织物做了对比试验，如图 6 所示。对加预应力筋的土，土体的变形特性大为改善，很显然，受荷初期立即发挥作用，使土体的变形减少。

图 7 为加预应力和不加预应力筋的土的三轴试验（σ_1/σ_3）－ε 关系曲线，同样可明显地反映出加预应力筋后，土体变形明显减少。由此得出结论：对土工织物在没有受荷之前施加预应力，使其先产生一定的预应变，不仅使它在受荷的初期发挥作用，使土体变形减少，而且在整个受力过程即自始至终土体的变形都比不加预应力筋的土体要小，可见，施加预应变可以改变整个地基的受力状态，使地基的侧向位移和竖直向位移明显减少，提高了复合地基的承载能力。

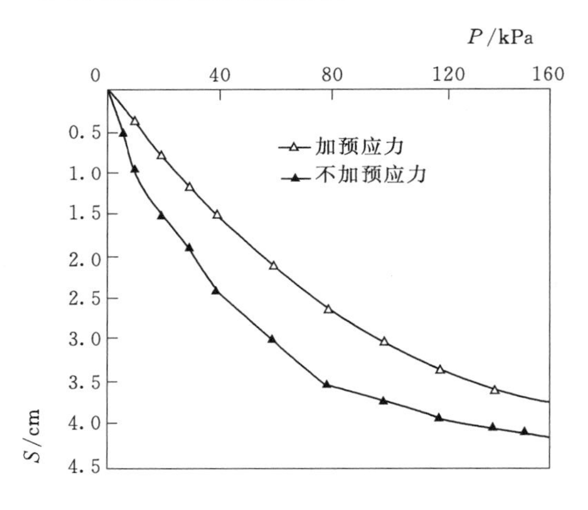

图 6　加预应力和不加预应力 $P-S$ 曲线

Fig. 6　Pressure P and Settlement S under conditions of prestress and non - prestres

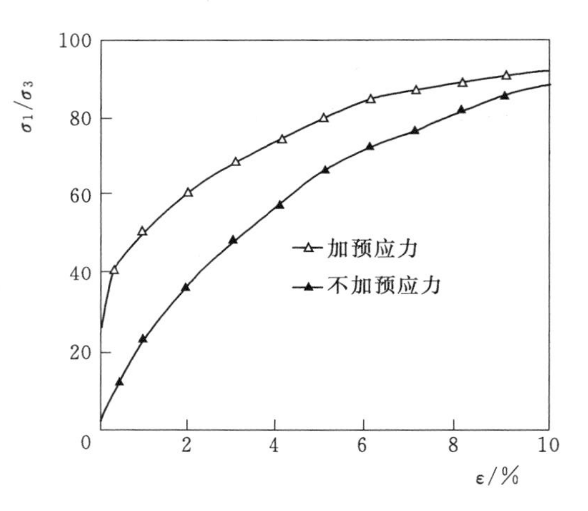

图 7　加预应力和不加预应力（σ_1/σ_3）－ε 曲线

Fig. 7　Relationship between σ_1/σ_3 and ε under the conditions of prestress and non - prestress

4　土工织物的加固作用

4.1　内聚力效应

试验结果表明，加筋砂土的内摩擦角和无筋砂土的基本一样，但出现了内聚力 c[1]。在外荷作用下土工织物的变形增强了基土整个平面内的摩擦和粘结作用，增强了两者之间的界面摩擦力。又由于土工织物的嵌固作用，使土体得以极大的挤密，增强了整个地基内部的联结力，产生了镶嵌、联锁效应，提高了加筋土体的整体稳定性和连续性。土工织物通过与周围土的界面摩擦与咬合，限制了土体的横向侧胀变形。加筋使土的周围约束力增大，加筋的抗拉强度越大，产生的水平侧向约束力就越大，加筋土体的整体刚度就越大，承载能力成倍的提高。

4.2 其他作用

土工织物加固的其他作用包括对侧向变形的约束作用，加筋砂垫层的隔离效应，波纹效应等，可见文献［2］。

4.3 土工织物的加固效果与施工质量、施工工艺

如前所述，要让土工织物在受力的初期就起作用，必须对它施加预应力，使其产生初期应变。施加预应力之后，土工织物端部的锚固是否可靠，是其发挥抗拉强度的重要保证，锚固的愈牢固，承载力提高越多，地基中的应力分布越均化。土工织物端部的固定，靠端部折起铺设长度来保证。把端部折起包裹砂体，以增加其握裹力，保证在使用期间不被拔出。

另外，施工程序对加筋效果也有重要影响。对水平铺设的土工织物要掌握的原则是，施工时让土工织物尽早处于受拉状态，土工织物抗拉强度只有在变形时才得以发挥，所以施工时不允许土工织物发生折皱，把土工织物尽可能拉平拉紧。为了使土工织物在受荷的初期有足够的应变，可按下面的施工工序：①铺土工织物；②拉平拉紧两端；③两端折起包裹砂砾并两端填砂；④中心填砂；⑤两端砂增高；⑥最后，中心填砂。按照此工序可使土工织物尽早形成波浪形被崩紧，使其在受荷初期就发挥作用。

土工织物加筋垫层处理地基采用的施工方法有两种：一是水平铺设土工织物；二是土工织物碎石袋垫层或砂袋垫层。碎石袋加筋垫层的挠曲刚度比平铺有纺土工织物垫层的抗弯强度大，变形复合模量大，扩散应力效果好。对于防止垫层抗拉断裂，保持垫层的整体性，约束地基的侧向变形，改善地基的位移场，调整不均匀沉降，提高地基极限承载力均有良好的效果。但从某种意义上讲，砂砾袋的整体性和连续性比平铺土工织物差一点，如果把袋装和平铺的土工织物方法联合起来，先铺一层土工织物，再铺一层砂砾袋，其上再铺一层土工织物，这样交替进行，加筋垫层的整体性和连续性将明显提高。

由前所述，将使用了多年的土工织物取样检测，发现性能降低，这一部分是由于施工的机械应力或砾石顶破所致，所以，为了防止砾石顶破土工织物，不管是袋装砾石还是平铺的土工织物，可用无纺土工布作为过渡层，袋装砾石外层用土工织物，内层用无纺土工布，平铺土工织物时在砾石层上先铺一层无纺土工布，再铺有纺土工织物，这样可有效地防止有纺土工织物被砾石顶破。

加筋垫层所用回填材料，选用刚度大、强度高、变形小的砂砾料最为理想，应特别注意提高砂砾层的密实度并处理好软基到垫层的过渡层。

室内模型试验证明，土工织物并不是铺设层数越多就越好，Binquet 认为 3～6 层的效果最好，少于 3 层的效果不好，而多于 6 层时，效果并不明显增加。

设加筋层的表面至第 1 层土工织物的距离为 d，加筋基础板的宽度为 B，Binquet 认为 $d/B<\frac{2}{3}$ 的加筋效果最好。

4.4 工程实例

杭州某科研附属楼长 18m、宽 12m，为 5 层的钢筋混凝土框架结构，基础为钢筋混凝

土条形基础。地质条件：①松软的新近填土，厚1.2～1.6m；②河塘泥呈黑色流塑状且局部含大量腐植物，厚0.2～0.4m；③淤泥质粘土，灰色软流塑状，允许承载力70kPa，直到18m深才进入粘性土。本场地采用土工织物加筋垫层的处理地基方法[3]：首先对开挖的基底（设计标高）铺设1层200mm厚的碎石垫层，然后在其上铺设1层土工织物，再在其上铺矿渣200mm，用黄砂找平后用压路机碾压。第2层用装砂石的土工织物袋在基础轴线下铺设，其空隙用矿渣填平，土工袋上铺设100mm碎石，压路机碾压。其上再铺设土工织物→矿渣→碾压→铺土工织物→矿渣→黄砂找平→碾压→铺土工织物袋装砂石→矿渣填平→碾压→铺土工织物→矿渣→碾压。整个施工完毕后土工织物加筋垫层厚为1m，共4层土工织物，两层袋装砂石。此法施工速度快，机具简单。经过几年的使用表明加固软基效果好。此处理方法在绍兴安康医院门诊、绍兴第七医院门诊楼的工程中相继使用，结果也十分满意。

该法成本低，经济效益高，一般而言，可比其它方法节省30%左右的费用。

5　结论

（1）土工织物作为加筋材料具有高抗拉强度、高模量、低延伸率、界面粗糙及良好的整体性和连续性，耐久性能好，用于永久性工程安全可靠。在地基内起到了加筋作用，弥补了岩土的不足。

（2）土工织物加筋垫层的内聚力效应、隔离效应、波纹效应和拱效应，有些是同时作用，有些交叉作用，最后产生复合效应，使有纺土工织物加筋垫层处理软基显示出强劲的后期效应。

（3）对土工织物施加预应力，使其在一开始使用就发挥作用，可改变整个复合加筋地基的受力状态和应变场，防止受荷初期土体产生过大变形，这一点必须给予足够的重视。

（4）土工织物加筋垫层要做到精心施工，严格施工质量，对平铺土工织物，要将端部回折一定的长度，一是可防止被拔出，二是让土工织物尽早受力发挥作用。这是保证加固效果的基本要点。同时，与袋装砾石交替铺垫，效果会更好。

（5）土工织物对横向侧移变形有极强的约束作用，并使竖向沉降量大幅度的减小，加筋复合地基的整体刚度增强，改善地基的位移场和应力场，扩散和均化地基应力，从而提高软土地基抵抗塑性破坏能力，调整、减少沉降变形和不均匀沉降变形。

土工织物加筋砂垫层处理软土地基是一种行之有效的、经济合理、安全可靠、很有潜力的好方法。

参考文献

[1]　王伟，杨尧志．土工织物与土相互作用的机理［J］．无锡轻工大学学报，1999，18（3）：107-112.

[2]　王伟．有纺土工织物加筋软土地基模型试验和机理研究［J］．岩土工程学报，2000，22（6）：750-753.

[3]　林晓玲，余钢，陈文华．土工织物加固建筑软基的效果［J］．湖北水利，1995（2）：41-44.

GCL 的水力特性及其在防渗工程中的应用

周正兵[1]　王　钊[1,2]

（1. 武汉大学土工建筑工程学院，武汉　430072；
2. 清华大学水利工程系，北京　100084）

摘　要： 介绍了一种新型的复合土工合成材料——土工合成材料粘土垫（简称 GCL）的历史发展、主要产品结构组成、类型、水力特性，剖析了影响 GCL 防渗能力的因素，图解说明了 GCL 在渠道防渗中的成功应用。最后指出 GCL 在实际应用中应注意的几点问题。

1　引言

随着人们对自然水资源的关注，对环境污染的逐步重视。现在很多工程项目都需要作防渗处理，如减少输水损失的渠道衬垫，防止地下水污染的地下储油罐衬垫和垃圾填埋场的底部及周围衬垫和顶部的密封等。由于历史的原因及我国的经济和技术发展水平，很多需要作防渗处理工程项目在我国没有采取防渗措施，如很大一部分旧有的渠道、垃圾填埋场。而已作防渗处理的工程项目，在节约成本及防渗效果上均有很多工作要做。

土工合成材料粘土垫（Geosynthetic Clay Liner，GCL），是一种新型的复合土工合成材料，在压实性粘土衬垫（Compacted Clay Liner，CCL）的基础上发展而来，大多数 GCL 在两层土工织物之间夹一层薄薄的膨润土，因此它们兼有土工织物和膨润土的优点。与压实性粘土衬垫相比，它具有单位面积质量小。单位厚度抗剪强度高、抗不均匀沉降和冻融循环能力强、同等条件下水力渗透率低、施工方便、安装成本低的优点；与一般的土工织物相比，它具有防渗性能优、自我愈合能力强的长处。GCL 的这些优点使其在防渗工程中具有广阔的应用前景。

2　GCL 产品简介

2.1　发展历史

1986 年，美国在双衬里垃圾填埋场衬垫系统中用到了 GCL 产品—— Claymax（Colloid Environmental Technologies Inc，[CETCO]，Arlington Heights，Ⅲ），当 Claymax。放在双衬里垃圾填埋场衬垫系统一级衬里的土工薄膜下后，在渗漏监测系统中监测到的渗漏液大大地减少了。Claymax 可能是 GCL 最早的产品型式。

大约在同一时期，德国出现了另一种 GCL 产品——Bentofix（Naue Fasertechnik，

本文为水利部科技推广中心资助项目成果。

Lemforde，Germany)，它将膨润土粒置于两块针刺土工织物之间，然后将整个复合物用针刺纤维连接在一起。这种针刺 GCL 产品在 20 世纪 80 年代末就有许多成功的应用，其应用范围包括运河衬里系统、垃圾填埋场衬里系统、飞机场和高速公路的污染防护和油罐防漏等。

进入 20 世纪 90 年代，随着 GCL 产品在工程上应用的日渐增多，人们对 GCL 产品特性的理解也日渐深刻，其在环保、运输、岩土、水利工程中的应用也日趋成熟。同时，对 GCL 的研究也逐步系统，这期间几次较具规模的研究有：3 个美国环保部门资助的由 Daniel 主持的 GCL 专题研究[1-3]和两次重要会议[4,5]。目前，对 GCL 的产品试验标准已出台了 14 个（其中美国 ASTM12 个，国际土工合成材料研究院 GRI2 个）。可以预言，在新的世纪里，GCL 产品在防渗工程中的应用将更加广泛。

2.2　常见的 GCL 产品结构组成

Koemer[6]按其结构组成将几种基本的 GCL 产品做了如下的分类：粘合 GCL（双层）、针刺 GCL、缝合 GCL、粘合 GCL（单层），具体图示如图 1。

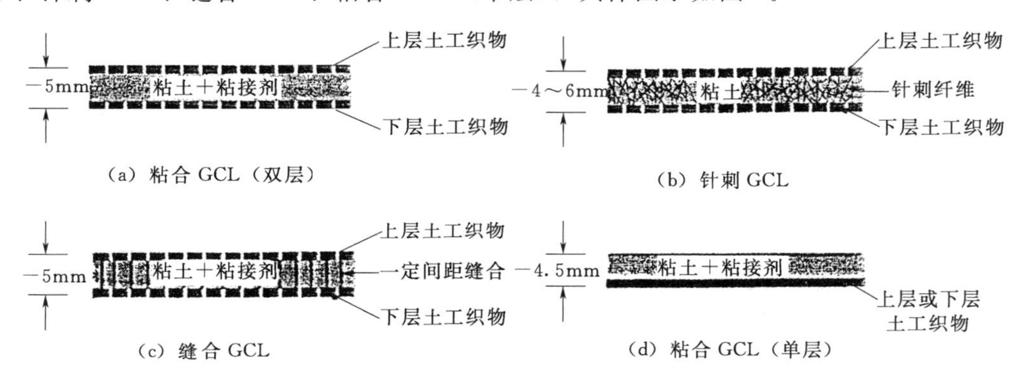

图 1　GCL 的结构组成示意图

2.3　常见的 GCL 产品类型

目前，GCL 的主要生产国为美国和德国，可用的 GCL 产品主要有如下几种[7]：Bentofix、Bentomat、Claymat、Gundseal 和 NaBento。

3　GCL 的水力特性

GCL 产品的最主要的优势是它具有低的透水性，工程上用到 GCL 的地方也大多数基于这一功能。GCL 产品的透水能力一般用水渗透系数 k 衡量。下面将介绍 GCL 在一般情况（实验室研究用，渗透液为去离子水），特殊地方（接头处），特定环境下的水力渗透性，以及影响 GCL 水力特性的主要因素。

3.1　一般情况下 GCL 的水力渗透性

在其它条件不变的情况下，GCL 产品的水力渗透系数 k 是压应力 σ 的函数，它随着压应力的增加而减少。一般在较低的压应力下（$\sigma<20$kPa），k 为 $10^{-9}\sim10^{-8}$cm/s，在较高的压应力下（$\sigma>100$kPa），k 值为 $10^{-10}\sim10^{-9}$cm/s，在超高压应力下（$\sigma>1000$kPa）

时，其水力渗透系数会小于 10^{-10}cm/s。因为水力渗透系数对压应力很敏感，因此，谈到某个 GCL 产品的水力渗透系数而没有相应的压应力值是没有意义的。美国土工合成材料研究院（GRI）在 GCL－2 试验中规定对 GCL 施加的有效压应＋力为 70kPa[8]。

3.2 GCL 产品接头处的水力渗透性

工厂制作的 GCL 产品一般长 25～60m，宽 4～5m，成卷堆运。在实际工程应用中往往存在连接问题，一般的连接形式为搭接，搭接长度为 75～225mm[9]。GCL 夹层中膨润土水化后，在搭接处有极强的自我愈合的功能，当压应力达到 7kPa 时，试验表明搭接处 GCL 产品的水力渗透系数与未搭接处近似相等。

3.3 特定环境下 GCL 产品的水力渗透性

在不均匀沉降、干湿循环、冻融循环等特定环境下，其它防渗措施（如压实性粘土衬垫 CCL）往往会失去防渗能力或防渗能力大大降低。GCL 在特定工作环境下表现出了极强的优势。

3.3.1 不均匀沉降下 GCL 产品的水力渗透性

LaGatta[10]在 GCL 不均匀沉降试验中发现，大多数 GCL 产品有着惊人的弹性和可塑性，它们能变形到抵抗 5%甚至更多的张应变而不会导致其水力渗透系数大幅度提高。如果在 GCL 产品上覆盖 60cm 厚的土层，某些 GCL 产品能承受更加严重的不均匀沉陷（张应变达 30%），而不增加其水力渗透系数值。他们还发现：即使局部不均匀沉陷发生在接头部分，甚至出现相对滑动，其自我愈合的能力并不会因此而丧失。

3.3.2 干湿循环下 GCL 产品的水力渗透性

Boatman 和 Daniel[11]在研究中发现：①GCL 产品脱水后会出现裂缝；②但是当脱水后的 GCL 产品被重新注水后，出现的裂缝会再次闭合，其水力渗透系数又会回到原先的低值。值得注意的是，Lin 等[12]指出对高浓度双价阳离子的渗滤液，GCL 产品在干湿循环产生的裂缝并不一定都能自动愈合，如果出现这种情况，要进行特殊处理。

3.3.3 冻融循环下的 GCL 产品的水力渗透性

Hewitt，R. D 和 Daniel，D. E.[13]在一个大油罐内对三种 GCL 产品（Claymax、Bentomat，Gundseal）进行多次冻融循环的水力渗透试验，结果发现试验中的各种 GCL 产品至少在进行三个冻融循环后，其水力渗透系数不会有明显提高。Kraus，J. F 和 Benson，C. H.[14]也对三种 GCL 产品（Bentofix、Bentomax、Claymax）做了 20 次冻融循环测定水力渗透系数的试验，结果发现这些 GCL 产品的水力渗透系数也没有明显提高。他们还对 Claymax、Bentomar 两种 GCL 产品做了现场试验，结果发现这两种 GCL 产品与 Erickso[15]对 Gundseal 所做的现场试验得出的结果相近，他们在入冬前测定其水力渗透系数为 $(1.0\sim2.8)\times10^{-10}$m/s，经过一整个冬天后其水力渗透系数为 $(1.0\sim3.0)\times10^{-10}$m/s（近似一个冻融循环），这说明经过一个冻融循环后，其 k 值并没有明显提高。GCL 产品在恶劣环境下，保持防渗能力的突出表现，使人们在工程应用中对它越来越青睐。相比之下，CCL 等其它防渗措施在同样情况下表现较差，所以 GCL 能在很多情况下取代 CCL 等产品（如在垃圾填埋场封顶系统中）。

3.4 影响 GCL 水力渗透性的主要因素

GCL 产品之所以有极低的透水性，主要是因为夹层中膨润土的存在，任何影响膨润土水力渗透性的因素均将影响GCL的水力渗透性，如膨润土中蒙脱土的含量、膨润土的粒径分布、渗透液的化学成分、水化程序等。考虑到上、下层土工织物的影响，加筋状况也构成影响GCL水力渗透性的因素之一。

3.4.1 膨润土中蒙脱土含量

蒙脱土的大比表面积（$800m^2/g$）及它所带的净负电荷，使其对水化阳离子、水分子具有较强的扩散能力，这些扩散的水分子和水化阳离子能占膨润土很大一部分孔隙空间，而且它们基本上不可移动的。结果，孔隙空间中自由水所占的比例相对减小，导致了其低的透水性。膨润土（或GCL）的低透水性能，主要在于膨润土中的蒙脱土（占总量的60%～90%）的低透水性，膨润土中蒙脱土的含量直接影响着GCL的水力特性。蒙脱土的含量越高，膨润土的水力渗透系数越低，其防渗效果就越好。膨润土中蒙脱土含量可从它对阳离子的交换能力中体现出来。离子交换能力是土对阳离子总的扩散能力，它随着膨润土表面负电荷含量的增大而增大，随着土中粘土矿物成分比表面积的增大而增大。因此，随着膨润土中蒙脱土含量的增加，膨润土的阳离子交换能力也相应地增加了。

3.4.2 膨润土粒径分布

GCL产品中膨润土的粒径组成为砾石到淤泥土甚至粉土的粒组。粒径分布对渗透液为标准水（即去离子，蒸馏水）的GCL产品的水力渗透性几乎没有什么影响，但是当渗透液为非标准液时（相对于标准液而言），粒径分布对GCL的水力渗透性有明显影响，膨润土的平均粒径越大，其渗透系数越大，甚至会高达10^{-5}～10^{-4}cm/s，从而使GCL完全失去了其特有的优势。

3.4.3 渗透液的类型

如果渗透液中含有较高浓度的双价阳离子如Ca^{2+}、Mg^{2+}，则对未经处理过的GCL，其水力渗透系数会较高。但是，如果用稳定剂处理过的膨润土，那么，即使渗透液含有较高浓度的双价阳离子，GCL仍能保持其低的透水性，如Onikata[17]等研制出一种抗化学侵蚀膨润土（也叫多膨胀膨润土），这种膨润土具有极强的抗化学侵蚀能力。

3.4.4 水化程序

浸湿GCL的最初液体可能是去离子水、自来水，也可能是含强酸/碱的电解液，当最初浸湿GCL的是强酸/强碱电解液时，其水力渗透系数会偏大。在固体废弃物填埋场工程中，对GCL作现场水力特性试验，结果表明：即使初始水化液是强酸/碱的电解液，GCL仍然维持较低的渗透性，这是因为滤液中悬停的固体废弃物帮助堵塞了膨润土中自由水赖以流通的孔隙通道，从而保持GCL较低的透水性。

3.4.5 加筋对GCL产品水力渗透性的影响

GCL产品一般有两种加筋形式：缝合纤维加筋和针刺纤维加筋。加筋在一定程度上限制膨润土的膨胀，压缩了膨润土的孔隙，从而减弱了它的渗透能力。但是，若是外加约束应力补偿了加筋约束应力，有时甚至超过这个应力值，此时加筋对GCL产品的水力渗透性影响很小。

4 GCL在防渗工程中的应用

本文选用了GCL用于两种防渗工程的情况：一个是GCL用填埋场防渗的一般情况；

另一个是GCL用于渠道防渗的实际案例。

4.1 GCL用于垃圾填埋场防渗

填埋场密封系统分为：基础密封和表面密封两种。基础密封是在填埋场底部和周边设立衬垫系统（如图2）；表面密封系统，也叫封顶系统（如图3），它是指废物填埋作业完成后，在它的顶部铺设的覆盖层。GCL一般在土工膜以下与土工膜结合使用，以取代以往的压实性粘土。

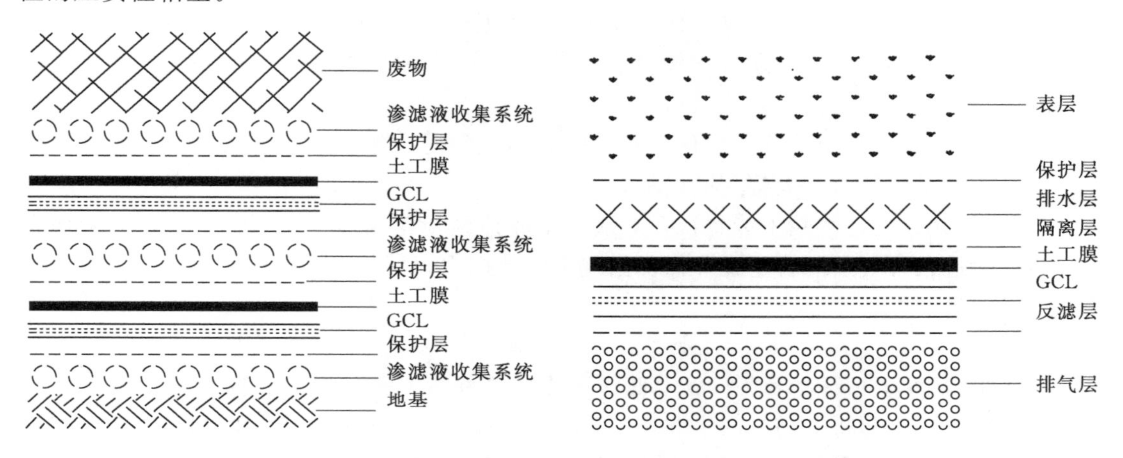

图2　垃圾填埋场衬垫结构示意图　　图3　垃圾填埋场封顶系统结构层示意图

4.2 GCL用于渠道防渗

图4是GCL在德国Eberswalde河口（1997）用于渠道防渗的一个工程实例[18]。给该渠道进行防渗处理是为了提高HOW河（the River Havel River Oder - Waterway）在Marienwerder和Niederfinow之间的航运能力。该工程离Eberswalde市中心约66km，渠道长1km，边坡1∶3。该工程河道下层基土主要是砂土和大块粘土。大块粘土的分布变化很大，一部分达到河床表面，另一部分向下延伸至12m深处。砂的密度随深度增加而增加，但在河床一直向下3～6m深处，砂土的密度都很低。地下水流近似垂直河道流向（从北向南流），地下平均水位为34m，比渠道正常水位低3m多。为了将水头损失控制在容许范围内，德国HOW河流域管理局在工程中用针刺GCL结合针刺砂垫的方法成功地达到了渠道防渗的目标。针刺砂垫用于均布上部浆砌块石传来的应力，兼作压重和防渗之

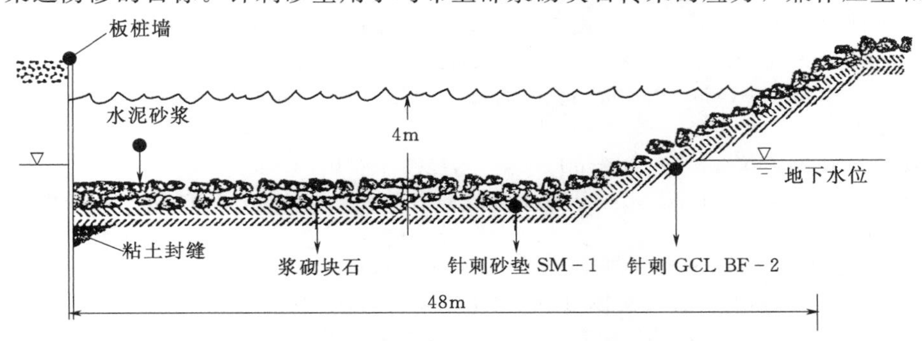

图4　GCL在德国Eberswalde河口用于渠道防渗

用。该工程采用机械化施工，基本上不受天气的影响。冬天照样施工。并采用了现代化的渗漏监测手段。它的工作原理为：表面水温与外界大气相通，它随季节的变化而变化，而下部的土壤受地热的影响，如果下部的土壤出现温度反常，则表明有渗漏发生。

5 GCL 在工程应用中应注意的问题

GCL 有许多优点，也正是这些优点使 GCL 从 20 世纪 80 年代末到现在发展迅猛，但是它与有着大量优点的其它事物一样，在实际工程应用中也有一些问题需要注意：

（1）未加筋 GCL 的抗剪强度较低，应尽量避免未加筋的 GCL 用在坡度特别陡的地方；

（2）应注意 GCL 与滤液中的化学物质的兼容性问题，建议做化学兼容性试验，以测定其水力渗透系数是否有大幅度的增加；

（3）对 GCL 的透气性不能忽视，对那些干燥地区，建议加一层土工薄膜，以确保有毒气体溢出进入大气层的含量在环保部门规定的范围内。

6 结语

GCL 用于防渗工程效率高、成本低、抗冻性能好，完全可以在我国北方缺水地区推广，也可以服务于即将上马的南水北调工程。我国土工合成材料的推广应用与发达国家相比还有很大的差距，我们完全可以借鉴发达国家在运用新材料方面的经验，为我国的经济建设服务。

参考文献

[1] Daniel, D. E, and Estonell, P. M. Compilation on Alternative Barriers for Liner and Cover Systems, EPA/600/2-1/002, Environmental Protection Agency, Cincinnati, Ohio, 1991.

[2] Daniel, D. E. and Boardman, B. T. Report of Workshop on Geosynthetic Clay Liner, EPA/600R-93/171, Environmental Protection Agency, Cincinnati, Ohio, 1993.

[3] Daniel, D. E. and Scranton, H. Update on Geosynthetic Clay Liners, Environmental Protection Agency,Cincinnati, Ohio, 1995.

[4] Koemer, R. M. , Gartuny, E, and Ianeinger, H. Geosynthetic Clay Liners. A. A. Balkema, Rotterdam/Brookfield, 1995.

[5] Well, L. W. and von Maubeuys, K. P. . Symposium on Testing and Acceptance Criteria for Geosynthetic Clay Liners, STP-1308, ASTM, Philadelphia, Pa, 1996.

[6] Koemer, R. M. Geosynthetic Clay Liners, Part one: An overview, Geotechnical Fabrics. Report, 1996, 14 (4): 22-25.

[7] Koemer, R. M. Design with Geosynthetics.

[8] Daniel, D. E. GCLs, part two: hydraulic properies, Geotechnical Fabrics Report, 1996, 14 (5): 22-26.

[9] Estornell, P. and Daniel, D. E. Hydraulic conductivity of three geosynthetic Clay Liners, Journal of Geotechnical Engineering, ASCE, 1992, 118 (10): 1592-1606.

[10] LaGatta, M. D. , Boardman, B. T. , Cooley, B. H. and Daniel, D. E Geosynthetic Clay Liners subjected to differential settlement, Journal of Geotechnical and Geoenvironental

Engineening. ASCE, 1997, 123 (5): 402 - 410.

[11] Boardman, B. T. and Daniel, D. E. Hydraulic Conductivity of Desiccated Geosynthetic Clay Liners, Journal of Geotechnical Engineering, 1996, 123 (3): 204 - 208.

[12] Lin, L. C. and Benson, C. H. Effect of wet - dry cycling on swelling and hydraulic conductivity of GCLs, Journal of Geotechnial and Geoenvironental Engineering, ASCE, 200, 126 (1) : 40 - 49.

[13] Hewitt, R. D. and Daniel, D. E. Hydraulic Conductivity of Geosynthetic Clay Liners after Freeze - Thaw, Journal of Geotechnical and Geoenvironental Engineering, ASCE, 1997, 127 (4) : 305 -313.

[14] Kraus, J. F. , Benson, C. H. and Charmberlain, E. J. Freeze - Thaw cycling and hydraulic conductivity of Bentonitic barriers, Journal of Geotechnical and Geoenvironental Engineering, ASCE, 1997, 127 (3): 229 - 238.

[15] Erickson, A, Chamberlain, E. , and Benson, C, Effects of frost acton on covers and liners constructed in cold environments, Proc. , 17th Int. Madison Waste Conf. , Dept. of Engrg. Prof. Devel, Univ. of Wisconsin - Mdison, Madison, Wis. , 1994: 198 - 220.

[16] Shackedford, C. D. , Benson, C. H. , Katsumi, t. , Edil, T. B. and Lin, Lo. Evaluating the hydraulic conductivity of GCLS permeated with non - standard liquids, Geotextiles and Geomembranes 2000, 18 (2 - 4): 133 - 161.

[17] Onikata, M. , Kondo, M. , Kamon, M. , Development and characterization of a multiswellable bentonite [A]. In: Kamon, M. (Ed.), Environmental Geotechnics. A. A. Balkema Publishers, Rotterdam, The Netherlands, 1996: 587 - 590.

[18] Von Maubeuge, K. P. , Witte, J. and Heibaum, M. , Installation and monitoring of a geosynthetic clay liner as a canal liner in a major waterway, Geotextiles and Geomembranes 2000, 18 (2 - 4): 263 - 271.

排水与加筋复合型土工合成材料

张训祥　王　钊　肖衡林

（武汉大学土木建筑学院，湖北武汉　430072）

摘　要： 介绍了一种既能排水又能加筋的新型土工合成材料，该材料可以应用于粘性土加筋土结构，起到减小孔隙水压力、提高稳定性的作用，通过进一步和传统的排水加筋土工材料相比较，阐述了其排水加筋机理。同时还表述了该材料的各影响因素及其性能，此新型土工合成材料具有较好的应用前景。

关键词： 复合型土工合成材料；超孔隙水压力；固结；边坡稳定

中图分类号： TU 43　　**文献标识码：** A　　**文章编号：** 1006－155X（2003）01－069－04

随着土工合成材料在工程中不断推广运用，越来越多的工程对其提出了更高的要求，如要求一种材料同时具有多种功能。这样具有多种功能的土工合成材料一般是由土工织物、土工膜和某些特种土工合成材料中的两种或两种以上的材料经过特别加工处理而成。本文介绍了排水与加筋复合型土工合成材料。

1　排水与加筋复合型土工合成材料构造

此种材料一般由土工网格芯板、无纺土工织物（经特殊工艺制作而成）组成。无纺土工织物呈平面板状，板内有许多条平行的排水小槽，板上面有一层土工织物覆盖，起隔离土颗粒作用。土工网格芯板由二维或三维的压模聚乙烯肋条相互连接而成，整体上呈网格状。

2　粘性填土的使用

在永久性工程加筋土结构中，一般不允许使用粘性土，其原因如下：

（1）粘性土抗剪强度低，特别是不排水强度低，对施工期的稳定性有很大影响。

（2）在含水量高的情况下，击实性差。

（3）粘性土与加筋材料之间的摩擦角小于无粘性土与加筋材料之间的摩擦角。

（4）粘性土排水困难。

（5）易产生蠕变。

（6）粘土中的矿物质还可能腐蚀加筋土中的金属构件。

早期研究认为加筋土中细粒含量是控制抗剪强度的主要因素。后来，Murray 和 Boden（1979）采用不透水玻璃纤维加筋粘土做了一个足尺模型试验，他们测得孔隙水压力先上升到比较高的数值，一段时间后就慢慢消散。Ingold（1979）在用金属箔片加筋粘

本文发表于 2003 年 2 月第 36 卷第 1 期《武汉大学学报（工学版）》。

土的三轴试验中发现由于筋材的不透水性导致了结构抗压强度的减小，可用系数 F 表示为 $F=\frac{(\sigma_1-\sigma_3)_{加筋}}{(\sigma_1-\sigma_3)_{不加筋}}=0.62\sim0.79$。Lee（1976）在用聚酯薄膜条加筋的粘土试验中也已注意到了这一点。以上资料研究表明粘性填土中加筋材料的不透水性在土与加筋材料界面诱发了超孔隙水压力，而超孔隙水压力又使得土与加筋材料之间的有效应力减小，并短期降低结构整体强度。如果降低或消除超孔隙水力，就能有效提高土与加筋材料之间的相互作用力和结构稳定性。故对粘性填土进行加筋时，应使用排水与加筋复合型土工合成材料。

3　排水加筋复合型土工合成材料排水机理

要使这种土工合成材料能够控制孔隙水压力的增长，首先在其法线方向上必须具有渗透性，其次沿着平面方向也须有渗透性以加快固结。在不排水条件下的三轴试验中，Ingold（1979）对排水加筋复合土工合成材料在初始阶段的稳定性进行的研究结果表明此复合型材料增大了抗剪强度，且孔隙水压力系数 A 在加筋前和加筋后均没变化（另一孔隙水压力系数 $B=1$），但孔隙水压力仍有较大增加且比没加筋时要小，由公式 $\Delta u=B[\Delta\sigma_3+A(\Delta\sigma_1-\Delta\sigma_3)]$ 可推断排水加筋复合型土工合成材料的孔隙水压力系数 A 比土的孔隙水压力系数要小，这使得粘性填土有效应力能较好地传递到加筋单元上，即使复合材料沿平面没有很高的渗透性，但考虑到应力瞬时转移和受孔隙水压力系数 A 的影响，孔隙水压力仍会由于 $\Delta\sigma_3$ 增大而减小。当结构在土与复合材料界面附近接近于排水条件时，土的其余部分仍承担不排水荷载，这可能使这部分不排水区的土产生破坏。Tatsuoka 和 Yamauchi（1986）用足尺模型试验研究了透水性无纺土工织物加筋粘土边坡效果。图 1 为试验路堤两边的加筋布局及其变形位移。很明显左面的边坡复合材料之间的间距太大而导致左边位移沉降超过右边位移沉降，其原因是复合加筋材料间距大，加筋力不足以及材料之间部分粘土由于承受不排水荷载而产生局部破坏。

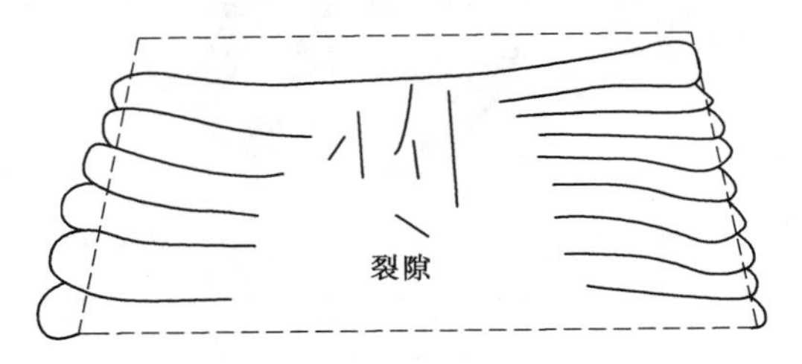

图 1　透水性无纺土工织物加筋路堤

4　土与排水加筋复合型材料间的粘结力

Smith 等（1979）分别对无纺和有纺土工织物与土之间的粘结力进行的研究结果表明无纺土工织物比有纺土工织物在更早阶段产生变形抵抗力。一般的无纺织物虽具有较好的排水能力，但缺乏足够的强度或沿平面方向的刚度。对粘性土来说理想的加筋材料应同时具有无纺土工织物的排水性能和高模量土工材料的强度。图 2 所示为一种新型的排水加筋复合型土工合成材料，形状呈土工格栅状，整体上能排水。使用这种材料可消除粘土中的超孔隙水压力，同时还能减小结构的不均匀沉降。Heshmati（1993）对粘土中的排水加筋复合土工合成材料的加筋效果进行了研究[1]。他用临界法评价排水和加筋功能时认为排水与加筋两者对于提高结构的稳定性及使用效果同等重要。当排水层的存在使得筋材表面更光滑时，例如将土工格栅与排水土工织物简单地放置在一起来承担加筋和排水功能，会导致抗剪强度减小，加筋效果明显降低。Robert 和 Gilbert 等（1996）在对加筋的土工合成材料粘土垫层（GCL）的直剪试验中表明：加筋的 GCL 内部强度虽然比没加筋的要大，但加筋织物与 GCL 界面上的剪应力强度却比没加筋时的 GCL 内部强度要小，这说明将两种或以上土工合成材料简单地放在一起来承担复合功能效果不大甚至起反作用，其根本原因在于不同土工合成材料界面由于各种原因而造成的摩擦角减小[2]。值得一提的是，这种新型材料的排水是在土工织物板内而不是在土与材料的界面进行的，这样的好处是大大减小了筋材附近土的含水量，提高了土与加筋材料的摩擦力。排水加筋复合材料的作用得到了 Bordman（2000）的确认。在一系列改进的 Rowe 格室试验中，Bordman 测得不同固结压力作用下产生的孔隙水压力在复合材料附近已经变小，而在不同固结压力下抗拔出试验中测得复合材料与土之间的粘结力增大了。图 3 表明孔隙水压力在 36h 后已经消散，即便在伦敦粘土中，也没有发生排水不畅的现象。由图 3 还可看出其抗拔力在 36h 后固结完成时达到最大值；固结度为 25%时（即固结 12h 后），抗拔力为其最大值的 20%。

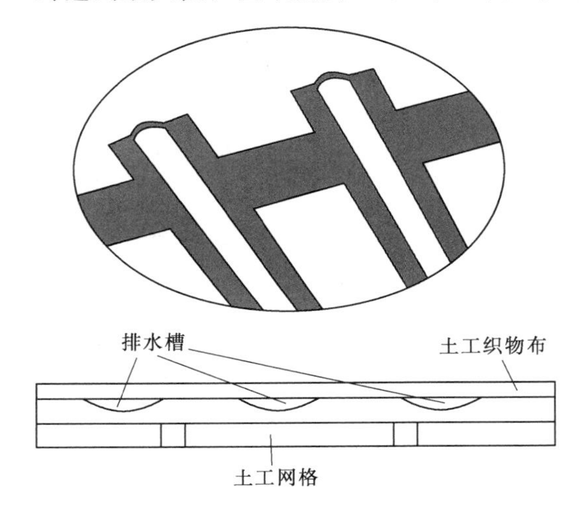

图 2　排水加筋复合土工合成材料结构图

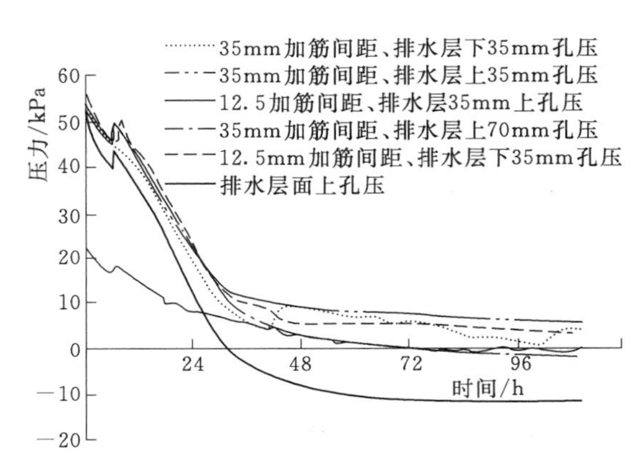

图 3　排水加筋复合材料孔隙水压力消散曲线

5　排水与加筋复合材料加筋土结构的设计

排水加筋型复合材料和周围填土的设计首先与填土中的孔隙水压力的消散时间有关；其次与抗剪强度取值所得的复合材料与土之间的粘结力等设计参数有关。而超孔隙水压力的消散取决于排水路径的长度和土的渗透性，改变复合材料间的垂直距离可缩短排水路径，加快土的固结。对一般填土而言，250～400mm 的垂直距离就能使超孔隙水压力在工程竣工阶段完全消散。故在评价边坡稳定时，可用有效应力方法来进行分析。排水加筋复合型土工合成材料的设计与一般的加筋材料设计类似，但应考虑到土的排水条件的改善和抗剪强度的提高，这里不再赘述。

6　影响因素

6.1　蠕变影响

排水加筋复合材料在不变荷载作用下，其厚度和过流能力会随着时间的推移而减小，减小程度受土工网格的聚合物类型、网格结构、荷载持续时间、边界条件等因素的影响。用改进的高温测试法加速评估压实蠕变可使实验室荷载持续过程较好地模拟实际情况。从土工网格的压实蠕变曲线可以看出，大多数土工网格厚度与时间呈近似线性关系。很明显，土工网格厚度越小，所能承担的力也越小。

6.2 密度影响

目前大部分要求聚乙烯密度大于0.94g/cm^3。事实上，土工网格的密度一般都在0.935～0.965g/cm^{3}之间。密度越大，刚性越强，价格越低，但较易发生永久性应变脆化。

6.3 再生利用和初次使用聚合物的影响

土工网格最初是用磨碎的有缺陷的板片产品和工厂角料做成的，但近10年来人们逐步使用初次聚合物原料制作土工网格。试验表明初次聚合物并不比再生利用的聚合物更好，只是性能有些差异。故设计时要注意试验室中的聚合物必须和工程中的相一致，也就是要标明聚合物的指标，如密度、含碳量、氧化温度等。

7 排水性能测试

下面为Tan和Chew等对新加坡残积土的排水试验[3]。表1为复合材料（土工织物与土工格栅）的性质。新加坡残积土的颗粒比重为2.65，现场含水量67%，液限67%，塑限26%，塑性指数41，固结系数为1.9×10^{-7}m^2/s。

表1　　土工合成材料特性

材料类型	张拉强度 kN/m	破坏延伸率 %	渗透系数 m/s		厚度 mm	单位面积质量 g/cm^2
土工织物	75/25	13/13	2.5×10^{-3}（垂直于平面方向）	2.0×10^{-2}（沿平面方向）	2.5	420
土工格栅	80/—	11.5/—	0	0	0	600

注　75/25分别表示土工织物纵向和横向的强度。

为了比较复合材料的排水性能，共做了3个试验A、B、C。试验A中没有使用任何土工合成材料，为素土；试验B和C分别使用了土工织物和土工网格。对土经过处理使各试验土达到相同的排水条件后，在上面分别施加50kPa荷载，时间持续1周，最后将3个试验中测得的孔隙水压力与太沙基的一维固结理论中的均布初始超孔隙水压力进行比较。图4所示为土工织物附近的M_1、M_2、M_3三点在双面排水的情况下孔隙水压力消散曲线图。从图4可以看出M_3点的孔隙水压力消散情况非常接近于一维固结理论中的双面排水。而M_1与M_2点则有些偏差，这是因为在这2点的排水情况和理想的排水条件偏差较大。

图5为在压实饱和粘土上加载80h后M_1、M_2、M_3各点在3个试验中的u_e/u_0值（u_e，u_0分别表示超孔隙水压力和最大初始孔隙水压力）。在试验B中，M_1、M_2、M_3的u_e/u_0值分别近似为0.58、0.50、0 42（时间因数T_V=0.08，下同）；在试验C中，各点的u_e/u_0值分别为0.84、0.80、0.78；在试验A中，各点的u_e/u_0值分别为0.80、0.79、

0.78。不难看出用土工织物排水时，孔隙水压力消散量要比其他两个试验的消散量大得多。由此可见此种土工织物不但可以加筋，其排水能力也是非常强的。试验 C 中的 u_e/u_0 值几乎和素土相同，而另两个试验 B，C 的 u_e/u_0 值则从 M_1 到 M_3 逐渐减小，这说明在这两个试验中产生了较大的超孔隙水压力，且由 M_1 至 M_3 依次变小；至于 u_e/u_0 值减小的原因很可能是由于水力坡降导致水经土工格栅或土工织物流向出流点。土工织物引起的水力坡降比土工格栅或素土引起的要大得多，这表明土工织物的过流率相对来说是很大的。

在 Bergado 等（1992），Tatsuoka（1996），Tatsuoka 与 Ymauchi（1986）和 Itoh 等（1994）各自做的现场试验中也得出类似的结论。

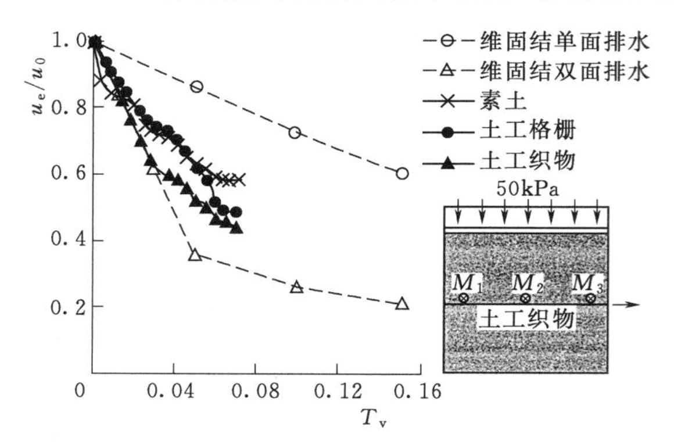

图 4 土工织物加筋的孔隙水压力消散图

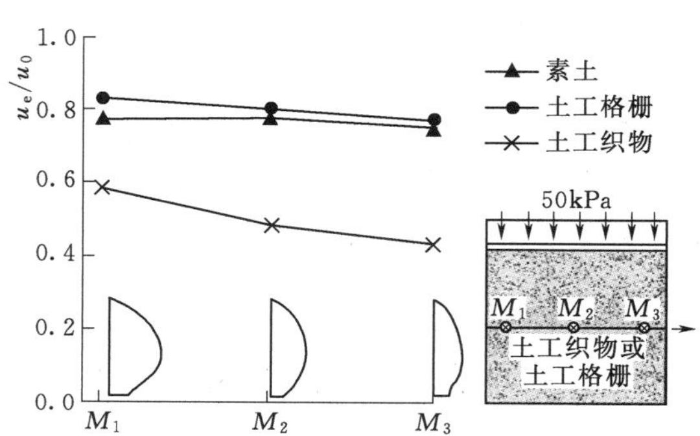

图 5 加载 80 小时后 3 个试验 u_e/u_0 值的比较图

注：M_1、M_2、M_3 表示孔隙水压力测点位置

8 结语

（1）无渗透性加筋材料对粘土的加筋产生了比较大的超孔隙水压力，使得结构整体稳定性减小。

（2）排水加筋复合型土工合成材料可显著减小土中超孔隙水压力，加快土的固结，增大了土与复合材料之间的粘结力。

（3）排水加筋复合型土工材料改善了粘土作为加筋土的性能，提高了加筋土结构的稳定性。

参考文献

[1] Heshmati S. The action of geotextiles in providing combined drainage and reinforcement to cohesive soil [D]. PhD thesis，University of Newcastle upon Tyne，1993.

[2] Gilbert R B，Fernandez F，Horsefield D W. Shear strength，of reinforced geosynthetic clay liner [J]. Journal of Geoenvironmental Engineering，ASCE，1996，122 (4)：259－266.

[3] Tan S A，Chew S H，Ng C C，Loh S L. Large－scale drainage behavior of composite geotextile and geogrid in residual soil [J]. Geotextile and Geomembranes. 2001，19 (3)：163－176.

An Initial Use of EPS to Decrease the Loads on Culvert

J. Q. Wang　Z. Wang

College of Civil Engineering, Wuhan University, P. R. China

ABSTRACT: A in situ full-scale test was performed in a highway project to use EPS, a new geosynthetic, to decrease the loads on a reinforced concrete culvert beneath embankment, which utilize the high compressibility of EPS to result in a induced trench method. Data had been measuring for one year show that the earth pressures at top and shoulder of the culvert had been decreased to one third and two third of the calculated self weight respectively. It is also can be concluded that the thicker the material is, the smaller the pressure will be decreased.

1 INTRODUCTION

There are three different methods of rigid pipelaying: (1) under a filling (Fig. 1a); (2) in trenches (Fig. 1b); (3) in tunnelled drifts. Here we consider the first two methods only. For purposes of load computation, the two underground conduits also be named as projecting conduits and ditch conduits.

The horizontal and vertical pressures of soil on the pipeline are the main loads that usually be taken as design loads. The projecting conduit is installed on the natural or filled soil ground level, then the soils are filled into its top and two lateral sides to design level. Because the compressible deformation of the conduit is less than that of two lateral soils, then the prism above the pipe bears the friction forces at the sides of the top prism and the pipe. This leads the soil pressure on the pipe is larger than its self-weight. The tremendous pressure often results in fractures and fissures of the conduit concrete, which influences the execution of the normal function of the pipe. If a pipeline is being laid in a trench (this is the most widely used method of pipelaying), then the soil being filled into the trench at backfilling will be loose and not compacted by its dead weight, whereas the soil at the sides of the trench has been compacted by its weight (Fig. 1b). Because of this, friction forces are formed at the sides of trenches during com-

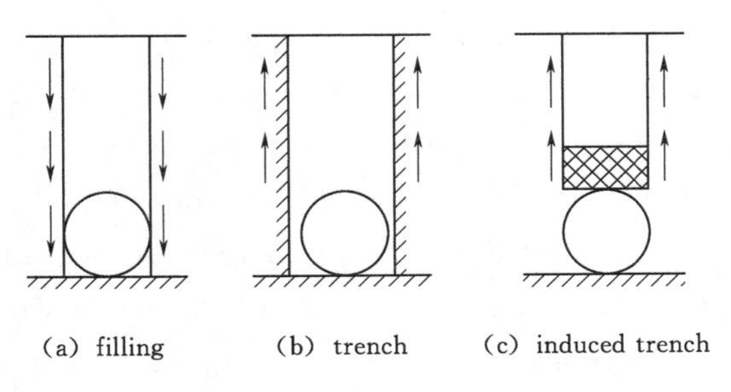

Figure 1　Schematic illustration of three basic pipe installation conditions

paction and settlement of soil filling. These forces counteract compaction, so that the soil filling will be suspended, as it were, at the sides of the trench, this suspension being greater, the deeper the trench is.

Another method of construction adopted to reduce earth loads on filling pipe is called 'induced trench' (sometimes called the imperfect ditch method), which involves incorporating a compressible layer with the backfill over a pipe. As the backfill is placed the soft zone compresses more than the surrounding fill and thus induces arching above the pipe, then the vertical load will be less than that which would be normally developed (Fig. 1c). Marston recommend to use hay, straw, cornstalks etc. to be filled as the compressible material, this test use the expanded polystyrene plastic foam.

2 PROPERTIES OF EPS

The term of Geofoam has been proposed as the genetic name for a special geosynthetic product category that would include any type of foam used in a geotechnical application. Rigid plastic foams (RPFs) were developed around 1950 and relatively thin (a few inches) pieces of EPS (and other RPFs as well) were used as thermal insulation beneath road pavements in Norway in 1960s, where it was also used as ligtweight fill for a highway embankment in 1972. Since then, it was used much stronger in geotechnical applications. However, until 1992 has it been proposed to consider such materials geosynthetics under a new product category called 'geofoam'. In industry, geofoam is mostly made from polymeric resin, but this product category allows inclusion of inorganic materials such as glass foam, which has seen geotechnical application—primarily in the petroleum and petrochemical industries—for decades. Although several materials have been used as geofoam, one has been and continues to be, used much more extensively than any other. This material is expanded polystyrene (EPS). Its routine density range is about 15 - 30kg/m^3, but different product can be used in light of the difference of needs. EPS density is a useful index property that correlates well with the geotechnical mechanical property. EPS geofoam can perform functions that traditional geosynthetic products cannot do which have five or six functions such as drainage, filtration, reinforcement, separation, protection, seepage prevention, and so on, but thermal insulation, lightweight fill, compressible inclusion and small - amplitude ground vibration/acoustic damping are the four main functions of EPS geofoam. It offers geotechnical engineers a new tool that can be used for developing solutions to a wide variety of problems. The 'birthday' of EPS block as a geosynthetic is generally taken as 1972, when it was used as lightweight fill for a highway embankment in Norway, approximately hundreds of projects using EPS block geofoam have been completed successfully in Norway, Japan and other countries since then. But its another mainfunction—compressible property, has been considered and utilized by researchers and engineers in recent years. EPS has high compressibility, its maximum deformation may up to 50%, or even much larger, its behavior is relatively steady and has good durability.

Utilizing the compressibility of EPS block to result in the trench conduit effect, to decrease the load on pipe, that is induced trench method. This test use two different densities of EPS coming from Luoyang Plastic Industry Company, which are 7.5kg/m^3 and 15kg/m^3.

3 PROJECT APPLICATION

3.1 Layout of the project

This full-scale test was incorporated with the Contract segment 6 (A) of Yun - San Highway Project. Yun - San Highway is a newly constructed highway from Yuncheng city of Shanxi Province to Sanmenxia city of Henan Province in northern China. There are many high mountains and deep ravines along the road line, where the natural geological disasters are very developed. Then the project is tremendous. Contract segment 6 (A) is 1.5km long, which is a embankment engineering. Four reinforced concrete culverts were constructed beneath the embankment. This test was located at K14+369 cross - section of the line, where there is a reinforced concrete arch culvert, which intercross with the line about 100°, its design length is 106.3m, the maximum thickness of the fill on the culvert is about 22m. The height of the culvert is 5.97m from the outer arch top to the floor except the foundation and the inner width is 5m.

3.2 plan of the test

The cross - section of the location of this test is as Figure 2. There are 8 test sections from the third convert section to the eighteenth convert section. Taking two sections as one test section. The typical section of the third test section is shown as Figure 3. The details of every test section are summarized in Table 1, Table 2 shows the location and number of all the earth pressure meters.

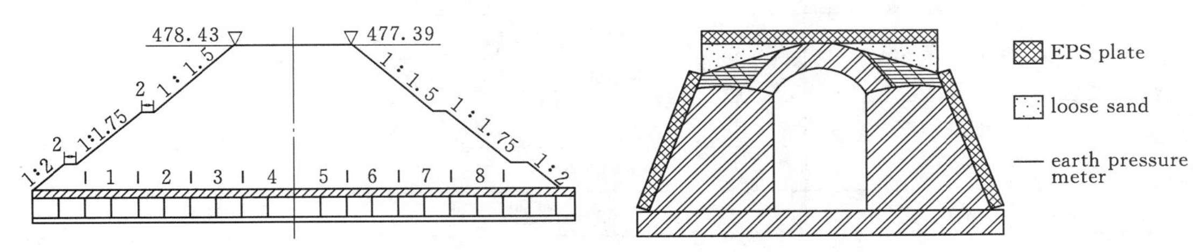

Figure 2 Cross section of K14+369 embankment

Figure 3 Cross section of culvert of test section 3

For test section 3, there are EPS blocks covering the side lateral walls as well as the top blocks. Others have not these. The width of top EPS blocks is 10m, which equals to the width of the boundary of the outer wall for all test sections except section 7, where it is 5m in width, which equals to the inner width of the culvert.

Table 1　　Summary of every test section

Number	Fill type	Specification kg/m³	Thickness m	Section Length m	EPS Number m³	Earth – pressure meter number	Settlement rod	Notes
1	loose soil	$K^*=0.7$	2.0	10.0		1		
2	dense soil	$K^*>0.9$		10.0		3	1	
3	EPS	7.5	0.3	10.0	57	3		corer
4	EPS	7.5	0.3	10.25	30.8	2	1	
5	EPS	15	0.3	10.25	30.8	3	1	
6	EPS	15	0.6	10.0	60	2		
7	EPS	15	0.3	10.0	15	2		
8	loose sand	$K=0.7$	2.0	10.0		1		

*　Coefficient of compaction.

Table 2　　Location and number of the earth pressure meter

Section number	Location	Meter number
1	top	10244
2	top	105188
	shoulder	10242
	lateral wall	10250
3	top	10249
	shoulder	10246
	lateral wall	10164
4	top	10233
	lateral wall	10245
5	top	10240
	shoulder	10243
	lateral wall	102009
6	top	10251
	shoulder	10241
7	top	102005
	shoulder	10229
8	top	10239

3.3　Testing procedures

After the construction of the culvert, the pressure meters at top and shoulder of the culvert were installed horizontally and those on the lateral wall were installed vertically, whose outer surface were parallel to the culvert surface to prevent the soil arching effect. Their lines were collected in a steady position for observing of the pressure. The lateral EPS covers were equipped firstly, then the fill could be done.

The arch shape of the top culvert was graded with loose sand (Fig. 3) to allow the installation of the EPS blocks horizontally. The settlement rods 1.3m long were welded at two 20cm×20cm×1cm steel plates, crossing the EPS blocks and the concrete of the culvert downwards on sections 4 and 5, which allowed displacement of the EPS could be obtained from the observation of the rods.

With the proceeding of filling, the pressure and displacement could be measured. The values were recorded from the beginning to the completion of the fill, even lasting out for more than one year.

4 RESULTS OF THE TEST

4.1 Results of pressure

The constructions of fill on the sides of the culvert had been begun on September 1999. The four lateral pressure meter were installed on 2 November 1999. The installation of EPS blocks was finished on 25 November 1999. From then on, measurement of the pressure had been begun. Till the beginning of the April of 2000, contractor had ended the most tasks of fill. Figure 4 to Figure 11 show the results of the calculated and measured pressure for the representative sections. The fill is silty sand, whose unit weight is about 18.6kN/m^3 and the inner friction angle is about 41°.

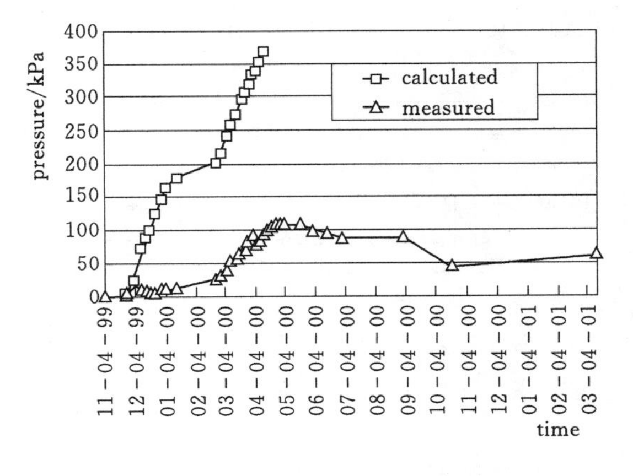

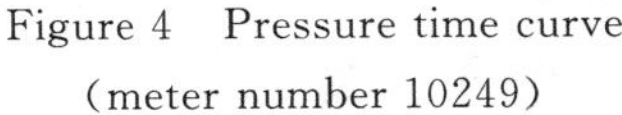

Figure 4 Pressure time curve (meter number 10249)

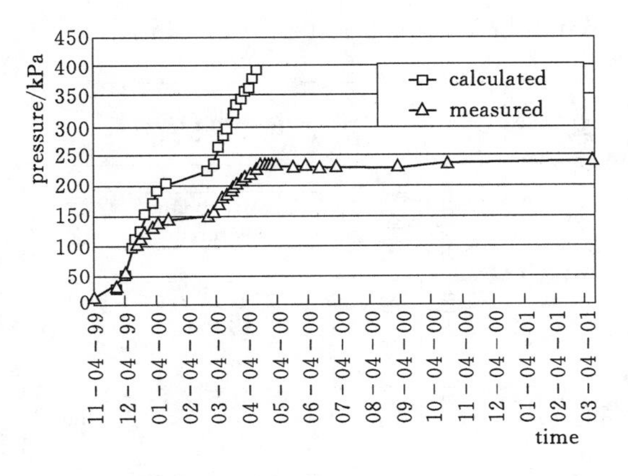

Figure 5 Pressure time curve (meter number 10246)

The pressures of section 3 are shown in Figures 4 - 6. The EPS density is 7.5kg/m^3 and the thickness of top and lateral cover is 0.3m. The maximum pressure measured at top is about one third of the calculated, which are 109kPa and 367kPa (Fig. 4). The measured pressure at shoulder is about two third of the calculated, which are 237kPa and 392kPa. The calculated lateral pressure shown in Figure 6 is gained by the formula of Jaky, the coefficient of lateral earth pressure $K=1-\sin\phi$, where $\phi=41°$. The measured lateral pressure is much less than the calculated.

Figure 7 shows the lateral pressure of section 4. The EPS is 7. 5kg/m^3. There is not cover compared with section 3, and the measured pressure is consistent with that calculated though there are little intervals between the two lines. The maximum values are 118 and 152kPa respectively.

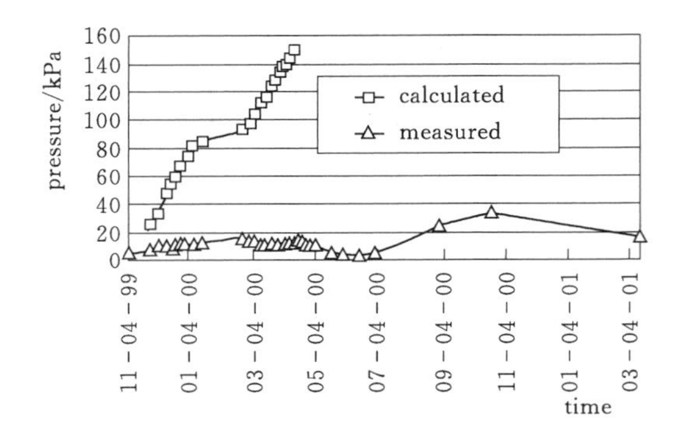

Figure 6　Pressure time curve
(meter number 10164)

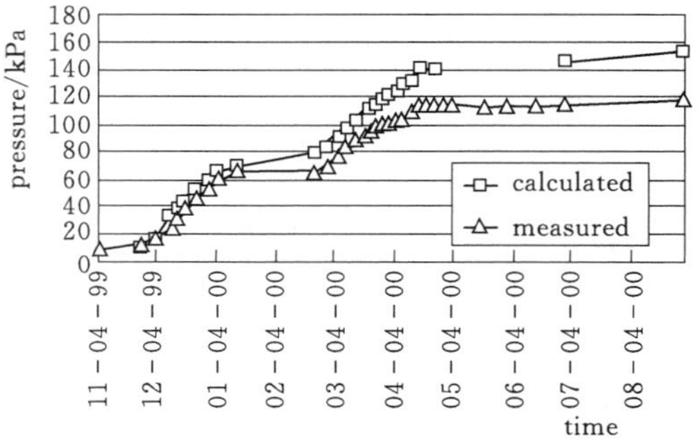

Figure 7　Pressure time curve
(meter number 10245)

The EPS is 15kg/m^3 in density and 0. 3m in thickness in section 5. The measured pressure at top equals to the calculated in the main. The two lines are in agreement very well (Fig. 8) . Figure 9 shows the pressure at the shoulder. The measured line is in agreement with the calculated at first, then it runs to a steady state beneath the later.

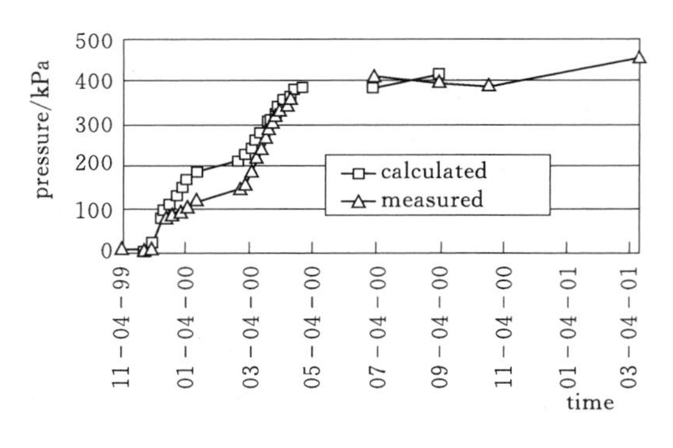

Figure 8　Pressure time curve
(meter number 10240)

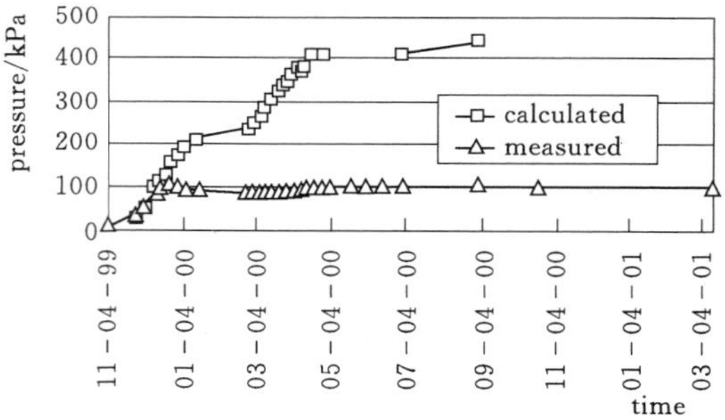

Figure 9　Pressure time curve
(meter number 10243)

For test section 6, the pressures are shown in Figures 10 - 11. The density and thickness of EPS are 15kg/m^3 and 0. 6m. The similar trends can be seen in Figures 10 - 11 as that in Figures 4 - 5 for test section 3.

4. 2　Results of displacement

The main goal to measure the settlements of EPS is to contrast it with the laboratory test to decide the pressure.

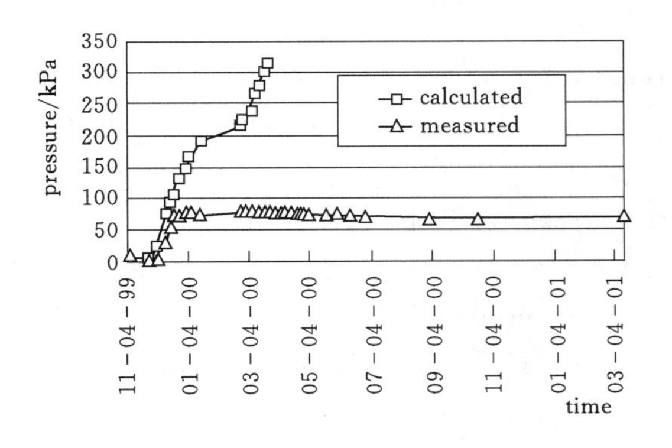

Figure 10 Pressure time curve (meter number 10251)

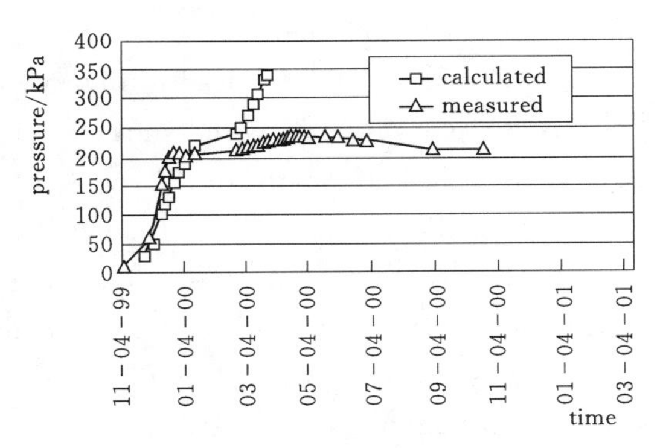

Figure 11 Pressure time curve (meter number 10241)

With the filling on the EPS blocks, the measuring of the deformation of EPS had been performing. The results are shown in Figures 12 – 13 for sections 4 and 5. In Figure 12, the EPS is 7.5kg/m^3 in density, whose deformation is rapid at first. By contrast, the displacement of EPS for section 5 is not so sharp. The main cause of this may be in its density, the higher the density is, the smaller the deformation would be.

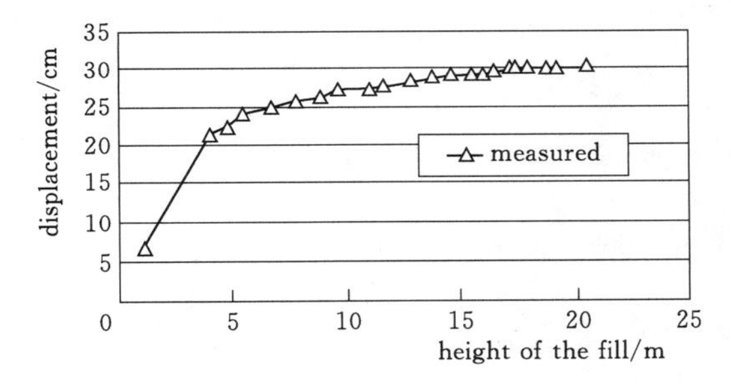

Figure 12 Displacement with fill curve (section 4)

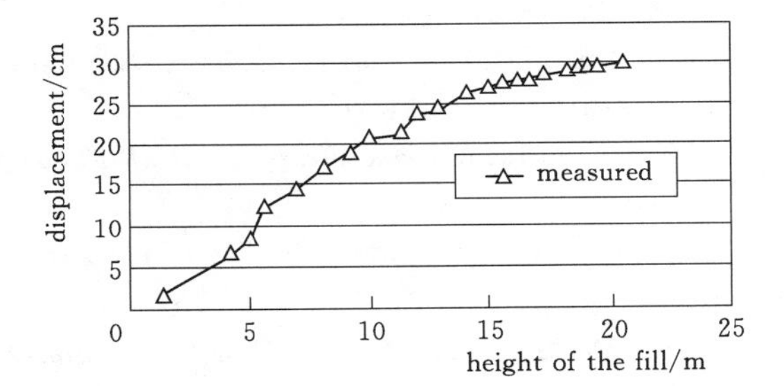

Figure 13 Displacement with fill curve (section 5)

4.3 Effects of every factor

The contrast between Figure 6 and Figure 7 for section 3 and section 4 shows that the lateral cover can decrease the lateral pressure.

The thickness has effect on the pressure at shoulder shown in Figure 9 and Figure 11 for section 5 and section 6 where the EPS is 0.3m and 0.6m in thickness. The thicker the EPS blocks are, the smaller the pressure is.

The pressure measured at top of section 5 is consistent with the calculated (Fig. 8). This is worth while to review.

5 CONCLUSIONS

The following conclusions are reached as a result of this situ-test research of the influence on pressure and deformation of variety of EPS：

1) The use of EPS can lead to induced trench method in the construction of culvert.

2) The pressure at top and shoulder of the culvert could be decreased to one third to two third of the self weight of fill.

3) The thicker the EPS is, the smaller the pressure will be decreased.

4) The pressure at top of section 5 was not decreased, where the EPS is 15kg/m^3 in density and 0.6m in thickness. This is a point to be investigated.

5) Other factors that affect the performance of pipe and soils surrounding the pipe should be researched more deeply.

The theoretical base of induced trench method is soil arching proposed by Terzaghi. It is necessary to incorporate numerical analyzing to the analysis of the effect of arching. In addition, the character of EPS should be investigated furthermore. There are data shown that the EPS blocks have creep effects, this point must be noted.

REFERENCES

Horvath, J. S. 1992. Dark, no sugar: a well-known material enters the geosynthetic mainstream. *Geotechnical Fabrics Report*. 11: 18－23.

Horvath. J. S. 1994. Expanded Polystyne (EPS) Geofoam: an introduction to material behavior. *Geotextiles and Ceomembranes*. 13: 263－280.

Lu, S. Q. et al. 1994. *Principles of geosynthetics application*. Beijing: Press of hydraulic and electrical engineering.

Sladen, A. & Oswell J. M. 1988. The induced trench method—a critical review case history. *Canadian Geotech. J.* 25: 541－549.

Spangler, M. G. & Handy R. L. 1982. *Soil engineering (fourth edition)*. New York: Harper & Row Publishers.

A Test about the Application of Electrokinetic Geosynthetics on Consolidation Drains

J. Q. Su Z. Wang R. H. Ge H. Y. Wang

Dalian Research & Design Institute of Building Science Stock CO. LTD, Dalian, 116021, P. R. , China; School of civil and architectural engineering, Wuhan University Wuhan, 430072, P. R. China; School of municipal and environmental engineering, Harbin Institute of Technology Harbin, 150001, P. R. China

ABSTRACT: Electrokinetic Geosynthetics (EKGs), which are made by a 1mm diameter copper wire embedded in the geotextile and then wrapped around a geonet, have the advantages of both electro - osmosis and the geocomposite drains. A laboratory test on this kind of EKGs used in the improvement of soft clay foundation is described in this paper. The intermittent current and polarity reversal technique are applied. The pore - water pressure, settlement, voltage distribution and current variation during the treatment are observed. Results of this study show that the moisture content decreases and the shear strength of the soil are great improved, which proves that the electro - osmosis is effective. The preconsolidation pressure is also increased greatly, which can prove that the electro - osmosis is the same effective to the direct loading and the effects of treatment are permanent. In addition, the corrosion durability of the copper wire is investigated, which shows that the wire of 1mm diameter is eroded within 30 hours, so it will not be put into practice. At last, the suggestions for further research on EKGs are presented including looking for the materials with properties of both more corrosion durability and well conductive.

1 INTRODUCTION

Electro - osmosis is one of the most effective methods of ground improvement for soft clay. Since Casagrande (1948) first applied electro - osmosis to geotechnical engineering, there have been many applications to many kinds of soft soils for ground improvement (Lo, K. Y. , Inculet, I. I. &Ho, K. S. (1991); Casagrande, L. (1983); Esrig, M. I. & Gemeinhardt, J. P. (1967); Fetzer. C. A. (1967); L. Bjerrum, J. Moum & O. Eide. (1967) . But there are many disadvantages for traditional electro - osmosis for example the mental polarity is easily eroded and polarity reversal is not convenient, which causes the cost of ground improvement to increase. This is the reason that the traditional electro - osmosis is not widely used. A new kind of geosynthetics, Electrokinetic Geosynthetics

(EKGs) incorporates electro－osmosis phenomena with the existing traditional functions of geosynthetics, which can overcome the disadvantages of traditional electro－osmosis, so it will be widely used in the future (Nettleton, Jones, Clark, Hamir (1998, 2001)) . In this paper, the EKGs is made by a 1mm diameter copper wire embedded in the geotextile and then wrapped around a geonet, and a laboratory test on this kind of EKGs used in the improvement of soft clay foundation is described.

2 TEST PREPARATION

The size of model box in this test is 450mm×450mm×600mm, and the DC is applied. During the test, the tensiometers are used for measuring the negative pore pressure; amperemeters are used for measuring the electric current; multielectricmeters are used for measuring the electric potential and displacement gauges are used for measuring the settlement. A 1mm diameter copper wire embedded in the geotextile and then wrapped around a geonet makes the fifty mm wide electric pole, which is shown in Fig. 1 Shandong Tai'an Huasu Building Material Company supplies the geonet whose quality parameters are shown in Table 1. The geotextile whose quality parameters are shown in Table 2 is needle－punched nonwoven fabric, which must meet the functions of drainage and filtration. In addition, it must avoid the serious clogging with clay particles. Oxygen will

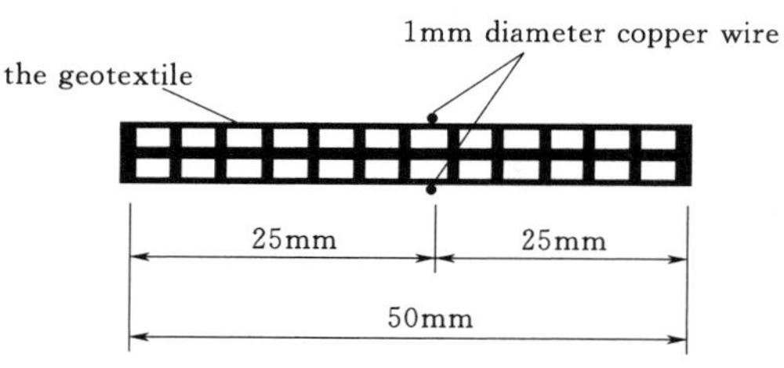

Fig. 1　The section of EKGs

Table 1　Quality parameters of the geonet

Material composition	Polyethylene	Tensile strength	1.2kN/10cm
Width of section	100mm	Compressive strength	250kPa
Height of section	4mm	Elongation	12%

Table 2　Quality parameters of the geotextile

Items		Unit	Numerical value
Mass per unit area		g/m^2	150
Thickness		mm	1.3
Strip tension strength	Dry	N/cm	45
	Wet	N/cm	22
Coefficient of permeability		cm/s	0.37
Effective opening Size (O_{95})		mm	0.07

be produced at anode and Hydrogen at cathode, so the Oxygen and the Hydrogen can be expelled from the anode and the cathode of the EKGs. The 1mm copper wire was eroded during the test, and then 5mm ferruginous wire was used. The parameters of soft clay used in this test are shown in Table 3.

Table 3　　The parameters of soft clay used in this test

Plastic limit	20.37%	Density	1667.9kg/m^3
Liquid limit	43.0%	Water content	35.5%
Plasticity index	22.63	Dry density	1231kg/m^3

3　PROCESS OF THE TEST

50 – cm – high soft clay was put into the model box. At the height of 10cm, 20cm, 30cm and 40cm, enamel wire voltage probes whose panel position was shown in Fig. 2 were placed to survey the distribution of the current potential. The tensiometers whose panel position was shown in Fig. 3 were placed at the height of 25cm and the displacement gauges, which were shown in Fig. 2, were placed on the surface of soft clay. At the beginning of the test, the voltage was 20V steadily. When it was 14 hours, power supply was

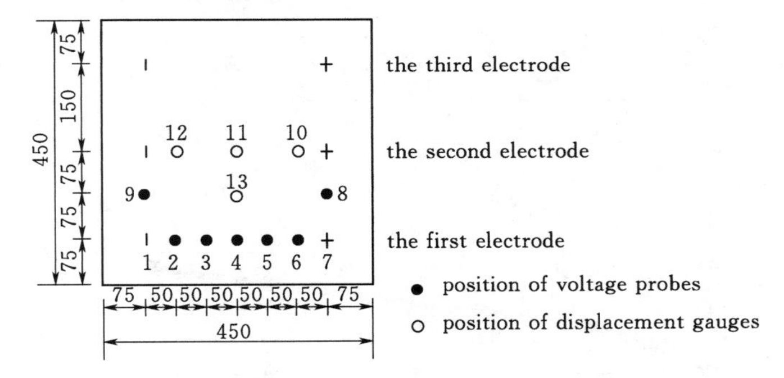

Fig. 2　Position of voltage probes and displacement gauges

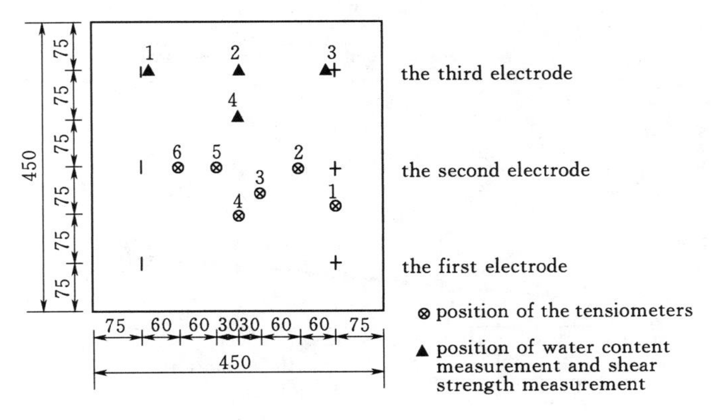

Fig. 3　Position of tensiometers and measurement of water content and shear strength

cut about 10 hours. When it was 23 - 25 hours, the copper wires were eroded, and then 5mm ferruginous wires were replaced. When it was 100 hours, the polarity of the electrodes was reversed. After 120 hours, the voltage was 40V steadily. When it was 150 hours, the test was over. During the test, the pore water was drained from the cathodes.

4 RESULTS OF THE TEST

4.1 Distribution of Current Potential

From Fig. 4 (a), (b), (c), it can be seen that, at the same time, the change of current potential was too little with the height of the soft clay, so two - dimension consoli-

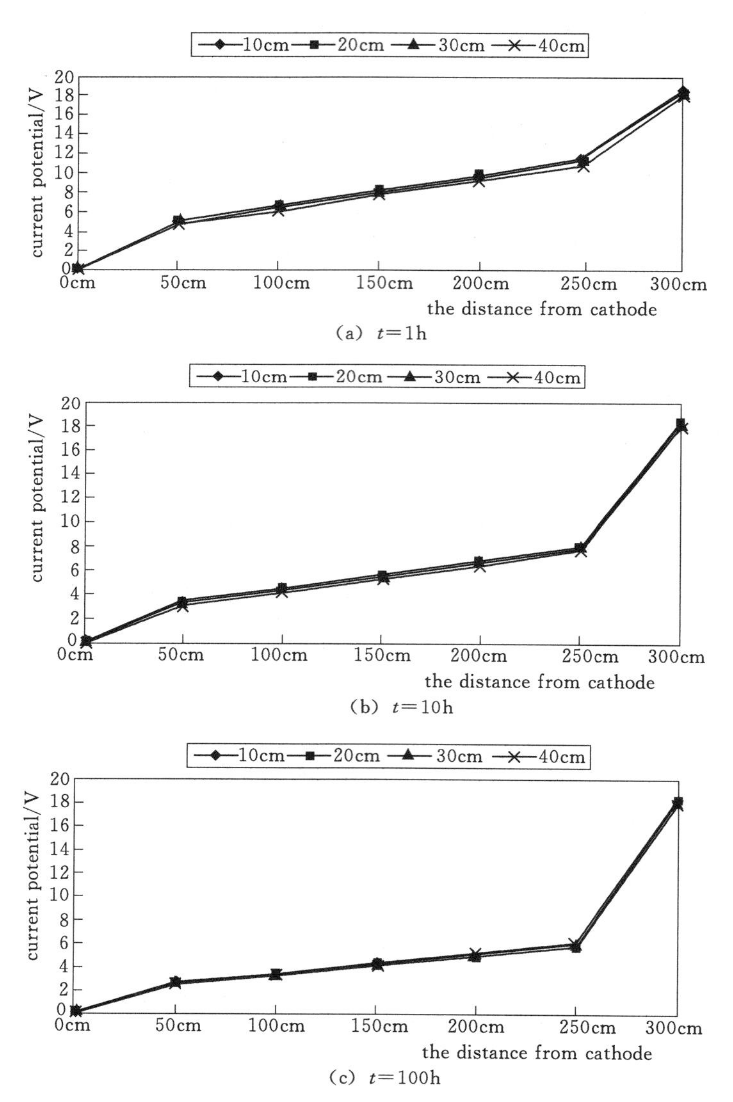

Fig. 4 The distribution of current potential at the height of 10cm, 20cm, 30cm, and 40cm

dation theory can be used to describe the electro - osmosis phenomenon. From Fig. 5, at the height of 300cm, the difference of current potential between point 6 with point 7 was increasing with time (0 - 100h), at the point of 2, 3, 4, 5 and 6, current potential decreased with time, after polarity reversal (t=102h, 105h, and 120h), the distribution of current potential was more uniform. From Table 4, we can see that the current potential was not zero at the point 8 and 9, but the distribution between an anode with the next and a cathode with the next was symmetrical. So the method of dividing the whole ground into many parts can be used to discuss the two - dimension consolidation theory.

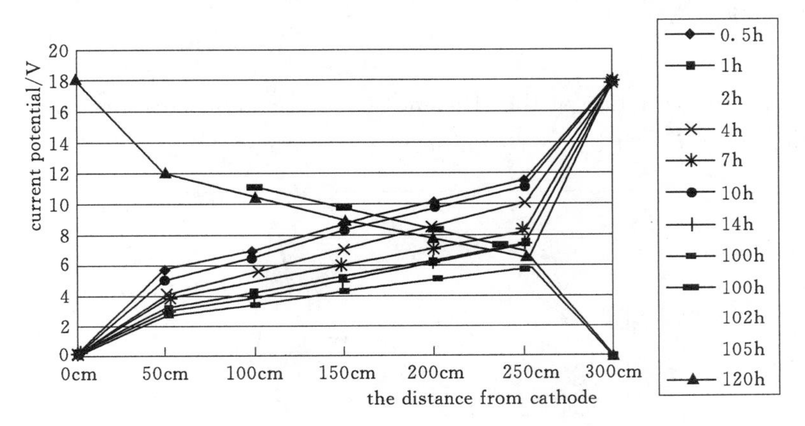

Fig. 5 The distribution of current potential at the height of 30cm

Table 4 **The current potential of point 8 and point 9**

Time	Height	Point 8	Point 9	Time	Height	Point 8	Point 9
t=1h	10cm	11. 7V	4. 5V	t=100h	10cm	6. 0V	2. 4V
	20cm	12. 0V	5. 0V		20cm	6. 0V	2. 4V
	30cm	11. 7V	4. 7V		30cm	6. 3V	2. 4V
	40cm	11. 3V	4. 7V		40cm	6. 6V	2. 4V
t=10h	10cm	8. 0V	3. 0V	t=105h	10cm	6. 0V	12. 5V
	20cm	8. 0V	3. 0V		20cm	5. 7V	12. 0V
	30cm	8. 0V	3. 0V		30cm	6. 2V	12. 5V
	40cm	8. 0V	3. 0V		40cm	6. 5V	12. 5V

4. 2 Current Variation

Fig. 6 shows the variation of current during the test. When the current was switched on, the current was the maximum, which was 90mA. And then it decreased with time, when t=100h, the current was 31. 7mA, at this time the polarity of the electrodes was reversed. Following this time, the direction of pore water was reversed, and the soil was uniform, the current was increased. At the time of 14h, the switch was cut off about 10 hours, and then the current was switched on again, it was found that the current in-

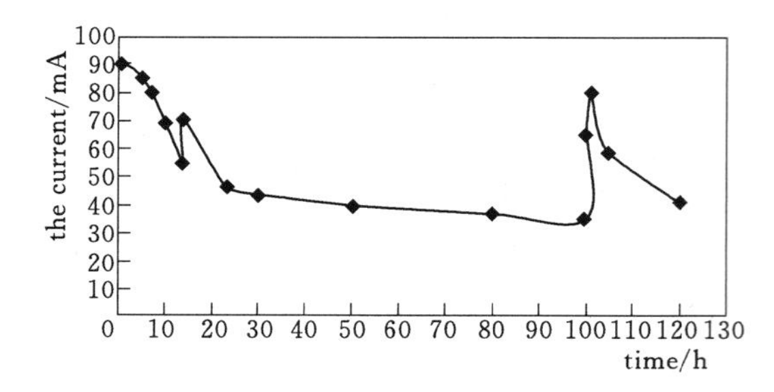

Fig. 6　The variation of current during the test

creased much, which is the intermittent current technique.

4.3　Intermittent Current Technique

The intermittent current technique (J. Q. Shang, K. Y. Lo (1997)) will increase the efficiency of power energy, which can be described with the efficiency of intermittent current, β.

$$\beta = \frac{swith\_on}{switch\_on + switch\_off}$$

Fig. 7 shows the variation of the efficiency of intermittent current β and current increment ΔI. When $\beta = 0.75$, it is most significant to the engineering.

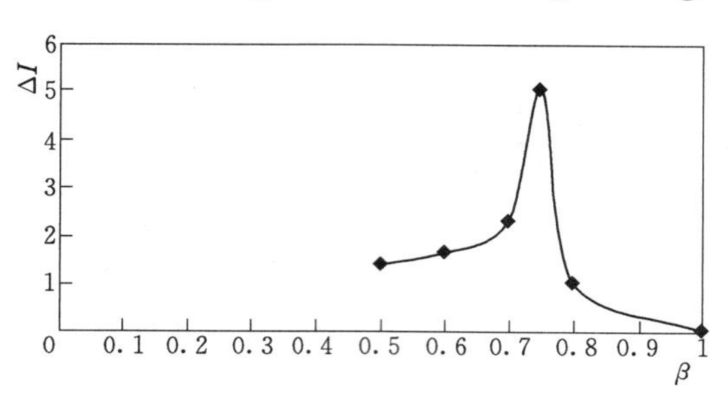

Fig. 7　The variation of the efficiency of intermittent current β and current increment ΔI

4.4　Negative Pore Water Pressure

Fig. 8 shows the variation of negative pore water pressure. It can be seen that negative pore water pressure increased slowly at the beginning of the test. When t=100h, negative pore water pressure of the second point was the biggest, and the sixth point was the least. After polarity reversal, negative pore water pressure of the first point and the second point decreased rapidly, and the fifth point and the sixth point increased rapidly.

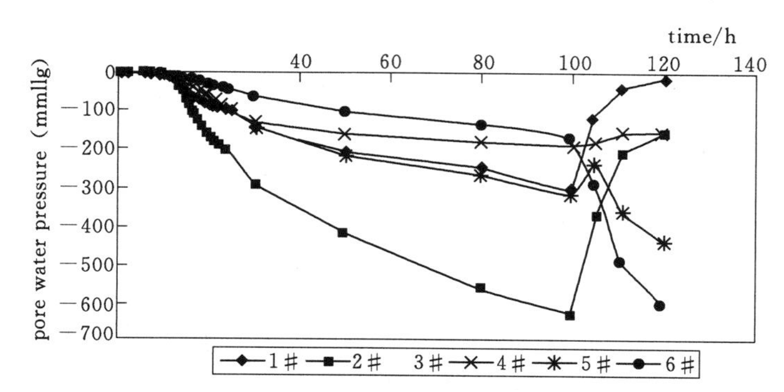

Fig. 8　The variation of negative pore water pressure

4.5 Water Content and Shear Strenght

When the electro - osmosis was over, the water content was measured. Fig. 3 shows the position of water content measurement. The results are shown in Table 5, it should be pointed that at the fourth point the water content decreased by 7.6, 6.6, and 4.1%, respectively, which is very difficult in direct loading method. At the height of 30cm, four samples were extracted, which was shown in Fig. 3, and the quick direct shear tests were carried out on each sample. Table 6 shows the results of the test. It can be seen that there is a substantial increase in angle of internal friction and cohesive force. Cohesive force of the soft clay increased by 60.8, 70.5, and 91.1%, and angle of internal friction increased by 0.63°, 3.0°, and 10.19°for the sample 1, 2 and 3, respectively. Fig. 9 shows the curve of the shear strength and the shear strain at 200kPa vertical pressure before and after treatment. The curve of the fourth sample is in middle of that of the first one and the second one, which is consistent with the result of water content.

Table 5 **The results of water content measurement**

Heigh	Point 1	Decrease	Point 2	Decrease	Point 3	Decrease	Point 4	Decrease
40cm	28.6%	6.9%	27.4%	8.1%	23.5%	12.0%	27.9%	7.6%
30cm	29.1%	6.4%	29.2%	6.3%	25.8%	9.7%	28.9%	6.6%
20cm	31.6%	3.9%	28.5%	7.0%	27.8%	7.7%	31.4%	4.1%

Table 6 **The results of the shear strength parameters**

Items	Before treatment	The first point	The second point	The third point
Cohesive force, C	7.5676kPa	12.167kPa	12.9kPa	14.46kPa
angle of internal friction	2.09	2.72	5.09°	12.28°

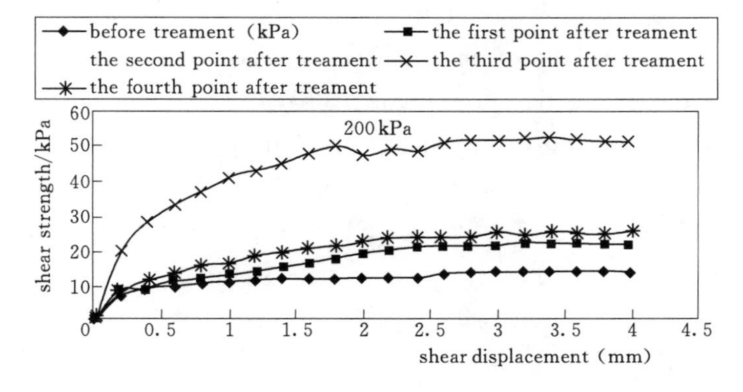

Fig. 9 The curve of the shear strength and the shear strain at 200kPa vertical pressure

4.6 Settlement

The settlement - time curve is shown in Fig. 10. it may be seen that the electroosmotically induced settlement curve is very similar in shape to that of a typical conventional consolidation curve under directing loading. But when t=80 - 100h, the settlement curve is smoother. When t=100h. because the tenth point is near to the anode and the twelfth point is near to the cathode, the most settlement which is 5.85mm is at the tenth point, and the least settlement which is 3.49mm is at the twelfth point. After polarity reversal, the apophysis phenomenon was found at the tenth point that the settlement at t=130h was 5.70mm. When t=120 - 150, the applied voltage was 40V steadily, and the settlements increase much, especially at the twelfth point. At the time of 150h, the difference of the settlement at each point is not much, which just embodies the advantages of polarity reversal technique.

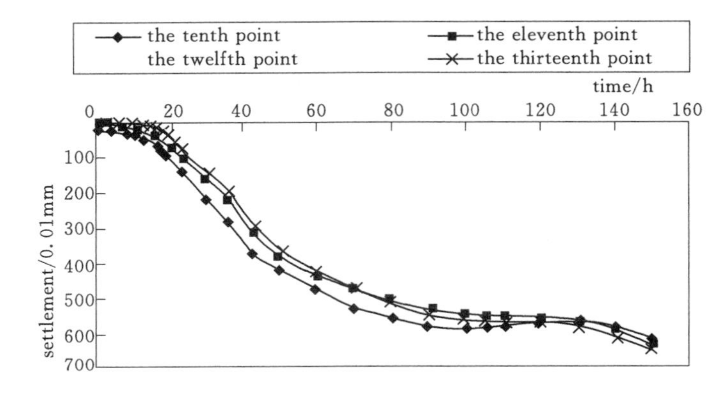

Fig. 10 The settlement - time curve

4.7 High - Pressure Consolidation Tests

Before and after the treatment, the high - pressure consolidation tests were carried out. The position of the sample was at the point of anode, which was at the height of 40cm. Before the treatment, the reconsolidation pressure of the soft clay is 25kPa. After the treatment, the reconsolidation pressure is 110kPa, which increases 340% than before the treatment. It can be concluded that the electro-osmosis is the same effective to the direct loading and the effects of treatment are permanent. Before the treatment, the coefficient of compression, α_{1-2}, is 0.91MPa^{-1}, and the soft clay belongs to high - compressible soil. After the treatment, the coefficient of compression, α_{1-2}, is 0.34MPa^{-1}, and the soft clay belongs to mid-compressible soil. It can be concluded that electro-osmosis can change the compressibility of the soft clay.

4.8 Clogging of EKGs Material

During the electro-osmosis, the pore water streams towards the cathodes, and penetrant force is produced and applies to EKGs material, especially to the geotextile, which can cause the clogging of the geotextile. In addition, the chemic reactions at cathode are also one of the reasons of clogging. After the treatment, it was found that there was no serious clogging of the EKGs.

5 CONCLUSIONS

The study demonstrated the validity of the concept of using EKGs in electro-osmotic treatment. Laboratory tests were carried out on the samples before and after treatment to study the changes of strength and deformation properties. The intermittent current and polarity reversal technique were applied. Based on the results of this study, the following conclusions may be drawn.

(1) Two-dimension consolidation theory can be used to describe the electro-osmosis phenomenon, and the method of dividing the whole ground into many parts can be used to discuss the two-dimension consolidation theory.

(2) The intermittent current technique will increase the efficiency of power energy and when $\beta = 0.75$, it is most significant to the engineering.

(3) The change of water content will affect the shear strength, so the decrease of the water content is the effective way to the ground improvement. EKGs materials used in consolidation drains of soft clay are very effective. The water content at the fourth point decreased much more than that in direct loading method.

(4) The difference of the final settlement at each point is uniform, which embodies the advantages of polarity reversal technique.

(5) Through the high-pressure consolidation tests, it can be found that the electro-osmosis is the same effective to the direct loading and the effects of treatment are permanent, it also can change the compressibility of the soft clay.

(6) There was no serious clogging of the EKGs.

(7) The corrosion durability of the copper wire is investigated, which shows that the wire of 1mm diameter is eroded within 30 hours, so it will not be put into practice. So the suggestions for further research on EKGs are to look for the materials with properties of both more corrosion durability and well conductive.

REFERENCES

Casagrande, L. Electro-Osmosis in sols. Geotechnique, Vol. 1, 159-177 (1948).

Casagrande, L. Stabilization of Soils by Means of Electroosmotic State-of-art. Journal of Boston Soc. of Civil Engineering. ASCE, 69 (3), 255-302 (1983).

Esrig, M. I. and Gemeinhardt, J. P. Electrokinetic Stabilization of Illitic Clay. Journal of the Soil Mechanics and Foundations Division. ASCE, 93 (SM3), May, 109-128 (1983).

Fetzer. C. A.. Electroosmotic Stabilization of West Branch Dam. Journal of the SMFD. ASCE, 93 (SM4), July, 85-106 (1967).

J. Q. Shang and K. Y. Lo. Electrokinetic dewatering of phosphate clay. Journal of Hazardous Materials, 55:

117－133（1997）.

L. Bjerrum J. Moum and O. Eide. Application of Electro－osmosis to a Foundation Problem in Norweygian Quick Clay. Geotechnique，17，214－235（1967）.

Lo，K. Y.，Inculet，I. I. and Ho，K. S. Electroosmotic Strengthening of Soft Sensitive Clays. Journal of Can. Geotech，28，62－73（1991）.

Nettleton J M.，Jones CJFP.，Clark EBG and Hamir R. Electrokinetic Geosynthetics and their Applications. The Sixth International Conference on Geosynthetics，1998：871－876.

R. B. Hamir，C. J. F. P. Jones，B. G. Clarke. Electrically conductive geosynthetics for consolidation and reinforced soil. Geotextiles and Geomenmbranes，2001，19：455－482.

Model of Geosynthetics Reinforced Pavements Based on Membrane Effect

Wang Tao Yuan Fei Wang Zhao

Department of Civil Engineering, Tsinghua University Beijing, China;
Research Institute of Highway, Beijing, China;
wangtao _ 999cn@sina. com;
School of Civil and Architectural Engineering, Wuhan University, Wuhan, China;
School of Civil and Archttectural Engineering, Wuhan University, Wuhan, China;
wazh@public. wh. hb. cn

ABSTRACT: Membrane effect is one of the basic functions for geosynthetics when reinforcing pavements. Several reinforced pavements design methods have already been published in which the authors assume the shape of deformed geosynthetics to be certain geometry or take the numerical methods in solving the non - linear membrane equation. In order to explain the improvement of using geosynthetics reinforcement, which is observed at very small rut depth, the membrane equation has been established based on assumption of small deformation of reinforce membrane in this paper. A model of reinforced pavements is proposed in this paper by coupling the membrane equation with the elastic multilayer foundation on the ground of the continuity conditions of stress and strain. The expression of stress and strain of the model under axisymmetric load is also presented by taking two layers reinforce pavements model for example. From the numerical result it can be seen that the tensile force of geosynthetics is important for reinforce effect.

1 INTRODUCTION

Elexible pavement is a kind of layered structure. The elastic multilayer is generally adopted as primary model in most current pavement design methods. Many researches on the elastic multilayer were available from Burmister (1945), Acum and Fox (1951), Jones (1961), Wang Kai (1982), Zhong Yang (1992) etc. With the development of computer science and numerical methods, the pavement designing programs based on elastic multilayer, such as BISAR, CHEVRON, ILLI - PAVE, APDS97, have been released one after another since 1950s.

Geosynthetics (geotextiles or geogrids mainly) have been used as pavement reinforcement since 1970s. When installed at the correct location in pavement, the geosynthetics have shown the effect to minimize the development of ruts, cut down the thickness of pavement, eliminate or retard both fatigue and reflection crack comparing with traditional pavements. The design methods of reinforced pavement in earlier time were established mostly on the theory of soil mechanics (Barenberg, 1975, and Steward, 1977). With the advance in researches on the functions of geosynthetics, several design methods of reinforced pavements were published later based on the membrane effect, which is one of the basic functions of geosynthetics. In order to solve the non-linear membrane equation in those methods, Giroud and Noiray (1981), Raumann (1982), Espinoza (1994) assumed the shape of deformed geosynthetics to be certain geometry in their method, while Sellmerijer (1990), Sun Jun (1998) took the numerical methods.

In this paper a model has been proposed for geosynthetics reinforced pavement designing by coupling the membrane with elastic multilayer based on the boundary conditions of stress and strain.

2 DIFFERENTIAL EQUATION OF MEMBRANE REINFORCEMENT

The geosynthetics are often regarded as the membrane, which could not carry shearing and bending forces. The bearing capacity of membrane only depends on its tensile force. In order to avoid the non-linear property of membrane equation, it is assumed that the deflection of membrane is very small in the model.

The stress of membrane under axisymmetric load is shown in Figure 1. According to the equilibrium state in radial direction, we obtain

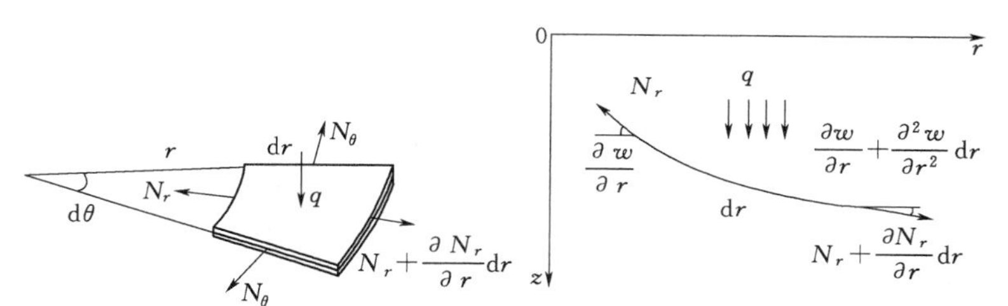

Figure 1　Stress of membrane

$$\left(N_r+\frac{dN_r}{dr}dr\right)(r+dr)d\theta-N_r dr d\theta-2N_\theta dr\frac{d\theta}{2}=0$$

Where N_r and N_θ are the radial and tangential tensile force of membrane, respectively. Expanding the equation above and only keeping the first derivative, we have

$$\frac{d}{dr}(rN_r)-N_\theta=0 \tag{1}$$

In the case of axisymmetric condition, the tangential tensile force N_θ is a constant ($N_\theta=T$). By substituting $N_\theta=T$ into equation (1) and calculating the integral, we will then obtain

$$N_r=T+\frac{1}{r}C$$

Because the N_r will not be infinity while $r\to 0$, the integral constant C must be zero ($C=0$). Then the radial tensile force N_r must also be constant,

$$N_r = T$$

According to the equilibrium state in vertical direction, we have

$$rq(r)\,\mathrm{d}\theta \mathrm{d}r - N_r r\,\mathrm{d}\theta \frac{\mathrm{d}w}{\mathrm{d}r} + \left(N_r + \frac{\mathrm{d}N_r}{\mathrm{d}r}\mathrm{d}r\right)\left(\frac{\mathrm{d}w}{\mathrm{d}r} + \frac{\mathrm{d}^2 w}{\mathrm{d}r^2}\mathrm{d}r\right)(r+\mathrm{d}r)\,\mathrm{d}\theta = 0$$

where $q(r)$ is the vertical load on the surface of membrane. Expanding the equation above and only keeping the first derivative gives

$$N_r \frac{\mathrm{d}^2 w}{\mathrm{d}r^2} + \frac{N_r}{r}\frac{\mathrm{d}w}{\mathrm{d}r} = -q$$

Substitution of $N_r = N_\theta = T$ into above equation gives

$$\frac{\mathrm{d}^2 w}{\mathrm{d}r^2} + \frac{1}{r}\frac{\mathrm{d}w}{\mathrm{d}r} = -\frac{q(r)}{T} \tag{2}$$

The equation (2) is the governing equation of membrane with which the deflection, the vertical load and the tensile force of membrane are related.

As for the reinforced pavement (Figure 2), the membrane is located at the interface of two layers, and the deformation of membrane must be equal to the deflection of the interface. The deformed membrane could take part of vertical load transferred from the upper layer, and consequently lighten the layers below. Thereby, the key of establishing reinforced pavement model is to couple the stress and strain boundary conditions of membrane and the elastic multiplayer.

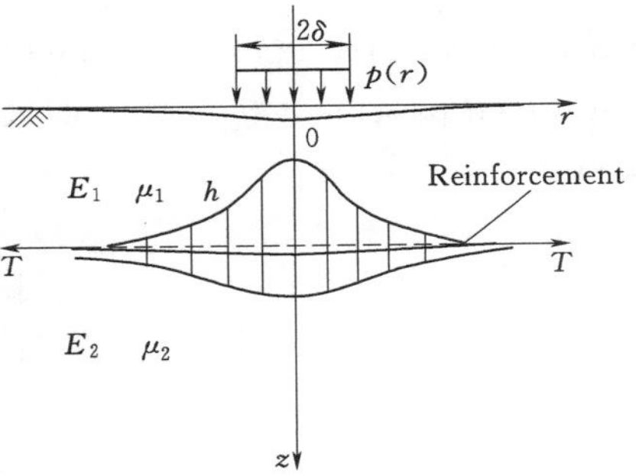

Figure 2 Reinforced clastic multilayer

3 SOLVING THE REINFORCED PAVEMENTS MODEL

3.1 The solution of elastic multilayer under axisymmetric load

For axisymmetric problem, the elastic multilayer can be solved by means of integral transform. The solutions of stress and strain could be written as,

$$\begin{cases} \sigma_{ri} = -\int_0^\infty \xi\{[A_i - (1+2\mu_i - \xi z)B_i]e^{-\xi z} + [C_i + (1+2\mu_i + \xi z)D_i]e^{\xi z}\}J_0(\xi r)\,\mathrm{d}\xi + \frac{1}{r}U_i \\ \sigma_{\theta i} = 2\mu_i \int_0^\infty (B_i e^{-\xi z} + D_i e^{\xi z})J_0(\xi r)\,\mathrm{d}\xi - \frac{1}{r}U_i \\ \sigma_{zi} = \int_0^\infty \xi\{[A_i + (1-2\mu_i + \xi z)B_i]e^{-\xi z} - [C_i - (1-2\mu - \xi z)D_i]e^{\xi z}\}J_0(\xi r)\,\mathrm{d}\xi \\ \tau_{zri} = \int_0^\infty \xi\{[A_i - (2\mu_i - \xi z)B_i]e^{-\xi z} + [C_i + (2\mu_i + \xi z)D_i]e^{\xi z}\}J_1(\xi r)\,\mathrm{d}\xi \\ u_i = -\frac{1+\mu_i}{E_i}U_i \\ w_i = -\frac{1+\mu_i}{E_i}\int_0^\infty \{[A_i + (2-4\mu_i + \xi z)B_i]e^{-\xi z} + [C_i - (2-4\mu_i - \xi z)D_i]e^{\xi z}\}J_0(\xi r)\,\mathrm{d}\xi \end{cases} \tag{3}$$

where $U_i = \int_0^{\infty} \{[A_i - (1-\xi z)B_i]e^{-\xi z} - [C_i + (1+\xi z)D_i]e^{\xi z}\} J_1(\xi r) d\xi$; A_i, B_i, C_i, D_i are the unknown integral constants.

3.2　The boundary conditions of reinforced pavement model

If the unknown integral constants A_i, B_i, C_i, D_i were found subjected to the boundary conditions of reinforced pavement model, the stress and strain expressions (3) are also the answers of reinforced pavement model.

Taking reinforced two layers pavement for example (Fig. 2), the stress boundary condition of first layer surface ($z=0$) can be expressed as

$$\begin{cases} \sigma_{z1}\mid_{z=0} = -p(r) \\ \tau_{zr1}\mid_{z=0} = 0 \end{cases} \tag{4}$$

Since the membrane effect is the only function taking into consideration when establishing reinforced pavement model, the boundary condition on the interface of two layers can be written as

$$\begin{cases} \sigma_{z1}\mid_{z=h} = q(r) + \sigma_{z2}\mid_{z=h} \\ w_1\mid_{z=h} = w_2\mid_{z=h} \\ \tau_{zr1}\mid_{z=h} = 0 \\ \tau_{zr2}\mid_{z=h} = 0 \end{cases} \tag{5}$$

3.3　The solution of reinforced pavement model

Let the membrane deflection be equal to the surface of second layer. The deflection of membrane can be written as

$$w_2(r) = -\frac{1+\mu_2}{E_2}\int_0^{\infty}\left\{[A_2 + (2-4\mu_2+\xi z)B_2]e^{-\xi z} + [C_2 - (2-4\mu_2-\xi z)D_2]e^{\xi z}]\right\} J_0(\xi r) d\xi$$

Since the deflection $w_2(r)$ will not be infinity while r, $z \to \infty$, the integral constants C_2 and D_2 must be zero ($C_2 = D_2 = 0$). The membrane deflection will be simplified as,

$$w_2(r) = -\frac{1+\mu_2}{E_2}\int_0^{\infty} [A_2 + (2-4\mu_2+\xi z)B_2]e^{-\xi z} J_0(\xi r) d\xi$$

Substitution of $w_2(r)$ into the equation (2) gives the load taken by the reinforce membrane

$$q(r) = -T\frac{1+\mu_2}{E_2}\int_0^{\infty} [A_2 + (2-4\mu_2+\xi z)B_2]e^{-\xi z} \cdot \xi^2 J_0(\xi r) d\xi$$

With $q(r)$ and the boundary conditions (4) and (5), the six equations can be obtained about the other six unknown integral constants. By solving these six equations, the six unknown integral constants can be got as

$$A_1=-\frac{\overline{p}(\xi)}{\Delta_F}\{2\mu_1 K_F-[K_F(2\mu_1-\xi h)+(1-2\mu_1+\xi h-K_F)\xi h]e^{-2\xi h}\}$$

$$B_1=-\frac{\overline{p}(\xi)}{\Delta_F}[K_F-(K_F-\xi h)]e^{-2\xi h}$$

$$C_1=-\frac{\overline{p}(\xi)e^{-2\xi h}}{\Delta_F}[(2\mu_1+\xi h)(K_F-1-\xi h)+\xi hK_F-2\mu_1(K_F-1)e^{-2\xi h}]$$

$$D_1=-\frac{\overline{p}(\xi)e^{-2\xi h}}{\Delta_F}[(K_F-1-\xi h)-(K_F-1)e^{-2\xi h}]$$

$$A_2=-\frac{\overline{p}(\xi)}{\Delta_F}\frac{(2\mu_2-\xi h)}{\overline{Z}}(2K_F-1)[(1+\xi h)+(1-\xi h)e^{-2\xi h}]$$

$$B_2=-\frac{\overline{p}(\xi)}{\Delta_F}\frac{1}{\overline{Z}}(2K_F-1)[(1+\xi h)+(1-\xi h)e^{-2\xi h}]$$

where $\overline{p}(\xi)=\int_0^\infty rp(r)J_0(\xi r)dr$; $K_F=\frac{(1-\mu_1^2)E_2}{2(1-\mu_2^2)E_1}\overline{Z}+\frac{1}{2}$; $\overline{Z}=1+\frac{2\xi T(1-\mu_2^2)}{E_2}$; T is the tensile force of reinforcement; h is the depth of first layer; E_i is the modulus of each layer; μ_i is the Poisson's ratio of each layer.

Once integral constants A_i, B_i, C_i, D_i are got, the stress and strain of reinforced pavement model will be obtained with equation (3).

4 DISCUSSIONS

Taking reinforced two layers pavement for example (Fig. 2), the reinforce effect of the pavement model is discussed in this section through numerical analysis.

For a reinforced pavement, the surface of pavement is loaded with a round area uniform load p with the radius of δ. The Poisson's ratios of two pavement layers are $\mu_1=0.25$ and $\mu_2=0.35$, respectively. The modulus and the depth are given in the non-dimension form as $E_2/E_1=0.1$ and $h/\delta=1$.

The stress and strain of model are listed in the form of stress or strain factors in Table 1, which are calculated at $T=0$ and $T=0.5p$. With these factors, the stress or strain components of model can be given by

$$\begin{cases}\sigma_{zi}=p\sigma_{zi}^0\\ w_i=2p\delta w_i^0/E_i\end{cases}\tag{6}$$

It can be seen from the numerical result listed in Table 1 that the surface deflections of both two layers will decrease with the tensile force of membrane increasing. The vertical stress on the surface of second layer is also seen decreasing with the tensile force becoming greater. The results of numerical example indicate that the membrane in the model have

Table 1 **Results of reinforced two layer elastic system**

Tensile force of membrane	The locations of stress or strain to be calculated					
	$(r,z)=(0,0)$		$(r,z)=(\delta,0)$		$(r,z)=(\delta,h)$	
	σ_{z1}^0	w_1^0	σ_{z1}^0	w_1^0	σ_{z2}^0	w_2^0
$T=0$	−1.000	4.752	−0.500	3.519	−0.1998	0.3493
$T=0.5p$	−1.000	4.253	−0.500	3.009	−0.1513	0.2788

taken parts of vertical load passing from upper layer and lighten the below layer.

5 CONCLUSIONS

Based on the study, the following conclusions may be drawn:

1. The reinforce effect is affected by the tensile force of reinforcement. Better reinforce effect will be got with greater tensile force. We can also conclude that high tensile modulus geosynthetics will provide better reinforce effect because of higher tensile force when stretching.

2. It is important for reinforced pavement to strain the geosynthetics and prevent the relative sliding between the geosynthetics and layers.

3. This paper proposed a reinforced pavement model and its solutions, taking reinforced two layers pavement for example. For the reinforced pavement with more than two layers, the model is also available by adopting the same boundary conditions and solving procedures.

REFERENCES

Acum W. E. A., and Fox L., "Computation of Load Stresses in A Three-Layer Elastic System", *Geotechnigue*, Vol. 2, pp. 293 - 300 (1951).

Burmister D. M., "The General Theory of Stress and Displacements in Layered Soil System". *Journal of Application Physics*, Vol. 16 pp. 89 - 94 (1945).

Espinoza R. D., "Soil - geotextile interaction: evaluation of membrane support", *Geotextiles and Geomembranes*, Vol. 13 pp. 218 - 293 (1994).

Giroud J. P. and Noiray L., "Geotextil - rienforced unpaved road design". *Journal of the Geotechnical Division. Proceedings of the American Society of Civil Engineerings*, Vol. 107 (GT9) pp. 1233 - 1254 (1981).

Raumann G., "Geotextiles in unpaved roads design considerations", *Proceedings Second International Conference on Geotextiles, Las Vegas. St. Paul, Minnesota: Industrial Fabrics Association International*, Vol. 2 pp. 417 - 422 (1982).

Sellmerijer J. B., Kenter C., Van den Berg C., "Calculation method for fabric reinforced road", *Proceedings Second International Conference on Geotextiles, Las Vegas. St. Paul, Minnesota: Industrial Fabrics Association International*, Vol. 2 pp. 393 - 398 (1982).

Sun Jun, Chi Jing - kuei, Cao Zheng - kang, Shi Jian - yong, *New type geosynthetics and engineering application*. China construction industry publishing house, Peking, pp. 217 - 225 (1998).

Wang Kai, "Static Calculation of N - Layer Elastic System Under Combined Loads Uniformly Distributed On Circular Areas", *China Civil Engineering Journal*. Vol. 25, No. 6, pp. 37 - 43 (1992).

Zhong Yang, Wang Zheren, Guo Dazhi, "Transfer Matrix Method For Solving Non - Axisymmetrical Problems In Multilayered Elastic Half Space". *China Civil Engineering Journal*. Vol. 25, No. 6, pp. 37 - 43 (1992).

Full-Scale Testing of the Site Damage of Geogrids

Wang Zhao Ph. D　Liu Wei　Yuan Renfeng　Nigel E Wrigley

WuHan University, Wuhan, 430072, P. R. of China;
wazh@public. wh. hb. cn
Qingdao Etsong Geogrids Co. , Ltd, Qingdao, Shandong, China;
liuwei@etsong－geogrids. com;
Beijing Orient Science & Technology Development Co. , Ltd. , Beijing, P. R. China;
eagleche@public. bta. net. cn;
New Grids Limited, Poole, England;
nigel@newgrids. com

ABSTRACT: When Geogrids are buried in earth structures some damage occurs. It is necessary to allow for this damage during design. To assess the allowances to be made full－scale installation tests with Geogrids and real fill materials are carried out to make it possible to measure the damage caused by different fill materials under a range of compaction conditions. A suitable test protocol for this is described in Annex D of BS8006: (ref) . This PAPER describes testing carried out according to the principles of this protocol to determine the Site Damage factors to be applied to a range of uniaxial geogrids from The Etsong Geogrids Co. , Ltd, Qingdao, PR China.

1　MATERIALS

1.1　Products

The range of products consists of five uniaxial, integral Geogrids, each made from a different thickness material. It was decided that all five products should be tested to ensure that accurate factors for each were obtained.

1.2　Fill Materials

BS8006 recommends that 3 different fill materials be used: Fine, Medium and Coarse. However, it is known that in the international market reinforced soil structures are built with a wide range of different materials. It was therefore decided that five fill materials that could be described as fine, mediumfine, medium, coarse and very coarse would be used for these tests.

The materials selected for use were crushed granite obtained from quarries local to Qingdao, where the tests were carried out. The standard output from these quarries did not include well-graded fill mixtures that matched the range required for test. Therefore various standard and selected fill grades from the quarry were blended in a large cement mixer to achieve the gradings shown in table 1 below. These gradings were selected to meet the requirements of Class 6I of Table 6/1 of the UK Specification for Highway Works (ref). This class of material is described as "well-graded granular fill for reinforced soil structures".

Table 1 Gradings of Fill Materials Used

Percentage by mass passing the size shown					
Sieve Size (mm)	Fill Description				
	Very Coarse	Coarse	Medium	Medium Fine	Fine
125	100				
100	85				
75	85	100			
53	75	85	100		
40	67.5	75	87.5		
31.5	62.3	68	78.8		
25	60.4	65.5	75.7	100	
20	59.7	64.7	74.7	99.2	
16	57.4	62.4	72.4	92.1	100
10	50	54.6	63.9	71.7	96.6
5	34.6	35.7	38	43.1	61.5
2.5	31	31.6	32.3	37.3	53.3
1.25	30.5	30.6	30.5	35.9	51.3
0.63	10.6	10.7	11	12.7	18.1
0.08	0.9	0.9	0.9	1.0	1.5

To illustrate the form of the particles of these fills Figure 1 is a photograph of a layer of the Coarse Fill before compaction.

2 TEST SITE LAYOUT

In order to accommodate the number of grids needed and 5 fill materials, the layout of the test site was as shown in Table 2. At both ends of the plan there were run-out areas at the same level as the finished fill. In accordance with BS8006 each type of grid in each grade of fill was to subjected to three levels of compaction: Standard, Over and

Figure 1 Coarse Fill before Compaction

Table 2 **Test Site Layout**

Fill Material	Product	Compaction		
		Standard	Over	Double
Fine	A			
	B			
	C			
	D			
	E			
Medium - Fine	A			
	B			
	C		5. 5m	
	D			
	E			
Medium	A			
	B			
	C		3. 5m	
	D			
	E			
Coarse	A			
	B			
	C			
	D			
	E			
Very Coarse	A			
	B			
	C			
	D			
	E			

Note Product A is the lightest in the range, Product E is the heaviest.

Double (see Section 3 below).

BS8006 calls for fill layers above and below the geogrid samples to be either 150mm or

1. 5x Maximum Particle Diameter whichever is the greater. For these tests this would have given a layer thickness of 187. 5mm. It was decided that a practical compromise for ease of construction would be 175mm. When laying the strips of geogrid across the site a small gap (>20mm) was left between adjacent strips to ensure that there was no overlap of adjacent samples.

3 COMPACTION OF THE FILL MATERIALS

BS8006 calls for the fill in the tests to be compacted in accordance with Table 6/4 of the UK Specification for Highway Works. This details the different types of compaction equipment that can be used with each class of fill and the number of passes required to achieve Standard Compaction. For these tests a suitable piece of equipment was determined to be a ride - on Vibratory Roller.

From the restricted number of such machines available for hire in the Qingdao area the following machine was selected:

• Front Vibratory Roll: Steel, weight 5. 4Te, width 2. 1m (2. 57Te/m)

• Rear Wheels: 2off, Rubber - Tired, weight 2. 8Te each

From Table 6/4 of the UK Specification for Highway works it was determined that Standard Compaction with this machine would require 4 passes at a speed of 2km/hr. Thus, Over Compaction would be 8 passes of the machine and Double Compaction would be 4 passes each on two layers of 175mm, all at a speed of 2km/hr. This machine is shown in action in Figure 2.

Figure 2 Compaction

4 CONSTRUCTION OF TEST

A level site was prepared in the grounds of the Qingdao Etsong Geogrids Co. Ltd manufacturing site. On this five test bays were constructed by laying and compacting level the required areas of the five different fills.

The geogrid samples were then carefully laid out and the required fill placed on them as shown in Fig. 3. Great care was taken to not disturb the position of the samples or damage them by walking or driving machinery on them before they were covered with fill. Sufficient fill was placed to give a finished layer thickness of 175mm ± 10mm. After compaction of the fill layers measurement of the finished thickness of the fill in the centre of each test area gave results of 172 - 175mm.

5 SAMPLE RECOVERY

The fill was removed from over the samples by hand as shown in Fig 4. Any areas of samples that were accidentally damaged by spades during recovery were marked and not used in tensile testing.

Figure 3　Placement of Fill on Geogrid Samples

Figure 4　Recovery of Geogrid Samples

6 SAMPLE EXAMINATION AND TEST

G=General Abrasion

x/S=Number of Slits

x/B=Number of Bruises

Three samples that were typical of the overall section were prepared from each section of damaged geogrid for visual assessment and tensile testing.

Under visual assessment the damage on each sample was classified in accordance with Annex D of BS 8006 into General Abrasion, Splits, Cuts and bruises. As an example, the results of the visual assessment for Product C samples are shown in Table 3 above. These results are typical of those found on all samples. I. e. all samples had general abrasion, many were bruised and some had split ribs. None had any cut ribs.

The samples were then tested in accordance with ISO 10319 (ref) . Also, two sets of control samples of undamaged geogrid that had been retained in the laboratory were tested to ISO 10319. A summary of the results obtained for Product C is shown in Table 3 below.

The highest factors for all products are shown in Table 5 below. Also, so that these figures can be accurately related to the design situation, the nominal maximum particle diameter for each fill grading is given.

Table 3 **Visual Assessment: Product C**

Fill Materials	Sample	Standard Compact	Over Compact	Double Compact
Fine	1	G	G	G
	2	G	G	G
	3	G	G	G
Med – Fine	1	G	G	G
	2	G	G	G
	3	G	G	G
Medium	1	G 3/B	G 4/B	G 3/B
	2	G 3/B	G 2/8	G 2/8
	3	G 1/B	G 4/B	G 1/B
Coarse	1	G 2/B	G 5/B	G 3/B
	2	G 5/B	G 1/B	G 3/B
	3	G 1/S 3/B	G 3/B	G 6/B
Very Coarse	1	G 4/B	G 5/B	G 6/B
	2	G 4/B	G 1/S 9/B	G 1/S 11/B
	3	G 4/B	G 5/B	G 7/B

Table 4 **Tensile test Results for E'GRID 90R**

Fill/Compaction	Peak Load (kN)	Standard Deviation	Strain at maximum load (%)	Remaining Strength Efficency (%)	Damage Factor
CONTROL	19.28	0.015	10.14		
CONTROL	18.70	0.049	10.09		
Fine/Over	18.60	1.017	9.25	96.50	1.036
Fine/Standard	19.03	0.107	9.88	98.71	1.013
Fine/Double	18.36	0.204	9.77	95.23	1.050
Med – Fine/Double	18.23	0.614	9.04	94.53	1.058
Med – Fine/Standard	18.52	0.363	9.14	96.04	1.041
Med – Fine/Over	18.55	0.450	8.85	96.23	1.039
Medium/Over	18.29	0.361	8.71	94.86	1.054
Medium/Standard	18.62	0.629	9.25	96.56	1.036
Medium/ Double	18.80	0.500	9.41	97.51	1.026
Coarse/Over	18.56	0.588	9.44	96.24	1.039
Coarse/Standard	18.67	0.219	9.64	96.85	1.033
Coarse/Double	18.41	0.858	9.06	95.47	1.047
V. Coarse/Over	17.11	1.005	8.63	88.76	1.127
V. Coarse/Standard	18.12	1.216	9.21	94.00	1.064
V. Coarse/Double	18.04	1.351	9.51	93.59	1.068

Notes:

1: In this table the figures given for "Peak Load" are the mean peak load for 3 samples. It can be seen that the two Control samples have sightly different values. This is to be expected when only three pieces are tested from each. In calculating the "Strength Retained" for the damaged samples, the strength of the damaged sample is compared with the higher of the two Control sample results and expressed as a % of this higher result.

3: The "Damage Factor" is 1/(Strength Retained) .

Table 5 **Highest Damage Factor for each product**

Fill		Product				
		A	B	C	D	E
Fine	=10mm	1.024	1.016	1.034	1.016	1.026
Med - Fine	=20mm	1.013	1.019	1.042	1.03	1.063
Medium	=50mm	1.032	1.036	1.038	1.056	1.046
Coarse	=75mm	1.051	1.058	1.032	1.104	1.096
V. Coarse	=125mm	1.128	1.051	1.11	1.096	1.071

7 OBSERVATIONS AND SELECTION OF DESIGN DAMAGE FACTORS

The following observations can be drawn from the results shown in Tables 3, 4 and 5:

A: There is a significant amount of visual damage on all samples, which is greater with coarser fill gradings.

B: The reductions in strength caused by the visual damage are quite low for all samples and all fills.

C: The magnitude of the strength reduction is more related to the fill grading than the product grade.

Applying an engineering judgement to the results shown in Table 5 gives the figures shown in Table 6 as suitable Damage Reduction Factors (RF_{ID}) for use with the products in design:

Table 6 **Damage Reduction Factors for use in Design**

Fill		Product				
		A	B	C	D	E
Fine	=10mm	1.05	1.05	1.05	1.05	1.05
Medium	=50mm	1.09	1.09	1.09	1.09	1.09
Coarse	=75mm	1.13	1.13	1.13	1.13	1.13
V. Coarse	=125mm	1.15	1.13	1.13	1.13	1.13

Note: The results for the 20mm and 50mm gradings in Table 5 are so similar that there is no need to diffenertiate between them in design.

REFERENCES

BS 8006: Strengthened/reinforced soils and other fills: British Standards Institution, London, England, 1995.

Specification for Highway Works: Manual of Contract Documents, Highways Agency, London, England, May 2002.

ISO 10319: Geotextiles - Wide - Width Tensile Test: International Standards Organisation, Geneva, Switzerland, 1993.

Application of Electro-Kinetic Geosynthetics in Reinforced Slope

Zhuang Yan - feng　Li Xia　Wang Zhao

School of Civil and Architectural Engineering, Wuhan University,
Wuhan 430072, China;
Zhuang0848@sina. com;
Lixia5276. student@sina. com;
wazh@public. wh. hb. cn

ABSTRACT: Electro-kinetic geosynthetics (EKG) is a kind of electrically conductive geosynthetics, which can introduce technique of electro - osmosis into the drainage by consolidation and slope reinforcement. From concept of energy consumption, an electro - osmotic consolidation theory named energy level gradient theory is brought out in this paper. The theory is completed via comparing the energy consumption process of electro - osmotic consolidation with preloading consolidation and vacuum consolidation. It gives birth to the formulae of electro - osmotic drainage pore water pressure consolidation settlement and electric current. Based on these formulae, a design procedure for the application of EKG in slope reinforcement engineering and a design example are presented.

KEY WORDS: EKG Electro - osmosis consolidation reinforcement energy level gradient

1 INTRODUCTION

Electro - kinetic geosynthetic (EKG) is a kind of electrically conductive geosynthetic, which can introduce Electro - kinetic technique into geosynthetic application. It can be widely used in the fields of reinforcement consolidation contaminated soil remediation etc (Zou et al, 2002) . Generally speaking, there are two ways to make geosynthetic electrically conductive: using the conductive synthetic directly or adding the conductive elements into geosynthetic. In these two ways EKG is homogeneous conductor and composite conductor respectively (Hamir et al, 2001) Research we've done focus mainly on the latter, so in this paper a design method for composite conductive EKG in slope reinforcement engineering is presented based on the electro - osmotic consolidation theory named energy level gradient theory presented hereinafter.

2 ENERGY LEVEL GRADIENT THEORY

Any type of consolidation drainage of soil is a course of energy consuming, so they are all the same in this aspect. The difference is the style of energy supplying. The energy for preloading consolidation comes from gravity field; the energy for vacuum consolidation is provided by the vacuum pump; and the energy for electro - osmotic consolidation comes from the electric field applied on the soil. From concept of energy consumption, Darcy's law: $q_h = -k_h i$ or $q_e = -k_e E$ under the hydraulic gradient i or electric gradient E just shows the linear relationship between the water flux and energy level gradient in the different ways (Esrig, 1968; Wan et al, 1976) . The problem of electro - osmosis is based on the following three assumptions:

(1) The electric field builds up an energy level scalar quantity field $w(t, z)$ in the soil. The field $w(t, z)$ is a spatio - temporal function and it has the dimension of power (watt or kilo - watt) . The difference between anode and cathode $w(t, H) - w(t, 0)$ can be the instantaneous output power of the electrical source;

(2) Drainage flux is proportional to energy level gradient:

$$q = -k_w\left(\frac{\partial w}{\partial z}\right) \tag{1}$$

Where q is unit area drainage flux (m/s); k_w is the proportion factor (m^2/w · s); w is energy level scalar quantity field (w) .

(3) Distribution and diffusion of energy level scalar quantity field obey the law of heat conduction equation as following:

$$C_V \frac{\partial^2 w}{\partial z^2} = \frac{\partial w}{\partial t} \tag{2}$$

Where C_V is the consolidation coefficient of soil m^2/s.

At the beginning, $t=0$, there is no electric field applied on the soil, the energy level is homogeneous, so this state can be the base of the energy level, assumed to be 0. When the electric field applied, the energy level on the cathode decrease to $-w_0$ instantaneously, and maintaining at this level under the force of the electrical source. At the closed anode, there is no drainage flux, so on assumption (2) we have $\frac{\partial w}{\partial z}\big|_{z=H} = 0$. So the initial and boundary condition of differential equation (2) can be summarized as following:

$$\begin{cases} t=0, 0<z<H: w=0; \\ 0<t<\infty, z=0: w=-w_0; \\ 0<t<\infty, z=H: \dfrac{\partial w}{\partial z}=0; \\ t=\infty, 0<z<H: w=-w_0 \end{cases}$$

Solving the equation we get:

$$w=\frac{4}{\pi}w_0\sum_{n=0}^{\infty}\frac{1}{2n+1}\sin\frac{(2n+1)\pi z}{2H}e^{-\frac{(2n+1)^2\pi^2}{4}T_V}-w_0 \tag{3}$$

Where H is the distance between anode and cathode (m); $T_V=\frac{C_V}{H^2}t$, is time coefficient, no dimension; $-w_0$ is the initial energy level of the cathode, so $w_0=v_0 I_0$.

Substituting $w_0=v_0 I_0$ into equation (3) and adopt the first term as approximation we get:

$$w\approx\frac{4}{\pi}\left(v_0\sin\frac{\pi z}{2H}\right)(I_0 e^{-\frac{\pi^2}{4}T_V})-v_0 I_0 \tag{4}$$

Where v_0 is electric potential difference between anode and cathode (V); I_0 is initial electric current (A).

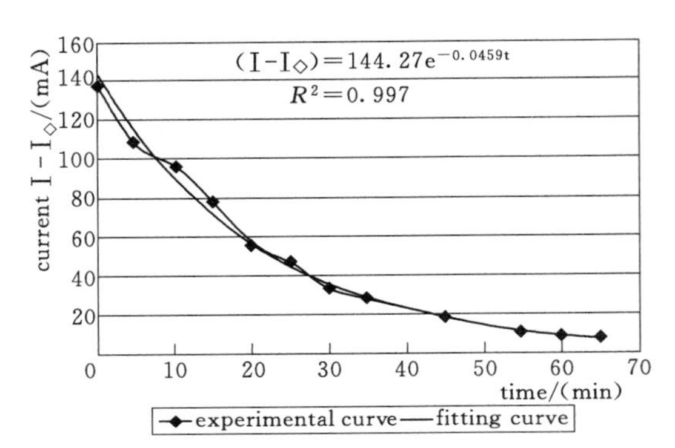

Figure 1　Electric current-time curve

Experiments show that decrease of electric current follows the negative exponential function (see Figure 1). Assuming there is no electric charge accumulating in the soil, continuity principle of electric current guarantees that electric current is not a spatio-function (Jia Qi-ming et al, 1985), so we assume that electric current can be expressed as following:

$$I=(I_0-I_\infty)e^{\frac{\pi^2}{4}T_V}+I_\infty \tag{5}$$

Where I_0 is initial electric current (A); I_∞ is final electric current (A).

From the form of expression (4) we conjecture that electric potential be expressed as

$$v=A(t)v_0\sin\frac{\pi z}{2H}+B(t) \tag{6}$$

From assumptions (5)·(6), based on electrical analyses we get:

$$v\approx\frac{4}{\pi}v_0\sin\frac{\pi z}{2H}-\frac{v_0 I_0}{(I_0-I_\infty)e^{-\frac{\pi^2}{4}T_V}+I_\infty} \tag{7}$$

From formulas (1)·(5) and (7). the expression of electro-osmotic drainage quantum can be got:

$$Q_0=\frac{4H^2}{\pi^2 C_V}k_w I_0\rho_0\left[1-e^{\frac{\pi^2 C_V}{4H^2}t_0}\right](I_0-I_\infty)+k_w I_0\rho_0 I_\infty t_0 \tag{8}$$

Where Q_0 is the quantum of electro-osmotic drainage within time $0-t_0$ (m^3); ρ_0 is the initial resistivity of the soil (Ω·m). Dimension analysis shows that $k_w I_0=k_e$, and considering the fact that I_∞ is small enough to be ignored, so formula (8) can be converted into:

$$Q_{0total}=\frac{4H^2}{\pi^2 C_V}k_e\rho_0[1-e^{-\frac{\pi^2 C_V}{4H^2}t_0}]I_0 \tag{9}$$

Where k_e is electric permeability coefficient ($m^2/v \cdot s$).

Electric resistance of electro - osmosis includes interface electric resistance $R_{interface}$ and soil electric resistance R_{soil}. Research shows that the interface resistance can be figure out by the expression

$$R_{interface} = \frac{k_j}{s_2}\left(\frac{1}{rat} - 1\right) \tag{10}$$

where k_j is interface resistivity between soil and EKG ($\Omega \cdot m^2$); $rat = \frac{s_1}{s_2}$ is the ratio of conductive area, no dimension; s_1 · s_2 is the area of electrode and soil respectively (m^2). (Details about this formula will be presented in another paper.) And from the conception of resistivity (Jia Qi - ming et al, 1985), soil electric resistance can be written as

$$R_{soil} = \rho_0 \frac{H}{s_2} \tag{11}$$

So the initial electric current can be figured out by the formula

$$I_0 = \frac{v_{source}}{R_{soil} + R_{interface}} \tag{12}$$

Where v_{source} is voltage of electrical source (v).

3 DESIGN METHOD FOR REINFORCED SOIL WITH EKG

The design method includes three aspects of reinforcement drainage and selection of electric apparatus. The design procedure includes following steps:

(1) Figure out the quantum of water Q_{0total}, need to be drained via electro - osmosis based on the requirement of moisture content ω for the treated soil;

(2) Find out the corresponding friction angle ϕ for the soil with ω moisture content and the friction angle ϕ_{sf} between the interface of soil and geosynthetics by tests;

(3) Follow the traditional steps of reinforcement design to decide the height of every reinforced zone H and the length of reinforce - geosynthetics l;

(4) Decided the number and space of EKG to be laid, and figure out the interface electric resistance $R_{interface}$ soil electric resistanc, R_{soil} and initial electric current I_0 via formulas (10) · (11) and (12) respectively;

(5) Check the drainage ability of EKG and calculate out the time needed for drainage. If the time is too long, make some adjustments properly (e. g. : increase the voltage increase the number of EKG reduce the laying space etc.);

(6) Considering about the source power, select the suitable electric equipment.

Design example:

Considering a slope of 20m long and 10m high, whose soil parameters are as following: $k_e = 5 \times 10^{-9}(m^2/v \cdot s)$ · $k_j = 1\Omega \cdot m^2$ · $C_V = 4 \times 10^{-7}(m^2/s)$ · $\rho_0 = 100\Omega \cdot m$ · the initial moisture content is 30% · dry density is 1.4g/m^3; voltage of electrical source is 40V.

(1) Based on the requirement of the engineering, after the consolidation the dry den-

sity will be 1.55g/m^3, the moisture content will be 23%, so the drainage of electro - osmosis is

$$Q_0=\frac{1400\times20\times5\times10\times(0.3-0.23)}{1000}=98(\mathrm{m}^3)$$

(2) · (3) is the traditional reinforcement design and the results of reinforcement design are height of reinforced zone $H=1\mathrm{m}$, length of reinforce - geosynthetics $l=5\mathrm{m}$, so the slope is divided in to 10 reinforced zones.

(4) Via the lab test, we got $k_j=1\Omega\cdot\mathrm{m}^2$, substituting it into the formula (11) together with $s_2=20\mathrm{m}\times5\mathrm{m}=100\mathrm{m}^2$, we can figure out the $R_{interface}\sim rat$ curve (see figure 2) . We can see from the curve when $rat=0.01$ (corresponding $R_{interface}=0.99\Omega$), the trend of $R_{interface}$ decrease is very slow, further increasing *rat* is inefficient. Every composite conductive EKG has 4 conductive fibers whose diameter is 1mm; to meet the requirement of *rat*, the laying space is set as @1m. And on every reinforced layer there are 20 EKG, total conductive fibers are 80, $rat=0.0126$, and corresponding $R_{interface}=0.78\Omega$. Electric resistance of soil in each zone is $R_{soil}=100\times\frac{1}{20\times5}=1\ (\Omega)$; initial electric current of each zone is $I_0=\frac{40\mathrm{V}}{1\Omega+0.78\Omega}=22.47\mathrm{A}$

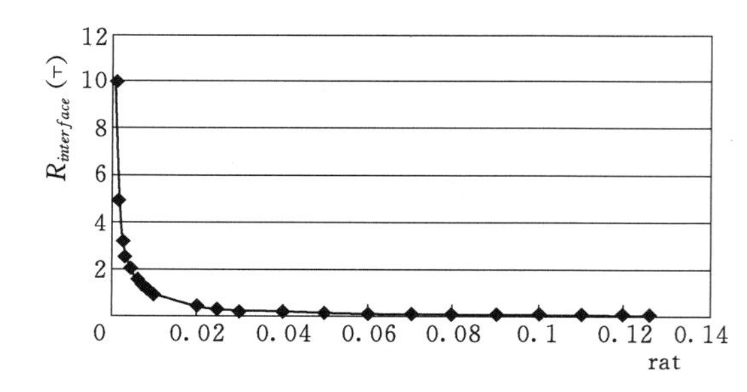

Figure 2　$R_{interface}-rat$ curve

(5) Calculate the consolidation time

$Q_{0\ total}=98(\mathrm{m}^3)$, so drainage of each zone is $Q_0=\frac{Q_{0total}}{10}=9.8(\mathrm{m}^3)$, substitute it into formula (9), we get the consolidation time $t_0=1998623\mathrm{second}\approx23\mathrm{day}$, degree of consolidation $U=(1-e^{-\frac{\pi^2}{4}T_V})\times100\%=86\%$.

(6) Initial total electric current is the sum of each zone, so we have $I_{0total}=10\ I_0=224.7\mathrm{A}$. Based on the requirement of v_{source} and I_{0total}, we can choose a DC source of 40V×225A or two of 40V×115A.

4　EPILOGUE

EKG is a promising material in the geotechnical engineering. This paper focuses mainly on the application of EKG in the reinforcement and consolidation engineering. At the first stage of our research the composite conductive EKG (copper wires and plastic wick) was used, and now we have the electric conductive plastic to make homogeneous conductive EKG. Research is still going on.

REFERENCES

Esrig M. I. Pore Pressure, "Consolidation and Electro - osmosis" . *Journalof the SMFD*, ASCE, 94

(SM4), pp. 899 - 921 (1968).

Hamir R. B. and Jones C. J. F. P. and Clarke B. G., . "Electrically Conductive Geosynthetics for consolidation and Reinforced Soil", *Geotextiles and Geomembranes*, No. 19, pp. 455 - 482 (2001).

Jia Qi - ming and Zheng Yong - ling and Chen Ji - yao, *Electromagnetism*, High Education Publishing House, (1985).

Wan T. Y. and Mitchell J. K. Electro - osmotic Consolidation of Soil, *Journal of the Geotechnical Engineering Division*, 102 (GT5), pp. 473 - 491 (1976).

Zou Wei - lie and Yang Jin - xin and Wang Zhao, Design Methods of Electro - Kinetic Geosynthetics for Consolidation and Soil Reinforcement, *Chinese Journalof Geotechnical Engineering*, Vol. 3, No. 24, pp. 319 - 322 (2002).

土工合成材料的蠕变特性和试验方法

王　钊[1,2]　李丽华[1]　王协群[3]

（1. 武汉大学　土木建筑工程学院，湖北武汉　430072；
2. 清华大学　土木水利学院，北京　100084；
3. 武汉理工大学　土木建筑工程学院，湖北武汉　430071）

摘　要： 蠕变是土工合成材料应用于永久性加筋土结构中的重要特性。较详细地介绍了蠕变的机理和影响因素、试验仪器、操作步骤和试验成果的整理方法，以及为减短试验持续时间而推荐的时温叠加法和分级等温法，比较了不同规范的要求，同时还简要介绍了土工合成材料的动力蠕变试验和土工泡沫及土工合成材料粘土垫层的蠕变试验以及铺设破坏与蠕变结合的试验，给出了对蠕变研究的一些建议。

关键词： 蠕变；试验；土工合成材料

中图分类号： TU 472　　**文献标识码：** A　　**文章编号：** 1000－7598－（2004）05－723－05

Creep Properties and Testing Methods of Geosynthetics

WANG Zhao[1,2]　LI Li－hua[1]　WANG Xie－qun[3]

（1. Wuhan University，Wuhan 430072，China；2. Tsinghua University，Beijing 100084，China；3. Wuhan University of Technology，Wuhan 430071，China）

Abstract：Creep is an important property of geosynthetics for its application in any permanent reinforced structures. The principles and effect factors of creep，testing equipments and operating procedures，time－temperature superposition and stepped isothermal method for decreasing the lasting time of creep test and a comparison of different cords are presented. Meanwhile，dynamic creep test，creep tests of geoform and geosynthetics clay liners and combined analysis of installation damage and creep are briefly introduced. Finally，some suggestions about research on creep of geosynthetics are given.

Key words：creep；test；geosynthetics

1　前言

土工合成材料由聚合物组成，其蠕变特性影响着加筋土结构的长期性状，蠕变或应力释放可能引起加筋土结构内部应力状态的改变，导致丧失稳定或过大的变形。因此，预测土工合成材料筋材的长期蠕变对于结构的安全性、经济性至关重要。当土工合成材料应用

本文发表于 2004 年 5 月第 25 卷第 5 期《岩土力学》。
本文为国家自然科学基金资助项目成果（NO. 50279036）。

于加筋土结构时，土工合成材料的容许抗拉强度取决于蠕变、化学剂破坏、铺设时机械破坏和生物破坏等诸多因素，其中，蠕变引起的抗拉强度折减系数最大，例如，聚丙烯无纺织物的折减系数达到5[1]。过大的折减系数限制了一些土工合成材料在加筋土结构中的应用。从大量试验成果看到，在比抗拉强度 T 小很多的拉伸荷载作用下，试样最终被拉断了。例如，聚丙烯有纺织物在40%T荷载的作用下，396h后被拉断，拉断时应变达123%；聚丙烯双向格栅 Tensar SS1 在40%T荷载的作用下，1196h后拉断，拉断时应变达62%[2]。我国一些加筋土挡墙出现墙面板鼓肚现象，有的倒塌于建成几年以后，分析原因是和土工合成材料的蠕变现象有关。实际上，对蠕变特性的研究一直没有终止，而且越加重视。这一点从国际土工合成材料学术会议的相关论文数量上可以看出来，1990年第四届会议关于蠕变的论文有6篇，其后，第五届、第六届论文分别递增至7篇和8篇，到2002年的第七届会议，论文增加至12篇。与研究的趋势相应，美国的ASTM、英国的BS和国际标准化协会ISO，以及我国的水利部SL也在发布和不断改进关于蠕变试验的标准[3-6]。

本文试图综述土工合成材料蠕变试验的进展，以利于进一步的应用和研究。

2 蠕变机理与影响因素

2.1 概念

蠕变是指在长期固定荷载作用下，材料的变形随时间增长的现象。土工合成材料的原料主要有聚酯（PET）、聚乙烯（PE）、高密度聚乙烯（HDPE）和聚丙烯（PP），这些热塑性材料本身具有粘弹性特点，在不变拉伸荷载的作用下，拉应变值不是唯一的，而是随荷载的作用时间不断地发展，有几个重要的指标影响聚合物的蠕变特性。

第1个指标是玻璃化温度 T_g。它是指非晶态聚合物从玻璃态向高弹态转变的临界温度，不同聚合物的 T_g 是不同的。例如，PET的 T_g 约75℃，PP的 T_g 在−10～15℃，HDPE的 T_g 约−80℃。当聚合物的环境温度低于其 T_g 时，聚合物中的非结晶区的分子处于冻结状态，分子键不易移动，蠕变性低，故聚酯的蠕变性远低于聚丙烯和聚乙烯[7]。

第2个指标是拉伸取向。聚合物的拉伸过程分3个阶段，第1阶段为弹性阶段；过屈服点后进入第2阶段，应力-应变曲线呈水平；当应变达一定值后，应力又随应变而增长；因此，聚合物原料应拉伸到位，进入第3阶段，后期蠕变就不明显。所谓取向是指使分子键定向排列，这时聚合物呈各向异性，取向方向的强度大大提高了。

第3个指标是分子量。聚合物的分子量不是一个常数，而是一个平均值，要使聚合物具有一定的强度，其分子量必须达到一定的数量以上，此外，对分子量的范围也有严格的要求，分布范围过宽将影响分子的取向，特别是在格栅的结点处。

以上3个影响蠕变的指标涉及产品的原料和加工质量。换句话讲，蠕变试验是检验土工合成材料产品质量的最有效的指标。

2.2 影响蠕变的因素

影响蠕变的因素除聚合物的种类外，还与荷载水平（试验中筋材所受拉力与抗拉强度之比）、筋材结构、温度、损伤及侧限条件有关[7]。聚合物不同时，蠕变性质相差很大，比如，PP织物的变形率约为PET织物的10倍左右，这一倍数不受侧限（织物平面两侧）压力影响，而材料相同、结构不同、工艺不同的织物，蠕变特性相似[8]。

在亚热带和热带地区，土工合成材料的温度有可能高达40℃以上，文献［9］报道了PET有纺格栅40℃和60℃温度下的蠕变试验。试验是在50mm直径的玻璃管中进行的。结果表明，对短期的抗拉强度，40℃和20℃没有差别，而60℃比20℃下降约5%；与20℃的长期强度（114年）比较，40℃下降约4%，60℃下降约8%～10%。美国州公路和运输管理人员协会（AASHTO）对PP材料的有纺织物进行了试验，荷载水平为0.5，选取温度分别为20℃、40℃、60℃。试验结果表明，当应变超过20%时，不同温度下的蠕变迥然不同，在40℃、60℃状态下，当伸长率接近80%时，试样发生破坏；而20℃状态下看不到试样破坏，可以得出结论，聚烯烃蠕变受温度影响很大。文献［10］比较了PP和PE无纺织物在10℃、30℃的蠕变特性，得到相同结论。

温度通过影响分子间的连接来影响土工织物的蠕变特性，温度对PP，HDPE蠕变特性的影响比PET大[11]。

土工织物的蠕变特性还随荷载水平的不同而不同。AASHTO对长纤维无纺织物NW_3（PET），NW_4（PP）和有纺织物W_2（PP）进行了不同荷载水平的蠕变试验。结果表明，NW_3受荷载水平影响很小，而NW_4与W_2受荷载水平影响很大，当荷载水平增加时，需要很长时间和较大变形才能使变形率达到一个稳定值[7]。

当土工织物受到土侧限时，两者间的摩擦阻力降低了土工织物的蠕变性。尤其在初步蠕变阶段，侧限大大减小了蠕变现象。AASHTO进行的有侧限试验，温度为20℃，织物法向的侧限压力为0～200kPa，以50kPa一级逐渐地递加，试验结果为：PET长纤维无纺织物和PP有纺织物的蠕变几乎不受侧压的影响，而PP长纤维无纺织物的蠕变伸长率减小。由此可见，侧限不影响不同结构织物的蠕变，但对PP材料的无纺织物有影响[7]。

下文进一步分析侧限对蠕变的影响。

3　蠕变试验方法的比较

蠕变试验一般依据规范进行。现对ASTM、BS和ISO等标准中关于蠕变的试验方法进行比较，其相同之处有：都是在无侧限条件下的试验，即在空气中的试验；施加的荷载精度均为±1%；SL和ASTM中计算应变公式和图表相同；标准的蠕变曲线是应变随时间变化的曲线：

$$\varepsilon=(\Delta L\times 100)/L_g \tag{1}$$

式中　ε为蠕变应变（%）；ΔL为加预拉荷载至测读时间的伸长量（mm）；L_g为初始计量长度与预拉荷载伸长量之和（mm）。

对于土工格栅，按下式计算单宽荷载：

$$a=(F/N_R)N_T \tag{2}$$

式中　a为单宽荷载（kN/m）；F为施加的荷载（kN）；N_R为试样的肋条数；N_T为单位宽度的肋条数。它们的不同之处是：对试验持续的时间，BS要求不小于10000h，其他标准均要求≥1000h，BS的L_g不包括预拉荷载伸长量。其它的不同之处列于表1。此外，大多试验成果还提供了试样的初始应变和蠕变曲线中直线段的斜率（蠕变率），有的试验还给出了抗拉模量与时间对数的关系曲线以及等时曲线（某一时间的单宽荷载与应变的关系曲线）[2]。

表 1　　蠕变试验标准的比较

Table 1　　A comparison of codes on creep test

标准名称	温度/℃	湿度/%	伸长量精度/mm	试样尺寸/mm	预拉荷载/N	荷载水平/%
SL/T 235—1999	20±2	60±10	0.003	土工织物宽200或100，土工格栅纵向1根筋条	$T\leqslant17.5$kN/m取45 $T\geqslant17.5$kN/m取1.25%T，且≤300	20，30，40，60
ASTM D5262—97	21±2	50～70	≤0.003	宽200，长至少200，长取决于夹具型号	$T\leqslant17.5$kN/m取45 $T\geqslant17.5$kN/m取1.25%T，且≤300	20，30，40，60
BS 6906：Part5，1991	20±2	65±2	应变精度为0.2%	宽50，长足够	(1.0±0.2)%T	20，30，40，60
ISO 13431：1999年（E）	20±2	65±2	计量长度的0.1%	颈缩明显的宽200，格栅不少于3个完整单元，其他用技术宽度	1.0%T且不超过蠕变荷载的10%	从5，10，20，30，40，50，60选取四种

注　T为抗拉强度；SL是引用ASTM D5262—95制定而成。应变计算中，BS和ISO中不计预拉应变。

4　侧限条件下的蠕变特性

首次进行的侧限蠕变试验是在试样的两侧加装钢盒，使织物每侧与10mm厚的砂层接触，并用气动装置施加侧向压力。试验发现，随侧向压力增大，蠕变减小，特别是无纺织物[12]。文献[13]中织物在砂土中的拉伸试验，压力（75kPa、150kPa）借助杠杆用砝码施加、拉力用砝码施加，织物拉力取$(T_1+T_2)/2$，应变则通过固定在织物上，并伸出盒前后边缘的测针量测，参见图1。试验结果也表明，在压力作用下，无纺织物的蠕变减小比有纺织物大，考虑到沿织物平面的排水性能，无纺织物亦可作为筋材。

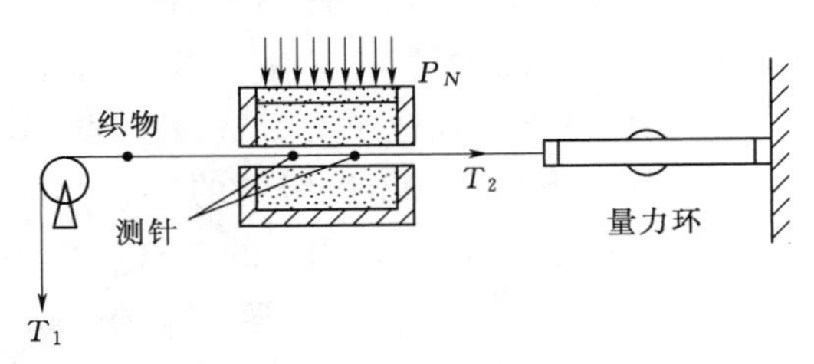

图1　土工织物在土中的蠕变试验

Fig.1　Creep test of geotextile in soil

文献［14］介绍的无纺织物室内模型试验表明，在侧限压力100kPa、200kPa作用下，蠕变应变明显减小。为了模拟土中织物拉力和应变的变化，假设变形沿织物在土中的长度呈线性变化、因摩擦而减小的拉力呈抛物线变化，并将土的摩擦力从拉力中分离开来。文献［15］提交了现场蠕变试验的结果。用砂填起一个高3m的坡，使坡中的无纺织物试样承受10kPa和50kPa的侧限压力，织物拉力借助安装于堤外的框架、滑轮和砝码施加，加载1000h，砂中装有土压力盒，8个固定于织物上的定位标记和拉伸应变仪。试验发现：应变沿织物长呈线性分布；

因侧限作用织物的初始应变可忽略不计；试样和侧限介质的摩擦力降低了沿拉伸方向的蠕变荷载水平；侧限条件下的应变比无侧限条件下的应变明显要小；蠕变率随时间减小，但比无侧限条件下要大。

5　时温叠加法和分级等温法

由于常规的蠕变试验须持续长达1000h以上，控制环境的温度、湿度等条件，使试验耗时长、费用高。时温叠加法（TTS）和分级等温法（SIM）是加速蠕变试验的方法。

（1）TTS（Time Temperature Superposition）法[16,17]

TTS方法即常规的时温叠加法。选取一种参考温度如 $T_1=20℃$，在不同级别的升高温度，如 $T_2=40℃$，$T_3=60℃$，$T_4=80℃$ 条件下，施加同一种荷载水平，完成较短历时的蠕变试验，并绘制应变和时间的关系曲线（参见图2），把每种升高温度下的曲线沿水平轴移动，光滑接在较低温度的曲线上就得到更长历时的蠕变主曲线。为了不改变材料的物理特性，试验的温度须超过其玻璃化温度，而低于熔点温度。沿时间轴移动的水平距离 a_t 可由WLF方程（Williams，Landel，Ferry发展了一种经验方程）确定：

$$\log(a_t)=-C_1(T_i-T_g)/(C_2+T_i-T_g) \tag{3}$$

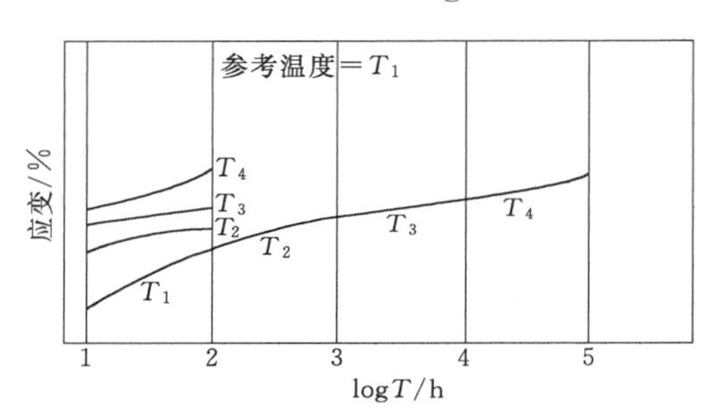

图2　时温叠加法（TTS）示意图

Fig. 2　A schematic diagram of TTS

式中　C_1，C_2 为常量，依据聚合物类别的不同有轻微的差别；T_i 为变化的温度；T_g 为材料的玻璃化温度。

TTS加速蠕变试验首先应用于塑料管（Task Force，Guidelines，1989年），其后，不同研究者研究温度对蠕变的影响，其影响主要与聚合物分子结构、生产工艺和分子取向性等因素有关，例如，PET具有较强的分子粘结力，受温度的影响小于PP和PE材料，因此，导致PET材料的TTS过程具有不确定性，以至需要反复试验确定 a_t，确定应变曲线的准确位置。

（2）SIM（Step Isothermal Method）法[18,19]

该法是一种新型的TTS法，沿用了沿水平轴移动得到主曲线的原理，克服了常规法和TTS法的缺点，加速了蠕变试验过程、降低了试验费用，且效果好。SIM方法是在同一种荷载水平下做不同温度级别的试验，每个不同温度级别的试验持续2h，两种温度级别的升高时间仅需1min。用到的器材和设备与常规试验一样，仅多一个能装加载框架和夹具系统的温度控制箱。从加速试验的数据可得到一种在不同温度下的唯一的主曲线。由于仅用一个试样得到主曲线，故不存在 a_t 的不确定性，也就不存在试样间的差别。

SIM是用并列的蠕变曲线得到主曲线。画出每种增加的温度下的图形后，通过调整每种温度级别开始的时间，把不同温度段的曲线图连接起来得到主曲线。参考温度下的第1段图不需要调整，接着的第2段图要考虑先前蠕变的影响。如果完成得正确，则会使每种温度级别的图形的最初的斜率与前一段图末尾的斜率相匹配。连接每一段后成为一条主曲线。每段相对参考温度移动的水平距离就是那种温度下 a_t 的对数值。

6 其他蠕变试验

本节简单介绍动荷载作用下土工织物的蠕变性质、土工泡沫和土工合成材料粘土垫层（GCL）的蠕变试验，以及铺设破坏与蠕变结合的试验。

路面加筋、交通荷载和波浪作用下的加筋挡土墙和边坡等，常承受动力或往复荷载。文献［20］选用PP无纺织物、PET有纺织物和HDPE格栅在一定的荷载（≤50%T）反复作用下（每次作用和间隔的时间均为0.5min），次数为1000次，得到不同作用次数的荷载与应变的曲线。根据设计应变，例如PP无纺织物为5%，可以查得某个作用次数下对应的荷载。

GCL常用于垃圾填埋场和渠道的防渗垫层，其蠕变决定了运行的可靠性。对针刺和缝合加固的三种GCL试样完成了1000h的蠕变试验，在60%T荷载作用下，未发现纤维断裂或拔出现象，在30%T荷载作用下，外推至114年，试样伸长不超过10mm[21]。

土工泡沫用于刚性挡土墙墙背的填料，可减小土压力。文献［22］用有限元法和一个10m高挡土墙的实测资料分析土工泡沫蠕变的影响。当迅速加载时横向应力最大，随着蠕变的发展，土压力明显减小，小于静止土压力，甚至小于主动土压力。在沿墙高只铺部分土工泡沫的情况，可分析出拱效应，但最好是铺设整个高度，不仅土压力减小，且合力作用点下移。

土工合成材料的耐久性受铺设时的机械破坏和蠕变的影响，设计时分别给抗拉强度以折减系数，文献［23］对不同土工合成材料进行拉伸、蠕变试验，并通过室内模拟施工破坏和挖出已铺设的材料再试验等方法，分析对材料短期和长期特性的影响，得出结论，用传统的设计方法明显趋于保守。

7 结语

（1）蠕变特性主要取决于原材料种类和荷载水平，可用于评价产品的质量和确定容许抗拉强度；

（2）继续开展土工合成材料在土的侧限压力下蠕变特性的研究，例如，受界面摩擦力的影响，材料在土中承受的实际荷载如何测量和计算；

（3）对不同聚合物的筋材和对长期强度与变形有具体要求的加筋土结构，给出更准确的蠕变折减系数；

（4）完善和创新加速蠕变试验的方法；

（5）希望能看到已出现大变形、甚至已倒塌加筋土建筑的报道和原因分析的文章；

（6）土工合成材料的生产厂家和检测机构必须对筋材进行蠕变试验，提供规定荷载水平下的长期蠕变特性；对用充填物改性的聚合物产品和不同聚合物共混改性的产品，更应具有权威检测机构出具的蠕变特性报告。

参考文献

［1］ Task Force #27. Guidelines for the Design of Mechanically Stabilized Earth Walls ［M］. Washington：AASHTO AGC－ARTBA Joint Committee，1991.

[2] 王钊．土工合成材料的蠕变试验［J］．岩土工程学报，1994，16（6）：96－102.
[3] ASTM. D5262（1997），Standard Test Method for Evaluating the Unconfined Tension Creep Behavior of Geosynthetics［S］.
[4] BS6906（1991）．Methods of test for Geotextiles［S］.
[5] ISO 13431（1999），Geotextiles and Geotextile－Related Products－Determination of Tensile Creep and Creep Rupture Behavior［S］.
[6] 中华人民共和国水利部．土工合成材料测试规程［M］．北京：中国水利水电出版社，1999.
[7] 王钊．国外土工合成材料的应用研究［M］．香港：现代知识出版社，2002.
[8] Levacher D，Blivet J G，Msouti F. Tensile and creep behavior of geotextiles［A］．Proceedings of 5th International Conference on Geotextiles，Geomembranes and Related products［C］．Singapore：［s. n.］，1994，1131－1134.
[9] Hoedt G D，Voskamp W，Heuvel C J M. Creep and time to rupture of polyester geogrids at elevated temperatures［A］．Proceedings of 5th International Conference on Geotextiles，Geomembranes and Related products［C］．Singapore：［s. n.］，1994，1125－1130.
[10] Rochholz J M，Kirschner R. Creep of geotextiles at different temperatures［A］．Proceedings of 4th International Conference on Geosynthetics［C］．Netherlands：The Hague，1990，657－659.
[11] Chang D T，Chen C A，Fu Y C. The creep behavior of geotextiles under confined and unconfined conditions［A］．Proceedings of International Symposium on Earth Reinforcement［C］．Japan：Fukuoka. Kyushu，1996.
[12] McGown A，Andrawes K Z，Kabir M H. Load extension testing of geotextiles confined in soil［A］．Proceedings of 2nd International Conference on Geotextiles［C］．USA：Las Vegas，1982，793－798.
[13] 王钊．土工织物的拉伸蠕变特性和预拉力加筋堤［J］．岩土工程学报，1992，14（2）：12－20.
[14] Wu C S，Hong Y S. Creep behavior of geotextile under confining stress［A］．Proceedings of 5th International Conference on Geotextiles，Geomembranes and Related Products［C］．Singapore：［s. n.］，1994，1135－1138.
[15] Becker L D B，Nunes A L L S. Confined creep of geotextile in a compacted sand fill［A］．Proceedings of 7th International Conference on Geosynthetics［C］．France：Nice，2002，1519－1522.
[16] Farrag K. Development of an accelerated creep testing procedure for geosynthetics，Part 1：Testing［J］．Geotechnical Testing Journal，1997，20（4）：414－422.
[17] Farrag K. Development of an accelerated creep testing procedure for Geosynthetics，Part 2：Analysis［J］．Geotechnical Testing Journal，1998，21（1）：38－44.
[18] Thornton J S，Baker T L. Comparison of SIM and conventional methods for determining creep－rupture behavior of a polypropylene geotextile［A］．Proceedings of 7th International Conference on Geosynthetics［C］．France：Nice，2002，1545－1550.
[19] Baras L C S，Bueno B S，Costa C M L. On the evaluation of stepped isothermal method for characterizing creep properties of geotextiles［A］．Proceedings of 7th International Conference on Geosynthetics［C］．France：Nice，2002，1515－1518.
[20] Kabir M H，Ahmed K. Dynamic creep behavior of geosynthetics［A］．Proceedings of 5th International Conference on Geotextiles，Geomembranes and Related products［C］．Singapore：［s. n.］，1994，1139－1144.
[21] Koemer R M，Sony T Y，Koener G R，Contar A. Creep testing and data extrapolation of reinforced GCLs［J］．Geotextiles and Geomembranes，2001，19（7）：413－425.
[22] George P M. The influence of geoform creep on performance of a compressible inclusion［J］．Geo-

textiles and Geomembranes, 1997, 15: 121-130.

[23] Lopes M P, Rocker C, Lopes M C. Experimental analysis of the combined effects of installation damage and creep of geosynthetics - new results [A]. Proceedings of 7th International Conference on Geosynthetics [C]. France: Nice, 2002, 1539-1544.

三维土工网垫设计指标的研究

肖衡林　王　钊　张晋锋

（武汉大学土木建筑工程学院，湖北武汉　430072）

摘　要： 三维土工网垫作为一种新型的坡面防护植草材料，在土木工程各领域得到广泛的应用。然而三维网垫的选择研究却远远落后于应用。不同强度、厚度、开口尺寸的网垫产品的抗冲刷与植被性能是不一样的。首先，从水力学、土力学、水文学及工程力学等方面推导了网垫强度公式；其次从网垫厚度测量及网垫厚度对长草的影响得出网垫的较优厚度；最后，通过冲刷模型试验得到了合理的网垫开口尺寸，在一定程度上解决了三维网垫设计指标的选择问题。

关键词： 三维土工网垫；强度；厚度；开口尺寸

中图分类号： TU472　**文献标识码：** A　**文章编号：** 1000－7598－（2004）11－1800－05

Study on the Design Indexes of Three Dimensional Geomat

XIAO Heng－lin　WANG Zhao　ZHANG Jin－feng

（School of Civil and Architectural Engineering，Wuhan University，Wuhan 430072，China）

Abstract： Three dimensional geomat，as a new kind of geosynthetics for slope protection and planting，has been widely used in many fields of civil engineering. However，there are many problems in the application of geomat，particularly the choice of products lags behind the application in the engineering practice by far. The products with different strengths，thicknesses and porosities have different performance of erosion－resisting and vegetation protection. In this paper，first，based on the knowledge of hydraulics，soil mechanics，hydrology and engineering mechanics，strength design formula of geomat is deduced. Further more，by analyzing the thickness measurement and the effect of thickness on planting，satisfactory thickness of geomat is obtained. At last，through the erosion model test，appropriate porosity of geomat is found. So the problem of design indexes of geomat is solved in a way.

Key words： three dimensional geomat；strength；thickness；porosity

1　引言

三维土工网垫植草在边坡防护与绿化工程中得到日益广泛的应用。然而，目前对三维

本文发表于 2004 年 11 月第 25 卷第 11 期《岩土力学》。

本文为水利部科技推广中心资助项目成果（No. 437201000081）。

土工网垫3个指标（土工网垫的强度、厚度及开口尺寸）的研究远远不能满足应用要求，导致三维土工网垫应用中出现许多问题。而3个指标对土工网垫的保土性能起决定性影响，因此，有必要对这3个指标进行定性和定量的分析。

2 三维土工网垫抗拉强度

2.1 三维土工网垫容许抗拉强度

三维网垫一般为聚乙烯（也有聚氯乙烯制成的），在使用时拉伸强度都会因不同因素而降低。强度的降低取决于高分子材料类型、产品的外形、所处环境以及承受应力大小。在此可以套用AASH TO 1996年的材料容许抗拉强度计算公式[1]。

$$T_a=\frac{T_u}{RF_{CR}RF_{ID}RF_D}=\frac{T_u}{RF} \tag{1}$$

式中 RF_{ID}为施工破坏折减系数；RF_{CR}为蠕变折减系数；RF_D为材料老化折减系数；RF为总折减系数；T_u为材料极限抗拉强度。

由于三维网垫没有上面几项折减系数的试验数据，故可以近似按照土工格栅的标准来选择折减系数的取值。一般来说，三维网垫底层都有一层拉伸网，近似土工格栅结构，所以这样取值是比较合理的。折减系数取值具体情况如下：

（1）机械破坏折减系数。在铺设三维网垫时，虽然没有重型机械在上面行驶，但有时（特别是在坡面较平时）会受到填土与拍实机具的损坏及可能受到超重填土的堆压作用，网垫的强度会有所丧失。由于网垫的克重较小，且网垫内填土颗粒较小，所以土工格栅机械破坏强度折减系数应为1.2。

（2）老化折减系数。聚乙烯等聚合物受氧化、温度、紫外线和土中高浓度金属离子作用，高分子材料的分子链被切断，强度降低。格栅试验资料表明，对于20℃，设计寿命为100年的情况老化折减系数可以降低至1.1。当网垫用于高陡边坡时（特别是岩石边坡），需要注意老化折减系数取值。为安全起见，三维土工网垫的老化折减系数取为1.1。

（3）蠕变折减系数。考虑三维网垫受力不大的缘故（相对土工格栅而言），蠕变折减系数取土工合成材料蠕变折减系数最小值1.1。三维网垫许可强度应该满足：

$$T_a=\frac{T_u}{RF}-\frac{T_u}{1.1\times1.1\times1.2}=\frac{T_u}{1.45} \tag{2}$$

2.2 三维土工网垫设计抗拉强度

网垫是通过锚钉和其与坡面的摩擦作用固定在坡面上，所受的力有：网垫自重（网垫内填土与网垫重）、雨滴击溅力、径流剪切力、坡面对网垫的摩擦力、坡面对网垫的支持力、锚钉的锚固力、施工荷载（在较缓的坡上，人有可能在上面走动及可能有轻型机械在上面移动）等。设锚钉沿坡面的间距为L，取出一个边长为L的单元体进行力学分析。同时，设单元体自重为G，受雨滴击溅力为Q，径流剪切力为T，坡面对单元体的摩擦力为F，坡面对网垫的支持力为N。受力情况如图1所示，图中d为网垫填土厚度。下面分别计算以上几种力的大小。

2.2.1 分力计算

（1）径流剪切力T

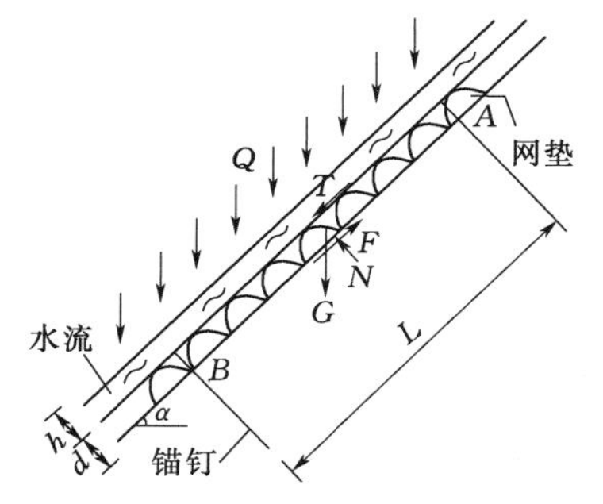

图 1　单元网垫体受力图

Fig. 1　Analysis of forces of element geomat

T 为坡面水流对坡面产生的剪应力。在这里把坡面水流简化为均匀明渠流[2,3]。近似地认为，坡面的水力半径和坡面径流深相等，推导得到 T 的计算公式为

$$\left.\begin{aligned} &T=\frac{C_1}{C^2}\gamma_w(L+2h)L\varphi px \\ &C=\frac{1}{n}R^y;C_1=\frac{87}{r}\sqrt{i} \\ &y=2.5\sqrt{n}-0.13-0.75\sqrt{R}(\sqrt{n}-0.01) \end{aligned}\right\} \tag{3}$$

式中　C 为谢才系数，其值也可以直接查阅有关水力学的书籍；n 为坡面糙率，反映坡面对水流的阻力大小，直接反映坡面粗糙程度。根据试验，n 可按图 2 取值；R 为水力半径，R 可近似取为 h；γ_w 为水的重度；r 为粗糙系数；i 为坡面坡度（%）；h 为坡面径流深；φ 为径流系数，对于山区 φ 的取值见表 1；p 为降雨强度（mm/s）；x 为径流线的水平长度（m）。

表 1　不同降雨量的 φ 值

Table 1　φ at different rainfalls[4]

H_{24p}/mm	粘土	壤土	沙壤土
100～200	0.65～0.8	0.55～0.7	0.4～0.6
200～300	0.8～0.85	0.7～0.75	0.6～0.7
300～400	0.85～0.9	0.75～0.8	0.7～0.75
400～500	0.9～0.95	0.8～0.85	0.75～0.8
500 以上	0.95 以上	0.85 以上	0.8 以上

注　H_{24p} 为 24h 的降雨量。

（2）雨滴击溅力 Q

设某一段时间降落到地面上的雨滴完全符合动量守恒定律，推导有：

$$Q=\rho pL^2\mu_d \tag{4}$$

式中　ρ 为水的密度（kN/m³）；μ_d 为雨滴落地速度（m/s）。

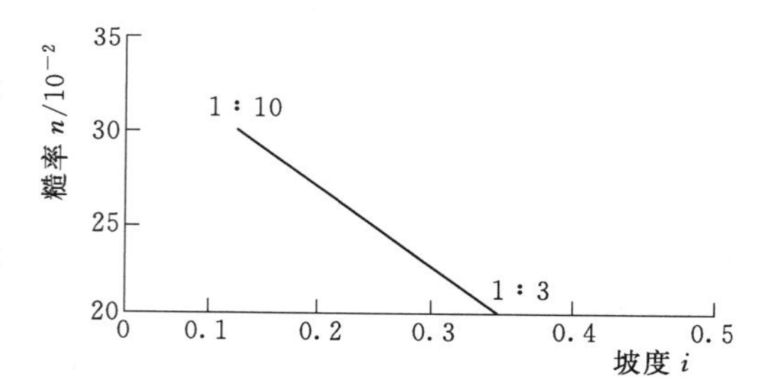

图 2　粗糙系数与坡度关系[5]

Fig. 2　The relation between roughness coefficient and degree of slope

（3）坡面对网垫的支持力 N

网垫体对坡面的作用力有：坡面水流的重力分力、网垫自重的分力、雨滴击溅力的分力。应该指出的是，雨滴击溅力的方向问题。由于坡面坡角及风向都难于确定，故雨滴击溅力的方向也难于确定，可能与坡面成任意角度。这时可以根据最不利原则，选择雨滴击溅力竖直的那种情况。

N 的计算公式为

$$N=(\gamma d+\gamma_w h+q)L^2\cos\alpha \tag{5}$$

式中　γ 为网垫填土重度（kN/m^3）；q 为单位面积雨滴击溅力，$q=Q/L^2$；α 为坡角。

（4）摩擦力 F

F 的计算公式为

$$F=N\mu=(\gamma d+\gamma_w h+q)\cos\alpha L^2\mu \tag{6}$$

式中　μ 为网垫与坡面的摩擦系数，根据坡面粗糙情况取值。

2.2.2　强度计算

以上分析了宽为 L 的单元体受力情况，下面对网垫进行强度计算，对单元体进行力的平衡分析。由于网垫是柔性的，可以假设单元体下面的锚钉对单元体没有力的作用。列平衡方程有：

$$T'=(\gamma d+\gamma_w h+q)L^2(\sin\alpha-\mu\cos\alpha)+\tau L^2 \tag{7}$$

式中　T' 为锚钉对网垫的拉力（N）；τ 为单位面积的径流剪切力（N/m^2）。

AB 段网垫在接点 A 受力最大（图 1），故网垫的强度验算时，应取 A 点的强度。

网垫设计抗拉强度计算公式为

$$T_d=\frac{T'}{L}=(\gamma d+\gamma_w h+\rho p\mu_d)L(\sin\alpha-\mu\cos\alpha)+\frac{C_1}{C_2}\gamma_w(L+2h)\varphi px \tag{8}$$

式中　T_d 为网垫设计抗拉强度（N/m）。

2.2.3　强度设计

设计抗拉强度和容许抗拉强度 T_a 应该满足下列关系：

$$T_d\leqslant\frac{T_a}{F_s}=\frac{T_u}{1.45F_s} \tag{9}$$

式中　F_s 为安全系数，考虑未知因素较多，根据土工格栅安全系数取值，取为 1.6；T_d 为网垫设计强度：

$$T_d\leqslant\frac{T_u}{1.45\times1.6}=\frac{T_u}{2.32}\quad N/m$$

3　三维土工网垫厚度分析

3.1　厚度测量试验方法

按照现有国家标准[6]，三维网垫厚度的测量方法为：剪取一块 200mm×200mm 的试样放在面积大于试样的平面上，用与试样相同尺寸的平板玻璃（质量不大于 320g）平齐压在试样上，用精度为 1mm 的直尺测量，四边各测量一次，取 3 个试样的算术平均值。然而，采用该法进行网垫厚度测量时会遇到一些困难，测量的网垫厚度也就是网垫工作时的厚度。不同强度的网垫里面填入的土量是不一样的，即网垫受力不一样，也就是说工作厚度是不一样的。因此，必须针对不同强度网垫提出不同上覆压力的网垫测量方法。国标中提及用平板玻璃平齐压在试样上，没有具体说明平板玻璃的重量，不同人所测量的结果可能不一样。可以采用在网垫内填土再测量网垫厚度，这种方法比较准确，能很好地反映网垫在工作时的厚度。但是，如果按此方法进行测量时会存在以下问题：试验操作不便，不适于推广使用；网垫内填土密度难于确定，对测量结果可能有影响。

笔者建议采用等代测量法，该法思路如下：采用级配较好的土壤填充网垫产品，测量3个试样，取其算术平均值得出该种网垫的实际工作厚度。再取同样的试样，在上面覆盖平板玻璃，改变平板玻璃的重量，当所测量的网垫厚度与实际工作厚度相等时，测量这时平板玻璃的重量。可以说该平板玻璃与网垫内填土所起的作用是等效的，这就是等代法。不同强度的网垫都可以找到一个等代平板玻璃重量，并可列成一个表，便形成等效重量表。如果要测量某一网垫厚度，只要查到对应的上压平板玻璃重量，便可以准确测量网垫厚度。测量方法完整描述如下：剪取一块200mm×200mm的试样放在面积大于试样的平面上，用与试样相同尺寸的等代重量的平板玻璃平齐压在试样上，用精度为1mm的直尺测量，四边各测量一次，取3个试样的算术平均值。

3.2　等代法厚度测量试验

为了测量不同强度网垫的工作厚度，笔者选取几种常用的三维土工网垫EM2、EM3和EM4，网垫的性质指标如表2所示。每种产品取3块试样，试样尺寸为200mm×200mm。试验时采用砂为填土。填入网垫的植被土要求含水量在10%左右，压实至中等密实度。

表2　不同产品的性能指标

Table 2　Characters of different products

产品类型	单位面积质量/($g\cdot m^{-2}$)	厚度*/mm	抗拉强度/($kN\cdot m^{-2}$)
EM2	220	10	0.8
EM3	260	12	1.4
EM4	350	14	2.0

*　为厂家出厂所测量的厚度。

测量出3个试样的四边的厚度，取平均值，所得的网垫厚度如表3所示。再用平板玻璃代替填土，测量不同压重条件下三种网垫的厚度，以网垫的平均厚度为横坐标，以压重为纵坐标，建立压重与厚度的关系曲线，用最小二乘法对所测量的点进行直线拟合。各种类型网垫的厚度与压重的直线关系如下：

$$\left.\begin{aligned} &\text{EM2}: y=-102.11x+1600.8\\ &\text{EM3}: y=-113.60x+1883.4\\ &\text{EM4}: y=-107.86x+1918.8 \end{aligned}\right\} \tag{10}$$

式中　y为压重值（g）；x为网垫厚度值（mm）。

把采用填土所测量的网垫厚度值分别代入3个方程得到所对应的压重，结果见表4。

以三维网垫的挤出网层数（一层时，取EM2和EM3的平均值）和压重为坐标粗略建立它们之间的直线关系如图3所示。它们的关系方程为

$$y=60.85x+125.3 \tag{11}$$

式中　y为压重值（g）；x为网垫层数。

表 3　　填土状态下各种网垫的厚度

Table 3　　Thicknesses of different products at different fills state

产品类型	厚度/mm			平均厚度/mm
	试样 1	试样 2	试样 3	
EM2	14.3	13.5	13.9	13.9
EM3	14.6	14.5	15.5	14.9
EM4	15.8	15.2	15.5	15.5

表 4　　不同网垫等代压重

Table 4　　Equivalent weights of different geomat

产品类型	平均厚度/mm	等代压重/g
EM2	13.9	181.5
EM3	14.9	190.8
EM4	15.5	247.0

因此，本文建议在测量三维土工网垫时，应针对不同的网垫采用不同的压重。测量 EM2 和 EM3 的厚度时，采用 200g 压重；测量 EM4 的产品时采用 250g 的压重；测量具有三层挤出网的网垫产品应采用 300g 的压重（由玻璃和砝码组成）。

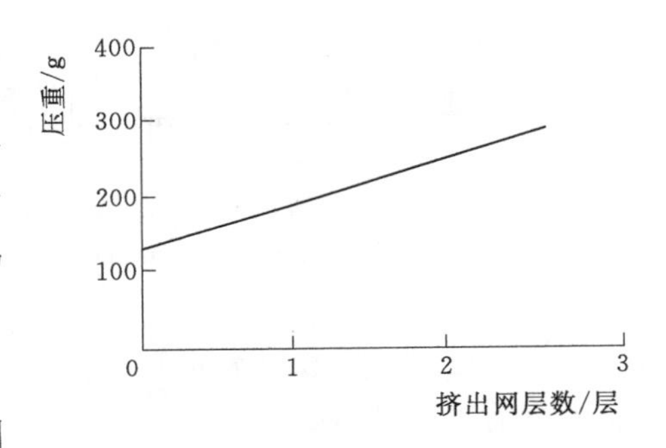

图 3　挤出网层数和压重的关系

Fig. 3　Relationships between layers extrasin and weights

3.3　网垫厚度对长草的影响

为使网垫能与土及草根很好的协调，并起到较好的加筋效果，对网垫的厚度有一定要求。一般来说，为了使草种能够顺利出苗，播种时对草籽的埋入深度都有一定要求。不同种类及不同颗粒大小的草种埋入深度各不相同。总体来说，颗粒大的草种可以播种深一些，一般播种深度为 6～10mm，颗粒较小的应该播种浅，为 2～6mm 左右。喜光种子播种深度一般不超过 5mm。也就是说，草种的播种深度大致在 2～10mm 范围。同时要使草根能与网垫底部的拉伸网较好结合，草种的播种深度距拉伸网至少 8～10mm 左右。因此草木对网垫的要求厚度至少为 10～20mm。

网垫厚度小于 10mm，当草种颗粒较大、要求播种较深时，网垫的厚度是不能提供很好的草木生长微环境。草根几乎完全生长在网垫的底下，与网垫脱离，没有实现网垫与草根的交织结合，达不到网垫长草的目的，即网垫的后期作用没有实现。

当播种深度距三维网垫的底部拉伸网为 10～15mm 时，向四周扩展的根系能较好地与网垫结合，形成均匀生长的根系-网垫复合体。这时网垫的加筋效果最好。而此时的网垫厚度约为 20mm，所以认为，网垫的厚度在 20mm 左右是较好的。网垫过厚（一般网垫不可能达到 100mm），虽然对根系的生长及根系——网垫结合有利，但是其与厚 20mm 左右的网垫相比，增强作用不明显，但增加的材料成本相比之下却多得多，这是不经济、不合理的。故在选择网垫时，应优先考虑20mm左右的产品。

4　网垫开口尺寸对网垫性能的影响

为了研究网垫的开口尺寸对网垫保土性能的影响，本文采用多种不同开口尺寸的网垫在不同坡面上进行了抗水流冲刷试验[7,8]。

4.1　试验概述

（1）试验材料：本次试验使用的三维土工网垫的性能见表2。

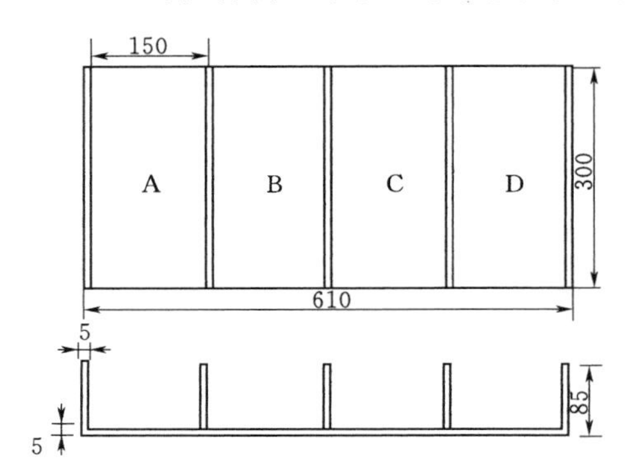

图4　模型槽示意图（单位：mm）

Fig. 4　Model trough (unti: mm)

（2）试验条件：①采用砂土代替实际边坡土草等覆盖物。主要是考虑到砂土更易于被水流冲刷，试验效果明显，且能缩短试验周期；②为模拟暴雨特点，试验设备采用特制的喷水装置，喷水着地速度为2m/s，降雨强度控制为8mm/min，冲刷时间为4min；③采用模型槽进行试验，模型槽设计如图4所示。

（3）试验方案：在A槽内铺上EM2，在B槽内铺上EM3，在C槽内铺上EM4，在D槽内铺上覆盖有两层拉伸网之后的EM2。分3种不同坡度进行试验，坡度分别为15°、30°和45°。试验表明，在暴雨情况下不铺网垫时，即使坡度很小，砂土也很容易被雨水冲走，常常大面积塌落，很短时间内则流失殆尽，故在该试验中省去不铺网垫时的试验。

4.2　试验结果

分别针对不同的坡度、不同类型网垫进行冲刷试验，试验结果如表5所示。

表5　冲刷试验结果

Table 5　Summary of result of erosion model tests

坡度/(°)	试验槽代号	铺砂量/kg	余砂	
			余砂量/kg	百分率/%
15	A	0.840	0.640	76.2
	B	0.850	0.680	80.0
	C	0.920	0.700	84.8
	D	1.230	1.100	89.4
30	A	0.840	0.469	55.8
	B	0.920	0.499	54.2
	C	0.950	0.578	60.8
	D	1.360	1.098	80.7

续表

坡度/(°)	试验槽代号	铺砂量/kg	余砂	
			余砂量/kg	百分率/%
45	A	0.680	0.209	30.7
	B	0.750	0.288	38.4
	C	0.780	0.348	44.6
	D	0.900	0.666	74.0

4.3 试验分析

网垫的开口尺寸是指三维网垫隆起的网包的网格太小。根据产品类型定义知道，假如EM2的开口度为1，则EM4的开口度为1/2，改造后的EM2的开口度则为1/4。由表5可以看出，在不同的坡度情况下，EM2、EM3和EM4的余砂率比较接近，15°时为80%；30°时约为55%；45°时，约为40%，且坡度越缓它们的值越相近。这说明，三维土工网垫越是在坡面较陡情况下越能显示其优越性，同时也说明，三维土工网垫在开口尺寸为1～1/2情况下的保土性能是相当的。但是，改造后的EM2的余砂率却明显比前三者高，且坡度越陡越明显。这说明在开口尺寸为1/4时，三维土工网垫的保土性能能得到很大提高，而这时网垫的实际开口尺寸为12～18mm。由此知道，在开口尺寸为3～4.5mm时，三维土工网垫的保土性能有较大的提高与改善，所以，采用3～4.5mm的开口尺寸时，网垫的保土性能能满足一般坡面的保土要求。毫无疑问，网垫的开口越小其保土性能越好，但是其成本也会相应提高。因此，建议三维土工网垫开口尺寸为3～4.5mm。

5 结论

（1）三维土工网垫的强度是可以计算的，本文推导出了三维土工网垫的设计强度公式；

（2）不同的网垫产品厚度测量时，应该采用不同的上覆压重。测量EM2和EM3的厚度时，采用200g左右的压重；测量EM4的产品时采用250g左右的压重；测量具有三层挤出网的网垫产品应采用300g左右的压重；

（3）建议三维土工网垫的厚度为20mm左右较优；

（4）通过水流冲刷模型试验得出三维土工网垫开口尺寸为3～4.5mm时较优的结论。

参考文献

[1] 王钊．国外土工合成材料的应用研究［M］．香港：现代知识出版社，2002.

[2] 西南交通大学水力教研室．水力学［M］．北京：高等教育出版社，1998.

[3] 刘松林．水土保持工程［M］．北京：水利电力出版社，1990.

[4] 叶镇国．土木工程水文学［M］．北京：人民交通出版社，2000.

[5] Hewlett H W M. Design of Reinforced Grass Water ways［M］．London：Construction Industry Research and Information asociation. 1987.

[6] GB/T 18744—2002，土工合成材料塑料三维土工网垫［S］.

[7]　陈人豪，李济群，王利群，等．固土网垫应用研究——铁路边坡铺网垫植草被防护研究［J］．天津纺织工学院报，1999，18（2）：21－24．
[8]　李济群，杨春立，陈人豪，等．固土网垫防水冲刷性能研究［J］．天津纺织工学院院报，2000，19（4）：34－36．

基于极限分析上限法的加筋土坡临界高度

王　钊　乔丽平

（武汉大学土木建筑工程学院，湖北　武汉　430072）

摘　要： 在塑性极限分析理论的基础上，假定破裂面为对数螺旋面，导出了加筋土坡临界高度的解，不计加筋力，该解与无筋土坡临界高度一致；和加筋土坡试验结果比较，虽计算的临界高度略偏低，但在工程中应用是可靠的，可用于加筋土坡设计时的参考。

关键词： 极限分析；加筋土坡；临界高度；上限定理

中图分类号： TU 432　　**文献标识码：** A　　**文章编号：** 1671－8844（2005）05－067－03

Critical Height of Reinforced Slope Based on Limit Analysis Upper Bound Method

WANG Zhao　QIAO Li－ping

（School of Civil and Architectural Engineering，Wuhan University，Wuhan 430072，China）

Abstract： Based on the limit analysis plasticity theory，assuming the failure surface to be a log－spiral surface，the computation formulation of the reinforced slope's critical height is deduced. Not considering the reinforcement force，the formulation is consistent with the unreinforced slope's critical height. Comparing to the experimental values of the reinforced slopes，although the computation values are lower for a little，it is reliable in the engineering，which will be used as reference for design of reinforced slopes.

Key words： limit analysis；reinforced slopes；critical height；upper bound theorem

对加筋土结构临界高度的研究一直是人们关注的一个问题，在极限分析法方面，吴雄志、史三元等（1994）[1]给出了土工织物加筋土坡的稳定级数的上限解，分析中假定破裂面为一通过坡脚的斜平面，且土工织物沿坡高等间距分布。杨雪强（1997）[2]考虑了加筋的强度效应和变形效应，以过坡脚的平动破坏推导了竖直加筋边坡极限稳定高度的上限解。Radoslaw L M（1997，1998）[3,4]将极限分析法用于加筋土结构的稳定性计算中。另外，Porbaha A 等（1996，1998）[5-7]通过离心模型试验研究了加筋土挡墙与土坡的破裂面形状及其临界高度。本文以塑性极限理论为基础，假定破裂面为对数螺旋面，推导了加筋土坡临界高度的计算公式，并与前人的试验结果进行了比较。

本文发表于2005年10月第38卷第5期《武汉大学学报（工学版）》。

1　极限分析法

如果所假设的相容塑性变形机构 ε_{ij}^{p*} 和 v_i^{p*} 在 S_v 上满足边界条件 $\varepsilon_{ij}^{p*}=0$，则根据外力做功的功率与内部能量耗损率相等所确定的荷载 T_i 和 F_i 必大于或等于实际破坏荷载（极限荷载）。也就是说，在任何运动许可的速度场中，将外力所作的功率等于内部能量损耗率而得到的荷载，是实际极限荷载的上限[8]，即有

$$\int_v F_i v_i^* \mathrm{d}v+\int_s T_i v_i^* \mathrm{d}s=\int_v \sigma_{ij}\varepsilon_{ij}\mathrm{d}v \tag{1}$$

式中：F_i 为体积力；T_i 为面力；v_i^* 为运动许可速度场；σ_{ij} 为静力许可应力场；ε_{ij} 为与 σ_{ij} 对应的应变。

2　加筋土坡的破裂面

许多研究者指出：加筋土坡的破坏面更接近对数螺旋面形状[3,9]，本文的分析中考虑这种破坏形式，如图1所示，表示一坡角为 β 的加筋土坡，坡面水平，BC 面为对数螺旋面，O 为旋转中心，旋转角速度为 ω。为了方便起见，选取基准线 OB，OC 的倾角分别为 θ_0 和 θ_h，H 为坡高，图中 AB 长度为 L_t。对数螺旋面方程为

$$r(\theta)=r_0\mathrm{e}^{(\theta-\theta_0)\tan\phi} \tag{2}$$

则基准线 OC 的长度为

$$r_h=r(\theta_h)=r_0\mathrm{e}^{(\theta_h-\theta_0)\tan\phi} \tag{3}$$

由几何关系知：

$$\frac{H}{r_0}=\sin\theta_h\mathrm{e}^{(\theta_h-\theta_0)\tan\phi}-\sin\theta_0 \tag{4}$$

$$\frac{L_t}{r_0}=\frac{\sin(\theta_h-\theta_0)}{\sin\theta_h}-\frac{\sin(\theta_h+\beta)}{\sin\theta_h\sin\beta)}\cdot\frac{H}{r_0} \tag{5}$$

3　极限分析上限法在加筋土坡中的应用

3.1　外功率

如图1所示，直接积分 ABC 区土重所作外功率是非常复杂的，较容易的方法是采用叠加法，首先分别求出 OBC、OAB 和 OAC 区土重所作的功率和 ω_1、ω_2 和 ω_3，然后叠加。首先考虑对数螺线区 OBC，其中的一个微元如图2（a）所示，该微元所作的外功率为

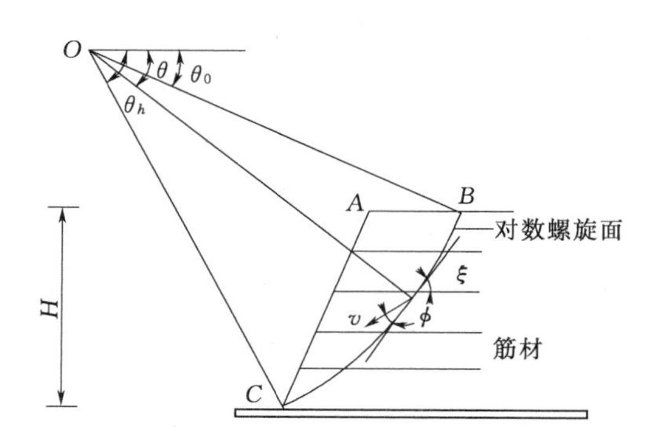

图1　加筋土坡的旋转破坏机构

$$\mathrm{d}w_1=\left(\omega\cdot\frac{2}{3}r\cos\theta\right)\left(r\cdot\frac{1}{2}r^2\mathrm{d}\theta\right)$$

沿整个面积积分，得：

$$w_1=\frac{1}{3}\gamma\omega\int_{\theta_0}^{\theta_h}r^3\cos\theta\cdot\mathrm{d}\theta=$$

$$\gamma r_0^3\omega\int_{\theta_0}^{\theta_h}\frac{1}{3}\mathrm{e}^{3(\theta-\theta_0)\tan\phi}\cdot\cos\theta\cdot\mathrm{d}\theta$$

定义

$$f_1(\theta_h,\theta_0)=[(3\tan\phi\cos\theta_h+\sin\theta_h)e^{3(\theta_h-\theta_0)\tan\phi}-3\tan\phi\cos\theta_0-\sin\theta_0]/[3(1+9\tan^2\phi)]$$

则

$$w_1=\gamma\cdot r_0^3\omega f_1(\theta_h,\theta_0) \tag{6}$$

对于三角形区 OAB、OAC，其微元受力分析如图 2（b）、（c）所示，用类似方法得：

$$w_2=\gamma\cdot r_0^3\omega f_2(\theta_h,\theta_0) \tag{7}$$

$$w_3=\omega r_0^3\cdot f_3(\theta_h,\theta_0) \tag{8}$$

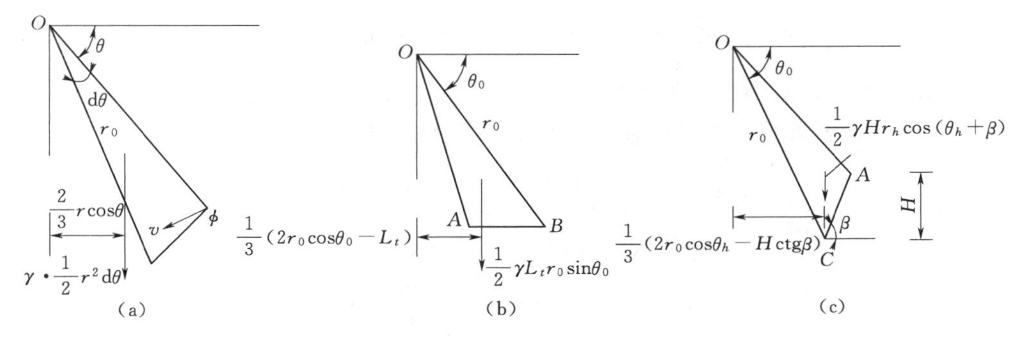

图 2　重力做功计算图

式中：

$$f_2(\theta_h,\theta_0)=\frac{L_t}{6}\cdot\frac{1}{r_0}\left(2\cos\theta_0-\frac{L_t}{r_0}\right)\sin\theta_0$$

$$f_3(\theta_h,\theta_0)=\frac{1}{6}e^{(\theta_h-\theta_0)\tan\phi}\cdot\left[\sin(\theta_h-\theta_0)-\frac{L_t}{r_0}\sin\theta_h\right]\times\left[\cos\theta_0-\frac{L_t}{r_0}+\cos\theta_h\cdot e^{(\theta_h-\theta_0)\tan\phi}\right]$$

由叠加法可得 ABC 区土重所作的功率为

$$w_1-w_2-w_3=\gamma\cdot r_0^3\omega(f_1-f_2-f_3) \tag{9}$$

3.2　内部能量损耗率

内部能量损耗率包括筋材上的能量损耗率和土体粘聚力产生的能量损耗率。

3.2.1　筋材上的能量损耗率

本文中，考虑所有的能量消耗沿着速度间断面发生。如图 3，由筋材拉力破坏产生的在单位面积速度间断面上能量损耗率为

$$\begin{aligned}dr&=\int_0^{t\sin\xi}k_t\cdot\varepsilon_x\cdot\sin\xi\cdot dx\\&=k_t v\cos(\xi-\phi)\sin\xi\end{aligned} \tag{10}$$

式中：ε_x 为筋材方向上的应变率；t 为筋材破裂层厚度；ξ 为筋材倾斜角；v 为速度间断面上的速度间断量；k_t 为单位截面上筋材拉伸强度，对于均匀分布的筋材，k_t 可表达为

$$k_t=\frac{T}{s}=\frac{T}{H/n}=\frac{nT}{H} \tag{11}$$

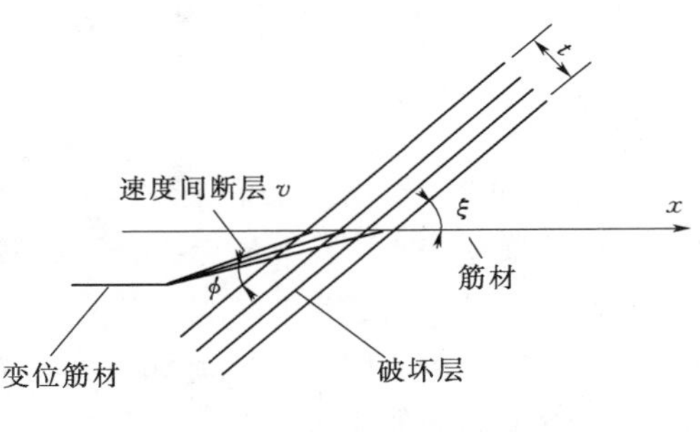

图 3　筋材破坏图

式中：T 为筋材拉伸强度，kN/m；s 为筋材

层间距，m；n 为加筋层数。

筋材沿着整个对数螺旋面的能量消耗率为

$$D_r = \int_L \mathrm{d}r = \int_L k_t v\cos(\xi-\phi)\sin\xi \cdot \mathrm{d}l \tag{12}$$

注意到 $\xi=\frac{\pi}{2}-\theta+\phi$，$\mathrm{d}l=\frac{r\mathrm{d}\theta}{\cos\phi}$，则

$$\begin{aligned} D_r &= k_t r_0^2 \omega \frac{1}{\cos\phi}\int_{\theta_0}^{\theta_h} \mathrm{e}^{2(\theta-\theta_0)\tan\phi}\sin\theta\cos(\theta-\phi)\mathrm{d}\theta \\ &= \frac{1}{2}k_t r_0^2[\sin^2\theta_h \cdot \mathrm{e}^{2(\theta_h-\theta_0)\tan\phi} - \sin^2\theta_0]\omega \end{aligned} \tag{13}$$

3.2.2 土体粘聚力产生的能量消耗率

如图 1 所示，沿着整个对数螺旋面粘聚力产生的能量消耗率为

$$D_m = \int_{\theta_0}^{\theta_h} c(v\cos\phi) \cdot \frac{r\mathrm{d}\theta}{\cos\phi} = \frac{1}{2}cr_0^2 \cdot \frac{1}{\tan\phi}[\mathrm{e}^{2(\theta_h-\theta_0)\tan\phi}-1]\omega \tag{14}$$

将式（9），（11），（13），（14）代入式（1）并整理得：

$$H=\frac{\sin\theta_h \cdot \mathrm{e}^{(\theta_h-\theta_0)\tan\phi}-\sin\theta_0}{2\gamma(f_1-f_2-f_3)} \cdot \left\{\frac{c}{\tan\phi}[\mathrm{e}^{2(\theta_h-\theta_0)\tan\phi}-1]+\frac{T}{s}[\sin^2\theta_h \cdot \mathrm{e}^{2(\theta_h-\theta_0)\tan\phi}-\sin^2\theta_0]\right\} \tag{15}$$

当 $T=0$ 时

$$H=\frac{\sin\theta_h \cdot \mathrm{e}^{(\theta_h-\theta_0)\tan\phi}-\sin\theta_0}{2\gamma(f_1-f_2-f_3)} \cdot \frac{c}{\tan\phi}[\mathrm{e}^{2(\theta_h-\theta_0)\tan\phi}-1]$$

即为无筋土坡的临界高度计算式，与文献［8］，［10］给出的计算式均一致。

式（15）给出了临界高度的一个上限，当 θ_h 和 θ_0 满足条件：

$$\frac{\partial H}{\partial\theta_h}=0 \quad 和 \quad \frac{\partial H}{\partial\theta_0}=0 \tag{16}$$

时，得到最小的 H。解出这些方程，并把所得的 θ_0 和 θ_h 的值代入式（15），便得到加筋土坡临界高度 H_{cr}的最小值。为避免复杂的计算，式（16）的联立方程可以用半图解法求解[8]。以表 1 中 M－28 组为例来说明半图解法的求解过程：已知 $\varphi=20.2°$，假定一组 θ_h 值，$\theta_h=40°$，$50°$，$60°$，$80°$，$90°$。对于每一个 θ_h 值，用几个 θ_0 值（$\theta_0<\theta_h$）代入式（15）算出函数 H 的相应值。如果已确定了 4 个或 5 个点，就可以很容易地描绘出 H 对 θ_0 的曲线（θ_0 为横坐标，H 为纵坐标），从图中便可量出最小的 H_{cr}。

4 算例

文献［5－7］给出了加筋土坡离心试验的结果，填土容重 $\gamma=17.8\mathrm{kN/m^3}$，其有关参数及试验结果见表 1。表中最后一栏为由式（15），（16）计算得到的值。

由表 1 可见，由式（15），（16）计算得到的临界高度值比试验实测值要小，小约 10%～15%。分析原因，可能有如下几个方面：①理论计算中只考虑了筋材的拉力破坏，而筋材拉力破坏的发生到模型土坡的完全破坏还有一个渐进的过程，理论计算中忽略了这一渐进过程的能量损耗；②计算中 T 采用的由筋材的宽条试验得到的拉伸强度，其作用并

表 1　　离心模型试验及理论计算的临界高度

序号	β	c/kPa	φ/(°)	T_{ww}/(kN·m^{-1})	S/m	H^*/m	H_{cr}/m
M－28	90°	20.2	20.8	2.86	1.03	8.2	7.2
M－48	90°	18.6	20.1	2.12	0.76	6.1	5.5
M－33	80.5°(1H∶6V)	18.1	20.2	2.97	1.06	8.5	7.8
M－35	80.5°(1H∶6V)	23.8	20.6	3.87	1.39	11.1	10.0
M－41	63.4°(1H∶2V)	17.3	20.7	3.76	1.46	11.7	10.2
M－43	71.6°(1H∶3V)	16.4	20.6	3.55	1.27	10.2	9.0

注　①表中1～4行的试验数据引自文献[5]，[7]；最后两行数据引自文献[6]，[7]；②T_{ww}为筋材宽条试验得到的拉伸强度；S为筋材层间距；H^*和H_{cr}分别为模型离心试验和理论计算的临界高度值。

未完全发挥出来。有关T的取值，有待进一步研究；③离心试验中，箱壁不可能绝对光滑，箱壁与模型间的摩擦力使得试验结果本身就有一定误差。另外，半图解法虽然计算过程较简单，但其求出的实质上是一个近似解，精度有一定限制。若采用计算机进行数值解，精度会有一定提高。

5　结语

极限分析法考虑了土体和筋材的塑性及其应力-应变关系，与实际情况较符合，且分析中不需要太多的假设，使求解变得简单；本文所得的加筋土坡的临界高度的计算公式，所得结果略偏低，但计算过程较简单（手工计算就可进行），在工程上还是实用的。

参考文献

[1] 吴雄志，史三元．土工织物加筋土坡稳定的塑性极限分析法[J]．岩土力学，1994，15（2）：55-61.
[2] 杨雪强．对竖直加筋边坡设计方法的探讨[J]．武汉水利电力大学学报，1997，30（2）：33-36.
[3] Radoslaw L M. Stability of uniformly reinforced slopes [J]. Journal of Geotechnical and Geoenvior-mental Engineering，1997，123（6）：546-556.
[4] Radoslaw L M. Limit analysis in stability calculations of reinforced soil structure [J]. Geotextiles and Geomembranes，1998，16（6）：311-331.
[5] Porbaha A，Gaodings K J. Centrifuge modeling of geotextiles reinforced cohesive soil retaining walls [J]. Journal of Geotechnical Engineering，1996，122（10）：840-848.
[6] Porbaha A，Goodings K J. Centrifuge modeling of geotextiles-reinforced steep clay slopes [J]. Can. Geotech. J，1996，33（5）：696-704.
[7] Porbaha A. Traces of slip surfaces in reinforced retaining structures [J]. Soils and Foundations，1998，38（1）：89-95.
[8] 陈惠发．极限分析与土体塑性[M]．北京：人民交通出版社，1995.
[9] 章为民．加筋挡土墙离心模型试验研究[J]．土木工程学报，2000，33（3）：84-90.
[10] 吴梦军．极限分析上限法在公路边坡稳定分析中的应用[J]．重庆交通学院学报，2002，21（3）：52-55.

电动土工合成材料加固软土地基实验研究

胡俞晨　王　钊　庄艳峰

（武汉大学土木建筑工程学院，湖北武汉　430072）

摘　要： 本文用电动土工合成材料（EKG）与土工织物制成电极进行了室内软土地基电渗固结模型试验，测量了电渗过程中电势分布、电流变化、吸力的变化及土体的沉降，对电渗前后土体的含水率、抗剪强度和固结曲线进行了对比，并探讨了电渗的有效性。就目前 EKG 材料存在的问题进行了思考，为下一步的改进给出了建议。

关键词： 电渗；电动土工合成材料；固结；室内试验；粘土地基

中图分类号： TU472　　**文献标识码：** A　　**文章编号：** 1000－4548（2005）05－0582－05

Experimental Studies on Electro－osmotic Consolidation of Soft Clay Using EKG Electrodes

HU Yu－chen　WANG Zhao　ZHUANG Yan－feng

（School of Civil and Architectural Engineering，Wuhan University，Wuhan 430072，China）

Abstract： A laboratory test program was conducted on soft clay using electro－kinetic geosynthetics（EKG）and geotextiles electrodes. The variation of voltage gradient，current density，suction pressure and settlement were measured. The water content，shear strength and consolidation curve of the samples after consolidation were compared with the initial indexes. Some advices were given to the further improvement on the EKG material.

Key words： electro－osmotic；EKG；consolidation；laboratory；tests；soft clay

引言

软粘土的高压缩性给粘土地基上的构筑物带来不利的影响。因此工程中采用了各种方法加速排出软粘土中的孔隙水使之固结，如堆载预压法、降水预压法、真空预压法、砂井堆载预压法等。

电渗法也是处理软土地基的一个很好的方法。1906 年俄国学者列斯（P eпcΦΦ）发现了土的电动（electro－kinetic）现象。1879 年，海姆荷兹（Helmhoitz）用双电层模型对电渗现象进行了理论解释。1936 年卡萨格兰德（Casagrande）第一次将电渗现象引入到土力学中，并于 1939 年首次将电渗法成功运用于铁路挖方工程中。此后，电渗法同样成

本文发表于 2005 年 5 月第 27 卷第 5 期《岩土工程学报》。

功应用于不同类型软土的加固中，并在 20 世纪 60—70 年代得到长足发展，但由于金属容易电蚀、电极转换不方便、耗电量大等缺点没有使其得到广泛的应用。

随着工程建设的发展，对建筑材料、地基处理技术等不断提出更高的要求，因而客观上呼唤新方法、新技术和对现有技术的综合运用。电动土工合成材料（EKG）将电渗技术和土工合成材料应用相结合，制成一种能够导电的土工合成材料。这种新型的土工合成材料综合了电渗法和土工合成材料应用的优点，具有广阔的应用前景。EKG 材料可以采用导电聚合物制成。也可以在有机聚合物如 PE、PVC 中加入导电元件制成复合材料。它们的基本形式与目前普通土工合成材料大体相同，只是提供了导电性，使之能引入并应用电动技术。各国已发表了许多 EKG 材料的试验研究成果[1-4]，而我国在这个方面还刚刚开始[5,6]。

EKG 材料采用的导电材料主要有：炭黑、碳纤维、可导电的填充聚合物、耐腐蚀的金属丝等。用于地基排水固结的 EKG 由电极、反滤层和排水体组成，其中反滤和排水功能由普通的合成材料提供，而导体被织入土工合成材料中或者混合在聚合物的纤维中，其优点有：①能消除或减弱传统电渗法采用金属电极带来的电蚀问题；②EKG 电极既能作阴极，也可以用作阳极，故能方便地实现现场应用中电极的转换；③EKG 本身提供反滤和排水的功能，与传统的电渗法不同，不需要在阴极处另设反滤/排水体；④加速孔压消散，加速土体固结。

1 试验准备

1.1 试样制备

试验采用的粘土取自武昌小洪山，土的塑限 20.37%，液限 43%，塑性指数 22.63。在试验前将土加水调匀，并密闭静置 1～2d，以保证土样的均匀。重塑土的含水率为 37.5%。对土样做直接快剪测得 $c=5.1\text{kPa}$，$\varphi=2.0°$；固结试验测得土样的压缩指数 $C_c=2.05$，压缩模量 $E_s=2.70\text{MPa}$，属中压缩性土。土体的电阻率为 22.3Ω·m。

1.2 电极制作

试验所用电极由掺碳纤维合成塑料丝与土工织物制成。塑料丝平均直径为 1.5mm，电阻率为 6.134×10^{-2}Ω·m。将单位面积质量为 200g/m² 的土工织物裁成 5cm×60cm 的小块，作为反滤和排水层。在每块织物上面等距缝上 10 根 60cm 长的塑料丝，用导线并联，制成一支电极，电极形式如图 1 所示。本试验在阴阳两极各布置 5 支电极。安放电极时将塑料丝朝内相对布置，土工织物层向外。这样电压是直接加在土上的，不会损失在反滤层上，并且保证了阴阳两极都有排水通道。

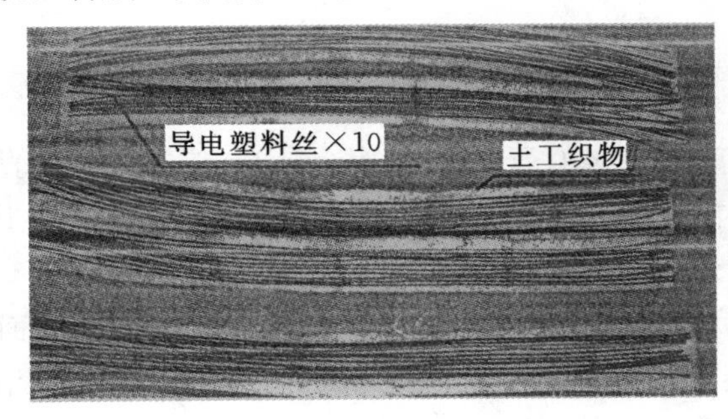

图 1 电极形式

Fig. 1 EKG wires and geotextiles electrodes

1.3 模型安装

模型安装见图 2 和图 3。模型箱四壁由有机玻璃制成，内部尺寸为 45cm×45cm×60cm，填土高度 50cm，装土体积为 0.101m³，共填土 180kg，干密度

1.293g/cm³，湿密度1.778g/cm³。分十层填上，每层击实赶出气泡。

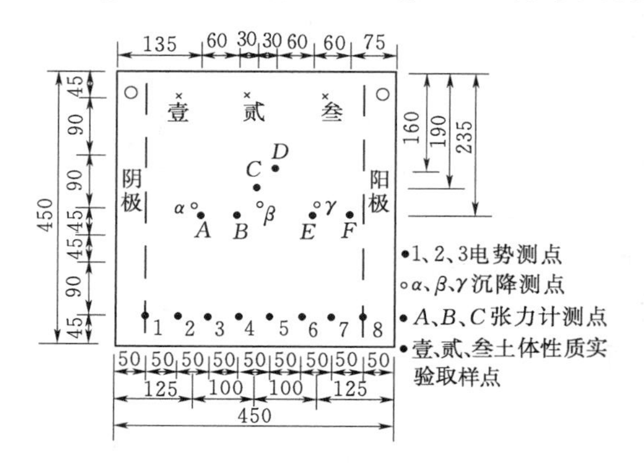

图2 电极与各测点布置图（单位：mm）

Fig. 2 Location of electrodes and observation points

图3 模型安装图

Fig. 3 Installation of the model

在高度为10、20、30、40cm处（模型箱最底部为高度0点，向上为正）布置电势测点，每层布置8个，测点由小铁钉制成，用绝缘导线引出土面。电势测点平面位置见图2。电势量测使用量程为10V的电压表，电流量测使用量程为300mA的电流表。

本试验使用张力计测量土的负孔隙水压力，在试验前必须进行调试，保证张力计陶瓷头完好，整个吸力量测系统不漏气。6支张力计埋设在距模型箱底面25cm高度处。平面上测点分布见图2中A～F。

位移测点布置在土体表面，使用百分表量测，见图3。测点平面布置见图2中α、β、γ点。

2 试验结果

由于这是初次使用合成塑料作为电渗电极材料，考虑模型尺寸与安全因素，试验初始电压选为40V，通电72h后，可观察到阴极附近有水排出，阳极附近土体变干。180h后，阳极附近土体开始出现开裂。通电480h（20d）后，停止通电，试验结束。试验后取出电极，发现导电塑料丝完好，未见任何腐蚀，测量平均直径仍为1.5mm。

2.1 电势分布

图4为在距模型箱底面不同高度平面上各测点的电势随时间变化图。除靠近阳极的测点外，电势分布大致呈线性，这与Abiera等1999年的研究[1]相同。在300～350cm处直线斜率随着通电时间增长明显加大，原因是阳极附近周围的水在电渗的作用下被排出，土体电阻随之增大。

沿电极方向，电势有一定损失，在距底面40cm处极间电势差是7.6V，在距底面10cm处极间电势差只有4.4V。这是由于使用的电极材料是导电塑料丝，与金属电极相比，电阻率还是相当大的。我们可以用条分法分析土样中的电势分布，将土样看成数条并联的高为10cm的条带，每个条带的电阻为

$$R=R_{土}+R_{电极}+R_{界面} \tag{1}$$

式中　$R_{土}$ 为土条电阻；$R_{电极}$ 为导电塑料电极电阻；$R_{界面}$ 是电极和土体之间的界面电阻[5]。$R_{土}$ 与 $R_{电极}$ 都可以用公式 $R=\frac{\rho \cdot l}{A}$ 来计算，式中 ρ 为材料体积电阻率（Ω·m）；l 为材料长度（m）；A 为材料过电面积（m^2）；$R_{界面}$ 由公式（2）计算[5]：

$$R_{界面}=\frac{k_j}{s_2}\left(\frac{1}{rat}-1\right) \tag{2}$$

式中　k_j 为界面电阻率（$\Omega \cdot m^2$）；$rat=\frac{s_1}{s_2}$ 称为导电面积比（无量纲）；s_1、s_2 为电极和土体导电面积（m^2）。以零时刻距底面 40cm 处的土条为例，如图 5，$\rho_{土}=22.3\Omega \cdot m$，$\rho_{电极}=6.13\times10^{-2}\Omega \cdot m$，得出 $R_{土}=173\Omega$，$R_{电极}=R_{阴极}+R_{阳极}=280\Omega$。取 $k_j=11.5k\Omega \cdot cm^2$[5]，$R_{界面}=46.6\Omega$。外加电压是 40V，所以可求得在该平面土体上的计算电压 $U_{40}=U_0\times\frac{R_{土}}{R}=40\times\frac{173}{173+540+93.2}=8.5(V)$ 同样，可求出 $U_{30}=6.0V$，$U_{20}=4.7V$，$U_{10}=3.8V$。这与实测值 7.9、5.8、4.8、3.8V 十分接近。

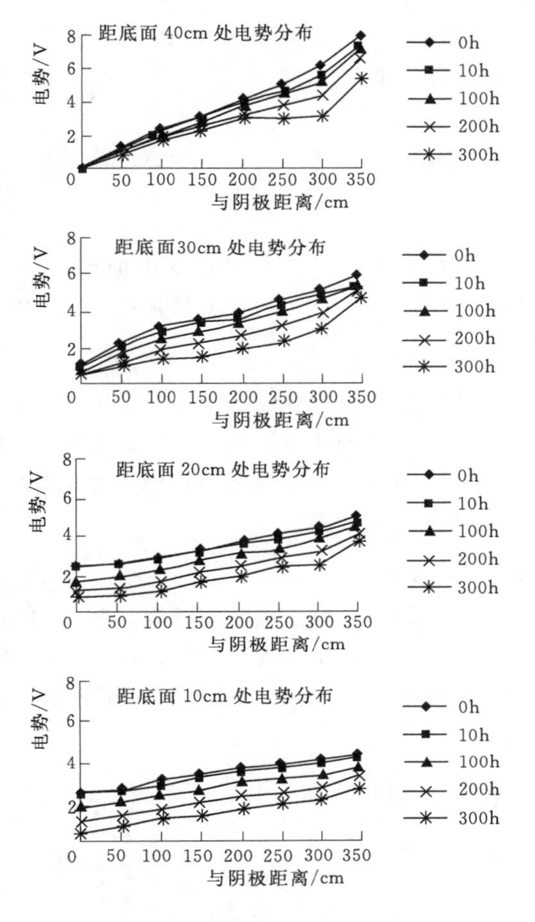

图 4　距底面不同高度处电势随时间变化图

Fig. 4　The curves of voltage gradient versus time for different heights above the bottom

2.2　电流变化及电能损耗

图 6 为电流表的读数随时间变化的曲线。可以看出，通电初始的电流强度最大，有 150mA，随着电渗的进行，孔隙水排出，土体

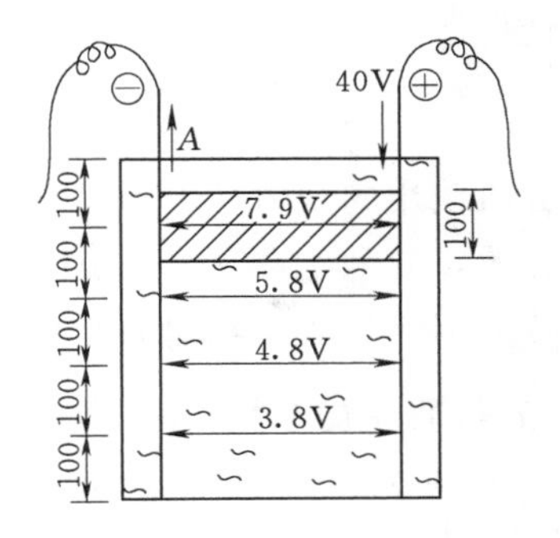

图 5　极间电势沿高度分布示意图（单位：mm）

Fig. 5　Variation of voltage gradient between electrodes

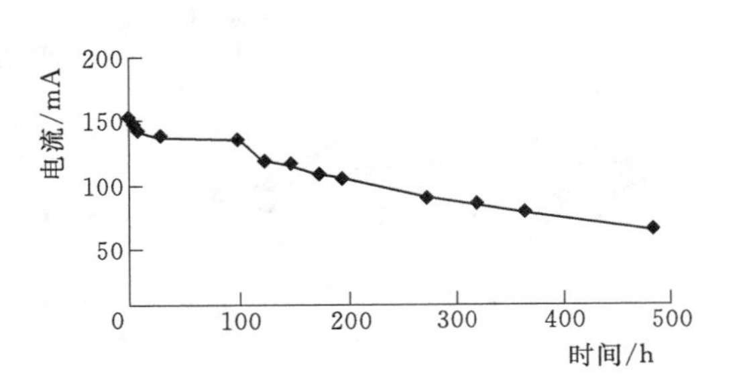

图 6　电流随时间变化图

Fig. 6　The curve of current density versus time

电阻增大，电流逐渐减小。到 360h（15d）时，电流强度只剩下初始值的一半，根据 Shang 等 1996 年的研究[4]，电流是电渗固结的驱动力。因此，这时电渗的效率十分低下。

可由焦耳定律 $W=UIt$ 计算电渗的电能损耗。本实验中所用恒定电压为 40V，所以

$$W=U\cdot\int f(I)\mathrm{d}t \tag{3}$$

式中　$U=40$V；$f(I)$ 是电流随时间变化曲线。计算得出本次电渗共耗电 1.89kW·h，处理土方 0.101m^3，每立方米耗电 18.7kW·h。

2.3　吸力（负孔隙水压力）

土中吸力（负孔隙水压力）随时间变化的曲线如图 7 所示。A～F 表示六支张力计探头，在平面上的布置见图 2。越靠近阳极的测点，吸力越大，而阴极处的吸力很小。这是由于在电流作用下，阳极附近的孔隙水被排向阴极，含水率减少，而阴极附近的含水率基本保持不变造成的。

2.4　沉降观测

图 8 是三个测点电渗沉降随时间变化的曲线。γ 点最接近阳极，所以沉降最明显。在超过 400 h 后沉降曲线斜率显著减小，说明此时由于电流的减小以及负孔隙水压力增大，电渗的效率已经不高。工程中使用电极转换的方法可以提高电渗效率，并使两极沉降均匀。

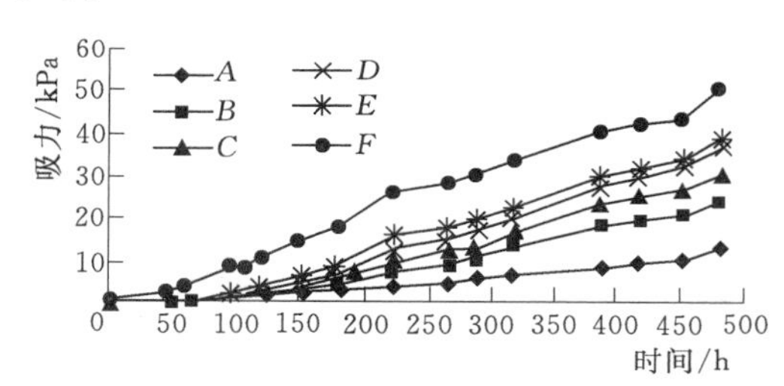

图 7　吸力随时间变化曲线

Fig. 7　The curves of suction pressure versus time

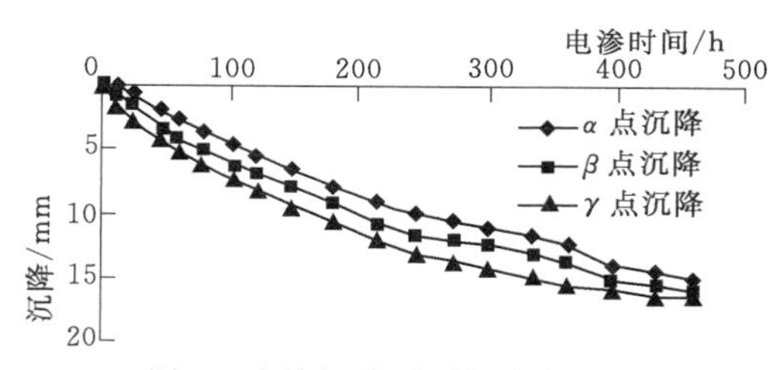

图 8　电渗沉降随时间变化曲线

Fig. 8　The curves of settlement versus time

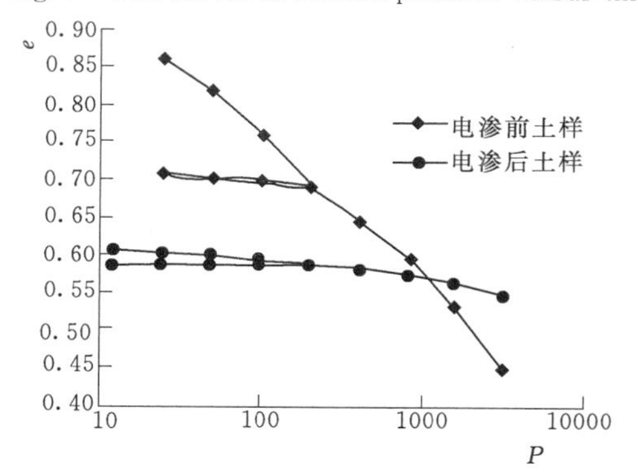

图 9　电渗前后土样的压缩回弹曲线

Fig. 9　Compression and rebound curves for the sample before and after consolidation

土体沉降由公式 $S=\dfrac{\Delta\delta}{E_s}\cdot H$ 估算，约为 10mm，实验实测沉降为 15mm 左右。这是由于受实验所使用的张力计中的水在低压下汽化等因素影响，导致测得的负孔隙水压力偏小。所以估算的沉降比实际观测的要小。

2.5　土的各项性质参数变化

电渗结束后，按图 2 所示位置距顶面 10cm 处取样，对土样做含水率、干密度、抗剪强度、固结曲线等参数测定，结果列于表 1、表 2、表 3 与图 9。

表 1　　电渗前后试样含水率比较

Table 1　　Comparisons of water content for samples before and after electro - osmotic consolidation

位置编号	壹	贰	叁
与阴极距离/cm	50	175	300
平均含水率/%	32.69	25.1	19.53
减少的百分比/%	12.83	33.07	47.92

表 2　　电渗前后试样干密度比较*

Table 2　　Comparisons of dry density for samples before and after electro - osmotic consolidation

位置编号	壹	贰	叁
与阴极距离/cm	50	175	300
干密度/(g·cm^{-3})	1.456	1.600	1.683
增加的百分比/%	17.51	29.14	35.84

* 取样处土体由于受电渗与风干双重影响，所测得干密度与含水率变化可能大于仅受电渗作用的试样，本文以实测数据为准。

表 3　　电渗前后试样抗剪强度比较

Table 3　　Comparisons of shear strength for samples before and after electro - osmotic consolidation

测试项目	电渗前	电渗后壹位置	电渗后贰位置	电渗后叁位置
c/kPa	5.096	10.8	34.8	99.6
φ/(°)	2.039	11.662	22.31	26.363

试样初始的含水率是37.5%，电渗结束后，土体各部分含水率减少了4.8%～18%不等，尤其是阳极附近，相对电渗前减少的比例达到48%（见表1）。相应的，土体各处干密度也有所上升（见表2）。电渗后土体剪切强度的变化也与含水率的变化对应（表3）。取样点叁在阳极附近，粘聚力c和内摩擦角φ增加得很多；取样点壹在阴极附近，所以c与φ值增加得也较小。电渗前土样的压缩指数C_c为0.21，属中压缩性土，试验后C_c降为0.03，属低压缩性土。

3　结论与建议

（1）使用导电塑料丝作为电极材料进行电渗加强软弱粘土地基，效果良好。土样含水率下降，产生了显著的沉降。抗剪强度大幅提高，压缩性能也得到了很大的改善。

（2）电势在土体间的分布大致呈线形。在阳极处曲线斜率较大。由于采用电极材料电阻率较高，有很大一部分电能损耗在电极和电极与土的界面电阻上，导致电能利用率低下。同时，由于沿电极方向有大的电压降，土样固结程度不均匀，靠近表层的土样电渗效果优于靠近底部的土层。

（3）随着电渗过程，孔隙水从土体中排出，电渗逐渐减小，负孔隙水压力增大，使水越来越难以排出，电渗效率降低。

（4）随电渗的进行，土体中孔隙水从阳极流向阴极，并排出，引起吸力逐渐增大。阳极附近增长迅速，阴极变化不大。

（5）电动土工合成材料是作为电渗电极的优良材料，在电渗过程中没有受到腐蚀。但所用导电塑料丝电阻率仍然过高，浪费了大量电能，实验历时480h，共耗电1.89kW·h，平均每立方米耗电度。希望能进一步减小电阻率。并将导电塑料制成排水带形式，外包土工织物，这样更有利于排水，并方便施工时使用插板机安装电极。

（6）为方便取样，本试验没有进行电极转换。在实际工程应用中应使用间歇通电、电极转换等技术，使土体固结均匀，提高电渗效率。

参考文献

[1] Dennes T Bergado, Inthuorn Sasanakul, Suksun Horpibulsuk. Electro-osmotic consolidation of soft Bangkok clay using copper and carbon electrodes with PVD [J]. Geotechnical Testing Joumal, 2003, 26 (3): 277-288.

[2] Nettleton I M, Jones C J F P, Clark B G, Hamir R. Electrokinetic geosynthetics and their applications [A]. The Sixth International Conference on Geosynthetics [C]. 1998, 871-875.

[3] Abiera H O, Miura N, Bergado D T, Nomura, T. Effects of using electro-conductive PVD in the consolidation of reconstituted Ariake clay [J]. Geotechnical Engineering Journal, 1999, 30 (2): 67-83.

[4] Shang J Q, Dunlap W A. Improvement of soft clays by high voltage electrokinetics [J]. Geotechnical Engineering Journal, 1996, 29 (2): 23-36.

[5] 庄艳峰，王钊. 电渗固结中的界面电阻问题 [J]. 岩土力学，2004，25 (1): 117-120.

[6] 王协群，邹维列. 电动土工合成材料的特性及应用 [J]. 武汉理工大学学报，2002，24 (6): 62-65.

土工合成材料光老化试验的研究

蒋文凯[1]　王　钊[1]　姚焕玫[2]

（1. 武汉大学土木建筑工程学院　湖北武汉　430072；2. 广西大学化工学院）

摘　要： 在昆明、重庆地区对四种常用的土工合成材料分别进行了自然与人工气候老化试验。以强度保持率为评价指标，选出较合适的紫外光老化数学模型，导出了以紫外光辐射能为变量的两种老化试验之间的相关方程；得出了在我国的西南地区，本文所采用的人工加速老化的加速倍率大约为4.0～14.0。

关键词： 土工合成材料；自然老化试验；人工加速老化试验；老化模型；相关模型；加速；倍率

随着土工合成材料的迅速发展和人们对其认识的深入，土工合成材料在建筑、交通、水利等方面的应用日益广泛。因为大多数土工材料都是高分子材料，在大气环境中受阳光、温度、水汽等因素的影响，将产生老化现象，表现为物理机械性能的衰变，如强度降低而丧失或部分丧失使用功能。所以有关土工合成材料的老化问题就显得日趋重要，特别是如何准确地预测土工合成材料的使用寿命，已成为目前的研究重点之一。

在影响土工合成材料老化的各种因素中，太阳光的紫外线辐射起着最为重要的作用。但如何确定一个既经济又能加速的试验方法来评价土工合成材料光老化的问题，在岩土工程界一直广有争议，其主要的问题是加速老化与现场自然老化的相关性问题。大量试验表明，特别地点的自然气候暴露与人工气候暴露试验结果之间存在粗略的相关性，但这种相关性只适合于特定种类和配方的材料及特定的性能，且其相关性已被过去的试验所证实了的场合。研究土工合成材料自然老化与人工气候老化相关性的一般方法是：在两种气候条件下同时进行试验，测得达到性能终止指标的试验时间，找出两者之间的相关方程，并用相关方程评价材料的性能和预测材料的寿命[1]。相关性研究的目的是用人工气候的老化试验结果去预报自然气候老化试验的时间。尽管由于试验条件、换算关系等的不同而导致结论不相同，但各国都十分重视这方面的研究工作，也产生了许多预测方法。由于影响材料老化因素的复杂性以及大气老化条件的不确定性，目前所有的方法仍属定性范畴，得到的模型也是经验模型，受试验结果的影响较大。

1　室外自然老化与室内加速老化之间的相关性的研究

1.1　国外研究进展

1997年Baker[2]对土工织物进行了系统研究，分别对三种不同单位质量（$135gm/m^2$、

本文发表于2006年第2期《路基工程》。

270gm/m²、406gm/m²）的土工织物进行了室外（南佛罗里达州）和室内氙弧灯加速老化试验。室内加速老化试验是按 ASTM D4355 规范进行，室外自然老化按 ASIM D5970 规范进行。在试验中，分别记录紫外线辐射强度，并对样品的力学性能进行了比较。基于氙弧灯老化试验数据，作者提出了公式（1）来预测室外土工织物自然老化的结果。

$$SR=100e^{-aI} \tag{1}$$

式中　SR——残余强度，%；

a——常数（由材料本身及配方决定）；

I——代表总的紫外线辐射强度，MJ/m^2。

作者还分析了温度因素分别在室外和室内试验中对老化结果产生的影响，指出相当大的一部分老化是由温度引起，而不是因为光老化，因此在考虑室外自然老化与人工加速老化结果之间的相关性时，必须要温度的影响。

1998 年 Camer[3] 对用于德克萨斯州的一个太阳池垫层的柔性聚丙烯土工膜进行了试验，人工加速老化试验设定的循环是 60℃下 5 小时光照、50℃下 3 小时冷凝。经过 7500 小时的老化试验，试样的抗拉强度下降了 50%，并伴有严重的表面破裂。而室外老化试样经过 26 个月（1995 年 1 月到 1997 年 3 月）抗拉强度下降了 40%，室外和室内老化仪的总紫外线强度分别为 658MJ/m²、724MJ/m²，不考虑温度因素的影响，其结果还是比较接近的。

1998 年 Koerner[4] 也对 7 种不同类型土工织物的光老化进行了研究。对不同规格的 4 种聚酯土工织物、不同规格的 3 种聚丙烯土工织物分别进行室外自然老化和室内加速老化试验，表 1 给出了 4 种土工织物在不同试验状况下残余抗拉强度保持在 50%所需的时间。表 2 给出了在不同试验状况下残余抗拉强度保持 50%所需总的紫外线辐射强度。

表 1　　不同试验状况下残余抗拉强度保持在 50%所需的时间表　　单位：d

类型	氙弧灯	荧光紫外线灯	南加利福利亚州	得克萨斯州
PP - CB	1.3	16	39	90
PP - S	1.4	4.2	32	30
PET - CM	10.8	29	60	360
PET - S	7.9	9.6	450	330

表 2　　在不同试验状况下残余抗拉强度保持 50%所需总的紫外线辐射强度表　　单位：MJ · m⁻²

类型	氙弧灯	荧光紫外线灯	南加利福利亚州	得克萨斯州
PP - CB	3	35	31	80
PP - S	3	9	25	27
PET - CM	27	61	473	321
PET - S	20	20	355	295

注　表 1、表 2 中 CB 代表了炭黑的连续长丝无纺织物；S 代表短丝无纺织物；CM 代表连续长丝无纺织物。

由表 1、表 2 可以看出，室内加速老化比室外自然老化有更好的老化速率，并且氙弧灯比紫外线灯有更高的加速作用。然而聚丙烯类土工织物未见相似的特征，另外，聚酯类土工织物在得克萨斯州有比南加里利亚州更快的室外老化速度。总的来看，残余抗拉强度在50%所需总的紫外线辐射强度，室内老化要远小于室外自然老化的，这表明升高的温度起了极为重要的作用。

1.2 国内研究进展

目前国内相关性的研究工作还比较少，包伟国[5]对用于长江口深水航道的聚丙烯土工织物进行了研究，以能量为纽带，提出了聚丙烯土工织物的老化规律方程：

$$Y=100\times e^{-ax^{b}} \tag{2}$$

式中 Y——纵向抗拉强度保持率；

x——紫外线辐射强度，J/cm^2；

a、b——常数，由试验点的值确定。

再通过加速老化曲线方程：

$$x_2=A\times x_1^{B} \tag{3}$$

式中 x_1、x_2——抗拉强度相同时人工加速老化和大气自然老化的紫外线辐射强度，J/cm^2；

A、B——由前面方程中的 a 和 b 计算获得。

这样就可以通过荧光紫外灯加速老化试验结果对大气自然曝晒条件下聚丙烯土工织物的使用寿命进行预测。

2 试验内容及方案

2.1 土工合成材料的选取

选取有代表性的普通型、耐老化型三维网、土工格栅、土工格室四种材料进行试验。

2.2 室外自然气候老化试验

（1）试验地点。为具有代表性，选择紫外线较为强烈的云南和紫外线一般的重庆地区同时进行室外自然老化试验。

（2）试验时间。于2003年3月—2004年6月期间，每隔3个月取样进行试验见表3。

表3 重庆和昆明总的紫外线辐射强度表 单位：$MJ\cdot m^{-2}$

地区	试验时间				
	3个月	6个月	9个月	12个月	15个月
昆明	83.72	151.71	213.15	306.24	373.96
重庆	72.80	143.35	211.78	273.04	319.84

2.3 室内人工加速老化试验

（1）试验设备。采用UV-B313型非金属材料人工加速老化仪。

（2）试验条件。老化试验箱光源为UV-B313型荧光紫外灯，试验采用非连续先照，采用了下述循环：在黑标准温度60℃±3℃下辐照暴露8h，然后，在黑标准温度50℃±3℃下无辐照冷凝暴露4h，相对湿度保持在75%，紫外辐照强度0.275mW/cm²（波长300～400mm）。

试验时间分别为50h、75h、150h、300h、500h、1000h。表4为各试验周期的紫外线强度。

表4　各试验周期总的紫外线辐射强度表

试验时间/h	50	75	150	300	500	1000
紫外线总辐射强度/($MJ \cdot m^{-2}$)	3.85	5.78	11.57	22.68	38.10	75.84

2.4　试验采用的标准和测试项目

室外试验采用ASTM D5970[6]进行试验。室内试验参照ASTM·G53《非金属材料暴晒用光、水暴晒仪（荧光紫外、冷凝型）标准操作规程》[7]、GB/T 16422.3—1997《塑料实验室光源暴露试验方法　第3部分：荧光紫外灯》、JTJ/T 060—98《公路土工合成材料试验规程》。拉伸试验采用10cm宽的夹具，拉伸速率为50mm/min，其中土工格室测试的是焊接点强度。拉伸仪采用TGH－2B型土工合成材料万能试验机。

3　结果及讨论

3.1　抗拉强度变化曲线函数的选择

取抗拉强度的保持率为评价指标，同时测定和计算两种气候条件下的紫外光辐照能，对两种回归方程进行讨论比较，建立较适用的数学模型，进而探索用人工气候的老化试验去预报自然气候老化试验的时间。

从抗拉强度的变化来看，自然气候和人工气候的老化过程中，抗拉强度保持率随着试样接受到的紫外光能的增加而逐渐下降，可以考虑用直线或曲线方程来描述。引起试样老化的因素较多，对聚丙烯、聚乙烯类土工合成材料来说，主要是紫外光辐射强度和温度，因此在描述直线或曲线的方程式中应包含这两个因素。假设抗拉强度保持率按式（4）[8]变化：

$$-\frac{p}{p_0}=Q_0-1+KQ \tag{4}$$

式中　p——经过某一老化周期后的抗拉强度；

p_0——原始抗拉强度；

Q_0——某一常数；

K——化学反应速率常数；

Q——试样抗拉强度下降至ε时所接受到的紫外光能量。

式（4）表示老化程度的增加随试样接受的紫外光能量Q的变化，而速率常数K可用阿累尼乌斯速度模型公式（5）来反映光降解反应随温度的变化：

$$K=Ae^{-E/RT} \tag{5}$$

式中　K——速率常数；

A——破坏因子；

E——活量能；

R——气体常数，$R=8.3136\mathrm{J/(mol\cdot K)}$。

将强度保持率表示为温度和紫外光能量的函数，这时可利用 Baker 提出的公式(6)：

$$\frac{p}{p_0}=A\mathrm{e}^{-KQ} \tag{6}$$

式中　A——某一常数，其它符号如前所示。

图 1 给出了人工气候条件下土工合成材料抗拉强度保持率与所接受到的紫外线辐射能的关系。

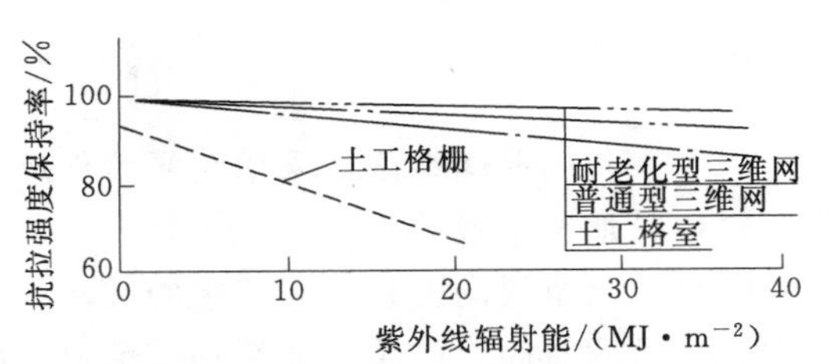

图 1　人工气候条件下材料抗拉强度保持率与紫外线辐射能关系图

3.2　两种气候条件下的相关关系

如果在两种气候条件下老化程度相同时，即抗拉强度保持率相同时则可由式（6）推导出下式：

$$Q_n=\frac{\ln(A_a/A_n)}{K_n}+\frac{K_a}{K_n}Q_a \tag{7}$$

式中　A_a 和 A_n——式（6）中分别对人工气候和自然气候使用时的实验常数；

Q_n——达到某一老化程度时试样在自然气候条件下所接收到紫外线光能；

Q_a——达到同一老化程度时试样在人工气候条件下所接收到的紫外线光能；

K_n——自然气候条件下的反应速率常数；

K_a——人工气候条件下的反应速率常数。

由式（7）可推导出加速度（$\beta=\frac{Q_n}{Q_a}$），式（8）：

$$\beta=\frac{Q_n}{Q_a}=\frac{\ln(A_a/A_n)}{K_nQ_a}+\frac{K_a}{K_n} \tag{8}$$

由式（8）可知，β 与 $1/Q_a$ 呈线性关系，且随着 Q_a 的增加而逐渐趋向于 K_a/K_n。按不同的 p/p_0 的终止指标来分析可得出 N 值的不同变化范围，如表 5 所示。

表 5　　β 值的变化范围表

材料	(p/p_0)/%						
	95	90	85	80	70	60	50
普通型三维网	11.3～14.0	12.7～14.0	13.1～14.0	13.3～14.0	13.6～14.0	13.7～14.0	13.7～14.0
耐老化型三维网	4.5～5.5	4.7～5.6	4.8～5.6	4.9～5.6	4.9～5.7	4.9～5.7	5.0～5.7
土工格室	4.3～8.5	6.5～8.5	7.3～8.5	7.7～8.6	8.0～8.6	8.3～8.7	8.6～8.8
土工格栅	6.8～9.3	7.5～9.6	7.8～9.8	8.0～10.0	8.1～10.1	8.1～10.2	8.1～10.3

由试验所得 β 值可进行预报，即由人工气候试验的 Q_a 去预报自然气候试验的 Q_n，进一步可换算出自然气候试验所需的时间。例如聚乙烯类土工格室试样按本试验条件在人工气候条件下当 p/p_0 到达 50%时所接受的紫外辐射能 $Q_a=199.07\mathrm{MJ/m^2}$，按照表 3，取 β 值的下限值，其自然气候老化试验则需要紫外辐射能为 $1712.0\mathrm{MJ/m^2}$，而西南地区的年

均紫外光辐照能大约为294MJ/m^2，则相应在自然气候条件下老化试验的时间为5.8年。

4　结语

（1）在我国西南地区，采用荧光紫外灯人工加速老化试验，对于所试验的四种土工合成材料，其加速倍数约为4.0～14.0。

（2）试验所得的关系是在特定的试验条件下所得到的，由人工气候试验去预测自然气候老化试验的时间。应用时要特别谨慎对待所选用的人工气候箱及其条件和室外曝露试验的条件。

（3）由试验结果可知，太阳辐射能、温度、日照时数与土工合成材料的耐久性紧密相关，力学性能衰减速率与其温度相当密切，一般情况下温度越高衰减就越快，反之就越慢。因此在考虑室外自然老化与室内加速老化之间相关性的问题时，温度是必须考虑的因素之一。

（4）荧光紫外线型老化仪，对于本文所试验的四种土工合成材料，室外与室内试验之间具有良好的相关性。但是其老化加速的机理应进一步进行系统的研究。

（5）绝大多数用于土工合成材料的聚合物是半晶体，晶体的特点能显著的改变材料的性质。因此在加速试验中如果温度跨越了玻璃态过渡温度 T_g，则必须给予特别关注。

参考文献

[1] 化学工业部合成材料老化所．高分子材料老化与防老化［M］．北京：化学工业出版社，1979，117－118.

[2] Baker T I. Long－term relationship of outdoor exposure to Xenon－Arc test apparatus［A］. Proceedings of the Geosynthetics 97［C］. IFAI，St Paul，MN，1997. 177－199.

[3] Comer A I，HsuanY G，Konrath L. The performance of exible polypropylene geomembranes in covered and exposed environments［A］. Proceedings of the Sixth Intemational Conference on Geosynthetics［C］. Vol 1，Atlanta，GA，USA，IFAI，1998，359－364.

[4] Koemer G R，Hsuan G Y，Koemer R M. Photo－initiated degradation of geotextiles Journal Geotechnical and Geoenvironmental Engineering［J］. ASCE 124（12），1998. 1159－1166.

[5] 包伟国．聚丙烯土工合成材料老化性能研究［A］．全国第六届土工合成材料学术会议论文集［C］．香港：现代知识出版社，2004，597－600.

[6] ASTM D5970—96. Standard practice for deterioration of geotextiles from outdoor exposurre［S］. 1996.

[7] ASTM G53—1998. 非金属材料暴晒用光、水暴晒仪（荧光紫外、冷凝型）标准操作规程［S］．美国材料与试验协会，1988.

[8] 叶苑，乔致雯，杨颜镡．聚丙烯自然和人工老化的相关关系［J］．合成材料老化与应用，1994（3）：9－16.

Model Test Study on Soft Clay Slope Reinforced with Electro – kinetic Geosynthetics

Zhuang, Y. F.   Wang, Z.   Chen, L.

Department of Hydraulic Engineering, Tsinghua University, Beijing 100084, China;
School of Civil and Architectural Engineering, Wuhan University, Wuhan, 430072, China;
Department of Hydraulic Engineering, Tsinghua University, Beijing 100084, China

ABSTRACT: Electro – kinetic geosynthetics (EKG) presented in this paper was made from a kind of electrically conductive plastic, whose resistivity was 0.064Ω · m. A model test was carried out to study the feasibility of applying this kind of EKG to improve the stability of soft clay slope. Test results showed that EKG acted well as both electrodes and drains of electro – osmotic consolidation. Under the D. C. voltage of 40V, The initial electric current was 194mA. It decreased gradually following negative exponential function. Developing process of suction and settlement showed that electro – osmotic consolidated zone expanded from anode to cathode gradually. Maximal suction recorded near the anode was 80kPa. Isolines of settlement and water content showed that the consolidation of the soil was inhomogeneous. Soil around EKG anode near the wire holder of electrode positive had the strongest effect of consolidation; while soil around EKG cathode far away from the wire holder of electrode negative had the weakest effect of consolidation. Comparison of the $e - \log p$ curve, water content, dry density, and c, ϕ of the soil before and after electro – osmotic consolidation showed that the stability of the slope was greatly enhanced after the treatment with EKG. Study shows that EKG made from electrically conductive plastic has great potentialities of commercial application in geotechnical engineering. It is worth to do further researches on this kind of EKG.

Key words: EKG, reinforcement; electro – osmosis; consolidation; electro – kinetic

1 INTRODUCTION

Electro – kinetic geosynthetics (EKG) is a kind of electrically conductive geosynthetics, which can incorporate the electro – kjnetic phenomena into traditional functions of geosynthetics (Neitleton et al. 1998; Zou et al. 2002). Generally speaking, there are two ways to make geosynthetics electrically conductive: one is combining the traditional geosynthetics with some conductive elements, such as copper wires, carbon fibres etc; the other is directly using the conductive synthetic as the raw materials of geosynthetics. Most existing researches on EKG adopted the first way (Hamir et al. 2001). As composite conductor, this kind of EKG does not have homogeneous electrical conductibility. And it metal materials (such as aluminum, iron, copper) are used as the conductive elements, the problem of electrochemical corrosion would still exist (Zhuang & Wang 2004) . Carbon fibres do not have the problem of electro - chemical corrosion, but it is too expensive to use as conductive elements of EKG.

Under the background of great breakthrough achieved in the field of electric conductive plastic, EKG samples presented in this paper adopted the second way. They were made from some electically conductive plastics with a resistivity of 0.064Ω・m, EKG made from electrically conductive plastic has the following advantages (Zhuang 2005): (1) It can provide homogeneous electrical conductivity; (2) It does not have the problem of electro - chemical corrosion; (3) It will not introduce new metal ions into the soil when used in the electro - cleaning of contaminated soil; (4) the price of electrically conductive plastic acceptable (about 15,000 RMB per ton) .

EKG has wide prospect of application. It can be used in the fields of reinforcement, consolidation, environment remediation etc. Researches presented in this paper focus mainly on its function of electro - osmotic consolidation. A model test was carried out to study the feasibility of applying EKG samples mentioned above to improve the stability of soft clay slope. Testresults showed that EKG acted well as both electrodes and drains of electro - osmotic consolidation.

2　MODEL PREPARATION

2.1　Soil preparation

Soil used in the test was taken from Wuhan Branch of Academy of Sciences of China. Its liquid limit was 44.17; plastic limit was 19.25; plasticity index was 24.92. Some water was added to increase the water content of the natural soil. Then the soil was mixed homogeneously. The water content tested after 24 hours storage time was 37.53%.

2.2　Electrodes preparation

Three rows of EKG were used as anode and cathode respectively. Every row of EKG was made up of 18 strips of electrically conductive plastics, which were stitched on a 10cm wide non - woven geotextile (see Figure 1) . The average diameter of electrically conductive plastics was 1.5mm, and the resistivity was 0.064Ω・m. Length of anode was 34cm. Length of cathode was 75cm. Wires were connected to the electrically conductive plastics through the connection rods of terminal array at the edges of every strip. These wires and connection rods were used to insure the good connection of electrically conductive

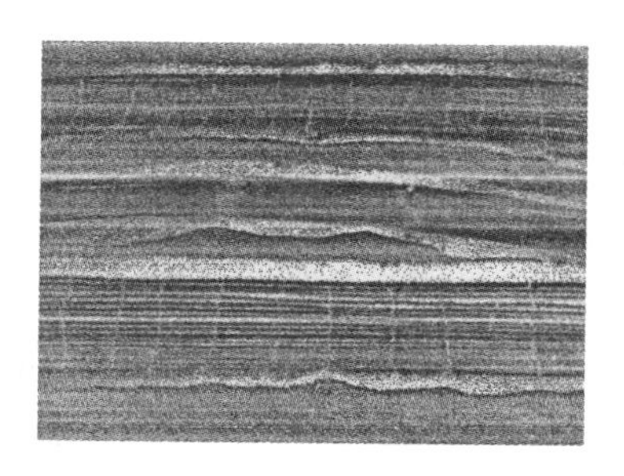

Figure 1　Photo of EKG electrodes

plastics with electrical source.

2.3 Fill of slope model

Size of the slope model was as following: length of the top side was 43cm; length of the bottom side was 83cm; width of the model was 30cm; the slope angle was 45°. Total height of the slope was 46cm. Therein, electro - osmosis treated layer between anode and cathode was 30cm height; layer above anode was 6cm; and layer under cathode was 10cm. (see Figure 2) Total weight of the wet soil filled in the model was 160.9kg. The model of slope was filled and compacted at each 5cm. The dry density was controlled to be 1.35g/cm^3. By testing the soil sampled from the slope model before electro - osmotic treatment, we got the initial hydraulic permeability $k_h = 7.60 \times 10^{-8}$ cm/s; the initial cohesion $c = 5.10$kPa; the initial friction angle $\phi = 2.04°$.

The boundary conditions of the slope were as following: the top surface and the inclined surface of the slope were exposed to the air directly; other surfaces of the slope were laid with waterproof geosynthetics; the bottom surface of the layer above anode was also laid with waterproof geosynthetics to model the waterproof boundary on anode; the top surface of the layer under cathode was laid with nonwoven geotcxtiles to model the permeable boundary on cathode.

2.4 Configuration of tensiometers

Four tensiometers were used to measure the suction in the soil during the process of electro - osmotic consolidation. They were all preset in the soil along the middle line of the inclined surface of the slope. The configuration of the tensiometers was showed in Figures 2 and 3.

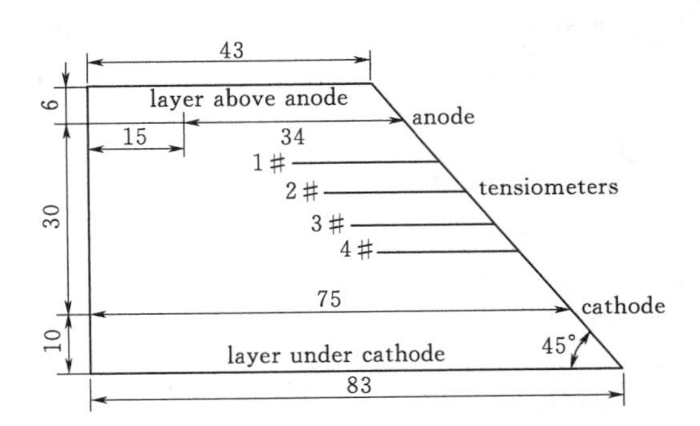

Figure 2 Sketch of the slope model (unit: cm)

Figure 3 Photo of EKG, tensiometer and dial gauge

2.5 Configuration of displacement tracing points

The settlement of top surface of the slope was measured by dial gauge; and the displacement of the soil in the slope was traced via displacement tracing method with microscope. Figure 4 was the photo of slope model and corresponding displacement tracing system.

3 PROCESS OF EXPERIMENT

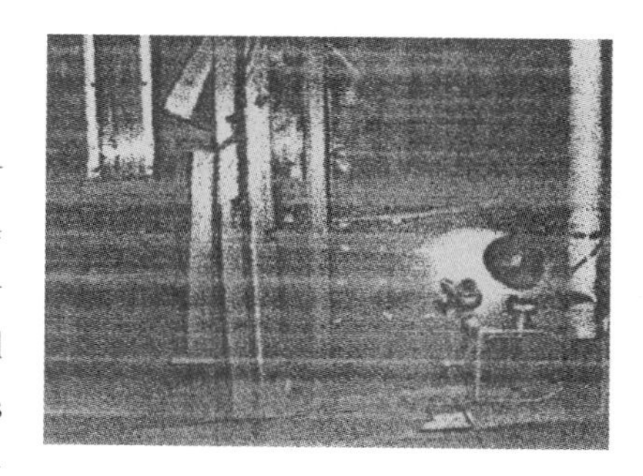

Figure 4　Photo of slope model and corresponding displacement tracing system

D. C. voltage of 40V was adopted in this experiment. Whole process of testing lasted for 396.4 hours, which include three stages of electrifying, intermission and re - electrifying. During the first and third stages, which lasted for 334.77 and 37.3 hours respectively, the variation of electric - current, suction, and displacement was observed. During the intermittent time, which was 24.33 hours, the decreasing process of suction was observed. Data of the second and third stages reflected the effect of intermittent electrifying technique on electro - osmosis.

The water content, dry density, c, ϕ, permeability, and e -log$p$ curve of the soil after electro - osmosis were tested and compared with those of the soil before electro - osmosis to evaluate the effect of electro - osmotic treatment with EKG.

4 TESTED RESULTS AND ANALYSES

4.1 Electric current

Curve fitting showed that the variation of electric current before and after intermittent time followed the negative exponential functions of $I-60=126.28\mathrm{e}^{-0.0036t}$ (correlation: $R^2=0.9615$) and $I-77=36.307e^{-0.0659(t-359.1)}$ (correlation: $R^2=0.9905$) respectively. Figure 5 showed that the technique of intermittent electrifying could increase the electric current, but the increased current would decrease to a lower value than the terminal current before intermission with a higher decreasing rate. This phenomenon, which was named as "impaction and fall", was related to the readjusting of water content and suction in the soil during the intermittent time.

4.2 Suction

Figure 6 showed that suction developed from anode to cathode gradually. Suction of the soil near the anode increased faster than that of the soil near the cathode. The nearer to the anode, the higher suction we got. Maximal suction recorded near the anode was 80kPa. The suction of 3# tensiometer decreased suddenly after 153.0833 honrs' electro - osmosis due to the damage of 3# tensiometer under the inhomogeneous settlement caused by electro - osmotic consolidation. The decreasing and re - increasing section of the suction - time curve of 4# tensiometer corresponded to the intermission and re - electrifying stages of the test.

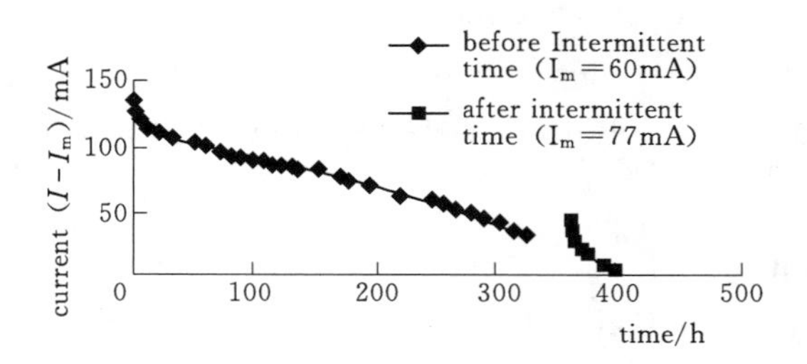

Figure 5 Decreasing process of eleatic current

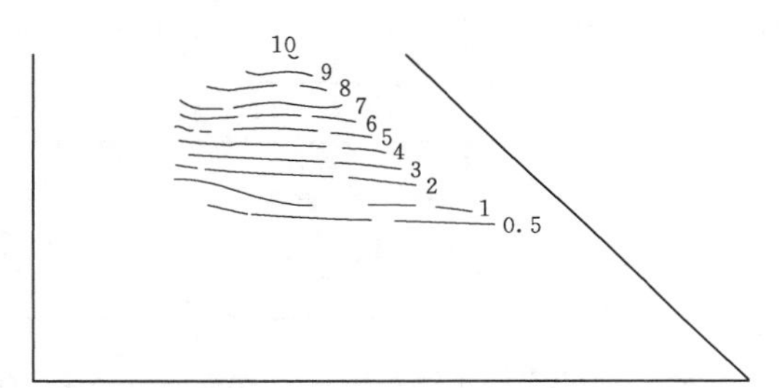

Figure 6 Suction - time curve

4.3 Settlement

Isolines of settlement showed that electro - osmotic consolidated zone expanded from anode to cathode gradually (see Figures 7, 8) . It was accordant with the suction developing process.

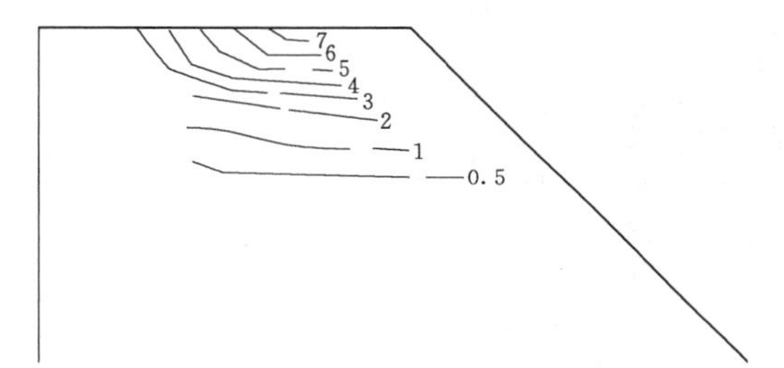

Figure 7 Isolines of settlement after 98.4 hours (unit: mm)

Figure 8 Isolines of settlement after 146.1 hours (unit: mm)

4.4 Water content

Isolines of water content after electro - osmosis distinctly refleated the spatial inhomogeneity of the consolidation effect of electro - osmosis. Soil around EKG anode near the wire holder of electrode positive had the strongest effect of consolidation; on the contrary, soil around EKG cathode far away from the wire holder of electrode negative had the weakest effect of consolidation (see Figure 9) . This inhomogeneity was due to the electric resistance of EKG electrodes, which was not negligible like metal electrodes.

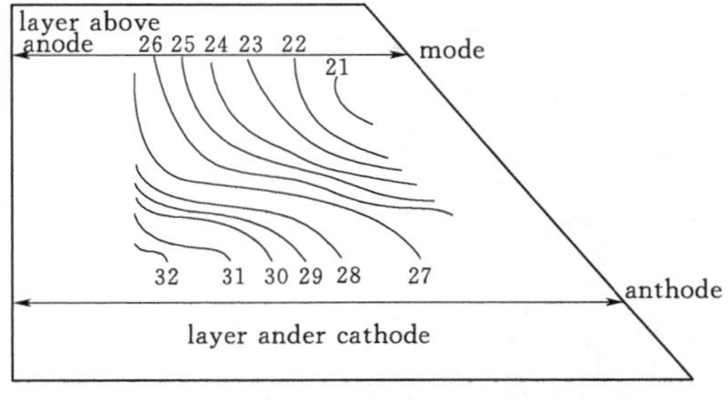

Figure 9 Isolines of water content after electro - osmosis (%)

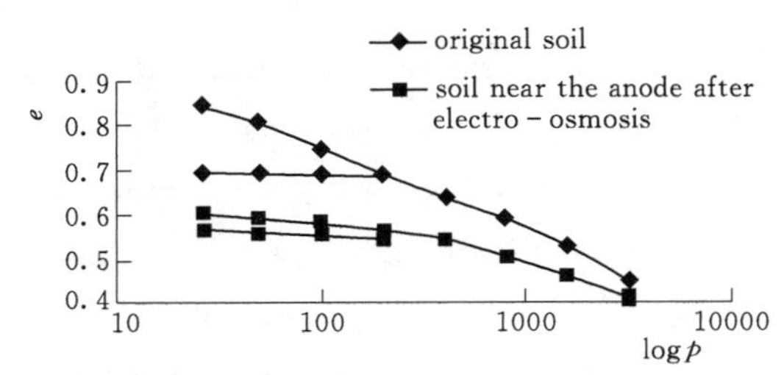

Figure 10 e - log$p$ curves of the soil before and after electro - osmosis

4.5 Comparison of $e-\log p$ curves before and after electro-osmosis

Comparison of the $e-\log p$ curves before and after electro-osmosis showed that void rate and compressibility of the soil was greatly reduced after electro-osmotic treatment with EKG.

4.6 Variation of physical properties of the soil

Soil after electro-osmosis was inhomogeneous. Table 1 showed that from anode to cathode, water content increased, whereas dry density, and c, ϕ of the soil decreased. Soil near the anode was well consolidated while soil near the cathode was almost unconsolidated.

Table 1 Variation of physical properties of the soil

Distance from anode (cm)	Water content (%)	Dry density (g/cm^3)	c(kPa)	ϕ(degree)
0	21.4	1.69	182.4	27.91
5	23.68	1.67	48.34	20.28
12	24.07	1.64	18	14.70
20	27.76	1.49	1.71	10.68
25	28.89	1.47	5.6	4.80
Original soil	37.53	1.35	5.10	2.03

Permeability of the soil decreased slightly after electro-osmosis, but still remained at the same magnitude with that of the soil before electro-osmosis. Permeability of the soil before and after electro-osmosis was 7.60×10^{-8}cm/s and 2.51×10^{-8}cm/s respectively.

5 CONCLUSIONS

Model test study presented above leads to the following conclusions:

1. EKG acted well as both electrodes and drains of electro-osmotic consolidation.

2. The decreasing process of electric current followed negative exponential function.

3. Phenomenon of electric currcnt's "impaction and fall" was observed when applying the technique of intermittent electrifying. This phenomenon was related to the readjusting of water content and suction in the soil during the intermittent time.

4. Suction developed from anode to cathode gradually. The nearer to the anode, the higher suction we got. Maximal suction recorded near the anode was 80kPa.

5. Corresponding with the suction developing process, electro-osmotic consolidated zone expanded from anode to cathode gradually.

6. Soil around EKG anode near the wire holder of electrode positive had the strongest effect of consolidation; on the contrary, soil around EKG cathode far away from the wire holder of electrode negative had the weakest effect of consolidation. This spatial inhomogeneity was due to the non-negligible electric resistance of EKG electrodes.

7. Comparison of the e – log p curve, water content, dry density, and c, ϕ of the soil before and after electro – osmotic consolidation showed that the stability of the slope was greatly enhanced after electro – osmotic treatment with EKG.

8. EKG made from electrically conductive plastic has great potentialities of commercial application in geotechnical engineering. It is worth to do further researches on this kind of EKG.

ACKNOWLEDGEMENT

This work is part of a research project supported by a grant from National Natural Science Foundation of China, Grant No. 50279036.

REFERENCES

Hamir R. B. and Jones C. J. F. P and Clarke B. G. (2001) .

"Electrically Conductive Geosynthetics for consolidation and Reinforced Soil" . *Geotextiles and Geomembranes*. No. 19, pp. 455 – 482.

Nettleton, LM. , Jones, C. J. F. P. , Clark B. G. and Hamir, R. (1998) .

"Electro Kinetic Geosynthetics and Their Applications", 6*th International Conference on Geotextiles Geomembranes and Related Products*. Georgia USA: Industrial Fabrics Association International, pp. 871 – 876.

Zhuang Yan – feng and Li Xia and Wang Zhao. (2004) . "Application of Electro – kinetic Geosynthetics in Reinforced Slope", *GeoAsia* 2004 *Proceeding of the* 3*rd Asian Regional Conference on Geosynthetics*, Seoul, Korea: KGSS, pp. 1042 – 1047.

Zhuang Yang – feng (2005), "Research on EKG Material and Its Application in Slope Reinforcement", *Dissertation for the Doctor's Degree in Engineering*, Wuhan University.

Zou Wei – lie and Yang Jin – xin and Wang Zhao (2002) . "Design Methods of Electro – Kinetic Geosynthetics for Consolidation and Soil Reinforcement", *Chinese Journal of Geotechnical Engineering*, Vol. 3, No. 24, pp. 319 – 322.

The Critical Height and It's Sensibility Analysis of the Reinforced Slope

Qiao L. P. Wang Z.

School of Civil and Architectural Engineering, Wuhan University, Wuhan, China

ABSTRACT: Based on the classical plasticity theory and the generalized plasticity theory, two computation formulations of the critical height of reinforced slope were deduced by limit analysis method assuming that failure plane was inclined and passing through the toe of the slope. The computed values were compared with the previous experimental study on reinforced slopes. It was found that the critical height on basis of the generalized plasticity theory limit analysis method is slightly higher than the critical height on basis of the classical plasticity theory limit analysis method and more close to the experimental values. However, both of them are within the acceptable limit of standard engineering practice. The sensibility analysis of the parameters effected on the critical height was also carried out. The analysis showed that the sensibility of the parameters in descending order is as follows: tensile strengthen per unit area of the reinforcement k_t, friction angle of the soil φ, cohesive of the soil c, surcharge load P, unit weight of the soil γ.

Key words: reinforced slope; limit analysis method; critical height; sensibility analysis

1 INTRODUCTION

The paper in concernd with studying the critical height of reinforced slopes. In this connection, Wu Xiongzhi & Shi Sanyuan (1994) obtained the upper bound solution by limit analysis method. Similarly, Radoslaw L. M. (1998) used limit analysis method to calculate the stability of the reinforced slope. However, the above mentioned studies were based on the classical plasticity theory, namely considering the included angle of the velocity slip line and the stress characteristic line to be φ, whereby, the friction dissipation of energy was neglected in calculating the dissipation energy of the soil. On the other hand, the generalized plasticity theory considers the included angle to be $\varphi/2$, thus the friction dissipation of the soil was reflected in calculating the dissipation of energy. In this paper, based on the both plasticity theories, the formulate of the critical height of the reinforced slope were deduced, the sensibility of the parameters effected on the critical height was also analyzed.

2 THE CLASSICAL PLASTICITY THEORY AND THE GENERALIZED PLASTICITY THEORY

The classical plasticity theory pointed out that the included angle of the displacement and the rigid body plane was φ when the rigid body translating, while the generalized plasticity theory (Wang Jin - lin, Zheng Ying - ren, et al. , 2001) pointed out that the included angle was $\varphi/2$, under the condition of the shear failure, the dissipations of energy per unit volume of the soil were respectively defined as:

$$\dot{w}=\tau\dot{\gamma}^{p}+\sigma_{n}\dot{\varepsilon}_{n}^{p}=(\sigma_{n}\tan\varphi+c)\dot{\gamma}^{p}-\dot{\gamma}^{p}\cdot\tan\varphi\cdot\sigma_{n}=c\dot{\gamma}^{p} \tag{1}$$

And $$\dot{w}=\tau\dot{\gamma}^{p}+\sigma_{n}\dot{\varepsilon}_{n}^{p}=(\sigma_{n}\tan\varphi+c)\dot{\gamma}^{p}-\dot{\gamma}^{p}\times\tan\frac{\varphi}{2}\cdot\sigma_{n}=c\dot{\gamma}^{p}+\sigma_{n}\left(\tan\varphi-\tan\frac{\varphi}{2}\right)\dot{\gamma}^{p} \tag{2}$$

Where $\dot{\gamma}^{p}$ = shear strain corresponding to the shear stress τ, $\dot{\varepsilon}_{p}$ = normal strain corresponding to the normal stress σ_n.

From above two formulate, we knew that the friction dissipation of the soil was not reflected in calculation by the classical plasticity theory, and which could be reflected by the generalized plasticity theory.

3 LIMIT ANALYSIS METHOD

If the hypothetic compatible plasticity deformation mechanism ε_{ij}^{p*} and v_i^{p*} satisfied the boundary condition $v_{ij}^{p*}=0$ on S_v, the determined load T_i and F_i were bound to be not smaller than the failure load (limin load) . In the other word, in any kinematical admissible velocity field, if the rate of work of external force equaled to the rate of work of internal work, the obtained load was the upper limit of the practical load. Namely:

$$\int_V F_i v_i^{*}\,\mathrm{d}v+\int_s T_i v_i^{*}\,\mathrm{d}s=\int_V \sigma_{ij}\varepsilon_{ij}\,\mathrm{d}v \tag{3}$$

Where F_i = volume force; T_i = area force; v_i^{p*} = kinematical admissible velocity field; σ_{ij} = admissible stress field of the static force; ε_{ij} = strain corresponding to the normal stress σ_{ij}.

4 CRITICAL HEIGHT OF THE REINFORCFD SLOPE BASED ON BOTH PLASTICITY THEORIES

To simplify the calculation, the failure plane of the reinforced slope was assumed to be a inclined and passing through the toe.

4.1 Critical height of the reinforced slope based on the classical plasticity theory

4.1.1 Rate of work of external force

As shown in Fig. 1, the weight of rupture body ABC was $G=\frac{\sin(\alpha-\beta)}{\sin\alpha\sin\beta}\gamma H^2$, the rate of work of external force was written as

$$W = \frac{\sin(\alpha-\beta)}{2\sin\alpha\sin\beta}\gamma H^2 \cdot v\sin(\beta-\varphi) + \frac{\sin(\alpha-\beta)\sin(\beta-\varphi)}{\sin\alpha\sin\beta}pHv \tag{4}$$

Where the γ = unit weight of the soil; H = height of the slope; α = slope angle of the reinforced slope; β = included angle between the rupture plane and the horizontal plane; p = surcharge load; v = velocity field vector.

4.1.2 Rate of work of internal force

The rate of work of internal force included the dissipation of the soil and the dissipation of the reinforcement.

From Eq. 1, the dissipation of the soil on the rupture boundary was written as

$$D_L = \int_L \mathrm{d}D = \int_L cv\cos\varphi \cdot \mathrm{d}l = \int_0^H cv\cos\varphi \cdot \frac{\mathrm{d}h}{\sin\beta} = \frac{cHv\cos\varphi}{\sin\beta} \tag{5}$$

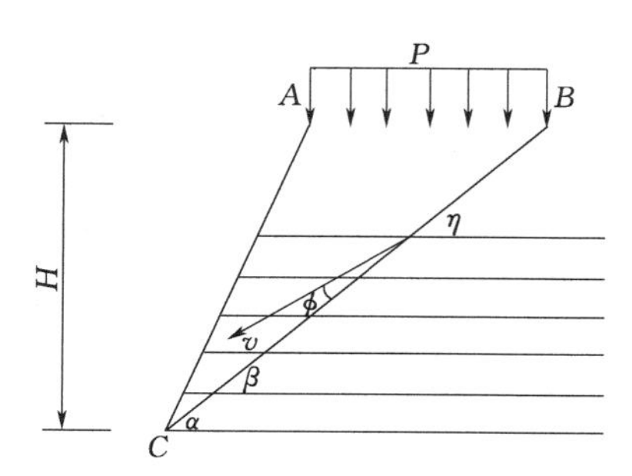

Figure 1

Figure 1 and Figure 3 were respectively computation schematics based on classical plasticity theory and on generalized plasticity theory

In this study, it was assumed that all dissipation occurred on the velocity discontinuity. As shown in Fig. 2, the dissipation of tensile force of the reinforcement on unit area was

$$dr = \int_0^{\sin\eta} k_t \cdot \varepsilon_x \cdot \sin\eta \cdot dx = k_t v\cos(\eta-\varphi)\sin\eta$$

Where ε_x = rate of strain on the reinforcement direction; t = thickness of rupture layer of the reinforcement; η = inclination angle of the reinforcement; v = velocity field vector; k_t = tensile strength of unit area on the reinforcement. For the reinforcement of uniform distribution, $k_t = T/s = nT/H$. Where T = tensile strength of the reinforcement, kN/m; s = layer spacing of the reinforcement, m; n = numbers of the reinforcement.

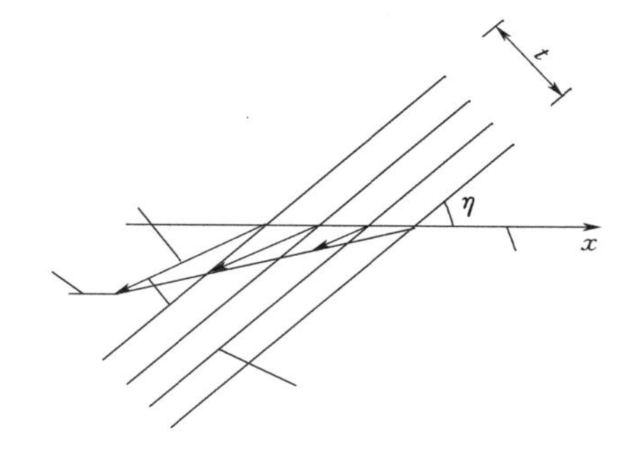

Figure 2　Failure schematic of the reinforcement on classical plasticity theory

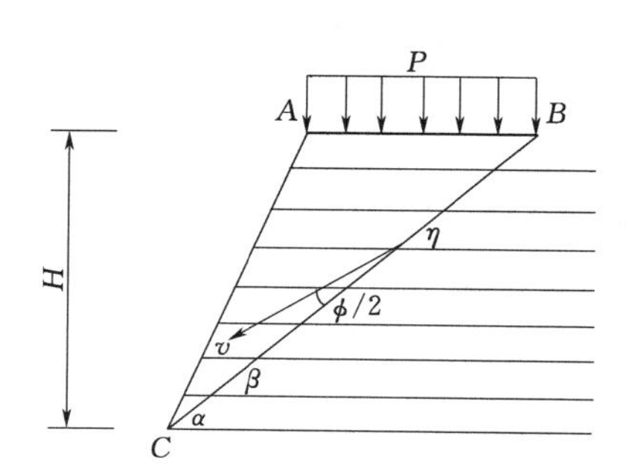

Figure 3

The dissipation of the reinforcement on the rupture boundary was written as

$$D_r = \int_L \mathrm{d}r = \int_L k_t v \cos(\eta - \varphi) \sin\eta \cdot \mathrm{d}l$$

Noticing $\eta = \beta$, $\mathrm{d}l \dfrac{\mathrm{d}h}{\sin\beta}$, consequently,

$$D_r = \int_0^n k_t v \cos(\beta - \varphi) \sin\beta \frac{dh}{\sin\beta} = k_t v H \cos(\beta - \varphi) \tag{6}$$

Substituting Eq. 4, Eq. 5 and Eq. 6 into Eq. 3, obtained the general formula.

$$H = \frac{2k_j \cos(\beta - \varphi) \sin\alpha \sin\beta + 2c\cos\varphi \sin\alpha}{\gamma \sin(\alpha - \beta) \sin(\beta - \varphi)} - \frac{2p}{\gamma} \tag{7}$$

Eq. 7 gives the upper limit of the critical height (the minimum of H), when

$$\frac{\partial H}{\partial \beta} = 0 \tag{8}$$

From Eq. 8, the value of β was obtained by iteration method, then, the minimum of the critical height H_{cr} of the reinforced slope was obtained by substituting β into Eq. 7.

4.2 Critical height of the reinforced slope based on the generalized plasticity theory

4.2.1 Rate of work of external force

As shown in Fig. 3, the rate of work of external force was written as

$$W = \frac{\sin(\alpha - \beta)}{2\sin\alpha \sin\beta} \gamma H^2 \cdot v \sin\left(\beta - \frac{\varphi}{2}\right) + \frac{\sin(\alpha - \beta) \sin\left(\beta - \frac{\varphi}{2}\right)}{\sin\alpha \sin\beta} p H v \tag{9}$$

4.2.2 Rate of work of internal force

The rate of work of internal force includes the dissipation of the soil and the dissipation of the reinforcement.

Stress state of each point on the sliding rupture boundary of the soil was $\sigma_v = \gamma h + p$, $\sigma_h = 0$, so the normal stress was $\sigma_n = (\gamma h + p) \cos^2\beta$. From Eq. 2, the dissipation of the soil on rupture boundary was obtained.

$$\begin{aligned} D_L = \int_L \mathrm{d}D &= \frac{cHv\cos\frac{\varphi}{2}}{\sin\beta} + \int_0^H (\gamma h = p) \cos^2\beta \\ &\times \left(\tan\varphi - \tan\frac{\varphi}{2}\right) v \cos\frac{\varphi}{2} \cdot \frac{dh}{\sin\beta} = \frac{cHv\cos\frac{\varphi}{2}}{\sin\beta} \\ &\times \left(\frac{1}{2}\gamma H^2 v + pHv\right)\left(\tan\varphi \cos\frac{\varphi}{2} - \sin\frac{\varphi}{2}\right) \cdot \frac{\cos^2\beta}{\sin\beta} \end{aligned} \tag{10}$$

As shown in Fig. 4, the dissipation of the reinforcement on the rupture boundary was written as

$$\begin{aligned} D_r &= \int_L \mathrm{d}r = \int_L k_t v \cos\left(\eta - \frac{\varphi}{2}\right) \sin\eta \cdot \mathrm{d}l \\ &= \int_0^H k_t v \cos\left(\beta - \frac{\varphi}{2}\right) \sin\beta \cdot \frac{\mathrm{d}h}{\sin\beta} \end{aligned}$$

$$= k_t vH\cos\left(\beta - \frac{\varphi}{2}\right) \tag{11}$$

Substituting Eq. 9, Eq. 10 and Eq. 11 into Eq. 3, the general formula was obtained.

$$H = \frac{2k_t\cos\left(\beta-\frac{\varphi}{2}\right)\sin\alpha\sin\beta + 2c\cos\frac{\varphi}{2}\sin\alpha}{r\left[\sin(\alpha-\beta)\sin\left(\beta-\frac{\varphi}{2}\right) - \left(\tan\varphi\cos\frac{\varphi}{2} - \sin\frac{\varphi}{2}\right)\sin\alpha\cos^2\beta\right]} - \frac{2p}{\gamma} \tag{12}$$

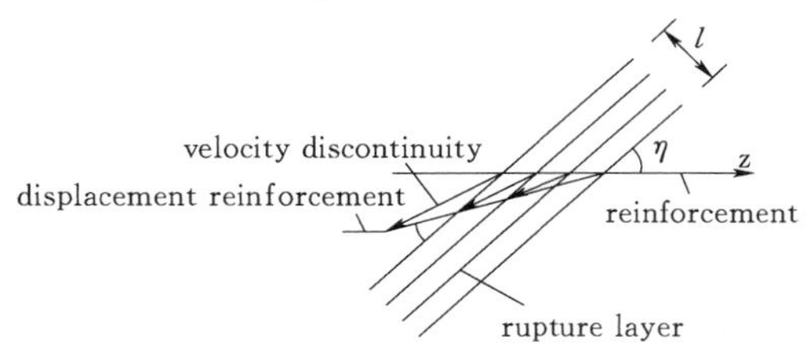

Figure 4　Failure schematic of reinforcement on generalized plasticity theoty

Eq. 12 gives the upper limit of the critical height (the minimum of H), when

$$\frac{\partial H}{\partial \beta} = 0 \tag{13}$$

From Eq. 13 the value of β was obtained by iteration method, the minimum of critical height H_{cr} on the reinforced slope was obtained by substituting β into Eq. 12.

5　EXAMPLE

Result of centrifugal test on the reinforced slope was published by Porbaha A., et al. (1996), unit weight of the soil $\gamma = 17.8\text{kN/m}^3$, the relative parameters and result of test were listed in Table 1.

Table 1　Centrifuge modeling test and critical height on theoretic computation

Number	α(°)	C(kPa)	ϕ(°)	k_t(kN/m)	H^*(m)	H_{cr1}(m)	H_{cr2}(m)
M-11	90	24.7	19.3	2.82	9.2	8.45	8.52
M-28	90	20.2	20.8	2.78	8.2	7.24	7.32
M-32	80.5	23.8	20.6	2.78	11.4	10.70	11.27
M-35	80.5	22.7	21.3	2.79	11.1	10.46	10.99
M-49	90	17.8	21.5	2.80	7.4	6.55	6.60

Note　In the table, H^* was obtained from the model centrifugal test of the reinforced slope; H_{cr1} and H_{cr2} were respeetively theoretical values calculated by the classical plasticity theory limit analysis method and the generalized plasticity theory limit analysis method.

From Table 1, the following conclusions may be obtained: (1) The critical height based on generalized limit analysis method was higher than the value based on classical limit analysis method, and are more close to the values obtained from the test. One of the main reasons was the generalized limit analysis method considered the friction dissipation of the soil, which conformed with the fact. (2) The critical height based on gencralized limit analysis method was slightly lower than the value of test (generally not exceeded 11%), which is within the acceptable limit of standard engineering practice. The reasons could be as follows: the tensile rupture of reinforced slope was only considered in theoretical calculation, and there was a course step by step from the tensile rupture to the real rupture of the model, but the dissipation in the course step by step was neglected in calculation. The value of T adopted in calculation was obtained by the wide strip test of the reinforcement, whose effect was not totally taken into account. In centrifugal test, the interface of box and the model soil was not absolutely smooth, which could affect the precision of the test. (3) The difference of the critical height between the two methods was lesser, which showed that the classical limit analysis method was not integral in theory, but the value calculated by the method was reliable. Because the friction dissipation of the soil was neglected, the calculation was simplified. Consequently the classical limit analysis method is a practical method, but it has defect in theory.

6 SENSIBILITY ANALYSIS

In this paper, the values of five parameters c, γ, φ, p, k_t, were varied by oneself, the calculation analysis of the critical height was conducted. The variation ranges of the parameters were determined by the general reinforced soil engineering, which were summarized as high, mid, low three levels listed in Table 2.

Table 2 The ranges and levels of the parameters

Lever	Parameters				
	c(kPa)	γ(kN/m^3)	φ(°)	p(kPa)	k_t(kN/m^2)
low	5.0	16.5	15	0	50
mid	10.0	18.5	20	20	80
high	20.0	20.0	30	40	100

The table L_{27} (3^{13}) was selected in term of the selection principle of the orthogonal table, each factor was arrayed in the orthogonal table. Under each test condition, the critical height H_{er} of the reinforced slope was calculated by Eq. 7, Eq. 8, the results were listed in Table 3.

The result of range analysis on each parameter was listed in Table 4. From the table, we concluded that the sensibility of the five parameters was $k_t > \varphi > c > p > \gamma$.

7 CONCLUSION

The friction dissipation of the soil was not embodied in classical limit analysis method, which was not conformed with the fact, but the generalized limit analysis method considered the friction dissipation, although complicated in calculation course, however, it was more perfect in theory, The difference of the critical height on the reinforced slope based on the two methods was lesser, both of them could be as reference in reinforced slope's design. The sensibility analysis of the critical height showed that the sensibility order of the five parameters was $k_t > \varphi > c > p > \gamma$.

Table 3　　Result of the orthogonal test

Number	c(kPa)	γ(kN/m^3)	φ(°)	p(kPa)	k_i(kN/m^2)	H_{cr}(m)
1	5.0	16.5	15	0	50	11.9
2	5.0	16.5	15	0	80	18.0
3	5.0	16.5	15	0	100	22.2
4	5.0	18.5	20	20	50	10.4
5	5.0	18.5	20	20	80	17.0
6	5.0	18.5	20	20	100	21.4
7	5.0	20.0	30	40	50	12.7
8	5.0	20.0	30	40	80	21.7
9	5.0	20.0	30	40	100	27.7
10	10.0	16.5	20	40	50	11.0
11	10.0	16.5	20	40	80	18.4
12	10.0	16.5	20	40	100	23.3
13	10.0	18.5	30	0	50	20.0
14	10.0	18.5	30	0	80	29.7
15	10.0	18.5	30	0	100	36.2
16	10.0	20.0	15	20	50	9.1
17	10.0	20.0	15	20	80	14.2
18	10.0	20.0	15	20	100	19.6
19	20.0	16.5	30	20	50	24.2
20	20.0	16.5	30	20	80	35.1
21	20.0	16.5	30	20	100	38.8
22	20.0	18.5	15	40	50	10.5
23	20.0	18.5	15	40	80	16.0
24	20.0	18.5	15	40	100	19.7
25	20.0	20.0	20	0	50	13.7
26	20.0	20.0	20	0	80	22.0
27	20.0	20.0	20	0	100	26.1

Table 4　　Range analysis of the parameters

Parameters	c	γ	φ	p	k_t
K_{1j}	163.0	202.9	141.2	199.8	123.5
K_{2j}	181.5	180.9	163.3	189.8	192.1
K_{3j}	206.1	166.8	246.1	161.0	235.0
R_j	43.1	36.1	104.9	38.8	111.5
Sensibility	$k_t>\varphi>c>p>\gamma$				

REFERENCE

Porbaha. A. and Goodings K. J. Centrifuge modeling of geotextiles reinforced cohesive soil retaining walls, Journal of Geotechnical Engineering, Vol. 122, No. 10 pp. 840 - 848 (1996) .

Porbaha A. and Goodings K. J. "Centrifuge modeling of geotextiles - reinforced steep clay slopes", Can. Geotech. J, Vol. 33. No. 5. pp. 696 - 704 (1996) .

Radoslaw I. M. "Limit analysis in stability calculations of reinforced soil structure", Geotextiles and Geomembranes, Vol. 16, No. 6, pp. 311 - 331 (1998) .

Wang Jinglin, Lin Li, et al. "Discussion on the upper - bound method of limit analysis of geotechnical material", Chinese Journal of Rock Mechanics and Engineering, Vol. 20, Supper. 1. pp. 886 - 889 (2001) .

Wu Xiongzhi, Shi Sanyuan, et al. "Limit analysis for the stability of slopes reinforced with geotextile", Chinese Journal of Rock and Soil Mechanics, Vol. 15, No. 2, pp. 55 - 61 (1994) .

Zheng Ying - ren, et al. "Discussion on velocity solution of slip line theory for geotechnical materials - the application of generalized plastic theory", Journal of Hydraulic Eng. , No. 6, pp. 1 - 7 (2001) .

加速土工合成材料蠕变试验的荷载叠加法

李丽华[1]　王　钊[2]　陈　轮[1]

（1. 清华大学水利水电工程系，北京　100084；
2. 武汉大学土木建筑工程学院，湖北武汉　430072）

摘　要：根据自由体积理论证明了温度、应力与分子运动的关系，在分析了时温叠加法原理的基础上，阐述了荷载叠加法的原理，提出了加速土工合成材料蠕变试验和预测其长期特性的荷载叠加法和荷载转移公式因子。对 RS50 土工格栅的室内蠕变试验结果做了分析，利用荷载叠加法把几种不同荷载水平下的蠕变试验曲线形成了几条光滑的主曲线。由此得出了设计使用年限下的应力—应变曲线，计算出了 RS50 格栅的蠕变折减系数，为工程设计提供了依据。

关键词：土工合成材料；蠕变；荷载叠加

中图分类号：TU411　　**文献标识码**：A　　**文章编号**：1000－4548(2007)03－0410－04

Load Superposition for Accelerating Creep Test of Geosynthetics

LI Li－hua[1]　WANG Zhao[2]　CHEN Lun[1]

(1. Department of Hydraulic Engineering of Tsinghua University, Beijing 100084, China; 2. Department of Civil and Architectural Engineering of Wuhan University, Wuhan 430072, China)

Abstract: The relationship of temperature and stress to molecular motion was approved according to the free volume theory in this paper. On the basis of time－temperature superposition, the principle, shift formula and factor of load superposition were represented, which could accelerate creep test of geosynthetics and predict its long term behaviour. The laboratory creep test of geogrid RS50 were analyzed. Smooth primary curves were formed with the help of creep test curves at different load levels through load superposition method. Stress－strain curves at the end of designed life and creep reduction factor of geogrid RS50 are determined, which could be used as reference for engineering design.

Key words: geosynthetics; creep; load superposition

引言

土工合成材料的蠕变关系到加筋土结构的变形和正常运行，必须作为一项长期特性指

本文发表于 2007 年 3 月第 29 卷第 3 期《岩土工程学报》。
本文为国家自然科学基金资助项目（50279036）。

标来研究。土工合成材料蠕变性能的研究目前正逐步受到重视，但目前对土工合成材料蠕变性能的研究都只限于长期的室内蠕变试验研究和蠕变模型研究。土工合成材利的蠕变特性是一个长期的过程，因此蠕变试验需要很长的时间一般是至少1000h，即使是按照规范做了1000h的蠕变试验，对其设计使用年限时的蠕变特性研究还是只能用外推法或借助于经验公式。因此如何快速评判土工合成材料长期的蠕变特性，如何缩短蠕变试验时间的研究变得非常有意义。本文从荷载水平的角度出发，研究了应力对蠕变特性的影响，对照温度转换的方法讨论了同种温度下不同荷载水平下蠕变曲线之间相互转换的原理、方法和具体试验的结果，提出了一种新的荷载叠加法预测了RS50土工格栅设计使用年限下的长期蠕变特性，利用此方法计算出了RS50土工格栅的蠕变折减系数。

1 荷载叠加法的原理及推导

1.1 温度转换原理

时温叠加法中WLF方程主要由聚合物的自由体积理论演化而来，自由体积的变化将影响材料的流动性并直接影响到依赖于时间效应的力学特性，自由积越大，分子的活动性越大。很多学者都证明温度转移因子跟自由体积相关，提出了公式[2]

$$\ln\alpha_T = A + B/(\widetilde{V}-1) \tag{1}$$

式中 A、B为材料常数；α_T为温度转移因子。

$$\widetilde{V}=\frac{V}{V-V_f} \tag{2}$$

式中，V为总体积；V_f为自由体积。

WLF方程[3] $\log\alpha_T=-\dfrac{C_1(T-T_0)}{C_2+(T-T_0)}$即由式（1）演化而来，是其特例，WLF方程只适用于温度在T_g-T_g+50K的范围内（T_g为材料的玻璃化温度），而式（1）适用于所有的温度范围。

1.2 荷载叠加原理

土工合成材料承受外加荷载导致变形，其重要的变化过程为：施加荷载后能量通过分子链传递，部分分子的运动起到传递能量给相邻分子链的作用，分子链发生变形重排，分子的黏结拉伸、角度的变化导致弹性能量的储存，所有这些运动变化过程都与分子的自由体积有关，自由体积越大分子运动得越快，当升高温度时自由体积变大，从而加快分子运动的能力。这就是从高温下短期试验预测低温下长期特性的原理。任何改变自由体积的方法都能用来预测长期特性，同样，应力水平也影响自由体积的变化，从而影响分子运动能力。当施加荷载时正如升高温度那样加速了蠕变过程，蠕变反映出了承受荷载水平的能力。

由自由体积理论可知应力影响自由体积的变化，据此Brostow（2001）提出了自由体积与应力水平之间的关系式[2]：

$$\ln\alpha_\sigma=\ln[V(\sigma)/V_{ref}]+B[(\widetilde{V}-1)^{-1}-(\widetilde{V}_{ref}-1)^{-1}]+C(\sigma-\sigma_{ref}) \tag{3}$$

式中 B为材料常数，与式（1）中相同；C为应力对分子链结构的影响系数；V为总体积；V_{ref}为参考状态时的总体积；σ 为应力；σ_{ref}为参考状态下的应力。由式（2）、（3）可知，应力同样影响自由体积的变化，因此与时温叠加法一样，升高温度加快蠕变，增大荷载水平（指拉应力增加）也可以加快蠕变或应力松弛。跟做几种不同温度下的蠕变试验一样，可以做几种不同应力下的短期蠕变试验来预测长期特性。

1.3　荷载转移因子推导

有关黏度的分子理论是极为复杂的，但总可以把黏度看作是分子间相互运动时的阻力。因此如果分子间有较大的活动空间，运动阻力就小，黏度也小，也就是说黏度是与它本身的自由体积有关[4]。Doolittle（1983）根据黏度理论和自由体积理论给出了黏度和自由体积分数之间的关系[5-6]：

$$\eta = A'\exp\left[B\left(\frac{1}{f}-1\right)\right] \tag{4}$$

式中　η 为材料黏性系数，能反应与自由体积有关的时间效应；f 为自由体积分数，$f=\frac{V_f}{V}$；A'，B 为材料常数，B 与式（1）中相同。因此根据前述荷载叠加的原理和式（4），可假定应力对自由体积的影响与温度产生的影响相似，即自由体积分数可表示为[7]

$$f = f_0 + \alpha_t(T-T_0) + \alpha_\sigma(\sigma-\sigma_0) \tag{5}$$

式中　α_σ 为应力对自由体积的影响系数；α_t 为温度对自由体积的影响系数，对同一材料为常数；f_0 为参考状态下的自由体积分数；T_0 为参考状态下的温度；T 为温度；σ_0 为参考状态下的应力，与上述 σ_{ref}意义相同；σ 为应力。假定存在温度-应力转移因子 φ_{T_σ}满足

$$\eta(T,\sigma) = \eta(T_0,\sigma_0)\varphi_{T_\sigma} \tag{6}$$

把式（5）代入式（4）得

$$\eta(T,\sigma) = A'\exp\left[B\left(\frac{1}{f_0+\alpha_t(T-T_0)+\alpha_\sigma(\sigma-\sigma_0)}-1\right)\right]$$

$$\eta(T_0,\sigma_0) = A'\exp\left[B\left(\frac{1}{f_0}-1\right)\right]$$

把上两式代入式（6）得

$$\varphi_{T_\sigma} = \exp\left[B\left(\frac{1}{f_0+\alpha_t(T-T_0)+\alpha_\sigma(\sigma-\sigma_0)}-\frac{1}{f_0}\right)\right]$$

$$\ln\varphi_{T_\sigma} = B\left[\frac{-\alpha_t(T-T_0)-\alpha_\sigma(\sigma-\sigma_0)}{f_0^2+\alpha_t f_0(T-T_0)+\alpha_\sigma f_0(\sigma-\sigma_0)}\right]$$

故可得

$$\log\varphi_{T_\sigma} = \frac{-0.434B}{f_0}\frac{\frac{f_0}{\alpha_\sigma}(T-T_0)+\frac{f_0}{\alpha_t}(\sigma-\sigma_0)}{\frac{f_0^2}{\alpha_\sigma\alpha_t}+\frac{f_0}{\alpha_\sigma}(T-T_0)+\frac{f_0}{\alpha_t}(\sigma-\sigma_0)}$$

$$= -C_1\left[\frac{C_3(T-T_0)+C_2(\sigma-\sigma_0)}{C_2C_3+C_3(T-T_0)+C_2(\sigma-\sigma_0)}\right] \tag{7}$$

式中　$C_1=\frac{0.434B}{f_0}$，$C_2=\frac{f_0}{\alpha_t}$，$C_3=\frac{f_0}{\alpha_\sigma}$

当应力恒定时式（7）变为

$$\log\varphi_T = -\frac{C_1(T-T_0)}{C_2+(T-T_0)} \tag{8}$$

当温度恒定为参考温度 T_0 时，式（7）变为

$$\log\varphi_\sigma = -\frac{C_1(\sigma-\sigma_0)}{C_3+(\sigma-\sigma_0)} \tag{9}$$

式（9）即为荷载转移因子的计算式，与温度转移因子 WLF 方程相似。同时由式（7）得出了式（8）温度转移因子表达式与 WLF 方程相符合，说明了计算推导的正确性。式中 φ_σ 为荷载转移因子。

2 蠕变试验

笔者于 2005 年 7 月 8 日开始对典型的加筋材料单向高密度聚乙烯土工格栅（RS50HDPE，由湖北力特塑料制品有限公司提供）做了室内蠕变试验。试验目的是研究应力水平对蠕变的影响，尽量利用少量较短期蠕变试验数据根据荷载叠加法推求设计使用年限下长期蠕变特性，计算出蠕变折减系数。试验在武汉大学岩土试验大厅进行，试验温度为室内温度，格栅施加的荷载水平分别为抗拉强度的 10%、15%、20%、25%、30%、35%、40%、60%；试样特性指标及尺寸如表 1 所示，试验所得蠕变曲线如图 1 所示。

表 1　土工格栅特性指标

Table 1　Characteristic index of the geogrid

	型号	克重 /(g·m^{-2})	强度 /(kN·m^{-1})	伸长率 /%	长 /mm	宽 /mm
格栅	RS50	433	53.55	11.8	155	单根

由图 1 可知，所有荷载水平下试样的应变随时间增加而增加，所有试样在 35%荷载水平以下曲线的斜率在约 200h 后变得很平缓，说明当试样承受 35%荷载水平以下时蠕变应变增长非常缓慢，但当格栅承受 40%荷载水平时蠕变应变增长非常迅速。另外笔者还做了 60%荷载水平下的蠕变试验，蠕变也发展得非常迅速以至在 600h 后断裂，且蠕变量立即超过 10%，故不能用于后面的荷载叠加法中，因此在图 1 中没有给出。说明当荷载水平较低时试样都只经历了两个阶段的蠕变，当荷载水平较高时蠕变发展到了第三阶段。

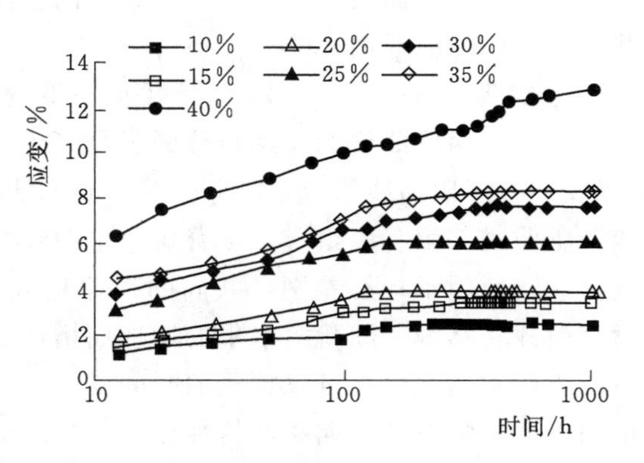

图 1　格栅蠕变试验图

Fig. 1　Creep test curves of geogrid

3 荷载叠加法用于蠕变试验

依据前述自由体积和应力之间的关系原理和荷载转移因子可知，增大荷载水平也可以加快蠕变或应力松弛，同样可如温度转移一样，把几种不同荷载水平下的蠕变曲线平移到参考荷载水平下的曲线上，形成一条光滑的主曲线。本试验中分别选取荷载水平 10%、15%、20%、30%为参考应力，平移

试验曲线所得的几种荷载水平下的主蠕变曲线图分别见图 2～图 5。

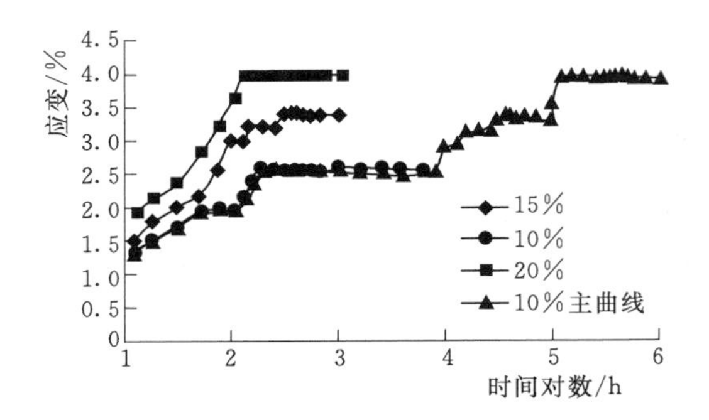

图 2　10%荷载水平下主曲线图

Fig. 2　Primary curve at 10% load level

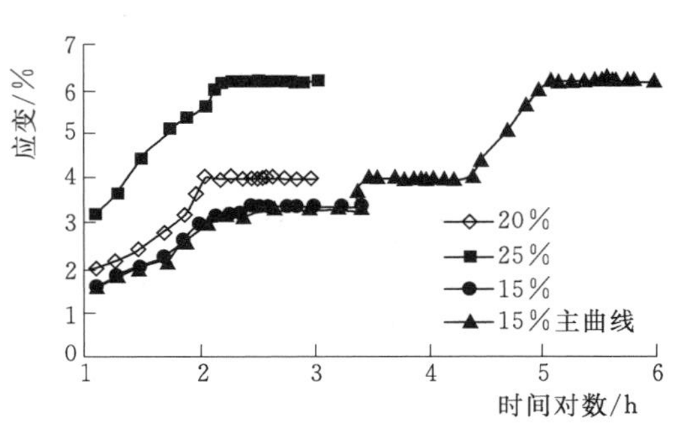

图 3　15%荷载水平下主曲线图

Fig. 3　Primary curve at 15% load level

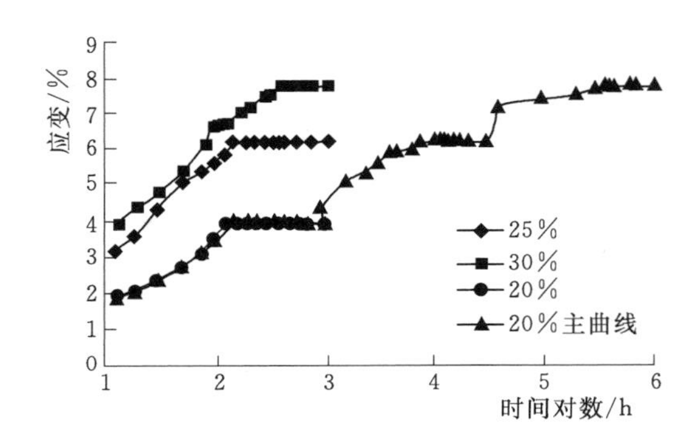

图 4　20%荷载水平下主曲线图

Fig. 4　Primary curve at 20% load level

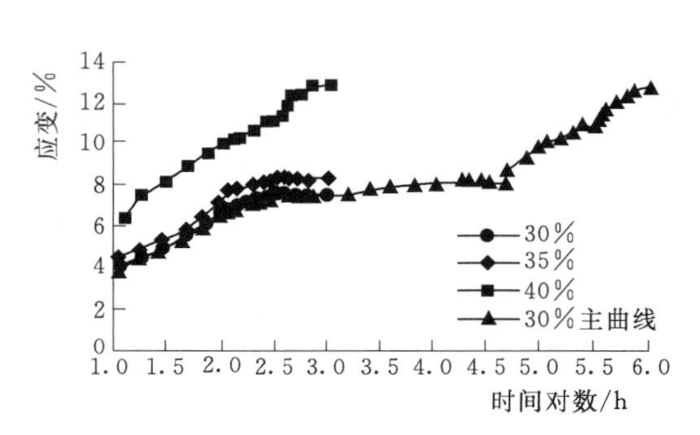

图 5　30%荷载水平下主曲线图

Fig. 5　Primary curve at 30% load level

由图 2～图 5 可知，根据荷载叠加原理，土工格栅在同种温度下三种不同荷载水平下的蠕变曲线沿水平时间对数轴平移成了一条主曲线（平移时使后段曲线头和前段曲线尾重叠光滑连接，依据已经广泛应用的时温叠加法），10%荷载水平下的主曲线由 10%、15%、20%三段曲线组成，15%、20%两段曲线的荷载转移因子分别为 2 和 2.6；15%荷载水平下的主曲线由 15%、20%、25%三段曲线组成，20%、25%两段曲线的荷载转移因子分别为 1.4 和 2.9；20%荷载水平下的主曲线由 20%、25%、30%三段曲线组成，25%、30%两段曲线的荷载转移因子分别为 1.5 和 2.3；30%荷载水平的主曲线由 30%、5%、40%三段曲线组成，35%、40%两段曲线的荷载转移因子分别为 1.1 和 3.0。可见四条主曲线都由三段组成，尽管每条主曲线每两段之间荷载水平相差都为 5%和 10%，但其荷载转换因子却有差别，共同的规律是荷载水平相差 10%时转移因子比相差 5%时要大，荷载转移因子随荷载水平的增加而增加。图中土工格栅用 3 种不同荷载水平下的蠕变曲线连成主曲线后，可以预测的时间变为 $t=10^6$(h)＝114(a)，由此完全可以预测出土工格栅设计年限下的长期蠕变特性。

由上述可知，每条主曲线由三段组成，每两段之间荷载水平相差都分别为 5%和 10%，其对应的荷载转移因子平均值分别为 1.5 和 2.7。现根据式（9）利用该格栅的试

验结果计算出系数 C_1、C_3 的值。试验格栅为单根肋条，肋条宽 6.2mm，肋条厚 1.2mm，抗拉强度为 53.55kN/m，每米 44 根肋条，故单根为 1.217kN。故荷载水平相差 5%对应的荷载转移因子为 1.5，计算得对应的应力差（$\sigma-\sigma_0$）为 8.178MPa；同理荷载水平相差 10%对应的荷载转移因子为 2.7，对应的应力差为 16.356MPa，分别把这两组荷载转移因子和相应的应力差代入式（9）得出系数 $C_1=13.5$、$C_3=65.4$。由此计算出了 RS50 单向格栅荷载转移因子公式系数的参考值。荷载叠加过程中此系数只能当应力差值较小时参考用，荷载水平相差太大时不能用于转移叠加否则误差太大。

4 荷载叠加法计算蠕变折减系数

运用图 2～图 5 中的蠕变主曲线可求得土工格栅在 10^6 小时的应力-应变曲线（等时曲线），并求得蠕变折减系数。具体作法如下，从图中查得四种参考荷载水平下对应于 10^6h 的应变分别为 4.0%、7.1%、7.7%和 13%，绘制荷载应变曲线如图 6 所示。

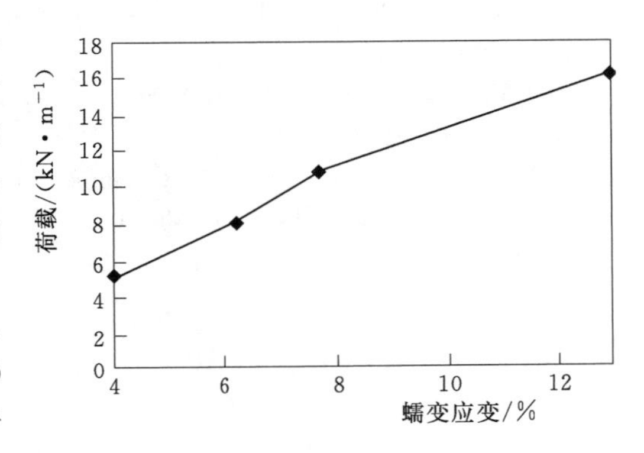

图 6 蠕变的应力-应变曲线

Fig. 6 Stress - strain creep curve at 10^6h

根据蠕变应变的设计容许值例如 10%，从图 6 查得长期蠕变强度为 13kN/m，RS50 土工格栅抗拉强度为 53.55kN/m，故蠕变折减系数

$$RF_{CR}=\frac{53.55}{13}=4$$

5 结语

本文提出了一种与时温叠加法原理相似的荷载叠加法，从自由体积理论着手分析了荷载相互转移叠加的原理，提出了荷载转移公式因子。分析了 RS50 单向土工格栅的室内蠕变试验研究结果，根据荷载叠加原理把不同荷载水平下的蠕变曲线形成了主曲线。由此得出了设计使用年限下的荷载应变曲线，计算得出 RS50 格栅蠕变折减系数为 4，为工程设计提供了依据。由此可见，可以利用荷载叠加法做常规蠕变试验以预测土工合成材料的长期蠕变特性。利用荷载叠加法预测土工合成材料蠕变曲线的过程中，应尽量选取不同级别的荷载水平，且不少于三组。在高荷载水平下蠕变发展迅速不能用于转移否则会引起很大误差。另外，由前述自由体积理论可知，温度和应力水平都可以影响分子运动能力从而影响蠕变特性（见式（4）和（6））。时温叠加法现已经应用较成熟，只是试验条件温度难以达到，如果把时温叠加法和荷载叠加法结合起来应用，则每组试验需要的时间更短且能得出可以预测很长时间蠕变特性的主曲线，两者联合使用后其综合转移因子即为式（6）。

参考文献

[1] 李丽华，王钊. 时温叠加法确定土工合成材料蠕变折减系数［J］. 岩土力学，2005，26（1）：113-116.（LI Li-hua，WANG Zhao. Determination of creep reduction factor of geosynthetics by

time - temperature superposition [J]. Rock and soil. Mechanics. 2005, 26 (1): 113 - 116. (in Chinese)).

[2] AKJNAY Ali E, BROSTOW. Witold Long - term service performance of polymeric materials from short - term tests: prediction of the stress shift factor from a minimum of data [J]. Polymer, 2001, 42: 4527 - 4532.

[3] KOO Hyun - Jin, KIM You - Kyum. Lifetime prediction of geogrids for reinforcement of embankments and slopes [J]. Polymer Testing, 2005, 24: 181 - 188.

[4] 马德柱，何平笙，等. 高聚物的结构与性能 [M]. 北京：科学出版社，1995. (MA De - zhu, HE Ping - sheng. Structure and performance of high polymer [M]. Beijing: Science Press, 1995. (in Chinese)).

[5] LAI J, BAKKER A. Analysis of the non - linear creep of high density polyethylene [J]. Polymer, 1995, 36 (1): 93 - 99.

[6] BHUVANESH Y C, GUPTA V B. Long term prediction of creep in textile fibres [J]. Polymer, 1994, 35 (10): 2226 - 2228.

[7] LUO W, YANG T, AN Q. Time - temperature - stress equivalence and its application to nonlinear viscoelastic materials [J]. Acta Mechanica Solida Sinica, 2001, 14 (3): 195 - 199.

用数字图像技术测定反滤材料孔径分布曲线

李富强[1]　王　钊[1]　陈　轮[2]　薛永萍[3]

（1. 武汉大学土木建筑工程学院，湖北武汉　430072；2. 清华大学水利水电工程系，北京　100084；3. 武汉工程大学化工与制药学院，湖北武汉　430073）

摘　要： 反滤材料的反滤性能由自身的开口孔径分布曲线约束。当前测定孔径分布曲线主要是间接方法，此方法有其本身的缺陷。随着近年来图像分析技术的发展，为更准确、直接测定孔径分布曲线提供了技术支持。本文运用了数学形态学方法，提出一种数字图像分析方法，运用 Matlab 软件编写计算程序，决定反滤材料完整的开口孔径曲线，取得比较好的效果。

关键词： 数字图像技术；孔径分布曲线；反滤；反滤材料

中图分类号： TU531.7　　**文献标识码：** A　　**文章编号：** 1000－4548（2007）06－0857－04

Digital Image Analysis to Determine Pore Size Distribution of Filtration Materials

LI Fu－qiang[1]　WANG Zhao[1]　CHEN Lun[2]　XUE Yong－ping[3]

（1. School of Civil and Architectural Engineering of Wuhan University, Wuhan 430072, China; 2. Department of Hydraulic Engineering, Tsinghua University, Beijing 100084, China; 3. School of Chemical & Pharmacy, Wuhan Institute of Technology, Wuhan 430073, China）

Abstract: The performance of filtration materials was controlled by their pore opening size distribution (PSD). Most of the current methods for determining PSD were indirect and contained inherent disadvantages. Recent technological advancements in image analysis offered great potential for a more accurate and direct way of determining the PSD of filtration materials. The present digital image analysis method was developed with various mathematical morphology algorithms. An original program was compiled in Matlab with this method to provide a complete PSD curve for filtration materials.

Key words: Digital image techniques; pore size distribution; filtration; filtration material

引言

反滤材料的孔径反映透水性能与保持土颗粒的能力，是一个重要的特征指标。表示织

本文发表于 2007 年 6 月第 29 卷第 6 期《岩土工程学报》。

本文为国家自然科学基金资助项目（50479005）。

物的特征孔径有：有效孔径 O_e（Effective pore size），即有效阻止土颗粒通过的粒径；等效孔径（Equivalent opening size，简称 EOS），相当于织物的表观最大孔径，也是能通过土颗粒的最大粒径，与美国陆军工程师团提出表观孔径（Apparent opening size，简称 AOS）一致。现已趋向统一，为等效孔径 EOS。不同的标准对 EOS 的规定不同，目前我国多取 O_{95}[1-2]。

研究发现，比较小的开口孔径对反滤特性有大的影响，对反滤材料应该做出完整的孔径分布曲线[3-4]。

目前反滤材料孔径的测定方法有：显微镜法、投影放大测读法、干筛法、湿筛法、动力水筛法等。显微镜法和投影放大测读法工作量大；干筛等方法由于对比较小的孔径测试准确性不高，不能完整地画出孔径分布曲线。

1　数学形态学运算原理及计算思路

1.1　数学形态学运算原理

目前形态学应用几乎覆盖了图像处理的所有领域。一些图像分析系统将数学形态运算作为系统的基本运算，由此出发考虑系统的体系结构。在图像处理应用中形成了一种独特的数字图像分析方法和理论[5]。

形态学运算是针对二值图像（黑白图像，白色值 1，黑色值 0），并依据数学形态学（Mathematical morphology）集合论方法发展起来的图像处理方法，基本思想是用具有一定形态的结构元素去度量和提取图像中的对应形状，以达到对图像分析和识别的目的。

用于描述数学形态学的语言是集合论，因此可以用一个统一且强大的工具来处理图像处理中所遇到的问题，它利用形态学基本概念和运算，将结构元素灵活地结合分解，应用形态变换达到分析问题的目的。

1.2　数学形态学的基本运算

形态学图像处理表现为一种领域运算形式。有一种特殊定义的领域称为“结构元素”SE（Structure element），在每个像素位置上它与二值图像对应的区域进行特定的逻辑运算，运算结果为输出图像的相应像素[6-7]。

常见的形态学运算有腐蚀（Erosion）、膨胀（Dilation）、开运算（Opening）、闭运算（Closing）。①腐蚀是一种消除边界点，使边界向内部收缩的过程。利用该操作，可以消除小且无意义的物体。②膨胀是将与物体接触的所有背景点合并到物体中，使边界向外部扩张的过程。利用该操作，可以填补物体中的空洞。③开运算是先腐蚀后膨胀的过程。利用该运算可以消除小物体，在纤细点处分离物体，平滑较大物体的边界，但同时并不明显改变原来物体的面积。④闭运算是先膨胀后腐蚀的过程。利用该运算可以填充物体内细小空洞，连接邻近物体，平滑其边界，但同时并不明显改变原来物体的面积。

1.3　孔径分布曲线计算思路

（1）取样：针对不同的试样，采用不同的方法取得待分析原始图像。有纺织物、类似有纺织物（如窗纱、小孔径铁丝网），在底部用光源照射，上部用低倍数显微镜或数码相机取图；无纺织物，可以用固化剂固化或脱气水饱和后冷冻，然后均匀切 0.1mm 厚的平面方向和纵向薄片，用高清晰度显微镜放大取图。原则上要求图片清晰，孔隙透过的光与不透光织物有大的颜色对比度。

（2）图像转换：用形态学方法加工、处理图像至可分析数字图。取样后的图像为灰度图像，不能用于数值计算。观察灰度图像的直方图，定出门阀值，运用此值将取样图像转换成能够数字计算的二值图像。

（3）过滤噪音：对生成的二值图进行形态学过滤，排除采样和转换后图中产生的杂质。

（4）计算绘制孔径分布曲线：用结构元素SE（类似与干筛法中的砂颗粒，根据所占的像素数量，计算SE当量直径），分析数字图。因为所有像素大小均一，小于SE的孔被遮住，得到结构元素SE下，小于该SE（类似与筛余量）的像素数量，得出这个SE下的筛余量（与之前未遮住的像素百分比）；不断放大SE，循环分析，类似与干筛定义得出孔径分布曲线图像。从孔径分布曲线图像可得出特征孔径。

从上面的第二步开始编写Matlab语言的计算程序，程序流程见图1。

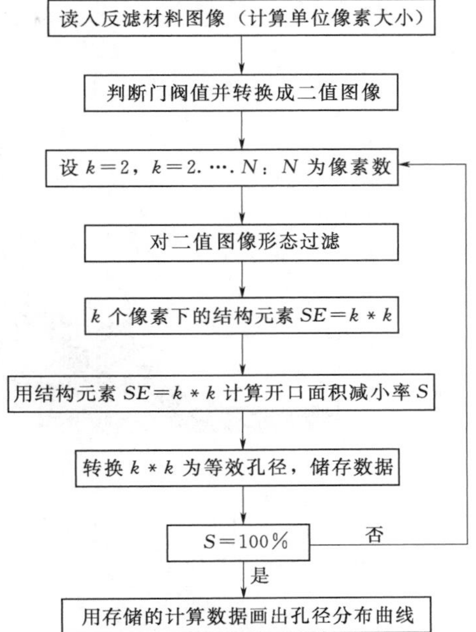

图1　孔径分布曲线计算流程图

Fig. 1　Flow chart for calculation of pore size distribution

2　反滤材料孔径分布曲线的确定

2.1　窗纱网孔径分布曲线的确定

现有反滤材料用于反滤排水时，孔径偏小，表现出保土有余、透水不足、容易淤堵的特点，因此决定用窗纱等相对大孔径的材料来试验反滤排水特性。

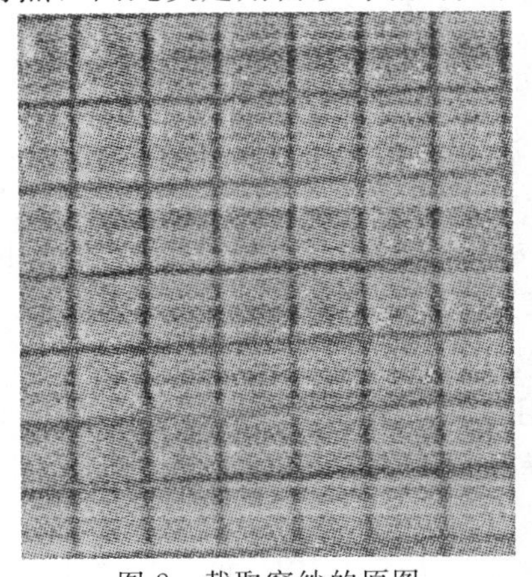

图2　截取窗纱的原图

Fig. 2　Captured original image of window screen

（1）取样：剪取窗纱中部均匀的试样5cm×5cm，用上下两块玻璃固定在显微镜照射平台上，有光源从平台下部向上透射。采用400万像素数码相机，调节最佳对比度（孔隙与纤维颜色对比），垂直拍摄，将图片传输电脑。共进行3次不同试样拍摄。输入的图像为灰度图像（若不是灰度图像，先将其转换为灰度图像），截取11.8mm×13.7mm的计算图像，见图2。

（2）图像转换：计算出图像放大6.23倍，单位像素长度0.0567mm（像素为正方形，长度指边长）。将原始图像读入程序，画出直方图，见图3。

从图3可以看出，灰度图像的直方图是一个双峰曲线，取两个波形交点的色阶值作为门阀值，该过程由程序自动计算（有时计算值与观测值不符，这时人工加观察门阀值替换计算值)。利用此门阀值将灰度图像转换成二值图像，见图4。

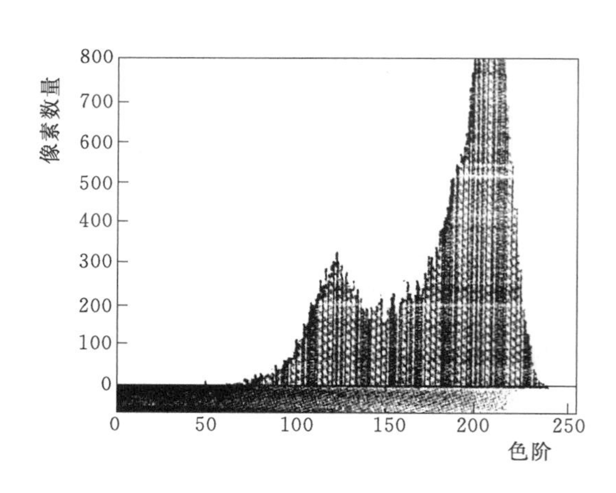

图3　窗纱直方图

Fig. 3　Image histogram of window screen

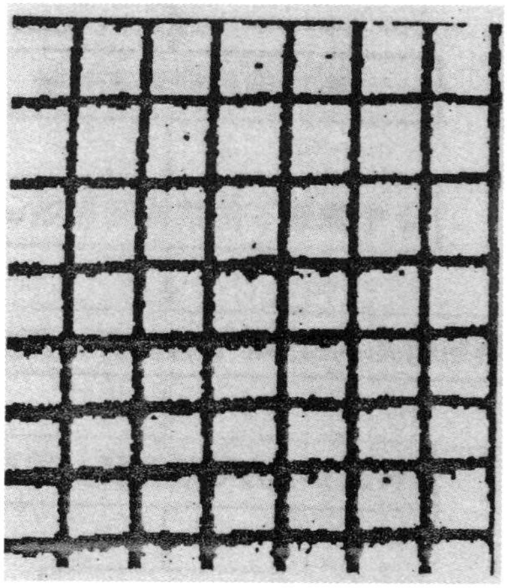

图4　门阀转换后窗纱的二值图

Fig. 4　Thresholded binary image of window screen

(3) 过滤噪音：图4中可以看到在门阀转换后有一些图像杂点出现，影响图像计算，采用形态学过滤，删除杂质。过滤噪音后的图像见图5。

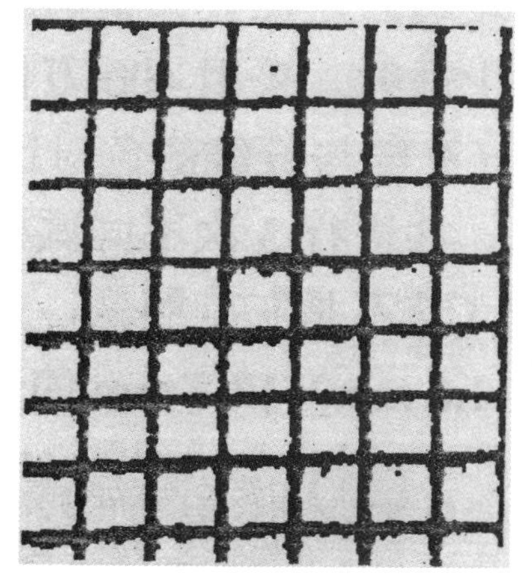

图5　过滤噪音后窗纱的图像

Fig. 5　Filtered image of window screen

(4) 计算孔径分布曲线：结构元素SE从$k\times k$，$k=2$开始初步增加，1为单位像素长度，SE是边长为k_1的正方形元素，根据等面积原则，计算它的等效孔径$O=2\times kl/\sqrt{\pi}$。随着k不断增大，SE的等效孔径不断增加，计算每一个等效孔径下图像的“筛余量”。当“筛余量”达到100%时，停止计算。本窗纱计算到$k=33$时，满足终止计算要求。将其按照每一个值对应的计算数据，绘出窗纱的孔径分布曲线，见图6。

2.2　无纺织物孔径分布曲线的确定

本次采用400g/m^{2}无纺织物试样，进行孔径分布曲线的绘制试验。取与织物平面垂直的截面作为分析对象。因为不同厚度的织物有不同的截面，把截面的孔隙大小分布作为织物孔径分布。

(1) 取样：采用冰冻法取样。先将织物在脱气水中饱和，然后放入冷冻箱(型号Forma-86C ULT Freezer)，直至织物纤维结构被“固定”，拿出织物用刀具切取薄层的截面试样，测试试样薄片厚0.5mm。

采用电子显微镜系统(LEICA Microsystems CMS GmbH TYPE 090-134.010-000)，带图像采集功能，见图7。

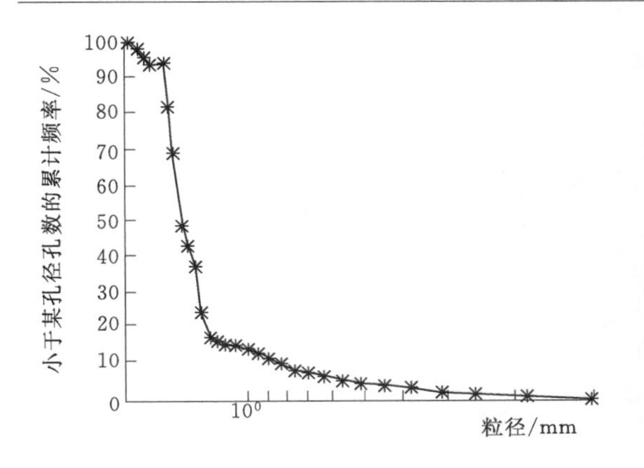

图 6　窗纱孔径分布曲线

Fig. 6　Pore size distribution of window screen

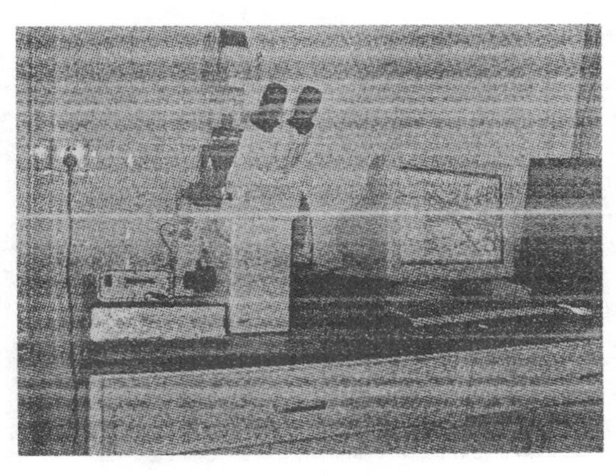

图 7　图像采集系统

Fig. 7　Image collection systems

薄片试样中的冰水融化风干后，放置在观察台上，均匀光源从平台下部向上透射。系统用放大 50 倍系数来采集图像，不断调节光源强度，待对比度达到最清晰后，采集图像，见图 8。

（2）图像转换：截取 3.1mm×2.3mm 的计算图像，放大倍数 50，单位像素长度 0.0102mm。将原始图像读入程序，画出直方图，见图 9。

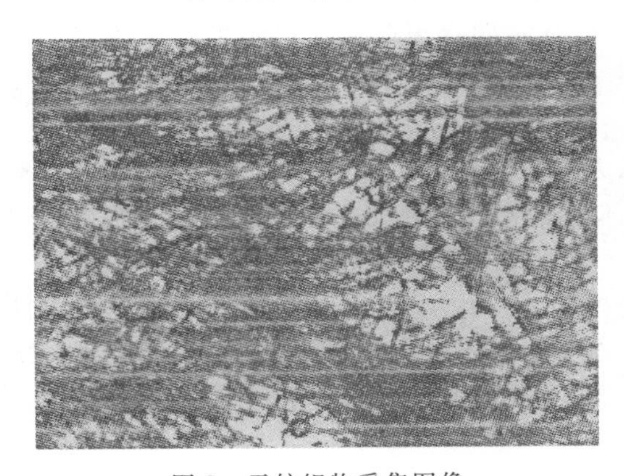

图 8　无纺织物采集图像

Fig. 8　Collected image of nonwoven geotextile

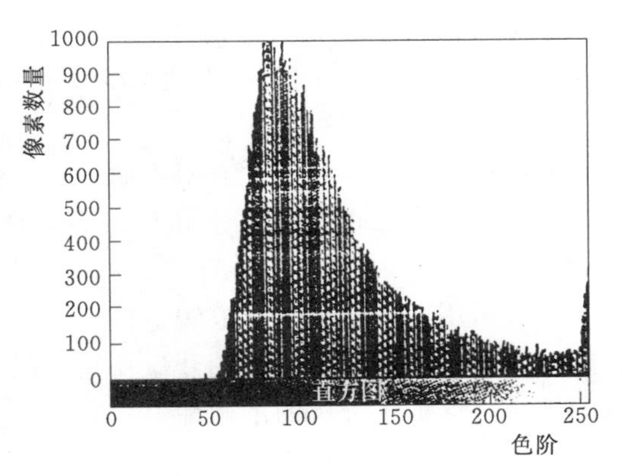

图 9　无纺织物直方图

Fig. 9　Image histogram of nonwoven geotextile

取图 9 中两个波形的交点作为门阀值，利用此门阀值将灰度图像转换成二值图像，黑色部分像素点值为 0，白色部分象素点值为 1，见图 10。

（3）过滤噪音计算孔径分布曲线：根据图 10 进行过滤噪音，消除对计算有影响的噪音，结果见图 11。然后按照前面所述原理计算孔径分布曲线，本计算用了 13 步达到结果，见图 12。

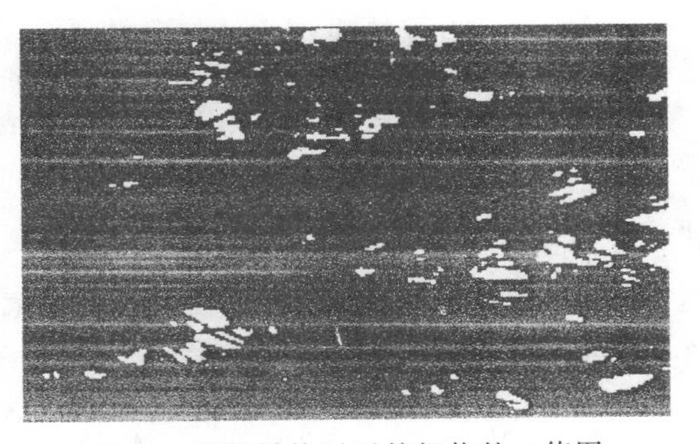

图 10　门阀转换后无纺织物的二值图

Fig. 10　Thresholded binary image of nonwoven geotextile

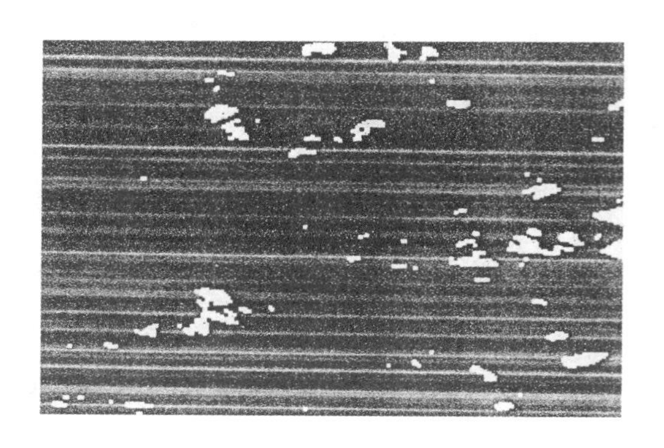

图 11　过滤噪音后无纺织物的图像

Fig. 11　Filtered image of nonwoven geotextile

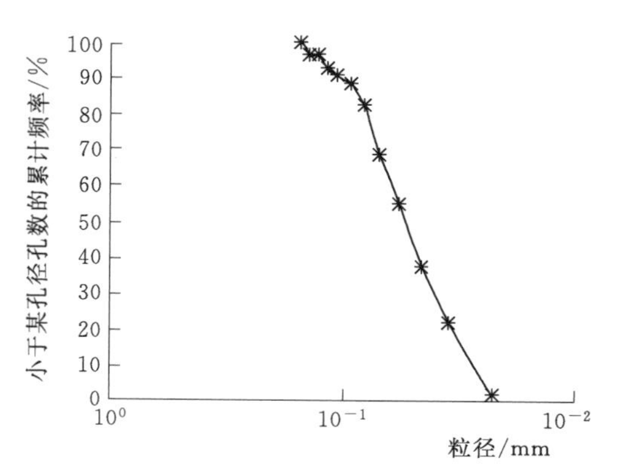

图 12　无纺织物孔径分布曲线

Fig. 12　Pore size distribution of nonwoven geotextile

3　方法对比及结论

所有上述计算分别进行 3 次不同取样的测定，最后取平均曲线。

数字图像技术可以精确到 0.01mm 范围的孔径，如果精度需要，完全可以达到更小的孔径。干筛法的砂子能达到下限为 0.06mm，由于方法的限制，对于小于 0.09mm 孔径的测量，其精确度值得商榷。

显微镜测读法测量孔径有限，而且工作量大，很容易引起人为的误差。数字图像技术根据编写的程序能很快计算出孔径分布，任何人操作都是相同的结果，不受人为测读的影响。

本文运用了数学形态学方法，得出一种数字图像分析方法，运用 Matlab 软件编写计算程序，决定反滤材料完整的开口孔径曲线。对无纺织物采用冰冻法取样，防止了织物结构的破坏，保证了分析的准确性。

参考文献

[1]　王钊．土工合成材料 [M]．北京：机械工业出版社，2005.（WANG Zhao. Geosynthetics [M]. Beijing：China Machine Press，2005.（in Chinese））.

[2]　土工合成材料工程应用手册编委会．土工合成材料工程应用手册 [M]．北京：中国建筑工业出版社，2000.（Geosynthetics Engineering Application Manual Compilation Committee. Geosynthetics engineering application manual [M]. Beijing：China Architecture & Building Press，2000.（in Chinese））.

[3]　AYDILEK Ahmet H，SEYFULLAH A M H，TUNCER B，EDIL M. Digital image analysis to detemine pore opening size distribution of nonwoven geotextiles [J]. Journal of Computing in Civil Engineering，2002，16（4）：280－290.

[4]　AYDILEK Ahmet H，EDIL Tuncer B. Evaluation of woven geotextile pore structure parameters using image analysis [J]. Geotechnical Testing Journal，2003，27（1）：1－12.

[5]　罗军辉，哈力旦 A，冯平，等．MATLAB7.0 在图像处理中的应用 [M]．北京：机械工业出版社，

2005.（LUO Jun - hui，HAIITAN A，FENG Ping，et al. Applications of MATLAB7.0 in image disposal [M]. Beijing：China Machine Press. 2005.（in Chinese)).
[6] 缪绍纲. 数字图像处理活用 MATLAB [M]. 成都：西南交通大学出版社，2001.（MIAO Shao - gang. Digital image disposal application with MATLAB [M]. Chengdu：Southwest Jiaotong University Press，2001.（in Chinese)).
[7] 余成波. 数字图像处理及 MATLAB 实现 [M]. 重庆：重庆大学出版社，2003.（YU Cheng - Bo. Digital image disposal and MATLAB realization [M]. Chongqing：Chongqing University Press，2003.（in Chinese)).

第二部分

非 饱 和 土

襄北引丹五干渠膨胀土残余强度试验

王　钊

（武汉水利电力学院）

一、综述

膨胀土进行排水剪切试验时，当抗剪强度超过峰值强度 τ_f 以后，将随剪切位移的增加而逐渐降低，最后达到某一稳定的值，这一稳定强度即称残余抗剪强度 τ_f，简称残余强度。根据残余强度试验结果，粘聚力 c_r 大多很小或等于零，因此，有些研究者提议用残余内摩擦角 ϕ_r 作为膨胀土边坡深层滑动的分类标准，并以残余剪强度系数 α 作为辅助判别指标。

$$\alpha=\frac{\phi_f-\phi_r}{\phi_r} \tag{1}$$

式中　ϕ_f 为峰值内摩擦角。分类等级为强度衰减“弱”、“中等”和“强”三级，参见表 1。[1]

表 1

	弱	中等	强
ϕ_r(°)	23～20	20～15	<15
α	0.2～0.4	0.4～0.6	>0.6

残余强度指标在边坡稳定分析中有着重要意义，为获得引丹五干渠滑动面的强度指标，1989 年 3 月在滑坡处挖了四个探坑，取得滑动面上的原状土样进行反复剪切试验。

二、试验仪器的构造

为进行反复剪排水剪，在原有应变式直剪仪上进行下列改装。

（1）减速机构的主动三角皮带轮（O 型）与直剪仪手柄上加工的三角皮带槽，用 O 型三角皮带连接。以便获得 0.02mm/min 的剪切速率。其中减速机构由 0.37kW 电动机与两个蜗轮蜗杆装置（15：1）自制而成。

（2）在推动座与下盒之间装有倒转联动件（图 1）以便反向剪切时，可以去除皮带，倒转手轮，带动剪切盒反向剪切。

（3）阻止上盒反向位移的限位机构，使下盒反向位移时，上盒固定不动。

三、试验条件

因试样较少，仅做了两种剪切速率，两种固结排水条件的试验，具体安排参见表 2。

本文为全国首届膨胀土学术研讨会论文。

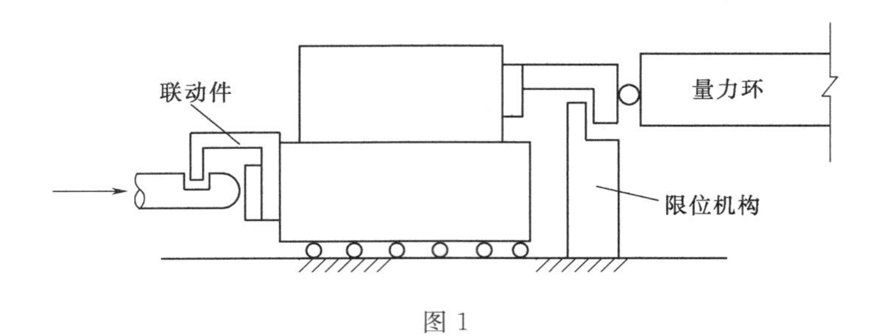

图 1

反复剪切的次数为 5～7 次，直至强度不再衰减为止。每次剪切位移固定为 9mm。浸水饱和系指加垂直压力后，在下盒注满水，浸泡 24 小时以上。固结标准为垂直变形量表每小时读数差小于 0.005mm。因慢剪历时很长（每种压力下持续一个星期），为防止天然含水量试样的水分散失，用湿棉花围绕在上盒加压盖板旁。慢剪一次需 7.5 小时，安排在白天进行；反向手动剪切后，静置一个晚上，第二天继续正向剪切。

表 2

编号	试验条件	垂直压力（kPa）	剪切速率（mm/min）	倒转速率（mm/min）
1	天然含水量固结快剪	100、200、300、400	1.2	0.6
2	天然含水量固结慢剪	50、100、150、200	0.02	0.6
3	浸水饱和固结快剪	100、200、300、400	1.2	0.6
4	浸水饱和固结慢剪	100、200、300、400	0.02	0.6

四、试验结果及简单分析和建议

编号 2（天然含水量固结慢剪）和编号 3（浸水饱和固结快剪）剪切试验的强度衰减过程分别示于图 2 和图 3。四组试验的结果列于表 3。

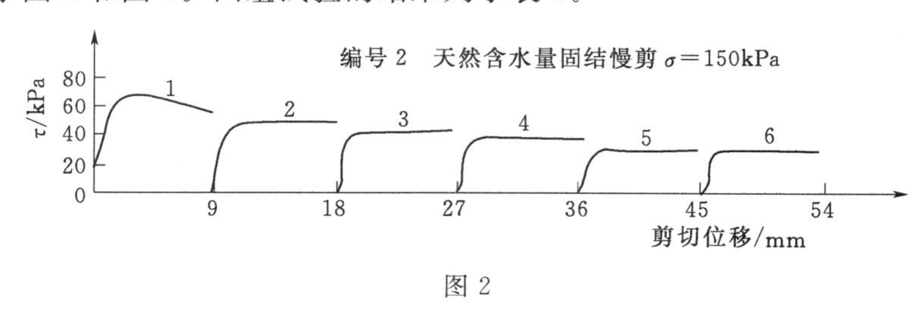

图 2

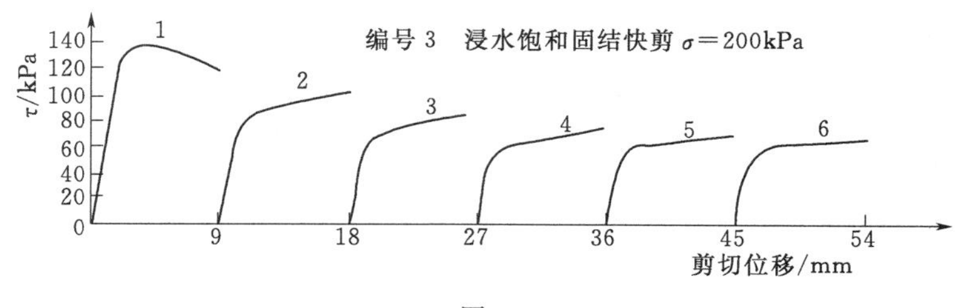

图 3

表 3

编号	试验前		试验后	τ_f		τ_r		α
	γ (kN/m³)	ω (%)	ω (%)	C_f (kPa)	ϕ_f (°)	C_r (kPa)	ϕ_r (°)	
1	18.2		30.7	30	10.6	14.5	8.9	0.19
2	19.1	28.1	27.1	31.3	13.0	9.0	10.5	0.24
3	21.7	21.0	30.2	52.0	18.4	27.0	13.1	0.41
4	20.6	25.1	27.0	34.0	14.5	45.5	1.2	11.1

试验发现，除第一次剪切有峰值强度表现出应变软化现象外，其余每次剪切达大位移时剪应力保持不变（在慢剪时），或者剪应力随剪切位移的增大而增大，表现为应变硬化现象（在快剪时）。

编号 2（天然含水量慢剪）试验中，剪切后剪切面上的含水量低于试验前的含水量，没有出现含水量增大现象的原因，可能是历时太长而水分散失。

浸水饱和试样残余强度衰减较大，反映为 α 值较大，这可能是剪切面粘土产生膨胀，浸水试样容易引起水分转移，使剪切面附近含水量增大，强度充分降低，达软化程度，其中又以浸水饱和慢剪试样的强度衰减大。如果用表 1 标准判断四组试样，φ_r 皆小于 15°，属“强”的强度衰减膨胀土，但用 α 判断，则除编号 4 外都不属“强”的强度衰减膨胀土。另外，从试验结果看，粘聚力 c 的衰减也大（除编号 4）。其它很多研究者的试验资料[2]也有相同现象。是否应严格按照残余强度的定义：$\tau_r = c_r + \sigma \mathrm{tg}\phi_r$，综合考虑 c 和 ϕ 对强度衰减的影响。

这次试验试样虽较少，但其中两组慢剪，持续了两个多月，工作量大，因此，提出慢剪速率到底如何选择的问题。文献［3］指出对不同的粘粒含量及塑性指数选取不同的剪切速率。对粘土及高塑性粘土剪切速率的界限值为 0.02mm/min。实际上，达残余强度的标准是剪切面上土粒的定向排列已经完成，剪切面上的孔隙水压力已充分消散，总的表现是剪切强度不再随剪切位移的增大而减小。从快剪试验后观察剪切面发现土粒的定向排列是十分清晰的，而直接剪切仪在剪切面上的排水条件是优于三轴剪切仪的。是否能确定较高的剪切速率？此外，从剪切过程中垂直量表的读数可以看出，不论是快剪和慢剪都没有剪胀现象。

为加快残余强度试验的进程，准备用同一台电动减速机构带动一长轴（地杠），上设四个皮带轮，分别带动四个直剪仪的手轮，同时进行慢剪试验。

笔者在试验中和成果整理时得到刘祖德教授的指导，在此表示衷心感谢。

参考文献

［1］ 铁道部科学研究院西北研究所，85－1－52 裂土基本特性及其在路堤、路堑、边坡工程中的应用技术条件的研究。铁道部科学研究院研究报告，1988 年 3 月．

［2］ 杨成斌，硬粘土中开挖边坡的变形与稳定性，合肥工业大学研究生学位论文（硕士），导师 廖济川，1988 年 5 月 1 日．

［3］ 中华人民共和国水利电力部，土工试验规程，第一分册，水利电力出版社，1987 年 8 月．

鄂北岗地膨胀土渠道的破坏与防治

王　钊[1]　刘祖德[1]　陶建生[2]

（1. 武汉水利电力大学；2. 湖北省水利学会）

摘　要： 膨胀土在湖北省分布很广，给渠道等水利工程带来严重的危害。本文对典型的破坏形式和防治措施进行了总结，并提出了该地区的地形特点，地质构造和膨胀土的特性指标。在大量野外勘察和室内试验的基础上，给出了膨胀土鉴别和分类的方法，还对渠道的设计、施工和运行管理提出建议。

一、膨胀土对渠道的危害及防治

鄂北岗地膨胀土主要分布在襄樊、枣阳、老河口等市、县，例如襄樊市共分布有膨胀土 6540km^2，占该市总面积的 24.5%。曾对其中 937 条渠道（总长 5853km）进行调查，膨胀土危害主要表现为三个方面：一是渠道滑坡；二是渠系建筑物倒塌；三是冲刷淤塞。

（一）渠道滑坡与治理

据 11 条主渠道的调查统计，出现在挖方段的塌方 55 处，长 15.53km；出现在填方段的滑坡 18 处，长 8.6km。滑坡具有浅层性、牵引性、季节性和方向性，其防治措施有：

坡面防护措施。主要有：混凝土板或植被护城、设置坡面排水系统等。对于高的填方渠道，因膨胀土夯实困难，采用不透水土工膜防渗是一种经济有效的措施。

放缓渠坡。膨胀土渠道的稳定边坡应比一般粘土坡更缓。从调查情况看，挖深 10m 左右，边坡比取 1：3～1：3.5，并且每 4～5m 挖深应设一平台，平台宽 2m 左右。

改土回填。例如在膨胀土中掺入约占总重量 10%的砂土。该法成功地运用于引丹五干渠蔡庄段。掺砂后液限的平均值从 53.5%下降到 45.8%，自由膨胀率小于 40%。除掺砂外，还可掺入炉渣、石灰或土工合成纤维来改善膨胀土的特性。1989 年在五干渠军干校附近的滑坡中布置多层土工织物是又一改土回填成功的例子（参见图 1）。该渠段设置了位移监测标记，至今渠坡完整，效果较好。竣工时曾与半挖半填方案进行比较，节省了投资 25.8%。不过，土工织物加筋体更类似于一柔性的挡土建筑物。

坡脚挡土墙加横撑方案。对于挖方深度在 8～12m 的渠段可在渠底两侧建挡土墙，并在墙底和墙顶设置横向支承梁。

涵洞和渡槽。对流量小于 10m^3/s 的渠道，如挖方超过 12m 深，宜采用涵洞结构，如填方高度达 5m 以上，应采用渡槽结构。

抗滑桩。对于高边坡可采用抗滑桩防止滑坡。例如荆门市大碑湾泵站，扬程 28m，出

本文为国家教委博士点基金资助项目成果。

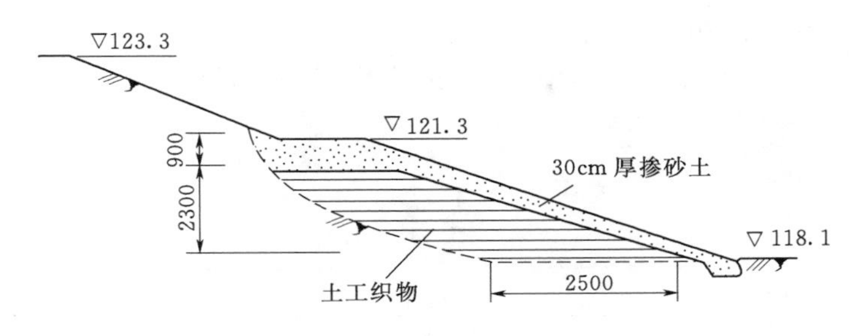

图 1　土工织物处理滑坡的断面

水口坡面采用三排直径 1m、长 12m 的钢筋混凝土桩，保证了边坡的稳定。

（二）渠系建筑物的破坏和防治

渠系建筑物的破坏主要表现为开裂破损和挤压倒塌，渡槽、涵洞、水闸的进出口护坡都会发生。针对产生裂缝的主要原因是膨胀土地基的变形和不均匀沉降，在设计时应采用重力式结构，并使基础底面埋置在强风化层下面 1m；基坑开挖后不可暴露时间过久，可以预留 20～30cm 土层，待基础浇筑前随时开挖；换土垫层，即在基础底面下铺厚约 30cm 的砂卵石垫层，使基底压力分布均匀，同时补偿地基土的不均匀膨胀量；此外，还应做好防漏及地表排水工作。

（三）冲刷淤塞

所有渠道在竣工时都达到了标准；三面（底面，坡面和顶面）平、三度（深度，宽度和坡度）齐、三线（底线、边线和口线）直，但经过一年运行后，渠坡坍塌和冲蚀使坡边布满鸡瓜沟，渠底坑洼不平。为了正常通水，几乎每年都必须进行清淤和重修。因此，膨胀土渠坡的坡面防护措施是十分必要的。

从以上渠道破坏的防治措施看，很多工作应在设计阶段进行考虑，为了正确地设计，必须首先弄清地基土是否膨胀土和它们的胀缩特性。这主要取决于现场鉴别和室内试验。

二、鄂北岗地膨胀土的现场鉴别

鄂北岗地位于南襄盆地的南部，其北部是河南省的南阳和新野凹陷。盆地为岗波状的阶地，其边缘为崩塌和残积的小山组成。该区域的膨胀土形成于上更新统和中更新统。中更新统冲积成因的膨胀土主要为棕黄色、棕红色黏土，偶尔夹有黄色或灰白色的窄带，界面清晰，裂隙发育，裂隙常具有擦痕和蜡状光泽，有些地方含有瘤状钙质结核和豆状铁锰结核。

上述的特点可以用于野外判别鄂北的膨胀土，此外，对现场土坡的溜滑现象和低层建筑裂缝的调查可以给出进一步的证据。

三、膨胀土的性质和分类

从襄樊市周围采集了 85 筒原状土和 24 组扰动土样，共完成了 705 组室内试验，包括物理性质、胀缩特性和强度特性等。

（一）物理性质和矿物成分

膨胀土的物理性质如表 1 所示。此外，还完成了一些矿物成分分析，包括 5 组 X 射线的衍射、5 组电子显微镜分析和 14 组阳离子交换能力试验，表明这些试样的矿物成分主要为蒙脱石和伊利石。

表 1　　物　理　性　质

天然含水量（%）	19.6～38.8	塑限（%）	21.0～31.4
干密度（g/cm^3）	1.32～1.59	塑性指数 I_p	19.6～42.0
液限（%）	44.8～68.8	粘粒含量（%）	39.5～55.0

（二）胀缩特性和分类

膨胀土的胀缩特性指标列于表 2。

表 2　　胀　缩　特　性

自然膨胀率（%）	55～107	体积收缩（%）	22.3～44.2
线膨胀量（%）	0.35～2.36	线收缩量（%）	8.95～10.9
缩限（%）	7.0～12.9		

试验结果的统计整理表明，物理性质指标，例如粘粒含量、液限和胀缩特性指标、自由膨胀率、线收缩量之间存在着良好的线性关系。为了确定鄂北岗地粘土的潜在膨胀性有多大，表 3 提交了一种分类系统，建议用最有代表性的、易于测量的指标；液限、塑性指数、自由膨胀率和粘粒含量对胀缩等级进行分类，并根据分类的等级选择适合的设计方法。

表 3　　胀　缩　等　级

等级	弱	中等	强
液限（%）	40～50	50～70	>70
塑限（%）	18～25	25～35	>35
自然膨胀率（%）	40～70	70～90	>90
粘粒含量（%）	40～50	50～60	>60

（三）强度特性

对襄樊膨胀土完成了下列试验：直剪、反复剪、三轴剪切（轴对称条件）和真三轴剪切（平面应变条件）。各种试验结果的平均值列于表 4。

表 4　　强　度　特　性

直接剪切				三轴剪切				直三轴剪切	
峰值		残余值		不排水剪		固结不排水剪		平面应变	
c(kPa)	φ(°)	c_r(kPa)	φ_r(°)	c_u(kPa)	φ_u(°)	c'(kPa)	φ'(°)	c'(kPa)	φ'(°)
39.5	13.5	20.8	11.0	42.5	3.0	23.5	22.4	29.0	26.8

四、几点建议

（一）对膨胀土地区渠道及有关建筑设计的建议

（1）勘察资料准确。可把工程勘察分两步进行。第一步是野外初步踏勘，了解地层历史，地质构造，地形地貌特征，已有滑动面的形态，结构面的特点，本区域原有渠道和建筑物的运行情况等，并根据现场土的颜色、结核含量、粘性和分解性初步判断是否膨胀土。第二步是详细勘察，以测定膨胀土的工程特性为主，取代表性土样测定粘粒含量、液限、塑性指数和自由膨胀率，从这些性质指标判定是否膨胀土，以及膨胀土的等级。还要测定土的强度特性指标，了解强度衰减特性。以上勘察试验成果是正确设计的基础。

应做到取样的位置有代表性。从取样深度上看，应包括表面强风化层、弱风化层以及深处未风化的土样，不同颜色的土层应分别取样。土样的试验条件应和实际工程情况一致，例如要测定渠道水位以下土体的强度，应进行浸水饱和条件下剪切试验；可以用反复剪切试验测定大变形情况下的强度衰减；用反复干湿循环（一般三次），近似模拟大气风化的影响等。此外，对已有滑坡进行反演分析计算平均的 c 和 φ 值也是一种有效的措施。

（2）设计考虑。膨胀土地区渠道和建筑物的设计除按有关设计规范进行设计外，应充分考虑膨胀土特性的影响，例如按不同挖方深度选择边坡比时，可适当放缓些。对具体设计断面进行滑动面极限平衡设计和有限元分析是行之有效的方法，对膨胀土坡应做好坡面防护，并设计排水沟。膨胀土地基上的建筑物最好采用重力式结构，凡结构重量有显著变化处，要做分缝处理，基础的埋深应该大于强风化层深度。

总之，在设计中应考虑到胀缩变形的防护，减小土体中含水量的变化，寓防于设计之中。

（二）对膨胀土地区渠道施工的建议

渠道工程一般在冬春干旱季节施工，要集中力量一气呵成。引丹五干渠施工时未抓紧，拖到了1988年春夏季节，雨水多，滑坡不断发生，增加了土方量40%以上。

对挖方渠道的施工，应快速开挖。自上而下，分层逐级施工，并立即完成坡面防护和排水系统。对填方渠道，施工时要控制填土层厚度，不超过30cm。要控制含水量，一般可取塑限值增加5%为宜。回填土料要仔细打碎，破坏其原结构，使膨胀土体内的一些新水矿物不易集中在一起。同时要特别注意填方与挖方结合部位的碾压，不允许出现松软的结合层带。

（三）对渠道运行管理的建议

对膨胀土地区的渠道工程一定要克服“重建轻管”的思想。因为膨胀土的滑坡和建筑物的开裂破损，都是在一个相当长的时间内，由于环境变化，含水量改变，受力不同而逐渐形成的工程事故，所以要提倡“三勤”，即勤检查、勤排水、勤养护。严重的事故，如滑坡，一般都有先兆，或者出现微小裂缝，或者出现坡面膨胀或表面溜滑，故要“预防为主，早期整治”，以减小事故的危害和防止事故的发生。对于泵站出口台渠等重要或危险的地段，应建立观测系统，监视变形的发展，进行及时预报，以防灾害的突然发生。

参加本文工作的还有李辅义、吴定谟、任茂昆、李柏乔、张学民、徐玉翘等同志，在此表示衷心感谢。

自然灾害和环境岩土工程

吴世明[1]　王　钊[2]

（1. 浙江大学；2. 武汉水利电力大学）

人类生存环境受到的破坏因素分别来自自然灾害和人类的活动。这些因素主要有：地震、滑坡和泥石流、暴雨、台风和海浪，以及大面积地面沉降、地表水、地下水和地基土的污染等。环境岩土工程可视为人类保护环境所进行的岩土工程活动，表现在对破坏因素的监测、预报和采取合理的措施减轻破坏的后果，或防止破坏的发生。限于篇幅，本文拟就上述诸方面的代表性研究成果，作一概要综述。

一、滑坡的监测与防治

滑坡是一种常见的山区地质灾害。我国是一个多山国家，滑坡分布极为广泛，且滑坡类型比较齐全。据不完全统计，我国已受到滑坡灾害威胁和可能受到滑坡威胁的地区约占全国陆地面积的1/5～1/4。因此滑坡的研究与防治深受我国科技人员的重视，1973年铁道部西北研究所在兰州召开了滑坡学术交流会，1981年我国又在西安召开了“滑坡攻关”会议，并每年出版一期《滑坡文集》。近30年来，我国在滑坡研究方面取得了显著的进展，经历了从定性到定量，从一般的滑坡形态分类到滑坡机制研究方面的发展过程，且建立了典型的滑坡地质模型。

1. 滑坡的监测与预报

滑坡带来巨大灾害，所以对临滑土坡的监测和预报显得尤为重要。滑坡预报包括三个方面，即滑坡发生的时间、空间及规模。滑坡的空间及规模主要依据地形地貌及滑坡的地质条件来确定，而滑坡发生时间的研究主要是根据滑坡体的变形监测。如运用位移监测系统和对监测数据的时空相关分析，我国成功地预报了长江三峡上游的新滩滑坡，使新滩镇1300余人幸免于难[1]。智利楚基卡玛塔露天矿大型滑坡，我国白银露天矿滑坡[2]等也是利用变形监测来预报滑坡发生时间的。

在目前的滑坡监测中，已采用微振网络，安装有地音探测器（Geophone）、伸长计、测斜仪和压力计，测读数据定时自动地用无线电传至远处的数据和处理系统[3]。

在滑坡预报方面，除了根据滑坡体变形监测外，据我国铁路沿线1066个滑坡的现场研究，几乎所有滑坡都是由降雨引起，以最大降雨量为依据，同时考虑岩土的分类及人类活动因素的影响，编制程序，绘制了我国滑坡灾害预报图，并可估计对城市环境地质的影响[1]。

人工智能技术，特别是专家系统的迅速发展，也被用于滑坡的识别和分类，它具有人机对话功能，且结构简单、运用方便。其结构如图1所示。图中，识别和分类知识基是专家系统的心脏，分别贮存滑坡识别和分类的专门知识，数据基贮存从现场获得的地质条件和变形现象等，以及中间分析结果，推理引擎根据数据基数据用识别知识基判断是下沉、崩塌、滑坡还是稳定，如果会发生滑坡，再进一步用分类基知识分类，支持环境是用户与系统的交界面[1]。

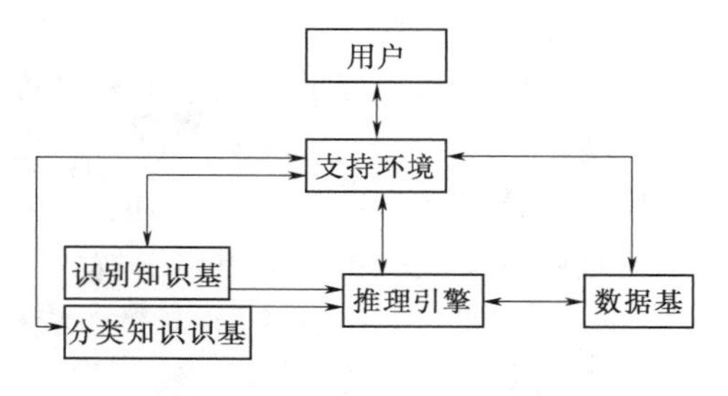

图1　专家系统的结构

2. 土坡稳定性分析

土坡稳定性分析的主要工作包括：①找出土体中最薄弱的滑动面；②确定针对滑动面进行稳定分析的边界条件和计算方法；③确定计算中所需要的土的力学性质参数。在完成了这三项工作以后便可进行土坡的稳定性分析，计算土坡稳定安全系数，如不够安全，则需采取抗滑加固措施。

多年来，土体稳定分析一直沿用圆弧滑动面或折线形滑动面，将滑动面以上的土体用假想的垂直分界线划分成若干个土条或土块，并将土视为理想的弹塑性材料，不计土体变形和应力应变间的非线性关系，采用单一的抗剪强度值，最后利用极限平衡的原理，逐条或逐块分析其下滑力与抗滑力。这些方法目前仍在国内外广泛应用。针对很多挖方边坡滞后破坏的现象，出现了一些考虑时间效应的稳定分析方法，例如文献［2］中，一种改进的渐进性破坏分析法中，土体积的离散不仅是在水平方向分条，而且也沿着铅直方向，以便模拟破坏区变形，在滑动面形成前后采用不同的应为应变关系，并考虑时间的影响。这种土坡稳定性分析法特别适用于应变软化的残积土或沉积粘土。清华大学姚耀武[4]等针对上述定值分析法没有考虑实际存在的不确定性（包括荷载效应及抗力等不确定性）的影响，提出了土坡稳定的可靠度分析理论，该理论是建立在土体具有的抗力大于荷载效应的概率基础上进行设计和校核的，因此更符合客观实际。

3. 滑坡的防治

滑坡防治工程包括减滑工程和抗滑工程两方面的内容，前者包括滑坡上方减重、滑坡下方加重（反压填土）和滑坡后部做排水工程等；后者包括抗滑桩、锚杆挡土墙、加大建筑物基础埋深等。

为有效地防治滑坡，往往需要综合采用多种防治方法。如将抗滑桩与深层锚杆结合共用，并以水平排水钻孔为辅助措施，这样不但可节省抗滑桩的断面，而且便于量测滑坡推力的大小。

文献［2］中还有另外两例成功的滑坡防治方法，一是采用排水帷幕结合基础托换稳定失稳的桥墩；二是用地面排水和不透水地下连续墙导走坡面流水和降低地下水流。这里仅简单述前一例。奥地利的维也纳至格拉斯有一座公路桥，桥墩位于倾斜7°的平坦山谷中，两个相距38m的2号和3号墩每年以5mm的速度向下游测滑动，总沉降量已分别达90mm和40mm。每个桥墩基础由两个3m直径的桩组成。基础托换的方法是围绕每个桩修6个直径为1.2m的桩，深至地表下约30m的硬土层。同时在桥墩上游侧建排水帷幕，由21根直径为1.2m的单排卵石桩组成，桩距2.7m，深度20～32m，各桩底部用3英寸管相连，由一水泵自动排水保持在一低的地下水位。建好后四年来未观察到桥墩有沉降的水平位移发生。

滑坡的监测和预报可以运用于滑坡防治方案的决策。夏元友、陆文兴和朱瑞赓报道了一个成功的例子[5]。某水电站厂房侧边坡高 50m，开挖设计的平均坡角为 48.5°。用毕肖普和杨布法计算得稳定安全系数均小于 1。如采用抗滑加固措施或削坡减载，不但工程量大，而且延迟发电一年。考虑到滑坡的发生需一定的时间，抢挖方量不大，可在 12～15 天内完成，这期间即使发生局部滑坡也易处理。开挖中布置了多点位移计、测缝计和简易测缝计，以实测的位移-时间曲线为依据，采用灰色预测理论（GM1.1 - verhulst 联合预报模型）求得滑坡发生的时间要 17 天后。可以"抢挖、抢浇"赶在滑坡发生前完成坡脚的水工构筑物并达到及时阻滑的目的。

正确的施工决策建立在监测、预报和信息反馈的基础上，使这一临滑人工边坡的开挖获得成功。

泥石流灾害和滑坡一样也引起人们的重视，对北京和兰州周围泥石流的研究发现其发生有一定的规律性，主要由降雨决定。如北京必须同时满足以下几个条件：洪水季节的月降水量大于 270mm，最大日降雨量超过 100mm，每小时降雨量超过 30mm。且它的发生具有重复性和周期性（周期与洪水周期相同）。这些规律可用于预报。相应的对策是进一步加强发生规律的研究，为工程处理方法提供科学的基础；修建、扩建宣泄泥石流的通道，并经常检查维修保持其宣泄能力。此外，还有植被保护等。

二、地面沉降及控制

大面积地面沉降最著名的例子是墨西哥城，1877—1952 年，因地下水位下沉引起的地面沉降达 6.1m。地震也会引起地面沉降，例如我国安徽省铜陵在 1985 年 9 月因地面沉降和地震共破坏了 5 万 m^2 房屋，铁路下沉 7mm，影响范围达 40 万 m^2。引起地面沉降的原因还有地下矿井的开采，喀斯特地区水位的变化，松散土料湿化变形，以及振动包括反复荷载作用下的振陷和砂土液化等。

1. 地下水位变化引起的沉降

从地下含水层中抽汲地下水是造成地面沉降的主要因素，而回灌含水层又是控制地面沉降所采取的一种有效措施。为研究反复抽灌作用下砂层土的变形机理，卢梅艳、赵锡宏、吴林高在进一步研制的高压渗透固结仪上进行模型试验，用最小二乘法拟合试验结果，可得到砂层土在抽吸和回灌过程不同的应力应变关系，进而获得相应的本构模型[6]。

上海市地面沉降自 1965 年采取制限地下水开采量和人工回灌措施后基本得到控制，但 1981 年后基于主固结的计算与实测沉降曲线出现一些偏差，每年周期性的水位反复升降，微沉在继续发展。顾小芸、徐达能[7]针对上海市地下水位变化的特点进行反复荷载作用下主次固结特性的试验研究，发现以下一些规律：变形与加卸载的波形无关；反复荷载增量 ΔP 大，变形也大，故 ΔP 应与实际情况相符；反复荷载的周期大，变形大；反复的次数 N 增加，变形增大，但呈衰减趋势；加卸式反复荷载引起的累积变形比卸加式情况要大好几倍；超固结状态下土样进行加卸式反复荷试验会促使土样回弹，该特点反映到实际中为地下水位大幅度下降后又回升，并在此基础上进行小幅度的灌抽，有可能使土体少量回弹，超固结比增大，次固结系数减小等。从这些试验结果得到了地面抗降的计算模型和符合实际情况的计算参数，为考虑次固结沉降的计算和建议减缓沉降的措施提供了基础。

除上海以外，我国其它一些大城市，如天津、西安等也存在地下水位下降引起的地面沉降现象。例如西安在1980—1988年之间，有39km^2的面积沉降大于500mm，最大年沉降达125mm[1]。文中指出，应首先根据记录资料提出地面沉降与抽取地下水水位间的规律，建立承压水不稳定流的数学模型，预测现有抽水条件下承压水位的变化，然后对抽水提出限制并给出最优抽水方案以控制地面沉降。

地下水位下降引起地面下沉的主要原因是土中有效铅直应力的增加，次要原因有粘性土的失水收缩，有机质土化学和生物分解，植物引起土的脱水等。文献［3］中介绍一种计算地下水位下降引起地面沉降的方法，根据水位变化的关系计算有效应力增量，进而计算其引起的沉降。此外，还给出了考虑次要原因产生沉降的计算方法。

2. 黄土湿陷引起的沉降

黄土湿陷是湿陷性黄土地区引起地面沉降的主要原因之一。湿陷性黄土具有垂直大孔性和多孔性结构，在一定的压力作用下受水浸湿，土结构迅速破坏而发生显著附加下沉（湿陷）。

我国是黄土面积分布最广的国家，仅湿陷性黄土分布面积就达38万km^2。黄土湿陷性给多种建设带来巨大的危害。黄土地基中发生的湿陷往往是大规模的，剧烈而且迅速的，能够使建筑物产生大幅度的沉降或差异沉降，造成开裂，倾斜甚至破坏。湿陷性黄土地区的水渠、水塘、水库等水利工程，往往由于水的渗漏、淹没使黄土层遭受到浸水，使地基软化，强度降低，压缩性增大。

我国在黄土本构关系、湿陷机理、湿陷性评价及地基处理等方面进行了大量的研究。在湿陷机理方面，随着扫描电镜和X射线能谱探测的应用，使结构学说迅速发展。廖胜修[8]对新疆、甘肃、青海、陕西、山西、河南黄土显微结构特征的变化进行了研究，不仅对黄土湿陷机理做了进一步解释，而且按微结构特征对黄土进行了工程地质分类。在黄土湿陷评价方面，谢爽[9]等采用模糊数学方法，对湿陷性黄土场地的自重湿陷敏感性进行了综合评判，提出了相应的评判指标β和分类标准。

3. 其它引起地面沉降的因素

煤矿、盐矿，以及油气开采也可能造成地面沉降。隋旺华[10]根据厚松散地区煤层开采中初次开挖的沉降量大于采厚的实际情况，应用弹塑性模型将煤层开采沉陷过程中厚松散土体按应力变化特点划分了六个区，进行有限元分析得出各区应力应变随着开采的变化，表明厚松散土体在开采沉陷中并非整体均匀移动，而存在着变形与孔隙水压的相互作用问题，其中粘性土情况已为离心模型试验和实测资料所证实。

疏松的土料在湿化时会引起下沉，如加拿大的La Grande Complex坝，充水时出现三处2～3m的沉陷，原因是填筑时压实质量差，土料的含水量超过最优含水量1.5%。从湿陷的比较看，不均匀系数大的土比均匀级配的土沉陷大，因此较大的沉陷会发生在滤层中[3]。

喀斯特地区地面沉降影响到政府开发计划的实施，严重的还危及人民的生命和财产，据我国有记载的809起喀斯特地区的沉陷，其中60%是人为活动引起的，主要是地下水位下降引起的加载，渗透变形，如管涌引起的破坏，土的崩解和软化，水位下降在空洞中引起的负压，水锤作用和地震激化等[1]。

三、地震与土的动力特性

我国是世界上多地震的国家之一，地震造成的人员伤亡，我国现属世界首位。世界地震史上死亡人数最多的一次是1556年我国陕西华县8级地震，死亡83万人。1976年的唐山大地震，是近代地震中死亡人数最多的一次。据统计，我国有136个城市位于7～8度地震的区域中，其中30个城市超过50万人，受威胁的人口占我国城镇人口的45%。减轻地震灾害的对策有以下两方面：首先是地震预报，其次是做好抗震设计，使工程对象满足抗震要求。前者目前尚难做到十分准确，后者更为岩土工程界关注，其内容包括对土的动力特性、土层地震反应分析、土体震陷和基础隔震技术等方面的研究。

1. 土的动力本构关系

土体动力应力应变关系是表征土动力特性的基本关系，也是进行土体地震响应分析的重要基础。在动荷载作用下，土体具有显著非线性特征。早在60年代，美国学者Seed就提出用等效线性模型来模拟土的非线性性质，并在工程实践中获得了广泛应用，如著名的SHAKE程序就采用了这种模型。然而，由于这类模型是以粘弹性理论为基础，因而无法预测永久变形，其响应也仅仅是平均意义上的非线性响应。同时，用粘性项来描述塑性耗能机制必然导致土体的动力响应失真。随着近年来对土体室内动力试验研究的深入，计算方法及手段的不断提高，动力的塑性模型的研究得到了长足发展。Prevost在前人的基础上，提出了具有多重屈服面的塑性滞回模型，并应用于坝的塑性地震响应计算。Dafalias通过边界面塑性理论，建立了塑性模量场的概念，以取代前者的分段线性假设，并使全面考虑剪切和体积永久变形的塑性分析成为可能。研究表明[11]，弹塑性模型能够较好地描述强震下土体的强非线性行为，预测土体的放大效应，永久变形及其对地震波频率成分的改变。但是，由于弹塑性模型的复杂性，对数值分析精度及稳定性问题研究的欠缺等问题。目前对土体进行动力塑性分析还未达到实用阶段。

2. 土动力特性的测试分析

在每种土的动力本构模型中，均有相应的力学参数，所以参数的测试技术也是土动力特性研究中的一个重要内容。目前已有的测试方法，除了循环三轴、共振柱（自振柱）、超声脉冲、循环单剪和扭剪等室内技术外，原位测试技术由于能保持或基本保持土体的天然结构和应力状态以及其他一系列优点而日益受到岩土工程技术人员的重视。近三年来，已提出了跨孔法、下孔法和表面波法等原位测试技术，并逐步得到了广泛的应用[12]。

新近发展起来的表面波谱分析技术（即SASW法），由于利用了信号数字处理技术，使获得瑞利波弥散曲线的现场试验工作量较以往的稳态振动法要少得多。但由于受激振频率的限制，SASW法的测试深度一般较浅。众所周知，地脉动信号中含有丰富的低频成分，由于传播过程中的多重反射和折射，地脉动中包含有场地地基的许多固有特性，通过建立垂直分量信号的空间相关系数ρ与瑞利波相速度的关系式，可计算较深层地基瑞利波弥散曲线，进而使用反演法定量地推断地下构造[13]，这在岩土工程的深层地基勘测中不失为一种新尝试。

3. 砂土的液化

液化是造成地基震害的首要原因，约有50%左右的地基震害起因于液化。1964年阿拉斯加地震引起的大规模滑坡和新潟地震引起的地基失效是砂土液化造成严重破坏的典型事例。从工程设计角度考虑，解决砂土液化问题首先要正确判别砂土能否液化，其次是采用什么措施预防或减轻液化引起的震害。

液化与地基震特性（如振幅、频率、持续时间等）、土的结构、地下水位和上覆压力等多种因素有关，因此目前对某一砂层能否液化的判断只能做到近似的估计，特别是对接近临界条件的砂层，还有可能出现误判。综观国内外的几种液化势估计方法，大致可归于基于震害经验与基于室内研究和反应分析两大类。前者如我国《建筑抗震设计规范》GBJ 1189中采用的标准贯入击数判别式，Seed推荐的经验判别法，谷本喜一给出的统计判别式和中国科学院工程力学所提出的非线性判别式[14]。后者是在地震反应分析的基础上，通过比较液化应力比和地震应力比的大小来评价液化势[14]。自80年代初Dobry[15]等人提出用剪切应变法预测孔压上升及液化势以来，国内外对用v_s法预测液化势正逐渐引起重视[16,17]。

由于地震荷载的随机性以及影响液化诸因素的不确定性，上述各种液化判别法均具有随机性。对此，王国民[18]提出了用概率分析方法对地基液化作出评价，不失为一种预测液化势的新方法与新途径。

4. 震陷的综合分析

地基震陷指在地震荷载下，土层结构破坏，体积压缩或地基塑性区扩大（如软粘土地基），使地基土层或建筑物产生附加下沉。震陷的成因类型可分为构造性震陷、液化震陷、软粘性土震陷、黄土震陷和一般松散土震陷等几种。在实际工程震陷的评价中，一个场地常会遇到多种成因组合形成的震陷问题。如1964年美国阿拉斯加地震中Homer地区一个井的管测出的数据证明，地面总下沉量为1.372m，其中构造震陷0.61m，非粘性土层震陷0.762m。因此对一个场地应具体研究其可能产生的不同成因类型的震陷，进行综合分析与评价。

到目前为止，国内外已提出了液化土或软粘土震陷的计算方法，这些方法一般均须专用程序以及相应的土的动、静力参数。在试验研究分析中，刘惠珊[19]根据中外液化震陷实测资料及程序计算显示的规律性，提出了液化持力层地基震陷值的预估经验公式，该经验公式可考虑影响液化的一些主要因素，如震级、基底压力、相对密度等。何广讷等[20]把地震引起的土软震陷作为产生孔隙压力使土软化引起的应变和惯性力引起的应变两部分组成，软化应变根据静三轴试验增大反压力使试样软化后测得的切线模量按震前的应力计算，惯性力应变则将地震引起的动应力作为等效结点力，用软化前测得的模量计算。李兰[21]在动三轴试验中用等效地震作用的正弦循环荷载研究西北地区软土和饱和黄土状亚粘土的震陷特性，试验中变化的参数有：动应力、振次及它们的阈值，土的级配、孔隙比和含水量。文中给出了7度、8度、9度地震时可能的震陷值。

5. 减灾及预防措施

减灾及预防措施包括土体的抗震加固、上部结构（尤其是基础）的防震、隔震。关于土体的抗震加固技术（如液化加固、软土震陷的防治）的发展概况已有全面的综述，限于篇幅，这里只就基础隔震技术的发展作一简要概述。

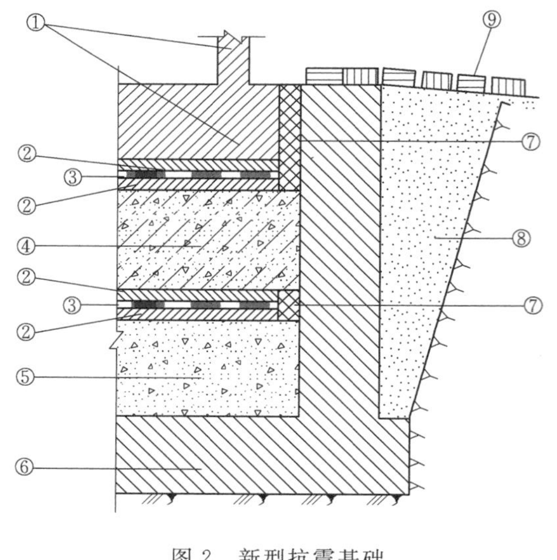

图 2　新型抗震基础

早在 1891 年，日本学者阿合浩藏就提出了用滚动支承的基础以避免水平地震的干扰，现在日本已有十多幢房屋具有隔震措施。1985 年，美国在加州修建了一幢有夹层钢板橡胶垫隔震的四层房屋，从 1985 年收到的一次地震记录看，上部结构的减震效果明显。我国在 70 年代也陆续在各地修建砂粒滑动层的房屋。乔太平[22]等对垫层桩基的减震特性做过一些有价值的研究。对低承载力地基上修建的一些特殊要求的建筑，例如对振动特别敏感的核反应堆，电子工程、电视塔等，因建筑和地基土的固有频率很低（T=0.3～1.2s），其主要危险来自地震的共振及大的位移。文献［3］推荐了两种较好的抗震基础型式，其一是桩筏基础，桩的截面为 30cm×30cm 或 40cm×40cm，长 8～16m，间距（4.5～6.0）d，桩和钢筋混凝土筏基相连，按文克尔模型设计筏基，从而减小了桩数和桩长，桩挤密压实了地基与筏基一起减轻地震的影响。这种型式特别适用于 8 度～9 度地震区，承载力不大于 250kPa 的深沉积层。第二种是具有滑动接触面和阻尼垫的双筏基础，如图 2 所示，该新型基础具有减小地震能量和上部结构内力的作用。

四、海洋土工程及海底土层稳定

我国的海岸线很长，其中大陆海岸线就有 18000 多 km，近海的大陆架比较广阔，渤海和黄海的海底全部是大陆架，渤海平均水深 18m，黄海平均水深 44m，是石油开采的活动区。东海海底的大部分和南海海底的一部分也是大陆架。

中国东部的大陆架表面比较平坦，但在近年的石油开采中却出现了一些事故，如勘探 2 号因支柱的不均匀沉降而严重倾斜，渤海 2 号和 6 号在风浪作用下滑动达 10m[1]。有必要对海洋土的性质及海底土层的稳定性进行研究。近年来的勘探表明东部大陆架的地质构造是复杂的，特别是在大陆架边缘及河口区域。在第四纪冰河期，全球性海水位下降，大陆架受过强烈的风化，河流直至大陆架边缘，留下了宽达 2～8km，厚 5～20m 的沙脊。近代长江每年挟带 470×10^6t 的泥沙，覆盖层厚达 5～20m，主要由沙和泥浆状沉积物组成。

在南中国海，勘探揭示海底多蓝灰色海泥夹层。古河道中充有砂卵石，峡谷里充有泥浆，呈塑性并充满有机质，压缩性高，强度低，有的具有一些胶结物[1]。大陆架的主要破坏型式为：

（1）大陆架滑坡、泥流。

（2）地震及火山爆发、砂土液化。

（3）海峡、河口因海流、潮汐、风浪引起海洋土运动。

但对它们的研究起步较晚，直到近年事故的发生，才开始地质勘探，包括水文地质条件，海底地形特点，岩性和地质构造，以及灾害原因和控制方法的研究。

文献［23］中介绍了中国海相土的矿物组成和胶结，在塘沽、珠江口、南沙等地勘察表明，除广泛存在的绿泥石、菱铁矿、黄铁矿外，与陆相土的矿物组成大致相同，胶结物包括有机质、碳酸盐，特别是自由氧化铁和沉积环境、海相侵蚀，以及海退密相切关。从单轴压缩试验看，强度随胶结物含量增多而呈增加趋势，并建议将胶结物用于分类海相土层的参考指标。

风浪往往在海工建筑场地基中引起周期荷载，从而引起孔隙压力增长，使地基土不排水抗剪强度不断下降，但如果地基土渗透性好，在波浪之间地基土排水，可消散孔隙水压力，甚至相反会提高不排水强度。黄峰和楼志刚[24]以南海北部湾粉质土为对象，用电磁式振动三轴仪进行一系列不排水和排水条件下的加载试验，研究粉质土不排水抗剪强度，从而提出预测排水条件下，周期加载后土的强度的方法，其预测模型和实验值相比，静强度的误差不超过10％。

文献［3］中，对砂样进行周期荷载不排水三轴试验，模拟海浪长期作用的影响，结果表明长期作用产生的剪应变历史减弱了应力软化特性，增加了剪切模量和抗液化强度。

顾尧章[25]对海底粘土进行室内自振柱试验发现，粘性土的剪切模量随着剪应变水平的提高而下降，并且随着固结过程的发展而逐渐提高，直至主固结完成后剪切模量基本趋于定值，粘性土的剪切模量与固结压力成非线性指数关系，在相同固结压力下，处于超固结状态粘性土的剪切模量要比正常固结状态的大。

海底土体受波浪作用可能在极缓的坡度下（有时小于1°）产生滑动，因此对海洋结构物，如钢平台、管道、海底电缆产生很大的破坏作用。顾小芸[26]采用无限长坡极限平衡分析法对珠江口和浙江东部象山港两处海域进行海底土体稳定性分析，表明在波浪高度较小时，地形起主导作用，当浪高达13.7m，地震为五十年一遇的情况下，海底土体可能发生滑动。文中提出建议，应加强实际资料的收集，注意波高较大和软粘土较厚区域的海底稳定性研究。

在对海洋平台和土联合作用的分析中，文献［3］介绍一种弹塑性模型和程序用以分析层状粘土上的平台。用动力有限元分析海洋采油平台，可考虑波浪、水流、海水和地震所产生的瞬态和周期性动力荷载的作用。

五、环境岩土工程

这一节所提到的环境问题主要指人类活动引起的对环境的破坏作用。例如废弃物对地表水和地下水的污染，化学物质渗入地基土使其性质劣化，以及工程活动产生的泥浆、振动和噪音等。环境岩土工程就是应用岩土工程的观点、技术和方法来治理和保护环境。

1. 废弃物的处置

据我国75个城市统计，历年来积存的工业废渣和尾矿已达百亿吨，还有大量的生活和建筑垃圾，这些固体废料不仅占地，而且是水体和大气的污染源。排放的工业废液、污水、粪便，还有农业化肥的无节制使用都直接引起地表及地下水的污染。

目前处理这些废弃物的方法主要有堆肥、填埋和焚烧，以及回收利用[27]。堆肥法为我国“八五”期间城市垃圾处理的热点，机械化程度较高的堆肥厂占到了一定的比例，如无锡、杭州、武汉、上海等地机械化堆肥技术，包括较为完整的前处理、发酵、后处理工艺及设备。填埋法可分为两种，一是堆积，将固体废物直接堆积在地表，也可利用地形将泥浆状废料堆于山谷、坑地；二是埋于地下。无论是堆积于地表或是埋藏于地下，都必须作好污染控制的屏障，防止废料中分解出的液体或降水入渗引起的淋滤污染。作为屏障的材料可以是天然粘土层、压实粘土、地下承载墙或导渗墙、合成材料垫和淋滤液收集导走系统[28]。

粘土的渗透系数应小于 10^{-7}cm/s，对无粘性土场地，应铺厚度 0.33～1.2m 的粘土，并压实，压实粘土也用于废物堆的顶部和边坡。地下截水墙主导渗墙用于处在高地下水位的现有填埋场，截水墙由围沟中的粘土或膨润土建成，截水墙外面围以可渗材料导走淋滤液。土工合成材料垫层较薄（0.25～2.5mm），可独立使用或与粘土配合使用，也可用于贮存有毒废料。合成材料包括聚氯乙烯（PVC），低密度或高密度聚乙烯（LDPE、HDPE）和氯丁橡胶等。淋滤液收集和导走装置用于降低淋滤液面高度，以免形成过高的水力梯度透过下一层防渗层，同时可移走淋滤液。典型的填埋剖面见图 3[28]。

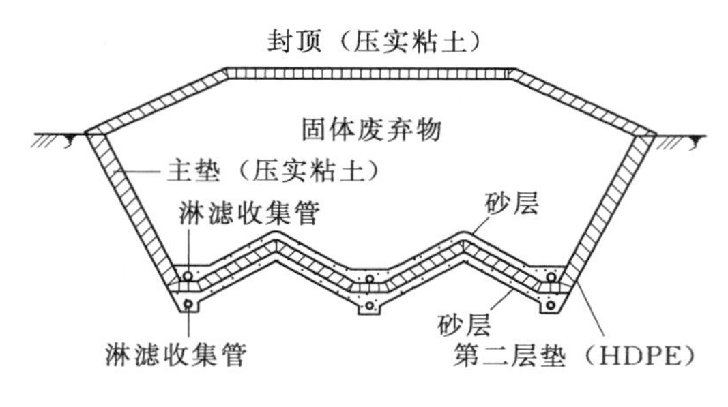

图 3　双层衬垫和淋滤收集系统

沈阳环境卫生科学研究所开展的黄粘土天然衬里防渗，在砂质地层结构场地利用人工复合衬里防渗，以及北京环卫研究所等开发的人工合成防渗材料在填埋防渗技术上达到了有关技术指标。

在美国，废物的填埋已由环境保护组织（EPA）制定了一定标准，称为 RCRA（Resource Conservation and Recovery Act），它的覆盖系统称为 RCRA Cap。如美国 Tinker 空军基地的废物治理中，有两个填埋的 Cap 接 RCRA 方法设计。分为六层（1）A 24″（60cm）草木/土层（2）r8″（0.30cm）过滤织物层（3）A 12″（30cm）排水层（4）A 20 -mil（0.5mm）柔软膜衬砌（FML）（5）A 24″（60cm）低渗透（1×10^{-7}），粘土层（6）A16～20″（40～50cm）起始平整场地填层[29]。

粉煤灰是煤粉燃烧后的残渣，是燃煤电厂长年不断的排出物，数量很大，由于其特殊的物理和化学性质，近几年在工程建设中得到了越来越多的应用，如用作地基填料，混凝土掺合材料以及建筑材料制品等。用石灰、煤灰按一定比例混合加水整实后形成的两灰桩复合地基，用于处理地下水位以上的杂填土、新堆积土，地耐力比原地基提高两倍以上，沉降量小，沉降均匀；用两灰灌注桩处理黄土的湿陷性，也取得了预期效果；采用煤灰混凝土作为短桩体材料，对处理地下水位以下杂填土、饱和黄土等软土地基，取得了预期效果；用袋装粉煤灰作堤心，利用土工合成材料作为外袋的防波堤设计，节约了投资。

2. 污染土地基

对地基土的污染来自化学物质生产、运输、贮存和使用时逸出渗入基土，文献［28］

中列出三个地基土破坏的实例，两例为酸性物质，一例为碱性。组成地基土的石灰石或硅砂在化学物质中溶解，表现为建筑物大的沉降量。此外，磷肥厂的磷酸渗入基土，引起高岭石体积膨胀使低层厂房出现大裂缝。目前国外尚无针对污染土（Contaminated Soil）岩土工程问题的规范，而我国《岩土工程勘察规范》中，在特殊性土一章里专门列出了污染土一节。文献［30］中给出污染土的勘察及评价标准，并列举了可采用的处理措施，包括换土垫层法、桩基础、碎石桩或化学处理法等。上海市某拟建高层住宅大楼的基础混凝土，受到原化工厂长期排放的废渣废水中硫酸根离子的腐蚀，其机理为水泥中氢氧化钙与其反应生成硫铝酸钙，体积扩大，产生裂缝。处理方法为在建筑基坑四周用厚3.2m、深10m的水泥搅拌桩墙封闭，防止废水浸入，同时在基础底板下采用石灰砂混合垫层处理，使钙离子与硫酸根离子作用生成硫酸钙沉淀，不致对混凝土构成腐蚀作用。

在美国，污染土的治理包括挖除、生物治理、蒸馏、化学凝固、焚烧和直接处理，通过综合分析，选择一个最优方案。美国水文咨询公司在一个旧杀虫剂厂的处理中发现，杀虫剂已渗透到地表下2英尺的土层内，经过比较分析，认为采用低渗透性的材料进行隔离比较合理。比较了用粘土和沥青作封顶材料的效果后，发现采用渗透系数10^{-8}cm/s、厚度4英寸的沥青铺边比粘土的效果好，并且节省了大约80万美元。另外，在美国已把污染的土作为配料同沥青混合产生一系列的冷混沥青产品，通过耐久性，耐腐蚀性和渗透性的实验发现，使用期可超过1000年，可在高速公路衬砌、堆积封顶，路基等处使用，而且花费时间短，没有长期负担。

在德国鲁尔区的废矿区的治理中，采用了土工布夹心形式进行隔离：①加筋层；②排水和封闭系统；③砂粒层。可承受一定的荷载，这种技术比较先进，但带有一定的危险性，在德国、法国、英国、美国等都有使用。

3. *工程活动对环境的影响*

工程活动也会带来一些环境问题。表现为工业振动、施工噪音、严生的泥浆污染及边坡开挖产生的位移等。

振动公害问题在环境工程中占有很重要的位置。工业振动的危害性比起突发性的火灾和地震来，因其损失速度缓慢而被掩盖，但却量大而持续地产生。如洛阳龙门石窟是世界著名古迹，近年来由于环境振动，几乎每年都有坍塌；某住宅附近因打桩600根，约振动200万～300万次，而引起该住宅窗顶拱圈的破坏；长时间的噪音对人体产生极大的危害，使人出现心悸、恶心、头昏等症状。

为减轻人为振害，人们在深入研究振源机制、振动传播的基础上，提出了多种隔振防振措施，目前主要有：主动隔振、被动隔振和距离隔振等[31]。不少国家现已制定了较完整的防振标准体系，我国学者在这方面也已做了大量工作。如徐攸在曾提出以土的振动蠕变理论考虑在静荷下的地基受振影响，而杨先健提出用动应变$\varepsilon_d = v/v_s$来评价动力作用下的地基允许强度。本次大会上杨先健、潘复兰[32]用波动理论，对工业环境振动给予古建筑的影响作了分析研究。例如强烈地震可使建筑物产生100～800mm/s的振动速度，但次数仅50～120次，而工业交通引起的振动虽幅值仅为0.5～10mm/s，但可达$10^{6.2}$～$10^{8.5}$次。地基振陷和次数有关，并且会出现拐点，即超过一定次数，沉降激增，还会引起建筑物的振损和疲劳效应等。从而提出了古建筑的允许振动值即防振标准。

参考文献

[1] Proceedings of International Symposium on Geological Hazards, Oct. 20 - 25, 1991. Beijing, China.

[2] 成岗．白银露天矿一采场边坡研究和滑坡预报，中国典型滑坡学术讨论会文集，1986.

[3] Proceedings of the 12th Inter. conf. on SMFE, 1989, Rio de Janeiro.

[4] 姚耀武，陈东伟．土坡稳定可靠度分析，岩土工程学报，Vol. 16, No. 2, 1994.

[5] 夏元友，等，某临滑边坡的监测预报及施工决策，1994.

[6] 卢梅艳，赵锡宏，吴林高（1994）．抽灌作用下砂层土变形机理的室内试验研究，本次会议论文．

[7] 顾小芸，徐达能（1994）．上海粘土在反复荷载作用下的主次固结特性研究，本次会议论文．

[8] 廖胜修．黄土的显微结构与湿陷性．第六届土力学及基础工程学术会议论文集，上海，1991.

[9] 谢爽．山西河津黄土自重湿陷的试验研究．西安冶金建筑学院硕士学位论文，1990.

[10] 隋旺华（1994）．开采沉陷厚松散层应力变形分析（工程实例），本次会议论文．

[11] Luo Xiao, Wushiming. Elastic Plastic Response of soft Clay Under Earthquake Loading. Int Conf. on Soft soil Engrg. 1993, Guangzhou.

[12] Woods, R. D.．土壤动力性能的测定．地震工程与工程振动译文集．北京：地震出版社，1985.

[13] 杨学林，吴世明（1994）．关于地脉动信号及其工程应用，本次会议论文．

[14] 刘颖，谢君斐．砂土振动液化．北京：地震出版社，1984.

[15] F. Y. Rokel, R. Dobry, Liquefaction of sands during Earthquake—the Cyclic Strain Approach Soils Under Cyclic and Transient Loading, Vol. 2, 1980.

[16] 吴世明，等．岩土工程波动勘测技术．北京：水利出版社，1990.

[17] 丁伯阳，朱久佳．判别砂土液化的深入研究．第四届全国土动力学会议文集，杭州，1994.

[18] 王国民．饱和土液化的概率评价．第四届全国土动力学会议文集，杭州，1994.

[19] 刘惠珊．液化震陷预估的经验公式（初探）．第四届全国土动力学会议文集，杭州，1994.

[20] 何广讷，等．软土的震陷特性．第六届土力学及基础工程学术会论文集，上海，1991.

[21] 李兰（1994）．动三轴软土震陷分析及抗震性能的评价．本次会议论文．

[22] 乔太平，徐毅．垫层桩基的减震消能作用及设计原则．北京：地震出版社，1984.

[23] Proceedings of the Inter. Conf, on soft soil Engneering. 1993, Guangzhou, China.

[24] 黄峰，楼志刚（1994）．排水条件对海洋粉质土动载后静强度的影响，本次会议论文．

[25] 顾尧章（1994）．随固结而变化的海底粘土的剪切模量，本次会议论文．

[26] 顾小芸（1994）．海底土体稳定性实例分析，本次会议论文．

[27] 国家科委社会发展科技司，建设部科技发展司．城市垃圾处理技术推广项目．北京：中国建筑工业出版社，1992.

[28] Sudhakar M. Rao, and A. Sriaharan. Environmental Geotechnics—A, Review, Indian Geotechnical Jonral, 23 (2), 1993.

[29] Proceedings of Third Inter. Conf. on Case Histories in Geotechnical Eng. pp. 1251 - 1256, Jun. 1 - 4, 1993. St. Louis, U. S.

[30] 傅世法，林颂恩．污染土的岩土工程问题．工程勘察，1989年第3期．

[31] 杨先健．工业环境振动中的土动力学问题．岩土工程学报，Vol. 14, No. 2, 1992.

[32] 杨先健，潘复兰（1994）．环境振动中古建筑的防振保护，本次会议论文．

The Feature of Suction and Hyperbola Model for Shear Strength of Unsaturated Soil

Yu Shenggang Ma Yongfeng Wang Zhao

(Wuhan University of Hydraulic and Electric Engineering, China, 430072)

Abstract: A multistage triaxial test for compacted clay and a plane - strain test for undisturbed expansive soil are carried out on a modified true triaxial appratus DTC - 268. In these tests, pore air pressure and pore water pressure are measured and the varying law of suction of unsaturated soil is revealed. A hyperbola model has been presented to describe characteristics of shear strength of unsaturated soil.

Introduction

The research on suction characteristics and shear strength of unsaturated soil are important both in practice and in theory.

The measure of suction is a key problem in soil mechanics for unsaturated soils. Suction is affected by many factors, including water content, dry volume weight, clay fraction, size of pores and its distribution, etc. Two multistage triaxial tests with compacted and undisturbed specimens are carried out on a modified true triaxial apparatus DTC - 268. The suction is measured and analysed. For better describing the characteristics of shear strength of unsaturated soil, a hyperbola model has been presented.

Suction Characteristics of Compacted Soil

On the modified true triaxial appratus DTC - 268, the authors have finished a multistage triaxial test for compacted clay. A cylinder specimen is adopted, its height is 120mm and its diameter is 50mm. The soil was found to have a water content w of 22.7%, a dry volume weight γ_d of 16.3kN/m^3, and a plasticity index I_p of 12.

During the test, pore air pressure u_a is measured in the upper end of the specimen and is controlled to keep almost constant, and pore water pressure u_w is measured in the lower end of the specimen.

Fig. 1 and Fig. 2 show that, during the first shear stage (confining stress σ_3 is

---

The paper supported by Natural Science Foundation of China, No. 59679021

100kPa), the suction ($u_a - u_w$) decreases with the increase of deviator stress ($\sigma_1 - \sigma_3$), but it increases with the further increase of ($\sigma_1 - \sigma_3$). It is not difficult to understand the decrease of suction, which is caused by the specimen's becoming dense under the compacting of ($\sigma_1 - \sigma_3$), but how to understand the increase of suction? With the further increase of deviator stress ($\sigma_1 - \sigma_3$), shear band begins to form in the middle of the specimen, and it absorbs water from the upper and lower parts of the specimen, which causes the value of water content in the upper and lower parts of specimen to become small. By now, the suction, which is measured in the lower part of the specimen, doesn't become smaller but become big instead. Of course, this suction measured isn't the suction of the shear band. In unloading stress path, with the decrease of of deviator stress ($\sigma_1 - \sigma_3$), suction ($u_a - u_w$) varies slightly. This phenomenon shows that the skeleton of the specimen is disturbed little during the unloading stress path. In the second shear stage (confining stress σ_3 is 200 kPa), the suction ($u_a - u_w$) decreases with the increase of deviator stress ($\sigma_1 - \sigma_3$), but it ceases to increase with the further increase of ($\sigma_1 - \sigma_3$). When the axial strain ε_1 is beyond 12%, the specimen collapses and the test has to be finished. Throughout the whole test, both in the first shear stage and in the second shear stage, suction ($u_a - u_w$) has a similar varying law. After the test, water contents w_{up}, w_{mi}, w_{lo} in the upper, middle and lower parts of the specimen are respectively measured. The results show that w_{up} is 22.5%, w_{mi} is 23.8% and w_{lo} is 22.3%. These data prove the correctness of the theory of shear band, and also reflect the close relationship between suction and water content.

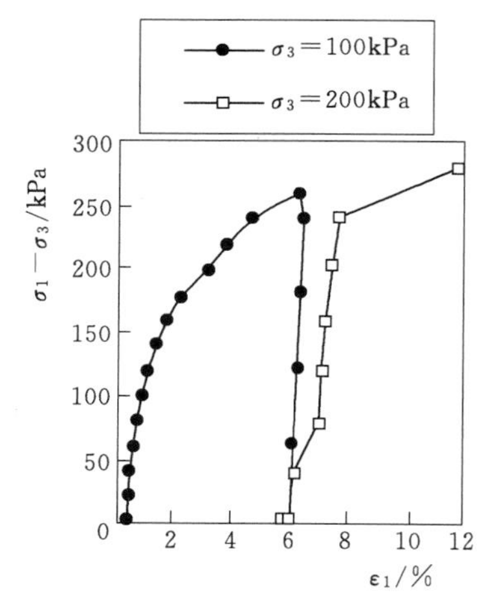

Fig. 1 Multistage triaxial test

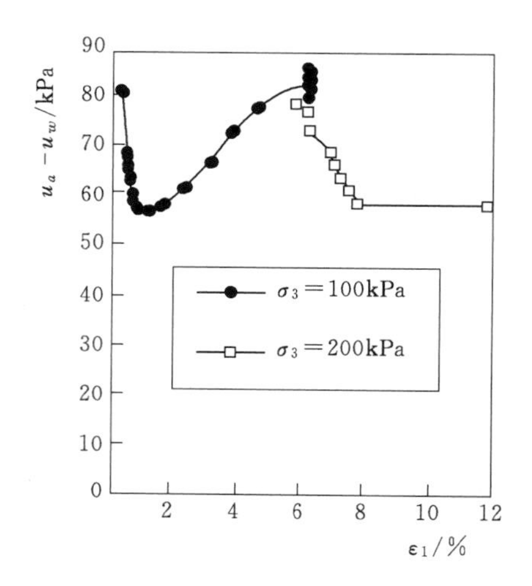

Fig. 2 Multistage triaxial test

Suction Characteristics of Expansive Soil

Expansive soil is an important kind of unsaturated soils. The stability of the excavated slope of expansive soil is earnestly focused on, and its excavated procedure can be imitated by plane – strain test under a stress path of constant stress ratio. A test of this kind is finished on the modified true triaxial appratus DTC－268.

An undisturbed specimen from Zaoyang city (Hubei province, China) is adopted. The length, width and height of the specimen are 60mm, 44mm and 60mm respectively, its degree of saturation S_r is 76%, its water content w is 25%, its plasticity index I_p is 32, and its free swell δ_{ep} is 75%. The stress ratio $\Delta\sigma_1/\Delta\sigma_3$ is 2.5. The results are shown in Fig. 3 and Fig. 4.

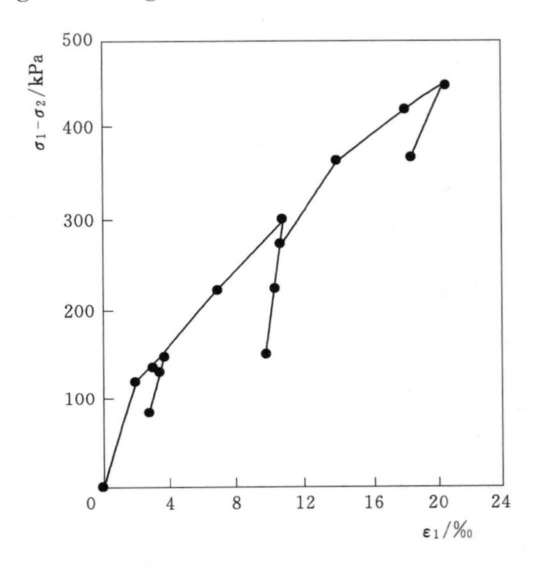

Fig. 3　Multistage plain－strain

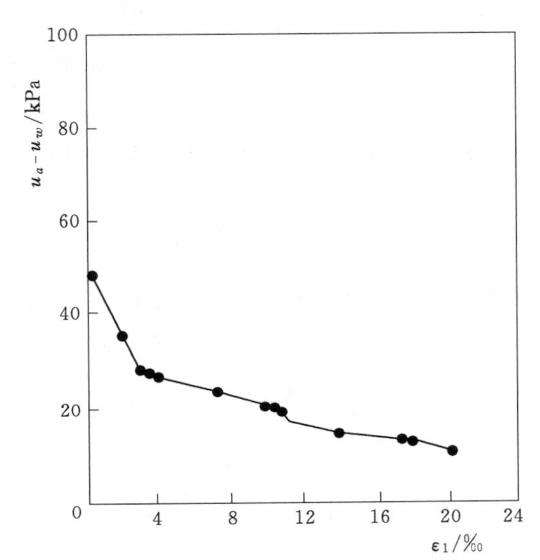

Fig. 4　Multistage plain－strain test

In this test, pore air pressure u_a is measured in the upper end of the specimen and is controlled to keep almost constant, and at the same time pore water pressure u_w is measured in the lower end of the specimen.

After consolidation at some a confining stress σ_3 (that is 100kPa, 200kPa and 300kPa respectively), the suction decreases in loading stress path, but it varies slightly in unloading stress path. In loading stress path, the skeleton of the specimen is disturbed, the soil becomes dense, the degree of saturation increases, and so the suction decreases. But in unloading stress path, the skeleton of the specimen is almost not disturbed, the soil doesn't become loose, and so the suction varies slightly.

Hyperbola Model for Shear Strength of Unsaturated Soil

The shear strength of unsaturated soil in terms of two stress variables is following (Frelund, D. G., 1978)

$$\tau_f = c' + (\sigma - u_a)\cdot \mathrm{tg}\varphi' + (u_a - u_w)\cdot \mathrm{tg}\varphi^b \tag{1}$$

Many researches [1] [2] [3] have revealed that the shear strength parameters c', φ' are independent of suction $(u_a - u_w)$ and the devotion of suction $(u_a - u_w)$ to shear strength τ_f has a limit. To describe these two features, a hyperbola model for shear strength of unsaturated soil is presented as follows:

$$\tau_f = c' + (\sigma - u_a) \cdot \mathrm{tg}\varphi' + (u_a - u_w) \times \frac{1}{\dfrac{1}{\mathrm{tg}\alpha} + \dfrac{u_0 - u_w}{\beta}} \tag{2}$$

where:

α, β——two parameters.

Comparison of Eqs. (1) and Eqs. (2) reveals:

$$\mathrm{tg}\varphi^b = \frac{1}{\dfrac{1}{\mathrm{tg}\alpha} + \dfrac{u_0 - u_w}{\beta}} \tag{3}$$

Let τ_s stand for the third component of shear strength in Eqs. (2):

$$\tau_s = (u_0 - u_w) \times \frac{1}{\dfrac{1}{\mathrm{tg}\alpha} + \dfrac{u_0 - u_w}{\beta}} \tag{4}$$

1) Method to Determine parameters α, β

From Mohr - Coulumb circle, the following expression is easily got:

$$\tau_s = \tau_f - c' - \left(\frac{\sigma_{1f} + \sigma_{3f}}{2} - \frac{\sigma_{1f} - \sigma_{3f}}{2} \cdot \sin\varphi' - u_{of}\right) \cdot \mathrm{tg}\varphi' \tag{5}$$

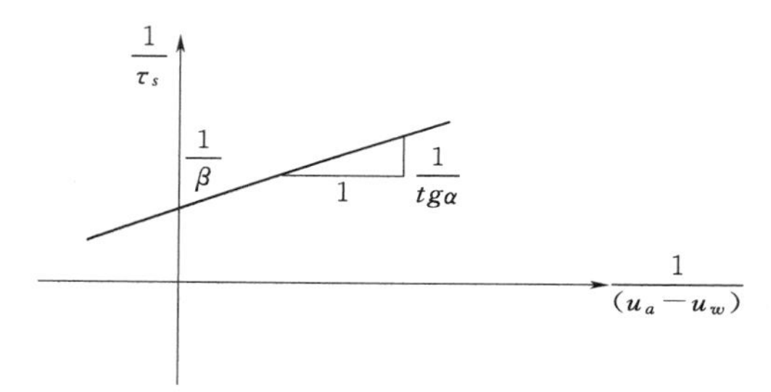

Fig. 5

In Eqs. (5), τ_f, c', φ', σ_{1f}, σ_{3f}, u_{of} are all known, so τ_s can be obtained. Transform Eqs. (4) into the following expression:

$$\frac{1}{\tau_s} = \frac{1}{\mathrm{tg}\alpha} \cdot \frac{1}{u_0 - u_w} + \frac{1}{\beta} \tag{6}$$

In the coordinate system $\frac{1}{\tau_s}$ - $\frac{1}{u_a - u_w}$; Eqs. (6) is a line equation. Suction strength τ_s is determined by Eqs. (5), suction $(u_a - u_w)$ can be measured in the specimen, and so parameters. α, β can be obtained in Fig. 5.

2) The Meaning of Parameters α, β

When suction $(u_a - u_w)$ becomes zero, equation (3) can be transformed as follows:

$$\mathrm{tg}\varphi^b = \mathrm{tg}\alpha \tag{7}$$

Eqs. (7) shows that the meaning of parameter α is the initial friction with respect to $(u_a - u_w)$.

Besides, when suction $(u_a - u_w)$ comes to a very large value, equation (4) is carried on limit analysis and the resulting expression is:

$$\mathop{\mathrm{limit}}_{(u_a - u_w) \to +\infty} \tau_s = \beta \tag{8}$$

Eqs. (8) shows that the meaning of parameter β is the limit of suction strength τ_s.

3) Remarks on the Hyperbola Model

This model has advantages on the treatment of friction angle φ^b with respect to $(u_a -$

u_w) .

a. It reflects the nonlinear varying law of friction angle φ^b with respect to $(u_a - u_w)$.

b. It also reflects the fact that the devotion of $(u_a - u_w)$ to shear strength has a limit.

c. Its parameters α、β aren't difficult to determine, and they have definite meaning.

Conclusions

1. In this paper, the varying law of suction of unsaturated soil both in triaxial test and in plane - strain test is found out The varying law of suction also reflects the movement of water in the unsaturated specimen during the shearing procedure.

2. A hyperbola model for shear strength of unsaturated soil, the method to determine the parameters and the meaning of the parameters are presented.

References

[1] Drumright, E. E. and Nelson, J. D. . The Shear Strength of Unsaturated Tailings Sand. *The 1st International Conference on Unsaturated Soils*, (1995), 45 - 50.

[2] Rohm, S. A. and Vilar, O. M. . Shear Strength of Unsaturated Sandy Soil, *The 1st International Conference on Unsaturated Soils*, (1995), 189 - 195.

[3] de Camos, T. M. & Carrillo. C. W. Direct Shear Testing on Unsaturated Soil From Rio de Janeiro, *The 1st International Conference on Unsaturated Soils*, (1995), 31 - 38.

The Precision of Filter Paper Method for Matric Suction Measurement

Wang Zhao An Junyong Kuang Juanjuan

(Wuhan University of Hydraulic and Electric Engineering, China, 430072)

Abstract: Pressure plate extractor was used to calibrate a new brand of Shuangquan No. 203 filter paper. The calibration curve was obtained and compared with the curves of Whatman No. 42 and Schleicher & Schuell No. 589 White Ribbon filter papers. Some standard compacted and undisturbed expansive soil specimens were measured with the filter paper. The suction values were varied with the equilization time, the contacted area and different initial water content of the filter paper. Then, the precision of suction measurement was discussed.

Introduction

The filter paper method for matric suction measurement originated in the 1930s (Gardner, 1937) and developed by many other researchers, for example, Ching & Fredlund (1984) and Chandler & Gutierrez (1986), but it has not yet found much application with geotechnical community, although it has some attractive features. The filter paper method suffers from some procedural difficulties. The results obtained whether are or not reasonable accurate?

The objectives of this paper are (a) to calibrate the correlations of suction versus water content by using another conventional filter paper made in china and (b) to evaiuate influence factors of matric suction measurement by using expansive soil specimens and changing the contact conditions, equilization time, the position and initial drying situation of filter paper. It is hoped that this paper will assist in answering some questions related to filter paper method.

Calibration of Shuangquan No. 203 Filter Paper

The Shuangquan No. 203 filter paper is very popular and made in China. Its primary technique parameters are ash content<0.01% and with slow filtering speed. A scanning electron microgragh of this paper completed by Professor D. G. Fredlund and Julian

The paper supported by National Natural Science Foundation of China, No. 59679021.

K. M. Gan is shown in Figure 1. The scanning electron micrographs of Whatman No. 42 and Schleicher & Schuell filter papers are also shown for comparison. The shapes of fibers appear similar, however, the tissues of Shuangquan No. 203 with slow filtering speed is the densest in the Figure 1. The diameter of paper samples in calibration is 70mm.

Figure 1 Scanning electron micrographs of filter papers: left, Schleicher & Schuell No. 589; middles. Shuangquan No. 203; right, Whatman No. 42

The calibration instrument composed of pressure plate extractor, hysteresis attachment, air pressure source and ballast tube is Model 1250 Volumetric Pressure Plate Extractor made in Soilmoisture Equipment Corp. U. S. The accurate balance is with a readability of 0. 0001g. The burette used to collect water flown from filter papers is with readability of 0. 02ml. Temperature (26℃±1℃) and humidity (60%～65%) are kept in the laboratory.

The calibration curve and correlation of suction versus water content of Shuangquan No. 203 filter paper are shown in Figure 2. Those of other two filter papers are also shown in Figure 2.

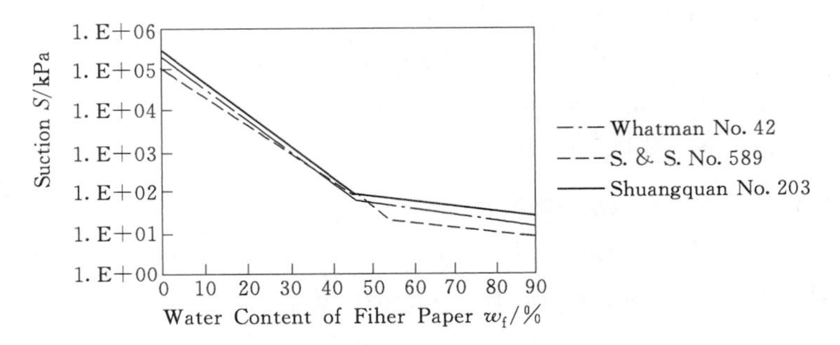

Figure 2 Calibration curves and correlatian of suction versus water content of filter papers

These correlations are all exponential functions:

$$S(\text{kPa})=10^{(a-bw_f)} \tag{1}$$

Where w_f (%) is water content of filter paper, a and b are constants.

The similarity of the correlation of three filter papers makes it is possible to express the suction using the average a and b of them to evaluate the precision of suction, especially, with respect of their greater repeat errors in calibrations. ie.,

$$S(\text{kPa}) = 10^{(5.292 - 0.0745 w_f)} \quad (w_f \leqslant 48.5\%)$$

$$S(\text{kPa}) = 10^{(2.255 - 0.0119 w_f)} \quad (w_f > 48.5\%) \tag{2}$$

To derivate the formula (1) may evaluate the error of dS with error of dw_f

$$dS = S' dw_f = -2.3bS dw_f \tag{3}$$

Some values of w_f, S and S' are given in Table 1 based on formula (2).

Table 1

w_f(%)	30	35	40	44	46	48	50	52	46	60	70	80
S(kPa)	1140	484	205	103	73.3	52.0	45.7	43.3	38.8	34.8	26.4	20.1
S'(kPa)	195	83	35.1	17.7	13.6	8.91	1.25	1.18	1.06	0.95	0.72	0.55

It appears that the dS is depend on S (or w_f) and dw_f when the w_f is less than 30%, the dS will be very large. Fortunately, for most engineering applications the determination of such high suction is not likely to be critical. Some influences of dw_f will be checked by following tests.

Matric Suction Measurement of Expansive Soils

Testing method

The specimens of expansive soil including undisturbed and compacted soil were taken from natural slope and compacted canal slope. Some disturbed soils were compacted according to Chinese Code: Standard Methods for Soil Testing, GBJ 123—88. Both compacted and undisturbed soil specimens provide a constant - suction environment for comparison of influence factors.

The specimen was split with each slice of 30mm thick. A triple sandwich filter paper was placed between the slices and the specimen was sealed in three layers of plastic bags and tightly bounded with glue tape and left to equilibrate in the laboratory with same conditions as the calibration of filter paper.

Drying rate of filter paper and equilization time

The drying rate of Shuangquan No. 203 filter paper with initial saturation, measured on open window balance, appears linearity against time. The rate is about 0.54%/minute that is much less than the rate of about 1.45%/minute of Whatman No. 42 (Chandler and Gutierrez, 1986), which may be due to the denser tissue of Shuangquan No. 203. It means that weighing can be done within 1 minute.

The equilization time was parallely measured. The compacted soil specimens with w of 33.7% have liquid limit of 61.4% and plastic limit of 26.9%. The result is shown in Figure 3. Ten days of equilization time is necessary for Shuangquan No. 203 filter paper, which is also likely due to its denser tissue.

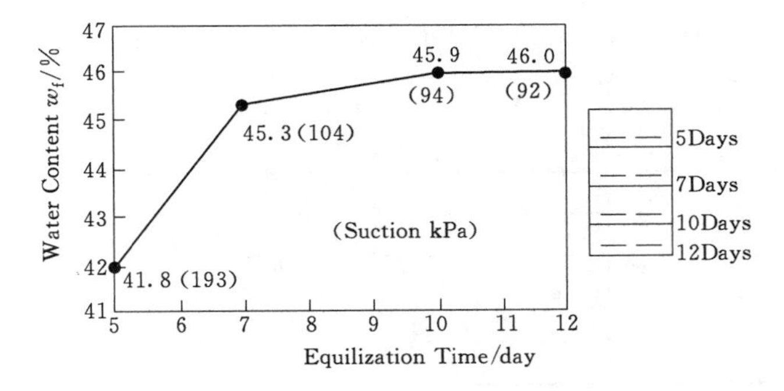

Figure 3 Water content of filter paper versus equilization time

The degree of contact

The surface of a slice of soil specimen was carved off a square hole to form a contacted area (Figure 4). Four specimens have different ratio of contacted area of filter paper, which are 48.98%, 71.94%, 87.24%, and 95.4%, respectively. The compacted soil specimens with water content of 34.4% hare same liquid and plastic limits as those in test of equilization time. The water contents of filter papers and suctions of specimens after 10 days of equilization time are shown in Figure 4. It appears that the ratio of contacted area should be more than 90% and carefully cut with either a bow or a hacksaw blade can form a good contact surfaces.

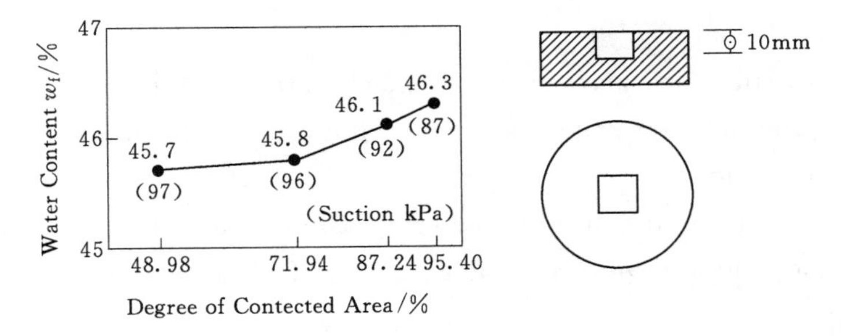

Figure 4 The effect of contacted area of filter paper on suction

The initial drying condition of filter paper

Three compacted soil specimens were prepared with different water contents of 15.4%, 22.3% and 28.3%, respectively. The soil specimens have liquid limit, 51.3% and plastic limit, 25.0%. The oven-dried and air-dried filter papers were parallely tested. The water contents of filter papers after 10 days of equilization time are shown in Table 2. No obvious difference can be seen.

The size and position of filter paper

Two undisturbed soil specimens with water content of 31.3% were prepared for parallel tests. The liquid and plastic limits are as same as those in tests of initial drying condition. Four triple papers were in across sections and four others were in axial sections. The diameters of filter papers are 30mm and 70mm. The results are given in Table 3. There are also no definite differences can be seen.

Table 2

Water content of soil (%)	Water content of filter paper (%)	
	Oven - dried	Air - dried
15.4	19.6	20.3
22.3	38.7	36.9
28.3	49.2	48.0

Table 3

Diameter of filter peper (mm)	Water content of filter paper	
	across section	axial section
30	48.11	49.45
70	49.93	49.64

Conclusions

The filter paper method offers a promising simple technique for determination of soil matric suction. The filter papers with same fibers have approximately same calibration correlation. The denser is the tissue of filter paper, the longer of equilization time is needed and the longer is the time interval between taking off the filter paper sensor from soil specimens to weighing them.

The error of suction measurement is depended on the magnitude of the suction and the error of water content of filter paper. In general, it is suitable for measurement of less than 1000kPa of matric suction.

The ratio of contacted area has limited effect on precision of measurement and the influences of position, initial drying condition and size of filter paper are not very dominant.

Acknowledgement

The authors are grateful to Professors D. G. Fredlund and Julian K. M. Gan for scanning electron micrographs of Shuangquan No. 203 filter papers.

References

R. J. Chandler and C. I. Gutierrez. The Filter - Paper Method of Suction Measurement, Geotechnique, Vol. 36, PP. 265 - 268, 1986.

R. K. H. Ching and D. G. Fredlund. A Small Saskatchewan Town Copes with Swelling Clay Problems, in Proc. 5th. Int. Conf. Expansive Soils, PP. 306 - 310. 1984.

D. G. Fredlund, Julian K. M. Gan, and P. Gallen. Suction Measurements on Compacted Till Specimens and Indirect Filter Paper calibration Technique, Transportation Research Record 1481, 1996.

R. Gardner. A Method of Measuring the Capillary Tension of Soil Moisture over a Wide Moisture Range. Soil Sei. 43, PP. 277 - 283, 1937.

The Relationships of Suction – Displacement in the Repeat Direct Shear Tests

Kuang Juanjuan Zhang Lu An Junyong Wang Zhao

(Wuhan University of Hydraulic and Electric Engineering, China, 430072)

Abstract: In this paper, combining the research of engineering properties of expansive soils in the South – North canal project, three groups undisturbed expansive soils are tested on the four – combined repeat direct shear apparatus. The variation of matric suction (or the water content of the soil sample) on the sliding plane is measured during the soil samples to be shorn, at each specific displacements. Some curves of matric suction against shear displacement on the sliding plane of expansive soil and peak and residual shear strength are presented.

Introduction

Many geotechnical problems such as bearing capacity, lateral earth pressures, and slope stability are related to the shear strength of a soil the shear strength testing of unsaturated soils has been performed by several researchers using triaxial equipment. A series of direct shear tests on unsaturated fine sands and coarse silts were conducted by Donna (1956). the U. S. Bureau of Reclamation has performed a number of studies on the shear strength of unsaturated, compacted soils in conjunction with the construction of earth fill dams and embankment (Gibbs etc. 1960; Knodel and Coffey, 1966; Gibbs and Coffey, 1969), but no attempt was made to relate the measured shear strength to the matric suction. An extensive research program on unsaturated soils was conducted at Imperial College, London in the late 1950's and early 1960's. At the Research Conference on the shear strength of cohesive soils, Boulder, CO, Bishop et al (1960) proposed testing techniques and presented the results of five types of shear strength tests on unsaturated soils. Donald (1963) presented fourth results of undrained tests on compacted Talybont clays with pore –air and pore water pressure measurements. The matric suction of the soil specimen increased markedly with axial strain. Blight (1967) reported the results of several consolidated drained tests performed on unsaturated soil specimens. Other researcher, Fredlund (1978), Satija (1978), Escario (1980), Fredlund (1985a), Gan (1986), Escario and

The paper supported by National Natural Science Foundation of China, No. 59679201.

Saez (1978), have conducted a number of studies[1]. So the nonlinearity in the shear strength versus matric suction relationship has been observed.

Testing Procedure

Four – combined repeat direct shear apparatus are used to proceeding slow speed drained tests. Three groups of tests are conducted under different vertical pressures. The vertical pressure is 50kPa, 100kPa, 200kPa respectively. At the same time, four soil samples are used in each group of test. Take a cylindrical undisturbed expansive soil sample (about 15cm high), cut four same samples (3.2cm high) from it with cutting ring, measure the water content. The remaining undisturbed soil sample (about 4cm high), is crosscut to form a pair of clay disks and three stacked filter papers which are initially oven dried are placed, so the initial matric suction of this undisturbed soil sample is measured.

In the first group of test, the vertical pressure is 50kPa. four samples are consolidated (the time is about 16 hours), then begin direct shear test. the rate of shearing is 0.02mm/min and the rate of coming back is 0.6mm/min[2]. During the first shear procedure, record the vertical deformation and shear force every 0.4mm horizontal displacement.

In every shear procedure, the largest horizontal shear displacement is about 8 – 10mm. Take out one sample of them from shear box and measure the matric suction with filter paper and the water comtent of the soil on the shear plane. The method of measuring the soil suction can be seen in another paper (Kuang et al, 1998) . Use the remaining three soil samples, repeat the second direct shear. After the second largest horizontal shear displacement is reached, take out one sample from shear box to measure the water content and suction of it. In this way, repeat the third and the fourth direct shear continually.

The second and third group of tests, under 100 and 200kPa vertical pressure respectively, another four soil samples (cut from the same undisturbed expansive expansive soil) are repeated the procedure as same as that of the first group of test.

Results and Discussion

In three groups of tests, the shear stress versus horizontal displacement curves are seen in Fig. 1.

During the four shear procedures, the strength of samples is reduced gradually after each shear procedure. The constant strength was obtained after the fourth shear, it is named as residual strength. The residual and peak strength are shown in Fig. 2. From the curves, the parameter or strength are given, $C_d = 32.49$kPa, $\phi_d = 31.4$ (for peak strength); $C_r = 15.8$kPa, $\varphi_r = 10.5$ (for residual strength) .

Three curves of vertical displacement versus horizontal displacement are shown in Fig. 3. From Fig. 3. we can see that the volume of the expansive soil is increased in the drained test, it has the characteristic of shear expansion.

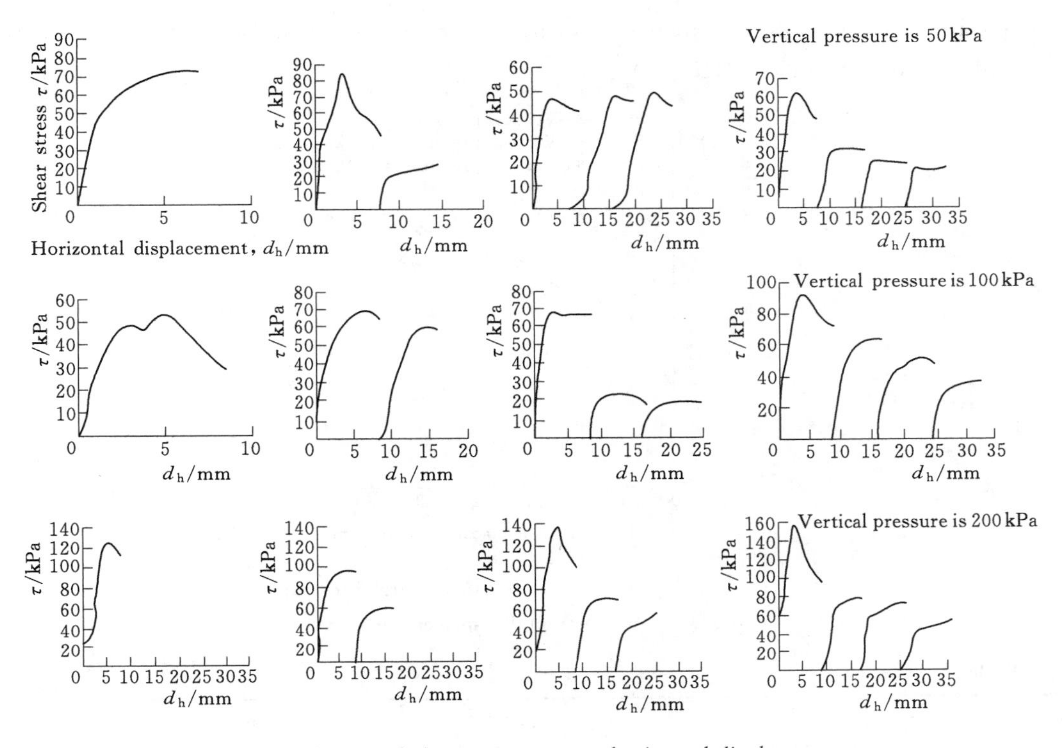

Fig. 1 Curves of shear stress versus horizontal displacement

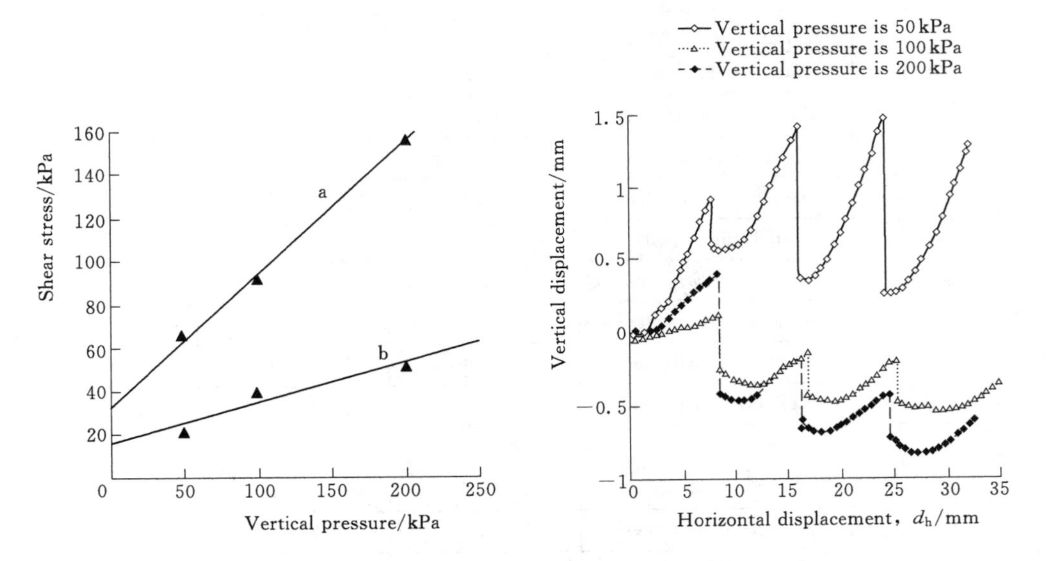

Fig. 2 Shear stress versus vertical pressure

Fig. 3 Vertical displacement versus horizontal displacement curves

The water content of soil samples in these tests and the matric suction are shown in Table 1. In theoretical, the suction of shear plane should become lower as the horizontal displacement of shear increased, because the soil in shear plane would absorbed the moisture and its volume would be expansive during the direct shear test. But in these tests, the characteristic is not obvious (Fig. 4).

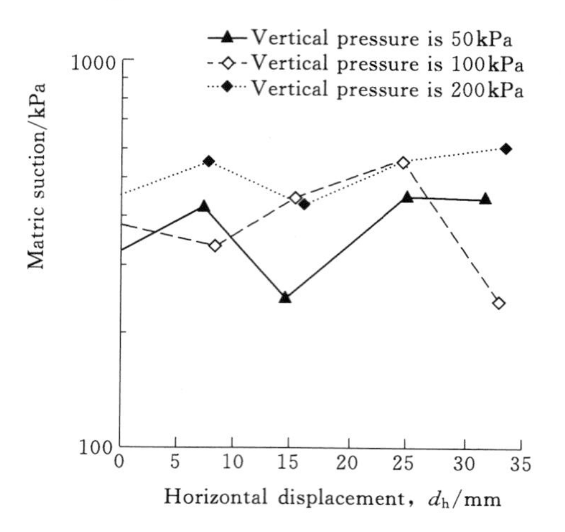

Fig. 4　matric suction (measurement with filter paper method) versus horizontal displacement curvers

Table 1

vertical pressure (kPa)	condition of soil sample	horizontal displacement d_h (mm)	water content of soil w_s (%)	matric suction S (kPa)
50	undisturbed soil	0	24.52	322
	the first shear plane	7.2	23.59	421
	the second shear plane	14.6	26.01	242
	the third shear plane	25.2	24.09	442
	the fourth shear plane	31.8	23.53	438
100	undisturbed soil	0	24.12	377
	the first shear plane	8.4	24.52	332
	the second shear plane	15.3	23.85	437
	the third shear plane	24.9	23.51	551
	the fourth shear plane	32.9	26.42	236
200	undisturbed soil	0	24.08	450
	the first shear plane	8.0	23.78	550
	the second shear plane	16.4	25.66	420
	the third shear plane	24.8	23.35	555
	the fourth shear plane	33.8	21.64	600

Conclusion

1. The strength of expansive soil reduced obviously with the horizontal displacement

increased, shows its strain softening.

2. The peak and residual strength of expansive soil are presented.

3. In these tests, the suction of the soil in shear plane should become a lower as the horizontal displacement of shear increases, however this characteristics is not obvious.

References

[1] D. G. Fredlund & H. Rahardro, *Soil Mechanics for Unsaturated Soil*, *John wiley and sons*, *New York*, (1993), 217 - 225.

[2] The Ministry of Water Conservancy and Electricity, the People's Republic of China, *the test Standard of Civil Engineering*, Water Conservancy and Electricity Publishing House (1984), 158 - 161, (in Chinese).

国产滤纸吸力-含水量关系率定曲线的研究

蒋　刚　王　钊　邱金营

（武汉水利电力大学土建学院，湖北武汉　430072）

摘　要： 简要介绍了滤纸法测吸力的原理和方法以及国外滤纸率定曲线的研究成果。应用压力膜吸力仪进行了国产滤纸的率定实验，得到了国产滤纸脱湿过程的率定曲线和脱湿—吸湿过程率定曲线，分析了该率定曲线的性状，与国外滤纸的成果进行了比较，得出了有关的初步结论。

关键词： 吸力；滤纸法；率定曲线

中图分类号： TU 411.99　　**文献标识码：** A　　**文章编号：** 1000-7598-（2000）01-0072-04

Suction Calibration Curve of Homemade Filter Paper

Jiang Gang　Wang Zhao　Qiu Jinying

(College of Civil & Structural Engineering, Wuhan University of Hydraulic & Electric Engineering, Wuhan 430072, China)

Abstract: The filter paper method for measuring the suction in soils is described. The homemade quantitative filter paper is calibrated with a pressture membrane apparatus, the suction calibration cuves during dewatering and dewatering-absorting are obtained. The properties of these curves are compared with those of foreign filter paper, some conclusions have been summarized.

Key words: suction, filter paper method, calibration curve

1　前言

吸力是研究非饱和土工程性质的一项重要参数，是控制非饱和土力学性状的两个变量之一。非饱和土的渗透系数、抗剪强度和变形特性都是吸力的函数。因此，正确预测吸力随外界条件的变化是应用非饱和土力学解决实际问题不可缺少的前提。长期以来，许多学者一直在探索能否使用一种比较经济且操作简便的仪器来测量土中的吸力。而现有的一些仪器如压力板仪、热偶湿度计等，不是设备比较复杂、耗时长，就是对实验环境要求高，均不适用于野外，且量测范围有一定的限制，从而限制了吸力在解决非饱和土工程实际问题中的应用。

本文发表于 2000 年 3 月第 21 卷第 1 期《岩土力学》。

本文为国家自然科学基金资助项目（No. 59679021）。

2 滤纸法回顾

Gardner 于 1937 年首次提出了应用滤纸量测土中吸力的可能性。其后许多学者都开展了用滤纸量测土中吸力的研究工作。

滤纸法是建立在滤纸含水量与土中的水分可以在相同吸力条件下不出现水分迁移而达到平衡的理论基础上的。滤纸可视为一个传感器，将滤纸与土样直接贴放在一起，水分会在土样和滤纸间迁移，直到平衡为止；同样，把滤纸放置在土样上方，而不与土样直接接触，二者也会通过水蒸气的迁移达到平衡。平衡时，通过量测滤纸的含水量，即可知道土样的基质吸力（matrix suction）或总吸力（total suction）的大小，总吸力等于基质吸力和溶质吸力之和。理论上，与土样直接贴放在一起的滤纸所测得的即为土中基质吸力；不与土样直接接触的滤纸所测得的即为土中总吸力。该方法属于间接量测土中吸力的方法，能全范围地量测土中吸力。

2.1 率定曲线

在应用滤纸测土中吸力时，必须知道其吸力-含水量率定关系曲线。1967 年，Fawcett 和 Collis - George[1] 发表了他们对 Whatman's No. 42 型号滤纸的吸力-含水量关系曲线的率定成果（图 1），实验中他们使用了八种不同批号的滤纸，并且在滤纸上滴 0.005%的氯化汞溶液杀菌以防止滤纸发霉。Hamblin[2] 重复了他们的研究后认为，对于未经处理的滤纸和经过氯化汞溶液处理的滤纸，其吸力-含水量关系曲线不受影响。McQueen 和 Millor[3] 对 Schleicher & Schuell No. 589 White Ribbon 型号滤纸也进行了率定试验，指出滤纸与土样直接接触时测得的是土中基质吸力，不与土样直接接触时测得为土中总吸力。

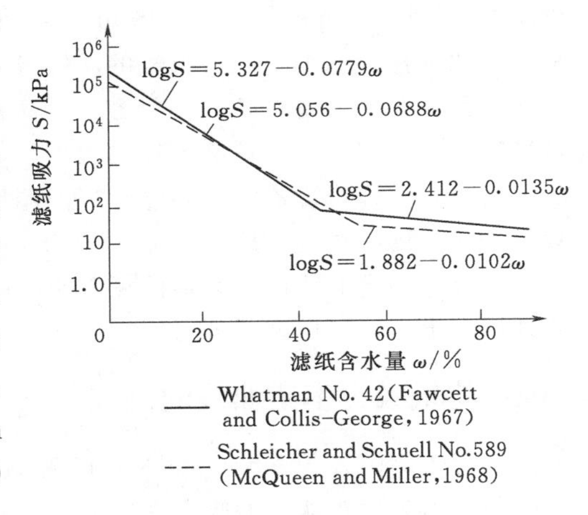

图 1 两种类型滤纸的率定曲线[2]

Fig. 1 Filter paper calibration curves[2]

McQueen 在其研究工作中还指出，滤纸的吸力率定曲线，无论脱湿还是吸湿过程，二者不存在明显的差别，即可以不考虑滤纸的滞后效应。但 Chandler 等[4]，Swarbrick[5] 则认为对滤纸的滞后效应必须加以考虑，应分别对滤纸的脱湿与吸湿过程进行率定。

将 Fawcett 等人所得到的国外滤纸的典型率定曲线汇总如图 1 所示。一般而言，滤纸的率定曲线可分为两种。

（1）总吸力率定曲线，可通过盐溶液法得出。即将滤纸置于装有一定浓度的盐溶液密封容器上方，让滤纸和溶液之间仅通过水蒸气的迁移达到平衡，在等温条件下，由溶液内湿度计算可得出溶液的吸力，对应于平衡时该含水量滤纸的吸力。该率定方法是通过水蒸气的迁移达到吸力平衡的，所得率定曲线是滤纸的总吸力率定曲线。Houston[6] 等给出了 Fisher 牌定量分析滤纸的总吸力率定曲线。

（2）基质吸力率定曲线，可由压力板仪，张力计或热偶湿度计方法率定。其中压力板仪即直接将滤纸作为试样进行率定，张力计或热偶湿度计则是将滤纸与张力计或热偶湿度计共同对土样进行吸力量测，由土样的吸力可同时得到滤纸的吸力率定曲线。土中总吸力等于基质吸力和溶质吸力之和，现有的研究表明，一般土中溶质吸力在量值上对土的工程性质的影响远小于基质吸力，故在土力学中一般仅考虑基质吸力，各家对滤纸率定曲线的研究工作也集中在这一方面。

给出了某型号的滤纸吸力率定曲线后，就可用该型号滤纸量测土中吸力。Courley & Schreiner[7]等研制出一种用滤纸量测土中总吸力的探头，由于其滤纸探头不和土样直接接触，因而能重复使用，适宜多点量测，具有很大的优越性和应用前景。McQueen 1980 年在机场跑道工程，Cheng & Frendlund 1984 年在膨胀土工程中都应用滤纸进行了土中吸力的量测工作[5]。

2.2　滤纸法量测土中吸力

滤纸法测土中吸力已列入美国 ASTM 标准。量测时，对滤纸的要求是无灰分的定量分析滤纸。Whatman's No. 42 和 Schleicher & Schuell No. 589 White Ribbon 滤纸都是国外常用的两种标准滤纸。同一批号的滤纸可以使用同一条滤纸吸力率定曲线。

量测所需要的设备包括：密封容器、高精度天平（0.0001g）和恒温箱。量测前，首先将滤纸烘干，然后放入填满土样的容器里，若滤纸与土样不直接接触，则将滤纸放在带孔的圆盘上，随即将容器密封，置于恒温箱里，保持温度 20℃±1℃，等待土样和滤纸之间吸力平衡。这一过程一般要 7d。待平衡后，将滤纸迅速取出并称量，得出滤纸含水量后，由其吸水率定曲线即可知道滤纸和土中吸力。现场测试时，在取土样的同时把准备好的滤纸放入土样，然后密封即可。

3　国产滤纸吸力率定曲线的研究

迄今为止，国外 Whatman's No. 42 和 Schleicher & Schuell No. 589 White Ribbon 型滤纸已经得出了比较认同的吸力率定曲线，并且在工程上也有了初步的应用。而国内在这一领域的研究尚属空白。文献［8］中利用国产滤纸进行了不同范围的脱湿过程和脱湿—吸湿过程的率定实验，为国产滤纸在实际工程中的应用奠定基础。

国产滤纸吸力率定曲线的率定经验，实验采用杭州新华造纸厂生产的“双圈”牌定量分析滤纸，主要技术指标如下。

定量分析滤纸直径为 7cm；滤速为中速；型号为 202；灰分为 0.35×10^{-4}g/张。

率定仪器为美国 1500 型压力膜吸力仪，量程 0～1500kPa；1250 型压力膜提取器，量程 0～200kPa。

实验步骤：1500 型 1500kPa 压力膜吸力仪不具备滞后装置，只能做加压脱湿过程的试验[9]。脱湿试验前，将压力膜与滤纸一起饱和，滤纸取自同一盒（由于盒号未注明生产批号，故将同一盒中滤纸视为同一生产批号的滤纸），每张滤纸均直接与膜面贴放，共八张，每张滤纸上均放置一个很轻的环刀。由于滤纸的重量很轻，滤纸出水量的轻微变化，都会引起滤纸含水量的很大范围变动，出水量愈大，滤纸的含水量愈小。故滤纸出水量由精度 0.05mL 的量管计量。

脱湿—吸湿过程的率定试验，由于 200kPa 提取器压力室内径只有 12cm，仅能容纳 7cm 滤纸一张，出水量太小而难以计量[10]。取同一盒中滤纸 20 张一起叠放，和陶土板一起饱和，出水量由精度 0.1mL 的量管计量。

4 成果分析

实验结果整理如图 2，图 3 所示。

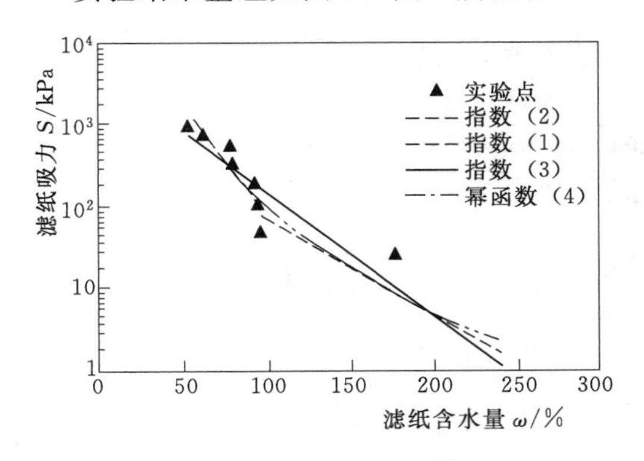

图 2 滤纸 1500kPa 脱湿率定曲线

Fig. 2 1500kPa filter paper calibration curves

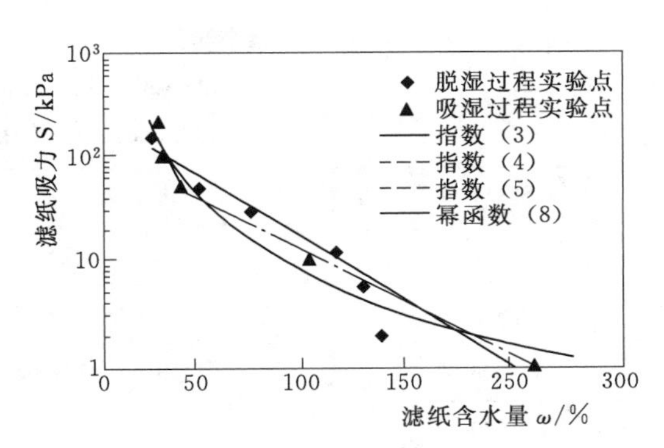

图 3 滤纸 200kPa 脱湿—吸湿率定曲线

Fig. 3 200kPa filter dewatering - absorbing calibration curves

将 1500kPa 压力膜滤纸脱湿过程吸力率定曲线和 200kPa 滤纸脱湿—吸湿过程曲线与国外 Whatman's No. 42 和 Schleicher & Schuell No. 589 White Ribbon 型滤纸的率定曲线相比较，可作出如下分析。

（1）对 1500kPa 压力膜滤纸脱湿过程吸力率定曲线采用指数和幂函数曲线进行拟合，拟合曲线如图 2 所示。图 1 中 Fawcett 等各家所得的 Whatman's No. 42 和 Scheicher & Schuell No. 589 White Ribbon 型滤纸的率定曲线采用分段的指数曲线表示，本文对 1500kPa 滤纸的实验成果也分段给出了指数曲线的拟合方程，与文献 [1] 中给出的方程（见图 1）相比较，二者比较接近，说明本次国产 1500kPa 滤纸的实验成果是可靠的。同时本次的国产滤纸实验成果可在量测范围内用指数曲线拟合，相关性比分段拟合好。另外，文中也给出了幂函数拟合曲线，其相关性也比较好，见表 1。

表 1 国产滤纸 1500kPa 脱湿过程吸力率定结果

Table 1 Dewatering - absorbing calibration results of homemade 1500kPa filter paper

S/kPa	率定曲线拟合方程	相关系数
0～50	$\log S=2.989-0.0113\omega$	0.79
50～1000	$\log S=1.556-0.025\omega$	0.83
0～1000	$\log S=3.663-0.0147\omega$	0.90
0～1000	$S=(4E+10)\cdot\omega^{-4.302}$	0.90

注 表中 S 为吸力，ω 为含水量（%）。

（2）由图 3 所示滤纸 200kPa 的脱湿—吸湿过程实验点所示，滤纸的脱湿过程和吸湿过程互有交叉，未明显表现出吸湿过程相对于脱湿过程的滞后性。这一点与 McQueen 和 Houston 等人的实验结果一致。对国产滤纸 2kPa 的脱湿—吸湿过程按分段和不同过程分别拟合实验点，得其率定曲线见表 2。滤纸的脱湿率定曲线（3）、吸湿率定曲线（6）、脱湿—吸湿过程率定曲线（7）［图中仅画出四条曲线，曲线（6）、（7）太接近未画］相差很小，可以认为，国产“双圈”牌定量分析滤纸的脱湿—吸湿过程没有太大差别，可不考虑其滞后效应。

表 2　　国产滤纸 200kPa 脱湿—吸湿过程率定结果

Table 2　　Dewatering - absorbing calibration results of homemade 200kPa filter paper

S/kPa	率定曲线拟合方程	相关系数
20～200	$\log S=2.425-0.011\omega$	0.93
0～20	$\log S=1.657-0.0064\omega$	0.72
0～200	$\log S=2.286-0.0097\omega$	0.91
50～200	$\log S=3.165-0.037\omega$	0.97
0～50	$\log S=1.989-0.0082\omega$	0.99
0～200	$\log S=2.316-0.0098\omega$	0.96
0～200	$\log S=2.261-0.0095\omega$	0.93
0～200	$S=1.58469\times10^5\times\omega^{-2.1008}$	0.95

（3）图 2 与图 3 中滤纸的率定曲线性状比较接近，但二者在率定的范围内存在一些差异，1500kPa 滤纸的率定曲线在相同压力下含水量较 200kPa 滤纸大。由于采用的率定仪器的率定量程不同，压力室内径不同导致滤纸的放置方式有差别，1500kPa 滤纸为单张与压力膜直接贴放，在加压过程中滤纸随着水量的改变，使其与压力膜之间的接触面积发生变化，出水量减小。同时，实验过程中压力膜的饱和、加压稳定时间以及实验环境的湿度、温度都对实验有很大的影响，需要作进一步的实验分析和研究。

（4）由本次实验得到的率定曲线和方程与文献［1］给出的率定曲线和方程对比，二者具有良好的一致性，说明国产“双圈”牌定量分析滤纸的率定曲线与国外的同类产品性能是一致的。并且国产滤纸的率定曲线在整个实验范围内可以用指数曲线和幂函数曲线拟合，相关性也比较好。本实验所得到的国产“双圈”牌定量分析滤纸的率定曲线为其进一步的研究和在实际工程中的应用奠定了良好的基础。

5　结语

利用压力板吸力仪进行了国产“双圈”牌定量分析滤纸的吸力率定曲线实验工作。初步给出了 202 型号的“双圈”牌定量分析滤纸在 0～1000kPa 的脱湿过程吸力率定曲线和 0～200kPa 的脱湿—吸湿过程率定曲线，得到了有关的初步结论。对国产滤纸法测吸力的研究而言，本文的实验研究工作仅仅是个开始，滤纸率定曲线的率定方法、率定曲线和方程、滞后效应以及与其他量测方法的比较和在实际工程中的应用等，尚有待于今后的研究工作中继续深入。

本次实验得到了武汉水利电力大学农田水利实验室蔡美娟、王福庆、覃奇志等的协助，在此表示衷心的感谢！

参考文献

[1] Fawcett C G. A filter paper method for determining the moisture characteristics of soil [J]. Australian. J. of Exp. Agriculture and Anim Husbandry，1967，7：162 - 167.

[2] Hamblin. Filter - paper method for routine measurement of field water potential [J] . J. of Hydrology，1981，53：355 - 360.

[3] Miller M Q. Calibration and evaluation of a wide range method of measuring moisture stress [J]. J. of Soil Sci.，1968，106（3）：225 - 331.

[4] Chandler G. The filter paper method of suction measurement [J]. Geotechnique，1986，36：265 - 268.

[5] Swarbrick. Measurement of soil suction using the fibter paper method [A]. Proc. First International Conference on Unsaturated Soils [C]. 1995. 653 - 658.

[6] Houston S L，Houston W N. Wayner laboratory filter paper suction measurement. Geotech [J]. Testing J.，1994，17（2）：185 - 194.

[7] Gourley，Schreiner. Field measurement of soil suction [A]. In：Proc. First International Conference on Unsaturated Soils [C]. 1995. 601 - 608.

[8] 蒋刚．非饱和土吸力量测及其变化规律的研究：[硕士学位论文][D]，武汉水利电力大学，1996.

[9] Soilmoisture Equipment Corp. Operating instruction for the 1500kPa ceramic pressure plate extractor [Z].

[10] Soilmosisture Equipment Corp. Operating instruction 1250 volumetric pressure plate extractor and hysteresis attachments [Z].

非饱和土的吸力量测技术

徐　捷[1]　王　钊[2]　李未显[1]

（1. 清华大学水利系　北京　100084；
2. 武汉水利电力大学　武汉　430072）

摘　要： 有关非饱和土吸力量测技术的资料已有不少，但要准确地测量大范围的土吸力目前仍很困难。比较和讨论各种非饱和土吸力量测手段各自的优越性和不足点以及在工程中各自的应用领域。最后，还提出了关于更有效的吸力量测仪器的一些设想。

关键词： 基质吸力；张力计；压力板仪；热传导传感器；滤纸法；智能化测量仪

中图分类号： TU 471　　**文献标识码：** A　　**文章编号：** 1000－6915（2000）增－0905－03

1　引言

岩土工程中常有涉及非饱和土方面的问题。以往在工程中，通常用饱和土的方法处理非饱和土的问题，这是极其粗糙的，甚至可能造成巨大的浪费。吸力的有无是区分非饱和土与饱和土的分水岭，所以研究非饱和土的工程特性应先从非饱和土的吸力特性着手。目前，首先应解决的难题是吸力量测方面的技术问题。

非饱和土中的（总）吸力可以分为基质吸力和渗透吸力。对于一般的粘性土和砂性土来说，基质吸力通常占主要部分，且易随外界因素而变化。渗透吸力较小，且随含水量变化也较小，只有对于土中含水量和含盐量均较高的高塑性粘土，渗透吸力才显得较为重要。所以，从与工程问题的关系上来说，只要重点研究基质吸力即可。在涉及非饱和土的大多数岩土工程问题中，可用基质吸力变化代替总吸力变化；反之，也可用总吸力变化代替基质吸力变化。基质吸力的变化范围很大（$0\sim10^6$kPa），而要用可靠的手段较准确地测量大范围的吸力值目前仍很困难。关于非饱和土的吸力量测至今仍主要停留在研究阶段，更好地解决这一问题尚需更多努力。

本文对几种主要的非饱和土吸力量测技术进行了比较和评价（表 1），旨在为从事这类研究的工作人员提供一个实用的参考工具。最后，作者还对进一步发展非饱和土吸力量测仪提出了一些个人观点。

本文发表于 2000 年 6 月第 19 卷增刊《岩石力学与工程学报》。
本文为国家自然科学基金资助项目（59679021）。

表 1　各种吸力量测设备比较表

Table 1　The comparison of the measuring equipment of suction

设备名称	吸力种类	量测范围/kPa	注　释
湿度计	总吸力	100～8000	要求严格的恒温环境
张力计	负孔隙水压力或基质吸力（当孔隙气压力为大气压时）	0～90	有气蚀问题以及通过陶瓷头的空气扩散问题
零位型压力板仪	基质吸力	0～1500	量测范围是陶瓷板进气值的函数
热传导传感器	基质吸力	0～400	使用不同孔隙尺寸陶瓷传感器的间接量测法
滤纸法	总吸力	全范围	与湿土良好接触时可量测基质吸力
挤液器	渗透吸力	全范围	同时使用张力计或量测导电率

注　①基质吸力对非饱和土力学性质的影响随着土趋近完全干燥而越来越小，土工感兴趣的基质吸力范围是0～1500kPa，即只需研究含水量大于缩限的情况。②在高吸力范围基质吸力很难测量，可用总吸力代替基质吸力。

2　总吸力和基质吸力的测量技术

2.1　直接测量技术

2.1.1　湿度计法

用热电偶湿度计可量测土中的相对湿度从而获得总吸力。岩土工程常用的湿度计——Peltier 湿度计（又叫 Spanner 湿度计）的工作原理是：利用 Seeback 效应和 Peltier 效应，并通过湿度、温差、电压输出三者之间的联系，由电压输出值反映空气湿度。测量前，应先对湿度计进行率定，作出电压-吸力曲线。测量时，将湿度计悬挂在装有土样的封闭装置内，记录下电压输出的最大值，从率定曲线上查出对应的总吸力值。注意：必须待密闭室内土、空气和湿度计达到等温平衡后才能进行率定或测量；环境温度必须严格控制在±0.001℃。

（1）优点：未引入多孔介质，不会受多孔材料储水特性的影响，从而可在较短时间内较准确地测量高值吸力。

（2）缺点：率定、测量的设备都较复杂，对环境要求高，无法用于现场量测；无法测低于 100 kPa 的吸力值；热电偶在酸性环境中易腐蚀，每次率定或使用后，一定要按厂家说明彻底清洗；用不干净或不合格的湿度计测出的结果很难分析。

（3）应用：可在实验室条件下，将湿度计作为测量高吸力的标准元件，在高吸力范围率定其它吸力量测设备或校核新型吸力量测设备的量测结果等。

2.1.2　张力计法

当孔隙气压力等于大气压力（$u_a=0$）时，负孔隙水压力在数值上与基质吸力相等。张力计可直接量测出土中的孔隙水压力（无论正、负）。它主要由高进气值陶瓷头和压力量测系统组成，二者间用一塑料硬管相连。使用时，将充水饱和的陶瓷头插入待测土中，与土良好接触（这样，陶瓷头中的水就将土中的孔隙水同量测系统中的水连接起来，同时空气被高进气值陶瓷头挡住无法进入量测系统中）。达到平衡时，张力计中的水将同土中的孔隙水具有相同的压力，直接由张力计的量测系统读出。

（1）使用要求：①量测系统中一旦出现空气就会使封闭系统的孔隙水压力量测出错，确保张力计管中始终无空气至关重要。使用前，必须确保陶瓷头无堵塞、无裂缝，然后尽可能地除去张力计中的空气，并将张力计的陶瓷头和塑料管用去除空气的水饱和。②在地面记录到的压力表读数必须根据张力计管中的水柱高度进行位头修正。

（2）局限性：①张力计的陶瓷头必须与土接触良好，以确保土中水与张力计管中水连续，但这一点（尤其是在野外时）不易确定。②陶瓷头较脆弱，易开裂，一旦开裂便不能再用（下面的两种方法也存在这一问题）。③测量范围会受"气蚀"现象的限制：当孔隙水压力接近负一个大气压时，水会气化，使量测系统中进气而无法正确读数。可见，用张力计量测到的负孔隙水压力的绝对值不会超过一个标准大气压。④量测范围还会受陶瓷头的进气值的限制：要保证陶瓷头的进气值必须大于待测的基质吸力，否则空气将穿过陶瓷板进入量测系统（下一方法也存在这一问题）。

（3）技术优势：①不受外界环境限制，而且体型小、易携带，室内、野外量测都适用。②正、负孔隙水压力都能测，且反应较迅速。在要获得现场吸力剖面的野外量测中，如遇下雨，吸力剖面将迅速变化，此时这种迅速反应的特性就显得特别重要。③直接测量，无须事先率定。不但人工测读方便，还可用数据采集系统自动读数，便于野外无人测量。

（4）应用：无论野外还是室内，在量测 0～85kPa 范围的基质吸力时，可优先考虑使用张力计；还可利用张力计对其它某些吸力量测设备在 0～85kPa 范围进行率定。

2.1.3　压力板仪

轴平移技术是解决"气蚀"问题的一种实用方法，是室内量测高基质吸力的基本技术。简单地说，该技术就是将负孔隙水压力（如：$u_w=-410\text{kPa}$）的基准从标准大气压（$u_a=0$），向上平移到压力室的最终压力（如：$u'_a=400\text{kPa}$），以使量测系统中的水压力不会出现很高的负值（$u'_w=u_w+400\text{kPa}=-10\text{kPa}$），最终避免了气蚀问题。轴平移技术的基础条件是：在基质吸力量测过程中保持没有水的流动。压力板仪相当于采用轴平移技术后的一种改进张力计：将非饱和土土样放入压力室，饱和的高进气值陶瓷针头一端插入土中，另一端由充满蒸馏水的连接管连到压力室外的零型压力量测系统上。针头一插入非饱和土，量测系统中的水便进入张拉状态，应迅速封闭压力室，增加压力室内的气压，遏制量测系统中的水受到进一步张拉，直到作为零指示器的水银塞保持不动，达到平衡。此时室内的空气压力与测得的孔隙水压力的差值即土的基质吸力。

（1）存在问题：①采用轴平移技术进行长期试验时，很难保证水压力量测系统中始终没有气泡：由于土样和高进气值陶瓷板的透水系数都较低，平衡时间往往会较长。在此期间孔隙空气可能会通过高进气值陶瓷板中的水而扩散，并以气泡状态出现在陶瓷板下，使所测的基质吸力偏低。②陶瓷板的进气值与板的最大孔径成反比，而渗透系数却随板孔径的变大而变大。陶瓷板的进气值和渗透系数之间有此强彼弱的矛盾。

（2）应用：轴平移技术适用于室内试验，且最适于具有连续气相的土。一般来说，该技术的精确程度较高，装置也并不复杂。压力板仪可作为其它吸力量测设备的率定装置，还可用于实验室测定土-水特征曲线及抗剪强度参数等。

2.2 间接测量技术

2.2.1 间接测量原理

将多孔材料作为传感器放置土中，一定时间后多孔材料中的基质吸力将等于周围土中的基质吸力，达到平衡。由于多孔材料中的含水量是多孔材料中基质吸力的单值函数，可通过量测多孔材料的平衡含水量获得土中的基质吸力。

2.2.2 热传导传感器法

多孔陶瓷导热特性是其含水量的单值函数。量测出多孔陶瓷的热扩散即可间接获取基质吸力。热传导传感器主要由微型加热器和多孔陶瓷头组成。微型加热器（和温敏元件）安装在陶瓷头中心处，加热时发出的热量一部分由热扩散扩散到陶瓷头中，未扩散部分则使探头中部温度上升，上升温度由温敏元件通过电压输出反映。陶瓷头中含水量越高，热扩散就越多，陶瓷头中部的温升就越小。测量前先要做出传感器的率定曲线，即电压输出-吸力曲线。

（1）对于热传导传感器陶瓷头的要求：

1）作为探头材料的陶瓷，其孔径大小及分布应符合一定的要求，以保证有较大的吸力量测范围；陶瓷的机械强度应较高，以免制作及使用过程中损坏；为防止裂缝产生，陶瓷强度应较均匀。

2）陶瓷探头内的电子元件必须密封好，否则会碰到水而导致测量失败。

3）探头中心的加热量（包括加热功率及时间）必需足够大，以使探头周围温度变化的影响基本可以忽略；同时为避免热扩散超出探头而使周围土体发生变化（参见图 3），加热量又必须足够小（且探头半径足够大），以使热扩散在到达探头边缘时已近似为零。可见，加热量一定要选择合适。

（2）热传导传感器的两种型号：

1）美国 Agwatronics 公司生产的 AGWA－Ⅱ型热传导传感器：经使用表明：传感器对土样浸湿过程和干燥过程均可使用；数据比较准确，尤其在 0～175kPa 范围；输出读数比较稳定，而且前后一致，重复性好。但同时仍存在一些问题，如电子元件和多孔陶瓷头随时间的变质等。

2）我国清华大学与加拿大合作研制的 TS－Ⅱ型热传导传感器：与①相比，它在探头内增加了电子补偿元件，可自动补偿环境条件变化、电子元件老化及测量电压波动等因素产生的影响，提高了传感器长期工作的稳定性。为防止陶瓷因温度应力产生裂缝：在温敏元件的填充材料中掺入适当副料，尽量减少填料与探头材料间热胀系数的差别；利用陶瓷材料的负温度系数效应，在较高温度下安装探头的温敏元件（一般为 50℃以上），使探头陶瓷中产生少量预应力，在常温条件下工作时，探头内的膨胀应力就会减少（图 1）。根据陶瓷类型将探头分为 A、B、C 三种（从 A 到 C 陶瓷颗粒渐粗，孔隙率渐大）：这三种探头的机械强度均较均匀，其中 A 型强度最高，可用于量测 400kPa 以内甚至更高一些的吸力，但灵敏度比 B、C 低；B、C 二型则较适于量测 200kPa 以内的较低吸力（图 2）。

（3）热传导传感器的缺陷：热扩散使探头沿径向有温度梯度而产生温度应力，长期使

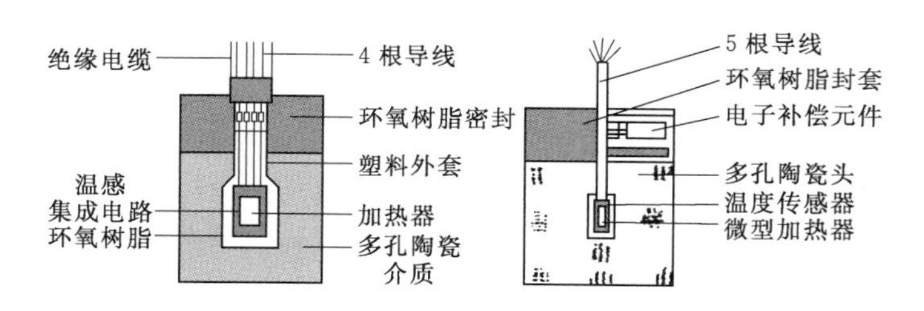

图1　AGWA-Ⅱ型与TS-Ⅱ型热传导传感器之比较

Fig. 1　The comparison of two thermal conductivity sensors: type AGWA-Ⅱ and type TS-Ⅱ

用易产生裂缝（见图3）；因土的渗透系数随含水量减小而减小，测高吸力时传感器的平衡时间较长；不能连续、实时测量：一次测读完毕，需等探头中部的温升恢复回零后才能进行下一次测读，否则各次热扩散的基础条件不一样。

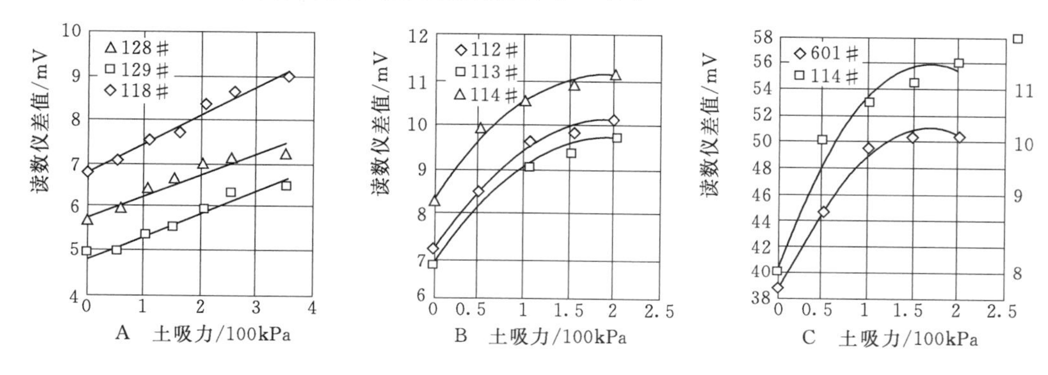

图2　三种TS-Ⅱ型热传导探头的率定曲线

Fig. 2　The resolution curves of three kinds of type TS-Ⅱ thermal conductivity probe

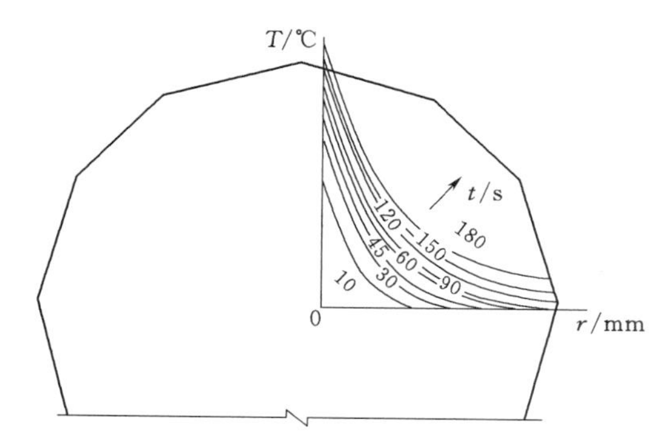

图3　TS-Ⅱ型陶瓷头断面的温度分布图

Fig. 3　The temperature distribution on the section of type TS-Ⅱ ceramic probe

（4）热传导传感器的应用：热传导传感器体积小、易携带，对大气温度及孔隙水中的溶解盐浓度的变化都不敏感，反应较迅速，可测的吸力范围相对较宽，测量结果较准确，并可方便地与自动读数设备相连，节省人工。此法既适于野外测量，也可用于在室内率定其它吸力量测设备等。

2.2.3　滤纸法

理论上，滤纸法既可用于测定总吸力又可用于测定基质吸力。该法建立的理论基础是：滤纸（作为传感器）能够同具有一定吸力的土（在水分流动意义上）达到平衡。

（1）原理：在上述假设基础上，通过滤纸中的平衡含水量同土中吸力的一一对应关系，测量滤纸中的平衡含水量即可获得土中吸力值。当滤纸直接接触土时，其平衡含水量相当于土中基质吸力；而当滤纸不直接接触（相邻）土时，其平衡含水量相当于土中总吸力。

（2）使用时需注意的问题：①非接触滤纸法较适宜测大于100kPa的高吸力值。因为滤纸与土不接触时，水分平衡是通过吸附作用（水蒸气的流动）达到的，而这种作用在吸力越高时越明显。②接触滤纸法较宜用于测量低吸力。在高吸力（低含水量）时，水与土粒结合得很紧，液态流动不明显，滤纸与土之间的接触是否良好不再重要。试验证明：此时测出的很可能是总吸力，而不是基质吸力。③滤纸必须是无尘定量分析Ⅱ型滤纸（符合ASTM E832标准）。国外常用的两种滤纸商标是Whatman No.42和Schleicher & Schuell No.589，国内有研究者推荐使用国产"双圈"滤纸[10]。同一商标的滤纸可认为是"完全相同的"，即同一商标的滤纸具有相同的率定曲线。测量时所用的滤纸应与率定时所用的滤纸规格相同。④在量测平衡含水量时需要精度为0.0001克的高精天平及烘箱等仪器，故必须在实验室内用取自野外的原状或扰动土样进行。

（3）优势：①滤纸是目前最便宜的吸力传感器，且无须反复率定（同一规格的滤纸只需一条率定曲线。②同一条滤纸率定曲线既可用于测定基质吸力又可用于测定总吸力。③量测范围很大，理论上是全范围。④对环境温度要求不高，只要保持整个平衡过程中温度大致不变（温度变化在±1℃以内）即可。

（4）局限性：①滤纸法难以自动化，目前都是人工操作，尤其在数据获取阶段对人工技术要求很高，结果受操作人员以及实验室条件的影响很大，准确程度难以保证。②平衡时间较长：若初始为干滤纸，平衡时间一般需7～10d；若初始为湿滤纸，则一般需21～25d。③滤纸材料的储水特性对高吸力范围可能会有影响。④对接触滤纸法，难以确保滤纸与土样的良好接触。

（5）应用：滤纸法通常用于室内；如用于野外，则应将在现场平衡好的滤纸装入密封袋，拿回实验室测量含水量。由于滤纸便宜、方法简单，故可大量使用。例如：将收集到的大量野外现场数据按时间、深度等的变化作图，结果虽较为粗糙，仍可反映出野外现场吸力的变化趋势，再与降雨密度、野外原状土湿度等做比较，便可用于解释现场土的条件[5]。滤纸法的精度虽还不太稳定，仍可作为一种参考或辅助的工具，并且值得进一步研究。

2.3 智能化多点土吸力测量仪

随着计算机的发展和普及，土吸力的测量也在向智能化方向发展。清华大学与加拿大合作研制了一套完全由程序控制工作的智能化多点土吸力量测装置（测量点数实际上可扩展到上千），除量测土吸力外，还可实现多通道、多参数的测量。如配上多种传感器，则可进行诸如含水量、水位、压力、温度、应变等的测量和数据处理；如与远处测量中心联网，则正在野外测量的设备可与之方便地进行数据通讯。该装置可设置真实日历和时钟，可按时或连续自动记录，一次可存储三万多个数据。

对一般水工、土工方面量测数据量不大的情况或在偏僻的边远地区，该套装置可作为一个无人临时观测站，大大减少人工。该套装置较适于野外原型观测，用于室内率定传感器等也很方便。由于该套装置可记录电源电压、温度、压力的变化，进行适当的修正。故对提高传感器标准精度很有帮助。

2.4　渗透吸力的量测

当土的含盐量因环境污染而改变时，渗透吸力的变化对土的性状产生的影响可能会变得显著，此时必须将渗透吸力看作应力状态的一部分（无论饱和土与非饱和土）。渗透吸力的量测可以由挤液法获得：孔隙水的导电特性与孔隙水中溶解盐的浓度有关，而渗透吸力又同溶解盐的浓度有关，所以通过量测孔隙水的导电特性可间接估计土中的渗透吸力。土中的孔隙水可用厚壁圆筒活塞式挤液器取出，测出电阻率然后应用率定曲线即可获得土中渗透吸力。

3　有关新型量测仪器的设想

从已有的理论和技术看，间接法的可测范围比直接法宽。在工程实践中，热传导探头似乎最有优势。但这种方法需要加热，致使每一次测量都要等前一次测量的加热量散尽才能进行，无法实时测量。设想是否可以在间接法原理的基础上寻找到一条无需加热的途径，从而制作出一种新型传感器——这种传感器不但测量范围宽，灵敏度高，性能稳定耐久，并且可与智能化测量仪相配，随时自动进行读数。如果再加上耗电量低，对环境的要求不高等优点，那将会是一种十分理想的吸力量测设备，不仅有助于非饱和土的室内研究，而且为在偏远的野外进行原型观测提供了极大的方便，必将大大推动非饱和土的研究和发展，进一步促进该学科的理论与岩土工程实践的结合。

参考文献

[1] Fredlund D G，Rahardjo H. 非饱和土土力学［M］. 陈仲颐，张在明，陈愈炯，等译．北京：中国建筑工业出版社，1997.

[2] 黄绍铿，柯尊敬，范秋雁，等．天然膨胀土边坡现场气象、吸力、含水量、土层变形总和观测［A］. 见：中国土木工程学会土力学基础工程学会编．中加非饱和土学术研讨会论文集［C］. 武汉：［s. n.］，1994.

[3] Harrison B A，Blight G E. The effect of filter paper and psychrometer calibration techniques on soil suction measurements［A］. In：Proceedings of the Second International Conference on Unsaturated Soils［C］. Beijing，China：International Academic Publishers，1998.

[4] Li Weixian，Wu Xiaoming，Chen Zhongyi. Improvement of thermal conductivity sensor for measuring matric suction in unsaturated soils［A］. In：Proceedings of the Second International Conference on Unsaturated Soils［C］. Beijing，China：International Academic Publishers，1998.

[5] Mahler C F，Oliveira L C D. Measurement of matric and total in situ suction of porous soils of Sao Paulo using the filter - paper method［A］. In：Proceedings of the Second International Conference on Unsaturated Soils［C］. Beijing，China：International Academic Publishers，1998.

[6] Wang Qing，Huang Shao Keng，Ke Zunjing，et al. Long term field monitoring of climatic impact on matric suction and ground movement in Nanning［A］. In：Proceedings of the second International Conference on Unsaturated Soils［C］. Beijing，China：International Academic Publishers，1998.

[7] Allman M A，Delaney M D，Smith D W. A field study of seasonal ground movements in expansive soils［A］. In：Proceedings of the Second International Conference on Unsaturated Soils［C］. Beijing，China：International Academic Publishers，1998.

[8] Chandler R J，Gutierrez C I. The filter - paper method of suction measurement［J］. Geotechnique，

1986，36（2）：265－268.
［9］ 安俊勇，王钊．滤纸法测吸力的影响规律的研究［A］．长江科学院编．南水北调膨胀土渠坡稳定和滑动早期预报研究论文集［R］，1998.
［10］ 况娟娟，王钊．滤纸法吸力量测及率定实验研究［A］．长江科学院编．南水北调膨胀土渠坡稳定和滑动早期预报研究论文集［R］，1998.

基质吸力对非饱和土抗剪强度影响的试验研究

肖元清　胡　波　王　钊

（武汉大学土木建筑工程学院，武汉　430072）

摘　要： 在非饱和土条件下产生的负孔隙水压力（基质吸力）对于预测如边坡、挡土墙、挖方工程、基础工程之类的土石结构的稳定性十分重要。为了探讨基质吸力对非饱和土抗剪强度的影响，采用非饱和土固结排水三轴剪切试验对此进行了研究。试验采用恒定的净周围压力和变化的基质吸力，以反映基质吸力的变化对抗剪强度的影响，通过对试验结果的分析可以得到如下的结论：表示基质吸力对抗剪强度的平均增加率的参数 Φ^b 为 20.7°，在较小的基质吸力范围内基质吸力与抗剪强度之间存在着线性关系。

关键词： 非饱和土；抗剪强度；基质吸力

中图分类号： TU432　　**文献标识码：** A　　**文章编号：** 1672-948X（2005）04-0326-03

Experimental Study on Effect of Matrix Suction on Shear Strength of Unsaturated Soil

Xiao Yuanqing　Hu Bo　Wang Zhao

(School of Civil & Architechtural Engineering, Wuhan Univ., Wuhan 430072, China)

Abstract: Unsaturated soil condition which give rise to negative pore pressure is important in evaluating the stability of geotechnical structures such as slopes, retaining walls, excavations and foundations. The shear strength characteristics of soil samples were investigated using consolidated drained triaxial tests with special emphasis on the effects of the matrix suction. In order to reflect the effect of matrix suction on the shear strength, the tests used shearing under a constant net confining pressure and varying matrix suctions. The results of tests were analyzed and a linear relationship was found that the relationship between matrix suction and shear strength, Φ^b, the angle indicating the rate of increase in shear strength related to matrix suction, was 20.7°.

Key words: unsaturated soils; shear strength; matrix suction

1　非饱和土的抗剪强度特性

很多研究人员如 Croney（1952）、Bishop（1959）、Aitchison（1961）、Jennings（1961）和 Richards（1966）等都对非饱和土有效应力公式进行过研究[1]。但是 Fredlund

本文发表于2005年8月第27卷第4期《三峡大学学报（自然科学版）》。

本文为国家自然科学基金项目（50279036）。

(1978) 提出了更为系统的方法，他研究得出了利用两个独立的应力状态参数来确定非饱和土的抗剪强度的方法[1]：

$$\tau=c'+(\sigma-u_a)\tan\Phi'+(u_a-u_w)\tan\Phi^b \tag{1}$$

式中，c'为有效粘聚力；σ为总应力；u_a为孔隙气压力；u_w为孔隙水压力；Φ'为有效内摩擦角；Φ^b为抗剪强度随基质吸力而增加的速率所对应的角度，Fredlund 和 Rahardjo[1] (1993) 讨论了通过非饱和土三轴试验得到的抗剪强度参数的二维图示估计法。

式 (1) 是基于非饱和土的双应力状态变量理论的非饱和土抗剪强度公式，式中采用了两个独立的应力状态变量 $\sigma-u_a$ 和 u_a-u_w。上式表示非饱和土的抗剪强度由 3 部分组成，即有效凝聚力 c'、净法向应力 $(\sigma-u_a)$ 引起的强度和基质吸力 (u_a-u_w) 对强度的贡献。净法向应力引起的强度与有效内摩擦角 Φ'有关，而基质吸力引起的强度则与另一个角度 Φ^b 有关。式中的前两项可以从饱和土的常规试验中得到，但第三项则需要进行非饱和土的有关试验[2-4]。

2 非饱和土抗剪强度的试验研究

2.1 试样的基本性质

试样中使用的土样取自武汉大学校内一填土坡。将试验用土样开封并取约 10kg 土风干，然后以现场干密度和含水量为标准制备重塑样，重塑土样的基本物理性质指标如表 1 所示。

表 1　　试验土样重塑样物理性质指标

土样类型	土粒相对密度 G_s	含水量 ω /%	密度 ρ /(g·cm^{-3})	液限 W_L /%	塑限 W_p /%	塑性指数 I_p	粘粒含量 <0.005mm/%
重塑样	2.73	23.8	1.96	51	20.6	30.4	44

在常规三轴剪切仪上完成一组重塑样的三轴固结排水剪切试验，得到饱和土的抗剪强度指标 $c_{cu}=17.9$kPa，$\Phi_{cu}=27.5°$。

2.2 试验内容

试验包括一组如表 2 所示的非饱和土固结排水三轴试验，这些试验是在恒定净围压 (σ_3-u_a) 与变化的基质吸力 (u_a-u_w) 作用下进行的，采用 0.00208%/min 的应变速率进行剪切以保证排水试验中不产生孔隙压力变化[5-7]。试验在长江科学院土工研究所进行，采用英国 GDS 仪器设备有限公司生产的 GDSTTS40 型非饱和土三轴仪，试验装置如图 1 所示。

表 2　　非饱和土固结排水三轴试验 (CD)

试验类型	试验序号	σ_3 /kPa	u_a /kPa	u_w /kPa	(σ_3-u_a) /kPa	(u_a-u_w) /kPa	应变速率 /(%·min^{-1})
固结	1	200	100	50	100	50	
排水	2	250	150	50	100	100	0.00208
(CD)	3	350	250	50	100	200	

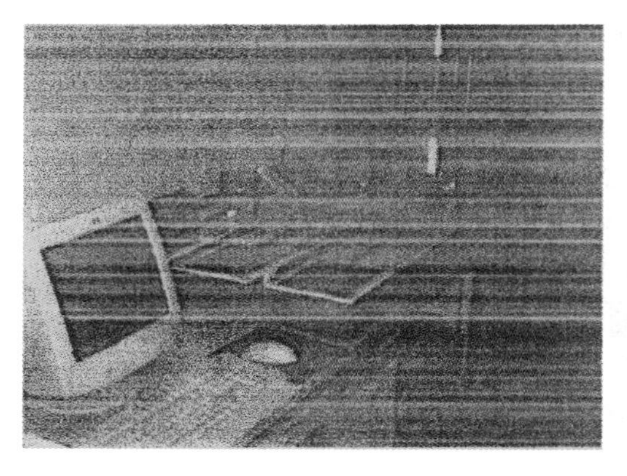

图 1　试验装置

2.3　试验过程

重塑土样（直径 61.8mm，高 125mm）经过有压饱和解除基质吸力后准备好，将试样安装在底部的饱和高进气值多孔陶瓷板和顶部的透水石之间，在试样外包裹一层橡皮薄膜，并排出橡皮薄膜与试样之间的空气。在底部支座薄膜上方和顶帽处均布置 O 型垫圈，饱和土样经脱湿过程和固结过程后得到非饱和土样，气压力由试样顶部处施加并维持在高于反压的水平，试样中的水通过反压排出，再经过高进气值多孔陶瓷板进入反压控制器，直到在所加压力下处于平衡状态，由于本次试验中，净周围压力较小，完成这个固结和脱湿过程需要至少 10d 时间，在气压和水压阀门保持开通的情况下土样以 0.00208%/min 的恒定速率剪切。

2.4　试验成果

图 2 所示为这组试验中得出的偏应力与轴向应变关系曲线。从图 2 可以看出应力应变关系曲线为应变硬化型，即使在较大轴向应变的情况下，偏应力与轴向应变关系曲线都不存在峰值，因此试验土样应以极限应变破坏准则（也就是应变率为 15%）作为破坏条件，

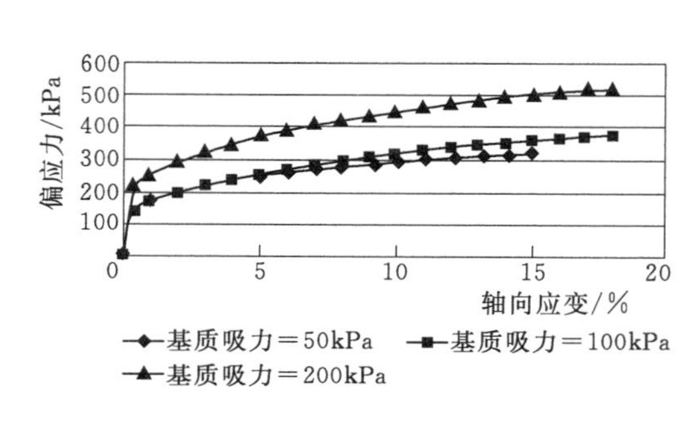

图 2　偏应力与轴向应变关系曲线

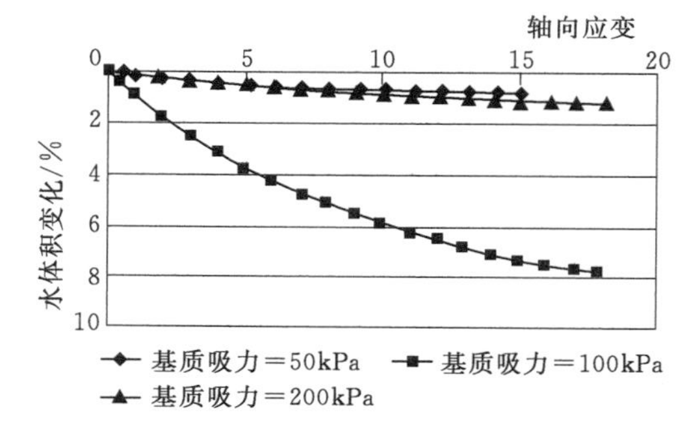

图 3　水体积变化与轴向应变关系曲线

由图 2 可以看出，在恒定净围压条件下抗剪强度随基质吸力的增加而增大，剪切过程中水体积变化与土样总体积变化分别由图 3 与图 4 给出。

图 5 为破坏包面在 $\tau-(\sigma-u_a)$ 平面的交线，由于 $(\sigma-u_a)=100$kPa，故摩尔圆为一系列 σ_3 相同的圆弧，过圆弧一点，作切线使 $\Phi'=27.5°$（相应于饱和度为 100%时的有效内摩擦角），则该切线在纵坐标轴 τ 上的截距

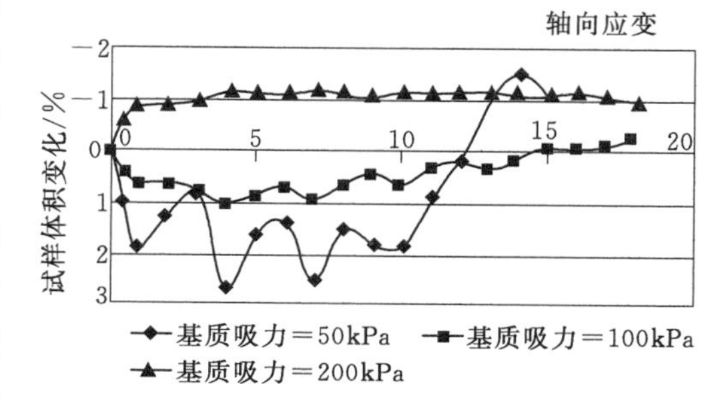

图 4　土样体积变化与轴向应变关系曲线

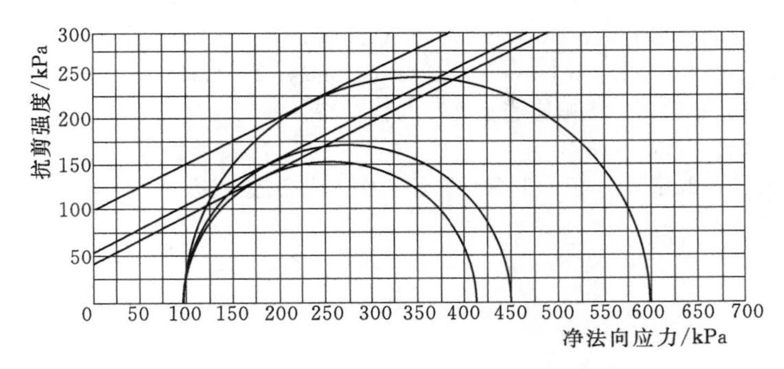

图 5　试验土样在 $\tau-(\sigma-u_a)$ 平面上的破坏包线

即为对应基质吸力下的非饱和土抗剪强度，图 6 为破坏包面 $\tau-(u_a-u_w)$ 平面上的强度包线，该线段的斜率，即为单位基质吸力引起的强度增量 $\tan\Phi^b$。由图 6 可知表示基质吸力对抗剪强度的平均增加率的参数 Φ^b 为 20.7°，可见基质吸力对非饱和土的抗剪强度的影响是不可忽视的，在基质吸力小于 200kPa 的范围内抗剪强度与基质吸力存在线性关系，抗剪强度随基质吸力的增加而增加，在基质吸力较小的情况下，试验土样的破坏包面可以看作是平面。

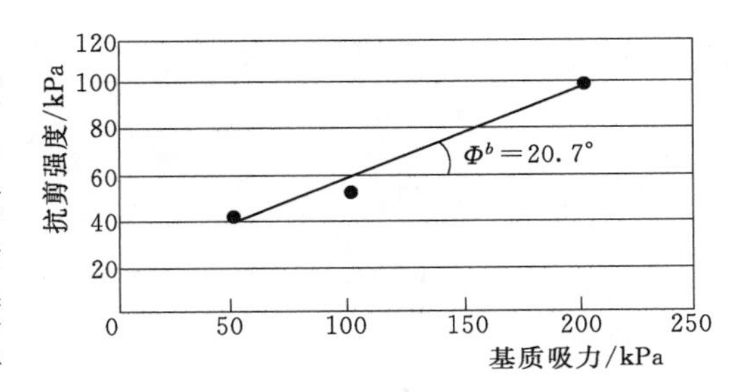

图 6　试验土样在 $\tau-(u_a-u_w)$ 平面上的破坏包线

3　结论

通过本试验可以得到以下结论：

（1）饱和土和非饱和土固结排水三轴试验的有效内摩擦角大小相近，因此饱和土样固结排水试验的结果 Φ' 可用于估计非饱和土的抗剪强度。

（2）土的基质吸力影响抗剪强度，土的抗剪强度随土基质吸力的增加而增加。

（3）表示基质吸力对抗剪强度的平均增加率的参数 Φ^b 为 20.7°，可见基质吸力对非饱和土的抗剪强度的影响是不可忽视的。

（4）在基质吸力小于 200kPa 的范围内，试样的抗剪强度与基质吸力存在线性关系，这表明基质吸力较小的情况下，试验土样的破坏包面可以看作是平面。

参考文献

［1］ Fredlund D G，Rahardjo H. 非饱和土土力学［M］. 陈仲颐，等译. 北京：中国建筑工业出版社，1997.

［2］ 包承纲. 非饱和土的应力应变关系和强度特性［J］. 岩土工程学报，1986，8（1）：26－31.

［3］ 蒋澎年. 非饱和土的工程性质简论［J］. 岩土工程学报，1989，11（6）：39－59.

［4］ 龚壁卫，詹良通，刘艳华，等. 非饱和膨胀土的抗剪强度特性研究［J］. 长江科学院院报，2000，17（4）：19－22.

[5] Mohd Raihan Taha, Md Kanal Hossain, Syed Abdul Mofiz. Effect of Suction on the Strength of Unsaturated Soil [J]. Advances in Unsaturated Geotechnics, 2002. 210－221.

[6] 卢再华，陈正汉，孙树国．南阳膨胀土变形与强度特性的三轴试验研究［J］．岩石力学与工程学报，2002，21（5）：717－723.

[7] 徐永福，刘松玉，殷宗泽，等．非饱和膨胀土的三轴试验研究［J］．岩土工程学报，1998，20（3）：14－18.

鄂北膨胀土坡基质吸力的量测

王　钊[1,2]　龚壁卫[3]　包承纲[3]

（1. 武汉水利电力大学土木与建筑学院，湖北武汉　430072；
2. 清华大学水利水电系岩土工程研究所，北京　100084；
3. 长江科学院，湖北武汉　430010）

摘　要：为了探明膨胀土天然土坡和填方土坡中吸力的变化规律，同时比较不同量测方法的效果，在湖北省枣阳市大岗坡泵站，分别用张力计、热传导探头和滤纸法进行了为期三个月的现场基质吸力量测。本文提交土性指标、吸力测量的结果和有关气象资料，并对非饱和土基质吸力的量测方法进行讨论。

关键词：非饱和土；膨胀土；土坡；基质吸力；测量

中图分类号：TU 443　　**文献标识码**：A　　**文章编号**：1000－4548(2001)01－0001－03

Measurement of Matrix Suction of Expansive Soil Slope in Northern Hubei

WANG Zhao[1,2]　GONC Bi－wei[3]　BAO Cheng－gang[3]

（1. Wuhan University of Hydraulic and Electric Engineering，Wuhan 430072，China；
2. Department of Hydraulic Engineering，Tsinghua University，Beijing 100084，China；
3. Yangtze River Scientific Research Instiute，Wuhan 430010，China）

Abstract：In order to study the variation of suction in natural and filled slopes of expansive soil and to compare the efficiency of different measurement methods，the matrix suction in situ at the Dagangpo Pump Station in Hubei province was measured with tensiometer，thermal conductivity sensors and filter papers for threc months. The properties of soils，results of measurements and related meteorological information are presented. Some discussions on measurement methods of matrix suction in unsaturated soils are given.

Key words：unsaturated soil；expansive soil；earth slope；matrix suction；measurement

1　引言

根据非饱和土力学理论，非饱和土的渗流分析、抗剪强度、体变和沉降计算都和基质吸力有关[1]，因此，正确测量和预测基质吸力随外界条件的变化对判别膨胀土边坡稳定性

本文发表于2001年1月第23卷第1期《岩土工程学报》。
本文为国家自然科学基金资助项目（59679021）；长江科学院南水北调经费资助项目。

具有重要意义。1992年中国—加拿大膨胀土合作研究项目在广西南宁市郊的一个缓坡上设立观察井，用热传导探头测读基质吸力随降雨等气象条件的变化。热传导探头有两种，一种是美国湿度公司生产的AGWA-Ⅱ型，另一种是清华大学研制的TS-1型[2]。1994年在新加坡南洋工业大学的校园里也进行了基质吸力的长期监测，使用的是带负压表的张力计，其探头直接插入土中0.5，1.0和1.5m深，除观测降雨影响外，还比较了有无植被的影响[3]。本次现场吸力量测的过程如下：从1997年3月18日到20日在湖北省枣阳市水利局协助下，对枣阳市膨胀土分布进行踏勘，并取代表性土样，根据土样试验结果，选取大岗坡泵站为试验场，并设立两个观测站，一个设在管线一侧的天然土坡上，坡高19m，坡角24°，坡面杂草茂盛，另一个观测站设在台渠边坡上，坡高7m，坡角22°，该土坡为填方坡，坡面无植被，两测站相距约250m。对两处土坡再次取原状土样完成了物理性质和膨胀特性试验，并于1997年10月7日建立天然土坡吸力观测站，12月9日建立填方土坡吸力观测站。因吸力监测的张力计充以脱气水，不能在冰点以下运行，故两站同时于1998年1月7日关闭，两观测站分别测读了3个月和1个月时间。

2　吸力观测站的布置和测量仪器

观测站的任务主要是测量坡面下不同深度处土的含水量、容重和基质吸力，揭示其变化规律。

测量剖面一般由观测井实现，但观测井成本较高，且井底积水对测量结果有影响。本次监测采用沿最大坡面线方向开挖坑道的方法，坑道宽约60cm，最短处（顶部）进入土坡1m，坑道的端面为观测面，该面近似铅直，天然土坡观测面外法线方向为南31°西，填方土坡观测面外法线方向为南46°西。两观测面均位于土坡中部，并用塑料布封闭，以防水分迁移。在坑道顶部盖石棉瓦。

天然土坡观测面的深度为3.5m，张力计探头（TS）布置在深度0.2，0.4，0.7，1.0，1.3，1.6，2.0，2.5，3.0m处，并在0.4，1.0，2.0m深度平行埋设热传导探头（TC），热传导探头编号为705、b01和c01，其中c01探头在建填方坡观测站时，移至填方观测面。填方土坡观测面深度2.5m，张力计探头布置在深度0.4，0.7，1.0，1.6，2.0m处，并在0.4，1.0，2.0m深度平行埋设热传导探头，探头编号为c01，d01，d02。张力计和热传导探头均深入观测面30cm。

张力计由武汉水利电力大学农田水利实验室制作，负压的测读用水银玻璃管压力计。热传导探头由清华大学水利系制作，配合QS-1型土吸力测读仪测读，表1列出了供货时三个

表1　热传导探头的率定方程和拟合方程

Table 1　Calibration and fitting equations for thermal conductivity sensors

编号	率定方程	拟合方程	备　注
705	$s=2.5U-7.375$	$s=5.000U^2+12.9178U-29.474$	s为吸力，单位为kPa；U为吸力读数仪读数，单位为mV
b01	$s=0.1413U^2-8.0282U+119.22$	$s=-1.3147U^2+104.828U-2024.13$	
c01	$s=0.01336U^2-1.0569U+20.926$	$s=0.0286U^2-2.4000U+69.204$	
d01		$s=-33.974U^2+835.32U-5041.3$	
d01		$s=0.1538U^2+0.209U+11.709$	

探头的率定方程，以及按张力计现场读数采用三点拟合法得到的拟合方程，一共五个。

观测站设立后，读数间隔在第一天为1h，第二天为2h，其后，每天测读一次各点张力计和热传导探头读数，此外，在观测站开挖和观测结束封填时，还分别用滤纸法，测量不同深度的吸力，作为比较。滤纸法操作过程如下，在张力计探头附近取原状土样，剖开后置入一组三张直径为7cm的风干滤纸，随即将剖开土样合上，用三层塑料袋和胶纸密封缠紧，运回实验室保持(20±1)℃静置10d后，解开密封层，取出中间一层滤纸，用万分之一克精度的天平测滤纸含水率w，再用率定方程求基质吸力。试验用滤纸为杭州新华造纸厂生产的“双圈”牌NO. 203慢速定量分析滤纸，用压力板法率定得吸力和含水率间的率定方程如下[4]：

$$\lg s=\begin{cases}5.4928-0.07674w & w<46\\ 2.4701-0.01204w & w\geqslant 46\end{cases}$$

3 膨胀土的一般特性

天然土坡和填方土坡的基本特性，沿各自深度的平均值列于如表2所示。关于鄂北岗地膨胀土的成因、结构、矿物成分和抗剪强度等性质指标可从文献[5]查找。

表2 膨胀土的一般特性

Table 2 Average properties of expansive soils

土坡类型	ω /%	γ /(kN·m^{-3})	ω_p /%	δ_{ep}/%	粘粒含量 /%
天然土坡	27.0	18.0	42.6	60.7	51.3
填方土坡	23.7	17.9	24.4	40.7	42.4

4 土坡吸力测量结果

4.1 张力计测量结果

天然土坡和填方土坡不同深度处基质吸力s随时间变化的规律整理于图1和图2。从图示曲线可以看出下列规律。

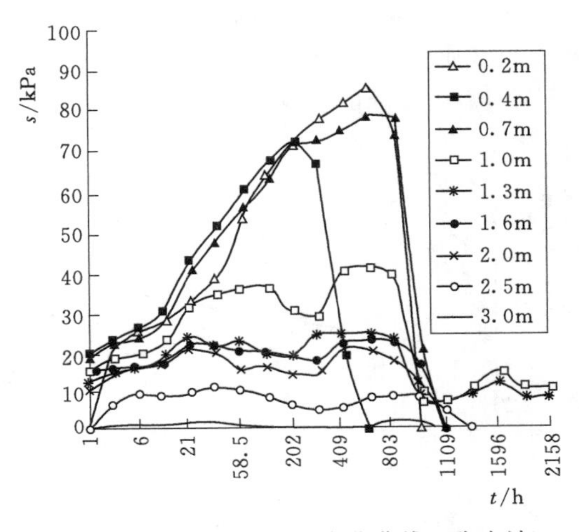

图1 天然土坡吸力s的变化曲线（张力计）

Fig. 1 Suction - time curves in natural slope (TS)

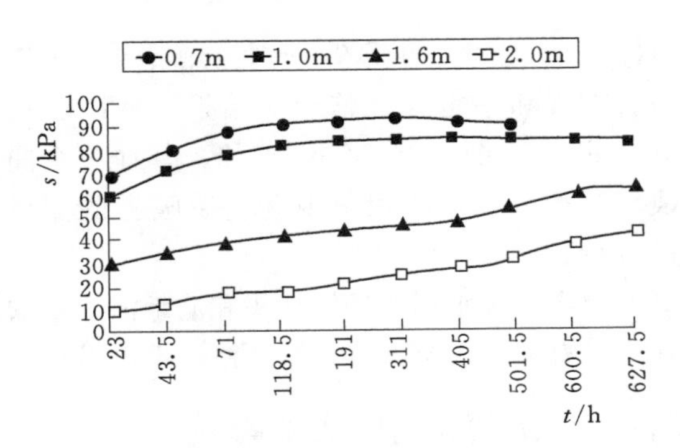

图2 填方土坡吸力s的变化曲线（张力计）

Fig. 2 Suction - time curves in filled slope (TS)

（1）在土坡表面吸力值较大，吸力随深度而减少。

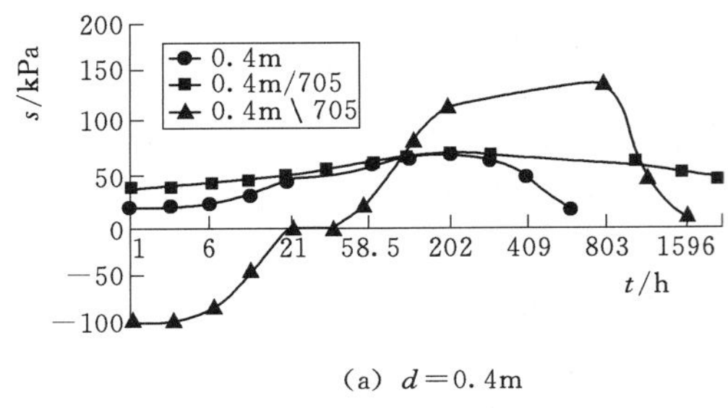

(a) d=0.4m

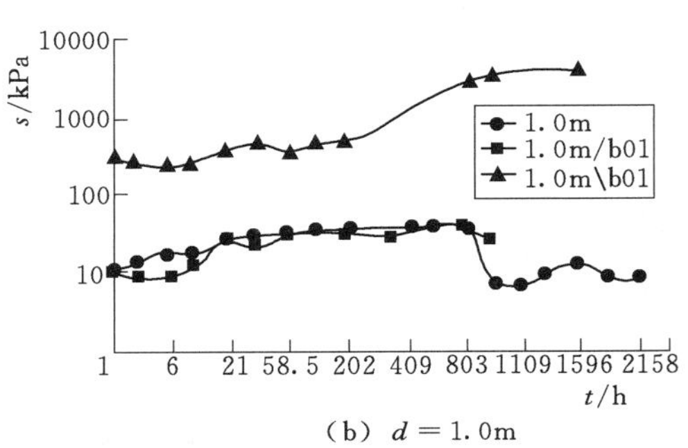

(b) d = 1.0m

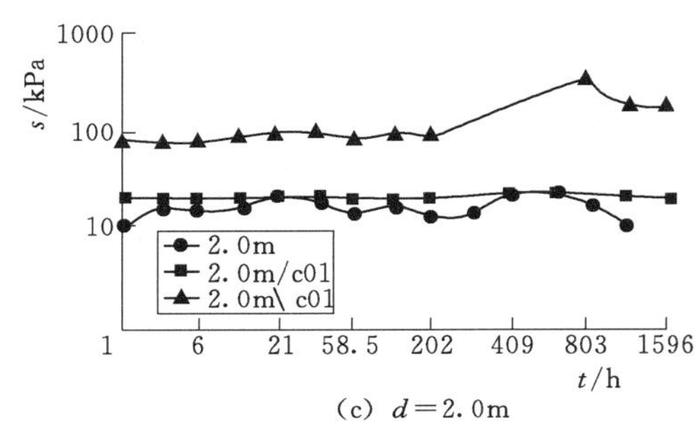

(c) d=2.0m

图 3　天然土坡不同深度处用 TC 和 TS 测量的基质吸力

Fig. 3　Suction - time curves measured by TC and TS at different depth in natural slope

（2）张力计测吸力较准，但当超过一定值，如 70～80kPa，在探头连接管中会出现气泡，甚至在探头上出现微裂纹，其读数值会迅速下降到零，即使仔细排除气泡也不能再应用，例如图1中的 0.2，0.4，0.7m 三支测头。

（3）张力计测读吸力也需一个平衡时间。从图 1 可见，埋深 1.3m 及以下的探头读数逐渐升高，达最大值需十多小时。

4.2　热传导探头和张力计测量结果比较

在天然土坡中用热传导探头实测得的基质吸力随时间的变化规律整理于图 3，其中图 3 (a)，(b)，(c) 分别为 0.4，1.0，2.0m 深度的基质吸力。图例中，深度后面有斜线者，代表热传导探头（TC）的结果，其中斜线“/”采用表 1 中的拟合方程，斜线“\”采用原有率定方程，而深度后无斜线者为张力计（TS）测读结果。从图中曲线可见，采用拟合方程整理的结果和张力计测量值较为接近，而用原有率定方程整理的结果则误差较大。看来热传导探头有必要在测试现场再次进行率定，以提高测读精度。

4.3　滤纸法测量结果及比较

在天然土坡中不同深度 d 处，用滤纸法测得的基质吸力整理于图 4，并与张力计及热传导探头测量的结果相比较，图例中 FP 为滤纸法，TC1 和 TC2 分别为热传导探头用拟合方程和率定方程整理的结果，从图 4 可见，除 TC2 曲线有一定误差外，其他三个曲线较接近。滤纸法用于现场基质吸力的测量是可行的。

填方土坡中用热传导探头和滤纸法测量的基质吸力和比较与天然土坡类似，不再提交。

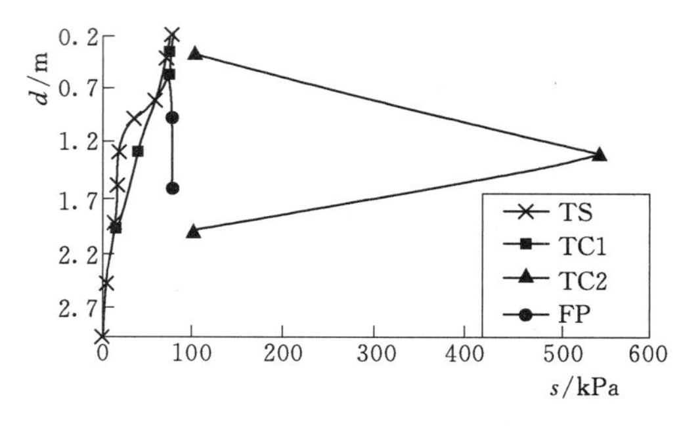

图 4　滤纸法和热传导探头及张力计法比较

Fig. 4　Comparison of FP，TC and TS

5　气象条件和对吸力的影响

枣阳市地处鄂北岗地，年降雨量不足

1000mm，例如1997年的月平均降雨量列于表3。从表3可见5，6，7三个月降雨量较大，占全年降雨量的一半以上。表3中还列出了月平均气温。

表3　1997年的月降雨量和月平均气温

Table 3　Monthly rainfall and average monthly temperature in 1997

月份	1	2	3	4	5	6	7
降雨量/mm	8.5	36.7	52.4	27.2	143.9	65.5	202.0
气温/℃	2.6	2.9	6.6	16.1	20.7	26.9	29.3
月份	8	9	10	11	12	总计	
降雨量/mm	74.7	44.7	52.7	75.3	11.3	804.5	
气温/℃	26.2	21.5	15.9	11.6	4.6		

1997年9月份以来降雨的日期和日降雨量列于表4。因观测阶段已过雨季，降雨量均较小，故对填方坡的吸力无任何影响，但11月10日前后的连续降雨对天然土坡的吸力读数有较大影响（参见图1），1.0m深度及其下的张力计读数均逐渐下降，大多降至零。因天然土坡观测站所处地势较低（比填方观测站低22m），地面渗水在坡内向下流动，聚集在观测面塑料布处，使吸力下降，并且坑道两壁有崩塌现象。

天然土坡中土的自由膨胀率、粘粒含量和塑性指数均高于填方土坡（参见表2），即膨胀潜势较高，但因含水量高于填方土坡，故初始基质吸力相反低于填方土坡，观测面上虽用塑料布密封，仍有水分蒸发，表现为基质吸力逐渐升高，特别是较浅处，基质吸力上升至超过张力计的测量范围，而填方土坡观测面的含水量变化不大，故基质吸力上升很小。

表4　观测吸力期间的降雨日期和日降雨量

Table 4　Rainfal days and daily rainfall during observation

降雨日期	15/9	16/9	3/10	4/10	25/10	10/11	11/11
降雨量/mm	16.7	4.7	11.2	1.5	40	10	23
降雨日期	12/11	13/11	16/11	24/11	25/11	27/11	28/11
降雨量/mm	8.1	13.9	5.0	0.5	1.3	0.5	1.5
降雨日期	29/11	30/11	15/12	22/12	28/12	31/12	
降雨量/mm	3.0	3.4	5.6	1.2	8.9	0.7	

6　讨论

（1）张力计测基质吸力能给出直接的量值，精度高，还可用于其它测量方法现场率定的依据，但张力计探头易损，当吸力超过80kPa时，因气泡产生致使读数迅速下降，此外，张力计不能在冰点下运行，读数滞后时间约十多小时。

（2）热传导探头具有迅速反应的优点，但当率定条件和现场不一致时，精度较低，其探头亦易受损。

（3）滤纸作为测量元件价格低，不需反复率定，但操作十分复杂。

（4）填方土坡因地势高，土较干燥，故基质吸力大，如表面排水条件好，则植被和降雨对基质吸力的影响不大，而天然土坡（含挖方土坡）中土的含水量一般较高，基质吸力较低，且易受坡内渗流的影响。

（5）用坑道端面观测土坡内吸力仍改变了环境，且监测时间不能太长（不超过三个月），否则须对土壁进行衬砌。较理想的现场测量方法是钻孔安装测量元件。

（6）基质吸力作为非饱和土力学的独立变量却不易准确测量，这严重制约了相关理论的应用和发展。从这次实践联想到两个方面的研究内容，一是改进基质吸力的测量技术，研制更有效的测量仪器；二是用易于测量的土性指标代替基质吸力。前者已进行的工作有英国研制的新型测量元件，在陶瓷头和高精度压力传感器之间的缝隙中仅有 $3mm^3$ 的脱气水，水体积减小加快了反应时间，只需几分钟，更重要的是阻止了气泡的产生，可测量高达 1500kPa 的吸力[6]。文献［7］介绍了一种用滤纸法现场测总吸力的装置和实测结果。如果能使滤纸和钻孔壁可靠接触，并研究用电测法高精度原位测滤纸含水量，则可方便地用于现场基质吸力的量测。后者进行的工作有文献［8］介绍的用膨胀力 p_s 代替吸附强度中的吸力和摩擦角 φ_b。还有用粒径分布曲线和物理性质指标推求水-土特征曲线，从而用含水量代替吸力，在提供的知识基中已积累了 5500 个相关关系[9]。通过以上两方面的深入研究可以进一步解决基质吸力的测量问题，推动非饱和土力学的进步。

参加试验的人员：安俊勇、刘艳华、张路、李翠华、王富庆、况娟娟、余圣刚、李国栋、扬军。

参考文献

［1］ Fredlund D G, Rahardjo H. Soil mechanics for unsaturated soils [M]. New York: John Wiley & Sons Inc, 1993.

［2］ Fredlund D G, Huang S K, et al. Matrix suction and deformation monitoring at an expansive soil in southern China [A]. Proc Int Conf on Unsaturated Soils [C]. Paris: Balkema. 1995, 835 - 862.

［3］ Leong C, Rahardjo H. et al. Suction profiles of a residual soil slope as affected by climatic conditions [A]. Proc 2nd Int Conf on Unsaturated Soils [C]. Beijing: International Academic Publishder. 1998. 231 - 236.

［4］ 况娟娟. 非饱和土滤纸法吸力量测及影响规律的研究［D］. 武汉：武汉水利电力大学，1998.

［5］ Wang Zhao, Liu Zude. Tao Jiansheng. Expansive soils and canals in Northern Hubei. China [A]. Proc. Int. Conf. on Unsaturated Soils [C]. Paris: Balkema, 1995. 327 - 331.

［6］ Ridley A M. Burland J B. A new instrument for the measurement of soil moisture suction [J]. Geotechnique, 1993, 43 (2): 321 - 324.

［7］ Crilly M S, Schreiner H D, Gourley C S. A simple field suction measurement probe [A]. Geotechnics in the African Environment [C]. Balkema. 1991. 291 - 298.

［8］ Fredlund M D, Wilson G W, Fredlund D G. Prediction of the soilwater characteristic curve from the grain - size distribution curve [A]. Proc of the 3rd Brazilian Symposium on Unsaturated Soil [C]. 1997, 13 - 23.

一种非饱和土抗剪强度的预测方法

骆以道[1]　王　钊[2]　范景相[3]

（1. 深圳市勘察测绘院，深圳　518028；2. 武汉大学土木与建筑学院，武汉　430072；
3. 山西省公路局，太原　030006）

摘　要： 本文将人工神经网络（ANN）引入岩土工程实际中，建立适当的 ANN 模型，对运城至三门峡高速公路第十一标段强夯高填方工程中的实测数据进行分析，用含水量，密度等简单易得的实验数据来预测非饱和土的抗剪强度。

关键词： 非饱和土；抗剪强度；人工神经网络；BP 算法

中图分类号： TU 44

引言

人工神经网络（artificial neural networks）是一种信息处理系统，它模仿大脑中神经细胞结构而设计，可处理高度非线性信息，具有预测、分析、分类、优化、自动控制、人工智能等功能。

因人工神经网络具有很强的容错性和自适应非线性，使之广泛应用于各领域。一些学者已尝试将人工神经网络用于非饱和土特性的研究，并取得了成功（如，缪林昌等将人工神经网络用于吸力的预测）。本文将建立简单的后传播神经网络模型（BP 网络），试图用含水量、干密度等一些简单的实验数据来预测非饱和土的抗剪强度。

1　问题的提出

运城-三门峡高速公路是 209 国道的重要路段，是山西省公路建设的重点工程项目之一。该工程第十一标段采用强夯法填平一个 41m 深的冲沟，质检过程积累了丰富的实测资料，包括含水量、密度、抗剪强度、粒径分布曲线等。填制为 Q_2 黄土（属粉质粘土），其物理指标如表 1。

为分析高填方非饱和夯填土坡的稳定性，需用试验测定抗剪强度指标。受限于测试手段和技术条件，只能用类似于饱和土的直剪试验按式（1）来测定总的粘聚力 c_t 和内摩擦角 φ_t。

$$\tau_f = c_t + \sigma \cdot \mathrm{tg}\varphi_t \tag{1}$$

本文发表于 2001 年 12 月 20 日第 25 卷第 6 期《大坝观测与土工测试》。

本文为国家自然科学基金资助项目（No. 59679021）。

表 1 回填土料物理性质及击实性质指标

土名	比重 G_s	塑限 $\omega_p/\%$	塑性指数 I_p	重力击实试验	
				最优含水量 $\omega_{op}/\%$	最大干密度 $\rho_d/(\mathrm{g\cdot cm^{-3}})$
黄土粉质粘土	2.72	17.5	11.2	10.1	1.920

试验中发现，夯填土的含水量很不均匀，有些探坑中取出的土样含水量变化幅度很大。如果用含水量相差不大的一组土样作直剪试验，剪破点基本可作一条强度破坏线（直线），以确定 c_t、φ_t（图 1）；而若用含水量相差较大的一组土样作直剪试验，剪破点过于离散，无法作一条直线（图 2）。

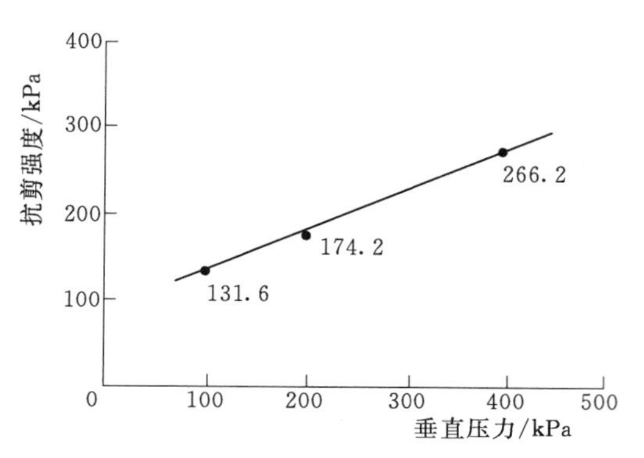

图 1 T8－1 号土样直剪实验

（土样含水量：18.7%，18.9%，18.8%）

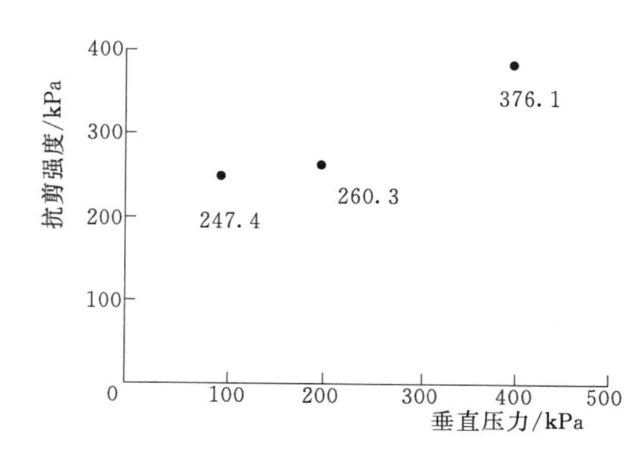

图 2 T10－3 号土样直剪实验

（土样含水量：9.4%，13.1%，10.7%）

从图 1、图 2 中可知，土样含水量对非饱和黄土抗剪强度影响很大。对于含水量极不均匀的夯填土，无法用式（1）确定 c_t、φ_t 参数，从而无法提供准确的土坡稳定性分析指标。鉴于目前没有现成的理论和公式直接确定非饱和土的抗剪强度指标，本文将建立一个简单的人工神经网络模型来预测非饱和土的抗剪强度。

2 模型的建立

现有的研究资料表明，非饱和土的抗剪强度都与基质吸力[❶]相关。早期建立的运用得较为成功的非饱和土抗剪强度公式有 Bishop 公式[❷]、Fredlund 的双应力变量公式[❸]等，近年来国内不少研究者致力于非饱和土抗剪强度的研究，提出了一些新的理论模型（如：卢肇钧提出吸附强度 τ_s 与膨胀力 p_s 的线性关系模型；沈珠江提出 τ_s 的双曲线模型等），这些模型都以基质吸力来确定非饱和土抗剪强度的。基质吸力的确定通常用直接测量的方

❶ 基质吸力（matric suction）是由土中水气界面收缩膜张力所产生的负孔隙压力，它与渗透吸力（omistic suction）构成土的总吸力，可表示为孔隙气压力与孔隙水压力的差值（u_a-u_w）。

❷ Bishop A W, Alpan I, Blight G E, et al. Factors Controlling the Shear Strength of Partly Saturated Cohesive Soils, ASCE Research Conference on the Shear Strength of Cohesive Soil, Univ. of Colorado, 1960.

❸ Fredlund D G, Morgenstem N R, and Widger R A. Shear Strength of Unsaturated Soils, Canadian Geotechnical Journal. 1978－15.

法，目前常用的有压力板仪法、张力计法、热传导探头法、滤纸法等，但这些方法存在着诸如测量范围窄、测量精度不够、测量过程繁琐等缺点。土水特征曲线[1]是间接获得基质吸力的一种方法，它可以通过测量的方法获得。土水特征曲线随土性、应力历史、应力状态等因素而变，其测量的过程也是很困难的。Frelund[2]等人用统计分析理论导出可适用于各种土类的土水特征曲线表达式：

$$\theta(\varphi,a,n,m)=\left[1-\frac{\ln\left(1+\frac{\varphi}{\varphi_r}\right)}{\ln\left(1+\frac{10^6}{\varphi_r}\right)}\right]\cdot\frac{\theta_s}{\left\{\ln\left[e+\left(\frac{\varphi}{a}\right)^n\right]\right\}^m}$$

由前面的分析可以得到，非饱和土抗剪强度与土体的性质指标大体有如图 3 的推导关系。因此，从目前的研究成果看来，若知道土体的干密度、含水量、颗粒级配曲线、应力状态，细观结构、矿物成分等性质指标，就可以确定非饱和土体的抗剪强度。

但由于非饱和土各性能指标之间关系的高度非线性，非饱和土的一些作用机理仍然不够清楚，现有的一些公式、模型很难精确地与实际情况相符合。例如，在确定非饱和土抗剪强度的推导过程中（图 3），因试验参数难以确定和吸力的量测费时费力，不易得到精确的土水特征曲线；同时，因 φ_b 测量的困难，致使计算的抗剪强度与实际相差甚远。鉴于上述原因，有必要寻求一些新的更简洁的方法来预测非饱和土的抗剪强度。

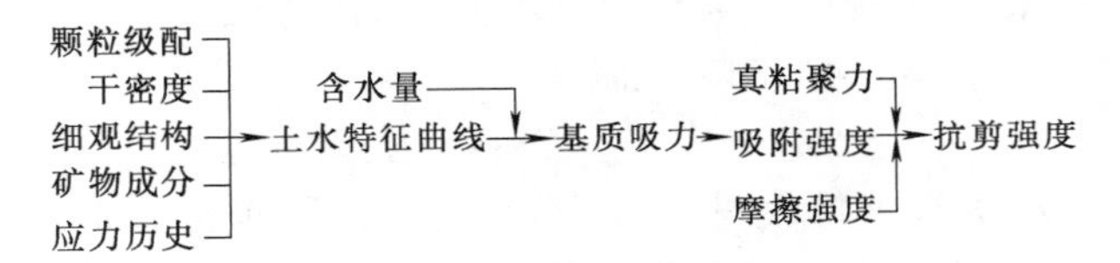

图 3　确定非饱和土抗剪强度的推导关系

用人工神经网络对抗剪强度进行预测，实际上是利用其学习功能，用已知的样本序列对网络进行有导师训练，训练后的网络即具有预测功能。结合“运三”高速公路十一标段填方工程实际，略去颗粒级配、矿物成分、细观结构等指标的变化对非饱和土抗剪强度的影响（因为整个填方工程的土料取自同一土场，这些指标变化不大），以直剪土样密度、含水量、垂直压力三个物理量为网络输入，以抗剪强度值为网络输出。

为使神经网络在普通计算机上能够实现，本文采用 BP 网络模型，编制程序在计算机上运行。网络的结构采用前后两层完全连接的方式，没有跨层连接。为比较网络结构对预测精度的影响，采用单隐含层和双隐含层两种网络结构（图 4、图 5）。

图 4、图 5 中，σ_n 为直剪试验试样法向应力（kPa）；ω 为试样含水量（%）；ρ 为试样密度（g/cm^3）；τ_f 为试样抗剪强度（kPa）。

网络传递函数采用 Sigmoid 型函数，即：

---

[1] 土水特征曲线（soil water characteristic curve）是表征土体基质吸力和含水量的关系曲线，通常用体积含水量 θ 为纵坐标，基质吸力（u_a-u_w）为横坐标。

[2] Fredlund D G and Xing A. Equations for the Soil - water Characteristic Curve. Can. Geotech. J. Vol. 31：521 - 532.

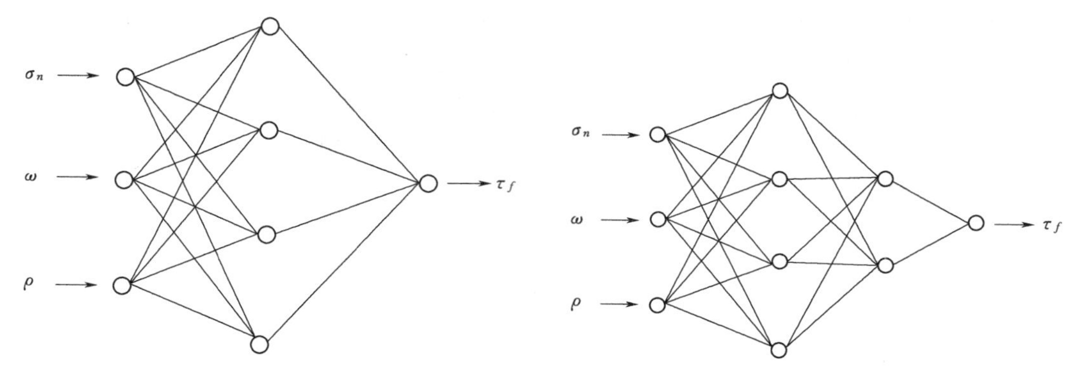

图4　单隐含层网络结构　　　　图5　双隐含层网络结构

$$f(I)=\frac{1}{1+e^I} \tag{2}$$

式中　I 为单元输入权重和：

$$I=\sum_{j=1}^{n}\omega_j \cdot x_j \tag{3}$$

式中　ω_j 为本单元与上层各单元的连接权重；x_j 为上层各单元输出。

网络采用广义Delta学习规则。为摆脱训练网络时可能停留在局部最小误差的情况，在广义Delta学习规则中加入一动量项，即：

$$\Delta\omega_{ij}(t+1)=\beta E x_i+a\Delta\omega_{ij}(t) \tag{4}$$

式中　$\Delta\omega_{ij}(t+1)$ 为本次权重修改量；$\Delta\omega_{ij}(t)$ 为上次权重修改量；E 为此单元的误差值；x_i 为沿此权重传来的输入值；β 为学习速率；α 为动量常数。

以所有样本误差总和 $\delta E_t<1.0\%$ 作为网络训练的标准，对以上图4、图5两种网络分别采用45组实测数据进行训练，另取9组数据对网络预测功能进行检测，结果见表2。

表2　网络预测功能检测结果

样本编号		1	2	3	4	5	6	7	8	9
法向应力 σ_n/kPa		100	200	400	100	200	400	100	200	400
含水量 ω/%		18.70	18.92	18.80	18.94	19.32	18.74	13.26	12.67	13.02
密度 ρ/(g·cm^{-3})		2.183	2.185	2.162	2.205	2.162	2.128	2.164	2.145	2.137
实测抗剪强度/kPa		131.6	174.2	266.2	108.9	156.4	253.4	152.4	220.7	373.1
图4	预测值/kPa	124.3	162.5	269.7	119.0	173.6	267.2	190.7	256.9	356.9
	百分误差/%	5.5	6.7	1.3	9.3	11.0	5.4	25.1	16.4	4.3
图5	预测值/kPa	122.5	155.0	260.2	117.7	165.1	256.9	173.4	246.3	350.4
	百分误差/%	6.9	11.0	2.3	8.1	5.6	1.4	13.8	11.6	6.1

3　对预测结果的分析

3.1　不同ANN结构对预测结果的影响

对于图4、图5这两种结构的神经网络，它们的训练样本和检测样本是相同的。从表

2 的检测结果看来，图 5 的双隐含层网络结构的预测精度优于图 4 所示的单隐含层网络结构。网络结构对网络的预测功能至关重要。若网络结构简单，神经结点数少，需要对网络进行训练的样本较小，但预测精度相对较低，有时甚至导致预测失效；若网络结构复杂，神经结点数多，预测精度可能相对有所提高，但需要大量数据对网络进行训练。如何寻找最优的网络结构，仍是需进一步研究解决的问题。

3.2 抗剪强度与上覆压力间的关系

对已经训练好的图 5 所示网络，输入几个系列的数据，在每个系列中，含水量、干密度固定不变，改变上覆压力 σ_n，由网络输出抗剪强度 τ_f，输出结果见图 6。

从网络输出结果看来，$\tau_f-\sigma_n$ 基本成直线关系，因此对于含水量、干密度相差不大的非饱和土样，可以用经典的 Mohr－Coulomb 准则按式（1）确定土的抗剪强度指标。

3.3 抗剪强度随含水量的变化曲线

非饱和土抗剪强度受含水量影响很大。含水量增大，非饱和土抗剪强度降低。但非饱和土抗剪强度与含水量究竟按什么曲线关系变化尚且未知。下面是利用图 5 网络的输出绘制的曲线（图 7）。

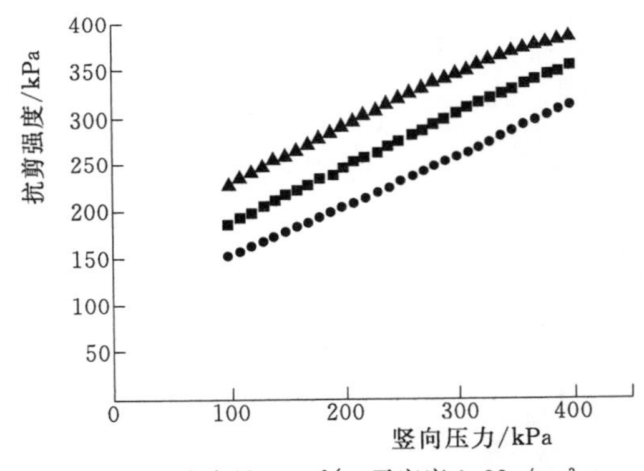

图 6 非饱和土 $\tau_f-\sigma_n$ 关系

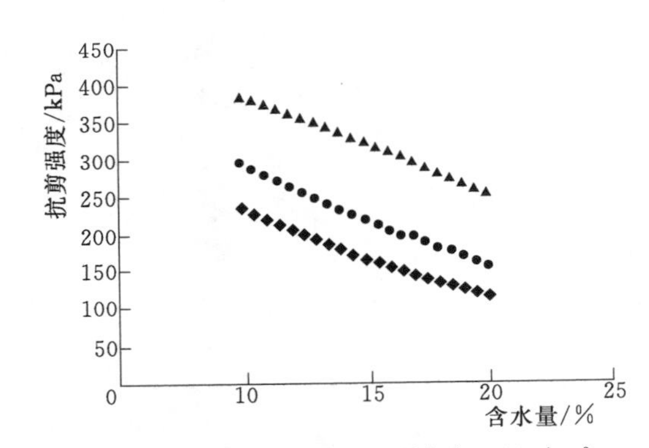

图 7 $\tau_f-\omega$ 变化曲线

4 结论

由本文的分析可以得出结论：用人工神经网络实现对非饱和土抗剪强度的预测是可行的。与其他分析方法相比较，人工神经网络预测抗剪强度有如下优点：①避免测量吸力，省时、省力、节约费用；②建模简单，避免繁琐的理论公式计算等。本文建立的 BP 网络模型因结构简单，只能适用于运三公路十一标段直剪试验结果的预测，预测结果基本满足工程要求。但预测仍然存在较大误差，要使网络具有更广泛的适应性，还需考虑将土的诸如细观结构、矿物成分、颗粒级配等因素作为网络输入，但如何将这些量化还是需进一步研究的问题。

参考文献

[1] 骆以道．非饱和土吸力特性及其测量方法的研究：[硕士学位论文]．武汉：武汉大学，2001．

[2] 缪林昌，严明良，殷宗泽．人工神经网络预测非饱和土的特征参数．河海大学学报，1999，27(1)：66-69．

[3] 张际先，宓霞．人工神经网络及其在工程中的应用．北京：机械工业出版社，1996.3．

雨水入渗作用下非饱和土边坡的稳定性分析

高润德[1]　彭良泉[1]　王　钊[2]

（1. 长江水利委员会设计院，湖北武汉　430010；
2. 武汉大学水利电力学院，湖北武汉　430072）

摘　要： 基于非饱和土理论，针对南水北调中线工程河南段某一黄土高边坡，利用有限元方法和极限平衡理论研究了雨水入渗作用下土体的渗透性、抗剪强度及坡顶垂直裂缝对边坡稳定性的影响。分析表明，在雨水入渗作用下，边坡土体的渗透性对边坡稳定性的影响较大。在降雨强度和降雨持续时间都相同的条件下，边坡的稳定安全系数随土体渗透系数的增大而减小。当边坡坡顶存在垂直裂缝时，在无雨水入渗的情况下，边坡的稳定安全系数随裂缝开展深度的增加变化并不明显，大约在10%左右；在雨水入渗下，边坡稳定安全系数随坡顶裂缝的发展明显下降。在分析非饱和土边坡的稳定性时，应该考虑基质吸力对抗剪强度的贡献。

关键词： 非饱和土理论；渗透性；抗剪强度；边坡稳定性；雨水入渗；南水北调中线工程

中图分类号： TU457　　**文献标识码：** A　　**文章编号：** 1001-4179（2001）11-0025-03

1　概述

边坡的稳定性研究是当前岩土工程界的一个热点课题，国内外众多学者对此进行了大量的卓有成效的工作，并取得了不少有意义的研究成果。但是，值得指出的是，几乎所有的这些研究工作都是针对粘性土、砂土等饱和土边坡进行的，而对于像由黄土、残积土或坡积土等非饱和土所组成的边坡研究甚少，或有所研究，但却没有考虑这类土体的非饱和特性。非饱和土在我国分布相当广泛，开展非饱和土边坡的稳定性研究具有十分重要的现实意义。

鉴于此，本文在非饱和土理论的基础上，利用有限元方法和极限平衡理论，针对南水北调中线工程河南段某一具体工程实例，分别考虑了雨水入渗作用下土体的渗透性、坡顶垂直裂缝及土的抗剪强度这3个因素对非饱和土边坡的稳定性的影响，在此基础上得出了一些认识。

2　基本理论

自从Terzaghi[1]在1942年创建《土力学》以来，人们对粘性土、砂土这类饱和土的研究已经相当深入，但对非饱和土的研究起步较晚。非饱和土的性质要比饱和土的性质复杂得多，其原因之一是由于非饱和土的孔隙中除了有水之外，还有气。由于毛细管吸力的

本文发表于2001年11月第32卷第11期《人民长江》。

存在，使水气分界面呈弯液面，造成孔隙气压力 u_a 与孔隙水压力 u_w 不相等，且 $u_a \geqslant u_w$。当 u_a 为大气压力时，u_w 就成为负值。研究表明[2]，负的孔隙水压力在土体中会产生基质吸力。基质吸力与外力无关，但与土体的含水量密切相关。当土体的含水量增加时，基质吸力随含水量增加而减小，当土体的含水量达到或接近饱和时，基质吸力趋于零。基质吸力在土体中会形成一种吸附强度。吸附强度亦随含水量的增加而减小，直至趋于零。

由于负孔隙水压力的存在，非饱和土边坡的稳定性分析要比饱和土边坡的稳定性分析复杂得多。首先，雨水在非饱和土中的入渗是一个饱和—非饱和的渗流过程，即非饱和渗流；其次，由于吸附强度的存在，传统的抗剪强度公式和 Mohr - Columb 准则对非饱和土不再适用，是否考虑抗剪强度指标的变化和如何考虑抗剪强度指标的变化对边坡稳定性的影响亦是一个值得研究的问题。

到目前为止，建立在极限平衡理论基础上的边坡稳定分析方法仍然是边坡稳定性分析的主要方法之一，尽管这种方法在理论上完全不考虑边坡土体的应力—应变本构关系，也不研究边坡土体的变位情况，并在力学上作了一系列简化假定，但由于它抓住了问题的主要方面，可以取得与实际情况较为吻合的分析结果，因此在工程实际中广泛应用。

研究雨水入渗对边坡稳定性的影响，问题的关键和难点在于如何计算雨水入渗在边坡土体中引起的渗流场。如果求出了渗流场的解答，就可以利用技术比较成熟的极限平衡法进行边坡的稳定性分析。但是，正如前述，对于非饱和土来说，雨水入渗是一个极其复杂的饱和—非饱和渗流过程。鉴于此，本文对雨水入渗作用下的非饱和土边坡稳定性的分析是从最简单的非耦合情况入手，利用简化的二维入渗模型对渗流场进行分析，进而利用极限平衡方法研究边坡的稳定性。

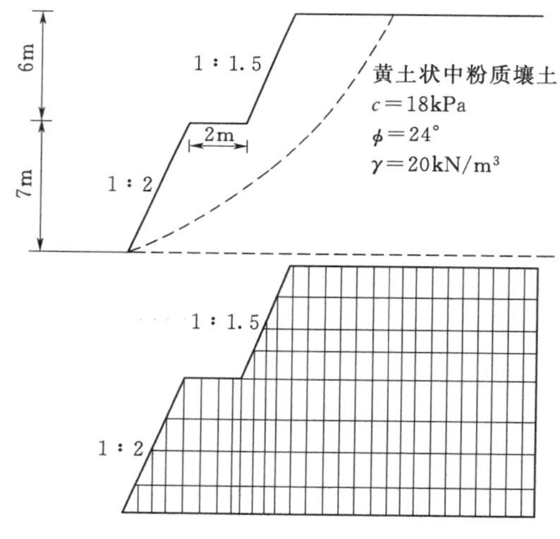

图 1　边坡稳定计算断面及有限元分析网格

3　工程实例

南水北调中线工程在河南段有一黄土高边坡渠道，渠高 13m，渠底宽 36m。渠坡为二级坡，第 1 级渠坡高 7m，坡度为 1：2，第 2 级渠坡高 6m，坡度为 1：1.5。中间马道宽 2m。渠坡为黄土状中粉质壤土。地下水位在基础地面以上 2m。为保证工程的安全运行，对边坡的稳定性进行了研究。边坡计算断面及有限元分析网格如图 1 所示，其中渠顶平台计算宽度取渠高的 3 倍。

4　土体渗透性对边坡稳定性的影响

水动力学明确指出，水在非饱和土中的渗流同水在饱和土中的渗流一样，服从达西(Darcy) 定律，但与饱和土中的渗流不同的是，非饱和土的渗流系数 k 不是常量，而是饱和度的函数，该函数称为渗透性函数。如果采用水头 h 作为控制方程的因变量，根据质量守恒定理和能量守恒定律，对于渗透各向同性的二维饱和—非饱和流动问题，其渗流控制方程可以写为：

$$\frac{\partial}{\partial x}\left(k\frac{\partial h}{\partial x}\right)+\frac{\partial}{\partial y}\left(k\frac{\partial h}{\partial y}\right)=m_{w}\rho_{w}g\frac{\partial h}{\partial t} \tag{1}$$

式中 k 为渗透系数；h 为水头；$\frac{\partial h}{\partial x}$，$\frac{\partial h}{\partial y}$分别为水平方向和垂直方向的水力坡降；$\rho_w$ 为水的密度；g 为重力加速度；m_w 为体积含水量 θ_w 对基质吸力（u_a-u_w）的偏导数的负值，即：

$$m_{w}=-\frac{\partial\theta_{w}}{\partial(u_{a}-u_{w})} \tag{2}$$

雨水入渗作用下的非饱和渗流问题，边界条件取为边坡表面边界给定入渗速度（或降雨强度），即 Neuman 边界条件。对方程（1）的求解，笔者利用 SSS（Seepage of Saturated - unsaturated Soils）程序进行有限元分析，有限元分析网格见图 1。

土体的渗透性直接关系着水在土中的入渗速度，因此渗透性在雨水入渗对边坡稳定性的影响机理中无疑起着非常重要的作用。在考虑渗透性的影响时，本文将降雨强度和降雨持时结合起来考虑。为了得出有比较意义的结果，本文分别考虑了无渗流作用和有渗流作用这两种情况下 3 种不同的渗透系数对稳定性的影响。其中土体凝聚力为 18kPa，内摩擦角为 24°。稳定性分析结果如表 1 所示。

表 1　　土体的渗透性对边坡稳定性的影响

渗流作用	渗透系数（cm/s）	稳定安全系数
无渗流		1.595
有渗流，平均降雨强度为 300mm/d，降雨持时为 24h	4×10^{-3}	0.931
	4×10^{-4}	1.127
	4×10^{-5}	1.261

从表 1 中可以看出，当无渗流作用时，边坡的稳定安全系数为 1.595，明显比有渗流作用的各种情况的边坡稳定安全系数高，这说明渗流对边坡的稳定性产生较大的影响。

有渗流作用时，若降雨强度和降雨持时都相同，边坡的稳定安全系数随边坡土体的渗透系数增大而减小。其原因可能是由于边坡破坏一般为浅层破坏，当土体渗透系数较大时，虽然水很容易渗流到土体的深部，但正是由于这样，使得土体浅层始终达不到较高的饱和度，对于非饱和土来说，即其浅层土体中的孔隙水压力始终保持为某一个负值，基质吸力仍然存在，从而使边坡的稳定安全系数维持在一个较高的水平；当土体的渗透系数较小时，尽管雨水入渗到土体深部比较困难，但却能使浅层的土体迅速接近饱和，使局部的孔隙水压力由负值变为正值，基质吸力由此迅速降低到接近于零，造成边坡稳定安全系数急剧下降。

5　坡顶垂直裂缝对边坡稳定性的影响

要想在边坡稳定性分析中考虑裂缝对边坡稳定性的影响，就必须事先知道裂缝的开展深度；虽然边坡在坡顶出现垂直张拉裂缝这一事实很早就引起了人们的注意，但要想事先准确地估计裂缝开展的深度是相当困难的，尽管有人从不同的角度来讨论这个问题，但至今还没有取得公认的结果。最近 Fredlund 在其专著《非饱和土土力学》中指出，非饱和土边坡的裂缝开展深度一般约为边坡坡顶到地下水位距离 D 的 10%～20%。在工程实际中，一般按照使边坡稳定安全系数达到最小这一原则来确定坡顶垂直裂缝的开展深度看来是比较合理的。若根据这一最小化原则，则裂缝在坡顶的开裂位置也由此确定，即边坡稳定安全系数达到最小的坡顶裂缝发生位置就是裂缝在坡顶的开裂位置。

在稳定性分析中，垂直裂缝对边坡稳定性的影响可以这样来考虑：①假定裂缝区的土体不存在抗剪强度；②裂缝区的滑动面为竖直线加圆弧线组成，其垂直张拉深度由最小化原则确定；③裂缝区的土重成为作用于边坡圆弧滑动面顶部的超载；④裂缝中的水按作用于垂直面上的静水压力计算；⑤水在土中的渗流按饱和—非饱和渗流问题考虑。

根据以上原则，本文分析了边坡土体渗透系数为 4×10^{-4}cm/s、平均降雨强度为 300 mm/d和降雨持时为 24h 的渗流场情况下，边坡裂缝开展深度和裂缝在坡顶开裂的位置对边坡稳定性的影响，其中凝聚力为 18kPa，内摩擦角为 24°，计算结果如表 2 所示。

表 2　　裂缝开展深度对边坡稳定性的影响

裂缝深度（m）	稳定安全系数		裂缝深度（m）	稳定安全系数	
	无渗流	有渗流		无渗流	有渗流
1.0	1.483	1.281	3.0	1.463	1.157
2.0	1.470	1.244	3.2	1.414	0.983

从表 2 中可以看出，在没有雨水入渗作用的情况下，边坡的稳定安全系数随裂缝深度的增加有所下降，但下降幅度并不明显，大约 10%。其原因可以这样来解释：当边坡破坏面不穿过裂缝时，裂缝理所当然对稳定安全系数影响不大，当边坡破坏面穿过裂缝时，尽管随着坡顶垂直裂缝开展深度增加，滑动长度减小，边坡抗滑力相应减小；但与此同时，由于滑动土体的体积减小，下滑力也相应减小，两者的权衡结果是抗滑力和下滑力相互趋于平衡，导致边坡稳定安全系数变化并不明显。从上述分析可以提出这样一个观点：在边坡稳定分析中，若裂缝开展深度在允许值（0.2D）范围之内时，若没有外界因素影响（如降雨），可以不考虑坡顶垂直裂缝对边坡稳定性的影响。

在雨水入渗作用下，边坡稳定安全系数随坡顶裂缝的发展明显下降。原因是在雨水入渗作用下，边坡垂直裂缝中充满了水，水的作用一方面使局部土体浸水饱和，土体中的基质吸力下降，使得吸附强度下降，在某种程度上降低了土体的抗剪强度，土体重度相应增大；另一方面裂缝中的积水产生静水压力，水在土体中渗流产生动水压力，所有的这一些不利因素使得边坡更易滑动。

6　土体抗剪强度对边坡稳定性的影响

土体的抗剪强度指标对边坡稳定性的影响是相当明显的。对于非饱和土来说，由于负孔隙水压力的存在，其抗剪强度计算公式变得十分复杂，传统的抗剪强度公式对饱和土适用，但对非饱和土不再适用，如何确定非饱和土的抗剪强度公式就成为非饱和土边坡稳定分析的一个重要的问题；此外，在实验室中，对非饱和土抗剪强度指标参数的测定亦是一个非常困难的技术问题。到目前为止，非饱和土的抗剪强度公式已有多种形式，但得到公认是 Fredlund 提出的双参数模型：

$$\tau=c'+(\sigma+u_a)\tan\varphi'+(u_a-u_w)\tan\varphi^b \tag{3}$$

式中 c'、φ'为饱和土体的有效抗剪强度指标；φ^b 为由基质吸力引起的吸附角。近年来的研究表明，φ^b 并非常量，而是含水量的函数；参数 φ'不随含水量的变化而发生明显变化，基本上可以视为一个常量。据此，负孔隙水压力对抗剪强度指标的影响可以这样来考虑：首先，将基质吸力 $\tau_s=(u_a-u_w)\tan\varphi^b$ 看作为强度指标参数 c'的一部分，换句话说，是将基质吸力看作是提高土体凝聚力的一个因素，这样处理的好处是不需要对传统的安全系数重新进行推导；其次，在分析中，将土体的凝聚力 c'予以一定的增加来考虑基质吸力对土体抗剪强度的影响。

根据以上分析，本文对边坡土体渗透系数为 4×10^{-4}cm/s，平均降雨强度为 300mm/d 和降雨持时为 24h 的渗流场情况下，抗剪强度指标参数的变化对边坡稳定性的影响进行了分析，其中不考虑基质吸力影响时的凝聚力为 18kPa，内摩擦角为 24°；考虑基质吸力影响时在无雨水入渗时的凝聚力为 24kPa，内摩擦角为 24°，在有雨水入渗时凝聚力为 20kPa，内摩擦角为 24°，计算结果见表 3。

表 3　土抗剪强度对边坡稳定性的影响

渗流作用	基质吸力影响	稳定安全系数	渗流作用	基质吸力影响	稳定安全系数
无渗流	不考虑	1.595	有渗流	不考虑	1.304
无渗流	考虑	1.924	有渗流	考虑	1.443

从表 3 中可以看出，如果考虑基质吸力产生的吸附强度对抗剪强度的影响，则不管渗流作用与否，边坡稳定安全系数比不考虑吸附强度对抗剪强度的影响时的安全系数要大得多，其中无雨水入渗时，考虑基质吸力影响时的安全系数要比不考虑基质吸力影响时的安全系数大 21%左右；有雨水入渗作用时，考虑基质吸力影响时的安全系数要比不考虑基质吸力影响时的安全系数大 11%左右。

由上述结果，可以解释在工程实际中，一些边坡在理论上求出的安全系数小于 1 的情况下，但在事实上保持了稳定的原因。由于在稳定性分析中没有考虑基质吸力对抗剪强度的贡献，得出的稳定安全系数小于 1，但在事实上，基质吸力对抗剪强度是有贡献的，考虑基质吸力的影响，边坡稳定安全系数在实际上大于 1。

其次，雨水入渗时，考虑基质吸力影响时的稳定安全系数增幅比不考虑雨水入渗时考虑基质吸力时的稳定安全系数增幅要小得多，其原因是在雨水渗流作用下，土体中的基质吸力随土体含水量的增加而逐渐减小，吸附强度也减小，导致抗剪强度减小，边坡稳定安全系数降低得更多。

7　结论

分析表明，在雨水入渗作用下，边坡土体的渗透性对边坡稳定性的影响较大。在降雨强度和降雨持时都相同的条件下，边坡的稳定安全系数随土体渗透系数的增大而减小；在降雨总量不变的条件下，当降雨持时增长时，边坡的稳定安全系数随土体渗透系数的增大而增大。

研究表明，当边坡坡顶存在垂直裂缝时，在无雨水入渗的情况下，边坡的稳定安全系数随裂缝开展深度的增加变化并不明显，大约10%；在雨水入渗下，边坡稳定安全系数随坡顶裂缝的发展明显下降。因此，对边坡坡顶出现的裂缝，应及时用粘土封闭夯实，避免雨水直接入渗。

在分析非饱和土边坡的稳定性时，应该考虑基质吸力对抗剪强度的贡献。

参考文献

[1] Terzaghi K. Theoretical Soil Mechanics. 1942.
[2] 弗雷德伦德 D G. 拉哈尔佐 H. 著，陈仲颐，等译．非饱和土土力学．北京：中国建筑工业出版社，1997.
[3] 钱家欢，殷宗泽．土工原理与计算（第二版）．北京：中国水利水电出版社，1996.

运城黄土吸力特性的试验研究

王　钊[1,2]　骆以道[1]　肖衡林[1]　姚政法[3]

（1. 武汉大学土木工程学院，湖北武汉　430072；2. 清华大学水利工程系，北京　100084；3. 山西运城公路局，山西运城　044000）

摘　要： 应用张力计、热传导探头等吸力量测手段，对山西省运城地区黄土的吸力特性进行试验研究，测出了该黄土在脱湿过程的土-水特征曲线，该法较压力板法简单，还用 Fredlund and Xing（1994）方程对实测数据进行了拟合。

关键词： 黄土；吸力测量；土-水特征曲线

中图分类号： TU 44　　**文献标识符：** A　　**文章编号：** 1000－7598－（2002）01－0051－04

Experimental Study on Suction Characteristics of Ioess in Yuncheng Region

WANG Zhao[1,2]　LUO Yi－dao[1]　XIAO Heng－lin[1]　YAO Zheng－fa[3]

(1. School of Civil and Architectural Engineering, Wuhan University, Wuhan 430072, China; 2. Department of Hydraulic Engineering, Tsinghua University, Beijing 100084, China; 3. Yuncheng Bureau of Highway, Yuncheng 044000, China)

Abstract: An experimental study on suction characteristics of the loess in Yuncheng Region is conducted by using the method of tensiometer, thermal conductivity sensor, etc. The soil－water characteristic curve of this kind of loess in drying procedure is obtained. This method is simpler than the method of pressure plate; and the Fredlund and Xing Equation (1994) has been used to confirm the measured data.

Key words: loess; suction measurement; soil－water characteristic curve

1　概述

山西省运城地区年降水量低，土体处于非饱和状态。在该地区平陆县运城至三门峡高速公路的十一标段用强夯法填平一个 41m 深的冲沟，为验算高边坡的稳定性，取现场土样在室内进行直剪试验和基质吸力特性的量测。土样属 Q_2 黄土，其物理性质指标的平均值参见表 1 和表 2。

本文发表于 2002 年 2 月第 23 卷第 1 期《岩土力学》。

本文为国家自然科学基金项目资助成果（59679021）。

表 1 土样物理性指标

Table 1 Indexes of physical properties of soil specimen

性状	液限 /%	塑限 /%	塑性指数 /%	最优含水量 /%	自重湿陷系数
Q_2 粉质粘土	30.1	18.0	12.1	12.8	0.01

表 2 粒径分布指标

Table 2 Particle size distribution

粒径/mm	0.25～0.074	0.074～0.05	0.05～0.01	0.01～0.005	<0.005
分布指标/%	1.3	10.0	54.4	10.8	23.5

非饱和黄土在长期地质胶结作用下，具有很高的粘聚力。从现场观测，许多山体坡度接近 90°，并无滑坡迹象。粘聚力由真粘聚力和假粘聚力组成，其中假粘聚力（亦即吸附强度）主要取决于土中的基质吸力。对于扰动击实土样，真粘聚力较小，总粘聚力主要由基质吸力产生的吸附强度构成。在工地现场完成了大量的质量检测试验，表 3 列出了各层夯填土的含水量、粘聚力及抗剪强度的平均值。其中，抗剪强度是用直剪试验得到的。从统计的数据可见，击实土的粘聚力在 69.1～38.7kPa，强度很高，且含水量对击实黄土的强度影响十分明显。

表 3 各层夯填土的特性指标

Table 3 Indexes of properties of compacted fills

夯层	ω/%	c/kPa	φ/(°)
4	15.1	114.6	29.2
5	11.8	91.2	34.5
6	15.3	138.7	25.2
7	18.0	81.3	24.3
8	18.3	69.3	23.9
9	16.1	91.3	24.5
10	14.1	126.3	29.6
11	15.7	89.6	29.9

因粘聚力随含水量的增加而陡然下降，这就要在工程上特别考虑一些问题。例如：填方筑堤时需严格控制含水量不超过 19%，需特别注意路堤表面的防渗、防冲措施，否则会导致击实土干密度和抗剪强度达不到设计要求，甚至影响高路堤边坡的稳定性。运城黄土击实后的强度是与其吸力特性分不开的，对其吸力特性的研究是非常有意义的。

土-水特征曲线 SWCC（Soil - Water Characteristic Curve）是描述土体吸力特性的重要曲线，它描述土体的体积含水量与吸力的关系。土-水特征曲线的测量目前通常采用压力板仪的方法，但此法存在操作复杂、试验成本高等缺点。本次试验采用张力计和热传导探头两种方法对运城土样进行测量，以得到运城黄土准确的土-水特征曲线。

2 测量仪器及装置

2.1 测量仪器

本次试验使用武汉大学农水综合实验厂制造的连通侧管式张力计，它由测量探头、侧管水银柱测量系统两大部件组成，其中，陶土头由南京土壤仪器厂生产，规格 ϕ20mm。整个装置的结构可参见图 1。图中用两个张力计分别对同一种土的两个土样进行平行测试。张力计可测的最大吸力不超过 90kPa。

热传导探头为清华大学研制的 TS－Ⅱ型热传导吸力探头（率定量程 200kPa），整个仪器由探头和读数仪两部分组成：

探头——两个陶土探头的编号为 931#、934#，其率定工作由清华大学完成。

读数仪——QS－Ⅰ型，参见图 1 右下方。该仪器有 4 个通道，可同时安装 4 个土吸力探头。

图 1 试验装置

Frg. 1 Test apparatus

2.2 装置说明及测量原理

本次试验采用张力计、热传导探头两种传感器对同一土样进行测量，以得到一条准确的土-水特征曲线。

试验时，将制备好的一定含水量的土样装入内径 140mm 高 80mm 的土盒中并击实，同时装上热传导探头和张力计陶土头。拆开对分式土盒，让土样中水分自由挥发，测出土样逐渐脱湿变干时含水量和吸力的变化过程。因土样较薄，假设土样中含水量均匀。

3 吸力测量及成果分析

3.1 测量过程

取运城黄土，磨碎，过筛，加水调湿。静置 2d，使土样的含水量平衡。将制备好的土样装入土盒，并埋入热传导探头，分层击实，再钻孔装上张力计探头。

将土样放入清水中饱和 2d。

将饱和后的土样从清水中取出，使其在空气中自然脱水，随着土样含水量的逐渐变小，土样中的基质吸力不断上升，定期记录张力计和热传导探头的输出值，并称重计算土样的体积含水量。

为保证试验的可靠性，本次试验采用两个土样进行平行试验，以便分析试验的误差。有关土样制备的参数见表 4。

表 4　　制备土样参数

Table 4　　Parameters of soil specimens

土样编号	热探头编号	土盒容积/cm³	土样高度	土样直径/cm	击实后干密度/(g·cm⁻³)
1#	931#	1408.7	8.12	14.863	1.406
2#	934#	1372.1	7.98	14.797	1.406

整理计算测读的数据，得到张力计和热传导探头所测的吸力值。从试验测量的数据看来，张力计的测量结果是稳定合理的，而热传导探头在低吸力段的测量结果不稳定，由于有些读数远低于率定曲线范围，使得处理结果出现很高的负值，这些数据予以剔除。当土样含水量较低时，热传导探头的测量结果又出现不稳定现象，在处理数据时去除了这些不合理的数据。

3.2　成果整理

整理张力计的测量结果，将测量的 1#、2# 土样的土-水特征曲线绘于图 2 中。

从图中可以看出，两条曲线符合的很好。由此可知，对于同种土样（土的化学组成、颗粒级配、干密度相同），土-水特征曲线是基本稳定不变的。

张力计的测量范围受到限制，一般不高于 90kPa，本次实验吸力测量值低于 89kPa。

热传导探头的测量结果绘制成图 3。

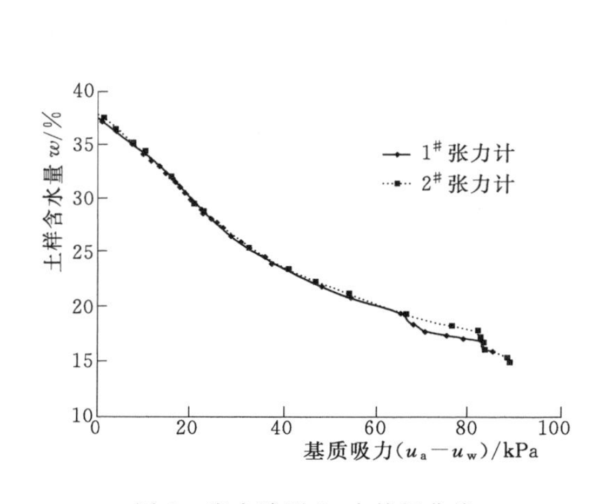

图 2　张力计测土-水特征曲线

Fig. 2　Soil - water characteristic curve (by tensiometer)

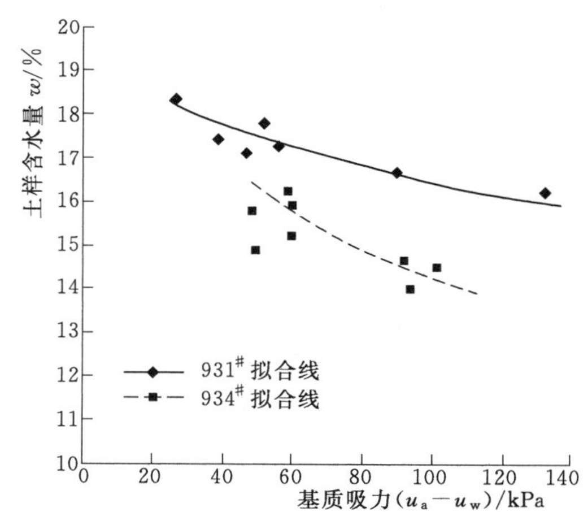

图 3　热传导探头测土-水特征曲线

Fig. 3　Soil - water characteristic curve (by thermal conductivity sensor)

热传导探头的测量范围较张力计大，本次实验测量范围 0～140kPa，图 3 测出的数据点乃是取土样含水不低于 20%时的测量数据并剔除不合理值而得到的。934# 探头因反复使用导致探头上有裂缝，测量的数据点离散，测量结果可能和实际情况不符。

针对热传导探头和张力计这两种方法的测量特点，将热传导探头测出的低吸力段离散数据点去掉，综合张力计测出的低吸力段数据点，可以得到两个土样的土水特征曲线

(SWCC)，如图 4 所示。

从两个土样的土-水特征曲线比较来看，基本上是一致的。2# 土样因测量仪器问题(934# 热传导探头损坏)，高吸力段数据点离散。总体上平行误差不大，这说明本次实验是成功的，测出的运城黄土的土-水特征曲线符合实际情况。

为进一步得到本次试验土样的土-水特征曲线方程，用 Fredlund & Xing (1994)[2] 方程，对 1#、2# 两个土样的实测吸力数据点进行拟合，拟合的曲线见图 5。

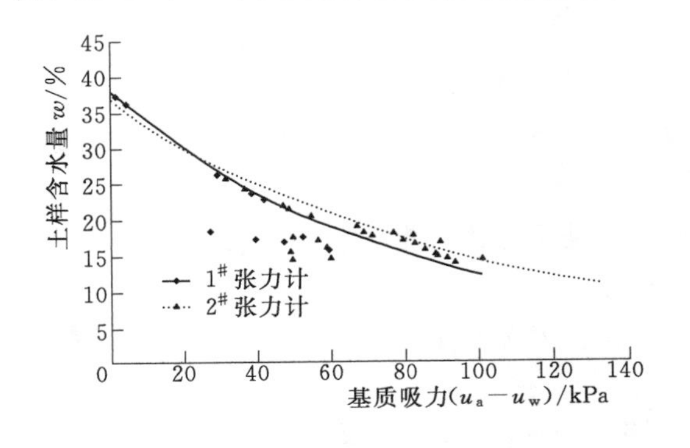

图 4　综合土-水特征曲线（SWCC）

Fig. 4　Comprehensive soil - water characteristic curve

图 5　土-水特征曲线的拟合

Fig. 5　Fitting of soil - water characteristic curve（SWCC）

在拟合过程中，饱和土样的体积含水量为试验实测，因试验条件所限，未测残余含水量所对应的基质吸力，本文所取的是根据试验数据点的最佳逼近而选定的。其拟合方程如下式：

$$\Theta(\Psi)=\left[1-\frac{\ln\left(1+\dfrac{\Psi}{295}\right)}{\ln\left(1+\dfrac{10^6}{295}\right)}\right]\frac{55.3}{\left\{\ln\left[e+\left(\dfrac{\Psi}{56.5}\right)^{1.02}\right]\right\}^{2.36}} \tag{1}$$

式中　Θ 为体积含水量；Ψ 为基质吸力。

根据上述拟合方程，可以确定土-水特征曲线的一些特征参数如表 5 所示。

表 5　土水特征曲线特征参数

Table 5　Characteristic parameters of SWCC

饱和体积含水量 Θ_s/%	进气值 $(u_a-u_w)_b$/kPa	残余体积含水量 Θ_r/%	Θ_r 对应吸力 $(u_a-u_w)_r$/kPa
55.3	8.1	5.6	295

包承纲[3]建议将土-水特征曲线的进气值点与残余含水量点之间的曲线近似地用直线表示（见图 5）以便于工程中的计算，从而提出土-水特征曲线的以下简化形式：

$$\frac{\Theta-\Theta_r}{\Theta_s-\Theta_r}=p-q\lg(u_a-u_w) \tag{2}$$

式中　p，q 分别为与土-水特征曲线下降段的截距和斜率相关的参数。结合表 4 中的参数可求得：

$$p=\frac{\lg(u_a-u_w)_r}{\lg(u_a-u_w)_r-\lg(u_a-u_w)_b}=1.582 \tag{3}$$

$$q=\frac{1}{\lg(u_a-u_w)_r-\lg(u_a-u_w)_b}=0.640 \tag{4}$$

这样，本次试验土样的土-水特征曲线方程可简化成下式：

$$\Theta=84.22-31.83\lg(u_a-u_w) \tag{5}$$

对应的曲线也绘于图5中。

4　结语

吸力特性是黄土工程特性研究的重要组成部分，本文得出的土-水特征曲线对运城地区黄土工程性质的研究有一定参考意义。

（1）根据实测的含水量可得到土的基质吸力，进而可分析土体的吸附强度和凝聚力c的组成。

（2）用张力计和热传导探头测量土水特征曲线较传统的压力板法具有设备简单、费用低等优点，且测量的精度可靠。

（3）张力计虽测量的精度高，但测量范围窄（0～90kPa）；而热传导探头可测0～400kPa的基质吸力值。测量时，需两种方法配合使用。

文中热传导探头的率定工作在清华大学进行，李未显，徐捷等研究人员提供了读数仪和探头率定结果，试验中还得到武汉大学王富庆的指导，在此一并表示感谢。

参考文献

[1]　土工试验规程（SD 128—84）[S]. 北京：水利电力出版社，1987.

[2]　Fredlund D G, Xing A. Equations for the soil water characteristic curve [J]. Can. Geotech. J., 1994. 31：521-532.

[3]　包承纲，龚壁卫，詹良通．非饱和膨胀土的土水特征曲线及其与抗剪强度关系的研究[A]. 第二次南水北调膨胀土渠坡稳定问题研讨会[Z]. 武汉：长江科学院，1998.

Measurement of Matric Suction of Loess in Shanxi Province

Z. Wang   Y. D. Lao

Wuhan University and Tsinghua University, People's Republic of China;
Wuhan University, People's Republic of China

ABSTRACT: Loess in Shanxi Province is typical collapsing soil in China. The specimen was taken from a site of expressway engineering. The soil - water characteristic curve (SWCC) of this kind of soil was obtained using tensiometer and thermal conductive sensor, then the measured data were matched by the Fredlund & Xing Equation (1994). A simple equipment made of inner tube of a tire with pressure of 60kPa and filter papers was used to measure matric suction in a drilled hole. The results were compared with that of parallel measurement by tensiometers and compared with SWCC.

1 INTRODUCTION

Shanxi province is located at arid and semi arid area in China, where soil is in unsaturated situation. During construction of an expressway from Yuncheng to Sanmenxia, some deep valleys have to be filled, the highest road embankment is with height of 41m. In order to examine the stability of the high slope, some soil specimens were taken from road embankment and direct shear and suction characteristic tests were conducted. The soil is silty clay, named Q_2 loess by geologic age. The physical properties and particle size distribution of the soil are presented in Tables 1 and 2.

Table 1 **Indexes of physical propeties of soil**

Liquid limit (%)	Plasticity index (%)	W_{op}^{*} (%)	ρ_{max} (g/cm^3)
30.1	12.1	10.1	1.92

* W_{op}—Optimum water content.

Table 2 **Particle size distribution**

0.25～0.074 (mm/%)	0.074～0.05 (mm/%)	0.05～0.01 (mm/%)	0.01～0.005 (mm/%)	<0.005 (mm/%)
1.3	10.0	54.4	10.8	23.5

A lot of slopes with slope angle near 90° are stable, that is due to the unsaturated soil has very high cohesion. The total cohesion may be divided into an effective cohesion c' and apparent cohesion related with suction component. The former is small for compacted soil, so the total cohesion is mainly consisted of the apparent cohesion depended on matric suction. Some tests of quality inspect were conducted in laboratory of engineering site, the average values of water content, cohesion and angle of internal friction of some compacted layers (The road embankment was compacted by dynamic consolidation, every layer was about 3m of hight.) are listed in Table 3.

Table 3　Indexes of properties of compacted layers

Compacted layer	5	6	8	10
w(%)	11.8	15.3	18.3	14.4
c(kPa)	91.2	138.7	69.3	126.3
φ(°)	34.5	25.2	23.9	29.6

From Table 3 it is obviously that the cohesion of compacted soil is high with range of 69.3 – 138.7kPa and it decreases with the increment of water content. The cohesion is depended on suction and water content, the soil water characteristic curve is important to stability analysis of high slope. The soil – water characteristic curve of this kind of soil was obtained using tensiometer and thermal conductive sensor, then the measured data were matched by the Fredlund & Xing Equation (1994). This method offers a simple low – cost technique to get rational drying SWCC, comparing with usual pressure plate apparatus (Fledlund and Rahardjo, 1993). Finally, a device for the field measurement of matric suction using filter paper is introduced.

Fig. 1　Apparatus of test

2　DETERMINING THE SWCC

2.1　Apparatus description and instrumentation

Referring to Fig. 1, two apparatuses are equipped for parallel measurement, which comprise two 140mm – diameter cells with height of 80mm, that contain soil specimen. The soil specimen is placed on a porous stone situated at the base of the cell, which is supported by a metal base with drainage facility. The tensiometer and thermal conductive sensor were produced by Wuhan University and Tsinghua University, respectively, which were inserted sideways into the cell through pre – drilled holes. An electronic balance was prepared for weighing soil specimen and cell to get water content, during drying procedure.

2.2 Measuring procedure and results

The soil specimens were compacted in the cells and the dry densities of both specimens were 1.41g/cm^3. Then, the soil specimens were put in deaired water for two days. After the sensors were inserted, the water content of specimens gradually decreased with surface evaporation. When the specimens were weighted, the suctions were measured using tensiometers and thermal conductive sensors. The water content and suction measured by tensiometers (TS) are shown in Fig. 2. Another water content and suction measured by thermal conductive sensors (TCS) are shown in Fig. 3. The readings of thermal conductive sensors became unstable, when the water contents were low, so lack of records of higher suction.

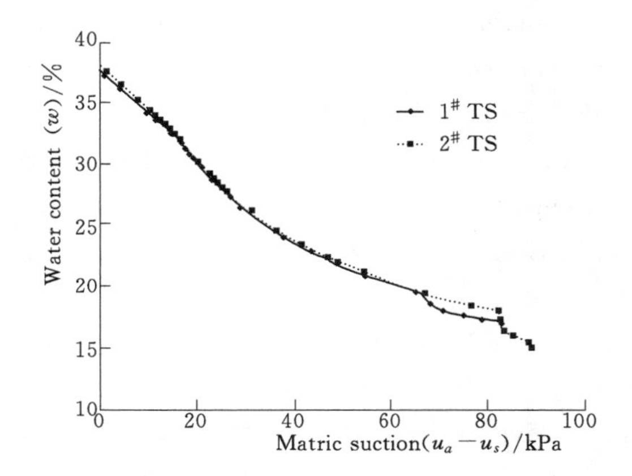

Fig. 2 Water content versus suction (TS)

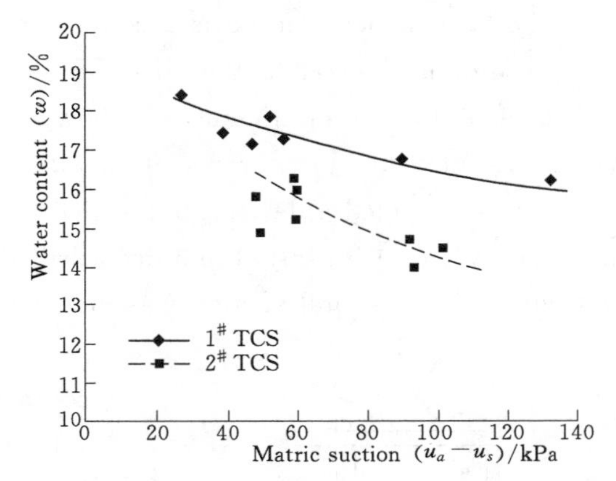

Fig. 3 Water content versus suction (TCS)

2.3 The SWCC

The curves for lower suction (in Fig. 2) and curves for higher suction (in Fig. 3) are put together in the Fig. 4 and the SWCC (calculated volumetric water content versus suction) can be gotten. Because of lack of residual water content and residual suction, which were determined by optimum approach based on readings. The SWCC was fitted by Fledlund & Xing's equation.

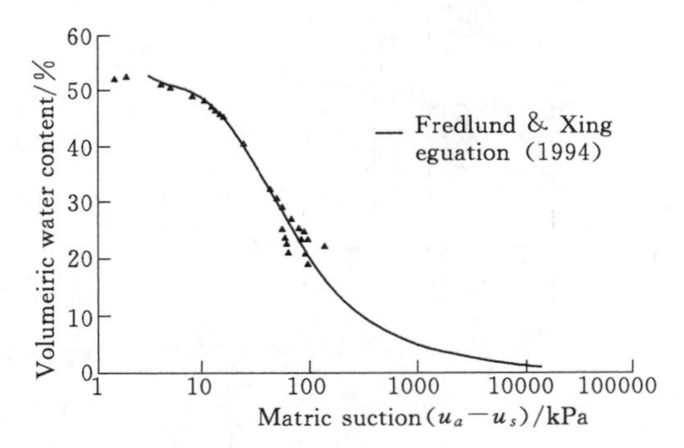

Fig. 4 Fitting of SWCC

$$\Theta(\Psi)=\left[1-\frac{\ln\left(1+\frac{\Psi}{295}\right)}{\ln\left(1+\frac{10^6}{295}\right)}\right]\cdot\frac{55.3}{\left\{\ln\left[e+\left(\frac{\Psi}{56.5}\right)^{1.02}\right]\right\}^{2.36}} \tag{1}$$

where Θ—volumetric water content;

Ψ—matric suction;

$\Theta_s=55.3\%$, saturated volumetric water content;

$\Psi_r = 295$kPa, residual suction.

3 DEVICE FOR FIELD MEASUREMENT OF MATRIC SUCTION

3.1 Device description

There are some techniques for measuring soil suction in situ already in existence. The most commonly used methods are field tensiometer (Leong and Rahardjo, 1998) and thermal conductive sensors (Wang, Gong and Bao, 2000). None of these methods are entirely satisfactory as measurement techniques, regarding of the easy damage of probes and measuring ranges of suction.

The filter paper method is a convenient, reasonably accurate, and economic method for determining the soil suction. If the filter paper is in contact with the soil, then the suction measured is the matric suction, however, if there is no contact between the filter paper and the soil, the measured suction will be the total suction. Crilly, Schreiner and Gourley (1991) provided a device for the fied measurement of soil suction, which was mainly made of PVC tubes inserted in a pre-drilled hole. Because the filter paper was in no contact with soil, the total suction was measured.

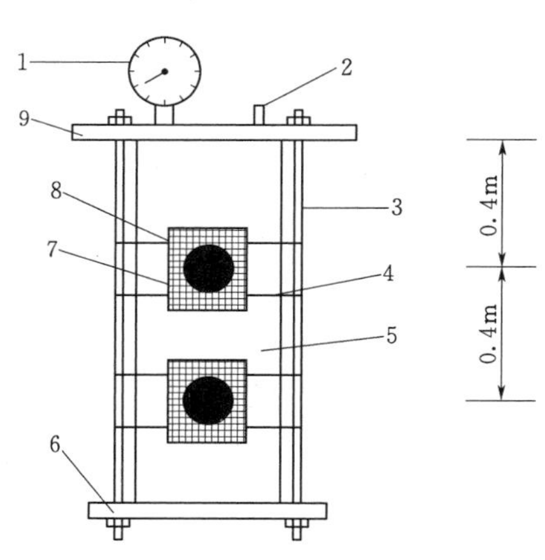

Fig. 5　Scheme of Assembled system

In order to measure the matric suction, perfect contact between filter paper and soil should be solved. The device was made of rubber bag, for the first device an inner tube of bicycle was used, see Fig. 5. The device comprises two stainless steel plates, 6 and 9, and two connecting bolts, 3. The diameters of upper and lower plates are 80mm and 60mm, respectively, which makes it possible to be insert in a drilled hole with diameter of about 70mm. The rubber bag, 5, with air valve, 2, and pressure gauge, 1, can be established a inner air pressure up to 300kPa, which makes a good contact between a piece of filter paper, 8, and an exposed soil face in the drilled hole. The filter paper with diameter of 50mm is included between two aluminium meshes, 7, which has square opening size of 10mm. Outside the meshes and filter paper, there are two rubber rings, which desquamates the filter paper from inner surface of the drilled hole.

3.2 Field measurement

The assembled system mentioned above was inserted in a pre-drilled hole, then the air pressure of 60kPa was kept until 10 days. Two opposite filter papers were located at a depth of 0.4m and other two opposite papers were at a depth of 0.8m. There were two sensors of tensiometers at the same depths for parallel measurement.

After 10 days of balance time the air pressure was decreased to zero and the assembled system was taken up out the drilled hole, the wet filter paper specimens were put in plastic bags as rapidly as possible. Then the filter papers were sent to airconditioned laboratory to measure water contents using a balance with a readability of 0.0001g. The filter paper of Shuangquan No. 203 was made of China. Wang, An and Kuang (1998) gave the calibration curve and equation of suction versus calibration curve and equation of suction versus water content of this brand of filter paper.

3.3 Results of field measurement

The results of measurements are shown in Table 4, including dry density, ρ_d, volumetric water content, Θ of the soil and water content of filter paper, w_f. The suctions of s_f, s_t and s_{swcc} are results from filter paper, tensiometers and SWCC, respectively.

Table 4 **Results of field measurement**

Depths (m)	ρ_d (g/cm^3)	Θ (%)	w_f (%)	s_f (kPa)	s_t (kPa)	s_{swcc} (kPa)
0.4	1.238	47.0	134	7.2	10.9	11.3
0.8	1.312	47.9	145	5.3	9.6	9.9

From Table 4, the suctions s_t and s_{swcc} are close each other, however, the suctions from filter paper are much lower than others. The reason may be that the wet filter paper is contaminated by soil particles, after it dried in oven, the dried soil particles are left from paper, the measured water content of filter paper is higher and suction is lower.

From the Table 4 another interesting phenomenon can be seen, the dry density of soil in situ was much lower than the specimen, which was used to measure SWCC, however, they have almost same suction measured by tensiometer, it means that density has little influence on suction.

4 CONCLUSIONS

1. The compacted loess in Shanxi province has high cohesion, which is mainly depended on matric suction.

2. The SWCC can be measured by tensiometer and thermal conductive sensor, this method has advantages of simple devices, low cost and with enough accuracy.

3. The introduced device to measure the matric suction in situ has been proved that there is a good contact between filter paper and soil face and the results in the shallow drilled hole are reasonable. More tests should be conducted in deeper drilled holes and the contamination of soil particle should be solved.

ACKNOWLEDGEMENTS

The authors wish to thank Mr. Crilly M. S. for his guide.

The paper was supported by The Natural Science Foundation of China (No. 59679021) .

REFERENCES

Crilly M. S, Schreiner H. D. & Gourley C. S, 1991, A simple field suction measurement probe, Geotechnics in the African Environment, Balkema, 291 - 298.

Fredlund D. G. & Rahardjo H, 1993, Soil mechanics for unsaturated soils, New York, John Wiley & Sons.

Fredlund D. G. & Xing, A, 1994, Equations for the soil water characteristic curve, Can. Geotech. J. , 31: 521 - 532.

Leong C. & Rahardjo H. et al, 1998, Suction profiles of a residual soil slope as affected by climatic condition, Proc. 2nd Int. Conf. on Unsaturated Soils, 1: 231 - 236.

Wang Z. Gong B. W. & Bao C. G. 2000, The measurement of matric suction in slopes of unsaturated soil, Proc. of the Asia Conf on Unsaturated Soils, 843 - 846.

Wang Z. An J. Y. and Kuang J. J, 1998, The precision of filter paper method for matric suction measurement, Proc. of the 2nd Int. Conf. on Unsaturated Soils, 2: 239 - 242.

滤纸法在现场基质吸力量测中的应用

王　钊[1,2]　杨金鑫[1]　况娟娟[3]　安骏勇[4]　骆以道[5]

（1. 武汉大学土木建筑工程学院，湖北武汉　430072；2. 清华大学土木水利学院，北京　100084；3. 广州市水利水电勘测设计研究院，广东广州　510640；4. 中国科学院武汉岩土力学所，湖北武汉　430072；5. 深圳市勘察测绘院，广东深圳　518028）

摘　要：介绍滤纸法现场测量基质吸力的装置和测量结果，并与张力计测量结果、水-土特征曲线算得的结果相比较，说明研制的装置简单实用。还介绍了“双圈”牌滤纸的率定过程和率定曲线，探讨了一些对测量精度有影响的因素。

关键词：基质吸力；滤纸；率定；精度；现场测量

中图分类号：TU 443　　**文献标识码**：A　　**文章编号**：1000－4548（2003）04－0405－04

WANG Zhao[1,2]　YANG Jin－xin[1]　KUANC Juan－juan[3]　AN Jun－yong[4]　LUO Yi－dao[5]

（1. Wuhan University，Wuhan 430072，China；2. Tsinghua University，Beijing 100084，China；3. Canton Hydraulic Investigation and Design Institute，Canton 510640，China；4. Wuhan Institute of Rock and soil Mechanics，CAS，Wuhan 430072，China；5. Shenzhen Ceotechical Investigation and Survey Institute，Shenzhen 518028，China）

Abstract：A device for field measuremen of matric suction and its measured results are introduced in this paper. The results are compared with that from tensiometer method and SWCC，which illustrate that the device is simple and practical. The procedure of calibration and calibration curve of filter paper（Shuangquan brand）are also presented，and the influence factors on precision of the method are tested and analyzed in this paper.

Key words：matric suction；filter paper；calibration；precision；field measurement

前言

滤纸法是将滤纸作为传感器间接量测土中的吸力，与其它量测方法相比，滤纸法具有成本低、不易损坏、不需外加电压不受外加电压变动影响的特点，同时，同一型号的滤纸

本文发表于 2003 年 7 月第 25 卷第 4 期《岩土工程学报》。

本文为国家自然科学基金资助项目（50279036）。

具有相同的吸力与含水率率定曲线，不需像其他探头那样，使用前必须再率定。

采用滤纸法可测定土中的总吸力或基质吸力，其原理是滤纸能够同具有一定吸力的土在水分传递上达到平衡，当滤纸（干的或湿的）与土样接触时，水分将在两者间迁移，直至最终平衡，同样，当滤纸（干的或湿的）悬置于土样上方而不与土样直接接触时，水蒸气也将在两者间迁移，并最终达到平衡。因此，可通过量测滤纸平衡时的含水率并借助该型号滤纸的率定曲线间接获取土样的总吸力或基质吸力。从理论上讲，当滤纸与土样直接接触时，滤纸所测得的吸力相当于土的基质吸力；当滤纸与土样不直接接触时，滤纸所测得的吸力相当于土的总吸力。滤纸法可用于量测很大范围的吸力值。

滤纸的率定是通过建立滤纸的含水率与吸力之间的关系来确定的。主要有两种方法：一是利用已知渗透吸力的盐溶液与滤纸达到平衡时的含水率来加以建立；另一种方法则是借助压力板吸力仪、密封的容器和高精度天平等设备来确定的。滤纸法作为一种间接的吸力测量方法，其精度必定要受到测量过程的各个环节的影响：滤纸率定时环境温度的变化、滤纸与土样接触程度的好坏、滤纸的规格及其摆放方式的不同、平衡时间的长短等。此外，量测过程中由于技术要求高而产生的人为误差也限制了它的应用。

滤纸法用于现场测量限于量测总吸力，这主要因为不能确保滤纸与土样的良好接触。英国建筑科学研究院的 Crilly 介绍了一种用 PVC 塑料管制成的仪器，置于钻孔中，管中量测室里的滤纸不与土接触，用以测量总吸力[1]。为了在现场测量基质吸力，必须取得原状土样再返回实验室用接触法测量，或者研制保证滤纸与土可靠接触的原位监测仪。

目前使用的滤纸有两种，它们的商标名分别为 Whatman No. 42 和 Schleicher & Schuell No. 589，直径为 55mm。同一商标的滤纸被认为具有同样的率定曲线[2]，上述两种滤纸的率定曲线示于本文后面的图 2 中。

1　压力板吸力仪率定滤纸

压力板吸力仪率定滤纸的方法参考文献［3］。

1.1　“双圈”牌 No. 203 型滤纸

本次率定采用杭州新华造纸厂的“双圈”牌 No. 203 型滤纸，该滤纸主要技术指标为：直径，70mm；灰分，0.000035g/张，占质量百分比为 0.01%，滤速为慢速。

1.2　率定仪器

采用美国湿度公司生产的 1250 型 200kPa 压力膜提取器和 1.5MPa 压力板吸力仪；称量仪器采用电子天平，精度为 0.0001g，量程为 160g；出水量装置采用精度为 0.02mL 的滴定管。

1.3　率定过程

率定在室内温度为（26±1)℃；湿度为（60～65)%的环境下进行。试验前将压力板和 14 张一叠的滤纸（厚约 10mm）一起用脱气水饱和，为防止饱和后滤纸与滤纸之间以及滤纸与压力板之间形成薄的水膜，在最上层滤纸上压一个固结仪环刀。饱和后，用吸水球吸去滤纸和压力板上多余的水。试验时，开始逐级增加气压，并记录每级气压 U_a 下滤纸不再出水时（即出水达到稳定，滤纸吸力为 U_a）的稳定出水量值，U_a 从 0 逐级加到

200kPa，滤纸从饱和状态不断出水，这种由湿变干的过程为脱湿过程；当滤纸的出水量在 U_a=200kPa 时达到稳定后，再逐级减小气压 U_a，滤纸又不断吸水，开始了吸湿过程，当 U_a 降至 10kPa，待出水量稳定后，再重复一个脱湿过程。计算每级压力下滤纸的含水率，即可得到滤纸的吸力含水率关系曲线。

1.4 率定成果

取第一个脱湿过程的吸力含水率关系曲线为该滤纸的率定曲线，如图 1，其率定方程为

$$\begin{cases}\log S=5.493-0.0767w_f & (w_f\leqslant 47\%)\\ \log S=2.470-0.0120w_f & (w_f>47\%)\end{cases}\tag{1}$$

式中 S(kPa) 和 w_f（%）分别为吸力和含水率。

该滤纸的率定方程及曲线马国外已率定的 Whatman's No. 42 和 S & S No. 589 型滤纸的相似，滤纸吸力随含水率的变化均表现出折线形状，如图 2。图 2 中，上面一条折线是按方程向高吸力方向延伸的结果，这可以由采用 1500 型 1.5MPa 压力板吸力仪在高吸力下同一滤纸的率定曲线得到验证，如图 3。

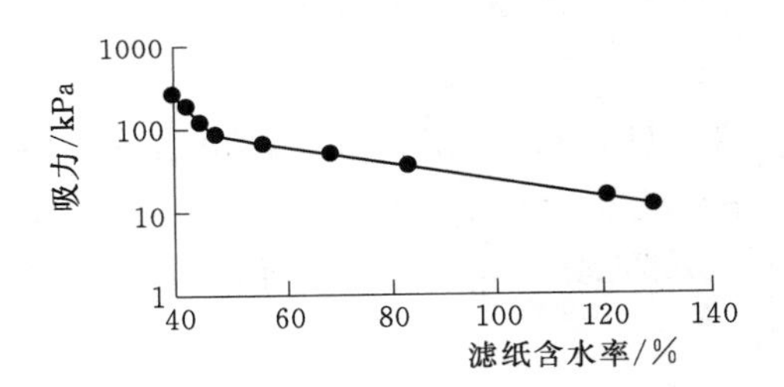

图 1 “双圈”牌 No. 203 型滤纸的率定曲线
Fig. 1 Calibration curve of the Shuangquan filter paper No. 203

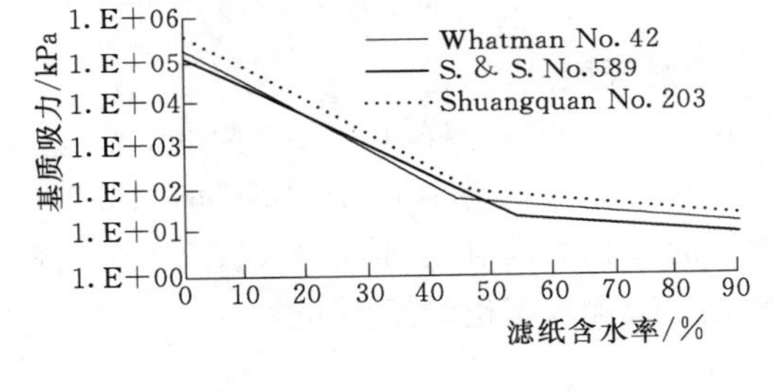

图 2 三种滤纸的率定曲线比较
Fig. 2 The comparison of calibration curve of three kinds of filter paper

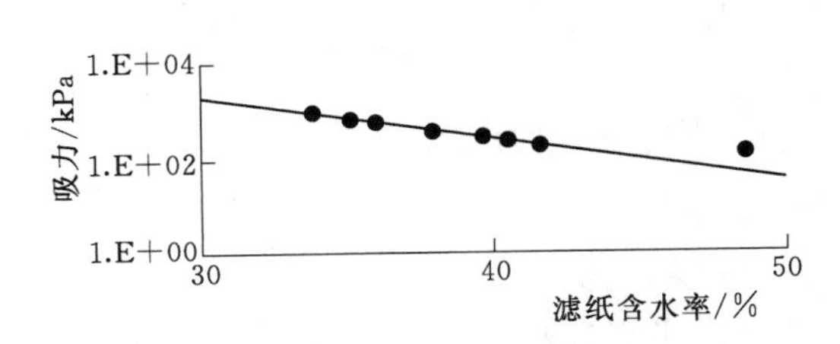

图 3 滤纸率定曲线（用 1500 型压力板测得）
Fig. 3 Calibration curves measured by Volumetric Pressure Plate Model 1500

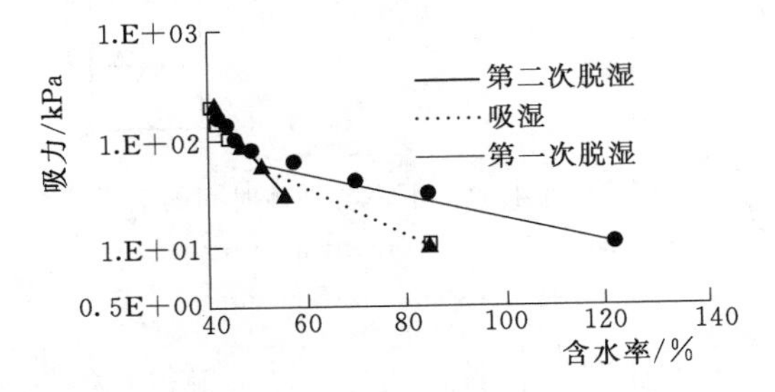

图 4 滤纸的滞后性试验曲线
Fig. 4 The hysteresis in water content of filter paper

将试验的三个过程（脱湿—吸湿—脱湿）的率定曲线绘于图 4 中，图 4 表明“双圈”牌 No. 203 型滤纸在吸力（≥90kPa）条件下不必考虑滞后性，但在吸力较小时则应考虑滞后效应。

2　滤纸法测量基质吸力的精度

采用国产“双圈”牌 No.203 型滤纸测量土的吸力，其精度可能会受到下述因素的影响[4]。

2.1　称量速度

在温度为（26±1）℃，湿度为（60～65）%的实验室内，将电子天平的玻璃门打开，然后把浸泡 10min 的初始含水率为 78%的滤纸盛于敞开的盘中并置于天平上，每隔 15s 读数。结果发现滤纸水分的蒸发与时间成正比关系，其含水率的变化速率为 0.734%/min。据此，可以校正滤纸的含水率。如果称量工作在 30s 内完成，可不必校正。

2.2　平衡时间

采用初始含水率为 33.7%的击实土样（液、塑限分别为 61.4%和 26.9%）对平衡时间进行平行测试。同一平衡时间的滤纸安排在同一层，每层两组，每组三张，滤纸的布置和测试结果如图 5 所示。发现在平衡 7d 后滤纸的含水率仍有少量增长，平衡 10d 后其含水率基本保持稳定。（试验时，为防止上下两层滤纸沾有土粒影响测量精度，均取中间一层滤纸称量，实验室的温度和湿度条件同上，以下的精度试验不再说明。）

2.3　接触程度

首先人为地将土样（含水率为 34.4%，液、塑限同上）各层用刻刀挖出不同大小的矩形小孔，深度均为 10mm，如图 6，形成 4 个土样具有大小不同的接触区域。4 个土样与滤纸的接触面积比分别为 48.98%，71.94%，82.74%，95.4%，平衡时间均为 10d，测得的滤纸含水率也绘于图 6。

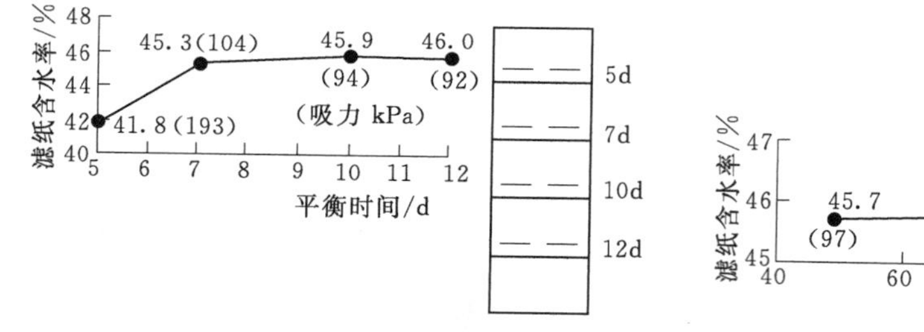

图 5　滤纸的含水率与平衡时间的关系

Fig. 5　Water content of filter paper versus equalization time

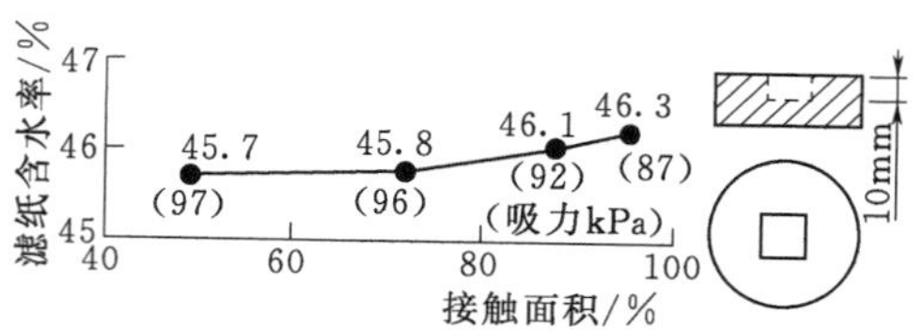

图 6　滤纸的接触面积对吸力的影响

Fig. 6　The effect of contacted area of filter paper on suction

上述结果表明滤纸与土样接触得越好（接触面积比越大），滤纸平衡时的含水率就越大，所测的吸力也就越小；反之亦然。考虑到钻孔壁的不平整，为保证接触良好，拟采用橡皮囊加内部气压，将滤纸紧贴在孔壁上。理论上，完全接触测量的是基质吸力，完全不接触测量的是总吸力，从这次试验结果看，不同接触面积比的滤纸，含水率相差并不显著，现场测基质吸力是可能的。

2.4　滤纸的初始状况

对液限为 51.3%，塑限为 25.0%，含水率分别为 15.4%，22.3%和 28.3%的三个击实土样分别采用风干和烘干两种状况的滤纸（规格为 ϕ30mm）进行平行测试，平衡时间为 10d，测得的滤纸含水率列于表 1。对第三种土样，滤纸含水率相差 1.2%，但因含水率大于 47%，用式（1）算得基质吸力仅相差 3kPa，这种情况，采用风干或烘干的滤纸均可；但对含水率小于 47%的滤纸，例如第一种土样，0.7%含水率的差别用式（1）算得基质吸力的差别达 1000kPa，这种情况应用烘干滤纸。

表 1　滤纸的不同初始含水率的比较

Table 1　Comparison of different initial water content of filter paper

土样的含水率/%	滤纸平衡时的含水率/%	
	烘　干	风　干
15.4	19.6	20.3
22.3	38.7	36.9
28.3	49.2	48.0

2.5　滤纸大小和摆放方向

对两个含水率均为 31.3%的非饱和土原状土样（液、塑限同上），分别将滤纸摆放在和土样的沉积方向相垂直的纵剖面上和与土样沉积方向一致的横剖面上。直径为 30，70mm 两种滤纸的试验测量结果（如表 2）表明：直径为 70mn 的滤纸对摆放方向几乎没有影响；直径为 30mm 的滤纸，因本身质量较轻，测得的不同方向的含水率有一定误差。

表 2　滤纸的大小摆放方向的影响

Table 2　Effects of size and direction of filter paper

滤纸的直径/mm	滤纸平衡时的含水率/%	
	横剖面	纵剖面
30	48.11	49.45
70	49.93	49.64

3　滤纸基质吸力仪的研制和测量结果

滤纸基质吸力仪的研制和测量结果参考文献 [5]。

3.1　吸力仪的结构及工作原理

吸力仪的结构如图 7 所示。用板车内胎制成的橡皮气囊置于两个不锈钢圆盘之间，上下盘的直径分别为 80mm 和 50mm，上下盘用两根连杆固定，气门芯和压力表安于上盘，滤纸夹在两层金属网（网孔 10mm×10mm）之间，金属网的作用是保护滤纸，它能在放气取样时借助橡皮筋收缩使滤纸与土壁脱离而不破损。橡皮筋将金属网系于连杆上。其工作原理是将这种装置放在预先钻好的土孔中，通过气囊充气加压使滤纸试样与土孔壁紧密接触，

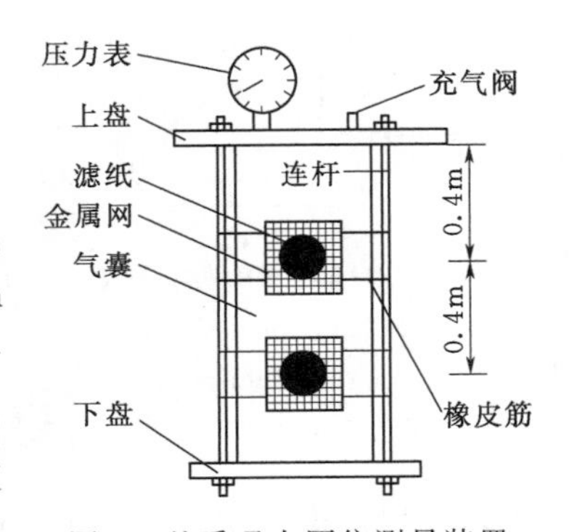

图 7　基质吸力原位测量装置

Fig. 7　The apparatus for measuring matric suction in situ

经过平衡时间后，放气取滤纸测其含水率，通过率定曲线求吸力。

试验采用的气压为 60kPa，由气压表监测，压力不足时，随时补气，以保证气压恒定。

3.2 试验过程

在运城—三门峡高速公路张店镇附近，须填筑深达 41m 的冲沟，填土为黄土，其物理特性指标和颗分特性分别见表 3 和表 4。

在压实土层中用手动钻钻一个 1.2m 深 ϕ60mm 的孔，将图 7 所示的装置装上滤纸，滤纸共分两组，为应用脱湿率定关系式（1），预先将滤纸浸水饱和，安装深度分别为 0.4，0.8m。将基质吸力仪缓缓放入土孔中，用土封闭孔口，再给气囊充气达 60kPa。平衡 10d 后，放气取滤纸测其含水率。

表 3 土样的物理特性指标

Table 3 Indexes of physical properties of soil

液限/%	塑限/%	最优含水率/%	最大干密度/(g·cm^{-3})	自重湿陷系数
30.1	12.1	12.8	1.92	0.010

表 4 粒径分布指标

Table 4 Particle size distribution

粒径范围/mm	0.25～0.074	0.074～0.05	0.05～0.01	0.01～0.005	<0.005
颗粒含量/%	1.3	10.0	54.4	10.8	23.5

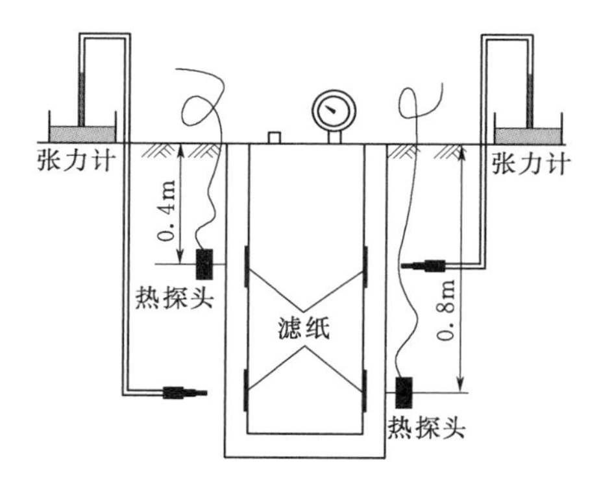

图 8 现场测基质吸力装置示意图

Fig. 8 Scheme of devices of measuring matric suction in situ

为使滤纸法的野外基质吸力测量结果具可比性，本次试验在滤纸样的对应深度分别安装了张力计和热传导探头，张力计和热传导探头的型号和测量方法参见文献［6］。仪器布置如图 8 所示。在滤纸取样前，测读张力计和热传导探头以得到相应的吸力值，作为滤纸法测量结果合理与否的参照。滤纸取样后，立即取与滤纸样位置深度相对应的土样，测其含水率，再利用运城黄土综合土水特征曲线（SWCC）[7] 算出对应深度土体的基质吸力，作为滤纸法测量结果的又一参照。

3.3 测量结果

测量结果见表 5，其中 Θ、w_f 分别为土的体积含水率和平衡时滤纸的含水率。由于热探头失效，表中未列出。据体积含水率由 SWCC 计算出的吸力值与张力计测量的结果较一致；而滤纸法测量的结果则偏小，其原因主要是由于三层滤纸的大小一致、中间层滤纸的边缘被湿土所沾染，从而导致测试的滤纸含水率偏大。

表 5　　基质吸力测量结果的比较

Table 5　　Comparison of measured results of matric suction

深度 /m	干密度 /(g·cm^{-3})	Θ /%	w_f /%	吸力/kPa		
				滤纸法	张力计	SWCC
0.4	1.238	47.0	134	7.2	10.9	11.3
0.8	1.312	47.9	145	5.3	9.6	9.9

注　0.4m 和 0.8m 深处的土的含水率分别为 36.54%和 37.98%。

4　结语

(1) 用压力板吸力仪率定了国产“双圈”牌 No.203 型滤纸的含水率与基质吸力的关系，率定曲线与国外常用滤纸率定的成果很相似，说明本文介绍的率定方法是可行的，率定成果是可靠的。

(2) 国产滤纸在含水率高于 47%时也存在滞后现象，为应用第一次脱湿获得的率定方程，应采用初始饱和的滤纸；当滤纸含水率低于 47%时，滞后现象不明显，可采用风干或烘干的滤纸。

(3) 为了保证滤纸的量测精度，滤纸的称量应在 30s 内完成；尽量使土样与滤纸接触良好；平衡时间应不少于 10d；应采用 3 张滤纸，其中间一张用于测含水率，它的直径应略小于上下两张的直径 7cm，滤纸的摆放方向对量测精度的影响可不予考虑。

(4) 采用滤纸法现场量测的基质吸力与张力计测量的结果，以及水土特征曲线算得的结果比较说明本文研制的装置可用于现场基质吸力的量测，且构造较简单，易操作，成本低。

参考文献

[1] Crilly M S, Screiner H D, Gourley C S. A simple suction measurement probe [A]. Geotechnics in the African Environment [C]. 1991. 291-298.

[2] Fredlund D G, Rahardjo H. Soil mechanics for unsaturated soils [M]. New York: John Wiley & Sons Inc, 1993.

[3] 况娟娟．非饱和土滤纸法吸力量测及影响规律的研究 [D]. 武汉：武汉水利电力大学，1998.

[4] 安骏勇．非饱和土滤纸法测吸力影响规律的研究及其在现场监测中的应用 [D]. 武汉：武汉水利电力大学，1999.

[5] 骆以道．非饱和土吸力特性及其测量方法的研究 [D]. 武汉：武汉大学，2001.

[6] 王钊，龚壁卫，包承纲．鄂北膨胀土坡基质吸力的量测 [J]. 岩土工程学报，2001，23 (1): 64-67.

[7] 王钊，骆以道，肖衡林．运城黄土吸力特性的试验研究 [J]. 岩土力学，2002，23 (1): 51-54.

非饱和土吸力测量及应用

王　钊　邹维列　李　侠

（武汉大学土木建筑工程学院，湖北武汉　430072）

摘　要： 介绍了吸力测量仪器和测量方法的进展，包括时域反射计、粒基传感器和电容式吸力仪等，分析了含水量、干密度和土的结构对土-水特征曲线的影响，给出了用张力计和热传导探头测量土-水特征曲线的方法以及对膨胀土坡吸力的监测，吸力已成功用于评价土坡的稳定和取样扰动、控制碾压填土质量、预测路基的回弹模量、分析地下水位变化对单桩承载力的影响。应进一步完善吸力测量技术、积累测量和应用成果，并研究提高和保持吸力的工程措施。

关键词： 基质吸力；土-水特征曲线；吸力测量；吸力应用

中图分类号： TU443　　**文献标识码：** A　　**文章编号：** 1009－3087（2004）02－0001－06

Measurement and Application of Suction in Unsaturated Soils

WANG Zhao　ZOU Wei－lie　LI Xia

（School of Civil and Architectural Eng.，Wuhan Univ.，Wuhan 430072，China）

Abstract：This paper summarizes the main development of suction measurement technology such as TDR，granular matrix sensor and capacity suction meter，analyses the influences of water content，dry density and structure of soil on soil－water characteristics curve（SWCC），gives the measurement method of SWCC using tensiometer and thermal conductive sensor and observation of matric suction in slopes of expansive soils by writers. The measurements of suction have been successfully used in evaluation of stability of soil slope and sampling disturbance，control of quality of rolled fill soil，prediction of rebound modulus of subgrade，analysis of the behavior of pile under fluctuated ground water table. The measurement technologies of suction should be improved，the results of observations and applications should be accumulated and the engineering methods to keep and enhance the suction should be researched.

Key words：matrix suction；SWCC；suction measurement；suction application

吸力可在所有地下水位以上的土中产生，包括地面、斜坡、填土以及土工建筑物。碾压粘土中，基质吸力传递稳定力，使得内部颗粒紧密接触。水渗入碾压粘土时，减弱了毛细水的联系，促使内部颗粒联结处剪力丧失。因此吸力可作为检验路堤碾压质量的一个指

本文发表于2000年11月第22卷第6期《岩土工程学报》。

本文为国家自然科学基金资助项目（50279036）。

标。现场取样中也有吸力，通过与原状土中吸力的比较可判断取样扰动的程度。另外，气候变化时预测路基回弹模量变化，地下水位变动对单桩行为的影响都与基质吸力变化有关。因此吸力测量和分析是非饱和土力学的关键。它不仅需要研制和改进测量仪器，还需要在室内和现场测量中不断积累经验。一些吸力测量的仪器和操作方法已制定成相关标准，例如，张力计和滤纸法测量吸力都已列入 ASTM。文中试图较全面地总结吸力测量仪器和测量方法的进展、分析水土特征曲线的影响因素，并对吸力在工程中的应用作初步讨论。

1　吸力测量方法的进展

1.1　新热传导探头

1997 年加拿大 Saskatchewan 大学研制成功一种新热传导探头[1]，它是由特制陶瓷探头和改进的电子仪器组成的。陶瓷探头耐久性能得到了很大提高。在电子设计方面，温敏元件采用超高集成电路，其输出信号经调频技术处理后非常清晰稳定。稳流设计采用 200mA 定值电流，补偿因导线长度不同和环境温度变化的电阻差异，从而得到精确且能再现的读数。该探头测量范围 5～1500kPa，精确率大于 95%，适合所有土质和长期埋设，还可以测土的温度，但不能在冰冻环境测土的吸力。

1.2　时域反射计

时域反射计（TDR）是由陶瓷传感器与短探杆组合做成的，用压力板仪率定。它用驻波技术测土的介电参数，介电参数又与体积含水量紧密关联，因此可测含水量。测量过程如下[2]：给探测器加上电压脉冲，传至探杆端部再返回，记下时间差 t。首先用公式 $k_a=(ct/2l)^2$（其中，k_a 为介电常数；c 为光速；l 为杆长）计算出 k_a，然后运用 Topp 方程（1980）：$\theta=-0.053+0.0292k_a-5.5\times10^{-4}k_a^2+4.3\times10^{-6}k_a^3$，得到 θ（体积含水量），最后由探头的率定曲线推测出基质吸力。

介电常数 k_a 除了主要随土体的含水量变化外，还受土体比重、温度、含盐量、矿物成分等参数的影响，其中以土的粒径大小和容重对率定曲线 $k_a-\theta$ 影响最大。

1.3　张力计

当吸力达到 90kPa 以上时，张力计连接管中将出现气泡，大大影响测量精度。

（1）1993 年英国 Ridley 和 Burland 成功研制出帝国理工学院张力计[3]，可测量高达 1.8MPa 的吸力，即吸力探头中的水可以承受近 1.7MPa 的张力而不产生气蚀。该张力计在陶瓷头和高精度压力传感器之间的缝隙中仅装有 $3mm^3$ 脱气水。水体积减小加快了反应时间（更重要的是抑制了气泡的产生），只需几分钟就可直接测量高达 1500kPa 的吸力。只要张力计充分浸润，产生气蚀的应力可与陶瓷头的进气值相近，作为预防，测吸力前施加 4000kPa 的预压力。测量时用饱和薄泥浆敷在陶瓷头上，与土体良好接触。但该张力计不适合长期测量，且钻孔后应立即测量。

（2）英国 Leicester 市 Druck 公司生产的微型探头 PDCR81 仅重 3g，直径为 6.5mm，达到平衡和对孔隙水压力变化的反应都比传统张力计更快。但是 PDCR81 探头必须被充分饱和，否则，将比传统张力计产生更大的测量错误。Meilani 等人[4]改换高进气陶瓷板，

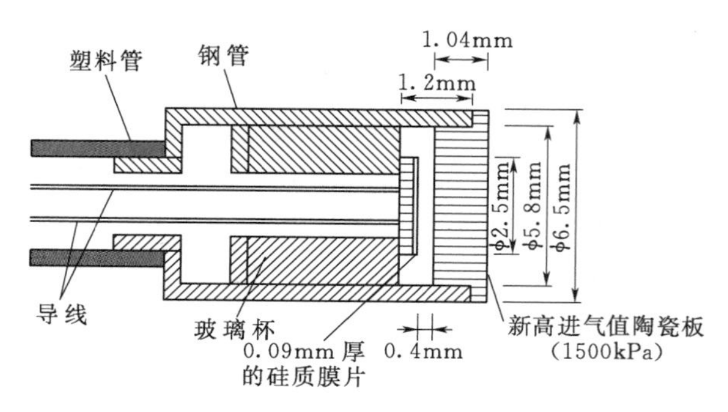

图1　微型吸力探头简图

Fig. 1　Schematic diagram of mini suction probe

使其与压力传感器之间的水膜仅厚0.4mm，用于测量三轴试样的负孔隙水压力（见图1）。试验表明，测量400kPa吸力延续了15h，测量200kPa吸力延续了155h。

（3）Becker等人[5]为了研究受周期荷载作用的非饱和土的特性，将张力计量测技术和轴平移技术结合起来（ATM－tensiometer technique），对三轴实验装置进行改进，轴向荷载由油压系统控制，径向荷载由水压系统产生，使张力计的量测范围达到85～285kPa。且对孔隙水压力的变化反应很快。

（4）美国学者曾用化学技术来改进张力计[6]。用微型孔压传感器PDCR81测试用不同粘度的饱和液体时的反应，发现在测量低于－100kPa的吸力时，选用高粘度的饱和液体（脱气水中掺入一定重量比的甘油），湿度平衡和维持平衡时间都将延长。这对于某些情况下，希望达到湿度平衡和维持平衡的时间更长时十分有意义。

巴西圣保罗大学Marinho也强调化学技术可以减少小气泡（通常隐藏在容器壁上的裂隙中），降低浸润装置所需的预压力，但需考虑渗透影响。由于渗透效应，张力计读数不稳定，逐渐减小。1997年他和Pinto成功研制出HCT张力计（high－capacity tensiometer）[7]，能测600kPa的吸力，解决了张力计的气蚀问题。仪器用反复加压卸压10次饱和，最大预压正应力达3.5MPa。他在试验中发现：多孔陶瓷头与土样间涂上一些泥浆既可以减小张力计中水的扩散，也可增加装置的进气值，且泥浆的含水量对张力计的反应时间影响很大，含水量越大，则反应时间越长。

1.4　电容式吸力仪[8]

电容式吸力仪的工作原理是：在陶瓷探头与周围土湿度平衡后，利用陶瓷头的土水特征曲线，根据陶瓷头的含水量就可以查得土的基质吸力。因为纯水与多孔陶瓷的介电常数相差甚大，探头的介电常数可直接反映含水量大小，所以可用电容标定含水量，电容再转换为电压信号输出，最后通过压力板仪率定吸力仪的“基质吸力-电压输出”关系曲线。现场测量时，只需测出探头的输出电压就可确定土的基质吸力。

该仪器适合测量200kPa以下吸力，可连续读数，灵敏度高且陶瓷头细微破损对读数影响不大，但需考虑溶于孔隙水中的电解质对传感器输出值的影响。

1.5　粒基传感器（Granular Matrix Sensor）[9]

多孔块（Porous block）测基质吸力的原理是含水量（吸力）和电阻的对应关系。在多孔块中植入两个同心电极，测电阻即可求得吸力。多孔块一般用石膏制成，具有价格低和易操作的优点，但石膏吸水饱和后会软化。粒基传感器用粉粒基质代替石膏，这就避免了软化的问题，且孔隙分布均匀。

由美国加州Irrometer公司生产的Watermark粒基传感器可测0～200kPa范围的基质

吸力。

1.6 滤纸

(1) 国外学者对滤纸法与湿度计测量的总吸力值进行比较发现[10]：①滤纸不接触法测量总吸力结果比较离散且比湿度计高。主要原因是在低吸力范围不接触滤纸的含水量对吸力变化反应不灵敏。而接触法测量基质吸力与C52湿度计相近。因此滤纸不接触法不适合测量低吸力；②滤纸测基质吸力时，初始干燥的比浸湿的对含水量变化更敏感，而测量总吸力时这一点没有影响。因此测基质吸力时，应优先使用干燥滤纸；③在高含水量土样中测量时，滤纸法与湿度计对含水量的微小变化都很敏感，吸力值离散度大，须注意高含水量低吸力值的不稳定性。相比较而言，滤纸法的结果稳定收敛一些。两种方法在低含水量高吸力区域结果都稳定可靠。

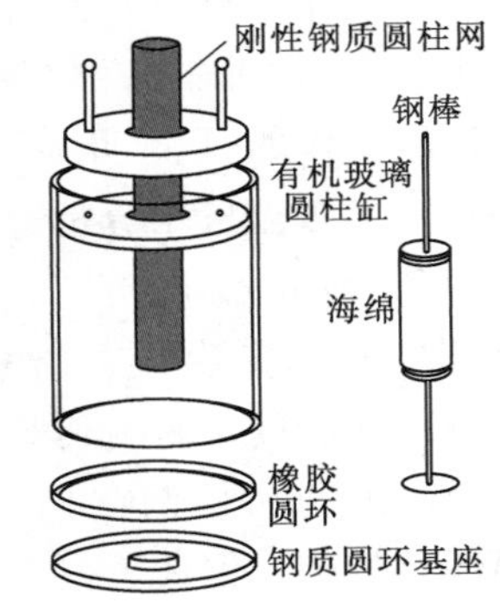

图2 海绵吸力探头

Fig. 2 Sponge suction sensor

(2) 王钊等[11]研制了一种用橡皮气囊加压使滤纸与土孔壁紧密接触，经过平衡时间后，放气取出滤纸测其含水量，通过率定曲线求基质吸力的仪器。文中还比较了滤纸与土接触时，不同的接触面积比对测量结果的影响，以及现场测量的数据。

(3) 受滤纸测吸力方法启示，Montrasio 提出了一种用海绵（而不是滤纸）测量非饱和土的饱和度（而不是吸力）的间接方法[12]。该方法比滤纸法成本低，更省时。通过实验室率定 $\omega-S_r$ 曲线，目的是用于现场测量。其实验装置见图2。

2 土-水特征曲线的研究

土-水特征曲线 SWCC（soil-water characteristiccurve）反映了土的基质吸力与重力含水基 ω 或体积含水量 θ 或饱和度 S_r 的关系。根据 SWCC，只需测量土的体积含水量即可查得相应的基质吸力，并可由 SWCC 和常规饱和土的性质，按理论和经验关系得到非饱和土的渗透系数和抗剪强度。SWCC 一般用压力板仪测量，对仪器和测量步骤的要求都较高。

2.1 黄土的水-土特征曲线

王钊等人运用张力计、热传导探头等吸力测量手段，用平行试验方法对山西运城黄土的吸力特性进行了试验研究[13]。试验测得了该黄土在脱湿过程的 SWCC，并用 Fredlund and Xing（1994）方程对实测数据进行了拟合。该法较压力板仪法简单，费用低且测量精度可满足工程要求。

2.2 水-土特征曲线影响因素

(1) 吴宏伟系统研究了初始含水量、干密度等因素对火山灰土的土-水特征曲线的影响[14]，得出结论：①原状土和重塑土的干湿曲线都存在滞回现象。初始密度越大，滞回环越小，这是因为土样中孔隙内部连接的差异；②对于重塑土，压缩至潮湿侧最优含水量时，具有更宽的孔隙分布和更高的进气值和最大的滞回环，而在干燥侧最优含水量时结论相反。SWCC 取决于干湿历史。首次较第二次干湿循环的脱湿和吸湿特性明显不同，这是因为首次干湿循环过程中土结构发生变化。但往后干湿循环的 SWCC 几乎保持一致；③初始含水量和密度相同的两种土样，原状土的滞回环和进气值较小，脱湿率较高（吸力达到 50kPa）；④重塑土施加荷载越大，脱湿率越低，滞回环越小；⑤对于原状土，净正应力对滞回环大小影响不大。若原状土净正应力增大，则进气值、脱湿和吸湿率都减小。

吴宏伟等还研究指出[15]：对开挖边坡，在降雨情况下，用所测定的 SWCC（依赖于应力状态），对非饱和土坡非稳定渗流的简化数值分析所预测的孔压分布与用常规 SWCC 脱湿段所作的预测明显不同，由前者所得到的安全系数比后者低得多。因此建议用 SWCC 的吸湿段来分析边坡稳定性才更合理、更安全。

（2）Vanapalli 等（1999）也研究了初始含水量、土体结构、应力历史等对粘性冰碛土 SWCC 的影响[16]。研究表明：初始使土样成型的含水量对细粒土的结构产生相当大的影响，并反过来影响其 SWCC。在低吸力范围（0～1500kPa），土体的微观结构控制着初始干燥侧和初始潮湿侧最优含水量下压实土样的 SWCC，且前者受应力历史的影响，SWCC 较陡，但后者似乎不受应力历史的影响；而在高应力范围，SWCC 既不受土体结构的影响，也不受应力历史的影响。

（3）缪林昌研究发现[17]：由南阳膨胀土预压试件的 SWCC 确定的参数 θ_s、θ_r 比较稳定一致，能更好地反映膨胀土的特性。

3　现场吸力的测量和应用

膨胀土、残积土等土坡的稳定分析涉及许多因素，其中降雨入渗被认为是季节性降雨量大的地区产生边坡滑动的主要原因。大多数由降雨诱发的膨胀土、残积土滑坡大都是发生在地下水位之上的浅层滑动。要计算土坡稳定安全系数，就必须通过现场测量了解负孔隙水压力对土体抗剪强度的影响和基质吸力随气候条件沿土坡断面的变化。

3.1　残积土坡下的基质吸力

Lim 和 Rahardjo（1994）等对残积土坡下的基质吸力进行了长期监测[18]，绘出了吸力-深度-时间（气候条件）的三维图。试验表明，降雨期间，静止地下水位在坡面下约 1.5m 深度内发展，并导致了暴雨期间的浅层滑动。坡面上有植被使基质吸力增加很大。

3.2　膨胀土坡下的基质吸力

（1）王钊等人（1997）在枣阳市大岗坡泵站用张力计和热传导探头测量膨胀土坡下的基质吸力，揭示了填方和挖方边坡的吸力变化规律[19]。填方土坡因地势高，土较干燥，故基质吸力大。如表面排水条件好，则植被和降雨对基质吸力的影响不大；挖方土坡中土的含水量一般较高，基质吸力较低，且易受坡内渗流的影响。

（2）吴宏伟、包承纲等人（2001）在上述大岗坡泵站重建一个试验场，用人工降雨方式研究膨胀土渠坡破坏机理[20]。选择坡上，坡中、坡下 3 个剖面，沿不同深度埋设了多种测量仪器，包括热传导探头、张力计、含水量探头、土压力盒、测斜管，沉降标记，雨量计、流量计和蒸发计。他们把吸力研究和降雨入渗下地下水流动、水平应力、变形、浅层滑动、裂隙影响相联系，总结试验过程得到下列结论：①降雨前，坡面下 1.0m 深度内吸力大，并引起土中水和湿度沿铅直方向向上和向坡面方向流动，而 1.5m 深度以下的水和湿度向下流动；②孔隙水压力、含水量、水平方向应力和变形在降雨后 3d 内（降雨量共 180mm）变化比其后的大，并有约 1～2d 的延迟，变化主要发生在 2m 深度以内；③降雨将引起渠坡 1m 以内的浅层土体膨胀，且坡上裂隙发育部位土体的膨胀量比坡下更大；④1.5m 深处裂隙少，沿上面裂隙入渗的水在此受阻，产生正孔隙水压力，抗剪强度下降，故滑坡发生在浅层；⑤降雨前水平和铅直方向的应力比小于 0.3，降雨后，在浅层原高吸力区应力比增至 3 以上，产生被动破坏；⑥在较高高程和浅层，吸力大，降雨后因膨胀土微结构的缓慢水合作用，会发生次生膨胀；⑦裂隙在膨胀土与水的作用中影响很大，影响地下水的流动和吸力变化。

3.3 南非湖相沉积膨胀土下的吸力

文献［21］介绍了在南非 Vereeniging 地区膨胀土现场对四个吸力剖面历时一年多的吸力监测结果，发现地下水位附近吸力较低，且在剖面的上部，受降雨和蒸发的影响，吸力变化很大（0～1000kPa），但在非饱和区地面以下 2～4m 深度内，无论季节怎样变化，总是维持较高的吸力。作者指出：总水平应力是竖向的 2～4 倍，这可能导致膨胀土体的被动破坏。在 2m 深度内，水平应力受季节变化（降雨、干湿作用等）较大。

3.4 路基下的吸力

弄清基质吸力和总吸力在活动区随深度的变化规律，对地基变形的控制和高速公路的路基路面设计与施工都有重要意义。

1997 年 3 月至 1998 年 4 月，美国 Drumm 用 TDR 对田纳西州的公路粘土土基和散粒层进行了含水量季节变化的监测[22]。有三根时域反射计分别插进土基下 0.71m、1.02m，路面面层下 1.4m，另两根插进散粒层 0.36m，0.53m，测出了含水量季节变化图和基质吸力变化图。研究表明，由基质吸力变化图推测的地基回弹模量变化与落锤式弯沉仪测量的变化趋势相同。

3.5 矿渣下的吸力

计算矿渣地基极限承载力时，应考虑基质吸力贡献，且受地下水位深度影响很大[23]。地下水位深度在 1.5、2.5、5.0m 时，稳态蒸发条件和忽略基质吸力比较，极限承载力分别提高 64%、96%、150%。地下水位深度在 1.5、2.5m 时，稳态静水条件和稳态蒸发条件比较，承载力低 15%左右。高蒸发率在早期阶段对承载力有显著影响，剪胀角采用 11°与忽略剪胀相比，承载力提高 14%，因此需考虑剪胀效应，尤其是剪切过程中有大剪胀的非饱和土。

3.6 分析地下水位变动对单桩行为影响

英国学者提出基于加载破坏屈服面概念的非饱和土本构模型，考虑了吸力对单桩承载力的贡献，其有限元程序可预测地下水位变动对单桩行为的影响。他们还对一个桩的施工案例作了分析，得出结论[24]：①地下水位下降，单桩承载力增加，若地下水位较深，非饱和土有限元程序预测的承载力比传统计算值大得多；②地下水位升高，仅当桩尖在渗流区时，对单桩行为影响大，桩尖下的土破坏会产生过量沉降，传统分析不能预测这种行为；③地下水位升高对单桩性状的影响取决于竖向荷载，荷载较小时地面仅有较小隆起，荷载较大会产生过量沉降；④土的超固结度对桩的行为影响也很大，竖向荷载不变时，超固结度越大，沉降越小；地下水位上升时，超固结度较大则地面会有较小隆起，超固结度较小则产生沉降。有限元分析还表明单桩承载力对土的压缩系数的选择很敏感。

3.7　碾压粘土中的吸力

碾压粘土具有连通的潜在失稳结构，主要是由含水量、干密度和粘粒含量决定。初始含水量决定了骨料之间和骨料内部孔隙的相对分布，干密度影响孔隙比，粘粒含量影响宏观结构体和大范围库仑力的形成。吸力传递稳定力，使得内部颗粒紧密接触。水渗入碾压粘土时，减弱了毛细水的联系，促使内部颗粒联结处剪力丧失。印度学者用 ASTM 滤纸法在碾压粘土中测试基质吸力时发现[25]，粘粒含量越大，土中基质吸力越大，浸湿越易破裂。粘土碾压时，干密度应稍低于葡氏最大干密度，压实含水量应在最优含水量潮湿侧，以减小湿陷或膨胀。文献［26］研究了压实过程对非饱和压实粘土力学行为的影响，发现：①土样在压实力升高时，等向压缩荷载屈服线扩展，即主要影响土样的初始状态；②压实含水量不仅影响土样的初始状态，由压实产生的初始吸力，还对不同吸力值的正常压缩线位置有重要影响，不同压实含水量的土是本质不同的土，结构不同；③由静压变为动力压实（压实干密度不变），对粘土以后的行为影响不大。

3.8　现场取样中的吸力

现场取样时取样器壁剪切土样，导致孔隙水从土样中心部位向剪切边缘迁移，平均有效应力增加。土从地下取出时，水平应力、竖向应力降到零，只有负孔隙水压力（即基质吸力）存在。此时由吸力可推测原状土有效应力状态，测得土样中吸力和现场土体中吸力差值 λ_k 可评价扰动大小[27]，表明：①硬粘土深度较浅时，取样器土样中吸力大于土体中吸力 15～45kPa；深度达 22m 时，则比土体中吸力大 250～300kPa。旋转取芯法取样质量高，扰动小，可用于精确估计现场应力；②高灵敏软粘土中取样器取样导致平均有效应力（等于基质吸力）降低和初始边界面的收缩，测得 λ_k，可分析取样质量。小直径取样器土样平均有效应力降低显著。传统薄壁取样器取样扰动大，但带有尖端的改进取样器则好得多。

4　结论

吸力是非饱和土力学的关键变量，理论上，它和非饱和土的渗流、强度和变形有关，实践中，它也被越来越多的应用，同时，吸力测量的技术也在不断发展。

（1）新热传导探头耐久性能得到了很大提高，测量吸力精确稳定。张力计、滤纸法精确测量吸力和数据分析技术已成熟。粒基传感器用粉粒基质代替石膏，避免了软化问题，且孔隙分布均匀。

（2）应使用 SWCC 的吸湿段来分析边坡稳定性才更合理、更安全。膨胀土预压试件的 SWCC 能更好地反映膨胀土的特性。

（3）雨水渗入土体时，浅土层水平应力显著增大，易产生被动破坏。地下水位附近裂隙少，入渗雨水在此受阻，产生正孔隙水压力，抗剪强度下降，故滑坡多发生在浅层。

（4）地下水位较深时，应考虑基质吸力对地基极限承载力的贡献，可节省造价。

（5）考虑吸力的影响可加深对单桩承载力随土性变化规律的认识。

（6）粘土碾压效果可用基质吸力衡量，先应选择合适的含水量范围和压实力，再确定采用静压还是动力压实。

（7）现场测量路基下基质吸力，了解其时程变化规律，可预测地基回弹模量变化。

应进一步完善吸力测量技术、积累测量和应用成果，并研究提高和保持吸力的工程措施。

参考文献

[1] Shuai F, Fredlund D G. Use of new thermal conductivity sensor to measure soil suction [A]. Advances in Unsaturated Geotechnics [C]. Denver Colo, 2000. 1 - 12.

[2] Trichcs G and Pedroso R S. Using time domain reflectometry to determine moisture contents in unsaturated soils [A]. Unsaturated soils [C]. Swets & Zeitlinger, Lisse, 2002.

[3] Ridley A M, Burland J B. A new instrument for the measurementof soil moisture suction [J]. Geotechnique, 1993, 43 (2): 321 - 324.

[4] Meilani I, Rahardjo H, Leong E C, Fredlund D G. Mini suction probe for matric suction measurements [J]. Can Geotech J, 2002, 39 (6): 1427 - 1432.

[5] Becker T, MeiBner H. Direct suction measurement in cyclic triaxial test devices [A]. Unsaturated soil [C]. Swets & Zeitlinger, Lisse, 2002. 459 - 462.

[6] Muralleetharan K K, Granger K K. The use of miniature pore pressure transducers in measuring matrix suction in unsaturated soils [J]. Geotech Testing J, 1999, 22 (3): 226 - 234.

[7] Marinho F A M. Discussion on "The use of miniature pore pressure transducers in measuring matrix suction in unsaturated soils" by Muralleetharan K K & Granger K K [J]. Geotech Testing J, 2000, 23 (4): 532 - 534.

[8] 徐捷. 电容式基质吸力传感器的开发与研制 [D]. 北京：清华大学，2001.

[9] Bertolino A V F A. Monitoring the field soil matrix potential using mercury tensiometer and granular matrix sensors [A]. Proceedings of 3rd Int Conf on Unsaturated Soils [C]. Recife, 2002, 335 - 338.

[10] Harrison B A, Blight G E. The effect of filter paper and psychrometer calibration techniques on soil suction measurement [A]. Proc 2nd intconf on unsaturated soils [C]. Beijing: International Academic Publisher, 1998, 362 - 367.

[11] 王钊，杨金鑫，况娟娟，等. 滤纸法在现场基质吸力量测中的应用 [J]. 岩土工程学报，2003，25 (4): 405 - 408.

[12] Montrasio L. A Method for the in situ measurement of the degree of saturation [A]. Unsaturated soil [C]. Swets & Zeitlinger. Lisse, 2002. 375 - 380.

[13] 王钊，骆以道，肖衡林. 运城黄土吸力特性的试验研究 [J]. 岩土力学，2002，23 (1): 51 - 54.

[14] Ng C W W, Pang Y W. Experimental investigations of the soilwater characteristics of a volcanic soil [J]. Can Geotech J, 2000, 37 (6) : 1252 - 1254.

[15] Ng C W W, Pang Y W. Influence of stress state on soil - water characteristics and slope stability [J]. Journal of Geotechnical and Geoenvironmental Engineering, 2000, 126 (2): 157 - 166.

[16] Vanapalli S K, Fredlund D G, Pufahl D E. Theinfluence of soil structure and stress history on the soil -water characteristics of a compacted till [J]. Geotechnique. 1999, 49 (2) : 143 - 159.

[17] Linchang Miao. Research of soil - water characteristics and shear strength features of Nan yang expansive soil [J]. Engineering Geology, 2002, 65: 261 - 267.

[18] Lim T T, Rahardjo H, Chang M F, et al. Effect of rainfall on matric suction in a residual soil slope

[J]. Can Geotech J, 1996, 33 (2): 618 - 628.

[19] 王钊，龚壁卫，包承纲．鄂北膨胀土坡基质吸力的量测 [J]. 岩土工程学报，2001, 23 (1): 64 - 67.

[20] Ng C C W, Zhan L T, Bao C G, et al. Performance of an unsaturated expansive soil slope subjected to artificial rainfall infiltration [J]. Geotechnique, 2003, 53 (2): 143 - 157.

[21] Brackley I J A, Sanders P J. In situ measurement of total natural horizontal stress in a expansive clay [J]. Geotechnique, 1992, 42 (2): 443 - 451.

[22] Drumm E C. Pavement response due to seasonal changes in sugared moisture conditions [A]. Proc 2nd int conf on unsaturated soils [C]. Beijing: International Academic Publisher, 1998, 196 - 201.

[23] Daud W, Rassam. David J, et al. Bearing Capacity of Desiccated Tailings [J]. Journal of Geotechnical and Geoenvironmental Engineering, 1999, 125 (7): 600 - 609.

[24] Georgiadis K, Potts D M, Zdravkovic L. The influence of partial soil saturation on pile behavior [J]. Geotechnique, 2003, 53 (1): 11 - 25.

[25] Sudhakar M Rao, Revanasiddappa K. Role of soil structure and matric suction in collapse of a compacted clay soil [J]. Geotech Testing J, 2003, 26 (1): 1 - 9.

[26] Sivakumar V, Wheeler S J. Influence of compaction procedure on the mechanical behavior of an unsaturated compacted clay Part 1: unsaturated compacted clay [J]. Geotechnique, 2000, 50 (4): 359 - 368.

[27] Ridley A M, Dineen K, Burland J B, et al. Soil matrix suction: some examples of its measurement and application in geotechnical engineering [J]. Geotechnique, 2003, 53 (2): 241 - 253.

基质吸力随轴向应力变化的非饱和土抗剪强度理论

袁　斐　王　钊

（武汉大学土木建筑工程学院，湖北武汉　430072）

摘　要： 通常情况下，在非饱和土加载过程中，均把基质吸力（u_a-u_w）作为常量来看待。事实上，不排水的条件下，随轴向力的作用，土体被压缩，饱和度增加而基质吸力是减少的，有些情况下会对土的抗剪强度产生很大影响。即使在排水条件下，瞬时吸力减少也会对土的抗剪强度产生影响。寻求轴向应力增量与基质吸力增量之间关系，得出改进了的非饱和土的抗剪强度理论。

关键词： 非饱和土；抗剪强度；基质吸力

中图分类号： TU43　　**文献标识码：** A　　**文章编号：** 1004－5716（2004）05－0011－03

Shear Strength Theory of Unsaturated Soil Concerning Matrix Suction Changing with Axial Atress

YUAN Fei　WANG Zhao

（School of Civil and Architectural Engineering，Wanhan University，Wuhan Hubei 430072，China）

Abstract： Matrix suction is commonlyregarded as a constant in the process of loading. In fact, matrix suction will be reduced with vertical loading. With soil being compacted and saturation degree deereasing，shearing strength of soil will be lower than that usually considered. In the paper，based on the reveale relation of vertical stress and matrix suction，a more proper shear strength theory of unsaturated soil will be achieved.

Key words： unsaturated soil；shear strength；matrix suction

1　概述

加载过程中的土的抗剪强度是一个动态变化过程，其值随基质吸力变化而变化，基质吸力是一个随加荷变化而变化的变量，随围压和轴向荷载的增加，土孔隙体积减小，饱和度增加，因而基质吸力所贡献的那部分强度是不断减少的，非饱和土的抗剪强度理论中应该考虑这一因素。

研究对象及理论假设：根据饱和度 Sr 及水相、气相状态，非饱和土分为：

本文发表于 2004 年第 5 期《西部探矿工程》。

本文为国家自然科学基金（No. 50279036）资助项目成果。

（1）气相封闭型。85％＜Sr＜100％饱和度较高，内部空气未与外部连通，与饱和土相近，可视为饱和土。

（2）气相水相开敞型。15％＜Sr＜85％自然界普遍存在，与实际工程联系密切，也是本文的研究对象。

（3）水相封闭型。0％＜Sr＜15％含水量较低，视为干土处理。

从土水特征曲线中得出关于 Sr 或体积含水量 σ_w 与基质吸力的函数关系，又因为 Sr 或 σ_w 是竖向荷载的函数，故利用含水量可在竖向荷载与基质吸力之间建立关系，并基于此关系可得修正了的非饱和土的抗剪强度理论。

2　轴向应力与基质吸力（u_a-u_w）关系

图1列举了几种土的土水特征曲线[1]，由图1可知，在体积含水量 σ_w 为0.4～0.5之间或饱和度 Sr 约为85％时，土水特征曲线出现转折，转折后的曲线与直线类似，在 σ_w 约为0.1或 Sr 约为15％时出现第二次转折，简化后的土水特征曲线模型如图2所示。

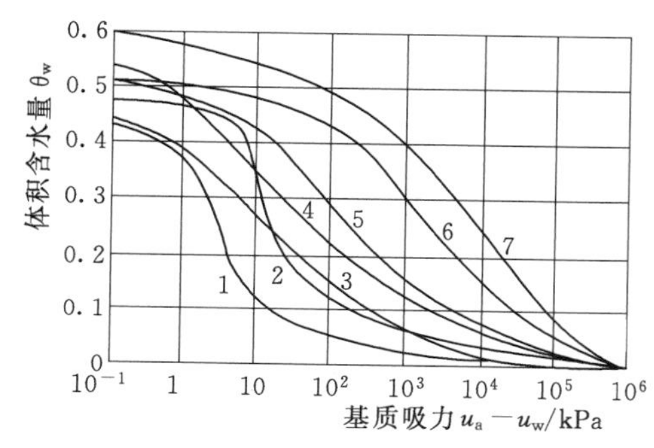

图1　几种土的土水特征曲线

1—砂丘砂；2—垆坶砂；3—钙质细砂垆坶；4—钙质垆坶；5—黄土派生粉质垆坶；6—幼年贫瘠泥炭土；7—海相粘土

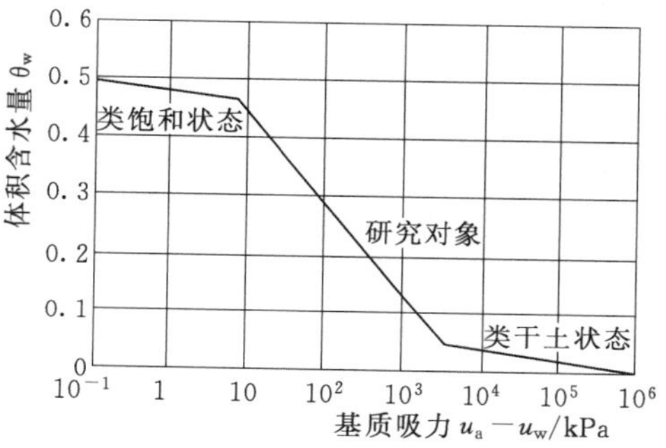

图2　简化后的土水特征曲线模型

由图2可知，在15％＜Sr＜85％之间，基质吸力（u_a-u_w）与 Sr 之间有如下关系：

$$Sr=K(u_a-u_w)+D \tag{1}$$

式中　K，D——直线斜率和截距，由试验确定。

把式（1）写成增量形式得：

$$\Delta Sr=-K\Delta(u_a-u_w) \tag{2}$$

由饱和度 Sr 及孔隙比 e 定义，并假设土颗粒和水均不可压缩，在不排水的条件下知饱和度增量与孔隙比增量间有如下关系：

$$\Delta e=\frac{\Delta V_v}{\Delta V_s} \tag{3}$$

由

$$Sr=\frac{V_w}{V_v}$$

得

$$\Delta Sr=-\frac{V_w}{V_v^2}\Delta V_v$$

即

$$\Delta Sr = -\frac{V_w V_s}{V_v^2}\Delta e \tag{4}$$

式中 V_v——初始孔隙体积，相应于分级加载时，加各级荷载前的孔隙体积。

由式（2）和（4）得：

$$\Delta(u_a - u_w) = \frac{1}{K}\frac{V_w V_s}{V_v^2}\Delta e \tag{5}$$

围压与孔隙比的关系如下[2]：

$$v = v_0 - \lambda \ln \frac{p}{p_c} \tag{6}$$

式中 v_0——初始比体积，$v_0 = 1 + e_0$；

p——平均压应力；

p_c——平均固结应力。

用 σ_1、σ_3 来表示，则可得：

$$e = e_0 - \lambda \ln \frac{\sigma_1 + 2\sigma_3}{\sigma_3} \tag{7}$$

式中 σ_3——常量，可写成增量形式：

$$\Delta e = \lambda \frac{\Delta\sigma_1}{\sigma_1 + 2\sigma_3} \tag{8}$$

式中 σ_1——初始轴向应力，分级加载时，加各级荷载前的附加应力。

由式（5）和（8）得基质吸力的变化随孔隙比变化之间的关系：

$$\Delta(u_a - u_w) = \frac{\lambda V_w V_s}{K V_v^2}\frac{\Delta\sigma_1}{\sigma_1 + 2\sigma_3} \tag{9}$$

由式（9）知基质吸力与轴向应力间的关系为非线性双曲关系，在荷载等级相同的情况下，基质吸力增量随荷载增加而减少，上式反函数关系不一定成立，即不能通过基质吸力的变化反求荷载变化。

3 三轴试验分级加荷情况下抗剪强度的计算方法

假设有 n 级荷载，初始围压为 σ_0，每级加荷量相同为 $\Delta\sigma$，第一级荷载 $\sigma_0 + \Delta\sigma$，第二级荷载 $\sigma_0 + 2\Delta\sigma$，第三级荷载 $\sigma_0 + 3\Delta\sigma$，以此类推，直到 $\sigma_0 + n\Delta\sigma$。

第一级荷载的基质吸力变化量 $\Delta(u_a - u_w)_1$：

$$\Delta(u_a - u_w)_1 = -\frac{\lambda}{K}\frac{V_w V_s}{V_{v_0}^2}\frac{\sigma_1 - \sigma_0}{\sigma_0 + 2\sigma_0} \tag{10}$$

式中 V_{v_0}——初始孔隙体积。

第二级荷载的基质吸力变化量 $\Delta(u_a - u_w)_2$：

$$\Delta(u_a - u_w)_2 = -\frac{\lambda}{K}\frac{V_w V_s}{V_{v_1}^2}\frac{\sigma_2 - \sigma_1}{\sigma_1 + 2\sigma_0} \tag{11}$$

第三级荷载的基质吸力变化量 $\Delta(u_a - u_w)_3$：

$$\Delta(u_a - u_w)_3 = -\frac{\lambda}{K}\frac{V_w V_s}{V_{v_2}^2}\frac{\sigma_3 - \sigma_2}{\sigma_2 + 2\sigma_0} \tag{12}$$

以此类推，第 i 级荷载的基质吸力变化量 $\Delta(u_a - u_w)_i$：

$$\Delta(u_a - u_w)_i = -\frac{\lambda}{K}\frac{V_w V_s}{V_{v_{i-1}}^2}\frac{\sigma_i - \sigma_{i-1}}{\sigma_{i-1} + 2\sigma_0} \tag{13}$$

总基质吸力变化等于各级荷载基质吸力变化总和：

$$\sum_{i=1}^{n}\Delta(u_a - u_w)_i = -\frac{\lambda}{K}V_w V_s\left[\frac{1}{V_v^2}\frac{\sigma_1 - \sigma_0}{\sigma_0 + 2\sigma_0} + \frac{1}{V_{v_1}^2}\frac{\sigma_2 - \sigma_1}{\sigma_1 + 2\sigma_2} + \cdots + \frac{1}{V_{v_{i-1}}^2}\frac{\sigma_1 - \sigma_{i-1}}{\sigma_{i-1} + 2\sigma_0}\right] \tag{14}$$

4　修正后的非饱和土抗剪强度公式

传统非饱和土的抗剪强度公式如下：

$$\tau_f = (\sigma - u_a)\mathrm{tg}\varphi + (u_a - u_w)\mathrm{tg}\varphi^b + c \tag{15}$$

抗剪强度的变化等于基质吸力变化对强度所产生的变化：

$$\Delta\tau_f = \sum_{i=1}^{n}\Delta(u_a - u_w)_i \mathrm{tg}\varphi^b \tag{16}$$

修正后的抗剪强度 τ_f：

$$\tau_f = (\sigma - u_a)\mathrm{tg}\varphi + \left[(u_a - u_w) - \sum_{i=1}^{n}\Delta(u_a - u_w)\right]\mathrm{tg}\varphi^b + c \tag{17}$$

由式（9）知，在荷载等级相等的情况下，随荷载的增加，孔隙的体积趋于稳定，基质吸力增量趋于常数，所以在 $(u_a - u_w) - \sigma$ 平面上，基质吸力为一条逐渐趋于水平的曲线，基质吸力虽然在减少但不能减少为0，所以相应的抗剪强度线是一条以饱和状态抗剪强度线的平行线为渐进线的曲线，分别如图3、图4所示。

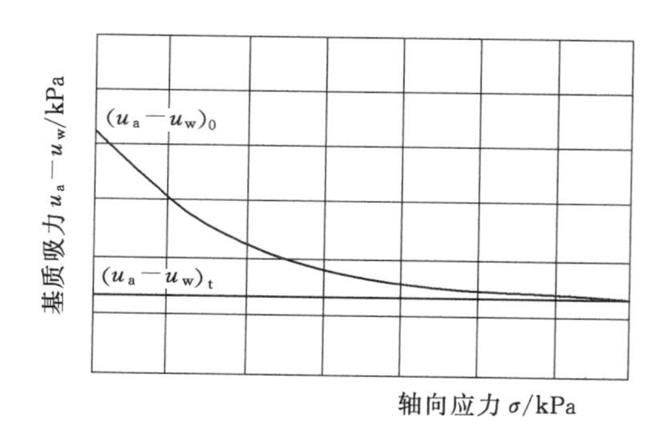

图3　基质吸力随轴向应力的变化曲线

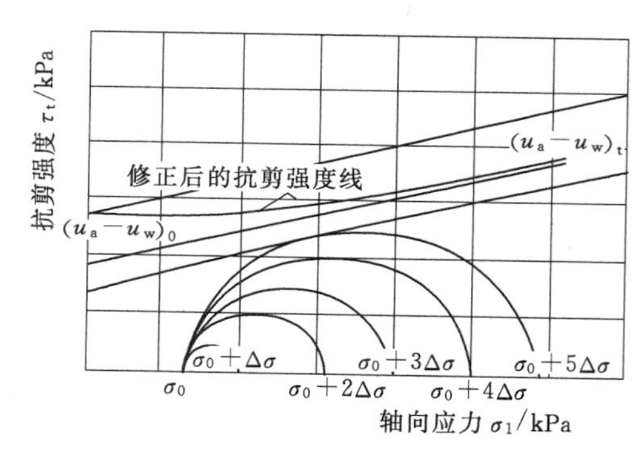

图4　修正后的抗剪强度曲线

5　考虑基质吸力随 σ_1 和 σ_3 双向应力同时变化的抗剪强度理论

实际工程中更常见的是围压与轴向荷载同时变化的情况，并且 σ_1 与 σ_3 并不像三轴试验中那样分级变化，所以有必要考虑一下基质吸力随双向荷载变化的抗剪强度理论。

由式（7）可得孔隙比的变化与大小主应力 σ_1、σ_3 变化间的关系，写成微分形式：

$$de = -\lambda\left[\frac{1}{\sigma_1 + 2\sigma_3}d\sigma_1 - \frac{\sigma_1}{(\sigma_1 + 2\sigma_3)\sigma_3}d\sigma_3\right] \tag{18}$$

代入式（5）得：

$$d(u_a - u_w) = \frac{\lambda}{K} \frac{V_w V_s}{V_v^2} \left[\frac{1}{\sigma_1 + 2\sigma_3} d\sigma_1 - \frac{\sigma_1}{(\sigma_1 + 2\sigma_3)\sigma_3} d\sigma_3 \right] \tag{19}$$

式中：σ_1，σ_3——连续变化的变量。

若假定 $d\sigma_1$，$d\sigma_3$ 或 $\Delta\sigma_1$，$\Delta\sigma_3$ 为常量，随荷载增加 $(\sigma_1 + 2\sigma_3)$ 和 $(\sigma_1 + 2\sigma_3)\sigma_3$ 不断变大，$\Delta(u_a - u_w)$ 趋于 0，$(u_a - u_w)$ 趋于稳定值。

考虑实际工程情况，可以假定 σ_1，σ_3 的变化规律，即 σ_1，σ_3 随外荷载的变化规律，得到它们与外荷载的函数关系，这与实际情况有关，可根据具体工程条件假设不同的荷载函数。

对式（19）积分即可得基质吸力的总变化量：

$$\int d(u_a - u_w) = \frac{\lambda}{K} \frac{V_w V_s}{V_v^2} \left[\int \frac{1}{\sigma_1 + 2\sigma_3} d\sigma_1 - \int \frac{\sigma_1}{(\sigma_1 + 2\sigma_3)\sigma_3} d\sigma_3 \right] \tag{20}$$

然后只需将 σ_1，σ_3 随荷载的变化函数的具体形式代入式（20）即可。

由此可得考虑双向荷载变化的非饱和土抗剪强度理论：

$$\tau_f = (\sigma - u_a)\mathrm{tg}\varphi + \left[(u_a - u_w)_0 - \int d(u_a - u_w) \right] \mathrm{tg}\varphi^b + c \tag{21}$$

6 结论

从土-水特征曲线出发，假定基质吸力与饱和度间的关系，以围压与孔隙比的关系为桥梁，从这一基本关系导出基质吸力与轴向应力间的关系，考虑具体的试验方法，建立了分级加荷情况下计算法，最终获得了修正的抗剪强度线。又结合实际的工程情况，得出了考虑基质吸力随双向应力变化的非饱和土抗剪强度理论。

参考文献

[1] Fredlund D. G and Rahadjo H，Soil mechanies for unsaturated soil. John Wiley & Sons. Inc. 1993.

[2] E. E. Alonso. A. Gens A. Josa. A constitutive model for partially saturated soils. Geotechnique. 1990，40（3）.

土体的压实能耗和合理压实度要求

庄艳峰[1]　王　钊[1,2]

（1. 武汉大学土木建筑工程学院，湖北武汉　430072；
2. 清华大学土木水利学院，北京　100084）

摘　要： 推导了土体在压实过程所需施加的能量，分别在线性和非线性条件下给出了土体压实能耗的表达式，并进行了具体的计算分析和比较。分析结果以及一些计算数据表明在高密阶段，土体的进一步压实将引起能耗的急剧增加，因此，对提高压实度的要求一定要慎重，并认为如何确定一个合理的压实度要求，还需要做大量的试验研究。

关键词： 压实度；能耗；线应变；$e-\log p$ 曲线

中图分类号： TU 411.5　　**文献标识码：** A　　**文章编号：** 1671-8844（2005）01-133-04

Energy Consumption and Proper Requirement for Soil Compaction

ZHUANG Yan-feng[1], WANG Zhao[1,2]

(1. School of Civil and Architectural Engineering, Wuhan University, Wuhan 430072, China;
2. Department of Hydraulic Engineering, Tsinghua University, Beijing 100084, China)

Abstract: The energy consumption of the soil compacting process is analyzed. Two expressions of energy consumption under linear and nonlinear conditions are presented respectively. With these expressions, detailed calculation and comparison are carried out. The analytical results and calculation data show that further compacting of high-density soil will lead to radically increase of energy consumption, so we shall be prudent when increasing the requirement of compaction amount. The authors suggest that a great deal of research and experiment is still needed in order to define a proper requirement for the amount of soil compaction.

Key words: amount of compaction; energy consumption; linear strain; $e-\log p$ curve

合理确定土体的压实度是岩土工程中一个很实际的问题。英国的 Head 早在 1980 年就提出适当压实土的概念（proper compaction of soil）[1]，他认为不过分压实土体与适当压实同样重要，特别是对于细粒土，过分压实不仅浪费能量，而且使得土体易于吸水膨胀，膨胀后的土体其强度势必降低，反而更加容易破坏失稳，这对于堤坡和堤脚的土更为严重。只有适当压实的土才能达到最佳的效果：土体的抗剪强度高，稳定性好；压缩性低，静载下沉降小；CBR 高，反复荷载下变形小；吸水能力低，冻胀可能小。

鉴于有些公路工后沉降大，目前交通行业有进一步提高压实度要求的倾向，例如，将

本文发表于 2005 年 2 月第 38 卷第 1 期《武汉大学学报（工学版）》。

路堤的压实度要求从90%提高到92%。这就存在一个合理压实度的确定和压实能耗经济性评估的问题。因为公路工后沉降大的原因不一定就是路堤压实度不足，可能还和软基沉降和路堤侧向变形等因素有关，而更重要的是施工质量的检测和验收[2-4]。过大的压实度除了 Head 提到的那些问题之外，还可能使得堤身的自重增加，这也会增加土体的压缩变形[5]。另外，工程实践表明将土体从密实状态进一步压缩，其能耗将大幅度增加。在侯马—运城高速公路路堤的强夯夯实过程中可以看到，压实度从90%提高到93%，结果能耗增加1倍，强夯队无法承担[6]。因此为了确定合理的土体压实度，有必要对土体压缩过程中的能耗问题作进一步的研究分析。

1 线性应变土体压缩的能耗分析

假定土体的体积压缩量和土体所受到的压力之间具有简单的线性关系，那么土体的回弹和再压缩曲线分别符合如下方程（如图1所示）：

$$\begin{cases} p=\dfrac{p_c}{V_c-V_0}(V-V_0), p<p_c \\ p=\dfrac{1}{m_v}\left(1-\dfrac{V}{V_c}\right)+p_c, p\geqslant p_c \end{cases} \tag{1}$$

式中：p_c 为先期固结压力，kPa；V_c 为 p_c 对应的土体体积；v_0 为土体初始体积，m^3；m_v 为土体的压缩系数，kPa^{-1}；p 为土体所受的固结压力，kPa；V 为压实后的土体体积，m^3。

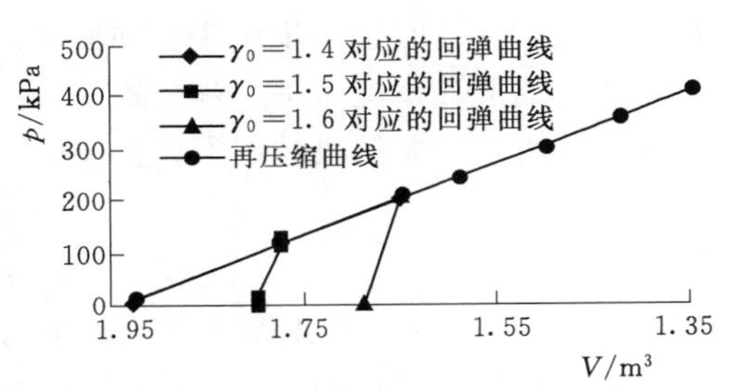

图1 土体的回弹和再压缩曲线

假设压缩过程是沿着压缩曲线进行的（这样的压缩过程能耗最小），那么将土体从体积 V_0 压缩到 V，如果 V 落在回弹段上，则能耗为

$$E_1=\int_V^{V_0} p\,\mathrm{d}V=\int_V^{V_0}\frac{p_c}{V_c-V_0}(V-V_0)\mathrm{d}V$$
$$=\frac{p_c(V_0-V)^2}{2(V_0-V_c)}$$

如果 V 落在再压段上，则能耗为

$$E_2=\int_{V_c}^{V_0} p\mathrm{d}V+\int_V^{V_c} p\,\mathrm{d}V=\int_{V_c}^{V_0}\frac{p_c}{V_c-V_0}\cdot(V-V_0)\mathrm{d}V+\int_V^{V_c}\left[\frac{1}{m_v}\left(1-\frac{V}{V_c}\right)+p_c\right]\mathrm{d}V$$
$$=\frac{p_c}{2}(V_0-V_c)+\frac{1}{m_v}(V_c-V)\left(1-\frac{V_c+V}{2V_c}+p_c m_v\right)$$
$$=p_c\left(\frac{V_0+V_c}{2}-V\right)+\frac{1}{m_v}\frac{(V_c-V)^2}{2V_c}$$

对于一定质量的土，将关系式 $V=\dfrac{m_s}{\gamma}$ 代入以上两个式子得

$$E_1=\frac{p_c}{2}\frac{m_s}{\gamma_c-\gamma_0}\frac{\gamma_c}{\gamma_0}\left(1-\frac{\gamma_0}{\gamma}\right)^2$$

$$E_2=\frac{m_s}{2\gamma_c}\left[p_c\left(1+\frac{\gamma_c}{\gamma_0}-\frac{2\gamma_c}{\gamma}\right)+\frac{1}{m_v}\left(1-\frac{\gamma_c}{\gamma}\right)^2\right]$$

所以土体压实的能耗方程可以写为

$$\begin{cases}E=\dfrac{p_c}{2}\dfrac{m_s}{\gamma_c-\gamma_0}\dfrac{\gamma_c}{\gamma_0}\left(1-\dfrac{\gamma_0}{\gamma}\right)^2, \gamma\geqslant\gamma_c\\ E=\dfrac{m_s}{2\gamma_c}\left[p_c\left(1+\dfrac{\gamma_c}{\gamma_0}-\dfrac{2\gamma_c}{\gamma}\right)+\dfrac{1}{m_v}\left(1-\dfrac{\gamma_c}{\gamma}\right)^2\right], \gamma<\gamma_c\end{cases}\tag{2}$$

式中：E 为土体的压实能耗，kJ；m_s 为土颗粒质量，kg；γ_0 为土体初始干密度，g/cm^3；γ_c 为 p_c 对应的土体干密度，g/cm^3；γ 为压实后的土体干密度，g/cm^3。

从式（2）可以看出，土体压实能耗 E 是干密度 γ 的增函数，并且随着干密度 γ 的增大能耗 E 增加越来越快。这就说明即使对于线性应变的土体，其压实能耗的增长也是非线性的，随着土体密实度的增加，其进一步压密将越来越困难。

2　基于 $e-\log p$ 曲线的土体压缩能耗分析

以上是对线性应变土体压缩过程的能耗分析，分析中假定了 m_v 在整个压缩过程中是不变的，这一点和实际情况是有差别的，实际上随着土体的压实，m_v 将逐渐减小，这将使得土体在高密度时进一步压实更加困难。下面我们就根据土力学中常用的 $e-\log p$ 曲线对土体压实的能耗情况做进一步分析。

经典土力学试验结果表明[7]，土体的 $e-\log p$ 曲线大致满足如下方程：

$$\begin{cases}e=e_c-C_s(\log p-\log p_c), p<p_c\\ e=e_c-C_c(\log p-\log p_c), p\geqslant p_c\end{cases}\tag{3}$$

式中：e 为压实后的土体孔隙率（无量纲）；e_c 为 p_c 对应的土体孔隙率（无量纲）；C_s 为土体的回弹指数（无量纲）；C_c 为土体的压缩指数（无量纲）。

同样假设土体的压缩过程是沿着能耗最小的 $e-\log p$ 曲线进行的，那么将土体从孔隙比 e_0 压缩到 e，如果 e 落在回弹段上，则能耗为

$$E_1=\int_V^{V_0}p\,\mathrm{d}V=\int_e^{e_0}pV_s\mathrm{d}e=\int_e^{e_0}p_cV_s10^{\frac{e_c-e}{C_s}}\mathrm{d}e=p_cV_s\frac{C_s}{\ln 10}\left(10^{\frac{e_c-e}{C_s}}-10^{\frac{e_c-e_0}{C_s}}\right)$$

如果 e 落在再压段上，则能耗为

$$\begin{aligned}E_2&=\int_{V_c}^{V_0}p\mathrm{d}V+\int_V^{V_c}p\,\mathrm{d}V=\int_{e_c}^{e_0}p_cV_s10^{\frac{e_c-e}{C_s}}\mathrm{d}e+\int_e^{e_c}p_cV_s10^{\frac{e_c-e}{C_s}}\mathrm{d}e\\&=p_cV_s\frac{C_s}{\ln 10}\left(1-10^{\frac{e_c-e_0}{C_s}}\right)+p_cV_s\frac{C_c}{\ln 10}\left(10^{\frac{e_c-e}{C_c}}-1\right)\\&=\frac{p_cV_s}{\ln 10}\left[C_s\left(1-10^{\frac{e_c-e}{C_s}}\right)+C_c\left(10^{\frac{e_c-e}{C_c}}-1\right)\right]\end{aligned}$$

将土颗粒密度、土体密度和孔隙比之间的关系式 $e=\dfrac{\gamma_s}{\gamma}-1$ 代入上式得：

$$E_1=p_cV_s\frac{C_s}{\ln 10}\left(10^{\frac{\gamma_s}{C_s}\left(\frac{1}{\gamma_c}-\frac{1}{\gamma}\right)}-10^{\frac{\gamma_s}{C_s}\left(\frac{1}{\gamma_c}-\frac{1}{\gamma_0}\right)}\right)$$

$$E_2=\frac{p_cV_s}{\ln 10}\left[C_s\left(1-10^{\frac{\gamma_s}{C_s}\left(\frac{1}{\gamma_c}-\frac{1}{\gamma_0}\right)}\right)+C_c\left(10^{\frac{\gamma_s}{C_c}\left(\frac{1}{\gamma_c}-\frac{1}{\gamma}\right)}-1\right)\right]$$

所以土体压实的能耗方程可以写为

$$\begin{cases} E=p_c V_s \dfrac{C_s}{\ln 10}\left(10^{\frac{\gamma_s}{C_s}\left(\frac{1}{\gamma_c}-\frac{1}{\gamma}\right)}-10^{\frac{\gamma_s}{C_s}\left(\frac{1}{\gamma_c}-\frac{1}{\gamma_0}\right)}\right), \gamma \geqslant \gamma_c \\ E=\dfrac{p_c V_s}{\ln 10}\left[C_s\left(1-10^{\frac{\gamma_s}{C_s}\left(\frac{1}{\gamma_c}-\frac{1}{\gamma_0}\right)}\right)+C_c\left(10^{\frac{\gamma_s}{C_c}\left(\frac{1}{\gamma_c}-\frac{1}{\gamma}\right)}-1\right)\right], \gamma<\gamma_c \end{cases} \tag{4}$$

式中：γ_s 为土体土颗粒的密度，g/cm^3；V_s 为土颗粒的体积，m^3。

对式（4）进行简单的函数分析可知，土体压实能耗 E 同样也是干密度 γ 的增函数，而且函数的斜率随 γ 的增大而增大。土体压缩能耗 E 和土颗粒体积 V_s 以及土体的先期固结压力 p_c 成正比；并随着土颗粒密度 γ_s 的增大而增大，随着土体压缩指数 C_c 和回弹指数 C_s 的增大而减小。

土体压缩所消耗的能量和被压缩土体的体积成正比，这一点很容易理解，因为土体压缩能耗是一个广延量，因此被压缩土体的量越多自然消耗的能量也就越多；土体压缩能耗和先期固结压力成正比，这说明了土体压缩的能耗和土体所受的应力历史有关，曾经受到过较大先期固结压力作用的土体，其进一步压实将更加困难，这一点也是符合试验事实的；土体压缩能耗还和土体的压缩指数和回弹指数有关，它们的值越大，就表明土体越容易被压缩，因此压缩时所消耗的能量也就越小。

另外，土颗粒密度越大，土体压缩能耗也越大，这一点可以这样理解：因为 $\Delta e=e_0-e=\gamma_s\left(\dfrac{1}{\gamma_0}-\dfrac{1}{\gamma}\right)$，所以在 γ_0、γ 相同的情况下，γ_s 越大，Δe 也越大，也就是说土体将有更大的压缩位移，因此外力所做的功也就越大。

3 能耗的计算比较和分析

根据式（2）、（4）分别计算不同干密度土体的压实能耗如表 1、表 2 和图 2 所示，为了使数据具有可比性，假设不同干密度的土体具有相同的压缩和回弹斜率。

表 1　　单位体积线性应变土体的压实能耗

初始干密度/(g/cm^3)	最大干密度/(g/cm^3)	单位体积土颗粒压缩能耗/kJ	
		90%压实度	92%压实度
1.4	1.8	23.093	29.407
1.5	1.9	36.256	44.804
1.6	2	41.086	51.266
平均能耗/kJ		33.479	41.826
平均能耗提高百分比		24.93%	

表 1、表 2 的计算结果表明，虽然压实度只提高了 2%，但是所需要消耗的能量却分别增加了 24.93%和 44.48%。式（4）的计算结果大于式（2），主要是因为 $e-\log p$ 曲线反映了土体压缩应变的非线性，因此在高密段式（4）的能量增长比式（2）更快，这一点从图 2 中可以更直观地看出来：由式（4）所得的计算结果是两条下凹曲线，在高密段有

表 2　　沿 $e-\log p$ 曲线的土体压实能耗

初始干密度/(g/cm³)	最大干密度/(g/cm³)	单位体积土颗粒压缩能耗/kJ	
		90%压实度	92%压实度
1.4	1.8	17.072	24.443
1.5	1.9	34.487	49.539
1.6	2	63.033	91.576
平均能耗/kJ		38.197	55.186
平均能耗提高百分比		44.48%	

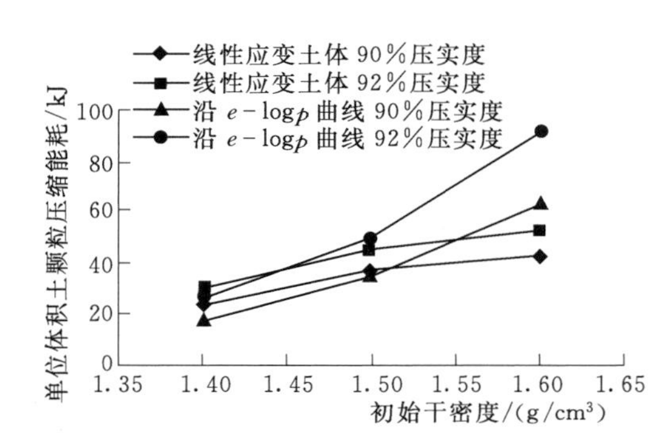

图 2　初始干密度和压实能耗关系曲线

更高的增长幅度。从图 2 中还可以看出，随着初始干密度的增加，达到相同压实度所需要的能耗越来越大，这也直观地说明了对于密实土的进一步压实更加困难。

4　结语

从以上分析结果可以看出，即使对于线性应变的土体来说其压实能耗随压实度的增长也是非线性的，随着压实度的提高，压实能耗将急剧增加，如果考虑到土体的压缩系数 m_v 随土体的压实而逐渐减小，那么压实能耗的增加将更快。由此可见将土体从高密状态向超密状态进一步压缩，在工程上就存在一个经济性的问题，因此提高压实度要求一定要慎重。如何确定一个合理的压实度要求，还需进行大量的试验研究。

参考文献

[1]　Head K H. Manual of Soil Laboratory Testing [M]. London, Pentech Press, 1980.

[2]　中华人民共和国交通部．公路路基路面现场测试规程（JTJ 059—95）[S]. 北京：人民交通出版社，1995.

[3]　中华人民共和国交通部．公路土工试验规程（JTJ 051—93）[S]. 北京：人民交通出版社，1993.

[4]　徐培华，陈忠达．路基路面试验检测技术 [M]. 北京：人民交通出版社，2000.

[5]　王钊，胡海英，邹维列．路堤压实的影响因素和压实度要求 [J]. 公路，2004 (8)：91-96.

[6]　王钊，姚政法，范景相．强夯在高路堤填筑上的应用 [J]. 岩土力学，2002，23 (4)：498-503.

[7]　冯国栋. 土力学 [M]. 北京：水利电力出版社，1986.

土-水特征曲线方程参数和拟合效果研究

胡　波　肖元清　王　钊

（武汉大学土木建筑工程学院，武汉　430072）

摘　要：对现有的土-水特征曲线方程进行分类的基础上，对方程中重要参数的意义进行探讨，分析了影响土-水特征曲线方程拟合效果的因素，并评价了不同的修正系数。

关键词：土-水特征曲线；残余吸力；体积含水量

中图分类号：TU45　　**文献标识码**：A　　**文章编号**：1672－948X（2005）01－0031－03

Study on Soil－Water Characteristic Curve Equations' Parameters and Fit Effect

Hu Bo　Xiao Yuanqing　Wang Zhao

（College of Civil & Architectural Engineering，Wuhan Univ.，Wuhan 430072，China）

Abstract：Based on the equations classifications of soil－water characteristic curve，some significant parameters are discussed factors influencing equation fit effect of the soil－water characteristic curve are analyzed and some revised moduli are also compared.

Key words：soil－water characteristic curve；residual suction；volumetric water content

土-水特征曲线是描述非饱和土特性的一个关键的指标曲线[1]。为了定量地确定土-水特征曲线，采用土-水特征曲线方程建立曲线与土的分类参数的相关联系，使得推导其它土的特性指标时的过程相对容易。另外，它提供了实验数据的有效处理方法，这点对于复杂问题的数值模拟特别重要。

1　土-水特征曲线方程的分类

表 1 列出了已有的土-水特征曲线方程，其中参数最多的是 4 个。根据拟合参数的个数对所有土-水特征曲线方程进行分类。其中方程（1）为双参数方程，方程（2）～（6）为 3 参数方程，方程（7）、（8）为 4 参数方程。

2　参数 a 的意义

有关参数 a 的解释以及取值值得研究。文献［2］指出“a 为与土体进气值有关的吸

本文发表于 2005 年 2 月第 27 卷第 1 期《三峡大学学报（自然科学版）》。

本文为国家自然科学基金项目资助项目（50279036）。

表 1　　土-水特征曲线方程

公式编号	公式提出者	方　程	参数说明
(1)	Williams (1983)	$\ln\psi=a+\theta_n\theta_w$	a、b 均为拟合参数
(2)	Gardner (1958)	$\theta_w=\theta_r+\dfrac{\theta_n-\theta_w}{1+\left(\dfrac{\psi}{a}\right)^b}$	θ_r 为残余体积含水量；a 为与进气值有关的参数，单位 kPa；b 为在基质吸力大于进气值之后与土体脱水速率有关的土参数
(3)	Brooks 和 Corey (1964)	$\theta_w=\theta_r+(\theta_s-\theta_r)\cdot\left(\dfrac{a}{\psi}\right)^b$	a 为进气值，单位 kPa；b 为孔径参数
(4)	Mckee 和 Bumb (1984)	$\theta_w=\theta_r+(\theta_s-\theta_r)\exp\left(\dfrac{a-\psi}{b}\right)$	θ_r 为残余体积含水量；a、b 为拟合参数
(5)	Mckee 和 Bumb (1987)	$\theta_w=\theta_r+\dfrac{\theta_s-\theta_r}{1+\exp\left(\dfrac{\psi-a}{b}\right)}$	参数意义同公式 (4)
(6)	Fredlund 和 Xing (1994)	$\theta_w=\dfrac{\theta_s}{\{\ln[e+\left(\dfrac{\psi}{a}\right)^b]\}^c}$	θ_r、a、b 意义同公式 (2)，c 为与残余含水量有关的参数
(7)	Van Genuchten (1980)	$\theta_w=\theta_r+\dfrac{\theta_s-\theta_r}{\left[1+\left(\dfrac{a}{\psi}\right)^b\right]^c}$	参数意义同公式 (2)
(8)	Fredlund 和 Xing (1994)	$\theta_w=\left[1-\dfrac{\ln\left(1+\dfrac{\psi}{\psi_r}\right)}{\ln\left(1+\dfrac{10^6}{\psi_r}\right)}\right]\dfrac{\theta_s}{\left\{\ln\left[e+\left(\dfrac{\psi}{a}\right)^b\right]\right\}^c}$	ψ_r 为与残余体积含水量相对应的吸力值，a、b、c 意义同公式 (6)

力值”。文献［3］中指出“a 为与土体进气值有关的参数”，“在通常情况下 a 应该大于进气值，而当参数 c 取较小值时 a 近似等于进气值”。具体而言，对于不同的土-水特征曲线方程 a 的值不尽相同，例如在公式（2）中令 $\theta_w=(\theta_s+\theta_r)/2$，则我们可以得到 a 即为含水量 $(\theta_s+\theta_r)/2$ 对应的吸力值。

$$a=\psi\left(\frac{\theta_s+\theta_r}{2}\right) \tag{9}$$

式中，ψ 为土的吸力；θ_s 为饱和体积含水量；θ_r 为残余体积含水量。

在公式（7）中 a 已经不能表示为含水量 $(\theta_s+\theta_r)/2$ 对应的吸力值。但是仍然可以通过定义一个吸力值 ψ_{50} 来表示 a。将 $(\theta_s+\theta_r)/2$ 和 ψ_{50} 代入公式（7）可以得到

$$a=\frac{\psi_{50}}{(2^{1/c}-1)^{1/b}} \tag{10}$$

式中，ψ_{50} 为含水量 $(\theta_s+\theta_r)/2$ 对应的吸力值。

根据 b 和 c 的取值不同，a 可以大于 ψ_{50} 也可以小于 ψ_{50}。当 $c=1$ 时公式（7）就变成了公式（2），而此时的 $a=\psi_{50}$，同样地我们可以得到公式（6）中得到

$$a=\frac{\psi_{50}}{[\exp 2^{1/c}-1]^{1/b}} \tag{11}$$

以上分析表明公式（2）、（6）和（7）中的基质吸力值 a 的取值不应为进气值，而应如以上分析来理解。

3 影响土-水特征曲线方程拟合效果的因素

(1) 土-水特征曲线方程。通过表2我们可以对方程(2)、(3)、(6)~(8)的拟合效果进行比较。总体而言,4参数方程的拟合结果要优于3参数方程。在3参数方程中公式(6)的拟合效果最佳。在4参数方程中对于粉土和粘土而言,公式(8)的拟合效果要劣于公式(7)。但是对于砂土而言公式(8)的拟合效果优于公式(7)。

表2 不同土-水特征曲线方程拟合曲线的最大偏差百分比[4]

公式编号	E1 Paso砂				Price Club粉土				Fountain Hills粘土			
	饱和阶段	进气阶段	脱水阶段	残余阶段	饱和阶段	进气阶段	脱水阶段	残余阶段	饱和阶段	进气阶段	脱水阶段	残余阶段
(2)	7	19	7	12	3	3	2	4	2	2	2	3
(3)	0	28	2	3	11	14	4	9	4	15	20	27
(6)	1	11	2	7	3	3	2	8	2	2	2	3
(7)	0	6	2	9	0	0	0	0	0	0	0	0
(8)	0	0	0	0	4	4	3	15	2	2	1	6

(2) 实验数据的范围[5]。由于实验仪器的限制通常情况下拟合过程所采用的实验数据所包括的吸力范围有限。很多情况下不包括残余含水量之后的数据点,而这种情况下,不论采用什么样的土-水特征曲线方程进行拟合,所得到的曲线在吸力较大的范围内会发生偏移。如图1所示,图中是通过依次减少数据点数量来分析不同数据范围对拟合效果的影响。

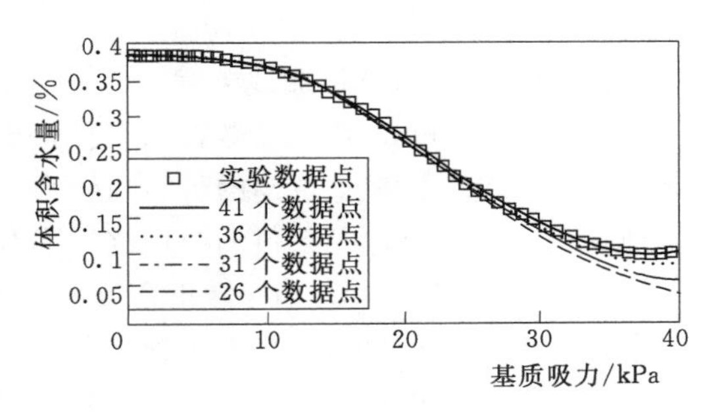

图1 实验数据范围对方程(6)的拟合结果的影响[5]

(3) 实验数据的数量[5]。实验数据的数量可能对拟合曲线产生影响,但是只要有足够的实验数据点描绘出完整的土-水特征曲线,实验数据点的多少对于拟合参数的变化影响不大。

4 修正系数

比较公式(6)和公式(8)可以看出两者的不同就在于后者增加了一个修正系数$C(\psi)$。因为大多数的土-水特征曲线都不能同时准确描绘湿润和干燥状态部分的试验数据,增加修正系数的目的就是为了改善干燥状态下土-水特征曲线的精确性。这样就使得在吸力达到约106kPa的完全干燥状态时含水量校正为零[6]。实际上我们也可以将这个修正系数应用于其它的土-水特征曲线模型,具体表达形式为

$$\theta=C(\psi)(\theta_{\mathrm{f}}(\psi))=\left[1-\frac{\ln\left(1+\dfrac{\psi}{\psi_{\mathrm{r}}}\right)}{\ln\left(1+\dfrac{10^{6}}{\psi_{\mathrm{r}}}\right)}\right](\theta_{\mathrm{f}}(\psi)) \tag{12}$$

式中，$\theta_f(\psi)$ 为土-水特征曲线方程。

Fredlund 和 Xing 修正系数 $C(\psi)$ 具有以下的优点：①在 ψ_r 已知的条件下修正系数并不增加额外的拟合参数；②修正系数有利于改善高吸力范围内土-水特征曲线的精确性。

另一方面 Fredlund 和 Xing 修正系数 $C(\psi)$ 也具有以下的不利方面：①相对于用归一含水量表示的土-水特征曲线 Fredlund 和 Xing 修正系数 $C(\psi)$ 的应用使得在整个吸力范围内拟合的精确性有所降低[7]；②修正系数 $C(\psi)$ 采用的是一个定义函数，这使得拟合试验数据变得更加困难。

Fayer 和 Simmons（1995）提出了一个新的修正系数。Fayer 和 Simmons 修正系数用 Camp bell 和 Shiozawa（1992）提出的吸湿方程来代替残余含水量，这个吸湿方程表示的是残余饱和干燥区域的含水量和吸力对数值的线性关系，具体表达公式如下：

$$\theta=\left[1-\frac{\ln(\psi)}{\ln(\psi_0)}\right]\theta_a \tag{13}$$

式中，θ_a 为对应 1kPa 吸力的含水量，Camp bell 等假定等于空气干燥含水量的 6.3 倍；ψ 为吸力（kPa）；ψ_0 为完全干燥状态下的吸力值（可以约等于 10^6kPa）。

Fayer 和 Simmons 修正系数应用于其他的土-水特征曲线模型可以表示为

$$\theta=\left[1-\frac{\ln(\psi)}{\ln(\psi_0)}\right]\theta_a+\left\{\theta_s-\left[1-\frac{\ln(\psi)}{\ln(\psi_0)}\right]\theta_a\right\}(\theta_f(\psi)) \tag{14}$$

式中，$\theta_f(\psi)$ 为土-水特征曲线方程。

Fayer 和 Simmons 修正系数提供了模拟土-水特征曲线的另一条途径，它具有以下的优点：①系数可以模拟全范围的吸力与含水量的关系并对残余含水量范围内的含水量提供了物理意义上的解释；②系数的应用绕过了有关残余含水量参数的争论。

同样的 Faver 和 Simmons 修正系数也存在这不足之处：①系数的应用增加了一个拟合参数，这个拟合参数与空气干燥含水量的新的经验值有关；②拟合参数在同一模型的不同形式间不能相互转换。

5　结语

土-水特征曲线方程中的参数 a 的意义不能简单地理解为进气值。不同的方程形式中 a 的意义也不尽相同。土-水特征曲线方程的拟合效果受方程形式和试验数据的范围影响。由于残余吸力的不确定性，Fredlund 和 Xing 修正系数 $C(\psi)$ 的运用存在着局限性。而 Fayer 和 Simmons 修正系数则相对易于运用。

参考文献

[1] 詹良通，包承纲，龚壁卫．土-水特征曲线及其正非饱和土力学中的应用［A］．南水北调膨胀土渠坡稳定和滑动早期预报研究论文集［C］．武汉：长江科学院，1998.79-89.

[2] Vanapalli S K, Fredlund D G, Pufahl D E, et al. Model for the Prediction of Shear Strength with Respect of Soil Suction [J]. Canadian Geotechnical Journal, 1996, 33: 379-392.

[3] Fredlund D G, Xing Anqing. Equations for the Soil - Water Characteristic Curve [J]. Canadian Geotechnical Journal, 1994, 31: 521-532.

[4] Claudia Zapata E, William Houston N, Sandra Houston L, et al. Soil - Water Characteristic Curve Variability [M]. Advances in Unsaturated Geotechnics, 2000, 1 - 12.

[5] Leong E C, Rahardjo H. Review of Soil - Water Characteristic Curve Equations [J]. Journal of Geotechnical and Geoenvironment Engineering, 1997, 123 (12): 1106 - 1117.

[6] Fredlund D G. Rahardjo H. Soil Mechanics for Unsaturated Soils [M]. New York: John Wiley & Sons Inc, 1993.

[7] Fayer M J, Simmons C S. Modified Soil - Water Retention Functions for all Matric Suctions [J]. Water Resource Research, 1995, 31: 1233 - 1238.

珞珈山粘土强度规律的试验研究

胡海英　王　钊

（武汉大学土木建筑工程学院，湖北武汉　430072）

摘　要：对武汉大学珞珈山粘土完成了21组不同含水量和压实度的室内直剪试验，讨论压实度、压实含水量及压实土体的饱和状态三因素对粘土抗剪强度及强度参数的影响，并从土体结构与土中水分变化两个方面分析了影响机理。试验表明，压实度、压实含水量及土体饱和状态对粘聚力和内摩擦角有影响，从而使抗剪强度也受到三因素的影响。粘聚力随压实含水量的增加不是单调变化的，其曲线型式类似于“倒S”型，在低压实含水量下随压实度的增加而增加、高压实含水量下受压实度影响不大，浸水饱和后粘聚力会大大降低，且压实度大、压实含水量低的土体饱和后粘聚力损失更大；内摩擦角随压实含水量的增加大体上是减小的，受压实度影响的规律性较差，受浸水饱和影响较小。图5，表2，参10。

关键词：粘土；抗剪强度；压实度；压实含水量；饱和状态；土体结构；粘聚力；内摩擦角

中图分类号：U416.1　　**文献标识码**：A　　**文章编号**：1672-9102（2006）04-0062-05

土工结构物的建筑经常要用到粘性填土，粘性填土压实后的强度特性一直是岩土工程界关注和研究的重要内容之一，压实后的粘性填土一般为非饱和土，应根据非饱和土的强度理论来进行研究。非饱和土强度理论发展至今已有十余个，极具代表性的有Bishop有效应力抗剪强度理论[1]和Fredlund双应力变量抗剪强度理论[2]。在此两个理论基础上，卢肇钧（1992，1997）、缪林昌与殷宗泽（1999）、Rohm与Vilar（1995）、沈珠江（1996）、党进谦与李靖（1997）、汤连生（2001）等又先后提出了各自的抗剪强度公式[3]。虽然目前已提出的抗剪强度公式不少，但实用性并不强，而且各理论与方法远没有形成共识与定论，其中的若干概念与假设有待于理论和试验的检验。因此，现阶段进行非饱和土强度方面的试验研究仍然是非常重要的。

抗剪强度参数取决于土体物理状态变量的大小及其组合。在常规尺度的连续介质的概念框架内，土的物理状态由水分状态和密度状态联合表征。水分状态与密度状态的不同组合塑造出不同饱和度的非饱和土。当土的水分状态一定时其饱和度因密度状态不同而不同；当土的密度状态一定时，其饱和度因水分状态不同而不同[4]。本文以珞珈山粘性填土为研究对象，通过室内剪切试验，着重讨论含水量、饱和度和干密度（压实度）变化对粘性压实土抗剪强度的影响。

本文发表于2006年12月第21卷第4期《湖南科技大学学报（自然科学版）》。

本文为国家自然科学基金资助项目（50279036）。

1 粘性填土的抗剪强度参数

饱和粘土的抗剪强度包括两部分：有效粘聚力（也称真粘聚力）c'和外部有效压力产生的摩擦强度 $(\sigma-u_w)\tan\phi'$。与之相比，非饱和粘土的抗剪强度多了吸附强度 $\tau_s=(u_a-u_w)\tan\phi_b$[2]，$\tau_s$ 与外力无关，随着土体含水量（饱和度）的变化而变化，用常规试验方法（不能测吸力）进行剪切试验时，吸附强度表现为与真粘聚力相似的性质，因此又称为表观粘聚力，真粘聚力与表观粘聚力合为非饱和土的有效总粘聚力 c，即 $c=c'+\tau_s$。

2 试验研究

本次试验主要包括：①土的基本物理性质试验；②非饱和土剪切试验；③饱和土的剪切试验。

2.1 试验用土

所用土样取自武汉大学珞珈山一填方土坡，全部采用重塑土样，其基本物理性质指标见表 1。

表 1 试验用土物理性质指标

Table 1 The indexes of physical property of the soil tested

土样类型	土粒相对密度 G_s	液限 $W_L/\%$	塑限 $W_P/\%$	塑性指数 I_p	重型击实试验		粘粒含量（<0.005mm）/%
					最大干密度 $\rho_{dmax}/(g\cdot cm^{-3})$	最优含水量 $W_{qt}/\%$	
重塑土样	2.73	47.3	20.6	26.7	1.84	15.3	44

2.2 剪切试验

本试验研究采用固结快剪试验方法。

（1）试样制备

取试验用土约 25kg 风干后，分成 4 组，分别加入适量的水调制成设计含水量为 $w=$ 13.3%、15.3%、17.3%、19.3%的土样，封闭 24h 使土中水分充分均衡，检测土样的实际含水量分别为 13.3%、15.1%、17.4%、19.0%，与设计含水量差别不大。各土样经静压制成不同压实度（$\lambda=90\%$、93%、96%）的土样，其中含水量为 13.3%、15.1%和 17.4%（包括各压实度）的试样制备成两份，一份直接用于非饱和土剪切试验，另一份进行抽气浸水饱和 24h 后，用于饱和土的剪切试验。

（2）试验过程[5]

试验时将已制备好的试样装入直剪仪的剪力盒中，试样上下两面均依次为湿滤纸和透水石。对于非饱和土试样，滤纸和透水石应先与该含水量土样接触 24h，且在直剪盒上的活塞周围用湿棉花围住，以防止试样水分发生较大变化；饱和土样在试验过程中使其始终浸在水中以保证试样的饱和性。试样装好后加载固结，每组试验有 4 个试样，分别在 100kPa、200kPa、300kPa、400kPa 的垂直压力下固结，24h 后固结基本稳定（即每小时垂直变形不超过 0.005mm），以 0.8～12mm/min 的速率进行剪切，使试样在 3～5min 内剪损，获得每级垂直荷载下的最大剪应力。剪切结束后，尽快取样，测定剪切面附近土的含水量。

由此试验得到粘性压实土在不同压实含水量、压实度及饱和状态下的抗剪强度参数。

3　试验结果与讨论

将试验数据按库仑强度方程整理，结果见表 2。因为库仑强度方程形式为 $\tau=c+\sigma\tan\phi'$，因此表 2 中的粘聚力 c 为有效总粘聚力，包括有效粘聚力 c' 及与吸力相关的吸附强度 τ_s。

表 2　　不同含水量、压实度状态下粘土抗剪强度及强度参数值

Tab. 2　The shear strength, cohesion and angle of friction of clay under different compaction water contents and degrees of compaction

类型	试样编号	含水量 $w/\%$	饱和度 $Sr/\%$	压实度 $\lambda/\%$	抗剪强度 τ/kPa				粘聚力 c/kPa	内摩擦角 $\phi/(°)$
					$\sigma=100$kPa	$\sigma=200$kPa	$\sigma=300$kPa	$\sigma=400$kPa		
非饱和	1	13.3	55.2	90	164.5	240.0	289.2	329.0	120.0	28.5
	2		60.0	93	183.3	256.0	302.1	342.0	140.3	27.6
	3		65.6	96	230.9	301.3	381.8	430.1	166.5	34.1
	4	15.1	63.6	90	127.2	206.0	264.0	291.4	84.5	28.9
	5		69.2	93	154.7	210.1	271.4	317.6	101.0	28.8
	6		75.5	96	202.3	256.6	299.0	350.8	159.7	25.6
	7	17.4	72.7	90	120.8	172.8	226.0	247.9	83.2	23.5
	8		79.0	93	139.2	186.4	232.8	255.3	104.8	21.5
	9		85.4	96	195.2	235.2	261.6	305.7	159.9	19.7
	10	19.0	80.0	90	115.0	149.5	172.5	199.8	82.7	15.5
	11		87.1	93	122.6	156.0	195.9	218.5	88.0	18.1
	12		95.1	96	138.0	177.4	225.9	288.0	89.8	26.5
饱和	13	13.3	100	90	52.8	110.4	141.6	170.2	22.9	21.0
	14		100	93	61.9	110.4	131.1	182.5	25.8	20.9
	15		100	96	63.4	105.6	172.3	169.2	31.6	21.0
	16	15.1	100	90	52.8	98.4	129.6	167.9	18.0	20.6
	17		100	93	61.6	105.6	141.6	169.2	29.8	19.7
	18		100	96	71.4	115.0	142.6	225.2	16.3	26.1
	19	17.4	100	90	61.1	96.0	146.3	148.1	35.0	17.3
	20		100	93	66.6	110.4	135.7	189.6	27.0	21.5
	21		98.5	96	107.1	124.2	177.1	232.3	53.0	23.2

3.1　抗剪强度随含水量、压实度及饱和度变化的情况

从图 1（a）～（c）可以看出：不同含水量下压实达到相同压实度的土样，含水量越小，抗剪强度越大；土样浸水饱和后，抗剪强度大大降低，且含水量越小的土样，饱和后

抗剪强度降低越多，图（d）～（f）表明：同一含水量下压实到不同压实度的土样，压实度越大，抗剪强度越大，但浸水饱和引起的抗剪强度损失也越大。

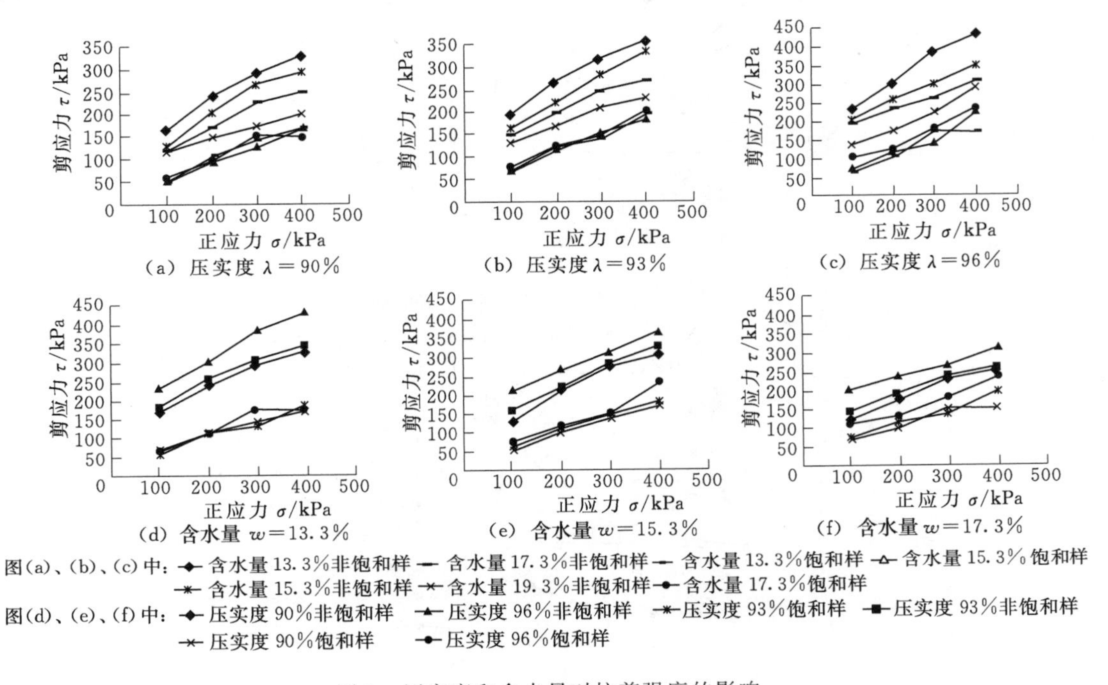

图 1　压实度和含水量对抗剪强度的影响

Fig. 1　The effects of degree of compaction and compaction water content on shear strength

3.2　粘聚力与含水量、压实度及饱和度变化的关系

压实含水量、压实度及饱和状态会对粘聚力 c 与内摩擦角 ϕ 产生影响，图 2～5 中绘制了 c 与 ϕ 随 3 种因素变化的关系。

图 2 和图 3 显示了压实含水量、压实度以及试样的饱和状态对粘聚力的影响情况。从图 2 可以看出，试样饱和前粘聚力随着压实含水量的变化过程不是单调增加或降低的，两者的关系曲线上存在着两个特征点，对于试验土样这两个特征点分别对应压实含水量 15.3%和 17.3%，当含水量小于 15.3%时，粘聚力随着含水量的增加而降低，在 15.3%含水量处降至最低，在含水量大于 15.3%后，粘聚力有所增加，在 17.4%含水量处达到极值，当压实含水量大于 17.4%以后，粘聚力则随着含水量的增加又降低。试样饱和后，粘聚力大大降低，如压实度为 96%的试样饱和后粘聚力减小了约 107～143kPa，压实度为 93%和 90%的试样则分别减小了约 71～115kPa 和 48～97kPa，可见，压实度越大的土样饱和后粘聚力降低的越大。从图 2 还可观察出，在含水量小于一定值（本研究中为 19.0%）时，压实度大的曲线始终位于压实度小的曲线上方，这说明在一定条件下增加压实度，可以提高土样的粘聚力，图 3 中的各条曲线基本上也表明了这一点。从图 3 还可以看出，压实含水量小于最优含水量的试样饱和前的粘聚力远大于最优含水量及其湿侧压实土样的粘聚力，但一旦浸水饱和，压实含水量小的试样粘聚力损失反而大，如图 3 中的各条曲线，压实含水量为 13.3%的试样饱和前粘聚力最大，浸水饱和后其粘聚力损失也最大。

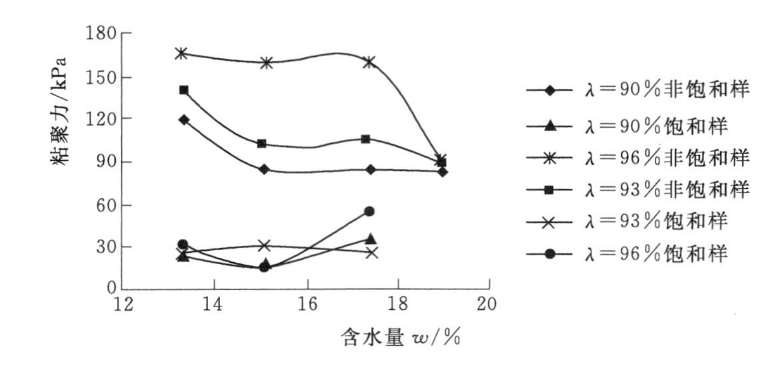

图 2 粘聚力随含水量变化曲线

Fig. 2 The curves of cohesion vs compaction water content under different degrees of compaction

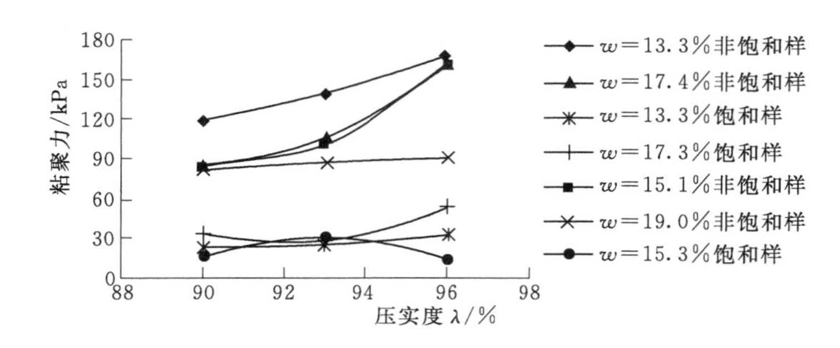

图 3 粘聚力随压实度变化曲线

Fig. 3 The curves of cohesion vs degree of compaction under different compaction water contents

3.3 内摩擦角与含水量、压实度及饱和度变化的关系

图 4 与图 5 给出了内摩擦角随压实含水量、压实度以及试样饱和状态变化的情况。从图中各曲线来看，压实含水量与压实度对内摩擦角的大小有影响，但规律性不强，大体趋势是：最优含水量干侧压实的非饱和土样内摩擦角比最优含水量湿侧压实的土样要大些；压实度对内摩擦角的影响规律性较差，其影响关系随压实含水量变化而变化；试样浸水饱和后低含水量（如 13.3%、15.3%）的试样内摩擦角稍有减小，其它试样饱和前后内摩擦角几乎没有变化。

3.4 土体结构与基质吸力对抗剪强度参数的影响

以上试验观察到的珞珈山粘土抗剪强度及其参数所表现出的性质，可尝试通过土体结构与基质吸力的变化来进行解释。在不同含水量下压实到相同压实度的粘土，虽然孔隙比相同，但结构和土中的吸力均不同，小于最优含水量的土体结构中存在两种形态：被较大孔隙分开的团粒结构以及团粒内的结构，这种结构的孔隙尺寸分布曲线上有两个峰值，分别对应团粒之间的较大孔隙和团粒内的较小孔隙[6]，同时因为含水量低，土体饱和度小，因此土中的基质吸力大，此时的土体因结构强度高、基质吸力大其粘聚力较大，内摩擦角

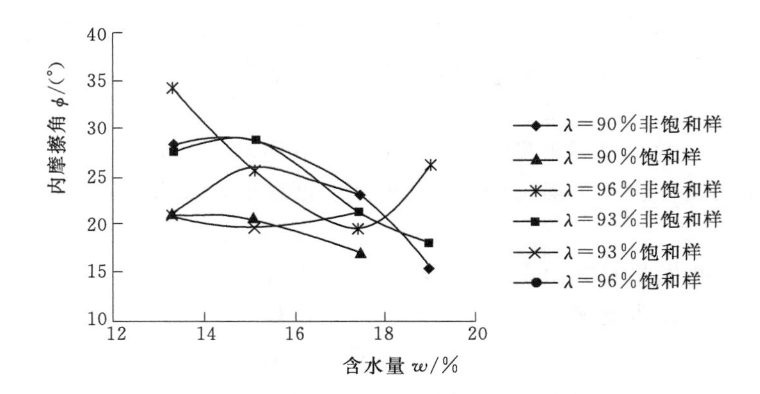

图 4　内摩擦角随含水量变化曲线

Fig. 4　The curves of angle of friction vs compaction water content under different degrees of compaction

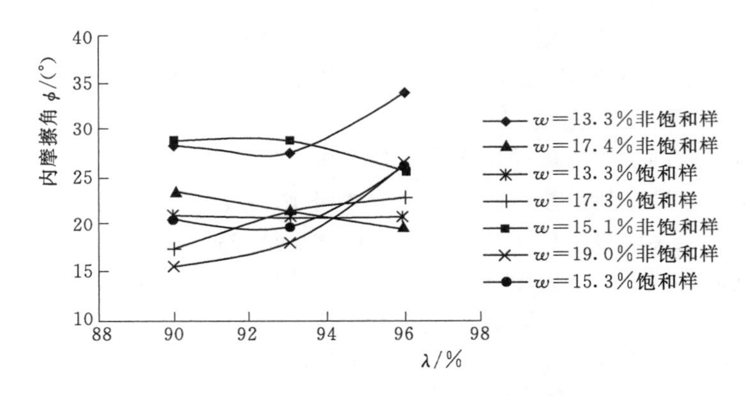

图 5　内摩擦角随压实度变化曲线

Fig. 5　The curves of angle of friction vs degree of compaction under different compaction water content

因结构中存在着大的团粒结构（类似于粗颗粒[7]）以及较大的基质吸力因而也比较大；随着含水量的增加，团粒间的大孔隙逐渐减少，小孔隙不断增加，土中吸力因含水量（饱和度）增加而降低，使得粘聚力和内摩擦角均有所减小；在含水量达到和超过最优含水量以后，团粒间的孔隙大小与团粒内的孔隙大小相差不大、难以区分[8]，但此时吸力如何变化还有待于进一步研究，一般认为基质吸力随含水量增大单调减小，延伸为基质吸力随饱和度的增大而单调减小，当饱和度最小时，基质吸力最大，当饱和度为 100%时，基质吸力为 0；也有文献提出基质吸力与含水量并非一一对应的单值关系[9-10]，文献［10］还给出了基质吸力随含水量变化的“╲╱╲”型曲线；本文的试验研究没有进行基质吸力的量测，但粘聚力在最优含水量以后又有所增长有可能是基质吸力有所回升造成的。

在同一含水量下压实到不同压实度的粘土，孔隙比、饱和度不同，土体结构也不相同。压实度大的土体孔隙比小、饱和度大，土体结构中团粒间的大孔隙尺寸相对小压实度的土体要小，这样压实度的增加一方面使饱和度增加引起基质吸力减小，另一方面使团粒间孔隙尺寸减小引起基质吸力增加。在低含水量下压实的粘土，如前所述结构非常复杂，此时其复杂结构对基质吸力的影响要大于土中水对基质吸力的影响，因此含水量小时压实度增加土中基质吸力增大，这也是本文试验出现含水量小时粘聚力随压实度增加而显著增加的现象的原因。高含水量下压实的粘土，结构相对均匀，压实度变化引起结构变化相对不大，此时土中吸力受含水量影响更大，随着压实度增加，吸力变化不大，表现为土的粘聚力变化也不大。

压实粘土浸水饱和后粘聚力大大降低是由于土中含水量的极大增加导致基质吸力大幅度降低所致。试验中出现的相同含水量下压实的土样其压实度越大饱和后粘聚力损失也越大的现象，是因为压实度大的土体浸水前基质吸力相对较大（前面已做过分析）、浸水饱和后基质吸力的损失也大造成的。

4 结论

通过对在含水量为 13.3％、15.1％、17.4％、19.0％处压实达到 90％、93％、96％压实度的珞珈山粘土土样，分别进行非饱和状态与饱和状态的剪切试验，讨论并分析了压实含水量、压实度以及土体饱和状态对粘土的抗剪强度及强度参数的影响，得出以下结论：

（1）粘土压实后的抗剪强度受压实含水量、压实度以及土体饱和状态的影响：压实度大、压实含水量小，则土体的抗剪强度大；土体浸水饱和后的抗剪强度远小于饱和前的，并且压实度越大、压实含水量越小的土体浸水饱和后抗剪强度减小得越多。

（2）粘土抗剪强度受这 3 种因素影响所表现出的特征，归因于其对抗剪强度的两个参数——粘聚力 c 和内摩擦角 ϕ 的影响。粘聚力 c 随压实含水量的改变并不是单调变化的，在两者的关系曲线上存在两个特征点，对应两个不同的含水量，在压实含水量小于第一个特征含水量时，c 值是随含水量增加而减小的；在两个特征含水量之间，c 值随含水量增加略为增大；在第二个特征含水量以后，c 值又随含水量的增大而减小。压实含水量对内摩擦角 ϕ 也有影响，大致为低含水量下压实的粘土 ϕ 值大于高含水量下压实的粘土。

（3）粘聚力 c 在含水量小时，受压实度的影响较大，随着压实度的增加，c 值亦增大；在含水量较大时，c 值受压实度的影响则很小。压实度对内摩擦角 ϕ 的影响在本试验中规律性较差。

（4）浸水饱和与否对粘聚力 c 值的影响很大，饱和后的粘聚力 c 比饱和前大大降低，且压实度大、压实含水量低的土体饱和后粘聚力的降低值更大。而内摩擦角 ϕ 值受饱和状态影响不大，仅是低含水量下压实的粘土 ϕ 值在饱和后略有减小。

（5）压实含水量、压实度与饱和状态对强度参数产生影响，是因为这三种因素的变化引起土体结构及土中水分发生改变，从而导致土中的吸力发生变化所致。

参考文献

[1] BISHOP A W, ALPAN I, BLIGHT G E, et al. Factors Controlling the Shear Strength of Partly Saturated Cohesive soil [C]. ASCE Res Conf Shear Strength of Cohesive Soils. Univ of Colordo,

Boulder，1960：503 - 532.

[2] FREDLUND D G，MORGENSTERN N R，Wildger R A. The Shear Strength of Unsaturated Soils [J]. Can Geotech J，1978，15 (3)：313 - 321.

[3] 陈敬虞，FREDLUND D G. 非饱和土抗剪强度理论的研究进展 [J]. 岩土力学，2003，24 (增刊)：655 - 660.
CHEN Jing - yu，FREDLUND D G. Advance in Research on Shear Strength of Unsaturated Soils [J]. Rock and Soil Mechanics，2003，24：(supp)：655 - 660.

[4] 熊承仁，刘宝琛，张家生，等．重塑非饱和粘土抗剪强度参数与饱和度的关系研究 [J]. 岩土力学，2003，24 (增刊)：195 - 198.
XIONG Cheng - ren，LIU Bao - chen，ZHANG Jia - sheng，et al. Study on Relation of Shear Strength Parameters with Saturation of Remolded Unsaturated Cohesive Soil [J]. Rock and Soil Mechanics，2003，24 (Supp)：195 - 198.

[5] JTJ 051—93 公路土工试验规程 [S].
JTJ 051—93 Tests Methods of Soil for Highway Engineering [S].

[6] SIVAKUMARV，WHEELER S J. Influence of Compaction Procedure on the Mechanical Behaviour of an Unsaturated Compacted Clay，Part 1：Wetting and Isotropic Compression [J]. Geotechnique，2000，50 (4)：359 - 368.

[7] DELAGE P，AUDIGUIER M，CUI Y - J. et al. Microstructure of a Compacted Silt [J]. Canadian Geotechnical Journal，1996，(33)：150 - 158.

[8] SUDHAKAR M RAO. REVANASIDDAPA K. Role of Soil Structure and Matric Suction in Collapse of a Compacted Clay Soil [J]. J Geotechnical Testing，2003，26 (1)：102 - 110.

[9] FREDLUNDD G，RAHARDJO H. 非饱和土土力学 [M]. 陈仲颐，张在明，陈愈炯，等译．北京：中国建筑工业出版社，1997.
FREDLUND D G，RAHARDJO H. Soil Mechanics for Unsaturated Soils [M]. CHEN Zhong - yi. ZHANG Zai - ming，CHEN Yu - jiong，et al. Beijing：China Architecture and Building Press，1997.

[10] 熊承仁，刘宝琛，张家生．重塑粘性土的基质吸力与土水分及密度状态的关系 [J]. 岩石力学与工程学报，2005，24 (2)：321 - 327.
XIONG Cheng - ren，LIU Bao - chen，ZHANG Jia - sheng. Relation of Matric Suction with Moisture State and Density State of Remolded Cohesive Soil [J]. Chinese Journal of Rock Mechanics and Engineering，2005，24 (2)：321 - 327.

玻璃钢螺旋锚在修复膨胀土渠坡中的应用

王　钊[1]　陈春红[1]　王金忠[2]

（1. 武汉大学土木建筑工程学院，湖北武汉　430072；
2. 坦萨土工合成材料（武汉）有限公司，湖北武汉　430056）

摘　要：一种新型的玻璃钢螺旋锚被试生产出来，该锚不会锈蚀、可自旋入土，锚杆具有柔性。介绍了玻璃钢螺旋锚、土工格栅和土工泡沫在修复膨胀土渠道滑坡中的应用，土工泡沫用以减小混凝土板衬砌下的膨胀力，土工格栅提高渠坡抗整体滑动的安全系数，玻璃钢螺旋锚用来锚固水上坡的混凝土框架梁和水下坡的混凝土板。给出设计方法和监测方案，并将该法与其他修复方法，如换填非膨胀土法、抗滑桩法以及土工格栅分层加筋法做了技术和经济比较，说明了该法的优越性。

关键词：玻璃钢；螺旋锚；土工泡沫；土工格栅；修复；渠坡；膨胀土

中图分类号：TU 472　　**文献标识码**：A　　**文章编号**：1009－3087（2007）04－0001－05

Application of FRP Screw Anchor in Repairing of Canal Slope of Expansive Soils

WANG Zhao[1]　CHEN Chun－hong[1]　WANG Jin－zhong[2]

（1. School of Civil and Architectural Eng.，Wuhan Univ.，Wuhan 430072，China；
2. Tensar Geosynthetics（Wuhan）Ltd. Wuhan 430056，China）

Abstract：A new kind of FRP screw anchor has been trial－produced，which can be turned into soil to a designed length with less disturbance and its rod is flexible and not prone to corrosion. The application of FRP screw anchor，geogrid and geofoam slab in repairing of canal slope of expansive soils has been introduced in this paper. The geofoam slab was used to reduce the expansive force under the concrete slab. The geogrid improved the factor of safety against complete sliding surface. And the FRP screw anchor was designed to anchor the concrete frame girder above the berm and concrete slab below the berm. The paper presents a design method and a monitoring plan for this project. The technical and economical comparisons with other schemes such as non－swelling soil replacement method，anti－slide pile and reinforcement of geogrid in layers prove that this scheme has remarkable advantages.

Key words：FRP；screw anchor；geofoam；geogrid；repair；canal slope；expansive soil

---

本文发表于2007年7月第39卷第4期《四川大学学报（工程科学版）》。
本文为国家自然科学基金资助项目（50279036）。

螺旋锚作为一种锚固技术上世纪50年代就用于岩土工程施工或原位测试的临时锚固措施。70年代加拿大等国将螺旋锚用于超高压输电线路杆塔的基础和拉线地锚[1]，期间对螺旋锚在土中的抗拔力完成了较多的室内和现场试验[2-3]。螺旋锚像木螺丝那样，可旋转自进到较深土层，钻进过程扰动的圆柱形土体经过一段时间静置后，强度将有很大程度的恢复，故能承受较大拉拔力；因不需灌浆，施工速度快、无环境污染。螺旋锚曾在基坑支护中采用，锚片由薄钢板制成，焊接在钢管锚杆上，钢管另一端焊有锁紧护坡面板的螺钉。钢制螺旋锚的缺点是为了承担大的入土扭矩需较大截面钢管，而锚能承担的抗拔力所需截面很小，引起材料的浪费，且钢材易生锈[4]。

FRP（Fibers Reinforced Plastic）为纤维增强塑料，其中用玻璃纤维增强的俗称玻璃钢。玻璃钢具有质量轻、强度高、蠕变小、较好的切割性能、较强的抗腐蚀能力。目前，国内生产的玻璃钢极限拉伸强度已达到500MPa，而国外工程中采用的碳纤维加筋塑料的极限拉伸强度一般能达到2000MPa，玻璃纤维加筋的玻璃钢极限拉伸强度也超过1000MPa[5]，可见国内生产出的产品力学性能还较低。

笔者已和江苏九鼎集团研制出玻璃钢螺旋锚，见图1，其结构设计、拉拔试验和应用研究见文献［6－8］。文中简单介绍锚的结构，详细叙述玻璃钢螺旋锚、土工格栅和泡沫塑料在修复一膨胀土渠道滑坡中的应用设计。

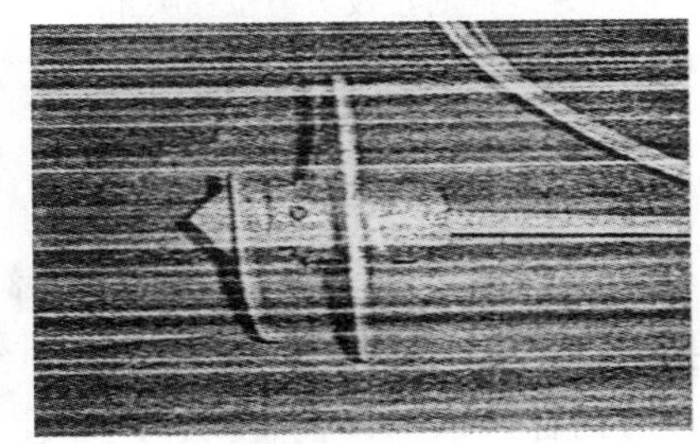
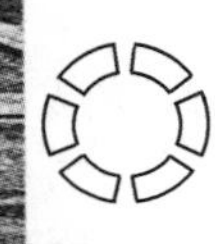

图1　玻璃钢螺旋锚的锚头和锚杆截面

Fig. 1　Structure of FRP screw anchor and section of anchor rod

1　玻璃钢螺旋锚

1.1　玻璃钢螺旋锚的结构

FRP螺旋锚由锚头、锚杆和锚尾组成。螺旋叶片整体成型在锚头的圆筒上，圆筒一端设两道啮合口与下锚钢管啮合，以备下锚。圆筒的内径渐变（形成3°锥面），以便与锚杆通过圆台形楔块锁紧。楔块也是由玻璃钢制成。

锚杆横截面为空心圆环，由六股等弧瓣状组成见图1，锚杆截面尺寸由锚杆的设计抗拔力确定。锚杆插入内径渐变的锚头圆筒内，然后用楔块锁接。锚杆的尾部也是通过楔块，借助内径渐变的钢套管和螺母与坡面的护坡结构连接见图2。

楔块
螺母
垫圈
钢套管
框架梁
杆体

图2　锚尾部分结构示意图

Fig. 2　The tail of anchor

1.2　锚的特性和安装

本工程使用的螺旋锚为SAF－20型，锚头螺旋叶片的直径为200mm；锚杆构成空心圆的外直径为14mm，内径为8mm，实测抗拉强度为52.8kN，延伸率为5.08%。取抗拉安全系数为4，则锚杆的容许拉力为13.2kN。

下锚钢管为热轧无缝钢管Φ50×8mm。我国关于膨胀土的国家标准[9]中列出大气影响深度一般不超过5.0m，其中，大气影响急剧层深度一般不超过2.3m，可见下锚长度至少应该达到2.3m才能得到较好的锚固效果，最好能达到5.0m。按入土长度的要求，下锚钢管每段长度为1.2m，共5节，相互之间通过螺纹连接。

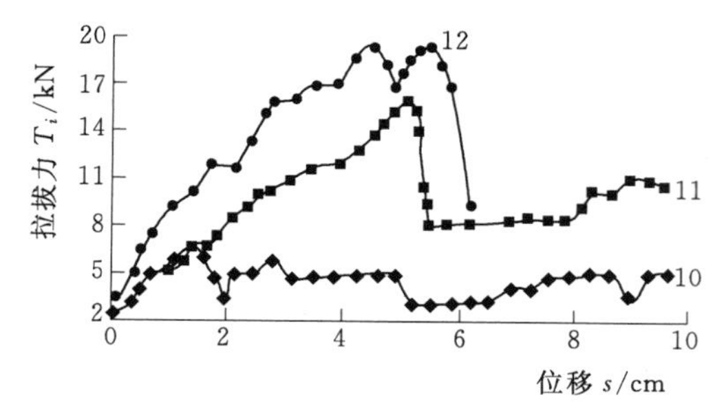

图3　灌浆螺旋锚的拉拔力与位移关系

Fig. 3　Curve of pull out force and displacement of grouted anchor

为了和锚头根部圆筒一端的两道啮合口啮合，在靠近锚头的下锚钢管上，设一带有钢制副锚片的连接件，连接件的一端与钢管螺纹连接，另一端为啮合口和锚头啮合，副螺旋锚片的直径为150mm。下锚扭矩通过下锚钢管和连接件传递到锚头，将锚头和锚杆组件（图1）拧到设计深度后，反旋松开啮合口，并借助副螺旋叶片退出下锚钢管和连接件。该装置还可在退出过程中，借助下锚钢管内的塑料管实施灌浆，加固下锚时扰动的圆柱形土体，以提高抗拔力。

2005年12月28日，在武汉大学的一个粘性填土坡上完成了3个水泥灌浆锚的拉拔试验，拉拔力和拉拔位移曲线见图3。图中编号为10的锚杆拉拔力很低，原因是下锚时灌浆塑料管与锚杆束在下锚钢管内缠绕，使锚杆受到损伤。11和12号锚杆的最大抗拔力分别为15.15kN和19.4kN。下锚时，另有一根锚出现空转打滑现象，这是因为锚头遇到了较大粒径的块石，挖出后看到啮合口磨平，最终报废。

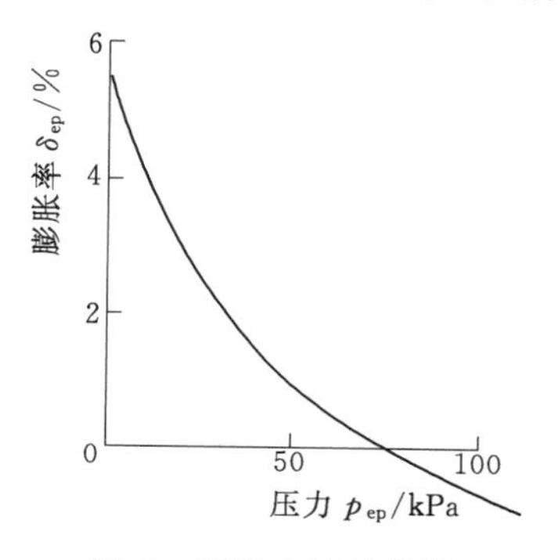

图4　膨胀力试验曲线

Fig. 4　Curve of swelling force test

2　工程概况

工程位于河南省邓州市引丹灌区南干0+110处，渠道滑坡段长50m，渠底宽10m，渠坡高9.5m，坡度1：2，渠道水力坡降1/5000，正常流量32m^3/s，正常水深1.85m，流速1.3m/s。因多次滑坡，滑坡体已深入渠底，滑坡体厚6～8m。滑坡所在渠坡土体的特性指标见表1。根据表中自由膨胀率可知，渠坡土体为弱膨胀土，其膨胀率和压力的关系见图4。

表1　渠坡土体特性指标

Tab. 1　The properties of soil on canal slope

颗粒级配/%		液限/%	塑限/%	塑性指数 I_p	自由膨胀率/%	最优含水量/%	最大干密度/(g·cm^{-3})	膨胀力/kPa	粘聚力/kPa	内摩擦角/(°)
<0.005mm	<0.002mm									
43.0	33.0	57	23	34.1	64	22.8	1.60	71	10	7.5

注　压力50kPa时的膨胀率为1.22%。

3 滑坡修复的设计

3.1 修复方案

渠坡修复时设二级边坡，马道宽 2m，马道上边坡高 5.5m，下边坡高 4m，坡度均为 1∶2，参见图 5。沿滑弧面分层铺设土工格栅，防止可能发生的深层滑动破坏。膨胀土渠坡的破坏大多从坡脚开始，故在坡角处设齿墙防护。由于渠坡临空面大，湿度变化频繁，易产生风化和胀缩变形，强度衰减快，故滑动面常具有浅层性。为防止浅层破坏，坡面采用等间距的螺旋锚锚固，间距为 2m，共计 260 根，即水上坡设装配式钢筋混凝土框架梁，节点用玻璃钢螺旋锚锁固；水下坡现浇钢筋混凝土板，同样用玻璃钢螺旋锚锁固。在钢筋混凝土板下铺设厚度为 5cm、密度为 $7.5kg/m^3$ 的土工泡沫（EPS 泡沫塑料板）以减小膨胀力。EPS 板仅铺至正常水位以上约 0.5m，并且沿渠线方向只铺设一半长度（25m），以便与未铺 EPS 板的滑坡修复段比较。

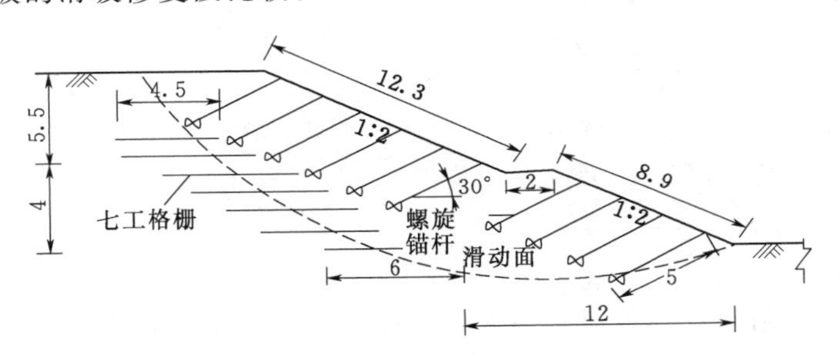

图 5 渠坡修复布置图（单位：m）

Fig. 5 The sketch of repairing of canal slope

3.2 稳定分析

运用美国邓肯（Duncan）等人编制的稳定分析程序 STABR，按瑞典条分法自动搜索最危险滑弧，求得处理前后稳定安全系数列于表 2 中。

表 2 稳定分析安全系数

Tab. 2 The factor of safety

搜索范围	水上坡	水下坡	整体坡
处理前	1.06	1.20	0.83
处理后	1.21	1.48	1.20

在计算稳定安全系数时，对整体边坡，土工格栅的容许抗拉强度取 12.5kN/m；对水上或水下边坡，每根玻璃钢螺旋锚沿锚杆方向提供 13.2kN 的拉力，指向坡内。表 2 中处理后安全系数满足规范[10] F_s=1.1～1.3 的要求。因搜索的整体边坡最危险滑弧的位置水平深入坡面最深达 19m，故图 5 中只能依靠土工格栅分层加筋来提高整体边坡的稳定性。

3.3 EPS 材料固结试验

试验采用了两种密度的 EPS 材料：$7.5kg/m^3$ 和 $15kg/m^3$，来自洛阳塑料工业公司聚苯泡沫厂。每种密度均进行两个试样的平行试验，切削圆柱形试样的尺寸为面积 $50cm^2$、高 2cm，在高压固结仪中进行侧限固结试验，应力应变关系见图 6。

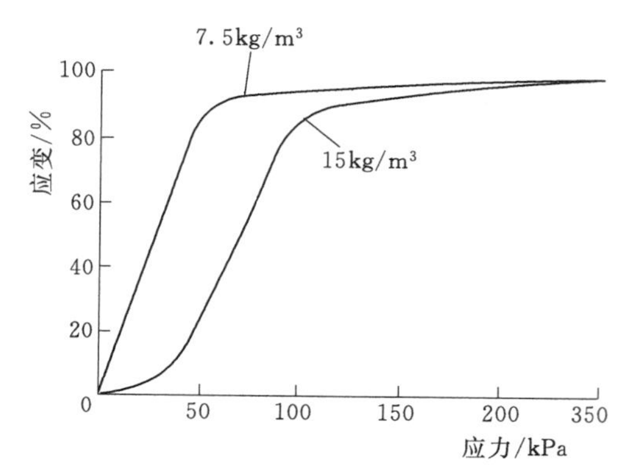

图 6　EPS 应力应变关系曲线

Fig. 6　Curve of stress and strain of EPS

从图 6 可见，随压应力增加，压缩应变迅速呈直线增加，当压力增加至一定值后，压应变增加变小，该压力位于曲线的拐点，记为 p_t。图 6 两种 EPS 的拐点压力分别大约为 50kPa 和 100kPa。

3.4　EPS 板的受力和变形分析

3.4.1　受力分析

EPS 板在法线方向受到向上的压力等于膨胀土的膨胀压力，沿法线方向受到向下的压力起因于锚杆拉力和混凝土板的重量。由法向力的平衡得：

$$p_{ep}=T_i\cos(90°-\beta-\theta)/A_c+\gamma_G\delta\cos\beta \quad (1)$$

式中，p_{ep}为土的膨胀压力，T_i 为锚杆拉力，β 为坡角，θ 为锚杆轴线与水平线夹角，A_c 为每根锚杆分担的渠坡面积，γ_G 为混凝土重度，δ 为混凝土板厚。

同时要求

$$T_i\leqslant T_a \quad (2)$$

式中，T_a 为锚杆的容许拉力，取材料容许拉力和抗拔试验容许拉力中较小者。

3.4.2　变形分析

EPS 板的压缩变形等于其下膨胀土的膨胀变形减去锚杆的拔出位移，根据 EPS 板的应力应变关系有：

$$p_{ep}=E_{EPS}(\delta_{ep}h-s)/\Delta \quad (3)$$

式中，p_{ep}为 EPS 板的压力等于土的膨胀压力，E_{EPS}为 EPS 板的压缩模量，δ_{ep}为 p_{ep}对应的膨胀率（图 4），h 为产生膨胀变形的土层厚度（即含水量增加的土层厚），s 为锚杆的拔出位移，Δ 为 EPS 板的厚度。

同时要求

$$p_{ep}\leqslant p_t \quad (4)$$

从式（1）和式（3）得：

$$T_i\cos(90°-\beta-\theta)/A_c+\gamma_G\delta\cos\beta=E_{EPS}(\delta_{ep}h-s)/\Delta \quad (5)$$

式（5）中，已知量或初步设定的量有：β、θ、A_c、γ_G、δ、E_{EPS}和 Δ，待定的有 T_i、δ_{ep}、h 和 s，共 4 个未知量，由式（5）和 3 个应力和变形关系［膨胀土（图 4）、玻璃钢锚杆（图 3）和土工泡沫（图 6）］可以求解。

修复工程中，已知：$\tan\beta=0.5$，$\theta=30°$，$A_c=4m^2$，$\gamma_G=24kN/m^3$，$\delta=0.1m$，$\Delta=50mm$，据图 6 中 $7.5kg/m^3$ EPS 的应力应变关系曲线，求得 $E_{EPS}=58.8kPa$；设 FRP 锚杆承受的拉力 T_i 为容许抗拉强度 13.2kN，据图 3 中拉拔力与位移关系曲线 11 和 12 的平均值，可得 $s=29mm$，且由式（1）可求得 $P_{ep}=4.9kPa$；据图 4 压力与膨胀力的曲线关系，得 $\delta_{ep}=4.7\%$。将上列数据代入式（5）或（3）可求得含水量有增加的土层厚度

$h=706\text{mm}$。

4 监测计划

为了评价螺旋锚加固治理措施的质量和效果，了解加固后坡面及内部的受力和变形，同时检验上述设计方法，特安排了试验和监测计划。主要内容是：变形监测、拉力监测和含水量监测。试验点分布在铺土工泡沫和未铺段。

1）变形监测：边坡变形监测的标记布置在混凝土板和混凝土框架梁上，采用水准仪测沉降、经纬仪测水平方向的位移。在修复段附近设两个基准点；

2）拉力监测：用测力扳手检测锚尾处锁紧螺母的扭矩，计算得运行期间的实际拉力；

3）含水量监测：配合观察井采用小直径的麻花钻，在各监测点取扰动土样用酒精燃烧法测含水量，比较不同衬砌措施的防渗效果，并确定含水量有增加的土层厚度。

此外，在修复段附近选择膨胀土坡，完成 20 组灌浆和不灌浆螺旋锚的拉拔试验，获得准确的设计参数。

5 技术经济分析

5.1 技术分析

目前膨胀土渠坡可能的处理措施主要有：1）换填非膨胀土；2）抗滑桩；3）土工格栅分层加筋；4）本文提出的方法。措施 4）的优点对非填方渠坡而言，避免了 1）和 3）的挖填和碾压工序，与措施 2）相比施工较简单，且投资较省（参见经济分析）。

5.2 经济分析

以上述马道下的滑坡处理为例，对 4 种措施做经济比较。该渠坡马道下坡面长 8.9m，换填非膨胀土 1m 厚，或在渠长方向每 2m 打入 1 根长 5m 边长 30cm 的方桩（体积 0.45m^3），或用抗拉强度 80kN/m 的单向土工格栅垂直间隔 40cm、深入坡内水平长度 4m 布置，或沿坡长采用 4 根间隔 2m 布置的 5m 长螺旋锚、混凝土板下铺 5cm 厚质量为 7.5kg/m^3 的土工泡沫板。4 种处理方案的稳定安全系数均能满足设计要求，它们的经济比较见表 3。比较时都省略混凝土衬砌板，并换算成每延米基价。定额参考《湖北省建筑工程消耗量定额及统一基价表》，鄂建〔2003〕43 号文颁发，湖北省建筑工程造价管理总站编印。表中没有列出具体计算分项。

表 3 膨胀土渠坡 4 种处理措施的经济比较

Tab. 3 The economic comparison of four schemes of repairing canal slope of expansive soils

编号	工程或费用名称	每延米基价/元
1	换填非膨胀土	529.84
2	柴油打桩机打预制方桩	606.69
3	土工格栅分层加筋	689.74
4	螺旋锚和土工泡沫	466.00

从表 3 的比较可见，四种方案每延米基价由低到高的排列顺序为：螺旋锚和泡沫塑

料，换填非膨胀土，柴油打桩机打预制方桩，土工格栅分层加筋。表3曾经过“河南省南阳引丹灌渠管理局”有关人员校正，并因技术和经济上的优越性，最终方案4被选中。

6 结语

1）玻璃钢螺旋锚具有防锈、施工简单和价格较低等优点，缺点是下锚困难，抗拔力较低，有待进一步改进；

2）土工泡沫板的压缩特性表明，在混凝土板衬砌下面铺设可减小膨胀力；

3）初步提交了螺旋锚和土工泡沫应用的设计和监测方法，该方案适用于稳定膨胀土挖方渠坡；

4）从技术经济分析可见，与换填非膨胀土、抗滑桩、土工格栅分层加筋相比，具有优越性。在附近没有合适非膨胀土的地段，并考虑到取土对环境的影响，本文提出的方法有一定的市场竞争力；

5）螺旋锚和混凝土框架梁结构还可应用于基坑、公路和铁路工程土质边坡的加固。

参考文献

[1] Klym T W, Radhakrishna H S. Helical anchored plate of tower foundation [J]. Soil Engineering and Foundation, 1991, 5 (2): 39-45.

[2] Ghaly A, Hanna A. Stress and strain around helical screw anchor in sand [J]. Soils and Foundations, 1992 (4): 27-42.

[3] Narasimha R, Prasad Y, Veeresh C. Behavior of embedded model screw anchor in soft clay [J]. Geotechnique, 1993 (43): 605-614.

[4] Wang Zhao, Liu Zude, Cheng Baotian. Trail produce of screw anchor and its application in fencing foundation pit [J]. China Civil Engineering Journal, 1993, 26 (4): 47-53. [王钊，刘祖德，程葆田. 螺旋锚的试制和在基坑支护中的应用 [J]. 土木工程学报，1993，26 (4): 47-53.]

[5] Brahim B, Zhang B, Adil C. Tensile properties and behavior of AFRP and CFRP rods for grouted anchor applications [J]. Construction and Building Materials, 2000 (14): 157-170.

[6] Zhou Hongan. Research on FRP helical plate anchor and pre-cast reinforced concrete frame in slope protection [D]. Wuhan: Wuhan University, 2004. [周红安. FRP螺旋锚和预制混凝土框架护坡技术研究 [D]. 武汉：武汉大学，2004.]

[7] Zeng Fanping. Test research of new FRP screw anchor [D]. Wuhan: Wuhan University, 2005. [曾繁平. 新型FRP螺旋锚杆的试验研究 [D]. 武汉：武汉大学，2005.]

[8] Wang Jinzhong. Application of FRP screw anchor in repairing of canal slope of expansive soil [D]. Wuhan: Wuhan University, 2006. [王金忠. FRP螺旋锚在膨胀土渠坡中的应用 [D]. 武汉：武汉大学，2006.]

[9] 中华人民共和国城乡建设环境保护部. GBJ 112—87，膨胀土地区建筑技术规范 [S]. 北京：中国计划出版社，1989.

[10] 中华人民共和国水利部. GB 50286—98，堤防工程设计规范 [S]. 北京：中国计划出版社，1998.

玻璃钢螺旋锚用于稳定膨胀土渠坡的现场拉拔试验和锚筋的破坏形式

邹维列[1,2]　王　钊[1]　陈春红[3]

（1. 武汉大学土木建筑工程学院，湖北武汉　430072；
2. 岩土与结构工程安全湖北省重点实验室，湖北武汉　430072；
3. 中国水电顾问集团华东勘测设计研究院，浙江杭州　310014）

摘　要： 介绍了采用玻璃钢螺旋锚锚固河南省邓州市引丹灌区北干渠膨胀土渠道水上渠坡的混凝土框架梁节点和水下渠坡的混凝土板，联合土工格栅、土工泡沫（EPS）用于修复该渠道滑坡试验段（长 50m）的锚杆现场拉拔试验。无灌浆锚杆的拉拔力在 30kN 以上（平均 36kN），灌浆锚杆的拉拔力在 37kN 以上（平均 45kN）。分析了锚固参数如上覆土层厚度、锚杆钻进长度以及锚固后至拉拔前的时间间隔、灌浆锚杆拉拔时锚具附近锚筋的劈裂破坏等对玻璃钢螺旋锚抗拔力和拉拔位移的影响，并分析了锚固的土类对玻璃钢螺旋锚最大拉拔力的影响。最后通过试验中的观察，总结了玻璃钢锚筋常见的破坏形式。

关键词： 玻璃钢；螺旋锚；锚杆；灌浆；拉拔力；劈裂

中图分类号： TU475.5　　**文献标识码：** A　　**文章编号：** 1000－4548（2009）06－0970－05

Field Pull－out Tests and Failure Model of GFRP Screw Anchors Used to Stabilize Canal Slopes of Expansive Soils

ZOU Wei－lie[1,2]　WANG Zhao[1]　CHEN Chun－hong[3]

（1. School of Civil Engineering，Wuhan University，Wuhan 430072，China；
2. Hubei Key Laboratory of Security of Geotechnical and Structural Engineering，Wuhan 430072，China；3. Hydro－China Huadong Engineering Corporation，Hangzhou 310034，China）

Abstract： In order to repair the slide of the canal slope of expansive soil in Dengzhou County，Henan Province，China，the screw anchor made of glass fibers reinforced plastic (GFRP) is used to anchor the concrete frame girder above the berm of the canal slope of expansive soils and the concrete slab below the berm of the canal slope of expansive soils. The geogrid paved in fill soil of the canal slope improves the factor of safety against complete sliding surface，and the geofoam slab under the concrete slab is used to reduce the expansive force，and GCL under the concrete slab is used as seepage preven-

本文为国家自然科学基金项目（50279036）。

tion liner. The field pull - out tests of GFRP screw anchor are introduced, and the test results of un - grouted and grouted anchors are presented. The average pullout force of the grouted anchors is 45kN, and that of un - grouted anchors is 36kN. The influences of anchoring parameters (such as superimposed soil thickness, anchor hole length, interval time between anchoring and pullout test) and soil type on the pull - out force and pull - out displacement of GFRP screw anchor are analyzed. Finally, the failure models of GFRP screw anchor observed in the tests are summarized.

Key words: GFRP; screw anchor; anchor rod; grouting; pull - out force; cleavage fracture

引言

FRP（Fibers Reinforced Plastic）为纤维增强塑料，其中玻璃纤维增强的俗称玻璃钢（GFRP），具有质量轻、强度高、蠕变小以及较好的切割性能、较强的抗腐蚀能力。用玻璃钢研制的螺旋锚[1]将玻璃钢和螺旋锚的优点结合起来，克服了钢制螺旋锚的钢管锚杆截面大，材料浪费，且钢材容易生锈的缺点，可应用于抗拔基础、边坡支护、载荷试验的反力装置以及水池、船坞的抗浮等。王钊等[2]采用自行研制的锚片直径为200mm的SAF-20型玻璃钢螺旋锚在武汉大学珞珈山一个素填黏土坡上，于2004年10月完成了9组无灌浆锚、2005年12月完成了3组灌浆锚的现场抗拔试验（以下简称试验Ⅰ，详情参见文献[2，3]），其中无灌浆锚杆的最大拉拔力约10kN，灌浆锚杆的拉拔力提高到15～20kN[2]；2006年12月又采用锚片直径为160mm的SAF-16改进型玻璃钢螺旋锚锚固河南省邓州市引丹灌区北干渠膨胀土渠道水上渠坡的混凝土框架梁节点和水下渠坡的混凝土板，联合土工格栅、土工泡沫（EPS）修复渠道滑坡[4]，并在渠坡现场完成了20组试验锚的拉拔试验（以下简称试验Ⅱ），极限抗拉力在30～50kN。文献[4]已对试验Ⅱ的综合修复方案进行了详细介绍。本文主要对试验Ⅱ玻璃钢螺旋锚的现场拉拔试验结果进行分析，讨论锚固参数对抗拔力的影响，并与试验Ⅰ进行对比，分析不同土质条件对抗拔力的影响，同时总结抗拔试验中出现的几种锚筋破坏形式。

1　试验Ⅱ的拉拔试验

现场试验Ⅱ采用的玻璃钢螺旋锚由锚头（铸铁制成）、锚杆和锚尾3部分组成。锚杆横截面为空心圆环（由6根截面形似弧瓣的玻璃钢锚筋组成），见图1。锚头螺旋叶片的直径为160mm，锚杆构成空心圆的外直径为14mm，内径为8mm，实测抗拉强度为57.6kN，延伸率为5.08%（玻璃钢螺旋锚结构和物理力学特性详见文献[1]）。

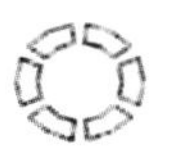

图1　SAF-16型玻璃钢螺旋锚的锚头和锚杆截面

Fig. 1　Structure of SAF-16 screw anchors and section of anchor rods

试验段（长度50m）位于渠坡马道的上坡。根据现场实际情况，共进行了20组（顺序编号为#0～#19）锚杆的抗拔试验。拉拔试验装置见图2（正在测锚杆的抗拔力）。图2中两个千斤顶为反力装置，千斤顶的支承件为槽钢。各组锚上覆土层的厚度、锚杆轴线与水平线夹角(埋设角度)、钻进长度、拉拔前的静置时间以及最大拉拔力和破坏形式见表1。其中#6,#7,#8,#9,#10五组锚杆是工程设计所需要的灌浆锚杆，只对其进行检测试验，不做拉拔破坏试验。

图2 玻璃钢锚杆的拉拔试验

Fig. 2 Pull-out test of FRP screw anchor

1.1 检测性螺旋锚杆拉拔（非破坏）试验

#6,#7,#8,#9,#10五组检测锚杆的拉拔力-位移关系曲线见图3。最大拉拔力27～34kN，位移28～46mm。由表1可见，它们的埋设角度、钻进长度、上覆土层厚度均相同，不同在于锚杆灌浆后的静置时间和灌浆水灰比。

表1 各组螺旋锚杆锚固参数与试验结果

Table 1 The anchoring parameters and test results

编号	埋设角度/(°)	钻进长度/m	静置时间/d	上覆土厚/m	灌浆水灰比	最大拉拔力/kN	破坏形式
#0[b]	30	3.0	132	2.80	—	38.95	未破坏
#1[b]	30	3.6	22	3.36	—	30.45	锚具处连续劈裂三根锚筋
#2[c]	30	3.6	35	3.36	0.6	49.15	未破坏
#3[b]	30	3.6	31	3.36	—	30.45	抗拔力基本保持不变
#4[b]	30	3.85	210	3.59	—	30.45	锚具处劈裂一根锚筋
#5[c]	38	3.6	32	3.89	0.6	30.45	锁固时断两根锚筋，锚具处劈裂两根锚筋
#6[a]	30	3.6	35	3.36	0.6	33.85	—
#7[a]	30	3.6	30	3.36	0.6	27.05	—
#8[a]	30	3.6	23	3.36	0.6	27.05	—
#9[a]	30	3.6	23	3.36	0.8	28.75	—
#10[a]	30	3.6	23	3.36	0.4	30.45	—
#11[c]	30	2.7	32	2.52	0.6	32.15	锁固时断两根锚筋，锚具处劈裂一根锚筋
#12[b]	30	2.7	4	2.52	—	9.2	一根锚筋在锚头处断裂拔出
#13[c]	30	2.7	29	2.52	0.6	23.65	锚具处劈裂一根锚筋
#14[c]	30	2.7	31	2.52	0.6	30.45	受槽钢摩擦锚筋破坏
#15[c]	30	3.6	34	3.36	0.6	37.25	锚具处劈裂一根锚筋
#16[c]	30	2.7	28	2.52	0.6	40.65	位移增大，拉拔力下降
#17[b]	36	3.0	188	2.98	—	15.15	位移增大，拉拔力变化不明显
#18[b]	40	3.5	34	3.59	—	40.65	同上
#19[b]	30	3.6	33	3.36	—	33.85	同上

注 a代表检测锚杆，b代表无灌浆锚杆，c代表灌浆锚杆。

（1）静置时间的影响

水泥浆一般14d后强度增长较慢，但仍有一定的增长。#6，#7锚杆的静置时间分别为35d和30d，而#8，#9，#10锚杆静置时间只有23d，强度增长不如#6，#7锚杆大，故相同拉拔力作用下，位移更大，尤其在拉拔试验后期的位移明显增大。水泥浆凝结后，形成的水泥土逐渐硬化，强度逐渐增长，在拉拔力作用下，与锚杆共同作用，位移主要是锚杆自由段的弹性变形，土体的压缩变形较小。若形成的水泥土静置时间较短，强度不足，当拉拔力较大时，锚杆与水泥土之间的黏结作用可能破坏，使锚杆的自由段长度增加，故位移较大。后阶段位移明显增大的原因可能是在较大的拉拔力作用下，锚杆与水泥土逐渐剥离，并且土体被压缩变形，位移增大。

（2）水灰比的影响

#8，#9，#10三组锚杆只是灌浆水灰比不同，分别为0.6，0.8和0.4。但从试验结果中很难看出水灰比对锚杆抗拔性能的影响（见图3）。从理论上讲，水泥浆的水灰比越小，灌浆形成的水泥土强度越高，则锚杆与水泥土的整体性能越好，位移变化相对较小。而试验结果中并没有发现这样明显的规律。主要原因可能除了与#8，#9，#10三组锚杆的静置时间不足有关外，同时也不排除其他因素的影响，比如锚固段土体较软弱，灌浆形成的水泥土强度较低等。

1.2 无灌浆锚杆的拉拔试验

无灌浆锚共有8组，分别为#0，#1，#3，#4，#12，#17，#18，#19（见表1）。其中前五组锚杆的下锚角度均为30°，静置天数分别为132，22，31，210，4d；#0，#4，#12锚杆的下锚深度分别为3.0，3.85，2.7m，#1和#3锚杆的下锚深度为3.6m。拉拔过程随着位移逐渐增大。#1，#4锚杆因锚筋劈裂拉断，拉拔力骤降；#17锚杆离渠坡顶较近，可能因为拉拔前两天降雨，引起土的含水率增大，抗剪强度降低，所以拉拔力较低；其他为锚头处土体产生大的剪切位移而破坏。无灌浆锚的拉拔力-位移关系曲线见图4。从表1和图4可见，不计筋材拉断的#1，#4锚杆、静置时间短的#12锚杆（4d）和上述#17锚杆，其余4组无灌浆锚杆抗拔力在30.45～40.65kN，平均值为36kN。

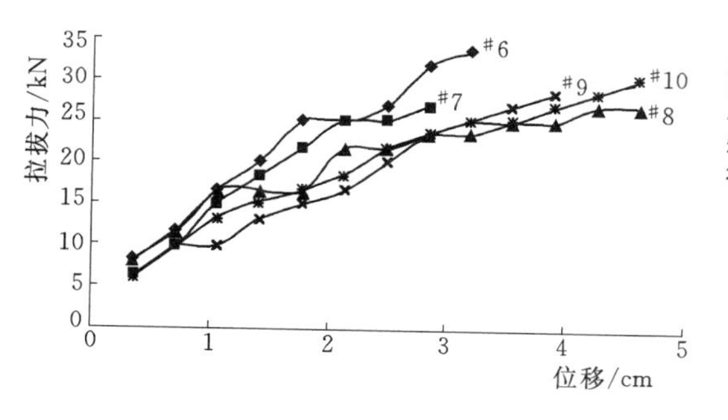

图3 检测螺旋锚的拉拔力-位移关系曲线

Fig. 3 Relationship between pull - out force and displacement of grouted anchors for un - failure pull out tests

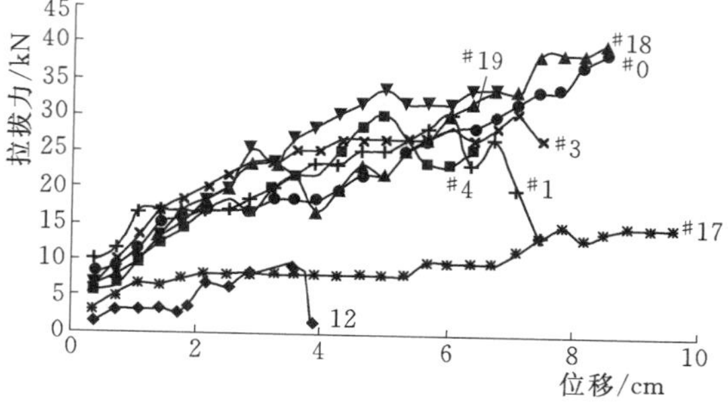

图4 无灌浆锚杆的拉拔力-位移关系曲线

Fig. 4 Relationship between pull - out force and displacement of un - grouted anchors

从图 4 可以发现，上覆土层厚度和锚杆钻进长度对无灌浆锚抗拔力的影响（#12 锚杆因静置时间只有 4d，不纳入讨论）。由表 1 可知，#0 锚杆的上覆土层厚度为 2.80m，#4 为 3.59m，其他的均为 3.30m 左右，同时#0 锚杆的钻进长度也较其他锚杆的钻进深度小。从图 4 可以看出，在拉拔的前半段，相同拉拔力作用下，总体上#0 锚杆的位移大于其他锚杆的位移。但因为#0 锚杆静置时间很长（132d），所以最大抗拔力达到 38.98kN（但相应位移达到 81.7mm）。所以无灌浆锚杆下锚后应有足够的静置时间，以利于扰动土体强度的恢复，同时应有必需的上覆土层厚度和钻进深度。因此进一步还应当研究无灌浆锚杆的临界上覆土层厚度和临界钻进深度。

1.3 灌浆锚杆的拉拔试验

共进行了 7 组灌浆锚的拉拔试验，分别为#2，#5，#11，#13，#14，#15，#16 锚杆。其中#5，#11锚杆在锁固时都被钢质销钉挤断了两根锚筋，所以这两根锚杆实际受拉的锚筋都只有四根；#14 锚杆在拉拔过程中，因锚筋受到支承千斤顶的槽钢的摩擦（见图 2）而破坏；#13 和#15 锚杆为锚具处锚筋劈裂拉断破坏而停止拉拔。7 组灌浆锚的拉拔力-位移关系曲线见图 5。不计上述五根灌浆锚，则其余 2 组灌浆锚杆的抗拔力分别为 40.65kN 和 49.15kN，平均值为 45kN（由于上述锚杆的非正常破坏，样本数偏少）。从现场试验情况来看，灌浆锚的破坏主要是锚筋在锚具处发生劈裂破坏，而发生锚头土体产生剪切位移而破坏的只有两组。

无论是无灌浆锚还是灌浆锚，都发生几例锚具处锚筋的劈裂破坏，最后锚具处的锚筋被拉断，使锚杆的抗拔力没有得到充分发挥。试验Ⅱ中，无灌浆锚杆的平均拉拔力为 36kN，灌浆锚杆的平均拉拔力为 45kN，只提高了 25%。

分析锚杆发生劈裂破坏的原因在于[2]：虽然锁紧钢制销钉和中空螺杆的锥面是完全配合的，但两者之间与待锁固的空心圆环锚杆并没有完全紧密接触，当拉拔力增大，也就是锁紧压力较大时，空心圆环瓣状锚杆被压裂劈成纤维［详见下文第 3 节第（2）项的分析］。因此玻璃钢螺旋锚的结构设计中，锚具结构需要进一步完善。

此外，下锚深度和上覆土层厚度对灌浆锚杆位移的影响并不明显。比如#13，#14 和#16 锚杆的下锚深度和上覆土层厚度相同，都比#15 锚杆的小，但#16 锚杆破坏时的抗拔力却比#15 大，位移比#15 小。这是因为水泥浆加强了锚固段周围的土体，形成水泥土，并能与锚杆共同作用承担拉拔力。

2 不同土质条件对抗拔力的影响

将试验Ⅰ得到的无灌浆锚和灌浆锚的拉拔力-位移曲线（参见文献［2］）与试验Ⅱ得到的无灌浆锚和灌浆锚的拉拔力-位移曲线（见图 4 和图 5）对应比较，可以看出，无论是灌浆锚还是非灌浆锚，相同拉拔力作用下，试验Ⅱ中锚杆的拉拔位移小于试验Ⅰ的位移。同时，在试验Ⅰ中，锚杆破坏时，非灌浆锚最大拉力只能达到 13.5kN，灌浆锚也只能达到 20kN，但在

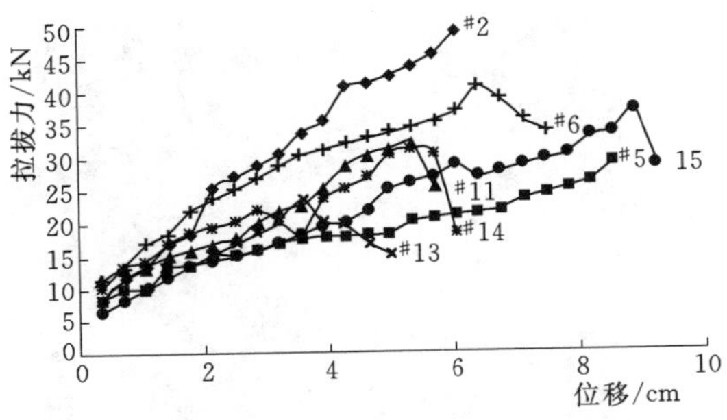

图 5 灌浆锚拉拔力-位移关系曲线

Fig. 5 Relationship between pull - out force and displacement of grouted anchors

试验Ⅱ中，非灌浆锚杆的抗拔力可以达到30kN以上，灌浆锚的抗拔力最大则达到约50kN。事实上，试验Ⅰ和试验Ⅱ中锚杆的上覆土层厚度、锚杆倾角、锚杆入土深度、灌浆水灰比、拉拔前的静置时间等差别不大（参见文献[2]），造成它们抗拔力相差较大的主要原因在于试验Ⅰ的土坡为素填黏性土，土质松软，压缩性高，抗剪强度低，而试验Ⅱ的渠坡土体为膨胀土，修筑时经过了填筑压实，压缩性低，抗剪强度较高。可见，土质条件对螺旋锚的抗拔力的影响是很大的。

3　锚筋的破坏形式

从现场试验Ⅰ和Ⅱ中观察到玻璃钢螺旋锚锚筋的破坏形式有以下几种：

（1）锚筋在锚头处破坏

图6　锚头处锚筋发生损伤

Fig. 6　GFRP anchor rods fracture near screw plate

发生于试验Ⅰ的人工下锚过程中，副锚片与锚头脱离，下锚无法继续进行，同时由于副锚片的摩擦，锚杆在锚头处受损，如图6所示。试验Ⅱ采取机械下锚，就没有发生上述破坏。

在试验Ⅱ中，由于锚头、销钉、下锚钢管都是铁制品，安装和下锚过程中锚筋受到摩擦和挤压作用，使锚筋受损。比如试验Ⅱ的#12锚杆在拉拔中有一根锚筋被拔出，观察锚筋的断口有明显铁锈的痕迹。分析原因，锚杆在锚头处受损，施加拉拔力断裂被拔出。

（2）锚具处锚筋发生劈裂

这是玻璃钢螺旋锚拉拔试验中最常见的破坏形式，如图7所示。GFRP抗拉性能很好，但抗压性能较低。在锚尾的锚具锁固处，锚筋受到销钉和中空螺杆的压力，容易在锚具处失效。销钉具有一定倾斜角度，而各锚筋全长为弧瓣状的定截面体，销钉下端截面的弧度与锚筋的弧度相同，作用在锚筋上的压应力分布均匀，而销钉上端截面的弧度小于锚筋的弧度（如图8所示），在锚筋内弧面边缘与销钉之间、锚筋外弧面中央与锁固螺帽（见图7）之间的三个部位产生应力集中。当拉拔力增大，也就是锁紧压力较大时，空心圆环瓣状锚杆被压裂劈成纤维。

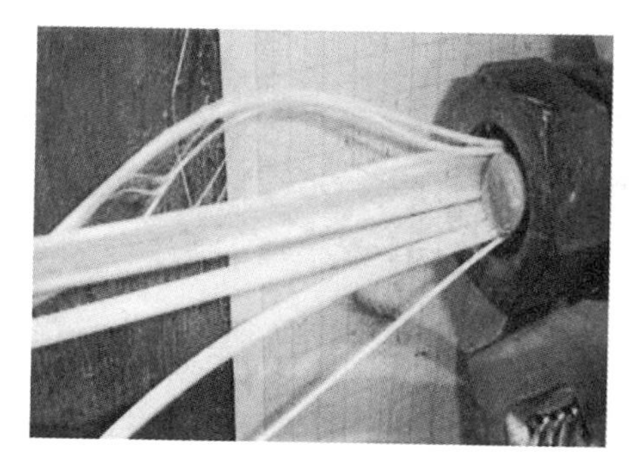

图7　锚具处的杆体发生劈裂

Fig. 7　Cleavage fracture of anchor rods in anchor pin

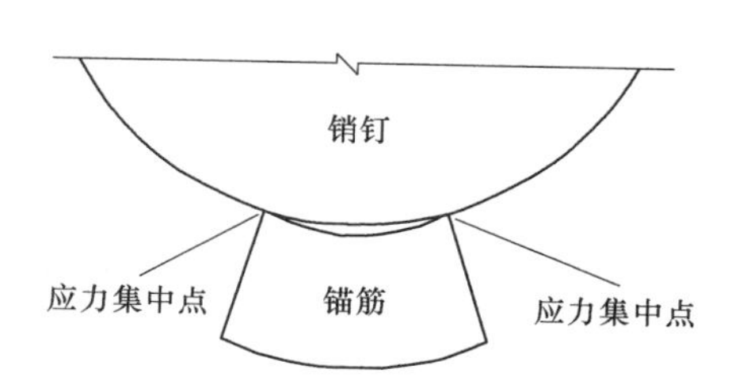

图8　锚固处销钉与锚筋的截面

Fig. 8　Cross section of anchor pin and anchor rod in bolting

(3) 锚筋自由段的劈裂

锚筋自由段劈裂在试验中出现很少，但在试验Ⅰ中，由于所用的锚杆截面面积较小，抗拉强度较低，在拉力作用下，纤维之间的黏接破坏，出现过两例纤维劈裂破坏的现象（见图9）。

图9　拉拔中锚筋自由段劈裂

Fig. 9　Cleavage fracture of anchor rods during pull-out test

4　结论

通过在膨胀土渠坡中不同的上覆土层厚度、锚杆钻进长度和静置时间以及是否灌浆的20组锚杆的现场拉拔试验可以得到以下结论和建议：

(1) 无灌浆锚杆下锚后应有足够的静置时间，以利于扰动土体强度的恢复，也应有必需的上覆土层厚度和钻进深度。因此进一步还应当研究无灌浆锚杆的临界上覆土层厚度和临界钻进深度。

(2) 玻璃钢螺旋锚具有防锈、施工简单和价格较低等优点。缺点是抗拔力偏低，且从现场施工情况来看，锚杆与混凝土框架或板护坡面的锁固较困难，有待进一步改进。

(3) 在8组无灌浆拉拔试验中，其中4组静置30d以上锚杆的最大抗拔力在30.45～40.65kN，平均值为36kN；灌浆的2组锚杆最大抗拔力分别为40.65kN和49.15kN，平均值为45kN，只比无灌浆拉拔力提高了25%。无论是无灌浆锚还是灌浆锚，都发生几例锚具处锚筋的劈裂破坏。锚杆锁紧装配不紧密成为薄弱环节。因此锚具结构还需要进一步完善，使灌浆锚杆发挥最大的拉拔力。

(4) 试验Ⅰ场地为素填黏性土坡，排水条件差，抗剪强度低，因此，螺旋锚的抗拔力比经过压实的膨胀土坡的抗拔力低，同时，锚头位移较大。

参考文献

[1] 王钊，周红安，李丽华，储开明，崔伯军. 玻璃钢螺旋锚的设计与试制 [J]. 岩土力学，2007，28 (11)：2235-2238. (WANG Zhao, ZHOU Hong-an, LI Li-hua, CHU Kai-ming, CUI Bai-jun. Design and trial production of fiber reinforced plastic screw anchor [J]. Rock and Soil Mechanics, 2007, 28 (11): 2235-2238. (in Chinese))

[2] 王钊，王金忠，曾繁平，陈春红. 玻璃钢螺旋锚的现场拉拔试验 [J]. 岩土工程学报，2007，29 (10)：1439-1442. (WANG Zhao, WANG Jin-zhong, ZENG Fan-ping, CHEN Chun-hong. Field pull out tests of FRP screw anchors [J]. Chinese Journal of Geotechnical Engineering, 2007, 29 (10): 1439-1442. (In Chinese))

[3] 曾繁平. 新型FRP螺旋锚杆的试验研究 [D]. 武汉：武汉大学，2005. (ZENG Fan-ping. Researches on new FRP screw anchors [D]. Wuhan: Wuhan University, 2005. (in Chinese))

[4] 王钊，邱宗强，蔡松桃，胡怀亮，崔伯军，鲁跃. 螺旋锚和土工合成材料修复膨胀土渠坡实例 [J]. 南水北调与水利科技，2007，5 (5)：127-131. (WANG Zhao, QIU Zong-qiang, CAI Song-tao, HU Huai-liang, CUI Bai-jun, LU Yue. A case history of application of FRP screw anchor and geosynthetics in repairing of canal slope of expansive soils [J]. South to North Water Transfers and Water Science & Technology, 2007, 5 (5): 127-131. (in Chinese))

非饱和路堤对加载和降雨入渗响应的模型试验研究

邹维列[1,2]　李　聪[1]　汪建峰[3]　邓卫东[4]　王　钊[1]

（1. 武汉大学土木建筑工程学院，湖北武汉　430072；2. 岩土与结构工程安全湖北省重点实验室，湖北武汉　430072；3. 武汉铁路局，湖北武汉　430071；4. 重庆交通科研设计院，重庆　400067）

摘　要： 在分级加载和人工降雨条件下，分别完成了压实度为85％，90％，96％的黄土路堤和压实度为93％，96％的黏土路堤的室内模型试验，获得了非饱和路堤对加载和降雨入渗的响应规律：①新建路堤随着荷载、降雨次数和降雨量的增大，变形和土压力逐渐增加，但加载后各次降雨引起的增加量不大；堤坡的竖向变形比堤身小，侧向变形比堤身大，在距坡脚（1/3～1/2）坡高处，堤坡侧向变形最大；而堤坡之下距离坡脚约1/3坡高附近的土体，侧向土压力随降雨量增大而越来越明显增加。因此堤坡的变现破坏可能首先发生在该区域。②对于上覆荷载小的堤坡部位，若采用具有膨胀性的黏土填筑，压实度不宜过高。③路堤坡脚附近含水率与基质吸力受降雨量影响最大。降雨对路堤的影响深度与降雨量、降雨强度、路堤填料性质、压实度等因素有关，在本次室内模型试验条件下，降雨对甘肃黄土、重庆黏土路堤的影响深度约为0.25m，远小于现场试验的结果。

关键词： 路堤；非饱和土；加载；人工降雨；变形；土压力；基质吸力

中图分类号： U416.1　　**文献标识码：** A　　**文章编号：** 1000－4548（2009）10－1512－08

Model Tests on Responses of Unsaturated Road－embankments to Loading and Rainfall Infiltration

ZOU Wei－lie[1,2]　LI Cong[1]　WANG Jian－feng[3]　DENG Wei－dong[4]　WANG Zhao[1]

（1. School of Civil Engineering，Wuhan University，Wuhan 430072，China；2. Hubei Key Laboratory of Security of Geotechnical and Structural Engineering，Wuhan 430072，China；3. Wuhan Railway Bureau，Wuhan 430071，China；4. Chongqing Institute of Communication Research and Design，Chongqing 400067，China）

Abstract： Under loading and rainfall infiltration，five series of model tests on unsaturated road－embankments with compaction degrees of 85％，90％，96％ for Gansu loess and 93％，96％ for Chongqing clay are respectively carried out，and the responses of the unsaturated road－embankments to loading and rainfall infiltration are obtained：1）With the

---

本文为交通部西部交通建设科技攻关重点项目（200531874010）。

increment of loading, the number of rainfall and precipitation, the deformations and soil pressures of new constructed road - embankments gradually increase, but after loading, the increment of deformations and soil pressures caused by rainfall is smaller than that caused by loading. For the embankment slope, the vertical displacements are smaller than those of embankment body, but the lateral displacements are greater than those of embankment body. Moreover, within the range of (1/3～1/2) height of the embankment slope from the foot of slope, and the lateral displacements of the embankment slope are the greatest, while within the range of about (1/3) height of the embankment slope from the foot of slope, the lateral soil pressures obviously increase with the increment of precipitation, so deformation failure of the embankment slope probably occurs first at this area. 2) For embankment slope filled with swelling soils, it is unsuitable that compaction degree is excessively high owing to the filled soils of the embankment slope bearing small superimposed loadings. 3) Water content and matrix suction nearby the foot of slope are subjected to the most influence of precipitation. The influence depth of rainfall infiltration relates to many factors, such as precipitation, rainfall intensity, property of filled soil and compaction degree of road - embankment. Under the present model tests, the influence depths of rainfall infiltration for the road - embankments respectively filled with Gansu loess and Chongqing clay are all about 0.25m, far smaller than the results of the field tests.

Key words: road - embankment; unsaturated soils; loading, artificial rainfall; deformation; soil pressure; matrix suction

引言

路基的稳定、变形以及病害处治问题历来受到人们的关注，从路基的边坡稳定性、沉降变形规律、路基的地基加固处理、施工工艺、新材料的开发与应用等方面均开展了相关的研究工作[1-4]，但仍有许多问题没有得到根本解决，路基耐久性差、稳定性不足、不均匀沉降变形导致的路面开裂破坏等问题仍普遍存在。目前在一些研究中，尤其是大多数工程设计中，对路基的稳定和变形问题分析，基本上采用的是饱和土的强度和变形理论。但大量的研究结果表明，经过压实的路基填土仍处于非饱和状态。采用传统的饱和土理论，无法真实反映路基土的本质，也难以建立起完善的设计方法，进而提出合理的病害防治措施。因此，采用非饱和土的理论与方法，对非饱和路基土的基本性质进行研究，解决路基设计的理论及相关工程技术问题是非常必要的。

非饱和土的强度与其初始含水状态及其含水状况的变化密切相关。据不完全统计：填方路基边坡在运营中的破坏，90%是由于降雨和地下水变化引起的边坡浅层局部渐进性破坏，进而引起路堤出现整体滑动；绝大部分路基病害及其诱发的路面破坏发生在公路建成后的头两个年头，经过2年多的雨季，路基才逐步处于力学上稳定的状态。降雨和地下水的变化实际上是改变了土的含水状况，改变了土的基质吸力。因此，降雨对路基稳定与变形的影响已受到人们相当的重视。Shamy[5]（2007）采用 Richards 公式模拟水流，假设土的水力特性服从 Brooks - Corey 关系，通过有限元方法研究了非饱和无限长路基边坡的降雨入渗响应；杨果林[6,7]等人（2003）采用具有弱膨胀性与中等膨胀性的两种膨胀土，考虑不同排水边界和不同路堤边坡坡度，模拟不同气候条件，通过8组膨胀土路堤模拟试验，研究了膨胀土路堤中含水率、土压力的变化规律。

本文以西部公路建设为背景，以甘肃黄土和重庆黏土高路堤的下路堤为对象，以非饱和路基病害为基点，通过室内模型试验，实施分级加载和人工降雨，对路堤堤身和堤坡下的测点进行跟踪观测，研究非饱和路基的响应规律，包括：①路堤竖向位移与侧向位移的变化，获得路堤的变形特征；②路堤竖向土压力和侧向土压力的分布特征、变化规律及其与路基变形的联系；③路堤含水率和基质吸力的变化，考察降雨入渗对路堤的影响深度及对路堤强度与稳定性的影响。

1 模型试验简介

1.1 路堤模型用土的基本物理性质指标

试验土样分别取自甘肃平（凉）—定（西）高速公路高路堤填筑用黄土（以下简称“甘肃黄土”）和重庆绕城高速公路高路堤填筑用土石混合土（含大量风化页岩和泥岩，颗分试验定名为含细粒土砾（GF）。为便于模型试验，将重庆绕城高速高路堤的现场填土过20mm筛，重新进行颗分试验，定名为黏土，作为模型路堤填筑用土，以下简称“重庆黏土”），依据《公路土工试验规程》（JTJ 051—93）[8]，完成了两种土样的比重试验、界限含水率试验、渗透试验（压实后的饱和样）和击实试验，结果见表1。

表1 模型路堤用土的物理性质指标

Table 1 Indices of physical properties of soils used for road - embankments model

指标	液限/%	塑限/%	塑性指数/%	土粒比重	最大干密度/(g·cm^{-3})	最优含水率/%	渗透系数（饱和样）/(cm·s^{-1})	
甘肃黄土	30.1	16.5	13.6	2.72	1.93	12.9	—	—
重庆黏土	27.0	18.3	8.7	2.71	2.22	8.42	压实度93% 4.8×10^{-7}	压实度96% 3.4×10^{-7}

1.2 模型试验设计

（1）模型尺寸及测点布设

由模型相似比确定现场高路堤的下路堤的模型尺寸，如图1所示（鉴于路堤的对称性，按路堤的一半建立路堤模型）。图1中同时标出了根据试验内容在模型路堤中需埋设的监测仪器与各测点的埋设位置。

（2）模型路堤含水率与压实度

模型填土含水率按最优含水率±2%配制。结合现行《公路路基设计规范》（JTG D30—2004）[9]关于路基压实度的规定和甘肃平定高速公路、重庆绕城高速公路对路堤的实际压实度要求以及本文研究的目的，历时6个月，进行了总共5组不同压实度的模型试验，其中甘肃黄土模型路堤3组，分别为85%，90%，96%（对应模型试验记为GM1，GM2，GM3）；重庆黏土模型路堤2组，分别为93%，96%（对应模型试验记为CM1，CM2），以考察不同压实度对路堤响应规律的影响。

（3）模型试验系统

模型试验系统由模型槽、加载装置（用以模拟下路堤完工后，上路堤分层填筑对下路堤的加载作用）、土压力测试装置、吸力监测装置及变形观测装置等构成。模型试验系统

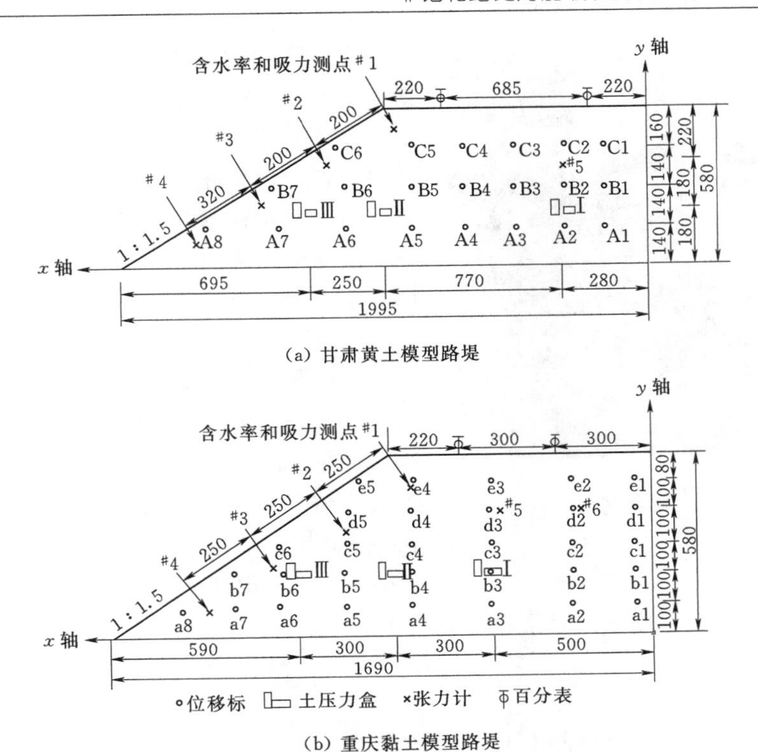

图 1 模型路堤尺寸及监测仪器埋设位置示意图（单位：mm）

Fig. 1 Dimensions of road-embankments model and locations of gauges embedded

见图 2。模型槽内部尺寸为：长 2000mm、宽 320mm、高 900mm。甘肃黄土模型路堤的位移标从堤底向上分 A，B，C 三层布置，重庆黏土模型路堤从堤底向上分 a，b，c，d，e 五层布置。堤顶的位移变化采用两个百分表监测，详见图 1。

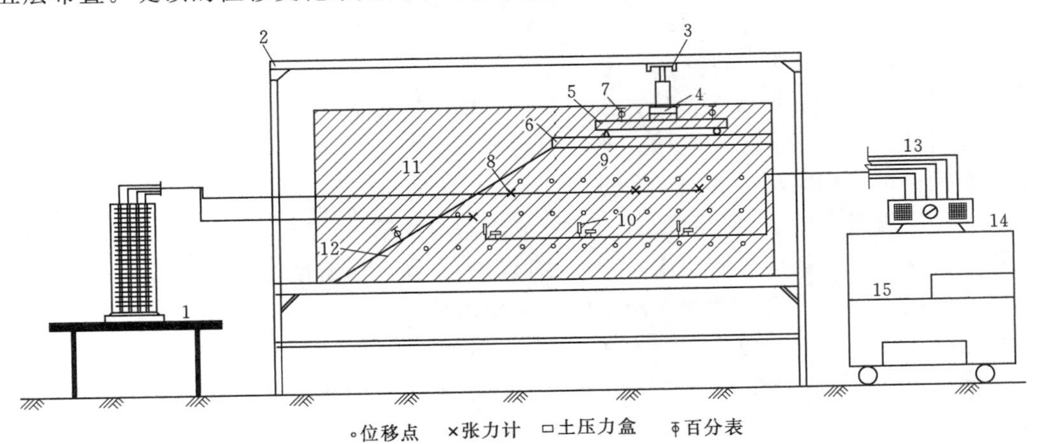

图 2 模型试验系统示意图

Fig. 2 Model test system

1—孔压测量系统；2—钢架系统；3—加载槽钢；4—千斤顶；5—分配梁；6—刚性压板；7—百分表；8—陶瓷孔压探头（张力计）；9—位移点标识；10—应变式土压力盒；11—模型箱；12—土样；13—导线；14—静态电阻应变仪；15—仪器车

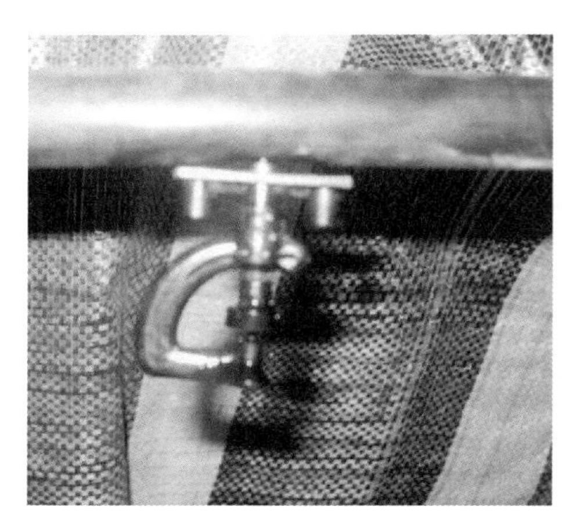

图 3 人工降雨装置
Fig. 3 Device for artificial rainfall

人工降雨的模拟方法为：在模型槽上方悬挂 PE 塑料管，塑料管上接 3 个专业喷头，以实现沿堤顶和堤坡均匀喷洒（见图 3）。各模型试验中，各次降雨的强度不变。结合甘肃平凉—定西地区和重庆城区的降雨资料，GM1～GM3 分 4 次降雨，降雨量分别为 2.5，5，7.5mm 和 10mm；CM2 分 4 次降雨，雨量分别为 5，30，50，150mm 。因试验发现 5mm 的降雨量对重庆黏土模型路堤的影响太小，CM1 改为 3 次降雨，雨量分别为 30，50，150mm。

目前国内外已进行的非饱和土基质吸力量测试验结果表明，张力计具有准确、直观、可靠等优点[10]。本试验吸力的监测采用张力计。其中#1～#4 吸力测点埋设在堤坡下，#5、#6 埋设在堤身下（甘肃黄土模型堤身下仅埋设有#5），见图 1（a）。

2 试验结果分析

在布置模型路堤各层位移测点时，位移测点的实际高度与图 1 所示的预定高度难于一致，有所差别。如重庆黏土模型路堤 d 层位移测点 d1～d5 预定距离堤底 400mm，实际布置距离堤底为 400.6mm（其中 d4 测点因埋设失误，标示位移测点的大头针在模型正面的有机玻璃板上看不见，未能获得读数）。

2.1 堤身与堤坡的变形

图 4、图 5 分别给出了甘肃黄土 GM1、GM3 由 4 级荷载和 4 次人工降雨产生的测点竖向位移变化；图 6 给出了 GM2 的侧向位移变化；图 7 给出了重庆黏土 CM2 在加载结束后，4 次人工降雨产生的竖向位移变化。可以看出：

（1）堤身竖向变形形状近似呈“锅底”形，即路堤中心线附近的竖向变形最大，向堤坡方向逐渐减小。在图 4，5，7 中，路堤中心的竖向变形小于其附近点的竖向变形是由于模型侧面钢模板（即路堤中心断面，见图 2）对土体的摩阻作用所致。

（2）位于堤身下的各层位移测点，随着分级载荷的增大，竖向变形逐渐增加。其中由于第一级荷载产生的初始压密作用，竖向变形最大；同一压实度下，由于荷载沿深度的扩散效应，离堤顶深度越大，荷载作用下的竖向变形越小。

对比压实度小于规范要求 93%的 GM1（压实度 85%），GM2（压实度 90%）的变形和压实度大于 93%的 GM3（压实度 96%）的变形可知，加载引起 GM1，GM2 的补充压实作用更为明显，竖向变形比 GM3 大，但 GM2 的竖向变形比 GM1 小（限于篇幅，GM2 的竖向变形未给出）。

加载结束后，随着降雨次数和降雨量的增大，竖向变形继续增加，但增加量不大。对比 GM1 和 GM3 的结果可知，压实度越高，变形增加量越小（见图 4，5）。尽管 GM1，GM2 的填筑压实度较低，但由于分级加载的补充压实，压实度得以提高，因此，降雨引

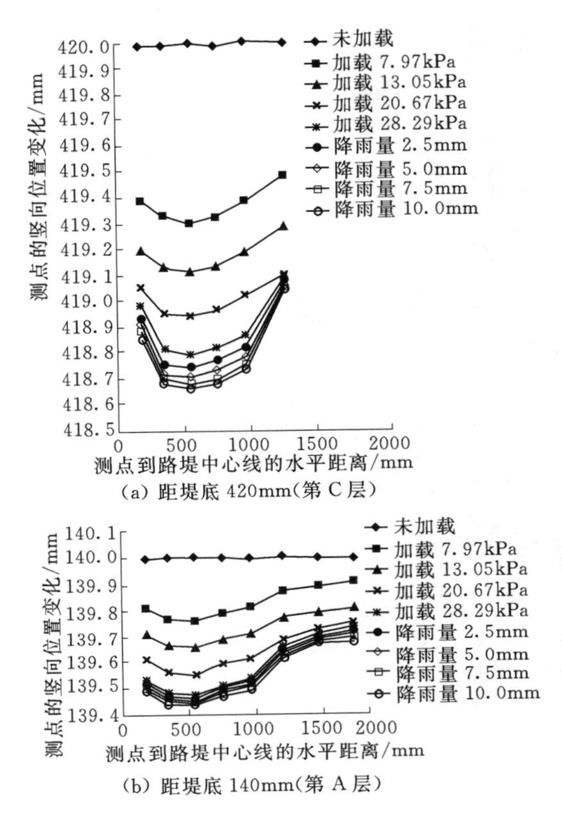

图 4 GM1 测点在荷载和降雨作用下的竖向位置变化

Fig. 4 Variation of vertical displacement with increment of loading and precipitation for model GM1

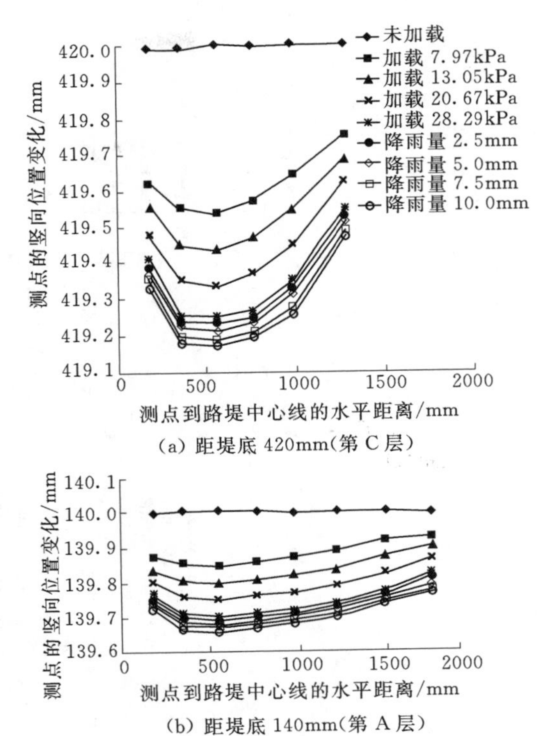

图 5 GM3 测点在荷载和降雨作用下的竖向位移变化

Fig. 5 Variation of vertical displacement with increment of loading and precipitation for model GM3

起的湿陷变形不明显。这说明压实度一定程度的提高不仅可减小荷载引起的沉降变形，而且有助于消除黄土路堤的湿陷性。

(3) 从图 6 可以看出，位于堤坡下的测点，随着荷载和降雨量的增大，侧向位移逐渐增加，并比位于同一深度的堤身测点的侧向位移大，而其中由降雨引起的堤坡下测点侧向位移的增加更为明显。在各层位于坡面下的测点中，以距坡脚（1/3～1/2）坡高范围（即距堤底 140mm 的 A 层和 280mm 的 B 层）测点的侧向位移更大。这说明堤坡的变形破坏可能首先发生在距坡脚（1/3～1/2）坡高区域。

(4) 雨水冲刷导致黄土粒间的联结力减弱。每次降雨结束后都可以看到坡面有新的冲沟产生，坡面冲沟发育（这和在甘肃现场降雨试验观察到的现象一致）。冲沟的发展从坡顶往下延伸，并且在冲沟存在的坡面范围内出现了网状裂缝。冲沟及周围裂缝的产生会使得雨水入渗增大，导致土体强度的进一步衰减。降雨的这一双重效应可能是导致黄土路堤边坡失稳的重要原因之一[11]。

(5) 总体上，重庆黏土路堤与甘肃黄土路堤有相似的变形特征。但从图 7 可以看出，

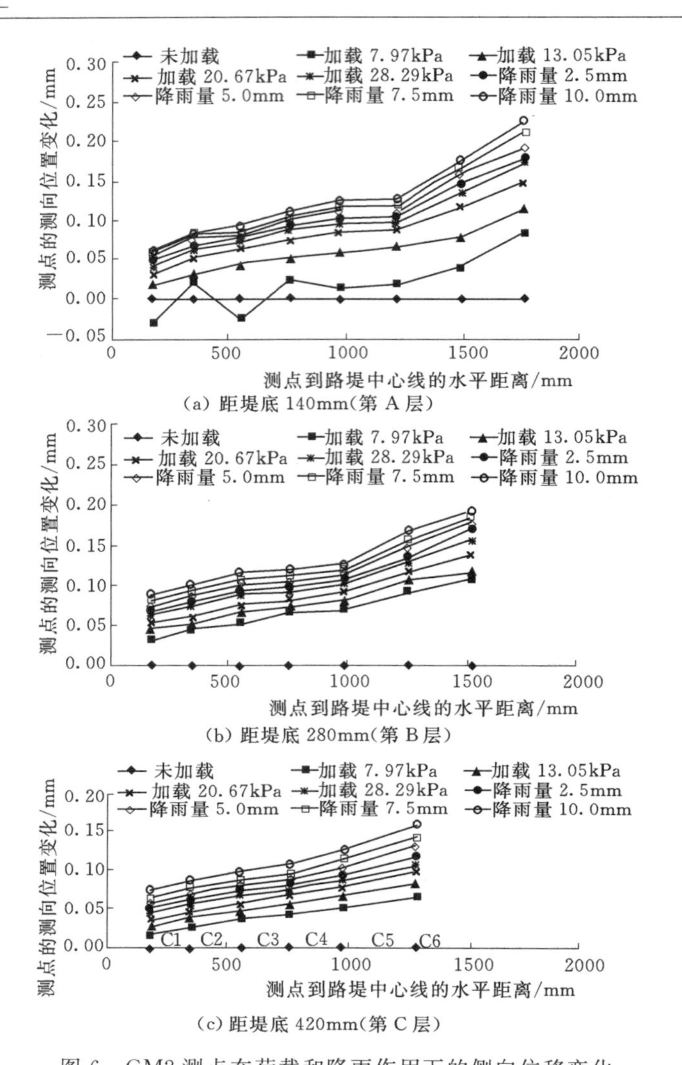

(a) 距堤底 140mm(第 A 层)

(b) 距堤底 280mm(第 B 层)

(c) 距堤底 420mm(第 C 层)

图 6　GM2 测点在荷载和降雨作用下的侧向位移变化

Fig. 6　Variation of lateral displacement with increment of loading and precipitation for model GM2

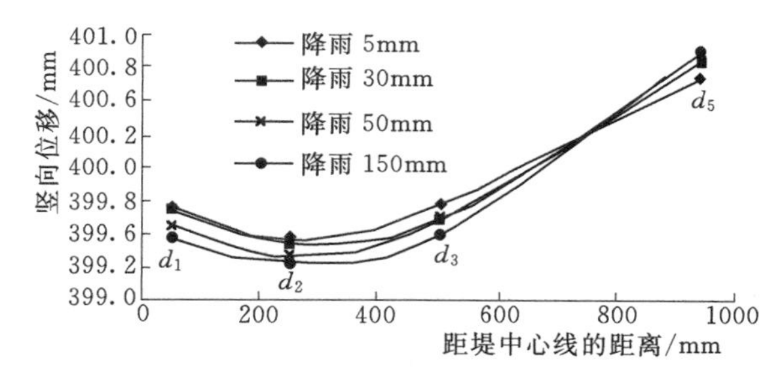

图 7　CM2 的 D 层（距离堤底 400.6mm）测点竖向位移随降雨量增加的变化

Fig. 7　Variation of vertical displacement with increment of precipitation after loading for d layer of model CM2

随着降雨量的增大，重庆模型路堤堤坡下 d5 测点的竖向位移出现逐渐向上增大的现象，而且压实度更高的 CM2 比 CM1 的这种变化更为明显。这应归因于堤坡下土体的上覆荷载小，而模型路堤黏土具有一定膨胀性，降雨入渗引起压实黏土发生膨胀，压实度越高，膨胀量越大。因此从这个意义上讲，对于路堤边坡部位，若采用具有膨胀性的黏性填料，压实度并不宜过高。

（6）图 8 和图 9 给出了重庆模型路堤中置于堤顶的百分表在荷载和降雨作用下读数的变化。可以看出：CM2 在各次降雨后，堤顶竖向位移都表现为不同程度的减小。这同样是由于降雨入渗，使路堤顶面产生吸水膨胀所致。随着各次降雨后雨水的蒸发，百分表读数又逐渐回落。但 CM1 在各次降雨后并未表现出像 CM2 那样明显的吸水膨胀现象。这是因为 CM2 不仅压实度比 CM1 高，而且是在施加最后一级荷载的变形稳定以后（见图 8），才开始第一次降雨的，而 CM1 施加最后一级荷载的变形尚未完全稳定（见图 9），就开始第一次降雨。因此 CM2 的路堤填土比 CM1 更为密实，从而吸水膨胀潜势比 CM1 高，相反 CM1 比 CM2 的湿陷潜势高。从图 9 可以看到，在第一次降雨之后，CM1 路中和路肩均产生明显的湿陷。湿陷之后，土体变得更为密实，所以第二次和第三次降雨引起 CM1 路堤顶面的沉降并不明显。

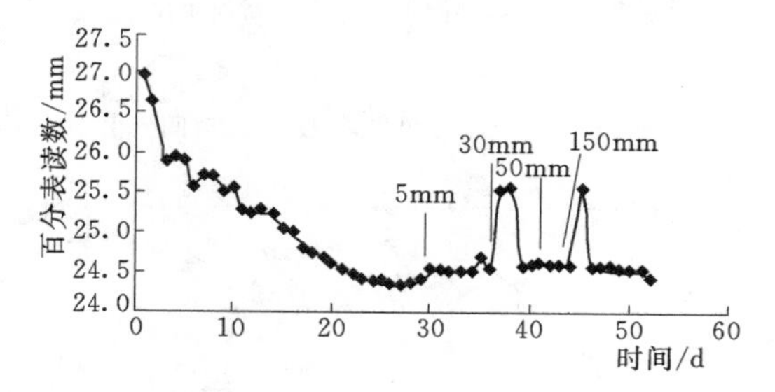

图 8　CM2 路堤顶面百分表读数的变化

Fig. 8　Variation of vertical displacement of the top of road - embankment for model CM2

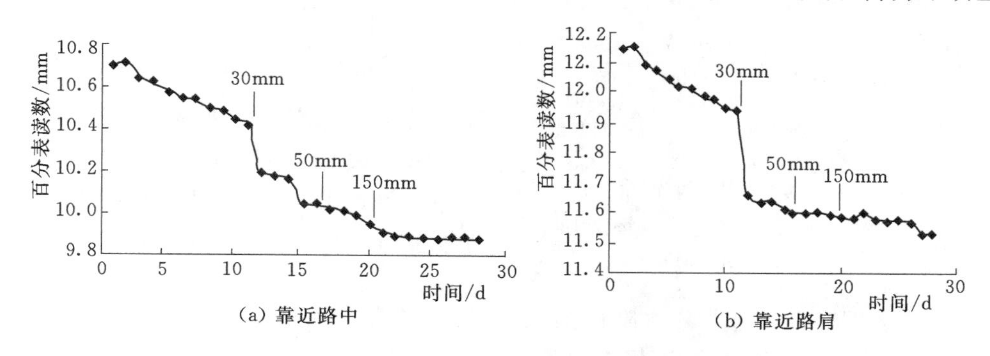

图 9　CM1 路堤顶面百分表读数的变化

Fig. 9　Variation of vertical displacement of the top of road - embankment for model CM1

（7）从图 9 还可以看出，经过多次降雨入渗的作用之后，路堤顶面沉降有逐渐稳定的趋势。这或许在一定程度上可以解释为什么新建道路往往要在建成通车后，经过 2～3a 的雨季，路基才会达到稳定状态。这和由甘肃黄土、重庆黏土的脱—吸湿土水特征曲线的特性所得到的结论是吻合的（另文介绍）。

2.2　堤身与堤坡的土压力

限于篇幅，仅给出 GM3（压实度 96%）在荷载和降雨作用下，竖向土压力、侧向土压力随时间变化的曲线，见图10。可以看出：

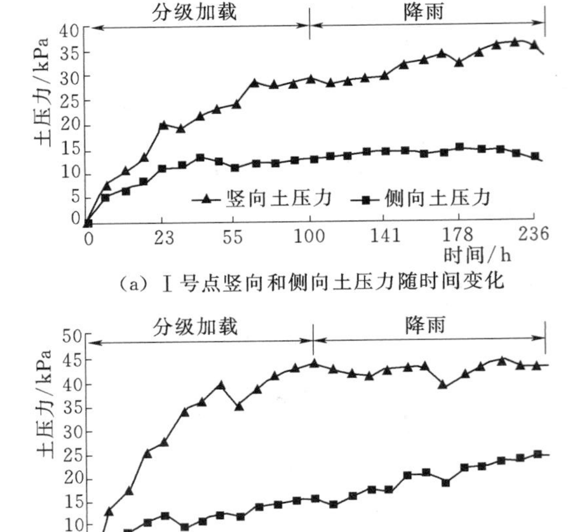

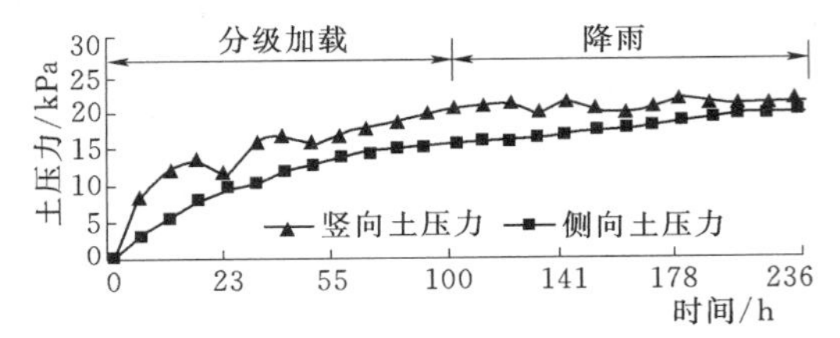

(c) Ⅲ号点竖向和侧向土压力随时间变化

图10　GM3各测点土压力随时间变化曲线

Fig. 10　Variation of soil pressures with time for model GM3

(1) 随着荷载的增大，竖向、侧向土压力逐渐增大，但由降雨量增大所引起的竖向土压力变化不大。这和GM3路堤的压实度很高（96%）有关。压实度越高，渗透性越小，而雨水入渗至土压力计埋设位置处（距离堤顶400mm，见图1）的雨水就更少，从而引起土的自重增加很小。各次降雨后，由于雨水入渗需要一定时间，因此土压力的增加表现出滞后性；随后雨水下渗，土的自重减小。因此，土压力随各次降雨而发生波动。

(2) Ⅰ～Ⅲ号土压力测点处在路堤下同一深度，但位于堤身下的Ⅰ号与Ⅱ号测点的竖向土压力均大于位于堤坡下的Ⅲ号测点的竖向土压力。因为荷载主要作用于堤身，这也是路堤变形呈“锅底”形的主要原因。

(3) 距离坡脚约1/3坡高的Ⅲ号测点的侧向土压力与竖向土压力的比值大于堤身下Ⅰ号和Ⅱ号测点的侧向土压力与竖向土压力的比值；随降雨量的增大，Ⅲ号测点的侧压力越来越明显增大（见图10（c））。

2.3　堤身与堤坡的含水率与基质吸力

重庆黏土模型路堤CM1中#5、#6张力计探头和CM2中的#5张力计探头在试验过程中被损坏，未能获得全部数据。其余测点的试验结果表明：

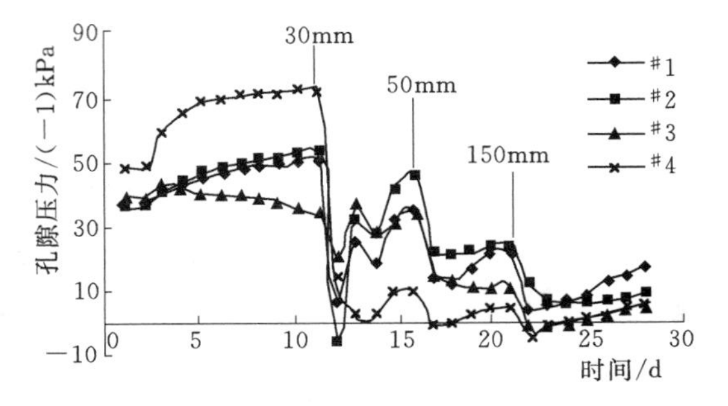

图11　CM1　各测点孔压随时间变化

Fig. 11　Variation of matrix suction with time for model CM1

(1) 降雨开始后，随着各次降雨的入渗，位于堤坡下的测点含水率逐渐增加，负孔压（基质吸力）逐渐下降。其后随着雨水的下渗与蒸发，测点含水率逐渐降低，负孔压又逐渐增大。

(2) 埋设在坡中附近的#3测点和坡脚附近的#4测点的负孔压比位于堤坡上部的#1、#2测点的负孔压下降更大，其中重庆黏土路堤CM1，CM2的#4测点的降低幅度约80kPa（见图11、图12），直至最后一次降雨结束后的一定时间，#4测点负孔压才开始逐渐上升。这表明堤坡中、下部区域的含水率受降雨的影响最大。主要是因为降雨顺坡向坡脚汇聚，坡脚附近土体含水率较高，加之模型路堤的坡脚没有考虑排水措施所致。负孔压（基质吸力）下降，土体抗剪强度降低，对堤坡稳定不利。因此实际工程中，应充分重视路堤坡脚的排水。

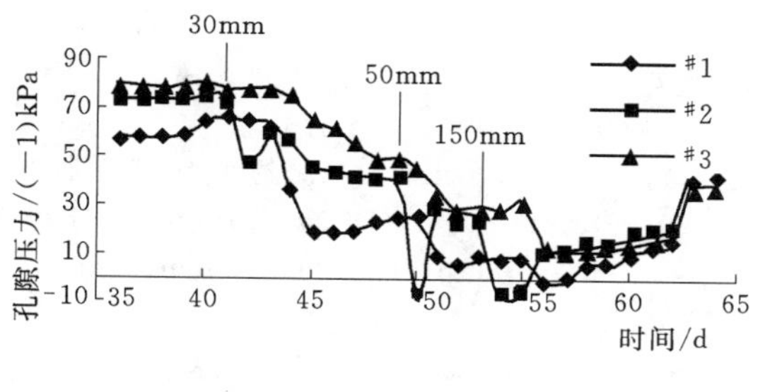

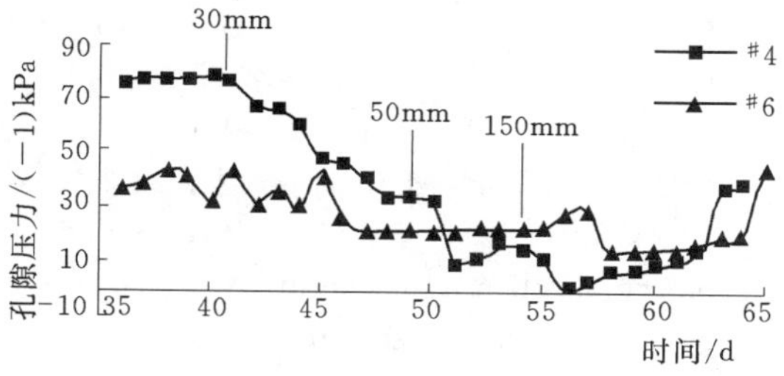

图 12　CM2 各测点孔压随时间的变化

Fig. 12　Variation of matrix suction with time for model CM2

（3）埋设于甘肃黄土模型路堤堤身、距离堤顶 220mm 的#5 测点和埋设于重庆黏土模型路堤堤身、距离堤顶 180mm 的#6测点的负孔压变化都较缓。在整个降雨过程中，压实度为 96%的 GM3 的#5 测点的负孔压变化只有约 5kPa，压实度同样为 96%CM2 的#6 测点负孔压变化只有约 28kPa（远比其#4 测点 80kPa 的变化要小）。这说明模型路堤的降雨影响深度均为 0.25m 左右。该值比现场人工降雨试验得到的影响深度要小得多，其中甘肃平定高速公路现场实测降雨影响深度为 0.6～1m[11]，重庆绕城高速现场实测约为 2.5m。分析造成模型试验与现场试验结果不同的原因在于：一是模型 CM2、GM3 的压实度均比现场压实度（93%）要高；二是甘肃平定高速公路现场四次人工降雨量比模型试验的最大降雨量都要大，为 17～32mm[11]；重庆黏土模型路堤采用的填土经过筛分，去掉了现场填料中大于 20mm 的砾料，而砾料主要为含有大量裂隙的风化泥岩和页岩，裂隙为雨水的下渗提供了通道。这说明降雨的影响深度与降雨量、降雨强度、路堤填土性质、压实度等均有关系。

3　结论

（1）新建路堤随着荷载、降雨次数和降雨量的增大，变形和土压力逐渐增加，但加载后降雨引起变形和土压力的增加量不大；压实度越高，变形增加越小。离堤顶深度越大，堤身竖向与侧向变形越小；堤坡的竖向变形比堤身小，侧向变形比堤身大，在距坡脚（1/3～1/2）坡高处，堤坡侧向变形最大；而堤坡下距离坡脚约 1/3 坡高附近的土体，侧向土压力越来越明显增大。因此堤坡的变形破坏可能首先发生在该区域。

（2）路基压实度一定程度的提高是有利的。压实度越高，渗透系数降低，降雨入渗引起的变形越小，对土体含水率和基质吸力的影响减少，从而提高路基整体稳定性。但对于上覆荷载小的堤坡部位，若采用具有膨胀性的填料填筑，压实度不宜过高。

（3）路堤坡脚附近的含水率和基质吸力受降雨量影响最大。降雨对路堤的影响深度与降雨量、降雨强度、路堤填料性质、压实度等因素有关。在本次室内模型试验条件下，降雨对黄土、黏土模型路堤的影响深度约为 0.25m，远比现场降雨影响深度要小。

参考文献

[1] 董云，阎宗岭．土石混填路基沉降变形特征的二维力学模型试验研究［J］．岩土工程学报，2007，29（6）：943－947．（DONG Yu，YAN Zong－lin. 2D mechanical model tests on settlement of rock－soil filled roadbed［J］．Chinese Journal of Geotechnical Engineering，2007，29（6）：943－947．（in Chinese））

[2] 丁加明，王永和．雨水冲刷及地表径流对膨胀土路基边坡稳定的影响分析［J］．路基工程，2005（6）：16－18．（DING Jia－ming，WANG Yong－he. Influence of washing away and runoff caused by rainfall on the stability of slope of subgrade filled with swelling soils［J］．Subgrade Engineering，2005（6）：16－18．（in Chinese））

[3] 汪建刚，王星华，王曰国．秦沈客运专线A14试验段软土路基加固技术研究［J］．岩土力学，2004，25（8）：1283－1287．（WANG Jian－gang，WANG Xing－hua，WANG Yue－guo. Study on consolidation technique for A14 testing section of soft soil roadbed at Qinhuangdao－Shenyang passenger transport special railway line［J］．Rock and Soil Mechanics，2004，25（8）：1283－1287．（in Chinese））

[4] 邹维列．路堤压实及路基土工复合材料排水层的研究［D］．武汉：武汉大学，2004．（ZOU Wei－lie. Compaction of road embankment and subgrade geocomposite drainage layers［D］．Wuhan：Wuhan University，2004．（in Chinese））

[5] SHAMY U E. Numerical study of rainfall infiltration in unsaturated slopes［C］// Proceedings of Sessions of Geo－Denver，Denver，Colorado，USA，2007：127－138.

[6] 杨果林，刘义虎．膨胀土路基含水率在不同气候条件下的变化规律模型试验研究［J］．岩石力学与工程学报，2005，24（24）：4524－4533．（YANG Guo－lin，LIU Yi－hu. Experimental study on moisture content in expansive soil roadbed under different weather conditions［J］．Chinese Journal of Rock Mechanics and Engineering，2005，24（24）：4524－4533．（in Chinese））

[7] 杨果林，黄向京．不同气候条件膨胀土路堤土压力的变化规律试验研究［J］．岩土工程学报，2005，27（8）：948－955．（YANG Guo－lin，HUANG Xiang－jing. Study on earth pressures in expansive soil roadbed under weather influence［J］．Chinese Journal of Geotechnical Engineering，2005，27（8）：948－955．（in Chinese））

[8] JTJ 051—93 公路土工试验规程［S］．北京：人民交通出版社，1999．（JTJ 051—93 Code of soil testing for highway engineering［S］．Beijing：China Communications Press．（in Chinese））

[9] JTG D30—2004 公路路基设计规范［S］．北京：人民交通出版社，2004．（JTG D30—2004 Code for subgrade design［S］．Beijing：China Communications Press．（in Chinese））

[10] 王钊，邹维列，李侠．非饱和土吸力测量及应用［J］．四川大学学报（工程科学版），2004（2）：1－6．（WANG Zhao，ZOU Wei－lie，LI Xia. Measurement and application of suction in unsaturated soils［J］．Journal of Sichuan University（Engineering Science Edition），2004（2）：1－6．（in Chinese））

[11] 谢妮，邹维列，严秋荣．黄土路基边坡降雨响应的试验研究［J］．四川大学学报（工程科学版），2009，41（4）：31－36．（XIE Ni，ZOU Wei－lie，YAN Qiu－rong. Experimental research on response of a loess subgrade slope to artificial rainfall［J］．Journal of Sichuan University（Engineering Science Edition），2009，41（4）：31－36．（in Chinese））

黄土路基边坡降雨响应的试验研究

谢 妮[1] 邹维列[1,3] 严秋荣[2] 邓卫东[2] 王 钊[1]

（1. 武汉大学土木建筑工程学院，湖北武汉 430072；
2. 重庆交通科研设计院，重庆 400067；
3. 岩土与结构工程安全湖北省重点实验室，湖北武汉 430072）

摘 要： 为了研究降雨入渗对黄土路基边坡孔隙水压力（吸力）、含水量、变形等的影响，选取甘肃平—定高速公路上某段9m高的填方路基边坡进行了4场人工降雨模拟试验并持续现场监测一个月。监测结果表明：人工降雨模拟引起浅层土体（1m以上）吸力明显下降和含水量增大，致使土体有效应力减小，抗剪强度降低；另外雨水冲刷引起坡面冲沟发育，导致雨水入渗增大和土体强度的进一步衰减。压实度最小的坡脚处降雨引起的湿陷变形最大。在持续降雨的条件下，湿陷变形的发展会导致坡底的沉陷，最后发展为滑坍破坏。从减少雨水入渗，减小土体的强度损失以及控制湿陷变形等方面综合考虑，提高黄土路基边坡的压实度对防止降雨导致的边坡失稳具有重要意义。

关键词： 黄土路基边坡；人工降雨；现场监测；吸力；变形

中图分类号： TU413.5 **文献标识码：** A **文章编号：** 1009－3087（2009）04－0031－06

Experimental Research on Response of a Loess Subgrade Slope to Artificial rainfall

XIE Ni[1] ZOU Wei－lie[1,3] YAN Qiu－rong[2] DENG Wei－dong[2] WANG Zhao[1]

（1. School of Civiland Architectural Eng.，Wuhan Univ.，Wuhan 430072，China；
2. Chongqing Communication Research & Design Institute，Chongqing 400067，China；3. Hubei Province Key Lab. of Geotechnical and Structural Eng. Safety，Wuhan 430072，China）

Abstract： To study the in fluence of rainfall in filtration on suction，water content and deformation of loess subgrade slopes，artificial rain fall simulation tests were conducted for four times on a 9m high loess filled subgrade slope of Pingliang－Dingxi Expressway in Gansu Province，China，and the total in－situmonitoring continued for a month. Monitored results show that rainfall infiltration leads to obvious increase in soilmoisture and decrease in soil suction with in the top 1m soil layer，which results in a reduction of effective stress and shear strength. Mean while，the development of gullies on slope surface results in larger infiltration of rainfall and as a result a further decrease in shear strength.

本文为交通部西部交通建设科技资助项目（200531874010）。

The maximum rain-induced collapse deformation occurred at the toe of the slope where the compaction degree is the lowest, which may lead to a local subsidence and trigger a slide slope failure in the condition of continuance rainfall. In consideration of controlling collapse deformation, reducing rainfall infiltration and the loss of shear strength of soil, it seems quite important to increase compaction degree of loess subgrade slopes.

Key words: loess subgrade slope; artificial rainfall; fieldmonitoring; suction; deformation

湿陷性黄土是在中国分布较为广泛的区域性土。天然的湿陷性黄土是一种非饱和的欠压密土，具有大孔隙，没有层理；在天然湿度下，其压缩性低，强度高。但遇水浸湿后，黄土中的可溶盐溶化使土中胶结力大为减弱，土的结构破坏，在自重应力和附加应力共同作用下发生显著附加变形，产生湿陷[1]。

近年来，中国西部黄土地区高等级公路的发展十分迅速。填方路基大多就近取材，使用湿陷性黄土作为填料，用压实度和最大干密度来控制施工质量。黄土经压实后，原状结构发生破坏，孔隙减少，物理力学性质发生变化，湿陷性得到一定程度的控制。但是在连续大雨作用下，湿陷、冲刷、滑坍等典型黄土路基病害还是时有发生[2-3]。降雨仍然是影响压实黄土路基稳定性的重要因素。

国内外许多学者相继展开现场试验，研究降雨入渗对非饱和土边坡稳定性的影响[4-10]，但这些试验大多针对膨胀土和残积土土坡。对于土性十分特殊的黄土土坡，其在降雨入渗作用下的响应有所不同。为了研究非饱和压实黄土路基边坡在降雨入渗条件下的响应，观测土坡吸力、含水量以及变形在降雨入渗和干湿循环条件下的变化规律，作者选取甘肃平（凉）一定（西）高速公路上某段填方路基进行了为期1个月的现场监测，并在此期间进行了4次人工模拟降雨。

1 试验场地简介

1.1 位置及气候条件

试验场地位于甘肃省平（凉）定（西）高速公路K301+400～K301+409附近一段填方路堤的第一级边坡上，坡比为1∶1.75，坡高约9m。该地区属于半干旱区，降水集中在4—10月，占年降水量的90%以上，夏季（6—8月）的降水量占年雨量的比重较大，一般在50%以上。多年平均降雨量407mm，年平均日最大降雨量70mm左右，多年平均暴雨日数只有一天，年平均蒸发量1800mm。

1.2 土体性质

为了得到试验区内土体的基本物理力学性质指标，进行了相关的室内土工试验。试验结果如表1所示。

表1 试验场地土体物理力学性质指标

Tab. 1 Physico-mechanical properties of soil in the test field

最大干密度 /(g·cm^{-3})	最佳含水量 /%	液限 /%	塑限 /%	塑性指数	土粒比重
1.93	12.9	30.1	16.5	13.6	2.72

由于试验开始前，试验区域刚进行刷坡，导致边坡表层的土体比较松散。在坡顶、坡中和坡脚断面的30cm深处分别用环刀取原状土样，测得坡顶压实度为97%，坡中压实度为88%，坡脚压实度为77%。从为期一个月的试验监测结果中可以明显地看到，压实度的差异会造成压实黄土性质很大不同。

2 试验监测仪器的布设与主要监测内容

人工降雨试验区域为：沿路基纵向长12m，横向包括半幅路基宽度和整个第一级边坡的坡长，其水平距离为31.46m。试验区域内安装热传导探头16个，分层沉降管4根，路基顶面沉降标7个（平面布置如图1所示）。试验内容主要包括吸力、含水量、路基沉降、路基表面变形（主要是垂直位移）等的监测。

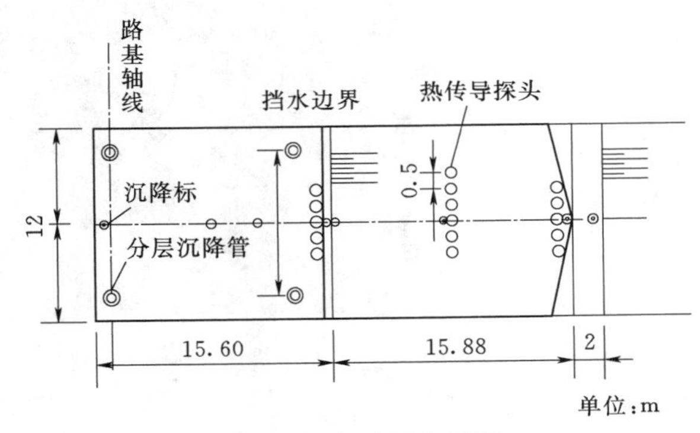

图1 测点平面布置图

Fig. 1 Layout of testing points

2.1 吸力的量测

吸力的量测采用由加拿大GCTS公司生产的FTC-100型热传导吸力探头及其数据控制器。探头共有16个，其中坡顶和坡脚各埋设了5个探头，埋置深度分别为0.3m、0.6m、1.0m、1.6m、2.4m；坡中6个探头，埋置深度分别为0.3m、0.6m、1.0m、1.4m、1.9m、2.4m；具体的埋设位置参见图1。吸力的量测在监测期间每天上午、下午各读数1次。

2.2 含水量的量测

含水量的测量采取用手工麻花钻在各个监测剖面附近取不同深度的扰动土样，用烘箱烘干法进行测量。取样的深度与热传导探头的埋置深度相对应，取样后马上回填所有取样孔。含水量的量测在降雨后的第1天上午、下午各1次，以后每天取样1次。

2.3 路基沉降的量测

路基沉降的观测采用CG-80型PVC沉降管，外套CH-81型沉降磁环，用CY-82型钢尺沉降仪进行读数。试验区域内共埋设了4根沉降管，路基轴线和路基边线上各2根（见图1）。沉降管从路基底部强夯层开始往上，随路堤填筑进度埋设，每2m埋设一个磁环，一直到路基顶面。沉降管的观测大约是1个星期一次。

2.4 路基表面变形的量测

通过在试验区域中轴线上的不同位置埋设7个沉降标来量测路基的表面变形（主要是垂直位移）。沉降标由1块20cm×20cm的钢板上焊1根长20cm的Φ18钢筋组成，沉降标在土中的埋置深度为15cm，具体埋设位置见图1。采用水准仪测量其垂直位移。在试验区域外有公路施工用的临时水准点，作为沉降标高程测量的基准点。测量周期为每天一次。

3　人工降雨模拟试验装置

人工降雨模拟试验采用的是一套专门设计的、通过喷头将水均匀地喷洒到试验区域来模拟降雨的自制装置，主要由喷头、水流量表、水泵、输水管道、固定脚手架等组成。具体布置详见实物图 2 和图 3。通过开启不同的管道，控制阀门和单位时间内流量表的读数，就可以得到不同的降雨强度。具体得到三种降雨强度的方法如表 2 所示。

图 2　现场人工降雨装置实物图

Fig. 2　Photo of artificial rainfall installation in the field

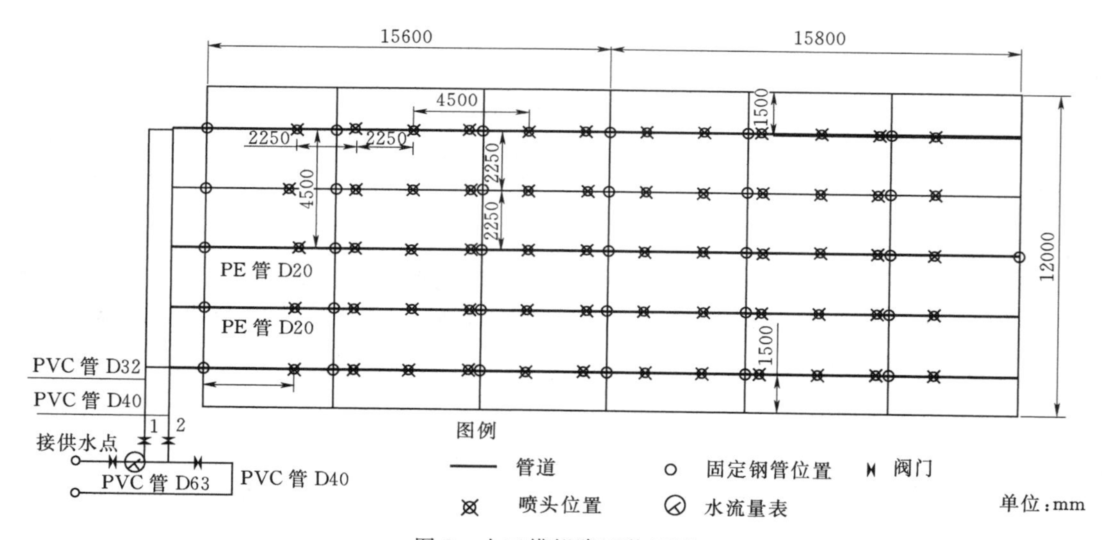

图 3　人工模拟降雨装置图

Fig. 3　Layout of artificial rain fall simulator system

表 2　降雨装置工作参数

Tab. 2　Working parameters of rain fall simulator system

降水强度/(mm・h^{-1})	工作方式	喷头组合间距	工作喷头数/个	系统流量/(m^3・h^{-1})	压力/kPa
5	开启管道 1	4.5m×4.5m	18	2.0	160
15	开启管道 1、2	2.25m×2.25m	60	5.9	140
20	开启管道 1、2	2.25m×2.25m	60	7.8	240

4 试验结果与分析

4.1 吸力和含水量的量测成果及分析

坡顶 0.3m 和 0.6m 深处的吸力探头由于埋在土中的电缆断裂导致无法读数。因此吸力的数据分析以坡中和坡脚的吸力读数为主。4 次人工降雨的降雨量情况见图 4；吸力随时间（天气）变化的典型曲线见图 5。

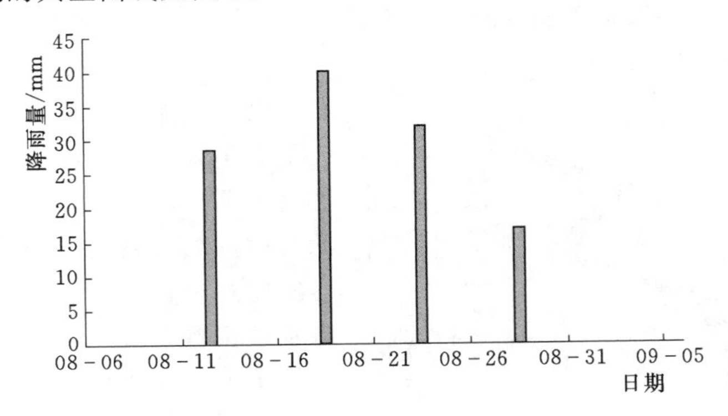

图 4　模拟人工降雨的降雨量

Fig. 4　Rain fall of simulated rain fall events

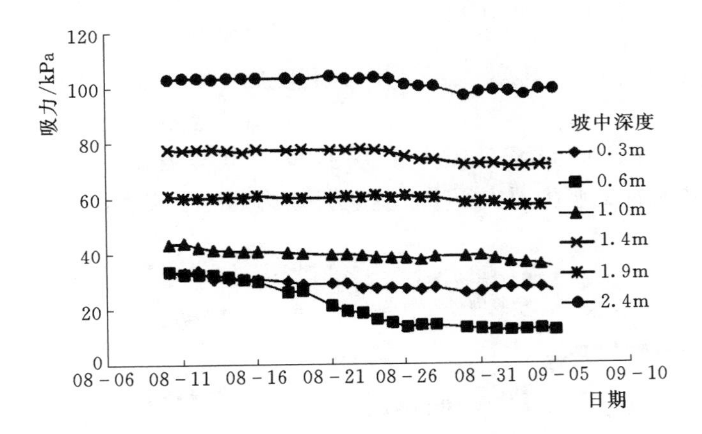

图 5　坡中各深度吸力随时间的变化

Fig. 5　Variation of suction at deferent depths with time at the mid－slope

由图 5 的变化曲线可以看出，浅层的探头（0.3m、0.6m）由于降雨入渗引起吸力下降的现象比较明显，0.6m 深处下降最大，0.3m 深处次之，而埋深 1m 及其以下的探头，其吸力基本保持不变，受降雨影响较小。这表明入渗深度在 0.6～1m 之间。在两次降雨的间隔期间，热传导探头的读数并没有上升，而是基本保持不变，看不到一个明显的干湿循环过程。这一点与文献［11］观测到的结果类似，可能是由于热传导探头的滞后性引起的。在整个监测期间，各探头都测到正的吸力也就是负的孔隙水压力，说明这 4 次降雨并没有使浅层 0.3m 深处的探头达到饱和，这可能是压实度达 90%左右的黄土渗透性很低的缘故。

吸力的下降会导致有效应力降低，从而导致土体抗剪强度的下降。另外，从降雨结束时试验现场的情况看，雨水冲刷导致黄土土粒间的连接力减弱，坡面冲沟发育。每次降雨结束后都可以看到有新的冲沟产生。冲沟的发展从坡顶往下延伸，有的长度可达 2m，深度 10cm 左右，并且在冲沟存在的坡面范围内出现了网状裂缝。冲沟及周围裂缝的产生会使得雨水入渗增大，导致土体强度的进一步衰减。降雨的这一双重效应可能是导致黄土路堤边坡失稳的重要原因之一。

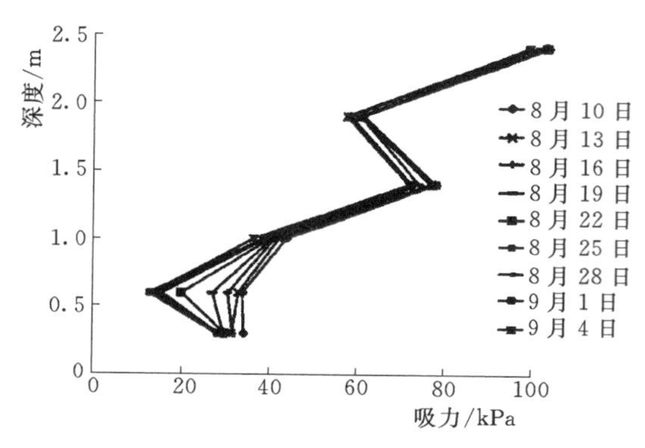

图 6　坡中吸力随深度分布的变化

Fig. 6　Variation of suction at deferent time with depth at the mid - slope

吸力随深度的变化如图 6 所示。由图 6 可以看出，压实黄土路基边坡并不像天然边坡那样，呈现出越接近表层吸力越大的规律。填方路堤在压实的过程中，根据压实度要求控制了土体的含水量，各部分含水量相差不大，加上压实黄土渗透系数小，土中水分迁移困难，故不能形成“蒸发剖面”。这也是填方路基边坡与天然边坡的重要区别之一。在含水量相差不大的情况下，压实度成为影响吸力大小的主要因素。压实度小的区域孔隙率相对要大，饱和度低，因此吸力较大。

图 7 显示的是坡中 0.3m、0.6m 深处吸力分别与坡脚 0.3m、0.6m 深处吸力变化的比较。可以看出，对于同一深度处，坡脚剖面的吸力比坡中剖面的吸力要大很多。这就是坡脚处的压实度比坡中要小的缘故。

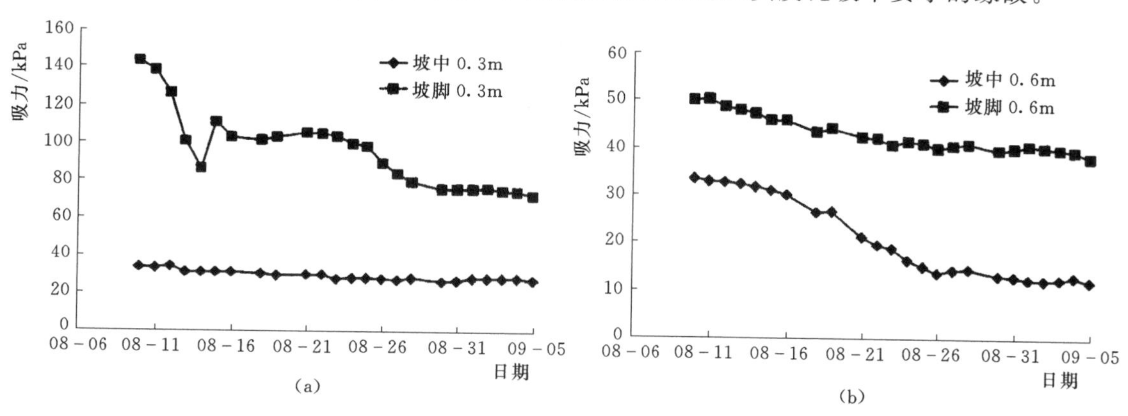

图 7　坡中与坡脚吸力变化的对比

Fig. 7　Comparison of variation of suctions at the middle and the toe of slope

压实度小时较大的吸力对于提高土体的强度而言是有利的。但这只是对干燥的季节而言。压实度小的黄土的渗透性大，有利于雨水的入渗，对土坡的稳定性十分不利。

坡中各深度处的含水量变化如图 8 所示。从图 8 可以看到，含水量的变化呈现出跟吸力变化同样的规律。浅层的含水量（1m 以上）变化较大，而 1m 及以下的含水量变化很小。坡中剖面含水量增加最多的是 0.6m 深处，这跟吸力监测结果中坡中 0.6m 深处吸力下降最大的结果相吻合。产生这一现象的原因可能是由于黄土的保水性能较差，表层 0.3m 以上土中水分吸收得快，蒸发也很快，而 0.6m 深处的水分入渗和蒸发都存在滞后性，导致在 0.6m 深处比 0.3m 深处的含水量增加得更多。

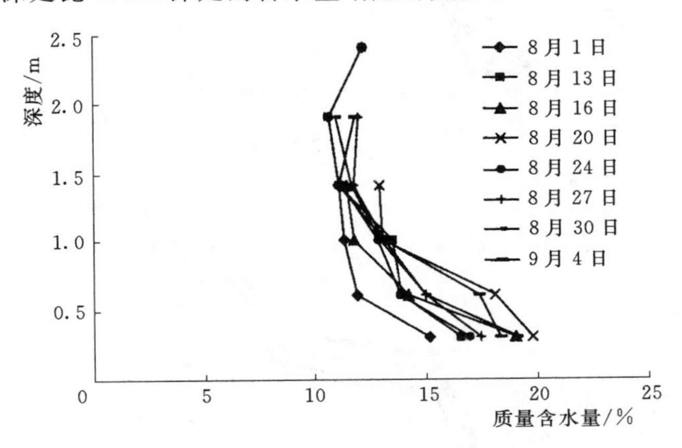

图 8　坡中含水量随深度分布的变化

Fig. 8　Variation of water content at different time with depth at the mid - slope

4.2　沉降管观测结果及分析

图 9 为埋设在 K301＋400 处路基中线和边线上的沉降管各磁环的沉降量。沉降管管底位于路基底部的强夯层以下 1.2m，磁环由下至上依次编号。1 号磁环位于强夯层顶面，往上每 2m 埋设一个磁环，每根沉降管上共埋设了 12 个磁环。由于 6 号及其以上的磁环埋设时受到损坏，故此处只讨论 1～5 号磁环的沉降量。

从图 9 可以看到，从 2006 年 7 月路基由强夯层顶面往上填筑开始到 2007 年 7 月的沉降过程中，各磁环沉降量的增加速率基本相同，沉降曲线之间呈平行状；之后沉降速率逐步变缓，最后趋于稳定。在 2007 年 8 月至 9 月的人工降雨试验期间，虽然观测加密，但没有看到沉降有大的变化。填方路基的沉降由地基的沉降和路堤填土自身的固结沉降组成，但对于压实路基，占主要部分的还是路堤下地基的沉降。在地基的沉降基本趋于稳定后，试验中路基上方的降雨入渗并不能影响路基的整体沉降量和沉降速率。

4.3　沉降标位移观测结果及分析

图 10 为坡顶、坡中和坡脚处埋设的沉降标的垂直位移随时间的变化，以向下沉降为正。可以看到，随着降雨的进行，坡中和坡脚处的沉降标都有一定的垂直位移，而坡顶处的沉降标几乎没有沉降。坡脚处沉降标的垂直位移最大，并且明显大于坡中和坡顶处的沉降标。对于湿陷性黄土，较高的压实度一方面可以降低孔隙率，另一方面可以降低毛细水的上升对黄土的浸湿，从而有效控制其湿陷变形。因此，压实度最小的坡脚处的湿陷变形

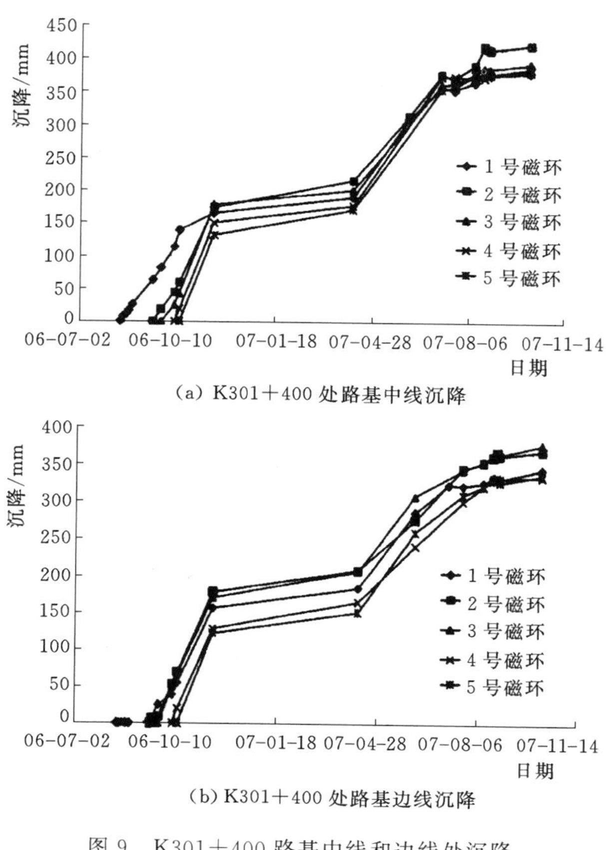

(a) K301＋400 处路基中线沉降

(b) K301＋400 处路基边线沉降

图 9　K301＋400 路基中线和边线处沉降

Fig. 9　Settlement at subgrade midline and sideline at K301＋400

最大。而压实度达 97％坡顶基本上没有产生湿陷变形。

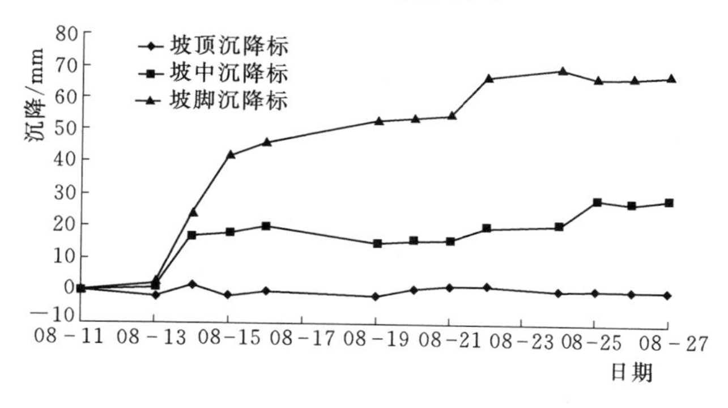

图 10　沉降标竖向位移随时间的变化

Fig. 10　Variation of vertical settlement measured by settlement points

可以预见，在持续降雨的条件下，坡脚处湿陷变形的进一步发展会导致坡底的沉陷，进而拉动上部边坡坍塌和滑移，导致破坏。因此，从减少雨水入渗，减小土体的强度损失以及控制湿陷变形等方面综合考虑，提高黄土路基边坡的压实度对防止降雨导致的边坡失稳具有重要意义。

5 结论

1）人工降雨模拟引起浅层（0.3m、0.6m）的探头吸力下降的现象比较明显。吸力的下降会导致有效应力降低，从而导致土体抗剪强度的下降；另外，雨水冲刷引起坡面冲沟发育，雨水入渗增大，导致土体强度的进一步衰减。降雨的这一双重效应可能是导致黄土路堤边坡失稳的重要原因之一；

2）填方路堤各部分含水量相差不大，在含水量基本相同的情况下，压实度小时吸力较大，这在干燥的季节对于提高土体的强度是有利的。但压实度小的黄土的渗透性大，有利于雨水的入渗，对土坡的稳定性十分不利；

3）由于地基的沉降已基本趋于稳定，试验中的降雨入渗并没有影响路基的整体沉降量和沉降速率；

4）由于压实度的差异，压实度最小的坡脚处降雨引起的湿陷变形最大，坡中次之，坡顶处最小。湿陷变形的发展会导致边坡的滑坍，最后导致破坏；

5）从减少雨水入渗，减小土体的强度损失以及控制湿陷变形等方面综合考虑，提高黄土路基边坡的压实度对防止降雨导致的边坡失稳具有重要意义。

参考文献

[1] 陈希哲．土力学地基基础（第四版）[M]．北京：清华大学出版社，2004.

[2] Su Jian lin. Investigation and analysis of loess subgrade diseases [J]. Subgrade Engineering, 2005, 6: 99-101. [苏建林．湿陷性黄土路基病害的调查分析 [J]．路基工程，2005，6：99-101.]

[3] Wang Chen, Wang Shengli, Zhao Jun, et al. Damage types in subgrade drainage in loessmountain area and measures to its prevention [J]. Journal of Water Resources and Architectural Engineering, 2007, 5 (3): 25-27. [王琛，王胜利，赵军，等．黄土山区路基排水病害类型及防治对策 [J]．水利与建筑工程学报，2007，5（3）：25-27.]

[4] Zhan Liangtong, NG Wangwai Charles, Bao Chenggang, et al. Artificial rain fall in filtration tests on a well-instrumented unsaturated expansive soilslope [J]. Rock and Soil Mechanics, 2003, 24 (2): 151-158. [詹良通，吴宏伟，包承纲，等．降雨入渗条件下非饱和膨胀土边坡原位监测 [J]．岩土力学，2003，24（2）：151-158.]

[5] Rahardjo H, Lee TT, Leong EC, et al. Response of a residual soil slope to rainfall [J]. Canadian Geotechnical Journal, 2005, 42: 340-351.

[6] Tsaparas, I Rahardjo H, Toll D G, et al. Infiltration characteristics of two instrumented residual soil slopes [J]. Canadian Geotechnical Journal, 2003, 40: 1012-1032.

[7] NgCW W, Zhan L T, Bao C G, et al. Performance of an unsaturated expansive soil slope subject to artificial rainfall in filtration [J]. Geotechnique, 2003, 53 (2): 143-157.

[8] Zhou Zhong, Fu Helin, Liu Baochen, et al. In-situmonitoring test study on artificial rainfall infiltration of a well instrumented accumulation slope [J]. China Railway Science, 2006, 27 (4): 11-16. [周中，傅鹤林，刘宝琛，等．堆积层边坡人工降雨致滑的原位监测试验研究 [J]．中国铁道科学，2006，27（4）：11-16.]

[9] Chen Xiaoqing, Cui Peng, Feng Zili, et al. Artificial rainfall experimental study on landslide translation to debris flow [J]. Chinese Journal of Rock Mechanics and Engineering, 2006, 25 (1): 106-116. [陈晓清，崔鹏，冯自立，等. 滑坡转化泥石流起动的人工降雨试验研究 [J]. 岩石力学与工程学报，2006，25 (1)：106-116.]

[10] Johnson K A, Sitar N. Hydrologic conditions leading to debris 2 flow initiation [J]. Canadian Geotechnical Journal, 1990, 27: 789-801.

[11] Tony L T Z, Charls W W N, Fredlund D G. Instrumentation of an unsaturated expansive soil slope [J]. Geotechnical Testing Journal, 2007, 30 (2): 113-123.

第三部分

地　基　处　理

螺旋锚的试制和在基坑支护中的应用

王　钊[1]　刘祖德[1]　程葆田[2]

（1. 武汉水利电力学院；2. 孝感建筑勘察设计院）

摘　要： 本文介绍了螺旋锚的结构、制作、设计和施工方法以及现场上拔试验，并将试验结果与设计公式作了比较。从基坑支护工程应用的实例看，螺旋锚有着广泛的应用前景。文中还总结了螺旋锚的运行维护经验，并对课题的进一步研究提出建议。

Trial - produce of Screw Anchor and Its Application in Fencing Foundation Pit

Wang Zhao[1]　Liu Zude[1]　Cheng Baotian[2]

(Wuhan University of Hydraulic and Electric Engineering,
Xiaogan Institute of Architectural Design and Survey)

Abstract: This paper introduces the configuration, manufacture and installation of screw anchor and its site drawing - up tests. The results of tests are compared with those obtained from design formulas. The successful application of this anchor to fencing foundation pit indicates that it has a good prospect in widerange application. In this paper, the designing and maintaining experiences are summarized and proposals are presented for further research.

一、概述

螺旋锚作为一种锚固技术在50年代以前就曾用作岩土工程施工过程的临时措施[1]。60年代螺旋板发展成一种轻便型土工原位测试工具，用于观测因爆破引起的松砂变密和测试土的不排水剪切强度 c_u 和不排水初始模量 E_u。

螺旋锚的优点是：可依靠螺旋板旋转自进到较深的土层；施工设备简单、速度快、节省费用。在螺旋锚钻进过程中，所经过的土体受到一定扰动，但螺旋板以下的土体受扰动较少，因此，它具有较高的承压能力，钻进过程被扰动的土体经过一段时间的静置后，强度将有相当程度的恢复，故也能承受较大的拉拔荷载，尤其是砂性土，由于锚头和锚杆的挤入，密度增加，锚的抗拔能力益加提高。70年代初，在加拿大等国成功地运用螺旋锚杆的抗压和抗拔能力制作超高压输电线路杆塔基础和拉线地锚[2]。

本文发表于1993年8月第26卷第4期《土木工程学报》。

本文介绍螺旋锚在湖北省孝感商场二期工程的基坑护壁中的应用。基坑的设计深度为6.0m，新建筑物地基土为弱膨胀性粘土，自由膨胀率为50%，抗剪强度 c_{uu} 在41～78kPa，ϕ_{uu} 在6.4°～12.0°，新基础的边缘距邻近的原三层建筑物基础只有2.5～5.5m。施工单位对邻房基础未进行任何加固处理就进行新基坑全面开挖。挖至近3m深时，发现邻房基础边缘地面出了两条长数米，宽2～3cm的裂缝，被迫停工。为保证原有建筑物的安全，曾计划用钢框架临时支护，但因不能拆除妨碍新基础施工未果。也曾考虑钢筋混凝土灌注桩维护方案，经经济比较落后，采用了螺旋锚杆支护，比原方案预算节约了投资的65%，同时缩短了工期，保证了雨季抢险成功。

二、螺旋锚和基坑支护工程的设计

（一）螺旋锚杆的结构和设计

螺旋锚杆的构造见图1。由螺旋板（锚板）1，锚杆（管形）2和杆头3组成。按锚板片数分为单锚（一片锚板）和多重锚（两片及以上的锚板）。为减少锚进时对基土的扰动，各锚应具有不同的板径 d，入土越深的板 d 值越小，各锚板的螺距 b 应相同，各锚板间距 B 要等于或大于 $3d$，以减小相邻锚板的影响。杆头由螺母与螺钉组成，螺母焊牢在锚杆上，用螺钉锁固支护坑壁的肋梁。

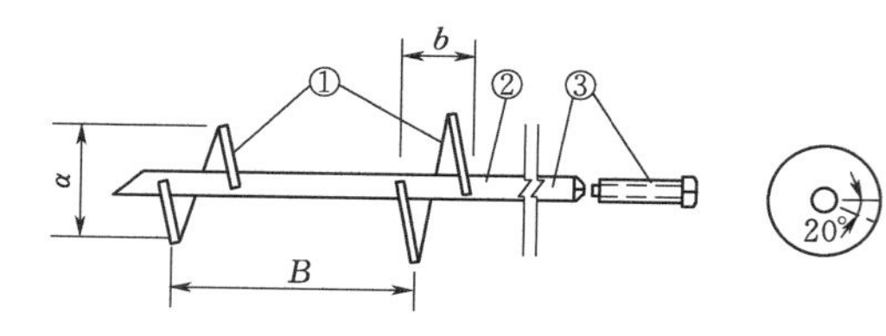

图1　螺旋锚杆的结构

螺旋锚杆的设计主要有下列几方面内容：

1. 锚板　锚板由厚度4～8mm的钢板制成，螺旋角约为5°，为提高抗拔力，板片圆周角应大于360°（取重叠角约20°），板径 d 在200～350mm，按设计拉拔荷载确定各部强度（详见下述）。

2. 锚杆　为外径50mm以上的钢管，杆尖削成45°的坡口，根据扭转剪切强度和刚度选定钢管型号。因基坑支护中螺板入土较浅，一般用人力旋进，设计扭矩可取2kN·m。锚杆长度由拉拔荷载确定。

3. 杆头　螺钉长度应不小于250mm，型号由拉拔荷载确定，一般取M20到M40之间。

（二）支护工程的结构和设计

1. 护壁结构　本工程的护壁结构见图2，坑壁的设计坡角为70°（即倾角为 ε=20°）。设计共布置两层锚杆，底层土质坚硬，下部打角铁桩和设置钢质挡板支护。护面结构见图3。

对基坑坑壁为铅直的情况，可将图3中槽钢铅直布设，即先钻竖直孔至基坑底面以下1m深度处，插入槽钢灌水泥砂浆。待水泥砂浆凝固后开挖，并逐层按设计标高旋进

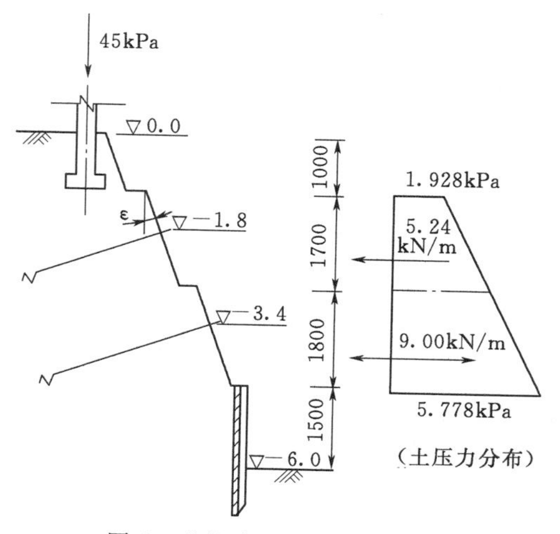

图2　基坑支护和土压力分布

螺旋锚与槽钢紧固。1990 年 7 月在武昌丁字桥建房工地曾得到成功应用。

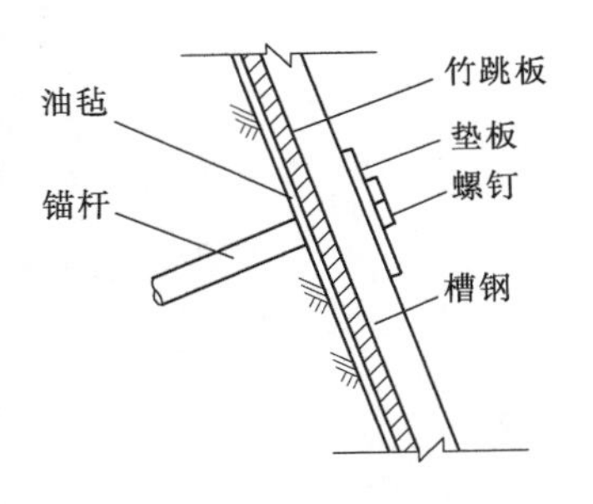

图 3　护面结构

2. 锚杆受力分析

（1）坡面土压为计算　据北京地下铁道工程的经验，砂粘土（即亚粘土）地层，在计算土压力时可以忽略其凝聚力 c，采用加大的综合内摩擦角指标 $\phi=45°$，北京地铁的实践经验，仍属偏于安全。

在本工程基坑土压力计算中，考虑锚头螺旋板附近粘性土的凝聚力值较高，且锚头位置正设在柱基正中下方，上覆荷载压住锚头，故取综合内摩擦角 $\phi=50°$。原建筑物对基础底面的压力为 45kPa。按仰斜式挡土墙土压力公式计算土压力强度为

$$p_a=rh\left[\text{tg}\left(45°-\frac{\phi-\varepsilon}{2}\right)-\text{tg}\varepsilon\right]^2\cos\varepsilon$$

取土的容重 $\gamma=20\text{kN/m}^3$，计算得第一层和第二层总土压力分别为 5.24kN/m 和 9.0kN/m。

（2）锚杆的容许拉力和布置　根据锚杆现场拉拔试验测得的极限拔出荷载：第一层为 20kN，第二层为 40kN，取安全系数等于 2.0，得两层锚杆的容许拉力分别为 10kN 和 20kN。锚杆的水平间距均设计为 1.5m，故第一、二层单根锚杆承受的土压力分别为 5.24×1.5=7.86(kN) 和 9.0×1.5=13.5(kN)。因此锚杆的抗拔力是安全的。

三、螺旋锚杆的拉拔试验

在工程施工前后均进行了现场螺旋锚杆的拉拔试验，以便确定容许拉力和板径，并验证有关拉拔力公式的精度。试验结果绘出荷载 P 和杆头位移 S 的 $P-S$ 曲线（图 4）。图中编号Ⅰ为第一层锚杆，编号Ⅱ为第二层锚杆。

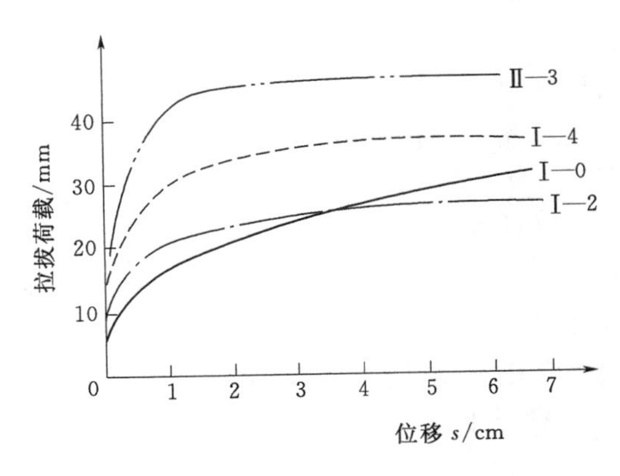

图 4　螺旋锚的现场拉拔试验

从试验曲线看极限拉拔荷载由曲线首尾两直线段延伸的交点确定。表 1 中列出部分试验的极限拔出荷载值，并与下文的估算公式计算值进行比较。

表 1　　**单锚极限荷载的试验值与计算值比较**

杆号	杆头高程 /m	杆长 /m	板径 /m	极限拔出荷载/kN			
				试验值	公式（1）	公式（2）	公式（3）
Ⅰ—2	−1.80	4.30	0.25	23.0	30.2	23.7	105.2
Ⅰ—4	−1.80	5.10	0.25	28.5	33.9	24.0	135.4
Ⅱ—3	−3.40	3.41	0.20	44.0	51.7	37.0	113.1

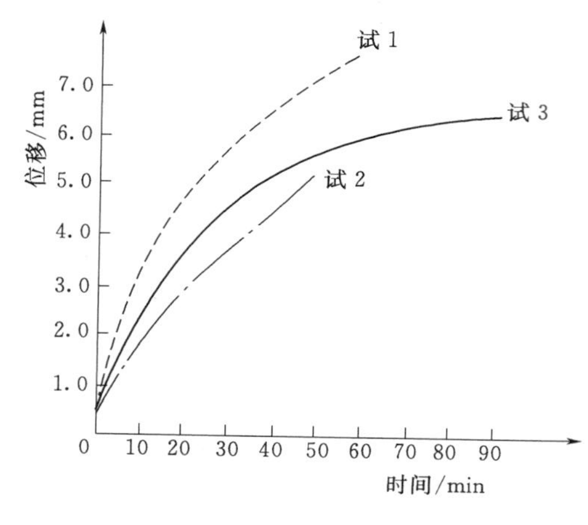

图 5　三个试锚的蠕变试验

为检验螺旋锚在长期荷载作用下的蠕变特性，在标高为−2.5m 处曾完成了三个试锚的拔出试验，试验中维持拉拔荷载 $P=30$kN，测不同历时的位移值，如图 5 所示。

由于本工程中所做的现场试验数量很少，从中很难分析出各方面的内在规律性。现引用加拿大克里姆（Klym）等人的试验结果[2]并结合我们自己所完成的大量模型试验和两项工程的现场试验，来分析影响极限拔出荷载的因素。

1. 锚板入土深度　亦即锚杆长度。以单锚为例，当深度增加时，极限拔出荷载增加；增加的趋势在砂土中比较明显，而在粘土中比较缓慢。从基坑侧壁支挡的角度来看，锚板入土深宜进入较硬土层中 1m 以上，锚板位置应距天然地面 2m 以上，并且最好设在被保护建筑物的柱基或条基正下方或前方，因为地基应力能间接地增加锚板的抗拔能力。故本工程最终取第一层锚杆长 4.3～5.1m，第二层 3.4m。

2. 蠕变影响　螺旋锚入土过程中对土的扰动较大，尤其是锚板的上方（或后方）土体中产生大量裂缝，土体结构遭到一定破坏。锚固后，锚的拉应力会因土的蠕变而松弛，加之锚板周围土的应变软化和在硬粘土中负孔隙水压力的消散，极限拔出荷载的长期值比短期值总有所下降。据克里姆等人研究，一般在硬粘土中会下降到短期值的 70%左右，但是砂性土中这种衰减很小，除非受振动影响。

3. 锚片个数　当多重锚板间距 B 等于三倍锚板直径 d 时，锚片间相互影响已较小，但多重锚的极限拔出荷载与各单锚极限拔出荷载总和相比则仍有所减小。在砂土中约下降到（60～80）%，在粘土中约下降到（80～90）%。

4. 锚群影响　锚杆间距的选定取决于总土压力与单锚杆抗拔力的关系，间距愈大，锚杆相互影响愈小。一般经验认为：当间距大于 4～5 倍板径时，即可不计相互影响。砂土中间距应取 5 倍板径以上，而粘土中取 4 倍板径以上为宜。最小间距也不能小于 3 倍板径。曾进行四根螺旋锚（间距等于 3 倍板径）的联合拔出试验，与四锚单独极限拔出荷载之和相比，总极限拔出荷载在粘土中下降到 93%，砂土中下降到 60%。

四、极限拔出荷载的估算

目前关于锚板的拉拔破坏机理和极限拔出荷载的计算公式较多，主要有下列三种。

（一）荷载板公式

螺旋锚杆承受拉拔荷载时，螺旋板与上部土的相互作用与锚板承受下压荷载时基本相同，因此可以沿用荷载板试验的研究成果和计算公式。忽略板的螺旋形状，视为一绝对刚性的圆板。极限拔出荷载由锚板的承载能力和锚杆表面与周围土的摩擦性质决定。

$$P_u=A(cN_c+\overline{\gamma}DN_q)+A_sf_s \tag{1}$$

式中　P_u——极限拔出荷载；A，A_s——螺旋板面积和锚杆侧壁面积；c——土的凝聚力；

γ——螺旋板上方上的平均容重；D——螺旋板上方的深度；N_c，N_q——承载力因数，根据土内摩擦角查表确定；f_s——锚杆单位表面积上的平均摩擦阻力，等于锚杆上正压力与杆和土摩擦系数之积，该系数一般在 0.3～0.4 之间。

（二）近似公式

1980 年塞尔伐杜赖（Selvadourai）等人将土视为理想的线弹性-塑性体，考虑到螺旋板旋入时土的扰动和板土接触面性质，用有限元法求得土的不排水剪切强度 c_u 与极限拔出荷载 P_u 之间存在下列近似关系：

$$c_u=\frac{P_u}{\pi R^2(9.00\sim11.35)}$$

因此，可用下面的近似公式估算螺旋锚杆的极限拔出荷载

$$P_u=10\pi R^2c_u \tag{2}$$

式中　R——螺旋板的半径。

（三）灌浆锚杆公式

假设螺旋锚拔出破坏面与钻孔灌浆锚杆一致，为一圆柱面，其半径与螺旋板半径相同，起锚固作用的锚杆长度为 L_e，L_e 等于锚杆在被动区土体内的长度，也就是锚杆在朗肯破坏面后土体内的长度。因此，可以沿用钻孔灌浆锚杆的公式[1]

$$P_u=2\pi RL_ec_u \tag{3}$$

可以用现场拉拔试验结果来检验计算公式的准确性。表 1 列出了试验值与公式（1）、（2）和（3）的计算值，可见试验值与式（1）和式（2）较接近，其中式（2）均稍低于试验值，且其中参数最少，方便易用。式（3）过高地估计了极限拔出荷载，这与锚板钻进时对土的扰动有关。拉拔初期，首先是一段圆柱形扰动土体的压密，只有达较大的位移时，然后才可能出现如钻孔灌浆锚杆那样沿圆柱面剪切破坏。

五、螺旋锚杆的运行维护

在螺旋锚杆护壁工程的施工过程中以及支挡运行期间，曾对邻近华丰商店（三层楼房）进行了两个多月的沉降观测，直到 1970 年 7 月 21 日孝感商场基础工程完工为止，并且对其中三根锚杆的实际支护力进行监测。为克服锚杆应力松弛现象，根据杆头螺钉锁紧扭矩与实测拉力的关系，定期用测力扳手拧紧杆头螺钉。

（一）沉降观测

在华丰商店墙体上埋设了三个观测点，编号分别为 1、2、3，在另一紧邻的两层简陋房屋上埋设了第 4 点。此外，还在 20m 外布设了两个控制水准点，沉降观测的记录列于表 2，可见直到基坑回填，各点的沉降都很微小。

（二）锚杆实际支护力的监测

运行过程中对三根锚（Ⅰ—4，Ⅰ—6 年Ⅱ—2）的支护力进行现场监测，测量方法采用应变控制式，即把钢环测力计置于杆头接长螺钉、压板和肋形槽钢之间，通过拧紧螺钉

表 2　　沉降观测记录（部分）

测点号 \ 沉降量/mm \ 日期	5月7日	5月14日	5月17日	5月23日	6月13日	6月25日	7月5日	7月21日
1	0	0	0.5	1.0	1.0	1.0	1.0	1.5
2	0	0	0	0.5	0.5	0.5	0.5	0.5
3	0	0.5	0.5	1.0	1.5	1.0	1.0	2.0
4	0	0.5	0.5	1.5	1.5	1.0	2.0	2.5

（给予确定位移）施加支护力。将测试结果与施工前试锚的 $P-S$ 曲线相比较（图 6），可见第一层锚杆的轴向位移量仅为试锚的一半左右，而第二层锚杆（Ⅱ—2）在 17.2kN 支护力作用下持续了 45 分钟，其位移仍为零。这表明锚的实际工作状况要比试验锚为好，可能是工作锚离拧进的时间较长，与扰动土的触变性有关。

（三）螺旋锚拔出力与螺钉锁紧扭矩的关系

对Ⅰ—1、Ⅰ—4 和Ⅰ—6 三根锚的拔出力与杆头螺钉的锁紧扭矩进行了量测。其中扭矩用 300N·m 的测力扳手施加，拔出力用钢环测力计测量，三锚的试验结果见图 7。

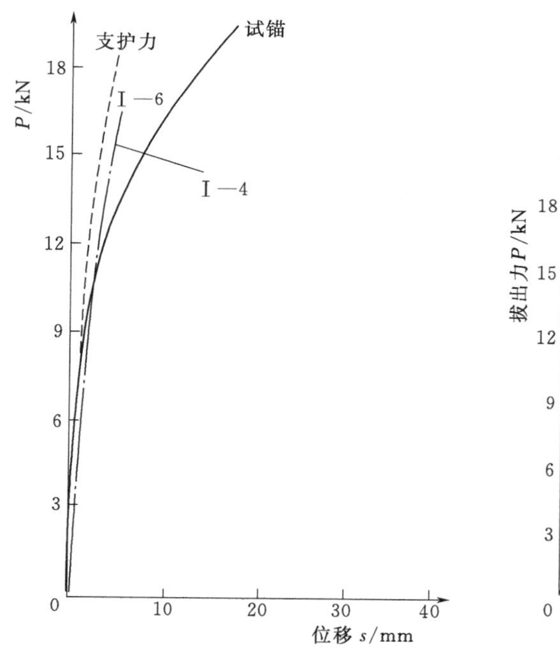

图 6　支护力的监测

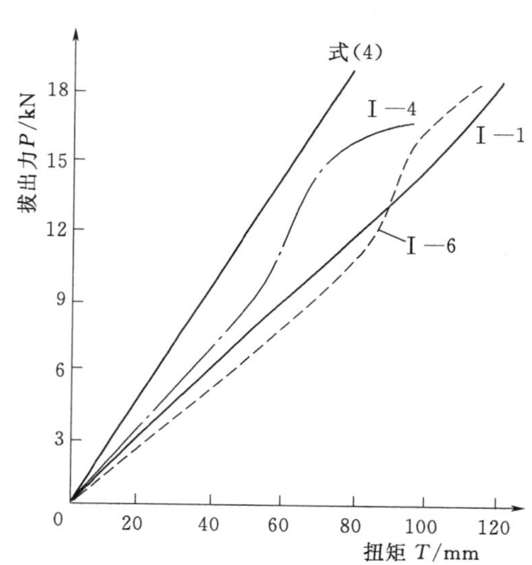

图 7　拔出力与杆头螺钉锁紧扭矩关系

锁紧扭矩 T 与拔出力 P 之间存在着下列关系式[3]

$$T=0.2Pd \tag{4}$$

式中　d——螺纹中径，可近似用螺钉公称直径代替。本工程采用的 $M20$ 螺钉，d 为 0.02m。

按式（4）的关系曲线也绘于图7中。从中可看出对于同一拔出力试验测得的扭矩比式（4）计算的要大一些。运行维护中以实测值为准，例如第一层锚杆的设计拉力为7.86kN，锁紧扭矩取55N·m。

（四）螺旋锚支护力的维护

从图5可见由于钻进土的扰动，螺旋锚的蠕变性十分明显，如果维持杆头位移不变，则实际拉力将会因土的蠕变而逐渐减小，因此，为了确保对坑壁的支护力，必须定期经常地用测力扳手锁紧杆头螺钉。此外，根据《岩土工程勘察规范》，锚杆安装后应预加1.33倍设计拉力的荷载进行检验，并用1.1倍的设计拉力锁固。这些拉力值都可以根据图7试验结果，借助测力扳手上的扭矩值施加。

六、展望

从螺旋锚的现场拉拔试验和基坑护壁工程的应用可以总结出如下认识，并提出一些改进意见。

1. 螺旋锚具有良好的抗拔能力，除应用于坑壁临时支护和输电杆塔的拉线地锚外，也能用于其他的基础工程，例如用于试桩的反力地锚、土坡稳定的土钉等。具有易于安装和随时紧固维持抗拔力的优点。

2. 在螺旋锚板的加工上，用钢板锻造再焊接于钢管的方法，难以保证形状和螺旋角的一致性，从而加剧了入土的扰动，增加了扭矩，且造价较高，有条件也可采用铸造的方法成批生产。

3. 从拉拔试验的结果与公式（3）的比较来看，公式（3）的计算值大的很多，可以预计，如能改善螺旋锚的结构与加工，固化锚体附近的土体，使其破坏机理与钻孔灌浆锚杆接近一致，则拉拔力将可有较大的提高。

4. 按抗扭要求选择锚杆（管）的截面积往往比按抗拉要求大得多，造成材料的浪费，应按抗拉设计锚杆截面，将抗扭钢管作为下锚工具，供反复使用，以节约成本。

参加本文工作的还有李受祉、叶志利、陈顺才和张俊，在此表示感谢。

参考文献

[1] 《地基处理手册》，第11章锚固技术，中国建筑工业出版社，1988年8月.
[2] Klym，T.W. 等人（王钊译，冯国栋校）：杆塔基础的螺旋锚板，土工基础，1991年第2期.
[3] 徐灏：机械设计（上册），东北工学院出版社，1987年.

Earth Pressure and Sliding Surface of Slope

Wang Zhao

(Wuhan University of Hydraulic and Electric Engineering Wuhan, China)

Abstract: Based on the wedge analysis of elasticity, the general formula of earth pressure on slope are deduced and the position of sliding surface is predicted, which are applicable for design of retaining structure and reinforced soil slope. The accuracy of the formulas is comparatively agreed with the Coulomb's theory and is examined by practical engineering.

1. INTRODUCTION

The Rankine's earth pressure theory is based on limit equilibrium analysis in which the horizontal stress is minor principal stress, i. e. , active earth pressure

$$\sigma_a = \gamma z K_a - 2c\sqrt{K_a} \tag{1}$$

$$K_a = \tan^2\left(45° - \frac{\varphi}{2}\right)$$

where γ—specific weight of backfill, kN/m^3;

z—depth from the top of fill, m;

φ—angle of internal friction;

c—cohesion, kPa.

Formula (1) is only applicable to vertical back of wall, however, in most engineering e. g. slope of fills or cuts, the slope angle is usually $\beta(\beta \leqslant 90°)$. The calculation of earth pressure on slope and determination of position of potential sliding surface must be solved. At first, slope of cohesionless is analysed, then the slope of cohesive soile, in the following paragraphs.

2. SLOPE OF COHESIONLESS SOILS

1) Analysis of earth pressure

Fig. 1 is a steep slope of cohesionless soil, slope angle is β, $\varphi < \beta \leqslant \frac{\pi}{2}$, it is well known that the condition of stability of cohesionless slope is $\beta \leqslant \varphi$, Assuming that the same soils are covered on the steep slope to form a slope with angle φ, the slope is on limit equilibrium.

Analysing the wedge Aoz, we take compatible equation

$$\frac{\delta^4\varphi}{\delta X^4}+2\frac{\delta^4\varphi}{\delta x^2\delta z^2}+\frac{\delta^4\varphi}{\delta z^4}=0$$

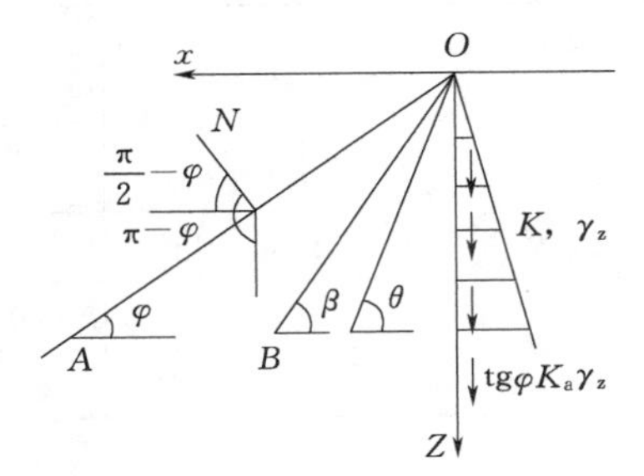

Fig. 1

Consider a polynomial of the third degree as Ary stress founction which may satisfy compatible equation

$$\varphi=ax^3+bx^2z+cxz^2+dz^3$$

The boundary conditions of wedge are: on oA, $\overline{x}=\overline{z}=0$, i. e.

$$l\sigma_x+m\tau_{xz}=0 \quad m\sigma_z+l\tau_{xz}=0 \tag{a}$$

where

$$l=\cos(N,x)=\sin\varphi$$
$$m=\cos(N,z)=-\cos\varphi$$

On oz.

$$\sigma_x=-k_a\gamma z$$
$$\tau_{xz}=-\tan\varphi K_a\gamma z \tag{b}$$

We can get solution

$$\sigma_x=\tan\varphi K_a\gamma x-K_a\gamma z$$
$$\sigma_z=(\tan^3\varphi K_a+\tan\varphi)\gamma x-(1+\tan^2\varphi K_a)\gamma z \tag{2}$$
$$\tau_{xy}=\tan^2\varphi K_a\gamma x-\tan^2\varphi K_a\cdot\gamma z$$

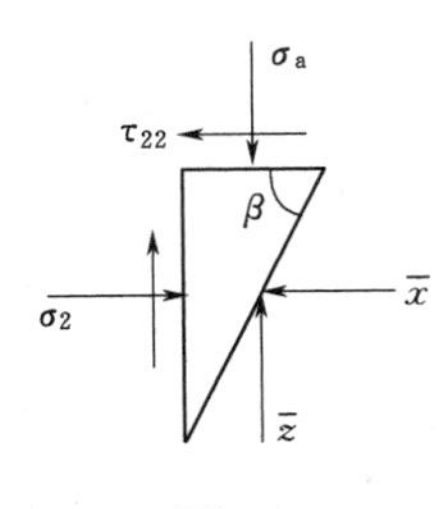

Fig. 2

Assuming the normal pressure stress as positive and setting $z=x\tan\beta$ in formula (2), we get the stress on oB. Then, considering balance of unit wedge on oB (Fig. 2) we get:

$$\overline{X}=(1+\tan^2\varphi/\tan^2\beta-2\tan\varphi/\tan\beta)\cdot K_a\gamma z=K\gamma z \tag{3}$$

where $\overline{X}$—horizontal pressure applied at steep slope oB

K—horizontal pressure coefficient

$$K=(1+\tan^2\varphi/\tan^2\beta-2\tan\varphi/\tan\beta)K_a \tag{4}$$

Formula (4) shows that when $\beta=\varphi$, $K=0$; when $\beta=\frac{\pi}{2}$, $K=K_a$,

In table 1 we compared the formula (4) with earth pressure coefficients of Coulomb's theory [1].

Table 1

β° \ K \ α°		18	24	30	36	42
60	for. (4)	0.348	0.233	0.148	0.087	0.046
	Cou. [1]	0.374	0.246	0.154	0.090	0.047

续表

β° \ K \ α°		18	24	30	36	42
70	for. (4)	0.410	0.296	0.208	0.140	0.090
	Cou. [1]	0.423	0.303	0.212	0.142	0.091
80	for. (4)	0.469	0.358	0.269	0.197	0.140
	Cou. [1]	0.472	0.360	0.270	0.198	0.141

Among all the values tabulated, the approximation would lead to maximum error of only 7.4%.

The resultant of the horizontal pressure on steep slope, Ea, will be

$$E_a = \frac{1}{2}\gamma H^2 K$$

Where　H—vertical height of slope.

2) Position of sliding surface

Better accuracy of formula (4) indicates that wedge analysis of elasticity is applicable and the stress distribution (Formula (2)) in the wedge is precise. Using the same analytical method for determining the potential sliding surface, putting X (formula (3)) on the oB, we consider the balance of wedge Boz and get stress in the wedge (on any θ plane).

$$\sigma_x = (1 - \tan\varphi/\tan\theta) K_a \gamma z$$

$$\sigma_z = (1 + \tan^2\varphi K_a + \tan\varphi\tan^2\beta K_a/\tan\theta - 2\tan^2\varphi\tan\beta K_a/\tan\theta - \tan\beta/\tan\theta)\gamma z$$

$$\tau_{xz} = (\tan^2\varphi K_a/\tan\theta - \tan\varphi K_a)\gamma z$$

Substituting the stresses to following formula, we can obtain the direction of principal stress σ_1.

$$\tan 2\alpha = \frac{-2\tau_{xz}}{\sigma_z - \sigma_z}$$

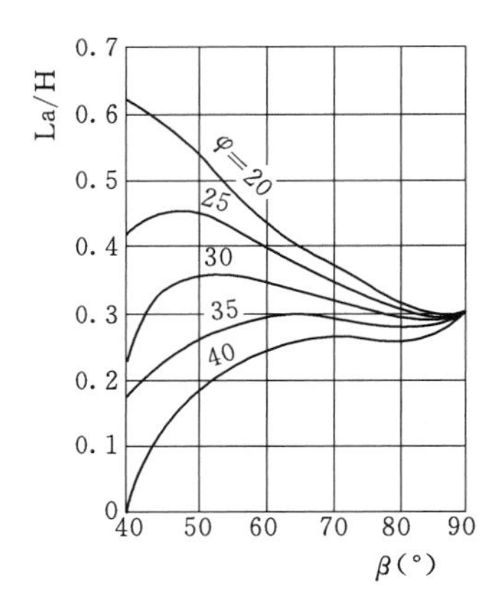

Fig. 3

Where　α - angle between directions of σ_1 and x—axis. According to that the sliding surface is inclined at an angle $\pm\left(45^\circ + \frac{\varphi}{2}\right)$ to the direction of the principal stress σ_1, we get the direction of sliding surface. Assuming the lowest surface through the front bottom of the slope, we may determine the maximum failure prism. For reinforced slope the length of reinforcement in the prism may be measured and taken the maximum length, notated La, According to different φ and β, we can determine corresponding sliding surface and La. The relations between La/H and β, φ are shown in Fig. 3, The length of reinforcement in the stability zone, Le, may be determined by demand of pull out resistance, then, the total length is the sum of La and Le.

3. SLOPE OF COHESIVE SOILS

1) Earth pressure

Analysing the slope of cohesive soils, we may add the solution of slope of cohesionless soils to the solution of following problem in which the boundary conditions are:

on oz
$$\sigma_x = 2c\sqrt{K_a}$$
$$\tau_{xz} = 2c\sqrt{K_a}\cdot\tan\varphi$$

on oA (see formula (2)).

Considering a same Ary stress function, we can get stress in the wedge Aoz

$$\sigma_x = \left(1-\frac{x}{z}\tan\varphi\right)\cdot 2c\sqrt{K_a}$$

$$\sigma_z = \gamma x\tan\varphi - \left(\frac{x}{z}\tan^3\varphi - \tan^2\varphi\right)\cdot 2\sqrt{K_a}\gamma z$$

$$\tau_{xz} = \left(\tan\varphi - \frac{x}{z}\tan^2\varphi\right)\cdot 2c\sqrt{K_a}$$

According to the same procedure of cohesionless slope, we get

$$X' = (2\tan\varphi/\tan\beta - 1 - \tan^2\varphi/\tan^2\beta)\cdot 2c\sqrt{K_a} \tag{5}$$

Adding the formula (5) to (3), we get

$$\overline{X} = K\left(\gamma z - \frac{2c}{\sqrt{K_a}}\right) \tag{6}$$

The resultant is

$$E_a = \frac{1}{2}K\left(\gamma H^2 - \frac{4cH}{\sqrt{K_a}} + \frac{4c^2}{\gamma K_a}\right) \tag{7}$$

Formulas (6) and (7) are the general forms, for cohesionless soil let $c=0$.

2) Equivalent angle of internal friction

From formulas (6) and (7) we can determine the forces to maintain stability of cohesive slope, however, can't predict the position of slide surface. In order to solve the problem, we can transfer the and φ to equivalent angle of internal friction, φ_e, of cohesionless soils. The principle of transfer is to make resultants of the slope of c, φ soils and slope of φ_e soil, which have a same height H, equal to each other.

$$\frac{1}{2}K_{ac}\gamma H^2 = \frac{1}{2}K_a\gamma H^2 - 2cH\sqrt{K_a} + \frac{2c^2}{\gamma} \tag{8}$$

where
$$K_{ac} = \tan^2\left(45° - \frac{\varphi_e}{2}\right)$$

From formula (8) we get

$$\varphi_e = 2\left(45° - \tan^{-1}(K^a - 4s_f\sqrt{K_a} + 4s_f^2)^{\frac{1}{2}}\right) \tag{9}$$

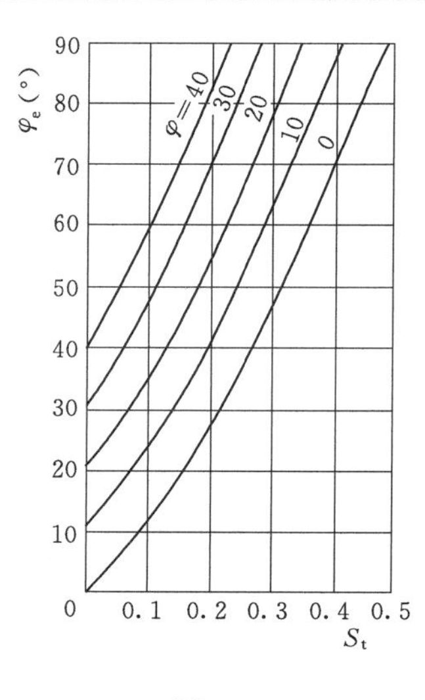

Fig. 4

where S_f is stability factor, $S_f=c/(\gamma H)$.

The application condition of formula (9) is that the critical depth, Z_0, is not greater than height of slope, H.

$$Z_0=\frac{2c}{\sqrt{K_a}\gamma}\leqslant H$$

i. e. $S_f\leqslant\sqrt{K_a}/2$

When it was taken equal, the $\varphi_e=90°$ in the above formulas. According to formula (9) we can draw Fig. 4. For given H, γ and c, φ of c, φ soil's slope, using formula (9) or Fig. 4, we find the equivalent φ_e and get earth pressure $\overline{X}$ by formula (3) and length of reinforcement in active prism, by Fig. 3, then, we can design the intervals and length of reinforcements.

4. PRACTICAL ENGINEERINGS

1) Repair of canal landslide of expansive soils with geotestiles [2]

A canal landslide took place in countryside of Xiangfan in Northern Hubei Province.

The slope is 5. 2m high with slope angle $\beta=27°$. Table 2 indeicates the survey of typical properties of expansive soils. In 1989 the landslide was repaired with horizontal layers of geotextiles.

Table 2

special weight γ/kN/m^3	Peak strength		Residual strength		Backfigured strength		Free swelling
	C_f /kPa	φ_r (°)	C_r /kPa	φ_r (°)	C /kPa	φ (°)	δ_t /%
18. 5	36. 5	24. 4	5. 3	3. 6	25	9. 3	84

The following essentials were considered during the design state:

(1) referencing backfigures data, neglecting c and taking $\varphi=10°$.

(2) calculate the earth pressure based on formula (3) .

(3) arrange 11 layers geotextiles on which the displacement signs were set.

This project was completed in June 1989 and saved 25. 8% of fund compared with the plan of half - cut and half - fill.

From June 1989 to December 1990 observing of displacement signs showed that the maximum settlement was 2cm and maximum horizontal displacement was 1cm. The stability of canal's slope is excellent. General evaluation is that the design is too conservative. If I had calculated the earth pressure by formula (6), $c=25$kPa, $\varphi=9.3°$, the intervals of layers should have been larger and the fund should have been more saved.

2) Application of helical anchor in fencing of foundation pit [3]

The helical anchors were used in fencing of foundation pit of Xiaogan supermarket in Hubei Province. The depth of pit was $H=6.0$m and the strength of subsoil is $C_u=$ 27.5kPa, $\varphi_u=9.2°$. Based on experiences of tube construction in Beijing calculating earth pressure of clay slope, you tan neglect the c and use a larger comprehensive angle of internal friction, $\varphi_c=45°$, and a lot of Successful experiences indicate that $\varphi_c=45°$ is still conservative [4]. During the design neglecting c and taking $\Phi_c=50°$, I calculated the reinforce and determined the sliding surface and length of anchor rod. On May, 7, 1990 the pit was excavated and facing of helical anchors was completed. At the same time the settlement on the top of pit edge began to be observed. Until the pit was backfilled on July 21, 1990 the maximum settlement was only 2mm. The reasonableness of taking $\varphi_e=50°$ may be varified by formula (9) $S_f=c_u/(\gamma H)$, Substituting c_u, H, γ into the formula, among them $\gamma=20\text{kN/m}^3$, we obtain $S_f=0.24$; both S_f and $\varphi_u=9.2°$ are substituted in formula (9), we get $\varphi_e=49.5°$ that is very approximate to 50°.

5. CONCLUSIONS

1. Based on wedge analysis of elasticity the formula of earth pressure on slope of cohesionless soils is deduced and the position of sliding surface is predicted. Accuracy of the formula approaches the Coulomb's theory.

2. Based on same analysis method and stress add principle a formula of earth pressure on cohesive slope is deduced.

3. A equivalent angle of internal friction is recommended to calculate the earth pressure on cohesive shope and predict the sliding surface.

4. Formulas (9), (3) and Fig. 3 can be used to design retaining structures with gravity or reinforced forms. The reasonableness of them is explained by two successful engineerings.

ACKNOWLEDGMENTS

The writer with to thank Prof. Liu Zude and Lu Shiqiang for useful comments.

REFERENCES

[1] C. R. I. Clayton and J. Milititsky. Earth Pressure and Earth - Retaining structures. Surrey University Press. Glasgow and London, 1986.

[2] Zhang Xiami and Wang Zhao, Repair of Canal landslide of Expansive Soils with Geotextiles, Chinese J. of Management Technique of water Conservancy Projects, No. 5, 1991.

[3] Wang Zhao, Liu Zude and Chen Baotian, Pull out Tests and Application in the Foundation Treatment, Qinhuangdao, June 1992.

[4] Hand Book on Foundation Treatment, 11th Chapter Anchoring Technique, Chinese Constructive publishing House, Aug. 1988.

Application of Screw Anchor To Side Shoring of Two Foundation Pits

Zhao Wang Zude Liu

Wuhan University of Hydraulic and Electrical Engineering, People's Republic of China

Abstract: The steep slopes of two foundation pits varying in depth from 3m to 6m were shored by screw anchors in Hubei province of China. Site pull - out tests were conducted to determine the allowed load. The results of tests were compared with those obtained from design formulas. The settlements of building by the top side of pits were monitored for 2 - 3 months until the pits were refilled. The maximum settlement was only 2. 5mm. The manufacture and installation of screw anchor and method of maintenance of bracing force have been provided. Some proposals are presented for further research.

1 INTRODUCTION

The screw anchor was applied in construction practice as a temporary anchorage before 1950 and developed to become a simple and convenient in situ soil test device which was applied to observation of variation of density of loose sand and to measure of undrained shear strength, c_u and undrained initial modulus, E_u of soft clay during the 1960's.

The screw anchor may be turned into soil by itself with high speed, simple devices and low expenditure. In the drilling procedure, the soil under the plate is not disturbed, so that the anchor has high capability to bear compression. After a resting phase the strength of disturbed soil will increase, the screw anchor can bear the pull - out load as well. In 1970's the screw(or helical) anchor was applied as both compressive foundation plates and tensile anchorage of transmission towers in Canada (Adams and Klym 1972) .

This paper introduces the application of screw anchor to side shoring of two foundation pits. One of them was the foundation of Xiaogan supermarket. When it was completed, the expenses were cut down 65% compared with that of original plan of retaining concrete piles. There are not vibration, noise and sludge pollution during installation of screw anchor. In addition, the results of pull - out tests and some proposals about further research works are presented.

2 STRUCTURE OF SIDE SHORING

2.1 Structure and design of screw anchor

The structure of a screw anchor, which is composed of screw plates, anchor rod (or tube) and head of rod, is schematically shown in Fig. 1. In order to decrease the disturbance of subsoil, the diameters of plate, d are different, the lower plate has the smaller diameter, however, they have same helical distances, b and distance between two plates, B is equal to integral times of b. In general, taking $B \geqslant 3b$ to decrease the influence of adjacent plates.

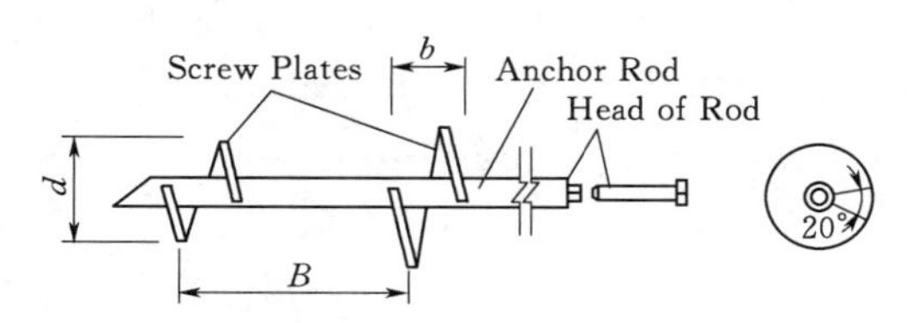

Fig. 1 Structure of screw anchor

2.2 Structure of facing

The structures of facing of foundation pit in Xiaogan supermarket are shown in Fig. 2 and that in Diangziqiao building is shown in Fig. 3. Both structures with maximum depth of 6.0 m were built in urban sites. The distances between new and old buildings were all less than 2.5m. Supporting work of temporary braces or large-diameter concrete piles is very time-consuming, money-consuming and the framed braces will prevent later construction of basement. After comparison of different supporting methods screw anchor was finally selected.

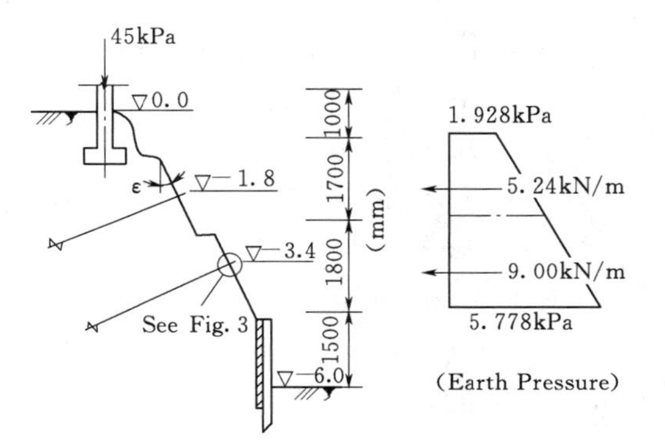

Fig. 2 Facing of foundation pit and earth pressure in Xiaogan supermarket

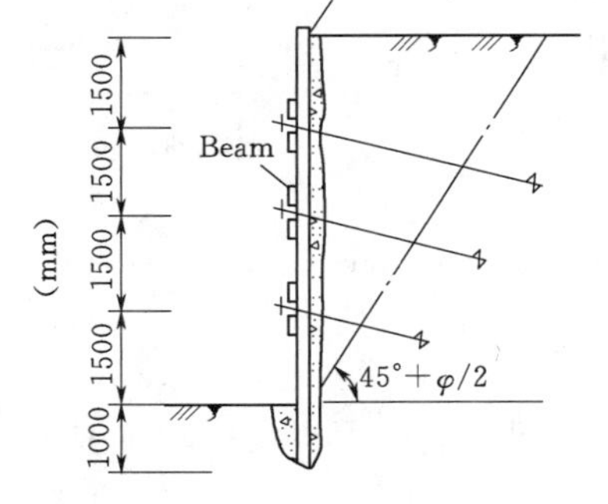

Fig. 3 Facing of foundation pit in Diangziqiao building

Fig. 2 shows that the first and second levels are facings of screw anchors, $\varepsilon = 20°$, third level is structure of steel lagging and piling for better soil condition. Fig. 4 shows that piles are set in predrilled holes, which have distance of 500mm around the periphery of the excavation. These piles are then grouted in place with weak concrete. In the procedure of excavation the soil is carefully trimmed away from the soldier piles and the screw anchor and horizontal beam are installed at once.

3 DESIGN OF SIDE SHORJNG

Taking Xiaogan supermarket as example, the earth pressure obtained from Coulomb's theory is shown in Fig. 2. Estimation of resistance to pull - out of the anchor can be made by following empirical formulas, but final design is based on pull - out tests. According to pull - out tests in situ, the ultimate pull - out load of first level is $P_{ult1}=23kN$, that of second level is $P_{ult2}=44kN$, taking safety factor $F_s=2.0$, then, the allowable tensile forces are 11.5kN and 22kN, respectively. The horizontal distance of poles of both levels are 1.5m, then, practical load of first level is equal to $1.5\times5.24=7.86$ (kN), that of second level is $1.5\times9.0=13.5$ (kN), compared with allowable tensile forces, the safety factor is satisfied.

All screw plates have to be installed behind Rankine's failure surface(See Fig. 3) .

4 PULL OUT TESTS

The purposes of pull - out tests are determination of allowable tensile farce and examination of accuracy of empirical formulas, furthermore, determination of diameter of screw plate. For example, in the first test the diameter was 15cm, ultimate pull - out load was only 10kN, then, the diameters of 20 and 25cm were determined. The results of tests are given in the relations between pull - out load, P and displacements of head of rods, S. The curves of four tests are shown in Fig. 4. Number Ⅰ is the first level, Ⅱ is the second level. The ultimate pull - out load is determined by crosspoint of two direct lines in a curve. The results of some tests are given in Table 1 and compared with following formulas.

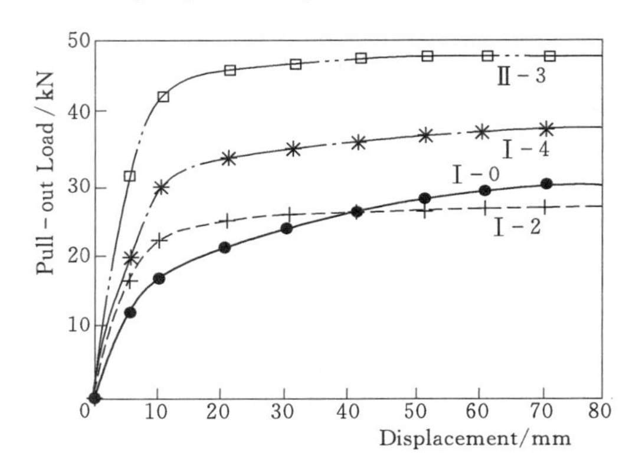

Fig. 4　Pull - out tests

Table 1　Comparison of ultimate pull - out load

Rods No.	Level of Rod Head. (m)	Length of Rods (m)	Diameter of Plate (m)	Ultimate Pull - out Load (kN)			
				Test	For. (5.1)	For. (5.2)	For. (5.3)
Ⅰ - 2	−1.80	4.30	0.25	23.0	30.2	23.7	105.2
Ⅰ - 4	−1.80	5.10	0.25	28.5	33.9	24.0	135.4
Ⅱ - 3	−3.40	3.40	0.20	44.0	51.7	37.0	113.1

In order to examine the property of displacement under long - term load, three pull -

out tests, in which the pull - out loads were kept in 30kN, were completed at level of −2.50m. The results are shown in Fig. 5.

5 ESTIMATION OF PULL - OUT LOADS

There are many theories about failure mechanism and formulas of ultimate pull—out load. They mainly are following:

5.1 Formula of loading plate

When the screw anchor is pulled - out, the interaction between screw anchor and soil is same as it is compressed, so that the results of loading plate may be used. Neglecting the helical figure of plate, the ultimate pull - out load, which is equal to the sum of bearing capacity of plate and friction between rod and soil (Klym et al. 1986), can be estimated as:

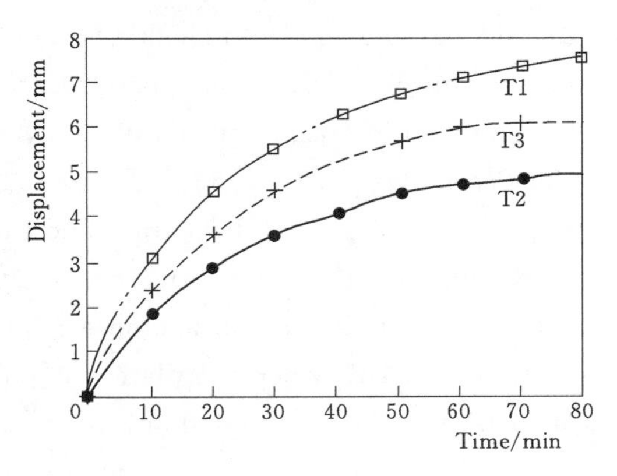

Fig. 5 Creep tests

$$P_{ult}=A(cN_c+\bar{\gamma}DN_q)+A_sf_s \quad (5.1)$$

in which P_{ult} = ultimate pull - out load; A = net area of plate; c = cohesion, $\bar{\gamma}$ = average unit weight of soil above plate; D = depth of soil above plate; N_c, N_q = factors that are functions of soil's internal friction angle, φ (Kulhawy 1984); A_s = area of rod's surface; f_s = average specific friction of rod's surface that is equal to normal pressure multiplied by friction factor between rod and soil, which is depended on properties of soil, generally, from 0.3 to 0.4, the lower is the plasticity index or water content, the greater is the friction facter.

5.2 Empirical formula

When dealing with screw plate tests conducted in cohesive soil media, it is instructive to reassess the performance of the screw plate test by appeal to simplified theories of material behaviour such as linear elasticity and ideal plasticity. They provide useful first approximations for the mechanical behaviour of cohesive soils at ultimate stress levels. The undrained shear strength, c_u can be determined from the ultimate or failure load, P_{ult}, observed in a screw plate test via the following relationship (Selvadurai and Nicholas 1981): $c_u=P_{ult}/(\pi R^2)/(9.00 \text{ to } 11.35)$. in which R = radius of plate.

The P_{ult} may be estimated by the empirical formula:

$$P_{ult}=10c_u\pi R^2 \quad (5.2)$$

5.3 Formula of grouted anchor

For a grouted anchor and considering the cylindrical failure surface, whose radius is equal to R, the ultimate pull - out load can be estimated as:

$$P_{ult}=2\pi RL_ec_u \quad (5.3)$$

in which L_c = length of anchor rod behind the Rankine's failure surface.

A comparison of the ultimate pull-out loads obtained from tests and formulas (5.1), (5.2) and (5.3) is shown in Table 1. Four series of quick direct shear tests were conducted on the subsoils of Xiaogan supermarket. The shear strength envelopes, with slopes of 6.4° to 12.0° and intercepts of 41 to 78kPa, are not shown in this paper.

The formulas (5.1) and (5.2) are more approximate to results of tests and the formula (5.2) has the highest accuracy and the simplest form. The formula (5.3) overestimated the ultimate pull-out load, because the subsoil was disturbed, when the plate was turned in. At first, the disturbed loose cylindrical soil was compressed and larger displacement was produced, when the plate was pulled, then, the soil was failured along cylindrical surface as that of grouted anchor.

6 MONITORING AND MAINTENANCE

The facing of foundation pit is a temporary structure. In the pit of Xiaogan supermarket the settlements of adjacent building had been monitoring and the bolts of rod heads had been tying for two months in 1990.

6.1 Monitoring of settlements

Four points of observation were put on the base of two adjacent buildings. The settlements are shown in Table 2. The maximum settlement was 2.5mm and the steep slope was stable until the pit was refilled in July.

Table 2　Observation of settlements (mm)

Points	May 7	May 14	May 17	May 23	June 13	June 25	July 5	July 21
1	0	0	0.5	1.0	1.0	1.0	1.0	1.5
2	0	0	0	0.5	0.5	0.5	0.5	0.5
3	0	0.5	0.5	1.0	1.5	1.0	1.0	2.0
4	0	0.5	0.5	1.5	1.5	1.0	2.0	2.5

6.2 Examination of practical tension and displacement

Relationship between tensile force and displacement of rod head of three anchors (No. Ⅰ-4, Ⅰ-6 and Ⅱ-2) were examined by strain-controlled tests, in which the tensile force was measured by load gauge under giving pull-out displacements, after excavation. The results of the three anchors and another testing anchor installed just before test are shown in Fig. 6. These results show that the practical working states of anchors are better than testing one. It is due to thixotropy of soils, i.e., the rest period of three anchors is longer than that of testing anchor.

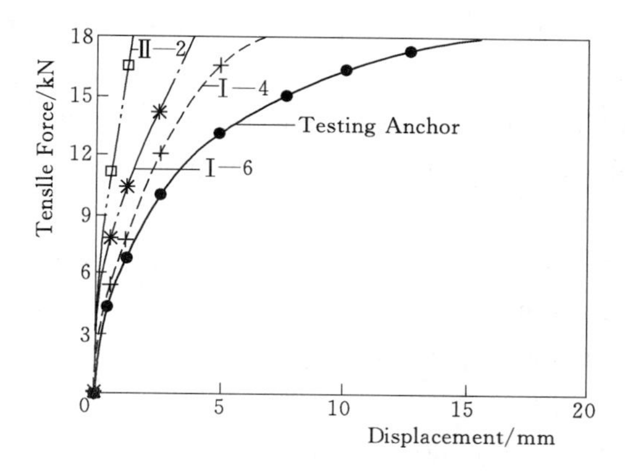

Fig. 6 Tensile force and displacement

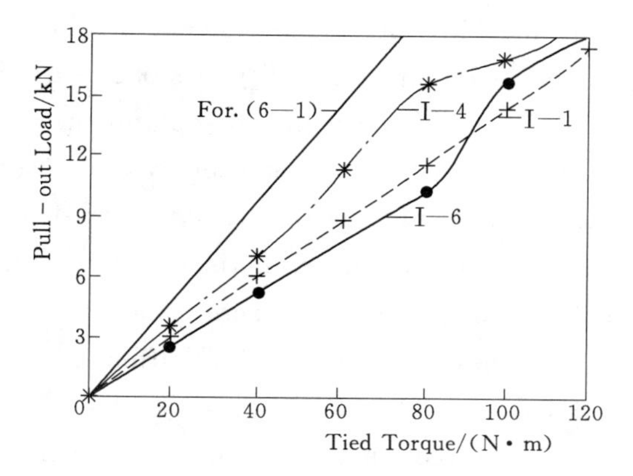

Fig. 7 Pull-out load and tied torque

6.3 Relation of pull-out load and tied torque of bolt

Tied torque, T and the axial tied force, P of an set of bolt and nut and the actual values of frictional coefficients for both collar and thread friction, we can obtain a good estimated and very simple relation between T and P (Shigley and Mitchell 1983):

$$T=0.2Pd \tag{6.1}$$

in which d= the diameter of bolt.

The relation of formula (6.1) is shown in Fig. 7 in which the d was equal to 20mm. The tied torque of the bolt in the anchor rod head was measured by torque spanner (maximum measured torque of 300N·m) and the pull-out load was measured by load gauge which are shown in Fig. 7 as well. The Fig. 7 shows that the measured pull-out load is less than that from formula (6.1). In maintenance of tensile force of the anchor the tied torque was depended on the measured relation, for example, the design tensile force was 7.86kN for first level of anchor, the tied torque of 55 N·m was taken from the Fig. 7.

6.4 Maintenance of bracing farce of anchor

Because the screw anchors have stronger creep properties (See Fig. 5), the tensile force, i. e., bracing force, will gradually decrease. The bolts of rod head should be tied with torque spanner often and at certain period to maintain the bracing force based on the Fig. 7.

7 DISCUSSIONS AND SUGOESTIONS

From successful applications in side shoring of foundation pits and results of pull-out tests in situ of screw anchors the following discussions and suggestions for further research may be given.

1. Because of the better resistance of screw anchor to pull-out load, except for it is applied to temporary prop of excavated slope and tieback anchor of transmission tower, it

can be used in other foundation engineering, for example, bearing the back tension of test pile and maintaining stability of slope as a soil nail.

2. In manufacture of screw plates the casting method may be applied so that the figure and helix upangle are compatible with each other to reduce the disturbance of soil and cost of anchor and increase the resistance to rust.

3. According to comparison of ultimate pull - out load between tests and formula (5. 3) we may predict the screw anchor has large potential resistance to pull - out load. If the disturbed cylindrical soil is stiffened by grout, the ultimate load will be much greater (See Table 1) .

4. The section area of anchor tube chosen by resistance to installing torque is much greater than that by design tensile force, it is waste of material. We suggest that the anchor tube is departed from and geared into the screw plate, so that the tube as a tool may be repeatedly used. The anchor rod, which can be made of synthetics, is installed through the plate and tube to bear the pull - out load. When the plate and rod are turned in and reached the design position, the tube with a small screw plate on its tip is gradually turned out, at the same time the grout is proceeded.

REFERENCES

[1] Adams, J. I. , and Klym, T. W. 1972. A study of anchorages for transmission tower foundation. Can. Geotech. J. 9 (1), 89 - 104.

[2] Klym, T. W. , Radhakrishna, H. S. , Howard, K. 1986. Helical plate anchors for transmission towers. Proc. Symposium on Anchor Systems in Geotechnical Engineering, Canadian Geotechnical Society, Toronto, Ontario, 141 - 159.

[3] Kulhawy, F. H. 1984. Limiting tip and side resistance: fact or fallacy? Analysis of and Design of Pile Foundtions, ASCE, San Francisco, 80 - 98.

[4] Selvadurai, A. P. S. , and Nicholas, T. J. 1981. Evaluation of soft clay properties by the screw plate test. Proc. 10th Int. Conf. Soil Mech. Found. Engrg. Ⅱ , 567 - 572.

[5] Shigley, J. E. , and Mitchell, L. 1983. Mechanical enginering design. 4th ed. McGraw - Hill Book Company, New York, 376 - 378.

强夯法的效果检测和设计方法的探讨

王　钊[1]　王协群[2]　郑　轩[3]

（1. 武汉水利电力大学　清华大学；2. 武汉工业大学；3. 武汉水利电力大学）

1　概述

强夯法用于地基加固具有简单易行，处理费用低等突出优点，因而得到广泛应用，但强夯加固的机理却十分复杂，对其认识远落后于实践，以致至今还没有成熟的设计理论和公式，依赖于夯前小面积的试夯和质量检测。

山东莱城电厂装机容量 2×300MW，其附属厂房区和灰坝地基采用强夯法处理。两区的地质条件如下，附属厂房区在地基沉降计算深度 9m 范围内，由上部第四系人工填土、上更新统冲积粘性土、粉土和砂土组成，人工填土厚 2～4m，成分与下部地基土相同，液限为 40.0%，塑性指数为 13.9，地下潜水位在地表下 7.4m 处。灰坝地基土属第四系全更新统和上更新统坡积和洪积地层，主要由黄土状粉质粘土构成，具大孔隙，液限为 31.5%，塑性指数为 12.0，其湿陷系数为 0.018～0.027，具湿陷性，黄土状粉质粘土中夹有较多碎石，平均深度 10.8m，其下为碎石层和基岩。强夯的主要目的对前者是提高地基承载力，对后者是提高地基土的抗剪强度，同时消除湿陷性。两区强夯前安排了小面积的试夯，笔者承担附属厂房区四块 $20\times20m^2$ 面积的试夯（98 年 6 月 2 日～7 月 15 日）和坝基强夯（98 年 5 月 18 日～12 月 18 日）的质量检测，现将强夯设计、夯期和夯后检测结果总结于下，并对设计和施工中的问题进行分析。

2　强夯设计、施工及质检概况和分析

附属厂房主夯的单击夯击能为 3000kJ，夯点距 4m，第一、二遍跳行夯击，击数 12，第三遍用 1000kJ 夯击能满夯，每点 4 击，搭接 1/4 夯锤直径。坝基主夯的单击夯击能为 6250kJ，夯点距 5m，第一、二遍为跳行夯击，第三遍为加固夯，逐点夯击，击数均为 14，第四遍满夯，单击夯击能降为 2500kJ，8 击，夯点距 2.5m，第五遍拍夯，夯击能 1000kJ，4 击，夯点距 2.0m。夯锤底部直径皆为 2.5m。

2.1　强夯效果

现将两处强夯的夯前、夯后地基土物理力学特性指标比较于表 1（室内试验）和表 2（原位测试）。表中数据是所有钻孔不同深度测试指标的平均值。坝基土夯后湿陷系数的平均值为 0.002，均小于 0.015，可见消除了湿陷性，不再列于表中。

从表中数据可见，夯后各项指标均有较大改善，并达到了设计要求。夯后地基土含水量减小，表明强夯过程伴随着排水现象或夯坑中水分的蒸发。

表 1　　两个夯击能区夯前夯后地基土特性比较（室内试验）

单击能 /kJ	含水量 /%		干密度 /(g/cm³)		孔隙比		压缩模量 /MPa		c' /kPa		φ' /(°)	
	夯前	夯后	夯前	夯后	夯前	夯后	夯前	夯后	夯前	夯后	夯前	夯后
3000	20.9	19.5	1.61	1.73	0.70	0.59	6.7	8.2	37	46	23.4	25.3
6250	23.9	20.4	1.44	1.65	0.84	0.65	5.6	8.0	7.0	33.7	20.5	28.9

表 2　　地基土特性质检结果（原位测试）

单击能 /kJ	平均夯击能 /(kJ/m²)	场地夯沉量 /m	标贯击数 N		动探 $N_{63.5}$		承载力 f_k/kPa		备注
			夯前	夯后	夯前	夯后	夯前	夯后	
3000	5100	0.64	10.5	12.9	—	—	160	220	一未做试验
6250	15790	1.22	6.5	14.1	—	8.2	147	251	f_k 由载荷试验定

2.2　坑周土隆起和夯点效率系数 ξ

坑周土隆起量用沿夯坑直径方向每边埋设的三个木桩量测。坑周土隆起量随击数而增加，原因是地基土的剪胀变形和孔隙水应力的增长。有效夯实体积为夯坑总体积 V_1 减去坑周土隆起总体积 V_2。定义夯点的效率系数 ξ 为

$$\xi=\frac{V_1-V_2}{V_2} \tag{1}$$

质检过程对两处共 13 个隆起量较大的主夯夯点进行测量，用式（1）计算得附属厂房区夯点效率系数平均值为 $\xi_1=80.7\%$，坝基 $\xi_2=67.8\%$，前者较高，后者较低，说明坝基主夯点夯击能（包括击数）设计偏高，地基土密实后继续夯击引起较大的剪胀，此外，坝基土的含水量亦较高。

2.3　地面平均下沉量和强夯效率系数 η

夯前地面高程与夯后地面平整后的平均高程之差为地面平均下沉量，该量是评价强夯夯实效果的最直接指标。该值应和地基土孔隙比的变化规律一致，应用沉降计算公式 $s=(e_1-e_2)H/(1+e_1)$，代入表 1 中夯前孔隙比 e_1，夯后孔隙比 e_2 和沉降计算深度 H，可计算得附属厂房区和坝基的地面平均下沉量分别为 0.58m 和 1.12m，与实测值（表 2）0.64m 和 1.22m 接近。运用地面平均下沉量 s 可以评价强夯效果。

1. 强夯效率系数 η

定义：
$$\eta=\frac{\overline{E}_s\cdot s}{j} \tag{2}$$

式中　$\overline{E}_s$——强夯前后地基土压缩模量的平均值，kN/m²；

j——地面平均夯击能，kN·m/m²。

式（2）中分子和分母具有相同量纲，分母为强夯施加给单位面积的能量，分子可视为有效的单位面积能量。代入表 1 和表 2 中数据可计算得附属厂房区 $\eta_1=93\%$，坝基 $\eta_2=52\%$，其规律与夯点效率系数 ξ 一致，说明坝基夯击能量偏大。

2. 强夯等效压缩应力 p

定义：
$$p=\overline{E}_s\cdot s/H \tag{3}$$

p 相当于强夯加于地基的等效静压缩应力，并且在此压力下地基土已固结完成。该值越大，强夯效果越好。可计算得附属厂房区 p_1＝530kPa，坝基的 p_2＝768kPa。

3　孔隙水压力检测

在强夯过程监测地基土的孔隙水压力可以确定二遍强夯之间的间隙时间，此外，可以检查强夯的影响深度。非饱和土中孔隙水压力 u 往往为负值，不需测 u。故仅在附属厂房区的四个试夯面积中的两个，各布置了 12 支型号为 KXR 的钢弦式孔压计，如图 1 所示。三个钻孔安排在正方形试夯区的中心线上，位于外侧，邻近 1# 夯坑，孔距 1.5m。孔压计深度方向间隔 1.8m，最大深度 9.0m，1# 孔 5 支，2# 孔 4 支，3# 孔 3 支。其中试区 1 实测 u 值列于表 3，第一遍强夯后和间隙 24 小时后 u 的等值线绘于图 1。

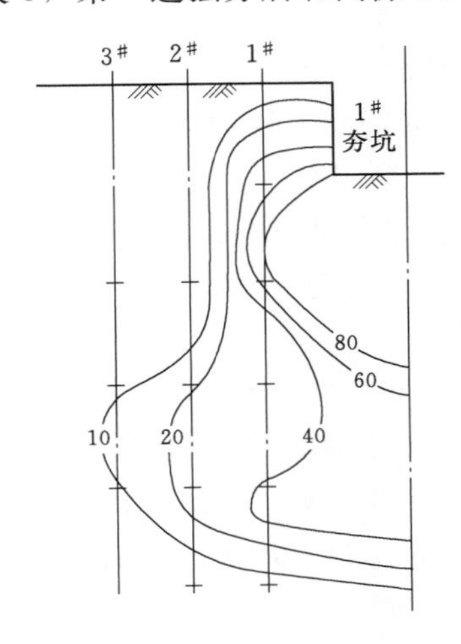

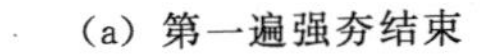
(a) 第一遍强夯结束

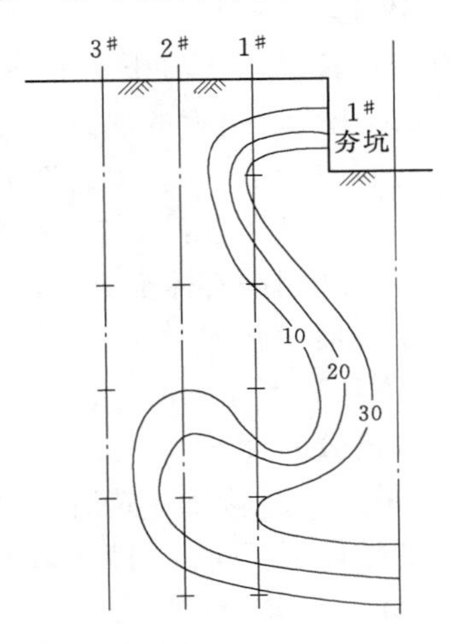

(b) 第一遍强夯后 24 小时

图 1　试区 1 孔隙水压力等值线（kPa）

表 3　　**试区 1 孔隙水压力的时空分布（kPa）**

深度/m	自重应力/kPa	1# 孔夯后时间/h			2# 孔夯后时间/h			3# 孔夯后时间/h		
		0	24	48	0	24	48	0	24	48
1.8	35.3	41.2	34.3	30.5	—	—	—	—	—	—
3.6	70.5	81.0	14.5	19.8	0	0	0	2.1	0.5	0.5
5.4	105.9	27.0	4.6	4.9	6.2	5.0	3.2	7.8	2.8	2.1
7.2	141.1	28.9	6.2	7.3	28.1	18.6	12.7	12.0	3.8	4.0
9.0	176.4	43.1	30.3	30.7	29.3	28.2	28.1	—	—	—

可见邻近夯坑的 1# 孔 u 值较高，1.8m 和 3.6m 两深度 u 值超过自重应力，但消散较快，故各遍夯击不留间隙时间，可连续夯击。因地下水位在地表下 7.4m 处，故深处的 u 值也较高，其中 9m 深处达到自重应力的 25%，取强夯影响深度 9m，代入 Menard 公式，反算影响系数 α＝0.52。从测试结果看孔隙水压力计的选择和埋设方法是正确的。

4　讨论

4.1　标准贯入击数的修正

根据《建筑地基基础设计规范》（GBJ 7—89），标准贯入击数按 $N=\mu-1.645\sigma$ 修正（μ 为平均值，σ 为标准差），则表 2 中夯后击数 N 为 7.2，与平均值 14.1 相差较大。这是因为坝基混有较多碎石，遇碎石时击数很大，致使 σ 增大，出现 N 值比样本中最小击数还小的现象，有可能低估地基土特性。笔者认为取 $u-1.645\sigma$ 相应的置信概率太高，建议取可几误差 P. E. $=0.6745\sigma$，即 $N=\mu-0.6745\sigma$ 修正，如样本为正态分布，则小于 N 值的概率为 25%，表 2 中的 N 则为 11.3，与其他测试指标较吻合，也更为合理。

4.2　粘锤现象的处理

因坝基土强夯阶段经历了雨季，地基土含水量高，大面积（5000m^2）出现夯锤起吊困难（粘锤），坑周土隆起过大的现象，甚至在地面铺碎石层亦无法达到设计击数。解决的办法是在各夯点挖直径 1.0m，深约 3m 的孔，内填碎石，并以挖出晒干的土复盖碾压，该法可解决粘锤问题，其优点：①黄土状粉质粘土夯击时排出的水可渗入碎石空隙，不需竖向和水平排水体；②因碎石体上有不透水粘土层，防止了雨水沿水平和竖向排水体压力回灌地基；③便于大面积施工。

4.3　在强夯设计方法还不完善的情况，小面积的试夯是必要的，可以用夯点效率系数 ξ 检验单击夯击能和击数的设计，用强夯效率系数 η 检验地面平均夯击能的设计。

4.4　强夯设计中最后一遍满夯（或拍夯）的效果很好，附属厂房区试夯表明两遍主夯和第三遍拍夯引起的地面下沉量分别为 0.22、0.17 和 0.25m，而三遍的地面平均夯击能分别为 1790、2140 和 1170kJ/m^2，拍夯可以较小能量将地表松动区夯实。故在大面积施工时，将拍夯改为锤印相切，并在每四锤的中心补一夯点，击数均为 4，这样既增加了拍夯的地面平均夯击能，又解决了搭 1/4 的锤印引起的偏锤问题。

土坝和地基渗流的近似计算及边坡稳定分析

王　钊[1]　王协群[2]　曹履冰[3]

（1. 武汉水利电力大学　清华大学；2. 武汉工业大学；3. 汾河二库工程指挥部）

1　概述

渗流产生的渗透力和在管涌通道中对细小颗粒的运移作用，对土质堤坝工程构成巨大的威胁。渗透力使渗流出逸处土体失稳，引起滑坡，细小颗粒的相继流失使通道扩大，土堤下沉产生裂缝，反过来又加速了渗流的发展。因此，渗流量的计算、浸润线的确定和边坡的稳定分析对堤坝工程是十分重要的。针对计算结果可以确定有效的防范措施。

渗流计算的基本公式是达西定律，基本原理是渗流连续原理，将其应用于不同的堤坝工程问题衍生出各种近似公式。注意到这些公式的应用条件，以及和不同边界条件的耦合，可以得到正确的计算结果。有限元法也是一种强有力的渗流分析方法，但很多工程实际问题中，地基各土层的厚度和形状（计算边界）并未勘探清楚，加之最关键的参数——渗透系数是一个变化量级很大，且不易测准的参数，故往往不需要应用较难掌握的有限单元法，而应用近似就能达到满足工程要求的精度。

本文运用较成熟的渗透计算近似公式，根据流网绘制中等势线和流线的方向，分析从土堤（坝）内入渗砂基中的流量比例，从而得到便于应用的流量计算方程组、模拟计算土坝和地基的不同工况，分析了各种影响因素，得出有益的结论，也表明了计算方法的正确性。考虑浸润线位置、渗透力和防渗斜墙上的水压力，运用改进的 Bishop 法自动搜索最危险滑弧的位置，可得到边坡稳定的最小安全系数。

2　渗流近似分析的基本公式（参见图 1）

1. 上游坡楔体 AOC 的入渗量（达赫勒公式）

$$q=k_1(h_b-h)\left(1.12+\frac{1.93}{m_1}\right) \tag{1}$$

式中　q——单位长度堤段的入渗量，其他符号参见图 1；

h_b——防渗斜墙下面的压力水头，如无防渗斜墙，$h_b=h_l$。

2. 堤身中段（底宽为 s_2）的渗流量（杜布依公式）

$$q=k_1\frac{h^2-h_0^2}{2s_2} \tag{2}$$

本文为国家自然科学基金项目（No. 59679021）。

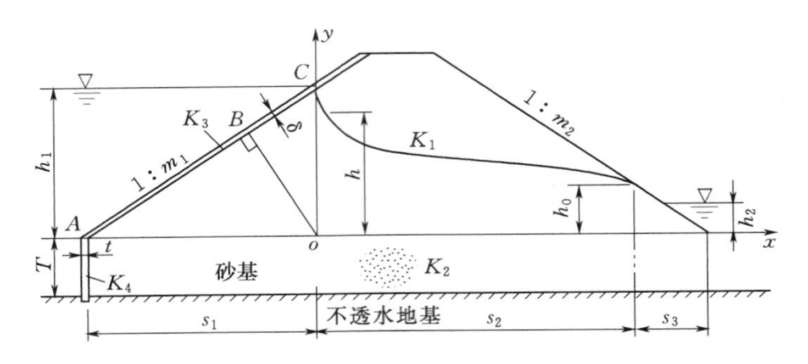

图1　土坝和地基的计算简图

3. 下游楔体段（底宽为 s_3）的渗流量

$$q=k_1\frac{h_0-h_2}{m_2}\left(1+\ln\frac{h_0}{h_0-h_2}\right) \tag{3}$$

4. 砂基渗流量（例如 s_2 段）

$$q=k_2\frac{h-h_0}{1+0.87\dfrac{T}{s_2}}\cdot\frac{T}{s_2} \tag{4}$$

5. 防渗斜墙或土工膜入渗量

$$q=k_3\frac{h_1^2-h_b^2}{2\delta}\cdot m_1 \tag{5}$$

6. 防渗帷幕渗流量

假设帷幕后压力水头和斜墙下相同，例如斜墙下碎石垫层和帷幕后面砂基相连。

$$q=k_4\frac{h_1-h_b}{t}T \tag{6}$$

3　土坝（堤）和地基的渗流分析

3.1　砂基上土堤（具有防渗斜墙和防渗帷幕）

$$q=k_3\frac{h_1^2-h_b^2}{2\delta}m_1+k_4\frac{h_1-h_b}{t}T \tag{7}$$

$$q=k_1(h_b-h)\left(1.12+\frac{1.93}{m_1}\right)+k_2\frac{h_b-h}{1+0.87\dfrac{T}{s_1}}\cdot\frac{T}{s_1} \tag{8}$$

$$q=k_1\frac{h^2-h_0^2}{2s_2}(1+m_1^2)+k_2\frac{h-h_0}{1+0.87\dfrac{T}{s_2}}\cdot\frac{T}{s_2} \tag{9}$$

$$q=k_1\frac{h_0-h_2}{m_2}\left(1+\ln\frac{h_0}{h_0-h_2}\right)(1+m_1^2)\frac{s_2}{s_2-m_2h+m_2h_0}+k_2\frac{h_0-h_2}{1+0.87\dfrac{T}{s_3}}\cdot\frac{T}{s_3} \tag{10}$$

以上四个方程的流量分别为通过防渗斜墙和帷幕，通过 OC 截面，通过经出逸点的铅直面，以及流出下游堤面及其下砂基中的铅直面的流量。它们的大小是相等的。在建立方程组时，隐含了堤身内部和砂基铅直面上压力水头相等的假设（即等势线是铅直的）。式

(9) 和式 (10) 中，系数 $(1+m_1^2)$ 表明，根据流线方向，只有图 1 中 BC 部分流量进入堤中段 (s_2 段) 而 BC 与 AB 之比为 $1:(1+m_1^2)$。同理，式 (10) 中系数 $s_2/(s_2-m_2h+m_2h_0)$ 也是据流线光顺的原则，仅有 $(s_2-m_2h+m_2h_0)/s_2$ 的流量流入第三段 (s_3 段) 堤身。四元二次方程组，未知数为 q、h_b、h 和 h_0，可用试算法求解，即假设一组 h_b、h 和 h_0 值，代入方程组得四个 q 值，逐步改变三个水头值，使四个 q 值的最大差值不超过它们平均值的 5%为止。因这三个水头服从下列规律，即 $h_1>h_b>h>h_0>h_2$，且代入具体数值后，方程组很简单，故借助可列函数式的计算器或计算机可很快求解，直至各水头精确到厘米，其中 q 即为渗流量，各水头连线可作为近似的浸润线，在堤身中段 (s_2 段) 用抛物线连接，方程为

$$y^2=h^2-2x\frac{q}{k_1} \tag{11}$$

注意到 c 点处 (压力水头为 h) 需作修正，即在 c 点处浸润线垂直于上游坡面，其下和计算曲线光滑过渡。

3.2 砂基上土堤 (无防渗斜墙和帷幕)

应用式 (8)、(9) 和 (10) 联立求解。式中 h_b 用 h_1 代替。未知数为 h、h_0 和 q。

3.3 不透水地基上土堤 (无防渗斜墙和帷幕)

这种情况可用式 (1)、(2) 和 (3) 联立求解，未知数为 h、h_0 和 q。

4 边坡稳定分析

边坡稳定分析选择在下游坡可能发生滑动的位置，运用改进的毕肖甫法自动搜索最危险的滑弧得到最小安全系数 F_s，参见式 (12)。当土坡内有渗流时，将渗透力 $j=i\gamma_\omega$ 按浸润线方向选加于土条重量 w_i 上，各土条底部的孔隙水压力 u_i 取浸润线至滑弧面水柱的重量。

$$F_s=\frac{\sum\frac{1}{m_{\alpha_i}}[c_i'b_i+(w_i-u_ib_i)+\mathrm{tg}\varphi_i']}{\sum w_i\sin\alpha_i} \tag{12}$$

$$m_{\alpha_i}=\cos\alpha_i+\mathrm{tg}\varphi_i'\sin\alpha_i/F_s \tag{13}$$

式中 b_i——土条宽度；

α_i——土条底与水平轴夹角。

5 计算实例

1997 年 2 月，笔者曾应用上述方程组和公式对山西汾河二库的围堰和堰后的大坝基坑进行渗流和稳定分析。围堰高 24.1m，砂砾石河床中，基坑开挖深度 25.4m，开挖的砂砾石用于围堰填筑。围堰上游有土工膜斜墙，渗透系数 $k_3=2.5\times10^{-8}$m/s，下接旋喷防渗帷幕，渗透系数 $k_4=2.5\times10^{-6}$m/s。砂砾石的渗透系数由实测渗透量反算获得，$k_1=k_2=5.2\times10^{-4}$m/s。要求预计不同开挖深度和堰前水位工况下，基坑的渗透量、出逸点高度和基坑边坡稳定性，以便确定是否需安排降水井，或确定基坑抽水设备容量和贴坡排水层高度。计算结果摘录于表 1。这一结果被工程实践所证实。

表 1　　汾河二库围堰和基坑的渗透分析

基坑深度/m	堰前水位/m	单宽渗流量 q /[m^3/(s·m)]	逸出高度（距坑底）h_0/m	安全系数 F_s
−17.4	0.0	0.0026	0.8	1.29
−25.4	0.0	0.0031	1.0	1.36
−25.4	5.0	0.0038	4.2	1.36
−25.4	14.2	0.0048	8.3	1.03
−25.4	23.0	0.0065	13.5	0.86

从表 1 来看，高水位时安全系数不足，考虑到高水位时渗径达 180m，需维持 4 天高水位下游坡才有出渗，而汾河洪峰流量一般仅维持 2 天，如及时导流，并施工好防渗膜斜墙（减小 k_3），能满足稳定性要求。

6　结束语

砂基上土质堤坝可以应用近似公式和流网分析的基本原理进行渗流分析，得到渗流量和浸润线的位置，将渗透力和防渗墙上的水压力代入修改的毕肖甫计算公式，可判断下游坡的稳定性。工程实例和模拟计算的结果表明，该法计算简单，精度满足工程要求，可以应用于堤坝和围堰工程。为了能适用于更复杂的工程实际情况，例如防渗心墙、堤后有排水体情况等，还需要进一步改进，在推广应用中逐步完善。

莱城电厂填土地基强夯试验研究

郑　轩[1]　王　钊[1]　郑淑红[2]

（1. 武汉水利电力大学土木与建筑学院，湖北武汉　430072；
2. 青海工程机械厂，青海西宁　810017）

摘　要：根据莱城火电厂附属厂房填土地基强夯试验，在对夯坑深度、场地平均夯沉量和孔隙水压力等夯期监测数据与夯后原位测试及室内试验各检测指标统计分析的基础上，确定了夯后地基土的实际状态，并对试夯所采用的强夯参数进行了讨论，得出了一些有价值的结论。

关键词：强夯；监测；检测；地基处理；填土地基

中图分类号：TU 472.3　　**文献标识码**：A　　**文章编号**：1006－155X（2000）05－066－04

Experimental Research on Dynamic Compaction of Fill Ground in Laicheng Power Plant

ZHENG Xuan[1]　WANG Zhao[1]　ZHENG Shu－hong[2]

（1. College of Civil and Architectural Engineering，Wuhan Univ. of Hydr. & Elec. Eng.，Wuhan 430072，China；
2. Qinghai Engineering Machinery Factory，Xining 810017，China）

Abstract：Based on the experiment of dynamic compaction of fill ground for the affiliated factory of Laicheng Power Plant，the monitoring indexes，including depth of crater，average ground subsidence and pore－water pressure during tamping and the data of measurement after tamping，are analyzed. Then the actual conditions of ground after dynamic compaction are determined，and the operational parameters are discussed. Finally，some useful conclusions are obtained.

Key words：dynamic compaction；monitoring；measurement；ground treatment；fill ground

强夯法于20世纪60年代末首创于法国，其程序是用吊机重复起吊一重锤（10～30t）到一定高度（10～30m）自由落下夯击地基，以提高地基强度、降低压缩性或消除湿陷。经过30a的发展，强夯已被广泛应用于包括碎石土、砂土、粘性土、湿陷性黄土和填土等多种地基的处理，并以其设备简单、施工简便、经济易行、适用性广和效果显著等特殊优点在我国建筑、交通、水利、冶金等各部门得到了广泛推广[1]。若地质条件满足，则在处理施工面积大、自然条件差、工期要求紧、位置偏离闹市的火电厂地基对更能体现强夯的

本文发表于2000年10月第33卷第5期《武汉水利电力大学学报》。

优越性。本文介绍了莱城电厂的附属厂房填土地基强夯试验的情况，根据夯坑深度、场地平均夯沉量和孔隙水压力等夯期监测数据与夯后地基的检测指标列夯击效果及强夯参数的选取进行分析与评价。

1　工程地质概况

莱城电厂位于山东莱芜市正北方向，一期工程装机容量 2×300MW，整个厂区地形东高西低，地貌成因为山间河谷洪冲积平原和侵蚀丘陵，类型为缓坡地。根据工程地质勘察报告，电厂附属厂房地基从上至下分别由第四系人工填土、上更新统洪、冲积的粘性土、粉土、砂土和下伏老第三系粘土岩、砾石岩组成。后来平整土地时，地势低处回填了素填土，其成分和下部基土相同，主要为强风化粘土岩混一般粘性土和砂砾岩风化物，厚 2～4m，结构松散，处于非饱和状态，地下水类型为上层滞水和基岩裂隙水，潜水位在地表下 7.4m 处，补给源主要为大气降水。

对地基的设计要求是在沉降计算深度 9m 的范围内，提高地基承载力到 $f_k \geqslant 200$kPa，并使地基其他物理力学指标有相应提高。根据夯前钻孔取样室内试验和现场原位测试，取得了原始地基的一些物理力学指标，如表 1 所示。

表 1　　夯前与夯后地基物理力学指标

测试时期	含水量/%	密度/(g/cm³)	孔隙比	压缩模量/MPa	标贯击数
夯前	21.0	1.95	0.696	6.66	10.5
夯后	19.5	2.02	0.590	9.94	12.7

2　强夯试验

厂区地基需强夯处理的面积约 8 万 m²，根据地形、地质和上部结构的不同，现场共布置了 4 个试夯区（后因工期紧取消了 2 区部分测试工作），每个试夯区面积均为 20m×20m，其位置及所属建筑物区域标识如图 1 所示。

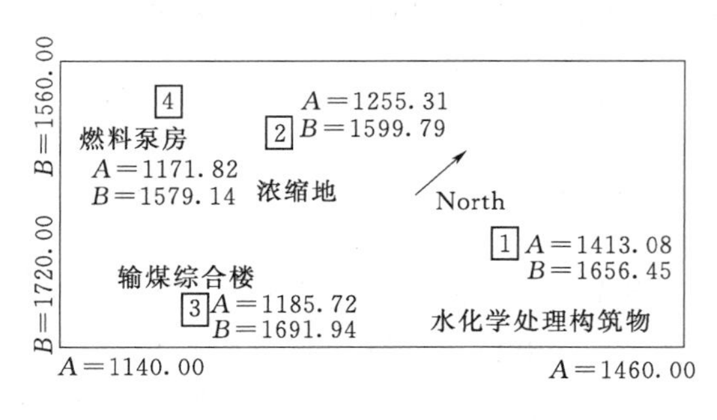

图 1　4 个试区的位置及相邻建筑物

根据设计要求初步确定强夯参数为：主夯单击夯击能 3000kN·m，锤重 170kN，落距 17.6m；吊机选用 25t 履带式；夯锤为圆柱形钢锤，直径 2.5m，底面积 4.9m²，静压 34kPa；辅配龙门架和自动脱钩装置。主夯点等边三角形布置，间距 4.0m；夯击三遍完成，第一、二遍为主夯，每点初定击数 10～12 击，隔行夯击，第三遍满夯，能级 1000 kN·m，每点 4 击，搭 1/4 锤径夯击；每遍夯击间隔时间根据现场孔隙水压力监测情况进行控制。

夯前在每个试区安排了标准贯入试验和钻孔取样各 2 孔，标贯与取样工作均每孔 1m 一组，直至 9m 深度，取样的室内试验包括含水量、容重的测量，压缩试验、直剪试验、三轴不排水剪试验和颗分试验。试验结果显示各区天然含水量通常在 15%～23%之间变化，并随深度增加而增大，而孔隙比分布无明显的变化趋势，其值一般在 0.5～0.8 之间；1，3 区标贯击数平均值在 11～12 击之间，4 区 8 击。

2.1 夯期监测

此次强夯试验在夯击过程中监测了各夯点的每击夯沉量和夯坑深度值，对局部夯点进行了夯坑体积、隆起量的监测，全程监测孔隙水压力的变化。

根据现场实测，各区达到控制标准（最后两击平均夯沉量≤5cm）的夯击数基本为 12～14 击，对 1 和 4 区共 66 个夯点进行统计，夯击数 12 击的为 55 点、13 击为 9 点、14 击为 2 点，可见区内及各区间的夯击数是比较均匀一致的，由此可考虑将 12 击定为正式施工的夯击数。

对 4 个试区分别进行各遍夯击时夯坑深度随夯击数变化情况统计，并将各区第一遍夯击所测夯坑深度值绘于图 2。图 2 所示各区监测曲线变化形状基本一致，夯坑深度随夯击数的增加而增加，基土随夯击数的增加而逐步加密，在 10 击后各曲线趋于平缓，说明此时夯击能已趋于饱和，正式施工时可采用 12 击的主夯击数标准。

通过分析各区每遍夯击累计夯沉量的统计结果，注意到第二遍夯击的夯沉量比第一遍的稍小，这一方面说明第一遍夯击对夯坑周围土体有一定的侧向挤密作用，同时也说明原设计的夯点间距偏大，使得第一遍夯击对第二遍夯击的影响偏小。

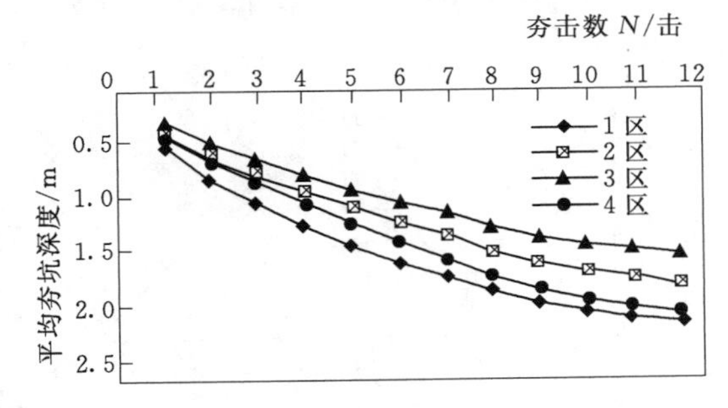

图 2　第一遍夯击夯坑深度随夯击数变化曲线

在各区夯击过程中选点量测了隆起量和夯坑体积，通过计算单点夯有效夯实系数 ζ 来衡量各区的增密效果；$\zeta=(V_1-V_2)/V_1$，式中 V_1 为所测点的夯坑体积，V_2 为隆起体积。各区所测 ζ 值随夯击数增加而降低，4 区平均 12 击时 $\zeta=0.766$。3 区测值最低，12 击时平均为 0.655，1 区为 0.680，而 4 区值最高，为 0.831。各区值相差较大的原因可能是由于填土性质有一定差异，特别是含水量的不同。当夯击过程中出现高隆起现象时应适当减小夯击数，不可盲目夯击，避免形成橡皮土。

比之隆起量，场地平均夯沉量可更直接反映出各区的夯击效果。将各区的场地平均夯沉量与单位面积夯击能的关系表示于图 3，可见各区的场地平均夯沉量存在较大的差异，1 区最大，4 区次之，而 3 区最小，这与夯坑深度的统计结果是一致的。

对满夯作用一般的看法是用少击数、低能量的夯击对地表松动区进行加固[2]，而我们注意到此试验满夯的夯沉量是相当大的，尤其是 4 个试区平均的满夯夯沉量比主夯夯沉量还大，分析其原因可能是前两遍夯击的夯坑深度都接近 2m，场地推平时，夯坑的位置正好回填虚土，致使满夯的夯沉量较大，也说明在主夯阶段并未完成对地基深层的充分加固，夯击能量不够，同时满夯对地基的加固作用也不容忽视。

孔隙水压力监测安排在 1 区和 4 区，3 组孔压计分别设置在距夯点中心 2.6m，4.1m 和 5.6m 处，深度上每隔 1.8m 安放一只，直至 9.0m 的深度。3 孔共埋设了 12 只型号为

KXR的钢弦式孔隙水压力计，各压力计间填以粘土球以便分隔密封。其布置如图4所示，在夯点1和夯点16，22每击及其余各夯点夯击完成时量测孔压计读数。根据孔压监测值来控制两遍夯击的间歇时间，规定若某一孔压计读数超过该点有效自重压力，应待其消散至小于有效自重压力的50%后，再安排下一次夯击。

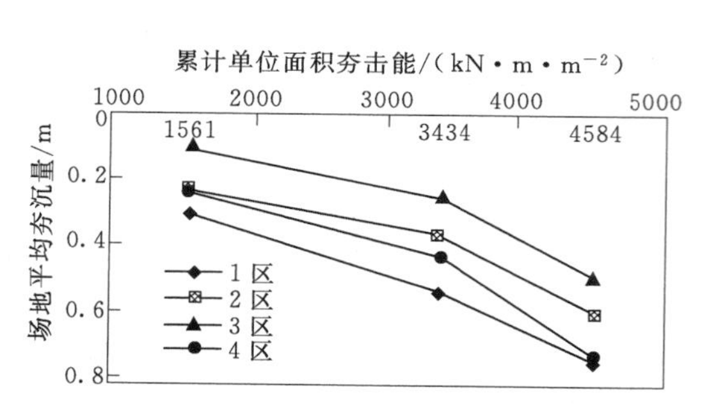

图3　单位面积夯击能与场地平均夯沉量的关系

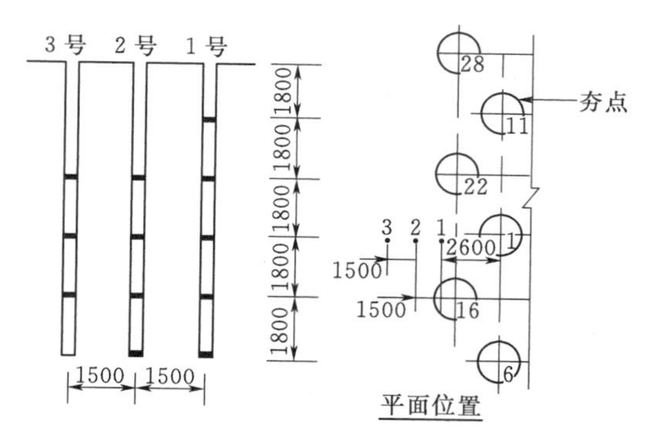

图4　孔隙水压力监测点布置图

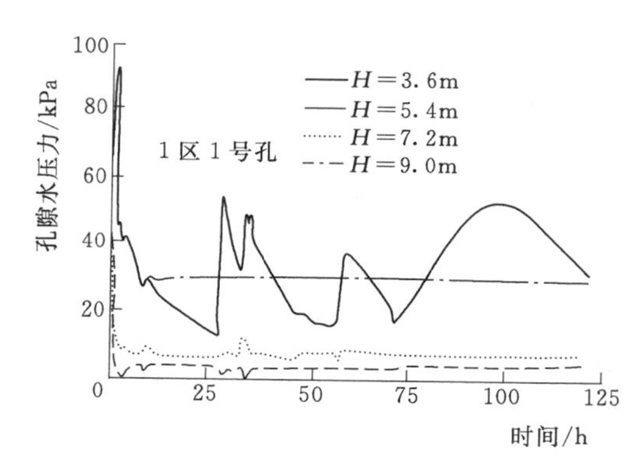

图5　1区1号孔位孔隙水压力监测数据图

图5所示的是1区1号孔1.8m下各测点的孔隙水压力变化曲线，可明显看出孔隙水压力增长及消散的过程，夯击开始时各孔位的孔压随击数增加都迅速增长，夯击结束即开始消散，而9.0m位孔压测值，只有在夯点1夯击时稍有增加，停夯后迅速消散，而并未对其他各夯点夯击有反映，这说明强夯影响深度可达9.0m，但由于影响微小，不认为其有效加固深度达到了9.0m，而7.2m孔位所测孔压值在夯击时都产生了较明显的变化，可把此深度视为强夯有效加固深度。消散后的孔压稳定在28kPa左右，由此可推断地下水位应在地表下6.2m左右。

基于非饱和土力学的基本理论[3]，对于非饱和填土地基，其孔隙水压力应为负值，如有正的孔隙水压力，水将运移到相邻孔隙中。之所以在浅层填土中监测到正的孔隙水压力可能和钻孔时护壁泥浆有关，地基土的含水量较高，使孔压值可能为正值，也不排除冲击和侧向挤压对孔隙水压力计会造成一定的影响。基于上述观点，并根据夯后孔隙水压力消散的情况，决定各遍夯击之间不安排间歇时间，可连续夯击。

2.2　夯后检测

同夯前一样，夯后也在每个试区夯点与夯间位置各进行了1组取样室内试验和1个标贯试验。相应于夯前，各区夯后的孔隙比都有了不同程度的提高。夯后标贯击数也有提高，其中3区增加值最大，夯点位置增加了7击，各区夯后标贯的平均击数比夯前增加了2击。根据夯前后孔隙比与标贯击数随深度变化的对比可知强夯的影响深度达到了9m，但地基得到明显改善的深度只有7.5m左右。

在每区夯点和夯间位置各进行一组载荷试验，各试验 $p\sim s$ 曲线如图 6 所示。

由于曲线无明显拐点，取 $s=0.01B=8.0\text{mm}$ 所对应的 $p_{0.01}$ 作为承载力基本值。将各区载荷试验结果列于表 2。可看出各区测值较为分散，而且出现了夯间值大于夯点值的现象，分析其原因可能是夯坑回填土夯实不充分，说明布点方式上存在一定的问题且满夯能量仍不足以将地基表面充分加固。

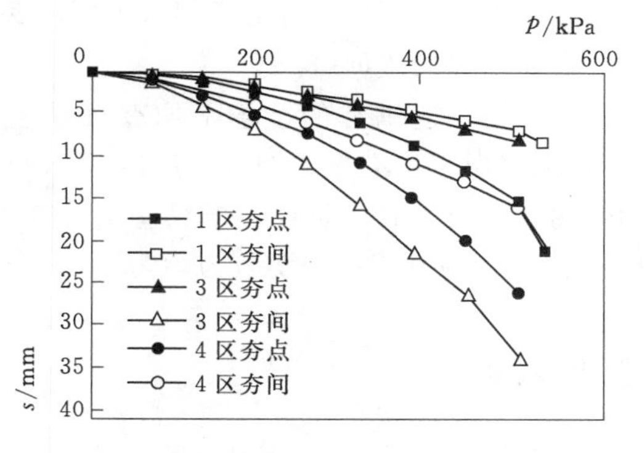

图 6　各区载荷试验 $p\sim s$ 曲线

虽然各区载荷试验数据较为分散，但考虑到最小值为 3 区夯间的 216kPa，故取夯后地基 $f_k=220\text{kPa}$ 是可行的。根据平板载荷试验地基土的沉降公式计算变形模量 $E_0=w(1-\mu^2)b\times p/s$，式中：$w=0.79$；$p=220\text{kPa}$；$s=0.8\text{cm}$；$b=80\text{cm}$；压实粉粘土 $\mu=0.3$，则得 $E_0=15.8\text{MPa}$，相应 $E_s=21.3\text{MPa}$。将 4 个试区平均的夯后地基力学指标也列于表 1，同夯前值进行比较。从表中可看出夯后地基各项指标比夯前均有不同程度的提高，达到了设计要求。

表 2　　各区静载荷试验结果

试　　区	静载荷承载力标准值 f_k/kPa	
	夯点	夯间
1	378	530
3	502	216
4	265	322
平均	382	356

3　结语

根据试验监测与检测结果，对夯击效果和强夯参数设计分析总结如下：

（1）孔隙水压力监测数据及夯后孔隙比和标贯检测结果都显示强夯的影响深度达到了 9m，但有效加固深度却低于此值，综合分析各试验结果确定有效加固深度为 7.5m，计算得 Menard 公式的强夯加固系数 α 约为 0.43。

（2）根据各区夯击数统计和夯坑深度变化可知，试夯所选取的主夯夯击数为 12 击是合理的，并根据满夯的场地平均夯沉量较大的情况，建议将满夯夯击数增至 6 击。

（3）各遍夯击的夯坑深度的统计资料表明原设计夯点间距偏大，在主夯阶段未能对地基进行充分加固；而小能量的满夯亦不能对主夯后形成的较深的夯坑回填土进行有效的加固，考虑将原设计的 4m 间距减为 3.7m。

也可采用正方形布点方式，这样可避免三角形布点方式的夯点间薄弱面积太大的缺点，提高场地夯击的均匀性，在主夯阶段对地基进行有效加固，即 1，2 遍主夯点正方形布置，第 3 遍为间夯，夯点选在 4 个主夯点间，第 4 遍为满夯。

（4）在非饱和地基中进行孔隙水压力监测不仅可用于确定夯击间歇时间，而且可根据孔隙水压力的变化情况，分析强夯的影响深度和范围，从而为确定强夯有效加固深度和设计夯点间距提供依据。

（5）第三遍满夯的全场平均夯沉量甚至比前两遍主夯都高，在有效加固深度只有7.5m的情况下满夯平均夯沉量高达0.249m，占总夯沉量的1/3强，由此可看出满夯所起的作用是相当大的，而且根据载荷试验夯点与夯间差值较大的现象，还可增加满夯击数1～2击以使地基表层夯实较为均匀。

参考文献

[1] 左名麒，朱树森．强夯法地基加固［M］．北京：中国铁道出版社，1990．
[2] 地基处理手册编委会．地基处理手册［M］．北京：中国建筑工业出版社，1988．
[3] 弗雷德隆德 D G．非饱和土力学（中译本）［M］．北京：中国建筑工业出版社，1997．

加筋地基的极限分析

王　钊[1]　王协群[2]

（1. 武汉大学土木与建筑学院，武汉　430072；2. 武汉理工大学，武汉　430071）

摘　要： 分析了筋材对加筋地基承载力的贡献，它包括筋材拉力向上分力的张力膜作用和水平分力的侧向限制作用。运用极限平衡原理推导出加筋地基极限承载力的计算公式，计算结果与已发表的典型模型试验结果相比，基本一致。从筋材抗拔出极限状态分析推导出筋材长度的计算公式。公式中筋材的拉力取极限抗拉强度，将极限承载力除以安全系数得容许承载力，而筋材长度的公式中已包含了抗拔出安全系数。

关键词： 地基；加筋；极限分析

中图分类号： TU 472　　**文献标识码：** A　　**文章编号：** 1000－0054（2001）06－0112－03

Limit Analysis for Reinforced Foundations

Wang Zhao[1]　Wang Xiequn[2]

（1. Civil and Architecture School Wuhan University，Wuhan 430072，China；
2. Wuhan University of Technology，Wuhan 430071，China）

Abstract： The effects of reinforcement on bearing capacity of reinforced foundations include the tensile membrane strength of vertical components and the lateral restraints of horizontal compoments. The limit equilibrium principle was used to derive formula for the ultimate bearing capacity. The results agree well with previous results from two typical tests. Formula are given for the length of the reinforced foundation based on the limit analysis. The tensile force of the reinforcing bars in the formulas is equal to the ultimate tensile strength. A factor of safety is applied to the ultimate bearing capacity to determine the allowable bearing capacity. The factor of safety against the reinforcing bars pulling out has already been included in the length formula.

Key words： foundation；reinforcement；limit analysis

在基础下方水平布置一层或多层抗拉加筋材料就构成了加筋地基。大量模型试验[1,2]表明加筋地基具有提高地基承载力的优点，并且这种地基形式已在工程中得到应用[3]。筋材的种类大多用土工合成材料代替了起初使用的镀锌钢带。加筋地基设计主要有以下几种方法：1）用 Boussinesq 解分析筋材和地基中应力[4]；2）改进的太沙基极限承载力公式[5]；3）有限单元法；4）滑动线场分析法[6]。在这些分析方法中都采用了一些简化假设，例如，方法 1）中，假设筋材的拉力铅直向上，筋材长度达到地基附加应力等于 0.1

本文发表于 2001 年第 41 卷第 6 期《清华大学学报（自然科学版）》。

倍基底压力的点。方法 2）中，假设在基础两侧的筋材变形后沿着一个圆弧，但圆弧的半径和拉力的方向却很难确定。方法 3）和 4）则较为复杂，不易在工程设计中广泛应用。

本文从筋材断裂和筋材拔出两种极限状态的分析，运用极限平衡原理推导出加筋地基极限承载力公式，根据压力扩散线外侧筋材锚固段的平衡推导出确定筋材长度的公式，其中，公式计算的极限承载力与已发表的模型试验结果相比较，取得一致的结果，表明了计算方法的正确性。

1　筋材断裂的极限状态分析

当筋材的布置范围符合最上层筋材距基底 $Z_1<(2/3)b$、最下层筋材距基底 $Z_n\leqslant 2b$（b 为基础宽度）、筋材层数 N 大于 3、且长度 L 足够时，加筋地基的破坏表现为筋材的断裂，其断裂点在基础下方，接近筋材与压力扩散线的交点（如图 1 所示）而地基的压力扩散角 θ 并不因布置了筋材而增加。

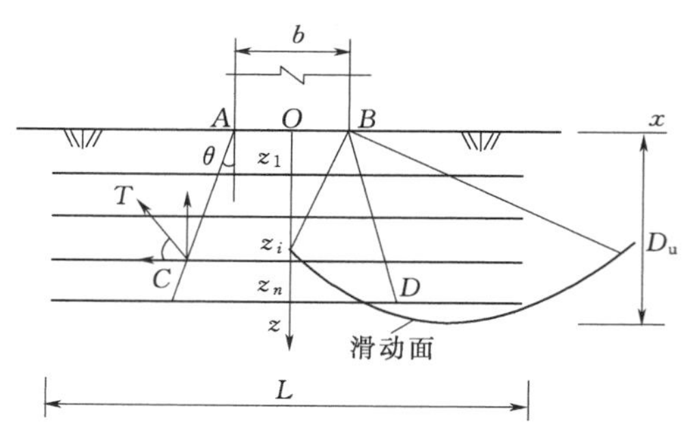

图 1　加筋地基的破坏分析

假设破坏时筋材拉力的方向沿着朗肯主动破坏面，即 T 与水平线夹角 $\alpha=\pi/4+\varphi/2$，φ 为地基土的内摩擦角，则 T 的向上分力产生张力膜作用。考虑 $ABDC$ 土体的平衡，向上分力增加的极限承载力为 $2NT\sin\alpha/(b+2Z_n\tan\theta)$，$T$ 的水平分力对基础下方深度达滑动面的土体产生水平限制应力 $\Delta\sigma_x$。设滑动面最大深度为 D_u，取 D_u 计算得 $\Delta\sigma_x=NT\cos\alpha/D_u$。当极限平衡状态达到时，$\Delta\sigma_x$ 对应的竖向荷载为 $\Delta\sigma_x\tan^2(\pi/4+\varphi/2)$，即为增加的极限承载力。综上，筋材增加的地基极限承载力为

$$\Delta q_u=NT\left[\frac{2\sin(\pi/4+\varphi/2)}{b+2Z_n\tan\theta}+\frac{\cos(\pi/4+\varphi/2)}{D_u}\tan^2(\pi/4+\varphi/2)\right] \tag{1}$$

其中，压力扩散角 θ 可以从《建筑地基基础设计规范》GBJ 7—89 中查找，滑动面最大深度 D_u 发生在对数螺旋线段，求深度的极值得

$$D_u=\frac{b\cos\varphi}{2\cos(\pi/4+\varphi/2)}e^{(\pi/4+\varphi/2)\tan\varphi} \tag{2}$$

当 φ 从 0°增至 35°时，用式（2）计算得 D_u 从 0.707b 增至 1.900b。

2　加筋地基极限承载力的实验论证

为了检验上述极限分析法，将式（1）计算的地基极限承载力和文［1，2］的模型试验结果相比较。两个试验的地基土分别为砂土（$c=0$）和饱和粘土（$\varphi_u=0°$），其中，砂土采用均匀密实砂，相对密度 $D_r=75\%$，容重 $\gamma=15.5\text{kN/m}^3$，$b=0.10\text{m}$，测得无加筋时极限承载力 $q_u=161.9\text{kPa}$，原文用经典承载力理论反算得 $\varphi=44°$，筋材为土工网格，极限抗拉强度 $T=2\text{kN/m}$，长度 $L=6b$，筋材层数 N 从 1 到 6，间距 $\Delta Z=Z_1=0.25b=24\text{mm}$，试验测得的荷载沉降曲线[1]见图 2。

饱和粘土的 $\varphi_u=0$，$c_u=22.5\text{kPa}$，$b=76.2\text{m}$，筋材用薄型热粘无纺织物，$T=534\text{N/m}$，层数从 1 到 5，间距 $\Delta Z=Z_1=0.33b=25\text{mm}$，荷载沉降曲线[2]见图 3。用经典承载力理论计算得无加筋时极限承载力 $q_u=5.14c_u=115.65\text{kPa}$，因 $b=76.2\text{mm}$，故 q_u 相当于图中的线荷载 $q_l=8.81\text{kN/m}$，原图中加黑点的位置（图 3 中黑点位置与文中数据不完全相符，但文［2］原文如此）。

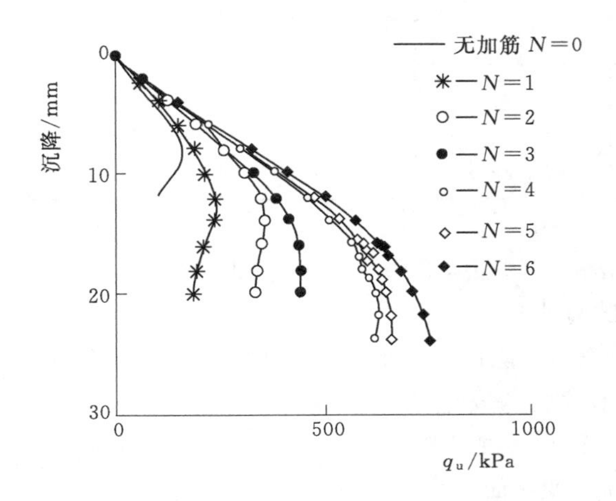

图 2　砂土的荷载-沉降曲线

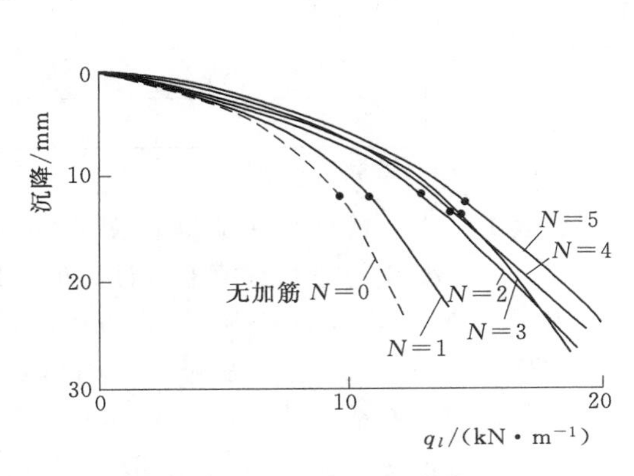

图 3　饱和粘土的线荷载-沉降曲线

为比较加筋与无加筋地基的承载力，引用承载比 BCR 的定义

$$\text{BCR}=q_{ur}/q_u \tag{3}$$

其中：q_u 为无加筋时地基的极限承载力，q_{ur}为加筋地基的极限承载力。加筋地基达 q_{ur}时的沉降和无加筋地基达 q_u 时的沉降是一致的。从图 2 可见：无加筋的荷载-沉降曲线有极值点，取荷载的极值为 q_u，过该点作水平线与其他曲线的变点可确定不同筋材层数对应的 q_{ur}值。对图 3 而言，q_u 和 q_{ur}由原图黑点对应的荷载确定，它们基本上具有相同的沉降值。将图 2 和图 3 确定的地基极限承载力和用式（1）计算的结果分别比较于表 1 和表 2。

表 1　　砂土地基极限承载力比较

N	计算值			试验值	
	Δq_u /kPa	q_{ur} /kPa	BCR	q_{ur} /kPa	BCR
0		161.9		161.9	
1	43.9	205.8	1.27	196.0	1.21
2	77.3	239.2	1.48	271.6	1.68
3	105.1	267.0	1.65	274.8	1.70
4	134.8	296.7	1.83	317.4	1.96
5	151.8	313.7	1.94	319.5	1.97
6	172.6	334.5	2.07	340.8	2.11

注　$\theta=30°$，$D_u=284\text{mm}$。

表 2　　饱和粘土地基极限承载力比较

N	计算值			试验值	
	Δq_u /kPa	q_{ur} /kPa	BCR	q_{ur} /kPa	BCR
0		115.6		115.6	
1	14.8	130.4	1.13	130.7	1.13
2	26.8	142.4	1.23	155.0	1.34
3	37.2	152.9	1.32	165.8	1.43
4	46.8	162.4	1.40	161.0	1.39
5	55.8	171.4	1.48	172.3	1.49

注　$\theta=30°$，$D_u=54$mm。

从表 1 和表 2 可见，除试验结果有个别异常（例如表 2 中 $N=4$ 的 BCR 值小于 $N=3$ 的）外，总的变化趋势和数值上，计算值与试验值是一致的。

用式（1）计算得加筋地基增加的极限承载力，除以一定的安全系数 K 就得到增加的容许承载力，用于地基及基础设计。因地基承载力的安全系数一般的 2～3，而土工合成材料抗拉强度的安全系数要求不小于 2.5［《土工合成材料应用技术规定》（GB 50290—98)］，两者接近，故式（1）中 T 取极限抗拉强度，而安全系数 $K=2.5\sim3.0$。

3　筋材抗拔出极限分析

模型试验发现：随着筋材长度的增加，地基的极限承载力增加，但当筋材长度 $L=6b$ 时，再增加长度，承载力增加不明显；当 $N=3$ 时，即使 $L=0.6b$ 或 $L=1.0b$，BCR 分别为 1.21 和 1.63，也得到一定的加筋效果[1]。不同试验者建议的筋材长度从 $3.39b\sim7.33b$。

从理论上分析，只有当筋材长度增加到完全覆盖整体破坏完整滑动面范围时，BCR 才不再增长，根据 Prandtl - Reissner 地基极限荷载理论可求得基础两侧完整滑动面总水平长度

$$L_u=b[1+2\tan(\pi/4+\varphi/2)\cdot e^{\frac{\pi}{2}\tan\varphi}] \tag{4}$$

当 φ 从 $3.0b$ 增至 35°时，用式（4）计算得 L_u 从 $3.0b$ 增至 $12.5b$。筋材的增长大幅度增加了基坑开挖的工程量，而增加的极限承载力伴随基础的过量沉降，参见图 2，故适当减短长度，损失一定的承载力是合理的。本文建议按基础两侧压力扩散线外侧筋材的抗拔出极限状态确定筋材长度，并且在计算该锚固段长度时，忽略基底压力在筋材上附加应力引起的摩擦力，则第 i 层筋材的水平总长度

$$L_i=b+2Z_i\tan\theta+\frac{T}{f_p\gamma(d+Z_i)} \tag{5}$$

其中：d 为基础埋深，f_p 为土与筋材的界面摩擦系数，由试验确定。因式（5）中取极限抗拉强度 T，故锚固段已隐含了抗拔出安全系数 $K=2.5\sim3.0$。用式（5）计算得各层筋材长度后，可取最大值，按各层等长布置，一般长度不超过 $2b$。文献［3］报道的成功实例中 L 在 $1.5b$ 左右。实际上，本文加筋地基的破坏形式已不是整体剪切破坏，而是沿压

力扩散线的冲剪破坏。

4 结束语

1）假设筋材的破坏发生在基础边缘下方筋材与压力扩散线的交点上，应用抗拉断和抗拔出极限状态分析，推导出加筋地基增加的极限承载力和筋材长度的设计公式。

2）筋材拉力的作用包括竖向分力的张力膜作用和水平侧限应力按极限平衡原理求得的承载力增量部分。

3）提交的加筋地基极限承载力计算公式可以准确地描述砂土和饱和粘土的模型试验结果，然而模型的尺寸很小，应进一步在工程实践中检验设计公式的正确性。

4）加筋地基增加的容许承载力等于极限承力除以安全系数 $K=2.5\sim3.0$，在极限承载力和筋材长度的设计公式中，筋材拉力应取极限抗拉强度，筋材长度公式中已包含抗拔出安全系数。

参考文献

[1] Ju J W. Bearing capacity of sand foundation reinforced by geonet [A]. Proc Int Symposium on Earth Reinfore - ment [C]. Fukuoka，Japan，1996，603 - 608.

[2] Sakti J，Das B M. Model tests for strip foundation on clay reinforced with geotextile layers [R]. Transportation Research Record，No. 1153：1987. 40 - 45.

[3] 王钊，乔忠森，娄小江，等．土工织物在泵站基础工程中的应用 [A]. 第四届土工合成材料学术会议论文选集 [C]，1996，104 - 107.
WANG Zhao，QIAO Zhongsen，LOU Xiaojiang，et al. The application of geotextiles in foundation engineering of pump station [A]. Proc 4th Chinese Conf on Geosynthetics [C]. 1996，104 - 107. (in Chinese) .

[4] Binquet J，Lee K L. Bearing capacity analysis of reinforced earth slabs [J]. J Geotech Eng Div ASCE (101)，1975，GT12：1257 - 1278.

[5] Yamanouch T，Gotoh K. A proposed practical formula of bearing capacity for earth work method on soft clay ground using a resinous mesh [R]. Technology Report of Kyushu University，1979，52 (3)：201 - 207.

[6] Zhao A，Rimoldi P，Montanelli F. Design of reinforced foundations by the slip - line method [A]. Proc Int Symposium on Earth Reinforcement [C]. Fukuoka，Japan，1996，709 - 715.

强夯加固深度的试验研究

费香泽[1]　王　钊[2]　周正兵[2]

（1. 国家电力公司电力建设研究所，北京　100055；
2. 武汉大学土木建筑工程学院，湖北武汉　430072）

摘　要：利用读数显微镜位移跟踪法，对黄土进行强夯半模试验，分析了各参数如夯击能、锤重、落距、击数、夯锤直径、夯点间距对强夯加固范围的影响，得出了加固深度的计算公式 $H=\sqrt{\frac{W^{2/3}\cdot h\cdot N}{10D\cdot\gamma_{d}\cdot(1-\overline{\omega})}}$。又对强夯机理进一步进行了分析，将其分为松散体、扰动体、加固体和潜在的破坏体四个过程。

关键词：强夯；加固深度；半模试验

中图分类号：TU472　　**文献标识码**：A　　**文章编号**：1009－3087（2002）04－0056－04

Model Test of Improvement Depth of Dynamic Compaction

FEI Xiang－ze[1]　WANG Zhao[2]　ZHOU Zheng－bing[2]

（1. National Electric Power Company Electric Power Construction Research institute，Beijing 100055，China；
2. School of Civil Eng.，Wuhan Univ.，Wuhan 430072，China）

Abstract：A series of half－model tests of dynamic compaction of loess is carried out by displacement tracing method with microscope. The relationship between satisfactory improvement depth and the main factors such as temping energy，tamper weight，drop height，drop numbers，tamper diameter，grid spacing，dry density and water content of filling soil is draw out. A formula of satisfactory improvement depth $H=\sqrt{\frac{W^{2/3}\cdot h\cdot N}{10D\cdot\gamma_{d}\cdot(1-\overline{\omega})}}$ is obtained. The mechanism of dynamic compaction is analyzed and divided into four stages.

Key words：dynamic compaction；satisfactory improvement depth；model test

强夯法又称动力固结法，首先由法国人梅纳提出。在高填方路堤的回填加固中，传统方法多用分层碾压法回填加固，每层填土厚度较薄（≤30cm），而且施工受土体含水量限制，过低或过高都无法施工。采用强夯法进行施工，大大提高了填土层厚（≤5m），对含水量等因素要求也比较宽松，减轻了人工和机械的劳动强度，可以加快工程进展速度，取得良好的经济效果。

本文发表于2002年7月第34卷第4期《四川大学学报（工程科学版）》。

作者结合强夯法在山西省运城——三门峡高速公路的一段高填方路堤的回填加固上的应用，以及在此基础上进行的室内模型试验，对强夯法在公路建设上的设计和应用进行探索。

1 试验内容

强夯法的加固效果是土体本身性质和强夯法的工艺参数两方面的因素相互促进与相互制约的共同作用下的结果。根据分析，在确定强夯效果（加固深度 H 和加固宽度 B）的模型试验中，选择以下参数建立方程：单击能 E、锤重 W、落距 h、夯击次数 N、夯点间距 b、锤底面积 S、干重度 γ_d、含水量 w。

方程可以写成：

$$f(E,W,h,N,b,S,\gamma_d,\omega,H)=0$$

$$f(E,W,h,N,b,S,\gamma_d,\omega,B)=0$$

式中，共有 E、W、h、N、b、S、γ_d，w、H、B 十个物理量，以 W 和 h 为独立物理量，根据 π 定理对其它量进行量纲分析，求得各无量纲数群后，原方程可写为：

$$f\left(\frac{E}{W\cdot h},W,h,N,\frac{b}{h},\frac{S}{h^2},\frac{\gamma_d\cdot h^3}{W},w,\frac{H}{h}\right)=0$$

$$f\left(\frac{E}{W\cdot h},W,h,N,\frac{b}{h},\frac{S}{h^2},\frac{\gamma_d\cdot h^3}{W},w,\frac{B}{h}\right)=0$$

由上式得到各相似指标：

$$\frac{C_E}{C_W\cdot C_h}=1,\ C_N=C_w=1,\ \frac{C_b}{C_h}=\frac{C_H}{C_h}=\frac{C_B}{C_h}=1,\ \frac{C_S}{C_h^2}=1,\ \frac{C_{\gamma_d}\cdot C_h^3}{C_W}=1。$$

根据模型试验箱的尺寸和上述相似率的计算，确定锤重相似系数 $C_W=20000$，落距相似系数 $C_h=30$，据此可计算出其它参数的相似系数。试验内容要能反映以上各参数对强夯效果的影响，安排的试验内容见表1。为了便于说明，以下试验均按折算成原型后的结果表示，不再另加说明。

表1　模型试验分组

Tab.1　Arrangement of model test

试验编号	夯击能 E		锤重 W		落距 h		夯锤直径 D		干密度	
	原型/(kN·m)	模型/(N·m)	原型/kN	模型/N	原型/m	模型/cm	原型/m	模型/cm	原型/(g·cm^{-3})	模型/(g·cm^{-3})
T4001	4000	6.67	200	10	20	66.7	2.22	7.4	1.605	1.189
T4002	4000	6.67	200	10	20	66.7	2.22	7.4	1.397	1.035
T4003	4000	6.67	200	10	20	66.7	2.22	7.4	1.416	1.049
T4004	4000	6.67	200	10	20	66.7	2.22	7.4	1.507	1.116
T200	2000	3.33	160	8	12.5	41.7	2	6.7	1.397	1.035
T600	6000	10	250	12.5	24	80	2.45	8.1	1.379	1.022

2 试验装置

模型试验是在 45cm×45cm×60cm 的模型箱内进行的，模型箱的四壁安装 12mm 厚的有机玻璃，在玻璃上划出 1cm×1cm 的网格，用于布设测点的控制和读数显微镜[1]进行坐标读取的参考基准。整个装置见图 1，主要试验仪器为坐标读数显微镜和半模夯锤。模型试验中通过观测埋设在土体内部的测点的运动情况得到土体位移情况，测点用大头针尖（长度<5mm）做成，为满足试验精度的要求，对 15J（JLC）型小坐标测量显微镜加以改制，将显微镜底面旋转 90°，底座套在钢圈上伸出的钢管上，可通过调节螺母和固定螺栓移动和固定钢圈带动显微镜上下移动，使显微镜的测读范围扩大到任意位置，测点在移动前后位置上的 X－Y 坐标读数之差即为其位移。其特点是测量精度高（高达 6μm）、后期数据处理方便，而且它可以直接观测土体内部质点的位移情况，这是其它测量方法所不能做到的。

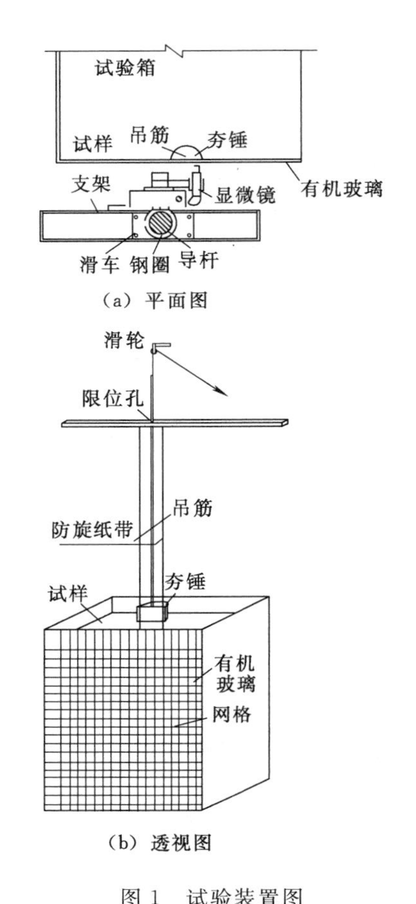

图 1 试验装置图

Fig. 1 The device of model test

将夯锤设计成半圆柱形钢锤，在其重心位置设置螺纹孔，用细钢筋旋入形成吊筋，由细线通过滑轮牵引，使半圆柱形夯锤的一侧能贴着试验箱的侧面下落夯击土体。由于它属于轴对称课题，采用半模型试验得出的结论是同样适用的。

为了使模型能够与实际相符，在有机玻璃箱的内侧涂上黄油，以减少对土体的切向摩擦力。模型试验用的土是从运——三公路现场取回的黄土状粉质粘土，重型击实试验的最优含水量 12.83%、最大干密度 1.92g/cm^3。

3 试验方法

试验过程分为试验仪器的设计与准备、试样制备、装样与测点布设、夯击与测读、数据处理与分析五个步骤。

按试验计划制备设计含水量的土样，静置密封 24h 后，按设计干密度和实际含水量控制每层试样的重量进行分层装填，每层厚度 2cm，根据最后总装样的质量和体积计算试验的实际干密度。在不同的深度上，沿宽度方向按一定间距布置测点，并夯击后用读数显微镜测读测点在锤击作用下的位移，记录各击的夯沉量。

对每一个土体单元，根据夯击前后各点的坐标和位移，计算单元面积 $S_{前}$、$S_{后}$，再根据单元体强夯前后土体的质量守恒，求出夯击后的干密度 $\rho_{后}=\rho_{前}\times S_{前}/S_{后}$。对平面内所有的单元体进行密度计算，便可得到土体的密度场随夯击作用而变化的规律。

4 试验结果分析

4.1 加固深度的定义

目前有称此深度为“影响深度”、“加固深度”、“有效加固深度”等不同名称，不同学者针对不同的研究对象提出的判别标准也不相同。张永钧[2]对抛石地基强夯处理的加固深度定义为土体竖向变形量为地表夯沉量5%的深度；张峰[3]假设竖向压缩变形为5%的深度为有效加固深度。从广义上理解，加固深度都是要表明这部分土体在经过强夯之后，其物理、力学性质得到改善，达到了工程处理的设计要求。

本文提出的加固深度的定义，是为了适应强夯法在公路工程中的应用，按《公路工程质量检验评定标准》(TJT 071—98) 对土方路基的压实度 K_C 的要求 (90%～95%)，并根据土体击实实验的最大干密度，用达到压实要求时的干密度作为加固深度的判别标准。按此标准，根据试验结果得出的加固深度见表2。

表2 加固深度表

Tab. 2 Satisfactory improvement depth

试验编号	击数 N/次	实测值 $H_{实测}$	公式 (1) 计算值 $H_{计算}$	梅纳公式计算值 $H_{梅纳}$
T4001	9	4.20	4.59	5.80
	11	4.50	5.08	
T4002	9	5.15	4.70	5.80
	12	5.70	5.43	
	15	6.55	6.07	
T4003	9	4.20	4.86	5.80
	12	4.80	5.61	
	15	5.40	6.27	
T4004	9	4.65	4.52	5.80
	12	5.70	5.22	
	15	6.30	5.84	
T200	9	3.75	3.82	4.10
	11	4.20	4.22	
T600	9	5.40	5.47	7.10
	12	6.00	6.32	
	15	7.20	7.07	

4.2 加固深度的计算公式

众多学者就加固深度的设计公式展开了大量的研究[4]。主要有梅纳经验公式及梅纳公式的修正式 $H=\alpha\sqrt{W\cdot h/10}$，式中 α 是针对不同土质的经验系数。张永钧、张峰、Chaim J. Poran[5]等和张平仓[6]等根据各种土的强夯试验和理论分析，总结出不同形式的加固深度计算公式。

若对试验得出的加固深度结果按梅纳修正公式进行计算，其平均修正系数 $\alpha=0.29$，与有关规范中对黄土应用强夯法的经验系数0.35～0.5相比偏小。从表2中按梅纳公式计算的加固深度与实测值相比，代数平均差－0.015m，绝对平均误差0.500m，最大误差值1.30m，最小误差值0.10m。从以上研究成果可以看出，加固深度与众多因素有关，仅考虑能级的梅纳公式与实际情况有较大误差。根据对试验结果分析，并根据工程实践考虑以下几点，建立适应于公路工程强夯法的加固深度的设计公式：

1）设计公式应同时考虑到强夯效应的内因和外因，在量纲上应保持一致；

2）从工程实践看，锤重和落距对加固深度的影响不是同一级别，提高落距比提高锤重对加固深度的影响程度更加明显；

3）加固深度是随着击数的增加，从浅层逐渐向深层扩展的；

4）工程实践中夯点的布置一般可采用夯锤直径 D 来描述，因此用直径 D 比用锤底面积 S 在强夯设计上更具有方便实用的优点。

根据以上对公式形式的判断和设想，根据试验结果，对各因子的项次进行拟合，选取与实测值最接近的系数后，得出加固深度的计算公式可写成：

$$H=\sqrt{\frac{W^{2/3}\cdot h\cdot N}{10D\cdot\gamma_d\cdot(1-\overline{\omega})}} \tag{1}$$

按此公式得到各组试验的计算深度值见表2所示。从试验结果看，除编号T4003的一组外，计算结果与实测结果最大相差0.58m，最小相差0.02m，代数平均误差0.07m，绝对平均误差0.355m，两者符合的很好。

4.3　强夯加固深度影响因素分析

1）夯击能级：虽然在计算公式（1）中不再从整体上考虑夯击能级因素，但从图2上仍然可以很直观地看出，在相同击数下，随着夯击能级的提升，强夯加固深度的值也逐渐增加。

2）含水量：从试验结果看，含水量在9.95%～18.65%之间变动时，加固深度的变化与含水量的关系并不明显。按照计算公式（1），在同一条件下，将各试验组含水量的值增加或减少50%，结果对加固深度的影响很有限，平均仅能减少或增加5%，最大7%，最小为4%。这再次证明强夯法处理此类土的一大优点，即对含水量要求是相当宽松的。

3）夯沉量与击数：图3为某能级下的夯沉量与击数的关系。从图中可以看出，随着

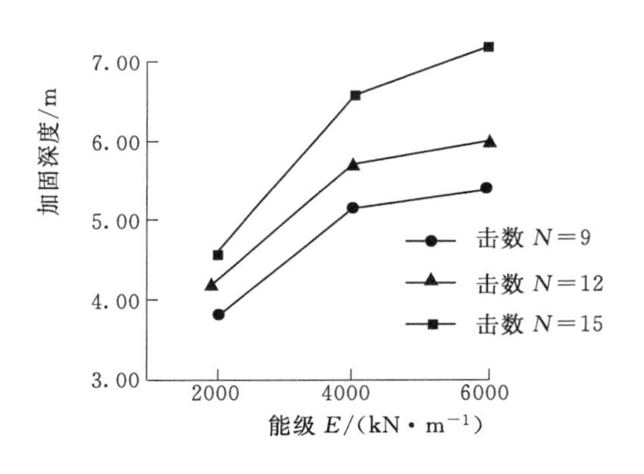

图2　能级与加固深度关系

Fig. 2　Curves of temper energy and satisfactory improvement depth

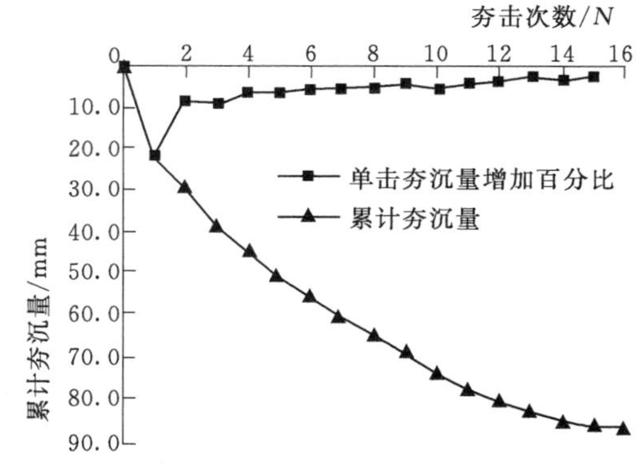

图3　夯击次数与夯沉量关系

Fig. 3　Curves of drop numbers and settlement

击数的增加，夯沉量增加的幅度越来越小，说明经过强夯后土体的结构发生了变化。

4.4 强夯机理分析

根据土体在强夯前后的性质和结构特征，从土体的压实状态将强夯作用的机理分为四个阶段：

1）松散体⇒挠动体：此处的“挠动体”是相对于简单堆积的、结构松散的路堤回填土而言，土体结构框架被破坏，原先松散体中存在的大量的架空结构被瓦解，孔隙中的部分气体被排出，并因此产生一定的变形。此时的土体中仍有大量的孔隙以及充斥其中的孔隙气和孔隙水，与最初的高压缩性、不稳定结构相比，它相对处于一种中压缩性、亚稳定结构的状态中。此阶段土体结构强度很低，因而所需的能量并不多；

2）挠动体⇒加固体：随着夯击能量的继续增加，挠动体的结构遭到完全破坏，颗粒组团受到挤压、破碎作用，开始重新排列和定向，孔隙被压缩，压实度大幅度增加，土体结构强度增长很快，所以土体压实状况的改善需要大量的能量。称此阶段为低压缩性、稳定结构状态；

3）加固体⇒潜在的破坏体：此时虽然夯击能量继续增加，土体的压实性能不再有明显的增加，压缩变形增量也趋于稳定，呈现饱和状态。此时土体达到超压密性、超稳定结构状态，强度达到最大，呈现出明显的弹塑性材料的性质，继续增加能量则可能使结构彻底遭到破坏，完全丧失强度，因而称为“潜在的破坏体”。部分夯击能被以弹性能的吸收和释放，并且其比重随着加固体和潜在破坏体的扩展而增加。

需要指出的是，以上各阶段之间并没有明显的界限，它随着击数的增加，在土体不同深度和广度上依次呈现出不同的状态，是一个连续发展、不断扩大的动态过程。

5 结论与问题

1）利用读数显微镜对黄土强夯进行了半模试验，对影响强夯效果的内在与外在因素进行了分析，得出了考虑主要因素的加固深度的计算公式：

$$H=\sqrt{\frac{W^{2/3}\cdot h\cdot N}{10D\cdot\gamma_{\mathrm{d}}\cdot(1-\overline{\omega})}}$$

2）公式中虽然未使用夯击能级，但试验结果仍然体现出加固深度与夯击能级的正比关系；同时也证明强夯对含水量的要求是比较宽松的；

3）根据土体在强夯前后的性质和结构特征，从土体的压实状态将强夯作用的机理分为松散体、挠动体、加固体、潜在破坏体四个阶段。

参考文献

[1] 刘祖德，王钊，夏焕良．显微镜位移跟踪法在土工模型试验中的应用［J］．岩土工程学报，1989，11（3）：1-10.

[2] 张永钧，平涌潮，孔繁峰，张峰．强夯法处理大块抛石地基的试验研究［A］．第三届全国地基处理学术讨论会论文集［C］．北京：中国建筑工业出版社，1992，395-400.

[3] 张峰．碎石土的强夯模型研究［J］．建筑科学，1992，（3）：25-28.

[4] 史光金，常璐，龚晓南，罗嗣海. 软弱地基强夯加固效果评价的研究现状 [J]. 地基处理，1998，9 (4)：3-10.

[5] Chaim J Poran，Jore A. Rodriuez：Design of dynamic compaction [J]. Canadian Geotechnique，1992，29：796-802.

[6] 张平仓，汪稔. 强夯法施工实践中加固深度问题浅析 [J]. 岩土力学，2000，21 (1)：76-80.

黄土强夯的模型试验研究

费香泽　王　钊　周正兵

（武汉大学土木建筑工程学院，湖北武汉　430072）

摘　要： 利用读数显微镜位移跟踪法，对黄土进行了强夯的模型试验研究，分析了不同的参数对强夯加固范围的影响程度和相互关系，得出了考虑这些主要因素的加固深度的计算公式，并对强夯机理进行了分析。

关键词： 强夯；加固深度；模型试验

中图分类号： TU 472　　**文献标识码：** A　　**文章编号：** 1000－7598－(2002) 04－0437－05

Experimental Research of Dynamic Compaction of Loess

FEI Xiang－ze　WANG Zhao　ZHOU Zheng－bing

（School of Civil and Architectural Engineering，Wuhan University，Wuhan 430072，China）

Abstract: In this paper, a series of experiments of dynamic compaction of loess were carried out with different parameters by displacement tracing method with microscope. Based on the results of model tests, the relationship of satisfactory improvement depth and the main factors were analyzed, a formula of satisfactory improvement depth including more factors was obtained. The mechanism of dynamic compaction was analyzed.

Key words: dynamic compaction; satisfactory improvement depth; model test

1　前言

强夯法又称动力固结法，首先由法国人梅纳提出。在高填方路堤的回填加固中，传统方法多用分层碾压法回填加固。每层填土厚度较薄（≤30cm），而且施工受土体含水量限制，过低或过高都无法施工。采用强夯法进行施工，大大提高了填土层厚（≤5m），对含水量等因素要求也比较宽松，减轻了人工和机械的劳动强度，可以加快工程进展速度，取得良好的经济效果。

本文结合强夯法在山西省运城—三门峡高速公路的一段高填方路堤的回填加固上的应用，以及在此基础上进行的室内模型试验，对强夯法在公路建设上的设计和应用进行探索。

本文发表于 2002 年 8 月第 23 卷第 4 期《岩土力学》。

本文为运城—三门峡高速公路建设有限责任公司和山西省公路局科研资助项目。

2　试验内容

强夯法的加固效果是土体本身性质和强夯法的工艺参数两方面的因素相互促进与相互制约的共同作用下的结果。在模型设计和制定试验计划时，选择以下与强夯加固范围相关的参数建立方程：单击能 E、锤重 W、落距 h、夯击次数 N、夯点间距、锤底直径 D、干容重 γ_d、含水量 w。试验内容要能反映以上各参数对强夯效果的影响，安排的试验内容见表 1。为了便于说明，以下试验均按折算成原型后的结果表示，不再另加说明。

表 1　模型试验分组

Table 1　Arrangement of model tests

试验编号	夯击能 $E/(\mathrm{kN \cdot m})$		锤重 W/kN		落距 h/m		夯锤直径 D/cm		干密度/$(\mathrm{g \cdot cm^{-3}})$		含水量/%
	原型	模型	原型	模型	原型	模型	原型	模型	原型	模型	
T4001	4000	6.67×10^{-3}	200	1.0×10^{-2}	20	0.667	222	7.4	1.605	1.189	18.13
T4002	4000	6.67×10^{-3}	200	1.0×10^{-2}	20	0.667	222	7.4	1.397	1.035	18.56
T4003	4000	6.67×10^{-3}	200	1.0×10^{-2}	20	0.667	222	7.4	1.416	1.049	16.98
T4004	4000	6.67×10^{-3}	200	1.0×10^{-2}	20	0.667	222	7.4	1.507	1.116	9.95
T200	2000	3.33×10^{-3}	160	8×10^{-2}	12.5	0.417	200	6.7	1.397	1.035	18.61
T600	6000	10×10^{-3}	250	1.25×10^{-2}	24	0.8	245	8.1	1.379	1.022	15.30

3　试验装置

模型试验是在 45cm×45cm×60cm 的模型箱内进行的，模型箱的四壁安装 12mm 的有机玻璃，在玻璃上划出 1cm×1cm 的网格，用于控制布设测点和作为读数显微镜[1]进行坐标读取的参考基准。整个装置见图 1，主要试验仪器为坐标读数显微镜和半模夯锤。模型试验中通过观测埋设在土体内部的测点的运动情况得到土体位移情况。测点用大头针尖（长度<5mm）做成。为满足试验精度的要求，对 15J（JLC）型小坐标测量显微镜加以改制，将显微镜底面旋转 90°，底座套在钢圈上伸出的钢管上，可通过调节螺母和固定螺栓移动和固定钢圈带动显微镜上下移动，使显微镜的测读范围扩大到任意位置。测点在移动前后位置上的 $X-Y$ 坐标读数之差即为其位移。其特点是测量精度高（高达 6μm)、后期数据处理方便，而且它可以直接观测土体内部质点的位移情况，这是其它测量方法所不能做到的。

将夯锤设计成半圆柱形钢锤，在其重心位置设置螺纹孔，用细钢筋旋入形成吊筋，由细线通过滑轮牵引，使半圆柱形夯锤的一侧能贴着试验箱的侧面下落夯击土体。由于它属于轴对称课题，采用半模型试验得出的结论是同样适用的。

模型试验用的土，是从运城—三门峡公路现场取回的黄土状粉质粘土，比重 2.72，塑限 17.2%，塑性指数 11.2，重型击实试验的最优含水量 12.83%，最大干密度 1.92g/cm^3。

4 试验方法

试验过程分为试验仪器的设计与准备、试样制备、装样与测点布设、夯击与测读、数据处理与分析等步骤。

（1）按试验计划制备设计含水量的土样，静置密封24h。

（2）按设计干密度和实际含水量控制每层试样的重量，并进行分层装填，每层厚度2cm，根据最后总装样的质量和体积计算试验的实际干密度。

（3）在不同的深度上，沿宽度方向按一定间距布置测点。

（4）用滑轮将夯锤提到预定高度后，让其自由下落夯击土样。

（5）用读数显微镜测读试样内预先埋设的测点在锤击作用下的位移，并记录各击的夯沉量。

（6）对每一个土体单元，根据夯击前后各点的坐标和位移，计算单元面积 $S_{前}$，$S_{后}$。

（7）根据单元体强夯前后土体的质量守恒，求出夯击后的干密度 $\rho_{后}=\rho_{前}\ S_{前}/S_{后}$。对平面内所有的单元体进行密度计算，便可得到土体的密度场随夯击作用而变化的规律。

（8）根据加固深度的判别标准和密度场得到不同条件下强夯的加固深度。

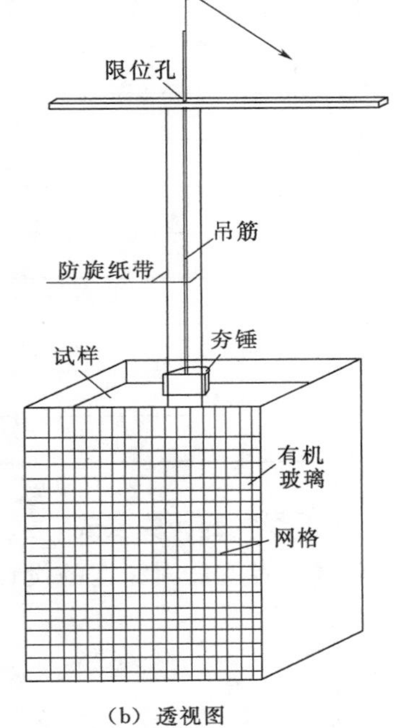

图1 试验装置图

Fig.1 The device of model test

5 试验结果分析

5.1 加固深度的定义

目前强夯加固深度有不同名称，不同学者针对不同的研究对象提出的判别标准也不相同。张永钧[2]将抛石地基强夯处理的加固深度定义为：土体竖向变形量为地表夯沉量5%的深度；张峰[3]假设竖向压缩变形为5%的深度为有效加固深度。从广义上理解，加固深度要表明这部分土体在经过强夯之后，其物理、力学性质得到改善，达到了工程处理的设计要求。

本文提出的加固深度的定义，是为了适应强夯法在公路工程中的应用，按《公路工程质量检验评定标准》（TJT 071—98）对土方路基的压实度 K_c 的要求（90%～95%），并根据土体击实实验的最大干密度，用达到压实要求时的干密度作为加固深度的判别标准。按此标准得出的加固深度见表2，压实度 K_c 按要求取90%。

表 2　　加固深度表

Table 2　　Satisfactory improvement depth

试验编号	击数 N/击	实测值 $H_{实测}$/m	式（2）计算值 $H_{计算}$/m	梅纳公式计算值 $H_{梅纳}$/m
T4001	9	4.20	4.59	5.80
	11	4.50	5.08	
T4002	9	5.15	4.70	5.80
	12	5.70	5.43	
	15	6.55	6.07	
T4003	9	4.20	4.86	5.80
	12	4.80	5.61	
	15	5.40	6.27	
T4004	9	4.65	4.52	5.80
	12	5.70	5.22	
	15	6.30	5.84	
T4001	9	3.75	3.82	4.10
	11	4.20	4.22	
T600	9	5.40	5.47	7.10
	12	6.00	6.32	
	15	7.20	7.07	

5.2　加固深度的计算公式

众多学者就加固深度的设计公式展开了大量的研究[4]。主要有梅纳经验公式及其修正式：

$$H=\alpha\sqrt{Wh/10} \tag{1}$$

式中　α 是针对不同土质的经验系数。

张永钧[2]、张峰[3]、Chaim[5]等和张平仓[6]等根据各种土的强夯试验和理论分析，总结出不同形式的加固深度计算公式。

从表 2 中按梅纳公式计算的加固深度与实测值相比，最大误差值为 1.30m，最小误差值为 0.10m。从上可以看出，加固深度与众多因素有关，仅考虑能级的梅纳公式与实际情况有较大误差。根据对试验结果分析，并根据工程实践考虑以下几点，建立适应于公路工程强夯法的加固深度的设计公式：

（1）设计公式应同时考虑到强夯效应的内因和外因，在量纲上应保持一致；

（2）从工程实践看，锤重和落距对加固深度的影响不是同一级别，提高落距比提高锤重对加固深度的影响程度更加明显；

（3）加固深度是随着击数的增加，从浅层逐渐向深层扩展的。

根据以上对公式形式的判断和设想，由试验结果，对各因子的项次进行拟合，选取与实测值最接近的系数后，得出加固深度的计算公式：

$$H=\sqrt{\frac{W^{\frac{2}{3}}hN}{10D\gamma_d(1-w)}} \tag{2}$$

按此公式得到各组试验的计算深度值如表 2 所示。从试验结果看，除编号 T4003 的一组外，计算结果与实测结果最大相差 0.58m，最小相差 0.02m，代数平均误差 0.07m，绝对平均误差 0.355m，两者符合得很好。

本公式的建立是根据对扰动后的黄土所进行的室内模型试验结果，按压实度标准得出的，适用于压密黄土的强夯加固深度的计算。对于消除黄土湿陷性以及液化等其它作用的评价是否一致，还有待进一步的验证。

5.3 强夯加固深度影响因素分析

（1）夯击能级

虽然在计算公式（2）中未从整体上考虑夯击能级因素，但在相同击数下，随着夯击能级的提升，强夯加固深度的值也逐渐增加（见图 2）。

（2）含水量

从试验结果看，含水量在 9.95%～18.65%之间变动时，加固深度的变化与含水量的关系并不明显。从实际工程应用情况来看，强夯法在含水量较大或者较小的条件下，都能保证相对稳定的压实质量，这也说明强夯对含水量的要求是相当宽松的。

（3）击数与夯沉量

图 3，4 分别为加固深度和夯沉量随着击数的增加逐渐扩展的曲线。从图中可以看出，击数和夯沉量与加固深度之间都有紧密的联系，研究三者的关系，使之形成相互影响的整体，就可以为实现信息化施工提供判断依据。

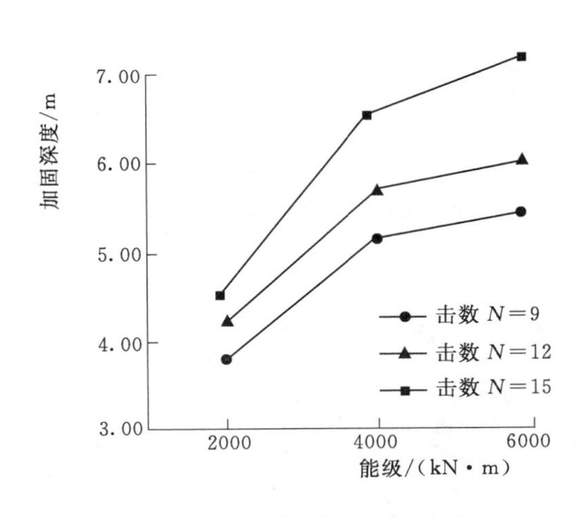

图 2 能级与加固深度 H 关系

Fig. 2 Curves of temping energy and satisfactory improvement depth H

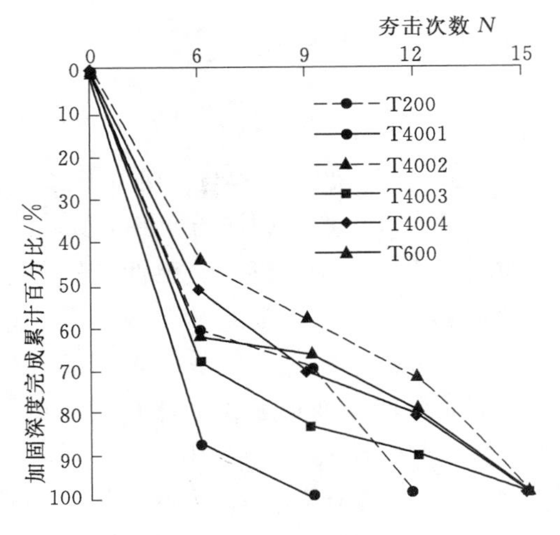

图 3 加固深度增长与击数的关系

Fig. 3 Relationship of H%- N in test

强夯时总夯击能为 WhN，假设强夯时损失的能量为 $\Delta E_{损}$，包括以声波、发热、各种摩擦和阻力造成的能量损耗，加固土体的能量为 $\Delta E_{有效}$，该范围内土体的体积为 V，单位

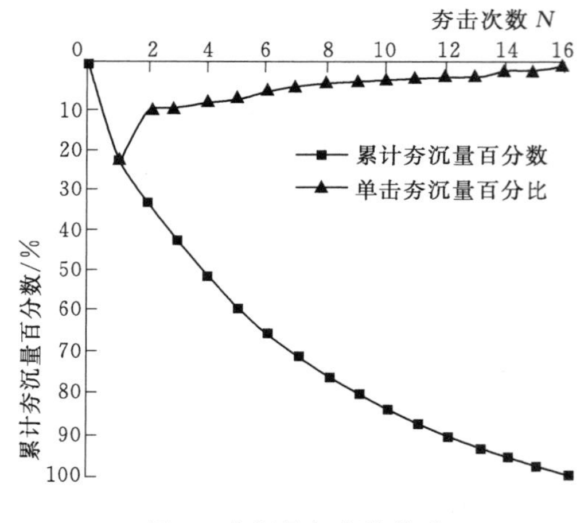

图 4　夯沉量与击数关系

Fig. 4　Relationship of displacement and N

土体达到加固要求时要吸收的能量为 e，则有以下关系：

$$\Delta E_{损}+\Delta E_{有效}=\Delta E_{损}+Ve=\sum E=WhN \tag{3}$$

设 η 为能量效率系数，将夯锤的影响范围等效成以 $b=kD$ 为直径的圆形 k 为折算系数），将加固范围看成以加固深度 H 为高、以面积 $S=\pi b^2/4$ 为顶面的等效圆柱体，则式（3）可写成：

$$WhN-\Delta E_{损}=\eta WhN=SHe \tag{4}$$

则

$$\frac{N}{H}=\frac{Se}{\eta Wh} \tag{5}$$

将加固深度 H 的计算公式（2）代入式（5）：

$$N=\frac{\pi b^2 e}{4\eta Wh}\sqrt{\frac{W^{\frac{2}{3}}hN}{10D\gamma_d(1-w)}}=\frac{\pi k^2D^2 e}{4\eta Wh}\sqrt{\frac{W^{\frac{2}{3}}hN}{10D\gamma_d(1-w)}}=\frac{\pi k^2 e}{4\eta}\sqrt{\frac{ND^3}{10W^{\frac{4}{3}}h\gamma_d(1-w)}} \tag{6}$$

则

$$\sqrt{N}=\frac{\pi k^2 e}{4\eta}\sqrt{\frac{D^3}{10W^{\frac{4}{3}}h\gamma_d(1-w)}} \tag{7}$$

式中　D，W，h，γ_d，w，k 等均为定值，若用系数表示此定值，即

$$K_0=\frac{\pi k^2}{4}\sqrt{\frac{D^3}{10W^{\frac{4}{3}}h\gamma_d(1-w)}} \tag{8}$$

则式（7）可简化为

$$\sqrt{N}=\frac{K_0}{\eta}e \tag{9}$$

从上式可以看出，$\sqrt{N}$与 e 存在正比关系，而 e 与土体的压实状态和变形量有关，不同的压实状态下，产生相同的变形量所需的能量大小是不同的。据此假设土体的变形由三部分组成：土体初始变形 ε_0、弹性变形 ε_e 和塑性变形 ε_p，即

$$\delta\varepsilon=\delta\varepsilon_p+\delta\varepsilon_e+\delta\varepsilon_0 \tag{10}$$

不同阶段产生变形所需的能量按不同的参数计算，将 e 代入式（9）中得

$$\sqrt{N}=K_0 f(\varepsilon) \tag{11}$$

图 5 为各种能级下夯坑深与$\sqrt{N}$的关系曲线，它们之间呈对数关系，其方程可写成：

$$\Delta h=A\ln(\sqrt{N})+B \tag{12}$$

式中　A，B 均为系数，试验结果有关系数见表 3。图 6 为 A 和 B 与初始干密度的关系，

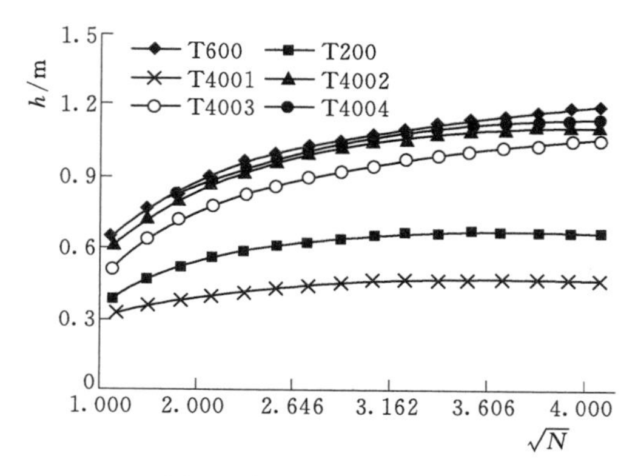

图 5　夯沉量与击数关系

Fig. 5　Relationship of depth of crater and blows

A 和 B 与初始干密度有关，初始干密度越大，A 越大，B 越小。

表 3　　A，B 系数

Table 3　　The factor A and B

编　号	A	B	干密度/g・cm^{-3}
T600	1.695	0.392	1.379
T200	0.848	0.338	1.397
T4001	0.497	0.257	1.605
T4002	1.539	0.400	1.397
T4003	1.826	0.177	1.416
T4004	2.147	0.114	1.507

5.4　强夯机理分析

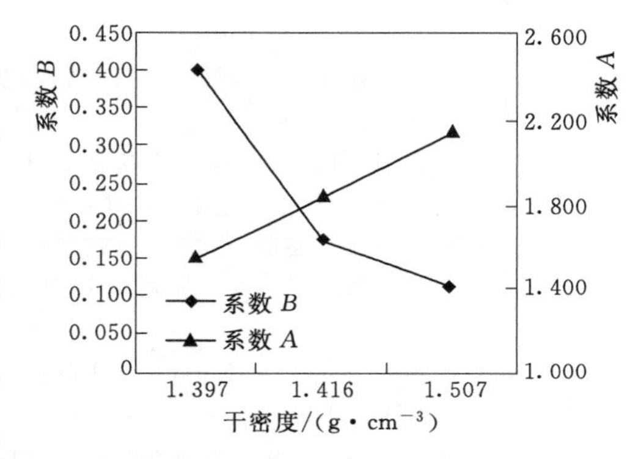

图 6　干密度与系数 A、B 关系

Fig. 6　Relationship of dry density and A，B

根据土体在强夯前后的性质和结构特征，从土体的压实状态将强夯作用的机理分为 4 个阶段：

（1）松散体　这是土体经简单堆积，未经压实的状态，结构松散，在自重下也会发生缓慢的固结变形。

（2）挠动体　土体经强夯后，土体结构框架被破坏，原先松散体中存在的大量的架空结构被瓦解，孔隙中的部分气体被排出，并因此产生一定的变形。此时的土体中仍有大量的孔隙以及充斥其中的孔隙气和孔隙水，与最初的高压缩性、不稳定结构相比，它相对处于一种中压缩性、亚稳定结构的状态中。此阶段土体结构强度很低，因而所需的能量并不多。

（3）加固体　随着夯击能量的继续增加，挠动体的结构遭到完全破坏，颗粒组团受到挤压、破碎作用，开始重新排列和定向，孔隙被压缩，压实度大幅度增加，土体结构强度增长很快，所以土体压实状况的改善需要大量的能量。称此阶段为低压缩性、稳定结构状态。

（4）潜在的破坏体　此时虽然夯击能量继续增加，土体的压实性能不再有明显的增加，压缩变形增量也趋于稳定，呈现饱和状态。此时土体达到超压密性、超稳定结构状态，强度达到最大，呈现出明显的弹塑性材料的性质，继续增加能量则可能使结构彻底遭到破坏，完全丧失强度，因而称为“潜在的破坏体”。

需要指出的是，以上各阶段之间并没有明显的界限，它随着击数的增加，在土体不同深度和广度上依次呈现出不同的状态，是一个连续发展、不断扩大的动态过程。

6　结论与问题

（1）利用读数显微镜对黄土强夯进行了半模试验，对影响强夯效果的内在与外在因素进行了分析，得出了考虑主要因素的加固深度的计算公式；

（2）公式中虽然未使用夯击能级，但试验结果仍然体现出加固深度与夯击能级的正比关系：同时也证明强夯对含水量的要求是比较宽松的；

（3）根据土体在强夯前后的性质和结构特征，从土体的压实状态将强夯作用的机理分为松散体、挠动体、加固体、潜在破坏体4个阶段；

（4）本试验用土的重型击实试验的最优含水量是12.83%，根据电力行业标准《火力发电厂地基处理技术规定》（DL 5024—93）推荐的经验公式，强夯的最优含水量在土体塑限附近（$W_p \pm 3\%$），所以，根据击实试验的最优含水量和它对应的最大干密度来评价强夯处理效果是否合理及如何引入更合理的评价标准，也是今后研究工作的方向之一。

参考文献

[1] 刘祖德，王钊，夏焕良．显微镜位移跟踪法在土工模型试验中的应用［J］．岩土工程学报，1989，11（3）：1-10.

[2] 张永钧，平涌潮，孔繁峰，等．强夯法处理大块抛石地基的试验研究［A］．第三届全国地基处理学术讨论会论文集［C］．北京：中国建筑工业出版社，1992，395-400.

[3] 张峰．碎石土的强夯模型研究［J］．建筑科学，1992，（3）：25-28.

[4] 史光金，常璐，龚晓南，等．软弱地基强夯加固效果评价的研究现状［J］．地基处理，1998，9（4）：3-10.

[5] Chaim J Poran，Jorge A. Rodnuez：Design of dynamic compaction［J］．Canadian Geotechnique J. 1992，29：796-802.

[6] 张平仓，汪稔．强夯法施工实践中加固深度问题浅析［J］．岩土力学，2000，21（1）：76-80.

挡土结构上的土压力和水压力

王　钊[1,2]　邹维列[1]　李广信[2]

（1. 武汉大学土木建筑工程学院，武汉　430072；
2. 清华大学水利水电系，北京　100084）

摘　要： 总结和分析了在静水压力、稳定渗流和超静水压力作用下，挡土结构上水土压力的计算方法，通过实例说明了水土分算与水土合算结果的差异及考虑水的渗流作用和超静孔压力作用对挡土结构上总压力计算的影响，并强调应进行控制挡土结构稳定的临界状态分析。

关键词： 挡土结构；土压力；水压力；渗流；超静孔压力；临界状态

中图分类号： TU432　　**文献标识码：** A　　**文章编号：** 1000－7598－(2003) 02－0146－05

Earth Pressure and Water Pressure on Retaining Structure

WANG Zhao[1,2]　ZOU Wei－lie[1]　LI Guang－xin[2]

（1. School of Civil and Architectural Engineering，
Wuhan University，Wuhan 430072，China；
2. Department of Hydraulic Engineering，Tsinghua University，
Beijing 100084，China）

Abstract： The calculation methods of earth pressure and water pressure on retaining structure in the conditions of hydrostatic pressure，steady seepage，excess pore water pressure，have been analyzed and summarized. Some examples have been given to explain the difference between the methods of separately or integrally estimating water and earth pressures on retaining wall and the effects of seepage and excess pore water pressure on total pressure on retaining structure. Also the critical state analysis of stability of retaining structure has been emphasized.

Key words： retaining structure；earth pressure；water pressure；seepage；excess pore water pressure；critical state

1　前言

在进行挡土结构的设计时，首先须计算作用在结构上的土压力和水压力。力的大小主要取决于挡土结构的高度、土的性质和地下水水位。例如基坑支护结构，墙后土体常常是

本文发表于 2003 年 4 月第 24 卷第 2 期《岩土力学》。
本文为高等学校博士学科点专项科研基金资助项目（No. 1999000336）。

饱和的，存在静水压力，甚至有渗流和超静孔压力的影响。经典的极限土压力理论本是为砂土而发展起来的，所以，对于多样化的实际工程常常不能给出符合实际的结果，尤其是用于粘性土的情况[1]。除了水的影响外，还存在其它一些因素，如土体应力状态和应力路径、三维效应的影响、墙土间的摩擦力等等。本文只考虑土中水对挡土结构上土压力和水压力的影响。

2　静水压力作用下的计算

根据有效应力原理，$\sigma=\sigma_z'+u$，其中 u 可以是静水压力、稳定渗流作用下的水压力和超静孔压力。首先考虑静水压力作用下，挡土结构上土压力和水压力的计算。这里涉及目前我国土力学界争议的一个焦点问题，即水土分算和水土合算问题。为使公式形式简单，只考虑自重应力作用，不计顶面分布荷载，设地下水位与顶面齐平，同时假设符合产生朗肯土压力的条件。

2.1　水土分算

水土分算是指水压力和土压力分开计算，即有效应力 σ_z'将在挡土结构上产生土压力，而孔隙水压力 u 是各向等压的，故直接作用在挡土结构上。根据朗肯土压力理论：

$$\left.\begin{aligned}&p_a=\sigma_z'K_a'-2c'\sqrt{K_a'};K_a'=\tan^2\left(45°-\frac{\phi'}{2}\right)\\&p_p=\sigma_z'K_p'+2c'\sqrt{K_p'};K_p'=\tan^2\left(45°+\frac{\phi'}{2}\right)\\&\sigma_z'=\gamma'z;p_w=u=\gamma_wz\end{aligned}\right\}\tag{1}$$

式（1）为完全的水土分算。但由于实际工程中较难确定 u 和有效应力强度指标 c'和 ϕ'，往往采用一般形式的水土分算，即

$$\left.\begin{aligned}&p_a=\sigma_z'K_a'-2c\sqrt{K_a},K_a=\tan^2\left(45°-\frac{\phi}{2}\right)\\&p_p=\sigma_z'K_p+2c\sqrt{K_p},K_p=\tan^2\left(45°+\frac{\phi}{2}\right)\\&\sigma_z'=\gamma'z;p_w=u=\gamma_wz\end{aligned}\right\}\tag{2}$$

式中　K_a 和 K_p 分别为主动和被动土压力系数；z 为计算点至填土顶面距离；u 只是包含静水压力（包括渗流中的水压力），而将难以确定的超静孔压力的影响包含在 c 和 ϕ 中，根据应力路径的不同可采用固结不排水或不排水强度指标。

2.2　水土合算

采用水土合算计算＋土压力时考虑土体自重的总应力 σ_z，不再计及水压力影响，即土压力中包含了水压力。公式为

$$\left.\begin{aligned}&p_a=\sigma_zK_a-2c\sqrt{K_a};K_a=\tan^2\left(45°-\frac{\phi}{2}\right)\\&p_p=\sigma_zK_p+2c\sqrt{K_p};K_p=\tan^2\left(45°+\frac{\phi}{2}\right)\\&\sigma_z=\gamma_{sat}z;p_w=0\end{aligned}\right\}\tag{3}$$

比较水土分算和合算的计算式（1）和式（3），考虑到 $\gamma_{sat}=\gamma'+\gamma_w$，式（3）中相当

于将各向相等的水压力 $\gamma_w z$ 也乘以土压力系数，这和式（1）显然是不相同的。

对于无粘性土，不计总应力和有效应力强度指标的差别，因 $K_a \leqslant 1$，$K_p \geqslant 1$，故合算减小了墙后的水压力，也就减小了总压力；同时，增大了墙前的水压力和总压力。

对粘性土，虽然 $K_a \leqslant 1$，$K_p \geqslant 1$，即合算和分算对水压力的影响同无粘性土，但因总应力和有效应力强度指标的差别，很难判断哪种算法的总压力大。下面用实例提供的强度指标进行计算比较（见算例 1）。

对于饱和粘土，$c=c_u$，$\phi_u=0$，即 $K_a=K_p=1$，这时，虽式（1）和式（3）形式相同，但因二者自重应力和抗剪强度不同，运用两式仍然得到不同的结果。

水土分算是基于有效应力原理，假设土体中颗粒是碎散的，孔隙水是完全连通和可流动的。因此，水土分算应用于无粘性土无疑是正确的，但对于粘性土，因颗粒表面存在着结合水膜，孔隙水压力是否等于静水压力，值得疑问。例如：

（1）土的饱和度小于 100%时，孔压系数 B 小于 1.0，静水压力系数也应小于 1.0。

（2）在粘性土渗流试验中，由于结合水束缚了颗粒间的自由水，只有当水力坡降大于起始水力坡降时，水才能流动。所以有可能不传递静水压力。

因此，对粘性土也有采用水土合算的，并采用总应力强度指标，采用水土合算的其它原因还在于，孔隙水压力的变化规律不易搞清，且有效应力强度指标难于测定。此外，水土合算已积累了较丰富的经验。但因水土合算忽略了水压力计算，故不能求解浮力和扬压力问题。

算例 1：有一墙背铅直光滑的挡土墙，墙高 6m，地下水位在墙顶。已知[2]：填土饱和重度 $\gamma_{sat}=20\text{kN/m}^3$，$c'=6\text{kPa}$，$\varphi'=27°$，$c_{cu}=10\text{kPa}$，$\varphi_{cu}=18°$，取 $\gamma_w=9.8\text{kN/m}^3$。现分别用式（1），（2），（3）计算此挡墙墙背的主动土压力、水压力和总压力。计算结果见表 1。

表 1　水土分算与水土合算的比较

Table 1　The comparison between separately and integrally estimating water and earth pressures

单位：kN/m

公式	土压力	水压力	水土压力总和
(1)	31.9	176.4	208.3
(2)	29.3	176.4	205.7
(3)	112.9		112.9

从计算结果可以看出，用式（1）和式（2）分别计算的墙背总水土压力相差不大，但与式（3）的结果相比较，水土合算比水土分算小得多。这是因为水土合算时，不排水强度的粘聚力较大，即临界深度 $z_0=2c/(\gamma\sqrt{K_a})$ 较大，在临界深度范围内不计水压力的影响：而分算时，在临界深度内须计算水压力，故分算远比合算大。

3　稳定渗流情况下的计算

在降雨入渗、基坑开挖和人工降水等情况下，土中渗流产生的渗透力作用在土骨架上，将改变挡土结构上的土压力；同时，渗流的水头损失改变了结构上的水压力。为简化问题，仅考虑稳定渗流情况。

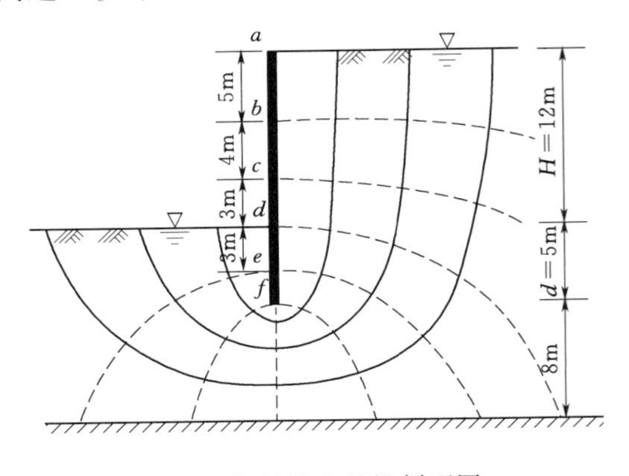

图1　板桩墙和基坑剖面图
Fig. 1　The profile of sheet pile wall and foundation pit

取图1所示基坑为例，用水土分算的方法，计算板桩墙前后的土压力和水压力。

板桩墙af位于均匀无粘性土层中（$c=0$），墙前后的水位分别在坑底和地表。这时应绘制流网，计算渗透力和水压力。一种简单的方法是假设墙附近的渗透力都沿竖直方向，即墙后渗流向下，墙前向上，渗径沿板桩的轮廓线。这样，可用朗肯理论结合渗透力来计算土压力的强度：

$$\left.\begin{aligned}&墙后\quad p_a=(\gamma'+i\gamma_w)zK_a\\&墙前\quad p_p=(\gamma'-i\gamma_w)zK_p\end{aligned}\right\}\tag{4}$$

水压力可根据墙上各点 i 在流网中的位置应用式（5）计算

$$u_i=\gamma_w\left(z_i-H\frac{N_i}{N}\right)\tag{5}$$

式中　z_i 为计算点在顶面以下的深度；H 为墙前后总水头损失；N 为流网总的等势线间隔数；N_i 为从土表到计算点之间的等势线间隔数。

在计算土压力时水力坡降 i 的计算方法有两种：一是运用流网，沿板桩墙第 i 个网格的水力坡降 $i=H/Na_i$，a_i 为第 i 个网格沿流线方向长度。因各网格 a_i 是变化的，不能直接代入式（4）计算。解决的办法是分别计算出各网格渗流所指向的边在渗透力作用下产生的压力，$p_i=i\gamma_w a_i b_i/b_i=H\gamma_w/N$，$b_i$ 为第 i 个网格沿等势线方向的长度。可见 p_i 是常数，即不随网格大小而变化，但每经过一个网格时应将前一个网格的压力迭加；第二种计算 i 的近似方法是取平均值，即 $i=H/(H+2d)$，d 为板桩墙在坑底下的埋深。

现用第一种计算 i 的方法计算图1所示板桩墙墙前和墙后的土压力和水压力分布。

算例2：板桩墙墙高12m，深入坑底5m，水位分别与墙顶和坑底齐平，形成稳定渗流。已知土体参数 $\varphi=30°$，$c=0$，$\gamma'=10\text{kN/m}^3$，并取 $\gamma_w=9.8\text{kN/m}^3$。计算过程如下：

$$k_a=\tan^2\left(45°-\frac{30°}{2}\right)=0.333$$

$$k_p=\tan^2\left(45°+\frac{30°}{2}\right)=3.0$$

为简化计算假设墙绕墙底转动，则墙后作用力为主动土压力，墙前为被动土压力。

绘制流网，$N=9$，总水头损失为 $H=12\text{m}$。用式（4）和式（5）计算墙前后与等势线交点处的土压力强度和水压力，结果列于表2。

为了和稳定渗流情况比较，还计算了无渗流情况。例如板桩墙深入不透水层，对应板桩墙上 $a\sim f$ 点的水、土压力，计算结果也列于表2。表中还列出各点水压力和土压力的总和。根据表2数据绘制稳定渗流和无渗流情况下土压力、水压力、和总压力的分布如图2所示。

表 2　　板桩墙各点的土压力和水压力分布

Table 2　The distribution of earth pressure and water pressure on sheet pile wall

计算点号	深度 z_i /m	土压力/kPa				水压力/kPa				水土压力总和/kPa			
		无渗流		有渗流		无渗流		有渗流		无渗流		有渗流	
		p_a	p_p	p_a	p_p	u_i 墙后	u_i 墙前	u_i 墙后	u_i 墙前	墙后	墙前	墙后	墙前
a	0	0		0		0		0		0		0	
b	5	16.65		21.00		49.00		36.00		65.65		57.00	
c	9	29.97		38.67		88.20		62.10		118.17		100.8	
d	12	39.96	0	53.01	0	117.60	0	78.50	0	157.56	0	131.5	0
e	15	49.95	90.00	67.36	50.80	147.00	29.40	94.90	42.50	196.95	119.4	162.3	93.30
f	17	56.61	150.00	78.36	71.60	166.60	49.00	101.3	75.13	223.21	199.0	179.7	146.7

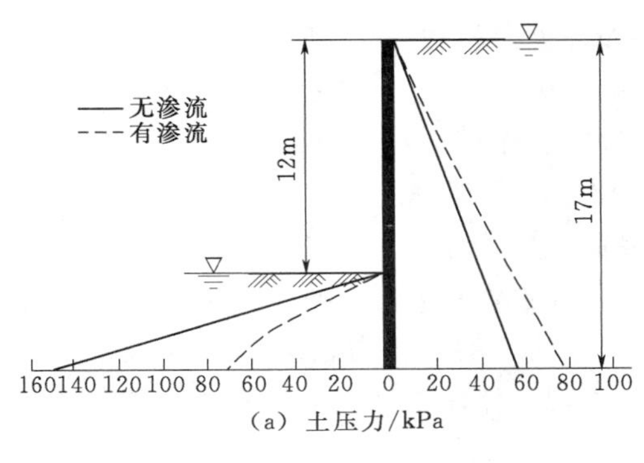

(a) 土压力/kPa

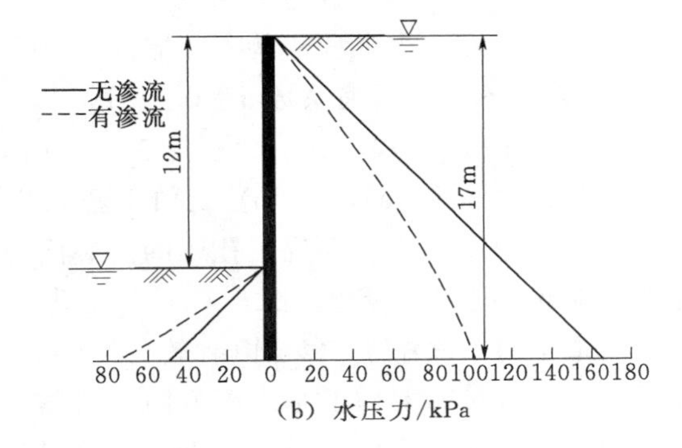

(b) 水压力/kPa

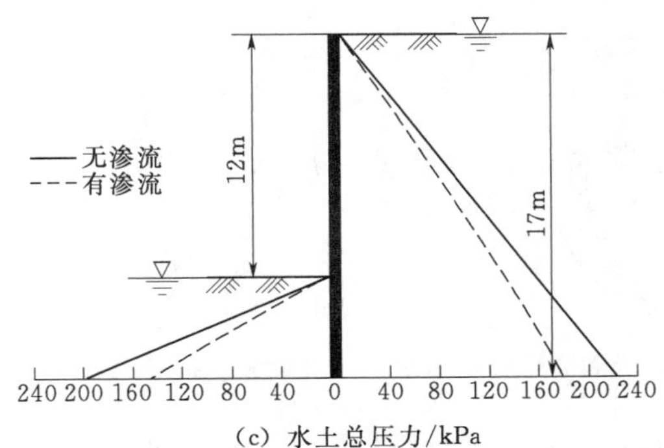

(c) 水土总压力/kPa

图 2　板桩墙考虑稳定渗流和不考虑渗流时的压力分布比较

Fig. 2　The comparison of pressure distribution on sheet pile wall between considering steady seepage and without seepage

由图 2 和表 3 可以得到以下结论，即考虑渗流作用后：

(1) 墙后主动土压力增大，而墙前被动土压力减小；

(2) 渗流将改变墙前和墙后的孔隙水压力，使墙后水压力减小、墙前水压力增大，在墙底 f 点，虽墙前后水压力仍不平衡，但差值减小，该差值是因绕流水头损失引起的；

（3）墙后和墙前总水土压力均减小，其差值也减小。

从这个算例可见，因墙后向下和墙前向上的渗流，对板桩墙的稳定是有利的。应说明的是，墙前填土一般没有达到被动极限平衡状态，工程设计中，常将被动土压力折减，例如，可将被动土压力系数除以 1.1～1.5 的系数后，再进行上述计算。

另一种稳定渗流的情况是人工降水，设置在支护桩外侧的井点系统稳定抽水，这时，支护桩后渗流向下，桩前渗流水平指向桩，渗流对桩的稳定是有利的。

4　有超静孔压的水土压力计算

在粘性土填土情况下，挡土结构物后可能产生正的超静孔压；在粘性土地基中开挖，则可能在墙后地基土中产生负的超静孔压。不同条件下，这种超静孔压不断渗流固结，孔压生成和消散，相应的墙上的总水土压力将发生变化。所以有超静孔压的情况属于非稳定渗流计算。有效应力分析可反映这一变化过程，并找到临界状态（水土压力最大）。如用总应力分析，则应选择合适的强度指标。

现分析这样一个工程实例[4]。墙高 $H=5.0\text{m}$，表面超载 $q=30\text{kPa}$，土的渗透系数为 $K=1\times10^{-6}\text{cm/s}$，压缩系数 $a=0.2\text{MPa}^{-1}$，$c=0$，$\phi=30°$，$\gamma=19\text{kN/m}^3$。墙后填土为上下排水，而土分 10 层填筑，每层施工 8 小时。竣工后作用均布荷载 q 之后 24 小时的超静孔压的分布见图 3（a）。3（b）是由于基坑开挖引起的负超静孔压等孔压线分布。用库仑土压力理论的图解法，发现正孔压的滑裂面与墙面夹角大于 $45-\phi/2$；负孔压时，滑裂面与墙面夹角小于 $45-\phi/2$。图 3（c）为正孔压情况的主动土压力。图 3（d）为负孔压情况的主动土压力。其中 p_{a2} 表示由有效自重应力 σ_z' 引起的主动土压力；p_{a1} 是滑裂面上的超静孔压的水平分量，实质上是水平方向的渗透力，表现为作用在墙上的主动土压力。二者之和为墙上总的主动土压力 p_a。可见有负孔压时主动土压力明显减少。

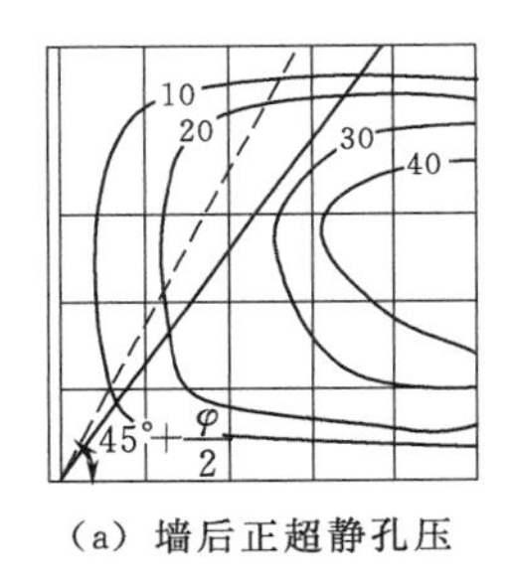

（a）墙后正超静孔压

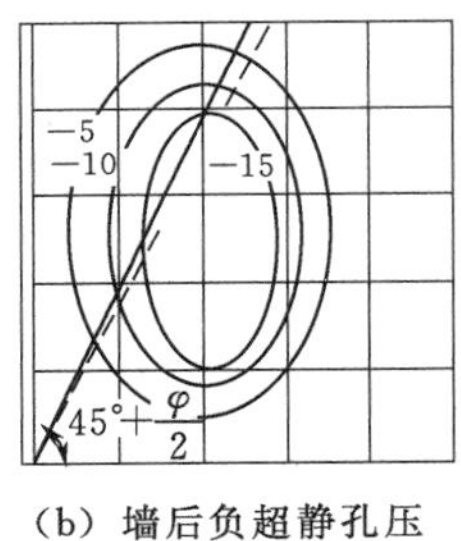

（b）墙后负超静孔压

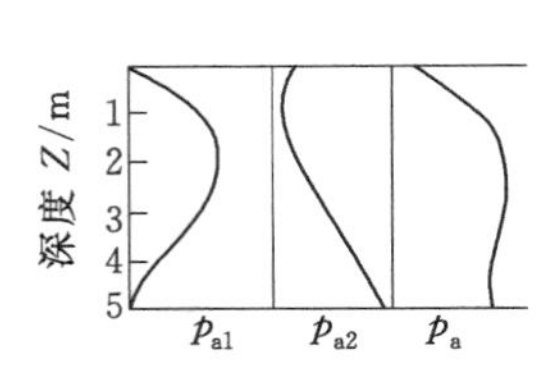

（c）正孔压时的主动土压力分布

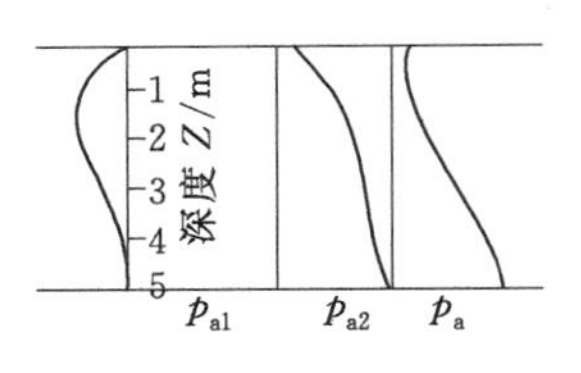

（d）负孔压时的主动土压力分布

图 3　超前孔压分布与挡土墙土压力分布图（单位：kPa）

Fig. 3　Distribution of earth pressure and excess pore water pressure on retaining wall（kPa）

从上面的分析可见，对于粘性填土挡土墙，土中孔隙水压力随填土的增高而增大，竣工时孔隙水压力最大，这时为临界状态，可选用不排水强度指标，按总应力分析法计算安全系数，如果竣工时是安全的，其它时刻也是安全的。对于基坑开挖，伴随小主应力的减小，土体卸载膨胀，将产生负的孔隙水压力，开挖至坑底时，负孔隙水压力最大，这时安全系数最大。挖方结束后，负值消失，并且逐渐上升，故安全系数逐渐下降，因此，用总应力分析不能求得临界状态，应该用有效应力法分析开挖后长期的稳定性。

5 结语

在静水压力、稳定渗流和超静水压力作用下，挡土结构上水、土压力都将发生变化。本文通过算例和分析得到以下结论：

（1）水土分算在概念上十分清楚，对砂性土用水土分算一般也没有争议，但对粘性土在工程设计中究竟采用水土分算还是水土合算并不统一，本文通过算例说明水土分算总侧压力较大的原因是考虑了临界深度范围的水压力。

（2）渗流作用使墙后主动土压力增大，水压力减小，墙前被动土压力减小，水压力增大。

（3）渗流作用后，墙后和墙前总侧压力均降低，且墙后和墙前总侧压力之差减小，这对板桩墙的稳定是有利的。

（4）流网是挡土结构稳定渗流作用下，墙后和墙前水土压力计算的得力工具。

（5）填土产生正的超静孔压使挡土结构总的土水压力增大，开挖引起负的超静孔压使挡土结构总的土水压力减小。但随时间推移，正负超静孔压会逐渐消散，所以应根据具体的工程问题，分析孔隙水压力变化，找出最危险的临界状态，选用合适的强度指标进行稳定分析。

参考文献

[1] 沈珠江. 基于有效固结应力理论的粘土土压力公式 [J]. 岩土工程学报，2000，22（3），353-356.

[2] 冯国栋. 土力学 [M]. 北京：水利电力出版社，1986，125.

[3] 陈愈炯，温彦锋. 基坑支护结构上的水土压力 [J]. 岩土工程学报，1999，21（2），139-143.

[4] 李广信. 挡土结构上的土压力与超静孔压力的关系 [J]. 工程力学，1999（增刊），507-512.

三峡库区某滑坡的稳定性分析与评价

张　彬[1]　王　钊[1]　彭亚明[2]　彭良泉[3]

（1. 武汉大学土木建筑工程学院，湖北武汉　430072；
2. 重庆市丰都县国土局地质灾害监测站，重庆丰都　408200；
3. 长江水利委员会设计院，湖北武汉　430010）

摘　要： 结合试验资料，通过已知稳定状态的边坡反演其滑移面的抗剪强度指标，是进行边坡稳定性评价的一种重要方法。在研究三峡库区某滑坡的工程地质条件及滑坡体基本特征的基础上，分析了诱发坡体失稳的主要因素，评价了边坡的稳定性；基于边坡稳定性反演分析原理，进行了滑移面抗剪强度参数的反演计算，研究了各参数的敏感性。研究结果表明：该滑坡体当前处于极限平衡状态；抗剪强度参数 c、φ 对边坡稳定性的影响均很显著，其中 φ 的显著性强于 c。最后得出参数的建议值为 $\varphi=10.0°$，$c=10.0$kPa。

关键词： 滑坡观测；边坡稳定性；反演分析；三峡水利枢纽

中图分类号： P642.22　　**文献标识码：** A　　**文章编号：** 1001－4179（2003）04－0014－03

1　概述

三峡库区地形地质条件复杂，滑坡、危岩等地质灾害频繁，给库区的移民建镇带来了极大的危害。因此对该地区已有的边坡开展稳定性评价，并及时采取治理措施，显得尤为重要。本文研究的滑坡工程位于三峡库区丰都县新城小区长江左岸绸厂至星火小学一带，地理坐标东经 107°43′、北纬 29°53′，滑坡面积约 5414.4m^2。该滑坡于 2001 年 10 月 11—12 日发生滑动变形，在绸厂至星火小学一带相继出现裂缝，引起了当地政府的高度重视。

2　工程地质条件概况

2.1　自然地理及地形地貌

丰都县属亚热带季风气候区，夏季高温、多雨，冬季寒冷、少雨；年平均降水量 1207.8mm，区内长江年均径流量 4258 亿 m^3。滑坡区地形属缓坡，地势北高、南低，临江峰顶高程 235～310m，坡度多为 15°～30°，局部见陡崖，邻近江边见基岩出露。

2.2　地层岩性

工程区域主要出露的地层有：侏罗系上统遂宁组第 1 段（J'_{3S}）地层，该段岩石按岩性分为 4 层，区内见两层，岩性为褐红色泥岩夹紫红色粉砂岩及灰白色长石石英砂岩；上

本文发表于 2003 年 4 月第 34 卷第 4 期《人民长江》。

部为第四系残坡积物（Q_4^{el+dl}）和人工堆积物（Q_4^{ml}）。

2.3 地质构造及地震

滑坡区位于丰都向斜近轴部，未见断层和次级褶皱。岩层产状为：倾向 40°～70°，倾角 8°～12°。斜坡岩体裂隙发育，主要见两组裂隙：①走向 70°～80°，倾向 SE，倾角50°～85°，长度多大于 5m，占统计总数的 59%；②走向 350°～360°，倾向 NE，倾角大于 70°，长度多小于 0.3m，占统计总数的 18%，其中第 2 组裂隙受第 1 组限制。工程区属相对稳定的弱震环境，地震基本烈度为Ⅵ度。

2.4 水文地质条件

滑坡区主要赋存裂隙水和孔隙水两类地下水，其中裂隙水赋存于厚层砂岩裂隙中，隔水底板为泥岩；孔隙水主要埋藏于松散堆积物中，埋深 1.3～10.4m。砂岩中风化裂隙发育，中等透水，泥岩透水性较差；野外对粘土夹碎石进行现场注水试验，测得其渗透系数（K）多小于 10^{-5}cm/s，室内渗透试验测得其渗透系数为 18×10^{-7}～5.07×10^{-8}cm/s，属极弱透水层。

3 滑坡体的基本特征研究

3.1 滑坡体的空间形态

该滑坡体位于丰都县新城小区文化街绸厂地段，其范围西起星火小学运动场，东至绸厂车间，宽约 85m。前缘以挤压鼓胀裂缝为主，剪出口高程 197m；后缘位于 ZK19 孔一带，高程 217.5m。滑坡体纵长约 110m，面积约 5414.4m^2，体积约 $5.7\times10^4m^3$；滑坡体厚度一般在 4.3～19.20m 之间，平均厚度 10.50m，该滑坡为松散堆积体滑坡。

依据设计方案，拟在该滑坡体上修建公路，设计路面高程为 221.66～228.66m，道路外缘修筑挡土墙，拟进行填土堆坡建路堤，挡土墙已于 2001 年 10 月建成，墙顶高程 210.7～216.6m，其后坡体发生变形，墙体出现剪切缝。依据现场勘察资料，该滑坡体的滑面（滑床）为基岩顶界面，前缘滑面反翘，倾角－7°，中部滑面倾角 24°。后缘受羽列状裂缝控制，滑面倾角大于 50°，剖面上呈圆弧形。

3.2 岩土体的物理力学参数

按其成因的不同，滑坡体主要由残坡积物和人工堆积物组成，滑坡的底界为基岩。残坡积物主要为紫红色粘土夹泥岩、岩屑砂岩块碎石，后者含量 10%左右，厚度一般 1.20～13.20m，最厚 15.3m。人工堆积土，多分布于建筑物区和回填区，主要为紫红色、黑灰色粘土夹碎石，结构松散，厚度一般 1.20～13.5m，最厚 21m。依据现场测试及室内土工试验得到该滑坡岩土体的物理力学参数如表 1、表 2 所示。

3.3 滑坡体的变形特征

滑坡体在坡顶加载（人工堆土）的作用下，原有应力平衡状态遭到破坏，在降雨条件下，滑带上的孔隙水压力加大、抗滑力减小，从而诱发了坡体的滑动。其变形特征表现如下：绸厂车间内侧墙体附近的地面出现挤压鼓胀裂缝，长约 20～60m，缝宽 0.1～2.0cm，地面鼓胀隆起高度 1～15cm，最高达 29cm，墙体和砖柱均见裂缝，星火小学内也见多处

表 1　　滑坡土体物理力学性质指标统计（粘土夹碎石）

指标	含水量/%	天然密度/$(g \cdot cm^{-3})$	孔隙比 e	塑限 P_L/%	液限 W_L/%	压缩模量 E_s/MPa	内聚力 c/kPa	摩擦力 φ/(°)	承载力标准值/kPa
平均值	21.3	1.96	0.629	21.19	33.10	6.44	31.50	13.87	
标准差	1.84	0.088	0.037	3.943	3.168	1.299	5.23	3.364	200
修正系数	0.918	0.967	0.951	0.860	0.921	0.750	0.750	0.821	
标准值	19.55	1.895	0.598	18.27	30.48	4.83	23.64	11.38	

表 2　　滑坡岩体物理力学性质指标统计

岩石名称	指标类型	物理指标		强度指标				变形指标		
		容重/$(kN \cdot m^{-3})$	含水率/%	抗压强度/MPa	抗拉强度/MPa	抗剪强度/MPa		变形模量/GPa	弹性模量/GPa	泊松比
						f	c			
泥岩	平均值	2.504	5.052	8.214	0.750	0.770	2.300	0.490	0.535	0.322
	标准差	0.048	0.935	1.841	0.133	0.014	0.283	0.076	0.084	0.033
	标准值	2.476	4.467	7.062	0.640	0.737	1.628	0.442	0.483	0.302
钙质砂岩	平均值	2.650	0.807	31.467	2.240	0.942	6.9	1.630	1.890	0.353
	标准差	0.10	0.006	3.009	0.030			0.115	0.090	0.021
	标准值	2.635	0.798	26.943	2.195			1.457	1.755	0.322

注　抗剪强度指标按最小二乘法统计求得。

裂缝；ZK14 孔附近的挡土墙及桩基承台，见多处拉裂缝，缝宽 0.1～1.0cm，最大缝宽达 1.6cm，裂缝顺墙体延伸高度 3～5m；此外，在挡墙折部内侧，见平行于挡墙的羽状裂缝。

4　滑坡的稳定性分析与评价

在进行边坡稳定性的定量评价时，常用的分析方法包括：剩余推力法（Spush）、Sarma 法、Janbu 法、Bishop 法等，这些方法的共同特点是需要输入准确的计算参数以保证其计算精度。然而，仅依靠试验资料是很难达到要求的；应用滑坡反演分析原理，基于滑坡现状反算滑移面的抗剪强度参数则能有效地满足上述要求[1,2,3]。

4.1　诱发边坡失稳的因素分析

滑坡所在区域，原地形为残坡积物组成的自然斜坡，坡角 15°～20°，无滑坡体分布，斜坡稳定。诱发边坡失稳的主要因素是后期的人为改造。由于当地城市发展的需要，在该地段规划了新城小区，并拟在绸厂后坡修建公路，工程于 2000 年开工，2001 年 10 月修筑了桩基承台基础的条石挡土墙，其后回填土方 3 万余方，2001 年 10 月 12 日发现边坡变形，区内出现多处裂缝。可见，坡体的后缘及中部堆放土体，加大了荷载，破坏了斜坡原有的应力平衡状态，直接导致了边坡的失稳变形。

同时，后期的人为改造破坏了坡体原有的地表水、地下水的流态，而排水设施不利，加之持续不断的秋雨，土体处于饱水状态，孔隙水压力增高，岩土力学指标降低，诱发并加剧了坡体的滑动。

4.2 滑坡稳定性的反演分析

在滑坡原因分析及滑坡治理设计中，边坡稳定性反演分析起着十分重要的作用。反演分析工作的意义不仅在于弄清滑坡原因，而且它还是确定滑面抗剪强度参数，为滑坡治理设计提供计算指标的重要手段。

4.2.1 滑坡反演分析的基本原理

基于土体极限平衡理论，滑坡反演分析遵循如下两条基本原理[3]：

原理一。当荷载条件和滑面抗剪参数与滑坡时的实际情况一致时，边坡的理论最小安全系数接近 1 而略小于 1。

原理二。当荷载条件和滑面抗剪参数与滑坡时的实际情况一致时，边坡的理论最小安全系数接近 1 而略小于 1 的对应最危险滑面，必与滑坡利的实际滑动面一致。

4.2.2 滑坡稳定性的正演验算

依据试验参数的统计指标，滑坡体的天然重度取 18.95kN/m^3，饱和重度取 22.0kN/m^3，抗剪强度参数取 $\varphi=11°$，$c=23$kPa，计算得边坡的稳定系数为 $F_s=0.98$。采用改进一次二阶矩法（JC 法），进行滑坡稳定性的可靠度分析，考虑抗剪强度参数的相关性以及不同的参数分布模型，通过可靠性分析程序计算可得该边坡的可靠度指标为[4]：$\beta\approx2.45$，该值小于目标可靠度指标 $\beta\approx2.70$。综合分析上述两种计算结果，表明当前边坡处于极限平衡状态，这与实际现状——边坡发生了变形但未发生滑动，十分吻合。

4.2.3 抗剪强度参数的反演计算

基于当前边坡处于极限平衡状态的现状，应用上述的反演分析原理，采用剩余推力法边坡稳定分析程序，选取滑坡主滑剖面进行覆盖层与基岩接触面抗剪强度参数的反演计算。计算过程中考虑土体自重、孔隙水压力、地表建筑荷载、动静水压力等，地下水以上土体自重用天然重度，地下水以下土体自重用饱和重度，取值同上。依据初步试验资料提供的 c、φ 指标分别乘以一定的折减系数，形成不同的组合序列，带入程序计算对应的稳定系数，计算成果如图 1、图 2、图 3 所示。

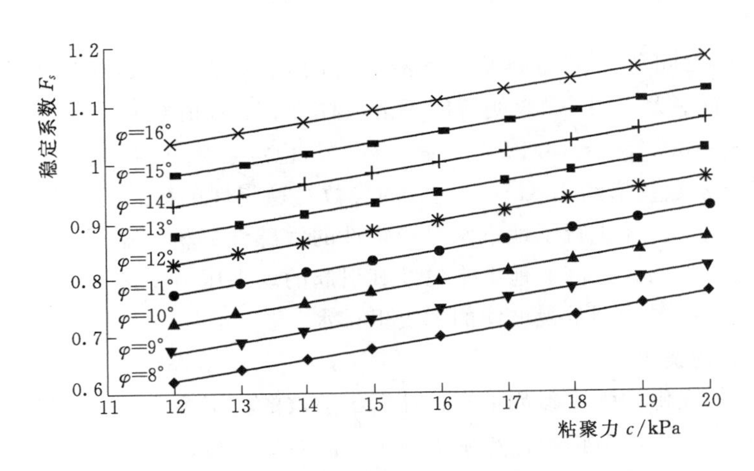

图 1 参数反演成果—F_s－φ－C 关系曲线

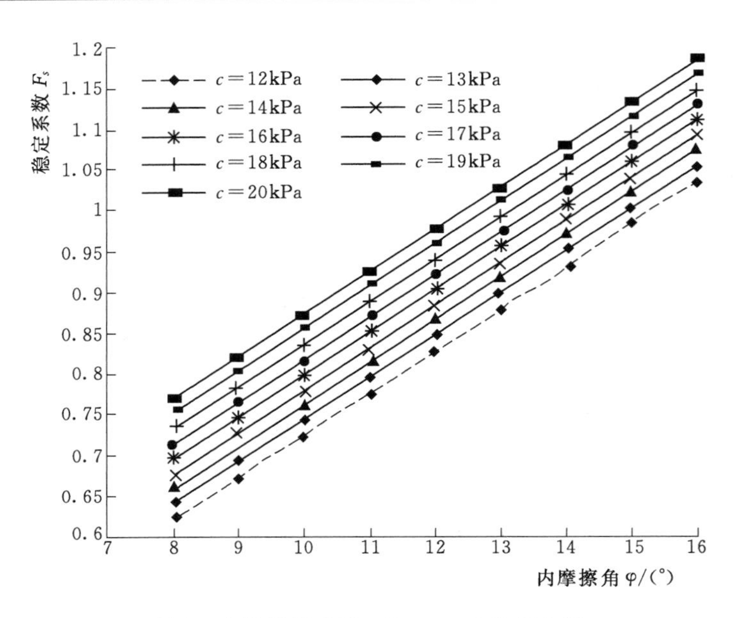

图 2　参数反演成果—F_s-φ-C 关系曲线

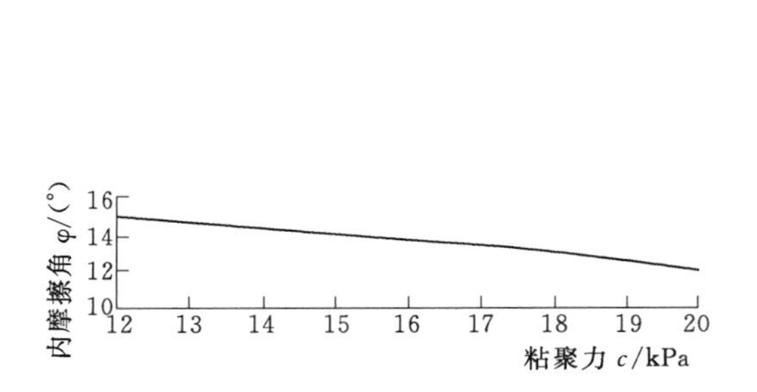

图 3　参数对稳定性的敏感性分析曲线（F_s=0.98）

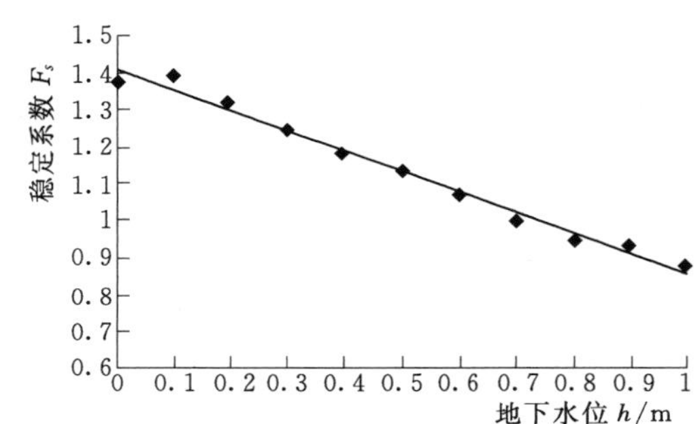

图 4　地下水位对稳定性的敏感性分析曲线

分析图 1、图 2 可知，滑动面及可能滑动带的 c、φ 值对稳定系数的影响均很显著；其中图 2 的曲线斜率大于图 1，表明就同一滑坡体而言，φ 值对稳定系数的影响较 c 更为显著。比如在 φ=13.5°，c=16kPa 处，φ 升高 1°，稳定系数 F_s 约提高 6.21%；而若 c 值提高 1kPa，稳定系数仅增约 1.81%。图 3 的参数对稳定性的敏感性分析曲线也较好地反映了上述规律。此外，还进行了地下水对稳定性的敏感性分析，见图 4，结果表明，地下水位的影响是很显著的，过高的地下水位及其引起的动水压力将是诱发边坡失稳的主要因素，因此实际工程中要特别重视坡体的“表里排水”。

4.2.4　强度参数的提出

依据试验资料提供的强度参数指标，计算了边坡的稳定系数；基于当前坡体处于极限平衡状态的现状，在反演分析中计算了 F_s=1.0 时对应的参数指标；最后，结合工程经验提出了反演分析的强度参数建议值，计算结果见表 3。经分析计算在 φ=13.5°，c=16kPa

时，各土条的推力分布如图 5 所示。

表 3　　强度指标的计算成果

项　　目	粘聚力 c/kPa	内摩擦角 φ/(°)	稳定系数 F_s
试验指标	23.0	11.0	0.98
反演指标	16.0	13.5	1.0
建议指标	10.0	10.0	

4.3　边坡的稳定性评价

综合上述分析，可见该边坡在后期的人为改造、加载、地下水作用等因素的影响下，坡体沿第四系覆盖层与基岩面发生滑动，后经削坡减载，当前边坡处于极限平衡状态。因拟建公路，在坡体后缘堆载，将加剧边坡的滑动破坏；因此，需及时采取必要的工程措施加以治理。

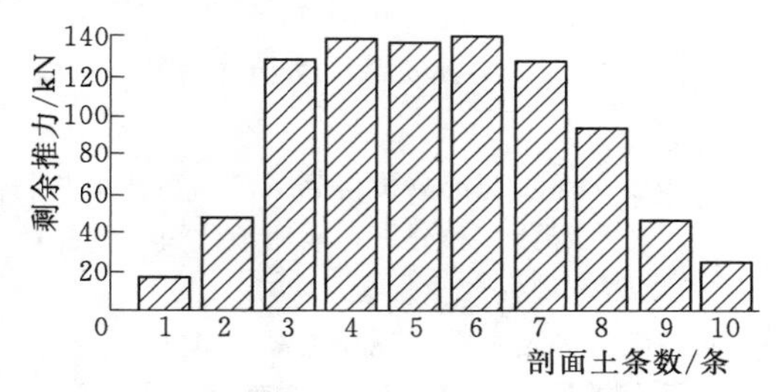

图 5　下滑推力的反演计算成果
(φ=13.5°、c=16kPa)

5　结论

（1）丰都新城小区文化街滑坡为一松散堆积层滑坡，滑坡所处区域地壳相对稳定，地震烈度为Ⅵ度。

（2）诱发边坡失稳的主要因素为：后期人为改造、加载及地下水作用等。

（3）经削坡减载，当前边坡处于极限平衡状态，但坡顶堆载将加剧边坡的滑动破坏。

（4）反演分析结果表明：滑移面的抗剪强度参数 c、φ 对边坡稳定性的影响均很显著，其中 φ 的显著性强于 c；此外地下水位的变化对边坡稳定性的影响也很显著；最后得出参数的建议值为 φ=10.0°，c=10.0kPa。

参考文献

[1]　苏生瑞，李同录，毛彦龙，等．连云港核电站高边坡稳定性评价与设计．岩石力学与工程学报，2000，19（1）．

[2]　张倬元，王士天，王兰生．工程地质分析原理．北京：地质出版社，1994.

[3]　张天宝．土坡稳定分析和土工建筑物的边坡设计．成都：成都科技大学出版社，1987.

[4]　祝玉学．边坡可靠性分析．北京：冶金工业出版社，1993.

单井现场测量渗透系数

王　钊[1,2]，庄艳峰[1]，李广信[2]

（1. 武汉大学土木建筑工程学院，湖北武汉　430072；
2. 清华大学土木水利学院，北京　100084）

摘　要： 通过理论分析得到了渗透系数单井测试法的表达式，并用坝后单个探井测得的数据进行计算和分析，表明该法可以简化渗透系数测量过程，对实际工程应用具有一定指导意义。

关键词： 渗透系数；现场测量；单井

中图分类号： P641.73　　**文献标识码：** A

Abstract: Based on the theoretical analysis the formula for the method of single well to measure the coefficient of permeability is presented. The calculation and analysis of the coefficient according to data from a test pit behind a dam show that the said method is greatly simplified and can be used in the practical engineering.

Key words: coefficient of permeability; field measurement; single well

1　引言

渗透系数是反映土体透水性能的重要参数。通常采用的现场测试方法主要有抽水和注水两种，这 2 种方法都需要在试验井旁边挖 1 到 2 个观测井，且需要充足的水源，才能反映出水力坡降的情况，但在地下水源不足或难以获得大量的灌注水源时，以上 2 种方法都是难以实施的。至于室内测试方法，因土样小，代表性差，同时土样易被扰动，难以准确反映原状土的透水性能。对于含有砾石等大颗粒的土层，甚至无法取土样进行室内试验，而这类土层的透水能力又较大，使得抽水和注水 2 种方法都难以实现。如果能在挖单个勘察探井的同时观测地下水位逐渐恢复的过程和井内水量的增加；或对处在地下水位以上的井，观测灌水后水位的下降和水量的减少，并用以计算渗透系数，这对工程应用是有一定意义的。

本文利用单井所能提供的信息，通过一些简化假定，推导渗透系数的计算公式，并用笔者在湖北省枝江市清水溪水库坝后探井观测的数据，进行实际计算，评价公式的作用。

2　潜水完整井

首先假设探井为无压水井，且井底达到不透水层，是潜水完整井，井周土的性质均

本文发表于 2000 年 11 月第 22 卷第 6 期《岩土工程学报》。

本文为高等学校博士学科点专项科研基金资助项目（1999000336）。

匀、各向同性。井内水位降低后逐渐由地下水补给而回升（图 1）。下面分别从微分方程和能量转化的角度推导渗透系数 K 的计算公式。

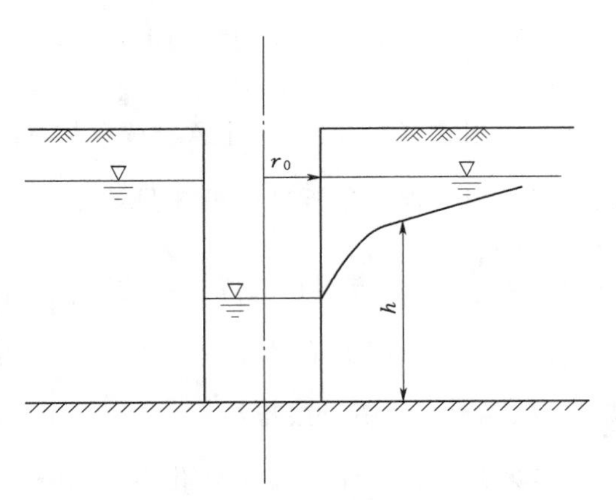

图 1　潜水完整井

2.1　微分方程及求解

根据井内水位变化可知，井内水量的变化为：$\left(\pi r^2 \dfrac{\partial h}{\partial t}\right)_{r=r_0}$，根据达西定律可知，流入井内的流量为：$\left(2\pi rhK\dfrac{\partial h}{\partial r}\right)_{r=r_0}$，二者应该相等，所以有：

$$\left(r\frac{\partial h}{\partial t}\right)_{r=r_0}=\left(2hK\frac{\partial h}{\partial r}\right)_{r=r_0} \tag{1}$$

另外，对各向同性、隔水层底部水平、符合达西定律的潜水完整井，在水体不可压缩的情况下应满足如下偏微分方程（隔水层处为水位零点，$h=0$）：

$$K\left[\frac{\partial}{\partial x}\left(h\frac{\partial h}{\partial x}\right)+\frac{\partial}{\partial y}\left(h\frac{\partial h}{\partial y}\right)\right]=\frac{\partial h}{\partial t} \tag{2}$$

方程（2）即为：

$$\frac{K}{2}\left[\frac{\partial}{\partial x}\left(\frac{\partial h^2}{\partial x}\right)+\frac{\partial}{\partial y}\left(\frac{\partial h^2}{\partial y}\right)\right]=\frac{\partial h}{\partial t}$$

对于轴对称的情况，又可以简化为：

$$h\frac{\partial^2 h}{\partial r^2}+\left(\frac{\partial h}{\partial r}\right)^2+\frac{h}{r}\frac{\partial h}{\partial r}=\frac{1}{K}\frac{\partial h}{\partial t} \tag{3}$$

根据式（1）有：$\left(\dfrac{\partial h}{\partial r}\right)_{r=r_0}=\left(\dfrac{r_0}{2hK}\dfrac{\partial h}{\partial t}\right)_{r=r_0}$，又因为式（3）对于 $r\geqslant r_0$ 都成立，所以有：$\left[h\dfrac{\partial^2 h}{\partial r^2}+\left(\dfrac{\partial h}{\partial r}\right)^2+\dfrac{h}{r}\dfrac{\partial h}{\partial r}\right]_{r=r_0}=\left(\dfrac{1}{K}\dfrac{\partial h}{\partial t}\right)_{r=r_0}$，将 $\left(\dfrac{\partial h}{\partial r}\right)_{r=r_0}=\left(\dfrac{r_0}{2hK}\dfrac{\partial h}{\partial t}\right)_{r=r_0}$ 代入，并整理得在 $r=r_0$ 处：$\left(h\dfrac{\partial^2 h}{\partial r^2}\right)+\dfrac{r_0^2}{4h^2K^2}\left(\dfrac{\partial h}{\partial t}\right)^2-\left(\dfrac{1}{2K}\dfrac{\partial h}{\partial t}\right)=0$。

设$\left(\dfrac{\partial^2 h}{\partial r^2}\right)_{r=r_0}=0$，（即：$r=r_0$ 是浸润线的一个拐点），则方程化为：$\dfrac{\partial h}{\partial t}\left(\dfrac{r_0^2}{4h^2K^2}\dfrac{\partial h}{\partial t}-\dfrac{1}{2K}\right)=0$。显然，$\dfrac{\partial h}{\partial t}\neq 0$，则$\dfrac{r_0^2}{4h^2K^2}\dfrac{\partial h}{\partial t}-\dfrac{1}{2K}=0$。所以有：$\dfrac{\partial h}{\partial t}=\dfrac{2h^2K}{r_0^2}$，分离变量得：$\dfrac{\partial h}{h^2}=\dfrac{2K}{r_0^2}\partial t$，两边积分得：$\displaystyle\int_{h_1}^{h_2}\frac{\partial h}{\partial h^2}=\int_{t_1}^{t_2}\frac{2K}{r_0^2}\partial t$，即：$\dfrac{1}{h_1}-\dfrac{1}{h_2}=\dfrac{2K}{r_0^2}(t_2-t_1)$，由此解得：

$$K=\frac{(h_2-h_1)r_0^2}{2(t_2-t_1)h_1h_2} \tag{4}$$

式中　K——井周土的渗透系数；

t_1，t_2——测量水位上升过程的开始和结束时间；

h_1，h_2——t_1 和 t_2 时间测量的水位；

r_0——探井的半径。

当应用式（4）时，应注意所选取的（t_1，h_1）、（t_2，h_2）两个点必须是在水位稳定之前的点，因为根据分析过程可知只要偏微分方程$\frac{\partial h}{\partial t}\left(\frac{r_0^2}{4h^2K^2}\frac{\partial h}{\partial t}-\frac{1}{2K}\right)=0$ 成立即可，而水位稳定时$\frac{\partial h}{\partial t}=0$，方程自然成立，此时$\left(\frac{r_0^2}{4h^2K^2}\frac{\partial h}{\partial t}-\frac{1}{2K}\right)=-\frac{1}{2K}\neq 0$。因此水位稳定后的点不能作为上式求解 K 的点。

2.2　从能量转化的角度推导

考虑井壁处出流的能量转化有：$\beta mg\Delta h=\frac{1}{2}mv^2$，式中，$\beta$ 为能量折减系数；g 为重力加速度；v 为流速；Δh 为转化为动能的那部分水头，对于井内水位 h 以土的部分 $\Delta h=H-z$，h 以下的部分 $\Delta h=H-h$。又根据达西定律有：$v=Ki$，代入上式得：$\beta gh=\frac{1}{2}(Ki)^2$，则 $K=\sqrt{2g\beta}\frac{\sqrt{h}}{i}$。如果认为 K、β 皆为常数，则$\frac{\sqrt{h}}{i}$也应该为常数。令$\frac{\sqrt{h}}{i}=$ const，则 $K=\sqrt{2g\beta}$const。只要求出 β，再确定出常数 const，就可以得到 K 值。

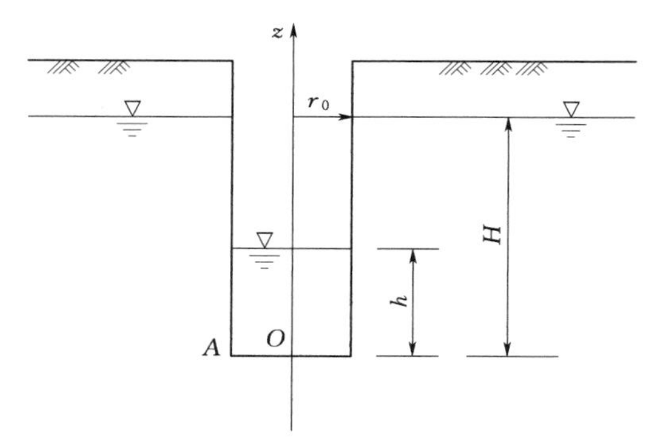

图 2　单井渗透坐标示意

根据流速与水头的关系 $v=\sqrt{2g\beta h}$，可以确定渗入井内的流量。对于完整井，渗入井内的流量分为两部分：（1）井内水位以上的井壁渗入量；（2）井内水位以下的井壁渗入量。建立坐标如图 2 所示，并假定在渗流过程中，地下水位下降很小，可近似认为一直保持 H 不变，则两部分的流量之和可写为：

$$\begin{aligned}流量&=\int_h^H\sqrt{2\beta g(H-z)}2\pi r_0\mathrm{d}z+\int_0^h\sqrt{2\beta g(H-h)}2\pi r_0\mathrm{d}z\\&=2\pi r_0\sqrt{2\beta g}\ \frac{2}{3}[(H-h)^{3/2}]+2\pi r_0\sqrt{2\beta g}\ \sqrt{H-h}h\\&=\pi r_0\sqrt{2\beta g}\ \sqrt{H-h}\left(\frac{4}{3}H+\frac{2h}{3}\right)\end{aligned}$$

根据井内的水位变化有：流量$=\pi r_0^2\frac{\mathrm{d}h}{\mathrm{d}t}$，二者相等，

则：

$$\frac{\sqrt{2\beta g}}{r_0}\mathrm{d}t=\frac{\mathrm{d}h}{\sqrt{H-h}\left(\frac{4}{3}H+\frac{2}{3}h\right)}$$

两边积分得：

$$\int_{t_1}^{t_2}\frac{\sqrt{2\beta g}}{r_0}\mathrm{d}t=\int_{h_1}^{h_2}\frac{\mathrm{d}h}{\sqrt{H-h}\left(\frac{4}{3}H+\frac{2}{3}h\right)}$$

$$\therefore \qquad \frac{\sqrt{2\beta g}}{r_0}\Delta t=\sqrt{\frac{3}{4H}}\ln\left|\frac{\sqrt{2}\sqrt{(H-h_2)}-\sqrt{6H}\sqrt{2}\sqrt{(H-h_1)}+\sqrt{6H}}{\sqrt{2}\sqrt{(H-h_2)}+\sqrt{6H}\sqrt{2}\sqrt{(H-h_1)}-\sqrt{6H}}\right|$$

又 $K=\sqrt{2g\beta}\mathrm{const}$，

$$\therefore \qquad K=\frac{r_0}{\Delta t}\sqrt{\frac{3}{4H}}\ln\left|\frac{\sqrt{2}\sqrt{(H-h_2)}-\sqrt{6H}\sqrt{2}\sqrt{(H-h_1)}+\sqrt{6H}}{\sqrt{2}\sqrt{(H-h_2)}+\sqrt{6H}\sqrt{2}\sqrt{(H-h_1)}-\sqrt{6H}}\right|\cdot\mathrm{const} \tag{5}$$

为了确定 const，可作如下假定：在井底无水的时刻，井底上井外侧距井壁无限近的一点 A（如图 2），其水头等于 H，其渗径也为 H，即认为在该时刻水是垂直向下渗向 A 点，再从 A 点渗出的。可以推导得

$$\mathrm{const}=\frac{\sqrt{h}}{i}=\frac{\sqrt{H}}{H/H}=\sqrt{H} \tag{6}$$

将式（6）代入式（5）即可得到渗透系数 K 的完整表达式：

$$K=\frac{r_0}{\Delta t}\sqrt{\frac{3}{4}}\ln\left|\frac{\sqrt{2}\sqrt{(H-h_2)}-\sqrt{6H}\sqrt{2}\sqrt{(H-h_1)}+\sqrt{6H}}{\sqrt{2}\sqrt{(H-h_2)}+\sqrt{6H}\sqrt{2}\sqrt{(H-h_1)}-\sqrt{6H}}\right| \tag{7}$$

2.3 结合经验公式的分析

在有地下水的情况下，探井总是要边挖边排水的，因此可以认为在探井挖好后，相应的降落漏斗也就形成了。这样就可以结合单井涌水量公式和影响半径的经验公式，通过迭代试算，求出渗透系数。在此仅以潜水完整井为例进行说明，对于潜水非完整井以及承压井的情况也可作类似分析。

潜水完整井的单井涌水量公式为：

$$Q_0=\pi K\frac{(2H-s)s}{\ln\frac{R}{r_0}}$$

式中 Q_0——单井涌水量，m^3/d；

H——原地下水位至底部不透水层距离，m；

s——水位降深，m；

R——影响半径，m；

r_0——水井半径，m；

K——渗透系数，m/d。

潜水井抽水影响半径的估算公式为：$R=2s\sqrt{KH}$，代入涌水量公式得：

$$Q_0=\pi K\frac{(2H-s)s}{\ln\frac{2s\sqrt{KH}}{r_0}} \tag{8}$$

根据式（8），只要知道 Q_0、H、s 的值，就可以通过迭代试算，解出渗透系数 K。在实际工程中，Q_0、H、s 的值都是容易测得的，因此这也不失为一个半经验的简单测试方法。值得注意的是，影响半径的估算公式是经验公式，因此式（8）是不符合量纲的，式

中渗透系数 K 必须以 m/d 为单位。

2.4　测试方法

根据式（7）可得与式（3）完全相似的测试方法：只要将 t_1、t_2 所对应的井中水位 h_1、h_2 代入式（3）或式（7）即可求出相应的渗透系数 K。对于（t_1，h_1）、（t_2，h_2）2 个点的选取要求与前面所述完全相同。

根据式（8）可得测试方法如下：在探井挖好后继续排水，保持井底水位，并记录排水量 Q_0 和此时的水位；然后停止排水，让井中水位逐渐上升，待井中水位稳定后，记下稳定水位，该水位即为地下潜水位。井中稳定水位与井底高程之差为 H，与排水时的水位之差即为 s。将 Q_0、H、s 代入式（8），即可求得 K。

2.5　三种方法的比较

以上 3 种方法的推导依据不同，因此所得的表达式也不尽相同。现在根据枝江清水溪水库坝后探井的实测数据，分别用式（3）、（7）、（8），试求渗透系数 K，以作比较。

测量表明：1＃探井，井半径为 0.58m，井底高程为－2.04m，探井挖好后继续排水，将水位稳定在－1.84m。排水过程持续 2h，共排出水量约 500kg。排水停止后开始观测和记录水位的上升情况，9∶25～11∶13，水位上升至－1.76m。最后井中水位稳定于－1.37m。

由以上的测定过程可知：$t_1=0$ 时，$h_1=0.2\text{m}$；$t_2=1.8\text{h}$ 时，$h_2=0.28\text{m}$；$Q_0=6\text{m}^3/\text{d}$，$H=0.67\text{m}$，$s=0.47\text{m}$。将以上相关数据代入式（3）得：$K=0.1335\text{m/h}=3.71\times10^{-5}\text{m/s}$；

代入式（7）得：$K=0.0306\text{m/h}=8.49\times10^{-6}\text{m/s}$；

代入式（8）得：$K=0.801\text{m/d}=9.27\times10^{-6}\text{m/s}$。

比较以上结果可知，3 种测试方法所得的结果是相近的，只是式（3）所得的 K 值要比式（7）所得稍大一些。这可能是由于在式（7）推导过程中，假定地下水位一直保持不变，而式（3）推导过程中，则假定井壁的水位先下降到零，再随着井中水位的上升而逐渐上升。这就使得二者的水头和过水断面都不相同，即式（7）所对应的水头和过水断面都比式（3）大。在渗透系数相等的情况下，水头和过水断面越大来水量就越大，那么反之根据相同的实测来水量数据反算渗透系数时，水头和过水断面越大，反算所得的渗透系数就越小。这与以上的计算结果是一致的。

3　潜水非完整井

以上分析是完整井的情况，但在实际工程中往往难以将探井挖到不透水层，因此工程中更需要一个能计算非完整井渗透系数的公式。由于非完整井的底部进水造成流场分布的复杂化，使得微分方程的分析方法准以进行，因此上述第一种方法在非完整井的情况下难以求解。第三种单井涌水量公式和影响半径的经验公式在非完整井情况需知道不透水层的深度，也难用于实践。但第二种方法却只要稍做修正就可以应用于非完整井。

对于非完整井，应增加井底渗入量，该量为：$\pi r_0^2\sqrt{2g(H-h)\beta}$，经过与前面相似的分析，可得：

$$K=\frac{r_0}{\Delta t}\sqrt{\frac{3H}{4H+2r_0}}\ln\left|\frac{G_1+G_3}{G_1-G_3}\cdot\frac{G_2-G_3}{G_2+G_3}\right| \tag{9}$$

式中　K——井周土的渗透系数；

t_1，t_2——测量水位上升过程的开始和结束时间；

h_1，h_2——t_1 和 t_2 时间测量的水位；

r_0——探井的半径；

H——地下潜水位到探井底部的距离；$\Delta t=t_2-t_1$；$G_1=\sqrt{2}\sqrt{H-h_1}$；$G_2=\sqrt{2}\sqrt{H-h_2}$；$G_3=\sqrt{6H+3r_0}$。这就是潜水非完整单井测渗透系数的表达式。

上述1#探井实际上应该是个非完整井，将以上数据 $t_1=0$、$h_1=0.2\text{m}$；$t_2=1.8\text{h}$、$h_2=0.28\text{m}$；$H=0.67\text{m}$、$r_0=0.58\text{m}$ 代入式（9）得：$K=0.0273\text{m/h}=7.57\times10^{-6}\text{m/s}$。由此可见，如果按完整井公式来整理非完整井的实测数据，所求得渗透系数 K 将有所偏大。

4　结语

本文通过一些简化假定，分别从微分方程、能量转化和半经验公式的角度推导出了适用于潜水完整单井的渗透系数表达式，并经过修正最后得出了可以仅通过非完整潜水单井天然来水过程测定渗透系数的方法。这个方法对实际工程中渗透系数的测量是有指导意义的。对于地下水位较低的现场条件，必须采用向单井内灌水的方法，但由于灌水后的渗透过程和天然来水的渗透过程有所不同，因此通过单井灌水测渗透系数的方法仍有待于进一步研究。

参考文献

[1]　陈仲颐，周景星，王洪瑾．土力学．清华大学出版社，1994.

[2]　王钊主编．基础工程原理．武汉水利电力出版社，1998.

The Two – Dimensional Consolidation Theory of Electro – Osmosis

J. Q. SU* Z. WANG

Key words: pore pressure; consolidation

INTRODUCTION

Studies on the application of electro – osmosis in ground improvement include Casagrande (1948, 1983), Bjerrum *et al.* (1967), Esrig & Gemeinhardt (1967), Fetzer (1967) and Lo *et al.* (1991). Esrig (1968) presented a one – dimensional consolidation theory of electro – osmosis, which assumes that fluid flows due to an electric field and due to hydraulic gradient may be superimposed to find the total flow. Based on Esrig's one – dimensional consolidation theory, Wan & Mitchell (1976) also presented a one – dimensional consolidation theory of electro – osmosis, which included the combined effects of electro – osmotic and direct loading consolidation, and proved the effectiveness of the electrode reversal technique. Lewis and Humpheson (1973) provided a numerical analysis that could consider the variation of electric flow in the process of electro – osmosis. However, the effect of electro – osmosis is not uniform, and a one – dimensional consolidation theory cannot thoroughly illustrate the effects of ground improvement. The solutions of two – dimensional consolidation theory with different boundary conditions and initial conditions are provided in this paper.

TWO – DIMENSIONAL CONSOLIDATION THEORY OF ELECTRO – OSMOSIS

The whole ground can be divided into many parts. The average area of each part is shown in Fig. 1 (a): the orthogonal coordinate system is used in this area, as shown in Fig. 1 (b). The interval between the same kinds of electrode is P, and that between opposite electrodes is L.

Lewis & Humpheson (1973) gave the equations of twodimensional consolidation as

SU. J. Q. & Wang. Z. (2003). *Gétechnique* 53, No. 8, 759 – 763.
Discussionon this paper closes 1 April 2004; for further details see p. ii.

follows:

$$\frac{\partial}{\partial x}\left(\frac{k_{hx}}{\gamma_w}\frac{\partial u}{\partial x}+k_{ex}\frac{\partial \phi}{\partial x}\right)+\frac{\partial}{\partial y}\left(\frac{K_{hy}}{\gamma_w}\frac{\partial u}{\partial x}+k_{ey}\frac{\partial \phi}{\partial x}\right)=m_v\frac{\partial u}{\partial t} \tag{1}$$

$$\frac{\partial}{\partial x}\left(\sigma_{ex}\frac{\partial \phi}{\partial x}\right)+\frac{\partial}{\partial y}\left(\sigma_{ey}\frac{\partial \phi}{\partial y}\right)=C_p\frac{\partial \phi}{\partial t} \tag{2}$$

Assuming uniform soil and orthographic isotropy, the following equations can be obtained, as

$$k_{hx}=k_{hy}=k_h, k_{ex}=k_{ey}=k_e, \sigma_{ex}=\sigma_{ey}=\sigma_e$$

Equation (1) can be rewritten as

$$\frac{k_h}{\gamma_w}\left(\frac{\partial^2 u}{\partial x^2}+\frac{\partial^2 u}{\partial y^2}\right)+k_e\left(\frac{\partial^2 \phi}{\partial x^2}+\frac{\partial^2 \phi}{\partial y^2}\right)=m_v\frac{\partial u}{\partial t} \tag{3}$$

Equation (2) can be rewritten as

$$\sigma_e\left(\frac{\partial^2 \phi}{\partial x^2}+\frac{\partial^2 \phi}{\partial y^2}\right)=C_p\frac{\partial \phi}{\partial t} \tag{4}$$

Introducing a variable ξ (Esrig, 1968; Mitchell, 1976; Banerjee & Mitchell, 1980; Banerjee & Vitayasupakorn, 1984):

$$\xi=u+\frac{k_e\gamma_w}{k_h}\phi \tag{5}$$

Substituting equation (5) into equation (3):

$$\frac{\partial \xi}{\partial t}=a^2\left(\frac{\partial^2 \xi}{\partial x^2}+\frac{\partial^2 \xi}{\partial y^2}\right)+f(x,y,t) \tag{6}$$

where

$$a^2=C_h=\frac{k_h}{m_v\gamma_w}, f(x,y,t)=\frac{k_e\gamma_w}{k_h}\frac{\partial \phi}{\partial t}$$

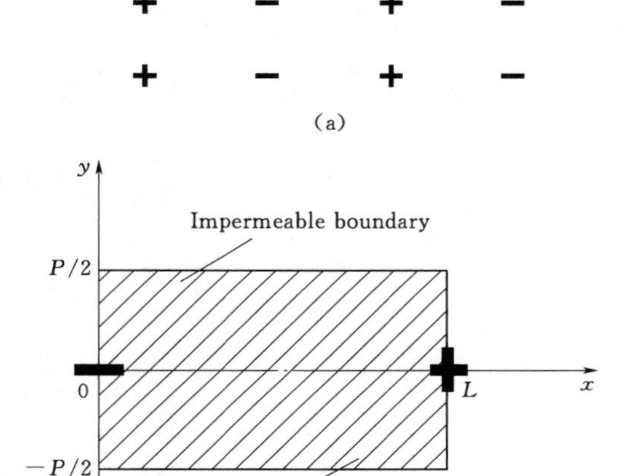

Fig. 1 Average area of improved ground about a pair of electrodes and the orthogonal coordinate system, x, 0, y

Equations (4) and (6) are the equations of two-dimensional consolidation of electro-osmosis.

Boundary conditions:

Cathode open: $x=0, y=0, u=0, \phi=0$, and therefore $\xi(0,0,t)=0$ (7)

Cathode closed: $\xi_x(0,0,t)+\xi_y(0,0,t)=0$ (8)

Anode closed: $\xi_x(L,0,t)+\xi_y(0,0,t)=0$ (9)

Anode open: $x=L$, $y=0$, $u=0$, $\phi=\phi_0$

and therefore
$$\xi(L,0,t)=\frac{k_e\gamma_w}{k_h}\phi_0 \tag{10}$$

When y is equal to $\pm p/2$, it is an impermeable boundary: therefore

$$\xi_y\left(x,\pm\frac{p}{2},t\right)=0 \tag{11}$$

Initial conditions:

If there is an initial excess pore water pressure $u(x, y, 0)$, it has the following equation:

$$\xi(x,y,0)=u(x,y,0)+\frac{k_e\gamma_w}{k_h}\phi(x,y,0) \tag{12}$$

THE ANALYTIC SOLUTION OF TWO - DIMENSIONAL CONSOLIDATION THEORY

Case 1. Anode closed and cathode open

From equations (5), (6), (7), (9), (11) and (12), equation (13) can be obtained by separation of variables:

$$\begin{aligned} u(x,y,t) =& -\frac{k_e\gamma_w}{k_h}\phi(x,y,t) \\ &+\sum_{m=1}^{\infty}\sum_{n=0}^{\infty}\left\{B_{mn}+\int_0^t f_{mn}(\tau)e^{\left[\left(\frac{2m-1}{2L}\right)^2+\left(\frac{2n}{p}\right)^2\right]\pi^2a^2\tau}d\tau\right\} \\ &\times\sin\frac{(2m-1)\pi}{2L}x\cos\frac{2n\pi}{p}y e^{-\left[\left(\frac{2m-1}{2}\right)^2+\left(\frac{2nL}{P}\right)^2\right]\pi^2T_H} \end{aligned} \tag{13}$$

where

$$B_{mn}=\frac{8}{Lp}\int_0^L\int_0^{p/2}\left[u(x,y,0)+\frac{k_e\gamma_w}{k_h}\phi(x,y,0)\right]\times\sin\frac{(2m-1)\pi}{2L}x\cos\frac{2n\pi}{p}y\,dx\,dy \quad n\geqslant 1$$

$$B_{m0}=\frac{4}{Lp}\int_0^L\int_0^{p/2}\left[u(x,y,0)+\frac{k_e\gamma_w}{k_h}\phi(x,y,0)\right]\times\sin\frac{(2m-1)\pi}{2L}x\,dx\,dy \quad n=0$$

$$f_{mn}(\tau)=\frac{8}{Lp}\int_0^L\int_0^{p/2}f(x,y,\tau)\sin\frac{(2m-1)\pi}{2L}x\times\cos\frac{2n\pi}{p}y\,dx\,dy \quad n\geqslant 1$$

$$f_{mn}(\tau)=\frac{4}{Lp}\int_0^L\int_0^{p/2}f(x,y,\tau)\sin\frac{(2m-1)\pi}{2L}x\,dx\,dy \quad n=0$$

$T_H=\frac{C_h t}{L^2}$, time factor.

Discussion:

(a) For the case where there is no variation of electric flow during the whole process of ground improvement, $\partial\phi/\partial t=0$, and therefore $f_{mn}(\tau)=0$. Equation (13) can be rewritten as

$$u(x,y,t)=-\frac{k_e\gamma_w}{k_h}\phi(x,y)+\sum_{m=1}^{\infty}\sum_{n=0}^{\infty}B_{mn}\sin\frac{(2m-1)\pi}{2L}x\times\cos\frac{2n\pi}{p}y e^{-\left[\left(\frac{2m-1}{2}\right)^2+\left(\frac{2nL}{p}\right)^2\right]\pi^2T_H} \tag{14}$$

(b) For the case where there is no variation of electric flow and no direct loading during the whole process of ground improvement, $\partial\phi/\partial t=0$, $u(x,y,0)=0$, and the B_{mn} in equation (14) can be written as

$$B_{mn}=\frac{8k_e\gamma_w}{Lpk_h}\int_0^L\int_0^{p/2}\phi(x,y)\sin\frac{(2m-1)\pi}{2L}x\times\cos\frac{2n\pi}{p}y\,dx\,dy \quad n\geqslant 1$$

$$B_{m0} = \frac{4k_e\gamma_w}{Lpk_h}\int_0^L\int_0^{p/2}\phi(x,y)\sin\frac{(2m-1)\pi}{2L}x\,dxdy \quad n=0$$

Assuming that $\phi(x,y)=(x/L)(1-2|y|/p)\phi_0$, the following equations can be obtained:

$$B_{mn}=\frac{16k_e\gamma_w\phi_0}{k_h\pi^4}\left\{\frac{(-1)^{m-1}[(-1)^{n-1}+1]}{(2m-1)^2n^2}\right\} \quad n\geqslant 1$$

$$B_{m0}=\frac{4k_e\gamma_w\phi_0}{k_h\pi^2}\left[\frac{(-1)^{m-1}}{(2m-1)^2}\right] \quad n=0$$

It can be seen from equation (14) that the ultimate excess pore water pressure is not zero, but a negative value, which depends on the soil property and electric potential distribution. It is necessary to modify the definition of the average degree of consolidation to

$$\overline{U}=\frac{\int_0^L\int_{-P/2}^{P/2}[u(x,y,0)-u(x,y,t)]dxdy}{\int_0^L\int_{-p/2}^{p/2}[u(x,y,0)-u(x,y,\infty)]dxdy} \tag{15}$$

The initial excess pore water pressure is zero, and the ultimate excess pore water pressure is equal to $-(k_e\gamma_w/k_h)\phi(x,y)$. From the assumption that $\phi(x,y)=(x/L)(1-2|y|/p)\phi_0$, the isoclines of the ultimate excess pore water pressure are shown in Fig. 2, which are zero at the cathode and -1 at the anode. The value of ultimate excess pore water pressure is decreasing gradually from the anode to the cathode. If y is equal to zero, we can see from Fig. 2 that the linear distribution of the ultimate excess pore water pressure is the same as Esrig's onedimensional consolidation. We can also see that the ultimate excess pore water pressure is determined by the difference of electrical potential: the distribution depends on the distribution of electrical potential and the boundary conditions, independent of initial conditions. The average degree of consolidation is

$$\overline{U}=1-\frac{4}{\pi^3}\sum_{m=1}^{\infty}\frac{(-1)^{m-1}}{\left(m-\frac{1}{2}\right)^3}e^{-\left(m-\frac{1}{2}\right)^2\pi^2T_H} \tag{16}$$

which is the same as that of Esrig's one - dimensional consolidation.

(c) For the case where there is no variation of electric flow and the uniformly direct loading is applied during the whole process of ground improvement, $\partial\phi/\partial t=0$, $u(x,y,0)=u_0$, and the B_{mn} in equation (14) can be written as

$$B_{mn}=\frac{8}{LP}\int_0^L\int_0^{p/2}\left[u_0+\frac{k_e\gamma_w}{k_h}\phi(x,y,0)\right]\times\sin\frac{(2m-1)\pi}{2L}x\cos\frac{2n\pi}{p}y\,dxdy \quad n\geqslant 1$$

$$B_{m0}=\frac{4}{Lp}\int_0^L\int_0^{p/2}\left[u_0+\frac{k_e\gamma_w}{k_h}\phi(x,y,0)\right]\times\sin\frac{(2m-1)\pi}{2L}x\,dxdy \quad n=0$$

Assuming that $\phi(x,y)=(x/L)(1-2|y|/p)\phi_0$, the following equations can be obtained:

$$B_{mn}=\frac{16k_e\gamma_w\phi_0}{k_h\pi^4}\left\{\frac{(-1)^{m-1}[(-1)^{n-1}+1]}{(2m-1)^2n^2}\right\} \quad n\geqslant 1$$

$$B_{m0}=\frac{4k_e\gamma_w\phi_0}{k_h\pi^2}\left[\frac{(-1)^{m-1}}{(2m-1)^2}\right]+\frac{4u_0}{(2m-1)\pi} \quad n=0$$

The initial excess pore water pressure is u_0, and the ultimate excess pore water pressure is

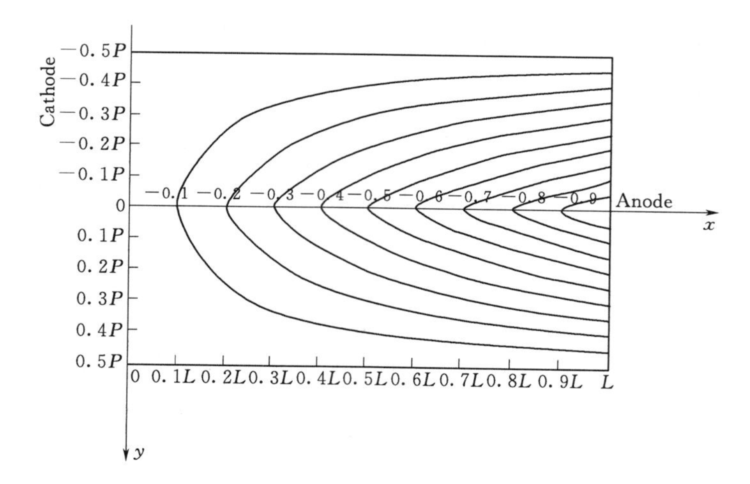

Fig. 2　Isoclines of the ultimate excess pore water pressure.
Unit: $(k_e\gamma_w/k_h)\phi_0$

equal to $-(k_e\gamma_w/k_h)\phi(x,y)$. The average degree of consolidation is

$$\overline{U}=1-\frac{\dfrac{4}{\pi^3}\sum_{m=1}^{\infty}\left[\dfrac{\pi u_0}{(2m-1)^2}+\dfrac{k_e\gamma_w\phi_0}{k_h}\dfrac{(-1)^{m-1}}{(2m-1)^3}\right]e^{-(m-\frac{1}{2})^2\pi^2 T_H}}{\dfrac{u_0}{2}+\dfrac{k_e\gamma_w\phi_0}{8k_h}} \tag{17}$$

If u_0 is equal to zero, equation (17) is changed into equation (16).
If $r=u_a/u_0$ and $u_a=-k_e\gamma_w\phi_0/k_h$, equation (17) can be rewritten as

$$\overline{U}=\frac{1}{1-\dfrac{r}{4}}\times\left\{1-\frac{r}{4}-\frac{8}{\pi^3}\sum_{m=1}^{\infty}\left[\frac{\pi}{(2m-1)^2}-\frac{(-1)^m}{(2m-1)^3}r\right]e^{-(m-\frac{1}{2})^2\pi^2 T_H}\right\} \tag{18}$$

When r is equal to negative infinity it is electro-osmosis consolidation, and when r is equal to zero, it is Terzaghi consolidation, which is shown in Fig. 3.

(d) The initial excess pore water pressure after electrode reversal, $u(x, y, 0)$, is the ultimate excess pore water pressure before electrode reversal, $u(x, y, \infty)$. By changing the coordinate system, the following equations are obtained:

$$u(x,y,0)=-\frac{k_e\gamma_w\phi_0}{k_h}\left(1-\frac{x}{L}\right)\left(1-\frac{2}{p}|y|\right) \tag{19}$$

$$\phi(x,y,t)=\frac{x}{L}\left(1-\frac{2}{p}|y|\right)\phi_0' \tag{20}$$

The B_{mn} in equation (14) can be written as

$$B_{mn}=-\frac{8k_e\gamma_w\phi_0}{k_h\pi^3 n^2}\frac{[(-1)^{n-1}+1]}{2m-1}+\frac{16k_e\gamma_w(\phi_0+\phi_0')}{k_h\pi^4}\left\{\frac{(-1)^{m-1}[(-1)^{n-1}+1]}{(2m-1)^2 n^2}\right\}\quad n\geqslant 1$$

$$B_{m0}=-\frac{2k_e\gamma_w\phi_0}{k_h\pi(2m-1)}+\frac{4k_e\gamma_w(\phi_0+\phi_0')}{k_h\pi^2}\left[\frac{(-1)^{m-1}}{(2m-1)^2}\right]\quad n=0$$

Case 2. Cathode closed and anode open

From equations (5), (6), (8), (10), (11) and (12), equation (21) also can be obtained:

$$u(x,y,t) = \frac{k_e \gamma_w}{k_h}[\phi_0 - \phi(x,y,t)] + \sum_{m=1}^{\infty}\sum_{n=0}^{\infty}\left\{B_{mn} + \int_0^t f_{mn}(\tau) e^{-(m-\frac{1}{2})^2 \pi^2 T_H} d\tau\right\}$$
$$\times \cos\frac{(2m-1)\pi}{2L}x \cos\frac{2n\pi}{p}y e^{-(m-\frac{1}{2})^2 \pi^2 T_H} \quad (21)$$

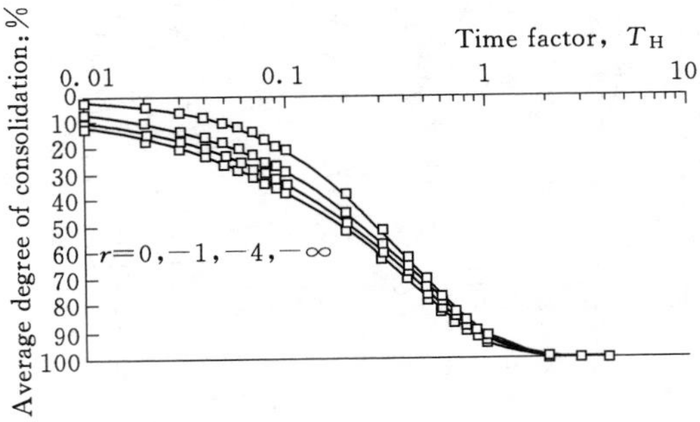

Fig. 3 Relationship between average degree of consolidation and time factor

where

$$B_{mn} = \frac{8}{Lp}\int_0^L\int_0^{p/2}\left\{u(x,y,0) + \frac{k_e \gamma_w}{k_h}[\phi(x,y,0) - \phi_0]\right\}$$
$$\times \cos\frac{(2m-1)\pi}{2L}x \cos\frac{2n\pi}{p}y dx dy \quad n \geqslant 1$$

$$B_{m0} = \frac{4}{Lp}\int_0^L\int_0^{p/2}\left\{u(x,y,0) + \frac{k_e \gamma_w}{k_h}[\phi(x,y,0) - \phi_0]\right\}$$
$$\times \cos\frac{(2m-1)\pi}{2L}x dx dy \quad n = 0$$

$$f_{mn}(\tau) = \frac{8}{Lp}\int_0^L\int_0^{p/2} f(x,y,\tau)\cos\frac{(2m-1)\pi}{2L}x \times \cos\frac{2n\pi}{p}y dx dy \quad n \geqslant 1$$

$$f_{mn}(\tau) = \frac{4}{Lp}\int_0^L\int_0^{p/2} f(x,y,\tau)\cos\frac{(2m-1)\pi}{2L}x dx dy \quad n = 0$$

The ultimate excess pore water pressure is equal to $k_e\gamma_w/k_h[\phi_0 - \phi(x,y,t)]$. From the assumption that $\phi(x,y) = (x/L)(1-2|y|/p)\phi_0$, the isoclines of the ultimate excess pore water pressure are shown in Fig. 4, which are zero at the anode and 1 at the cathode. The value of ultimate excess pore water pressure increases gradually from the anode to the cathode. If y is equal to zero, we can see from Fig. 4 that the linear distribution of the ultimate excess pore water pressure is the same as Esrig's one - dimensional consolidation.

Case 3. Anode and cathode open

From equations (5), (6), (7), (10), (11) and (12), equation (22) can also be obtained:

$$u(x,y,t) = \frac{k_e\gamma_w}{k_h}\left[\frac{x}{L}\phi_0 - \phi(x,y,t)\right] + \sum_{m=1}^{\infty}\sum_{n=0}^{\infty}\left\{B_{mn} + \int_0^t f_{mn}(\tau)\mathrm{e}^{-(m-\frac{1}{2})^2\pi^2 T_H}\mathrm{d}\tau\right\}$$
$$\times \sin\frac{m\pi}{L}x\cos\frac{2n\pi}{p}y\,\mathrm{e}^{-(m-\frac{1}{2})^2\pi^2 T_H} \tag{22}$$

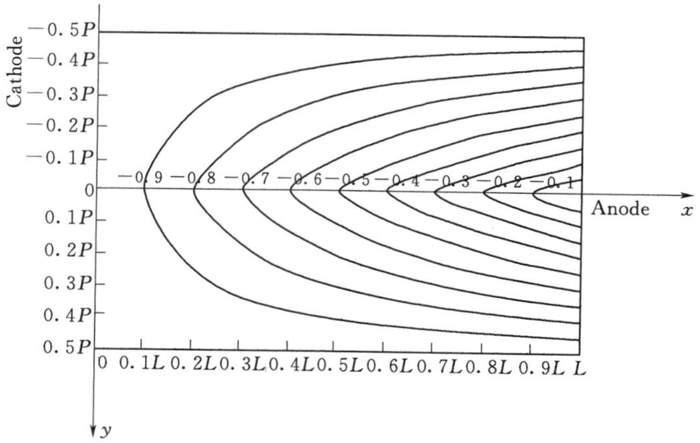

Fig. 4　Isoclines of ultimate excess pore water pressure. Unit: $(k_e\gamma_w/k_h)\phi_0$

where

$$B_{mn} = \frac{8}{Lp}\int_0^L\int_0^{p/2}\left\{u(x,y,0) + \frac{k_e\gamma_w}{k_h}\left[\phi(x,y,0) - \frac{x}{L}\phi_0\right]\right\}$$
$$\times \sin\frac{m\pi}{L}x\cos\frac{2n\pi}{p}y\,\mathrm{d}x\mathrm{d}y \quad n \geqslant 1$$

$$B_{m0} = \frac{4}{Lp}\int_0^L\int_0^{p/2}\left\{u(x,y,0) + \frac{k_e\gamma_w}{k_h}\left[\phi(x,y,0) - \frac{x}{L}\phi_0\right]\right\}$$
$$\times \sin\frac{m\pi}{L}x\,\mathrm{d}x\mathrm{d}y \quad n = 0$$

$$f_{mn}(\tau) = \frac{8}{Lp}\int_0^L\int_0^{p/2} f(x,y,\tau)\sin\frac{m\pi}{L}x\cos\frac{2n\pi}{p}y\,\mathrm{d}x\mathrm{d}y \quad n \geqslant 1$$

$$f_{mn}(\tau) = \frac{4}{Lp}\int_0^L\int_0^{p/2} f(x,y,\tau)\sin\frac{m\pi}{L}x\,\mathrm{d}x\mathrm{d}y \quad n = 0$$

From equation (22), the ultimate excess pore water pressure is $k_e\gamma_w/k_h[(x/L)\phi_0 - \phi(x,y,t)]$. From the assumption that $\phi(x,y) = (x/L)(1-2|y|/p)\phi_0$, the isoclines of the ultimate excess pore water pressure are shown in Fig. 5. If y is equal to zero, we can see from Fig. 5 that the zero distribution of the ultimate excess pore water pressure is the same as Esrig's one - dimensional consolidation.

CONCLUSIONS

The solutions of two - dimensional consolidation theory due to electro - osmosis are provided in this paper based on three kinds of boundary condition: anode closed and cathode open; cathode closed and anode open; and both anode and cathode open. The solutions are presented graphically as isoclines of ultimate excess pore water pressure. These show that the ultimate excess pore water pressure produced by electro - osmosis may be positive or negative, whose maximum is determined by the difference of electrical Potential between cathode and anode, and whose distribution is dependent on the electrical potential distribution and boundary conditions, independent of the initial conditions. When y is equal to zero, the solution is the same as Esrig's onedimensional consolidation.

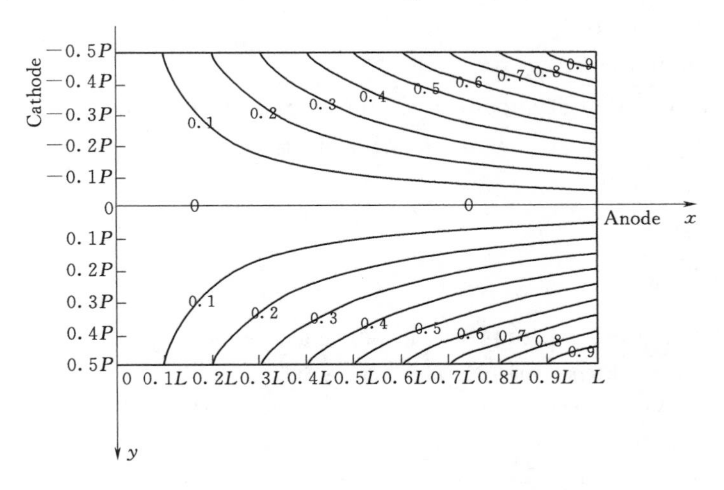

Fig. 5 Isoclines of ultimate excess pore water pressure. Unit: $(k_e \gamma_w / k_h)\phi_0$

NOTATION

a coefficient of equations

C_h hybrid coefficient of consolidation for vertical compression due to horizontal drainage

C_p capacitance per unit volume of soil

i_e electrical potential gradient

i_h hydraulic gradient

k_e electro - osmotic permeability

k_{ex} coefficient of electro - osmotic permeability in x direction

k_{ey} coefficient of electro - osmotic permeability in y direction

k_h coefficient of horizontal hydraulic permeability

k_{hx} coefficient of horizontal hydraulic permeability in x direction

k_{hy} coefficient of horizontal hydraulic permeability in y direction

m_v compressibility of soil

r ratio between ultimate excess pore water pressure and initial pore water pressure

t time

u excess pore water pressure

u_a ultimate excess pore water pressure

$\overline{U}$ average degree of consolidation

x　x coordinate

y　y coordinate

γ_w　unit weight of water

σ_e　electrical conductivity

σ_{ex}　electrical conductivity in x direction

σ_{ey}　electrical conductivity in y direction

τ　a variable of integral

ϕ　electrical potential

ϕ_0　electrical potential at anode, assuming that electric potential at cathode is zero

ϕ_0'　electrical potential at new anode after electrode reversal

ξ　avariable

REFERENCES

[1] Banerjee, S. & Mitchell J. K. (1980). In situ volume change property by electro-osmosis theory. *ASCE J. Geotech. Engng* 106, No. GT4, 347-365.

[2] Banerjee, S. & Vitayasupakorn, V. (1984). Appraisal of electroosmotic oedometer tests. *ASCE J. Geotech. Engng* 110, No. 8, 1007-1023.

[3] Bjerrum, L., Moum, J. & Eide, O. (1967). Application of electro-osmosis to a foundation problem in Norwegian quick clay. *Géotechnique* 17, 214-235.

[4] Casagrande, L. (1948). Electro-osmosis in soils. *Géotechnique* 1, 159-177.

[5] Casagrande, L. (1983). Stabilization of soils by means of electroosmotic state-of-art. *J. Boston Soc. Civil Engng* 69, No. 3, 255-302.

[6] Esrig, M. I. (1968). Pore pressure, consolidation and electrokinetics. *J Soil Mech. Found. Div.*, *ASCE*, 94, No. SM4, 899-921.

[7] Esrig, M. I. & Gemeinhardt, J. P. (1967). Electrokinetic stabilization of illitic clay. *J. Soil Mech. Found. Div.*, *ASCE* 93, No. SM3, 109-128.

[8] Fetzer, C. A. (1967). Electroosmotic stabilization of West Branch Dam. *J. Soil Mech. Found. Div.*, *ASCE* 93, No. SM4, 85-106.

[9] Lewis, W. R. & Humpheson, C. (1973). Numerical analysis of electro-osmotic flow in soils. *J. Soil Mech. Found Div.*, *ASCE* 95, No. SM4, 603-616.

[10] Lo, K. Y., Inculet, I. I. & Ho, K. S. (1991). Electroosmotic strengthening of soft sensitive clays. *Can. Geotech. J.* 28, 62-73.

[11] Mitchell, J. K. (1976). *Fundamentals of soil behavior*. New York: John Wiley.

[12] Wan, T. Y. and Mitchell, J. K. (1976). Electro-osmotic consolidation of soils. *J. Geotech. Engng Div*, *ASCE* 102, No. GT5, 473-491.

轻便触探仪检测填土干密度的尝试

王　钊[1,2]　张　彬[1]　李广信[2]

（1. 武汉大学土木建筑工程学院，武汉　430072；
2. 清华大学土木水利学院，北京　100084）

1　引言

填土压实质量是堤坝、跑道和路基等土工构筑物施工质量控制的重要指标。填土干密度在现场通常采用环刀法和灌砂（水）法进行检测。然而，这些方法费时费力、随机性大，不能适应高强度机械化快速施工的要求。近年来，开发研制了核子湿密度仪、落锤式弯沉仪、“熊猫牌”轻便可变能量动力触探仪、$LY-1$ 型路基压实快速测定仪等，实现了填土压实质量检测的快速、高效、无损化[1,2]。然而，上述仪器的共同缺点是价格昂贵、操作复杂，不易于基层单位推广。结合“土堤安全性监测诊断体系的研究”课题，笔者尝试将传统的轻便触探仪用于堤防填土干密度的快速检测，在现场做了大量的轻便触探试验和室内土工试验，提出了经验拟合公式，并评价了该方法的合理性及应用前景。

2　试验概况

轻便触探仪是一种常用的动力触探仪器，在岩土工程勘察中通常用于判断场地地基的承载力，评价填土的密实度，以及用作钎探设备在岩溶地区勘探土洞。该仪器具有操作简便、经济快捷等优点。如用于堤防工程土体干密度的快速测定，具有一定的应用前景，但其测试的精度不高。为配合研究工作的开展，选择了湖北省枝江市清水溪水库土坝和附近的三处长江干堤作为试验场地。

选取不同的点做轻便触探试验，并在测点旁取土样做室内土工试验，测试填土的各项指标，其中三处工点 68 组相关指标列于表 1。

3　试验数据分析

3.1　干密度（ρ_d）与锤击数（N_{10}）的相关性分析

对表 1 提供的测试数据，进行数理统计分析。针对不同地点、不同土质的填土，采用线性回归，对数回归、多项式回归等手段，进行回归分析，研究 ρ_d 与 N_{10} 的相关性，拟合干密度的经验公式。图 1、2、3 为三处工点填土的相关性分析曲线。

本文为高等学校博士学科点专项科研基金资助项目（No. 1999000336）。

表 1　　　　　　　　　　　　　　**现场和室内试验结果**

中码头堤防防汛哨棚基础								清水溪水库土坝				长合垸堤防			
编号	ω	ρ_d	N_{10}	编号	ω	ρ_d	N_{10}	编号	ω	ρ_d	N_{10}	编号	ω	ρ_d	N_{10}
1	27.3	1.46	18	24	18.1	1.65	23	1	22.7	1.57	38	1	16.8	1.30	35
2	22.6	1.39	15	25	14.7	1.67	17	2	24.0	1.65	43	2	17.3	1.48	22
3	25.5	1.55	28	26	18.1	1.40	16	3	19.7	1.60	32	3	17.8	1.47	34
4	25.8	1.53	26	27	20.3	1.38	22	4	21.4	1.46	35	4	20.7	1.60	39
5	25.6	1.50	27	28	15.5	1.40	15	5	20.3	1.49	27	5	18.9	1.53	56
6	24.1	1.55	31	29	18.0	1.49	15	6	22.8	1.57	23	6	24.4	1.42	32
7	24.5	1.57	31	30	20.3	1.45	16					7	16.7	1.50	43
8	19.1	1.61	32	31	17.4	1.47	15					8	19.8	1.46	29
9	23.1	1.58	41	32	21.4	1.40	17					9	17.9	1.46	49
10	24.0	1.62	27	33	11.7	1.35	16					10	23.2	1.44	63
11	17.2	1.43	21	34	10.7	1.45	17					11	23.2	1.59	42
12	25.0	1.57	25	35	18.7	1.45	19					12	23.1	1.52	54
13	21.2	1.60	15	36	15.6	1.41	11								
14	21.1	1.58	22	37	21.9	1.47	19	土坝下游探井							
15	20.9	1.49	20	38	16.4	1.43	16	1	18.9	1.47	40				
16	25.0	1.48	20	39	18.4	1.41	17	2	26.8	1.58	7				
17	22.2	1.51	21	40	15.2	1.71	18	3	30.4	1.45	3				
18	23.3	1.54	19	41	23.6	1.48	19	4	29.8	1.47	11				
19	23.4	1.59	24	42	14.9	1.56	20								
20	24.4	1.48	23	43	18.5	1.55	24								
21	23.7	1.44	21	44	20.4	1.52	24								
22	25.6	1.44	21	45	17.2	1.46	22								
23	22.5	1.46	18	46	17.5	1.55	18								

分析上述三图可见，不同区域、不同土质填土的 ρ_d 与 N_{10} 的相关性具有很大差异。中码头堤防防汛哨棚基础填土的均匀性较好，因而两者的相关性较好；长合垸堤防填土的均匀性较差，土中含有少量砾石，因而测试数据离散，相关性差；此外，样本数量的大小对相关性的影响也很显著，并且在小样本的条件下，回归方法的不同对二者相关性的影响也很显著，如图 3，反之在大样本条件下这种影响可以消减，如图 1。

3.2　含水量对干密度及锤击数的影响

分析表 1 数据，还可发现填土含水量的大小对 ρ_d 与 N_{10} 的相关性具有一定的影响，中码头堤防防汛哨棚基础填土的天然含水量大于长合垸堤防填土，因而填土更易于压实均匀，由上述分析可知在此条件 ρ_d 与 N_{10} 的相关性会更好，图 2、3 很好地印证了这一现象，反映出的差异也与填土的含水量相关。图 4、5 分别反映了含水量 ω 与 ρ_d、N_{10} 的相关性，可以看出含水量的变化对触探锤击数具有一定的影响，其相关系数为 0.2452，而含水量对干密度指标的影响却甚小（相关系数仅为0.0112）。

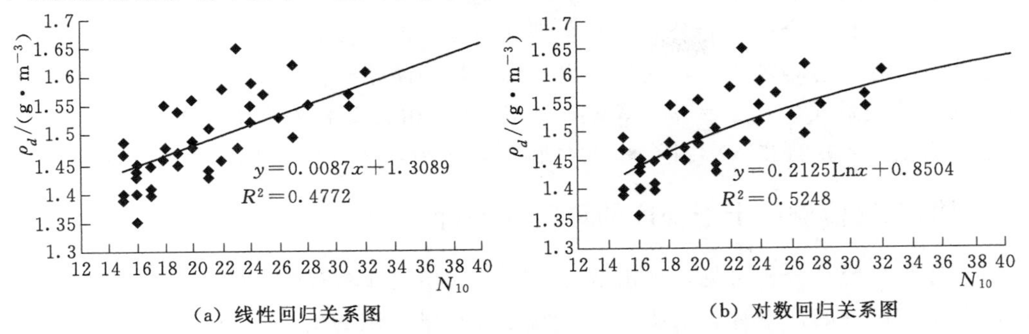

图1 中码头堤防防汛哨棚基础填土 ρ_d 与 N_{10} 的回归关系曲线

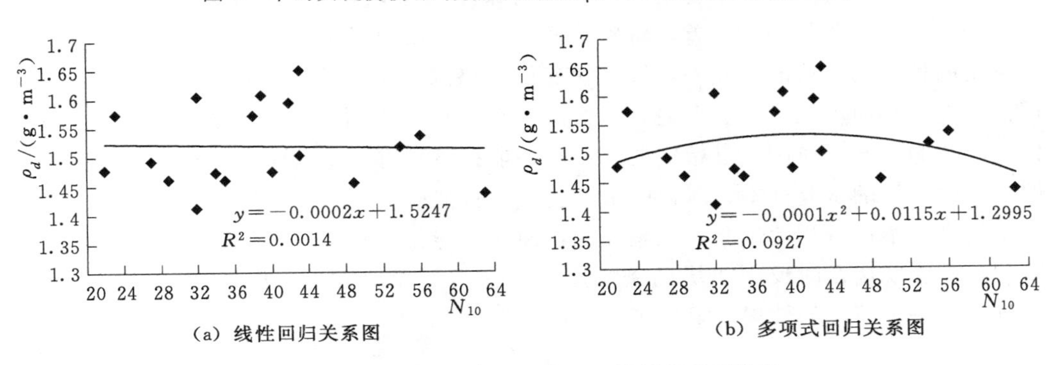

图2 长合垸堤防填土 ρ_d 与 N_{10} 的回归关系曲线

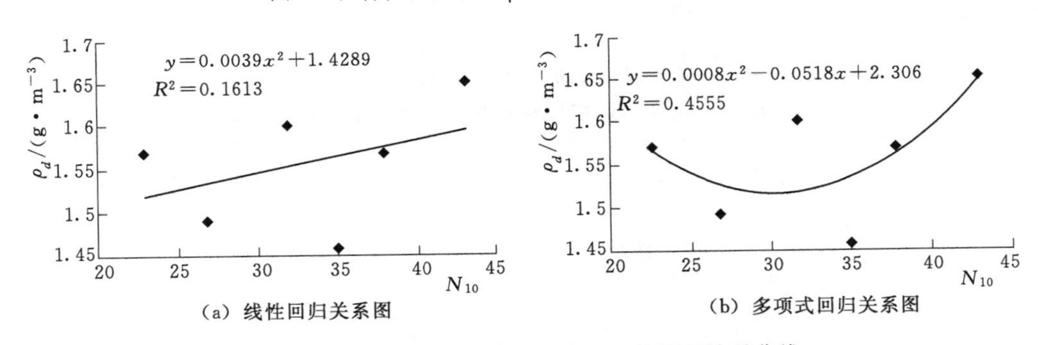

图3 清水溪水库土坝填土 ρ_d 与 N_{10} 的回归关系曲线

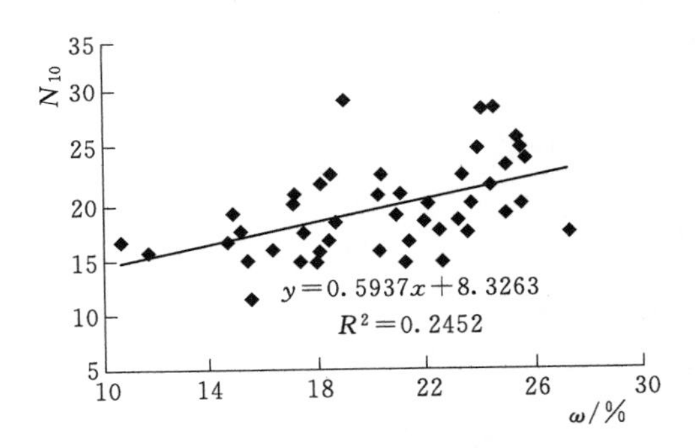

图4 哨棚基础填土 ω 与 N_{10} 的回归关系曲线

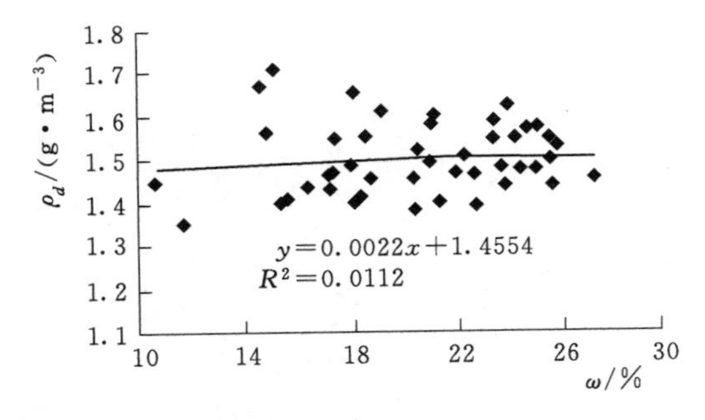

图5 哨棚基础填土 ω 与 ρ_d 的回归关系曲线

3.3　干密度的拟合公式

通过回归分析拟合的经验公式，其合理性与样本的数量有很大的关系，只有足够多的样本才能较好地反应客观规律，这里给出中码头堤防防汛哨棚基础填土干密度的经验公式①直线回归的关系式为：$\rho_d=0.0087N_{10}+1.3089$，相关系数为：$R^2=0.4772$；②对数回归关系式为：$\rho_d=0.2125\ln N_{10}+0.8504$，相关系数为：$R^2=0.5248$。

4　轻便触探仪检测填土干密度的可行性评价

由上述数理统计分析可见，锤击数与干密度的相关性具有较大的随机性。轻便触探仪测试的精度与试验的样本数、土质种类、填土含水量、试验的操作方式等因素密切相关。在本次试验过程，对探头贯入受阻（可能碰到砾石）的情况，都移动点位重新测试，但含水量和密度的测量条件相对较差，特别是已有的对比试验样本数较少，故本次试验拟合填土干密度的精度是较低的。此外，轻便触探仪对路床等干密度很高的压实土也不能使用，因落锤的能量小而不能贯入。总之，从这次拟合尝试可以看出，该法在填土均匀性较好，土体内的空洞、砾石较少，且精度要求不高的前提下具有一定的应用前景，但测试前须有足够数量的合格的试验样本，所得的拟合公式也只能应用于与试验样本相同的填土上。

希望进一步进行相关试验，积累经验，使该法能在一些应急工程（如土堤安全性监测诊断时，需要现场及时反映土堤的密实度）或在大面积填方工程中使用，起到快速、省力，且具有一定精度的效果，更便于在基层推广。

参考文献

[1]　范云．填土压实质量检测技术的发展与评价．岩土力学，2002，23（4）：524-529.

[2]　周树华，魏兰英，等．应用轻便动力触探仪研究黄土的岩土工程特性．岩土工程学报，1999，21（6）：719-722.

Two Case Histories of Application of Earth Pressure Cell

Zhao Wang[1] Jin - feng Zhang[2]
Bin Zhang[2] Jun - qi Wang[2]

(1. Professor, Doctor, School of Civil and Architectural Engineering, Wuhan University, Wuhan 430072, China;
2. Postgraduates, School of Civil and Architectural Engineering, Wuhan University, Wuhan 430072, China)

Abstract Two case histories using earth pressure cell by authors are presented in this paper. In the first case the cells were embedded on a prefabricated concrete pipe under a dam. In another case the cells were embedded on a culvert under a high road embankment for comparison of load reduction due to geoform. The measurement in the first case was failed, however, the results in another case were reasonable. The error analyses are presented and attentions about calibration, embedment and maintenances are discussed.

Key words earth pressure cell, matching error, calibration, embedment

1 INTRDUCTION

In the research of mechanical property in geotechnical engineering, many earth pressure cells are used in in - situ - tests and indoor model tests. Sufficient test data are collected, but which are distorted and reliability can hardly be guaranteed. It is a ubiquitous problem that survival ratio of devices is low, which not only relates to sensor design regarded the theory of matching error as key factor, but also involves some engineering problems such as embedment, calibration and maintenance of devices etc. In the last several decades[1], Taylor, Abbtt, Zeng et al.[2] (2001) studied the theory of matching error thoroughly, which provided academic foundation for sensor test accuracy. However, scarcely any engineering measure was used to guarantee accuracy of sensor test[4~6], and few people gave test data in engineering examples, which were distorted or failed. In this paper, authors present two case histories using earth pressure cells and conduct a preliminary investigation about the application of earth pressure cells. Finally, the experiences of success and lessons of failure are given.

2 PROBLEMS IN DESIGN AND APPLICATION OF EARTH PRESSURE CELLS

Generally, the earth pressure cells are embedded in the medium based on three situations: (1) on a surface of rigid structure, (2) under rigid foundations, (3) in free soil field. The measured stress can be classified as soil stress and contact stress at soil - structure border.

Earth pressure cells usually adopt electric sensing elements. Based on principle of measurement, it can be classified as resistance strain gauge type, variable magnetic - resistance type, and vibrating wire type. The last one is applied to both in laboratory and in situ testing, because it can guarantee the reliability of measurement.

2.1 The theory of matching error

When earth pressure cells are placed in soil or on structure surface, because physical and mechanical properties are different from ambient medium, initial stress field in the medium is changed, and stress concentration and stress reorientation are generated, which induced a "matching error" . Famous Russians scholar Balaru of has deduced "marching error" formula of earth pressure cells on the above three situations, and drawn relative error curves. Zeng et al. (2001) revised these formulas according to assumption of "second subsidence of compression" .

2.2 Design parameters of earth pressure cells

2.2.1 Determination of geometric parameter

Traditionally, for reducing the error introduced by stress concentration, earth pressure cells are made into a small circular pans, dishes or olive type, whose diameter is identified by size of structure and effective compressed diameter of deformed films must be 50 times larger than maximal grain - size of medium.

2.2.2 Determination of measurement range

Generally, in engineering, 1.2～1.5 times earth pressure values, which come form academic calculation or empirical equation, are used as the superior limit of design range of earth pressure cells, and the low limit is determined by the requirement of sensitivity.

2.2.3 Problem of stiffness matching

The stiffness matching between sensors and medium is the main factor of the measuring error in actual engineering. So how to deal with the relation of the deformation property between the earth pressure box and the soil and structure is the vital technical problem, and it involves many problems about material selection, shape selection and complicated mechanics, which will not be mentioned here.

2.3 Calibration of earth pressure cells

Before sensors are used, they must be calibrated with indoor and outdoor tests to get corresponding relationships between input value (pressure) and output value (frequency) . The methods of calibration are air pressure calibration, liquid calibration (oil calibration), calibration in soil medium (sand calibration) and field imitation calibration etc.

2.4 The maintenance of earth pressure cells

The low survival percent of sensors embedded in medium relates to maintenance. Earth pressure cells in engineering are required better long-period stability. Before apparatus is used, it must be settled at least more than 3 months, and it's value of origin shift must not be larger than ±0.25% F.S (F.S is the whole range of frequency), in addition, in the course of manufacture and installation, it should be reduced any influence from variation of temperature. It is required that appropriate temperature range is 0℃ ~ 40℃, and the range of deviation of output frequency should not be lager than ±0.04% F.S/1℃. Ma Shidong[5] (2002) fully considered the long-period stability and temperature factor and others, when choose apparatus to measure the stress ratio of pile and ambient soil in a composite foundation, and received reasonable results.

2.5 Embedment of earth pressure cells

The problem of embedment of earth pressure cells is a vital factor, which directly affects testing precision of earth pressure and sensors' survival ratio.

(1) Embedment of sensors when contact pressure of foundation slab is tested

It is required that bearing plate of earth pressure cells are at the same level with bedding plane of foundation slab. According to field situation, methods of embedment are as follows: direct embedment, embedment with preformed hole and embedment with concrete block, and so on.

(2) Embedment of sensors when contact pressure on surface of structure is tested.

The sites of earth pressure cells have been preformed in the course of construction program, before contact pressure of underground structure (e.g. underground railway and culvert) are tested.

(3) Embedment of sensors when earth pressure of free soil field is tested.

When stress in earthfill is tested, embedding method of earth pressure cells is only required to control compactness of soil around earth pressure cells. When horizontal stress in deep foundation is tested, it is necessary to drill holes in field, then, lateral spade earth pressure cells are embedded in holes.

3 PRACTICAL APPLICATIONS

3.1 Measurement of surface contact pressure of pipe under an earth dam

3.1.1 Overview of engineering

The Qingshuixi earth dam at Zhijiang city in Hubei province was built in 1977. The maximal height of dam is 17.4m. A project of raceway-rebuilding under the dam was conducted in 2000. In order to investigate the variation of earth pressure and dissipation of pore water pressure in the dam at different water levels, 9 earth pressure cells, 5 pore pressure gauges, and 3 piezometric pipes were embedded at the top and side of the raceway, as shown in Fig. 1. The inner diameter of precasted concrete raceway is 600mm, and the thickness is 63mm.

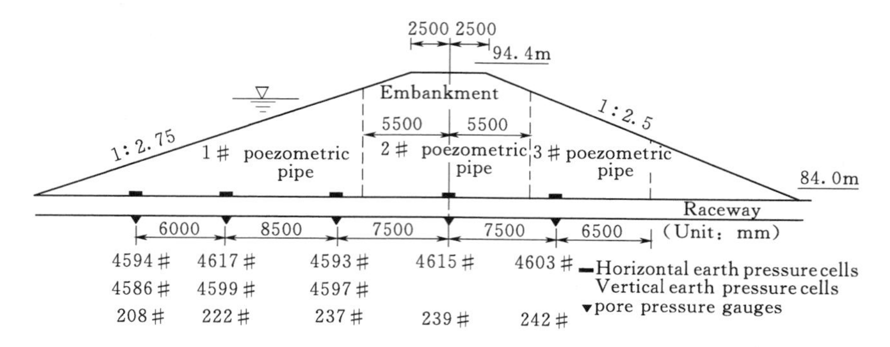

Fig. 1 The embedment of observation instruments under Qingshuixi dam

3.1.2 Calibration and embedment of earth pressure cells

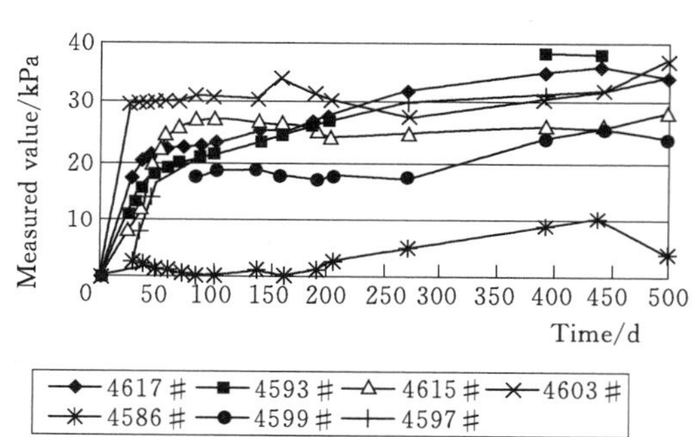

Fig. 2 The time - course curves of earth pressure based on measured values

The instruments embedded were TXR earth pressure cell with diameter of 110mm and measurement range of 0～400kPa and KXR - 2 water pressure gauge with measurement range of 0～200kPa. Manufacturer provided detailed calibration data. In this project, the calibration had never been done again, and based on the data mentioned above, the value of earth pressure and pore water pressure were obtained. The earth pressure cells were placed on the surface of sand - cement grout blocks with size of 30cm×30cm×15cm. It was necessary that bearing film of earth pressure cell surfer the same level to the block. When soil was backfilled, soil nearby the block was carefully compacted.

3.1.3 Data and analysis

The earth pressure cells were embedded on March 4, 2001, and the data of pressure were recorded during the refilled process above the raceway at 1/4, height of dam (March 27), 2/4 height of dam (April 6), 3/4 heights of dam (April 16), and design elevation (94.40m) (April 27), respectively. The observation was continued at a certain time interval and lasted almost one year. The time - course curves of pressure are shown in Fig. 2.

According to theory of shot limit equilibrium, the vertical earth pressure on the raceway is[6]:

$$\sigma_H = C_c \gamma D \tag{1}$$

The coefficient of vertical earth pressure given by Chinese Code《Design criterion of structure far water and sewerage》(GBJ 69—84) is shown as:

$$C_c = 1.4\frac{H}{D} \tag{2}$$

According to American criterion[6], the coefficient of vertical earth pressure is given by:

$$C_c = 1.961\frac{H}{D} - 0.934 \tag{3}$$

where, H is vertical distance from ground surface to surface of earth pressure cell, γ is natural unit weight, and D is external diameter of raceway.

Based on the equations mentioned above, the earth pressures at each observation point are calculated and compared with measured values. Among them, the results on June 72001 are listed in Table 1. Further more, measured static earth pressure coefficient is compared with academic static earth pressure coefficient $K_0 = 1 - \sin\phi'$ (ϕ' is effective internal friction angle of soil), and Table 2 gives results From the two Tables, it is known that except for the 4594 # earth pressure cell is unavailable, measured results of earth pressure are much less than academic results, moreover, measured static earth pressure coefficients are far larger than academic static earth pressure coefficients. Therefore, the measured data of the project are severe skewness.

3.1.4 Analyses of testing data skewness

The reasons that cause testing data skewness are as follows:

Table 1 The comparison of measured and calculated results

Site of measuring point	Vertical earth pressure (kPa)					Lateral earth pressure (kPa)		
	4594 #	4617 #	4593 #	4615 #	4603 #	4586 #	4599 #	4597 #
Measured results	—	35.9	37.9	24.9	31.4	10.5	25.0	31.5
Eq. (2)	144.6	179.0	231.6	287.0	234.0	69.4	85.92	111.2
		(0.20)	(0.16)	(0.09)	(0.13)	(0.15)	(0.29)	(0.28)
Eq. (3)	175.0	231.3	311.3	388.7	314.5	84.0	111.0	149.4
		(0.16)	(0.12)	(0.06)	(0.10)	(0.13)	(0.23)	(0.21)

Note: The data inside the brackets is the ratio of measured earth pressure value and calculated value.

Table 2 The comparison of measured and calculated results for static earth pressure coefficient

Number of pressure cells	4586 #	4594 #	4599 #	4617 #	4597 #	4593 #
Measured value of earth pressure (kPa)	10.5	—	25.0	35.9	31.5	37.9
Measured static earth pressure coefficient	—		0.70		0.83	
Academic static earth pressure coefficient	0.48		0.48		0.48	

(1) The long-term stability of sensors is not well, furthermore, zero point is insta-

bility and shift has occurred.

(2) The calibrated parameters offered by manufacturer were directly used to conversion of earth pressure without doing indoor calibration and field imitation calibration again before cells were embedded.

(3) When soil was backfilled, compactness of soil around earth pressure cells was out of guarantee, and loose soil contacted with stress film weakly, which led to lower measured values.

(4) The method, which earth pressure cells were built in pouring block, may be easy to cause "soil - arch effect" around earth pressure cells. It maybe a good method that sensor is embedded in a flute of structure surface.

(5) Relevant engineering measure has not been adopted to release error caused by "problem of stiffness matching" . In the course of measuring pile - soil stress, Ma Shidong[5] (2002) placed silicone oil balloon on the surface of earth pressure cells. By this method, upper load can transferred uniformly to stress film of earth pressure cells through silicone oil in the balloon, which successfully solved the problem above.

3.2 Measurement of earth pressure on a culvert to verify load - reduction effect of EPS

3.2.1 General view of engineering

In order to study the load reduction effect of EPS plastic foam, the foam plates were embedded above an arch culvert at location of K14+369 in Yuncheng to Sanmenxia expressway. The length of this culvert is 108m, and the maximal thickness of earthfill above the arch crown is 22m. The culvert was divided into 8 testing segments. Earth pressure cells were placed in each segment separately, and the influence of compressibility, thickness and arrangement scope of the plates were observed.

3.2.2 Calibration and embedment of cells

In this paper, the testing results in the representative 2 (without EPS plate) and 3 (with EPS plate) segments are mainly introduced. Fifteen cells offered by as the same manufacturer and standard as the project mentioned above were applied in this experiment. The calibration had never been done again before cells were embedded (this project is earlier than the project mentioned above) . In testing segment 2, three earth pressure cells were placed on arch crown and spandrel, and at the side of wall. The details are shown in Fig. 3.

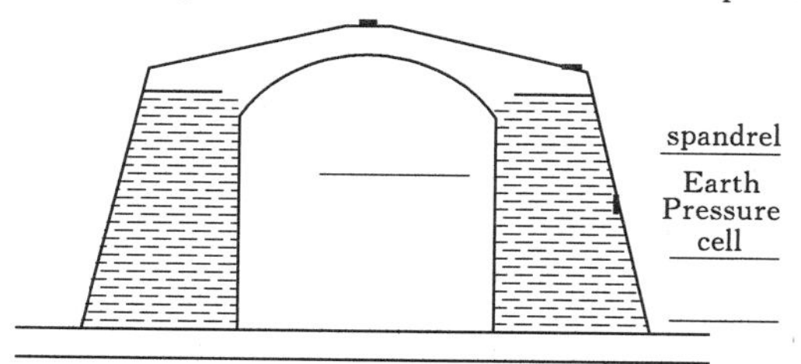

Fig. 3 Embedment of earth pressure cells on arch culvert

In testing segment 3, the arrangement of earth Pressure cells was the same with testing segment 2, however, before backfill, arch crown was evened with sand falling, then, EPS plates were paved, whose thickness was 30cm, density was 7.5kg/m^3, and width was equal to external diameter of arch crown, namely, 10m. The same EPS were packed at the side of exterior wall. Before cells were embedded, arch crown was chiseled off a cylindrical holes with diameter of 14cm and depth of 5cm. Mortar was used to even the bottom, then, earth pressure cells was embedded on the bottom of holes, space was filled by cement fine sand. Further more, top surface of pressure cells were kept horizontal and tangent with surface or arch crown. The placed method of earth pressure cells on the spandrel was the same with that on arch crown. The cells at the sidewall were embedded with suspension wire method; the top surfaces of them were kept vertical and were fixed at excavated sidewall with cement mortar.

3.2.3 Results and analyses

From November 1999 to October 2002, the actual measurement of fifteen earth pressure cells was doing continually. During the measurement the status of cells was good except that sensors on the arch crown in forth segment and seventh segment, whose numbers were 10233 and 10229, were in serious skewness, which indicated that the survival ratio in this project was better. According to the testing results, theoretical pressures at points of earth pressure cells in segment 2 and 3 were calculated, and the contrast curves of measured pressure and calculated value were drawn in Fig. 4 and Fig. 5, respectively.

In segment 2, the calculated values of earth pressure are consistent with the measured ones well. The calculated values at arch crown and spandrel are slightly larger than measured ones, because of the under-consolidated property of earthfill, and, which become consistent finally (Fig. 4 (a), (b)). The calculated values of horizontal lateral earth pressure are larger than the measured ones. Based on the measured results, the lateral pressure coefficient is 0.4~0.5, which is larger than the value calculated by Jaky formula ($K_0=1-\sin\phi'=0.344$) (Fig. 4 (c)). In segment 3, because of the load reduction effect come from the EPS plate, the maximum measured values of earth pressure at arch crown are about 1/3 calculated values, are 109kPa and 367kPa, respectively (Fig. 5 (a)). The measured values at spandrel are 2/3 calculated values; the maximum values are 237kPa and 392kPa, respectively (Fig. 5 (b)). The measured lateral pressure values are far less than calculated ones.

3.2.4 Reliability estimation of testing results

The measured time-course curves shown in Fig. 4 and Fig. 5 generally indicate the distribution regularity of earth pressure nearby culvert. There are no EPS plates in segment 2, and the calculated values based on classical earth pressure formula are reliable and the measured values are accurate. In segment 3, the EPS plates are placed at the top of the arch crown and at the side of it, and the results in Fig. 5 indicate that EPS plate has perfect effect of load reduction. The measured results of earth pressure have showed the actual rules fully, and are coincident with the existent researching results, furthermore, which have proved the reliability and accuracy of measured results.

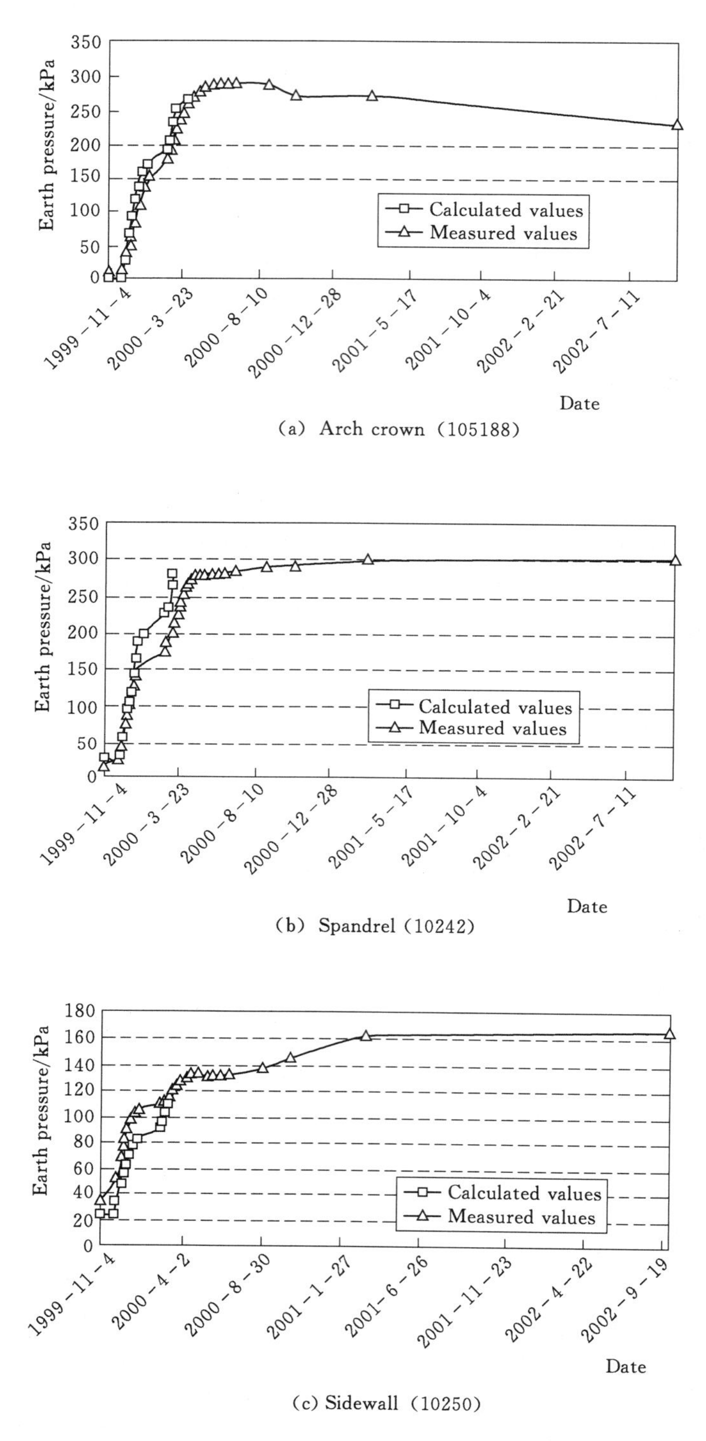

Fig. 4　The time-course curves of earth pressure in segment 2

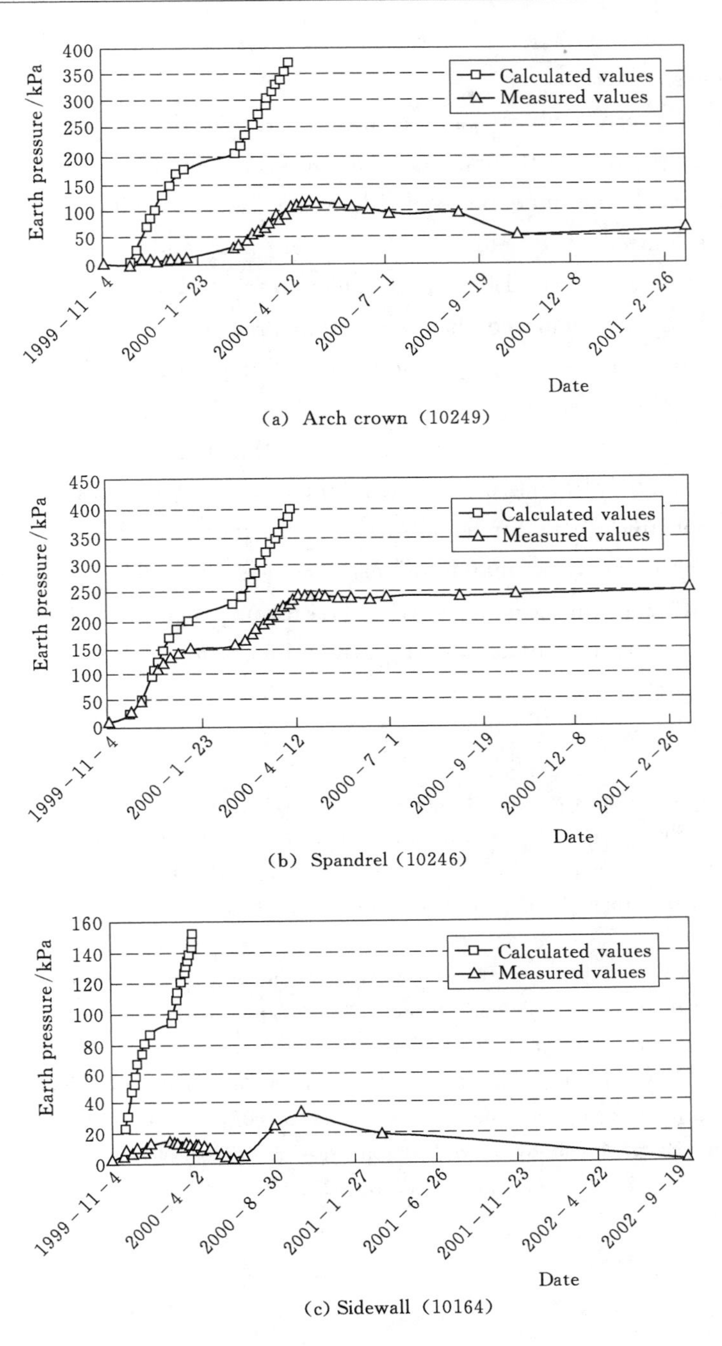

(a) Arch crown (10249)

(b) Spandrel (10246)

(c) Sidewall (10164)

Fig. 5 The time - course curves of earth pressure in segment 3

4 DISCUSSIONS

The same kind of earth pressure cells and same measuring instruments were used at the upper embedded pipelines in the above two case histories, however, different results were got, a group of date is severe skewness and another is very reliable, that may draw the following ideas.

(1) The long - term stability and accuracy of the earth pressure cells should be improved. It involves the design theory and manufacturing technology of the sensors.

(2) To emphasize the importance of calibration, don't neglect it for any excuses, for example, time is limited, the field condition is very poor and there was a once successful experience that wasn't calibrated before placement, etc..

(3) To perfect the calculated theory of earth pressure, for example, the calculated methods of earth pressure under slope shoulder and sloping ground, and the influence of deformation of the thin - walled pipe on the value of the earth pressure.

(4) From the two typical cases, it can be seen that the embedment of the earth pressure cells has a notable influence on the measuring result. In the first case, the cells were arranged in the pouring blocks for being unable to chisel holes on the pipe, so it probably results in comparable "stiffness matching" error and "soil - arch effect" . In addition, the kind of soil has influence on measuring error. The former is clay, and the latter is silt. It is stated that the soil with little cohesive strength and more loose is easy to measure exactly.

REFERENCE

[1] Liu Bao - you, Vibrating - wire sensor and application [M]. Chinese railway press, Beijing, 1986.

[2] Zeng Hui, Yu Shang - jiang, The calculation of matching error of rock - soil pressure transducer [J]. *Rock and soil mechanics*, Vol. 22, No. 1, 2001, pp: 99 - 105.

[3] Chen Zhong - han, Huang Shu - qiu, Cheng Li - ping, Engineering of deep foundation ditch [M]. Mechanical industry press, Beijing, 2002.

[4] Leng Wu - ming. Wei Li - ming, Hua Zu - kun, Experimental study on subgrade reaction under raft foundation prestressed with unbonded tendon [J]. *Chinese journal of geotechnical engineering*, Vol. 22, No. 4, July, 2000, pp: 456 - 460.

[5] Ma Shi - dong, Test on pole - soil stress ratio of composite foundation with cement - soil pile [J]. *China civil engineering journal*, Vol. 35, No. 2, Apr. 2002, pp: 48 - 51.

[6] Liu Quan - lin, Yang Min Study of vertical soil pressure on positive buried pipeline [J]. *Rock and soil mechanics*, Vol. 22, No. 2, Jun, 2001, pp: 214 - 218.

电渗固结中的界面电阻问题

庄艳峰　王　钊

（武汉大学土木建筑工程学院，湖北武汉　430072）

摘　要： 结合试验对电渗固结中的界面电阻问题进行了详细的分析和探讨，提出了界面电压降假定，在该假定的基础上，经过一系列理论推导，给出了一个简洁的界面电阻表达式，这将有助于我们对电渗固结的电流以及能耗做出更为准确的估计。

关键词： 界面电阻；界面电压降；电渗；固结

中图分类号： TU411.99　　**文献标识码：** A　　**文章编号：** 1000－7598－（2004）01－0117－04

Study on Interface Electric Resistance of Electro－Osmotic Consolidation

ZHUANG Yan－feng　WANG Zhao

（School of Civil and Architectural Engineering，Wuhan University，Wuhan 430072，China）

Abstract： After detailed analyses and researches on the problem of interface electric resistance in the electro－osmotic process，an assumption called interface voltage drop assumption is made. This assumption has been tested and verified by some experiments. A series of deductions based on this assumption finally led to a succinct formula of interface electric resistance. This will contribute to a more accurate estimation of electric current and energy consumption of electro－osmotic consolidation.

Key words： interface electric resistance；interface voltage drop；electro－osmosis；consolidation

1　引言

对于低渗透性的细粒软粘土，电渗是一种很有效的排水固结方法。电渗固结一般采用金属电极，如阴极采用井点钢管，阳极采用废旧钢筋、钢轨等[1]。由于金属电极和土体的导电面积相差很大，因此，在这两种导电介质之间实际上存在着很明显的界面电阻。然而，在传统的电渗理论中，都只考虑土体和电极的电阻而忽略了界面电阻，为此，本文将结合试验对电渗固结中的界面电阻问题进行较为详细地分析和探讨。

2　界面电压降假定及其试验验证

根据直观常识，我们知道界面电阻一定与电极和土体的导电面积比有关，面积比越

本文发表于2004年1月第25卷第1期《岩土力学》。

大，界面电阻就越小，这一点是很容易理解的。移动的电荷通过电极进入或离开土体，就好比移动的人群通过大门进入或离开大厅，当人群在门口发生拥挤时，界面阻力就产生了，这时如果将门开大一些，人群的移动就会顺畅一些，界面阻力也就相应地减小了。既然，在两种介质的界面上存在着界面电阻，那么，它是要消耗能量的，也就是说，电流在界面上是要产生电压降的。由于金属电极本身的电阻很小，因此，金属电极所产生的电压降和界面电压降、土体电压降相比，几乎可以忽略不计，这样总电压降就可以表示为：

$$v=v_{界面}+v_{土体}+v_0=(j_1-j_2)k_j+j_2\rho_{土体}H+v_0 \tag{1}$$

式中　v 为总电压降（V）；$v_{界面}=(j_1-j_2)k_j$，为界面电压降（V）；$v_{土体}=j_2\rho_{土体}H$，为土体电压降（V）；v_0 为其它电压降（V），如热效应、电解反应等；j_1 为电极表面电流密度（A/m^2）；j_2 为土体中以 z 轴为法线的平面电流密度（A/m^2）；k_j 为界面电阻率（$\Omega\cdot m^2$）；$\rho_{土体}$为土体电阻率（$\Omega\cdot m$）；H 为阴、阳极之间的土层厚（m）。

式（1）中，土体电压降 $v_{土体}=j_2\rho_{土体}H$ 是直接由欧姆定律得到的[2]，而界面电压降 $v_{界面}=(j_1-j_2)k_j$ 实际上是一个假定，其合理性需要通过试验加以验证。然而，直接对该假定进行验证是比较困难的，这主要是因为界面处的各种电学参量难以测量，为此，笔者考虑从式（1）着手，进行间接验证，具体分析如下。

在电极和土体的界面处，电流连续性定理可以表述为[2]：

$$j_1s_1=j_2s_2 \tag{2}$$

式中　s_1，s_2 为电极和土体导电面积。

或者写成：

$$j_2=rat\cdot j_1 \tag{3}$$

式中　$rat=\frac{s_1}{s_2}$为导电面积比，无量纲。

将式（2）代入式（1）并整理得：

$$\frac{1}{j_1}=\frac{\rho_{土体}H-k_j}{v-v_0}rat+\frac{k_j}{v-v_0} \tag{4}$$

令 $A=\frac{\rho_{土体}H-k_j}{v-v_0}$，$B=\frac{k_j}{v-v_0}$，则上式可以写为：

$$\frac{1}{j_1}=A\cdot rat+B \tag{5}$$

由此可见，如果式（1）成立，那么电极表面电流密度 j_1 的倒数和导电面积比 rat 之间就存在着简单的线性关系，而这一点是容易通过试验进行检验的。为此，笔者做了多次模型试验：在相同的电压下（40V），采用不同根数的电极，测出相应的电流，从而整理得到$\frac{1}{j_1}-rat$ 关系曲线。试验成果见表 1～3 和图 1～3；试验模型照片见图 4；试验电路如图 5 所示。

以上三组实验数据表明，$\frac{1}{j_1}$和 rat 确实具有线性关系，其斜率 $A=4.965$，截距 $B=0.255$，这就为界面电压降假定的合理性提供了一个间接证明。

表 1　　电流密度实测数据

Table 1　　Data of electric current density from experiment

根数	s_1 /cm^2	s_2 /cm^2	面积比 *rat*	电流 /mA	j_1 /($mA\cdot cm^{-2}$)	j_2 /($mA\cdot cm^{-2}$)	$1/j_1$ /($cm^2\cdot mA^{-1}$)
1	5.65	240	0.024	16	2.83	0.067	0.353
2	11.31	240	0.047	24	2.12	0.100	0.471
2	11.31	240	0.047	25	2.21	0.104	0.452
2	11.31	240	0.047	25	2.21	0.104	0.452
3	16.96	240	0.071	28	1.65	0.117	0.606
3	16.96	240	0.071	30	1.77	0.125	0.565
4	22.62	240	0.094	33	1.46	0.138	0.685
5	28.27	240	0.118	34	1.20	0.142	0.832
6	33.93	240	0.141	37	1.09	0.154	0.917
8	45.24	240	0.188	40	0.88	0.167	1.131
9	50.89	240	0.212	40.5	0.90	0.169	1.257
19	107.44	240	0.448	44	0.41	0.183	2.442

注　表中相同根数电极的布置情况不同，从试验结果可以看出，电极的排布位置对电流密度大小影响不大。

表 2　　电流密度实测数据

Table 2　　Data of electric current density from experiment

根数	s_1 /cm^2	s_2 /cm^2	面积比 *rat*	电流 /mA	j_1 /($mA\cdot cm^{-2}$)	j_2 /($mA\cdot cm^{-2}$)	$1/j_1$ /($cm^2\cdot mA^{-1}$)
1	5.65	240	0.024	16	2.83	0.067	0.353
2	11.31	240	0.047	22.5	1.99	0.094	0.503
3	16.96	240	0.071	24	1.41	0.100	0.707
4	22.62	240	0.094	29	1.28	0.121	0.780
5	28.27	240	0.118	30	1.06	0.125	0.942
6	33.93	240	0.141	32	0.94	0.133	1.060
7	39.58	240	0.165	33	0.83	0.138	1.200
9	50.89	240	0.212	35	0.69	0.146	1.454
11	62.20	240	0.259	37	0.59	0.154	1.681
13	73.51	240	0.306	39	0.53	0.163	1.885
15	84.82	240	0.353	41	0.48	0.171	2.069
17	96.13	240	0.401	42	0.44	0.175	2.289
19	107.44	240	0.448	43	0.40	0.179	2.499

表 3　　电流密度实测数据

Table 3　　Data of electric current density from experiment

根数	s_1 /cm²	s_2 /cm²	面积比 *rat*	电流 /mA	j_1 /(mA·cm⁻²)	j_2 /(mA·cm⁻²)	$1/j_1$ /(cm²·mA⁻¹)
19	107.44	240	0.448	44	0.41	0.183	2.442
9	50.89	240	0.212	40	0.79	0.167	1.272
4	22.62	240	0.094	33	1.46	0.138	0.685
2	11.31	240	0.047	26	2.30	0.108	0.435

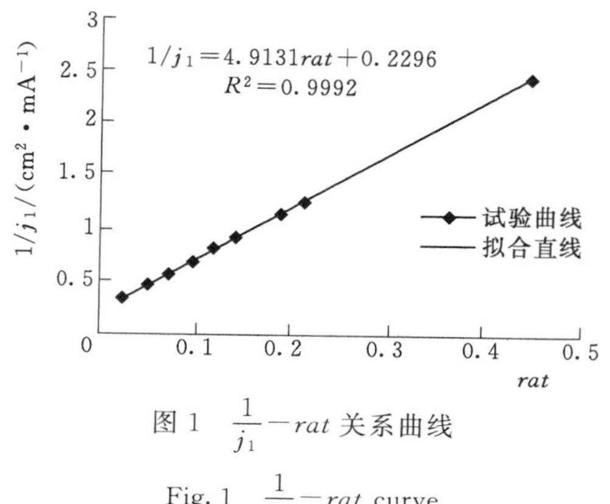

图 1　$\frac{1}{j_1}-rat$ 关系曲线

Fig. 1　$\frac{1}{j_1}-rat$ curve

$1/j_1=4.9869rat+0.3278$
$R^2=0.9945$

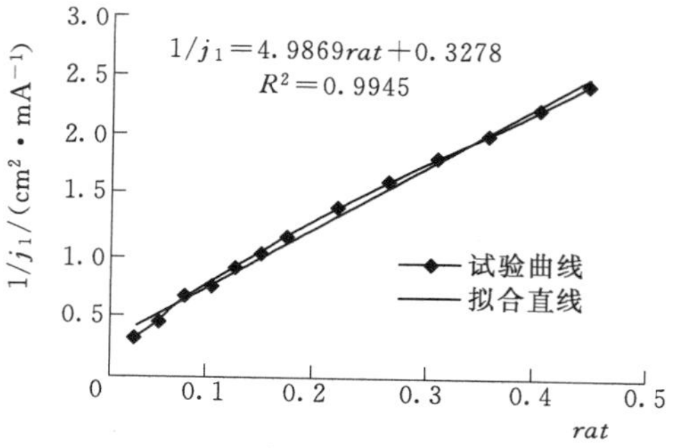

图 2　$\frac{1}{j_1}-rat$ 关系曲线

Fig. 2　$\frac{1}{j_1}-rat$ curve

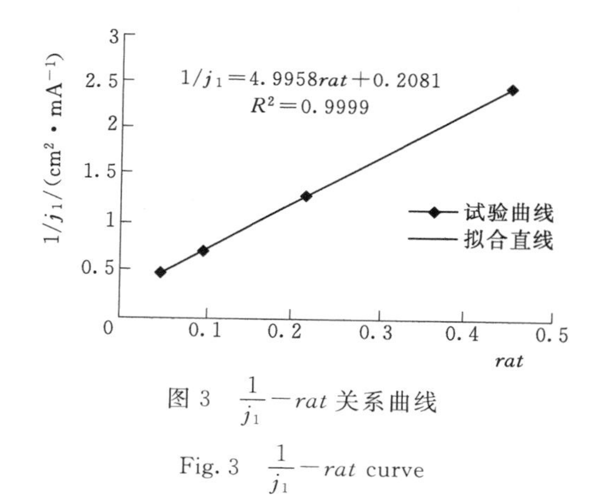

图 3　$\frac{1}{j_1}-rat$ 关系曲线

Fig. 3　$\frac{1}{j_1}-rat$ curve

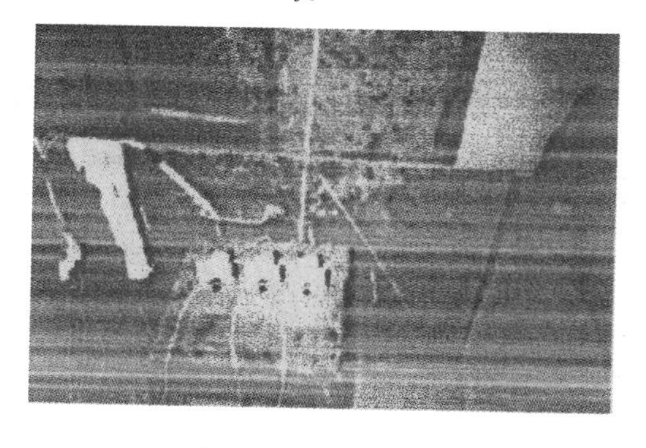

图 4　试验模型照片

Fig. 4　Photograph of experimental model

3　界面电阻的确定

式（1）虽然给出了电能在各个部分的分配和消耗情况，但毕竟不太直观，在实际工程中，人们更希望用简单的欧姆定律来进行计算，为此，笔者在式（1）的基础上，进一步地分析给出了视在电阻 $R_{视在}$、界面电阻 $R_{界面}$ 和极限界面电阻 R_0 的表达式。

根据工程应用的习惯，一般是将电源电压除以电路中的总电流，得到一个电阻值，这个电阻值实际上是将电渗能量消耗的总效应以一个综合的电阻值来描述，因此，称之为视在电阻。根据视在电阻的定义可知：

$$R_{视在}=\frac{v}{I}=\frac{v}{j_1s_1}=\frac{v}{s_1}(Arat+B)=\frac{v}{s_2}\left(B\frac{1}{rat}+A\right)$$

$$=\frac{v}{s_2}\left(\frac{k_j}{v-v_0}\frac{1}{rat}+\frac{\rho_{土体}H-k_j}{v-v_0}\right) \tag{6}$$

根据电阻率定义可知土体本身的电阻为：

$$R_{土体}=\rho_{土体}\frac{H}{s_2} \tag{7}$$

从视在电阻中扣除土体本身电阻后剩余的部分称为界面电阻，由此可得：

$$R_{界面}=R_{视在}-R_{土体}$$

$$=\frac{v}{s_2}\left(\frac{k_j}{v-v_0}\frac{1}{rat}+\frac{\rho_{土体}H-k_j}{v-v_0}\right)-\frac{\rho_{土体}H}{s_2}$$

$$=\frac{k_jv}{s_2(v-v_0)}\left(\frac{1}{rat}-1\right)+\frac{\rho_{土体}Hv_0}{s_2(v-v_0)} \tag{8}$$

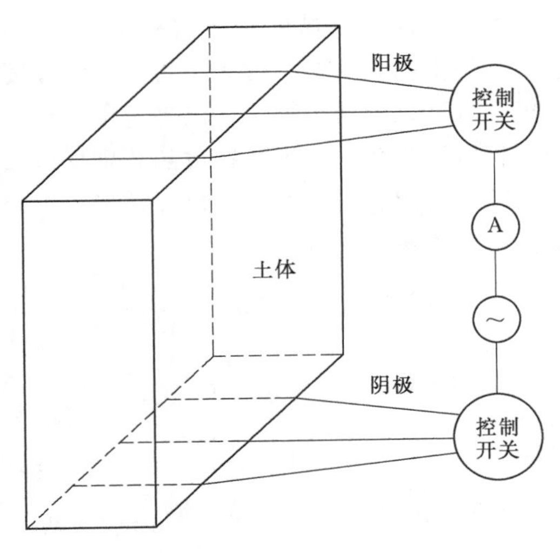

图 5　试验电路示意图

Fig. 5　Sketch of experimental electrocircuit

从式（8）可以看出，当 $rat=1$ 时，$R_{界面}\neq0$，这是因为我们将土体本身以外的电阻统统折算为界面电阻，所以，界面电阻就不仅仅与导电面积比 rat 有关，而且还与其它形式的能量损耗有关。我们将 $rat=1$ 时的界面电阻称为极限界面电阻，用 R_0 表示。将$rat=1$ 代入式（8）得：

$$R_0=\frac{\rho_{土体}Hv_0}{s_2(v-v_0)} \tag{9}$$

极限界面电阻 R_0 综合反映了与导电面积比 rat 无关的其它形式的能量损耗，从理论上说，我们是可以把这部分电阻单独计算出来的，但在实际工程中，往往很难将 R_0 和 $R_{土体}$分离开来。从式（6）可知：$R_{视在}|_{rat=1}=\frac{\rho_{土体}Hv}{s_2(v-v_0)}=R_{土体}+R_0$，因此在实际量测中，我们无法区分 R_0 和 $R_{土体}$，只能将 $R_{土体}+R_0$ 作为土体电阻值，这是试验上的局限性。另外，上述理论分析表明 $R_{土体}+R_0=R_{视在}|_{rat=1}=\frac{v}{s_2}(B+A)$，通过该结论，也可再次检验电压降假定的合理性。将以上试验确定的 B，A 值以及试验所用电压 v 和土体导电面积 s_2 代入上式可得：$R_{土体}+R_0=\frac{40}{240}(0.255+4.965)=0.87(\text{k}\Omega)$，该结果和试验测定值 0.8kΩ 也比较吻合，从而，再次验证了式（1）的合理性。

式（8）给出了界面电阻 $R_{界面}$的表达式，但式中包含了难以测定的 R_0，如果认为 R_0 很小，几乎可以忽略，即 $R_0=0$，那么，式（8）简化为：

$$R_{界面}=\frac{k_j}{s_2}\left(\frac{1}{rat}-1\right) \tag{10}$$

通过试验和理论分析相结合，式（10）给出了一个简洁的界面电阻表达式，式中界面电阻率 k_j 实际上是一个反映界面电阻随导电面积比 rat 变化快慢的比例系数，它的量纲单位为 $\Omega\cdot m^2$。现在的主要问题是式中的 k_j 是否是个常量，如果是，我们就可以很方便地利用上式估计现场试验中可能产生的界面电阻。

可能造成现场试验和室内模型试验 k_j 值不同的因素主要有：①模型比例的影响[3]；②土质的不同，这两个因素是否有影响需要通过试验确定。相对来说，对影响因素①的研究更有意义，因为，如果可以确定出模型比例的影响，就可以通过模型试验的结果指导现场工程应用。而土质不同造成的差别，可以通过在模型试验中采用与实际工程相同的土体来消除。为此笔者改变模型尺寸，通过一个较大的模型，再次求出 k_j，并与原先的小模型试验结果作了比较。

在大模型试验中，$R_{视在}=\dfrac{40\text{V}}{100\text{mA}}=0.4\text{k}\Omega$，$\rho_{土体}=16\text{k}\Omega\cdot\text{cm}$，由此可以算出 $R_{界面}=0.4\text{k}\Omega-16\text{k}\Omega\cdot\text{cm}\times\dfrac{30\text{cm}}{30\text{cm}\times 60\text{cm}}=0.13\text{k}\Omega$。又已知 $rat=0.04712$，$s_2=30\text{cm}\times 60\text{cm}$，根据 $R_{界面}=\dfrac{k_j}{s_2}\left(\dfrac{1}{rat}-1\right)$求得：$k_j=11.57\text{k}\Omega\cdot\text{cm}^2$。这个值与小模型中 $k_j=(9\sim 10)\text{k}\Omega\cdot\text{cm}^2$ 相比，变化不大。因此，可以近似认为，k_j 与模型比例无关。这样，我们就可以根据室内模型试验的结果，应用式（10）来估算实际工程中的界面电阻值。

4　结语

针对土体电渗固结中的界面电阻问题，笔者提出了一个界面电压降假定，该假定在室内模型试验中得到了验证。在此基础上，笔者对电渗工程中的各部分电阻进行了详细地分析，最后，给出了一个简洁的界面电阻表达式，试验表明，式中的参数与模型比例无关。因此，根据该式，可以估算实际工程中的界面电阻值，研究结果对电渗固结的工程应用具有一定的指导作用。

参考文献

[1]　邹维列，杨金鑫，王钊．电动土工合成材料用于固结和加筋设计［J］．岩土工程学报，2002，24（3）：319-322.

[2]　贾起民，郑永令，陈暨耀．电磁学［M］．北京：高等教育出版社，1985.

[3]　徐挺．相似理论与模型试验［M］．北京：中国农业机械出版社，1982.

CFS 桩复合地基承载特性的现场试验研究

张　彬　王　钊　王俊奇　蒋文凯

（武汉大学土木建筑工程学院，湖北武汉　430072，E－mail：sc _ zhb@163. com）

摘　要： 为进一步了解水泥粉煤灰钢渣桩（CFS）桩的加固机理，通过现场静载荷试验，研究了复合地基桩土应力比（荷载分担比）随荷载的变化规律，分析了置换率对桩土应力比的影响。采用大面积现场堆放钢坯的方式，模拟运行期间 CFS 桩复合地基的承载性状，研究了堆载作用下基底的沉降、地基土体深层水平位移、地基土体竖向附加应力分布、临近桩体水平位移及桩前（后）附加应力变化规律；探讨了堆载作用下，CFS 桩复合地基-临近桩体的共同作用机理。为完善该复合地基设计理论提供了参考。

关键词： 水泥粉煤灰钢渣桩；复合地基；承载特性；现场堆载试验；桩土应力比

中图分类号： TU 472. 3；TU473. 12　**文献标识码：** A　**文章编号：** 0367－6234（2004）01－0063－06

Bearing Characteristics of CFS Pile Composite Foundation

ZHANG Bin　WANG Zhao　WANG Jun－qi　JIANG Wen－kai

（School of Civil Engineering，Wuhan University，Wuhan 430072，China，E－mail：sc _ zhb@ 163. com）

Abstract: The variation，relevant to the variation of the load，of pile－soil stress ratio（pile－soil bearing load ratio）is studied through field loading test，and at the same time，the influence of pile－soil stress ratio on replacement ratio is also analyzed. Moreover，by piling up steel blanks to simulate the bearing properties of CFS pile composite foundation during service，some bearing characteristics are studied，including the settlement of foundation base，the deep horizontal displacement，the distribution of vertical additional stress of composite foundation，horizontal displacement of adjacent pile and the variation rhythm of lateral pile additional stress. In addition，the interaction mechanism of CFS pile composite foundation－adjacent pile during superficial surcharge is discussed.

Key words: cement fly－ash steel－slag pile；composite foundation；bearing characteristics；field surcharge test；pile－soil stress ratio

粉煤灰已被广泛用于墙体材料、公路和铁路路堤、土工结构填方工程、地基处理等方面（如 CFC 桩复合地基）；然而，钢渣因其自身特有的材料化学特性制约，其开发利用还

本文发表于 2004 年 1 月第 36 卷第 1 期《哈尔滨工业大学学报》。

本文为高等学校博士学科点专项科研基金资助项目（1999000336）。

落后于前者[1]。结合工程实践，近年来开发出了一种新型的水泥粉煤灰钢渣桩（Cement Fly - ash Steel - slag Pile，简称 CFS），由水泥、粉煤灰及钢渣按照一定的比例配合而成，凝结后具有相当的粘结强度，其力学性能介于刚性-半刚性之间，与桩间土及褥垫层共同组成复合地基[2,3]。CFS 桩复合地基能较大幅度地提高地基的承载力，具有“保护环境、变废为宝”的显著优点，其社会、经济效益显著[3]。该类复合地基适用于湿陷性黄土、填土及软土的地基处理，拓展了钢渣的应用领域。但因其开发应用时间短，理论明显滞后于实践，因此通过现场试验，研究 CFS 桩复合地基的承载特性，对于充实该类复合地基的设计理论、拓展应用领域，具有一定的理论及实践意义。

1　CFS 桩体材料特性及加固机理

1.1　CFS 桩体材料特性

1.1.1　钢渣的级配特性

钢渣是一种自然级配的材料，其颗粒大小不均匀，直径 $d>10$mm 的俗称粗料，直径 $d<10$mm 的俗称面料，钢渣的级配特征曲线见图 1。

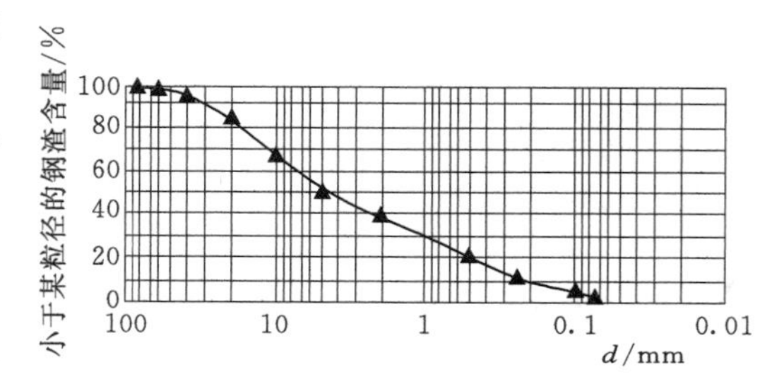

图 1　钢渣的级配特征曲线

Fig. 1　Gradation curve of steel - slag

1.1.2　CFS 桩体的力学特性

CFS 桩体的配比为：水泥∶粉煤灰∶钢渣＝200kg∶$3m^3$∶$7m^3$，28d 龄期的平均抗压强度为：干态 19.5MPa，湿化 15.5MPa，相当于 C15～C20 混凝土强度。

1.2　CFS 桩的加固机理

1.2.1　桩体作用

钢渣在孔内被挤密成桩，钢渣内的 CaO 与桩间土的 H_2O 发生化学反应生成 $Ca(OH)_2$，使桩体发生板结，从而提高桩身的强度。此外，钢渣在遇水的情况下会发生体积膨胀，使得桩间土再次挤密。

1.2.2　挤土作用

钢渣桩在成桩时，双管冲击钢渣在成孔和成桩过程中将原桩位处的土体全部挤到周围，桩间土体得以挤密加固。

1.2.3　垫层作用

可以认为，钢渣桩复合地基实际上是将垫层加厚，即钢渣桩与周围土体共同组成一个刚度较大的人工垫层，使荷载引起的应力向周围扩散，应力分布趋于均匀。

1.2.4　排水作用

钢渣桩在自凝前，也是地基中孔隙水的排出通道。一般地，钢渣的渗透系数为10^{-3}～10^{-4}cm/s，与细砂相当，比软土及填土的渗透系数大 100～1000 倍。从施工现场观察，钢渣桩桩顶常处于浸润状态，比桩周土潮湿，可见其排水作用是明显的。

1.2.5　离子交换作用

钢渣含硫酸三钙、硫酸二钙等水泥矿物。用钢渣桩加固地基时，钢渣颗粒表面的矿物会与地基土体中的水发生水解和水化反应，生成氢氧化钙、含水硫酸钙；游离态氧化钙（fCaO）与水反应后，也会形成熟石灰。因此，钢渣打入地基后，就会有大量Ca^{2+}，地基强度得以加强。

1.2.6 团粒化作用

软土、填土等作为多相分散系，其表面带有Na^{+}或K^{+}，它们能和钢渣中水泥矿物水化生成的氢氧化钙中的Ca^{2+}进行当量吸附交换，使较小的土颗粒形成较大的土团粒，从而使桩周土体的强度得以提高。

2 工程概况及工程地质条件

2.1 工程概况

武钢二轧板坯库是国家重点技改工程——武钢2250热轧带钢主厂房设施的一部分，因地基设计承载力为240kPa，而天然地基承载力特征值仅为100kPa，不能满足要求，需进行地基处理[4]。经方案对比，拟采用水泥粉煤灰钢渣桩进行地基处理，前期施工先做试桩。试桩施工分A、B两区进行，A区采用等边三角形布桩；B区采用正方形布桩。复合地基基本资料如表1。在试桩区域进行了复合地基桩土应力比测试及现场堆载试验。

表1　复合地基基本资料

Tab. 1　Basic data of composite foundation

区域	桩径/mm	桩长/m	桩距/mm	设计置换率/%
A区复合地基	450	8.30	1300	10.9
B区复合地基	450	5.60	1400	9.40

2.2 工程地质条件

工程所在区域属长江Ⅱ级阶地，场地内主要分布如下地层：1）人工填土层（Q^{ml}）；2）第四系全新统冲积层（Q_4^{al}），包括②$_1$上部冲积（Q_{4-3}^{al}）粉质黏土和②$_2$中部冲积（Q_{4-2}^{al}）粉质黏土2个亚层；3）第四系上更新统冲积（Q_3^{al}）粉质黏土。各土层的物理力学参数见表2。可以看出，经CFS桩加固后，土体的各项物理力学指标有了显著改善。

表2　土层的物理力学指标（加固前后）

Tab. 2　Physical and mechanical properties of soil ayers

土层名称	工况	水质量分数/%	容重γ/(g·cm^{-3})	孔隙比e	液性指数I_L	压缩模量/MPa	标贯数/N	抗剪强度指标					
								直接快剪		三轴不排水剪		三轴固结不排水剪	
								C/kPa	ϕ/(°)	C_{UU}/kPa	ϕ_{UU}/(°)	C_{UU}/kPa	ϕ_{UU}/(°)
①$_1$素填土	加固前	23.2	1.93	0.748	0.11	7.70	4.9	42.0	16.3	58.0	5.6	29.0	12.5
	加固后	25.5	1.97	0.680	0.28	7.70	8.5	52.9	20.0	71.4	4.1	44.8	23.17

续表

土层名称	工况	水质量分数/%	容重 γ/(g·cm^{-3})	孔隙比 e	液性指数 I_L	压缩模量/MPa	标贯数/N	抗剪强度指标					
								直接快剪		三轴不排水剪		三轴固结不排水剪	
								C/kPa	ϕ/(°)	C_{UU}/kPa	ϕ_{UU}/(°)	C_{UU}/kPa	ϕ_{UU}/(°)
②$_1$ 粉质黏土	加固前	25.0	2.02	0.685	0.28	5.70	—	16.0	10.2	40.0	6.0	30.0	12.0
	加固后	22.2	2.05	0.610	0.31	10.03	9.1	29.6	20.0	—	—	53.2	30.1
②$_2$ 粉质黏土	加固前	22.6	2.05	0.631	0.13	12.05	18.5	56.0	19.0	74.0	6.6	37.0	14.6
	加固后	22.5	2.03	0.620	0.23	16.50	14.6	72.0	25.6	106.3	5.9	—	—

3　试验内容及方案

3.1　复合地基桩土应力比试验

桩土应力比 n 是复合地基设计的重要参数；研究 CFS 桩复合地基桩土应力比（荷载分担比）的大小及变化规律，是经济合理地设计该类复合地基的关键[5,6]。采用 ϕ1060mm 圆形承压板进行 CFS 单桩复合地基静载荷试验，将 110mm 钢弦式土压力盒，分别埋设于 CFS 桩顶及桩间土内，测试在承压板加载作用下二者的应力变化。图 2 为土压力盒埋设示意图。

3.2　复合地基堆载试验

大面积现场堆载试验能直观地模拟 CFS 桩复合地基完工后运行期间的承载性状，为工程设计及理论的完善提供参考。

本堆载试验采用堆放钢坯的方式加荷，钢坯与基底实际接触面积为 8.0m×1.30m，钢坯总荷重 250t，基底实际压力为 240kPa，与设计地基承载力相当，并在距钢坯 1m 的位置施工一根人工挖孔桩，在地基土及人工挖孔桩桩身埋设土压力盒、垂直及水平位移标、测斜管等仪器，现场试验装置如图 3 所示。模拟板坯库设计堆放钢坯的最大高度，研

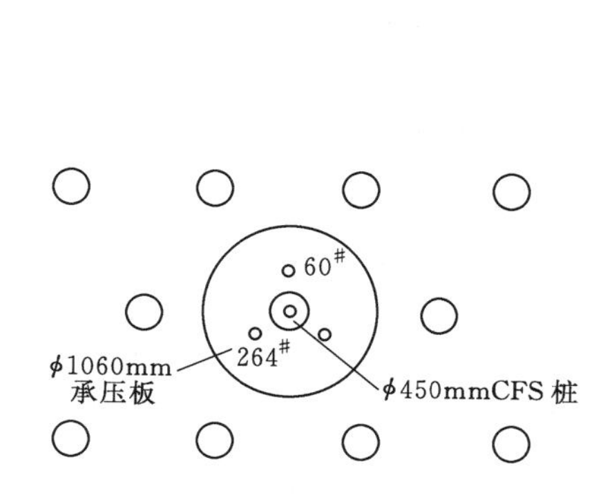

图 2　土压力盒埋设示意图

Fig. 2　Layout of earth pressure cells

注：60#、264# 等为土压力盒及编号

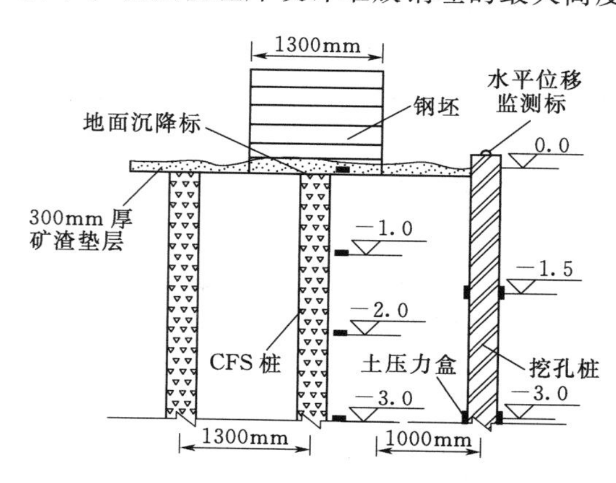

图 3　现场堆载试验装置示意图

Fig. 3　Equipment of filed surcharge test

究复合地基土体侧向位移对厂房柱和桩基础的水平推力、桩顶的水平位移、板坯库地基土中的附加应力影响深度及基底的沉降量等。进而探讨堆载作用下，CFS 桩复合地基与地下构筑物、桩与桩间土的共同作用机理[7]。

4 试验结果及分析

4.1 桩土应力比测试结果分析

选取 A、B 区有代表性的 A9# 及 B56# 柱做单桩复合地基载荷试验，同时对 B 区的桩间土做静荷载试验，得其承载力特征值为 150kPa，较之天然地基提高 50%。图 4、图 5 反映了不同置换率的复合地基桩土应力比及荷载分担比变化规律。

4.1.1 桩土应力比随荷载变化规律

从图 4 可以看出，加载初期，桩土应力比 n 随着荷载 p 的增加而增大，表明桩身出现了应力集中现象，复合地基承载性状由土体分担主要荷载转向桩体分担主要荷载。加载中后期，置换率为 9.4%的复合地基，桩土应力比 n 呈现出：增加幅度减缓→达到最大值→开始减小的变化趋势，表明桩进入塑性阶段，荷载转向土体分担；而置换率为 10.9%的复合地基，在当前的载荷水平下，n 还未达最大值，但随着荷载的加大，仍会出现上述趋势。这里 A、B 区的置换率相差不大，而桩土应力比却有较大差异；究其原因，可能与 A 区的桩长大于 B 区有关。

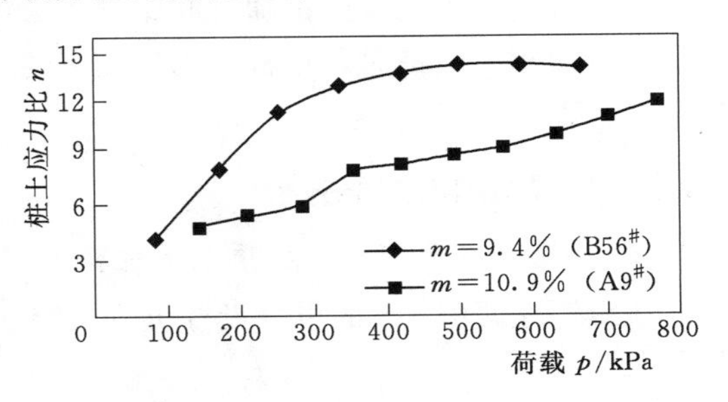

图 4 荷载与桩土应力比（$p-n$）关系曲线

Fig. 4 Curve of p vs n

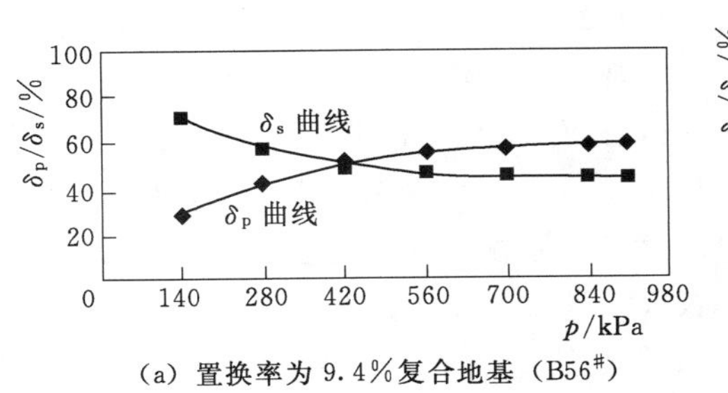

(a) 置换率为 9.4%复合地基（B56#）

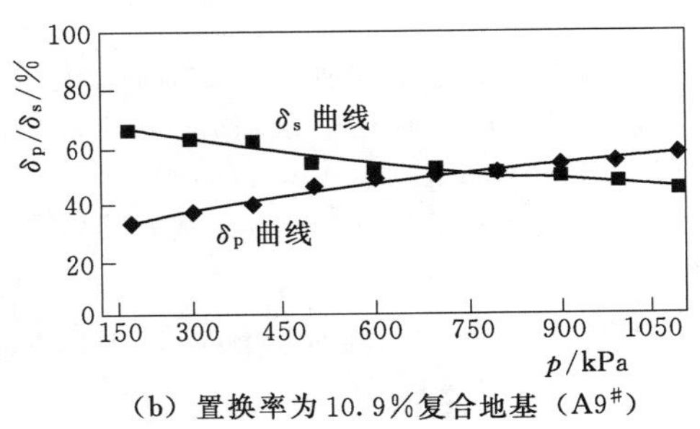

(b) 置换率为 10.9%复合地基（A9#）

图 5 荷载与荷载分担比 $p-\delta_p/\delta_s$ 关系曲线

Fig. 5 Curve of p vs δ_p/δ_s

4.1.2 荷载分担比随荷载变化规律

图 5 显示，在较小的荷载下，桩体还来不及发挥作用，荷载主要由土体分担，随着 p 的增大，桩体的荷载分担比 δ_p（$\delta_p=p_p/p$）加大，相应的土体的荷载分担比 δ_s（$\delta_s=p_s/p$）减小，大约在 $p=420$kPa（9.4%置换率）、$p=750$kPa（10.9%置换率）时，$\delta_p=\delta_s$，此时的载荷水平大致相当于 $p-S$ 曲线所对应的承载力比例极限，其值大于地基的设计承载

力 240kPa；其后 δ_p 继续增大，δ_s 继续减小，荷载主要由桩体分担，直到 δ_p 达到最大值，此时桩体进入塑性阶段。上述两图反映规律相互印证，代表了 CFS 桩复合地基的一般规律[1,3]。

4.1.3　桩土应力比随置换率变化规律

图 4 表明，在较小的荷载下，两种不同置换率的复合地基的桩土应力比 n 相差不大，这时桩的作用还没来得及发挥，随着荷载的增加，低置换率的地基中 n 值增长幅度比高置换率的地基大，并更早达到极值，这主要是因复合弹性模量差异造成的。图 5 也从荷载分担角度反映了上述规律，低置换率复合地基达到 $\delta_p=\delta_s$ 的荷载水平明显低于高置换率地基，更早进入塑性阶段。

可以看出，桩土应力比随桩间距的增大而增大，随置换率的减小而增大，说明当用桩数量减少而布成疏桩时，单桩将承担较多的荷载份额。就本工程而言，采用低置换率设计是经济合理的。

4.2　堆载试验测试结果分析

4.2.1　基底沉降及挖孔桩桩顶水平位移

在距钢坯两侧 5m 的位置设置沉降观测基准桩，并将沉降观测基准梁固定其上，堆放第一块钢坯后，将百分表固定其上，连续观测基底的沉降量；此外，当人工挖孔桩浇灌混凝土后，立即在桩顶埋设水平位移标，并在距桩顶前后 10m 处埋设两个水平位移观测基准点，以这两个基准点为参照，观测堆放钢坯后挖孔桩桩顶水平位移，观测成果见图 6。分析图 6，可见复合地基基底沉降量在加载过程中已完成过半，加载完毕后 1h 所观测的沉降量为 24.0mm，达总沉降量的 81% 左右，加载 3d 后的沉降量为 28.93mm，为总沉降量的 98%，沉降基本稳定。加载后 30d 的总沉降量为 29.64mm。

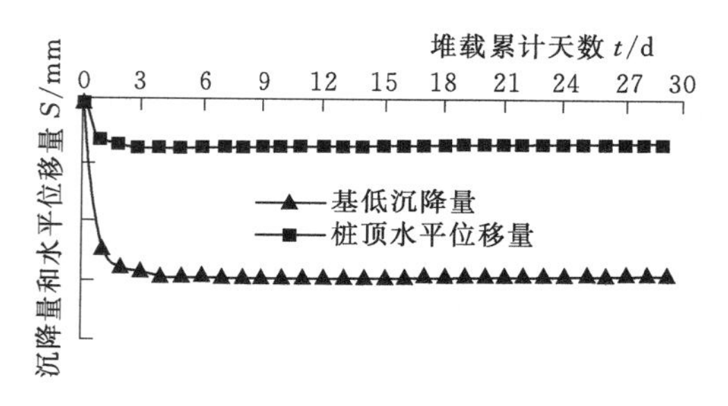

图 6　基底沉降-挖孔桩桩顶位移-时间曲线

Fig. 6　Curve of settlement of foundation base - horizontal displacement of pile top - time

挖孔桩桩顶水平位移量在加载的过程中增量较大，达 6.15mm，相当于总位移量的 82%，加荷后 3d 内的位移量为 7.28mm，相当于总位移量的 98%，加荷后 30d 的总水平位移量为 7.46mm。

4.2.2　复合地基深层水平位移

在钢坯堆载体的长轴方向（G_1# 孔）和短轴方向（G_2# 孔）各布置一个深层水平位移观测孔，采用 CH－56 高精度深层水平位移观测装置测定钢坯荷载作用下复合地基不同深度水平位移量，测试结果见图 7。深层水平位移观测表明：浅层土体（如 G_1# 孔的 3m 以内和 G_2# 孔的 2m 以内）位移量为负值，即堆载地面下沉，边缘地表向堆载方向移动；而深层土体位移量为正值，即土体向外侧移动。

（1）G_1 孔：由于堆载作用，内侧土体压密下沉，故深度 3.50m 以内的水平位移向

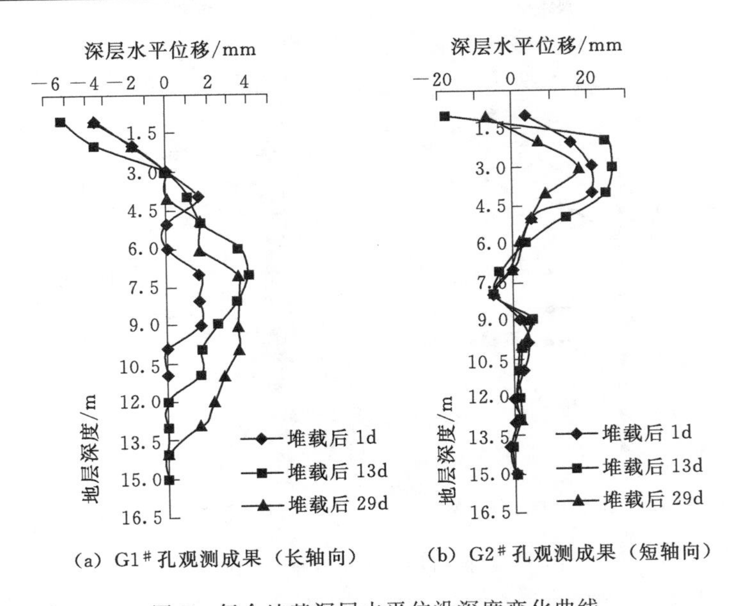

图7　复合地基深层水平位沿深度变化曲线

Fig. 7　Variable curve of deep horizontal displacement with depth

内，呈负值，堆载后第13d在深度1.0m处，达到最大位移量－5.2mm；深度3.50m以下由于钢坯下土体向外挤出，故呈正值，深度6～9m为最大值，达4mm；深层水平位移收敛深度为12.0m。

(2) G_2孔：深度1.50m以内水平位移向内，呈负值，在堆载后第9d出现最大位移量为－17.5mm；1.50m以下位移量向外，呈正值，在2～4m段达到最大值27.9mm。在7～9m段产生负值，出现反常现象，究其原因：由于受桩体施工的影响，挤土作用使土体向堆载区挤压，导致后期位移变小；水平位移收敛深度为10m。通过长轴、短轴方向的测试结果对比可见，短轴向土体的深层水平位移明显大于长轴向。

4.2.3　人工挖孔桩侧向附加应力

为测定堆载作用下挖孔桩正面和背面2个方向受堆载作用而引起的侧向附加压力大小，探讨复合地基——临近桩体共同作用规律[7]，在距钢坯（侧向）1m处的人工挖孔桩正、背面按1.5m间距侧立安装土压力盒，其受力面朝向钢坯方向，共计24个，土压力盒的量程为300kPa，见图2。定期测定不同深度处土的侧压力大小，监测结果如图8。

由图8知，堆载作用对桩体的受力状态产生了显著影响。人工挖孔桩正面受堆载产生的侧向附加应力在深度3.0m处最大，$\sigma=117$kPa；深度9.0m处，$\sigma=7$kPa，并向下收敛。表明：9.0m以上桩体受堆载作用产生的侧向附加应力影响显著，9.0m以下的影响可以忽略。人工挖孔桩背面受堆载产生的侧向附加应力在深度4.5m处最大，$\sigma=63$kPa，深度7.5m处，$\sigma=7$kPa，且向下收敛。说明受挖孔桩桩体自身抗力的影响，不仅背面所受的应力比正面小，影响深度也比正面浅。此外，可以看出0～7.5m内桩身附加应力的变化具有一定的时间滞后效应：堆载当天相对较小，第10d为最大，其后应力有收敛的趋势，这与复合地基强度随时间增长而增大有关。

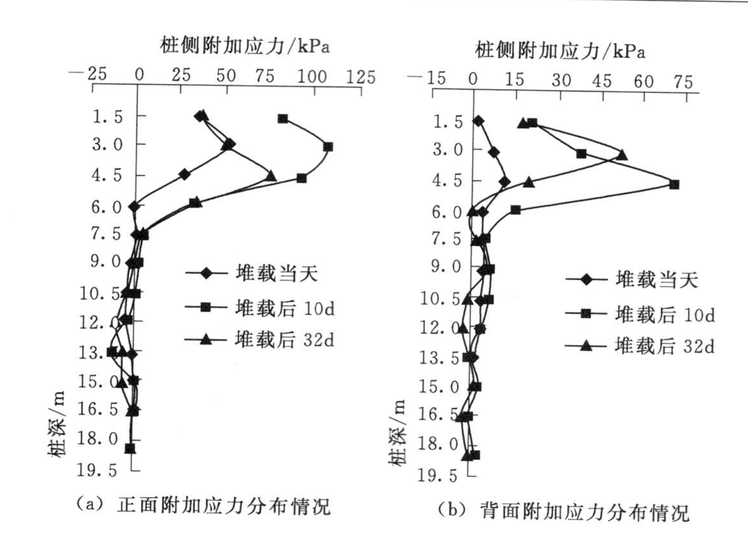

图 8　桩侧附加应力随深度变化曲线

Fig. 8　Variable curve of lateral pile additional stress with depth

4.2.4　复合地基桩间土竖向附加应力变化规律

在钢坯基底桩间土及矿渣垫层中，按设计深度安装土压力盒，观测堆载作用下不同深度处附加应力的变化，测试成果如图 9。

可以看出，在钢坯基底下 1.0m 处的附加应力为最大，σ=49kPa；4.8m 处出现较明显的附加应力转折点，以该点为分界，从基底到 4.8m 处的附加应力收敛较快，而 4.80m 以下的则收敛较慢，在设计深度 9.0m 处 σ 仅为 11kPa。

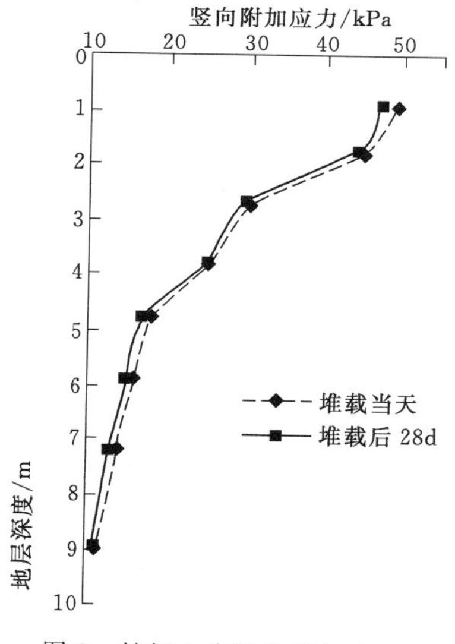

图 9　桩间土中竖向附加应力随深度变化曲线

Fig. 9　Variable curve of vertically additional stress with depth

在堆载作用下，加固区土体得到一定程度的固结，其强度略有增大，所以堆载后 28d 实测的附加应力值较之堆载当天略有减小。

5　结论

1）CFS 桩复合地基能较大幅度地提高地基的承载力，经加固后地基土体的各项指标有了显著改善，且桩间土的承载力提高了 50%。

2）桩土应力比试验结果表明：n 随着 p 增加而增加，应力向桩体集中，当 n 达到最大值时，桩体进入塑性阶段，之后 n 值减小，荷载转由土体承担。

3）当荷载水平为 p=420kPa（9.4%置换率）、p=750kPa（10.9%置换率）时，$\delta_p=\delta_s$，桩土各分担一半荷载，此时的载荷水平大致相当于 $p-S$ 曲线所对应的承载力比例极限，其值大于地基的设计承载力 240kPa。

4）置换率 m 对 n 有显著影响，n 随 m 的增大而减小，m 越大，桩体进入塑性阶段对应的荷载水平 p 也越大。

5）CFS 桩复合地基的基底沉降量及水平位移在堆载后 3d 即达 98%，总沉降量为 29.64mm、总水平位移为 7.46mm，二者值均较小，有效地减少地基沉降量和限制侧向变形。

6）堆载作用下，浅层地基（0～3.5m）深层水平位移向内，深部则向外，其中堆载体侧向的地基水平位移明显大于纵向，竖向影响深度为 10.0～12.0m。

7）堆载作用对挖孔桩的正面及背面施加大小不等的水平附加应力，3.0～4.5m 处达到最大值，分别为 σ=117kPa（正面）、σ=63kPa（背面），有效影响深度为 7.5～9.0m。

8）复合地基深层竖向附加应力监测结果表明：1.0m 深处地基竖向附近应力为最大，σ=49kPa，0～4.8m 段附加应力快速收敛，4.8m 为转折点，以下收敛较慢，9.0m 处仅为 11kPa。表明 CFS 桩处理后的复合地基使荷载引起的附加应力得到了明显地扩散，且应力分布更趋于均匀。

注：中冶集团武汉勘察研究总院黄涛高工、李大毛高工提供了部分资料并给予了指导，在此深表谢意！

参考文献

[1] 阎明礼，张东刚. CFG 桩复合地基技术及工程实践 [M]. 北京：中国水利水电出版社，2001.

[2] 王炳龙，吴邦颖，方卫明. 钢渣桩加固地基的研究 [J]. 上海铁道学院学报，1994，15（1）：77-84.

[3] 黄涛，王小章，吴跃明. 豫北某钢厂钢渣桩复合地基的试验研究与应用 [J]. 岩土工程学报，1997，19（3）：328-333.

[4] GB 50007—2002，建筑地基基础设计规范 [S]. 北京：中国建筑工业出版，2002.

[5] 龚晓南. 复合地基发展概况及其在高层建筑中的应用 [J]. 土木工程学报，1999，32（6）：3-10.

[6] 马时冬. 水泥搅拌桩复合地基桩土应力比测试研究 [J]. 土木工程学报，2002，35（3）：48-51.

[7] 杨敏，朱碧堂. 堆载地基与邻近桩基的相互作用分析 [J]. 水文地质工程地质，2002（3）：1-5.

CFS 桩处理软弱地基的试验研究

张　彬[1]　王　钊[1]　崔红军[1]　黄　涛[2]

（1. 武汉大学土木建筑工程学院，湖北武汉　430072；
2. 中冶集团武汉勘察研究总院，湖北武汉　430080）

摘　要： 介绍了一种新兴的地基处理技术——水泥粉煤灰钢渣桩（CFS）。采用现场大面积堆放钢坯的方式，模拟研究了CFS桩复合地基工作期间的承载特性，得出了堆载条件下基底的最终沉降量、桩同土体深层水平位移及竖向附加应力分布、临近的人工挖孔桩水平位移及其桩体前（后）附加应力变化等规律，探讨了堆载作用下CFS桩复合地基-临近桩体的共同作用机理。此外，研究了CFS桩施工所引起的环境效应，得出了CFS桩成桩过程中地基土侧向附加应力在水平、垂直方向上的变化规律及A，B试验区受桩体施工影响的地面隆起量。

关键词： 水泥粉煤灰钢渣桩；复合地基；现场堆载试验；承载特性；环境效应

中图分类号： TU472.3　　**文献标识码：** A　　**文章编号：** 1000－7598－（2004）03－0464－05

Experimental Study on Improving Soft Foundation with CFS Pile

ZHANG Bin[1]　WANG Zhao[1]　CUI Hong－jun[1]　HUANG Tao[2]

（1. School of Civil and Architectural Engineering，Wuhan University，Wuhan 430072，China；
2. Wuhan Central Institute of Geotechnical Investigation，China Metallurgical Construction Group，Wuhan 43008，China）

Abstract： A new ground improvement technology，cement fly－ash steel－slag pile，is presented. By piling up steel blanks to simulate the bearing properties of CFS pile composite foundation during service，some bearing characteristics including the settlement of foundation base，the deep horizontal displacement and the distribution of vertical additional stress of composite foundation，the horizontal displacement and the variable rhythm of lateral additional stress of adjacent excavated hole pile etc.，are studied. The interaction mechanism of CFS pile composite foundation－adjacent excavated hole pile during superficial surcharge is also discussed. In addition，the environmental effect due to the construction of CFS pile is studied；the variable rhythm of lateral additional stress of foundation with distance and depth and the land upheaval value in A and B region are obtained.

Key words： cement fly－ash steel－slag pile；composite foundation；field surcharge test；bearing characteristics；environmental effect

---

本文发表于2004年3月第25卷第3期《岩土力学》。

1 前言

钢铁厂排放的大量钢渣既占用耕地又污染空气、地表及地下水体，研究如何处理废弃钢渣、变废为宝，已成为一项具有显著社会、经济效益的课题。日本学者烟博昭等人率先将钢渣用于地基处理并研制了钢渣桩，近年来我国学者开发出了一种新型的水泥粉煤灰钢渣桩（Cement Fly - ash Steel - slag Pile，简称 CFS），由水泥、粉煤灰及钢渣按照一定的比例配合而成，凝结后具有相当的粘结强度，其力学性能介于刚性-半刚性之间，与桩间土及褥垫层共同组成复合地基[1~4]。CFS 桩利用成桩过程中对桩周土的振密、挤压和桩体材料的吸水、膨胀以及与桩周土的离子交换、凝硬反应等作用，使桩周土体的物理力学性质得以显著改善，从而，能较大幅度地提高地基的承载力[5]。CFS 桩复合地基可用于处理湿陷性黄土、软土及松散填土等不良地基，但因其开发应用历史不长，理论研究明显滞后于工程实践，因此，通过现场试验，研究 CFS 桩复合地基的承载特性及受力机理，对于充实该类复合地基的设计理论、拓展应用领域，具有一定的理论及实践意义。

2 工程概况

2.1 工程概况

某钢铁厂二轧板坯库工程，因地基设计承载力为 240kPa，而天然地基承载力特征值仅为 100kPa，不能满足要求，需进行地基处理[6]。经方案比选，拟采用水泥粉煤灰钢渣桩进行地基处理，前期施工先做试桩。试桩施工分 A，B 两区进行，A 区采用等边三角形布桩；B 区采用正方形布桩。复合地基基本资料如表 1。

表 1 复合地基基本资料

Table 1 Basic data of composite foundation

复合地基区域	桩径/mm	桩长/m	桩距/m	设计置换率/%
A	450	8.30	1.3	10.9
B	450	5.60	1.4	9.40

在试桩区域进行了大型现场堆载试验，并对施工引起的环境效应进行了监测。

2.2 地质条件概况

工程所在区域属长江Ⅱ级阶地，场地内主要分布如下地层：①人工填土层（Q^{ml}）；②第四系全新统冲击层（Q_4^{al}），包括②-1 上部冲积（Q_{4-3}^{al}）粉质粘土和②-2 中部冲积（Q_{4-2}^{al}）粉质粘土两个亚层；③第四系上更新统冲积（Q_3^{al}）粉质粘土。各土层的物理力学参数见表 2。可以看出，经 CFS 桩加固后，土体的各项物理力学指标有了显著改善。

表 2 土层的物理力学指标（加固前后）

Table 2 The physico - mechanical properties of soil layers

土层名称	工况	含水率/%	重度 γ/(g·cm^{-3})	孔隙比 e	液性指数 I_L	压缩模量/MPa	标贯数/N/击	抗剪强度指标					
								直接快剪		三轴不排水剪		三轴固结不排水剪	
								c/kPa	ϕ/(°)	c_{UU}/kPa	ϕ_{UU}/(°)	c_{CU}/kPa	ϕ_{CU}/(°)
①-2 素填土	加固前	23.2	1.93	0.748	0.11	7.7	4.9	42.0	16.3	58.0	5.6	29.0	12.5
	加固后	25.5	1.97	0.68	0.28	7.7	8.5	52.9	20.0	71.4	4.1	44.8	23.17
②-1 粉质粘土	加固前	25.0	2.02	0.685	0.28	5.7	—	16.0	10.2	40.0	6.0	30.0	12.0
	加固后	22.2	2.05	0.61	0.31	10.03	9.1	29.6	20.0	—	—	53.2	30.1
②-2 粉质粘土	加固前	22.6	2.05	0.631	0.13	12.05	18.5	56.0	19.0	74.0	6.6	37.0	14.6
	加固后	22.5	2.03	0.620	0.23	16.50	14.6	72.0	25.6	106.3	5.9	—	—

3 CFS 桩复合地基承载特性试验

3.1 试验方案及内容

大面积现场堆载试验能直观地模拟 CFS 桩复合地基完工后运行期间的承载性状，为工程设计及理论的完善提供参考。本次堆载试验采用堆放钢坯的方式加荷，钢坯与基底实际接触面积为 8.0m×1.30m，钢坯总荷重为 250t，基底的实际压力为 240kPa，与设计地基承载力相当，并在距钢坯 1m 的位置施工一根人工挖孔桩，在地基土及人工挖孔桩桩身埋设土压力盒、垂直及水平位移标、测斜管等仪器，现场试验装置如图 1 所示。模拟板坯库设计堆放钢坯的最大高度，研究复合地基土侧向位移对厂房柱和桩基础的水平推力、桩顶的水平位移、板坯库地基土中的附加应力影响深度及基底的沉降量等。进而探讨堆载作用下，CFS 桩复合地基与地下构筑物、桩与桩间土的共同作用机理[7]。

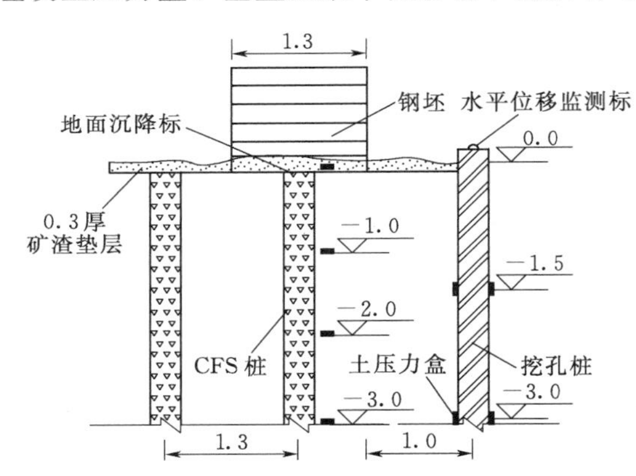

图 1 现场堆载试验装置示意图（单位：m）

Fig. 1 Sketch of equipment of field surcharge test (unit: m)

3.2 试验成果及分析

3.2.1 基底沉降及挖孔桩桩顶水平位移

在距钢坯两侧 5m 的位置，设置沉降观测基准桩，并将沉降观测基准梁固定其上，堆放第一块钢坯后，将百分表固定其上，连续观测基底的沉降量。此外，当人工挖孔桩浇灌混凝土后，立即在桩顶埋设水平位移标，并在距桩顶前后 10m 处埋设 2 个水平位移观测基准点，以这 2 个基准点为参照，观测堆放钢坯后挖孔桩桩顶水平位移，观测成果见图 2。分析图 2 可知，复合地基基底沉降量在加载过程中已完成过半，加载完毕后 1h 所观测的沉降量为 24.0mm，达总沉降量的 81%左右，加载 3d 后的沉降量为 28.93mm，为总沉降量的 98%，沉降基本稳定。加载后 30d 的总沉降量为 29.64mm。挖孔桩桩顶水平位移量在加载的过程中增量较大，达 6.15mm，相当于总位移量的 82%，加荷后 3d 内的位移量为 7.28mm，相当于总位移量的 98%，加荷后 30d 的总水平位移量为 7.46mm。

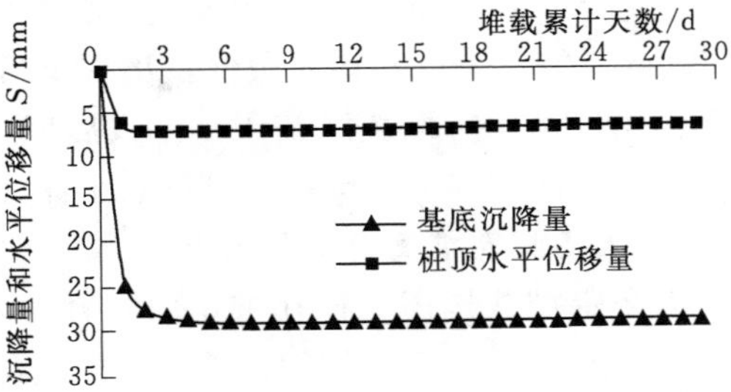

图 2　基底沉降-挖孔桩桩顶位移-时间曲线

Fig. 2　Curves of settlements of foundation base vs time and horizontal displacements of pile top and time

3.2.2　复合地基深层水平位移

在钢坯堆载体的长轴方向（G_1 孔）和短轴方向（G_2 孔）各布置一个深层水平位移观测孔，采用 CH－56 高精度深层水平位移观测装置，测定钢坯荷载作用下复合地基不同深度水平位移量，测试结果见图 3。

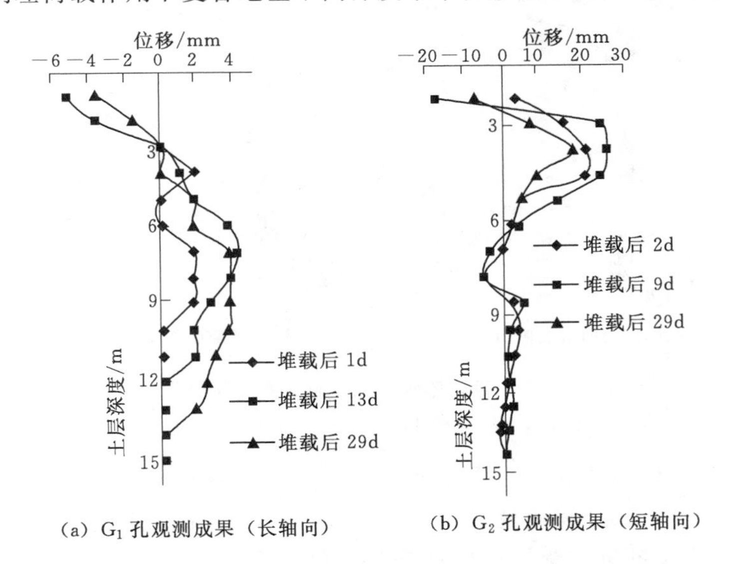

图 3　复合地基深层水平位沿深度变化曲线

Fig. 3　The variable curves of deep horizontal displacements and depths

深层水平位移观测表明：浅层土体（如 G_1 孔在 3m 以内和 G_2 孔在 2m 以内）位移量为负值，即堆载地面下沉，边缘地表向堆载方向移动；而深层土体位移量为正值，即土体向外侧移动。

（1）G_1 孔：由于堆载作用，内侧土体压密下沉，故深度在 3.0m 以内的水平位移向内，呈负值，堆载后第 13d 在深度 1.0m 处，达到最大位移量－5.2mm；深度在 3.0m 以下，由于钢坯下土体向外挤出，故呈正值，深度 6～9m 为最大值，位移有 4mm；深层水平位移收敛深度为 12.0m。

（2）G_2 孔：在深度 1.50m 以内的水平位移向内，呈负值。在堆载后第 9d 出现最大位移量为－17.5mm；1.50m 以下位移量向外，呈正值，在 2～4m 段达到最大值 27.9mm。在 7～9m 段产生负值，出现反常现象，究其原因：是由于受桩体施工的影响，挤土作用使土体向堆载区挤压，导致后期位移变小；水平位移收敛深度为 10m。通过长轴、短轴方向的测试结果对比可见，土体的深层侧向水平位移明显大于纵向。

3.2.3　人工挖孔桩侧向附加应力

为测定堆载作用下挖孔桩正面和背面两个方向受堆载作用而引起的侧向附加压力大小，探讨复合地基-临近桩体共同作用的规律[8]，在距钢坯（侧向）1m 处的人工挖孔桩正，背面按 1.5m 间距侧立安装土压力盒，其受力面朝向钢坯方向，共计 24 个，土压力盒的量程为 300kPa（见图 1）。定期测定不同深度处土的侧压力大小，监测结果如图 4。

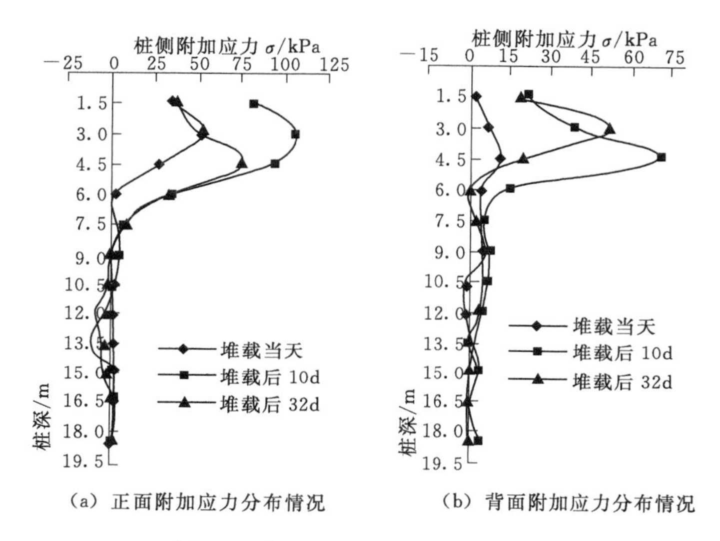

图 4　桩侧附加应力随深度变化曲线

Fig. 4　The variable curves of lateral pile additional stresses and depths

由图 4 知，堆载作用对桩体的受力状态产生了显著的影响。人工挖孔桩正面受堆载产生的侧向附加应力在深度 3.0m 处最大 σ＝117kPa；深度 9.0m 处，σ＝7kPa，并向下收敛。表明：9.0m 以上的桩体受堆载作用产生的侧向附加应力影响显著，9.0m 以下的影响可以忽略。人工挖孔桩背面受堆载产生的侧向附加应力，在深度 4.5m 处，最大 σ＝63kPa。深度 7.5m 处，σ＝7kPa，且向下收敛。说明受挖孔桩桩体自身抗力的影响，不仅背面所受的应力比正面小，影响深度也比正面浅。此外，可以看出，0～7.5m 内桩身附加应力的变化具有一定的时间滞后效应：堆载当天相对较小，第 10d 为最大，其后应力有收敛的趋势，这与复合地基强度随时间增长而增大有关。

3.2.4　复合地基桩间土竖向附加应力变化规律

在钢坯基底桩间土及矿渣垫层中，按设计深度安装土压力盒，观测堆载作用下不同深度处附加应力的变化，测试成果如图 5。可以看出，在钢坯基底下 1.0m 处的附加应力为最大，σ＝49kPa；在 4.8m 处出现较明显的附加应力转折点，以该点为分界，从基底到 4.8m 处的附加应力收敛较快，而 4.80m 以下的则收敛较慢，在设计深度 9.0m 处，σ 仅为 11kPa。在堆载作用下，加固区土体得到一定程度的固结，其强度略有增大，所以，堆载后 28d 实测的附加应力值较之堆载当天略有减小。

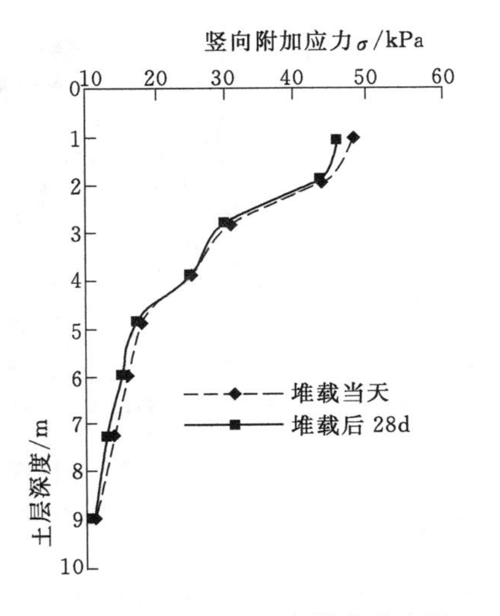

图 5　复合地基中竖向附加应力随深度变化曲线

Fig. 5　The variable curves of vertically additional stresses and depths

4　CFS 桩施工环境效应的试验研究

CFS 桩属不排土桩，在成桩过程中将产生明显的挤土效应，对周围的环境造成一定的影响，研究 CFS 桩施工过程中所引起的土体内附加应力影响范围及施工区地表的隆起量等环境效应具有重要意义[8]。

4.1　单桩挤土作用影响范围研究

4.1.1　试验方案设计

为研究 CFS 桩在成桩过程中，地基土侧向附加应力在水平、垂直方向上的变化规律，在试桩施工时选定一根桩为试验对象，并在距桩中心 1m、4m 和 8m 的不同深度侧立埋设土压力盒（见图 6）。采用计算机全自动测试仪器对打桩的全过程进行监测，分别记录“开孔夯击过程”和“填渣夯击过程”两种情况的土压力值。

4.1.2　试验成果分析

将现场测试数据进行分类整理，对各土压力盒在开孔夯击和填渣夯击阶段测得的最大值、最小值及平均值进行统计，绘制出同一深度的平均土压力值随距离的变化曲线（见图 7）。距桩中心 1m、4m、8m 处的最大侧压力值，见表 3。

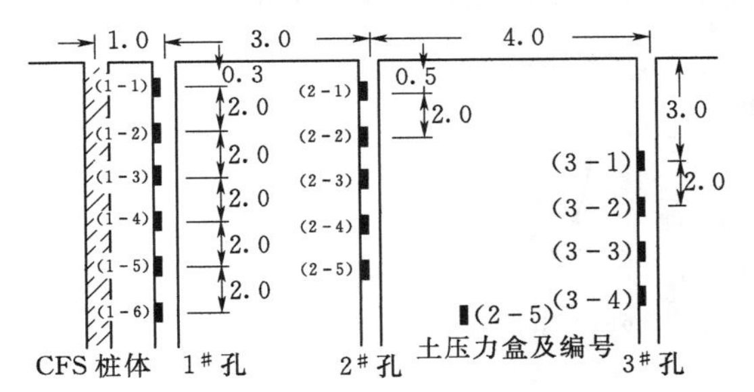

图 6　土压力盒埋设示意图（单位：m）

Fig. 6　Sketch of layout of earth pressure cells (unit: m)

分析图 7，表 3 可见，平均侧向附加应力及实测的最大附加应力反映了如下规律：在距 CFS 桩中心 1.0m 的范围内成桩挤土效应显著，土体中侧向附加应力最大，其最大值超过 300kPa，平均值可达 200kPa，随着距离的增大，0～4m 范围内其值大幅度衰减，4m 以外趋于平缓，到 8m 处已基本不受影响。并且，沿地基深度方向，中部的平均附加应力较浅部和深部大。

表 3　不同距离处最大附加侧压力值

Table 3　The maximum lateral additional stresses vs distances

最大侧压力 P/kPa	距桩中心/m		
	1	4	8
沉管夯击阶段	>300	60	10
填渣夯击阶段	>300	50	6

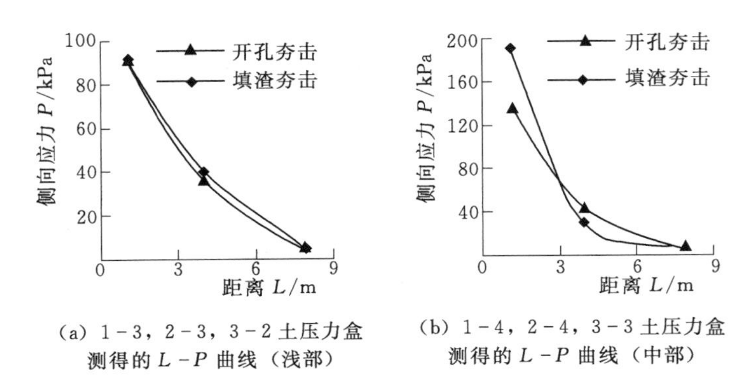

(a) 1－3，2－3，3－2 土压力盒测得的 $L-P$ 曲线（浅部）　(b) 1－4，2－4，3－3 土压力盒测得的 $L-P$ 曲线（中部）

图 7　不同深度平均附加侧向土压力随距离变化曲线

Fig. 7　The variable curves of average lateral additional stresses and distances

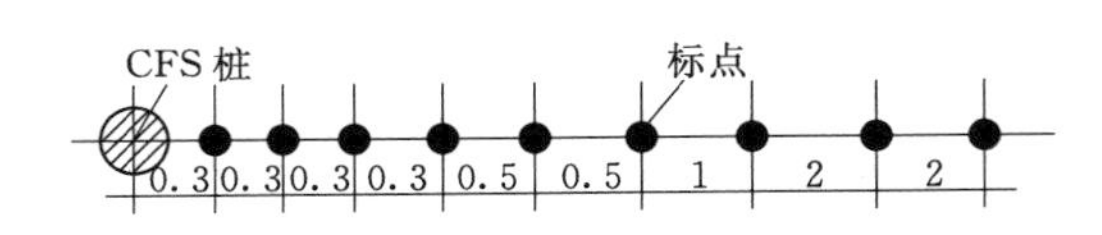

图 8　隆起量监测点位置图（单位：m）

Fig. 8　Layout of heave stake（unit：m）

4.2　地表隆起量规律研究

4.2.1　单桩施工时地基的隆起规律

为研究受单桩施工所引起的地表隆起规律，分别在 A，B 区选定一根桩，施工前在距桩中心不同位置设置标点，测量施工前后的标高变化，见图 8。

由图 9 可见，在距 CFS 桩中心 0.3m 处隆起量最大，可达 38cm，随着距离的增大，迅速衰减，在离桩中心 2m 以外趋于稳定，在 7.9m 处隆起量仅为 1～3cm，A 区因置换率更大，隆起量要大于 B 区。

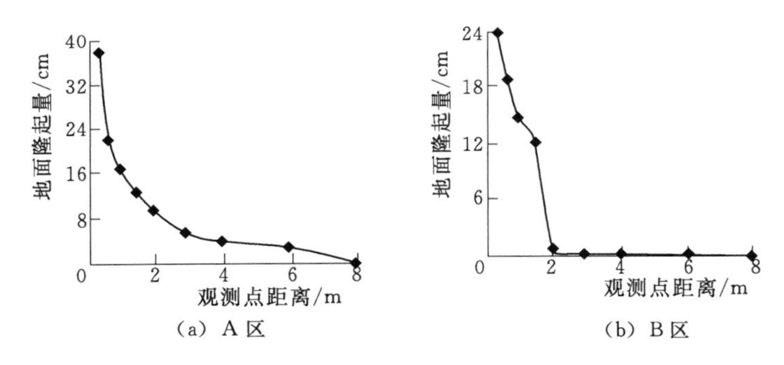

(a) A 区　(b) B 区

图 9　地面隆起量随距离变化曲线

Fig. 9　The variable curves of land upheaval value and distance

4.2.2　A，B 区施工后地面的隆起量

分析 A，B 试桩区施工前后的地面标高监测结果表明，受大面积 CFS 桩成桩挤土的影响，试桩区域中心地表隆起量比边缘地带的隆起量要高，其中，A 区中心附近地带的隆起量接近或大于 30cm，个别点高达 37.3cm，边缘的隆起量则在 15～20cm 左右。B 区的监测结果和 A 区相似，具有共同的特点，经计算，两区域的平均隆起量：A 区为 21cm，B 区为 20cm。

5 结论

（1）CFS 桩处理软弱地基，能大幅度地提高地基的承载力和压缩模量，测试结果表明：经 CFS 桩加固后地基土体的各项物理力学指标有显著改善，且桩间土的承载力特征值较天然地基提高了 50%，而 CFS 桩复合地基的承载力特征值的提高幅度则达 140%。

（2）现场大面积堆载试验结果表明：CFS 桩复合地基的基底沉降量及人工挖孔桩的水平位移，堆载后 3d 即达 98%，总沉降量为 29.64mm、总水平位移为 7.46mm，二者值均较小，表明该复合地基能有效地减少地基沉降量和限制侧向变形。

（3）堆载作用下，浅层地基（0～3.5m）水平位移向内，深部则向外，其中，堆载体侧向的地基水平位移明显大于纵向，竖向影响深度为 10～12m。

（4）堆载作用对挖孔桩的正面及背面施加大小不等的水平附加应力，3～4.5m 处达到最大值，分别为：$\sigma=117$kPa（正面），$\sigma=63$kPa（背面），有效影响深度为 7.5～9.0m。

（5）复合地基深层竖向附加应力监测结果表明：1m 深处地基竖向附近应力为最大$\sigma=49$kPa；0～4.8m 段附加应力快速收敛，4.8m 为转折点，以下收敛较慢；9m 处仅为 11kPa。表明 CFS 桩处理后的复合地基，使荷载引起的附加应力得到了明显地扩散，且应力分布更趋于均匀。

（6）在距 CFS 桩中心 1.0m 的范围内，成桩挤土效应显著，土体中侧向附加应力最大，其最大值超过 300kPa，平均值可达 200kPa，随着距离的增大，0～4m 范围内其值大幅度衰减，4m 以外趋于平缓，到 8m 处已基本不受影响；并且，沿地基深度方向，中部的平均附加应力较浅部和深部大。

（7）地面隆起量监测表明，在距 CFS 桩中心 0.3m 处，受草桩施工引起的隆起量最大，可达 38cm，随着距离的增大，迅速衰减，在离桩中心 2m 以外趋于稳定，在 7.9m 处隆起量仅为 1～3cm；受大面积 CFS 桩成桩挤土的影响，A，B 试桩区域施工前后中心地带的地表隆起量比边缘地带要高，其中 A 区中心附近地带的隆起量接近或大于 30cm，个别点高达 37.3cm，而边缘的隆起量则在 15～20cm 左右，B 区的监测结果和 A 区相似，经计算，两区域的平均隆起量：A 区为 21cm，B 区为 20cm。

参考文献

[1] 王炳龙，吴邦颖，方卫明. 钢渣桩加固地基的研究 [J]. 上海铁道学院学报，1994，15（1）：77-84.

[2] 黄涛，王小章，吴跃明，等. 豫北某钢厂钢渣桩复合地基的试验研究与应用 [J]. 岩土工程学报，1997，19（3）：328-333.

[3] 黄涛，王小章，吴跃明，等. 钢渣桩复合地基承载特性研究 [J]. 工程勘察，1998，（5）：15-18.

[4] 张伟，张彬，黄涛，等. 钢渣桩在湿陷性黄土地基中的应用和环境效应研究 [J]. 重庆建筑大学学报，2002，24（5）：32-37.

[5] 刘景政，杨素春，钱冬波. 地基处理与实例分析 [M]. 北京：中国建筑工业出版，1998.

[6] GB 50007—2002，建筑地基基础设计规范 [S].
[7] 杨敏，朱碧堂，陈福全. 堆载引起某厂房坍塌事故的初步分析 [J]. 岩土工程学报，2002，24 (4)：446-450.
[8] 施建勇，彭劼. 沉桩挤土的有限元分析 [J]. 东南大学学报（自然科学版），2002，32 (1)：109-114.

土工格室加筋地基的承载力

王协群[1]　王　陶[2]　王　钊[2]

（1. 武汉理工大学土木工程与建筑学院，湖北武汉　430070；
2. 武汉大学土木建筑工程学院，湖北武汉　430072）

摘　要： 土工格室被应用于道路、地基、边坡与渠道的保护以及重力式支挡结构，其中，加筋地基可以通过格室侧壁的限制和摩擦力改善砂、石等填料的工程性质，将土工格室层视为基础的旁侧荷载可提高地基承载力。在 A. S. Vesi'c 极限承载力公式和 R. M. Koerner 公式的基础上，提出了土工格室加筋地基承载力的改进公式，并用算例分析了其加筋效果。

关键词： 土工格室；加筋；地基；承载力

中图分类号： TU472　　**文献标识码：** B　　**文章编号：** 1001－5485（2004）02－0060－03

20 世纪 70—80 年代，美国工程师团（U. S. Army Corps of Engineers）提出了利用蜂巢体系提高地基承载力的概念[1]。最初曾利用铝箔和浸透树脂的纸作为格室材料，随后发展成为聚合物土工格室加固体系。

Presto 公司最先推出了由高密度聚乙烯条带制成的土工格室 Geoweb。标准型 Geoweb 的条带宽 100mm 厚 1.2mm，用超声波间隔 300mm 焊接融合，展开后形成蜂巢形体系。此后许多厂商都推出了自己的格室产品。这些产品除采用高密度聚乙烯条带外，也采用土工织物，Edgar[2]还曾报道了由土工格栅组成的大尺寸土工格室的应用。

经过近十几年的推广，土工格室作为一种新型的土工合成材料已经广泛应用于道路与地基、边坡与渠道保护、重力支挡结构等方面，为解决岩土工程问题提供了一种新的技术手段。

目前，土工格室一般由 75～200mm 宽、1.2mm 厚的 HDPE(PE) 带做成，沿带宽方向焊接，在长度方向焊距约 300mm。送至装配地点后，像手风琴一样展开，在 5m×10m 范围内会出现几百个格室（见图 1）。每个格室直径约 250mm。填充砂土，用振动平板压实仪压实。如用于路面，在砂土表面洒乳化沥青（5L/m，约 60％的沥青，40％的水），水流过

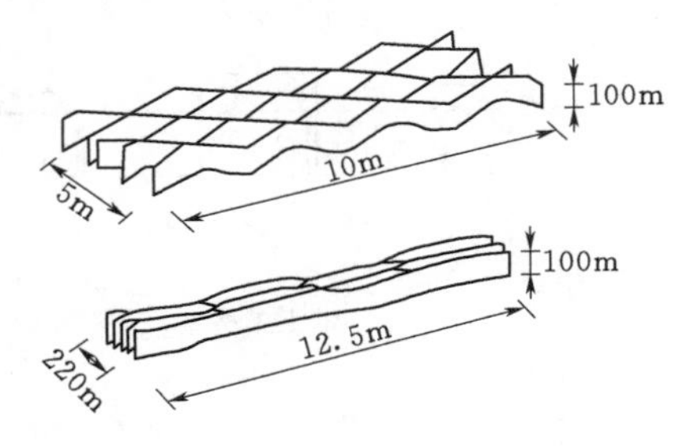

图 1　三维土工格室示意图
（引自 Tenax 公司产品介绍）
Fig. 1　Sketches of three－dimensional cell

本文发表于 2004 年 4 月第 21 卷第 2 期《长江科学院院报》。
本文为水利部科技推广中心资助项目（00437201000081）。

砂层后，在砂的上面仅留下沥青珠，形成一层临时磨面层。用上述方法支持的路面，230kN 的双轴卡车通过一千次仅仅形成轻微的车辙；而没有加筋的路面，双轴卡车仅通过 10 次就会留下很深的车辙。

格室通过每个单元的箍力来增强体系的荷载变形特性。与二维加筋体系相比，土工格室的三维加筋体系具有更强的效果，并且不需要使加筋发挥作用的初始变形。这种结构可以提供强有力的侧向限制力，增大填料与格室侧壁的摩擦力，从而大幅提高填料的抗剪强度。

关于土工格室承载力的确定方法，目前很少，本文在 A. S. Vesi'c 极限承载力公式和 Koerner 公式的基础上，提出了土工格室加筋地基承载力的改进公式，并用算例分析其加筋效果。

1　土工格室加筋地基的承载力

提高地基承载力是土工格室最早应用的领域，提高承载力的机理在于格室侧壁的摩擦和限制力不仅增加了土体围压，还使之获得了“准粘聚力”[3]。研究发现承载力随格室材料强度的增大而提高，并且单个格室的高、宽比在 1.5～1.0 范围内时加筋效果较好❶。当格室侧壁有斜纹、穿孔时，还可进一步提承载力[4]。侧壁的穿孔兼有排水、允许根系横向发展的作用，同时减小了材料消耗。

1.1　Koemer 承载力公式

美国著名学者，土工合成材料专家 R. M. Koerner[5] 根据 Vesi'c 极限承载力理论提出了土工格室加筋地基承载力的计算，认为土工格室的限制作用使得地基破坏面向下延伸，扩大了滑动面范围。原有地基和土工格室加筋地基的破坏形式参见图 2，承载力计算公式为式（1）和式（2）。

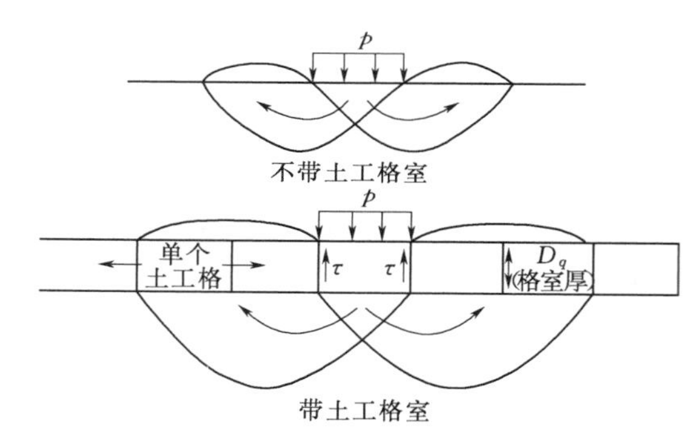

图 2　沙土地基在承载下带土工格室与不带土工格室的破坏机理图

Fig. 2　Under bearing capacity failure mechanisms of a sand foundation without and with a geocell confinement system

不带土工格室为

$$p_u = cN_c\xi_c + qN_q\xi_q + 0.5\gamma bN_\gamma\xi_\gamma \quad (1)$$

带土工格室为

$$p_u = 2\tau + cN_c\xi_c + qN_q\xi_q + 0.5\gamma bN_\gamma\xi_\gamma \quad (2)$$

式中：p_u 为地基极限承载力；c 为粘聚力；q 为旁侧荷载（$q=\gamma_q D_q$）；γ_q 为格室内土的容重；D_q 为土工格室的深度；γ 为破坏区土的容重；b 为基础宽度；τ 为土工格室侧壁与其间土的抗剪强度（对粗颗粒土有 $\tau=\sigma_h\tan\delta$）；σ_h 为土工格室内土的平均水平应力（$\sigma_h = pK_a$）；K_a 为主动土压力系数；

❶ SHIMIZU M. Increase in the bearing capacity of ground with geotextile wall frame [A]. Geotextiles Geomernbrans and Related Products [C]. Den. Hoedt. 1990. 254 - 255.

δ 为土与格室侧壁间的摩擦角；N_c，N_q，N_γ 为承载力系数（与土的内摩擦角有关）；ζ_c，ζ_q，ζ_γ 为考虑基础为条形基础假设的误差，基础底面形状修正系数。对于其它形状基底，本文建议采用 A. S. Vesi'c 地基极限承载力公式中给出的基础形状因素计算公式[6]。

1.2 本文推导的土工格室加筋地基承载力公式

分析比较式（1）和式（2）可见，Koerner 认为土工格室增加的极限承载力为 $\Delta p_u=2\tau$，从图 2、图 3 可判断 Koerner 在推导中错用了竖向应力的平衡，而是应该列出竖向力的平衡条件，即应按下式计算，

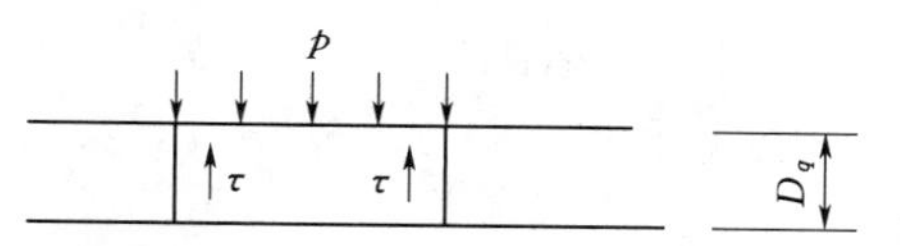

图 3 土工格室单元内受力

Fig. 3 Forces involved in geocell element

$$\Delta p_u b=2\tau D_q \tag{3}$$

考虑到基础下的土工格室为一系列环形结构，假设铺设充砂后为圆环形状，圆半径为 r（如一般 0.15m），则对每一个环形结构，式（3）改为

$$\Delta p_u \pi r^2=2\tau\pi r D_q$$

则

$$\Delta p_u=\frac{2D_q}{r}\tau \tag{4}$$

从而，式（2）应改写为：

$$p_u=2\frac{D_q}{r}\tau+cN_c\zeta_c+qN_q\zeta_q+0.5\gamma bN_\gamma\zeta_\gamma \tag{5}$$

建议式（5）中的 δ 按文献❶的试验成果取值，即 δ 与填料的内摩擦角 φ 之比（δ/φ），结果见表 1。

表 1　δ/φ 的建议值

Table 1　Suggested δ/φ

位置	状态	粗砂石	40# 硅砂	碎石
侧壁	光滑	0.71	0.78	0.72
	斜纹	0.88	0.90	0.72
	穿孔	0.90	0.89	0.83

2 算例

利用下面算例比较有无土工格室砂垫层的地基极限承载力。参见图 4，条基宽取 1m。

（a）无土工格室，由式（1）

$$\begin{aligned}p_u&=cN_c\zeta_c+qN_q\zeta_q+0.5\gamma bN_\gamma\zeta_\gamma\\&=0+0+0.5\times15\times1.0\times5.39\times1.0\\&=40.43\text{kPa}\end{aligned}$$

上式中 $c=0$，$q=0$，$N_\gamma=5.39$，$\zeta_\gamma=1.0$。

（b）有土工格室，由式（5）

❶ The geoweb load support system technical overview [R]. Report to Presto Products Co., 1999.

$$p_u = 2\frac{D^q}{r}\tau + cN_c\zeta_c + qN_q\zeta_q + 0.5\gamma bN_\gamma\zeta_\gamma$$
$$= 2\times 20\times \tan 18^\circ \times 0.2 \div 0.15 + 0 + 0.2\times 16\times 13.2\times 1.0 + 0.5\times 16\times 1.0\times 14.74\times 1.0$$
$$= 17.3 + 0 + 63.8 + 117.92$$
$$= 199.02\text{kPa}$$

上式中仅 $c=0$，$N_q=13.2$，$N_\gamma=14.74$，$\zeta_\gamma=\zeta_q=1.0$。

从式（5）和算例可以看出：

土工格室加筋地基极限承载力提高的效果是显著的，大约是无格室时的 4.9 倍。

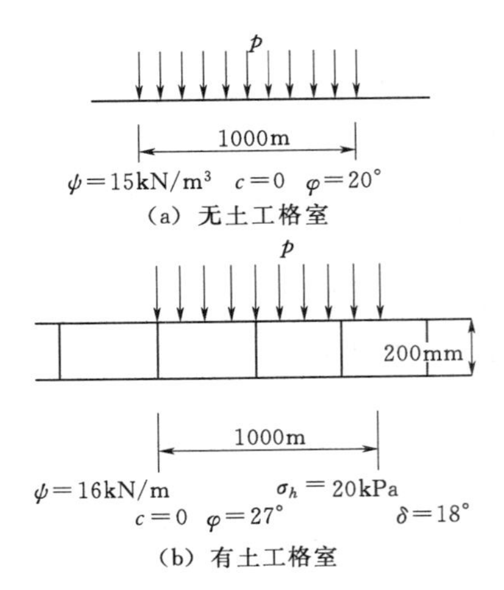

图 4　有无土工格室的加筋砂垫层的算例

Fig. 4　Example of reinforced sand cushion with and without geocell

3　结语

从推导的地基极限承载力公式可得出：

（1）土工格室高度（即深度）越大，地基极限承载力提高也越大；

（2）使用土工织物格室或室壁具有开孔的格室，其室壁与内填土的摩擦力越大，可以得到越好的效果；

（3）提高格室中土的密度可提高极限承载力；

（4）式（5）可以用于条形基础下加筋格室的承载力分析。

参考文献

[1] WEBSTER S L. investigation of beach sand traffic ability enhancement using sand - grid confinement and membrane reinforcement concepts [R]. Report GL - 79 - 20（1）. Vicksburg：U. S. Army Engineer Waterways Experiment Station，1979.

[2] EDGAR S. The use of high tensile polymer grid mattress on the mussel burgh and Portobello bypass，polymer grid reinforcement [M]. London. Tomas Telford，1985.

[3] BATHURST R J，Karpurapu R. Large - scale triaxial compression testing of geocell - reinforced granular soils [J]. Geotechnical Testing Journal，1993，16（3）：296 - 303.

[4] MARTIN S，Senf D E. Cellular confinement：An important technology for soil stabilization applications [J]. Geotechnical Fabrics Reports，1995，13（1）：26 - 34.

[5] KOERNER R M. Designing with Geosynthetics [M]. New Jersey：Prentice Hall，1998：709 - 714.

[6] 华南理工大学等四校合编，地基及基础 [M]，第三版. 北京：中国建筑工业出版社，1998.

土与结构相互作用体系演变随机激励响应分析

张国栋[1,2]　王　钊[1]　高　睿[1]

（1. 武汉大学土木建筑工程学院，湖北武汉　430072；
2. 三峡大学土木水电学院，湖北宜昌　443002）

摘　要： 应用Priestley提出的随机演变谱理论，考虑地震动强度和频率的非平稳特性，根据规范（GBJ 50011—2001）场地划分标准以及线性时不变体系对随机激励的传递关系，分析土与结构相互作用体系在非平稳随机地震激励下的响应，调制函数是时间和频率的函数。通过算例分析表明：对于相互作用体系应该考虑地震动强度和频率的非平稳特性。

关键词： 随机振动；地震响应；非平稳过程；土与结构相互作用

中图分类号： TU 435　　**文献标识码：** A　　**文章编号：** 1671-8844（2004）02-001-04

Nonstationary Stochastic Seismic Response Analysis of Soil-structure Interaction

ZHANG Guo-dong[1,2]　WANG Zhao[1]　GAO Rui[1]

（1. School of Civil and Architectural Engineering, Wuhan University, Wuhan 430072, China;
2. College of Civil and Hydropower Engineering, China Three Gorges University, Yichang 443002, China）

Abstract: An efficient analysis of the nonstationary random seismic response of soil-structure interaction system is presented, based on Priestley's evolutionary spectrum theory and ground division and the code (GBJ 50011—2001) and the soil-structure interaction as a time-invariant linear system with hysteretic material damping. The earthquake motion intensity and frequency nonstationary are considered. The modulation functions depend both on time and frequency. The example indicates that the earthquake motion intensity and frequency nonstationary character have obvious influence on soil-structure interaction system response.

Key words: random vibration; seismic response; nonstationary process; soil-structure interaction

---

本文发表于2004年4月第37卷第2期《武汉大学学报（工学版）》。
本文为湖北省教育厅科学研究基金资助项目（2001A53013）。

土与结构相互作用对结构地震响应的影响早已引起广泛的重视[1~4]。地震动具有明显的随机性，对其进行随机地震反应分析具有重要的理论和实际意义。在工程中应用较多的是 Priestley[5] 提出的演变功率谱，这种非平稳激励可表示为如下的 R－S（Riemann－Stieltjes）积分：

$$\ddot{y}(t)=\int_{-\infty}^{\infty}A(t,\omega)e^{i\omega t}dF_X(\omega) \tag{1}$$

式中：$A(t,\omega)$ 为频率相关的调制函数，$F_X(\omega)$ 与平稳随机过程 $x(t)$ 有关。该模型计入了频谱的非平稳性，许多研究者为了计算的方便，通常情况下都忽略振动能量随频率分布的非平稳性，而采用只考虑强度非平稳的均匀调制演变随机过程[6,7]。实际上，地震动过程有两个非平稳性：强度非平稳性和频率非平稳性[8]。本文在研究土与结构相互作用体系随机地震响应时，同时考虑强度、频率的非平稳性对土与结构相互作用体系随机地震响应的影响。

1　相互作用体系运动方程的建立

考虑一多层剪切型钢筋混凝土框架结构，在水平地震运动作用下发生水平剪切振动，结构支承于弹性半空间地基上，简化模型如图 1 所示，其中任意第 j 层集中质量 m_j，层间刚度 k_j，阻尼系数 c_j，阻尼比 ξ_j，基础质量 m_b，转动惯量 I_B，沿基础振动方向的长度 B，垂直于振动方向的边长为 C，弹性半空间地基质量密度 ρ，泊松比 v，剪切波速 V_s，任意第 j 层总水平位移 x_j^t 为

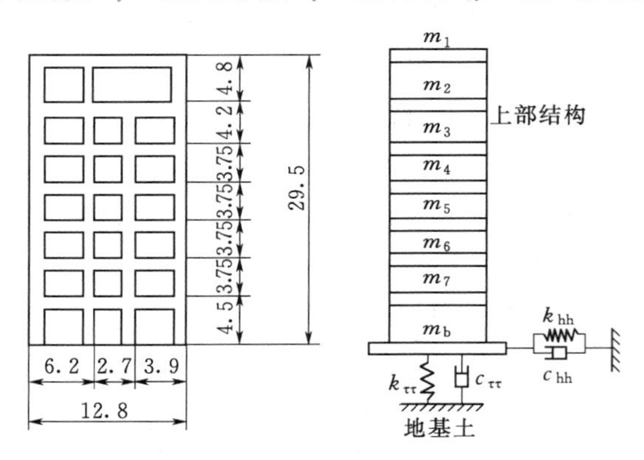

图 1　建筑物—基础—地基耦连体系计算模型

$$x_j^t=x_j+x_b+\theta h_j+x_g \tag{2}$$

式中：x_j 表示该层相对于基础的位移，x_b 和 θ 表示基础的平动和转动位移，h_j 为第 j 层至基础的总高度，共同作用体系总自由度包括每层的相对位移 x_j、基础的水平位移 x_b 和基础转动位移 θ。然后分别对每一楼层和基础建立动力平衡方程，组合得到结构—基础—地基相互作用体系运动方程：

$$[M]\{\ddot{X}\}+[C]\{\dot{X}\}+[K]\{X\}=-[M_g]\{J\}x_g(t) \tag{3}$$

式（3）中：

$$[M]=\begin{bmatrix}[M_s] & [m]^T & [mh]^T \\ [m] & [m_b]+[m]\{I\} & [mh]\{I\} \\ [mh] & [mh]\{I\} & I_b+[mh]\{h\}\end{bmatrix},\{X\}=\begin{Bmatrix}\{X_s\} \\ x_b \\ \theta\end{Bmatrix}$$

$$[M_g]=\begin{bmatrix}[M_s]\{I\} \\ [M_e]\{I\}+[M_{hh}]\{e\} \\ [J_e]\{I\}\end{bmatrix},[K]=\begin{bmatrix}[K_s] & & \\ & k_{hh} & \\ & & k_{rr}\end{bmatrix},[C]=\begin{bmatrix}[C_s] & & \\ & c_{hh} & \\ & & c_{rr}\end{bmatrix}$$

其中：$[M_s]$、$[C_s]$、$[K_s]$ 是不考虑相互作用刚性地基时上部结构的质量、阻尼和刚度矩阵；$\{0\}=\{0,0,\cdots,0\}$，$\{mh\}=\{m_1h_1,m_2h_2,\cdots,m_nh_n\}$，$\{m\}=\{m_1,m_2,\cdots,m_n\}$，$\{I\}$ 为单位列向量，$\{X_s\}=\{X_1,X_2,\cdots,X_n\}^{\mathrm{T}}$，$k_{\mathrm{hh}}$、$k_{\mathrm{rr}}$、$c_{\mathrm{hh}}$、$c_{\mathrm{rr}}$为弹性半空间地基的阻尼系数和刚度系数，均与输入的频率有关。计算时采用 Hall 用比拟法得到的、与频率无关的刚性圆盘置于弹性半空间上的阻抗近似公式计算水平和转动刚度和阻抗[9]。

2 随机演变过程运动方程的求解

随机演变过程所采用 $S_{\ddot{x}_g}(\omega)$ 为金井清模型[10]。对于随机演变过程，假定激励具有如下形式：$y(t)=A(t,\omega)x_{\ddot{x}_g}(t)$。其中 $A(t,\omega)$ 是给定的包络函数，$x_{\ddot{x}_g}(t)$ 为一零均值平稳随机过程，其谱密度函数 $S_{\ddot{x}_g}(w)$ 已知。对于初始静止的时不变线性体系产生的响应 $x(t)$，可由杜哈曼积分表示为

$$x(t)=\int_0^t h(t-\tau)y(t)\mathrm{d}\tau \tag{4}$$

式中，$h(t)$ 是该体系的脉冲响应函数，对于土与结构相互作用体系，其脉冲影响函数为

$$\{h(t)\}=\frac{1}{2\pi}\int_0^{\omega_m}\{H(\omega)\}\mathrm{e}^{i\omega t}\mathrm{d}\omega \tag{5}$$

式中，$H(\omega)$ 为土与结构相互作用体系的频响函数。

$x(t)$ 的自相关函数为[11]

$$\begin{aligned}R_{xx}(t_1,t_2)&=E[x(t_1)\cdot x(t_2)]\\&=\int_0^{t_1}\int_0^{t_2}h(t_1-u)h(t_2-v)A(u,\omega)\cdot A(v,\omega)R_{\ddot{x}_g}(u,v)\mathrm{d}u\mathrm{d}v\end{aligned} \tag{6}$$

因 $x_{\ddot{x}_g}(t)$ 为一零均值平稳随机过程，其自相关函数为

$$R_{\ddot{x}_g}(u,v)=R_{\ddot{x}_g}(\tau)=\int_{-\infty}^{\infty}S_{\ddot{x}_g}(\omega)\mathrm{e}^{i\omega(u-v)}\mathrm{d}\omega \tag{7}$$

将式（7）代入式（6）得到

$$R_{xx}(t_1,t_2)=\int_{-\infty}^{\infty}I^*(\omega,t_1)I(\omega,t_2)S_{\ddot{x}_g}(\omega)\mathrm{d}\omega \tag{8}$$

式中：

$$I(t,\omega)=\int_0^t h(t-\tau)A(\tau,\omega)\mathrm{e}^{-i\omega\tau}\mathrm{d}\tau \tag{9}$$

式中，$I(t,\omega)$ 为演变频响函数[12]，令 $t_1=t_2=t$，即得到 $x(t)$ 的方差：

$$\sigma_x^2(t)=\int_{-\infty}^{\infty}I^*(\omega,t)I(\omega,t)S_{\ddot{x}_g}(\omega)\mathrm{d}\omega \tag{10}$$

式中，被积函数为响应 $x(t)$ 的时变功率谱密度函数，$I^*(\omega,t)$ 为其复共轭函数。

$$S_x(t,\omega)=|I(t,\omega)|^2S_{\ddot{x}_g}(\omega) \tag{11}$$

体系的均方位移响应也可以表示为

$$\sigma_x^2(t)=\int_{-\infty}^{\infty}|I(t,\omega)|^2 S_{\ddot{x}_g}(\omega)\mathrm{d}\omega \tag{12}$$

3　算例

以一 7 层钢筋混凝土框架结构作为算例[13]。该结构基础的底面积为 12.8m×25m。弹性半空间地基参数为：地基土的质量密度为 $\rho=1.78\mathrm{t/m^3}$，泊松比为 1/3。计算时，场地按Ⅱ类考虑，地震烈度为 8 度、地震动分组为 1 组，地震动持时与场地相对应取为 15.5s。

非均匀调制函数取为[14]

$$A(\omega,t)=\beta(t,\omega)g(t)=\mathrm{e}^{-\eta_0\frac{\omega t}{\omega_a t_a}}g(t) \tag{13}$$

$$g(t)=\begin{cases}0.0 & t<0.0\\ 2.5974(\mathrm{e}^{-0.2t}-\mathrm{e}^{-0.6t}) & t\geqslant 0.0\end{cases}$$

$$t_a=10.0\mathrm{s},\omega_a=30\mathrm{r/s}$$

式中，$\beta(t,\ \omega)$ 称作调频函数，$g(t)$ 称作调幅函数。调整 η_0 使高频成分按要求较快衰减（见图 2），从而更合理地模拟地震激励。当 $\eta_0=0.0$ 时，$A(\omega,t)=g(t)$，退化为只考虑强度非平稳而不考虑频率非平稳特性的情况。在 $\eta_0=0.0$，2.0，10.0 三种情况下，地面加速度激励谱如图 2 所示。在此情况下，计算了相互作用体系非平稳响应，计算得到的时变功率谱如图 3 所示。

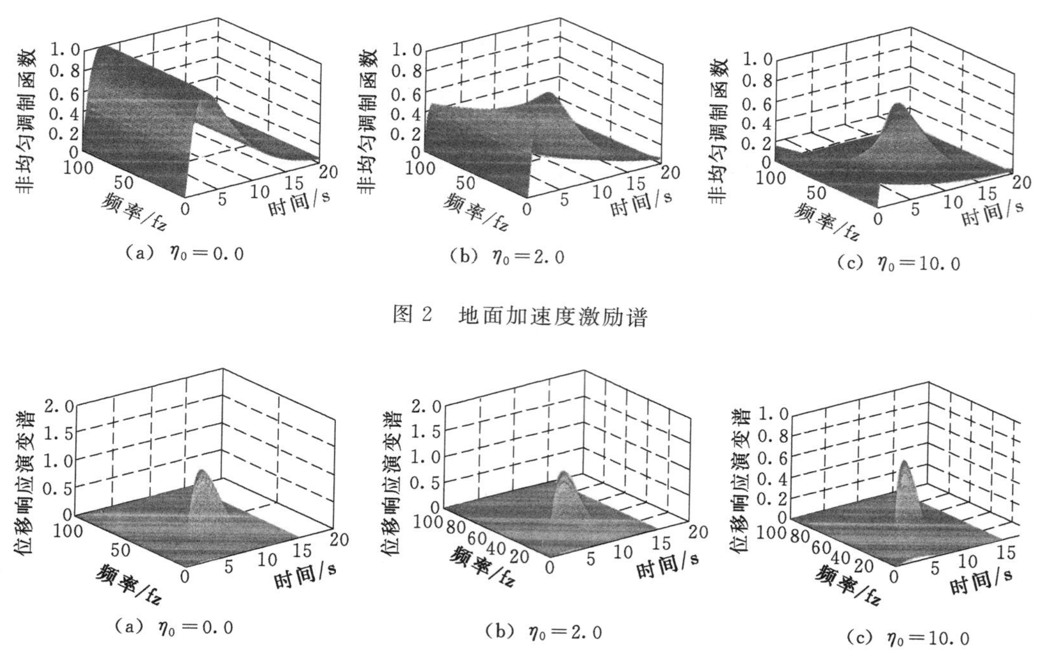

(a) $\eta_0=0.0$　(b) $\eta_0=2.0$　(c) $\eta_0=10.0$

图 2　地面加速度激励谱

(a) $\eta_0=0.0$　(b) $\eta_0=2.0$　(c) $\eta_0=10.0$

图 3　Ⅱ类场地最大相对位移响应演变谱

从图 3 中可知，应用 Priestley 提出的演变谱分析方法，可以很直观地了解到响应的能量分布情况，本文算例表明，结构体系响应能量主要集中在结构体系一阶固有频率附近，所以，对于剪切型框架结构体系其响应的大小主要受基频控制，从图 2 和图 3 可以看出，当 η_0 增大时，激励中高频成分衰减加快，导致响应中高频成分也加快。

4 结论

应用 Priestley 提出的随机演变谱理论，同时考虑地震动强度的非平稳性和频率的非平稳性，对一剪切型框架结构体系进行了随机地震反应分析。分析表明，演变谱方法可以很直观地了解响应的能量分析，结构体系响应能量主要集中在结构体系一阶固有频率附近。图 3 表明，对 η_0 取不同值，可以调整非均匀调制演变激励对相互作用体系高阶振型参振的影响程度。

参考文献

[1] 张鸿儒，陈英俊. 土—结构系统随机地震响应的频—时域影响函数法 [J]. 振动工程学报，1996，9（2）：161-167.

[2] 李辉. 土与结构相互作用研究综述 [J]. 重庆建筑大学学报，2000，22（1）：113-116.

[3] 门玉明. 土与结构相互作用问题的研究现状及展望 [J]. 力学与实践，2000，22（4）：1-6.

[4] 窦立军. 土与结构相互作用几个实际应用问题 [J]. 世界地震工程，1999，15（4）：63-68.

[5] Priestley M B. Power spectral analysis of nonstationary random processes [J]. J. Sound Vib，1967（6）：86-97.

[6] 王君杰，江近仁. 线性系统在非平稳随机激励下的响应 [J]. 地震工程与工程振动，1992，12（1）：25-36.

[7] 吴再光. 钢筋混凝土结构非平稳随机地震反应分析 [J]. 振动工程学报，1991，14（1）：65-79.

[8] 王君杰，周晶. 地震动频谱非平稳性对结构非线性反应的影响 [J]. 地震工程与工程振动，1997，17（2）：16-20.

[9] Richart F E，Hall J R，Woods R D. Vibration of soil and foundations [M]. Englewood Cliffs. Prentice-Hall，1970.

[10] Kanai K. Semi-empirical formula for the seismic characteristics of ground [A]. Bull. Earthquake Research Inst [C]. Tokyo University，Japan，1957（35）：306-325.

[11] 俞载道，徐幼麟. 随机振动理论及应用 [M]. 上海：同济大学出版社，1988.

[12] 方同. 两类演变激励下的响应问题 [J]. 西北工业大学学报，1997，15（4）：528-535.

[13] 尹之潜. 在地震荷载作用下多层框架结构的弹塑性分析 [J]. 地震工程与工程振动，1981，1（2）：56-77.

[14] 林家浩. 受非平稳均匀调制随机演变激励结构响应快速精确算法 [J]. 计算力学学报，1997，14（1）：2-8.

大直径柔性钢管嵌岩桩水平承载力试验与理论分析

劳伟康　周立运　王　钊

（武汉大学土木建筑工程学院　武汉　430072）

摘　要： 文中涉及的某煤炭专用码头柔性靠船桩是一种新颖的柔性墩码头结构形式，该结构由7根大直径钢管嵌岩桩组成，桩外径为1400mm，壁厚16mm，桩长30.74～32.24m，嵌岩深度4.94～5.63m，这在国内外尚属罕见。为论证这种结构可靠性，验证相关的设计，检验施工质量，对该码头柔性靠船结构进行了水平承载力的现场试验。现场试验表明，本工程的柔性靠船结构设计先进、施工良好、工程性能优异，其安全度达到了设计要求。考虑到水平荷载作用下桩的性状是一个复杂的桩土相互作用体系，因此，为提高理论设计水平，还利用了综合刚度原理和双参数法对2根大直径柔性钢管嵌岩桩在各级加荷下的性状进行了分析，发现计算结果与实测数据吻合，从而总结出桩-土共同作用的规律；探讨了综合刚度 EI 和双参数 α 和 $1/n$ 的数值范围，得到一些有意义的结果，希望能为同类地区的嵌岩桩的设计提供依据，也为综合刚度原理和双参数法应用于大直径钢管嵌岩桩积累了重要的桩土参数。

关键词： 岩土力学；钢管嵌岩桩；桩土共同作用；综合刚度原理；双参数法

分类号： O319.56，TU473.1　　**文献标识码：** A　　**文章编号：** 1000－6915（2004）10－1770－08

Field Test and Theoretical Analysis on Flexible Large－diameter Rock－socketed Steel Pipe Piles Under Lateral Load

Lao Weikang　Zhou Liyun　Wang Zhao

（College of Civil and Structural Engineering，Wuhan University，Wuhan 430072，China）

Abstract： The flexible large－diameter rock－socketed steel pipe piles in a coal wharf is a new form of structure，which consists of 7 large－diameter rock－socketed steel pipe piles. The steel pipe pile is rare in the domestic and international engineering，with its outside diameter of 1400mm，thickness of 16mm，lengths of 30.74～32.24m，and 4.94～5.63m socketed into rock. In order to verify the safety of structures and the quality of construction as well as to improve the design methods，a field test on two

本文发表于2004年5月第23卷第10期《岩石力学与工程学报》。

piles under lateral load is carried out. This full scale test shows that the design and the construction are excellent, and meet the demand of the original design. However, the improvement of design methods for lateral load piles is a complex problem, as it requires the determination of relevant properties of soil and soil - pile. So a new calculation method for lateral loaded pile, named composite stiffness principle with biparameter method, is presented and verified by comparing its results with available field test data. Thus the regulation of the pile - soil interaction and the range of composite stiffness EI and biparameter $1/n$ with α is obtained. These parameters can be used in the design of other long piles nearby. At the same time, the pile - soil parameters for the large - diameter rock - socketed steel pipe piles are accumulated for development of this new method.

Key words: rock and soil mechanics, rock - socketed steel pipe piles, pile - soil interaction, composite stiffness principle, biparameter method

1 引言

水平荷载作用下桩的受力实质是一个复杂的桩土相互作用过程。根据地基反力的假定不同，对水平荷载作用下的推力桩的分析大致有 3 类方法：极限地基反力法（Rase (1936)，Broms (1946)）；弹性地基反力法，这包括张有龄法[1]、“m”法、“C”法、“K”法、综合刚度原理和双参数法[2]、久保法、林-宫岛法等；复合地基反力法，这包括长尚法、竹下法、斯奈特科法和 $P-y$ 曲线法（Mcclelland，Focht (1958)，Matlock[3]，Reese[4,5]）等。其中，$P-y$ 法[6]由于考虑了土的非线性效应，既可用于小位移计算，也可适用于大变形及循环荷载情况下的求解，故其已成为目前较为流行的计算方法之一。但该法由于 $P-y$ 曲线及其参数的确定比较粗糙，不易取得良好计算结果，且一般需利用计算机进行反复收敛计算，耗时较大，难以满足工程的实际需要[7]。目前，国内设计规范规定采用的单一参数法，即“m”法、“C”法、“K”法等，各自强调本身的优点而未理清它们之间的内在联系和应用范围，所以，都不能很好地描述水平荷载作用下桩土共同工作的机理。而文献 [8] 提出的基于推力桩桩土共同作用的综合刚度原理和双参数法，通过对 3 个待定参量，即桩土综合刚度 EI、双参数 α 和 $1/n$ 的调整，使推力桩在地面处的挠度 y_0、转角 φ_0、桩身最大弯矩 M_{max}及其发生位置等 3 个主要工程指标的计算值同时与实测值符合，是值得推荐的新方法。

为了完善和推广应用该方法，本文结合某煤炭专用码头柔性靠船桩的现场试验，利用了综合刚度原理和双参数法对 2 根大直径柔性钢管嵌岩桩在各级加荷下的性状进行了全面的分析，总结了桩土共同作用的规律，探讨了综合刚度 EI、双参数 α 和 $1/n$ 的数值范围，希望能为同类地区嵌岩桩的设计提供依据，为综合刚度原理和双参数法应用于大直径钢管嵌岩桩积累了重要的桩土参数。

2 试验概况

2.1 试验现场布置

试验现场布置如图 1 所示。某煤炭专用码头的靠船结构主要由 7 根大直径钢管桩组

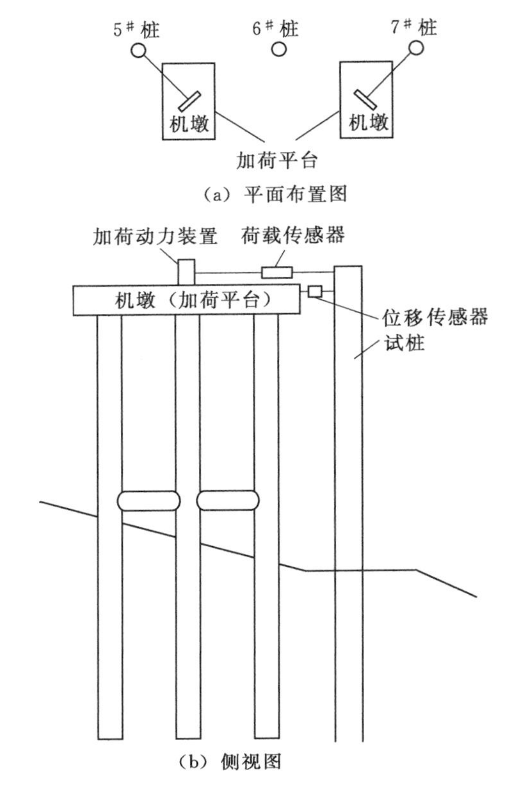

图 1　试桩现场布置简图

Fig. 1　Layout of test piles in - site

成，钢管桩的外径为 1400mm，壁厚 16mm，桩长 30.74～32.24m，试桩选用 5#，7# 桩。因为 5#，7# 桩离机墩较近（净距仅为 5m 左右），且桩墩连线与桩排轴线间大致成 45°角，故利用机墩上专门设置的反力机构对试验桩施加水平拉力，可直接模拟将来桩身靠船过程中所出现的斜交于桩排轴线的各向水平力。机墩在设计中已考虑了试验荷载的作用。

试桩水平施力点的高程约为 51.76m，其距桩顶约 0.24m。反力机构与试桩之间用钢丝绳连接，用手动葫芦将钢丝绳拉紧，以应力控制方式加载。靠近桩顶（高程 51.75m）装有一大量程位移计，以观测桩顶的水平位移 y_0。

2.2　桩身测试元件布置及土质分布情况

图 2 为桩身测试元件布置及土质分布图。桩身埋设有应变计 29 个，测斜计 18 个，大量程位移计 2 个，并采取有效的防潮措施以保证实测成果的质量，用 YJ - 18 型、YJ - 5 型静态电阻应变仪采集数据，以便集中统一整理。桩身测试元件的布置原则为：重点探索测定土面以下桩段的应力、弯矩和挠度以及岩土对桩的水平反力分布，而土面以上除桩顶水平推力以外无其他外力作用（江水的波浪力很微小，可以不考虑）。同时，由于应变计是桩就位后才安装调零的，故桩身自重应力不参与应变计读数的反应。桩身弯矩和纤维应力的数值，其实测值与理论计算值基本一致，由此说明桩身材质均匀，桩管加工和施工良好，而且，还可以用土面以上桩段的应变计实测值反演钢桩材料常数和实际惯性矩。

2.3　加载方法

由于试验过程中桩顶残余变位和桩身应变计读数残余值都处在容许范围之内，试验小组决定做超载 25%的加载试验。分 5 级加载，即分别为 50，100，150，200，250kN，每级加卸载循环 5 次，每级加卸载均维持 5min。

加卸载的原则为：

（1）桩顶水平力的最大值应满足钢桩设计最大弯矩值 540×10^4N·m 的要求，不能超过太多。

（2）每级桩顶水平力施加～放松的循环次数以每次循环所产生的桩顶残余变位加以控制，如果残余变位过大，应适当减少循环次数。同时，桩项残余变位也是最大桩顶水平力的控制因素。

（3）为了保证管桩本身不产生过大的残余变形，在试验过程中密切注意各断面上应变

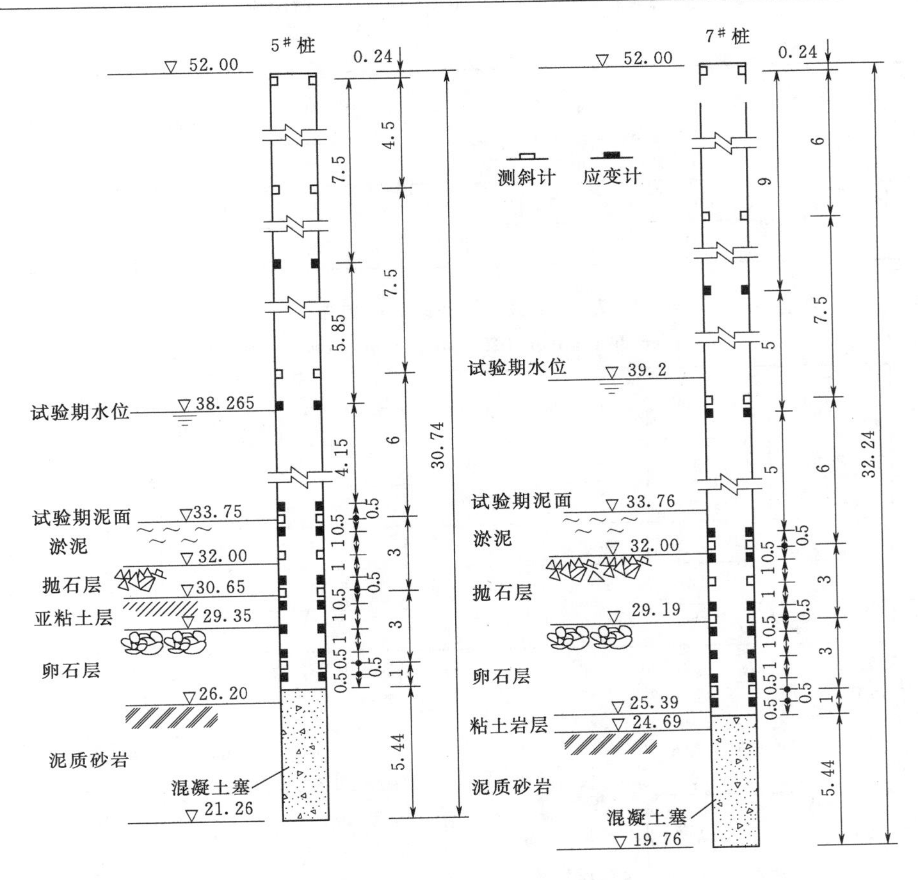

图 2 桩身测试元件布置及土质分布（单位：m）

Fig. 2 Instrumentation allocation and geologic column of test piles

计读数的残余值，一旦如现异常也应停止加载。

3 试验分析

3.1 试验结果

由桩身各点应变计的读数可以计算出 2 根试桩在各级荷载下完整的弯矩分布，见图 3。同时，还整理出 2 根桩在各级荷载下桩顶、泥面、岩面及桩底水平位移量，以及最大弯矩 M_{max} 和相应于 M_{max} 的泥面以下深度 Z_{max}，位移零点距泥面的距离 x_0，泥面处桩身转角 φ_t，见表 1，2。

表 1 5# 桩各级荷载下的试验数据

Table 1 Measured data under different lateral loads for pile 5#

荷载/kN	y_0/mm	y_t/mm	φ_t /10^{-3}rad	y_g/mm	y_b/10^{-3}mm	M_{max} /(10^4N·m)	Z_{max}/m	x_0/m
50	50.15	3.322	1.222	−0.99400	−1.512	94	1.2	5.6
100	106.76	8.296	2.713	−0.06560	−2.608	188	1.3	6.7

续表

荷载/kN	y_0/mm	y_t/mm	φ_t /10^{-3}rad	y_g/mm	y_b/10^{-3}mm	M_{max} /(10^4N·m)	Z_{max}/m	x_0/m
150	167.02	14.001	4.366	−0.07761	−3.054	285	1.7	6.8
200	226.82	19.600	5.998	−0.11230	−3.397	382	1.8	6.8
250	289.52	25.948	7.75	−0.14490	−4.297	478	1.9	7.2

表 2　　7# 桩各级荷载下的试验数据

Table 2　　Measured data under different lateral loads for pile 7#

荷载/kN	y_0/mm	y_t/mm	φ_t/10^{-3}rad	y_g/mm	y_b/10^{-3}mm	M_{max} /(10^4N·m)	Z_{max}/m	x_0/m
50	56.17	4.9	1.470	−0.01855	−1.14	93	1.4	7.2
100	116.43	10.762	3.113	−0.06315	−50.11	190	1.6	7.4
150	179.31	17.253	4.868	−0.09585	−42.24	287	2.0	7.7
200	244.05	24.340	6.692	−0.15780	−76.54	382	2.0	8.1
250	310.77	31.787	8.607	−0.23210	−182.4	482	2.2	7.7

注　上 2 表中，y_0，y_t，y_g，y_b 分别表示桩顶、泥面、岩面和桩底的水平位移量；x_0 为位移零点距泥面的距离；φ_t 为泥面处桩身转角。

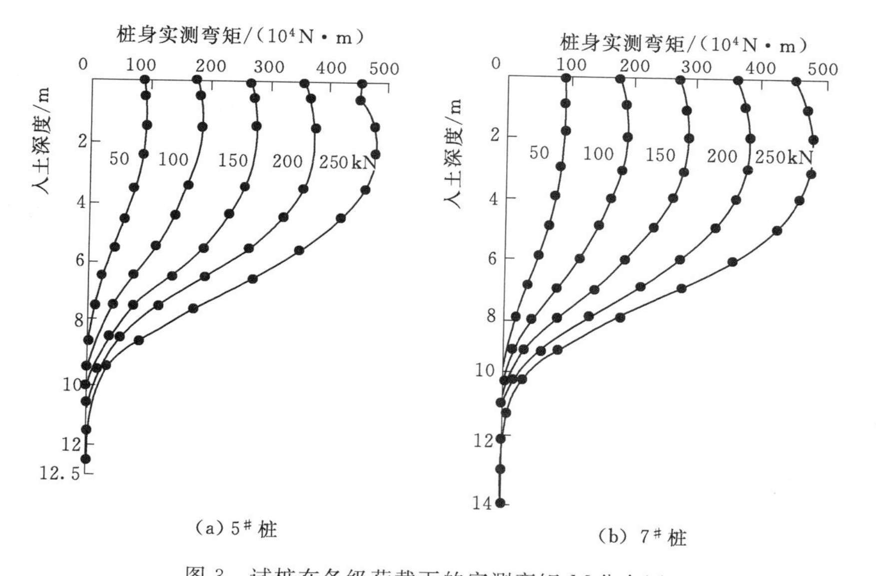

图 3　试桩在各级荷载下的实测弯矩 M 分布图

Fig. 3　Measured bending moment along pile shaft under different lateral loads

3.2　试验分析

根据桩身各点应变计、测斜计的原始读数以及桩顶在各级荷载下的实测水平位移值，可绘制荷载-桩顶水平位移（H_0-y_0）曲线，见图 4。

由于现场条件的限制，实测的 y 只有在桩顶附近高程 51.25m 的值，因此，得不到位移 y 沿桩身的分布情况。但从整个桩在各级荷载以及在超载 25%情况下桩顶最终残余变

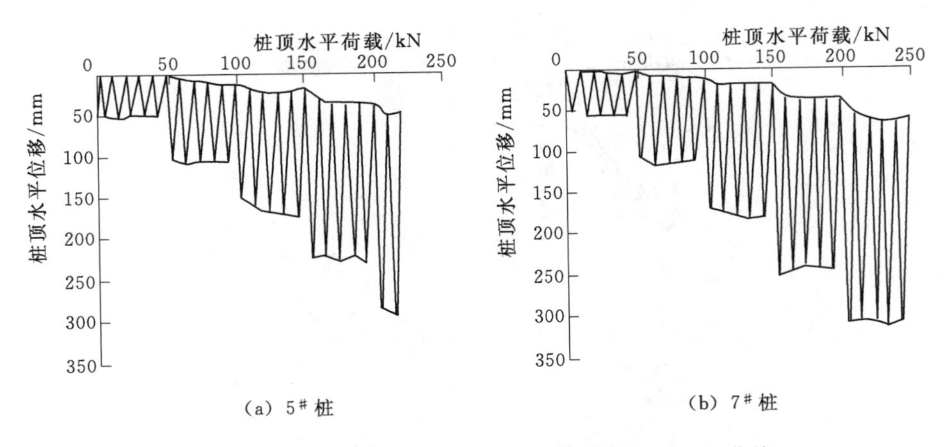

图 4　试桩桩顶水平荷载-桩顶水平位移（H_0-y_0）曲线

Fig. 4　H_0-y_0 curves of two test piles

位绝对值（0～70mm）来看，都比较小，说明桩底端岩基嵌固效应相当明显，桩底残余变位 y_b 一定很微小（在超载 25%情况下，7# 桩 y_b 也只为－0.1824mm），所测得的桩顶残余变位量主要由土层的残余变形和桩管的残余弯曲所构成，所以，最后采用理论试算与实测散点相拟合的办法处理实测的桩身弯矩数据。

具体步骤为：已知桩身弯矩分布图 $M(x)$，桩顶水平位移和桩底水平位移作为边界条件，由以下各式可求出沿桩身分布的剪力 $S(x)$、桩侧土压力 $p(x)$、倾角 $\theta(x)$ 和水平位移分布 $y(x)$：

$$\left.\begin{aligned} p(x) &= \frac{\mathrm{d}^2 M}{\mathrm{d}x^2} \\ S(x) &= \frac{\mathrm{d}M}{\mathrm{d}x} \\ \theta(x) &= \int \frac{M}{EI}\mathrm{d}x \\ y(x) &= \iint \frac{M}{EI}\mathrm{d}x \end{aligned}\right\} \tag{1}$$

从而可以得到 2 根试桩 $S-x$，$p-x$，$y-x$，$\theta-x$ 关系曲线，分别见图 5～8。进一步，还得到 2 根试桩的 $P-y$ 关系曲线见图 9。

由试验结果可以初步得到以下认识：

（1）由图 3 中 2 根试桩的弯矩分布图可知，在岩层范围内桩的弯矩迅速减小，在距桩底端 1～2m 内的弯矩 M 基本上趋于 0，说明岩层的嵌固深度完全满足设计要求，且有较大的宽余。即使再适当减小嵌固深度，桩的稳定性仍得到保证，但这样会导致 $M=0$ 的范围缩小，甚至不出现，而在桩底还可能出现较大的土压力应力集中现象，在重复荷载长期作用下导致残余变位的增加。而对设计、施工、运行的已完成嵌岩桩来说，则可无此虞。

（2）由图 4 知：① 靠船桩在超载 25%情况下桩顶水平位移相当小（7# 桩仅 310.77mm，5# 桩仅 289.52mm），桩顶残余水平位移也只有 50～70mm。同时，在加载过程中桩顶水平位移的重复性好，未见明显蠕变现象，更未出现岩土整体的屈服现象；②从

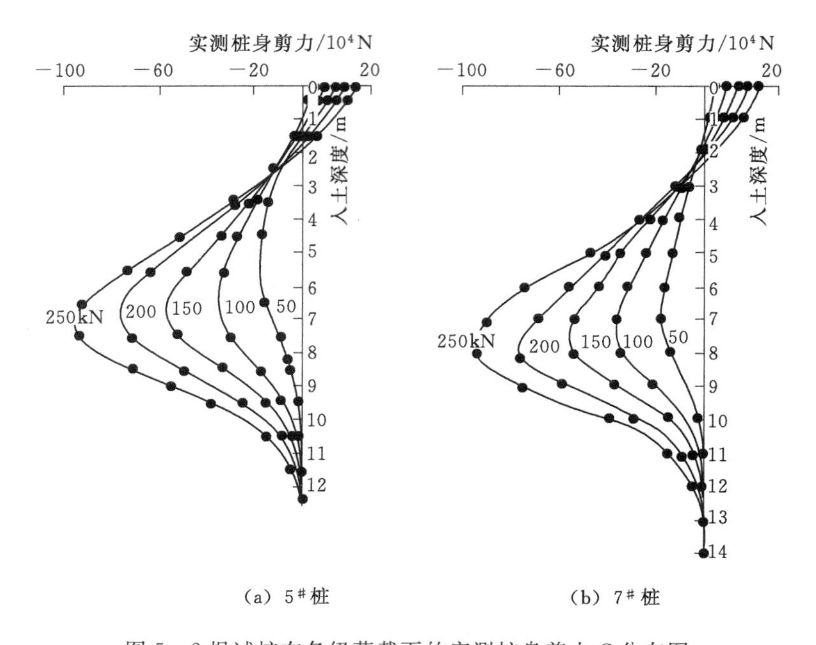

图 5　2 根试桩在各级荷载下的实测桩身剪力 S 分布图

Fig. 5　Measured shearing force along pile shaft under different lateral loads

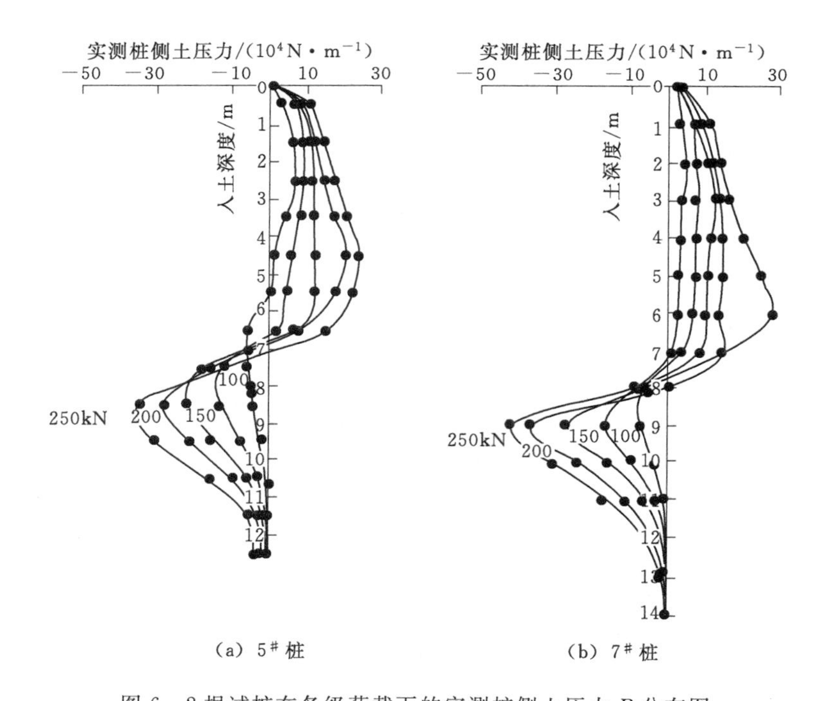

图 6　2 根试桩在各级荷载下的实测桩侧土压力 P 分布图

Fig. 6　Measured lateral soil pressure along pile shaft under different lateral loads

最初一级荷载（$H_0=50$kN）下较小的桩顶变位 y_0 和残余变位来看，2 根试桩在岩土中嵌固比较严密，未出现管桩外壁与岩土间留有竣工时的空洞现象；③每级荷载下重复加卸载

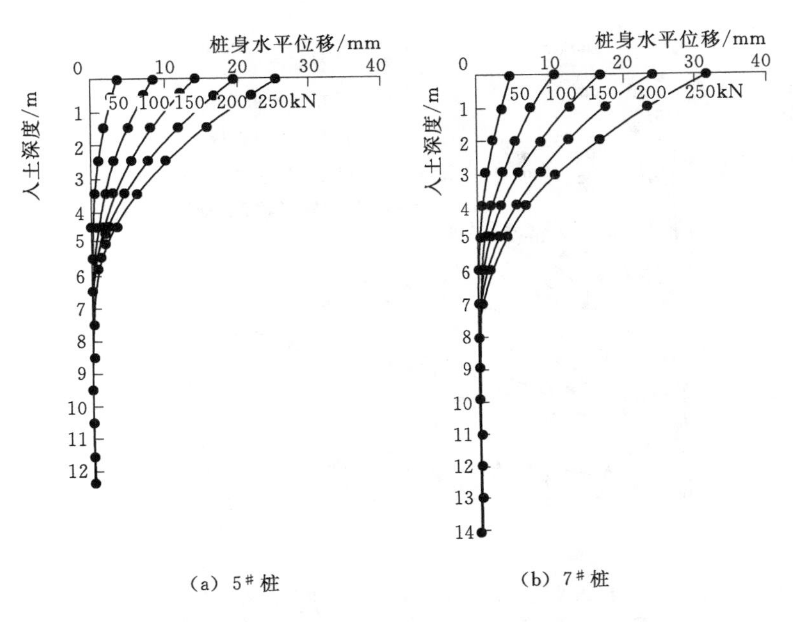

图 7　2 根试桩在各级荷载下的桩身水平位移 y 分布图

Fig. 7　Horizontal displacement along pile shaft under different lateral loads

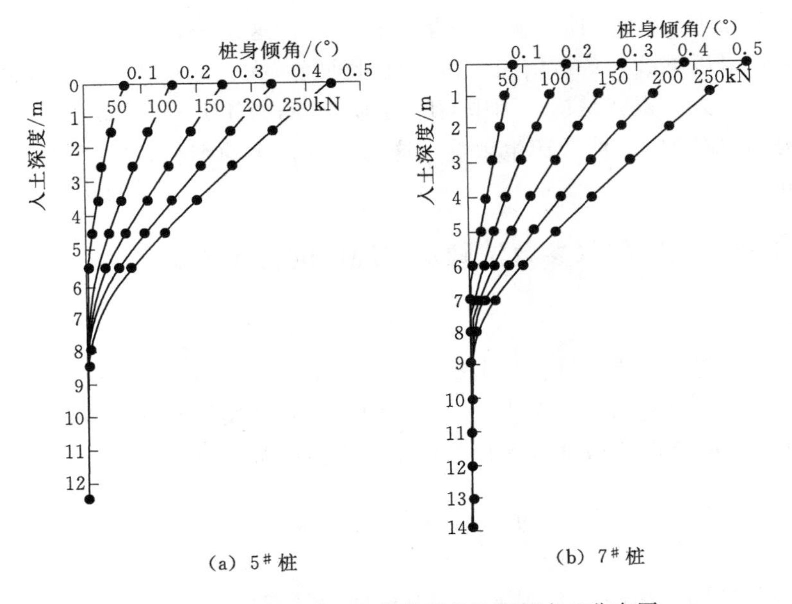

图 8　2 根试桩在各级荷载下的桩身倾角 θ 分布图

Fig. 8　Inclination along pile shaft under different lateral loads

5 次过程中，后 3 次的加载或卸载下桩顶变位都趋于稳定，甚至在重复加荷下 y_0 还有轻微的变小的现象（如 7# 桩的 100，200，250kN 3 级荷载），这可能是由于泥土层砂砾土填塞卸载时留下的空洞所致。而这一现象有利于工程的运行。

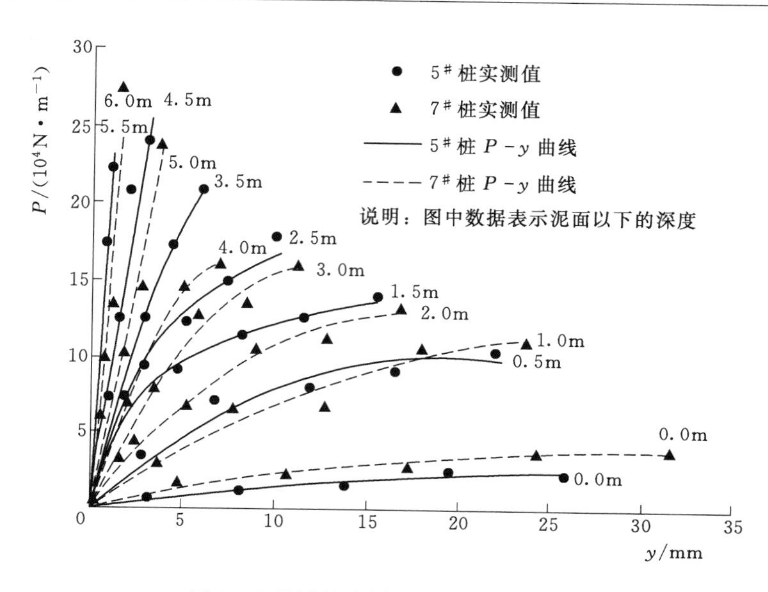

图 9　2 根试桩实测 $P-y$ 曲线分布图

Fig. 9　Measured $P-y$ curves for two test piles

(3) 由图 9 中 2 根试桩的 $P-y$ 关系曲线可知，其初始切线斜率随泥面以下深度基本上呈线性关系增长。上层土（入土深度为 0～3m）的 $P-y$ 曲线基本上符合双曲线特征，随着入土深度的增加，$P-y$ 曲线基本上呈线性规律，这说明在 3.0m 以下土处于弹性状态，其承载力还可以继续发挥或增大。由于桩管外径较大，这种 $P-y$ 曲线随深度的变化规律受层间影响较大。也就是说，图中间隔为 1.0m 的相邻 $P-y$ 曲线不可能具有独立性，层与层间的剪切力对 $P-y$ 曲线产生影响，这与直径较小的细长桩的 $P-y$ 曲线随深度变化的规律不同。

4　应用综合刚度原理和双参数法确定本地区的桩土参数

4.1　基本原理

由于土具有弹塑性性质，桩在水平推力的作用下，推力与地面处的位移之间的关系是非线性的，但桩本身通常仍工作在线弹性范围内，特别是柔性钢管桩更是如此。根据梁的弯曲理论，此时桩的挠曲线微分方程是下列 4 阶变系数常微分方程：

$$EI\frac{d^4y}{dx^4}=-K(x)yb_p \tag{2}$$

式中：EI 为桩土共同作用的综合刚度；x 为自地面算起的深度；y 为桩的挠度：b_p 为桩的直径或宽度；$K(x)$ 为地基反力系数，本方法的一般表达为

$$K(x)=mx^{\frac{1}{n}} \tag{3}$$

式中：m 和 $1/n$ 为待定参数，即双参数。m 为正实数，$1/n$ 为任意实数，通常 $1/n\geqslant0$。可见目前常用的计算推力桩的几种方法（如张有龄法、“m”法、“C”法等）都是它的特例。

定义桩对土的相对柔度系数 α 为

$$\alpha=\left(\frac{mb_{\mathrm{p}}}{EI}\right)^{\frac{1}{4+1/n}} \tag{4}$$

式（2）的解析解为

$$y=y_0A(\alpha x)+\frac{\varphi_0}{\alpha}B(\alpha x)+\frac{M_0}{\alpha^2EI}C(\alpha x)+\frac{Q_0}{\alpha^3EI}D(\alpha x) \tag{5}$$

$$\frac{M_0}{\alpha^2EI}=y_0A''(\alpha x)+\frac{\varphi_0}{\alpha}B''(\alpha x)+\frac{M_0}{\alpha^2EI}C''(\alpha x)+\frac{Q_0}{\alpha^3EI}D''(\alpha x) \tag{6}$$

式中：y_0，φ_0，M_0，Q_0 分别为桩在地面处的挠度、转角、弯矩和剪力；$A(\alpha x)$，$B(\alpha x)$，$C(\alpha x)$，$D(\alpha x)$ 及其各阶导数为关于 αx 的无穷幂级数形式[8]。

当桩的入土总深度 h、桩在地面处的荷载 Q_0、$M_0=eQ_0$ 以及位移与 y_0 和 φ_0 已知，地基反力系数 K 中的指数 $1/n$，又是确定的，则有关系式：

$$\left.\begin{aligned}y_0&=Q_0\,\frac{C_1}{\alpha^3EI}+M_0\,\frac{C_2}{\alpha^2EI}\\ \varphi_0&=-\left(Q_0\,\frac{C_2}{\alpha^2EI}+M_0\,\frac{C_3}{\alpha EI}\right)\end{aligned}\right\} \tag{7}$$

式中：C_1，C_2，C_3 均为已知的无量纲系数，其与指数 $1/n$ 及桩底条件有关，而对长桩（$\alpha h\geqslant4.5$）只与 $1/n$ 有关。由式（7）计算出的 α 和 EI 将满足推力桩在地面处和桩底处的边界条件。长桩的无量纲系数与 $1/n$ 关系表见文献［9］。

为使桩身最大弯矩 $M_{\max}$ 及其所在位置与实测值符合，只需调整参数 $1/n$ 的值。如果最大弯矩的计算值小于实测值，则采用较大的 $1/n$ 值计算，反之，则采用较小的 $1/n$ 值计算，直到计算值与实测值很接近为止。此时的 $1/n$，α 和 EI 就是所求的设计参数，把这些参数代入式（5），（6），即可求得桩身弯矩和挠度。

计算的总体思路是根据桩在地表的水平位移、转角、桩身最大弯矩及其现场实测值，反算综合刚度和双参数，以作为本地区同类桩的设计依据。

4.2 桩土参数的计算及分析

根据现场试桩资料（表 1，2）以及式（5）～（7），可以计算出 2 根试桩的综合刚度和双参数即 $1/n$，α 和 EI，计算步骤见文献［10］，作者已用 MATLAB 编好了程序，计算结果见表 3，4。需要指出，在计算过程中，2 根试桩在各级荷载下算得的 αh 值为 4.0～4.5，因此，可近似地按长桩计算。

由表 3，4 可知：（1）2 根试桩 y_t，φ_t 的实测值与计算值完全相同，而 $M_{\max}$，$Z_{\max}$ 的实测值与计算值也很好地符合，$M_{\max}$ 的最大误差为 1%，这保证了下述参数的计算精度；（2）7# 桩的 α 和 EI 值随着荷载的增加较均匀地减小，但减幅不大，α 从 $0.3027\mathrm{m}^{-1}$ 减小到 $0.2912\mathrm{m}^{-1}$，减幅为 3.8%，EI 从 $409.31\times10^4\mathrm{kN\cdot m^2}$ 减小到 $399.54\times10^4\mathrm{kN\cdot m^2}$，减幅为 2.4%；5# 也有相似的规律，但该桩从 50kN 加荷到 100kN 时 EI 值相对有较大的增大，可能是重复加载时泥土层砂砾土填塞卸载时留下的空洞所致（这与节 2.2 中分析的

表 3 用综合刚度原理和双参数法对 5# 桩的计算结果

Table 3 Calculation results of pile 5 using composite stiffness principle with biparameter method

水平荷载 Q_0/kN	指数 $1/n$	相对柔度系数 α/m^{-1}	综合刚度 EI /(10^4kN·m^2)	泥面处挠度 y_t/mm		泥面处转角 $\varphi_t/10^{-3}$rad		M_{max}/(10^4N·m)		Z_{max}/m	
				实测值	计算值	实测值	计算值	实测值	计算值	实测值	计算值
50	1	0.3665	398.70	3.3221	3.3221	1.222	1.222	94	93.15	1.2	1.09
100	1	0.3282	406.89	8.2964	8.2964	2.713	2.713	188	187.49	1.3	1.22
150	1.2	0.3205	400.03	14.001	14.001	4.366	4.366	285	282.1	1.7	1.56
200	1.3	0.3166	398.46	19.600	19.600	5.998	5.998	382	378.2	1.8	1.58
250	1.6	0.3153	397.21	25.948	25.948	7.750	7.750	478	474.1	1.9	1.90

表 4 用综合刚度原理和双参数法对 7# 桩的计算结果

Table 4 Calculation results of pile 7 using composite stiffness principle with biparameter method

水平荷载 Q_0/kN	指数 $1/n$	相对柔度系数 α/m^{-1}	综合刚度 EI /(10^4kN·m^2)	泥面处挠度 y_t/mm		泥面处转角 $\varphi_t/10^{-3}$rad		M_{max}/(10^4N·m)		Z_{max}/m	
				实测值	计算值	实测值	计算值	实测值	计算值	实测值	计算值
50	1	0.3027	409.31		4.900	1.470	1.470	93	94	1.4	1.41
100	1.2	0.2987	405.47	10.726	10.726	3.113	3.113	190	189.1	1.6	1.67
150	1.5	0.2976	403.06	17.253	17.253	4.868	4.868	287	285	2.0	2.01
200	1.8	0.2943	403.46	24.340	24.340	6.692	6.692	382	385.2	2.0	2.04
250	1.9	0.2912	399.54	31.787	31.787	8.607	8.607	482	483.9	2.2	2.06

一致)。因此，可以认为 2 根试桩的 α 和 EI 值基本上为常数，说明 2 根桩即使在超载 25%情况下桩土体系仍然处于弹性状态，与设计符合；(3) 土抗力指数 $1/n$ 为 1.0～1.9。以上 3 个参数一经标定，就可用来设计该局部地区同类条件下其他长桩。

为了把本工程计算的桩土参数与类似工程所计算的参数进行对比，本文引用了我国渤海海域一钢管试桩的计算结果[8]。该钢管桩外径为 900mm，桩长 67.39m，入土深度 35.14m，壁厚不等，分别为 14，22，32，36mm。在桩身上布置电阻应变片。桩身外侧焊有 4 条贴片槽，贴片槽由槽钢和槽盖板组成，槽钢与槽盖板均计入桩身截面积。相应不同壁厚断面的弯曲刚度分别为 1335060，1773880，2287750，2483140kN·m^2，加载点距桩顶 1.05m。用综合刚度原理和双参数法对该桩进行了计算，并只给出 $1/n$ 的值，见表 5。从表 5 可知，即使该桩桩长、桩径、入土深度以及设计荷载和本工程不同，但其 $1/n$ 值为 1.1～1.99，与本工程的 1～1.9 很接近，这初步说明了 $1/n$ 的值具有一定的独立性，同时，也证明了本工程所计算的桩土参数是可靠的。

表 5　　我国渤海海域-钢管试桩用双参数法的计算结果[8]

Table 5　　Calculation results of steel pipe piles near Bohai sea area using biparameter method

水平荷载 Q_0/kN	指数 $1/n$	水平荷载 Q_0/kN	指数 $1/n$
40	1.10	70	1.40
50	1.14	80	1.99
60	1.14		

5　结论

本文分析了大直径柔性钢管嵌岩桩水平承载力现场试验结果，表明本工程的柔性靠船结构设计先进、施工良好、工程性能优异；同时，也表明了这种大直径钢管桩的极限承载力完全由钢管材料的强度和抗弯能力所决定，而地基的岩土强度和变形性能完全满足工程的安全要求，裕度较大。

同时，本文还应用了综合刚度原理和双参数法，对 2 根试桩进行了分析，结果表明桩在泥面处的位移 y_t、转角 φ_t 和桩身最大弯矩 M_{max} 及其位置同时与桩的实测数据和边界条件很好吻合[11]，最后确定的参数 $1/n$，α 和 EI 可以认为是试桩附近地区的常数，可用来设计该局部地区同类条件下的其他长桩。而众多推力桩的计算方法，如张有龄法、“m”法、“K”法、“C”法以及国内外流行的 $P-y$ 曲线法等都不能很好地使 y_t，φ_t，M_{max} 3 个工程指标控制在满意的程度。可见，计算推力桩的综合刚度原理和双参数法，从全新的角度认识和解释了推力桩-土共同作用的机理，其计算效果良好，计算方法简便，是一种前所未有的先进而有竞争能力的方法。同时，本次珍贵的现场试桩为该法应用于大直径钢管嵌岩桩积累了重要的桩土参数。

参考文献

[1] Chang Y L. Discussion on “Lateral Pile Loading Tests” by Feagin [R]. [s. l.]: Trans. ASCE, 1937, 272-278.

[2] 吴恒立. 推力桩计算方法的研究 [J]. 土木工程学报，1995，28 (2)：20-28.

[3] Matlock H. Correlations for design of laterally piles in soft clay [A]. In: Proc. of Offshore Technology Conference [C]. Houston: OTC1204, 1970, 577-594.

[4] Reese L C, Cox W R, Koop F D. Analysis of laterally loaded piles in sand [A]. In: Proc. of Offshore Technology Conference [C]. Houston: Dallas, 1974, 473-483.

[5] Reese L C, Welch R C. Lateral loading of deep foundations in stiff clay [J]. Journal of the Geotechnical Engineering Division, American Society of Civil Engineers, 1975, 101 (7): 633-649.

[6] Brown D A., Morrison C, Reese L C. Lateral load behavior of pile group in sand [J]. Journal of the Geotechnical Engineering, 1988, 114 (11): 1261-1276.

[7] 熊辉，邹银生．水平荷载作用下桩-土非线性反应分析的特征荷载法 [J]. 岩土工程技术，2002，(5)：275-279.

[8] 吴恒立. 计算推力桩的综合刚度原理和双参数法（第二版）[M]. 北京：人民交通出版社，2000.

[9] 史佩栋. 实用桩基工程手册 [M]. 北京：中国建筑工业出版社，1999.

[10] 王成，邓安福. 钢管推力桩桩土参数的确定方法 [J]. 重庆建筑大学学报，1997，19（6）：58－62.

[11] 吴恒立. 推力桩非线性全过程分析及控制性设计——综合刚度原理和双参数法 [J]. 重庆交通学院学报，2001，20（增）：77－82.

用振动挤淤法处理标准海堤的软土地基

曾繁平　王　钊　肖元清

（武汉大学土木建筑工程学院，湖北武汉　430072）

摘　要： 以淤泥类软土的动力特性为基础发展起来的振动挤淤法，在标准海堤较土地基处理中有其独特的实用性。根据海堤的工程特点，分析了振动挤淤法在处理海堤软土地基的必要性和可行性。并着重阐述了振动挤淤法中3个关键施工参数的理论分析和工程实践，这3个参数包括：基础埋深，最小垫层厚度，施工机械作业参数。

关键词： 振动挤淤法；软土地基处理；淤泥类软土的动力特性；海堤工程

中图分类号： TU471.8　　**文献标识码：** A　　**文章编号：** 1007-2284（2004）10-0033-03

Soft Soil Foundation Treatment of Standard Sea Embankment by Vibration and Silt - Squeezing Method

ZENG Fan - ping　WANG Zhao　XIAO Yuan - qing

（College of Civil and Architectural Engineering of Wuhan University, Wuhan City 430072, Hubei Province, China）

Abstract: The vibration and silt - squeezing method is developed on the basis of silt soft soil dynamic properties, so it has its unique practicability in the soft soil foundation treatment of standard sea embankment. The necessity and feasibility of application of the vibration and silt - squeezing method in the treatment of sea embankment soft soil foundation are analyzed according to the engineering properties of sea embankment. Three key construction parameters, i. e. the foundation depth buried, the minimum padding depth, and construction machinery working parameter, in the theory analysis and engineering practice are expatiated in detail.

Key words: vibration and silt squeezing method; soft soil foundation treatment; silt soft soil dynamic property; sea embankment project

引言

淤泥类土主要分布在我国沿海地区，其主要特性是：高压缩性；高含水量，远大于其液限；高孔隙比；低抗剪强度，其地基承载力只有40kPa左右；极低渗透性，小于10^{-6} cm/s；较高的结构性，灵敏度较高，$S_t=4\sim8$；极强的流变性。淤泥类软土这些特性是

本文发表于2004年第10期《中国农村水利水电》。

由于其特殊的物质成分和结构，以及外部环境所决定的。沿海地区的淤泥土生成于 Q_4^3（上全新统），大部分土层属于欠固结的滨海相淤泥。其结构为絮凝状结构，物质成分以高岭石、水云母、石英等细颗粒为主，并含 2%以上的有机质。

目前，各地一般以 50 年一遇的海浪标准加固原有的海堤。新海堤堤身设计高度 4～5m，竣工后基底压力 75～95kPa，这就是所谓的标准海堤了，其剖面图建议采用图 1 所示的情形。淤泥的物理力学特性决定了标准海堤建设无法用常规的地基处理方法。

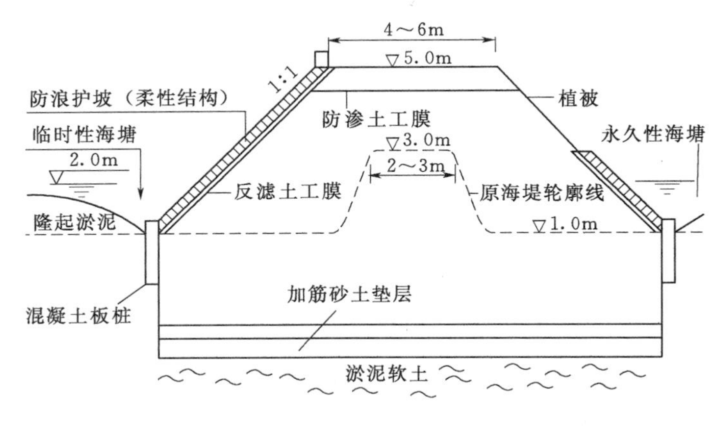

图 1　标准海堤剖面图

1　振动挤淤法的可行性分析

海堤工程主要目的是防浪，其土堤是柔性结构，且防浪护坡也是柔性的，它们对地基的沉降几乎没什么限制。因此，在海堤工程中一种适合的软土地基处理方法可以不限制土堤在施工期的沉降量。

用碾压和振动复合的振动压路碾压实海堤填土时，在一定的静荷固结围压下，基土淤泥极易产生孔隙水压力，随振动次数的增多，超静水压力不断升高。当振动次数达到某一值附近时，孔隙水压力接近最大值，致使地基中有效应力大幅度减小，抗剪强度大幅度降低。同时，在这种振动作用下，地基土的阴离子颗粒，以及定向水分子原来所处的静力平衡状态受到破坏，颗粒结构由原来的絮凝结构变成某种程度的分散结构，粒间粘性削弱，地基抗剪强度进一步下降。

由于海堤地基淤泥类软土的上述动力特性，填土压实施工中，在振动压路碾反复作用下，地基很容易发生整体破坏，堤身沉陷。这是海堤工程发生沉陷事故的典型，是淤泥的动力特性对工程不利的一面。但是，若能充分利用海堤淤泥类软土的动力特性，因势利导，也可以变害为利。

考虑依靠填筑土体自重及施工机械的振动，海堤地基会产生整体破坏，堤身下沉，形成顶部高出水面，底部悬浮于淤泥中的填土基础，且堤两侧淤泥隆起。故认为当压实的填土沉至某一深度时，地基承载能力可以满足标准海堤的要求。理由如下：

（1）堤身两侧隆起的淤泥对地基产生一定的压力，起到一定的旁侧荷载的作用。这是一种最优的反压护道设计，因为通过调整施工过程中机械的振动压实功，能使起反压护道作用的隆起淤泥厚度和宽度趋于最优；

（2）当经扰动的淤泥静置一段时间后，孔隙水压力消散，土颗粒、水分子及其他结构性因素重新调整排列，逐渐恢复絮凝结构，淤泥强度也逐渐恢复；

（3）在施工振动压实过程中淤泥软土地基上有足够厚度的砂土垫层，加之土工织物的隔离作用，避免了压路碾直接接触软土而导致橡皮土现象；

（4）淤泥强度低，易变形，而砂土垫层是压实的和加筋的。在计算地基承载力设计值时，可把砂土垫层作为是刚性基础，按《建筑地基基础设计规范》（GB 50007—2002）推荐的理论公式进行。又由于淤泥的 φ、c_k、γ 和垫层埋深 d 都会随着填土的向下沉入而增大，从而淤泥地基的承载力也会相应地增大。

所以，振动挤淤法是一种技术可行、施工简单的软基处理方法。施工中同时还应注意以下三点。

（1）当基础埋深达到设计值时，应静置一段时间，待受扰动淤泥土固结和触变恢复到一定程度后，用于填土压实施工的机械宜改用静作用碾压式机械。一般地，静置 7 天即可。原状淤泥的结构彻底扰动后，在不排水的条件下，随着静置时间的增加，强度有不同程度的恢复，在最初 5 天内恢复的幅度较大，此后，强度虽有所增加，但比较缓慢，到了第 6 天后，强度增长很小。此时的极限剪应力是原状土的 42%。

（2）砂土垫层的底面为凹曲面形，其最低点的土体受到最大的拉应力。当地基发生整体破坏时，随后的堤身填土的破坏面是以从砂土垫层的最低点土体破坏的局部突破后，逐渐向上发展而形成的滑动面。因此，可在砂土垫层中铺设起加筋和隔离作用的土工织物。这样就可以提高堤身的整体性，以防止堤身在施工沉陷过程中发生对称性破坏。

（3）防浪护坡施工应在填土达到设计高程，堤身沉降基本稳定后进行。且防浪护坡宜选用柔性结构。

2 淤泥地基孔隙水压力变化规律

2.1 振动荷载作用下淤泥软土孔压增长规律

淤泥软土在轴向振动荷载作用下会产生较大的动球应力 σ_d，主要表现为动孔隙水压力的增长。动球应力达到峰值后随之下降，动孔隙水压力也达到峰值，并随土体的卸荷膨胀而下降到某一稳定值，即在土体内部产生一残余孔隙水压力 u_{res}。由于土体处于不排水状态，孔隙水压力不会立即消散。在后续的振动荷载作用下孔压不断积累。这一过程可表示为图 2 所表示的情形。u_{res} 可表示为：

$$u_{res}=\Delta u_{1res}+\Delta u_{2res}+\cdots$$

且有 $u_{res}<\sigma_{s0}$，σ_{s0} 为静球应力。

在同一围压作用下的淤泥软土，随振动次数 N 的增加，轴向应变和孔隙水压力均有上升的趋势，且较大的振动能对应较大的轴向应变和较大的孔隙水压力。在不排水条

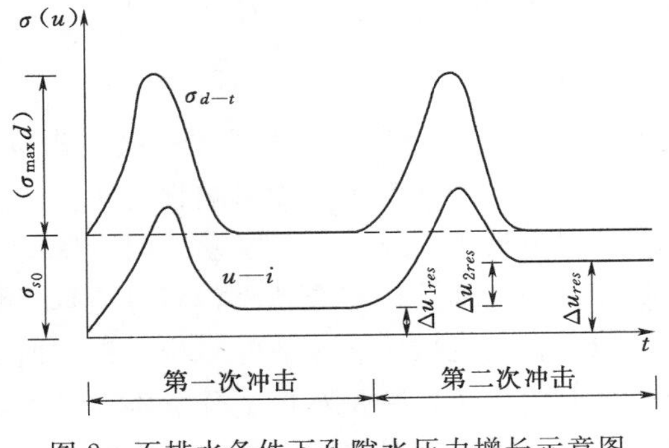

图 2　不排水条件下孔隙水压力增长示意图

件下较大的轴向应变有较大的剪切变形。另一方面，振动能的大小对孔隙水压力的影响在振动次数 N 小于某一值 N_0 时较为显著，当 $N>N_0$ 时，孔压增长趋于平缓并向某一极限值发展，且可能发生橡皮土现象。此时，冲击能更多地耗散于土体的剪切变形之中。因此在海堤填土压实施工中压路碾对某点土体的振动次数应以 N_0 附近为宜，这样才有可能使施工机械做功最小并达到加固地基的目的。

2.2　振动荷载作用下淤泥软土孔压的影响因素

振动荷载作用下软土的强度和变形特性与在静力荷载作用下的性状有许多不同。影响振动荷载作用下软土动力特性的因素很多，概括起来主要有下列几种：土的类型和性质（含水量，塑性指数等）；加荷波形和加荷频率；固结围压的大小；剪应力水平；超固结状态；各向异性性质等。

3　几个关键施工参数的理论分析

（1）基础埋深的确定。基础埋深即为砂土垫层陷入淤泥中的深度。基础埋深设计值 d 可联合下面的公式而求得。

$$f_a=M_b\cdot\gamma\cdot b+M_d\cdot\gamma_m\cdot d+M_c\cdot c_k \tag{1}$$

$$p_k\leqslant f_a \tag{2}$$

$$p_k=\gamma\cdot(h+d) \tag{3}$$

式中：f_a 为淤泥地基承载力特征值；M_b，M_d，M_c 为承载力系数，都与土的内摩擦角 φ 有关；b 为基础底面宽度；c_k、γ 分别为基底以下一倍基宽内淤泥的粘聚力和重度。d 为基础埋深；γ_m 为填土重度；p_k 为基础底面处平均压力值；h 为堤身顶面至海堤原淤泥基面的高度。

（2）最小垫层厚度的确定。要使振动荷载对淤泥所产生的孔隙水压力不会很快消散，就必须在淤泥上面填筑一定厚度的上覆土层，这样，在下一轮的振动时，孔隙水压力才可能发生积累。并且，淤泥软土在振动荷载作用下存在一个孔隙水压力界限值 u_{limit}。其含义是，在振动荷载反复作用下孔压增长不可能超过某一界定值，即不可能出现所谓“液化”的现象。这与砂性土在振动荷载作用下的情形不同。因此，为了使已经受到压路机振动的淤泥地基发生整体破坏，就必须在地基上覆盖一定厚度的填土垫层。最小垫层厚度值 $H_{\min}$ 可由地基稳定分析中的日本官川法的变形公式（4）而求得。

$$H_{\min}=5.52\cdot\tau_f'/\gamma_m \tag{4}$$

式中：γ_m 为填土重度；τ_f' 为淤泥在破坏滑动面上的平均抗剪强度，其取值由压路机振动能对淤泥基土的孔隙水压力影响程度所决定。目前，有关振动能对淤泥的影响范围和影响程度的报道很少。有相关的试验表明，振动对淤泥孔隙水压力在基土的浅层会快速增加，且随深度的增加其影响会越小，而对地基两侧淤泥的孔隙水压力影响极小。

（3）施工机械作业参数的影响因素。振动挤淤法处理海堤中的软土地基，其施工机械有两方面的作用，一是对填土分层压实；二是使地基软土扰动而达到地基破坏的目的。在填土压实施工中，对于特定的某类土料和填筑压实度，其所需的机械压实功也是确定的。

又如 2.1 节所述，在满足海堤填土压实度设计要求的条件下，振动压路碾对某一点土的振动次数以 N_0 次为宜。因此，用振动挤淤法处理海堤中的软土地基，其所使用的振动压路机的作业参数的选择应由振动次数 N_0 和机械压实功所决定。

4 工程应用举例

4.1 工程概况

某海堤加固工程，地基淤泥最浅 7m，最深 29m，平均厚度为 14m，其主要物理力学性质指标见表 1。海堤按标准海堤建设，其剖面图如图 3 所示。工程 1997 年冬开工，属于“边施工，边设计，边勘测”的工程。1998 年春，当填土高程至 2.9m 时，总长达 1400 多 m 的地基发生沉陷事故。当时认为，事故是由于施工速度过快造成的，并建议已经破坏的地基应静置一段时间，待扰动的淤泥强度得到足够的恢复后，再继续下一轮的填土压实施工。此后，工程处于休工状态。1999 年秋，建设单位召集专家咨询并采纳了专家组的建议：对沉陷段立即补救施工，采用振动挤淤法对地基进行加固。

表 1　淤泥的主要物理力学性质指标

含水量/%	重度/(kN·m⁻³)	c_k/kPa	φ_k/(°)	固结系数/(cm²·s⁻¹)
84.8	15.7	8.6	7.9	26.6

补救施工进展很顺利，3 个月后补救成功。2001 年秋，工程通过了竣工验收。据现场测量，从 1997 年秋至 2001 年秋的 4 年时间里，砂土垫层沉入淤泥达 3.8m 之多，海堤的前后两边隆起高 0.7～0.9m，宽 25～30m 的淤泥层。

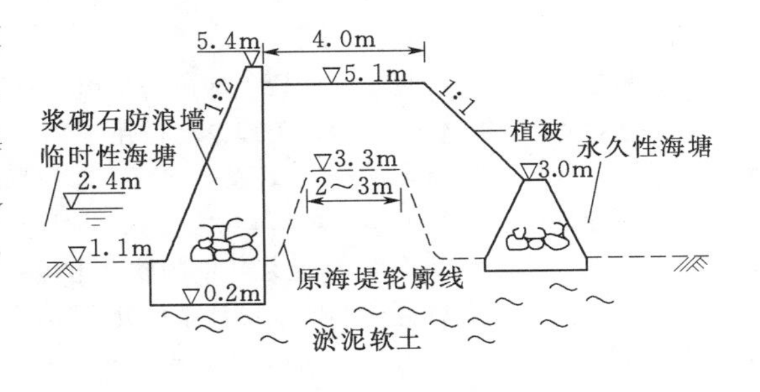

图 3　某海堤剖面图

4.2 振动挤淤法在本工程的验证

（1）沉陷事故发生的根源。根据日本官川法进行地基稳定分析，极限填土高度 $H_c=5.52\cdot C_u/\gamma_m$，可得 $H_c=2.6$m。这里 $\gamma_0=17.9$kN/m³。而标准海堤的设计高度 $H=5.1-1.1=4.0$m。显然，地基无法满足稳定验算。

（2）基础埋深的验证。基础埋深的理论值由式（1）、式（2）、式（3）联立求得，$d=2.6$m。根据施工现场的记录，各次沉陷情况如表 2 所示。可见，由理论分析所得的数据与实测值较为接近。注意，在近 4 年的施工期内，由于软土地基的排水固结和蠕变而产生的沉降达 1.1m 之多。

（3）施工机械作业参数的选用。根据专家组的建议，压路碾采用国产 YZ-45 型振动压路机，分层碾压厚度为 0.5m，压路机速度不超过 0.8km/h，振动碾压 3 遍。由表 2 可知，当填土高程分别达至 2.9m，3.7m，4.2m 时，地基就先后 3 次发生整体破坏。此后，压路碾改为静压路机继续填土压实施工。

表 2 各次沉陷数据记录

工 况	沉陷前堤顶高程/m	沉陷后堤顶高程/m	沉降深度/m
第一次沉陷	2.90	2.00	0.90
第二次沉陷	3.70	2.60	1.10
第三次沉陷	4.20	3.50	0.70
累计深度			2.70

5 结语

(1) 淤泥软土的动力特性理论和海堤建设的实践都表明振动挤淤法处理标准海堤软土地基是可行的。

(2) 振动挤淤法处理海堤软土的施工参数是可以定量的。这三个参数包括：基础埋深，最小垫层厚度，施工机械作业参数。

(3) 目前，在标准海堤建设中由于地基破坏而发生工程事故屡见不鲜，这与其选用的地基处理方法是密切相关的。为有效避免地基破坏事故的发生，充分利用当地丰富的土料，节约工程投资，加快施工进度，缩短建设工期，采用振动挤於技术是标准海堤地基处理的合适方法。

参考文献

[1] 杨顺安，冯晓腊，张聪辰. 软土理论与工程 [M]. 北京：地质出版社，2000.

[2] 白冰，肖宏彬. 软土工程若干理论与应用 [M]. 北京：中国水利水电出版社，2002.

[3] 王钊. 基础工程原理 [M]. 武汉：武汉大学出版社，2001.

[4] 地基处理手册（第二版）编写委员会. 地基处理手册 [M]. 北京：中国建筑工业出版社，2000.

[5] 朱梅生. 软土地基 [M]. 北京：中国铁道出版社，1989.

[6] 王钊. 土工合成材料加筋地基设计中的几个问题 [J]. 岩土工程学报，2000，22 (4)：503-505.

[7] Matsui T Cyclic stress-strain history and shear characteristics of clay Jr of Geotech Eng Div [J]. ASCE，1980，106 (10)：1101-1120.

电渗的能级梯度理论

庄艳峰[1]　王　钊[1,2]　林　清[3]

（1. 武汉大学土木建筑工程学院，湖北武汉　430072；2. 清华大学土木水利学院，北京　100084；3. 漳州师范学院计算机科学系，福建漳州　363000）

摘　要： 从能量的角度出发，提出了土体电渗固结的能级梯度理论，并结合试验，对电渗过程中的电学问题进行较为详细的分析，给出了土体电渗过程中的电流、电势、电势差以及土体电阻率的分布和变化规律。基于能级梯度理论，还给出了电渗流量、孔隙水压力、固结沉降以及电渗能耗的表达式，并对照传统的 Esrig 理论，分析和讨论了二者之间的异同点。

关键词： 能级梯度；电渗；固结；排水

中图分类号： TU441.8　　**文献标识码：** A　　**文章编号：** 0367－6234（2005）02－0283－04

Energy Level Gradient Theory for Electro－osmotic Consolidation

ZHUANC Yan－feng[1]　WANG Zhao[1,2]　LIN Qing[3]

（1. College of Civil Engineering，Wuhan University，
Wuhan 430072，China；

2. Dept. of Hydraulic Engineering，Tsinghua University，
Beijing 100084，China；

3. Dept. of Computer Science，Zhangzhou Normal College，
Zhanzhou 363000，China）

Abstract： From aspect of energy consumption，an electro－osmotic consolidation theory named energy level gradient theory is brought out in this paper，and detailed electrical analyses on electro－osmotic process are completed in the light of experiments. The analyses interpret the distribution and variation pattern of electric current、electric potential、difference of potential and electrical resistivity of soil in the electro－osmotic process. Based on energy level gradient theory，formulae of electro－osmotic drainage、pore water pressure、consolidation settlement and electrical energy consumption are also presented in this paper. Comparing them with those formulae in the Esrig theory，the author also give some analyses and discussion to show the similarities and differences between these two electro－osmotic consolidation theories.

Key words： energy level gradient；electro－osmosis；consolidation；drainage

---

本文发表于 2005 年 2 月第 37 卷第 2 期《哈尔滨工业大学学报》。

土体的电渗固结问题是一个各种因素相互作用、相互耦合的极端非线性问题，对于该问题的简化分析可以有多种方式，但迄今为止，作为经典电渗固结理论被广泛接受的是 Esrig 理论[1]。该理论由 Esrig 提出，后来经 Wan T Y 和 Mitchell J K 等人进一步加以完善，使之适用于电渗和超载共同作用的情况[2]。但是 Esrig 理论通过电势的线性分布假定，实际上回避了电渗过程中所涉及的电学问题，对于电渗过程中土体电阻率、电流、电压的变化，没有进行任何理论上的分析，电势的线性分布及电场不随时间而变化的假定，使其可以通过对电势的二阶偏导，轻巧地绕过电学问题，而仅针对土力学问题（主要是孔隙水压力问题）展开讨论和分析。然而电势的线性分布假定与实际情况是有明显偏差的。根据电流的连续性，为了保证电势呈线性分布，土体的电阻率必须处处一致，然而在实际电渗试验中，可以明显地看到靠近阳极的土体逐渐干燥固结，与之相反，阴极的土体却非常松软潮湿，因此绝对有理由认为阴、阳两极之间土体的电阻率不是常数。随着电渗固结的进行，越靠近阳极，土体电阻率越大；越靠近阴极，土体电阻率越小。鉴于上述理由，本文决定舍弃电势的线性分布假定，从能量的角度对电渗过程中的电学问题进行较为详细的分析。

1　基本假定

土体的固结排水需要消耗能量，无论是什么形式的固结排水过程，都是一个能量消耗的过程，所不同的仅仅是能量提供的方式。预压排水的能量由堆载的重力场提供；真空排水的能量由真空泵提供；电渗的能量则来自于外加电场。如果从能量的角度来看，水力梯度 i 或电力梯度 E 作用下的达西定理 $q_h=-k_h i$ 或 $q_e=-k_e E$，无非是表明了流量与能级梯度之间存在着比例关系。因此对于纯电渗问题，可以给出以下基本假定：

1）在电场的作用下，土体中存在着一个能级标量场 $w(t,z)$，$w(t,z)$ 是时间和空间的函数，以功率（瓦或千瓦）为单位，正负电极的能级差 $w(t,H)-w(t,0)$ 即为电源的瞬时输出功率；

2）排水流量与能级梯度成正比：$q=-k_w\left(\frac{\partial w}{\partial z}\right)$。式中：$q$ 为单位面积排水流量（m/s）；k_w 为比例系数 $[\mathrm{m}^2\cdot(\mathrm{w}\cdot\mathrm{s})^{-1}]$；$w$ 为能级标量场（w）。

3）能级标量场的分布和传递满足热传导方程：

$$C_V\frac{\partial^2 w}{\partial z^2}=\frac{\partial w}{\partial t} \tag{1}$$

式中：C_V 为土的固结系数，m^2/s。

2　初始、边界条件和微分方程求解

在 $t=0$ 时，土体中未受电场作用，各点能级均匀一致，以此时的值作为能级基点，可设为 0。当向土体施加电场之后，负极处的能级瞬时下降到 $-w_0$，且在外部电源作用下一直维持不变，而在正极处，由于阳极封闭不排水，根据假定 2 就有：$\left.\frac{\partial w}{\partial z}\right|_{z=H}=0$。所以式（1）的初始和边界条件可以写为

$$\begin{cases} t=0,0<z<H:w=0 \\ 0<t<\infty,z=0:w=-w_0 \\ 0<t<\infty,z=H:\dfrac{\partial w}{\partial z}=0 \\ t=\infty,0<z<H:w=-w_0 \end{cases}$$

解得：

$$w=\frac{4}{\pi}w_0\sum_{n=0}^{\infty}\frac{1}{2n+1}\sin\frac{(2n+1)\pi z}{2H}e^{-\frac{(2n+1)^2\pi^2}{4}T_V}-w_0 \tag{2}$$

式中：H 为正负极之间的距离（m）；T_V 为 $\frac{C_V}{H^2}t$，时间因子，无量纲。$-w_0$ 为负极处的初始能级，因此 $w_0=v_0I_0$，代入上式并取第一项近似得

$$w\approx\frac{4}{\pi}\left(v_0\sin\frac{\pi z}{2H}\right)(I_0e^{-\frac{\pi^2}{4}T_V})-v_0I_0 \tag{3}$$

式中：v_0 为土体中正负极初始电势差（V）；I_0 为初始电流（A）。

3　电学分析

式（2）给出了土体中能级标量场的表达式，式（3）进一步将其改写为以电势、电流为参量的形式，然而这两个式子却不足以充分、完整地描述电渗过程。鉴于时变电场的复杂性，对电渗过程中各电学参量的变化情况仍需结合试验作进一步的分析。为了了解电渗过程中电流的变化情况，笔者作了多次模型试验，试验结果如图 1 所示。

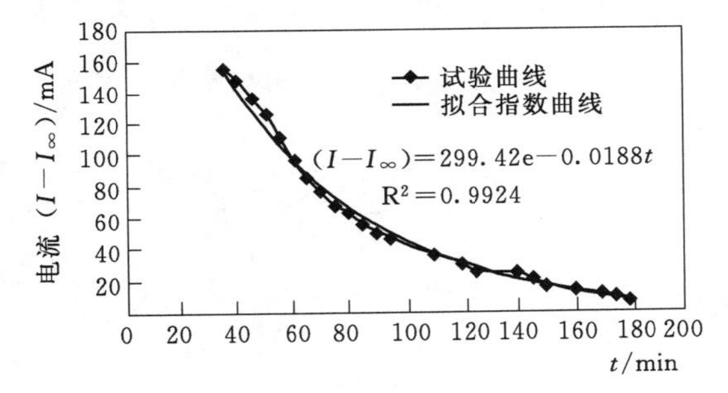

图 1　电流-时间关系曲线

由图 1 可知，电流是呈负指数的形式衰减的，如果假定电荷在土体中是不累积的，那么根据电流的连续性原理[3]，可以认为它不是空间位置的函数。为此，可以将电流设为如下形式：

$$I=(I_0-I_\infty)e^{-\frac{\pi^2}{4}T_V}+I_\infty \tag{4}$$

式中：I_0 为初始电流（A）；I_∞ 为最终电流（A）。

根据式（3），假设 $v=A(t)v_0\sin\frac{\pi z}{2H}+B(t)$，则 $\frac{\partial v}{\partial z}=A(t)\frac{\pi}{2H}v_0\cos\frac{\pi z}{2H}$。

根据广义欧姆定律[3]

$$I=al\frac{\partial v}{\partial z}\frac{v_0}{\rho_{土体}}=al\frac{\pi}{2H}A(t)\frac{v_0}{\rho_{土体}}\cos\frac{\pi z}{2H}=(I_0-I_\infty)e^{-\frac{\pi^2}{4}T_V}+I_\infty \tag{5}$$

在不考虑界面电阻的情况下，根据电压环路定理[3]有

$$A(t)v_0+[(I_0-I_\infty)e^{-\frac{\pi^2}{4}T_V}+I_\infty]\rho_{电极}\frac{l}{a\delta}=v_{电源} \tag{6}$$

式中：$A(t)$、$B(t)$ 为仅以时间为变量的待定函数，无量纲；$\rho_{土体}$ 为土体电阻率（Ω・m）；

$\rho_{电极}$为电极电阻率（Ω·m）；a为平面电极的长度（m）；l为平面电极的宽度（m）；δ为平面电极的厚度（m）；$v_{电源}$为外加稳恒电源的电压（V）。

由式（5）、（6）解得

$$\begin{cases} A(t)=\dfrac{v_{电源}-\left[(I_0-I_\infty)e^{-\frac{\pi^2}{4}T_V}+I_\infty\right]\rho_{电极}\dfrac{l}{a\delta}}{v_0} \\ \rho_{土体}(t,z)=\dfrac{al\pi}{2H}\left\{\dfrac{v_{电源}}{\left[(I_0-I_\infty)e^{-\frac{\pi^2}{4}T_V}+I_\infty\right]}-\rho_{电极}\dfrac{l}{a\delta}\right\}\cos\dfrac{\pi z}{2H} \end{cases}$$

根据量纲分析可知：$w=vI$，将$A(t)$代入v表达式可解得

$$B(t)=\left\{\frac{4}{\pi}\frac{1}{(I_0-I_\infty)+I_\infty e^{\frac{\pi^2}{4}T_V}}v_0I_0-v_{电源}+\left[(I_0-I_\infty)e^{-\frac{\pi^2}{4}T_V}+I_\infty\right]\rho_{电极}\frac{l}{a\delta}\right\}$$

$$\sin\frac{\pi z}{2H}-\frac{v_0I_0}{(I_0-I_\infty)e^{-\frac{\pi^2}{4}T_V}+I_\infty}$$

试验表明

$$v_{电源}-\left[(I_0-I_\infty)e^{-\frac{\pi^2}{4}T_V}+I_\infty\right]\rho_{电极}\frac{l}{a\delta}\approx\frac{4}{\pi}\frac{1}{(I_0-I_\infty)+I_\infty e^{\frac{\pi^2}{4}T_V}}v_0I_0 \tag{7}$$

根据式（7），同时考虑到I_∞很小，可简化得

$$\rho_0=\rho_{土体}(t,z)\big|_{\substack{t=0\\z=0}}=\frac{al\pi}{2H}\left(\frac{v_{电源}}{I_0}-\rho_{电极}\frac{l}{a\delta}\right)\approx\frac{2al}{HI_0}v_0$$

$$v\approx\frac{4}{\pi}v_0\sin\frac{\pi z}{2H}-\frac{v_0I_0}{(I_0-I_\infty)e^{-\frac{\pi^2}{4}T_V}+I_\infty} \tag{8}$$

$$\frac{\partial v}{\partial z}\approx\frac{2}{H}v_0\cos\frac{\pi z}{2H} \tag{9}$$

$$\rho_{土体}(t,z)\approx\rho_0\frac{I_0}{(I_0-I_\infty)e^{-\frac{\pi^2}{4}T_V}+I_\infty}\cos\frac{\pi z}{2H} \tag{10}$$

式中：ρ_0为土体初始电阻率（Ω·m）。

由$\rho_0=\rho_{土体}(t,z)\big|_{\substack{t=0\\z=0}}=\dfrac{al\pi}{2H}\left(\dfrac{v_{电源}}{I_0}-\rho_{电极}\dfrac{l}{a\delta}\right)$解得

$$I_0=\frac{al\pi}{2H}\frac{v_{电源}}{\rho_0+\dfrac{l^2\pi}{2H\delta}\rho_{电极}}$$

$$v_0=v\big|_{\substack{t=0\\z=H}}-v\big|_{\substack{t=0\\z=0}}=v_{电源}-I_0\rho_{电极}\frac{l}{a\delta}=v_{电源}\left(1-\frac{1}{\dfrac{\rho_0}{\rho_{电极}}\dfrac{2H\delta}{l^2\pi}+1}\right)$$

至此，得到了土体电渗过程中电流、电势、电势差以及土体电阻率的分布和变化规律，它们可分别从式（4）、（8）～（10）求得。

4　固结排水流量分析

根据以上的分析结果，很容易求出在电场作用下的渗透排水流量，具体分析如下：

$$\frac{\partial w}{\partial z}=\frac{\partial (vI)}{\partial z}=I\frac{\partial v}{\partial z}\approx\frac{2}{H}v_0\cos\frac{\pi z}{2H}\cdot[(I_0-I_\infty)e^{-\frac{\pi^2}{4}T_V}+I_\infty]$$

$$q=-k_w\frac{\partial w}{\partial z}\approx-k_w\frac{2}{H}v_0\cos\frac{\pi z}{2H}\cdot[(I_0-I_\infty)e^{-\frac{\pi^2}{4}T_V}+I_\infty] \tag{11}$$

$$Q(t)=alk_w\frac{\partial w}{\partial z}\bigg|_{z=0}=\frac{2al}{H}k_w v_0[(I_0-I_\infty)e^{-\frac{\pi^2}{4}T_V}+I_\infty]\approx k_w\rho_0 I_0[(I_0-I_\infty)e^{-\frac{\pi^2}{4}T_V}+I_\infty] \tag{12}$$

式中：q 为单位面积排水流量（m/s）；$Q(t)$ 为 t 时刻通过阴极排出的水量（m^3/s）。

以上虽然给出了 q 和 $Q(t)$ 的表达式，但式中的参数 k_w 大家并不熟悉，在工程中常用的是电渗系数 k_e[4]，为此再次借助量纲分析，将式（11）、式（12）改写为以 k_e 为参数的表达形式：

$$q=-k_e\frac{2}{H}\frac{v_0}{I_0}\cos\frac{\pi z}{2H}[(I_0-I_\infty)e^{-\frac{\pi^2}{4}T_V}+I_\infty] \tag{13}$$

$$Q(t)=k_e\rho_0[(I_0-I_\infty)e^{-\frac{\pi^2}{4}T_V}+I_\infty]$$

式中：k_e 为电渗系数 $[m^2/(v\cdot s)]$。

由此可得在 $0\sim t_0$ 时段内的电渗排水量为：

$$Q_0=\int_0^{t_0}Q(t)dt=\frac{4H^2}{\pi^2C_V}k_e\rho_0[1-e^{-\frac{\pi^2C_V}{4H^2}t_0}](I_0-I_\infty)+k_e\rho_0I_\infty t_0$$

式中：Q_0 为 $0\sim t_0$ 时段内的电渗排水量（m^3）。

5 孔隙水压力分析

将式（9）、（13）代入排水流量方程

$$q=-k_h/\gamma_w\frac{\partial u}{\partial z}-k_e\frac{\partial v}{\partial z}\text{得}-k_e\frac{2}{H}\frac{v_0}{I_0}\cos\frac{\pi z}{2H}[(I_0-I_\infty)e^{-\frac{\pi^2}{4}T_V}+I_\infty]=-\frac{k_h}{\gamma_w}\frac{\partial u}{\partial z}-k_e\frac{2}{H}v_0\cos\frac{\pi z}{2H}$$

由此可以解得

$$\frac{\partial u}{\partial z}=-\frac{2}{H}\frac{k_e\gamma_w v_0}{k_h}\frac{I_0-I_\infty}{I_0}(1-e^{-\frac{\pi^2}{4}T_V})\cos\frac{\pi z}{2H}$$

$$u=-\frac{4}{\pi}\frac{k_e\gamma_w v_0}{k_h}\frac{I_0-I_\infty}{I_0}(1-e^{-\frac{\pi^2}{4}T_V})\sin\frac{\pi z}{2H}$$

比较能级梯度理论和 Esrig 理论可知，二者都认为负孔压是以时间的负指数形式增长的，最大负孔压将产生在封闭的阳极处（$z=H$），其主要差别在于 Esrig 理论认为负孔压最终（$t=\infty$）将呈线性分布，而能级梯度理论则认为负孔压的空间分布最终仍是三角函数形式。造成差别的主要原因在于能级梯度理论取消了对电压线性分布的假定。另外，在能级梯度理论和 Esrig 理论中，最大负孔压分别为 $u_a=-\frac{4}{\pi}\frac{I_0-I_\infty}{I_0}\frac{k_e\gamma_w v_0}{k_h}$ 和 $u_a=-\frac{k_e\gamma_w v_0}{k_h}$，二者相差两个系数 $\frac{4}{\pi}$、$\frac{I_0-I_\infty}{I_0}$。其中系数 $\frac{4}{\pi}$ 是由于在能级梯度理论中取无穷级数的第一项作为近似解而引起的；而系数 $\frac{I_0-I_\infty}{I_0}$ 则是能级梯度理论中，电流余量 I_∞ 所产生的一个修正系数。

6 固结和沉降

根据有效应力原理，土体的沉降量和固结度可以计算如下：

$$S_t = \int_0^H m_V(\sigma - u)\mathrm{d}z = \int_0^H - m_V u\,\mathrm{d}z = \frac{8}{\pi^2} m_V H \frac{k_e \gamma_w v_0}{k_h} \frac{I_0 - I_\infty}{I_0}(1 - \mathrm{e}^{-\frac{\pi^2}{4}T_V}) \tag{14}$$

$$S_\infty = S_t\big|_{t\to\infty} = \frac{8}{\pi^2} m_V H \frac{k_e \gamma_w v_0}{k_h} \frac{I_0 - I_\infty}{I_0} \tag{15}$$

$$U = \frac{S_t}{S_\infty} = 1 - \mathrm{e}^{-\frac{\pi^2}{4}T_V} \tag{16}$$

与 Esrig 理论相比较可以看出，式（14）～（16）分别与 Esrig 理论的第一项近似解是相似的，只是在系数上有所差别而已，造成差别的原因仍在于能级梯度理论取消了对电压线性分布的假定，同时考虑了电流余量 I_∞ 的修正作用。

7 能耗分析

电渗耗能的多少，直接影响着工程费用的高低，而且外加电源所提供的电能并非100%地用于电渗排水，这里还有一个电能效率问题，因此有必要对电渗过程的能量消耗进行分析和评价。根据电学知识对电渗过程的能耗分析如下：

任一时刻总能耗为

$$v_{电源} I = v_{电极}[(I_0 - I_\infty)\mathrm{e}^{-\frac{\pi^2}{4}T_V} + I_\infty], \tag{17}$$

任一时刻土体能耗为

$$\int_0^H \frac{\partial v}{\partial z} I\,\mathrm{d}z = \frac{4}{\pi} v_0 [(I_0 - I_\infty)\mathrm{e}^{-\frac{\pi^2}{4}T_V} + I_\infty] \tag{18}$$

式（17）所表述的任一时刻总能耗即为该时刻电源的输出功率，它包含电极能耗、界面能耗和土体能耗三部分，其中界面能耗将结合专门的试验另做深入研究，在此暂不考虑；式（18）所表述的任一时刻土体能耗除了电渗排水部分以外实际上还包含了电化反应、土体发热等其它形式的能量消耗，但由于它们情况比较复杂，目前还难以定量考虑，因此暂时先将其忽略，即认为消耗于土体中的能量全部用于电渗排水。这样，就可以区分出总能量和有效能量，进而求出电能的效率。

$0\sim t_0$ 时段内累计消耗的总能量：

$$\int_0^{t_0} v_{电源}[(I_0 - I_\infty)\mathrm{e}^{-\frac{\pi^2}{4}T_V} + I_\infty]\mathrm{d}t = \frac{4}{\pi^2}\frac{H^2}{C_V} v_{电源}(I_0 - I_\infty)(1 - \mathrm{e}^{-\frac{\pi^2 C_V}{4H^2}t_0}) + v_{电源} I_\infty t_0$$

$0\sim t_0$ 时段内累计消耗的有效能量：

$$\int_0^{t_0} \frac{4}{\pi} v_0 [(I_0 - I_\infty)\mathrm{e}^{-\frac{\pi^2}{4}T_V} + I_\infty]\mathrm{d}t = \frac{16}{\pi^3}\frac{H^2}{C_V} v_0 (I_0 - I_\infty)(1 - \mathrm{e}^{-\frac{\pi^2 C_V}{4H^2}t_0}) + \frac{4}{\pi} v_0 I_\infty t_0$$

电能效率：

$$\eta = \frac{有效能量}{总能量} = \frac{4}{\pi}\frac{v_0}{v_{电源}}$$

这里，系数 $\frac{4}{\pi}$ 是由于前面取无穷级数的第一项作为近似解而引起的。这个式子更主要的意义在于它说明了在一定电源电压 $v_{电源}$ 作用下，电能的效率是与有效电压 v_0 成正比的，也就是说，提高电能效率的关键在于提高作用于土体的有效电压值，减小在其它方面（比如说材料电阻、界面电阻等）可能产生的电压降。

参考文献

[1] ESRIG M I. Pore pressure, consolidation and electro - osmosis [J]. Journal of the SMFD, ASCE, 1968, 94 (SM4): 899 - 921.

[2] WAN T Y, MITCHELL J K. Electro - osmotic consolidation of soil [J]. Journal of the geotechnical engineering division, 1976, 102 (GT5): 473 - 491.

[3] 贾起民，郑永令，陈暨耀. 电磁学 [M]. 北京：高等教育出版社，1985.

[4] 邹维列，杨金鑫，王钊. 电动土工合成材料用于固结和加筋设计 [J]. 岩土工程学报，2002，24 (3): 319 - 322.

建筑施工企业战略管理

蒋 敏 王 钊

（武汉大学土木工程学院，湖北武汉 430072）

摘 要：本文简要介绍了战略的概念、战略管理过程的三个基本阶段：战略形成、战略实施和战略评价。从施工角度探讨了几种重要悖论，针对传统的方法用一种更具创造性的方法对有关战略管理的一些重要观点进行了讨论，对施工单位应该如何做出响应提出了一些建议。

关键词：战略管理；战略形成；战略实施；战略评价；施工；悖论；创造性

1 概述

20世纪60年代，H.I.Ansolf在《企业战略论》一书中首次提出企业战略，战略一词便迅速成为管理学中的重要名词，在理论和实践中广为应用，其定义为一个组织打算如何去实现其目标和使命，包括各种方案的拟定和评价，以及最终选定的将要实施的方案。如何在纷繁复杂的环境中规避风险，抓住机遇，迅速形成竞争优势，是现代企业成败的关键。因此，战略便成为了企业高层工作的主要内容。

企业战略决定着企业在市场环境中的位置和生存状态，特别是按照现代企业制度组织起来的大型公司制企业。有无明晰的正确的企业战略，对于企业的规范协调运作和长远持续发展尤为重要。同发达国家企业相比，我国企业的发展战略观念和认识比较模糊，或者说不太重视：一是制定发展战略意识薄弱；二是战略发展规划功能和创新能力弱，对企业的正确定位和制定中远期发展战略目标差。而战略管理对于施工单位来说尤为重要，因为施工企业承担的工程越来越复杂，而且业务环境瞬息万变，竞争非常激烈，所以战略思想变得更加重要。

2 战略管理过程

企业战略管理过程如图1所示，由战略形成、战略实施、战略评价三个基本阶段组成。

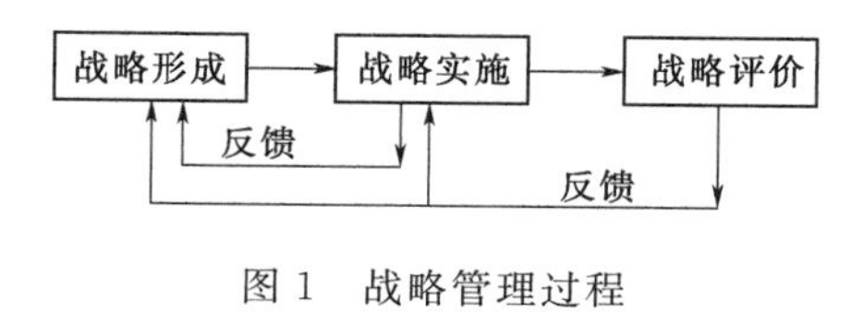

图1 战略管理过程

2.1 战略形成

战略方案的形成，包括定义企业使命与目标、企业内外部环境分析、企业战略方案的提出、评价与选择等。

本文发表于2005年第4期《四川水利》。

定义企业使命就是阐明企业组织的根本性质与存在理由，说明组织业务的宗旨、哲学、信念、原则，根据组织的意愿及服务对象的性质揭示组织的长期发展前景，为企业目标的确立与战略的制定提供依据。企业目标是指企业的战略目标，即企业在完成基本使命过程中所追求的最终结果。如竞争地位、业绩水平、发展速度等。它对企业使命起着具体化与明确化的作用。

企业内外部环境分析的主要任务是选择企业应当进入的市场，对这些市场的结构特征和潜在需求以及竞争对手的优势和劣势进行分析。分析过程通常包含以下三部分工作：①考察企业外部环境，以确定战略机会与威胁；②考察企业内部环境，以确定战略优势与弱点；③分析企业的优势与弱点、机会与威胁，以确定企业当前战略应付环境变化的能力。

企业战略方案的提出必须因地制宜，针对不同的行业环境与企业情形采取不同的战略类型。波特（Porter）将竞争战略分为三种主要类型：①成本领先战略。以低成本取得行业中的领先地位；②差异化战略。通过创造好的形象，建立品牌，额外追加产品特性，产品与服务别具一格等击败竞争对手；③专一化战略。主攻某个特殊的细分市场或某一种特殊的产品。

很多施工单位都采用了以上三种战略。传统的建筑招标通过投标来实现最低成本，很多施工单位因此采用成本领先（低价格）战略，其优点是在施工阶段能报出较低的投标价格。但是，这种方法经常导致与竞争对手的对立关系，而且从业主的角度看，是对长期价值考虑不周。人们已经认识到传统方法的局限性，所以越来越多的企业根据最佳价值标准或合伙标准获取基建工程。这使很多施工单位能通过设计/建筑，施工管理和设备管理，更好地利用差异化战略。整个生产供应链过程中工作的一体化越来越强，导致专一化战略发生了深刻的变化。越来越多的施工单位将战略焦点集中在合建工程，某些地区，通过减员增效加强竞争力最强的部分去研究高增值的技术，私人投资工程，或专门的建筑领域如房屋建筑。各种战略适用于不同条件，企业应该根据自己的情况，主要采取某一种类型的战略，并全力以赴。若陷于两种战略之间，则得不到多少竞争优势，很多施工单位就出现了这种情况。

2.2 战略实施

战略实施是指通过企业的组织和计划、资源分配和战略转换管理，将战略变为企业的行动。企业需要创造支持战略实施的文化，改进领导方法，控制不断涌现的变化。以下两点必须注意：①物理改变。例如企业的结构、管理体制、政策和办事方式、行动计划、短期预算、资源分配和信息系统的改变；②行为改变。如质量、卓越性、交流、创新和职工参与等方面的价值观念的改变。

2.3 战略评价

企业战略管理的评价与控制活动，贯穿于整个企业战略实施过程之中。它可以具体分为五个阶段：确定评价内容；建立评价标准；衡量实际业绩；将实际业绩与标准进行比较；根据实际业绩与标准要求的差距情况，决定是否需要采取适当的校正行动。通常将企业战略实施评价与控制过程的前三个阶段称为评价，后两个阶段称为控制。

3　几种重要悖论

战略分析、战略的形成和战略实施，通常被视为一个合理的线性过程的三个独立的阶段。但是，现在这种传统的理论观点受到批评，一种更具创造性的方法受到推崇。这种观点认为“想象和判断比分析和逻辑更重要”，战略越来越多是通过实验形成的，过程中的各阶段不是独立的而是连续的。下面将从施工角度来分析这些悖论。

3.1　逻辑性（理性的）战略 VS 创造性（生产性的）战略

逻辑性的（理性的）战略，要求战略的形成要运用逻辑根据客观分析进行正式规划，是管理的一种科学形式，对数据、信息、事实和历史纪录的有效性和使用依赖性很强。相反，一些人认为过分强调理性实际上会扼杀创造力，而创造力对产生新的理解，给问题新的定义，找出新答案是至关重要的。逻辑性思维与创造性思维之间的主要差异见表 1[3]。

表 1　逻辑性思维与创造性思维

角　　度	逻辑性思维	创造性思维
强调重点	逻辑性胜过创造性	创造性胜过逻辑性
认知型式	分析	直觉
推理根据	正式的、固定的规则	非正式的、可变的规则
推理本质	计算	想象
推理方向	纵向思维	横向思维
看重点	连贯性和审慎	非正统和想象
妨碍推理的因素	信息不完整	坚持当前思想
假设之处	客观的	主观的
现实	可知的	可创造的
决策依据	计算	判断
比喻	战略是一门科学	战略是一门艺术

由于质量体系应用越来越普遍，历史数据和工具也越来越容易获取，很多施工单位采用结构性和逻辑性很强的决策方法。然而，这种方法只能引起量变，要想达到质变，必须抛弃传统的思维方式，采用一种更具创造性的方法。在当前环境下，施工单位若要保持竞争力，就必须积极创新。一些新技术的兴起使战略管理更具活力，如基准法和欧盟质量模型等。

虽然两种观点互相排斥，很多战略家意识到逻辑性和创造性都必不可少。施工单位若要制定成功的战略，需要将逻辑和创造进行最优结合。

3.2　计划（审慎性）战略 VS 已实现（应急性）战略

一种观点认为，计划战略是组织计划要执行的决策模式，而已实现战略是已经完成的行为模式。还有人认为战略可以自发形成，也可以制定。计划战略可以通过对不断演化的局势做出响应而自发形成，或通过制定慎重地贯彻实施。

计划战略在战略规划过程中形成，应急性战略经过一段时间从计划战略中形成，如图 2[6] 所示。

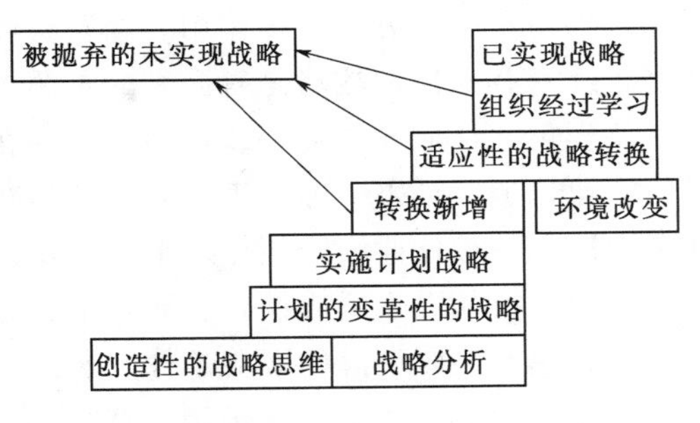

图 2　战略形成过程

建筑行业缺乏长远的战略规划，可能是由于不愿意在一个多变的业务环境内设定长期目标。大部分建设项目从方案研究到施工通常需要 5 年以上的时间，另外，建筑行业业务环境变化迅速，而且过多地受到一般经济周期性变化带来的影响，很多施工单位以前战略规划水平低下可能就是这些因素引起的。施工单位必须认识到战略就像一面旗帜，是未来的目标，引导大家前进。因此施工单位应该制定有效的战略规划，有充分的灵活性，监控当前的和不断涌现的局势，不断更新组织的战略方向，这将有助于施工单位制定有效的经营策略。

3.3　战略配合 VS 战略构架

战略配合要求合理配置组织的资源以集中力量，使之与环境相匹配。战略构架重点强调鉴定组织的核心竞争力，将其变为资本以获得优势，为组织创造新的机会。两种战略的主要区别见表 2[5]。

表 2　　环境导向的配合和资源导向的构架

战略角度	环境导向的配合	资源导向的构架
依据	市场机会和企业资源的战略配合	资源杠杆平衡，提高价值
竞争优势获取方式	正确定位—根据市场需要形成差异化	根据竞争创造市场需求形成差异化
小型竞争者生存方法	寻求并保护地位	改变游戏规则
减少风险的途径	产品/贸易，投资组合	竞争组合
投资重点	战略分支	核心竞争力

采用环境——配合战略的施工单位不那么常见，更多的是采用资源——构架战略，鉴别出它们的核心竞争力，做出相应的减员增效。核心竞争力以外的工作必须外购或分包给第三者。施工单位应该把环境导向的配合战略和资源导向的构架战略结合起来，产生最佳效果。这种战略选择将对企业及其职工产生相当大的影响。资源——构架战略要求施工单位挖掘其核心竞争力，并作出相应的减员增效，环境——配合战略则可能要求卖掉企业的一部分，建立一个专一化更强的组织。

3.4　战略 VS 经营有效性

在寻求生产效率、质量及速度的过程中，产生了大量的管理工具及管理方法，诸如全面质量管理、基准问题测试、基于时间的竞争、外购、合股经营、企业再造、转换管理等。由于无法区别经营有效性与战略的差别，这些管理工具渐渐地几乎是不知不觉地取代了战略。很多施工单位过去就以战略为代价换取经营有效性。

良好的业绩是企业的首要目标，经营有效性和战略都是取得良好业绩所必需的，但他们却以极为不同的方式发挥作用。经营有效性就是指从事相同的经营活动比竞争对手干得更好。经营有效性与战略是有区别的，两者都是基本的，但两者的工作议程却是不同的。经营议程包括任何地方的持续提高，不存在转换问题，没有做好这件工作甚至对拥有好战略的企业也造成损害，经营工作议程就是在适当的位置上寻求稳定的变化、变动性及不断地努力以取得最佳业绩。相比之下，战略议程则是在不确定的位置上确定独特的定位，做出明确的转换及强化适应性。它涉及不断寻求加强和扩大企业地位的途径。连续提高经营有效性是获得优厚利润的必要条件，然而它还不是充分条件。显而易见的原因是最佳业绩的迅速传播和基准法的广泛运用。竞争者会迅速模仿管理技能、新型技术、投入要素的改进以及良好的顾客需求方法。提高经营有效性仍不充分的第二个原因——竞争趋同，是比较微妙、难以察觉的。那些以基准问题测试的企业越干越相像，竞争性外购活动对第三方越有效，那些经营活动就变得越普遍。由于竞争者在质量提高上、运转周期上、供给渠道上相互模仿，战略趋同及竞争导致众多企业在同一条道路上赛跑，结果谁也不能取胜。

为了将来的成功，施工单位需要通过更长远的，战略性更强的方法来提高经营有效性，补充目前的短期方法。这需要更多的投资，建立长期关系，奖励积极创新的人，保持组织的反应灵活性和创新性。

4　结论

在提出企业战略方案时，可以采用竞争轮廓矩阵、外部要素评价矩阵、内部要素评价矩阵等有关分析结果作为数据基础，利用各种有效的方法，对企业内部环境中的关键战略要素进行匹配，形成可供选择的可行战略方案。

每个企业通常有几种可行的战略可供选择，每一种战略的实施都要求组织做出一定的转换和行动，都将导致额外的投资和经营费用。因此，从中选择使企业最有发展前途的战略对企业来说是至关重要的事情。在进行战略方案评价与选择时，要以最少的资源及最低的负效应实现共识的目标作为战略选择的最主要依据。

企业战略一经形成，为了有效实现预期目标，在其实施过程中必须围绕企业使命与目标对企业的组织、文化、资源等结构加以适当的调整，以使得企业的环境结构能够更好地满足实现企业战略的需要。

参考文献

[1] Abraham Warszawski. Strategic planning in construction companies，Journal of Construction engineering and Management，1996，122 (2)，133-140.

[2] A. D. F. Price and E. Newson. Strategic Management：Consideration of Paradoxes，Processes and Associated Concepts as Applied to Construction，Journal of Management in Engineering，2003，V19. No. 4.

[3] DeWit. B.，and Meyer. R.. Strategy：process，content，context - An international perspective. International Thomson Business Press，1998.

[4] Gary Hamel，C. K. Prahalad. 战略柔性．朱戎，等译．机械工业出版社，2000.

[5] Johnson, G., and Scholes, K. Exploring corporate strategy, 6th Ed., Prentice - Hall, London, 2002.

[6] Mintzberg, H., Quinn, J. B., and Ghoshal. The strategy process: concepts, contexts, cases. 2nd Ed., Prentice - Hall, New York, 1998.

基于反应谱的土与结构相互作用体系非平稳随机地震反应分析

张国栋[1,2]　王　钊[2]

（1. 三峡大学土木水电学院，宜昌　443002；
2. 武汉大学土木与建筑工程学院，武汉　443072）

摘　要：提出了分析土与结构相互作用系统随机地震响应分析的反应谱方法，考虑地震激励的非平稳性，假定地震激励为等效平稳随机过程，根据线性时不变系统对随机激励的传递关系，利用规范中的标准反应谱，确定系统非平稳响应的统计量。实际算例表明所提出的方法与震灾情况具有较好的一致性。

关键词：随机振动；地震响应；非平稳过程；土与结构相互作用

中图分类号：TU44　　**文献标示码**：A

0　引言

反应谱的概念由豪斯纳（Housner 1941）和 Biot（1942）引入的，随着强震观测技术的发展和计算机技术的推广，应用反应谱理论进行抗震设计计算得到的建筑物的反应与实际地震观测相差很小。大约 20 世纪 50 年代，抗震设计者普遍接受了反应谱的概念，认为反应谱可以更好地描述地震动及结构特性。迄今为止世界上大多数国家仍然把反应谱方法作为抗震设计的主要方法。

一个场地上地震时的地面运动，受到了震源机制、传播途径和场地条件的影响，包含了许多不确定因素，它应该被看作是一个非平稳随机过程。当对结构进行随机反应分析时，地震输入为功率谱密度函数，作为工程应用角度又习惯于反应谱。功率谱和反应谱之间存在着内在的关系。本文根据我国工业与民用《建筑抗震设计规范》(GB 50011—2001) 给出的四种场地土上的标准加速度反应谱作为目标谱[1]，计算与之相对的功率谱并按该功率谱作为地震输入谱进行结构体系随机地震反应分析。

1　等效平稳过程功率谱与反应谱转换关系的建立

实际地震的功率谱密度函数是与反应最大值的均值，即均值反应谱相对应的。目前通常是根据平稳输入的最大反应分布来进行这种转换[2,3]。然而地震动具有明显的非平稳特性，对于非平稳随机地震过程江近仁建立了功率谱密度函数和均值反应谱的转换关系[4]。

本文发表于 2005 年 4 月第 24 卷第 4 期《振动与冲击》。
本文为湖北省教育厅科学研究基金重点资助项目（2001A53013），三峡大学科学研究基金资助项目。

均值加速度反应谱可表示为

$$S_a(\omega,\xi)=r\bar{\sigma}_y=\left(\sqrt{2\ln v\tau}+\frac{0.5722}{\sqrt{2\ln v\tau}}\right)\bar{\sigma}_y$$
$$=\left(\sqrt{2\ln v\tau}+\frac{0.5722}{\sqrt{2\ln v\tau}}\right)\left(\frac{\pi\omega M S_{\ddot{x}g}(\omega)}{4\xi}\right)^{\frac{1}{2}} \tag{1}$$

而相应的功率谱密度函数可表示为

$$S_{\ddot{x}g}(\omega)=\frac{\dfrac{4\xi}{\omega\pi M}}{\left(\sqrt{2\ln v\tau}+\dfrac{0.5722}{\sqrt{2\ln v\tau}}\right)^2}S_a^2(\omega,\xi) \tag{2}$$

式（2）中 M 为考虑地震动强度非平稳特性的修正系数[5]。本文在计算时，采用 Amin 和 Ang 建议的三段均匀调制函数[6]，其表达式为

$$f(t)=\begin{cases}\left(\dfrac{t}{t_1}\right)^2 & (t\leqslant t_1)\\ 1.0 & (t_1\leqslant t\leqslant t_2)\\ e^{-c(t-t_2)} & (t>t_2)\end{cases} \tag{3}$$

式（2）中 v 为期望交零率，τ 为地震动持时，

$$M=\left[-\frac{17t_1}{24}+t_2+\frac{3}{4c}\right]\Big/\tau,\tau=-\frac{t_1}{2}+t_2+\frac{\ln 4}{c}$$

式（3）中 c 为衰减系数，t_1、t_2 为平稳段的首末时间。均匀调制函数控制参数取值见表 1[7,8]。

本文采用 Der kiureghian 于 1980 年给出的经验公式计算峰值因子及相关系数[9]：

表 1　参数值取值[6,7]

场地条件	t_1	t_2	c	τ	M	t
Ⅰ	0.5	5.5	0.9	6.7903	0.8572	11
Ⅱ	0.8	7.0	0.7	8.5804	0.8110	15.5
Ⅲ	1.2	9.0	0.5	11.1726	0.7630	20
Ⅳ	1.6	12.0	0.3	15.8210	0.7011	29

$$v\tau=\begin{cases}\max[2.1\quad 2.1\delta_y\omega_0\tau/\pi] & \delta_y<0.1\\ (1.63\delta_y^{0.45}-0.38\omega_0\tau/\pi) & 0.1<\delta_y\leqslant 0.69\\ \omega_0\tau/\pi & \delta_y>0.69\end{cases} \tag{4}$$

$$\delta_y\cong\sqrt{(4/\pi)\xi}$$

式（4）中 ω_0 为土与结构相互作用体系的基频，ξ 为土与结构相互作用体系的阻尼比。本文在计算时 $S_a(\omega,\xi)$ 取《建筑抗震设计规范》（GB 50011—2001）中的加速度反应谱，以地震影响系数的形式给出[1]，其表达式为：$S_a(\omega,\xi)=\alpha(T)g$，其中地震影响系数 $\alpha(T)$ 见文献［1］。图 2 为不同类别场地土的均匀调制函数。

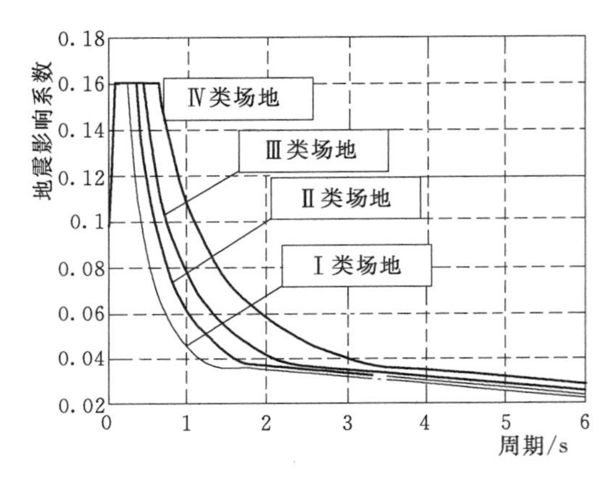

图 1　规范中四类场地的标准加速度反应谱曲线
（多遇地震，烈度 8 度，设计地震动为 1 组）

图 2　不同类别场在的均匀调制函数

根据式（2）功率谱与反应谱的转换关系，得到以反应谱表达的输入功率谱密度函数曲线如图 3 所示。

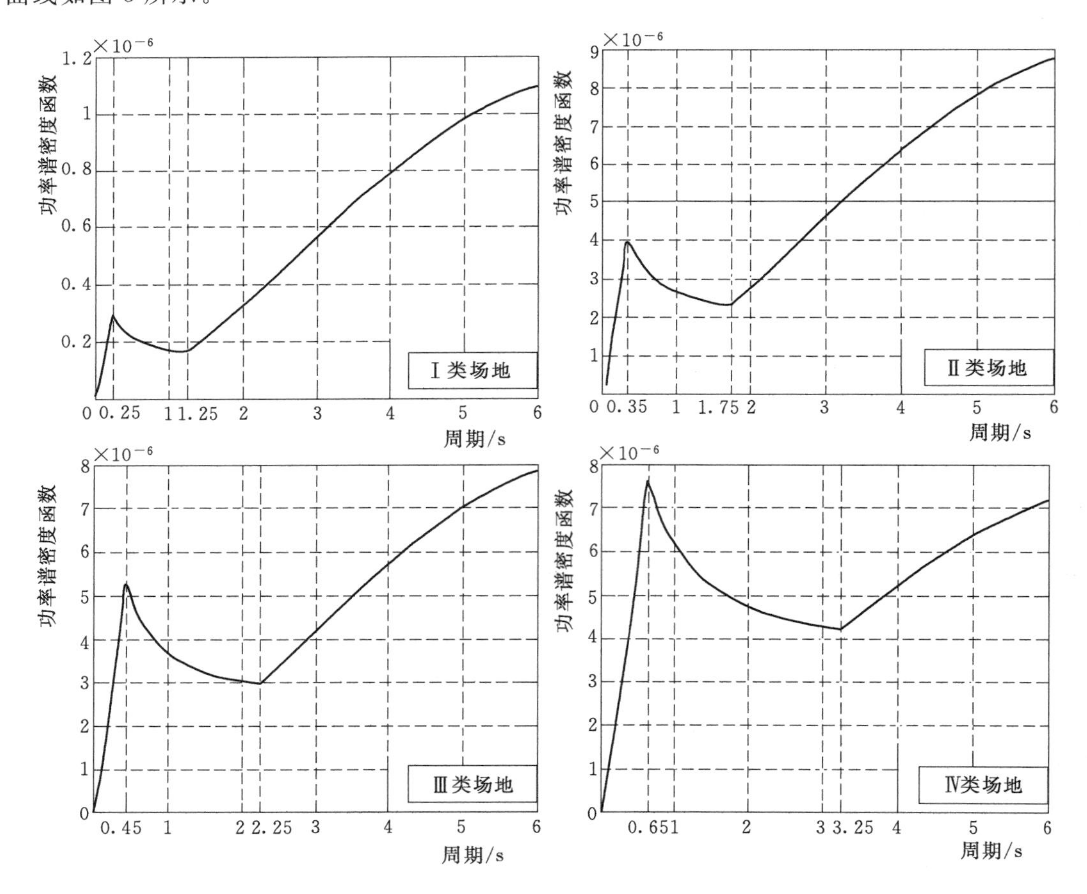

图 3　对应于反应谱的功率谱密度函数曲线（多遇地震，地震烈度 8 度，设计地震动分组为 1 组）

2 土与结构相互作用体系运动方程的建立

建筑物-基础-地基耦连体系的计算简图如图4所示，地基模型采用等效多质点系模型如图5所示。根据Jean[10]的研究，采用多质点弹簧、质量和阻尼系数系统模拟半空间无限地基其有效率频率范围内很精确地逼近半无限空间的理论解。同时Jean认为采用3自由度体系可以获得比较良好的逼近效果。图中建筑物基础所接受的地震输入为 $\ddot{u}_g(t)$（$\ddot{u}_g(t)$ 代表水平平移加速度），计算时 $\ddot{u}_g(t)$ 近似取自由场的地震加速度。上部结构任意层的位移可表示为[11-14,16,17]：

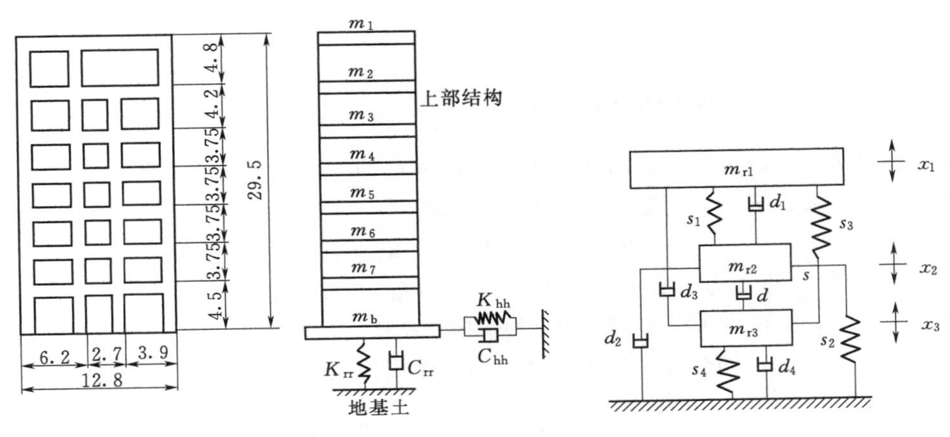

图4 计算简图　　　　图5 等效多质点系模型

$$u_j^t = u_j + u_f + u_\theta H_j + u_g \tag{5}$$

式（5）中 u_j^t 表法第 j 层的绝对位移；u_j 表示该层相对于基础的位移；u_f 和 u_θ 表示基础的平动和转动位移。耦连体系的运动方程为

$$[M]\{\ddot{X}\}+[C]\{\dot{X}\}+[K]\{X\}=-F \tag{6}$$

式（6）中

$$[M]=\begin{bmatrix} [M_s] & [M_e]^T & [J_e]^T \\ [M_e] & [M_{hh}]+[M_e]\{I\}\{0\}\{0\} & [M_e]\{H\}\{0\}\{0\} \\ [J_e] & [M_e]\{H\}\{0\}\{0\} & [M_{\theta\theta}]+[J_e]\{H\}\{0\}\{0\} \end{bmatrix}$$

$$[K]=\begin{bmatrix} [K_s] & & \\ & [K_{hh}] & \\ & & [K_{rr}] \end{bmatrix},[C]=\begin{bmatrix} [C_s] & & \\ & [C_{hh}] & \\ & & [C_{rr}] \end{bmatrix}$$

$$\{F\}=\begin{Bmatrix} [M_s]\{I\} \\ [M_e]\{I\}+[M_{hh}]\{e\} \\ [J_e]\{I\} \end{Bmatrix}\ddot{u}_g,\{0\}=\{0\quad 0\quad 0\}^T,\{X\}=\begin{Bmatrix} \{u\} \\ \{u_f\} \\ \{u_\theta\} \end{Bmatrix}$$

$[M_s]$、$[C_s]$、$[K_s]$ 表示上部结构的质量矩阵、阻尼矩阵和刚度矩阵。上部结构的阻尼矩阵假定为瑞利阻尼，用质量矩阵和刚度矩阵表示。$\{I\}=\{1\quad 1\quad \cdots\quad 1\}^T$，$\{H\}=\{H_1\quad H_2\quad \cdots\quad H_n\}^T$，$[M_{hh}]$、$[C_{hh}]$ 和 $[K_{hh}]$ 为等价的质量、阻尼和刚度矩阵，具体表达式

见文献［10］。$\{u_f\}$ 为等价质点体系的平动位移向量，令［m］为上部结构各层集中质量的行向量，［0］表示各元素均为零的行向量。则有：$\{u_f\}=\{u_{f1} \quad u_{f2} \quad u_{f3}\}^T$，$\{u_\theta\}=\{u_{\theta1} \quad u_{\theta2} \quad u_{\theta3}\}^T$，$[0]=[0 \quad 0 \quad \cdots \quad 0]$，$\{e\}=\{1 \quad 1 \quad 1\}^T$，

$$[mH]=\{mH_1 \quad mH_2 \quad \cdots \quad mH_n\},J_e=\begin{bmatrix}[mH]\\ \cdots\cdots \\ [0]\\ [0]\end{bmatrix}$$

$$[M_e]=\begin{bmatrix}[m]\\ \cdots\cdots \\ [0]\\ [0]\end{bmatrix},[m]=[m_1 \quad m_2 \quad \cdots \quad m_n]$$

3　耦连体系随机地震反应分析

根据地震动功率谱与反应谱的转换关系，输入运动的功率谱密度采用公式（2）。土与结构相互作用体系的响应谱密度函数可由下式给出：

$$\{S_x(\omega)\}=\{H(i\omega)^2\}S_{\ddot{x}_g}(\omega) \tag{7}$$

式（7）表明了输入的自功率谱密度 $S_{\ddot{x}g}(\omega)$ 与反应的自功率谱密度之间的关系式，对于每一离散的 ω 值，就可以求得在这一频点的响应功率谱密度函数 $S_x(\omega)$，就可以得到 $S_x(\omega)$ 的离散曲线。式（8）中 $H(i\omega)$ 为土与结构相互作用体系的频响函数。

$$H_i(\omega)=-\frac{[M_g]}{[K]-\omega^2[M]+i\omega[C]} \tag{8}$$

式（8）中$[M_g]=\begin{Bmatrix}[M_s]\{I\}\\ [M_e]\{I\}+[M_{hh}]\{e\}\\ [J_e]\{I\}\end{Bmatrix}$

响应的均方值为：$\sigma_x^2=\int_0^{\omega_m}\{S_x(\omega)\}d\omega$，响应的各阶响应谱矩为：$\{\lambda_i\}=\int_0^{\omega_m}\omega i\{S_x(\omega)\}d\omega$

位移响应最大值的均值和标准差为：

$$E[A_m]=r\sigma_x \tag{9}$$

$$\sigma[A_m]=\frac{\pi}{\sqrt{6}}\frac{0.5722}{\sqrt{2\ln(v\tau)}}\sigma_x \tag{10}$$

式（9）中 r 为峰值因子，$r=\sqrt{2\ln v\tau}+\frac{0.5722}{\sqrt{2\ln v\tau}}$。通过式（9）可以了解在整个地震时段内可能出现的最大反应值的平均大小，由式（10）可知道最大反应的离散程度。随机反应分析给出的均值和方差比单独给出某一条确定形地震波作用下的单值反应更合理全面。这也是随机反应分析与确定性反应分析区别所在。

4　算例

以 17 层钢筋混凝土框架结构作为算例[13]，其参数见表 2，结构形式及计算简图见图 4，基础底面为 12.8m×25m，弹性半空间地基参数为：地基的泊松比为 1/3，地基土的容重为 1800kg/m³。分析时考虑四种类型的场地。通过剪切波速 V_s 来体现场地类别，一般

$V_s \leqslant 140\text{m/s}$ 可作为Ⅳ类场地，$140 < V_s \leqslant 250\text{m/s}$ 作为Ⅲ类场地，$250 < V_s \leqslant 500\text{m/s}$ 作为Ⅱ类场地，$V_s > 500\text{m/s}$ 作为Ⅰ类场地，地震烈度为 8 度，设计地震动分组为 1 组。

表 2　　结构计算参数

层　号	1	2	3	4	5	6	7
计算层高（m）	4.8	4.2	3.75	3.75	3.75	3.75	4.5
计算质量（$t \cdot s^2/m$）	466	660	613	528	528	528	529
计算刚度（$\times 10^3$）kN/m）	422	433	309	264	473	371	405

对应于不同场地土的质点最大位移均值和层间位移均值如图 6、7 所示。图 6、7 中依次表示考虑相互作用情况下，四种场地条件下位移和层间位移随楼层高度的变化，从中可以看出，破坏最严重的第四层（高度为 15.75m 处）层间位移最大，与震灾情况相一致，而顶层层间位移与震灾情况未得到较好的反映，这主要是未考虑非线性因素引起的，也可能是鞭梢效应引起的[15]。

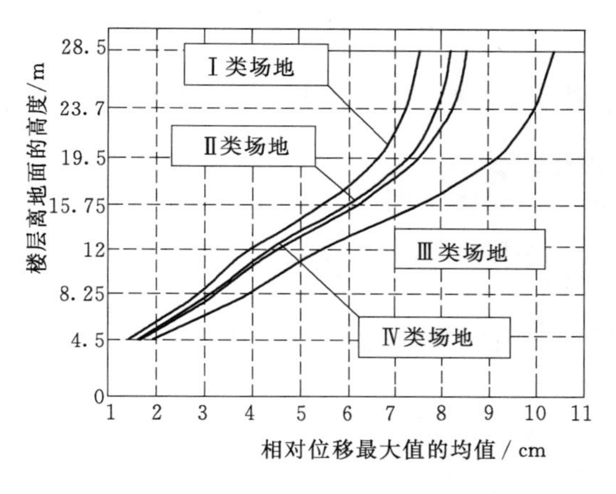

图 6　质点最大位移的均值随楼层高度的变化

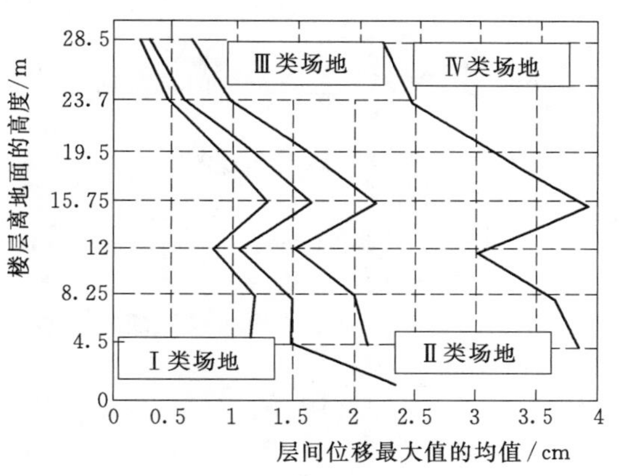

图 7　各楼层层间位移均值随楼层高度的变化

5　结论

基于反应谱的土与结构相互作用体系随机地震反应分析方法可以方便地求出系统响应的统计量。并与目前广泛采用的反应谱分析方法相协调，是一种随机反应分析的有效方法。

参考文献

[1] 建筑抗震设计规范（GB 50011—2001）. 北京：建筑工业出版社，2001.

[2] 陈永祁，刘锡荟，等. 拟和标准反应谱的人工地震波. 建筑结构学报 [J]，1981 (4)：34－43.

[3] Maharaj Kaul. Stochastic Characterization of Earthquakes Through Their Response Spectrum, Earthquake Eng. Struc. Dyn., Sept. Oct. 1978, 6 (5)：497－509.

[4] 汪近仁，洪峰. 功率谱与反应谱的转换关系和人造地震波. 地震工程与抗震 [J]，1984，4 (3)：1－10.

[5] 江近仁，洪峰．多层砖房的地震可靠度分析．地震工程与工程抗震 [J]，1985，5 (4)：13 - 27.

[6] Amin M，Ang A H S. Non - stationary Stochastic Model of Earthquarke Motion. J Engrg Mech ASCE，1968，94 (2)：559 - 583.

[7] 孙景江，江近仁．与规范反应谱相对的金井清谱的谱参数. 地震工程与工程振动 [J]. 1985，5 (3)：42 - 48.

[8] 张治勇，孙柏涛，等. 新抗震规范地震动功率谱模型参数的确定．世界地震工程 [J]，2000，16 (3)：33 - 38.

[9] Armen Der Kiureghian. Structural Response to Stationary Excitation. Journal of the Engineering Mechanics Division 1980 EM6. 203 - 235.

[10] Jean Wenyu，Lin Tsungwu，Joseph Penzien. System Parameters of Soil Foundations for Time Domain Dynamic Analysis，EESD，1990，19：541 - 553.

[11] 林皋，栾茂田，等. 土-结构相互作用对高层建筑非线性地震反应的影响 [J]. 土木工程学报，1993，26 (4)：1 - 13.

[12] 熊仲明，赵鸿铁，等．高层建筑上部结构桩-土共同作用下随机地震响应分析 [J]. 振动与冲击，2003，22 (2)：60 - 63.

[13] 杨佑发，邹银生．底部框剪砌体房屋空间弹塑性地震反应分析．振动与冲击，2003，22 (1)：20 - 22.

[14] 尹之潜．砖填充框架结构的抗震问题. 中国科学院工程力学研究报告 [R]，1988，1 (2)：56 - 77.

[15] 江近仁，陆钦年．多自由度滞变结构机地震反应分析的值反应谱方法 [J]. 地震工程与工程振动，1984，4 (6)：1 - 13.

[16] 熊仲明，赵鸿铁，俞茂宏．高层建筑上部结构桩-土共同作用下随机地震响应分析. 振动与冲击，2003，22 (2)：60 - 62.

[17] 李创第，等．隔振结构非线性随机地震响应分析的复模态法. 振动与冲击，2004，23 (1)：21 - 26.

电渗的电荷累积理论

庄艳峰[1]　王　钊[1,2]

（1. 武汉大学土木建筑工程学院，武汉　430072；
2. 清华大学土木水利学院，北京　100084）

摘　要：基于模型试验中所观测到的电荷累积现象，提出了电渗的电荷累积理论。该理论以电荷守恒原理代替电流连续性原理，建立了电荷累积模型的微分方程。微分方程的解析解表明：电势在空间的分布是线性函数和三角函数的叠加，该分布最终趋近于 Esrig 理论所假定的线形分布。电势梯度随时间以指数形式消减，最终稳定于一个常数，电流和土体电导率随时间的消减形式与能级梯度理论近似一致。最后，通过观测电渗电流随时间的变化过程，对电荷累积理论进行了试验验证。

关键词：电荷累积；电渗；固结；排水

中图分类号：TU 411.99　　**文献标识码**：A　　**文章编号**：1000－7598－（2005）04－0629－04

Electric Charge Accumulation Theory for Electro－osmotic Consolidation

ZHUANG Yan－feng[1]　WANG Zhao[1,2]

（1. School of Civil and Architectural Engineering,
Wuhan University，Wuhan 430072，China；
2. Department of Hydraulic Engineering，Tsinghua University，
Beijing 100084，China）

Abstract：Based on the phenomena of electric charge accumulation observed in the model experiments，an electro－osmosis theory named electric charge accumulation theory is brought out in this paper. By substituting the principle of current continuity with charge conservation，the differential equation of charge accumulation model is built. The analytic solution of the differential equation shows that：the spatial distribution of electric potential follows a superposition of linear and trigonometric function，and finally levels off to a linear distribution，which is hypothesized by Esrig；the decreasing of potential gradient follows a certain style of exponential function，and levels off to a constant；the decreasing styles of electric current and soil conductivity are approximatively accordant with those in energy level gradient theory. Finally，the electric charge accumulation theory is Validated by some tested data.

Key words：electric charge accumulation；electro－osmosis；consolidation；drainage

本文发表于 2005 年 4 月第 26 卷第 4 期《岩土力学》。

1　引言

对于低渗透性的软粘土，电渗是一种很有效的排水固结方法。关于电渗固结的理论分析，前人已经做了大量的工作，也提出了各种电渗理论，其中著名的有从双电层概念出发的海姆霍兹-斯姆鲁乔斯基（Helmholtz - Smoluchowski）理论，它也是出现最早、应用最早的一种理论[1]。1968年Esrig基于施加均匀电压引起孔隙水压力的发展情况，提出了电渗固结的新的理论解释[2]，后经Wan T Y和Mitchell J K等人进一步加以完善，使之适用于电渗和超载共同作用的情况[3]。然而，由于电渗固结问题是一个多种因素相互作用、相互耦合的极端非线性问题，它涉及土力学、电学、化学以及材料科学等许多科学，是一种多学科相互交叉的科学，因此值得尝试从多个角度对它做进一步的研究和探索。

笔者在电渗模型试验中，曾观测到如下现象：经过一段时间的电渗之后，断开电源，这时用电压表测量，正负电极两端仍有电压存在，这说明在电渗过程中发生了正负电荷的累积现象。此时，用金属导线将正负电极短接，发现电压消散得非常慢，大约过了7～8h之后才降为零，这说明电渗过程中的电荷累积有别于电容器的充电过程。电容器2个极板之间的介质是不导电的，因此，在外加直流电源的作用下，电荷在正、负极板上累积，而土体电渗过程则不同，在电场力作用下土体中的正、负离子分别向阴极和阳极移动，由于各种离子的迁移速度不同以及土体和电极之间界面电阻的存在[4]，这就使得土体中的电荷发生重分布，正、负电荷分别在靠近阴、阳两极的区域中累积。电荷累积现象的存在是与土壤电化学机理密切相关的，研究表明，土体中存在着5种主要的电现象，分别是：流势、迁移势、电渗透、离子迁移、电泳，其中引起电荷累积的最主要的电现象是离子迁移和电泳[5～8]。土体中由于电荷累积现象的存在，电流连续性原理必须用电荷守恒原理代替，因此，本文从电荷累积的角度对电渗过程进行理论分析。

2　基本假定

与前人的各种理论相似，首先必须建立一个描述电渗过程的理论模型，为此，在现有认识的基础上，笔者提出了以下3个基本假定：

假定1. 土体电导率与含水量成正比：

$$\sigma=k_\sigma\omega \tag{1}$$

式中　σ为土体电导率（$\Omega^{-1}\cdot m^{-1}$）；ω为土体含水量，无量纲；k_σ为比例系数（$\Omega^{-1}\cdot m^{-1}$）。

假定2. 对于阴极透水、阳极封闭的边界条件，单位面积的电渗排水流量在空间上呈线性分布，在时间上按负指数形式消减：

$$q=(Bz-A)e^{-at} \tag{2}$$

式中　q为单位面积的电渗排水流量（m/s）；z为空间坐标轴，以阴极为零点，从阴极指向阳极的方向为正方向；t为时间；A，B为与空间相关的常数；a为与时间相关的常数。

记阴极的初始排水量为q_{c0}，阴阳两极的距离为H，则$A=-q_{c0}$，$B=-\frac{q_{c0}}{H}$。由此可

见，常数 A 实际上就是阴极的初始排水量，负号表示水是从阳极流向阴极，与坐标轴的正向相反。常数 B 则反映了电渗排水流量在空间的变化梯度。a 反映了电渗固结的快慢，a 越大，电渗固结越快达到稳定，at 的物理含义就相当于太沙基固结理论中的时间因数 T_v。

假定 3. 电荷密度的累积引起电势的变化

$$\Delta Q=k_Q\frac{\partial v}{\partial t}\mathrm{d}t \tag{3}$$

式中　ΔQ 为 $\mathrm{d}t$ 时间内正电荷密度的增量（$\mathrm{k\cdot m^{-3}}$）；v 为电势（V）；k_Q 为电荷累积系数（$\mathrm{k\cdot m^{-3}\cdot V^{-1}}$）。

假定 1 表明了土体电导率与含水量的关系，将电学过程和土力学过程联系在一起。假定 2 是在传统的 Esrig 电渗理论[2]和能级梯度理论[9]的基础上做出的：这 2 个理论都认为，单位面积的电渗排水流量 q 是以时间的负指数形式消减的，但二者对 q 的空间分布形式有不同的结论，因此，这里采用了 2 个理论相一致的部分。至于 q 的空间分布形式，仍旧采取通常的简化做法，将其简化为线性分布。假定 3 是该理论的立足点，它是根据电荷累积的试验现象，并模拟水力学过程做出的一个电学假定。根据这 3 个基本假定就可以建立起电势变化的微分方程，并对它进行求解。

3　微分方程的建立

根据广义欧姆定律可知[9]：

$$j=-\sigma\frac{\partial v}{\partial z} \tag{4}$$

式中　j 为电流面密度（$\mathrm{A/m^2}$）；其它符号意义同前。

根据电荷守恒原理[9]，$\mathrm{d}t$ 时间内空间任一点的正电荷密度增量为 $\Delta Q=-\frac{\partial j}{\partial z}\mathrm{d}t$，根据式（4）又可以写为 $\Delta Q=\partial\frac{\left(\sigma\frac{\partial v}{\partial z}\right)}{\partial z}\mathrm{d}t$，将其代入式（3）得$\partial\left(\sigma\frac{\partial v}{\partial z}\right)\Big/\partial z=k_Q\frac{\partial v}{\partial t}$，展开得：

$$\frac{\partial\sigma}{\partial z}\frac{\partial v}{\partial z}+\sigma\frac{\partial v^2}{\partial z^2}=k_Q\frac{\partial v}{\partial t} \tag{5}$$

将式（2）代入含水量计算式得：

$$\omega=\omega_0-\frac{\gamma_{水}}{\gamma_{干土}}\int_0^t\frac{\partial q}{\partial z}\mathrm{d}t=\omega_0-\frac{B\gamma_{水}}{a\gamma_{干土}}+\frac{B\gamma_{水}}{a\gamma_{干土}}\mathrm{e}^{-at} \tag{6}$$

将式（6）代入式（1）得：

$$\sigma=k_\sigma\left(\omega_0-\frac{B\gamma_{水}}{a\gamma_{干土}}\right)+\frac{k_\sigma B\gamma_{水}}{a\gamma_{干土}}\mathrm{e}^{-at} \tag{7}$$

将 σ 表达式代入微分方程（5）得：

$$\left[\frac{k_\sigma}{k_Q}\left(\omega_0-\frac{B\gamma_{水}}{a\gamma_{干土}}\right)+\frac{k_\sigma B\gamma_{水}}{k_Q a\gamma_{干土}}\mathrm{e}^{-at}\right]\frac{\partial v^2}{\partial z^2}=\frac{\partial v}{\partial t} \tag{8}$$

令 $C=\frac{k_\sigma}{k_Q}\left(\omega_0-\frac{B\gamma_{水}}{a\gamma_{干土}}\right)$，$D=\frac{k_\sigma B\gamma_{水}}{k_Q a\gamma_{干土}}$，则式（7）、式（8）可分别写为

$$\sigma=k_{\mathrm{Q}}(C+De^{-at}) \tag{9}$$

$$(C+De^{-at})\frac{\partial v^2}{\partial z^2}=\frac{\partial v}{\partial t} \tag{10}$$

式（10）就是电荷累积模型的微分方程。

4　微分方程的求解

以阴极作为土体电势的零点，则式（10）的初始、边界条件可以归纳为

$$\left.\begin{array}{l} t=0,0<z<H:v=0 \\ 0<t<\infty,z=0:v=0 \\ 0<t<\infty,z=H:v=v_0 \end{array}\right\} \tag{11}$$

式中　v_0 为施加于土体的有效电压 V。

根据该初始边界条件求得式（10）的解析解为

$$v=\frac{v_0}{H}z+\sum_{n=1}^{\infty}\frac{2v_0}{n\pi}\cos n\pi\sin\frac{n\pi z}{H}\cdot\exp\left\{-\frac{(n\pi)^2}{H^2}\left[Ct+\frac{D}{a}(1-\mathrm{e}^{-at})\right]\right\} \tag{12}$$

将式（12）对 z 求导得电势梯度：

$$\frac{\partial v}{\partial z}=\frac{v_0}{H}+\sum_{n=1}^{\infty}\frac{2v_0}{H}\cos n\pi\cos\frac{n\pi z}{H}\cdot\exp\left\{-\frac{(n\pi)^2}{H^2}\left[Ct+\frac{D}{a}(1-\mathrm{e}^{-at})\right]\right\} \tag{13}$$

将式（13）代入式（4）得电流面密度：

$$j=-k_{\mathrm{Q}}(C+De^{-at})\left\{\frac{v_0}{H}+\sum_{n=1}^{\infty}\frac{2v_0}{H}\cos n\pi\cdot\cos\frac{n\pi z}{H}\exp\left\{-\frac{(n\pi)^2}{H^2}\left[Ct+\frac{D}{a}(1-\mathrm{e}^{-at})\right]\right\}\right\} \tag{14}$$

式中负号表示电流方向和电压升高的方向相反。

根据式（14）可知电流大小为

$$I=k_{\mathrm{Q}}s_2(C+De^{-at})\left\{\frac{v_0}{H}+\sum_{n=1}^{\infty}\frac{2v_0}{H}\cos n\pi\cdot\cos\frac{n\pi z}{H}\exp\left\{-\frac{(n\pi)^2}{H^2}\left[Ct+\frac{D}{a}(1-\mathrm{e}^{-at})\right]\right\}\right\} \tag{15}$$

式中　I 为电流（A）；s_2 为土体导电面积（m^2）。

5　微分方程解的讨论

式（7）、式（12）、式（13）、式（15）分别给出了电渗过程中土体电导率、电势、电势梯度以及电流的分布变化情况，至此就完成了从电荷累积角度出发的电渗电学分析。电荷累积理论是从一个新的角度来分析电渗过程中的电学问题，然而，其第 2 个基本假定却是在 Esrig 理论和能级梯度理论的基础上做出的，因此，该理论的结论与上述 2 个理论虽不相同，但也有相似之处（关于 Esrig 理论和能级梯度理论的详细结论参见文献［2，3，9］）。

Esrig 理论认为，电势在空间中呈线性分布，并将它直接作为假定提出；能级梯度理论通过分析得出结论：电势在空间中呈正弦分布；而电荷累积理论则认为，电势的空间分

布形式应该是线性函数和三角函数的叠加，并且随着时间的增加，逐渐趋近于线性分布，只有当 $t\to\infty$ 时，电势才符合 Esrig 理论所假定的线性分布形式：$v|_{t\to\infty}=\frac{v_0}{H}z$。

Esrig 理论和能级梯度理论都认为，电势梯度不随时间而改变，而电荷累积理论则认为，电势梯度与时间之间存在着一个较为复杂的指数函数关系，并在 $t\to\infty$ 时，最终稳定于一个统一的值：$\left.\frac{\partial v}{\partial z}\right|_{t\to\infty}=\frac{v_0}{H}$。

Esrig 理论并未对电流和土体电导率进行任何理论分析。能级梯度理论根据电流连续性原理认为，电流不是空间坐标的函数，并将它作为一个假定提出，结合试验直接给出了电流的表达式；电荷累积理论以电荷守恒原理代替电流连续性原理，分析了土体中电荷的重分布过程，最后得到一个与空间坐标有关的电流表达式，但从式中可以看出，随着时间的增加，空间三角函数项的影响逐渐减小，电流也就渐渐变得连续，当时间 t 较大时，式（15）和能级梯度理论的电流表达式是近似的。与电流的情况相反，能级梯度理论的分析表明，土体电导率与空间坐标有关，而电荷累积理论的假定 1 和假定 2 却决定了土体的电导率应该是处处一致的。尽管如此，在土体电导率随时间消减的问题上，能级梯度理论和电荷累积理论的结论却是完全一致的，二者的时间消减表达项从形式上看，也完全相同。

6　试验验证

6.1　基本假定的验证

假定 1 是关于土体电导率和含水量之间的关系，需要通过试验加以验证，为此笔者测定了不同含水量土体的电导率。土体电导率的测定装置采用 Miller Soil Box[10]，尺寸为：12cm×20cm×12cm。导电长度 $l=0.12\text{m}$，导电面积 $s=0.024\text{m}^2$。导电面电极采用铝片，所施加的电压为 40V。土样的含水量按照 20%，30%，35%，40%，50%配制，但是，考虑到配制过程中不可避免地存在误差，因此在配制稳定一昼夜之后进行重新标定。测定结果如表 1、图 1 所示。

表 1　　不同含水量土体的电导率实测数据

Table 1　　Tested conductivity of soil with different water contents

含水量 ω/%	电流/mA	电阻/Ω	电导率/$(\Omega\cdot\text{m})^{-1}$
21.8	71.33	560.75	0.0089
30.9	133.78	299	0.0167
34.7	169.49	236	0.0212
41.2	184.76	216.5	0.0231
52.5	223.46	179	0.0279

从试验结果可以看出，土体电导率和含水量之间符合分段线性关系，因此，假定 1 在一定含水量范围内是成立的，只是对应于不同的含水量区段有不同的斜率。

6.2　解析解的试验验证

在电渗过程中最容易测量的量是电路中的电流。对式（15）的函数分析表明，空间三

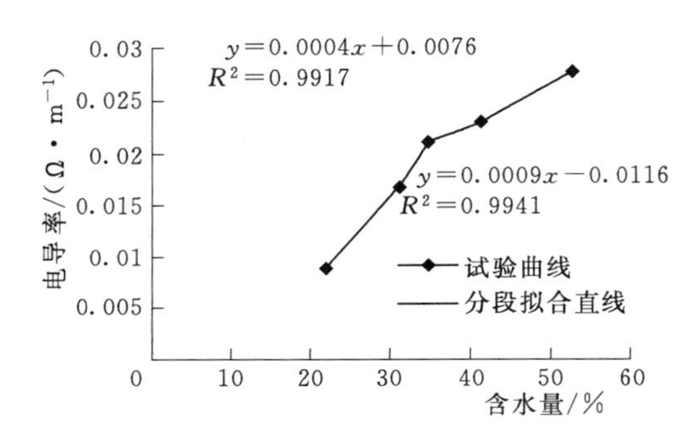

图 1　电导率-含水量关系曲线

Fig. 1　Conductivity - water content curve

角函数项的影响随时间的增加而逐渐减小，电流逐渐变得连续，其随时间消减方式近似符合负指数函数，并在 $t\to\infty$ 时趋近于一个常数 I_∞。这一点可以通过电渗试验加以检验。为此，笔者测定了一个电渗过程的电流变化情况。试验仍然在 Miller Soil Box 中进行，只是将铝片换成排布式铜电极，阴阳两极各排布 19 根，每根电极长 15cm，直径为 1.5mm，由导线引出。试验土体含水量 28%，试验电压为 40V，试验装置如图 2 所示。试验结果如表 2、图 3 所示。

表 2　电渗过程中电流随时间变化实测数据

Table 2　Decrease of electric current during electro－osmotic process

t/min	电流 I/mA	$I-I_\infty$/mA	t/min	电流 I/mA	$I-I_\infty$/mA
0	230	138.85	45	110	18.85
10	188	96.85	60	100	8.85
20	148	56.85	65	99	7.85
30	125	33.85			

注　理论最终电流 $I_\infty=91.15$mA，理论初始电流 $I_0=235.42$mA。

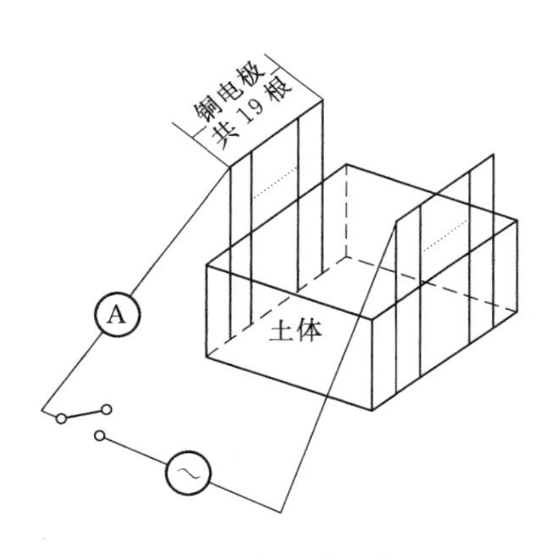

图 2　试验电路示意图

Fig. 2　Sketch of experimental electric circuit

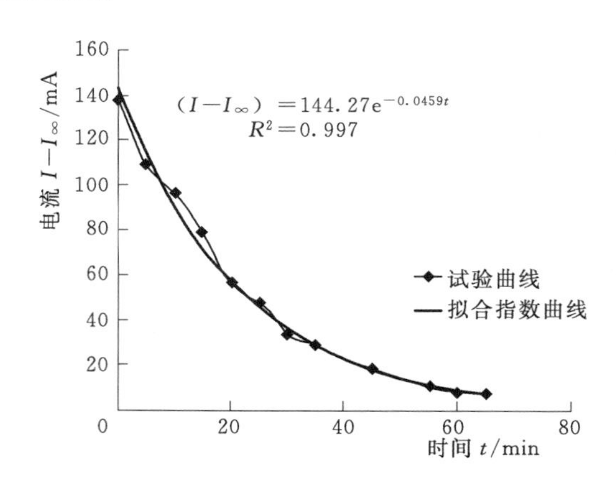

图 3　电流-时间关系曲线

Fig. 3　Electric current - time curve

试验结果表明，在电渗初期，由于式（12）中级数项的影响，电流随时间消减方式不太符合负指数关系，但随着时间的增加，电渗后期的数据就拟合得很好。而且在 $t\to\infty$ 时，电流趋近于一个常数 $I_\infty=91.15$mA。

7　结语

基于电渗模型试验中所观测到的电荷累积现象，笔者用电荷守恒原理代替电流连续性原理，提出了电渗的电荷累积理论。该理论通过3个基本假定，建立起描述电渗过程的微分方程，通过求解微分方程，得出如下结论：

（1）电势在空间的分布是线性函数和三角函数的叠加，该分布最终趋近于 Esrig 理论所假定的线性分布：$v|_{t\to\infty}=\frac{v_0}{H}z$。

（2）电势梯度随时间以指数形式消减，最终稳定于一个常数：$\left.\frac{\partial v}{\partial z}\right|_{t\to\infty}=\frac{v_0}{H}$。

（3）电流和土体电导率随时间的消减形式与能级梯度理论近似一致。

最后，通过2个试验，对该理论的假定和结论进行了验证。

复合材料模型分析加筋地基承载力

沈　超　王　钊

（武汉大学土木与建筑工程学院，武汉　430072）

摘　要：利用复合材料模型模拟加筋地基，按照土塑性力学分析加筋地基的变形和破坏，并按传统滑移线解法推导出浅基础加筋地基的承载力设计公式，利用实例比较探讨了本文方法与传统极限分析法的优缺点。

关键词：复合材料；加筋地基；承载力；浅基础

中图分类号：TU470^{+}.3　**文献标识码**：A　**文章编号**：1007－2284（2005）05－0057－03

Analysis of Bearing Capacity of Reinforced Foundation by Composite Material Model

SHEN Chao　WANG Zhao

（School of Civil and Architectural Engineering，Wuhan University，Wuhan City 430072，China）

Abstract：A composite－material model is used to simulate reinforced foundation，and its deformation and failure are analyzed according to soil plasticity mechanics. Furthermore，the bearing capacity design formula of reinforced soil of shallow foundation is also developed using traditional slip－line field method. Case studies are made to compare this design approach with traditional limit analysis.

Key words：composite material；reinforced foundation；bearing capacity；shallow foundation

0　引言

普通土体具有一定的抗压和抗剪强度，但不具备承受拉力的能力，故在工程中将抗拉材料布置在土体的拉伸变形区域构成一种复合材料，为松散的土颗粒提供了连续性，改善了土的抗拉、抗剪性能，提高了地基承载力，同时减小了沉降。加筋地基广泛地应用于堤坝、路堤、房屋建筑的浅基础和公路、铁路的桥台加筋与加固中。

传统的浅基础加筋地基承载力设计方法主要有：利用改进太沙基公式计算地基极限承载力的设计方法[1]；考虑筋材的断裂和筋材拔出 2 种极限状态的极限分析法[2]；另外还有根据布辛奈斯克解分析筋材和地基应力的 Binquet 法[3]。在浅基础加筋地基中，筋材一般沿砂垫层深度方向为多层布置，因此，将其视为筋材与砂垫层组成的复合材料是可行的。

本文发表于 2005 年第 5 期《中国农村水利水电》。

本文试图利用复合材料模型模拟加筋地基，并按相应模型确立的屈服准则推导加筋地基的设计公式。

按复合材料模型分析加筋土，分析加筋土层中的土体和筋材，破坏时的滑动面必须在分析之前假定。首先，分析须服从普朗德尔—瑞斯纳假定。

(1) 地基土是无重介质，即 $\gamma=0$。

(2) 基础底面完全光滑。

(3) 浅基础两侧土体视为旁侧均布荷载，即 $q=\gamma d$。

另外，根据加筋土的受力特性，为保证复合材料模型的正确性，假设筋材力的发挥在地基断面上是均匀分布的。即不考虑断面上筋材分布的不连续性，将筋材的拉力均匀的离散到土体中去，保证力学模型中应力的均匀分布。

1 复合材料的受力分析

分析由土体和筋材组成的复合材料，认为它们在变形时具有相同的应变，即：

$$\varepsilon_s=\varepsilon_r=\varepsilon \tag{1}$$

式中：ε_s、ε_r、ε 分别为土体、筋材和复合材料的应变。

复合材料截面上的应力为：

$$\sigma=\frac{P}{A} \tag{2}$$

式中：P 为整个截面的力；A 为截面面积。

各部分材料截面上的应力为：

$$\sigma_s=\frac{P_s}{A_s},\sigma_r=\frac{P_r}{A_r} \tag{3}$$

式中：σ_s、σ_r 分别为土体和筋材中的应力；P_s、P_r 分别为土体和筋材截面上的力；A_s、A_r 为土体和筋材的截面面积。

由上式可得由 2 种材料组成的复合材料截面应力与各组成部分截面应力的关系：

$$\sigma=\rho_s\sigma_s+\rho_r\sigma_r \tag{4}$$

式中：ρ_s、ρ_r 为土体和筋材按截断面面积计算的组成比例。

由胡克定律：

$$\sigma_s=E_s\varepsilon_s,\sigma_r=E_r\varepsilon_r \tag{5}$$

式中：E_s、E_r 分别为土体和筋材的弹性模量。

于是：

$$\sigma=\rho_sE_s\varepsilon_s+\rho_rE_r\varepsilon_r=E_e\varepsilon \tag{6}$$

$$\sigma_s=\frac{E_s}{E_e}\sigma=B_s\sigma,\sigma_r=\frac{E_r}{E_e}\sigma=B_r\sigma \tag{7}$$

式中：E_e 为复合材料的等效弹性模量，$B_s=\frac{E_s}{E_e}$，$B_r=\frac{E_r}{E_e}$。

当加载到土体率先屈服进入塑性状态时，此时土体和复合材料截面上的应力分别为：

$$\sigma_s=\sigma_s^0 \tag{8}$$

$$\sigma^{\mathrm{I}}=\frac{\sigma_s^0}{B_s} \tag{9}$$

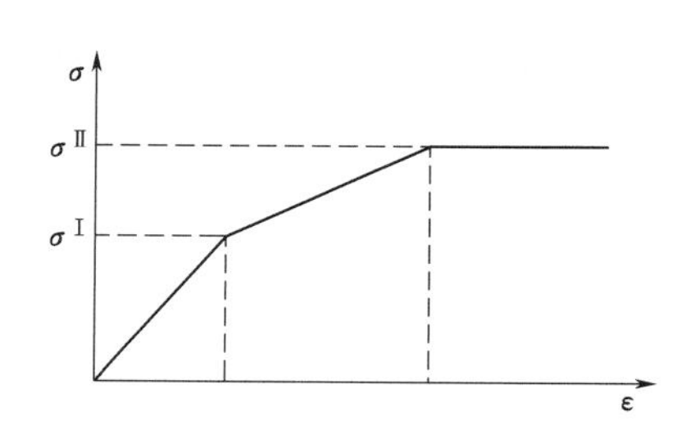

图 1　复合材料应力-应变曲线

式中：σ_s^0 为土体的屈服应力；σ^{I} 为土体屈服时，复合材料的应力。

继续加载，筋材也进入塑性状态，应力不再增加。当筋材屈服时，筋材和复合材料截面上的应力分别为：

$$\sigma_r=\sigma_r^0 \tag{10}$$

$$\sigma^{\mathrm{II}}=\rho_s\sigma_s^0+\rho_r\sigma_r^0 \tag{11}$$

式中：σ_r^0 筋材的屈服应力；σ^{II} 为筋材屈服时，复合材料的应力。

复合材料的应力-应变曲线如图 1 所示。

2　复合材料模型分析加筋地基

按复合材料模型分析加筋地基，分析时认为在模型中最大应力小于屈服应力的情况下，模型处于刚性状态，当最大应力达到屈服应力的情况下，模型产生不断的塑性流动。分析过程中假设加筋土的破坏服从莫尔—库仑屈服准则，即服从：

$$f=(\sigma_1-\sigma_2)^2-(\sigma_1+\sigma_2)^2\sin\varphi\leqslant 0 \tag{12}$$

根据假定，加筋地基中某一点的应力状态为：

$$\sigma_{ij}=\rho_s\sigma_{ij}^s-\rho_r\sigma_{ij}^r \tag{13}$$

式中：σ_{ij}^s、σ_{ij}^r 分别为土体和筋材中的应力。

将式（13）代入式（12）得到如下屈服条件：

$$\begin{aligned}f=&(\sigma_1-\sigma_2)^2-(\sigma_1+\sigma_2)^2\sin\varphi+\sigma_0^2\cos^2\varphi+\\&2\sigma_0[(\sigma_1-\sigma_2)\cos2\varphi-(\sigma_1+\sigma_2)\sin^2\varphi]=0\end{aligned} \tag{14}$$

式中：σ_0 为筋材的应力；σ_1、σ_2 为土体的大小主应力。

式（14）代表了一簇以 σ_1、σ_2 为坐标轴的双曲线，在 $\varphi=0$、$\varphi=\frac{\pi}{2}$时，代表 2 条直线，这簇双曲线的渐进线方程为：

$$\begin{cases}\sigma_2=\dfrac{1-\sin\varphi}{1+\sin\varphi}\sigma_1+\sigma_0\dfrac{\cos2\varphi-\sin\varphi}{1+\sin\varphi}\\[2ex]\sigma_2=\dfrac{1+\sin\varphi}{1-\sin\varphi}\sigma_1+\sigma_0\dfrac{\cos2\varphi+\sin\varphi}{1-\sin\varphi}\end{cases} \tag{15}$$

当 $\varphi=0$、$\varphi=\frac{\pi}{2}$时，式（15）就代表了各自的屈服条件，在考虑塑性功损失的前提下，Sawichi（1989）[4]推导出了如下更为实用的关于加筋地基的莫尔—库仑屈服准则：

$$f=(\sigma_x-\sigma_y+\sigma_0)^2-(\sigma_x+\sigma_y+\sigma_0)^2\sin^2\varphi+4\tau_{xy}^2\leqslant 0 \tag{16}$$

3　滑移线解法

分析半空间无限体的无粘性土加筋地基，承受竖向的均布荷载 p 和 q，如图 2 所示。首先，基底任一点须满足基本的平衡方程组：

$$\begin{cases}\dfrac{\partial\sigma_x}{\partial y}+\dfrac{\partial\tau_{xy}}{\partial x}=0\\ \dfrac{\partial\sigma_y}{\partial y}+\dfrac{\partial\tau_{xy}}{\partial x}=\gamma\end{cases} \tag{17}$$

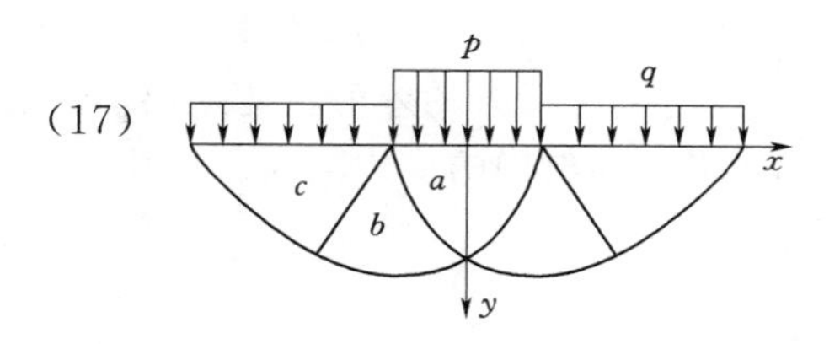

图 2　滑动面示意图

在基础底面下，有如下边界条件：

$$\sigma_x=0,\sigma_y=p,\tau_{xy}=0,-\frac{b}{2}\leqslant x\leqslant\frac{b}{2}$$

$$\sigma_x=0,\sigma_y=q,\tau_{xy}=0,x\geqslant\frac{b}{2}\text{和 }x\leqslant-\frac{b}{2}$$

破坏时，在 a 区域，x 方向上土体处于拉伸状态，筋材也处于拉伸状态，符合莫尔—库仑屈服准则，即满足式（16）。

c 区域是被动土压力区，x 方向上土体处于压缩状态，与土体协调变形的筋材也处于压缩状态，如果选用的是柔性筋材，筋材中的拉应力取为 0，同样，c 区域也满足莫尔—库仑屈服准则，并且可以按普通的土体分析，即满足：

$$f=(\sigma_x-\sigma_y)^2-(\sigma_x+\sigma_y)^2\sin\varphi+4\tau_{xy}^2=0 \tag{18}$$

b 区域是土体从处于拉伸的 a 区域到处于压缩的 c 区域的一个过渡性区域，这个区域相应的应力状态为：

$$\sigma_x=0,\sigma_0=0$$

同样符合莫尔—库仑屈服准则，即满足式（19）：

$$f=\tau_{xy}^2-\sigma_y^2\tan^2\varphi=0 \tag{19}$$

c 区域是被动土压力区，该区域的应力状态为：

$$\sigma_y=q,\sigma_x=q\tan^2\left(45°+\frac{\varphi}{2}\right),\tau_{xy}=0 \tag{20}$$

在基础正下方为主动区，应力状态为：

$$\begin{cases}\sigma_y=p,\sigma_x=q\tan^2\left(45°+\dfrac{\varphi}{2}\right)-\sigma_0\\ \tau_{xy}=0\end{cases} \tag{21}$$

将式（21）代入屈服条件式（16）得到加筋地基的极限承载力设计公式：

$$p=(1+\sin\varphi)\left\{\frac{q}{1-\sin\varphi}+\frac{\sigma_0}{\exp\left[\left(\frac{\pi}{2}-\varphi\right)\tan\varphi\right]}\right\}\exp(\pi\tan\varphi) \tag{22}$$

观察式（22）可以看出，第 1 项即为无加筋时，无粘性土的地基极限承载力表达式，因此可以把第 2 项视为加筋提高的承载力：

$$\Delta p=\sigma_0(1+\sin\varphi)\exp\left[\left(\frac{\pi}{2}+\varphi\right)\tan\varphi\right] \tag{23}$$

式（22）即土工合成材料加筋地基的承载力表达式。

4　设计方法及步骤

与传统的设计方法不同，有了上述设计表达式后，无需像传统设计方法那样预先假定筋材的铺设长度、深度及排列层数，而可以直接求出条形基础的筋材布置方法。

首先，根据《地基基础设计规范》，求出考虑基础埋深修正及应力扩散的地基承载力设计值与基底反力的差值，此差值即为需要筋材提供的地基承载力设计值 Δp。然后由式（23）得到筋材中的应力值 σ_0，再由式（24）求得单位断面面积内筋材面积与单位面积的比值：

$$\eta=\frac{F_s\sigma_0 t}{T} \tag{24}$$

式中：F_s 为安全系数，可取2.0～2.5；t 为土工合成材料的平均厚度；T 为筋材的极限抗拉强度。

再由式（25）求得条形基础每延米长度筋材的总厚度：

$$\delta=D_u\eta \tag{25}$$

式中：D_u 为按照文献［2］的方法求出的滑动破坏面的最大深度。

将总厚度除以每根筋材的厚度，得到筋材的布置层数：

$$n\geqslant\frac{\delta}{t} \tag{26}$$

综合式（24）、（25）、（26）得到土工合成材料加筋地基的铺设层数为：

$$n\geqslant\frac{F_sD_u\sigma_0}{T} \tag{27}$$

对比文献［2］的工程实例计算如下。

工程为水闸，闸基底宽 $b=5$m，基底反力设计值 $p=280$kPa，埋深 $d=3.37$m，淤泥质土 $f_k=100$kPa，$\gamma=18.4$kN/m^3，$c=40$kPa，$\varphi=16°$，砂垫层内摩擦角为 $\varphi_c=33°$。

文献［2］采用极限分析法，拟用3层土工格栅加筋，$Z_1=0.6$m，$Z_3=1.6$m，筋材间距0.5m。首先，考虑基础埋深修正及应力扩散，需要筋材提供的地基承载力设计值为 $\Delta f=25.17$kPa。由 $\Delta f=25.17$kPa 求得筋材的极限抗拉强度设计值 $T=46.6$kN/m。再由 T 计算出不同深度的滑动面水平长度分别为6.79m、7.12m、7.47m。最后设计采用极限抗拉强度为50kN/m的土工格栅，等长布置，长度均为7.50m。

现按本文方法设计，首先还是求出需要筋材提供的地基承载力设计值为 $\Delta f=25.17$kPa，然后由式（23）得到：$\sigma_0=11.71$kPa，若选用极限抗拉强度为50kN/m（TG-DG50）的土工格栅，由文献［2］求得滑动破坏面的最大深度 $D_u=5.2$m，取安全系数为 $F_s=2.0$，最后由式（27）求得：

$$n\geqslant 2.4$$

取 $n=3$，和文献［2］的计算结果相同，关于铺设长度的计算仍按文献［2］的方法。

5　结语

（1）利用复合材料模型模拟加筋地基，推导承载力设计公式，模型较改进太沙基公式更接近实际变形情况，无需事先假设基础旁侧隆起圆半径，比 Binquet 法易于理解和使用。

（2）相对传统的极限分析法，本方法无需事先假定筋材的层数，设计思路清晰。

（3）加筋地基采用无加筋地基的滑动面，可能与实际情况有出入，公式的正确性还需要更多模型实验和工程实践的检验。

参考文献

[1] T Yamahouch，K Gotoh. A proposed Practical Formula of Bearing Capacity for Earthwork Method on Soft Clay Ground Using a Resinous Mesh [J]. Technology Report of Kyushu University，1979，52 (3)：201-207.

[2] 王钊，王协群．土工合成材料加筋地基的设计 [J]. 岩土工程学报，2000，22 (6)：731-733.

[3] J Bmquet，K L Lee. Baring Capacity Analysis of Reinforced Earth Slabs，J. Geoteh. Engng. Div. Asce，(101)，GT12，1257-1276.

[4] Andrzej Sawicki Mechanics of Reinforced Soil. 2000 A. A Balkema，Rotterdam，Newtherland. 2000：72-74.

桩基沉降计算方法的比较

王　钊

（武汉大学土木建筑工程学院　武汉　430072）

摘　要： 桩基础固结沉降的计算方法主要有实体深基础法和明德林法，前者又分为不计荷载扩散和两种考虑荷载扩散的方法。文中讨论了各种方法的原理、参数取值的影响，对实体深基础法中产生附加应力的自重荷载提出计算方法，并用一个实际算例比较了各种方法的计算结果。

关键词： 桩基沉降；计算方法

A Comparison of Calcuration Methods of Pile Settelement

Wang Zhao

(School of Civil and Engineering, Wuhan University, Wuhan, 430072)

Abstract: The consolidation settlement of pile foundation was mainly calculated by deep equivalent footings and Mindlin's methods, former were divided into both with or without lateral expansion of the equivalent footing. The principles and effects of parameters of different calculation methods were discussed. A method to evaluate self-weight load in the deep equivalent footings method was given. The calculation results of different calculation methods were compared with a same example.

1　概述

一般桩基础的沉降由三部分组成，桩身材料的弹性压缩、桩端以下土层在桩侧阻力和桩端阻力两者反力作用下的压缩变形，以及桩周土在桩侧阻力的反力和承台底部压力共同作用下的压缩变形。分析沉降的三个组成部分，桩材的弹性压缩和桩长成正比、与桩材的弹性模量成反比，如桩不是很长（不超过 50m 长），桩材的弹性压缩量很小，可忽略不计；对嵌岩桩可忽略桩端以下土层的沉降、或端承型桩基的地质条件不复杂、荷载均匀、桩端以下没有软弱土层也可不计桩端以下土层的沉降，故一般桩基可不进行沉降验算，只需按承载力计算。但对摩擦型桩基，上述第二部分和第三部分沉降不能忽略，应进行沉降验算。在计算群桩基础沉降时，一般只计算第二部分沉降，即桩端以下土层的最终沉降量。最终沉降量的计算方法仍然用单向压缩分层总和法。桩端平面，以及其下土层应力分

本文发表于 2005 年 12 月第 16 卷第 4 期《地基处理》。

布可采用各向同性均质线性变形体理论，按实体深基础法或明德林（Mindlin）应力公式法计算。

2 实体深基础法

当桩距不大于 6 倍桩径时，将桩群、承台和桩周土看作一个实体深基础，不计实体的竖向变形，以桩端以下土层的压缩变形作为桩基础的沉降量。

1. 实体深基础的划分

参见图 1，有两种方法划分实体深基础，一是考虑荷载扩散，二是不计荷载扩散，其中，考虑扩散的扩散角度又有两种，即 $\phi_0/4$ 扩散角和 2∶1 扩散角（见图 2）。

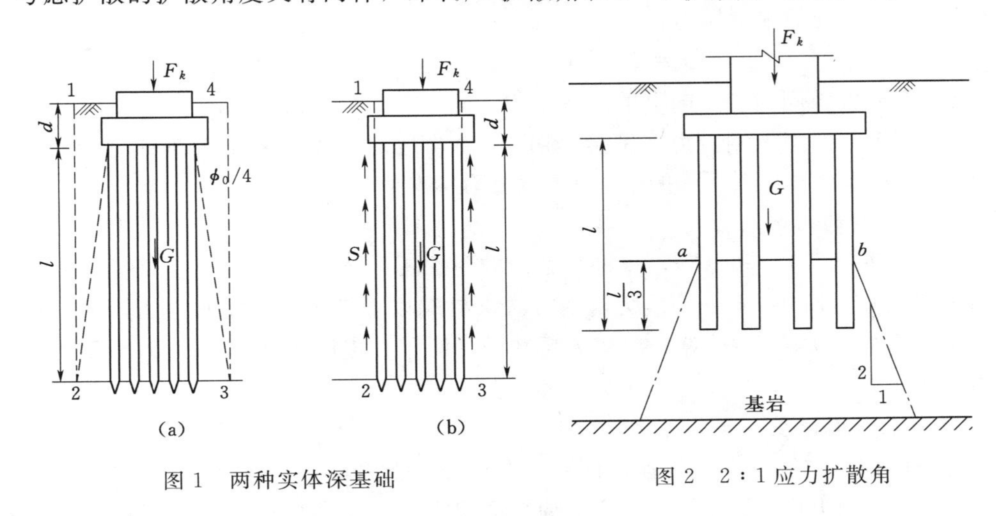

图 1　两种实体深基础

图 2　2∶1 应力扩散角

（1）$\phi_0/4$ 扩散角[1]

假定荷载从最外一圈桩顶外侧以 $\phi_0/4$ 的角度向下扩散，交桩端平面于 2 和 3 点，则实体为 1234（图 1（a）），实体深基础的底面积为：

$$A_p=\left(a_0+2l\tan\frac{\phi_0}{4}\right)\times\left(b_0+2l\tan\frac{\phi_0}{4}\right) \tag{1}$$

式中　a_0，b_0——分别为相对边桩外边缘的间距，m；

ϕ_0——桩长 l 范围内各土层内摩擦角的加权平均值，即 $\phi_0=\frac{\sum\phi_i l_i}{l}$，其中，$\phi_i$ 为厚 l_i 的第 i 层土的内摩擦角。

桩端平面 23 处的附加压力为：

$$p_b=(F_k+G-W_{cs}-W_{ps})/A_p \tag{2}$$

式中　F_k——相应于荷载效应标准组合时，作用于桩基承台顶面的竖向力，kN；

G——群桩和承台的自重，等于群桩和承台的体积与混凝土重度的积，混凝土重度可取（23～25)kN/m³，混凝土强度等级高、配筋率高时取大值，kN；

W_{cs}——开挖的承台体积的土体自重，kN；

W_{ps}——灌注桩群桩体积的土体自重，对打入预制桩，取 $W_{ps}=0$，kN。

在计算 G、W_{cs} 和 W_{ps} 时，对地下水位以下部分应取浮重度计算。

（2）2∶1扩散角[2]

对粘土中的桩基础，假设沉降的起点距桩端 $l/3$ 处，即图 2 中的 ab 面，桩对周围土的作用力从 a 和 b 点分别以 2∶1 的斜线向下扩散，即斜线与竖直线夹角为 26.6°，见 ac 线和 bd 线。以 ab 面为原点，向下为正，建立 z 坐标，则任一深度 z_i 处的附加应力为：

$$p_i=\frac{F_k+G-W_{cs}-W_{ps}}{(a_0+z_i)(b_0+z_i)} \tag{3}$$

（3）不计荷载扩散[1]

桩和桩间土视为实体基础 1234（图 1（b）），底面积为

$$A_p=a_0\times b_0 \tag{4}$$

桩端平面 23 处的附加压力：

$$p_b=(F_k+G-W_{cs}-W_{ps}-S)/A_p \tag{5}$$

式中　S——群桩外侧面与土向上的总摩阻力，$S=2(a_0+b_0)\sum q_{sia}l_i$，kN；

q_{sia}——单位面积桩侧阻力特征值，kPa，由当地静载荷试验结果统计分析算得，也可参考文献［3］中的桩周土摩擦力标准值。

2. 压缩土层的附加应力

对实体深基础（1）和（3），将桩端平面的附加压力 p_b 看作弹性地基表面的荷载，用基于布辛尼斯克（Boussinesq）应力解的方法求桩端以下各土层的附加应力，例如查文献［1］中平均附加应力系数$\bar{\alpha}$计算。对实体深基础（2），直接用式（3）求计算分层中点的附加应力。

3. 计算最终沉降量

按各向同性均质线性变形体理论计算，即按照《土力学》教材中的单向压缩分层总和法计算或用文献［1］推荐的公式计算桩端平面以下压缩土层的变形。公式中的沉降计算经验系数 ψ_P 应根据地区桩基础沉降观测资料及经验统计确定。在不具备条件时，ψ_P 值可按表 1 选用。

表 1　　桩基沉降计算经验系数 ψ_P

$\overline{E}_s$/MPa	$\overline{E}_s<15$	$15\leqslant\overline{E}_s<30$	$30\leqslant\overline{E}_s<400$
ψ_P	0.5	0.4	0.3

3　明德林应力公式方法

1. 明德林法简介

明德林（Mindlin）解是在弹性半无限空间内部作用有一个竖直集中力时，在弹性半无限空间内部任一点引起的竖向应力和位移，因为桩基沉降的计算荷载，如桩端阻力 Q_p 和桩侧摩阻力 Q_s 都作用于地基内部，因此用明德林（Mindlin）解代替布辛尼斯克（Boussinesq）应力解求解桩端以下土层的附加应力更为合理。

假设桩基础由 n 根桩组成（$k=1, 2, \cdots, n$），桩端平面以下压缩层范围内有 m 个不同土层（$j=1, 2, \cdots, m$），第 j 层土中有 n_j 个计算分层（$i=1, 2, \cdots, n_j$），采用明德林应力公式计算地基中的某点的竖向附加应力值时，可将各根桩在该点所产生的附加应

力，逐根叠加按式（6）计算。一般情况计算点位于过群桩形心的竖直线上、桩端平面的下方，参见图 3。

$$\sigma_{j,i}=\sum_{k=1}^{n}(\sigma_{zp,k}+\sigma_{zs,k}) \tag{6}$$

式中 $\sigma_{j,i}$——桩端平面下第 j 层土第 i 个分层的竖向附加应力，kPa；

$\sigma_{zp,k}$——第 k 根桩的端阻力在深度 z 处产生的应力，kPa；

$\sigma_{zs,k}$——第 k 根桩的侧摩阻力在深度 z 处产生的应力，kPa。

z 的坐标原点在承台底部群桩形心处。

2. 明德林沉降计算公式

文献［1］推荐用式（7）计算桩基础最终沉降量：

$$s=\psi_P\sum_{j=1}^{m}\sum_{i=1}^{n_j}\frac{\sigma_{j,i}\Delta h_{j,i}}{E_{sj,i}} \tag{7}$$

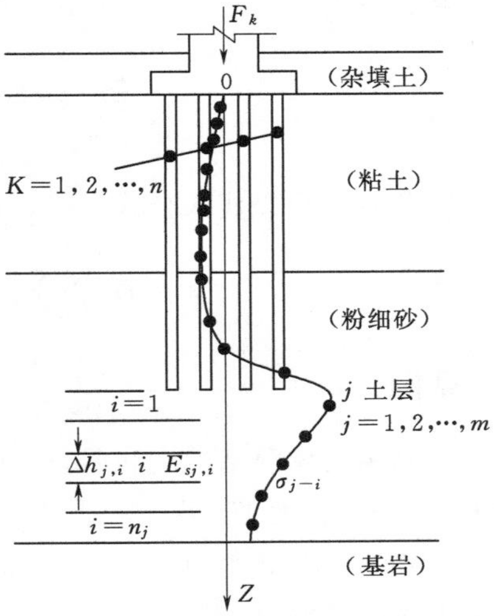

图 3　明德林法计算桩基沉降

式中 s——桩基最终计算沉降量，mm；

$E_{sj,i}$——桩端平面下第 j 层土第 i 个分层在自重应力至自重应力加附加应力作用段的压缩模量，MPa；

$\Delta h_{j,i}$——桩端平面下第 j 层土的第 i 个分层厚度，m。

式（6）中，第 k 根桩的端阻力在深度 z 处产生的应力：

$$\sigma_{zp,k}=\frac{Q_p}{l^2}I_{p,k}=\frac{\alpha Q}{l^2}I_{p,k} \tag{8}$$

式中 Q——单桩在竖向荷载的准永久组合作用下的附加荷载，$Q=Q_p+Q_s$，kN；

Q_p——桩的端阻力，假定为集中力，参见图 4，kN；

Q_s——桩侧摩阻力，可假定为沿桩身均匀分布和沿桩身线性增长分布两种形式组成，其值分别为 βQ 和 $(1-\alpha-\beta)Q$，如图 4 所示，kN；

α——桩端阻力比，$\alpha=Q_p/Q$，$0<\alpha\leqslant1$，摩擦型长桩 α 取小值，端承型桩取大值。

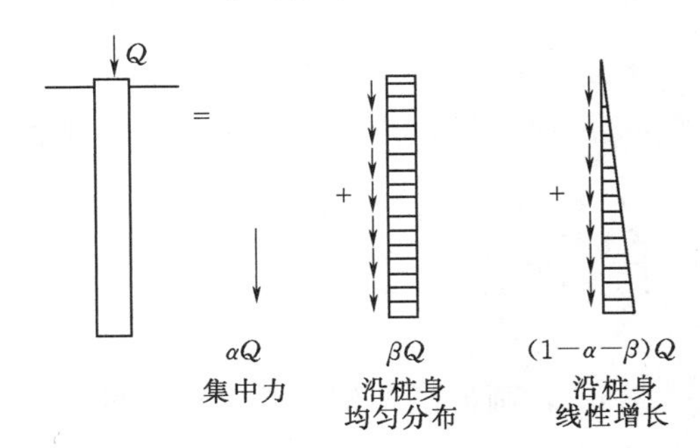

图 4　单桩荷载分担

式（6）中，第 k 根桩的侧摩阻力在深度 z 处产生的应力：

$$\sigma_{zs,k}=\frac{Q}{l^2}[\beta I_{s1,k}+(1-\alpha-\beta)I_{s2,k}] \tag{9}$$

对于一般摩擦型桩可假定桩侧摩阻力全部是沿桩身线性增长的（即 $\beta=0$），则式（9）可简化为：

$$\sigma_{zs,k}=\frac{Q}{l^2}(1-\alpha)I_{s2,k} \tag{10}$$

式中　$I_{p,k}$，$I_{s1,k}$，$I_{s2,k}$——应力影响系数，可用对明德林应力公式进行积分的方式推导得出，参见［1］。

将式（8）和（10）代入式（6），得到桩端平面下第 j 层土第 i 个分层的竖向附加应力，

$$\sigma_{j,i}=\frac{Q}{l^2}\sum_{k=1}^{n}[\alpha I_{p,k}+(1-\alpha)I_{s2,k}] \tag{11}$$

将公式（11）代入公式（7），得到单向压缩分层总和法沉降计算公式：

$$s=\psi_p\frac{Q}{l^2}\sum_{j=1}^{m}\sum_{i=1}^{n_j}\frac{\Delta h_{j,i}}{E_{sj,i}}\sum_{k=1}^{n}[\alpha I_{p,k}+(1-\alpha)I_{s2,k}] \tag{12}$$

4　算例

分别用实体深基础法和明德林应力公式法计算图 3 所示桩基础的沉降量，已知杂填土厚度 1.5m，重度 16.5kN/m^3；粘土层厚 6m，重度 18.9kN/m^3，液性指数 0.6，压缩模量 7.8MPa，内摩擦角 18°；粉细砂层厚度 9m，中密，重度 19.0kN/m^3，压缩模量 10MPa，内摩擦角 28°，泊松比 $v=0.33$；桩基础的外荷载 $F_k=3800$kN，承台底面积 4.0×2.9m^2，厚 0.5m，12 根预制打入柱的桩长 $l=10$m，桩径 30cm，中心距 1100mm；取混凝土的重度为 25kN/m^3，桩端阻力比 $\alpha=0.2$。求解过程和结果如下：

1. 实体深基础法

（1）考虑荷载以 $\phi_0/4$ 扩散角扩散

$$\frac{\phi_0}{4}=\frac{\sum\phi_i l_i}{4l}=\frac{18°\times6+28°\times4}{4\times10}=5.5°$$

由式（1）得底面积 $A_p=24.46$m^2，承台体积 $V_c=4.0\times2.9\times0.5=5.8$m^3 取承台钢筋混凝土的重度为 25kN/m^3，承台体积土体的重度为 16.5kN/m^3，由式（2）得桩端平面的附加压力 $P_b=4.60.9/24.46=166$kPa 查规范表，得$\bar{\alpha}=0.1734$，据 $E_s=10$MPa，查表 1 得，$\psi_p=0.5$。

由规范推荐公式得最终沉降量

$$s=\psi_p\frac{p_b}{E_s}z\times4\,\bar{\alpha}=0.5\times\frac{166}{10\times10^3}\times5\times4\times0.1734=28.8\text{mm}$$

（2）考虑荷载以 2∶1 扩散角扩散

压缩土层的厚度为 $l/3$ 加桩端以下土层厚度，即 $H=10/3+5=8.33$m。

压缩土层的中点 $z_i=8.33/2=4.165$m，由式（3）计算得该点的附加应力 p，则沉降量：

$$s=\psi_p\frac{p}{E_s}H=0.5\times\frac{4060.9\times8.33}{(3.6+4.165)(2.5+4.165)}=32.7\text{mm}$$

（3）不计荷载扩散

由式（4）得底面积 $A_p=9$m^2，从文献［3］查得 q_{sia}，则群桩外侧面受土向上的总摩阻力：

$$S=2(a_0+b_0)\sum q_{sia}I_i=2\times(3.6+2.5)\times(26.8\times6+25\times4)=3181.8\text{kN}$$

由式（5）得桩端平面的附加压力：

$$p_b=(F_k+G-W_{cs}-W_{ps}-S)/A_p=(3800+356.6-95.7-3181.8)/9=97.7\text{kPa}$$

查规范表，得$\bar{\alpha}=0.1257$，由规范推荐公式得最终沉降量：

$$s=\psi_p\frac{p_b}{E_s}z\times4\,\bar{\alpha}=0.5\times\frac{97.7}{10\times10^3}\times5\times4\times0.1257=12.3\text{mm}$$

在用规范推荐公式计算最终沉降量时，因采用的是平均附加应力系数$\bar{\alpha}$，计算得5m厚压缩土层的平均附加应力是精确值，且该土层E_s为同一值，故不须分层计算。

2. 明德林沉降计算法

先不分层，用式（11）计算层中点$z=12.5$m处附加应力，再用式（12）求最终沉降量，然后将桩端下压缩土层分成5层计算，再比较计算结果。

（1）压缩层为一层

由于群桩分布的对称性，参见图5，只计算图中1、2、3、4号桩（其中1、2号桩各4根，3、4号桩各2根），由式（11）得：

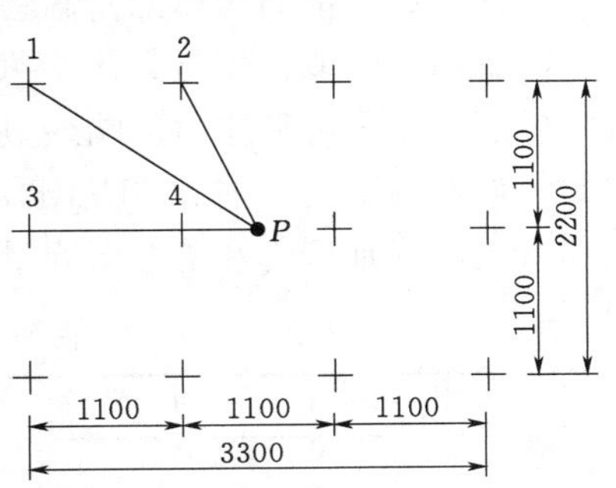

图5　群桩平面位置（单位：mm）

$$\sigma_{ji}=4(\sigma_{zp,1}+\sigma_{zs,1})+4(\sigma_{zp,2}+\sigma_{zs,2})+2(\sigma_{zp,3}+\sigma_{zs,3})+2(\sigma_{zp,4}+\sigma_{zs,4})$$

用［1］中的公式分别计算得各桩的应力影响系数I_p和I_{s2}，列于表2，

表2　各桩的应力影响系数 I_p 和 I_{s2}

桩　　号	I_p	I_{s2}
1	1.080	0.645
2	1.973	0.848
3	1.423	0.731
4	2.916	1.011

用式（11）计算得$z=12.5$m处的附加应力为：19.9kPa；用式（12）计算得最终沉降量为：9.9mm。

（2）压缩层分为五层

将桩端下压缩土层分成等厚的5层，每层厚度1m，各分层中点的z值和计算得附加应力σ_{ji}值列于表3，各分层的压缩量Δs也列于表中。

表3　各压缩层的计算结果

层号 i	z/m	σ_{ji}/kPa	Δs/mm
1	10.5	34.9	3.49
2	11.5	28.2	2.82
3	12.5	19.9	1.99
4	13.5	14.32	1.43
5	14.5	10.75	1.08

总沉降量为表中五层压缩量之和，即 $s=\sum \Delta s=10.8$mm。分五层计算的沉降量与一层计算的沉降量相差约 1mm，这是因为桩端以下的附加应力不是直线分布，参见图 3（据表 3 数据绘制，桩端以上的应力系由式（6）计算。标于 z 坐标轴左侧的 σ_{ji} 为拉应力）。

3. 计算结果比较

（1）上述四种方法计算得桩基沉降量分别为：

以 $\phi_0/4$ 扩散的实体深基础法：28.8mm。

以 2∶1 扩散的实体深基础法：32.7mm。

不计荷载扩散的实体深基础法：12.3mm。

明德林法（取桩端阻力比 $\alpha=0.2$）：9.9mm（一层计算），10.8mm（分五层计算）；

（2）从表 2 可见应力影响系数 I_p 大于 I_{s2}，即桩端阻力产生较大的附加应力和沉降，因此，如选用不同的桩端阻力比 α，对计算结果有一定影响，例如，按一层计算得 $z=12.5$m 处的附加应力和桩基沉降量列于表 4。

表 4　　不同的桩端阻力比 α 对计算结果的影响

α	0	0.1	0.2	0.3	0.4	0.5	0.6	0.7	0.8	0.9	1.0
σ_{ji}/kPa	16.0	17.9	19.9	21.8	23.7	25.7	27.6	29.5	31.5	33.4	35.4
s/mm	8.00	8.97	9.95	10.9	11.9	12.8	13.8	14.8	15.8	16.7	17.7

5　总结和讨论

（1）对实体深基础法中产生附加应力的自重荷载，建议用承台和桩的体积乘以混凝土和置换土体的重度差计算，对预制打入桩不计桩的体积；

（2）介绍和用实例比较了国内外常用沉降计算方法，重点给出对明德林法的学习心得；

（3）实例计算结果相差较大，但本例考虑荷载扩散的两种实体深基础法结果相近，而不考虑荷载扩散的实体深基础法与明德林法结果相近；

（4）明德林法可通过改变桩端阻力比 α 大幅度调整沉降计算结果（相差达一倍）；

（5）摩擦桩基的沉降不能简单地应用弹性理论计算方法，需引入不同的假定去修正，如应力扩散角、总摩阻力 S，以及 α 和 ψ_p；

（6）拟合和修正需工程实测数据，目前缺乏这些数据。

参考文献

[1]　中华人民共和国国家标准，建筑地基基础设计规范 GB 50007—2002 [S]. 北京：中国建筑工业出版社，2002.

[2]　王钊主编. 基础工程原理 [M]. 武汉：武汉大学出版社，2001.

[3]　Braja M. Das. Principles of foundation engineering [M]，PWS - KENT Publishing Company，1990.

[4]　中华人民共和国国家标准，建筑地基基础设计规范 GBJ 7—89 [S]. 北京：中国建筑工业出版社，1989.

基于极限分析上限法的加筋土坡临界高度

王　钊　乔丽平

（武汉大学土木建筑工程学院，湖北武汉　430072）

摘　要： 在塑性极限分析理论的基础上，假定破裂面为对数螺旋面，导出了加筋土坡临界高度的解。不计加筋力，该解与无筋土坡临界高度一致；和加筋土坡试验结果比较，虽计算的临界高度略偏低，但在工程中应用是可靠的，可用于加筋土坡设计时的参考。

关键词： 极限分析；加筋土坡；临界高度；上限定理

中图分类号： TU 432　　**文献标识码：** A　　**文章编号：** 1671－8844（2005）05－067－03

Critical Height of Reinforced Slope Based on Limit Analysis Upper Bound Method

WANG Zhao　QIAO Li－ping

（School of Civil and Architectural Engineering，
Wuhan University，Wuhan 430072，China）

Abstract： Based on the limit analysis plasticity theory，assumping the failure surface to be a log－spiral surface，the computation formulation of the reinforced slope's critical height is deduced. Not considering the reinforcement force，the formulation is consistent with the unreinforced slope's critical height. Comparing to the experimental values of the reinforced slopes，although the computation values are lower for a little，it is reliable in the engineering，which will be used as reference for design of reinforced slopes.

Key words： limit analysis；reinforced slopes；critical height；upper bound theorem

对加筋土结构临界高度的研究一直是人们关注的一个问题，在极限分析法方面，吴雄志、史三元等（1994）[1]给出了土工织物加筋土坡的稳定级数的上限解，分析中假定破裂面为一通过坡脚的斜平面，且土工织物沿坡高等间距分布。杨雪强（1997）[2]考虑了加筋的强度效应和变形效应，以过坡脚的平动破坏推导了竖直加筋边坡极限稳定高度的上限解。Radoslaw L M（1997，1998）[3,4]将极限分析法用于加筋土结构的稳定性计算中。另外，Porbaha A 等（1996，1998）[5-7]通过离心模型试验研究了加筋土挡墙与土坡的破裂面形状及其临界高度。本文以塑性极限理论为基础，假定破裂面为对数螺旋面，推导了加筋土坡临界高度的计算公式，并与前人的试验结果进行了比较。

本文发表于 2005 年 10 月第 38 卷第 5 期《武汉大学学报（工学版）》。

1　极限分析法

如果所假设的相容塑性变形机构 ε_{ij}^{p*} 和 v_i^{p*} 在 S_v 上满足边界条件 $v_{ij}^{p*}=0$，则根据外力做功的功率与内部能量耗损率相等所确定的荷载 T_i 和 F_i 必大于或等于实际破坏荷载（极限荷载）。也就是说，在任何运动许可的速度场中，将外力所作的功率等于内部能量损耗率而得到的荷载，是实际极限荷载的上限[8]，即有

$$\int_V F_i v_i^* \mathrm{d}v + \int_S T_i v_i^* \mathrm{d}s = \int_V \sigma_{ij}\varepsilon_{ij}\mathrm{d}v \tag{1}$$

式中：F_i 为体积力；T_i 为面力；v_i^* 为运动许可速度场；σ_{ij} 为静力许可应力场；ε_{ij} 为与 σ_{ij} 对应的应变。

2　加筋土坡的破裂面

许多研究者指出：加筋土坡的破坏面更接近对数螺旋面形状[3,9]，本文的分析中考虑这种破坏形式，如图 1 所示，表示一坡角为 β 的加筋土坡，坡面水平，BC 面为对数螺旋面，O 为旋转中心，旋转角速度为 ω。为了方便起见，选取基准线 OB，OC 的倾角分别为 θ_0 和 θ_h，H 为坡高，图中 AB 长度为 L_t。对数螺旋面方程为

$$r(\theta)=r_0\mathrm{e}^{(\theta-\theta_0)\tan\phi} \tag{2}$$

则基准线 OC 的长度为

$$r_h=r(\theta_h)=r_0\mathrm{e}^{(\theta_h-\theta_0)\tan\phi} \tag{3}$$

由几何关系知：

$$\frac{H}{r_0}=\sin\theta_h\mathrm{e}^{(\theta_h-\theta_0)\tan\phi}-\sin\theta_0 \tag{4}$$

$$\frac{L_t}{r_0}=\frac{\sin(\theta_h-\theta_0)}{\sin\theta_h}-\frac{\sin(\theta_h+\beta)}{\sin\theta_h\sin\beta}\cdot\frac{H}{r_0} \tag{5}$$

3　极限分析上限法在加筋土坡中的应用

3.1　外功率

如图 1 所示，直接积分 ABC 区土重所作外功率是非常复杂的，较容易的方法是采用叠加法，首先分别求出 OBC，OAB 和 OAC 区土重所作的功率和 w_1，w_2 和 w_3，然后叠加，首先考虑对数螺线区 OBC，其中的一个微元如图 2（a）所示，该微元所作的外功率为

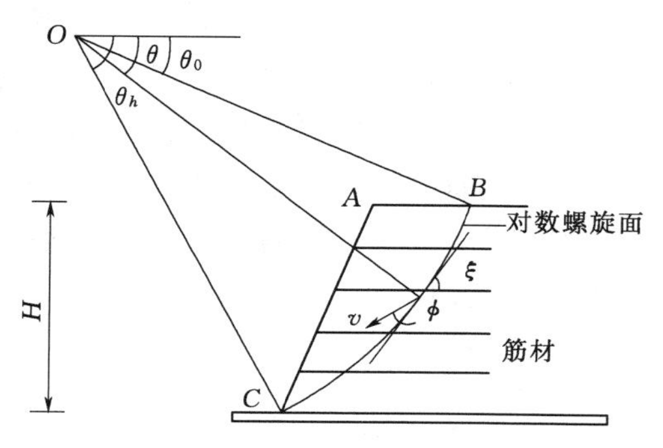

图 1　加筋土坡的旋转破坏机构

$$\mathrm{d}w_1=\left(\omega\cdot\frac{2}{3}r\cos\theta\right)\left(\gamma\cdot\frac{1}{2}r^2\mathrm{d}\theta\right)$$

沿整个面积积分，得：

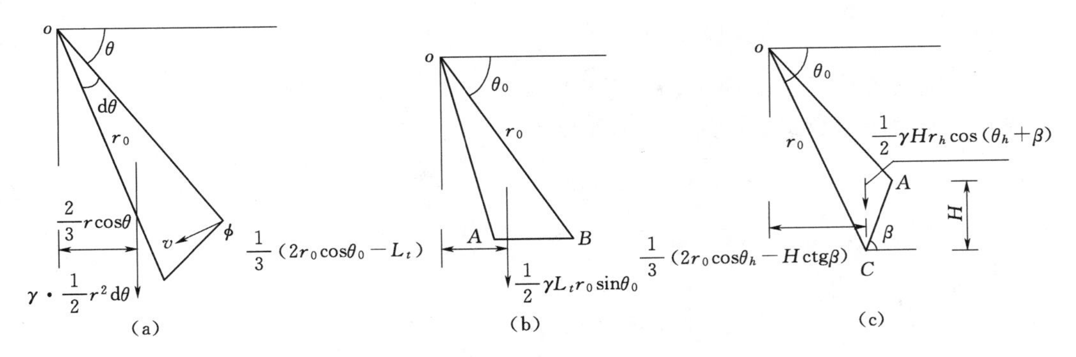

图 2　重力做功计算图

$$w_1 = \frac{1}{3}\gamma\omega\int_{\theta_0}^{\theta_h} r^3\cos\theta \cdot d\theta = \gamma r_0^3\omega\int_{\theta_0}^{\theta_h} \frac{1}{3}e^{3(\theta-\theta_0)\tan\phi} \cdot \cos\theta \cdot d\theta$$

定义

$$f_1(\theta_h,\theta_0) = [(3\tan\phi\cos\theta_h + \sin\theta_h)e^{3(\theta_h-\theta_0)\tan\phi} - 3\tan\phi\cos\theta_0 - \sin\theta_0]/[3(1+9\tan^2\phi)]$$

则

$$w_1 = \gamma \cdot r_0^3\omega f_1(\theta_h,\theta_0) \tag{6}$$

对于三角形区 OAB，OAC，其微元受力分析如图 2（b），（c）所示，用类似方法得：

$$w_2 = \gamma \cdot r_0^3\omega f_2(\theta_h,\theta_0) \tag{7}$$

$$w_3 = \omega r_0^3 \cdot f_3(\theta_h,\theta_0) \tag{8}$$

式中：

$$f_2(\theta_h,\theta_0) = \frac{L_t}{6} \cdot \frac{1}{r_0}\left(2\cos\theta_0 - \frac{L_t}{r_0}\right)\sin\theta_0$$

$$f_3(\theta_h,\theta_0) = \frac{1}{6}e^{(\theta_h-\theta_0)\tan\phi} \cdot \left[\sin(\theta_h-\theta_0) - \frac{L_t}{r_0}\sin\theta_h\right] \times \left[\cos\theta_0 - \frac{L_t}{r_0} + \cos\theta_h \cdot e^{(\theta_h-\theta_0)\tan\phi}\right]$$

由叠加法可得 ABC 区土重所作的功率为

$$w_1 - w_2 - w_3 = \gamma \cdot r_0^3\omega(f_1 - f_2 - f_3) \tag{9}$$

3.2　内部能量损耗率

内部能量损耗率包括筋材上的能量损耗率和土体粘聚力产生的能量损耗率。

3.2.1　筋材上的能量损耗率

本文中，考虑所有的能量消耗沿着速度间断面发生，如图 3，由筋材拉力破坏产生的在单位面积速度间断面上能量损耗率为

$$dr = \int_0^{t\sin\xi} k_t \cdot \varepsilon_x \cdot \sin\xi \cdot dx = k_t v\cos(\xi-\phi)\sin\xi \tag{10}$$

式中：ε_x 为筋材方向上的应变率；t 为筋材破裂层厚度；ξ 为筋材倾斜角；v 为速度间断面上的速度间断量；k_t 为单位截面上筋材拉伸强度，对于均匀分布的筋材，k_t 可表达为

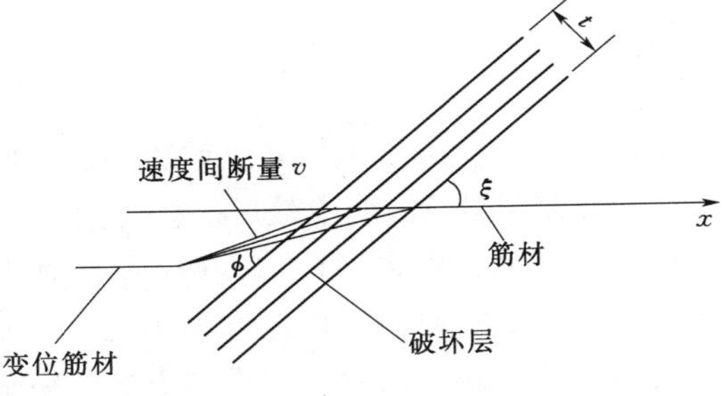

图 3　筋材破坏图

$$k_t=\frac{T}{s}=\frac{T}{H/n}=\frac{nT}{H} \tag{11}$$

式中：T 为筋材拉伸强度，kN/m；s 为筋材层间距，m；n 为加筋层数。

筋材沿着整个对数螺旋面的能量消耗率为

$$D_r=\int_L \mathrm{d}r=\int_L k_t v\cos(\xi-\phi)\sin\xi\cdot \mathrm{d}l \tag{12}$$

注意到 $\xi=\frac{\pi}{2}-\theta+\phi$，$\mathrm{d}l=\frac{r\mathrm{d}\theta}{\cos\phi}$，则

$$D_r=k_t r_0^2\omega\frac{1}{\cos\phi}\int_{\theta_0}^{\theta_h} \mathrm{e}^{2(\theta-\theta_0)\tan\phi}\sin\theta\cos(\theta-\phi)\mathrm{d}\theta=\frac{1}{2}k_t r_0^2[\sin^2\theta_h\cdot \mathrm{e}^{2(\theta_h-\theta_0)\tan\phi}-\sin^2\theta_0]\omega \tag{13}$$

3.2.2 土体粘聚力产生的能量消耗率

如图 1 所示，沿着整个对数螺旋面粘聚力产生的能量消耗率为

$$D_m=\int_{\theta_0}^{\theta_h} c(v\cos\phi)\cdot\frac{r\mathrm{d}\theta}{\cos\phi}=\frac{1}{2}cr_0^2\cdot\frac{1}{\tan\phi}[\mathrm{e}^{2(\theta_h-\theta_0)\tan\phi}-1]\omega \tag{14}$$

将式（9），（11），（13），（14）代入式（1）并整理得：

$$H=\frac{\sin\theta_h\cdot \mathrm{e}^{(\theta_h-\theta_0)\tan\phi}-\sin\theta_0}{2\gamma(f_1-f_2-f_3)}\cdot\left\{\frac{c}{\tan\phi}[\mathrm{e}^{2(\theta_h-\theta_0)\tan\phi}-1]+\frac{T}{s}[\sin^2\theta_h\cdot \mathrm{e}^{2(\theta_h-\theta_0)\tan\phi}-\sin^2\theta_0]\right\} \tag{15}$$

当 $T=0$ 时

$$H=\frac{\sin\theta_h\cdot \mathrm{e}^{(\theta_h-\theta_0)\tan\phi}-\sin\theta_0}{2\gamma(f_1-f_2-f_3)}\cdot\frac{c}{\tan\phi}[\mathrm{e}^{2(\theta_h-\theta_0)\tan\phi}-1]$$

即为无筋土坡的临界高度计算式，与文献［8］，［10］给出的计算式均一致。

式（15）给出了临界高度的一个上限，当 θ_h 和 θ_0 满足条件：

$$\frac{\partial H}{\partial\theta_h}=0 \quad 和 \quad \frac{\partial H}{\partial\theta_0}=0 \tag{16}$$

时，得到最小的 H。解出这些方程，并把所得的 θ_0 和 θ_h 的值代入式（15），便得到加筋土坡临界高度 H_{cr} 的最小值。为避免复杂的计算，式（16）的联立方程可以用半图解法求解[8]。以表 1 中 M－28 组为例来说明半图解法的求解过程：已知 $\varphi=20.2°$，假定一组 θ_h 值，$\theta_h=40°$，50°，60°，80°，90°。对于每一个 θ_h 值，用几个 θ_0 值（$\theta_0<\theta_h$）代入式（15）算出函数 H 的相应值。如果已确定了 4 个或 5 个点，就可以很容易地描绘出 H 对 θ_0 的曲线（θ_0 为横坐标，H 为纵坐标），从图中便可量出最小的 H_{cr}。

4 算例

文献［5－7］给出了加筋土坡离心试验的结果，填土容重 $\gamma=17.8\mathrm{kN/m^3}$，其有关参数及试验结果见表 1。表中最后一栏为由式（15），（16）计算得到的值。

由表 1 可见，由式（15），（16）计算得到的临界高度值比试验实测值要小，小约 10%～15%。分析原因，可能有如下几个方面：（1）理论计算中只考虑了筋材的拉力破坏，而筋材拉力破坏的发生到模型土坡的完全破坏还有一个渐进的过程，理论计算中忽略了这一渐进过程的能量损耗；（2）计算中 T 采用的由筋材的宽条试验得到的拉伸强度，其

表 1　离心模型试验及理论计算的临界高度

序号	β	c/kPa	φ/(°)	T_{ww}/(kN·m^{-1})	S/m	H^*/m	H_{cr}/m
M-28	90°	20.2	20.8	2.86	1.03	8.2	7.2
M-48	90°	18.6	20.1	2.12	0.76	6.1	5.5
M-33	80.5°(1H∶6V)	18.1	20.2	2.97	1.06	8.5	7.8
M-35	80.5°(1H∶6V)	23.8	20.6	3.87	1.39	11.1	10.0
M-41	63.4°(1H∶2V)	17.3	20.7	3.76	1.46	11.7	10.2
M-43	71.6°(1H∶3V)	16.4	20.6	3.55	1.27	10.2	9.0

注　(1) 表中1～4行的试验数据引自文献 [5，7]；最后两行数据引自文献 [6，7]；(2) T_{ww}为筋材宽条试验得到的拉伸强度；S为筋材层间距；H^*和H_{cr}分别为模型离心试验和理论计算的临界高度值。

作用并未完全发挥出来。有关 T 的取值，有待进一步研究；(3) 离心试验中，箱壁不可能绝对光滑，箱壁与模型间的摩擦力使得试验结果本身就有一定误差。另外，半图解法虽然计算过程较简单，但其求出的实质上是一个近似解，精度有一定限制。若采用计算机进行数值解，精度会有一定提高。

5　结语

极限分析法考虑了土体和筋材的塑性及其应力-应变关系，与实际情况较符合，且分析中不需要太多的假设，使求解变得简单；本文所得的加筋土坡的临界高度的计算公式，所得结果略偏低，但计算过程较简单（手工计算就可进行），在工程上还是实用的。

参考文献

[1] 吴雄志，史三元．土工织物加筋土坡强定的塑性极限分析法 [J]. 岩土力学，1994，15 (2)：55-61.

[2] 杨雪强．对竖直加筋边坡设计方法的探讨 [J]. 武汉水利电力大学学报，1997，30 (2)：33-36.

[3] Radoslaw L M. Stability of uniformly reinforced slopes [J]. Journal of Geotechnical and Geoenvior-mental Engineering，1997，123 (6)：546-556.

[4] Radoslaw L M. Limit analysis in stability calculations of reinforced soil structure [J]. Geotextiles and Geomembranes，1998，16 (6)：311-331.

[5] Porbaha A，Goodings K J. Centrifuge modeling of geotextiles reinforced cohesive soil retaining walls [J]. Journal of Geotechnical Engineering，1996，122 (10)；840-848.

[6] Porbaha A，Goodings K J. Centrifuge modeling of geotextiles-reinforced steep clay slopes [J]. Can. Geotech. J.，1996，33 (5)：696-704.

[7] Porbaha A. Traces of slip surfaces in reinforced retaining structures [J]. Soils and Foundations，1998，38 (1)：89-95.

[8] 陈惠发．极限分析与土体塑性 [M]. 北京：人民交通出版社，1995.

[9] 章为民．加筋挡土墙离心模型试验研究 [J]. 土木工程学报，2000，33 (3)：84-90.

[10] 吴梦军. 极限分析上限法在公路边坡稳定分析中的应用 [J]. 重庆交通学院学报，2002，21 (3)：52-55.

上限法分析加筋土挡墙破裂面及临界高度

徐 俊 王 钊

（武汉大学土木建筑工程学院，湖北武汉 430072）

摘 要：以塑性极限分析理论为基础，将附加粘聚力理论运用于加筋土挡墙的极限分析，探讨了当土体处于主动极限状态、顶部一定深度范围内存在平行于墙面的张拉裂缝时，加筋土挡墙破裂面形式及其破坏时的临界高度，并引用了国外离心模型试验数据加以验证，结果表明本文解更接近于真实破坏情况，且适用于不同内摩擦角的加筋土体破坏。

关键词：加筋土挡墙；极限分析；上限定理；临界高度

中图分类号：U 455 **文献标识码**：A **文章编号**：1671－8844（2006）01－063－04

Analysis of Rupture Surface and Critical Height of Reinforced Retaining Wall with Upper－bound Theory

XU Jun WANG Zhao

（School of Civil and Architectural Engineering，
Wuhan University，Wuhan 430072，China）

Abstract：The additional－cohesion theory is used in the limit analysis of reinforced soil retaining wall based on plastic limit analysis theory. The tensioned crack parallel to wall face in definite depth is considered to research the rupture surface and critical height of the reinforced retaining wall. The result is validated by the data of centrifuge model test；and it is much close to the practical condition；it also suits the breakage of reinforced soil with different inner friction angles.

Key words：reinforced soil retaining wall；limit analysis；upper bound theorem；critical height

为了探讨加筋土结构破裂面的位置和形状，国内外学者通过室内、室外模型试验和现场足尺试验获得了大量资料，结果归纳起来大致有三种情况[1]：一是破裂面接近朗肯理论破裂面；二是破裂面在墙下部接近朗肯理论破裂面，上部则与墙面平行，交顶部填土于距墙面板 0.3H（即规范推荐的 0.3H 法，H 为墙高）；三是破裂面为对数螺旋面。此外还有试验结果出现破裂面为面向墙面板的弓形等形状的。实际上，这些结果都各自反映不同的试验条件，但其共同点是破裂面在挡墙中下部与朗肯理论破裂面重合，即破裂面与墙面夹角为 $45°-\phi/2$。其中 0.3H 法在工程实践中运用得较为广泛，在挡土墙设计中起到了很

本文发表于 2006 年 2 月第 39 卷第 1 期《武汉大学学报（工学版）》。

好的指导作用，但该方法也有局限性。若按 0.3H 法考虑，即假定破裂面上部至墙面水平距离为 0.3H，下部为与墙面夹角 $45°-\phi/2$ 的斜平面，不难算出填土的内摩擦角 $\phi=28°04'$。对于内摩擦角变化范围较大的加筋土挡墙仍采用 0.3H 法，则需要进行修正。

本文以塑性极限分析理论为基础，考虑到筋材对填土的附加粘聚力作用，及挡土墙顶部存在张拉裂时对其破裂面的影响，推导出了随着 ϕ 值而变化的破裂面形式，及破坏时挡土墙的临界高度。

1　加筋土挡墙的墙背填土破裂面

1.1　加筋土的似粘聚力理论

加筋土的大量剪切试验都表明[2]，加筋并未明显改变内摩擦角 ϕ。由于筋材与土体之间的摩擦作用约束了土体的侧向变形，即在与小主应力 σ_3 相同方向上施加 $\Delta\sigma_3$，其大小为 T/S_v，根据极限平衡条件，使得土体破坏时的大主应力增加，与无筋时相比土体的抗剪强度增加了 Δc（即附加粘聚力）。

$$\Delta c=\frac{1}{2}\Delta\sigma_3\sqrt{K_P}=\frac{1}{2}\frac{T}{S_v}\sqrt{K_P} \tag{1}$$

式中：T 为筋材单宽抗拉强度，kN/m；S_v 为加筋层的垂直间距，m；K_P 为被动土压力系数，即 $K_P=\tan^2(45°+\phi/2)$。

1.2　主动极限状态下粘性土体的张拉裂缝

由于粘聚力的存在，当粘性土体处于主动极限状态时，在其顶部一定深度范围内存在垂直于顶部的张拉裂缝[3,4]，其裂缝深度 h 为：

$$h=\frac{2\bar{c}}{\gamma}\tan(45°+\phi/2) \tag{2}$$

式中：$\bar{c}$为加筋后土体的粘聚力，$\bar{c}=c+\Delta c$，c 为土体原有粘聚力。从式（2）可以看出，对于未加筋的砂性土，取 c 值为 0，$\Delta c=0$ 时，$\bar{c}=0$，则 $h=0$。即结构破坏时，其顶部不存在垂直裂缝，破裂面为朗肯理论破裂面；而对于加筋土，Δc 值越大，裂缝越深，随着挡墙下部朗肯破裂面的不断发展，张拉裂缝所在平面与朗肯破裂面的交会即形成了挡土墙的破裂面。

2　塑性极限分析

本文假定加筋土挡墙的破裂面如图 1（a）所示[4,5]，土体在外载与自重作用下的破坏区范围与不同应力区的划分如图 1（b），各应力区像刚体一样沿相应的滑动边界 ab、bc、bd 以不同速度发生滑动，其速度方向与相应的滑动面成 ϕ 角，各速度间的矢量关系如图 1（c）所示。

由极限分析上限定理可知[6]，在所有的机动允许塑性变形位移速率场相对应的荷载中，极限荷载为最小，此时结构发生破坏，外荷载所做的功等于塑性变形机构中所耗算的能量，按上述方法选定极限平衡区的范围和应力区划分，可以简单地求得精确度较高的上限解[7]。

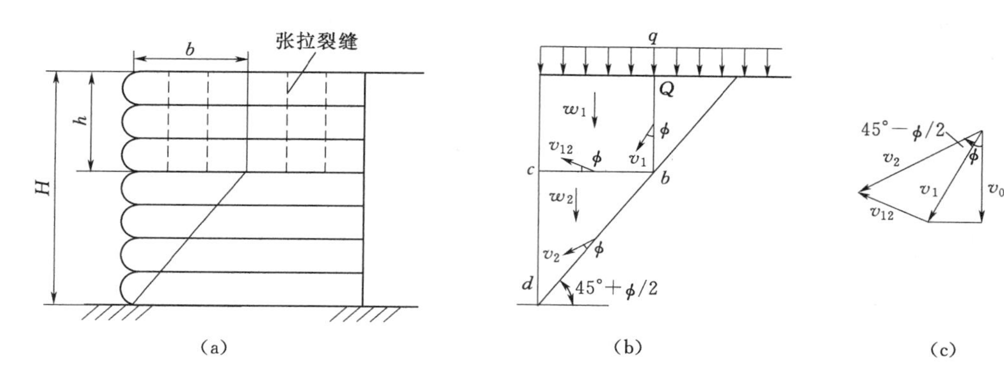

图1　加筋土挡墙破裂面

$$\left.\begin{aligned}V_1&=V_0/\cos\phi\\V_2&=V_0/\left[\cos\phi\cos\left(\frac{\pi}{4}-\frac{\phi}{2}\right)\right]\\V_{12}&=V_0\cdot\tan\left(\frac{\pi}{4}-\frac{\phi}{2}\right)/\cos\phi\end{aligned}\right\}\tag{3}$$

对于岩土材料一般采用莫尔-库仑准则作为屈服条件[6]，即屈服面方程为 $F=\tau-c-\sigma_n\tan\phi$。根据经典塑性理论假设塑性势面与屈服面相同时，由正交流动法则可将塑性应变表示为：

$$\left.\begin{aligned}\xi_{\mathrm{n}}^{p}&=\dot{\mathrm{d}\lambda}\frac{\partial F}{\partial\sigma_{\mathrm{n}}}\\\dot{\gamma}^{p}&=\mathrm{d}\lambda\frac{\partial F}{\partial\tau}\end{aligned}\right\}\tag{4}$$

代入屈服函数 F 可得：$\frac{\partial F}{\partial\sigma_{\mathrm{n}}}=-\tan\phi$，$\frac{\partial F}{\partial\tau}=1$，即：

$$\frac{\xi_{\mathrm{n}}^{p}}{\dot{\gamma}^{p}}=-\tan\phi\tag{5}$$

在破裂面上单位体积土体的能量耗散率 $\dot{w}=\tau\cdot\dot{\gamma}^{p}+\sigma_{\mathrm{n}}\cdot\xi_{\mathrm{n}}^{p}$，代入 $\tau=\sigma_{\mathrm{n}}\tan\phi+c$ 和式（5）可得：

$$\dot{w}=c\dot{\gamma}^{p}\tag{6}$$

从上式可知，在破裂面上同时存在剪应力 τ 与正应力 σ_{n} 时，处于极限状态下的能量耗散率 $\dot{w}$ 反映不出摩擦能耗，其原因是由于土体内存在着剪胀能耗，其大小等于摩擦能耗，二者正好抵消了，即：

$$\mathrm{d}\dot{W}_{内}=(\tau\cdot v_{\tau}+\sigma_{\mathrm{n}}\cdot v_{\mathrm{n}})\mathrm{d}l=cv_{\tau}\mathrm{d}l\tag{7}$$

对于加筋土挡墙，考虑附加粘聚力 Δc 的作用时，内力沿着破裂面上的耗散功率 $\dot{W}_{内}$ 为：

$$\begin{aligned}\dot{W}_{内}&=\int\mathrm{d}\dot{W}_{内}=\bar{c}hV_1\cos\phi+\bar{c}(H-h)\tan(45^{\circ}-\phi/2)\cdot V_{12}\cos\phi+\frac{\bar{c}(H-h)}{\sin(45^{\circ}+\phi/2)}V_2\cos\phi\\&=\bar{c}h\cdot V_0+\bar{c}(H-h)\tan^2(45^{\circ}-\phi/2)V_0+\frac{\bar{c}(H-h)}{\sin^2(45^{\circ}+\phi/2)}V_0\end{aligned}\tag{8}$$

外荷载为自重和挡墙顶部超载 q，则外荷载在设定的速度场中所作的功率$\dot{W}_{外}$为：

$$\begin{aligned}\dot{W}_{外} &= rh(H-h)\tan(45°-\phi/2)V_0+q(H-h)\tan(45°-\phi/2)V_0 \\ &\quad +\frac{1}{2}\gamma(H-h)^2\tan(45°-\phi/2)\cos(45°+\phi/2)V_2 \\ &=(q+\gamma h)(H-h)\tan(45°-\phi/2)V_0 \\ &\quad +\frac{1}{2}\gamma(H-h)^2\tan^2(45°-\phi/2)V_0/\cos\phi \end{aligned} \tag{9}$$

令$\dot{W}_{内}=\dot{W}_{外}$，可得：

$$\frac{3-\sin\phi}{\cos\phi}\bar{c}+\frac{\bar{c}\cdot h}{(H-h)\tan(45°-\phi/2)}=(q+\gamma h)+\frac{1}{2}\gamma(H-h)/(1+\sin\phi) \tag{10}$$

令 $q=0$，代入 $h=\frac{2\bar{c}}{\gamma}\tan(45°+\phi/2)$，可得临界高度 H 的大小：

$$H=\frac{3(1-\sin\phi)+\sqrt{9\sin^2\phi-2\sin\phi+5}}{\tan(45°-\phi/2)}\cdot\frac{\bar{c}}{\gamma} \tag{11}$$

令 $A_\phi=3(1-\sin\phi)+\sqrt{9\sin^2\phi-2\sin\phi+5}$，则

$$H=A\phi\tan\left(45°+\frac{\phi}{2}\right)\cdot\frac{\bar{c}}{\gamma} \tag{12}$$

$$b=(H-h)\tan(45°-\phi/2)=(A_\phi-2)\bar{c}/\gamma \tag{13}$$

可得：

$$h/H=2/A_\phi \tag{14}$$

$$b/H=(1-2/A_\phi)\cdot\tan(45°-\phi/2) \tag{15}$$

由式（14）可知，加筋土挡端破裂面的几何尺寸与墙背填土内摩擦角 ϕ 值的大小有关，现将各种 ϕ 值下破裂面上段高度与墙高的比值 h/H、上段破裂面至墙背的水平距离与墙高的比值 b/H 列于下表 1。

表 1　　不同内摩擦角及相对应的破坏面

ϕ/(°)	5	10	20	30	40	50
$\tan(45°-\phi/2)$	0.916	0.839	0.767	0.577	0.446	0.364
A_ϕ	5.206	4.697	4.291	4.00	3.798	3.660
h/H	0.384	0.426	0.466	0.50	0.527	0.546
b/H	0.564	0.482	0.410	0.289	0.210	0.165

由表 1 可以看出，当 h 为墙高 H 的 1/2 时，填土的内摩擦角 ϕ 为 30°，此时上段破裂面与墙背的水平距离 b 为 $0.289H$；当 $b=0.3H$ 时，h 为 $0.496H$，ϕ 值为 28.5°，与前述 $0.3H$ 法中，$b=0.3H$，$h=0.5H$，$\phi=28°04'$十分接近。随着 ϕ 值从 5°变化为 50°，h/H、b/H 亦随之改变，分别为 0.384～0.546 和 0.564～0.165，变化幅度较大。为了避免按 $0.3H$ 法设计时的盲目性，在实际工程中，应根据不同土体的内摩擦角查表确定相应的破裂面形式，从而能更加合理地设置筋材的长度。

3　离心模型试验

本文采用文献［8］中的加筋土挡墙离心模型试验数据来验证挡墙破坏时的极限高度，模型高度 $H_m=0.152\text{m}$，密度 $\gamma=17.8\text{kN/m}^3$，加筋与未加筋结构的模型参数见表2[8]。表3[8]中 H_f 为挡墙破坏时的等效高度，即为模型高度 H_m 乘以此时离心加速度 a 与重力加速度 g 的比值 n，T 和 S_v 分别为筋材抗拉强度与间距的等效值，即 $T=nT_m$，$S_v=nS_{vm}$。

表2　离心模型试验数据

试验编号	坡角/(°)	筋材长度 L_m/mm	L_m/H_m	填土粘聚力 c/kPa	内摩擦角 ϕ/(°)
1	90	114	0.75	20.2	20.8
2	80.5	114	0.75	23.8	20.6
3	80.5	0	0	17.8	21.7

注　对于坡角大于70°的加筋陡坡，按照加筋土挡墙来计算，结果偏于安全。

表3中 H_{crack} 为挡土墙出现裂缝时的等效高度；$H_{Fellenius}$ 为 Fellenius 用圆弧滑动法得到的临界高度，此解与假定滑动面为对数螺旋线时计算所得的上限值相同，$H_{Fellenius}=\frac{3.83c}{\gamma}\sqrt{K_P}$；$H_{本文}$ 即按照式（11）计算所得。从表3可以看出 $H_{本文}$ 介于破坏值 $H_{failure}$ 与 H_{crack} 之间，且比 Fellenius 解更接近于挡土墙破坏时的临界高度值。

表3　试验结果及理论计算结果

试验编号	T /(kN·m⁻¹)	S_v /m	$K_t=\frac{T}{S_v}$ /kPa	$\Delta c=\frac{1}{2}\frac{T}{S_v}\sqrt{K_P}$ /kPa	$\bar{c}=c+\Delta c$ /kPa	n	H_{crack} /m	$H_{failure}$	$H_{Fellenius}$ /m	$H_{本文}$ /m
1	2.86	1.02	2.804	2.032	2.232	45.4	6.1	8.2	6.93	7.72
2	3.97	1.42	2.796	2.020	25.82	62.5	7.3	11.1	8.03	8.95
3	0	0	—	—	17.80	46.0	6.5	7.2	5.65	6.25

4　结语

本文通过计算得出了对于不同内摩擦角加筋挡土端的破裂面形式，对 $0.3H$ 法提出了修正，建议应根据土体的实际内摩擦角，通过本文所制表格来确定其潜在破裂面，以便于合理铺设筋材。此外，通过离心模型试验数据来验证了本文所推导的挡土墙临界高度，与其他方法相比，该结果更接近于真解，且具有一定的计算精度。

参考文献

［1］　张师德，吴邦颖．加筋土结构原理及应用［M］．北京：中国铁道出版社，1986.
［2］　陆士强．土的本构关系［M］．武汉：武汉水利电力大学出版社，1997.
［3］　李国祥．加筋土挡墙破裂面的试验研究与分析［J］．铁道工程学报，2001，(3)：125－128.
［4］　梁波，孙遇祺．加筋土模型试验中的拉力破坏研究［J］．岩土工程学报，1995，17（2）．83－87.

[5] 章为民，蔡正银，赖忠中．加筋挡土墙的极限分析方法及离心模型试验验证［J］．水利水运科学，1995，(1)：55-63.
[6] 龚晓南．土塑性力学［M］．杭州：浙江大学出版社，1990.
[7] 陈震．散体极限平衡理论基础［M］．北京：水利电力出版社，1987.
[8] Ali Porbaha，Aigen Zhao. Upper bound estimate of scaled reinforced soil retaining walls［J］．Geotextiles and Geomembranes，2000，(18)：403-413.

土—结构相互作用体系的非线性随机地震反应

张国栋[1]　王　钊[2]　孟　伟[1]

（1. 三峡大学土木水电学院，湖北宜昌　443002；
2. 武汉大学土木建筑工程学院，湖北武汉　4430072）

摘　要：对土—结构相互作用体系的非线性进行随机分析，将地震地面运动模拟为零均值平稳高斯过程，建立了土—结构相互作用体系的运动方程。考虑多层剪切型钢筋混凝土框架结构非线性和地基土的非线性以及基础埋深对相互作用的体系反应的影响，把地基土的作用转化为作用在基础边界上的弹簧-阻尼器。算例表明：地基土的非线性特性所造成的层间错动比上部结构非线性特性所造成的层间错动大，也就是说，考虑地基土非线性特性比仅考虑上部结构非线性特性结构体系的破坏更严重。

关键词：随机分析；土—结构相互作用；平稳过程

中图分类号：TU 435　　**文献标识码**：A　　**文章编号**：1671－8844（2006）03－064－04

Nonlinear Seismic Response Analysis of Soil－structure Interaction Systems on Stationary Random Excitations

ZHANG Guodong[1]　WANG Zhao[2]　MENG Wei[1]

（1. College of Civil and Hydropower Engineering，China Three Gorges University，Yichang 443002，China；
2. School of Civil and Architectural Engineering，Wuhan University，Wuhan 430072，China）

Abstract：The nonlinear seismic response of soil－structure interaction systems is analysed；and seismic ground motions are simulated as the zero－mean Gaussian stationary process；the motion equations of the soil－structure system are established. The effects of the nonlinearity of soil－structure interaction systems of the shear mode reinforced concrete framed structure and foundation soil are considered. The effects of foundation soil are transformed for the spring－damper on base boundary. The displacement between layers created from nonlinear characteristics of soil is larger than the displacement created by the nonlinear characteristics of the upper structure. The damage under the condition of taking the nonlinerity of foundation soil into account is more serious than that only taking nonlinear characteristics of the upper structure into account.

Key words：random analysis；soil－structure interaction；stationary process

---

本文发表于 2006 年 6 月第 39 卷第 3 期《武汉大学学报（工学版）》。
本文为湖北省教育厅科学研究基金、三峡大学科学研究基金资助项目。

在强震作用下，地基土和上部结构一般不再保持线弹性状态，也就是说相互作用体系将进入非线性状态。在非线性相互作用体系随机地震激励的分析中，完全有限元法仍然存在计算过程复杂以及一些难以处理和计算费用较高的问题。而集总参数法是土—结构相互作用分析中另一种重要的方法，这种方法是将结构物地下部分土体转化为凝聚在基础边界上的弹簧——阻尼器，上部结构离散为串联多质点系，该方法概念明确，计算量小，可以考虑非线性问题，不失为一种进行相互作用分析的有效方法。

1 地震动随机过程模拟及谱参数的确定

地震动是地震时由震源释放出的地震波以一定的辐射方式通过地壳介质传播至地表或地下浅层而产生的近地表介质的强烈振动。地震动不仅是地球地壳介质这一复杂系统对于震源激励的输出，同时又是地震区工程结构所遭遇的主要外部激励之一，对于结构抗震设计常常起到控制作用[1]。金井清谱作为土与结构相互作用体系随机响应分析的输入功率谱，已在地震工程研究中广泛应用，其输入功率谱的表达式为[2]

$$S_{\ddot{x}_g}(\omega)=[\omega_g^4+4\xi_g^2\omega_g^2\omega^2][(\omega_g^2-\omega^2)^2+4\xi_g^2\omega_g^2\omega^2]^{-1}S_0 \tag{1}$$

式中：ω_g，ξ_g 分别表示地基土层的卓越频率和阻尼比，其取值见表 1[3]；S_0 为白谱强度因子，根据场地条件计算确定。这一模型实际上是将场地土视为单自由度线性滤波器，由基岩白噪声通过土层滤波得到。

由随机振动理论可以得到地面加速度的方差：$\sigma_A^2=\int_{-\infty}^{+\infty}S_A(\omega)\mathrm{d}\omega$，对于 Kanai 谱，积分后可以得到：

$$\sigma_A^2=\pi\omega_g S_0(1+4\xi_g^2)/2\xi_g=NS_0 \tag{2}$$

地面加速度过程 $A(t)$ 的最大值 A_m 为一随机变量，由随机极值理论有

$$E[A_m]=r\sigma_A \tag{3}$$

把式（2）代入式（3）可得：

$$S_0=\frac{(E[A_m])^2}{r^2N} \tag{4}$$

式中：r 为峰值因子。由于 $E[A_m]$ 等于地面加速度峰值的统计平均值，本文计算时，基本地面运动水平加速度取“建筑抗震设计规范”（GB 50011—2001）中的值[4]。由式（4）即可确定白谱强度因子 S_0，如表 1 所示。不同场地条件下，地面加速度功率谱密度函数见图 1。

表 1　金井清谱场地土参数

场地条件	ω_g	ξ_g	峰值因子 r	$S_0/(\mathrm{cm}^2\cdot\mathrm{s}^{-3})$
Ⅰ	31.42	0.64	3.40	17.06
Ⅱ	20.94	0.72	3.48	23.53
Ⅲ	15.71	0.80	3.54	29.16
Ⅳ	9.67	0.90	3.56	44.12

2 地基阻抗的确定

土壤对结构的作用力称为地基的阻抗。地基阻抗的一般表达式为[5,6]

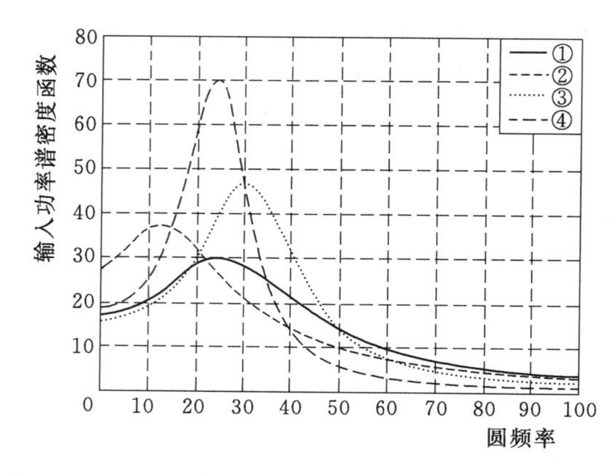

图1　4种类别场地输入功率谱密度函数曲线

$$[S(\omega)]=[K(\omega)]+i\omega[C(\omega)]$$

其中：$C(\omega)$ 为粘性阻尼；$K(\omega)$ 为动力刚度；ω 为圆频率。$C(\omega)$，$K(\omega)$ 是与频率相关的复函数。对于地震作用下的刚性基础，地基阻抗表现为一个平移（Sway）弹簧阻尼器和一个回转（Rocking）弹簧阻尼器，这种表征地基土效应的模型又称为S－R模型。阻抗函数与基础的几何特性、埋入情况、土层特征、土—基础界面情况以及激励频率等有关。本文在计算时参考文献［7］给出的阻抗计算公式并做适当的修正得到地基阻抗的计算公式。

3　计算模型及方程的建立与求解

土与结构相互作用体系力学计算模型如图2所示。建筑物—基础—地基耦联体系的运动方程为

$$\begin{bmatrix} [M_s] & \{m\} & \{mH\}^{\mathrm{T}} \\ \{m\}^{\mathrm{T}} & m_b+\sum m_j & \sum m_j H_j \\ \{mH\} & \sum m_j H_j & I_b+\sum I_j+\sum m_j H_j^2 \end{bmatrix}\begin{Bmatrix} \{\ddot{u}_j\} \\ \ddot{u}_b \\ \ddot{\theta} \end{Bmatrix} + \begin{bmatrix} [C_s] & \{0\} & \{0\} \\ \{0\}^{\mathrm{T}} & C_{hh} & 0 \\ \{0\}^{\mathrm{T}} & 0 & C_{rr} \end{bmatrix}\begin{Bmatrix} \{\dot{u}_j\} \\ \dot{u}_b \\ \dot{\theta} \end{Bmatrix} + \begin{bmatrix} [K_s] & \{0\} & \{0\} \\ \{0\}^{\mathrm{T}} & K_{hh} & 0 \\ \{0\}^{\mathrm{T}} & 0 & K_{rr} \end{bmatrix}\begin{Bmatrix} \{u_j\} \\ u_b \\ \theta \end{Bmatrix}$$

$$=-\begin{bmatrix} [M_s] & \{0\} & \{0\} \\ \{0\}^{\mathrm{T}} & m_b+\sum m_j & 0 \\ \{0\}^{\mathrm{T}} & 0 & \sum m_j H_j \end{bmatrix}\begin{Bmatrix} \{1\} \\ 1 \\ 1 \end{Bmatrix}\ddot{u}_g(t) \tag{5}$$

式（5）进一步转化为

$$[M]\{\ddot{X}\}+[C]\{\dot{X}\}+[K]\{X\}=-[M_g]\{J\}\ddot{u}_g(t) \tag{6}$$

上述非线性系统可用下面的等效线性系统代替：

$$[M]\{\ddot{X}\}+[C]_e\{\dot{X}\}+[K]_e\{X\}=-[M_g]\{J\}\ddot{u}_g(t) \tag{7}$$

式（5）～（7）中：$[C]_e$，$[K]_e$ 分别为等效的阻尼和刚度矩阵；层间阻尼系数按 $C_{je}=2\xi_{je}\sqrt{m_j K_{je}}$ 计算，C_{je}，K_{je} 为上部结构阻尼矩阵和刚度矩阵中的元素，均为三对角矩阵，m_j 表示上部结构第 j 层的集中质量；m_b，I_b 表示基础的质量和转动惯量；H_j 表示第 j 个质点离地面的高度；I_j 表示第 j 层的集中质量对其自身的转动惯量；u_j 表示第 j 个质点的相对位移；u_b，θ 表示基础的平动位移和转动位移；K_{ii}（$i=h$，r）表示地基土弹簧刚度；C_{ii}（$i=h$，r）表示地基土阻尼。

等效线性刚度和阻尼比的经验公式如下[8]：

$$K_e(\mu)=\frac{K_0}{\mu}[(1-\alpha)(1+\ln\mu)+\alpha\mu] \quad (8)$$

$$\xi_e(\mu)=\xi_0+\xi_m\left(1-\sqrt{\frac{1+\alpha(\mu-1)}{\mu}}\right) \quad (9)$$

式（8），（9）中：K_0 表示屈服刚度；μ 表示延性系数，$\mu=\frac{u_p}{u_0}$，表示反应幅值 u_p 与屈服位移 u_0 之比；α 表示屈服后的刚度与屈服前刚度之比。

输出功率谱密度函数矩阵为

$$[S_X(\omega)]=[H(\omega)]\{J\}\{J\}^T[H^*(\omega)]^T S_{\ddot{x}_g}(\omega) \quad (10)$$

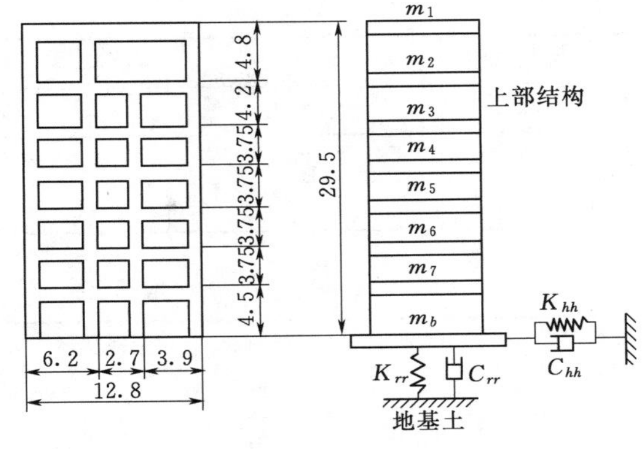

图 2　建筑物—基础—地基耦联体系计算模型图

式（10）中 $H(\omega)$ 为频响函数，$H^*(\omega)$ 为其复共轭。

$$H(\omega)=-[M_g][[K]_e-\omega^2[M]+i\omega[C]_e]^{-1} \quad (11)$$

相对位移、速度、加速度的协方差矩阵为

$$\mathrm{COV}[\{X\}\{X\}^T]=\int_0^{\omega_m}[S_X(\omega)]\mathrm{d}\omega \quad (12)$$

$$\mathrm{COV}[\{\dot{X}\}\{\dot{X}\}^T]=\int_0^{\omega_m}\omega^2[S_X(\omega)]\mathrm{d}\omega \quad (13)$$

$$\mathrm{COV}[\{\ddot{X}\}\{\ddot{X}\}^T]=\int_0^{\omega_m}\omega^4[S_X(\omega)]\mathrm{d}\omega \quad (14)$$

式中：ω_m 为频率离散点上限。从式（12），（13），（14）中可以换算出层间位移、速度、加速度的方差。

4　算例

以一个 7 层钢筋混凝土框架结构作为算例[9]，其结构参数见表 2，基础底面为 12.8m×25m，基础埋深为 3m，地震烈度为 8 度，设计地震动分组为 1 组。地基土特性见表 3。

表 2　结构计算参数

层号	层高 h_i/m	质量 m_i/(t·s²·m⁻¹)	刚度 k_0/(×10³kN·m⁻¹)	u_0/cm	ξ_m	ξ_0	α
1	4.80	466	422	0.51	0.15	0.05	0.05
2	4.20	660	433	0.44	0.15	0.05	0.05
3	3.75	613	309	0.75	0.15	0.05	0.05
4	3.75	528	264	0.75	0.15	0.05	0.05

续表

层号	层高 h_i/m	质量 m_i/(t・s^2・m^{-1})	刚度 k_0/(×10^{3}kN・m^{-1})	u_0/cm	ξ_m	ξ_0	α
5	3.75	528	473	1.00	0.15	0.05	0.05
6	3.75	528	371	1.00	0.15	0.05	0.05
7	4.50	539	405	1.20	0.15	0.05	0.05

表 3　　**地基土构成及土特性**[7]

底层深度/m	厚度/m	土层构造	质量密度/(t・m^{-3})	波速/(m・s^{-2})	剪切模量/(kN・m^{-2})
4.5	4.5	杂填	1.84	160	471
8.95	4.45	砂粘	1.99	200	796
11.5	7.02	细砂	2.03	270	1480
15.97		卵石	2.03		
17.6	5.12	砂粘	2.03	280	1592
21.09			2.03		
40.33	6.00	卵石	2.03	370	2631
	6.00		2.03	390	3088
	7.24		2.03	430	3753
49.65	9.23	砂粘	2.09	360	2709
59.5	9.85	卵石	2.04	500	5100

从表 4 可以看出，地基土的非线性特性所造成的层间错动比上部结构非线性特性所造成的层间错动大，也就是说，考虑地基土非线性特性比仅考虑上部结构非线性特性结构体系破坏更严重。同时考虑地基土和上部结构的非线性特性层间错动最大。所以，在对土与结构相互作用体系进行分析时，同时考虑地基土和上部结构的非线性效应才能真实地反映结构体系的破坏情况。

表 4　　**层间位移最大值的均值**　　单位：cm

质　点　号		1	2	3	4	5	6	7
明置基础	弹性结构及弹性半空间地基	0.3100	0.5813	1.0589	1.5421	1.0234	1.3989	1.3887
	仅考虑上部结构非线性特性	0.7980	1.3513	2.4580	3.3411	2.1325	2.7710	2.4371
	仅考虑地基土非线性特性	1.3146	1.5171	2.5407	3.4889	2.2556	2.8309	2.4738
	同时考虑上部结构和地基土非线性情况	1.7213	1.7100	2.6980	3.6876	2.4921	2.9315	2.5870
同时考虑上部结构和地基土非线性及基础埋深情况		1.5974	1.6109	2.5178	3.5757	2.3852	2.709	2.4799

图 3 和 4 中：①表示线弹性体系分析结果；②表示仅考虑上部结构非线性的情况；③表示仅考虑地基非线性情况（$d=0$）；④表示同时考虑上部结构非线性和地基非线性而考虑基础埋深的影响情况；⑤表示同时考虑上部结构非线性和地基非线性以及不考虑基础埋深的情况。从中可以看出在计算结构体系的响应时，应考虑非线性效应及基础埋深的影

响。考虑上部结构和场地的非线性效应后，体系层间位移响应量明显增大，与弹性体系分析结果相比，对于该场地，层间位移增大了 51.6%。

本文在计算时，为了便于比较，考虑了 5 种情况。计算得到层间位移最大值的均值及延性系数如表 4，5 所示。其层间位移最大值的均值及延性系数沿楼层高度的变化如图 3，4 所示。

表 5　　　延　性　系　数

质　点　号		1	2	3	4	5	6	7
明置基础	弹性半空间地基	0.61	1.32	1.41	2.06	1.02	1.40	1.16
	仅考虑上部结构非线性特性	1.56	3.07	3.28	4.45	2.13	2.78	2.03
	仅考虑地基土非线性特性	2.58	3.45	3.39	4.65	2.26	2.83	2.06
	同时考虑上部结构和地基土非线性情况	3.18	3.89	3.59	4.92	2.49	2.93	2.16
同时考虑上部结构和地基土非线性及基础埋深情况		3.13	3.66	3.56	4.77	2.39	2.71	2.07

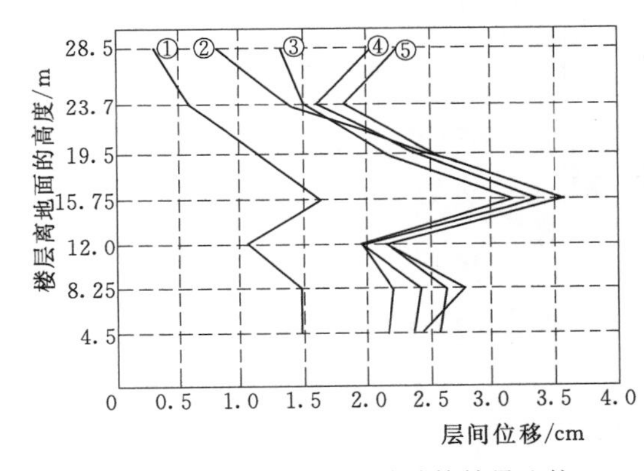

图 3　几种情况层间位移计算结果比较

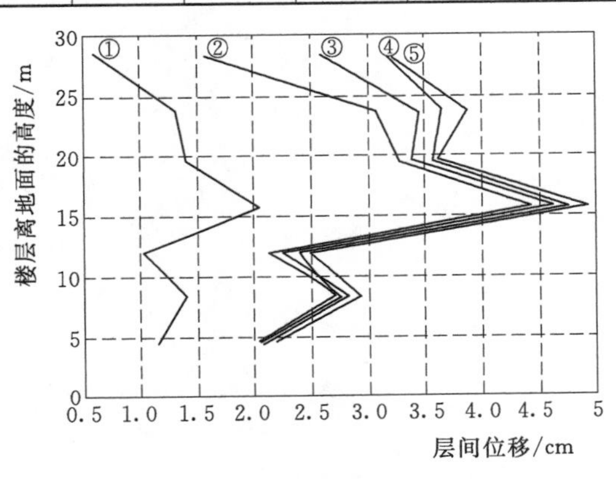

图 4　几种情况延性系数计算结果比较

5　结论

本文对土与结构相互作用体系的非线性特性进行了系统的分析，既考虑了上部结构的非线性和场地的非线性，同时还考虑了基础埋深对体系随机响应的影响。主要结论如下：

（1）地基土的非线性特性所造成的层间错动比上部结构非线性特性所造成的层间错动大，也就是说，考虑地基土非线性特性比仅考虑上部结构非线性特性结构体系破坏更严重。同时考虑地基土和上部结构的非线性特性层间错动最大；与弹性体系分析结果相比，该场地情况层间位移增大了 51.6%；

（2）在进行结构抗震设计时，应考虑场地条件对结构反应的影响，同时在结构设计时应设法增加结构的刚度，并且应使结构的刚度尽量分布均匀，避免出现明显的薄弱层。

参考文献

[1]　李英明，赖明．工程地震动模型化研究综述及展望（Ⅰ）．重庆建筑大学学报［J］，1998，20（2）：

73 - 80.

[2] Kanai. Semi - empirical formula for the seismic characteristics of ground [A]. Bull. Earthquake Research. Inst [C]. Japan：Tokyo University，1957，35：306 - 325.

[3] 欧进萍，刘会仪．基于随机地震动模型的结构随机地震反应谱方法及其应用 [J]. 地震工程与工程振动，1994，14 (1)：14 - 23.

[4] GB 50011—2001，建筑抗震设计规范 [S].

[5] 刘季. 土—高层建筑、高耸结构相互作用地震反应分析．哈尔滨建筑工程学院学报 [J]. 1988 (4)：23 - 29.

[6] 门玉明. 土与结构相互作用问题的研究现状及展望．力学与实践 [J]. 2000，22 (4)：1 - 6.

[7] 王开顺. 地基阻抗与结构地震反应 [J]. 地震工程与工程振动，1985，5 (2)：87 - 102.

[8] 江近仁，陆钦年. 多自由度滞变结构随机地震反应分析的均值反应谱方法 [J]. 地震工程与工程振动，1984，4 (1)：1 - 13.

[9] 尹之潜．在地震荷载作用下多层框架结构的弹塑性分析 [J]. 地震工程与工程振动，1981，1 (2)：56 - 77.

极限平衡理论在建筑地基治理中的应用

王　钊

（武汉大学土木建筑工程学院，武汉　430072）

摘　要： 本文编程计算条形均布荷载下地基中的极限平衡区界线，着手计算极限平衡区的水平界限 x_{max}，讨论了该界线与 Prandtl - Reissner 理论给出的基础两侧完整滑动面的差别，最后试图用极限平衡条件和朗肯破坏面给出基础外侧地基土中掏土纠倾法的布置原则。

关键词： 极限平衡；地基；掏土；纠倾

1　概述

1857 年英国 Glasgow 大学的朗肯（Rankine W. J. M.）教授研究半无限土体内的应力达到极限平衡状态的条件，提出土压力理论，同时给出滑动面与大主应力作用面的夹角。我国在土力学教材和国家标准《建筑地基基础设计规范》中，按控制地基中极限平衡区发展范围的方法确定了地基承载力的特征值。本文分析了极限平衡区的范围，并试图对在基础外侧掏地基土纠倾法[1]提出一些布置原则。

基础外侧的掏土孔布置如图 1 所示。实际上，取土钻孔还可以布置成向基础底部倾斜的形式。学习极限平衡理论可以根据取土段是否达极限平衡状态确定钻孔的布置形式和长度参数。以钻孔竖直向下为例简述该法的原理，参见图 2（详细原理和实例请见参考文献[2]）。

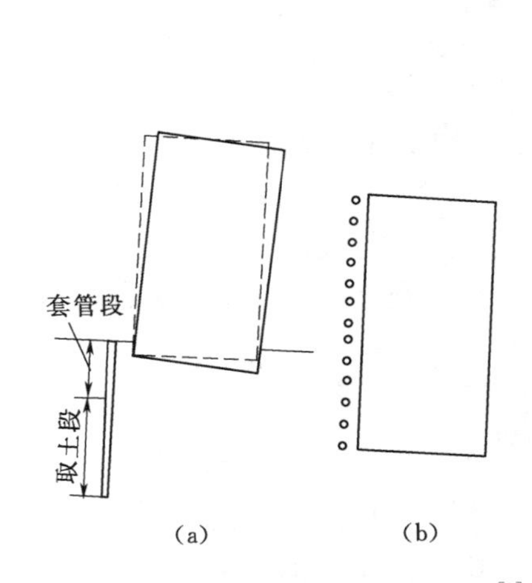

图 1　基础外侧地基士中掏土纠倾法[1]

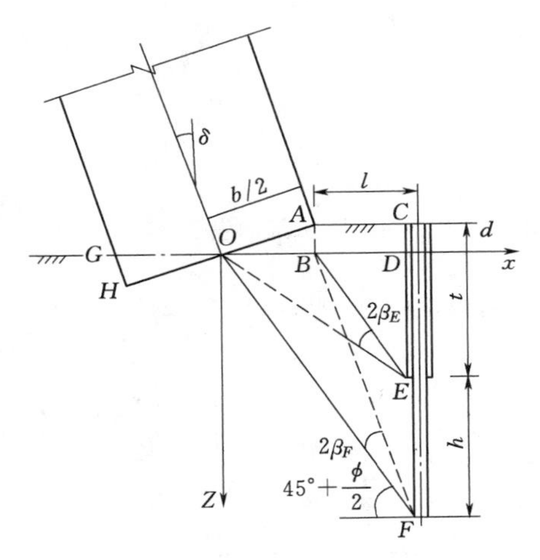

图 2　竖直孔掏土纠倾法的原理和布置

钻孔布置在沉降较小的一侧，距建筑物边缘 l。在钻孔的地表段设套管 CE（高度 $t+d$），目的是保护基础、使纠倾过程平缓、并减小建筑物整体向钻孔方向的平移。用螺旋钻在取土段 EF（高度 h）钻进并反复数次将土取出，这要求 EF 段的土处于极限平衡状态，不断有地基土补充进钻孔，同时每孔的取土量可初步以图 2 中面积 AOB 乘以钻孔间距估算。从 O 点，而不是从 H 点，向下作$\angle DOF=45°+\phi/2$ 线，是为了尽量减小建筑物纠倾后的整体下沉量，也就是让 OH 下的地基土卸载回弹。从图 2 可知：

$$d=b\tan\delta/2,t=l\times\tan(45°+\phi/2),h=(b/2+l)\times\tan(45°+\phi/2)-t$$

$$2\beta_E=\tan^{-1}\frac{b/2+l}{t}-(45°-\phi/2),2\beta_F=(45°-\phi/2)-\tan^{-1}\frac{l}{l+h} \tag{1}$$

2　地基土的极限平衡条件

根据地基中极限平衡区界线的方程[3]，

$$z=\frac{p-\gamma d}{\pi\gamma}\left(\frac{\sin2\beta}{\sin\phi}-2\beta\right)-\frac{c}{\gamma\tan\phi}-d \tag{2}$$

为保证 E 点和 F 点处于极限平衡状态，应分别满足式（3）和（4），

$$t\leqslant\frac{p-\gamma d}{\pi\gamma}\left(\frac{\sin2\beta_E}{\sin\phi}-2\beta_E\right)-\frac{c}{\gamma\tan\phi}-d \tag{3}$$

$$h\leqslant\frac{p-\gamma d}{\pi\gamma}\left(\frac{\sin2\beta_F}{\sin\phi}-2\beta_F\right)-\frac{c}{\gamma\tan\phi}-d-t \tag{4}$$

下面用一工程实例说明极限平衡理论在掏土纠偏中的应用。

【实例】 某七层楼倾斜角 $\delta=1°$，其他指标：$p=160\text{kPa}$，$b=12\text{m}$，地基土 $\gamma=18.5\text{kN/m}^3$，$c=25\text{kPa}$，$\varphi=10°$。检验掏土段 EF 的土是否处于极限平衡状态。

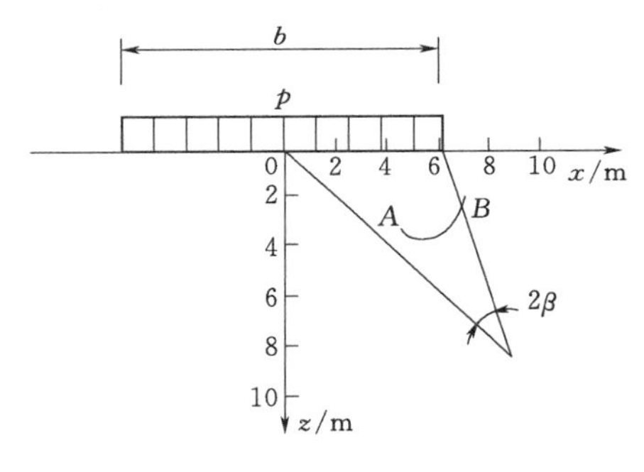

图 3　地基极限平衡区的发展

解： 取 $l=2\text{m}$，计算得：$d=0.11\text{m}$，$t=2.38\text{m}$，$h=7.15\text{m}$，$2\beta_E=0.583$，$2\beta_F=0.490$，将上列数据代入式（3）和（4），发现不能满足。

下面设法绘出地基中极限平衡区界线，从图 3 可见，式（2）中的 2β 满足式（5）

$$2\beta=\tan^{-1}\frac{z}{x-b/2}-\tan^{-1}\frac{z}{x+b/2} \tag{5}$$

按式（3）中介绍的方法，将图 3 地基中 x 从 0～10m，z 从 0～10m 的范围，均分为 0.1m 间距的网格，把式（2）和（5）编程计算得式（2）左右相差的绝对值小于 0.1m 时的 z 和 x，并绘成如图 3 所示曲线 AB。从曲线和输出结果看，$z_{\max}=3.90\text{m}$，$x=5.4\text{m}$，$2\beta=1.392$。理论解为

$$\frac{dz}{d\beta}=\frac{p-\gamma d}{\pi\gamma}\left(\frac{2\cos2\beta}{\sin\varphi}-2\right) \tag{6}$$

令$\frac{dz}{d\beta}=0$，得 $2\beta=\frac{\pi}{2}-\varphi=1396$ 时，$z_{\max}=\frac{p-\gamma d}{\pi\gamma}\left(\text{ctg}\varphi-\frac{\pi}{2}+\varphi\right)-\frac{c}{\gamma\tan\phi}-d$[3]，代入相应数据得 $z_{\max}=3.86\text{m}$，和编程计算结果十分接近。图 3 中 A 点的 x 和 z 坐标分别为 4.6m 和 3.5m，B 点分别为 7.2m 和 2.2m，但所编程序未能计算出靠近基础边缘地基中的极限

平衡区界线。从图 3 还可看出，当 $x=b/2+l=8\text{m}$ 时，已处于极限平衡区界线以外，EF 段的土不可能达极限平衡状态。增加荷载 p 的计算结果表明，A 点和 B 点分别向两侧移动，AB 弧向下扩大，但始终在以基础底边为弦的圆周范围内，当 $\varphi=0$ 时，极限平衡区界线为基础底边做直径的圆周。按 Prandtl - Reissner 理论可知基础两侧完整滑动面的形状，相比可见两种理论所得极限平衡区范围的差别。

下面的思路是：能否令 $\dfrac{\mathrm{d}x}{\mathrm{d}\beta}=0$，求出 $x_{\max}$；EF 段的土在成孔后（$\sigma_x=0$）能否达极限平衡状态？达极限平衡的条件是什么？

将式（5）看成 $G(x,z,\beta)=0$，x，z 分别为 β 的隐函数。隐函数对 β 求导，可得

$$\frac{\mathrm{d}x}{\mathrm{d}\beta}=-\left\{\frac{b(z^2-x^2+b^2/4)\dfrac{\mathrm{d}z}{\mathrm{d}\beta}+2(x^2+bx+b^2/4+z^2)(x^2-bx+b^2/4+z^2)}{2bxz}\right\} \tag{7}$$

将式（2）和（6）代入式（7），并令其为零，可求得 2β 和 $x_{\max}$。

再看 EF 段成孔后的应力状态，条形均布荷载下地基中各点的应力 σ_x、σ_z、σ_{xz} 已有经典解，如：

$$\sigma_z=\frac{p-\gamma d}{\pi}\left(\tan^{-1}\frac{z}{x-b/2}-\tan^{-1}\frac{z}{x+b/2}-\frac{bz(x^2-z^2-b^2/4)}{(x^2+z^2-b^2/4)^2+b^2z^2}\right) \tag{8}$$

在掏土孔边缘，$\sigma_x=\tau_{xz}=0$，即 $\sigma_x=\sigma_3=0$，$\sigma_z=\sigma_1$。当 $\sigma_3=0$ 时，极限平衡条件为

$$\sigma_1=\sigma_z\geqslant\frac{2c\cos\varphi}{1-\sin\varphi} \tag{9}$$

用式（8）求出 E 点和 F 点的 σ_z，将实例中的数据一起代入式（9），可知 E 点和 F 点已处于极限平衡状态。

3 结语

（1）编程计算某条形均布荷载下地基中的极限平衡区界线，如图 3 中的 AB，分析了极限平衡区的变化范围；

（2）补充式（5），即方程 $G(x,z,\beta)=0$，试图计算极限平衡区界线的水平界限 $x_{\max}$，但未求出解析式；

（3）可以用掏土孔边缘的土处于极限平衡状态［式（8）和（9）］以及与朗肯破坏面有关的几何条件［式（1）］设计基础外侧地基土中的掏土纠倾法。

限于水平，文中工作未完成。另外，笔者没能查到临塑荷载推导的原始出处。

参考文献

［1］ 谢新宇，3.2 既有建筑纠倾，引自：林宗元主编，岩土工程治理手册［M］. 北京：中国建筑工业出版社，2005.

［2］ 俞季民，第十二章 建筑物纠偏，引自：王钊主编，基础工程原理［M］. 武汉：武汉大学出版社，2001.

［3］ 陈仲颐，周景星，王洪谨. 土力学［M］. 北京：清华大学出版社，1995.

玻璃钢螺旋锚的设计和试制

王　钊[1]　周红安[2]　李丽华[1]　储开明[3]　崔伯军[3]

（1. 武汉大学土木建筑工程学院，武汉　430072；2. 深圳市勘察测绘院，深圳　518028；
3. 江苏九鼎集团，江苏如皋　226500）

摘　要： 试制了一种新型玻璃钢螺旋锚，该种螺旋锚采用渐开不等径螺旋叶片，能逐渐排开土层中的碎砾，对土层的扰动较小。采用强质比很高的玻璃钢代替金属制成的锚杆具有一定的柔韧性，不易腐蚀，能延长使用寿命。还给出锚的结构和设计以及锚杆的拉伸和蠕变特性，并详细描述了下锚的工具和方法。

关键词： 玻璃钢；螺旋锚；设计；试制；拉伸；蠕变

中图分类号： TU 472　　**文献标识码：** A　　**文章编号：** 1000－7598－（2007）11－05

Design and Trial Production of Fiber Reinforced Plastic Screw Anchor

WANG Zhao[1]　ZHOU Hong－an[2]　LI Li－hua[1]
CHU Kai－ming[3]　CUI Bai－jun[3]

（1. School of Civil and Architectural Engineering，Wuhan University，Wuhan 430072，China；
2. Shenzhen Geotechnical Investigation and Survey Institute，Shenzhen 518028，China；3. Jiangsu Jiuding Group，Rugao 226500，China）

Abstract： A new kind of the fiber reinforced plastic screw anchor has been trial－produced. Screw vane with involute shape applied to this anchor can crush out little stones around the vane，so the anchor can be turned into soil a desired length with less disturbance. FRP is adopted as anchor rod，which is flexible and not prone to corrosion，so the service life is extended. The material properties，structure and design，tensile and creep properties，the instrument and method of installation of the anchor are given in detail.

Key words： fiber reinforced plastic；screw anchor；design；trial production；tension；creep

1　引言

螺旋锚作为一种锚固技术在 20 世纪 50 年代就用于岩土工程施工或原位测试的临时锚

本文发表于 2007 年 11 月第 28 卷第 11 期《岩土力学》。
本文为国家自然科学基金资助项目成果（No. 50279036）。

固措施，到了70年代，加拿大等国将螺旋锚用于超高压输电线路杆塔的基础和拉线地锚，抗拔试验表明，直径为35cm，进入黏土层深度为3.7m时的抗拔力达145kN[1]。螺旋锚像木螺丝那样，可旋转自进到较深土层，钻进过程扰动的圆柱形土体经过一段时间静置后，强度将有很大程度的恢复，故能承受较大拉拔力；因不需灌浆，施工速度快、无环境污染。螺旋锚的另一优点是，根据锚杆在坡面的锁紧扭矩计算抗拔力 P：

$$T=0.2Pd \tag{1}$$

式中：T 为锁紧据矩（kN·m）；P 为螺纹锁紧力（kN）；d 为锚杆螺纹的直径（m）。

螺旋锚曾在孝感商场等基坑支护中采用[2]，锚片由薄钢板制成，焊接在钢管锚杆上，钢管另一端焊有锁紧护坡面板的螺钉，用测力扳手锁紧螺母可检测锚杆的抗拔力，但为了承担大的入土扭矩需较大截面钢管，而锚能承担的抗拔力所需截面很小，引起材料的浪费，且钢材易生锈。

从80年代开始，国内外积极探索采用新型材料代替钢锚杆，高分子复合材料，特别是树脂基体复合材料被广泛应用于锚杆试验研究，并取得进展。FRP(fibers reinforced plastic）为纤维增强塑料，其中用玻璃纤维增强的俗称玻璃钢。玻璃钢具有质量轻、强度高、蠕变小、较好的切割性能、较强的抗腐蚀能力，但玻璃钢构件的抗剪切能力差、延性小，易发生脆性破坏、不易制成形状复杂的构件。90年代初，前苏联以玻璃纤维为增强材料的绞合式聚合材料锚杆试制成功，并应用于井下工业试验。瑞士研制出全螺纹锚杆、注浆锚杆和全螺纹锚索，并在矿山、隧道等工程中得到应用。法国研制、生产出简单实用的玻璃钢锚杆。加拿大研制成功玻璃钢纤维锚索等[3]。

本文介绍了螺旋锚玻璃钢的基本特性、螺旋锚的结构、锚杆的拉伸和蠕变特性、下锚工具，以及与护坡结构的连接方法。

2 玻璃钢螺旋锚材料的性质

2.1 物理力学特性

FRP螺旋锚由锚头、锚杆和锚尾组成。材料基体为不饱和聚酯树脂，增强体为玻璃纤维。材料的物理力学特性由国家自然科学基金项目合作单位江苏九鼎新材料股份有限公司提供。

图1 玻璃钢螺旋锚的锚头和锚杆

Fig. 1 The screw plate and rod of FRP screw anchor

锚头采用片状模塑料（SMC）制作，纤维含量约为30%，纤维无方向性；锚杆为拉挤单向复合材料，纤维含量约为70%。锚头和锚杆参见实物照片见图1。

SMC制作工艺是一种纤维增强热固性树脂的模压料，其成型工艺操作简单，并且能适应自动化、机械化生产的要求，可以改善劳动条件，适宜于高效率的生产玻璃钢产品[4]。拉挤成型工艺是将浸渍过树脂胶液的连续玻璃纤维束模塑成型，并且在热模中进行固化，在牵引拉力作用下，连续引拔出无限长度的玻璃钢型材，这种工艺适宜于成型各种断面形状的玻璃钢型材。锚头和锚杆材料的物理力学特性，分别见表1和表2。

表1 锚头材料的物理力学性能

Table 1 The physico-mechanical properties of screw plate

拉伸强度/MPa	拉伸弹性模量/GPa	弯曲强度/MPa	弯曲弹模/GPa	剪切强度/MPa	压缩强度/MPa
80	10	170	10.5	70	160

表2 杆体材料的物理力学性能

Table 2 The physico-mechanical properties of rod

拉伸强度/MPa	拉伸弹性模量/GPa	压缩强度/MPa	伸长率/%	泊松比
500	25	400	1.3	0.3

锚头结构比较复杂，材料的纤维含量较低，其拉伸强度和压缩强度与锚杆相比要低得多（分别为16%和40%），可见纤维含量对玻璃钢的强度值影响极大。目前，国外工程中采用的碳纤维加筋塑料的极限拉伸强度一般能达到2000MPa，有的甚至超过2500MPa，玻璃纤维加筋的玻璃钢极限拉伸强度也超过1000MPa[5]，可见国内生产出的产品力学性能还较低。

2.2 材料的安全系数

玻璃钢材料安全系数的确定比较复杂，它涉及产品原材料、工艺和应用的各个环节，需要从试验研究和实践中不断完善。例如，在英国BS标准中，总安全系数由6个分系数组成：

$$K_m = K_0 K_1 K_2 K_3 K_4 K_5 \tag{2}$$

式中：K_0为极限强度安全系数，一般取2.0；K_1为制造工艺影响系数，机械操作取1.4，手糊取1.6，喷射取3.0；K_2为长期特性影响系数，取值1.2～2.0；K_3为温度影响系数，取决于树脂的热变形温度和工作温度，按相关图查取（略），取值1.0～1.25；K_4为交变荷载影响系数，按相关图查取（略），取值1.0～2.0；K_5为固化过程影响系数，取值1.1～1.5。一般规定材料总安全系数不得小于6.0，手糊工艺取16.0左右。

在FRP螺旋锚的设计中，因锚杆是用机械操作工艺生产，取$K_0=2.0$，$K_1=1.4$，$K_2=1.2$，$K_3=1.0$，$K_4=1.0$，$K_5=1.1$，则材料安全系数$K_m=3.70$，取4.0，这与英国BS标准规定的一般总安全系数不得小于6.0相违背，但是国外玻璃钢材料极限强度普遍比国内要高，如果国内材料取较大的安全系数，所得材料强度设计值较小，实用价值不大。考虑到螺旋锚使用的重要性不高，同时考虑到实际测得的FRP锚杆蠕变应变极小，认为6个分系数按要求取值后，最后得到的安全系数是有效的。

2.3 设计抗拔力的确定

材料的允许抗拔力：

$$T_{am} = \frac{\sigma_m A}{K_m} \tag{3}$$

式中：T_{am}为材料的允许抗拔力（MN）；σ_m 为材料的拉伸强度（MPa）；A 为锚杆的横截面积（m^2）。

拉拔试验的允许抗拔力：

$$T_{ap}=\frac{T_{up}}{F_s} \tag{4}$$

式中：T_{ap}为拉拔试验的允许抗拔力（MN）；T_{up}为拉拔试验的极限抗拔力（MN）；F_s 为抗拔力安全系数；FRP 螺旋锚用于边坡浅层锚固，取 2.0。取 T_{am}和 T_{ap}中的较小者作为锚杆的设计抗拔力 T_a。

3 玻璃钢螺旋锚的结构

玻璃钢螺旋锚的锚头、锚杆和锚尾三部分通过一定方式连接，形成一个承受拉拔力的整体构件。

3.1 锚头部分

与常用钢制螺旋锚不同，玻璃钢螺旋锚的螺旋叶片与锚头设在一起，而不是设在锚杆上。为了在下锚过程中排开土层中的砂砾和减小对土层的扰动，螺旋叶片设计成渐开线型。为了与锚杆连接，锚头分成两部分，锚头根部和锚头端部。

螺旋叶片整体成型在锚头根部的圆筒上，圆筒一端设两道啮合口与下锚钢管啮合，以备下锚，另一端设咬合口，与锚头端部通过销钉连接。圆筒的内径渐变（形成 3°锥度），以便与锚杆通过圆台形楔块锁紧（图 2）。楔块也是由玻璃钢制成。

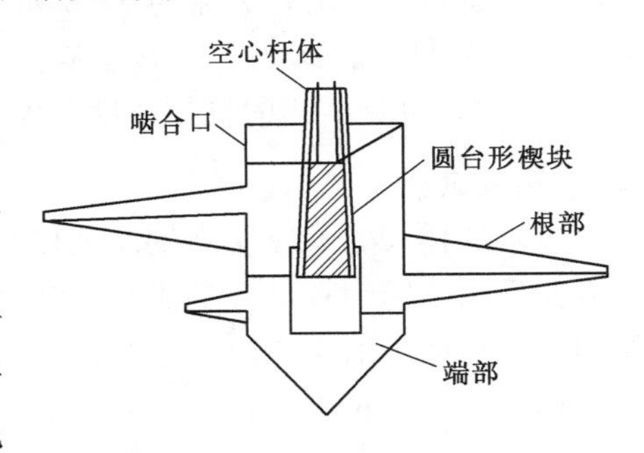

图 2　锚头部分结构示意图

Fig. 2　The screw plate of anchor

螺旋叶片的直径由要求的抗拔力确定，设计时，将螺旋形叶片视为刚性圆形平面板，要求处于常见土基中该面积的承载力特征值不小于材料的允许抗拔力 T_{am}。第一批试制的螺旋叶片直径为 200mm。叶片的厚度按均布荷载下的抗弯和抗剪要求计算，在靠近圆筒部位较厚。

3.2 锚杆

锚杆横截面为空心圆环，出 6 股等弧瓣状组成，锚杆截面尺寸由锚杆的设计抗拔力确定。锚杆插入内径渐变的锚头根部圆筒内，然后用楔块锁接，最后通过销钉连接锚头端部。

采用 6 股等弧瓣状组成的锚杆原因如下：①增加杆体柔性。充分发挥玻璃钢抗拉强度高的特点，尽可能使杆体发生轴向拉伸破坏；②便于生产和运输。一瓣杆件易于制模生产，且在运输途中可形成卷材。在现场施工时，杆体可以根据设计下锚深度截取，甚至可由 4 瓣组成，以满足不同的锚固要求；③利于排水加速上体固结，提高上体抗剪强度。第一批试制的 6 瓣锚杆构成的空心圆环，其外径为 12mm，内径为 8mm。

3.3 锚尾部分

锚尾处的等弧瓣状玻璃钢杆被插入一定长度的钢套管，钢套管内表而形成3°锥度，用同样的圆台形楔块锁紧。钢套管外表面设置螺纹，通过垫板、螺母与预制框架护坡连接（图3）。根据大量的拉拔试验表明，在合理的楔块长度和锥度条件下，锚尾都是因为锚杆材料达到极限强度而破坏，不会产生拉脱破坏。

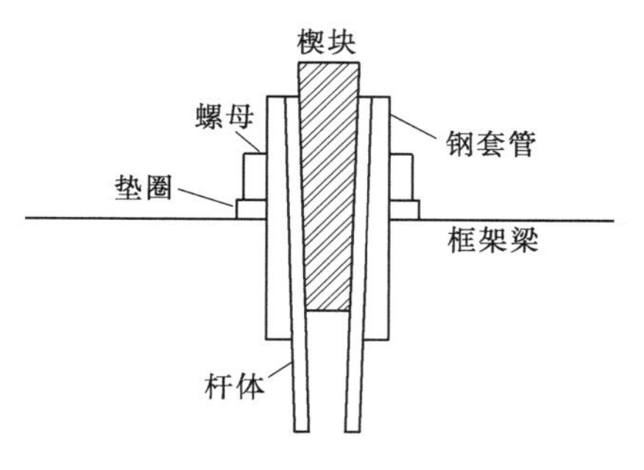

图3 锚尾部分结构示意图

Fig. 3 The tail of anchor

4 玻璃钢锚杆的拉伸蠕变特性

4.1 锚杆的拉伸试验

拉伸试验在TZY－1型土工合成材料综合测定仪上进行，该仪器能自动记录拉力和伸长量。由于玻璃钢瓣状锚杆拉伸时极易滑移或夹裂，根据锚杆内外半径尺寸，在两块夹具的中间分别开了凹凸槽，选取10组试样测定抗拉强度和延伸率。试样计量长度即夹具间距取100mm，拉伸速率为20mm/min。

由测试的10组数据平均得到单瓣玻璃钢锚杆的抗拉强度为5.34kN，延伸率为5.08%。抗拉强度的均方差为0.576kN、变异系数为10.8%，伸长率的均方差和变异系数分别为0.1%和19.33%。按单瓣锚杆的截面积和表2的材料拉伸强度计算得抗拉强度为5.18kN，可见实测的抗拉强度稍大。

4.2 蠕变试验

（1）试样尺寸及应变测量。试样尺寸选取与拉伸试验相同，计量长度取100mm，伸长应变采用不锈钢直尺人工测量，观测时间间隔按国际标准化组织ISO的要求：当整个拉伸蠕变荷载施加完毕起，在下列时刻测量试样长度的变化：1，2，4，8，15，30min和60min，2，4，8h和24h，3，7，14，21d和42d等[6]。

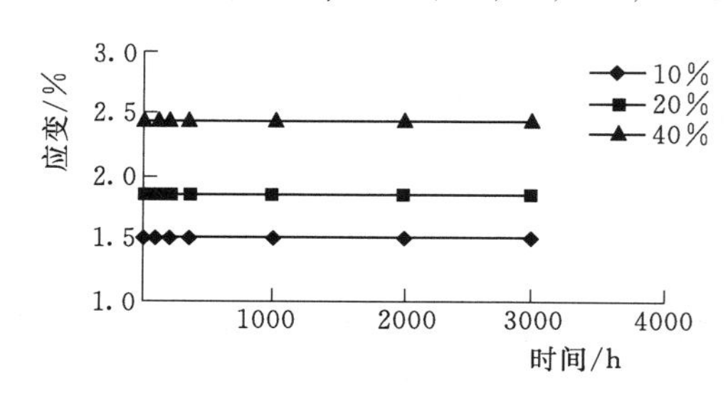

图4 玻璃钢锚杆的蠕变曲线

Fig. 4 Creep curve of FRP rod

（2）试样夹持方法。试样夹具和拉伸夹具同，每组夹具由两块小铝板组成，铝板中央分别刻有玻璃钢锚杆内外半径的凹凸槽，保证了长期夹持而不滑移。

（3）试样加载。采用恒定重量的砝码加载，选用了3种不同的蠕变试验拉伸荷载，分别为抗拉强度 T 的10%，20%，40%。将试样和夹具铅直悬吊，拉力用砝码一次施加。

（4）试验环境。试验在室温下进行，没有调湿。

（5）试验结果和分析。试验从2004年11月29日起，到2005年3月29日止，历时4个月除加载初期的瞬时变形外，没有观测到蠕变应变。试验曲线如图4所示。

从以上试验结果可知，玻璃钢作为一种新型的土工合成材料，其拉伸和蠕变性能优良。

5 玻璃钢螺旋锚的下锚工艺

5.1 下锚钢管和副锚片

下锚钢管为热轧无缝钢管 $\phi50\times8$mm。玻璃钢螺旋锚按设计要求能广泛应用于膨胀土等特殊土的护坡工程中。我国国家标准“膨胀土地区建筑技术规范”GBJ 112—87 中列出大气影响深度一般不超过 5.0m，其中大气影响急剧层深度一般不超过 2.3m，可见下锚长度至少应该达到 2.3m 才能得到较好的锚固效果，最好能达到 5.0m。按入土长度的要求，下锚钢管每段长度为 1.2m，共 5 节，相互之间通过螺纹连接。

为了和锚头根部圆筒一端的两道啮合口啮合，在最靠近锚头的下锚钢管上，设一带有副锚片的连接件，连接件的一端与钢管螺纹连接，另一端为啮合口和锚头啮合，副螺旋锚片的直径为 150mm。

5.2 下锚工艺

下锚扭矩通过下锚钢管和连接件传递到锚头，将锚头和锚杆组件（图 1）拧到设计深度后，反旋松开啮合口，并借助副螺旋叶片退出，该装置还可在退出过程中借助下锚钢管实施灌浆。

下锚过程如遇到较大的砾石可用带副锚片的钢制引锚工具引锚，以防玻璃钢锚片破坏。引锚和下锚扭矩的设计值为 1000N·m。图 5 为手动下锚过程。

图 5 手动下锚

Fig. 5 Hand installation of anchor

6 结语

玻璃钢螺旋锚可自旋进入较深土层，在无灌浆的条件下，因挠动土的触变性，静置一段时间后就具有一定的抗拔力，如对挠动圆柱土体实施灌浆可望进一步提高抗拔力。玻璃钢螺旋锚有如下几个特点：

(1) 锚头端部采用渐开不等径螺旋叶片，在下锚过程中，砂砾等能逐渐从叶片边缘排开，容易达到设计下锚长度，并且这种螺旋叶片的型式对土层的扰动较小；

(2) 采用强质比很高的玻璃钢代替金属制成的锚杆，材料的抗拉强度大、无蠕变变形，具有一定的柔韧性，可以成卷运输，同时，锚杆的长度和瓣数可根据实际下锚情况灵活截取，能满足不同土质边坡的锚固需要，此外，在不灌浆的情况，空心锚杆可排除坡内水分；

(3) 玻璃钢锚杆不易产生电腐蚀和化学腐蚀，后期维护费用低，且不易老化，能用于永久工程；

(4) 玻璃钢螺旋锚可以根据设计抗拔力的大小确定是否采用灌浆，故单根螺旋锚抗拔力的取值变化区间较大，能适应不同锚固需要；

（5）下锚钢管可兼作灌浆管使用，使下锚和灌浆一次完成；玻璃钢螺旋锚及护坡结构采用装配式，能实行生产工业化和施工机械化（需研制下锚机械），从而减少施工工序，加快施工速度。

参考文献

[1] Klym T W，Radhakrishna H S. 杆塔基础的螺旋锚板 [J]. 王钊译，冯国栋校. 土工基础，1991，5（2）：39－45.
Klym T W，Radhakrishna H S. Helical anchored plate of tower foundation [J]. Translated by Wang Zhao. Collated by Feng Guo－dong. Soil Engineering and Foundation，1991，5（2）：39－45.

[2] 王钊，刘祖德，程葆田. 螺旋锚的试制和在基坑支护中的应用 [J]. 土木工程学报，1993，26（4）：47－53.
WANG Zhao，LIU Zu－de，CHENG Bao－tian. Trail production of screw anchor and its application to fencing foundation pit [J]. China Civil Engineering Journal，1993，26（4）：47－53.

[3] 周红安. FRP螺旋锚和预制混凝土框架护坡技术研究 [D]. 武汉大学，2004.

[4] 中国腐蚀与防护学会. 李国莱，等编著. 合成树脂及玻璃钢（修订版）[M]. 北京：化学工业出版社，1995.

[5] Brahim Benmokrane，Burong Zhang，Adil Chennouf. Tensile properties and behavior of AFRP and CFRP rods for grouted anchor applications [J]. Construction and Building Materials，2000，(14)：157－170.

[6] 王钊，王协群，李丽华. 蠕变试验和蠕变折减系数 [J]. 岩土力学，2004，25（5）：723－727.
WANG Zhao，WANG Xie－qun，LI Li－hua. Creep tests and creep reduction factor [J]. Rock and Soil Mechanics，2004，25（5）：723－727.

第四部分

岩土工程数值分析

三峡工程三期围堰粘土心墙方案的有限元分析

陆士强　王　钊

（武汉水利电力学院）

摘　要： 利用非耦合的有限单元法分析了三峡工程三期心墙围堰方案中围堰的稳定性和变形情况。由于施工期很短，水下抛填粘土的孔隙水压力只能部分地消散，因而抗剪强度较低。这样无论在施工期和挡水期堰体中都有可能出现通过水下抛填粘土的滑动面。同时所产生的铅直变形也很大。因而水下抛填体需要采取一定的措施才能满足设计的要求。

一、前言

三峡三期围堰位于大江的右侧，为连接二期工程和右岸、横断明渠的一座土石围堰，以便在明渠部位，浇筑厂房建筑物。它的最大堰高达85m，要求在一个枯水期内完成，因而施工强度很大，其中一个方案是水下用土石料抛填施工，两侧为截流戗堤（堆石体），其内侧为抛填松散的风化砂体，在中部则采用抛填粘性土作为防渗体，然后修筑一个碾压粘性土心墙风化砂坝壳作为水上部分。水上部分由于经过辗压可以达到较高的干容重。水下抛填粘性土的干容重一般是较低的，预计只有1.35g/cm^3，并以此作为室内制备试样的控制干容重值。有关的计算参数是按这样的试样的试验成果整理而得到的。这样低的干容重的试样其压缩性必然很大而强度较低。在很短期间内填筑堰体，由荷载引起的孔隙水压力不可能充分消散，因而使得随有效应力的增加而增长的强度受到限制。于是抛填粘性土区域的稳定性就成为本设计方案可行性的主要关键问题。

二、计算模式和计算参数

兴建三峡三期围堰的工期是这样短促，在本方案中无论是水下抛填粘性土部分还是碾压的心墙部分，由于上覆荷载引起的孔隙压力都是不可能完全消散的，所以只能选用考虑土中孔隙水压力消散的计算模式。在多种有用的计算模式中选用了较为简便的爱辛斯坦(Eisenstein)[1]计算模式和纳里特（Narita)[2]等的简化计算方法。即非耦合的分段计算的模式，采用太沙基渗透固结方程计算孔隙水压力的消散，采用邓肯的E，v模型来计算堰体所受的应力（包括有效应力）和变形，从中分析堰体的稳定性。

计算方案中把堰体划分为162个单元、199个结点。根据堰体的施工顺序，将堰体自

本文发表于1987年第4期《长江科学院院报》。

重荷载分为 9 级，水荷载则一次施加作为第 10 级荷载。从 11 月开始截流到第 2 年 6 月填筑到顶。粘性土的施工期按 5 个月考虑（偏于安全），平均各加荷阶段的时段为 3 周。

水下抛填粘性土的部位，渗透固结计算时在没有填筑心墙前，均按双向排水计算，在建筑心墙后，心墙以下的单元由于受心墙的阻碍假定为单向（水平向）排水，而在其余部分仍考虑为双向（垂直和水平向）排水。心墙各单元均假定为单向（水平向）排水。

计算方法中假定各级荷载引起的土体有关单元的孔隙水压力是独立地进行消散的。单元中某一时刻的孔隙水压力是各级荷载引起的孔隙水压力经过消散后达到该时刻的孔隙水压力值之和。

各类土的邓肯模型参数根据长科院土工室提供的资料选取。对水下抛填粘性土和心墙粘性土的渗透系数和压缩系数，分别为 1×10^{-5} cm/s、1×10^{-7} cm/s 和 0.01m²/t、0.001m²/t。渗透系数的取值比长科院土工室提供的数值小，这是因为试验室中测定的渗透系数是在没有加荷的条件下测定的，实际土体的渗透系数将随土体受荷、固结以至土的孔隙变小而逐步减小。在没有有关的渗透系数随应力状态而变化的规律之前，暂取一较小的渗透系数值进行计算是有必要的。

初始孔隙水压力在缺乏有关试验资料的情况下，对水下抛填粘性土假定是饱和的，并采用水容量原理，按下式进行计算：

$$\Delta U_i=\frac{\Delta\sigma_1+\Delta\sigma_3}{2}$$

式中　ΔU_i——某一荷载增量下引起的初始孔隙水压力增量；

$\Delta\sigma_1$，$\Delta\sigma_3$——分别为某一荷载增量下引起的总的大主应力和小主应力增量。

其意义为，在每级荷载下饱和土体中引起的孔隙水压力值等于其总的平均主应力。至于心墙粘性土的初始孔隙水压力值更不容易估计，所以，采用了同样的水容量原理进行计算只是乘以系数 0.4 加以折减，这样计算相当于 $\overline{B}$ 值在 0.25～0.3 的范围内变化。

三、计算成果及分析

图 1 所示为竣工时堰体的有效大主应力 σ_1 的分布图。从中可以看出应力分布基本上是对称的。由于粘性土（心墙及水下防渗体）的压缩性较大以及它们的孔隙水压力未能完全消散，所以应力分布中反映出有很明显的拱效应，即堰体中心部位的有效应力比两侧堰壳的应力值低得多，但和最高水位的水头分布对比，还不至于出现水力劈裂的可能性。水下防渗体的初始孔隙水压力较大，但在心墙范围以外的防渗体由于双向排水和排水距离较短，其孔隙水压力消散得很快，而在心墙下的部位由于孔隙水压力消散得较慢，因而仍然保留着较大的孔隙压力，以至有效应力值较低，甚至低于上部心墙中的有效应力值。图 2 所示为竣工时堰体有效小主应力 σ_3 的分布图。它的分布情况和 σ_1 分布情况相类似。

图 3 所示为竣工时粘性土部位的孔隙水压力分布情况。从中可以看到无论是心墙还是水下防渗体的孔隙水压力都未能完全消散，特别是水下部位的中下部仍然有着较大的孔隙水压力，因此不利于土体抗剪强度的充分发挥，从而使得土体的应力状态接近于极限应力状态。当然在边缘单元体中孔隙水压力值是很低的。

图 4 所示为竣工时堰体各部位的应力水平 S 的分布情况。应力水平越大表示该单元越

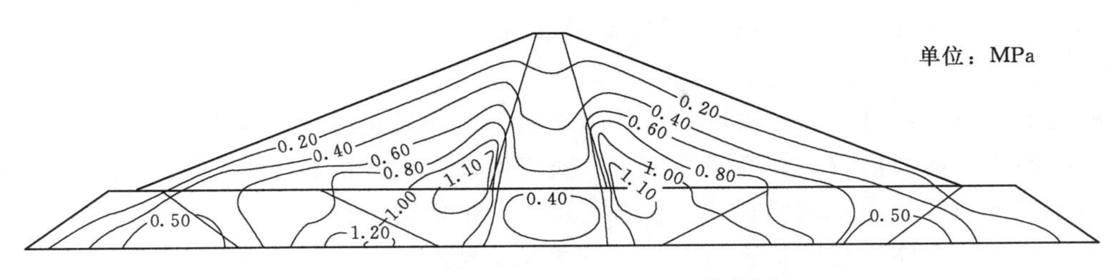

图 1　竣工时有效大主应力 σ_1 分布图

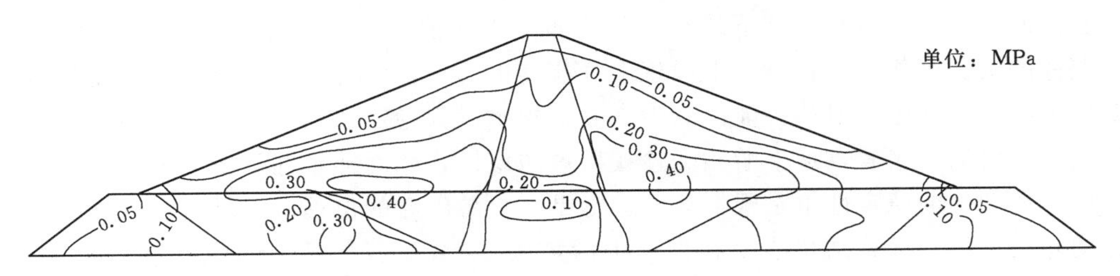

图 2　竣工时有效小主应力 σ_3 分布图

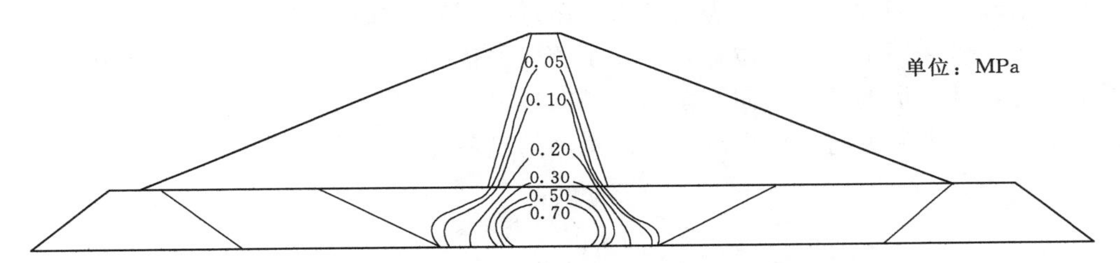

图 3　竣工时粘性土中孔隙水压力分布图

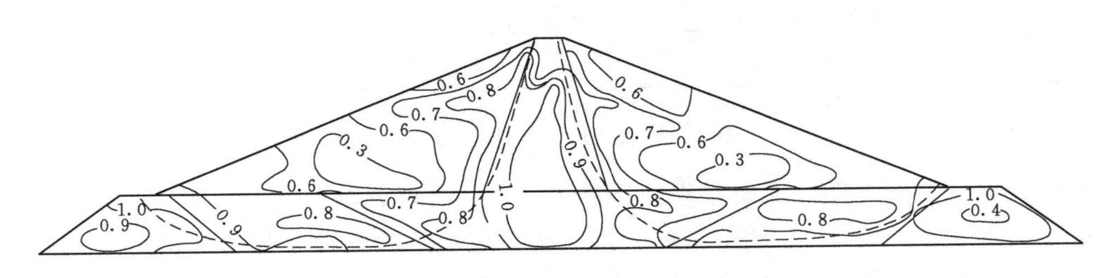

图 4　竣工时应力水平 S 分布图

接近极限应力状态。$S=1$ 时表示该单元的应力状态为极限应力状态。堰体可能滑动面的位置是 S 等值图上的脊线，同时真正滑动面的条件是它所经过的各个单元的应力水平的综合值为最大并接近于 1。从图 4 中可以看出堰体的上游坡有两个可能的滑动面，见图中的虚线。一个在上游风化砂壳的上半部，约在高程 110m 处出露，但这个滑动面所经各单元的应力水平值不算很高，其平均值约在 0.8 左右，和另一可能滑动面相比是次要的。另一可能滑动面是堰顶开始沿着砂壳和心墙的接触面之下进入水下抛填的防渗体，然后沿着水下抛填松散的风化砂区底部伸延，达到堆石体后，则沿堆石体而上，从其顶部出露。这一滑动面规模较大，所经各单元的 S 值大多数在 0.9～1 之间，表明这个滑动面的稳定性是不高的，是处于临界状态的。堰体下游坡的稳定情况和上游坡相似，也有两个可能的滑动面（见图中的虚线），一个可能在下游砂壳的上半部产生，约在高程105m处出露，但其稳定性较高，另一个是沿着心墙的表层向下，进入水下抛填的防渗体后则转向抛填风化砂区的底部向下游伸延，并沿着堆石体的边缘向上，在风化砂壳的坡脚（高程73m）处出露。下游的堆石体规模较大，稳定性较高，所以滑动面不在堆石体处出露。通过这一滑动面各单元的S值皆较高，均约在0.9左右，也是一个值得重视的可能滑动面。可能滑动面的位置也可以从堰体的变形状态加以判断。图5是挡水后堰体各部位的应力水平的分布情况。它有如下一些特点：在心墙内和下游填筑的砂壳的应力水平S值大为降低，因而提高了它们的稳定性。但是在其下的水下抛填部位的S值均有所提高，特别是在堆石体中。上游堰体的情况则相反，在砂壳上出现大片相连的$S=1$区域而在其下的水下抛填区的S值明显下降。如就竣工时的可能滑动面来看，挡水后其稳定性都有显著的提高，但如就形成新的可能滑动面来看，从上游砂壳连接抛填防渗体，然后伸延到下游抛填砂区，这样的一个可能滑动面的稳定性也是很低的，关键是在上游砂壳的位移情况是否和这样的滑动面的移动趋向一致。计算结果表明在堰体上游坡第10级荷载作用下的位移是偏向下游的，因而从上游到下游相连通并趋向下游滑动的可能剪切面是存在的。在挡水后加大了向下游方向产生滑动的可能性。上游砂壳在挡水后出现一片应力极限平衡区，它产生的原因是由于心墙和下游砂壳同下游方向位移，减少了侧向的依托，从而使侧向应力减小导致进入极限平衡状态，其变形的趋向是向下游而不是向上游，所以上游砂壳大片的$S=1$的区域出现，并不意味着上游坡将可能出现向上游滑动的趋势。

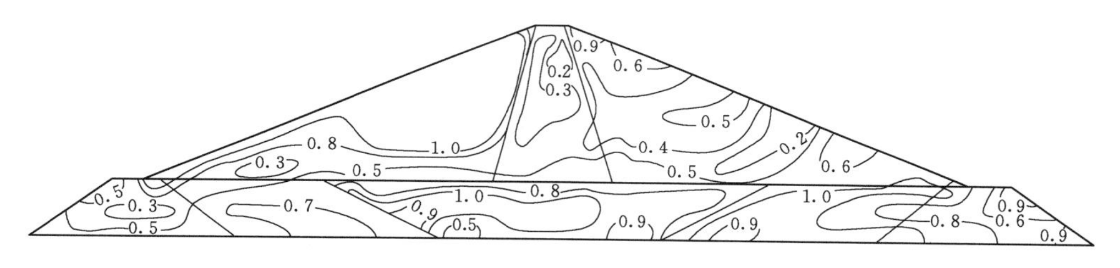

图5 挡水后应力水平S分布图

粘性土单元在施工期能完全排水的条件下，竣工时，各单元的应力水平是不高的，大部分单元的S值在0.5～0.6的范围内。由于水下抛填防渗体的有效内摩擦角ϕ'达到36°，是一个不小的数值，所以在充分排水的条件下这一区域的应力水平并不高。这就是说本设计方案如果有足够的排水固结时间，堰体的稳定性是不成问题的。

堰体的垂直位移是相当大的。最大的垂直位移靠近水下防渗体的顶面，达5.15m。一方面由于防渗体的容重值很低压缩性很大所致；另一方面，按邓肯模型计算，当土体的应力水平值很大以至为1时，其变形模量值很小，导致计算出的位移值很大。

四、结束语

本设计方案由于施工期短促，不利于粘性土单元中孔隙水压力充分消散，使得堰体的滑动稳定性没有足够的安全度，特别是对倾向下游的滑动趋向；另外堰体变形也很大（这是抛填粘性土的必然结果），这些都使得本设计方案不能成为一个理想的方案。如果延长施工期则有可能保证堰体的稳定性，但仍不能保证减小很大的垂直变形，而延长施工期又不可能时，只好采用抛填混合料这一可能的方案。只要保证混合料有足够大的渗透系数和福对较低的压缩性，也有可能解决上述问题。

以上计算仅是初步的，有些计算参数如能通过进一步深入的试验工作，以便摸清它们的变化规律，无疑有助于使计算成果更接近于实际情况。

参考文献

[1] Eisenstein, Z. and Law, S. T. C., 1977, Analysis of consolidation behaviors of Mica dam, Proc. ASCE, vol. 103, No. GT8.

[2] Narita, K. et al, 1983, A simplied method of estimating construction pore pressures in earth dams, Soils and Foundations, No. 4.

膨胀土渠坡的有限元分析

王　钊

（武汉水利电力大学，武汉　430072）

摘　要： 本文用有限元法分析膨胀土渠坡的位移和应力，重点模拟风化层深度发展和水位变化的影响，以及掺砂土和土工织物处理的效果，并提出用降低变形模量 E 和抗剪强度 τ_f 的方法估算土坡稳定的安全系数。

1　前言

引丹五干渠位于膨胀潜势和强度衰减都偏强的膨胀土地区（平均自由膨胀率 $\delta_{ef}=104\%$）。膨胀土具有超固结性、裂隙性和遇水膨胀、失水收缩开裂的性质，表现出与正常固结粘土不同的工程特性，因此在同样挖方坡高、坡比的条件下，膨胀土坡更易遭到破坏，并且破坏具有滞后性。实践表示常规的边坡稳定分析方法不完全适用于膨胀土边坡。

为了探讨膨胀土挖方边坡的变形规律，强度衰减过程，以及失稳的形成与发展，在深入研究膨胀土工程特性的基础上，用有限元法对边坡进行应力和变形的分析，分析滑坡的原因、各种因素的影响。其成果能为挖方边坡的正确设计和施工提供必要的信息。此外，在防治膨胀土边坡失稳的实践中，摸索出很多行之有效的工程措施，例如，膨胀土掺砂回填，土工织物加筋等。用有限元法可以模拟这些处理方法的作用，有助于探明这些方法的机理，有助于合理的布置。因此，有限元计算对膨胀土渠坡稳定性研究及失稳的预防和整治来说是一种强有力的分析方法。

2　数学模型和单元性质

2.1　膨胀土

根据三轴试验的结果，膨胀土的剪应力（$\sigma_1-\sigma_3$）和轴向应变 ε_1 之间存在着良好的双曲线关系。因此可以选择双曲模型，即广泛采用的 Duncan - Chang 模型，进行分析。

当采用双曲模型时，用摩尔-库仑条件作为破坏准则。当某个单元的应力圆与强度包线相切时，该单元即已破坏，如果某个单元的应力圆与强度包线相割（实际不可能存在的状态），必须对该单元的应力进行修正，使应力圆减小到正好与包线相切。修正的方法是保持铅直应力 σ_z 不变和保持 σ_1 的方向不变，并将两个应力圆代表的单元应力差转换成单元的结点力作用到相邻单元中去。这时破坏单元的强度指标下降到残余强度值 C_r 和 φ_r。

本文发表于 1994 年 10 月《第五届全国岩土力学数值分析与解析方法讨论会论文集》。
本文为国家教委博士点基金资助的成果。

定义应力水平 $S=(\sigma_1-\sigma_3)/(\sigma_1-\sigma_3)_f$，即单元实际主应力差与破坏时主应力差之比。当单元破坏时，应力水平 $S=1$。

Duncan - Chang 模型的参数考虑下列原则确定。风化层深度内竣工后短期阶段的稳定采用滑坡体土样 C5 - 1 - 4，由固结不排水剪（CU）试验确定参数。风化层长期阶段的稳定采用滑坡体土样，由固结排水剪（CD）试验确定参数。风化层的厚度逐渐发展到地表（或坡面）以下 3m 深。3m 深度以下土体的参数由稳定坡采集的试样 B3 - 1 - 5，用固结排水剪（CD）试验确定，计算参数见表 1。

表 1　Duncan - Chang 模型参数

土样编号	取样位置	取样深度 /m	试验条件	c /kPa	φ /(°)	k	n	R_f	F	G	D
C5 - 1 - 4	滑坡体	2.5	CU	34.0	23.5	1088	2.15	0.90	0	0.477	0.107
C3 - 1 - 2	滑坡体	1.2	CD	8.0	23.3	2820	0.68	0.74	0	0.240	0.045
B3 - 1 - 5	稳定坡	1.5	CD	16.0	23.5	8620	0.55	0.87	0	0.385	0.059

2.2　其他材料的数学模型和单元性质

（1）掺砂土。因缺少掺砂土应力应变关系的试验数据，拟在膨胀土性质参数的基础上，将变形棋量 E 提高 1.5 倍，将强度提高 2.0 倍来描述。单元的划分与膨胀土相同。

（2）土工织物。用一维棒单元模拟，该单元只能承受拉力，不能承受压力。土工织物的应力应变关系用有纺织物在不同压力的土中进行拉伸试验确定。

（3）土与土工织物界面，用界面滑动单元（Goodman）模拟。其界面特性用有纺织物和土的界面剪切试验确定。

2.3　有限元网格的划分

有限元网格的划分参见图 1，边坡比为 1∶2，断面为五干渠的实际情况。在整理位移场和应力场时，因远离渠坡处位移数值小，应力变化不大，故只整理靠近坡面处的一些结点和单元，即实际计算断面比图 1 大。

3　释放荷载法和初始应力场

3.1　释放荷载法

1963 年 Duncan 提出了“释放荷载”的概念，后来 Goodman 等人加以推广，以模拟分期开挖。具体办法是：

（1）计算在自重作用下，未开挖前的初始应力场 $\{\sigma_0\}$。

（2）计算开挖边界的边界初应力，并将其转化为等效结点力，再反向施加到开挖边界上，计算域内由于开挖引起的位移 $\{\Delta\delta\}$ 和应力 $\{\Delta\sigma\}$。

（3）将初始应力场 $\{\sigma_0\}$ 与开挖增加的应力 $\{\Delta\sigma\}$ 迭加就得到开挖后的应力场 $\{\sigma\}$。

$$\{\sigma\}=\{\sigma_0\}+\{\Delta\sigma\}$$

而位移 $\{\Delta\delta\}$ 是开挖引起的，正是研究边坡变形和稳定所必需的位移。

3.2　初始应力场

初始应力场的分布决定了开挖边界上释放荷载的大小和方向，从而决定了边坡开挖引起的位移和应力。本文初始应力场为：

$$\begin{cases}\sigma_z=\gamma z\\ \tau_{xz}=\tau_{zx}=0\\ \sigma_x=K_0\gamma z\end{cases} \tag{1}$$

式中，静止压力系数 K_0 采用西乡地区旁压试验实测关系，并可用插值公式表示为：

$$K_0=\begin{cases}0.254z^2-1.460z+2.863 & (z\leqslant 3\text{m})\\ 0.860-0.016(z-3) & (z>3\text{m})\end{cases} \tag{2}$$

4　计算结果和分析

4.1　分期开挖的过程

当开挖至图 1 的中间平台深度时，坡肩（顶）附近的位移向量向下，坡底附近位移向量指向上方，并且都偏向于渠道的中心线，呈旋转（圆弧形）位移场。最大位移发生在坡面上距坡底一定的距离（约 1/4 坡长）。在坡面出现剪应力集中现象，其最大值和最大位移出现的位置相同。这时的位移和剪应力值都很小，应力水平 S 的最大值仅 0.2，渠坡短期稳定是没有问题的。

4.2　竣工后的短期稳定

竣工时，平台上方坡面的位移向下偏斜，下方坡面的位移向上偏斜，整体看仍呈旋转位移的趋势。最大位移还是发生在坡底附近的坡面上，距坡脚约为平台下坡面长度的1/4，该处为剪应力的最大值（图 1）。平台上下坡面的应力水平有两处达 0.7，即上部坡面的 S 值有明显增加，这是因水平应力 σ_x 进一步下降的结果，可见随着挖深的增加将对上部坡面的稳定产生不良影响。从坡面位移和应力水平大小看，竣工时渠坡稳定也是得到保证的。

4.3　长期风化的影响

（1）风化层采用滑坡体试样的 CD 试验参数计算

随风化层深度的增加，位移逐渐增加，同时位移的方向逐渐偏向渠底。但位移增加的幅度不大，不超过 1.5 倍。这说明采用不同部位试样确定模型参数来分析渠坡的长期稳定没有出现破坏现象。这是因为虽然试样取自滑坡体，但已经过长期的固结排水，强度已比滑坡时大为增加的原因。

（2）人为降低风化层的变形模量和抗剪强度

共完成了三组计算，分别下降到 $0.7E$、$0.8\tau_f$，$0.6E$、$0.6\tau_f$ 和 $0.2E$、$0.4\tau_f$。可见位移量迅速增加，同时位移方向向渠底偏移，当降至 $0.2E$、$0.4\tau_f$ 时，平台坡肩处的水平位移已达 136.8mm。渠坡早已失稳了。

图 2 为下降到 $0.7E$ 和 $0.8\tau_f$ 时剪应力 τ_{xy} 的等值线，和图 1（b）相比可以清楚看出剪切破坏区发展的情况。这时的剪切破坏区已连成一条剪切带，而且与圆弧滑动面十分接近。3m 风化层的应力水平皆已等于 1。

如果以 E 和 τ_f 下降比例的倒数作为安全系数，因为下降到 0.7 倍和 0.8 倍时破坏，则倒数为 1.3～1.25，那么渠坡在竣工期的安全系数在 1.25～1.3 之间。这为有限元法不

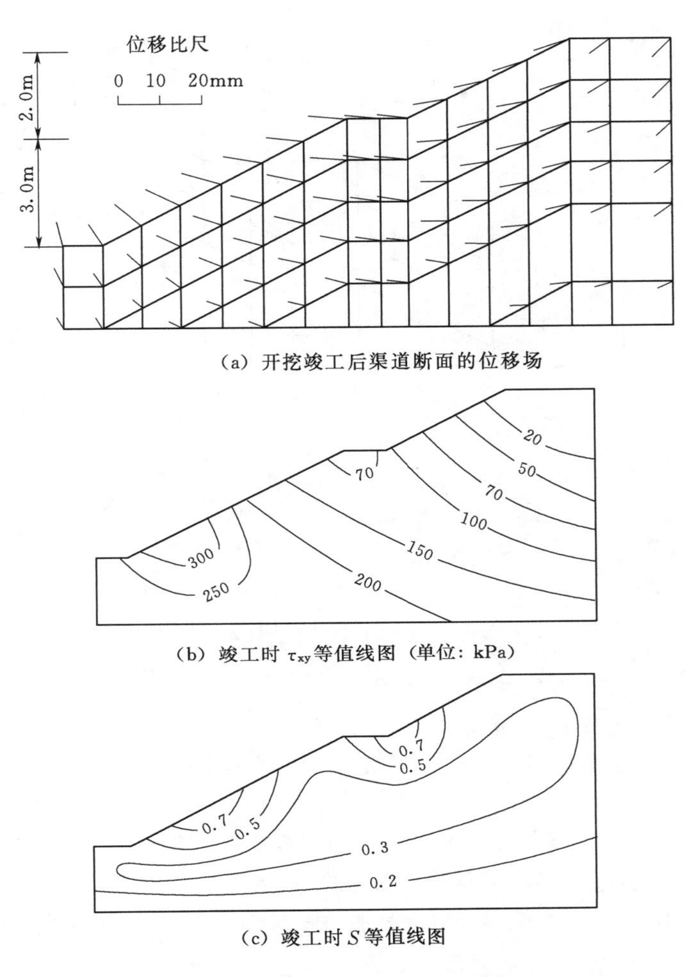

(a) 开挖竣工后渠道断面的位移场

(b) 竣工时 τ_{xy} 等值线图（单位：kPa）

(c) 竣工时 S 等值线图

图 1 竣工时的位移和应力特性

能提供整体安全系数的缺点提供了一种可能的解决方法。

4.4 渠道水位变化的影响

有限元分析渠道通水（正常水深 2.2m）时，水位下土体容重降为浮容重，水位降至零时，考虑渗透力作用。计算结果表明通水后坡底与平台间的位移明显偏向上方，但大小并未增加（与风化层 3m 时相比）。从剪应力等值线图看，仅在坡脚附近出现剪应力集中区，与通水前变化不大。综上可以认为通水对渠坡的稳定不会产生不良影响。

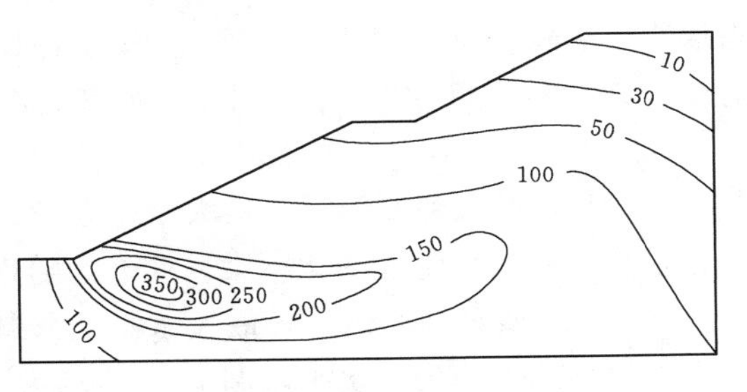

图 2 风化层 3m 时 τ_{xy} 等值线图（单位：kPa）
（$0.7E$，$0.8\tau_f$）

对渠坡稳定最不利的情况是渠水骤然放空的情况，从图 3 可见渠底附近的渠坡上位移的方向向上的偏斜减小，同时位移大幅度增加，整个位移场呈明显的圆弧形；剪应力的集中区也从坡脚附近沿圆弧面迅速扩大。

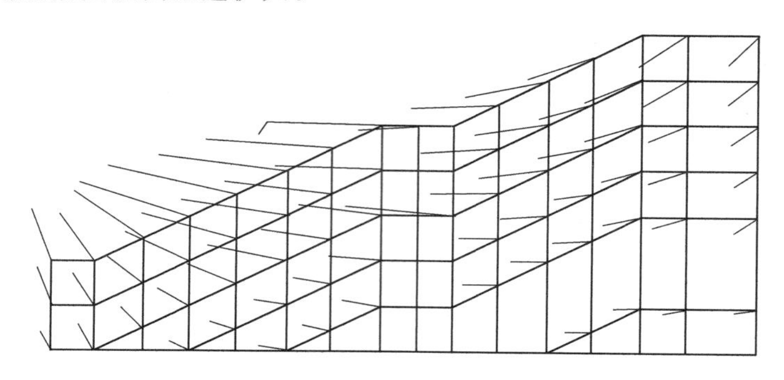

图 3　渠水放空（水深为 0）时的位移场

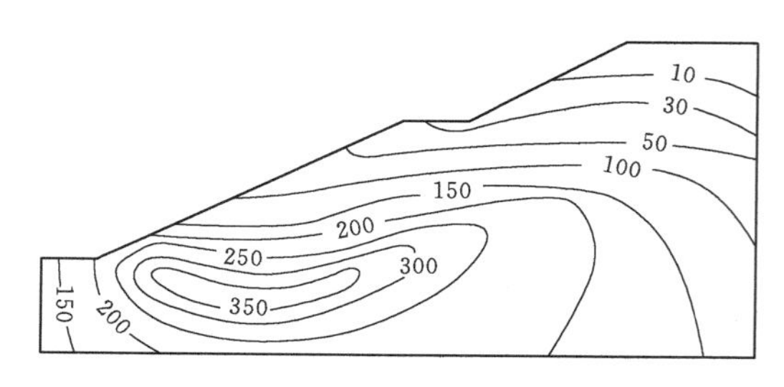

图 4　渠道放空时 τ_{xy} 等值线图（单位：kPa）（$0.7E$，$0.8\tau_f$）

如果随着渗流及浸泡软化，变形模量 E 和抗剪强度 τ_f 下降的话，则对渠坡的稳定更为不利。图 4 为渠水放空，且下降到 $0.7E$、$0.8\tau_f$ 的情况，与图 2 相比，沿圆弧的剪切破坏区有更进一步发展。如果下降到 $0.2E$、$0.4\tau_f$，这时坡肩的位移大到 200mm 以上，渠坡早已失稳。

4.5　加固措施的影响

（1）掺砂回填。假设风化层三米厚度掺砂，强度提高到 $2\tau_f$，变形模量提高到 $1.5E$ 和（E，τ_f）相比，相应的位移有明显减小，特别是渠水放空时减小近一半，可见加固效果明显。

（2）土工织物加筋。土工织物加筋土坡属于填方土坡，由于土工织物发挥的拉力使土坡内水平限制应力 σ_3 增大，从而减小应力圆的半径，使其离开强度包线，偏向安全。此外，土工织物加筋可以减小土坡的变形并使土坡基础的沉降趋于均匀。土工织物加筋的效果取决于织物的抗拉切线模量 E_{tf}，土与土工织物界面剪切刚度 λ_s，加筋织物长度 l 和加筋层数 N。本文以 60°坡角五层织物加筋坡作为比较基础，每次计算改变一种参数，结果比较如下：

a）当 E_{tf} 增大到 2 倍时；最大水平位移减小到 85%，最大垂直位移减小到 88%，但基础垂直位移的均匀性变化不大。此外，随 E_{tf} 增大，土体 σ_3 增大。

b）当 λ_s 增大到 2 倍时，最大水平位移减小到 89%，最大垂直位移减小到 94%，基础垂直位移趋于均匀，水平限制应力 σ_3 增大。

c）当 l 减小时，水平和垂直位移有增大趋势，坡边织物单元发挥的拉力减小。

d）当 N 下降到 2 层时，水平和垂直位移显著增大，而织物拉力反而减小了。

从计算结果看应选用适当的层数和长度，同时采用刚度较大和摩擦系数较大的有纺织物加筋有利于土坡的稳定。

三峡工程二期围堰低高防渗心墙方案的有限元分析

王　钊　王协群

（武汉水利电力大学水利学院）

摘　要：用非线性有限元 $E \sim \mu$ 模型分析了三峡工程二期围堰低双塑性混凝土心墙方案和高双混凝土心墙方案的变形和应力。比较了堰体填料性质及心墙嵌固深度的影响和各参加单位对低双塑性混凝土心墙方案的计算结果。

关键词：围堰；有限元分析；非线性模型；应变分析；应力分析

中图法分类号：TU 435

三峡工程二期围堰是多种材料填筑的坝体，堰顶高程 88.5m。有两种基本的防渗心墙方案：一是低双塑性混凝土心墙方案，由两道各厚 1.0m 的塑性混凝土墙组成，两墙中心距 6m，墙顶高程 73m，墙底高程 3m，嵌入强风化基岩 1m。先施工上游墙，后施工下游墙，在上游墙顶接复合土工膜防渗斜墙。所谓塑性混凝土，即在混凝土中掺入适量的粘土，使其具有较低的弹性模量但保持较高的强度，以适应大的变形而不致破坏。第二个是高双混凝土心墙方案，由两道各厚 1.2m 的混凝土心墙组成，两墙中心距仍为 6m，墙顶高程 86.2m，先施工下游墙。围堰运行时，上游水位达 85m，两墙中间水位为 42m。

在围堰的施工和运行中，心墙和堰体的变形和应力状况直接关系到围堰的安全。为此，对二期围堰进行有限元分析，技术设计阶段参加的单位主要有 7 家。武汉水利电力大学承担了上述两种基本方案的分析，此外，对低双塑性混凝土心墙方案（方案 1）中主要填料的性质变化做了敏感性分析，对高双混凝土心墙方案（方案 2）中心墙的嵌入深度进行了比较分析。本文介绍有限元分析结果。

1　计算方案和条件

1.1　计算方案和参数

武汉水利电力大学共承担了 6 个计算方案，第一和第二为基本方案，各家都必须计算，以资比较。计算参数统一由长江科学院测试和提供，各种非线性和线性材料的计算参数分别列于表 1 和表 2，接触面单元的参数列于表 3。

本文发表于 1997 年 6 月第 30 卷第 3 期《武汉水利电力大学学报》。

本文为国家“八五”科技攻关计划资助项目（85－16－03）。

表 1 三峡工程二期围堰非线性材料的计算参数

材料名称	$\rho/(t\cdot m^{-3})$	$\varphi/(°)$	c/kPa	K	n	R_f	K_b	m	G	D	F
1. 风化砂	2.08	33	0	220	0.42	0.72	60	0.4	0.4	4.0	0.1
2. 风化砂	2.15	34	0	300	0.37	0.79	100	0.3	0.4	3.76	0.18
3. 风化砂	2.01	35	0	530	0.34	0.90	150	0.26	0.4	3.58	0.18
4. 覆盖层	2.31	39.5	0	750	0.40	0.80	196	0.2	0.36	1.45	0.15
5. 堆石	2.25	38	0	630	0.34	0.80	160	0.57	0.37	2.70	0.30
6. 反滤料	2.07	37	0	420	0.73	0.86	140	0.2	0.4	4.3	0
7. 新淤砂	2.01	37	20	420	0.44	0.80	200	0.11	0.3	7.9	0.15
8. 塑性混凝土	2.15	34.5	540	6800	0.001	0.94			0.39	1.03	0.11

表 2 线性材料的计算参数

材料名称	$\rho/(t\cdot m^{-3})$	$E/10^3$MPa	μ	σ_{fc}/MPa	σ_{ft}/MPa
强风化基岩	2.40	5.0	0.25		
弱风化基岩	2.60	20	0.20		
沉碴	2.30	1.0	0.25		
混凝土	2.35	22	0.17	15.0	1.5

表 3 接触面单元的计算参数

接触面类型	$\delta_s/(°)$	C_s/kPa	R_{fs}	10^4K_s	n_s
泥皮与混凝土	21.65	65.8	0.75	2.0	0.65
泥皮与塑性混凝土	11.0	0	0.75	1	0.65

表 1 中非线性材料的编号同时标于围堰的单元划分图（图 1（a））中，用以标明材料在围堰中的位置。

方案 3 和 4 分别比较方案 1 中主要填料为优良和较差时的影响，主要填料包括堆石和不同高程风化砂共 4 种。优质填料的计算参数使 E 值大、μ 值小，同时密度 ρ 比基本方案增加 $50kg/m^3$，抗剪强度指标取试验结果的高值；反之，较差填料的计算参数使 E 值小、μ 值大，而 ρ 值比基本方案减小 $50kg/m^3$，抗剪强度指标取低值。优质填料和较差填料的计算参数也根据长江科学院提供的试验结果选用。方案 5 和 6 分别比较方案 2 中心墙嵌入基岩不同深度的影响，其中方案 5 为浅嵌固，心墙嵌入基岩 0.5m，方案 6 为深嵌固，心墙嵌入基岩 1.5m。此外，考虑到混凝土心墙施工时，槽底会沉积粘土等杂质，在方案 2、5 和 6 中，两墙底皆设置 0.2m 厚的沉碴单元，其计算参数也列于表 1 中。

1.2 有限单元网格和本构模型

1.2.1 有限单元网格

基本方案 1 采用笔者提供的统一网格、单元编号和结点坐标，参见图 1（a），基本方案 2 采用南京水利科学研究院提供的统一网格，参见图 1（b）。填料和混凝土均采用常应变三角形单元，填料由四边形网格自动剖分为三角形，而混凝土心墙均设三列矩形单元。其中，塑性混凝土心墙三列单元的厚度分别为 20、60 和 20cm；混凝土心墙三列单元的厚度分别为 30、60cm 和 30cm。墙的两侧都设置 Goodman 接触面单元。

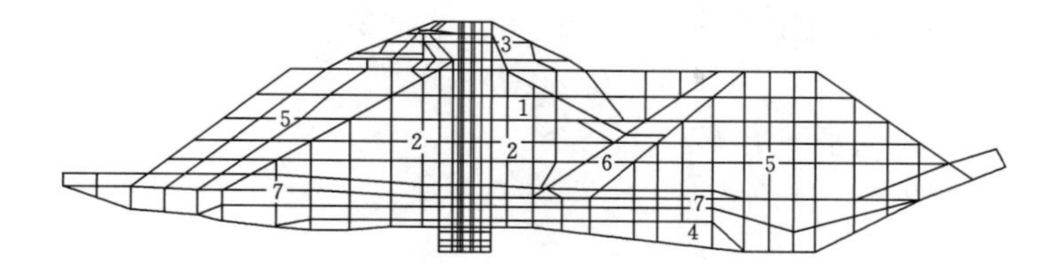

(a) 低双塑性混凝土心墙(方案 1)

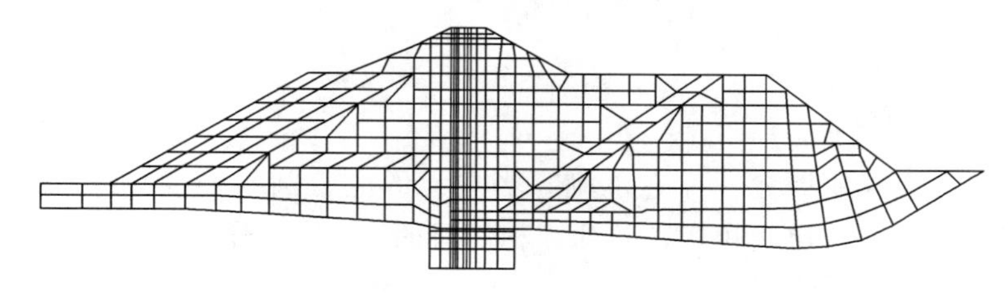

(b) 高双混凝土心墙(方案 2)

图 1 三峡工程二期围堰的单元划分

1.2.2 本构模型

二期围堰的有限元分析中,尽量采用较成熟的本构模型,例如非线性 $E\sim\mu$ 模型[1],并和弹塑性模型、$E\sim B$ 模型,以及 $B\sim G$ 模型的计算结果作比较。本文仅介绍非线性 $E\sim\mu$ 模型。

(1) 土和塑性混凝土的非线性 $E\sim\mu$ 模型

$$E_t = KPa\left(\frac{\sigma_3}{Pa}\right)^n (1-R_f S)^2 \tag{1}$$

$$S=\frac{(1-\sin\varphi)(\sigma_1-\sigma_3)}{2c\cos\varphi+2\sigma_3\sin\varphi} \tag{2}$$

$$\mu_t=\frac{G-F\log(\sigma_3/Pa)}{\left[1-\dfrac{D(\sigma_1-\sigma_3)}{KPa\left(\dfrac{\sigma_3}{Pa}\right)^n(1-R_f S)}\right]^2} \tag{3}$$

式中,S 为应力水平,K、R_f、G、F、D 为计算参数,见表 1,$Pa=100\text{kPa}$,为大气压。当 $\mu_t>0.5$ 时,$\mu_t=0.49$。

(2) Goodman 接触面单元

$$K_{st}=K_{si}\left(1-\frac{R_{fs}\tau}{\sigma_n\tan\delta_s+C_s}\right)^2 \tag{4}$$

$$K_{si}=K_s\gamma_w(\sigma_n/Pa)^{n_s} \tag{5}$$

式中,K_s、n_s、R_{fs}为计算参数,见表 1。

取法向刚度系数 $K_n=10^6\text{MPa}$,当接触面法向应力 $\sigma_n\leqslant 0$ 时,取 $K_n=0.01\text{MPa}$、$K_{st}=0.01\text{MPa}$。

(3) 加卸荷准则

定义应力状态函数 SS:

$$SS=S(\sigma_3/Pa)^{0.25} \tag{6}$$

单元历史上最大的 SS 值定义为 SS_m，按单元当前的 σ_3 计算出条件最大应力水平 S_c：

$$S_c=SS_m/(\sigma_3/Pa)^{0.25} \tag{7}$$

将 S_c 与单元当前的应力水平 S 比较，当 $S \geqslant S_c$ 时，为加荷，取式（1）计算 E_t；当 $S \leqslant 0.75S_c$ 时，为卸荷，取下式计算 E_{ur}：

$$E_{ur}=K_{ur}Pa(\sigma_3/Pa)^n \tag{8}$$

式中，$K_{ur}=1.2K$。

当 $0.75S_c<S \leqslant S_c$ 时，取下式计算 E_t'：

$$E_t'=E_t+4(S_c-S)(E_{ur}-E_t)/S_c \tag{9}$$

（4）破坏准则

土和塑性混凝土采用摩尔—库仑准则，当单元的应力圆与强度包线相割时，保持 σ_y 不变，修正应力圆使之与包线相切，并计算相切时的 σ_x 和 τ_{xy} 作为单元的应力，而多余的应力转移为结点力。对塑性混凝土还参考其抗拉强度，当 σ_3 小于其抗拉强度－0.4MPa 时，令 $\sigma_y=-0.4$MPa 不变，用摩尔—库仑准则修正。当单元的 σ_1 大于其抗压强度 4.0MPa 时，虽应力水平 $S<1$，仍判为破坏，但不作应力修正和结点力转移。

此外，混凝土单元系采用线弹性模型，当 σ_1 大于等于抗压强度 15MPa 或 σ_3 小于等于抗拉强度－1.5MPa 时，该单元破坏。

1.3　施工过程的模拟

有限单元分析中通过施加的自重荷载模拟围堰的填筑过程，通过心墙上游侧水压力的变化模拟水位的变化。根据二期围堰的实际施工程序，参照网格剖分情况，其中方案 1 共分 17 级荷载。施工模拟中，建防渗墙前，墙体位置先设风化砂单元，两侧设 Goodman 单元，从墙底直至 73m 高程，其剪切刚度 K_{st} 取砂与砂间计算参数；建墙后，K_{st} 取砂与塑性混凝土之间计算参数。建墙时，将墙所在位置的单元应力置零，相应的结点位移也置零。

在有限元分析中，每级新增加单元的计算应力迭加于单元的总应力，而结点位移忽略不计，即不迭加于总位移。水位变化产生的水压力增量直接加于墙的相应结点，水位下降范围的单元由浮容重增加至湿容重，水位上升范围的单元由湿容重减小为浮容重，并根据容重的变化转化为结点荷载。

2　计算结果和分析

2.1　计算结果

2.1.1　堰体的位移和应力水平

各方案堰体的位移和应力水平分布规律将在下文比较，这里仅给出方案 1 的计算结果，图 2（a）为水平位移等值线，图 2（b）为应力水平的等值线。各方案堰体应力的大小和分布规律相近，为节省篇幅，不再给出。

2.1.2　防渗心墙的水平位移和破坏单元

图 3 给出上下游侧防渗墙的水平位移沿墙高的分布图，其中图 3（a）为方案 1，图 3（b）为方案 2。

各方案防渗心墙的破坏单元仅分布在墙的底部 7.0m 高程以下，其中方案 1 和 2 的破坏单元分别标于图 4（a）和 4（b）。

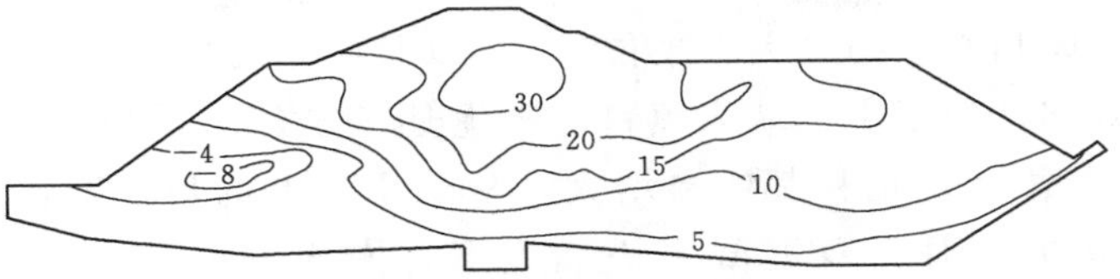

（a）水平位移 U_x/cm

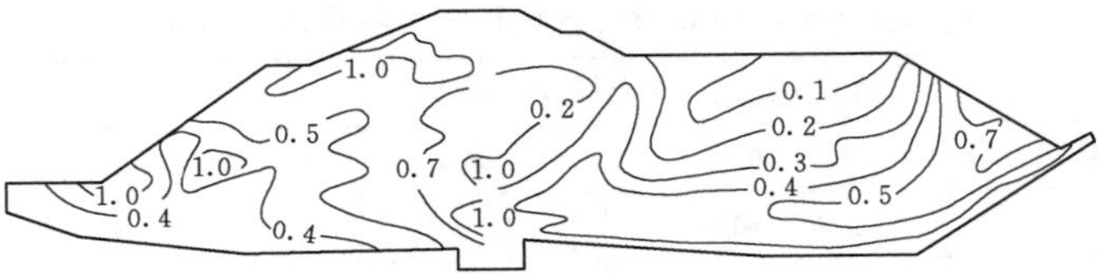

（b）应力水平 S

图 2　堰体水平位移和应力水平等值线（方案 1）

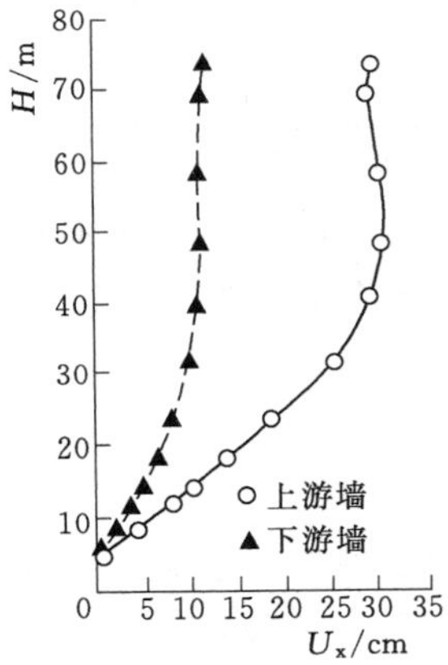

（a）方案 1

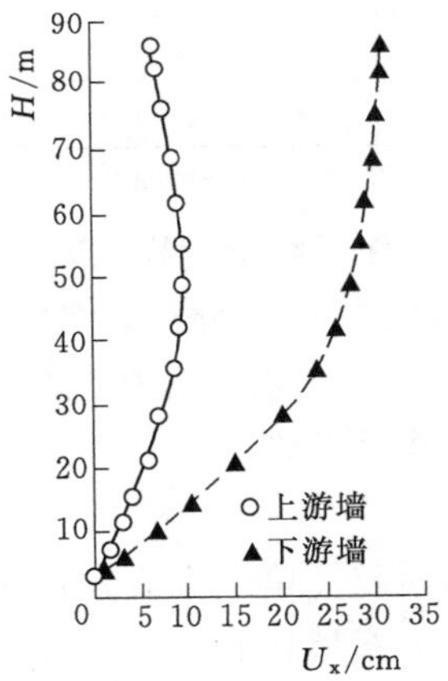

（b）方案 2

图 3　防渗墙挡水后的水平位移分布

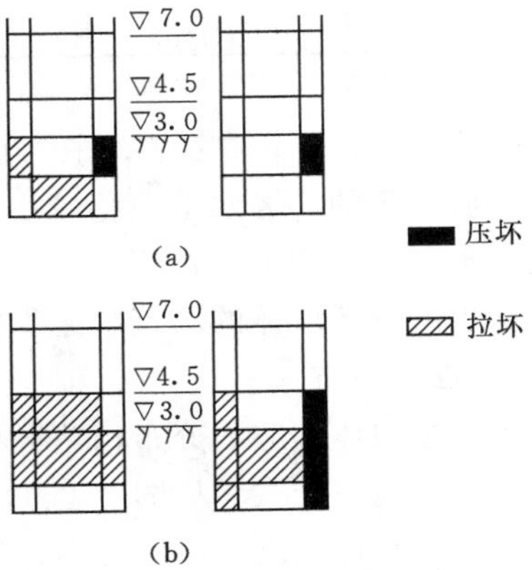

图 4　防渗墙挡水后破坏单元分布

2.1.3　土工膜应变分布

低双塑性混凝土心墙方案在 73m 高程以上采用复合土工膜防渗。在有限元分析中忽略膜的抗拉刚度，计算膜所在位置各结点间的线应变分布。结果表明方案 1、2 和 4 中膜应变的最大差值小于 0.1%，在表 4 中列出方案 1 的应变分布，负值为收缩应变。

表 4　　　　土 工 膜 应 变 分 布

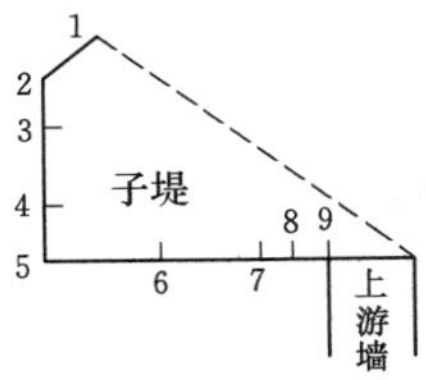

单元号	1－2	2－3	3－4	4－5
应变/%	－0.8	－0.2	－0.2	5.2
单元号	5－6	6－7	7－8	8－9
应变/%	0.2	0.2	0.9	－0.7

2.2　比较分析

2.2.1　位移分布

6个方案中堰体和心墙的最大水平位移 U_m 以及堰体的最大铅直位移 V_m 的比较列于表5。可见低双塑性混凝土心墙当填料性质优时（方案3），位移都明显减小，而填料性质较差时（方案4），位移都明显增大，从减小变形的角度看，保证堰体填料的施工质量是有意义的。对高双混凝土心墙方案，嵌固深度的变化对位移基本没有影响。

表5　　6个方案中堰体心墙最大位移和基岩最大应力比较

比较参数		低双塑性混凝土心墙			高双混凝土心墙		
		方案1	方案3	方案4	方案2	方案5	方案6
堰体	U_m/cm	35.7	31.5	45.3	36.8	37.0	37.0
	V_m/cm	55.4	51.0	60.9	56.4	57.3	57.4
心墙	$U_{上m}$/cm	30.8	27.2	38.8	9.5	9.5	9.6
	$U_{下m}$/cm	11.8	10.0	14.8	30.5	30.6	30.9
基岩	压应力/MPa	1.94	1.95	1.91	21.8	27.3	17.0
	拉应力/MPa	−0.73	−0.63	−0.85	−7.6	−11.0	−5.4

注　1、3、4方案中先施工上游墙，后施工下游墙；2、5、6方案中先施工下游墙，后施工上游墙。

6个方案中上下游心墙的最大水平位移反映出同样的规律，即先施工的心墙水平位移较大，后施工的心墙水平位移较小（参见表5）。此外，各家的计算结果都表明，下游墙的最大水平位移均发生在墙顶，上游墙的最大水平位移均发生在48.5m高程处（参见图3），这是因上部堰体的填筑和逐步挡水产生的结果。

2.2.2　应力分布

各方案堰体的应力分布相差很小，而破坏单元主要分布在上游墙的上游侧风化砂中和围堰的上游边坡处（参见图2（b））。6方案墙体在7.0m高程以上均无破坏单元。从图4可见，低双塑性混凝土心墙方案，拉压破坏单元各有2个，高双混凝土心墙方案有9个拉坏单元和3个压坏单元，前者的墙底受力情况明显优于后者。此外，填料性质较差时，上游墙的上游侧增加较高的一个拉坏单元；嵌固深度增加使下游墙下游侧增加较高的一个压坏单元。

2.2.3　基岩受力情况

6方案基岩的最大拉压应力的比较见表5。最大压应力均发生在下游墙下游侧强风化基岩中，在低双塑性混凝土心墙方案中最大拉应力发生在上游墙上游侧，而在高双混凝土心墙方案中则发生在下游墙上游侧。从表5可见，填料性质优（方案2）和增加心墙嵌固深度（方案6）均能使基岩的最大拉压应力减小。

2.2.4　计算结果比较

现将低双塑性混凝土心墙方案的7个参加单位的计算结果[2]进行比较，结果见表6。表中第3行是武汉水利电力大学的计算结果，U_y 和 U_x 分别代表最大铅直和水平位移，N_f 是墙体破坏单元的数目。

表 6　　各单位计算结果比较（方案 1）

单位编号	堰　体		上 游 墙				下 游 墙			
	U_y/cm	U_x/cm	U_x/cm	σ_1/MPa	σ_3/MPa		U_x/cm	σ_1/MPa	σ_3/MPa	N_f
1	82.0	51.0	30.2	4.49	−0.29	0	10.4	3.55	−0.11	0
2	74.5	41.0	37.9	2.96	−0.46	1	10.3	2.44	0.22	0
3	55.4	35.7	30.8	3.03	−0.60	3	11.8	3.34	−0.37	1
4	74.1	39.5	40.2	3.73	−0.45	4	16.4	3.07	−0.42	1
5	120	100	35.2	4.47	0.45	0	15.7	3.71	0.35	0
6	50.3	36.7	30.8	2.78	−0.72	3	9.8	3.00	−0.30	0
7	51.0	23.7	25.0	4.50	0	0	9.1		0	0

由表 6 知，各参加单位的计算结果比较接近。

3　结论

（1）低双塑性混凝土心墙（方案 1）中，提高堰体填料的施工质量可明显减小堰体和心墙的位移。

（2）高双混凝土心墙（方案 2）中，改变心墙的嵌入深度对堰体和心墙的位移没有影响。

（3）各方案中堰体的破坏单元主要集中于上游墙的上游侧风化砂中和围堰的上游边坡处。

（4）两道心墙中，先施工的墙水平位移大，例如方案 1 和 2 的最大水平位移分别为 30.8cm 和 30.5cm，后建的墙水平位移小，方案 1 和 2 的最大水平位移分别为 11.8cm 和 9.5cm。

（5）各方案 7.0m 高程以上的心墙均无破坏现象；7.0m 高程以下墙体的破坏单元，方案 1 明显少于方案 2。

（6）堰体填料性质和心墙嵌固深度的变化对心墙破坏单元的多少影响较小。

（7）方案 1 的基岩最大拉压应力明显小于方案 2，改善填料特性和增加心墙嵌固深度均使基岩最大拉压应力减小。

（8）复合土工膜的最大拉应变发生在子堤底部，可按 5.5%考虑膜的允许拉应变，或采取铺设措施保证该处膜的正常运行。

（9）$E\sim\mu$ 非线性模型和 Goodman 接触面单元在分析砂石料及混凝土心墙围堰时，十分有效。

（10）采用统一的网格划分及相同的计算参数，可保证有限元分析结果在定性和定量上的一致性，多家联合攻关的方法是可取的。

参加数据准备和成果整理的还有邹维列、朱碧堂和任晓艳，在此表示感谢。

参考文献

[1] Duncan J M, Seed R B, Wong K S, Ozawa Y. A computer program for finite element analysis of dams. Research report No. SU/GT/84 - 03, Department of Civil Engineering, Stanford University, 1984.

[2] 长江科学院和南京水利科学研究院．三峡工程二期围堰技术设计低双墙方案应力应变分析综合报告. 院编号：96-081，1996.

土的卸载试验和在万家寨引水隧洞变形分析中的应用

王　钊[1,2]　黄　杰[1]　戚付生[3]　吴梦喜[4]

（1. 武汉大学土木建筑学院，湖北武汉　430072；
2. 清华大学土木水利学院，北京　100084；
3. 山西水利水电勘测设计院，山西太原　030024；
4. 中国科学院力学研究所，北京　100080）

中图分类号：TU 43　　**文献标识码**：A　　**文章编号**：1000－4548（2002）04－0525－03

1　概述

万家寨引黄工程隧洞总干线#7 隧洞位于偏关县葛家山至水泉河间，总长约 9.21km，其中土洞长 2.685km，隧洞开挖直径 6.012m，衬砌内径 5.46m，衬砌厚 0.25m，每环由 4 块六角形管片组成，管片与洞壁间用豆砾石灌浆回填。#7 隧洞部分穿过地质年代为第四纪（Q3）黄土，其颗粒组成和物理性质指标见表 1，2。土名为黄土状粉土。为分析计算隧洞和管片在周围土体作用下，及在通水和放空情况下的应力和变形情况，对#7 土洞进行有限元分析。在确定土的 c，φ 值时，分别取原状土进行了卸载、加载试验，并计算出邓肯-张模型中的 k，n，R_f，G，F，D 进行比较。文中还对用两种试验获得的模型参数进行有限元变形分析的结果进行比较。

表 1　黄土的颗粒组成
Table 1　Size grading of loess

粒组/mm	2.0～0.05	0.05～0.005	<0.005
百分比/%	34.5	59.8	5.0

表 2　黄土的物理性质指标
Table 2　Physical properties of loess

G_s	$\rho/(g \cdot cm^{-3})$	e	w_P/%	w_L/%
2.70	1.64	0.84	16.9	25.7

本文发表于 2002 年 7 月第 24 卷第 4 期《岩土工程学报》。

2 土的本构模型和加卸载准则

2.1 土的本构模型（邓肯-张模型）

邓肯提出的计算模型中包含切线变形模量 E_t 和切线泊松比 μ_t[1]，计算公式如下：

$$E_t = kp_a(\sigma_3/p_a)^n(1-R_f \cdot S)^2 \tag{1}$$

$$S=\frac{[(1-\sin\varphi)(\sigma_1-\sigma_3)]}{2c\cos\varphi+2\sigma_3\sin\varphi} \tag{2}$$

$$\mu_t=\frac{G-F\log(\sigma_3/p_a)}{\left[1-\dfrac{D(\sigma_1-\sigma_3)}{kp_a\left(\dfrac{\sigma_3}{p_a}\right)^n(1-R_fS)}\right]^2} \tag{3}$$

式中 E_t 为切线弹性模量（MPa）；S 为应力水平，定义为偏应力（$\sigma_1-\sigma_3$）与破坏偏应力（$\sigma_1-\sigma_3$）$_f$ 之比；μ_t 为泊松比，当 $\mu_t \geqslant 0.5$ 时，取 $\mu_t=0.49$；p_a 为大气压力，$p_a=$ 100kPa；k，n，R_f，G，F，D 为计算参数。

2.2 土的加卸载准则

土的抗剪强度不仅与土质有关，还与试验时的排水条件、剪切速度、应力状态和应力历史等许多因素有关，因此必须首先判断加卸载应力状态。

定义应力状态函数：$SS=S(\sigma_3/p_a)^{0.25}$，土单元受荷历史最大的 SS 值定义为 SS_m，按现有 σ_3 计算条件最大应力水平 $S_c=SS_m/(\sigma_3/p_a)^{0.25}$[2]。将 S_c 与单元当前的应力水平 S 比较，当 $S \geqslant S_c$ 时，为加载；当 $S \leqslant 0.75S_c$ 时，为卸载，计算卸载弹性模量的公式为

$$E_{ur}=k_{ur}p_a(\sigma_3/p_a)^n \tag{4}$$

式中 $k_{ur}=1.2k$。当 $0.75S_c \leqslant S \leqslant S_c$ 时，计算弹性模量 E_t 的公式为

$$E_t=E_t+4(S_c-S)(E_{ur}-E_t)/S_c \tag{5}$$

3 土的加卸载试验

3.1 目的

隧洞开挖实际上是一个卸载过程，而邓肯-张模型中的参数 k，n，R_f，F，G，D 是由加载试验整理得到的，为了模拟实际情况，对洞周土体和处于卸载状态的土单元，应采用卸载试验确定抗剪强度和模型参数，并与加载试验得到的结果比较。

3.2 卸载试验

卸载试验采用的仪器为 DTC－158－1 型共振柱，试样共 4 组，编号分别为#1－11－1、#1－14－4、#2－8－3 和#2－14－2。试样尺寸为 ϕ50×100mm，试验固结围压为 300，500，700kPa 三级。剪切采用应力控制的方法，其中#1－11－1、#2－8－3 的轴向压力控制为固结压力，围压逐步降低直至试样破坏，#1－14－4、#2－14－2 固结后加大轴向压力至 2 倍的固结压力（模拟原位的应力状态），再逐步降低围压直至试样破坏。其中#2－14－2 试样的应力和应变曲线见图 1。按式（1）～(3）整理得邓肯-张模型参数列于表 3，E_t 和 μ_t 列于表 4。

表 3　　加卸载试验的邓肯-张模型参数

Table 3　　Parameters of Duncan - Chang model from loading and unloading tests

试验方法	c/kPa	φ/(°)	k	n	R_f	G	F	D
加载	0	30.1	426	0.19	0.89	0.45	0.21	5.00
卸载	5	38.0	216	1.13	0.99	0.42	−0.02	0.04

表 4　　加卸载试验的 E_t 和 μ_t 的比较

Table 4　　Comparison of E_t and μ_t from loading and unloading tests

试验方法	参　数	围　压		
		300kPa	500kPa	700kPa
加载	$E_t/10^4$MPa	6.30	6.94	7.93
	μ_t	0.35	0.31	0.27
卸载	$E_t/10^4$MPa	6.74	12.6	18.0
	μ_t	0.431	0.433	0.436

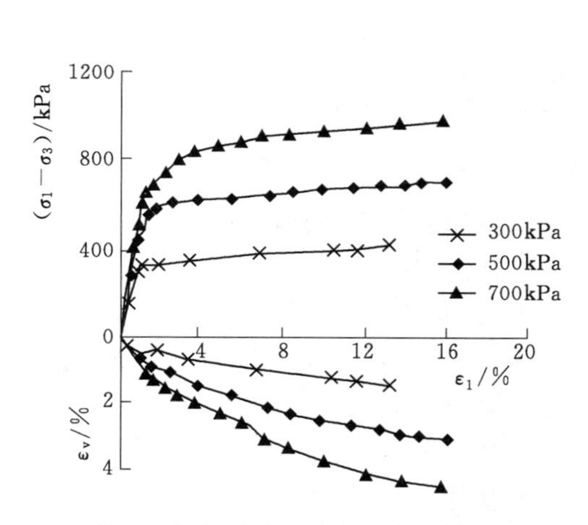

图 1　卸载试验应力应变关系曲线

Fig. 1　Curves of stress versus strain from unloading test

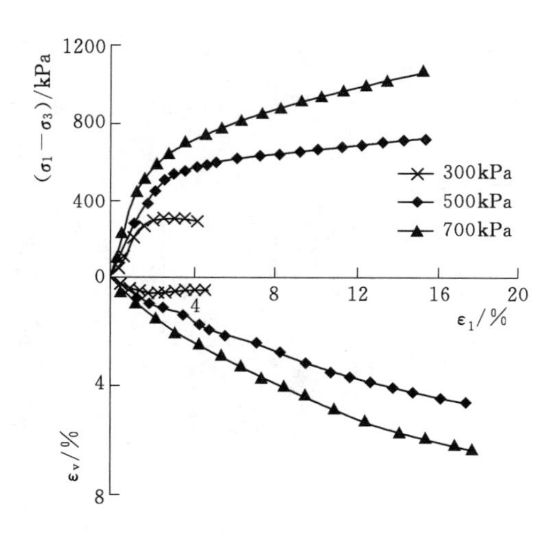

图 2　加载试验应力应变关系曲线

Fig. 2　Curves of stress versus strain from loading test

3.3　加载试验

加载试验共分 10 组，在低压与高压应变控制式三轴剪切仪上完成，试样尺寸为 ϕ39.1×80mm，围压分别采用 100、200、400kPa，100、300、500kPa 和 300、500、700kPa 三种，上覆土层厚度大者采用较大围压。剪切速率为 0.08mm/min。其中#2 - 14 - 2 试样的应力和应变曲线如图 2 所示。按式（1）～（3）整理得邓肯-张模型参数列于表 3，E_t 和 μ_t 列于表 4。

4　加载和卸载的参数比较

4.1　模型参数

从表 3 可见，卸载试验求得的 c，φ 值较大，4 个试样的平均 c 值基本相同，而 φ 值大 7.6°。其他模型参数 k，n，R_f，F，G，D 的值不易比较，可用式（1），（3）计算得 E_t 和 μ_t 进行比较。

4.2　E_t 和 μ_t 的比较

考虑到卸载时土体的硬化具有较大抵抗变形的能力，常常把加载试验得到模型参数代入式（4）来计算弹性模量。也可把卸载试验得到的模型参数直接带入邓肯-张模型计算。下面用这两种方法计算进行比较。

选用围压 σ_3 分别为 300、500、700kPa，并取 $(\sigma_1-\sigma_3)=50$kPa，可以算出三组不同的 E_t，μ_t 值（见表 4）。不难看出采用卸载试验模型参数直接计算所得的 E_t 比用加载试验得到模型参数代入公式（4）得到的 E_t 大，同时卸载时的泊松比也比加载时大。当 $(\sigma_1-\sigma_3)$ 分别等于 100kPa 和 200kPa 时，具有相同规律。

5　有限元变形计算结果比较

5.1　网格的划分

在进行有限元计算时，由隧洞从内向外依次为三圈管片单元、两圈豆砾石单元和土单元。单元的划分见图 3。图中为四结点单元，其后被自动剖分为三角形单元。

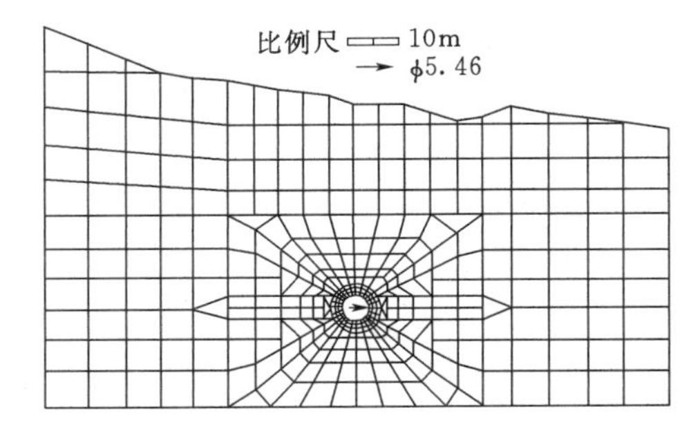

图 3　#7 洞 0+63 断面有限元计算网格

Fig. 3　FEM mesh of section 0+63in tunnel No. 7

5.2　计算方案和施工模拟

（1）计算方案

①断面堆积形成过程产生的初始应力；②隧洞开挖引起的应力释放和洞周位移分布；③管片和回填豆砾石在其自重和周围松动土压力作用下产生的应力和变形；④隧洞通水放空等工况下管片的位移和应力。其中须说明的有隧洞开挖释放荷载法和松动土压力的施加。

（2）隧洞开挖的释放荷载法

释放荷载的概念是邓肯 1963 年提出的，其基本思想是：开挖引起的应力和位移的变化，缘于开挖边界应力解除的结果，即在开挖边界上作用一卸荷结点荷载，其大小等效于原来作用在该边界上的边界初始应力，但方向相反。将释放荷载法用于隧洞开挖，其步骤为：①将外边界范围取得足够大，例如大于开挖洞径的三四倍；②计算山体堆积过程，未开挖前的初始应力场 $\{\sigma_0\}=[\sigma_x,\sigma_y,\tau_{xy}]_0^T$；③据初始应力计算开挖边界的面力 x，y，即

$$\begin{cases}x=\sigma_x\cos\alpha+\tau_{xy}\sin\alpha\\ y=\sigma_y\sin\alpha+\tau_{xy}\cos\alpha\end{cases}\tag{6}$$

式中α为边界单元外法线与x轴夹角；④由面力计算等效结点力，再反向作为荷载施加于洞壁，并计算产生的应力增量$\{\Delta\sigma\}$，位移增量$\{\Delta\delta\}$；⑤开挖后的应力场等于初始应力加应力增量，即$\{\sigma\}=\{\sigma_0\}+\{\Delta\sigma\}$，而$\{\Delta\delta\}$是开挖引起的，正是洞壁和周围土体的变形。

（3）松动土压力

由于隧洞上方土的成拱作用，隧洞衬砌后，作用在管片上的土压力并不等于上方土的自重，而是取决于上方松动土体的压力。太沙基曾用试验和理论推导，得出松动土体的范围，其高度（从隧洞水平直径向上）约为3倍的洞径[3]。根据松动土的高度，并假设静止土压力系数$K_0=1-\sin\varphi$，可以计算得衬砌的外压力，作为结点荷载计算管片的应力和位移。

5.3 隧洞的变形分析和比较

用卸载试验参数求得的隧洞开挖洞周位移和管片安装后在松动土压力作用下管内壁的位移见图4（a），（b），用加载试验配合加卸载准则计算得到的位移见图5（a），（b）。图中虚线是洞壁和管片内壁，虚线圆上共给出8点的位移矢量，并用分数表示位移的大小，其中，分子为水平位移（向右为正），分母为竖向位移（向上为正），将位移矢量连成实线。可见隧洞洞顶的位移向下，洞底向上，洞的高度减小；管片安装后，因松动土压力是对称施加的，其位移基本对称。现比较两种计算结果的差别（见表5，6）。可看出，在隧洞开挖洞周位移计算中，采用卸载试验模型参数计算的洞高的减少为90mm，比采用加载试验参数的小19mm；而在施加松动土压力管壁位移的计算中，采用加载试验模型参数计算的宽度增加1mm，而用卸载试验参数计算的宽度基本不变。

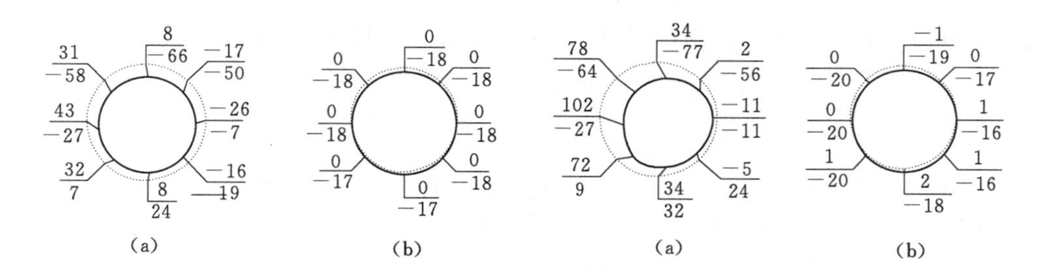

图4 #7洞0+63断面位移（采用卸载试验模型参数）

Fig. 4 Displacement of section 0+63in tunnel No. 7

图5 #7洞0+63断面位移（采用加载试验模型参数）

Fig. 5 Displacement of section 0+63in tunnel No. 7

从表中还可看出用卸载模型计算的位移较小，隧洞竖向变形仅为加载模型计算位移的0.82倍，水平向变形约为0.61倍，此外，水平方向位移的分布更合理，表现在因地表倾斜引起的洞壁左侧向右位移大于洞壁右侧向左的位移，见表5。其中卸载试验相差较小，为43，−26mm，而加载试验为102，−11mm。此外，松动土压力作用下管片位移的对称性也较好，见表6。

表 5　　洞壁位移比较

Table 5　　Comparison of displacement on inner face of tunnel mm

试验方法	洞顶		洞底		高度减少	洞左		洞右		宽度减少
	U_X	U_Y	U_X	U_Y		U_X	U_Y	U_X	U_Y	
加载	34	−77	34	32	109	102	−27	−11	−11	113
卸载	8	−66	8	24	90	43	−27	−26	−7	69

表 6　　管片内侧位移比较

Table 6　　Comparison of displacement on inner face of tunnel ring mm

试验方法	管顶		管底		高度减少	管左		管右		宽度减少
	U_X	U_Y	U_X	U_Y		U_X	U_Y	U_X	U_Y	
加载	−1	−19	2	−18	1	0	−20	1	−16	−1
卸载	0	−18	0	−17	1	0	−18	0	−18	0

6　结论

为考虑卸载状态土的应力应变关系，可用加载试验配合加卸载准则获得模型参数，也可直接用卸载试验求取模型参数，从山西万家寨粉质黄土的加卸载试验结果的比较和隧洞变形计算结果的比较，可看出：①由卸载试验获得的抗剪强度较高，其中 c 值基本不变，而 φ 值平均增大 7.6°。②卸载试验得到的 E_t 和 μ_t 比较大，且随 σ_3 的增大，E_t 和 μ_t 的增大更明显。③用卸载试验的模型参数计算得到的位移较小，且位移的分布更合理。建议对于隧洞和土坡开挖及处于卸载状态下的土单元，应用卸载试验求取模型参数，进行有限元分析。④可以用弹性理论边界条件式（6）计算开挖边界的释放荷载。

参考文献

[1]　Duncan J M，Seed R B，et al. A computer program for finite element analysis of darns（Research Report NO SV/GT/84-03）[R]. Department of Civil Engineering，Stanford University，1984.

[2]　王钊，王协群. 三峡工程二期围堰低高防渗心墙方案的有限元分析 [J]. 武汉水利电力大学学报，1997，30（3）：1-6.

[3]　周小文. 盾构隧道土压力离心模型试验及理论研究 [D]. 北京：清华大学，1999.

万家寨引水隧洞成洞和运行的有限元分析

王　钊[1,2]　王俊奇[1]　咸付生[3]

（1. 武汉大学土木建筑工程学院，武汉　430072；
2. 清华大学土木水利学院，北京　100084；
3. 山西水利水电勘测设计院，太原　030024）

摘　要：针对山西省万家寨引黄入晋工程总干线7#隧洞的开挖和蓄水运行的几种工况进行了非线性有限元分析。内容主要有：采用分级堆填过程模拟初始地应力场；应用Duncan释放荷载思想和弹性理论面力公式进行开挖卸荷计算；采用Goodman节理单元模拟衬砌管片接缝；对土样进行卸荷试验确定Duncan－Chang模型参数，并与加荷试验成果比较；应用太沙基松动土压力理论施加管片压力等。多工况的分析得到一些合理的结果。

关键词：土力学；黄土；隧洞；非线性有限元；加载和卸载试验；松动土压力；应力；应变

中图分类号：TU 43，U 459.6　**文献标识码**：A　**文章编号**：1000－6915（2004）08－1257－06

Fem Analysis on Tunneling and Working of Wanjiazhai Water Transmission Tunnel

Wang Zhao[1,2]　Wang Junqi[1]　Xian Fusheng[3]

（1. College of Civil and Architectural Engineering,
Wuhan University, Wuhan 430072　China;
2. College of Civil and Hydraulic Engineering,
Tsinghua University, Beijing 100084　China;
3. Shanxi Hydraulic and Electric Research Institute,
Taiyuan 030024　China）

Abstract: A nonlinear stress and strain analysis of tunneling and working condition of No. 7 tunnel of Wanjiazhai water transmission project in Shanxi Province is conducted. The initial stress field is simulated by grading landfill, and the theory of unloading proposed by Duncan and boundary stress of elasticity were used to simulate excavation of the tunnel. Goodman joint elements are utilized to simulate the joints of liners. Both loading and unloading tests are conducted for determination of parameters of Duncan－Chang's model. The loading on the pipes is evaluated according to Terzaghi's theory on loosening earth pressure. Several working cases are analyzed and some reasonable results are obtained.

本文发表于2004年4月第23卷第8期《岩石力学与工程学报》。

Key words: soil mechanics; loess; tunnel; nonlinear FEM; loading and unloading test; loosening earth pressure; stress; strain

1　引言

万家寨引黄工程隧洞总干线7#隧洞位于山西省偏关县葛家山至水泉河之间，设计流量48m^3/s，为无压隧洞。7#隧洞总长约9.21km，其中，土洞长2.685km，隧洞开挖直径6.012m，衬砌内径5.46m，衬砌厚0.25m，每环由4块六角形管片组成，管片与洞壁间用豆砾石灌浆回填。7#隧洞部分穿过第四纪（Q_3）黄土，黄土的颗粒组成和物理性质指标参见表1和2。在用TBM掘进机开挖和衬砌过程中，出现超挖和豆砾石充填不满的现象，侧拱管片向洞内发生明显的位移，并与顶、底拱管片错开，同时，侧拱管片出现数量不等的裂缝。为了分析计算隧洞开挖和管片在周围土体作用下，以及在通水和放空运行情况下的应力和变形情况，特对7#隧洞进行有限元分析。首先，采用分级堆填过程计算风积黄土层的初始应力场；然后，应用Duncan释放荷载思想和弹性理论面力公式进行开挖卸荷计算；采用Goodman节理单元模拟衬砌管片的接缝；应用太沙基松动土压力理论施加管片上压力；以及在确定土的Duncan-Chang模型参数时，分别取原状土进行了卸载试验和加载试验，并对两种试验获得的模型参数进行有限元变形分析的结果做比较。

表1　黄土的颗粒组成

Table 1　Size grading of loess

粒组/mm	<0.005	0.005～0.05	0.05～2.0
百分比/%	5.0	59.8	34.5

表2　黄土的物理性质指标

Table 2　Indexes of physical properties

比　重	密度/(g·cm^{-3})	孔隙比	塑限/%	液限/%
2.70	1.64	0.84	16.9	25.7

2　计算方案和施工过程模拟

2.1　有限单元网格划分

对万家寨引水隧洞7#断面进行平面应变有限元分析，网格划分见图1。图1中底部结点为固定铰支座，左右侧为水平链杆支座，四边形网格为人工剖分，然后自动生成三角形单元。其中，土体采用常应变三角形单元。隧洞开挖时，开挖断面的土单元改变为空气单元，管片设3圈四边形单元，沿径向的厚度分别为6，13和6cm。豆砾石灌浆层设2圈四边形单元，厚度均为5cm（图2）。图2中还标出隧洞运行时的正常水位。为分析管片错位情况，在每环的4个管片接缝处（和水平方向夹45°）各设3个Goodman接触面单元。

2.2　本构模型和计算参数

（1）土的本构模型

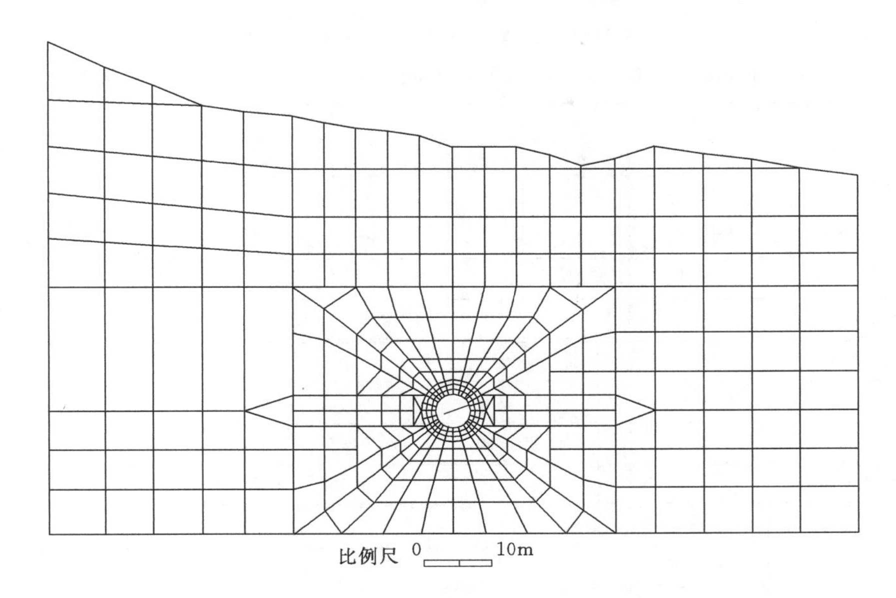

图 1　7# 洞 0+63 断面有限元计算网格
Fig. 1　FEM mesh of section 0+63 in tunnel No. 7

采用比较成熟的 Duncan - Chang 非线性 E - μ 模型，加卸载准则采用 Duncan 于 1984 年提出的修正准则[1~3]。

(2) 破坏准则

土体采用 Mohr - Coulumb 准则，当单元的应力圆与强度包线相割时，保持 σ_y 不变，修正应力圆使之与包线相切，并计算相切时的 σ_x 和 τ_{xy} 作为单元的应力，而多余的应力转移为结点力。

混凝土衬砌和豆砾石层采用线性弹性模型，当 σ_1 大于等于抗压强度，或 σ_3 小于抗拉强度时，该单元破坏。但不作应力修正和结点力转移。

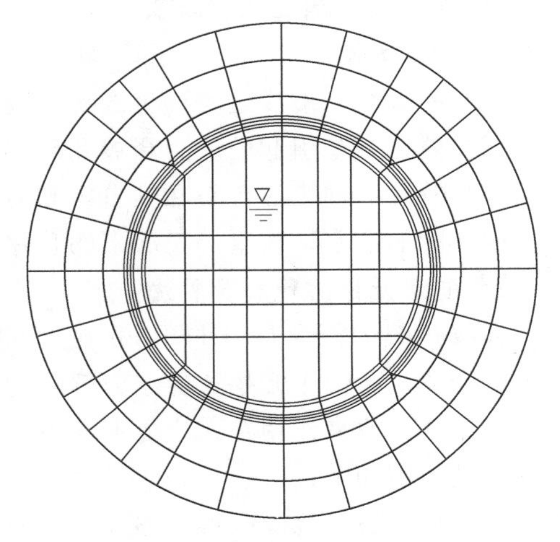

图 2　洞周和管壁的单元网格划分
Fig. 2　Meshes of tunnel liner and ground

(3) 应力路径和卸载试验

隧洞开挖实际上是一个卸载过程，常规三轴试验得到的 Duncan - Chang 参数是由加载试验整理得到的，为了模拟开挖卸载的应力路径，对洞周土体和处于卸荷状态的土单元，采用卸载试验确定模型参数，并与加载试验获得的模型参数配合加卸载准则计算的结果进行比较。

(4) 模型参数

由试验确定的土的加卸载模型参数列于表 3。加载试验参数中，饱和土参数用于隧洞运行因渗水而浸泡的土单元，松动土参数用于隧洞开挖而松动的洞周 2m 范围的土单元。混凝土管片、管片接触面以及豆砾石灌浆层的模型参数也列于表 3 中。

表 3 万家寨引黄工程总干线 7# 隧洞模型参数

Table 3 Model parameters for tunnel No. 7 of Wanjiazhai water transmission tunnel

(1) 非线性材料		ρ /(kN·m^{-3})	c /kPa	φ /(°)	K	n	R_f	G	F	D
加载试验	天然土	17.8	0	30.1	426	0.19	0.89	0.45	0.21	5.0
	饱和土	19.1	20	20.2	246	0.43	0.88	0.33	0.09	3.0
	松动土	16.1	21	18.5	288	0.26	0.88	0.49	0.22	4.2
卸载试验		18.7	5	38	216	1.13	0.99	0.42	−0.02	0.04

(2)线性材料	ρ/(kN·m^{-3})	E/kPa	μ	f_c/kPa	f_t/kPa
混凝土管片 C30	25.0	3×10^7	0.167	16500	1500
豆砾石灌浆 C15	23.0	2.20×10^7	0.167	8500	900
豆砾石灌浆 C7.5	20.5	1.45×10^7	0.130	4100	550

(3)接触面	δ_s/(°)	c_s/kPa	R_{fs}	K_s	n_s
土与土	30.1	10	0.88	1×10^4	0.51
管片与管片	34	100	0.75	1×10^4	0.65

2.3 计算方案和施工过程模拟

2.3.1 计算方案

(1) 断面堆积形成过程产生的初始应力；

(2) 隧洞开挖引起的应力释放和洞周位移分布；

(3) 管片和回填豆砾石在其自重和周围松动土压力下产生的应力和变形；

(4) 隧洞通水、放空等工况下的管片的位移和应力。

2.3.2 隧洞开挖的释放荷载法

释放荷载的概念是由 Duncan 在 1963 年提出的，其基本思想是：开挖引起的位移和应力的变化，起因于开挖边界应力解除的结果，即在开挖边界上作用——卸荷结点荷载，其大小等效于原来作用在该边界上的边界初始应力，但方向相反。将释放荷载法用于隧洞开挖，其步骤如下：

(1) 将外边界范围取得足够大，例如，大于开挖洞径的 3～4 倍；

(2) 计算山体堆积过程，未开挖前的初始应力场 $\{\sigma_0\}=[\sigma_x,\sigma_y,\tau_{xy}]_0^T$；

(3) 初始应力计算开挖边界的面力 X，Y[4]

$$X=\sigma_x\cos\alpha+\tau_{xy}\sin\alpha$$

$$Y=\sigma_y\sin\alpha+\tau_{xy}\cos\alpha$$

式中：α 为边界单元外法线与 x 轴夹角。

(4) 面力计算等效结点力，再反向作为荷载施加于洞壁，并计算产生的应力增量 $\{\Delta\sigma\}$ 和位移增量 $\{\delta\}$。

(5) 开挖后的应力场等于初始应力加应力增量，即

$$\{\sigma\}=\{\sigma_0\}+\{\Delta\sigma\}$$

而 $\{\delta\}$ 是开挖引起的，是洞壁和周围土体的变形。

2.3.3 松动土压力

由于隧洞上方土的成拱效应，隧洞衬砌后，作用在管片上的土压力并不等于上方土的自重，而是取决于上方松动土体的压力。Terzaghi 曾用试验和理论推导，得出松动土体的范围，其高度（从隧洞水平直径向上）约为 3 倍洞径[5,6]。根据松动土的高度，并假设静止土压力系数 $K_0=1-\sin\varphi$，可以计算得衬砌的外压力，作为结点荷载计算管片的应力和位移。

2.3.4 施工过程模拟

有限元分析中，通过分层施加的自重荷载模拟山体断面风积形成的过程，并计算初始应力场；通过隧洞衬砌内侧水压力的变化模拟水位变化。参考网格剖分情况，对 7# 洞 0+63 断面分为 15 级荷载，模拟中，开挖前衬砌及豆砾石层位置设土单元，Goodman 单元部位参数取为土与土之间参数。开挖后，为计算方便，开挖单元设为空气单元，衬砌和豆砾石以及 Goodman 单元部位材料参数作相应变化。

在模拟山体堆积的有限元分析中，每级新增加单元的计算应力叠加于单元的总应力，而结点位移忽略不计，即不叠加于总位移。水位变化产生的水压力增量直接加于衬砌的相应结点上，水位下降范围的土单元由浮重度增加至饱和重度，水位上升范围的单元由湿重度减小为浮重度，并根据重度的变化转化为结点荷载。

具体过程如下：

第 1～8 级模拟山体的形成，计算初始应力场；

第 9 级，隧洞开挖；

第 10 级，管片安装和豆砾石灌浆回填；

第 11 级，施加松动土压力；

第 12 级，衬砌不渗水，正常水位内水压力作用；

第 13 级，衬砌渗水，受内外水、土压力作用；

第 14 级，洞内水位降至零，衬砌受两侧水压力作用；

第 15 级，洞内水位降至零，衬砌受一侧水压力作用。

在豆砾石充填不满的情况，仅第 10 级有差别，其他各级与上述过程相同。

3 计算结果和分析

有限元的计算结果主要包括 3 部分：①计算断面的应力和位移分布；②洞壁和管片内侧结点的位移矢量；③混凝土管片和豆砾石灌浆层应力分布。

3.1 位移分析和比较

（1）隧洞开挖后洞壁结点的位移

隧洞开挖后洞内壁结点的位移表示于图 3（a），（b），图中，实线表示开挖变形后位置，虚线是洞内壁，给出 8 点的位移矢量，并用分数表示位移的大小，其中，分子为水平位移（向右为正），分母为竖向位移（向上为正），位移矢尖连成实线。隧洞开挖后，洞顶位移向下、洞底位移向上。从图 3 还可看出，洞壁结点的位移不对称，水平位移偏向上覆土层薄的一方。图 3（a）为加载试验参数配合加卸载准则所得结果，图 2（b）为卸载试

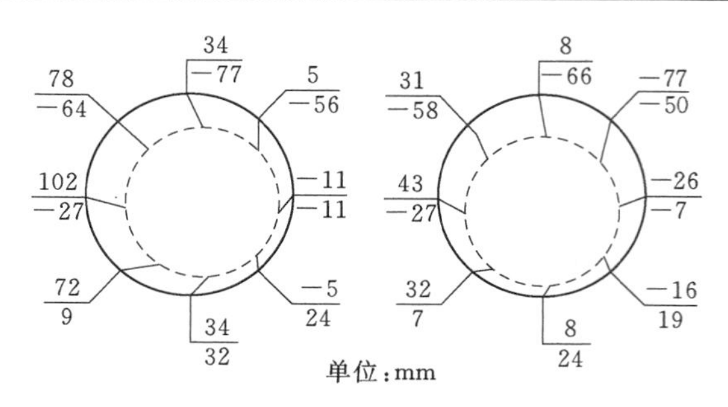

图3　7#洞0+63断面开挖位移

Fig. 3　Excavation induced displacement of section 0+63 in tunnel No. 7

验参数计算结果。可见，采用卸载试验模型参数计算的位移较小，且因地表倾斜而产生的水平位移不对称也较合理。具体讨论见文献［7］。

（2）管片内壁结点的位移

分析管片内壁位移的变化规律，其总趋势为：

①位移变化较大的荷载级有第11级（施加松动土压力）和第14级（洞内水位降至零），在两侧渗水压力作用下的位移。现将这两级荷载作用下管内壁和坐标轴相交的4点的位移比较列于表4和5。

表4　管片内侧位移比较（施加松动土压力）

Table 4　Comparison of displacements inside liner under loosening earth pressure

mm

编号	管顶		管底		高度减小	管左		管右		宽度减小
	U_x	U_y	U_x	U_y		U_x	U_y	U_x	U_y	
1	−1	−19	2	−18	1	0	−20	1	−16	1
2*	0	−18	0	−17	1	0	−18	0	−18	0

*　采用卸载试验模型参数计算的结果。

表5　管片内侧位移比较（水位降至零，两侧水压力）

Table 5　Comparison of displacements inside liner without water inside, but with water pressure outside

mm

编号	管顶		管底		高度减小	管左		管右		宽度减小
	U_x	U_y	U_x	U_y		U_x	U_y	U_x	U_y	
1	−1	−25	1	−24	1	0	−26	1	−23	1
2*	0	−22	0	−21	1	0	−21	0	−22	0

*　采用卸载试验模型参数计算的结果。

②施加松动土压力后的位移见表4，管片整体下沉位移为16～20mm，管片相对变形，如洞的高度和宽度的变化均不大于1mm。

③管内放空，在两侧渗水压力作用下的位移见表5，该位移值是叠加在第11级（施加松动土压力）上的。内水压力减至零、外水压力作用使管道有上浮趋势。另一方面，洞周土的孔隙水压力失去渗水的传递，土的重度由浮重度增至饱和重度，相当于重量增加，产生向下沉降。在向上和向下两种力作用下，7#洞0+63断面，表现为整体下沉，下沉

增量不大于 6mm；管片的相对变形，仍不大于 1mm。

④采用卸载试验模型参数计算的管片变形，也表现出较小的规律（对比表 4，5 中的编号 1 和 2）。

⑤豆砾石不密实的影响：豆砾石充填不密实是用降低该层的强度等级来模拟的，上拱和左右侧拱强度从原来的 C15 降至 C7.5。对变形的影响规律不明显。对 7# 洞 0+63 断面，仅在 14，15 级荷载作用下，各点减小了沉降约 1mm。

（3）管片接缝的错动

管片内侧接缝的结点编号如图 4 所示。现将接缝处有错动现象的荷载级和结点位移列于表 6。

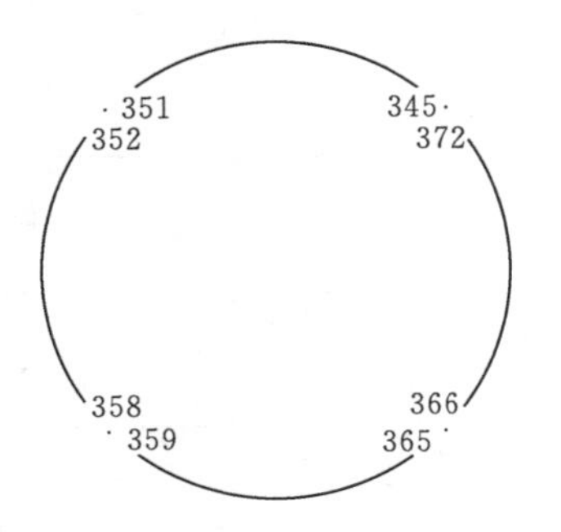

图 4　接缝结点的编号

Fig. 4　Numbering of nodes of joint

表 6　管片接缝结点位移

Table 6　Displacements of nodes on joints of liner

断面和方案	内水和两侧渗水压力下			放空和两侧水压力下		
	结点号	U_x/mm	U_y/mm	结点号	U_x/mm	U_y/mm
7# 洞 0+63	358	1	−20	365	1	−23
	359	1	−19	366	1	−22
7# 洞 0+63				365	1	−22
豆砾石不密实				366	1	−21

从表 6 中数据可见，接缝最大错位为 1mm，或沿 x 方向或沿 y 方向，均发生在运行过程，隧洞渗水情况。豆砾石充填不密实，错位现象减少。在加松动土压力和正常水位运行不漏水情况，未发现接缝错位。

（4）断面的位移场

7# 隧洞开挖时断面竖向位移 U_y 的等值线近似对称分布，对称轴从洞中心向上向覆土厚的一侧倾斜，地表最大沉降为 23mm，洞顶正上方地表沉降 18mm。隧洞开挖引起的水平位移均向着覆土层薄的一侧，这是因为厚的一侧初始地应力大，开挖卸荷作用于洞壁、指向覆土薄的一侧的边界力大，致使整个断面均产生同一方向水平位移。水平位移的最大值发生在洞壁，参见图 2。

3.2　应力分析和比较

（1）管片和豆砾石灌浆层

由应力分布结果可看出管片的最大压应力总是发生在侧拱的内表面，接近中线的单元，最大拉应力一般发生在顶拱或底拱的内表面，接近中线处。表 7 列出不同计算方案施加松动土压力时的大小主应力。注意到表 3 中所列混凝土管片弯曲抗压强度的设计值为 16500kPa，抗拉强度设计值为 −1500kPa。因此，对所有方案，管片内壁单元均未破坏。从表 7 数据可见，管片的最大拉压应力比设计强度小很多，均具较大安全系数，不会因施加松动土压力和其后运行条件而破坏。同样豆砾石层也不会出现破坏现象。从表 7 数据还可看出，采用卸载试验参数计算的应力要比采用加载试验参数计算的应力小。

表 7　管片的最大压应力 σ_{1max} 和最大拉应力 σ_{3max}

Table 7　σ_{1max} and σ_{3max} of tunnel liners

kPa

断面和方案	应力性质和位置		模拟级别*				
			11	12	13	14	15
7# 洞 0+63（加载试验参数）	σ_{1max}	右侧拱	3310	3180	3320	3800	3650
		左侧拱	2430	2350	2390	3880	3780
	σ_{3max}	顶拱	−140	−130	−180	−210	−180
		底拱	−270	−310	−230	−180	−110
7# 洞 0+63（卸载试验参数）	σ_{1max}	右侧拱	2800	2780	2820	3610	3490
		左侧拱	2440	2220	2430	2490	2400
	σ_{3max}	顶拱	−70	−70	−70	−100	−100
		底拱	−50	−10	−30	−70	−70
7# 洞 0+63（豆砾石不密实）	σ_{1max}	右侧拱	3340	3180	3350	3670	3510
		左侧拱	2470	2410	2420	3220	3140
	σ_{3max}	顶拱	−120	−110	−150	−120	−110
		底拱	−140	−90	−110	−40	−10

*　参见 2.3.4 施工过程模拟。

（2）断面的应力分布

断面在形成过程产生的初始应力场，包括 σ_1 和 σ_3 的等值线，符合随深度增加而增加的规律，σ_1 和 σ_3 是模拟土层逐渐填高用有限元法计算出的，它不同于通常用深度乘重度计算 σ_y，再用假设的静止侧压力系数计算 σ_x，例如，有限元法计算得洞中心的 $\sigma_1=658.4$kPa，$\sigma_3=50.63$kPa，而按其上土柱高度的自重压力为 756.5kPa，是有限元法计算值的 1.15 倍。隧洞开挖后除了洞周小范围外，σ_1 和应力水平 S 的等值线基本不变；而洞周 3 圈总厚 2m 的松动土单元有超过一半的破坏单元（$S=1$）。

4　结论

万家寨引黄入晋工程总干线 7# 隧洞 0+63 断面的应力和应变分析，模拟了山体形成，隧洞开挖和各种运行情况下荷载的作用，同时，采用卸载参数进行对比。通过有限元计算和分析，可以得出下列结论：

（1）隧洞开挖引起的洞壁位移偏向上覆土层薄的一方。洞顶最大下沉量为 77mm；洞底因卸载上抬，开挖后洞高减小 109mm。隧洞开挖仅引起洞周厚约 2m 的部分土体单元破坏。

（2）按太沙基松动土压力理论，以 3 倍洞径土重的荷载施加于管片及豆砾石灌浆层顶部，断面管片顶部最大下沉量为 19mm；管片底部同步下沉，管片竖向内径的减小仅 1mm。

（3）在运行荷载作用下，管片的附加变形很小，最不利的情况是衬砌渗水，当管道放空时，其附加最大沉降为 6mm，而管片竖向内径的减小不超过 1mm。水平方向的变形小于竖直方向的变形。

（4）管片的4道接缝不会因松动土压力作用而错动，也不会因正常水位水压力（不渗水）的作用而错动。运行中，错动发生在内水和两侧渗水压力作用下，特别是在内水放空时，计算的错动位移仅为1mm。

（5）从管片变形分析看，防止渗漏是十分重要的。应指出的是，在计算分析中还没有考虑可能产生的湿陷变形。

（6）管片和豆砾石灌浆后在松动土压力和运行荷载作用下，应力远小于设计强度，均不会产生破裂。这和管片变形分析中，洞径变化不超过1mm的结果相吻合。

（7）豆砾石充填不密实（采用降低强度标号至C7.5模拟），对管片位移和应力状态影响很小，有使位移和应力分布均匀的趋势。

（8）采用卸载路径试验求得的模型参数能更合理地计算隧洞开挖和运行中的应力和应变，计算得位移和应力均比采用加载试验参数配合加卸荷准则的计算值小。

（9）应用Duncan释放荷载思想和弹性理论面力公式进行开挖卸荷计算、采用Goodman节理单元模拟衬砌管片的接缝，以及应用太沙基松动土压力理论施加管片上压力是可行的。但太沙基松动土压力理论不能考虑山体表面倾斜的影响。

万家寨引水隧洞已于2001年10月成功完成了试通水。目测和变形观测仪器观测（洞内断面水面上方的钢梁和位移计）没有显示裂缝展开和错位变化现象。

致谢 武汉大学庄艳峰、肖衡林、张训祥和苏金强参加了数据准备和整理，在此深表感谢。

参考文献

［1］ Duncan J M，Seed R B，Woon K S，et al. A computer program for finite element analysis of dams［R］. Research Report，No. SU/GT/84-03，Stanford：Department of Civil Engineering，Stanford University，1984.

［2］ 陈卫忠，朱维申，杨海燕，等. 引黄工程高压出水岔管钢筋混凝土衬砌计算［J］. 岩石力学与工程学报，2002，21（2）：242-246.

［3］ 王钊，王协群. 三峡工程二期围堰低高防渗心墙方案的有限元分析［J］. 武汉水利电力大学学报，1997，30（3）：1-6.

［4］ 徐芝纶. 弹性力学［M］. 北京：人民教育出版社，1979.

［5］ 周小文. 盾构隧道土压力离心模型试验及理论研究［D］. 北京：清华大学，1999.

［6］ 王敏强，陈胜宏. 盾构推进隧道结构三维非线性有限元仿真［J］. 岩石力学与工程学报，2002，21（2）：228-232.

［7］ 王钊，黄杰，咸付生，等. 土的卸载试验和在万家寨引水隧洞变形分析中的应用［J］. 岩土工程学报，2002，24（4）：525-527.

土工格栅加筋对沥青路面影响的数值分析

汪建峰　王　钊

（武汉大学土木与建筑工程学院，武汉　430072）

摘　要： 应用复合材料力学原理和层状弹性体系理论对土工格栅沥青路面进行了力学分析。通过对计算结果中的应力、应变和位移分析，揭示了土工格栅的增强机理和防裂作用，同时还计算出加筋可以减薄路面厚度，而且 G－AC 层模量越大对加筋效果的影响越明显，但是同时也增大了基层底部的弯拉应力，可为路面设计提供参考。

关键词： 土工格栅；复合材料；应力；应变；位移

中图分类号： U 416.217；TU 279.7－17　**文献标识码：** A　**文章编号：** 1001－523X（2005）08－0035－04

Numerical Analysis of Influence of Geogrid Reinforcement of Asphalt Pavement

Wang Jian－feng　Wang Zhao

Abstract: Based on principals of composite material mechanics and plastic layer system theory, mechanical influence of geogrid－reinforcement on asphalt pavement is analyzed. The results of calculation about stress, strain and displacement indicate the reinforcement mechanism and the effect of protect asphalt pavement from cracking. The results indicate that the thickness of asphalt pavement can be reduced. The results also indicate that the higher modulus of G－AC layer arc the better the effect of reinforcement, meanwhile the higher modulus can result in greater tensile stress at the bottom of base. The analysis can afford useful reference to pavement designer.

Key words: geogrid; composite material; stress; strain; displacement

近年来沥青路面由于其优良的路用性质广泛应用于高等级公路建设中，但是沥青路面的高温稳定性、低温抗裂性、耐久性和反射裂缝等问题也是道路建设中比较棘手的技术难题。许多新的设计方法、新的路面结构形式、新的复合材料的应用为解决这些难题提供了途径，其中包括土工格栅在路面结构中的应用。本文分析了加铺土工格栅后沥青路面的力学性能变化，指出加铺土工格栅对沥青路面设计指标的影响，为路面设计提供参考。

1　计算模型与参数

土工格栅铺于沥青路面的面层下，其网格会被沥青混凝土所填充，同时土工格栅的厚

本文发表于 2005 年 8 月第 32 卷第 8 期《建筑技术开发》。

度随部位的不同而异，其肋厚由0.5mm至几毫米不等，一般不大于1cm，所以在分析中把它独立作为一层计算与实际情况会有较大的出入。根据文献［1］的有关原理，可把土工格栅与邻近的沥青混凝土当作一种新的复合材料，即可将其作为独立的一层，简称G-AC层。这样就可建立起由土基、底基层、基层、G-AC层和面层等5层构成的弹性层状体系模型。

由弹性层状体系理论，采用Love应力函数法。设位移函数$\varphi=\varphi(r, z)$，可得到用位移函数表示的应力、位移表达式如下：

$$\sigma_r=-\int_0^\infty \xi\{[A-(1+2\mu-\xi z)B]e^{-\xi z}+[C+(1+2\mu+\xi z)D]e^{\xi z}\}J_0(\xi r)d\xi+\frac{1}{r}U \tag{1}$$

$$\sigma_\theta=-2\mu\int_0^\infty (Be^{-\xi z}+De^{\xi z})J_0(\xi r)d\xi-\frac{1}{r}U \tag{2}$$

$$\sigma_z=-\int_0^\infty \xi\{[A+(1-2\mu+\xi z)B]e^{-\xi z}-[C-(1-2\mu-\xi z)D]e^{\xi z}\}J_0(\xi r)d\xi \tag{3}$$

$$\tau_{zr}=\int_0^\infty \xi\{[A-(2\mu-\xi z)B]e^{-\xi z}+[C+(2\mu+\xi z)D]e^{\xi z}\}J_1(\xi r)d\xi \tag{4}$$

$$u=-\frac{1+\mu}{E}U \tag{5}$$

$$w=-\frac{1+\mu}{E}\int_0^\infty \{[A+(2-4\mu+\xi z)B]e^{-\xi z}+[C-(2-4\mu-\xi z)D]e^{\xi z}\}J_0(\xi r)d\xi \tag{6}$$

式中　$U=\int_0^\infty \{[A-(1-\xi z)B]e^{-\xi z}-[C+(1+\xi z)D]e^{\xi z}\}J_1(\xi r)d\xi$；$A$、$B$、$C$、$D$为待定积分常数。

上述式中的应力、位移表达式，适合任一空间轴对称体系。对于具体问题，根据其边界条件求解待定积分常数A、B、C、D。在积分常数确定之后，通过贝塞尔函数及无穷积分数值解可计算应力分量及位移分量。

同时还可根据路面实测弯沉与竖向位移的关系计算出路面实测弯沉[4]：

$$l_s=1000\omega P\cdot\delta/(E_0\alpha_c F) \tag{7}$$

式中　l_s——路面实测弯沉值（0.01mm）；

$P\cdot\delta$——标准车型轮胎接地压强（MPa）和当量圆半径（cm）；

F——弯沉综合修正系数；

α_c——理论弯沉系数；

E_0——土基回弹模量；

ω——竖向位移。

复合材料G-AC层的弹性模量和泊松比可根据下式计算[1]：

$$E_{G-AC}=(E_g V_g+E_a V_a)/(V_g+V_a) \tag{8}$$

$$V_{G-AC}=(v_g V_g+v_a V_a)/(V_g+V_a) \tag{9}$$

式中　E_g，E_a——土工格栅和沥青混凝土层的弹性模量，MPa；

v_g，v_a——土工格栅和沥青混凝土层的泊松比；

V_g，V_a——土工格栅和沥青混凝土层的体积，m^3。

根据土工格栅的特性，可取土工格栅所处位置的垂直方向1cm范围内材料进行换算，由不同种类的土工格栅换算后的 G-AC 层材料弹性模量在 3000～8000MPa 之间，泊松比在 0.11～0.33 之间。为考查加筋后各项设计指标的变化，可用下面的一个算例来分析。

2　算例分析

本例所采用的是沥青路面的常用结构形式，包括面层、基层、底基层和路基 4 个结构层。路面结构、荷载及坐标系的具体情况，如图 1 所示，其中 B 点是荷载中心计算点，C 点是轮隙中心，D 是荷载中心下面层底端，E 点是荷载中心下基层底端，F 点为轮隙中心下底基层底端。在面层底铺设土工格栅，基层设为半刚性基层。荷载为标准轴载，把水平荷载视为滚动摩擦力，取摩擦系数为 0.02，荷载作用区半径＝10.65cm，车辆胎压取 0.707MPa，水平荷载为 0.01414MPa。

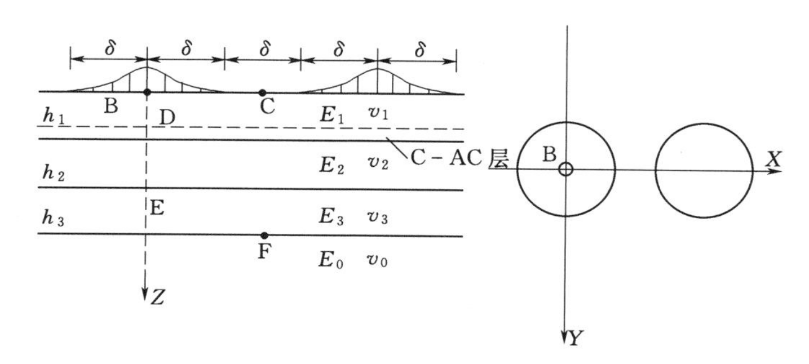

图 1　路面结构及荷载情况

路面结构的具体参数如下：

$E_1=1200$MPa，$V_1=0.25$，基层 $E_2=900$MPa，$V_2=0.25$，底基层 $E_3=500$MPa，$V_3=0.25$，土基 $E_0=36$MPa，$V_0=0.35$；$h_1=16$cm，$h_2=20$cm，$h_3=30$cm。可取复合材料层 $E_{G\text{-}AC}=3000$MPa，$V_{G\text{-}AC}=0.2$，厚度为 1cm。

2.1　应力分析

从图 2 可以看出加铺土工格栅后面层剪应力明显下降，在面层顶部剪应力变化得并不显著，但随着深度的增加，剪应力下降的幅度逐渐变大，到达底部时幅度又回落。这表明土工格栅对深度为 4cm 以上面层剪应力影响不大，对面层中间作用最为明显，曲线的峰值由 5.7kPa 降到 4.9kPa，降低了 0.8kPa，降幅为 14%。根据沥青路面设计控制指标，沥青混合料的容许剪应力应大于或等于沥青面层的剪应力，剪应力降低后对沥青路面更加有利，特别对于超载时。如果要提高路面要求，一般要提高面层厚度，但是车辙的深度随沥青面层的厚度增加而增大，加铺土工格栅后既可以满足要求，又可以避免车辙深度的增加。

因为最大剪应力 $\tau_{max}=(\sigma_1-\sigma_3)/2$，计算得 B 点层底部最大剪应力由 0.3249MPa 下降到 0.3216MPa，减小了 0.0033MPa，降幅为 1.01%。而在交通荷载作用下导致半刚性基层中的裂缝向沥青面层反射的主要原因是裂缝尖端剪应力的奇异性，加筋后剪应力和最大剪应力都有所下降，从力学的角度来分析这对于防止裂缝的反射是行之有效的。

从图 3 弯拉应力的变化看出，加土工格栅后，面层弯拉应力呈下降趋势，特别对面层

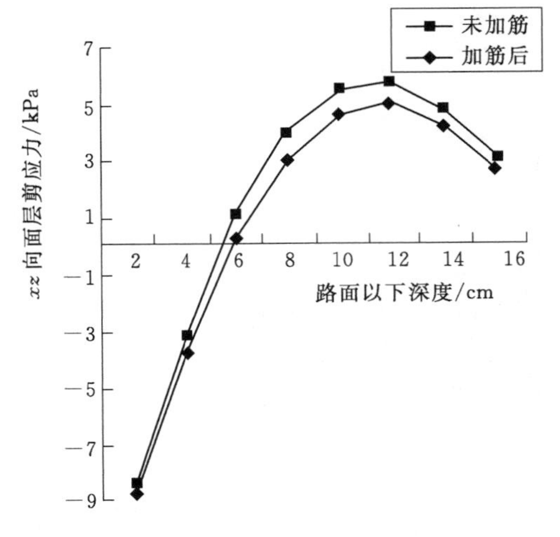

图 2　面层剪应力对比

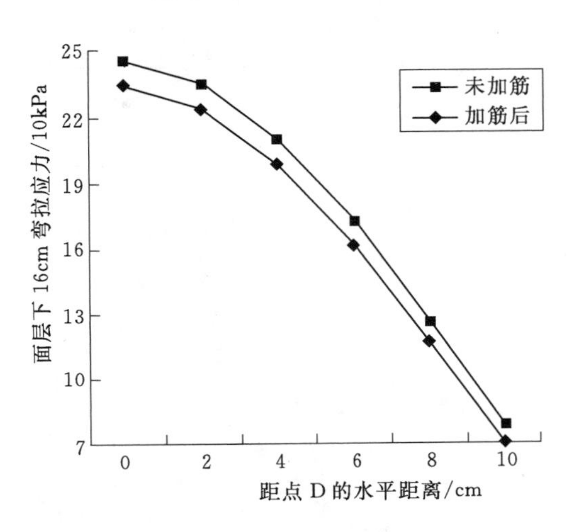

图 3　面层底弯拉应力对比

底部距荷载中心下的 D 点 4cm 内作用显著，随着远离 D 点降幅也慢慢减小。经计算，最大降幅（点 D）有 10.4%，平均降幅约 6.5%。按路面设计的要求，尽量使面层出现低弯拉应力或避免出现弯拉应力，土工格栅的应用正好达到了这一目的。如果已产生裂缝，加铺土工格栅后必然能降低裂缝处拉应力的集中，从而降低了复合应力强度因子 K_{ep}。根据 Paris 和 Erdogan 提出的力学定律[5]：

$$d_e/d_N = A(K_{ep})^n \tag{10}$$

式中　d_e/d_N——裂缝扩展速率；

A、n——材料断裂参数；

K_{ep}——应力强度因子。

如果 K_{ep}减小，则裂缝扩展速率必然会减小，这就延缓了裂缝开裂。对于温度疲劳开裂，由传统的试验疲劳方程：

$$N_f = c(1/\sigma)^m \tag{11}$$

式中　N_f——破坏时温度应力作用次数；

σ——温度拉应力；

c、m——材料参数。

加铺土工格栅后温度拉应力会减小，则允许温度应力作用的次数就变大，也就延缓了温度疲劳的开裂。

2.2　应变分析

从图 4 可以看出在路面的上半部分加筋后的竖向压应变较未加筋的要稍大，但随着深度的增加，竖向压应变比未加铺土工格栅时要小，路基的压应变由 0.4587×10^{-3} 下降到 0.4292×10^{-3}，下降了 6.4%，这与路面设计的思想是一致的。因为设置基层和底基层的目的是要减小路基的竖向压应变和应力。

图 5 表明加铺土工格栅后，虽然剪应变在深度为 4～7m 内有所增大，但是随着深度的增大，剪应变明显下降，其作用趋势是减弱剪切变形。对应于剪应力，在面层中间作用

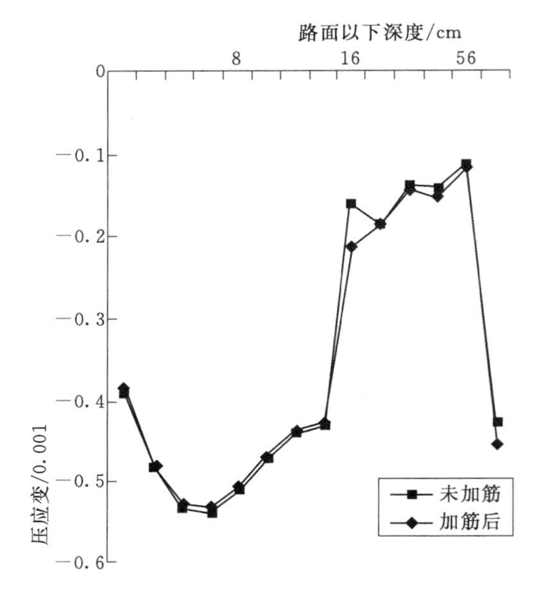

图 4　竖向压应变对比

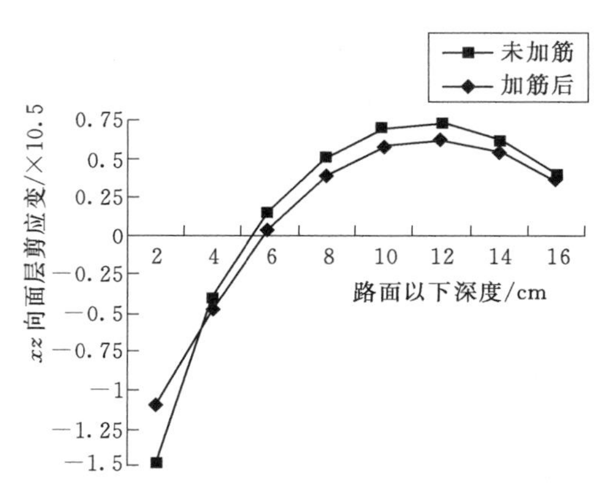

图 5　面层剪应变对比

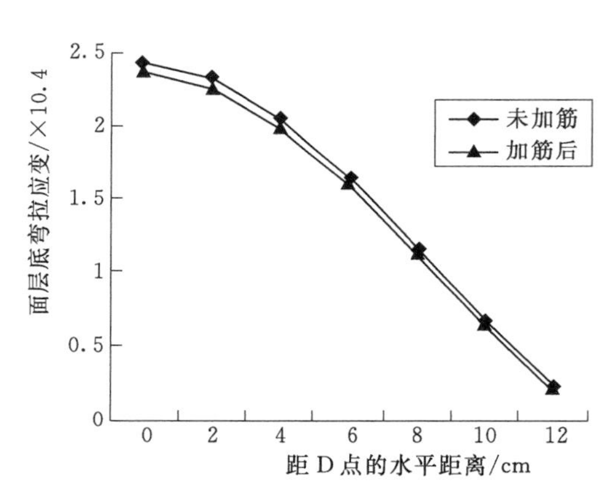

图 6　面层底弯拉应变

显著。峰值剪应变由 0.7112×10^{-5} 下降到 0.6272×10^{-5}，下降了 14.6%。车辙是随着交通荷载作用的增加，在车轮下渐渐形成的纵向凹陷，是由结构层材料的逐渐压密和剪切变形等原因综合引起的。Sousa 在 SHRP 的研究报告中指出[7]，相对于压密，剪切变形是引起车辙更为主要的原因。加铺土工格栅后剪切应变的降低使得沥青面层剪切变形减弱，从而减小车辙。

图 6 所示弯拉应变较未加筋时有明显降低，峰值弯拉应变由 2.421×10^{-4} 下降到 2.36×10^{-4}，降幅为 2.5%。由 Asphalt Institute 提出的疲劳公式[6]：

$$N=k(1/\varepsilon_t)^a(1/S_{mix})^b \tag{12}$$

式中　N——疲劳破坏时荷载作用次数；

ε_t——重复作用弯拉应变值；

S_{mix}——沥青混合料的劲度；

k，a，b——由试验确定的系数。

加筋后由于弯拉应变较未加筋时低，即 ε_t 减小，则允许荷载作用次数 N 就增大，也就延缓了荷载作用下沥青路面的疲劳开裂。

2.3　位移分析

图 7 显示出的计算结果表明，加土工格栅后竖向位移有显著的效果。最大降幅有

3.95%，平均降幅约为3.43%。图中曲线基本平行，说明加筋后竖向位移将会只降不升。由文献［8］可知，当位移大约增大到初始值的1.7倍时，路面将进入疲劳失效状态。加筋后位移值的减小将会推迟位移幅的增大，从而提高路面的疲劳寿命。

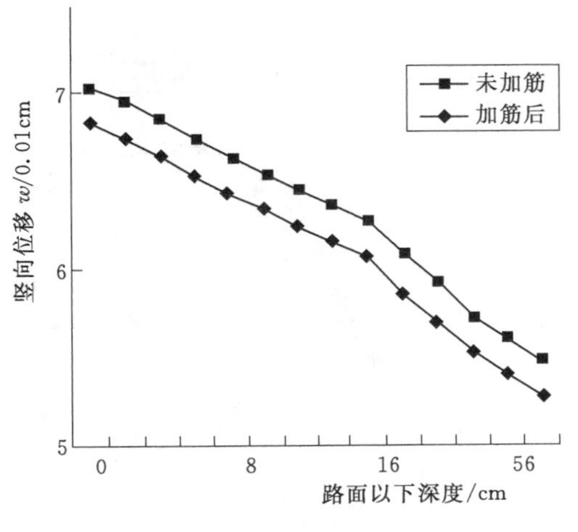

图7　竖向位移对比

2.4　路面厚度分析

路面厚度是根据多层弹性理论，层间接触条件为完全联系体系，在双圆均布荷载作用下轮隙中心处（即C点）路表弯沉值小于或等于设计弯沉值进行计算。笔者经反复试算，发现加铺土工格栅后可减薄沥青层厚度。根据规范本例中面层弯拉应力可验算D点，基层弯拉应力可验算E点，底基层可验算F点。表1是试算后路面实测弯沉值和验算弯拉应力值的比较。

表1　　路面实测弯沉值和弯拉应力值

种类 \ 位置	弯沉值/0.01mm				弯拉应力/MPa		
	面层顶	基层顶	底基层顶	路基顶	D点	E点	F点
面层厚16cm（未加筋）	45.6	37.9	34.4	30.3	0.2463	0.023	0.1065
面层厚12cm（加筋）	45.3	38.7	34.0	30.7	0.2457	0.0374	0.1061
面层厚11cm（加筋）	45.8	39.5	34.3	31.0	0.2503	0.0395	0.1072

我国现行规范中规定实测弯沉要不大于容许弯沉，实际弯拉应力不大于容许弯拉应力。为设计安全起见，本例中容许弯沉可设为表1中未加筋时的0.456cm，面层容许弯拉应力设为0.2463MPa。从表1中看出在本例中基层的弯拉应力值比较小，底基层则要受较大的弯拉应力作用，而且底基层材料强度往往小于基层材料强度，该路面结构的破坏可能从底基层开始，所以在本例中重点控制底基层弯拉应力，即减薄面层厚度后该层的弯拉应力应不大于0.1065MPa。从表1中可看出面层减薄4cm后，路表实测弯沉值小于容许弯沉值，面层弯拉应力小于容许弯拉应力值，E点弯拉应力值虽然有所增大，但由于其值较小，较为安全，底基层的实际弯拉应力小于0.1065MPa；如果减薄5cm后，路表弯沉值、D点和F点的弯拉应力值都略微偏大，有可能导致路面结构的破坏。由此比较可知在本例中加铺土工格栅后面层可减薄4cm左右而比较安全。

2.5　G-AC层模量变化分析

如图8所示随着模量的增大，加筋后剪应力也下降得越大，曲线剪应力峰值由4.9kPa下降到4.5kPa和4.1kPa，分别下降了8.16%和16.3%，而且在路面以下4cm内曲线变化不大，表明加筋对路面以下4cm内作用不明显。

图9表明随着模量的增大，加筋对减弱面层底部弯拉应力作用越显著，最大弯拉应力

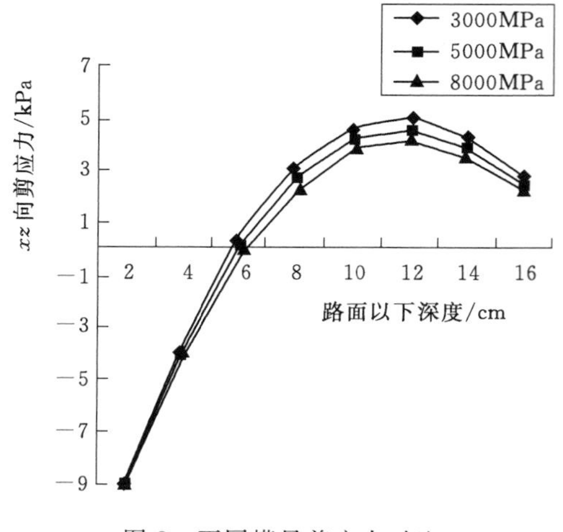

图 8　不同模量剪应力对比

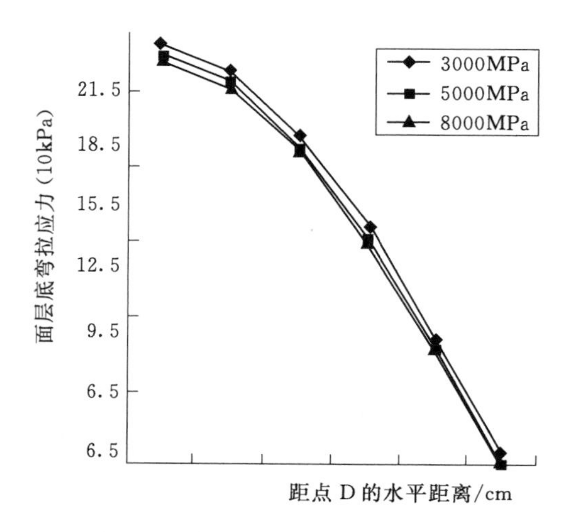

图 9　不同模量下面层弯拉应力对比

由 234.5kPa 下降到 230.8kPa 和 227.7kPa，分别下降了 1.58%和 2.9%。

从图 10 中可以看出加筋层模量越大，位移值下降得越大，位移最大值分别下降了 1.68%和 3.63%，图中 3 曲线基本平行，表明随着加筋层模量的增大，位移值同步下降，加筋效果也逐渐显著。

图 11 则反映了随着加筋层模量的增大，基层底部的弯拉应力显著增大，基层底部最大弯拉应力分别增大了 12.2%和 26.3%。该图表明随着 G-AC 层模量的增大，加筋效果虽然越明显，但基层底部的弯拉应力也会大幅度提高，这是路面结构的不利因素。在具体设计时应控制 G-AC 层模量不宜太大，否则会造成基层的开裂而加速路面结构的破坏。

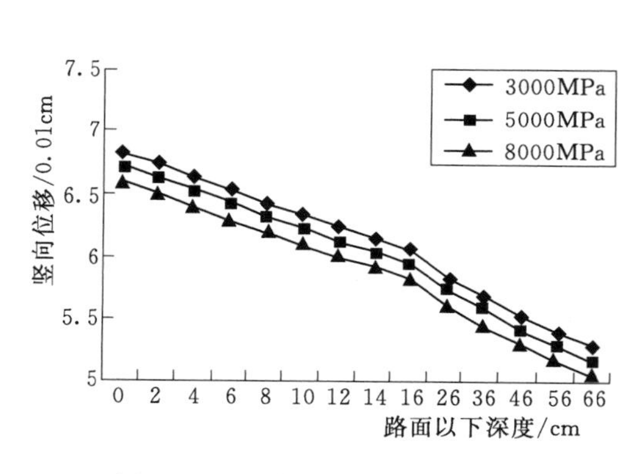

图 10　不同模量下竖向位移对比

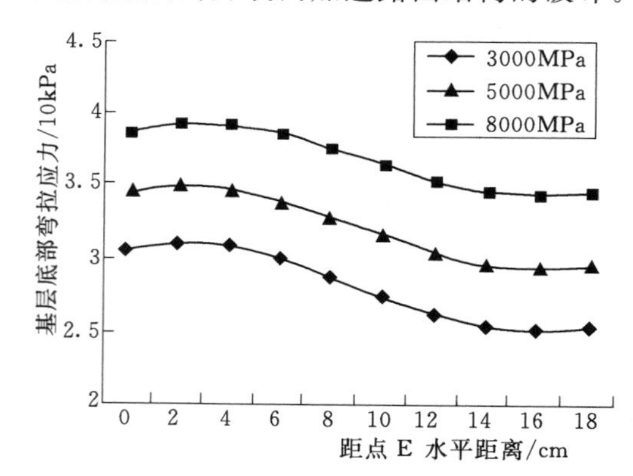

图 11　不同模量下基层底弯拉应力对比

3　结论

a）加铺土工格栅可以改变应力分布，显著降低面层剪应力和面层底部的弯拉应力，剪应变、竖向压应变和竖向位移都有不同程度的下降，增加了沥青路面抵抗变形的能力。

b）由本例分析可知加铺土工格栅能减薄沥青面层的厚度，发挥其经济性能。

c）加铺土工格栅后，由于应力的重分布，可以延缓沥青路面反射裂缝的出现，这对半刚性路面尤其重要，因为基层的开裂不可避免。

d）加铺土工格栅后，由于应变和位移的降低，可以提高沥青路面疲劳寿命，提高抗车辙能力，但是施工方法和工艺是关键。

e）模量对加筋效果影响较大，模量越高，加筋效果越明显，但是基层底部的弯拉应力也会随着增大。

参考文献

[1] 蒋咏秋，陆逢升，顾志建．复合材料力学［M］．西安：西安交通大学出版社，1990.

[2] 郑健龙，周志刚，张起森．沥青路面抗裂设计理论与方法［M］．北京：人民交通出版社，2003.

[3] 邓学钧，黄卫，黄晓明．路面结构计算和设计电算方法［M］．南京：东南大学出版社，1996.

[4] 黄卫，钱振东．高等沥青路面设计理论与方法［M］．北京：科学出版社，2001.

[5] P. Paris，F. Erogan. A critical analysis of crack propagation laws［J］．Transaction of the American Association Mechanical Engineers Journal of Basic Engineering Series D85，No. 4 Dec. 1963.

[6] Monismith C L，Finn F N，Ahlborn G and Markevich N. A general annalytically based approach to the design of asphalt concrete pavement［C］．Proceedings of sixth international conference on the structural design of asphalt pavement. University of Michigan，1987：344－365.

[7] Christison J T，Murray D W and Anderson K O. Stress prediction and low temperature fracture susceptibility［J］．Proceedings of Association of Asphalt Pavement Technologists，1972，4－1.

[8] 郑健龙．Burgers 粘弹性模型在沥青混合料疲劳特性分析中的应用［J］．长沙交通学院学报，1995：32－41.

强度和变形参数的变化对土工有限元计算的影响

王　钊　陆士强

（武汉大学土木建筑工程学院，湖北武汉　430072）

摘　要：在土工问题的数值分析中，包含变形模量 E、泊松比 μ 两个变形参数的增量线弹性模型是一种常用的计算模型，研究和掌握 E 和 μ 两个参数对土工有限元计算的影响有助于分析计算成果。首先，设想固定某一个参数而观察另一个参数变化对计算结果的影响；其次，说明用强度折减有限元法分析土坡稳定安全系数时，实际上已同时考虑了变形参数的影响。可采用剪应力 τ_{xy} 的等值线近似形成滑动面，滑动面单元的应力水平 S 等于 1 和特征点的位移发生突变共同作为失稳判据；最后，是用强度参数为纽带探讨这两个变形参数的互相变化关系，即 E 越大，则土的强度越大，μ 越小。

关键词：强度折减法；有限元；变形模量；泊松比；安全系数

中图分类号：TU 452　　**文献标识码**：A　　**文章编号**：1000－7598－（2005）12－1892－03

Effects of Variation of Strength and Deformation Parameters on Calculation Results of FEM for Soil Engineering

WANG Zhao　LU Shi－qiang

（School of Civil and Architectural Engineering. Wuhan University, Wuhan 430072, China）

Abstract: The incremental linear elastic model with modulus of deformation E and poisson's ratio μ is very popular in numerical analyses of soil engineering. To research and understand the effects of E and μ on calculation of FEM is helpful to analysis of calculation results. Firstly, one parameter was simply assumed to keep a constant and effects of variation of another parameter were analyzed. Secondly, when the stability of slope was evaluated with FEM, the effect of E and μ had already been considered in strength reduction technique. The following three conditions are jointly used as a criteria to assess stability failure of slope, the contour lines of τ_{xy} formed a sliding surface stress levels S in elements on sliding surface equaled to 1 and the displacement at a certain node increased suddenly. Thirdly, relationships between E and μ were discussed by means of strength parameters, the greater the E, the greater is the strength and the less is the μ of soil.

Key words: strength reduction technique; FEM; modulus of deformation; Poisson's ratio; safety factor

本文发表于 2005 年 12 月第 26 卷第 12 期《岩土力学》。

本文为国家自然科学基金资助项目（No. 50279036）。

1 引言

用强度折减法进行弹塑性有限元分析可以得到土坡稳定的安全系数，文献[1]建议联合采用特征点处的位移是否突变和塑性区是否贯通作为边坡的失稳判据，并通过算例以及与 Spencer 法的比较，说明该判据是合理的。在土工问题的数值分析中，强度指标与变形模量 E 以及泊松比 μ 之间有无联系？强度折减时，E 和 μ 如何变化，又怎样影响特征点处的位移？本文探讨了 E 和 μ 变化对位移的影响，以及 E 和 μ 变化与强度参数的关系。举例说明在增量线弹性模型中逐渐下降抗剪强度，以应力水平等于 1 的单元连贯，剪应力等值线形状构成滑弧，以及特征点位移突然变大作为判据，取这时抗剪强度下降倍数作为土坡稳定的安全系数[2]，实际上已同时考虑到 E 和 μ 变化的影响。

2 变形模量和泊松比独立变化的影响

取两种应力状态的实例进行分析，一是轴向受力的杆件；二是半无限体表面受一集中力作用，并以线弹性理论作为分析的理论基础。

2.1 荷载和 μ 固定而 E 变化的情况

对第 1 种应力状态，当轴力不变时，如 E 是逐步增加的，则轴向应变 ε_z 相应地逐步减少，同时由于 μ 是固定的，因而侧向应变 ε_x 也同时逐步减少。

对第 2 种应力状态，当荷载和 μ 固定时，半无限体内应力大小和分布不受 E 的直接影响，亦即从应力计算公式上看不到两者的关系。但应变的大小则受 E 的直接影响。为了简化起见，只考察半无限体的表面，按照弹性理论，有如下的表面位移的公式：

$$\omega_{z=0}=\frac{(1-\mu^2)P}{\pi Er} \tag{1}$$

$$u_{z=0}=-\frac{(1+\mu)(1-2\mu)P}{2\pi Er} \tag{2}$$

式中 $\omega_{z=0}$ 为半无限体表面任意点的垂直位移；$u_{z=0}$ 为半无限体表面任意点的水平位移；P 为垂直集中荷载；r 为计算点到荷载作用点的距离。

从上两式很容易看出：在 μ 固定时位移与 E 成反比，E 的增加必然减少相应各点的位移。

因而，当 μ 为常数时，E 的增加引起位移减小，这对两种应力状态是一致的。

2.2 荷载和 E 固定而 μ 变化的情况

对第 1 种应力状态因 ε_z 不变，如 μ 增加，显然 ε_x 也是增加的，这个增加是指试件向侧向伸张。对第 2 种应力状态（即三向受力状态）来说，从公式上看是不一样的。例如就 ω 而言，式（1）对 μ 求导得

$$\frac{\mathrm{d}\omega_{z=0}}{\mathrm{d}\mu}=\frac{-2\mu P}{\pi Er} \tag{3}$$

式（3）表示随着 μ 的增加，垂直位移是减少的。这个减少是由于 μ 增加时，水平应力 σ_r 的增量是压缩应力，从而导致 ω 的减少。

对水平位移 u 来说，受力后各表面点的水平位移是向内的（负值），亦即向荷载作用点的位置靠拢。式（2）对 μ 求导得

$$\frac{\mathrm{d}u_{z=0}}{\mathrm{d}\mu}=\frac{(4\mu+1)P}{2\pi Er} \tag{4}$$

从式（4）中可以看出，位移增加率是随着 μ 而增加的，而且位移方向是朝外（正值），亦即离开荷载作用点。

因而，当 E 为常数时，μ 的增加引起水平扩张位移增大，这列两种应力状态也是一致的；而垂直位移（受力方向的位移），在单向受力状态不随 μ 变化，保持不变；在三向受力状态随 μ 增加而减小。

3 变形模量和强度同时折减的有限元分析

从上述的分析可见，变形模量的取值影响到位移的大小，以特征点处的位移突变为判据的强度折减有限元分析是否应同时对 E 折减？文献［2］首次介绍了在增量线弹性模型[3]中，同时逐渐下降抗剪强度和 E，用有限元法分析膨胀土渠坡的稳定安全系数。文中共完成了3组计算，分别下降到 $0.7E$，$0.8\tau_f$；$0.6E$，$0.6\tau_f$ 和 $0.2E$，$0.4\tau_f$。随着 E 和 τ_f 的下降，位移量迅速增加，同时位移方向向渠底偏移，当降至 $0.2E$，$0.4\tau_f$ 时，平台坡肩处的水平位移已达136.8mm，渠坡早已失稳了。实际上，在下降到 $0.7E$，$0.8\tau_f$ 时，剪应力 τ_{xy} 的等值线已连成一条剪切带，而且与圆弧滑动面十分接近。3m厚风化层的应力水平 S 皆已等于1。如果以 E 和 τ_f 下降比例的倒数作为安全系数，因为下降到0.7和0.8倍时破坏，则倒数为1.43～1.25。

以上是文献［2］的结论，为检验稳定安全系数的合理性，现用Duncan等人编写的圆弧滑动稳定分析程序STABR[4]求得毕肖普改进法的安全系数为1.88（边坡比1∶1.75，$c=8\text{kPa}$，$\phi=23.3°$，$\gamma=19.3\text{kN/m}^3$）。这和同时下降 E 和抗剪强度求得的安全系数（1.25～1.43）相差很大。

实际上，土的 E 和 μ 与抗剪强度参数有紧密联系，虽然无法揭示它们之间内在的理论关系，但可从邓肯-张提出的计算模型中看出 c 和 φ 怎样影响 E 和 μ 的取值。

邓肯-张提出的计算模型中包含切线变形模量 E_t 和切线泊松比 μ_t，计算公式如下[3]：

$$E_t=kp_a\left(\frac{\sigma_3}{p_a}\right)^n(1-R_fS)^2 \tag{5}$$

$$S=\frac{(1-\sin\varphi)(\sigma_1-\sigma_3)}{2c\cos\varphi+2\sigma_3\sin\varphi} \tag{6}$$

$$\mu_t=\frac{G-F\lg(\sigma_3/p_a)}{\left[1-\dfrac{D(\sigma_1-\sigma_3)}{kp_a\left(\dfrac{\sigma_3}{p_a}\right)^n(1-R_fS)}\right]^2} \tag{7}$$

式中 E_t 为切线弹性模量（MPa）；S 为应力水平，定义为偏应力（$\sigma_1-\sigma_3$）与破坏偏应力（$\sigma_1-\sigma_3$）$_f$ 之比；μ_t 为泊松比，当 $\mu_t\geqslant0.5$ 时，取 $\mu_t=0.49$；p_a 为大气压力，$p_a=100\text{kPa}$；k，n，R_f，G，F，D 均为计算参数。

也就是说，在增量线弹性模型中 c 和 φ 下降的同时，E 和 μ 值已相应变化，再同时下

降 E 值，实为重复。这也是文献［2］的错误所在。下面进一步分析 E，μ 和 c，φ 间的关系。

4 变形模量 E 和泊松比 μ 间的联系

E 和 μ 也不是两个独立互不相关的变形参数，而是一对互相有密切联系的变形参数，并且和抗剪强度参数密切相关。下面拟通过与土的强度指标的联系来说明 E 和 μ 的相互关系。

E 是反映土的变形劲度，亦即表达了在单轴向受力时产生单位应变所需要的应力值。显然 E 越大则劲度越大，同时对土来说一般也是破坏强度越大。

μ 虽然反映的是单轴向受力时横向应变与轴向应变的比值，但这个比值对土来说也是和土的强度有关的。按照广义虎克定理，土的静止侧压力系数 K_0 和 μ 有以下的理论上的关系：

$$K_0=\frac{\mu}{1-\mu} \tag{8}$$

同时 K_0 又和土的有效内摩擦角 φ' 有着熟知的认为能反映实际的经验关系：

$$K_0=1-\sin\varphi' \tag{9}$$

因而 μ 和土的 φ' 值有如下的关系：

$$\mu=\frac{1-\sin\varphi'}{2-\sin\varphi'} \tag{10}$$

或

$$\sin\varphi'=\frac{1-2\mu}{1-\mu} \tag{11}$$

μ 的增量和 φ' 的增量有着如下的关系：

$$\mathrm{d}\varphi'=-\frac{1}{(1-\mu)^2\cos\varphi'}\mathrm{d}\mu \tag{12}$$

从式（12）中可以看出，其右式总是负的，所以当 $\mathrm{d}\varphi'$ 增加时 $\mathrm{d}\mu$ 总是减少的，亦即土的强度越大时，垂直向受荷下侧向应变越小。

土的强度和静力触探的阻力有着密切的关系，很显然土的强度越大，则静力触探在贯入进程中所遇到的阻力也越大。一些资料表明，对砂土，其内摩擦角与静力触探的极限端阻力 q_c 有下关系[5]：

$$q_c=14.3\varphi^{0.103} \tag{13}$$

而压缩模量 E_s 和 q_c 有如下的关系[5]：

$$E_s=\alpha q_c \tag{14}$$

α 在不同土类时取用不同的常数值，而 E_s 和 E 有着如下的关系：

$$E=\left(\frac{1-\mu-2\mu^2}{1-\mu}\right)E_s \tag{15}$$

将式（13）和式（14）代入式（15），得

$$E=\left(\frac{1-\mu-2\mu^2}{1-\mu}\right)\alpha\times14.3\varphi^{0.103} \tag{16}$$

因而可得

$$dE=\left[\alpha\times 14.3\varphi^{0.103}\left(\frac{-4\mu+2\mu^2}{(1-\mu)^2}\right)-\alpha\times 14.3\times 0.103\varphi^{-0.893}\left(\frac{1}{\cos\varphi(1-\mu)^2}\right)\left(\frac{1-\mu-2\mu^2}{1-\mu}\right)\right]d\mu \tag{17}$$

式（17）中右边方括号内的两项总为负值，因而意味着随着 $d\mu$ 的增加，dE 总是负值，亦即 E 总是减少的。亦即由于 μ 的增加导致 E 的减少，在相同的受力状态下土体的侧向应变应当是加大的。

5　结论

（1）在受力不变的情况下，E 和 μ 变化对位移的影响表现在：当 μ 为常数列，E 的增加引起位移的减小；当 E 固定 μ 增加时，对轴向受力的杆件，轴向位移不变，侧向应变和位移均增加；对三向受力状态，垂直位移减少，而水平位移随着 μ 而增加。

（2）变形和强度参数之间的关系为：E 越大，则土的强度越大，μ 越小。

（3）在增量线弹性模型的有限元分析中，可用文献［2］提出的 c 和 $\tan\varphi$ 逐渐下降的方法估计土坡稳定安全系数，稳定临界状态的判据可综合考虑以下因素：剪应力 τ_{xy} 的等值线近似形成滑动面，滑动面单元的应力水平 S 等于 1，特征点的位移发生突变。

笔者注：本文的第 2 和第 4 部分摘自陆士强老师的手稿。陆老师一生学风严谨、淡泊名利、表里如一、忠诚教育、为人师表、厚积薄发、诲人不倦。2005 年 12 月 22 日，陆老师离开我们、离开他心爱的事业就有一年了，谨以此文寄托学生的哀思。

参考文献

［1］　刘金龙，栾茂田，赵少飞，等．关于强度折减有限元方法中边坡失稳判据的讨论［J］．岩土力学，2005，26（8）：1345-1348.
LIU Jin-long，LUAN Mao-tian. ZHAO Shao-fei，et al. Discussion on criteria for evaluation stability of slope in elastoplastic FEM based on shear strength reduction technique［J］. Rock and Soil Mechanics，2005，26（8）：1345-1348.

［2］　王钊．膨胀土渠坡的有限元分析［A］．第五届全国岩土力学数值分析与解析方法讨论会论文集［C］．武汉：武汉测绘科技大学出版社，1994.208-215.

［3］　Duncan J M. Seed R B，Wong K S，et al. A computer program for finite element analysis of dams［R］.［s. 1.］：Department of Civil Engineering，Stanford University，1984.

［4］　Duncan J M，Wong K S. Stabr：A computer program for slope stability analysis with circular slip surfaces［R］.［s. 1.］：Department of Civil Engineering，Virginia Tech. Blacksburg，1985.

［5］　唐贤强，叶启民．静力触探［M］．北京：中国铁道出版社，1981.

第五部分

道 路 工 程

强夯在高路堤填筑上的应用

王　钊[1,2]　姚政法[3]　范景相[4]

（1. 武汉大学土木建筑工程学院，武汉市　430072；
2. 清华大学土木水利学院，北京市　100084；
3. 山西省运城公路局，运城　044000；
4. 山西省公路局，太原市　030006）

摘　要： 介绍强夯法在填筑运城～三门峡高速公路的一个41m高路堤中的应用，分析了夯期检测和长期监测的结果，并与分层碾压法进行比较，说明强夯法具有压实度高、含水量适宜范围宽和施工速度快的优点，可在高填方工程中推广应用。文中还简要介绍了袋装砂井在过湿土地基处理中的应用。

关键词： 强夯；路堤；填筑

中图分类号： U412.222　**文献标识码：** B　**文章编号：** 0451-0712（2001）12-0027-05

运城～三门峡高速公路是山西省南大门的咽喉路段，沿途山高沟深，地形地貌复杂。在高填方路段常遇到沟底过湿软土，承载力低，而填筑的 Q_2 黄土具有湿陷性，且含有钙质结核等不良地质现象。在高路堤填筑中，因碾压分层过多，不易控制质量，有可能出现路面工后沉降大，路基承载力不足或边坡失稳的事故。

强夯是一种地基处理方法，1975年由法国梅纳（Menard）首创[1]，逐渐发展到用6～40t的夯锤，从10～25m高度自由下落，反复夯击地基，从而提高地基深层土的密实度和承载力，减小湿陷性。该法适用于粉质粘土、砂土和碎石土地基[2]，对饱和粘土应慎用。在运城～三门峡高速公路张店镇附近，须填筑深达41m的冲沟，沟底有小溪和积水，如用分层碾压的方法，施工困难、周期长。经反复比较、现场试验，采用袋装砂井处理过湿土地基，其上每层填土厚度4.6m，强夯主夯单击能量为2000kN·m，填土的含水量在(7～19)％，施工中均达到了压实度的设计要求。施工中还进行了碾压和强夯两种方法的对比。

1　排水袋装砂井

路堤地基位于冲沟底部，冲沟有常年径流，1999年3月测得流量为0.004L/s，在路堤中心线附近潜入地基，部分沟底形成沼泽。据4月14日4个钻孔和2个探井的资料表明，地基土为黄土状粉质粘土，局部取出淤泥质粘土，含钙质结核，黑灰或灰绿色，有臭

本文发表于2001年12月第12期《公路》。
本文为运城—三门峡高速公路建设有限责任公司和山西省交通厅99—36科技项目经费资助的成果。

味，地下水位在地表下4.5m处，约7m以下土质为硬塑。10个黄土试样的湿陷系数最大为0.060，局部具有轻微湿陷性。

因路堤高达41m，地基的最大压力大于800kPa，不宜用桩基础或碎石桩复合地基处理，用砂井可加速地基排水固结。为配合强夯布点，采用了较大砂井间距3m，正方形布置，井径 $d_w=0.1$m，深度大于7m，穿透富含水层。砂井用土工布缝制成袋，在现场灌中细砂，钻孔后立即插入孔中。在地表用0.4m×0.4m截面的砂沟将砂井联结并导出堤外。共布置349孔砂井。按一维固结理论计算得7m厚过湿土地基的最大压缩量为97cm，假设路堤荷载瞬时施加，施加后不同时期的固结度和沉降量列于表1。

表1　　路堤填筑后的固结度和沉降量

时间/h	固结度/%	沉降量/cm
1	70.7	68.6
3	95.8	92.9
6	99.7	96.7

为监测排水砂井的效果和强夯引起的孔隙水压力升高情况。在地基中均布钻4孔，每孔在2m、4m、6m深度分别埋设一个型号为KXR-10的孔隙水压力计，共12只。夯期同步监测没有测得强夯产生的超孔隙水压力，也没有因此而延长2遍夯击的间隔时间。

2　强夯试验和强夯设计

目前还没有可应用的强夯设计公式，比较公认的梅纳公式只是说明主夯单击能量和影响深度的关系，至于影响深度的概念也不明确，有的称其为有效加固深度，但并非说明该深度范围内干密度达到设计要求。梅纳公式的修正形式如下：

$$H=\alpha\sqrt{\frac{wh}{10}} \tag{1}$$

式中：H 为影响深度，m；α 为修正系数；w 为锤重，kN；h 为落距，m。

强夯的设计参数除了 w 和 h 外，还有击数、单点停夯标准、夯点间距、遍数、填土厚度和适宜的含水量等。通过选择合适的设计参数使夯后要求深度范围内土的特性指标达到设计要求，例如使压实度（或干密度）、地基承载力达到设计值。在缺乏上述参数的设计公式的情况下，只能根据经验初选设计参数，然后在现场进行小面积的强夯试验，检验是否能达到设计要求，并决定能否大面积推广。填土的特性指标（平均值）列于表2和表3。

表2　　回填土颗粒组成

粒组/mm	0.25～0.074	0.074～0.05	0.05～0.01	0.01～0.005	0.005～0.002
百分比/%	1.3	10.0	54.2	10.8	23.5

表 3　　回填土物理性质和击实试验指标

土　名	比重 G	塑限 W_p /%	塑性指数 I_p	重型击实试验		控制干密度/(g・cm⁻³)	
				最优含水量 w_{op} /%	最大干密度 ρ_{max} /(g・cm^{-3})	压实度 90%	压实度 95%
黄土状粉质粘土	2.72	17.5	11.2	10.1	1.920	1.728	1.824

完成的试夯主要有以下 3 组。

(1) 对分层碾压已达 5m 厚的堤基，分别用 2000kN・m 和 1500kN・m 单击能量试夯，夯点布置见图 1。第一遍连续夯击各点，直至最后 3 击每击夯坑沉降量小于 5cm 为止，推平场地后用 1000kN・m 夯击能满夯一遍，锤印相切，每点 3 击。

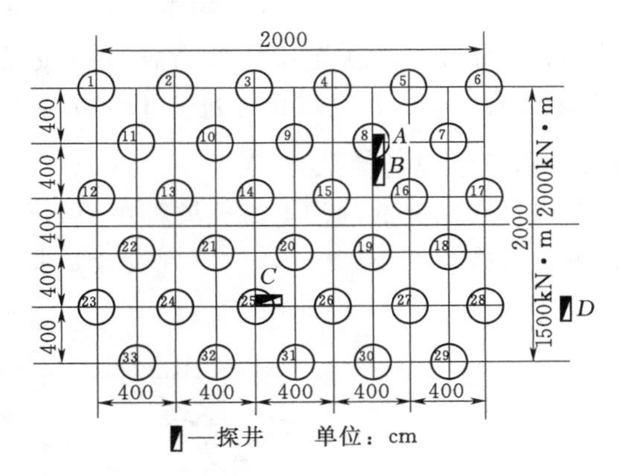

图 1　试夯夯点和探井布置

该试验的目的是观测分层碾压质检合格的填土，再施加强夯的效果。从图 1 和表 4 可见，碾压合格的填土，用探井（D）取土试验，有 3 个深度并未达到压实度要求，而强夯后夯点和夯间探井的各点大多达到较高压实度。这和试区平均高程又下降了 67cm 是吻合的。

表 4　　碾压后强夯探井试样的含水量和压实度

取样深度 /m	A 井夯点 2000kN・m		B 井夯点 2000kN・m		C 井夯点 1500kN・m		D 井分层碾压	
	w_0/%	K_c/%	w_0/%	K_c/%	w_0/%	K_c/%	w_0/%	K_c/%
0.50	11.4	94.7	14.8	95.5	14.0	97.1	13.5	75.9
1.00	13.9	95.6	14.4	98.3	14.2	95.3	13.2	81.4
1.50	16.8	90.1	13.5	93.8	14.9	87.2	13.1	87.5
2.00	15.2	85.7	13.3	83.3	11.6	86.6	14.6	94.3
2.50	14.5	90.6	13.1	95.8	15.6	94.4		
平均	14.4	91.3	13.8	93.3	14.1	92.2	13.6	84.8

(2) 填土厚度 3.2m 的强夯试验。

(3) 壤土厚度 4.6m 的强夯试验。

本文不再详细介绍填土厚度改变的试夯结果，仅给出由试验得到的设计参数如下。

强夯能级：主夯和间夯 2000kN・m（锤重 150kN，落距 13.5m）；

满夯能级：1000kN・m（锤重 150kN，落距 6.7m）；

单点击数：主夯不少于 9 击，间夯不少于 6 击，要求最后 3 击，每击夯坑沉降量≤5cm，满夯 3 击；

夯点间距：主夯和间夯正方形布置，边长 4m，满夯锤印相切；

夯击遍数：4 遍，其中 1、2 遍为跳行夯击全部夯点，第 3 遍为间夯，即在每个主夯点之间补一夯点，第 4 遍为满夯；

填土厚度：≤5m；

含水量范围：(7.0～19.0)%。

3　施工过程质检

砂井于 1999 年 5 月 6 日竣工，并转入强夯与分层碾压，路堤的两边坡约 6m 宽范围，采用分层碾压，中央范围用 2 台强夯机械强夯。从下至上共分 11 层强夯。于当年 12 月 16 日填筑完毕，共完成填方量 311700m³，其中强夯加固 209200m³。

3.1　施工过程（参见图 2）

（1）在路堤的冲沟上游侧坡脚用干粘土强夯置换，以期形成截水墙。夯后用静力触探检测，置换深度不到 5m，达不到设计要求。

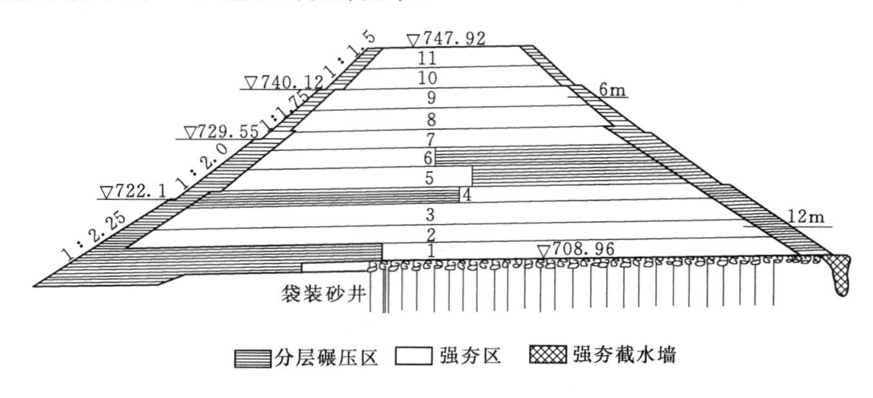

图 2　路堤填方断面分区

（2）原设计在过湿土地基上铺砂石料强夯，改用砂井后，将多备砂石料铺于砂井范围顶部。

（3）第 1 层约一半面积分层碾压，其余强夯。

（4）为赶工期第 4、5、6 层约一半宽度的中央范围采用分层碾压。

（5）因阴雨，含水量偏高，碾压无法进行，从第 7～11 层的中央范围全部强夯。

3.2　质量检测

施工中按强夯设计参数严格控制，每层完工后以压实度为验收合格的标准。每 1000m² 至少一个探井，每 0.5m 深度间距用环刀取一个土样，如有某一深度试样的压实度小于控制值（表 3），则该样所属探井的周围 1000m² 需返工，直至再检验合格为止。施工中共返工了 3 次。

从 11 层强夯后检测结果看，各指标的变化范围如下：

压实度（90.0～101.4)%；

干密度（1.728～1.946)g/cm³；

含水量（7.40～20.67)%。

为便于比较分析和进行土坡稳定性分析，将以上指标按地基和各级平台之间的土层分别取平均值列于表 5。夯实填土的抗剪强度和压缩性指标列于表 6。

表 5　地基和各级平台土层的密度和压实度

土层位置	高程范围/m	含水量/%	干密度/(g·cm^{-3})	压实度/%	取样数
地基	706.85 以下	24.0	1.51		22
地面～一级平台	708.96～722.11	14.8	1.80	93.75	131
一级～二级平台	722.11～729.55	13.4	1.80	93.91	77
二级～三级平台	729.55～740.12	17.8	1.78	92.89	96
三级～四级平台	740.12～747.92	15.0	1.80	93.62	37

表 6　地基和各级平台土层的抗剪强度和压缩性

土层位置	高程范围/m	抗剪强度			压缩性		
		c/kPa	ϕ/(°)	样本数	α/MPa^{-1}	E_s/MPa	样本数
地基	706.85 以下	20.6	22.5	4	0.454	4.55	22
地面～一级平台	708.96～722.11	109.3	27.6	7	0.116	14.39	18
一级～二级平台	722.11～729.55	114.9	29.8	6	0.079	20.8	6
二级～三级平台	729.55～740.12	80.0	24.3	9	0.155	11.25	9
三级～四级平台	740.12～747.92	107.3	29.6	6	0.102	19.60	6

从表 5、表 6 可见，地基的含水量达 24%，用排水砂井促进沉降的方法是适合的。各层夯填土的干密度、抗剪强度均比地基土的高很多，特别是表现在高粘聚力上，对应压缩性指标，路堤的 α 值也要小得多，属于低压缩性土。

4　路堤的沉降和变形

路堤的沉降和水平位移是地基和路堤变形的直接反映，它反映了地基处理和填土夯实的质量。故在路堤中央设分层沉降管一根，从地基一直延伸至堤顶，高 42m，随路堤填高而接长。在管外，每隔 5m 高设一个沉降板，沉降板为一钢环，套在管上，钢环上，两翼板各长 30cm，平埋于填土中，随其上填土高度增加而逐渐下沉。沉降板的位置参见图 3。各沉降板的沉降借助 CJY 80 分层沉降仪的探头在管内测读，当探头在管内下降时，每经过一个沉降板，沉降仪发出蜂鸣，从探头上的卷尺可读出沉降板至管顶的距离，从而得到沉降板高程值。除堤内分层沉降标外，在路堤两边坡的每级平台和堤顶两侧均埋设混凝土位移标记，共 12 只，另有 2 只（13 和 14）埋设在冲沟土坡上，其平面布置见图 4，借助经纬仪和水准仪测边坡的沉降和水平位移。

从 1999 年 8 月开始安装 1 号沉降板，并开始观测，而边坡沉降和位移监测从 1999 年 12 月到 2001 年 3 月也已进行了 15 个月，图 5 给出路堤中心各沉降板沉降和时间的关系曲线，其中最低一层 1 号板因探头受阻，而没有读数，其它各板读数准确。从图 5 中可见接近堤顶的 6 号、7 号、8 号沉降较小，这是因为安装 5 号与 6 号沉降板之间的间隔较长（50d），且 6 号板以下堤身断面大，地基的沉降固结已基本完成，故 2 号～5 号标产生了较大沉降。监测到的边坡沉降较小，且均趋于稳定，而堤顶的沉降较大。图 6 给出堤顶 4

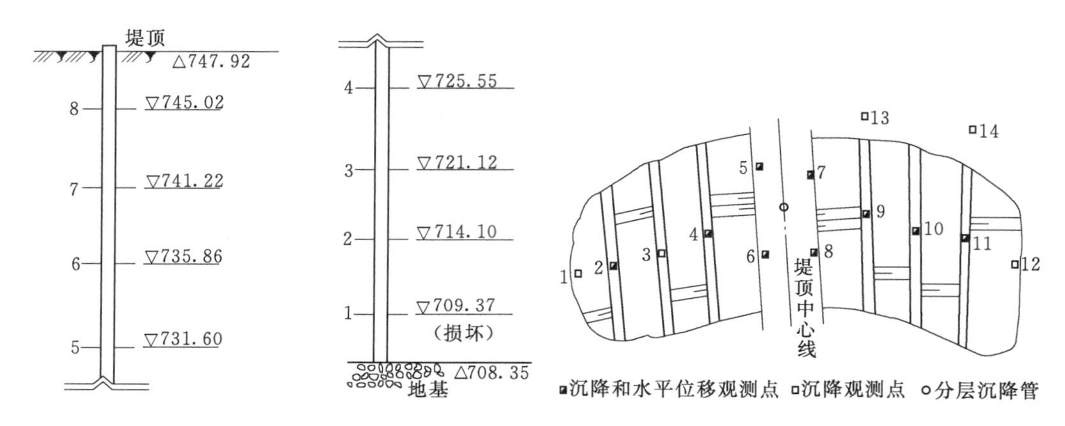

图 3　分层沉降板布置　　　　图 4　位移标记平面布置示意

个位移标记（5 号～8 号）的沉降和时间关系。可见沉降也渐趋稳定。堤顶最大沉降达 110mm 发生在 6 号标，和堤顶高度 41m 相比，占 0.27%。

监测的水平位移最大值为 19mm，发生在 5 号标，这里不再提交水平位移与时间的关系曲线，但应指出的是在 2000 年 7 月修整边坡时，5 号和 6 号标的混凝土墩有一半高度露出坡面，这可能与 5 号和 6 号标异常大的沉降变形有关。

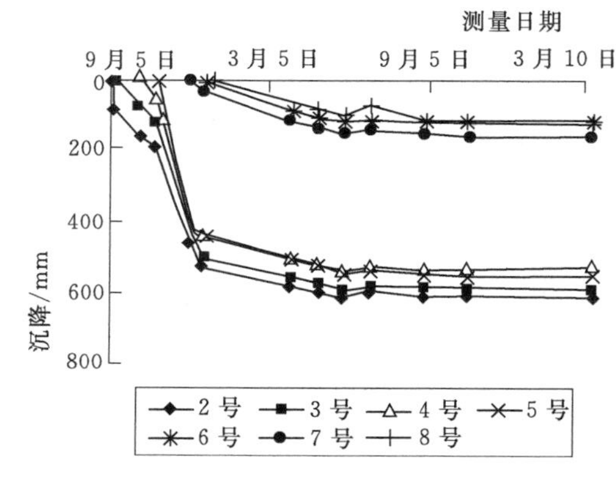

图 5　沉降板沉降与时间的关系

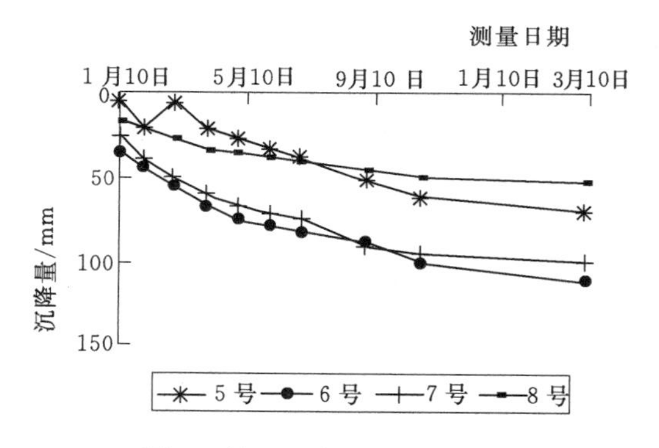

图 6　堤顶沉降与时间的关系

5　强夯和碾压比较

经过高路堤的施工，可以从施工质量、适宜性、速度和成本等几个方面对强夯和碾压进行比较。

5.1　施工质量

现将同一土层用 2 种不同密实方法旋工的检测结果列于表 7。

从表 7 中数据可见，除少数结果异常外，强夯的质量均优于碾压，异常的有第 5、6 层的压实度和第 6 层的抗剪强度值，即碾压优于强夯。但从压缩模量的对比可知，各层土强夯均优于碾压。

表 7　　强夯和碾压质检结果比较

层号	探井号	施工方法	含水量/%	干密度/(g·cm^{-3})	压实度/%	粘聚力 c/kPa	内摩擦角 ϕ/(°)	压缩模量/MPa
1	T1－2	强夯	12.9	1.73	90.3	144.1	28.2	17.26
	T1－1	碾压	12.3	1.70	88.4	110.1	26.8	13.33
4	T4－3	强夯	14.3	1.80	93.7	86.7	24.9	12.90
	T4－5	碾压	15.6	1.75	91.1	41.5	36.8	9.35
5	T5－4	强夯	11.0	1.77	92.8	56.5	38.8	28.17
	T5－1	碾压	15.0	1.81	94.2	118.2	28.9	23.81
6	T6－4	强夯	15.6	1.80	93.7	128.5	20.4	16.13
	T6－1	碾压	15.8	1.80	94.0	177.8	33.1	14.70
11	T11－2	强夯	16.4	1.79	94.1	108.0	26.5	18.52
	T11－4，5	碾压	15.2	1.78	93.0	84.0	26.5	9.23

5.2　旋工适宜性

（1）填土厚度

碾压的层厚不能超过 30cm，每层碾压质检合格后，再施工上一层土，往往速度较慢。强夯每层填土厚度达 4.6m，填土较快，在土的自重作用下，就受到初始压密，加之运输和推土机械的碾压，对提高压实度有利，也在很大程度上改善了强夯效果和提高了施工速度。

（2）含水量控制

碾压填土的含水量应控制在最佳含水量 W_{op}±2%范围，即 8.1%～12.1%，这在阴雨季节很难保证。平行施工中，多次因含水量高，碾压施工队伍不得不主动让强夯施工，从检测结果看强夯能适应的含水量范围为 7%～19%。

（3）土的团粒结构

分层碾压要求击碎大的团粒，特别是有钙质结核的情况，每层在碾压边坡附近范围时，将很多粒径大于 10cm 的结核移至路堤中间的强夯区。强夯不仅能适应大的团粒，也可以适用于块石的夯实。

（4）气象条件

前已述及雨水使土层表面含水量增加，只要降雨持续时间不是太长，停雨后强夯可立即施工，但碾压需停工很长时间。此外，在冬季，冰雪覆盖和冻土情况，强夯亦能施工。

5.3　成本比较

强夯设备主要有吊车和夯锤，消耗材料为燃料和钢丝绳，相对成本较低，本项目研究和施工中，仅控制强夯的成本等于分层碾压的成本。

应说明的是本次强夯能级为 2000kN·m，属较低能级，影响深度浅，如用 4000kN·m 或 6250kN·m 能级，则填土厚度尚可大幅度提高，在路堤高度 4～6m 的情况下，可一层填夯完成，有可能显示出更大的优越性。

强夯法的缺点主要是振动的影响和飞溅的土石可能造成人员、房屋和庄稼等的损伤，此外，在高路堤施工中，临近边坡位置无法强夯，还需碾压机械配合。进一步运用时，拟采用较陡边坡，夯点尽量靠边，夯击完成后用挖掘机反向向上修整边坡至设计值，铲除边坡时振松的土堆在该层层面作新的填土层。此外，沟底一般有排水涵洞，还应研究强夯对涵洞结构的影响。

6 结语

山区公路建设中常遇到高填方路堤的碾压夯实问题，用强夯法可以采用每层 4m 以上的填土厚度，极大加快了施工速度，强夯还能提高填土的压实度，并放宽对填土含水量的要求。对于含较大粒径砾石或钙质结核的填土，重型碾压十分困难，但强夯却很适用。强夯还适于冻土层的夯实，并能与地基的排水井结合处理过湿土地基。运城～三门峡高速公路卸牛坪 41m 高路堤的填筑和强夯施工给出一个成功的例证。

参加现场和室内试验以及资料整理的还有郑轩、王俊奇、骆以道、费香泽、黄杰和王协群等，在此表示感谢。

参考文献

[1] Menard L. And Boroise Y. Theoretical and practical aspects of dynamic consolidation [J]. J. of Geotech - nique，1975 (1).

[2] 地基处理手册编写委员会．地基处理手册．中国建筑工业出版社，1988.

弹性地基接缝板模量反演和地基脱空判定

王　陶[1]　王复明[2]　王　钊[1,3]

（1. 武汉大学土木建筑学院，湖北武汉　430072；
2. 郑州大学道路检测中心，河南郑州　450002；
3. 清华大学水利系，北京　100084）

摘　要：用有限单元法建立了可考虑接缝和地基脱空的弹性地基板位移计算模型。并根据系统识别原理，建立了接缝地基板弹性模量的反演分析方法。最终提出了利用 FWD 实测板中弯沉盆数据反演面板与地基弹性模量、根据板角（板边）弯沉值判定地基脱空面积的迭代方法。

关键词：落锤式弯沉仪；系统识别；反演分析；接缝；脱空

中图分类号：TU470；TB 115　　**文献标识码：**A　　**文章编号：**1000－7598－（2003）02－0233－04

Modulus Back Analysis and Void Identification of Jointed Slab on Elastic Foundation

WANG Tao[1]　WANG Fu－ming[2]　WANG Zhao[1,3]

（1. School of Civil and Architectural Engineering，Wuhan University，Wunan　430072，China；
2. Zhengzhou University，Zhengzhou 450002，China；
3. Tsinghua University，Beijing 100084，China）

Abstract： A numerical model calculating displacement of jointed slab on void foundation is established with finite element method. And a method for modulus back analysis of jointed slab is developed based on the theory of system identification. On the ground of above work，this paper has established an iteration method to identify void of rigid pavements using deflection data measured from falling weight deflectometer.

Key words： falling weight deflectometer；system identiflcation；back analysis；joint；void

1　前言

弹性地基板反演分析是刚性路面和机场道面结构性能评价的基础。近 20 年来，随着道路的测试手段、计算理论的发展，利用落锤式弯沉仪（FWD）实测弯沉数据反演路面

本文发表于 2003 年 4 月第 24 卷第 2 期《岩土力学》。

结构层材料参数，已成为一个比较活跃的道路研究方向。路面结构层模量反演分析也正从传统的图表法、回归法向严谨的力学方法[1,2]转变。刚性路面在接缝处常采用传力杆或企口缝联接，板间具有一定的传荷能力。若不考虑接缝，路面评价结果必定偏离实际[3,4]。重复荷载作用下，刚性路面在接缝和板角处会因路基土的塑性变形而脱空，最终将导致面板破坏。已有文献提出了定性判定地基脱空的方法[5,6]，但目前缺少定量判定脱空面积的成果。

针对实际的刚性路面具有接缝，且边角处可能存在脱空的情况，本文建立了可考虑地基脱空和接缝传荷能力的弹性地基板位移计算有限元模型。并根据系统识别原理，建立了路面结构层模量的反演方法，提出了用 FWD 实测板中弯沉数据反演结构层模量，对比板角（或板边）理论和实测弯沉值判定地基脱空面积的迭代方法。数值结果表明该方法具有更高的精度和稳定的收敛性。

2 弹性地基多块板体系材料参数反演分析

刚性路面采用弹性地基上小挠度薄板假定，用有限单元法建立位移计算模型。假定接缝两侧每对结点间挠度比为常数，面板间通过接缝只传递剪力，接缝传荷效率用下式表征

$$\varepsilon = W'/W \tag{1}$$

式中 W 为受荷板的边缘弯沉；W' 为接缝另一侧的板边弯沉；ε 为接缝传荷效率。因为一般情况下 $W'\leqslant W$，所以总有 $\varepsilon\leqslant 1.0$。$\varepsilon=0$ 表示板边自由，$\varepsilon=1.0$ 表示接缝铰接。当定义了接缝传荷效率，便可根据接缝只传递剪力的假定，用压缩柔度矩阵方法[3]将边板的影响通过边缘剪力施加于受荷板。以 3 块接缝板为例，中心板的平衡方程为

$$([K_c]+[K_s]+\varepsilon_1[K_1']+\varepsilon_2[K_2'])\{\delta\}=\{F\} \tag{2}$$

式中 $\{\delta\}$ 为结点位移；$\{F\}$ 为荷载；$[K_c]$ 为面板的刚度；$[K_s]$ 为地基刚度；$[K_1']$、$[K_2']$ 分别为两块边板压缩刚度矩阵；ε_1、ε_2 分别为两条板缝传荷效率。

应用系统识别原理建立的反演分析过程，如图 1 所示。

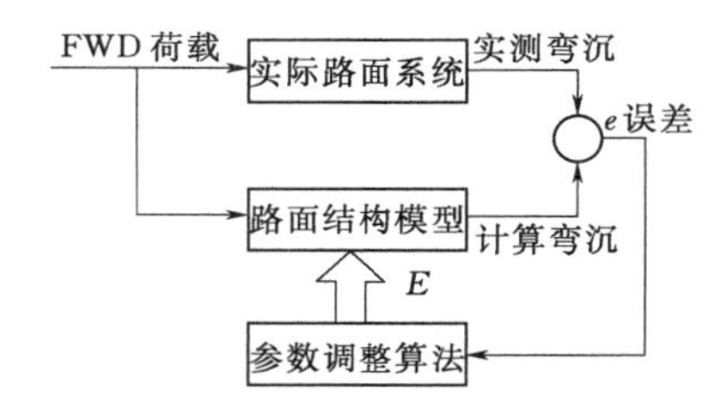

图 1 系统识别反演分析

Fig. 1 System identification back analysis

设路面力学模型可表示为

$$W^c = f(E_1, E_2, \cdots, E_n) \tag{3}$$

式中 W^c 为计算弯沉值；E_i 为 n 个需反演的弹性模量。FWD 为第 k 个传感器处的测量弯沉值 $W_k^d = f_k(E_1 \cdots E_n)$，用泰勒级数展开，并取一阶近似可得

$$f_k(E+\Delta E) = f_k(E) + \nabla f_k \Delta E \tag{4}$$

可写为

$$e_k = f_k(E+\Delta E) - f_k(E) = \nabla f_k \Delta E = \frac{\partial f_k}{\partial E_1}\Delta E_1 + \frac{\partial f_k}{\partial E_2}\Delta E_2 + \cdots + \frac{\partial f_k}{\partial E_n}\Delta E_n \tag{5}$$

对 m 个不同传感器建立上述方程，得控制方程

$$[F]\{\Delta E\} = \{e\} \tag{6}$$

式中 $[F]$ 为灵敏度矩阵；$\{\Delta E\}$ 为模量调整值；$\{e\}$ 为弯沉误差。为加快收敛速度，对

式（6）作对数变换

$$[F]\{\Delta(\log E)\}=\{\log W^{d}\}-\{\log W^{c}\} \tag{7}$$

变换后的灵敏度矩阵［F］为

$$[F]=\begin{bmatrix} \frac{\partial(\log W_1^d)}{\partial(\log E_1)} & \cdots & \frac{\partial(\log W_1^d)}{\partial(\log E_n)} \\ \cdots & \cdots & \cdots \\ \frac{\partial(\log W_m^d)}{\partial(\log E_n)} & \cdots & \frac{\partial(\log W_m^d)}{\partial(\log E_n)} \end{bmatrix} \tag{8}$$

求解方程，得到解向量｛$\Delta(\log E)$｝，从而得出下次迭代的弹性模量

$$E^{new}=E^{old}\times 10^{\Delta(\log E)} \tag{9}$$

3 弹性地基板脱空判定

3.1 脱空模型的建立

有限元模型中弹性地基对面板的支承力体现在地基刚度矩阵中，因此，脱空问题的处理就转化为地基刚度矩阵的修正。为方便计算，在模型中假定在横缝和板角处脱空均为矩形，纵缝处假定不存在脱空。

地基采用文克勒地基模型时，由单元控制方程

$$([K_c]^e+[K_s]^e)\{\delta\}^e=\{F\}^e \tag{10}$$

可知，地基对面板的反力体现地基刚度矩阵［K_s］^{e} 中。文克勒地基单元刚度矩阵［K_s］^{e} 的计算公式为

$$[K_s]^e = K_0\iint_{\Omega}[N]^T[N]dxdy \tag{11}$$

式中 Ω 为单元面积；K_0 为文克勒地基的反应模量；［N］为形函数。

从式（11）中可以看出，如果单元区域内面板与地基完全接触，则地基刚度矩阵［K_s］^{e} 是整个单元面积内的积分结果。而当单元范围内地基存在脱空时（如图 2 阴影部分所示），由于地基反力只存在于接触区域，地基刚度矩阵则应扣除脱空区域的刚度积分结果。按照这种思想，可建立文克勒地基在脱空情况下的单元刚度矩阵计算公式

$$[K_s]^e = K_0\iint_{\Omega}[N]^T[N]dxdy - K_0\iint_{\Psi}[N]^T[N]dxdy \tag{12}$$

式中 Ψ 为脱空区域。

如果采用弹性半空间体地基模型，由于地基对面板的作用是以竖向反力的形式作用于面板的结点上（如图 3 所示），因此，脱空问题就可采取一种简便的处理方法：找出脱空区域所包含的结点，直接去除这些结点上的地基反力。

3.2 脱空判定方法

本文采用的判定地基脱空的方法是一个反复迭代过程，分为反演路面模量、判定脱空面积、修正地基接触状况 3 个功能块。计算过程分为以下几步：

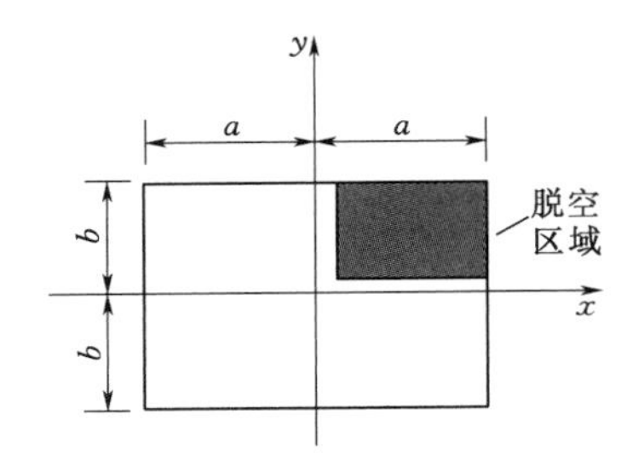

图 2　文克勒地基单元脱空示意图

Fig. 2　Void of Winkler base element

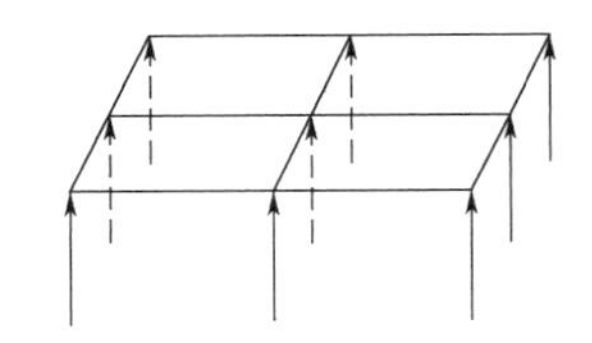

图 3　弹性半空间地基板示意图

Fig. 3　Elastic half - space

(1) 输入几何尺寸、初始模量、接缝效率（FWD 实测得出）等结构参数，假定面板与地基完全接触地基，用压缩柔度矩阵方法建立弹性地基接缝板的有限元位移计算模型；

(2) 输入 FWD 实测板中弯沉盆数据，采用系统识别方法，以弯沉的最小二乘均方差为控制指标，反演面板和地基的弹性模量（如果是文克勒地基则为地基反应模量）；

(3) 将步骤（2）得出的板和地基的弹性模量输入位移计算模型，假定板角或板边地基脱空面积逐级扩大，修改地基反力，计算相应脱空面积下的弯沉，依次对不同的板角和板边建立弯沉-脱空关系。计算过程中，根据地基模型的不同，地基刚度矩阵分别采用不同的方法进行处理，对于文克勒地基模型，首先，根据脱空位置依次判断每个单元内是否存在脱空区域及脱空区大小，然后，按照式（12）计算地基刚度矩阵；对于弹性半空间地基，则找出脱空区域所包含的脱离接触结点，在地基柔度矩阵中，将上述结点对应的主对角元素置一大数，然后求逆，即得脱空状态下的弹性半空间地基刚度矩阵；

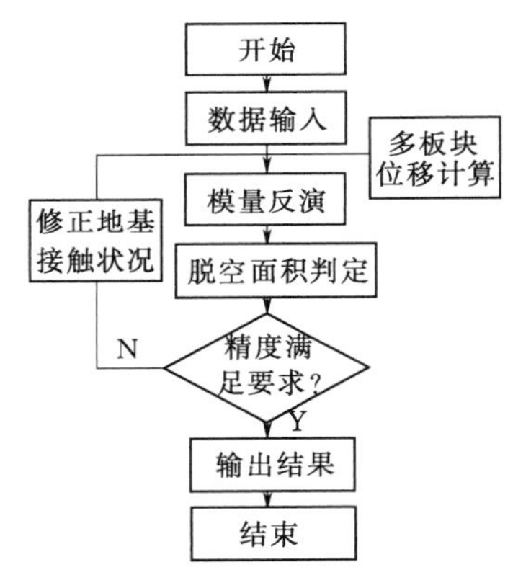

图 4　迭代流程图

Fig. 4　Flow chart of iteration

(4) 根据 FWD 实测板角或板边的最大弯沉值，由步骤（3）得出的脱空-弯沉关系用插值方法确定地基脱空面积。如果脱空面积 A_1，A_2 对应的计算弯沉为 W_1，W_2，而 FWD 实测弯沉为 W，则脱空面积 A 为

$$A=\frac{A_2-A_1}{W_2-W_1}(W-W_1)+A_1(W_1<W<W_2) \qquad (13)$$

(5) 根据步骤（4）中确定的脱空面积修正地基接触状况，返回步骤（2）重复计算。

在上述迭代计算中，模量反演是地基脱空判定的基础，根据脱空判定结果，修正地基与面板的接触状况，又将进一步提高模量反演的准确性，就这样用反复进行模量反演-脱空判定-地基接触状况修正的迭代计算，直至计算达到要求精度。步骤（1）～步骤(5）的计算过程如图 4 所示。

4　算例分析

图 5 所示的 3 块铰接板，边长 6.606m，板厚 0.2m，面板和地基的泊松比分别为 0.15、0.3，FWD 荷载等效于 500kN/m^2 均布力作用于 0.275m×0.275m 范围内。为验证本文反演分析方法，根据文献［7］四边自由板（接缝效率 ε＝0）弯沉盆数据，分别采

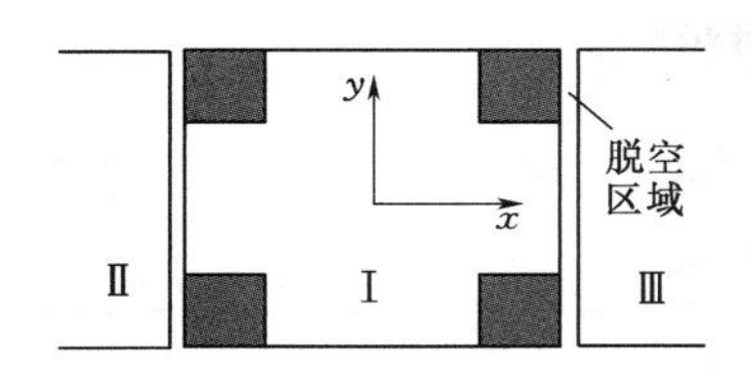

图 5 板角脱空示意图
Fig. 5 Sketch of slab corner void

用 2 组不同的初始模量进行反演，计算结果分别如表 1、2 所列。从表 1 中可知，对于不同的初始模量，模量反演结果都具有稳定的收敛性。并且弯沉盆具有相当高的匹配精度（表 2）。

从图 6 中看出，FWD 荷载作用于板角时，加载板中心（加载中心距板角两边 0.1375m）的弯沉值会随脱空区域的增大而增大，而接缝的传荷能力则会使弯沉减小。接缝不仅影响板角弯沉值的大小，而且影响板中弯沉盆的形状，接缝传荷能力的提高将使弯沉盆变得平坦。由于接缝效率对弯沉有显著地影响，因此，是否考虑接缝将是模量反演和脱空判定是否准确的关键。

表 1　四边自由板模量反演结果

Table 1　Modulus back analysis results of free edge slab

反演结构层		面板/MPa		地基/MPa	
文献［7］		2.1×10^4		80	
本文	初始值	100	2.1×10^5	100	800
	收敛值	2.1×10^4	2.1×10^4	79.8	79.8

表 2　四边自由板弯沉盆匹配结果

Table 2　Deflection fiting results of free edge slab

计算点弯沉值/10^{-3}m									
坐标(1)	0.0	0.413	0.827	1.238	1.651	2.064	2.477	2.890	3.303
文献［7］	0.240	0.210	0.167	0.129	0.100	0.078	0.062	0.051	0.041
本文	0.240	0.209	0.166	0.128	0.099	0.078	0.062	0.050	0.041

(1)　本行数据表示沿中心线方向，各计算点与面板中心的距离/m。

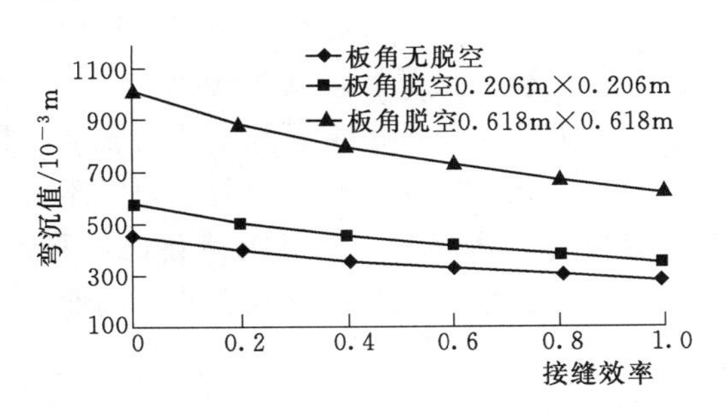

图 6　接缝效率和脱空对板角弯沉的影响
Fig. 6　Corner deflection of void jointed slab

假定图 5 中铰接板的接缝效率 $\varepsilon=0.8$，中心板 4 个板角存在 0.206m×0.206m 的矩形脱空，仍然采用文献［7］的结构参数，可由有限元模型得出存在脱空和接缝情况下板中和板角理论弯沉值（表 3）。利用表 3 中的弯沉数据，分别按照板边自由和考虑接缝效率两种情况进行迭代计算。本文以前后两次迭代循环的模量相对误差小于 5.0×10^{-3} 为终止条件。实际上，迭代只循环了两轮就达到了精度要求，计算收敛过程和最终结果列于表 4。对比表 4 中考虑接缝和不考虑接缝两种情况下的计算结果可知，如果忽略接缝的传荷能力，模量反演不能收敛到准确值，也必然不能准确判定地基脱空状况。

表 3　$\varepsilon=0.8$，四板角均脱空 0.206m×0.206m 时接缝板的理论弯沉（有限元结果）

Table 3　Theoretical deflections of jointed slab at $\varepsilon=0.8$ and four corner void 0.206m×0.206m each

计算点弯沉值/10^{-3}m										
坐标(1)	0.0	0.413	0.827	1.238	1.651	2.064	2.477	2.890	3.303	板角(2)
理论值	0.230	0.202	0.159	0.121	0.090	0.067	0.050	0.035	0.022	0.340

（1）　同表 2，表示各点与面板中心的距离/m；

（2）　测点距板角两边 0.1375m，同加载中心。

表 4　模量反演和板角脱空判定结果

Table 4　Results of modulus back analysis and corner void identification

	考虑接缝效率（$\varepsilon=0.8$）			不考虑接缝效率（$\varepsilon=0$）		
	模量/MPa		脱空面积/m^2	模量/MPa		脱空面积/m^2
	面板	地基		面板	地基	
初始值	100	100	0×0	100	100	0×0
第 1 次迭代	2.105×10^4	79.81	0.203×0.203	1.474×10^4	98.24	0×0
第 2 次迭代	2.100×10^4	80.00	0.206×0.206	1.474×10^4	98.24	0×0

5　结语

（1）本文基于系统识别原理，建立了弹性地基板模量反演的方法。它根据弯沉值与被调整模量的灵敏度求得模量的调整值，属于梯度类参数调整算法。对于线性问题，这种方法在相当大的初值范围内具有收敛稳定的特点。

（2）对于文克勒、弹性半空间 2 种地基分别建立了地基脱空的计算模式，并将其与模量反演相结合提出了模量反演-脱空判定-地基接触状况修正的迭代方法。通过算例分析可知，这种方法不仅可以定量判定地基脱空面积，而且可以提高模量反演的精度。

（3）面板接缝间具有的传荷能力对路面弯沉影响显著。本文用压缩柔度矩阵方法建立起接缝板的计算模型。在对刚性路面进行评价时，将 FWD 实测接缝效率代入计算模型中，提高了模量反演和脱空判定的准确性。

参考文献

[1]　孙立军，八谷好高，姚祖康．水泥混凝土路面板模量反算的一种新方法——惰性弯沉法［J］．土木工程学报，2000，33（1）：83－87.

[2]　刘洪兵，王尚文，董玉明．机场道面无损检测中的参数识别研究［J］．土木工程学报，2000，33（4）：93－96.

[3]　邓学钧，陈荣生．刚性路面设计［M］．北京：人民交通出版社，1990.

[4]　黄仰贤．路面分析与设计［M］．余定选，齐诚译．北京：人民交通出版社，1998.

[5]　AASHTO. Guide for design of pavement structures［M］. American Association of State Highway and Transportation Officials，Washington，D. C，1986.

[6] Foxworthy P T. Concepts for the development of nondestructive testing and evaluation system for airfield pavements [D]. University of Illinois, Dissertation for the Degree of Doctor Philosophy in Civil Engineering, 1985: 52-58.
[7] 王秉刚，邓学均. 路面力学计算 [M]. 北京：人民交通出版社，1985.

弹性层状地基板模量反演的进化方法

王 陶 王 钊

（武汉大学土木建筑工程学院，湖北武汉 430072）

摘 要： 用样条函数半解析方法建立弹性层状地基模型，根据小挠度薄板理论，建立弹性层状地基上刚性路面的位移计算模型。并模拟生物进化过程，用遗传算法建立了弹性地基板材料参数反演分析方法。数值计算结果表明遗传算法用于刚性路面模量反演具有良好的精度和收敛稳定性。

关键词： 刚性路面；层状地基；遗传算法；模量反演

中图分类号： U 416.06 **文献标识码：** A **文章编号：** 1671－8844（2003）02－066－03

Module Back Calculation of Rigid Pavement on Layered Foundation Using Genetic Algorithm

WANG Tao WANG Zhao

(School of Civil and Architectural Engineering,

Wuhan University, Wuhan 430072, China)

Abstract: Using B－shape spline function to establish elastic layered foundation, a numerical model to calculate displacement of rigid pavement on layered foundation is developed with finite element method. And a method for module back calculation of rigid pavement is also established with genetic algorithm. The results of numerical analyses show that the method has advantage of high accuracy and stable convergence.

Key words: rigid pavement; layered foundation; genetic algorithm; module back calculation

路面结构材料参数反演分析是刚性路面和机场道面性能评价的基础。近年来，利用落锤式弯沉仪（FWD）实测弯沉数据反演路面结构层模量，已成为道路研究的一个热点[1~3]。目前已有的反演方法大致可以分为两类：以数据库搜索为基础的方法和以力学分析为基础的方法，它们的共同点在于通过匹配计算弯沉盆和实测弯沉盆，找到使二者之间的误差达到某种意义上最小的一组模量。由于影响路面变形的因素很多，并且不同的模量组合常会得到相近的弯沉盆形状，反演结果有时可能会收敛到局部最优解。

自然界中生物通过遗传、变异来适应外部环境，进行优胜劣汰、繁衍进化。遗传算法（Genetic Algorithm）是模拟生物进化过程建立的一种搜索寻优方法，GA 方法具有随机性、鲁棒性、并行性等特点，它不依赖问题的特定模型，可进行全局搜索，有效地克服了

本文发表于 2003 年 4 月第 26 卷第 2 期《武汉大学学报（工学版）》。

常规算法易于陷入局部极小点的弊端[4,5]，因此非常适用于参数优化问题。

本文利用样条半解析方法和小挠度薄板理论建立层状地基上的刚性路面位移计算模型，并模拟生物进化过程，建立了基于遗传算法的刚性路面模量反演方法。

1 层状地基上的刚性路面计算模型

刚性路面采用弹性地基上的小挠度薄板理论，用有限单元法进行位移计算。由于刚性路面下常铺筑有一定厚度的基层，且地基变形主要发生在有限深度内，文克勒地基和弹性半空间地基模型都与地基的真实特性存在差异。本文用样条半解析方法[6]构造弹性层状地基模型。地基模型中用足够大的有限深 H 代表无限深，z 方向上将地基划分为 N 个水平层（如图 1 所示）。位移函数用双向傅氏级数和三次 B 样条函数构造，将样条函数结点分布于 $[0, H]$ 上，并使结点通过层间交界点。位移函数表达式为

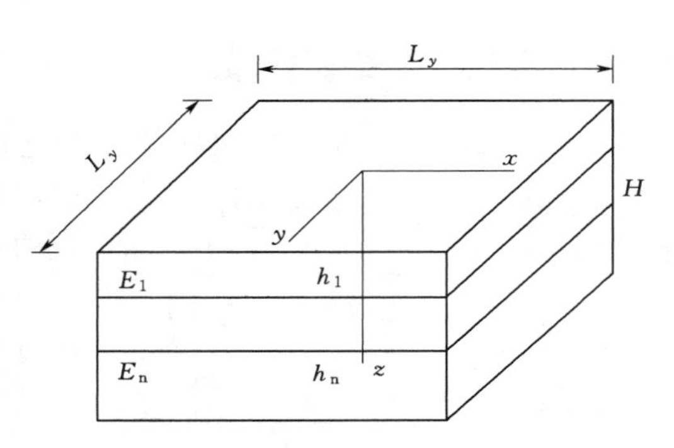

图 1　弹性多层地基示意图

$$\begin{cases} u = \sum_{m=1}^{R}\sum_{n=1}^{S}[\phi]X_{mn}\{a\}_{mn} \\ v = \sum_{m=1}^{R}\sum_{n=1}^{S}[\phi]Y_{mn}\{b\}_{mn} \\ w = \sum_{m=1}^{R}\sum_{n=1}^{S}[\phi]Z_{mn}\{c\}_{mn} \end{cases} \tag{1}$$

式中，R，S 为 x，y 方向上的分段数；$[\phi]$ 为三次 B 样条基函数矩阵，$[\phi]=[\phi_{-1}\quad \phi_0\quad \cdots\quad \phi_{N-1}]^{\mathrm{T}}$；$\{a\}_{mn}$，$\{b\}_{mn}$，$\{c\}_{mn}$ 为未知向量，

$$\{a\}_{mn}=[a_{-1}\quad a_0\quad \cdots\quad a_{N-1}]^{\mathrm{T}}$$
$$\{b\}_{mn}=[b_{-1}\quad b_0\quad \cdots\quad b_{N-1}]^{\mathrm{T}}$$
$$\{c\}_{mn}=[c_{-1}\quad c_0\quad \cdots\quad c_{N-1}]^{\mathrm{T}}$$

X_{mn}，Y_{mn}，Z_{mn} 为双向傅氏级数，对于竖向荷载有

$$\begin{cases} X_{mn}=\cos\dfrac{m\pi(x+L_x/2)}{L_x}\sin\dfrac{n\pi(y+L_y/2)}{L_y} \\ Y_{mn}=\sin\dfrac{m\pi(x+L_x/2)}{L_x}\cos\dfrac{n\pi(y+L_y/2)}{L_y} \\ Z_{mn}=\sin\dfrac{m\pi(x+L_x/2)}{L_x}\sin\dfrac{n\pi(y+L_y/2)}{L_y} \end{cases} \tag{2}$$

位移函数的矩阵表示为

$$\{\delta\} = \begin{Bmatrix} u \\ v \\ w \end{Bmatrix} = \sum_{m=1}^{R}\sum_{n=1}^{S}[N]_{mn}\{r\}_{mn} = [N]\{r\} \tag{3}$$

式中，$[N]$ 为广义形函数；$\{r\}$ 表示广义位移列阵，$\{r\}=[\{a\}_{mn}^{\mathrm{T}}\quad\{b\}_{mn}^{\mathrm{T}}\quad\{c\}_{mn}^{\mathrm{T}}]_{mn}^{\mathrm{T}}$。

根据位移变分原理可建立控制方程

$$[K]\{r\}=\{f\} \tag{4}$$

式中，$[K]$ 表示广义刚度矩阵；$\{f\}$ 表示广义荷载矩阵。从式（4）中求出未知向量 $\{r\}$ 代入位移函数（1）可得任一点位移值，从而建立地基柔度矩阵。

2　遗传算法反演路面模量

遗传算法模拟生物进化过程中的自然选择和遗传变异机制，采用随机方法进行全局搜索寻优。遗传算法进行搜索时，须先将搜索空间（求解问题的隶属空间）映射为遗传空间。把每组可能解编码为一个向量（个体），向量中每个元素称为染色体，所有个体组成的集合称为种群。初始种群在遗传空间中随机产生，根据目标函数评价当代群体中个体的适应值，按照适应值对个体进行选择、杂交、变异等进化操作，产生新一代种群继续进化，最终使结果收敛到全局虽优解。算法结构如图 2 所示。

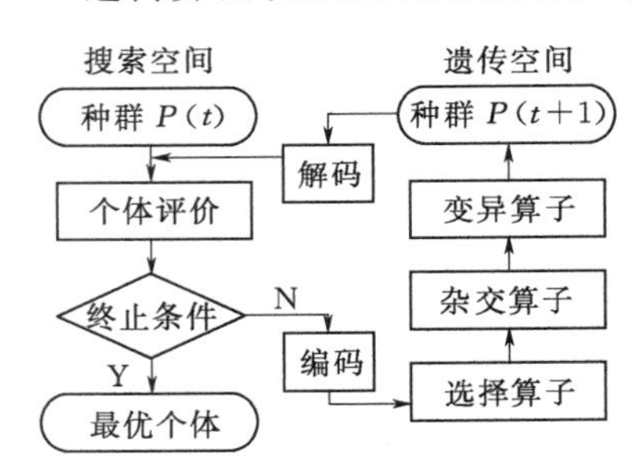

图 2　遗传算法结构

遗传算法中，目标函数的定义方式对进化过程具有极大的影响。为保证保留优秀个体，剔除不良个体，本文以 FWD 测量弯沉和匹配弯沉的最小二乘均方差作为目标函数，即

$$\min F(E_1,E_2,\cdots,E_m)_i=\sqrt{\frac{1}{n}\sum_{j=1}^{n}\left(\frac{D_j^{\mathrm{d}}-D_j^{\mathrm{c}}}{D_j^{\mathrm{c}}}\right)^2} \tag{5}$$

式中，F_i 为个体的适应值；E_m 为结构层模量；m 为染色体数目（需反演的模量数）；D_j^{d}，D_j^{c} 分别表示 FWD 第 j 个传感器的测量和匹配弯沉值；n 为传感器数目。

利用遗传算法反演弹性层状地基板结构层模量的运算过程如下：

（1）产生初始群体。个体的编码方式有二进制和十进制两种，文中为增强算法的适用性采用十进制编码方式。初始群体在搜索空间内（模量取值范围）采用随机方式产生。

$$E_m=(E_m^{\max}-E_m^{\min})\times Ran[0,1]+E_m^{\min} \tag{6}$$

式中，$E_m^{\max}$，$E_m^{\min}$ 分别为搜索空间的上、下限；$Ran[0,1]$ 为 0，1 之间的随机数。群体规模是进化算法的重要参数，规模过小意味着多样性的降低，规模过大会增加计算时间。本文采用的群体规模为 50 个。

（2）评价与选择。按照目标函数计算个体的适应值，然后按照随机概率对个体进行选择。定义个体的累积选择概率为

$$p_i=\sum_i q_i=\sum_i\left(\frac{F_i}{\sum_i F_i}\right) \tag{7}$$

式中，q_i 为个体的选择概率；p_i 为累积概率。选择时首先产生一个 0，1 之间的随机数 Ran，然后选择使 $p_{i-1}<Ran<p_i$ 成立的第 i 个个体，选择的目的是保留适应值高的个体，逐渐淘汰适应值低的个体。

（3）杂交与变异。杂交算子按杂交概率，交换随机配对个体间的染色体。变异算子按变异概率对个体上的染色体进行重构。杂交与变异的目的是挖掘种群中个体的多样性，杂交与变异概率的选取是克服算法陷入局部解的关键。杂交概率 p_c 控制交换频率，p_c 太小搜索会停滞不前，p_c 太大则适应值较高的解易被破坏。变异概率 p_m 增加种群的多样性，p_m 太小无法产生新解，p_m 太大又会破坏最优模式。文中杂交和变异概率采用人为调试的方法，以固定值形式给出。

（4）重复（2）～（3）的操作，构成新一轮进化过程。

遗传算法的收敛是不断保留进化中最优解的结果。进化过程中，为保证有效染色体不缺失，采取最优个体保护策略是必要的，最优个体通过人为选择加以保存。最优个体不进行遗传操作，防止进化过程中丢失或破坏。

3 算例分析

刚性路面混凝土面板边长 6.606m，板厚 $h_c=0.2$m，面板和地基的泊松比分别为 $\mu_c=0.15$ 和 $\mu_0=0.3$，FWD 荷载等效于 500kN/m^2 均布力作用于 0.275m×0.275m 范围内。为检验本文反演方法，采用文献［7］中弹性半空间地基板的弯沉数据进行计算。模量反演和弯沉匹配结果列于表 1。从表 1 中的计算结果可以看出，进化方法得出的反演模量具有较高的准确性，并且弯沉盆匹配也具有较高的精度。

表 1　　弹性半空间地基板弯沉匹配与模量反演计算结果

x/m(1)	各点弯沉值/×10^{-3}m									弹性模量/MPa	
	0.000	0.413	0.827	1.238	1.651	2.064	2.477	2.890	3.303	面板	地基
文献［7］	0.240	0.210	0.167	0.129	0.100	0.078	0.062	0.051	0.041	2.1×10^4	80
本文	0.238	0.211	0.167	0.129	0.099	0.077	0.061	0.049	0.039	2.15×10^4	78.2(2)

（1）x 表示弯沉计算点与面板中心的距离。

（2）多层地基按照一层进行计算。

仍采用上述面板结构参数，构造弹性双层地基板模型。假定混凝土面板模量 $E_c=2.1\times10^4$MPa，$\mu_c=0.15$；基层模量 $E_1=400$MPa，泊松比 $\mu_1=0.3$，厚度 $h_1=0.4$m；土基模量 $E_0=80$MPa，泊松比 $\mu_0=0.4$。根据本文层状地基板模型计算得出理论弯沉盆（表 2 中的理论值），利用理论弯沉盆进行模量进化反演，弯沉匹配与模量反演结果如表 2，3 所列。对比表 2 中理论弯沉与匹配弯沉数据可以看出，弯沉匹配具有较高的精度。表 3 中理论模量值与反演值的最大相对误差为 2.8%，表明遗传算法对于多个参数的反演具有稳定的收敛性。

表 2　　弹性双层地基板理论弯沉与匹配弯沉

x/m(1)	各点弯沉值/×10^{-3}m								
	0.00	0.413	0.827	1.238	1.651	2.064	2.477	2.890	3.303
理论值	0.104	0.089	0.067	0.055	0.047	0.042	0.038	0.035	0.031
匹配值(2)	0.103	0.089	0.067	0.055	0.048	0.043	0.039	0.035	0.032

（1）同表 1，x 表示弯沉计算点与面板中心的距离。

（2）进化 300 代的计算结果。

表 3 弹性双层地基板模量反演结果

	理论值 /MPa	搜索空间/MPa		反演值[1] MPa	相对误差
		E_{min}	E_{max}		
面板	2.1×10^4	6.0×10^4	0.5×10^4	2.04×10^4	2.8%
基层	400	1200	200	410.3	2.5%
地基	80	200	20	78.8	1.5%

(1) 进化 300 代的计算结果。

4 结语

本文对弹性层状地基上的刚性路面模量反演进行了研究。

(1) 根据地基的分层特点，采用样条半解析方法建立弹性层状地基，并根据小挠度薄板理论建立了弹性层状地基上刚性路面位移计算模型。

(2) 模拟生物进化过程，建立了基于遗传算法的弹性层状地基板各结构层模量反演方法。遗传算法是一种具有内在随机性的优化方法，虽然其计算效率不如灵敏度分析之类的梯度算法，但对于多参数反演问题，这种方法可以搜索到全局最优解。本文通过算例证明进化方法用于模量反演具有稳定的收敛性。

参考文献

[1] Robert L L. System identification method for backcalculation of pavement layer property [J]. Transportation Research Record，1993 (1384)：1-7.

[2] 孙立军，八谷好高，姚祖康. 水泥混凝土路面板模量反算的一种新方法——惰性弯沉法 [J]. 土木工程学报，2000，33 (1)：83-87.

[3] 刘洪兵，王尚文，董玉明. 机场道面无损检测中的参数识别研究 [J]. 土木工程学报，2000，33 (4)：93-96.

[4] 玄光南，程润伟. 遗传算法与工程设计 [M]. 北京：科学出版社，2000.

[5] 陈国良，王法，庄镇泉. 遗传算法及其应用 [M]. 北京：人民邮电出版社，1996.

[6] 王复明，林皋. 弹性地基样条半解析方法 [M]. 郑州：河南科技出版社，1988.

[7] 王秉刚，邓学均. 路面力学计算 [M]. 北京：人民交通出版社，1985.

轴对称课题下的土工合成材料加筋路面模型

王　陶　王　钊

（武汉大学土木建筑工程学院，湖北武汉　430072）

摘　要： 通常认为作为加筋的土工合成材料是不能承受剪力和弯矩的薄膜，在此前提下，首先导出了横向挠曲变形微小条件下的薄膜平衡微分方程。然后根据竖向位移与应力的连续性，将层状弹性体模型与薄膜方程相耦合，建立了土工合成材料加筋路面的计算模型。以两层加筋体系为例，导出了轴对称荷载作用下的一般解。并通过算例对模型的加筋效果进行了分析。

关键词： 土工合成材料；加筋路面；层状弹性体；薄膜效应

中图分类号： U 461.221　**文献标识码：** A　**文章编号：** 1671－8844（2003）04－061－04

An Axisymmetric Model of Geosynthetics Reinforced Pavements

WANG Tao　WANG Zhao

(School of Civil and Architectural Engineering,

Wuhan University, Wuhan 430072, China)

Abstract: Geosynthetics are usually regarded as a membrane which can not take shear and bend forces. Based on this, this paper firstly established the membrane equation on the assumption that the deformation of membrane is small. Secondly, a model of reinforced pavements was proposed by coupling the elastic multilayer foundation and membrane equation according to the continuity of stress and displacement. Finally, taking two－layer reinforced pavements for example, the solution of reinforced pavements is given and the reinforcing effect is analyzed through a numerical example.

Key words: geosynthetics; reinforced pavements; elastic multilayer; membrane effect

轴对称荷载作用下的层状弹性体系是路面设计的理论基础。Burmister[1]、Acum 和 Fox[2]、王凯[3]、钟阳[4]等国内外学者进行了深入研究。随着计算机技术的应用，基于多层状弹性体系的路面力学计算程序也相继开发出来。著名的有 BISAR、CHEVERON、ILLI－PAVE、DAMA 等。我国也开发出 APDS97 层状弹性体系程序，并在“公路沥青路面设计规范”（JTJ014－97）中推广应用。

道路结构中采用土工合成材料加筋始于 20 世纪 70 年代。早期的加筋道路设计方法用 Terzaghi 地基承载力理论解释加筋的作用[5]。随后的研究发现加筋有薄膜效应、侧限效

本文发表于 2003 年 8 月第 36 卷第 4 期《武汉大学学报（工学版）》。

应、拉力加劲等作用机理。现有的加筋道路设计方法多是建立在薄膜效应基础上[6,7]。但是薄膜微分方程的非线性性质，使得这些方法在计算中需假定薄膜挠曲形状[8,9]，或采用数值方法求解[10]。

本文从加筋的机理之一——薄膜效应出发，在假定薄膜横向挠曲微小的基础上，导出了小变形条件下的薄膜微分方程。根据竖向应力、位移的连续性，将薄膜方程与层状弹性体系相耦合，建立了加筋路面模型，并最终给出加筋层状体系的一般解。

1　加筋薄膜平衡微分方程

通常认为土工合成材料不能承受剪力和弯矩的薄膜，它的承载力仅仅取决于薄膜张力。大变形薄膜方程的非线性性质使得求解困难，是制约土工合成材料加筋路面计算模型发展的关键原因。尽管有近似方法、数值方法等研究成果可以利用，但是这些求解方法过于复杂。

考虑到永久道路，尤其是等级较高的公路对车辙变形有严格的要求。在薄膜平衡微分方程推导过程中，假定横向挠度微小。这样就使得几何方程中变形的二阶导数项可以忽略不计，避免了方程的非线性。

轴对称课题中，薄膜微元体受力如图1、2所示。由铅直方向的平衡条件可得

$$qr\mathrm{d}\theta\mathrm{d}r-N_r r\mathrm{d}\theta\frac{\mathrm{d}w}{\mathrm{d}r}+\left(N_r+\frac{\mathrm{d}N_r}{\mathrm{d}r}\mathrm{d}r\right)\left(\frac{\mathrm{d}w}{\mathrm{d}r}+\frac{\mathrm{d}^2w}{\mathrm{d}r^2}\mathrm{d}r\right)(r+\mathrm{d}r)\mathrm{d}\theta=0$$

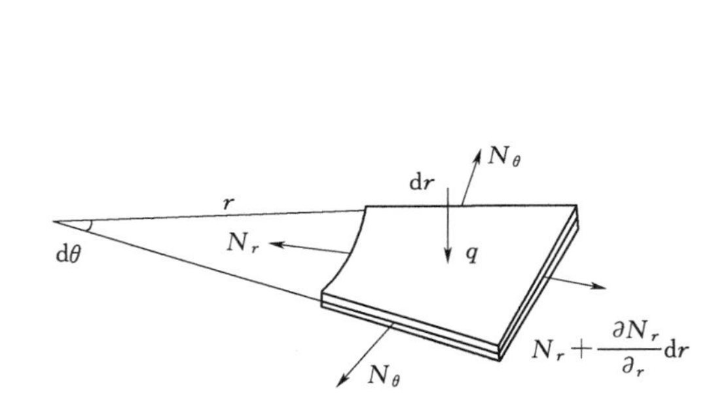

图1　薄膜微元体受力

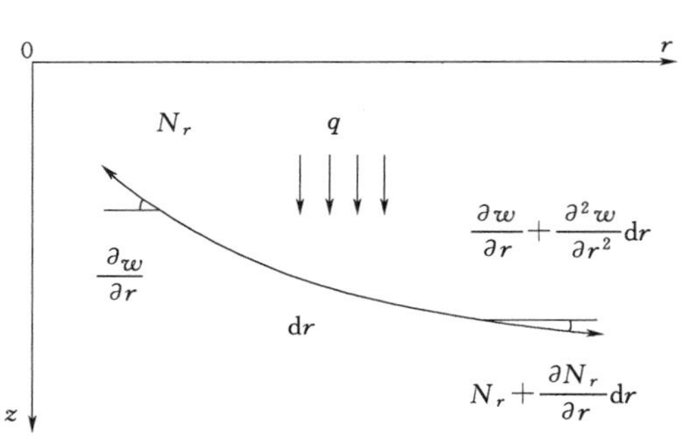

图2　薄膜微元体铅直方向受力

式中：q 为竖向荷载；N_r 为薄膜径向张力；w 为薄膜挠度。展开上式，并略去高阶小量可得

$$N_r\frac{\mathrm{d}^2w}{\mathrm{d}r^2}+\frac{N_r}{r}\frac{\mathrm{d}w}{\mathrm{d}r}=-q \tag{1}$$

轴对称课题中，薄膜切向张力 N_θ 不随 θ 变化，即薄膜切向张力为常数 $N_\theta=T$。将力投影到径向，由径向平衡条件可得

$$\left(N_r+\frac{\mathrm{d}N_r}{\mathrm{d}r}\mathrm{d}r\right)(r+\mathrm{d}r)\mathrm{d}\theta-N_r\mathrm{d}r\mathrm{d}\theta-2N_\theta\mathrm{d}r\frac{\mathrm{d}\theta}{2}=0$$

展开，并略去高阶小量可得

$$\frac{\mathrm{d}}{\mathrm{d}r}(rN_r)-N_\theta=0 \tag{2}$$

将 $N_\theta = T$ 代入式（2），积分可得

$$N_r = T + \frac{1}{r}C$$

由于 $r \to 0$ 时 N_r 为有限值，所以 $C=0$。即薄膜径向张力也为常数 $N_r = T$。于是式（1）可化为

$$\frac{\mathrm{d}^2 w}{\mathrm{d}r^2} + \frac{1}{r}\frac{\mathrm{d}w}{\mathrm{d}r} = -\frac{q(r)}{T} \tag{3}$$

从薄膜的微分方程（3）可以看出，如果知道薄膜的挠度，就可以通过微分方程求出作用在薄膜上的荷载。因此根据竖向值移的连续性，将薄膜与层状弹性体系耦合求解（图 3 所示），是建立加筋路面模型的关键。

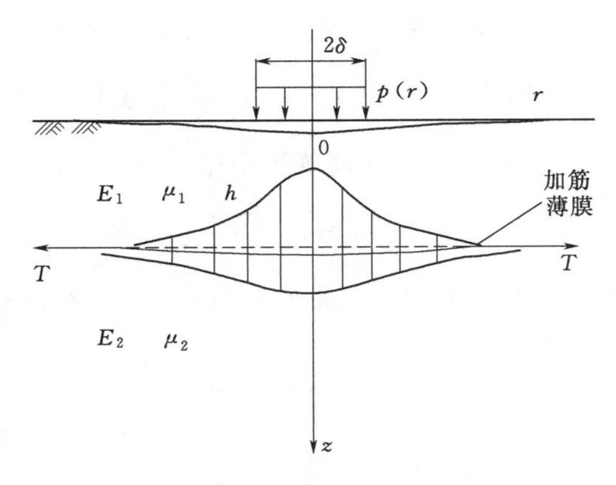

图 3　薄膜加筋弹性层状体系

2　加筋层状弹性体系模型

轴对称层状弹性体系求解有经典的应力函数法，以及适用性更强的递推回代法和传递矩阵法。这些方法的核心在于根据边界条件和层间接触条件确定每层的 4 个积分常数。许多文献都给出了轴对称层状弹性体系应力、位移的一般解：

$$\sigma_{ri} = -\int_0^\infty \xi((A_i - (1+2\mu_i - \xi z)B_i)\mathrm{e}^{-\xi z} + (C_i + (1+2\mu_i + \xi z)D_i)\mathrm{e}^{\xi z})J_0(\xi r)\mathrm{d}\xi + \frac{1}{r}U_i$$

$$\sigma_{\theta i} = 2\mu_i \int_0^\infty (B_i \mathrm{e}^{-\xi z} + D_i \mathrm{e}^{\xi z})J_0(\xi r)\mathrm{d}\xi - \frac{1}{r}U_i$$

$$\sigma_{zi} = \int_0^\infty \xi((A_i + (1-2\mu_i + \xi z)B_i)\mathrm{e}^{-\xi z} - (C_i - (1-2\mu - \xi z)D_i)\mathrm{e}^{\xi z})J_0(\xi r)\mathrm{d}\xi$$

$$\tau_{zri} = \int_0^\infty \xi((A_i - (2\mu_i - \xi z)B_i)\mathrm{e}^{-\xi z} + (C_i + (2\mu_i + \xi z)D_i)\mathrm{e}^{\xi z})J_1(\xi r)\mathrm{d}\xi$$

$$u_i = -\frac{1+u_i}{E_i}U_i$$

$$w_i = -\frac{1+u_i}{E_i}\int_0^\infty ((A_i + (2-4\mu_i + \xi z)B_i)\mathrm{e}^{-\xi z} + (C_i - (2-4\mu_i - \xi z)D_i)\mathrm{e}^{\xi z})J_0(\xi r)\mathrm{d}\xi$$

式中：$U_i = \int_0^\infty ((A_i - (1-\xi z)B_i)\mathrm{e}^{-\xi z} - (C_i + (1+\xi z)D_i)\mathrm{e}^{\xi z})J_1(\xi r)\mathrm{d}\xi$，$A_i$、$B_i$、$C_i$、$D_i$ 为待定积分常数。

上述一般解对于加筋层状体系同样适用。对于具体问题，需要根据其边界条件求出积分常数 A_i、B_i、C_i、D_i，以获得应力、位移的表达式。本文以两层体系为例进行求解。加筋层状体系中，竖向位移连续，薄膜通过张力承担部分竖向应力，并且由于不考虑加筋的侧限作用，薄膜与层状体系接触面为滑动接触。层间接触条件可表示为

$$\begin{cases} \sigma_{z1}|_{z=h} = -q(r) + \sigma_{z2}|_{z=h} & \tau_{zr1}|_{z=h} = 0 \\ w_1|_{z=h} = w_2|_{z=h} & \tau_{zr2}|_{z=h} = 0 \end{cases} \tag{4}$$

忽略薄膜的厚度，取薄膜的挠度等于两层体系中下层顶面的竖向位移。由于 $z \to \infty$ 时

$w_2(r)$ 为有限值，所以有 $C_2=D_2=0$，于是 $w_2(r)$ 的表达式就简化为

$$w_2(r)=-\frac{1+u_2}{E_2}\int_0^{\infty}(A_2+(2-4\mu_2+\xi z)B_2)\cdot e^{-\xi z}J_0(\xi r)d\xi$$

将 $w_2(r)$ 代入薄膜平衡微分方程（3），可得薄膜分担的竖向荷载

$$q(r)=-T\frac{1+\mu_2}{E_2}\int_0^{\infty}(A_2+(2-4\mu_2+\xi z)B_2)\cdot e^{-\xi z}\cdot\xi^2J_0(\xi r)d\xi$$

此外，在上表面作用轴对称荷载 $p(r)$ 时，有应力边界条件

$$\sigma_{z1}\big|_{z=0}=-p(r),\tau_{zr1}\big|_{z=0}=0 \tag{5}$$

式（4）、(5) 联立可建立 6 个方程：

$$\begin{cases}m((A_1+(2-4\mu_1+\xi h)B_1)e^{-\xi h}+(C_1-(2-4\mu_1-\xi h)D_1])e^{\xi h})\\=(A_2+(2-4\mu_2+\xi h)B_2)e^{-\xi h}\\(A_1+(1-2\mu_1+\xi h)B_1)e^{-\xi h}-(C_1-(1-2\mu_1-\xi h)D_1)e^{\xi h})\\=(\overline{X}A_2+(\overline{Y}-2\mu_2\overline{Y}+\overline{X}\xi h)B_2)e^{-\xi h}\\(A_1-(2\mu_1-\xi h)B_1)e^{-\xi h}+(C_1+(2\mu_1+\xi h)D_1)e^{\xi h}=0\\A_2-(2\mu_1-\xi h)B_2=0\\A_1+(1-2\mu_1)B_1-C_1+(1-2\mu_1)D_1=-\overline{p}(\xi)\\A_1-2\mu_1B_1+C_1+2\mu_1D_1=0\end{cases} \tag{6}$$

式中：$m=\dfrac{(1+\mu_1)E_2}{(1+\mu_2)E_1}$；$E_i$、$\mu_i$ 分别为各层弹性模量和泊松比；$\overline{X}=1-\dfrac{\xi T(1+\mu_2)}{E_2}$；$\overline{Y}=1-\dfrac{2\xi T(1+\mu_2)}{E_2}$。求解上述 6 个方程，可以确定另外 6 个待定积分常数：

$$A_1=-\frac{\overline{p}(\xi)}{\Delta_F}(2\mu_1K_F-(K_F(2\mu_1-\xi h)+(1-2\mu_1+\xi h-K_F)\xi h)e^{-2\xi h})$$

$$B_1=-\frac{\overline{p}(\xi)}{\Delta_F}(K_F-(K_F-\xi h))e^{-2\xi h}$$

$$C_1=-\frac{\overline{p}(\xi)e^{-2\xi h}}{\Delta_F}((2\mu_1+\xi h)(K_F-1-\xi h)+\xi hK_F-2\mu_1(K_F-1)e^{-2\xi h})$$

$$D_1=-\frac{\overline{p}(\xi)e^{-2\xi h}}{\Delta_F}((K_F-1-\xi h)-(K_F-1)e^{-2\xi h})$$

$$A_2=-\frac{\overline{p}(\xi)}{\Delta_F}\frac{(2\mu_2-\xi h)}{\overline{Z}}(2K_F-1)\cdot((1+\xi h)+(1-\xi h)e^{-2\xi h})$$

$$B_2=-\frac{\overline{p}(\xi)}{\Delta_F}\frac{1}{\overline{Z}}(2K_F-1)\cdot((1+\xi h)+(1-\xi h)e^{-2\xi h})$$

式中：$\Delta_F=K_F-(2\xi h(K_F-1)-(1-2\xi^2h^2))e^{-2\xi h}-(K_F-1)e^{-4\xi h}$；$K_F=\dfrac{(1-\mu_1)m}{2(1-\mu_2)}\overline{Z}+\dfrac{1}{2}$；$\overline{Z}=1+\dfrac{2\xi T(1-\mu_2^2)}{E_2}$；$E_i$、$\mu_i$ 分别为各层弹性模量和泊松比；$\overline{p}(\xi)$ 为轴对称竖向荷载的零阶汉克尔变换，若半径为 δ 的圆内作用均布荷载 p，则有

$$\overline{p}(\xi)=\int_0^{\infty}rp(r)J_0(\xi r)dr=\frac{p\delta J_1(\xi r)}{\xi}$$

将 A_i、B_i、C_i、D_i 代入式（4），即得加筋弹性体系各层的应力、位移的表达式。从求解过程可以看出，如果加筋拉力 $T=0$，则有$\overline{Z}=1$，于是加筋体系就与双层滑动体系的解析解完全相同。

3 算例

考虑圆形均布荷载 p 作用于两层加筋弹性体系表面的情况，圆的半径为 δ。取 $\frac{E_2}{E_1}=0.1$，$\frac{h}{\delta}=1$，$\mu_1=0.25$，$\mu_2=0.35$；应用前述推导结果进行计算，计算结果如表 1 所示（表中数据为应力、位移系数，$\sigma_{zi}=p\sigma_{zi}^0$，$\tau_{zri}=p\tau_{zri}^0$，$w_i=\frac{2p\delta w_i^0}{E_i}$）。由表 1 中的数字可以看出，如果加筋的拉力为零（$T=0$），则加筋体系等效于双层滑动体系。而加筋拉力逐渐增大时，双层体的竖向位移系数 w_i^0 将随着加筋拉力的增大而减小；并且下层顶面的竖向应力系数 σ_{z2}^0 也将由于加筋的作用而减小。这表明加筋通过本身的薄膜效应承担了部分竖向荷载，从而使加筋体系的承载力得以提高。

表 1　　两层加筋体系应力、位移系数

加筋拉力		$r=0$，$z=0$			$r=\delta$，$z=0$			$r=\delta$，$z=h$		
		σ_{z1}^0	τ_{z1}^0	w_1^0	σ_{z1}^0	τ_{z1}^0	w_1^0	σ_{z2}^0	τ_{z2}^0	w_2^0
文献［11］		−1.000	0.000	4.573	−0.500	0.000	3.763	−0.2113	0.000	0.3602
本文	$T=0$	−1.000	0.000	4.573	−0.500	0.000	3.763	−0.2113	0.000	0.3602
	$T=0.5p$	−1.000	0.000	4.253	−0.500	0.000	3.009	−0.1513	0.000	0.2788

4 结语

本文从薄膜小挠度假定出发，导出了薄膜平衡微分方程，并通过与弹性层状体系耦合，建立了加筋路面的计算模型。在以两层加筋体系求解过程中，可以得到以下几点认识：

（1）加筋材料的薄膜效应可以提高层状弹性体系的承载力，其中，加筋拉力是体现加筋效果的关键，如果加筋拉力为零，则加筋体系等同于普通层状体系。这也同时表明，在加筋层铺设时事先对加土工合成材料进行张拉十分必要；并且由于相同变形情况下，弹性模量高的加筋材料可以产生更大的拉力，也就具有更好的加筋效果；

（2）本文以两层体系为例进行说明，对于多层体系的加筋计算，可仿照两层体系，在加筋位置处引入考虑薄膜效应的层间结合条件进行求解。

参考文献

［1］ Burmister D M. The general theory of stress and displacements in layered soil system［J］. Journal of Application Physics，1945（16）：89－94.

［2］ Acum W E A，Fox L. Computation of load stresses in a three－layer elastic system［J］. Geotechnique, 1951 (2): 293-300.

[3] 王凯. *N* 层弹性连续体系在圆形均布垂直荷载作用下的力学计算 [J]. 土木工程学报, 1982, 15 (2): 65-74.

[4] 钟阳, 王哲人, 郭大智. 求解多层弹性半空间轴对称问题的传递矩阵法 [J]. 土木工程学报, 1992, 25 (6): 37-43.

[5] Steward J, Williamson R, Mohney J. Guidelines for Use of Fabrics in Construction and Maintenance of Low-Volume Roads [R]. Portland, Report No. FHA-TS-78-205, 1977.

[6] Giroud J P, Noiray L. Geotextile-reinforced unpaved road design. geotechnical division [J]. ASCE, 1981, 107: 1233-1254.

[7] Raumann G. Geotextiles in Unpaved Roads: Design Considerations [C]. Proc. Second Int. Conf. on Geotextiles, Las Vegas, 1982, Vol. 2: 417-422.

[8] Sellmerijer J B, Kenter C J, Van den Berg C. Calculation Method for Fabric Reinforced Road [C]. Proc. Second Int. Conf. on Geotextiles, Las Vegas, 1982, Vol. 2: 393-398.

[9] Espinoza R D. Soil-geotextile interaction: Evaluation of membrane support [J]. Geotextiles and Geomem-branes, 1994, 13: 218-293.

[10] 孙钧, 迟景魁, 曹正康, 施建勇. 新型土工材料与工程整治 [M]. 北京: 中国建筑工业出版社, 1998.

[11] 同济大学公路工程研究所. 路面厚度计算图表 [M]. 北京: 人民交通出版社, 1975.

考虑薄膜效应的土工合成材料加筋道路模型

王　陶[1]　王　钊[2]

（1. 交通部公路科学研究所，北京　100088；
2. 武汉大学土木建筑工程学院，湖北武汉　430072）

摘　要： 薄膜效应是土工合成材料加筋道路的作用机理之一。在假定薄膜横向挠度很小的情况下，导出了薄膜的平衡微分方程。利用层状弹性体与薄膜竖向位移与应力的连续性将二者耦合，建立了土工合成材料加筋道路的计算模型。并以两层加筋体系为例，导出了在轴对称和非轴对称荷载作用下的一般解。

关键词： 土工合成材料；加筋道路；层状弹性体；薄膜效应

中图分类号： TU 471.2　　**文献标识码：** A　　**文章编号：** 1000－4548（2003）04－0706－04

Model of Geosynthetics Reinforced Pavements Based on Membrane Effect

WANG Tao[1]　WANG Zhao[2]

（1. Research Institute of Highway，Beijing 100088，China；
2. School of Civil Engineering Wuhan University，
Wuhan 430072，China）

Abstract： Membrane effect is one of the basic functions for geosynthetics reinforced pavements. This paper established the membrane equation on the assumption that the deformation of membrane is small. Coupling with the elastic multilayer foundation，a model of reinforced pavements was proposed. Finally，taking two layer reinforce pavements for example，the stress and strain expression under axisymmetric and non－axisymmetric load were given.

Key words： geosynthetics；reinforced pavements；elastic multilayer；membrane effect

0　前言

道路结构是由不同的材料逐层铺筑而成的，层状弹性体系力学是路面设计的理论基础[1,2]。随着计算机技术的应用，基于多层状弹性体系的路面力学计算程序也相继开发出来。道路中应用土工合成材料始于 20 世纪 70 年代。早期的加筋道路设计方法用 Terzaghi 地基承载力理论解释加筋作用，认为土工合成材料能阻止地基的冲切破坏。在实际应用中

本文发表于 2003 年 7 月第 25 卷第 4 期《岩土工程学报》。

人们发现，弹性模量高的加筋材料具有更好的应用效果。一些学者认为这是由于加筋的薄膜张力承担了部分竖向荷载，并在设计方法中考虑了加筋的薄膜效应[3,4]。但这些方法需假定薄膜变形形状，还属于经验力学方法。为摆脱假定薄膜变形形状的限制，有学者导出了加筋薄膜的平衡微分方程。但是微分方程的几何非线性性质使求解困难，需借助一些假定对方程进行简化[5,6]，或者采用数值方法求解[7]。

在本文的加筋道路模型中，假定薄膜只产生微小挠曲、表面光滑、单位长度内的张力为常数，建立了薄膜的平衡微分方程。并根据竖向应力、位移的连续性，将薄膜与层状弹性体系进行耦合，最终给出加筋层状体系的一般解。

1　加筋薄膜的平衡微分方程

通常认为作为加筋的土工合成材料是没有抗弯刚度的薄膜，它的承载力仅取决于薄膜张力。在推导平衡微分方程时，对薄膜进行小挠度假设目的是忽略薄膜横向挠曲引起的薄膜应变，避免方程的几何非线性性质。薄膜微元受力如图 1 所示。

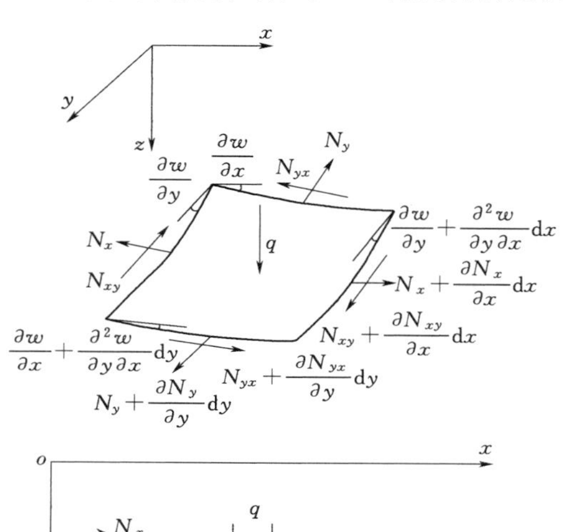

图 1　薄膜微元体受力示意图

Fig. 1　Stress of membrane

由 x、y 方向力的平衡条件可得

$$\frac{\partial N_x}{\partial x}+\frac{\partial N_{xy}}{\partial y}=0,\frac{\partial N_y}{\partial y}+\frac{\partial N_{xy}}{\partial x}=0 \tag{1}$$

将张力向 z 轴投影，考虑微元体的竖向平衡条件可得

$$N_x\frac{\partial^2 w}{\partial x^2}+2N_{xy}\frac{\partial^2 w}{\partial y\partial x}+N_y\frac{\partial^2 w}{\partial y^2}=-q(x,y) \tag{2}$$

式中　w 为薄膜挠度；$q(x,y)$ 为竖向荷载。

微小变形条件下，有相容方程

$$\frac{\partial^2 \varepsilon_x}{\partial y^2}+\frac{\partial^2 \varepsilon_y}{\partial x^2}=\frac{\partial^2 \gamma_{xy}}{\partial y\partial x}$$

将物理方程 $\varepsilon_x=\frac{1}{E}(N_x-\mu N_y)$，$\varepsilon_y=\frac{1}{E}(N_y-\mu N_x)$，$\gamma_{xy}=\frac{2(1+\mu)}{E}\frac{\partial^2 N_{xy}}{\partial x\partial y}$，代入相容方程，并注意到平衡条件式（1）可得薄膜张力表示的相容方程

$$\frac{\partial^2 N_x}{\partial y^2}+\frac{\partial^2 N_y}{\partial x^2}=\frac{\partial^2 N_{xy}}{\partial y\partial x} \tag{3}$$

假定薄膜张力为常数（$N_x=N_y=T$），并且由于张力的对称性，剪应力 N_{xy} 为零。则相容方程（3）自然满足。平衡方程（2）也可简化为

$$\frac{\partial^2 w}{\partial x^2}+\frac{\partial^2 w}{\partial y^2}=-\frac{q(x,y)}{T} \tag{4}$$

在极坐标下，式（4）变为

$$\frac{\partial^2 w}{\partial r^2}+\frac{1}{r}\frac{\partial w}{\partial r}+\frac{1}{r^2}\frac{\partial^2 w}{\partial \theta^2}=-\frac{q(r,\theta)}{T} \tag{5}$$

轴对称荷载作用下，式（5）还可以进一步简化为

$$\frac{\partial^2 w}{\partial r^2}+\frac{1}{r}\frac{\partial w}{\partial r}=-\frac{q(r)}{T} \tag{6}$$

在薄膜加筋层状体系中，薄膜位于层间交界面。由于竖向变形的连续性，薄膜的挠度必然等于层状体系在交界面处的竖向变形。而薄膜通过变形可以承担一部分竖向荷载，使下层结构的负担得以减轻。薄膜分担的竖向荷载可以根据薄膜微分方程（4）～（6）所建立的外部荷载与薄膜挠度之间的关系得到。

因此，根据竖向位移、应力的连续性建立相应的边界条件，求解薄膜与层状弹性体耦合体系，是建立加筋路面的关键（图 2 所示）。

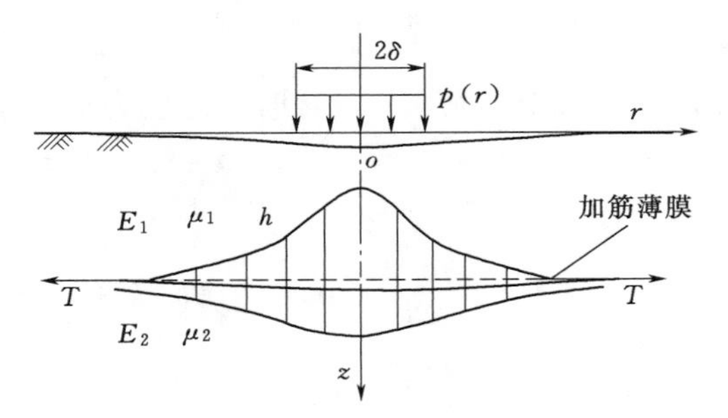

图 2　薄膜加筋弹性层状体系

Fig. 2　Reinforced elastic multilayer

2　轴对称荷载下的加筋层状弹性体系

轴对称层状弹性体系求解有经典的应力函数法，以及适用性更强的递推回代法和传递矩阵法。这些方法的核心在于根据边界条件和层间接触条件确定每层的 4 个积分常数。许多文献都给出了轴对称层状弹性体系应力、位移的一般解：

$$\left.\begin{aligned}
\sigma_{ri} &= -\int_0^{\infty}\zeta\{[A_i-(1+2\mu_i-\xi z)B_i]e^{-\zeta z}+[C_i+(1+2\mu_i+\zeta z)D_i]e^{\zeta z}\}J_0(\xi r)\mathrm{d}\zeta+\frac{U_i}{r}\\
\sigma_{\theta i} &= 2\mu_i\int_0^{\infty}(B_i e^{-\zeta z}+D_i e^{\zeta z})J_0(\zeta r)-\frac{U_i}{r}\mathrm{d}\zeta\\
\sigma_{zi} &= \int_0^{\infty}\zeta\{[A_i+(1-2\mu_i+\zeta z)B_i]e^{-\zeta z}-[C_i-(1-2\mu_i-\zeta z)D_i]e^{\zeta z}\}J_0(\zeta r)\mathrm{d}\zeta\\
\tau_{zri} &= \int_0^{\infty}\zeta\{[A_i-(2\mu_i-\zeta z)B_i]e^{-\zeta z}+[C_i+(2\mu_i+\zeta z)D_i]e^{\zeta z}\}J_1(\zeta r)\mathrm{d}\zeta\\
u_i &= -\frac{1+u_i}{E_i}U_i\\
w_i &= -\frac{1+u_i}{E_i}\int_0^{\infty}\{[A_i+(2-4\mu_i+\zeta z)B_i]e^{-\zeta z}+[C_i-(2-4\mu_i-\zeta z)D_i]e^{\zeta z}\}J_0(\zeta r)\mathrm{d}\zeta
\end{aligned}\right\} \tag{7}$$

式中　A_i，B_i，C_i，D_i 为待定积分常数；$U_i=\int_0^{\infty}\{[A_i-(1-\zeta z)B_i]e^{-\zeta z}-[C_i+(1+\zeta z)D_i]e^{\zeta z}\}J_1(\zeta r)\mathrm{d}\zeta$。

上述一般解对于加筋层状体系同样适用。本文以两层体系为例。加筋层状体系中，竖向位移连续，薄膜通过张力承担部分竖向应力，由于假定薄膜光滑，层状体系交界面为滑

动接触，只传递竖向应力。接触条件为

$$\left.\begin{aligned}&\sigma_{z1}\big|_{z=h}=-q(r)+\sigma_{z2}\big|_{z=h}\\&w_1\big|_{z=h}=w_2\big|_{z=h},\tau_{zr1}\big|_{z=h}=0,\tau_{zr2}\big|_{z=h}=0\end{aligned}\right\}\tag{8}$$

忽略薄膜的厚度，取薄膜的挠度等于两层体系中下层顶面的竖向位移。因 $z\to\infty$ 时 $w_2(r)$ 为有限值，故有 $C_2=D_2=0$，将 $w_2(r)$ 代入轴对称问题下的平衡微分方程（6），可得薄膜分担的竖向荷载 $q(r)=-T\dfrac{1+\mu^2}{E_2}\int_0^\infty[A_2+(2-4\mu_2+\zeta z)B_2]\mathrm{e}^{-\zeta z}\cdot\zeta^2J_0(\zeta r)\mathrm{d}\zeta$。此外，表面作用轴对称荷载 $p(r)$ 时，有应力边界条件

$$\sigma_{z1}\big|_{z=0}=-p(r),\tau_{zr1}\big|_{z=0}=0\tag{9}$$

式（8），（9）可建立 6 个方程，从而可以根据行列式理论确定另外 6 个待定积分常数：

$$\left.\begin{aligned}&A_1=-\frac{\overline{p}(\zeta)}{\Delta F}\{2\mu_1K_F-[K_F(2\mu_1-\zeta h)+(1-2\mu_1+\zeta h-K_F)\zeta h]\mathrm{e}^{-2\zeta h}\}\\&B_1=-\frac{\overline{p}(\zeta)}{\Delta F}[K_F-(K_F-\xi h)]\mathrm{e}^{-2\zeta h}\\&C_1=-\frac{\overline{p}(\zeta)\mathrm{e}^{-2\zeta h}}{\Delta F}[(2\mu_1+\zeta h)(K_F-1-\zeta h)+\zeta hK_F-2\mu_1(K_F-1)\mathrm{e}^{-2\zeta h}]\\&D_1=-\frac{\overline{p}(\zeta)\mathrm{e}^{-2\zeta h}}{\Delta F}[(K_F-1-\zeta h)-(K_F-1)\mathrm{e}^{-2\zeta h}]\end{aligned}\right\}\tag{10a}$$

$$\left.\begin{aligned}&A_2=\frac{\overline{p}(\zeta)}{\Delta F}\frac{(2\mu_2-\zeta h)}{\overline{Z}}(2K_F-1)[(1+\zeta h)+(1-\zeta h)\mathrm{e}^{-2\zeta h}]\\&B_2=-\frac{\overline{p}(\zeta)}{\Delta F}\frac{1}{\overline{Z}}(2K_F-1)[(1+\zeta h)+(1-\zeta h)\mathrm{e}^{-2\zeta h})]\end{aligned}\right\}\tag{10b}$$

式中　$K_F=\dfrac{(1-\mu_1^2)E_2}{2(1-\mu_2^2)E_1}\overline{Z}+\dfrac{1}{2}$；$\overline{Z}=1+\dfrac{2\zeta T(1-\mu_2^2)}{E_2}$；$E_i$，$\mu_i$ 为各层弹性模量和泊松比；$\overline{p}(\zeta)$ 为轴对称竖向荷载的零阶汉克尔变换，$\overline{p}(\zeta)=\int_0^\infty rp(r)J_0(\zeta r)\mathrm{d}r$；$\Delta F=K_F-[2\zeta h(K_F-1)-(1-2\zeta^2h^2)]\mathrm{e}^{-2\zeta h}-(K_F-1)\mathrm{e}^{-4\zeta h}$。

将式（10）中的系数以及 $C_2=D_2=0$ 代入式（7），即得轴对称课题下的加筋层状体系的一般解。从推导结果可以看出，如果加筋拉力 $T=0$，则有 $\overline{Z}=1$，上述结果就与双层滑动体系的解完全一样。

3　非轴对称荷载下的加筋层状弹性体系

水平力对路面的影响也是不可忽略的因素，因此研究非轴对称荷载作用下的层状弹性体系具有现实意义。空间非轴对称问题应力、位移分量的一般解：

$$\left.\begin{aligned}\sigma_{ri}=&-\sum_{k=0}^{\infty}\int_0^\infty\zeta\{[A_i-(1+2\mu_i-\zeta z)B_i]\mathrm{e}^{-\zeta z}+[C_i+(1+2\mu_i+\zeta z)D_i]\mathrm{e}^{\zeta z}\}J_k(\zeta r)\cos k\theta\mathrm{d}\zeta\\&+\sum_{k=0}^{\infty}\left(\frac{k+1}{2r}\overline{U}_{(k+1)i}+\frac{k-1}{2r}\overline{U}_{(k-1)i}\right)\cos k\theta\end{aligned}\right\}$$

$$\left.\begin{aligned}
\sigma_{\theta i} &= 2\mu_i \sum_{k=0}^{\infty}\int_0^{\infty} \xi(B_i \mathrm{e}^{-\zeta z} + D_i \mathrm{e}^{\zeta z}) J_k(\zeta r)\cos k\theta \mathrm{d}\zeta - \sum_{k=0}^{\infty}\left(\frac{k+1}{2r}\overline{U}_{(k+1)i} + \frac{k-1}{2r}\overline{U}_{(k-1)i}\right)\cos k\theta \\
\sigma_{zi} &= \sum_{k=0}^{\infty}\int_0^{\infty} \zeta\{[A_i + (1-2\mu_i+\zeta z)B_i]\mathrm{e}^{-\zeta z} - [C_i - (1-2\mu_i-\zeta z)D_i]\mathrm{e}^{\zeta z}\} J_k(\zeta r)\cos k\theta \mathrm{d}\zeta \\
\tau_{r\theta i} &= \sum_{k=0}^{\infty}\int_0^{\infty} \zeta(M_i \mathrm{e}^{-\zeta z} + N_i \mathrm{e}^{\zeta z}) J_k(\zeta r)\sin k\theta \mathrm{d}\zeta + \sum_{k=0}^{\infty}\left(\frac{k+1}{2r}\overline{U}_{(k+1)i} - \frac{k-1}{2r}\overline{U}_{(k-1)i}\right)\sin k\theta \\
\tau_{\theta zi} &= \frac{1}{2}\sum_{k=0}^{\infty}(\overline{H}_{(k+1)i} + \overline{H}_{(k-1)i})\sin k\theta \\
\tau_{zri} &= \frac{1}{2}\sum_{k=0}^{\infty}(\overline{H}_{(k+1)i} - \overline{H}_{(k-1)i})\cos k\theta \\
u_i &= -\frac{1+\mu_i}{2E_i}\sum_{k=0}^{\infty}(\overline{H}_{(k+1)i} - \overline{H}_{(k-1)i})\sin k\theta \\
v_i &= -\frac{1+\mu_i}{2E_i}\sum_{k=0}^{\infty}(\overline{U}_{(k+1)i} + \overline{U}_{(k-1)i})\sin k\theta \\
w_i &= -\frac{1+\mu_i}{2E_i}\sum_{k=0}^{\infty}\int_0^{\infty}\{[A_i + (2-4\mu_i+\zeta z)B_i]\mathrm{e}^{-\zeta z} \\
&\quad + [C_i - (2-4\mu_i-\zeta z)D_i]\mathrm{e}^{\zeta z}\} J_k(\zeta r)\cos k\theta \mathrm{d}\zeta
\end{aligned}\right\} \tag{11}$$

式中 $\overline{U}_{(k+1)i} = \int_0^{\infty}\{[A_i - (1-\zeta z)B_i - 2M_i]\mathrm{e}^{-\zeta z} - [C_i + (1+\zeta z)D_i + 2N_i]\mathrm{e}^{\zeta z}\} J_{k+1}(\zeta r)\mathrm{d}\zeta$

$$\overline{U}_{(k-1)i} = \int_0^{\infty}\{[A_i - (1-\zeta z)B_i + 2M_i]\mathrm{e}^{-\zeta z} - [C_i + (1+\zeta z)D_i - 2N_i]\mathrm{e}^{\zeta z}\} J_{k-1}(\zeta r)\mathrm{d}\zeta$$

$$\overline{H}_{(k+1)i} = \int_0^{\infty}\zeta\{[A_i - (2\mu_i-\zeta z)B_i - M_i]\mathrm{e}^{-\zeta z} + [C_i + (2\mu_i+\zeta z)D_i + 2N_i]\mathrm{e}^{\zeta z}\} J_{k+1}(\zeta r)\mathrm{d}\zeta$$

$$\overline{H}_{(k-1)i} = \int_0^{\infty}\zeta\{[A_i - (2\mu_i-\zeta z)B_i + M_i]\mathrm{e}^{-\zeta z} + [C_i + (2\mu_i+\zeta z)D_i - 2N_i]\mathrm{e}^{\zeta z}\} J_{k+1}(\zeta r)\mathrm{d}\zeta$$

式（11）中的一般解适用于任一非轴对称层状体系。从中还可以看出，当 $k\equiv0$ 时上式就转化为轴对称问题的解，即轴对称问题只是非轴对称问题的特例。与轴对称情况相同，加筋体系中由于薄膜的存在，有如下的层间接触条件：

$$\left.\begin{aligned}
&\sigma_{z1}|_{z=h} = -q(r,\theta) + \sigma_{z2}|_{z=h} \\
&w_1|_{z=h} = w_2|_{z=h} \\
&\tau_{\theta z1}|_{z=h} = 0 \\
&\tau_{\theta z2}|_{z=h} = 0 \\
&\tau_{zr1}|_{z=h} = 0 \\
&\tau_{zr2}|_{z=h} = 0
\end{aligned}\right\} \tag{12}$$

同样取薄膜的挠度等于两层体系中下层顶面的竖向位移。将 $w_2(r,\theta)$ 代入平衡微分方程(5)，并注意到 $w_2(r,\theta)$ 的有限性（$C_2=D_2=0$），可得薄膜分担的竖向荷载 $q(r,\theta)=$

$-T\frac{1+\mu_2}{E_2}\int_0^\infty[A_2+(2-4\mu_2+\zeta z)B_2]\mathrm{e}^{-\zeta z}\cdot\zeta^2J_1(\zeta r)\cos\theta\mathrm{d}\zeta$。若耦合体系表面作用有圆形单向水平荷载 $s(r)$，则有表面边界条件：

$$\left.\begin{aligned}&\sigma_{z1}\big|_{z=0}=0\\&\tau_{\theta z1}\big|_{z=0}=s(r)\sin\theta\\&\tau_{\theta z1}\big|_{z=0}=-s(r)\cos\theta\end{aligned}\right\}\tag{13}$$

根据式（13）可知，承受单向水平荷载时式（11）中应力、位移分量只能有 $k=1$ 的项。

仿照轴对称问题的求解过程，利用层间接触条件（12）和边界条件（13）建立线性方程组，求解可得各层待定积分常数：

$$\left.\begin{aligned}
&A_1=\frac{\bar{s}(\zeta)}{\Delta_E}\{(1-2\mu_1)K_F-[(2\mu_1-\zeta h)K_F+(1-2\mu_1+\zeta h-K_F)(1+\zeta h)]\mathrm{e}^{-2\zeta h}\\
&B_1=-\frac{\bar{s}(\zeta)}{\Delta_E}[K_F-(1+\zeta h-K_F)\mathrm{e}^{-2\zeta h}]\\
&C_1=\frac{\bar{s}(\zeta)\mathrm{e}^{-2\zeta h}}{\Delta_E}[(2\mu_1+\zeta h)(K_F-\zeta h)-(1-\zeta h)K_F-(1-2\mu_1)(K_F-1)]\mathrm{e}^{-2\zeta h}\\
&D_1=-\frac{\bar{s}(\zeta)\mathrm{e}^{-2\zeta h}}{\Delta_E}[(K_F-\zeta h)+(K_F-1)]\mathrm{e}^{-2\zeta h}\\
&M_1=\frac{\bar{s}(\zeta)}{1-\mathrm{e}^{-2\zeta h}}\\
&N_1=\frac{\bar{s}(\zeta)\mathrm{e}^{-2\zeta h}}{1-\mathrm{e}^{-2\zeta h}}\\
&A_2=-\frac{\bar{s}(\zeta)}{\Delta_E}\frac{(2\mu_2-\zeta h)}{\overline{Z}}(2K_F-1)(1-\mathrm{e}^{-2\zeta h})\zeta h\\
&B_2=-\frac{\bar{s}(\zeta)}{\Delta_E}\frac{1}{\overline{Z}}(2K_F-1)(1-\mathrm{e}^{-2\zeta h})\zeta h\\
&M_2=N_2=0
\end{aligned}\right\}\tag{14}$$

式中　K_F，$\overline{Z}$的表达式与前述式（10）相同；$\bar{s}(\zeta)$ 为水平荷载的零阶汉克尔变换，$\bar{s}(\zeta)=\int_0^\infty rs(r)J_0(\zeta r)\mathrm{d}r$；$\Delta_E=K_F+[2\zeta h(2K_F-1)-(1+2\zeta^2h^2)]\mathrm{e}^{-2\zeta h}-(K_F-1)\mathrm{e}^{-4\zeta h}$。将式（14）中积分常数及 $C_2=D_2=0$ 代入式（11），即得两层薄膜加筋弹性体在非轴对称荷载下的一般解。

4　算例

考虑两层弹性体系薄膜加筋。设加筋体表面受半径为 δ 的圆形均布荷载 p 作用（计算参数见图 2），取上下两层的泊松比为 $\mu_1=0.25$，$\mu_2=0.35$；弹性模量和层厚均采用无量纲形式表示，$E_2/E_1=0.1$，$h/\delta=1$。利用前述推导结果进行计算，结果列于表 1。

表 1 中只给出了竖向应力、径向剪力和竖向位移三项结果，并以应力（位移）系数形式表示，具体应力（位移）值可按下式计算：$\sigma_{zi}=p\sigma_{zi}^0$；$\tau_{zri}=p\tau_{zri}^0$；$w_i=2p\delta w_i^0/E_i$。

由表 1 中的计算结果可以看出，随着加筋拉力的增大，双层体系的竖向位移系数 w_i^0 不论是在表面（$z=0$）还是交界面（$z=h$）都将随着加筋拉力的增大而减小。下层顶面的

表 1　　两层加筋弹性体计算结果

Table 1　　Results of reinforced two layer elastic system

加筋拉力		$r=0$，$z=0$			$r=\delta$，$z=0$			$r=\delta$，$z=h$		
		σ_{z1}^0	τ_{z1}^0	w_1^0	σ_{z1}^0	τ_{z1}^0	w_1^0	σ_{z2}^0	τ_{z2}^0	w_2^0
$T=0$	文献 [8]	−1.000	0.000	4.573	−0.500	0.000	3.763	−0.2113	0.000	0.3602
	本文	−1.000	0.000	4.752	−0.500	0.000	3.519	−0.1998	0.000	0.3493
$T=0.5p$		−1.000	0.000	4.253	−0.500	0.000	3.009	−0.1513	0.000	0.2788

竖向应力系数 σ_{z2}^0 也随加筋拉力的增加而减小，这表明加筋的薄膜效应承担了部分竖向荷载。由于采用层间滑动接触条件，结构层交界面处的剪应力计算结果为零。

5　结语

本文从薄膜小挠度假定出发，导出了满足相容条件的薄膜平衡微分方程，通过与弹性层状体系耦合，建立了加筋道路的计算模型，并给出了算例计算结果。在以两层加筋体系求解过程中，可以得到以下几点认识：

（1）无论轴对称还是非轴对称问题，层状加筋体系中加筋拉力是体现加筋效果的关键。如果加筋拉力为零，则加筋体系的一般解与普通层状体系完全相同。

（2）由于加筋拉力是关键，因此加筋层的铺设时，预先对在土工合成材料进行张拉、固定十分重要；并且由于相同变形情况下，弹性模量高的加筋材料可以产生更大的拉力，因而也就具有更好的加筋效果。

（3）对于多层弹性体系的加筋计算，可仿照两层体系模型，在加筋位置处采用相同的层间接触条件。

参考文献

[1]　王凯. N 层弹性连续体系在圆形均布垂直荷载作用下的力学计算 [J]. 土木工程学报，1982，15（2）：65－74.

[2]　钟阳，王哲人，郭大智. 求解多层弹性半空间轴对称问题的传递矩阵法 [J]. 土木工程学报，1992，25（6）：37－43.

[3]　Giroud J P，Noiray L. Geotextil－rienforced unpaved road design [J]. Journal of the Geotechnical Division：Proceedings of the American Society of Civil Engineerings，1981，107（GT9）：1233－1254.

[4]　Raumann G. Geotextiles in unpaved roads：design considerations [A]. Proceedings Second International Conference on Geotextiles，Vol 2 [C]. Las Vegas St PaulMinnesota：Industrial Fabrics Association International，1982，417－422.

[5]　Sellmerijer J B，Kenter C，Van den Berg C. Calculation method for fabric reinforced road [A]. Proceedings Second International Conference on Geotextiles，Vol 2 [C]. Las Vegas St Paul Minnesota：Lndustrial Fabrics Association International，1982，393－398.

[6]　Espinoza R D. Soil－geotextile interaction：evaluation of membrane support [J]. Geotextiles and Geomembranes，1994，13：218－293.

[7]　孙钧，迟景魁，曹正康，施建勇. 新型土工材料与工程整治 [M]. 北京：中国建筑工业出版社，1998，217－225.

[8]　同济大学公路工程研究所. 路面厚度计算图表 [M]. 北京：人民交通出版社，1975，8－15.

土工合成材料用于防治路面反射裂缝的设计

王协群[1]　王　钊[2]

（1. 武汉理工大学土木与建筑学院，湖北武汉　430070；
2. 武汉大学土木建筑工程学院）

摘　要： 土工合成材料用于路面反射裂缝的防治，其效果是得到肯定的。但目前土工合成材料在沥青路面结构中应用的几种设计计算方法都存在不足，尚无普遍接受的理论分析方法。该文分析了土工合成材料防治路面裂缝的机理与影响因素，重点介绍了美国地沥青协会（AI）所提出的土工合成材料用于沥青罩面时，基于加筋作用和基于防水作用减薄罩面厚度的设计方法，并用算例详细说明了该设计方法的具体应用。

关键词： 土工合成材料；反射裂缝；沥青罩面设计

文章编号： 1671－2579（2003）06－0007－04

道路结构的裂缝大致可以分为两种：由于温度和湿度变化产生的温度裂缝；车辆重复荷载作用下的疲劳裂缝。通常的维修方法是在原来裂缝路面上加铺沥青罩面层。但使用一段时间后，原有的裂缝会反射到新铺的沥青面层上，这一过程比预期要快。为了防止裂缝较快地反射，一般采用较厚的沥青层，既可以降低该层中的荷载应力和温度应力，又可增加下卧基层潜在裂缝向上反射的距离，但投资费用太高。西方国家从 20 世纪 80 年代开始使用土工合成材料防治路面反射裂缝，其目的就是减少路面厚度，延长沥青罩面层的寿命，降低最终使用寿命内的养护、修补等费用，效果十分明显。但目前还缺乏合适的理论与大量的实践对此进行定量分析计算，其设计仍以经验方法居多。

1　土工合成材料防治反射裂缝的机理和影响因素

关于土工合成材料防治裂缝反射的机理，定性的研究较多，目前还没有建立起普遍被接受的理论分析方法。归纳起来，比较统一的认识主要有：

1）道路裂缝的发展分为两个阶段，首先是疲劳开裂，这时结构层底部拉应力是控制应力；其次，裂缝产生后，能量沿新产生的自由面消散，从而导致裂缝扩大。刚度较大的格栅类材料可以承担较大的底部拉应力，并且通过嵌锁作用提高结构层整体刚度，延缓疲劳开裂产生；

2）土工织物类材料在路面结构中作为柔性应力吸收膜，通过自身变形吸收裂缝尖端的集中应力，阻止裂缝发展；

3）土工织物浸润沥青后形成不透水层，防止水分软化道路结构。

本文发表于 2003 年 12 月第 23 卷第 6 期《中外公路》。
本文为水利部科技推广中心资助项目（00437201000081）。

土工合成材料可以延缓反射裂缝发生2～4年。对于疲劳裂缝效果很好，而对于温度型裂缝，由于裂缝宽度较大，效果往往不明显。影响土工合成材料使用效果的因素主要有以下几种：

1）现有路面结构强度和损坏情况。对于柔性路面，表面回弹弯沉大于0.64mm时，表明基层或路基已经破坏，应先对道路进行修复。土工织物对小于3mm疲劳裂缝的防治效果很好，对大于6mm的裂缝应事先填塞；对于刚性路面，接缝的竖向位移必须在0.05～0.2mm以内，由温度引起的水平位移必须小于1.3mm，当不满足上述条件时可采用下封层先行处理；

2）道路修补情况。现有路面的损坏应在加铺沥青罩面层之前修复；

3）加铺沥青罩面厚度。厚度增加，土工织物防治反射裂缝效果增强。即使是较薄的沥青罩面厚度（4cm），土工织物也能有效地防治裂缝反射。试验表明，加铺土工织物相当于3cm的沥青层厚度；

4）气候条件。土工合成材料防治温度型裂缝效果不好，应避免在大雨和冻融地区使用；

5）土工合成材料种类。土工织物和土工格栅要满足一定的强度要求。并且由于聚乙烯融化温度为165℃，聚酯为225℃，因此施工时沥青混合料温度不能太高；

6）土工织物的褶皱和粘层油的撒布（包括剂量和均匀性）是铺设土工织物时共同遇到的问题，直接影响到土工织物的应用效果。

2 土工合成材料沥青路面应用设计

土工合成材料在沥青路面应用的设计分为面层设计和罩面设计两方面。

2.1 面层设计

对于面层设计主要有力学、经验和数值三种方法：

1）力学方法将土工合成材料视为张力膜是应用最广泛的力学模型。Giroud和Noiray最先将土工织物看作张力薄膜，认为土工织物可以扩大荷载分布范围，阻止土基局部剪切破坏。Madhav（1988）在只有竖向相对位移没有转角的Pasternak剪切模型中引入粗糙单元来考虑加筋。进一步对Madhav的模型进行修改，在薄膜理论的基础上还可以考虑路基土与基层材料的非线性、粒料基层的可压缩性、加筋的侧限作用。采用薄膜理论进行分析时，加筋的效果随曲率和张力变化，这两个因素都与车辙有关，小车辙时则体现不出加筋的效果。

2）经验方法建立在实测数据的回归分析基础上。经验方法不但可以按延长寿命要求来设计，也可以按减薄面层或基层厚度的要求来设计。有的经验方法还可以预测加筋路面的车辙和寿命。但除非是使用条件相似，经验方法往往存在使用适应性问题。

3）数值方法可以考虑解析方法难以处理的弹塑性加筋模型，且可以采用界面单元考虑加筋材料与路面结构层相互作用的界面特性。但数值方法计算复杂且需时较长，影响应用。

2.2 罩面设计

土工合成材料沥青罩面层作为防治旧路面反射裂缝的技术措施，其应用远比理论丰富，目前还没有合适的理论和广泛的工程实践定量说明加铺土工合成材料后的作用。因此，设计以经验的方法居多。

罩面设计思想有两类。一类是以 Barksdele 为代表，认为使用土工合成材料并不减少罩面厚度，罩面设计按 AASHTO（美国州公路及运输管理人员协会）设计方法进行，即与未铺土工合成材料时相同，但在设计方法中采用排水系数考虑排水作用。鉴于我国在这方面的研究还不深入，《公路土工合成材料应用技术规范》（JTJ/T 019—98）也对此进行了借鉴，即“规定路面结构及厚度的设计仍与未铺土工合成材料时相同”。另一类是以美国地沥青协会 AI(Asphalt Institute) 为代表，认为使用土工合成材料可以减少沥青罩面厚度。AI 认为，土工织物尤其是无纺织物能充分吸收乳化沥青，所以防水是主要功能，但是，试验表明土工织物的模量越高寿命越长，因此认为加筋与防水作用的界线并不明显。由此 AI 发展了基于防水和基于加筋的两种减薄沥青罩面层厚度的设计方法。以下对此予以详细介绍。

2.2.1 基于土工织物加筋的罩面设计

这种方法的关键是根据试验或经验确定土工织物防治裂缝反射的有效性：

$$FEF = N_r / N_n \tag{1}$$

式中 FEF——土工织物有效性参数；

N_r——土工织物加筋情况下，引起破坏所需的荷载重复次数；

N_n——不加筋情况下，引起破坏所需的荷载重复次数。

不同试验所得出 FEF 的值差别很大，见表 1。

表 1　试验所得出的 *FEF* 值

加筋路段类型	单位面积质量/(g·m^{-2})	5%变形模量/N*	破坏重复次数	标准偏差	*FEF*
无织物对照段	—	—	480	50	1.0
聚酯热粘无纺	108	2000	7650	575	15.9
聚丙烯针刺无纺	150	590	1000	55	2.1
聚酯针刺无纺	200	540	2300	800	4.8
聚丙烯针刺无纺	200	930	3260	610	6.8
聚酯有纺	170	1600	2760	570	5.8

* 采用握持强度试验。

由试验得出 FEF 后，就可以对罩面设计方法进行修正，以适应于加筋的情况。设计交通量如下：

$$DTN_r = DTN_n / FEF \tag{2}$$

式中 DTN_r——加筋条件下的设计交通量；

DTN_n——不加筋时的设计交通量。

美国地沥青协会基于土工织物加筋的设计步骤如下：

1）确定土基 CBR 值；

2）确定最初交通量 ITN：

3）确定设计期内调整系数，估计交通量增长率；

4）ITN 与调整系数相乘，确定 DTN；

5）由图1确定满足路基条件、设计交通量和道路使用年限的沥青混凝土的总厚度 h_{An}；

6）确定现有道路的等效厚度 h_e；

7）得到需要的沥青罩面厚度 $h_{An}-h_e$；

8）用式（2）所得 DTN_r 重复上述步骤，得到加筋时沥青混凝土总厚度 h_{Ar}；

9）对比两个厚度的经济性。

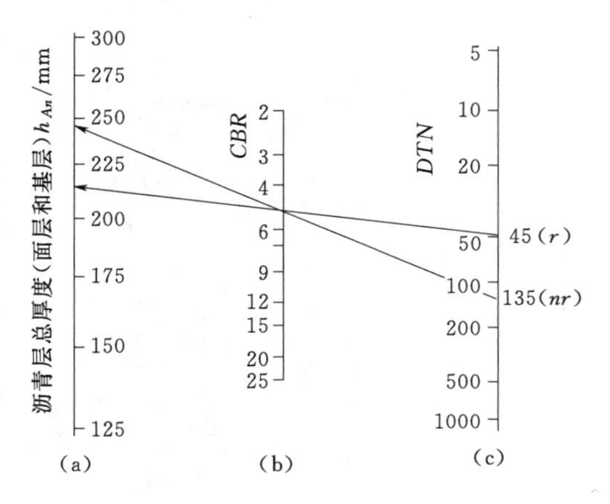

图1 基于加筋的沥青罩面层厚度设计图

（以20年为设计年限）

［算例1］ 某城市间二车道公路，每天交通量4000次，其中400次为135kN重车，轻车为80kN。年交通量增长率为4%，路面包括75mm沥青面层，200mm碎石基层，土基 $CBR=5$，道路条件较好，但外观评价需要罩面，年限为20年，$FEF=3$。试按（1）加筋、（2）不加筋两种情况计算罩面厚度。

1）确定最初交通量 $ITN=90$，调整系数为1.49，则 $DTN_n=90\times1.49=134$，$CBR=5$，由图1得不加筋的沥青混凝土总厚度 $h_{An}=245$mm。

根据现有道路的状况确定现有路面结构层的有效厚度。按文献［11］的推荐，现有沥青面层采用权重因子取0.8，碎石基层权重因子取0.4，得到有效厚度：

$$h_e=75\times0.8+200\times0.4=140\text{mm}$$

故不加筋沥青罩面厚度：

$$h_{on}=h_{An}-h_e=245-140=105\text{mm}$$

2）加筋时：

$$DTN_r=\frac{DTN_n}{FEF}=\frac{134}{3}=45$$

由图1得：$h_{Ar}=215$mm，则要求加筋的沥青罩面厚度 $h_{or}=215-140=75$mm，则加筋与不加筋的罩面厚度差值为：

$\Delta h_o=h_{on}-h_{or}=105-75=30$mm。也就是说，考虑土工织物的加筋作用，可以减薄罩面厚度30mm。

2.2.2 基于土工织物防水的设计

良好的路基排水条件可以延长道路的使用寿命，图2示意了这种情况。基于土工织物防水的设计步骤如下：

1）确定代表回弹弯沉；

2）确定最初交通量 ITN；

3）确定设计使用年限内的最初交通量调整参数；

4）ITN 和调整参数相乘得到 DTN；

5）输入代表回弹弯沉、DTN，用图3得出罩面厚度；

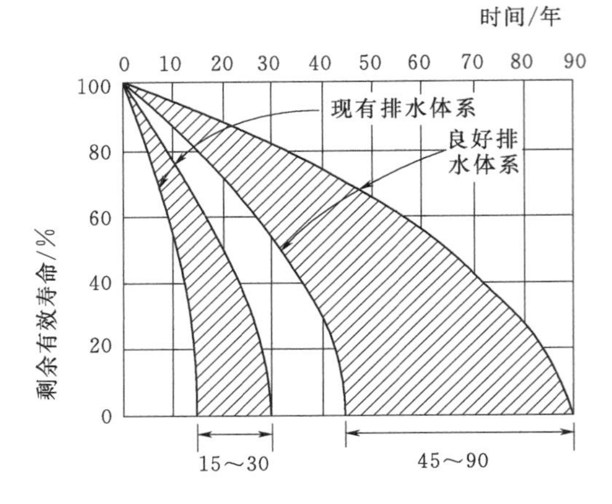

图 2　路面排水、不排水寿命对比

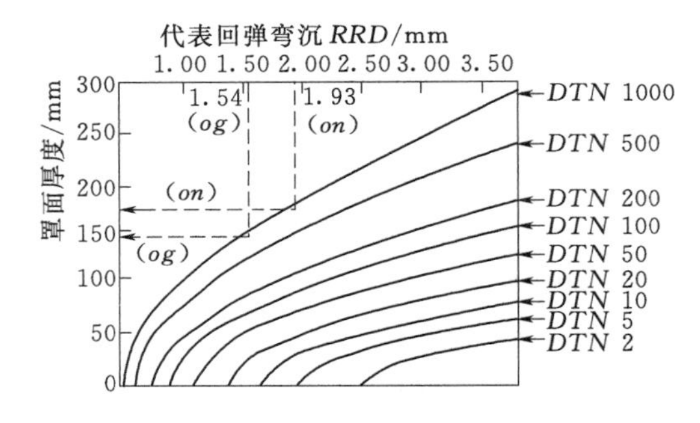

图 3　保证设计弯沉值的沥青罩面厚度设计

6）对于使用土工织物时，土工织物作为防水间层，将代表回弹弯沉作如下修正：

$$RRD=(\overline{X}+2S)fC \tag{3}$$

式中　RRD——代表回弹弯沉；

$\overline{X}$——贝克曼梁测定回弹弯沉值的算术平均值；

S——标准差；

f——温度调整；

C——与土基含水量有关的经验调整参数，一般取 1.0～1.25，土工织物的防水性越高，C 值越小；反之，C 值越大。

7）对不使用土工合成材料的情况重复上述步骤，并对比使用与不使用土工织物的经济性。

［算例 2］　某城市间四车道公路，日交通量 16000 次，其中 2400 次（约占 15%）为重 145kN 的重车，设计行车道承担 45%的重车。交通量年增长率 5%，设计轴载 80kN。道路表面裂缝，弯沉值较大，罩面设计年限为 20 年，调整参数 C 的变动范围为 1.25～1.0 之间，$ITN=590$，调整参数为 1.67。试计算（1）使用土工织物；（2）不用土工织物两种情况下的罩面厚度。

1）不使用土工织物：

$\overline{X}=1.55\text{mm}$，$S=0.1\text{mm}$，$f=0.88$，$C=1.25$，得：

$$RRD=(1.55+0.20)\times 0.88\times 1.25=1.93\text{mm}$$

$DTN=ITN\times 1.67=590\times 1.67=985$，由图 3 得不铺设土工织物时所需要的罩面厚度：

$$h_{on}=170\text{mm}$$

2）使用土工织物：

$RRD=(1.55+0.20)\times 0.88\times 1.0=1.54\text{mm}$，由图 3 得基于土工织物间层防水时，所需要的罩面厚度：

$$h_{or}=140\text{mm}$$

可见，考虑土工织物防水所能减薄的罩面厚度：$\Delta h_o = h_{on} - h_{or} = 170 - 140 = 30\text{mm}$。

3 结语

1）国内外大量试验研究和工程应用充分表明在沥青路面或旧水泥混凝土路面上加铺沥青罩面的结构层间用土工合成材料，可以有效减少和延缓沥青面层的反射裂缝，延长道路使用寿命，并且加筋材料可以减少基层或路面结构层的厚度，体现出极大的经济性。文中的算例充分体现了这一点。

2）对土工合成材料在沥青路面结构中应用的设计方法进行了分析和评价，详细介绍了美国地沥青协会提出的土工合成材料用于沥青罩面中基于其发挥加筋功能与发挥防水功能减薄罩面厚度的设计方法与步骤，可作为设计时的参考。

3）目前土工合成材料大量用于路面反射裂缝防治，总体上使用后效果较好。但正确应用是关键。目前相应的理论研究落后于工程实践，因此有必要开展土工合成材料在路面工程中应用的基础研究，包括设计计算原理、方法、技术规范方面的研究。

参考文献

[1] Giroud，J. P. and Noiray，L. Geotextile - reinforced unpaved road design，Journal of the Geotechnical Engineering Division，ASCE，Vol，107，1981.

[2] Ghosh，C. and Madhav，M. R. Reinforced granular fill soil system：Confinement effect [J]. Geotextiles and Geomembranes. 1994，13（11），727 - 741.

[3] Shukla，S. K. and Chandra S. A study of settlement compressible granular fill - soft soil system [J]. Geotextile and Geomembranes. 1994，13（9），627 - 639.

[4] Sellmerijer，J. B. Design of Geotextile reinforced paved road and parking areas，Geotextiles Geomembranes and related products. 1990.

[5] Labuz，T. F. and Reardon，J. B. Geotextile - reinforced unpaved roads：model tests [J]. Geotechnical Fabrics Reports. 2000，June/July，38 - 43.

[6] Wen - Sen Tsai and Holtz，R. D. Rut prediction for roadway with geosynthetic separators [A]. 6th Int. Conf. on Geosynthetics [C]，1998.

[7] Kokkalis，A. G. Cost versus reinforced effectiveness of geosynthetics [A]. 6th Int. Conf. on Geosynthetics [C]. 1998.

[8] Dondi，G. Three dimensional finite element analysis of a reinforced paved road [A]. 5th Int. Conf. on Geotextiles Geomembrances and Related Products [C]，1994.

[9] Burd，H. J. Bracklehurst，C. J. Finite element studies of the mechanics of reinforced unpaved roads. Geotextiles Geomembrances and Related Products，1990.

[10] 王钊. 国外土工合成材料的应用研究 [M]. 香港：现代知识出版社，2002.

[11] Koerner，R. M. Designing with geosynthetics（Fourth Edition）[M]. Prentice - Hall Upper Saddle River，New Jersey U. S. A，1999，267 - 273.

SBS 改性沥青的路用性能研究

卢剑涛　王　钊

（武汉大学土木建筑工程学院，湖北武汉　430072）

摘　要：介绍了国外研究 SBS 改性沥青的路用性能的方法，主要包括动态力学分析方法的运用和 CT 技术的辅助应用，同时给出了 SBS 改性沥青老化和抗疲劳性能的分析，并且比较了动态力学分析方法与常规试验方法的优缺点。

关键词：SBS；改性沥青；动态力学分析；CT

中图分类号：TU57⁺1　　**文献标识码**：A　　**文章编号**：1001－523X（2003）10－0056－03

Research on the Road Performance of Sbs Modified Bitumen

Lu Jian－tao　Wang Zhao

Abstract: The research methods abroad on the road performance of SBS modified bitumen are presented in the paper. It includes the application of dynamic mechanical analysis method and the assistant use of CT technology. At the same time, the text has an analysis of the aging and anti－fatigue properties of SBS modified bitumen. Furthermore, it compares DMA method with conventional trial ways.

Key words: SBS; modified bitumen; DMA; CT

SBS 是以苯乙烯-丁二烯-苯乙烯为单体，采用阴离子聚合制得的线型或星型嵌段共聚物，属于热塑性橡胶类，即热塑性弹性体。由于 SBS 兼具橡胶和塑料的特性，具有良好的弹性（变形的自恢复性及裂缝的自愈性）、高温稳定性和低温抗裂性，故已成为目前国际上最为普遍使用的沥青改性剂，在我国的应用也越来越广泛，因此研究 SBS 改性沥青路用性能对于我国在道路工程上发展改性沥青十分重要。美国公路战略研究计划（SHRP）新沥青规范列出了改性沥青的各种路用性能指标，包括：高温稳定性、低温抗裂性、抗疲劳性、老化性能以及施工安全性和可操作性等。本文主要讨论的是 SBS 改性沥青的老化和抗疲劳性能及其研究方法。

1　SBS 改性沥青的老化性能研究

由于我国目前的技术水平和仪器设备等各个方面的原因，沥青老化性能的研究主要是通过对沥青老化前后的常规指标，如质量变化、残留针入度、延度、软化点及 60℃粘度

本文发表于 2003 年 10 月第 30 卷第 10 期《建筑技术开发》。

等指标的变化来评价的。但是常规试验对改性沥青评价有很大的局限性。研究表明，SBS改性沥青的流变学性质非常重要，但这些性质很难用常规试验作有效的描述，动态力学试验对确定改性沥青的粘弹性很有价值[2]。

1.1 动态力学分析

文献［4］介绍了动态力学分析（DMA）的原理，DMA是用沥青的流变学指标来评价沥青的各种性能，所采用的指标是复数模量 G^* 和相位角 δ。复数模量 G^* 是贮存模量 G' 及损失模量 G'' 的复数和，δ 的正切值是 G'' 和 G' 的比值。

$$G^* = G' + iG'' \quad G' = G^* \cos\delta$$

$$G'' = G^* \sin\delta \quad \tan\delta = G''/G'$$

其中损失模量 G'' 表示沥青在变形过程中能量的损失，即变形中不可恢复的部分，简单地说就是模量的粘性成分，因此也可以称为粘性模量。而贮存模量 G' 反映变形过程中能量的贮藏与释放，也可以称作弹性模量。δ 是沥青的弹性（可恢复部分）与粘性（不可恢复部分）成分的比例指标。

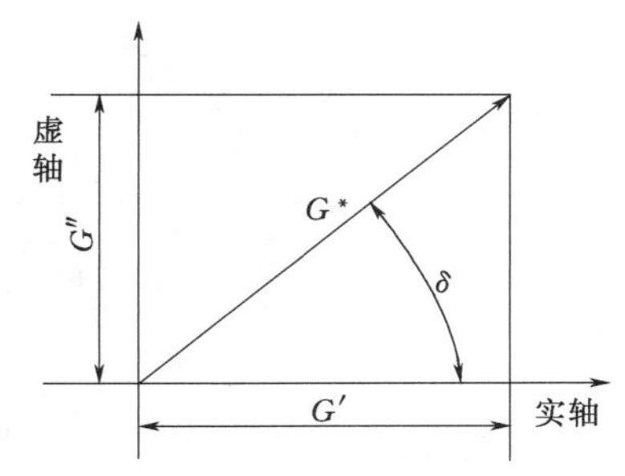

图1 沥青粘弹性体及复数模量的极坐标表达式

1.2 老化性能试验

瑞典皇家科学院公路工程部利用动态力学分析方法深入地研究了SBS聚合物改性沥青的老化性能[3]。试验所使用的设备是流变仪（RDA Ⅱ，流变测定法）。在－30～50℃范围内用8mm板，间隙1.5mm，试样0.1g；在40～135℃范围内用25mm板，间隙1mm，试样1g。试验对25℃和60℃下的频率谱（0.1～100rad/s）和频率固定为1rad/s时以2℃为增量的温度谱（－30～135℃）进行了全面的对比测定。

试验所用的材料：5种基质沥青，分别产自委内瑞拉、墨西哥、沙特和俄罗斯，以及壳牌公司的2种SBS改性剂，Kraton D1101（线型）和Kraton D1184（星型）。

混合料的老化分别通过薄膜加热试验（TFOT）和旋转薄膜加热试验（RTFOT）来完成。RTFOT和TFOT是利用人工方法来模拟混合料在拌和、运输、摊铺和压实过程中的短期老化。在试验中，TFOT的铝盘和RTFOT的玻璃容器在加载试样之前都要被加热到160℃。然后通过标准的试验程序进行（RTFOT，163℃，75min；TFOT，163℃，5h）。

1.3 老化性能试验的结论

a）对于基质沥青和聚合物含量为3%的SBS改性沥青来说，通过老化，复数模量是埔加的，而相位角减小。同时感温性也减小了。但是，对于聚合物含量高（6%或6%以上）的改性沥青混合料，老化对复数模量、相位角和感温性的影响很大程度上取决于温度和频率。

b）老化指数（定义为老化后和老化前的沥青物理或流变学参数的比值，是评价沥青老化性能的指标之一）可以被用于评价基质沥青和改性沥青混合料聚合物含量低于3%的情况。遗憾的是，这个参数不适合聚合物含量高的情况（6%或6%以上）。在这种情况下，老化指数值受温度和频率的影响非常大，得出的结果会带有一定的误导性。

c）RTFOT 和 TFOT 老化试验对比分析。实验结果表明两者的老化指数都具有很明显的线性关系。另外对比两种老化实验的动态力学指标，同样具有严格的相关性，如图2，说明两种试验方法都可以很好地用于评价沥青的老化性能，是同等的，可以互换。

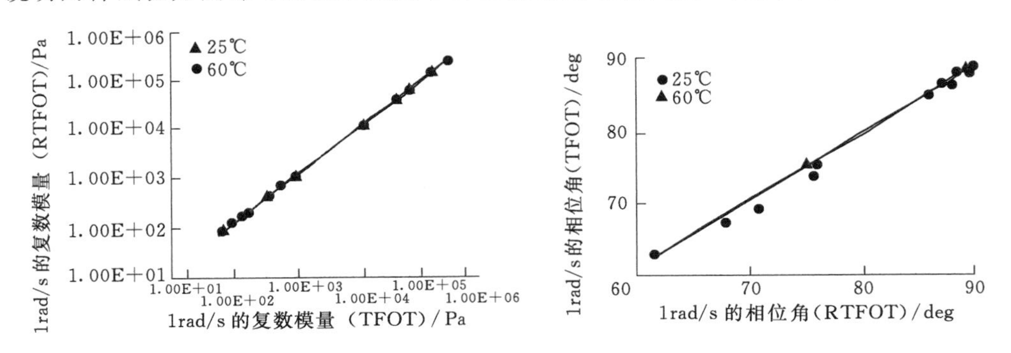

图 2　TFOT 和 RTFOT 老化沥青的 DMA 比较[7]

d）试验结果显示 SBS 的改性效果与沥青的油源和等级以及改性剂的类型和含量有关，一般情况，星型 SBS 改性效果优于线型的，表现出了更低的感温性和更好的流变学性质。老化的 SBS 改性沥青较之相应的基质沥青表现出了更好的流变学性质，在工程实际中，这点将对于沥青路面的耐久性非常有利。

2　SBS 改性沥青的抗疲劳性能研究

沥青混合料的抗疲劳性能是沥青混合料的一个重要的路用性能，由于公路交通量的日益增长，汽车对路面的破坏作用越来越明显，在使用期间，路面长期经受车轮荷载的反复作用，致使路面结构强度逐渐下降。当荷载重复作用超过一定次数以后，在荷载作用下路面内部产生的应力应会超过强度下降后的结构抗力，使路面出现裂纹，产生疲劳断裂破坏[1]。

2.1　抗疲劳性能试验

SBS 改性沥青的抗疲劳性能其实也可以使用上面的动态力学分析方法，在 SHRP 沥青路用性能规范中，沥青结合料的疲劳性能是采用动态剪切流变仪（DSR，即 Dynamic shear Rheometer）测定，使用的指标同样是复数模量（也可称作动态剪切模量）G^* 和相位角 δ，总的来说 G^* 越小，δ 越大，沥青结合料的抗疲劳性能越好。

在国外，Delson Braz 等人开始尝试着使用计算机断层扫描（Computed tomography，即 CT）技术研究聚合物改性沥青的路用性能[5]。CT 技术诞生于 20 个世纪 70 年代，首先是在放射医学领域取得突破性的进展，进入 20 世纪 80 年代以后，开始广泛地应用于工业领域。CT 技术是一种能够显示图像的无损伤测试（NDT）手段，基本物理原理是基于射线（X 射线或 γ 射线）与物质的相互作用。

由于沥青混合料是一种非均匀的复合材料，裂缝扩展的影响是一个很复杂的问题，室内的疲劳试验结果也会受到裂缝扩展的影响，从而造成同一种混合料的疲劳试验结果相差数倍，甚至更大。

在试验中，将加入 SBS 改性剂的沥青混合料制成 NDT 圆柱试样进行力学特性试验。试验的沥青混合料使用的是 5.4%的丙烷脱沥青（RASF，一种生产润滑油的原料），将试样分成三组进行试验。第一组中不加入 SBS 改性剂，只有一个试样，而第二组和第三组中分别加入 7%和 5%的 SBS 改性剂，分别有 2 个和 3 个试样。试样的直径为 101.6mm，使用轴向压缩设备，采用控制应力法测试，重复加载频率为 60 次/min，每次加载持续时间 0.1s。

试验时以第一组试样的 X 射线断层照片作为比较的标准，而且第二组的试样事先都在中心部位打了一个孔以便在试验之初就能观测到材料中微裂缝。为了跟踪观测试样的裂缝扩展状况，在试样加载之前就作了一组 X 射线断层照片，在进行了一定次数的加载过程之后再作一组 X 射线断层照片，重复试验直到试样破坏。同样，试样的横截面也作了 X 射线断层照片以便进行分析。为了能够观测试样的裂缝扩展，使用了一种专门的计算机程序来显示 X 射线断层照片，同时对每个图像进行了横向和纵向扫描以精确确定裂缝的位置。

2.2 试验结果

a）第一组试样的空隙分布均匀，其它组试样的空隙分布不均匀。对于第二组中的两个试样，其中一个的空隙分布主要是在外围，另一个的空隙则主要分布于中心区域，但是尽管空隙分布的不同，最后试验中的表现是一样的。通过对加载前的试样的裂缝分析，发现裂缝的扩展轨迹是受初始空隙的影响，而与是否加入聚合物无关。在一定次数的加载后，初始空隙会转变为初始裂缝，初始裂缝则会逐渐增大并导致试样的破坏，而且观测到裂缝首先在试样的中心区域，并逐渐向受荷的方向扩展。

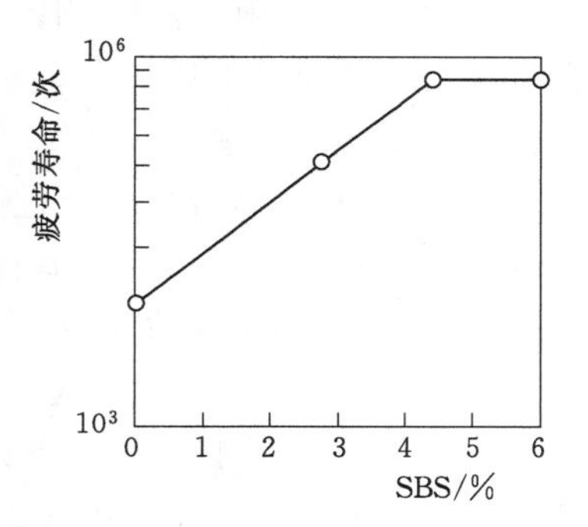

图 3　SBS 含量与疲劳寿命的关系[6]

b）加入 5% SBS 改性剂的第三组试样的疲劳寿命要大于加入 7% SBS 改性剂的第二组试样，但在 40%静态拉伸强度的应力疲劳测试中，后者的得分则要高（重复加载的次数为 1800∶1400），这说明两者的疲劳寿命非常接近，而且都比没有加入 SBS 改性剂的沥青混合料的疲劳寿命有较大幅度的提高。

对比在试验温度为 10℃，疲劳应力为 1.75MPa，加载频率为 40Hz 的试验条件下的小梁三分点加载试验结果（试验所用的基质沥青为 200 号针入度沥青，混合料类型为沥青混凝土），如图 3。可以看出，试验结果基本吻合。

2.3 抗疲劳性能试验结论

a）这次试验最大的特点在于介绍了关于 SBS 改性沥青路用性能（比如此次试验的抗疲劳开裂性能）试验分析的一个重要的思路：那就是辅以 CT 技术，在进行常规的沥青路用性能（特别是抗裂性能）试验时可以跟踪观测沥青内部结构，能够很直观地了解到沥青内部的孔隙分布情况以及裂缝的整个发生发展过程，这点是别的常规试验手段所无法比拟的优势。虽然本次试验显示混合料中裂缝的发展并不受 SBS 改性剂加入与否的影响，但是在进行沥青常规试验时合理地利用 CT 技术还是非常有助于对试验结果的分析研究。

b）SBS改性剂可以很明显地增加沥青混合料的疲劳寿命，但在聚合物含量达到5%以后，疲劳寿命基本保持不变。

c）比较本文中出现的三种抗疲劳性能试验

1）动态剪切试验测得的复数模量G^*和相位角δ与混合料疲劳性能有很好的关联性，能够很好地评价沥青混合料的抗疲劳性能。但试验的试样需经过严格的老化试验，而且需要专用的动态剪切流变仪设备，成本高，技术要求也高。

2）间接拉伸试验简单可行，设备可用于其它试验，可预测开裂，但缺点是两维应力状态，试验结果会低估疲劳寿命。

3）小梁三分点加载试验应用广泛，试验结果可直接用于设计，基本技术可用于其它方面，可选择加载方法，但耗时，成本较高，需要专用设备。

3 结语

a）SBS改性沥青的老化和疲劳开裂主要发生在沥青路面服务期的后期，因此研究其老化性能和抗疲劳性能对于了解沥青路面的耐久性具有很重要的意义。研究表明，SBS改性剂可以很好地改善沥青混合料的路用性能。

b）DMA方法能够更好地评价SBS改性沥青的路用性能，采用流变学性质指标（G^*、δ）可以准确地描述SBS改性沥青的性能，能够解决常规试验指标对于评价改性沥青混合料性能时的局限性。但由于成本、设备和技术等方面的原因，目前国际上比较通用的还是常规试验方法。

c）SBS改性沥青抗疲劳性能常规试验中的间接拉伸试验和小梁三分点加载试验都是比较常用的实验手段，但各有优缺点，使用时需根据实际情况而定。

d）利用DMA方法比较了RTFOT和TFOT两种老化实验，表明两者具有很好的相关性。

e）CT技术用于分析SBS改性沥青的抗裂性能是CT技术在工业领域的又一项应用，通过CT技术，我们能够更深入地了解沥青内部空隙和裂缝的情况，而裂缝是影响沥青混合料疲劳寿命的重要因素，因此CT技术对研究沥青混合料抗裂性能非常有帮助。

参考文献

[1] 沈金安. 沥青及沥青混合料路用性能. 北京：人民交通出版社，2001.

[2] 沈金安. 改性沥青与SMA路面. 北京：人民交通出版社，1999.

[3] Xiaohu lu and Ulf Isacsson. Chemical and rheological evaluation of ageing properties of SBS polymer modified bitumens. Fuel Vol. 77，No. 9/10，pp. 961-972，1998.

[4] X. Lu and U. Isacsson. Rheological characterizeation of styrene-butadiene-styrene copolymer modified bitumens. Constuction and Building Materials，Vol. 11，No 1，pp. 23-32，1997.

[5] Delson Braz etc. Computed tomography：an evaluation of the effect of adding polymer SBS to asphaltic used in paving. Applied Radiation and Isotopes，53（2000）：725-729.

[6] 徐世法，罗小辉. SBS改性沥青混合料路用性能评价. 北京建筑工程学院院报，1998，14（4）.

[7] Xiaohu Lu and Ulf Isacsson. Effect of ageing on bitumen chemistry and rheology. Construction and Building Materials，16（2002）：15-22.

高液限土路基施工方法及处理措施

周红安[1]　孙艳鹏[2]　王　钊[1]　袁　裴[1]

（1. 武汉大学，武汉　430072；2. 中港二航局，武汉　430080）

摘　要：介绍了揭普高速公司（新亨——池尾段）路基土中高液限土土质及力学特性，路基土的液限、塑性指数和最优含水量都很高，在不浸水的情况下，有较高的强度、承载力和较好的稳定性；吸水后，土体强度和承载力大幅下降，并略有膨胀（膨胀量为2.6%～3.8%）。同时分析了含水量变化对高液限土抗剪强度的影响，基质吸力随含水量的减小而增大，抗剪强度则随基质吸力增加而非线性增加，直到达到一定基质吸力后，抗剪强度才维持不变或开始减小。最后，介绍了揭普高速公路高液限土路基的处理方法和措施。

关键词：高液限土；基质吸力；处理

中图分类号：TU 472　　**文献标识码**：A　　**文章编号**：1001-523X（2003）11-0029-03

Construction Method and Treatment Measure of High Liquid Limit Soil Found Ation

Zhou Hong-an　Sun Yan-peng　Wang Zhao　Yuan Fei

Abstract: The properties and bearing capacity of high liquid limit soil in Jiepu Highway subgrade is presented. The liquid limit, plastic index and optimal water content of the soil are high. The strength, bearing capacity and stability of soil is good without permeation of water, however, the strength and bearing capacity of soil will decrease quickly and some expansion will happen with permeation of water. Then the effect of water content on shear strength is analyzed. The matric suction increase with decreasing of the water content, and shear strength increase nonlinearly with the matric suction increasing till the matric suction keep stable. At last, the method and measures for treatment on high liquid limit soil are presented in Jiepu Highway.

Key words: high liquid limit soil; matric suction; treatment

1　概述[1~4]

液限是反应土的工程性质的一个重要指标；高液限土是指液限大于（或等于）50%的细粒土，且小于0.074mm的颗粒含量大于（或等于）75%。但是，液限大于50%、塑性指数大于26的土，以及含水量超过规定的土，不得直接作为路堤填料，需要用时，必须

本文发表于2003年11月第30卷第11期《建筑技术开发》。

采取满足设计要求的技术措施，经检验合格后方可使用。

土体是由固体颗粒、水、空气和收缩膜（水、气分界面）组成的四相体。高液限土天然含水量高，粗颗粒含量少（一般小于25%）、粉粘土含量较高，毛细水上升高度大；高液限土内含有大量的高岭石和伊利石等矿物成分，这些矿物成分有较强的亲水性，造成土粒结合水膜厚度较大，渗透系数较低；矿物成分在与水分子作用后，土粒晶格横向延伸成为薄膜片状，具有较大期性；并且粘粒中含有氢氧化物和腐殖质等胶态物质，使土体具有一定的可塑性、膨胀性和粘性。

根据大量工程实践可知：干硬时高液限土强度高；土体透水性较差，吸水后能长时间保持水分，故吸水后承载力小、稳定性差；毛细现象明显，高液限土的强度主要取决于土的基质吸力和粘聚力；高液限土具有较大的可塑性、一定的膨胀性和粘性；在不受水浸泡的条件下其强度、承载力和稳定性能满足设计要求。

2　高液限土土体强度随含水量变化的分析[4~6]

通常都将土体视为饱和土，按经典的饱和土力学理论对土体抗剪强度进行分析。一般认为高液限土的抗剪强度主要取决于土体粘聚力。实际上，高液限土作为一种非饱和土，其抗剪强度不仅仅和土体粘聚力有关，而且与土体的基质吸力也有很大关系。按Fredlund等提出的双变量非饱和土抗剪强度理论，抗剪强度由有效粘聚力、净法向应力和基质吸力三个应力变量共同作用组成。其中基质吸力通常和水的表面张力引起的毛细现象联系在一起，为土中水自由能的毛细部分，通过测量与土中水处于平衡的部分蒸汽压力而确定的等值吸力（Aitchison，1965），可见基质吸力和土体粘聚力在本质上是不同的。基质吸力对抗剪强度的贡献表现为：

$$\tau_{ff} \sim (u_a - u_w)_f \tan\phi^b$$

式中　$(u_a - u_w)_f$——破坏时破坏面上的基质吸力；

ϕ^b——与基质吸力有关的内摩擦角（ϕ^b是个变量）。

我们可通过土-水特征曲线和基质吸力-抗剪强度关系曲线分析基质吸力对抗剪强度的贡献[5]。从图1可知粘土的基质吸力随含水量的减小而增大，当含水量趋近零时，基质吸力可达620～980MPa（Fredlund，1964）；在土逐渐变干的过程中，含水量同吸力之间的关系曲线是连续的。基质吸力的变化对土的力学状态产生影响（但是这种影响对干土的抗剪强度所起作用不大）；当非饱和土趋于饱和时，孔隙水压力接近孔隙气压力，基质吸力趋向零。抗剪强度随基质吸力增加而非线性增加，直到达到一定基质吸力后，抗剪强度才维持不变或开始减小。可见，粘土含水量在一定范围内（20%～45%）减少，基质吸力增大，导致土体强度也增大。

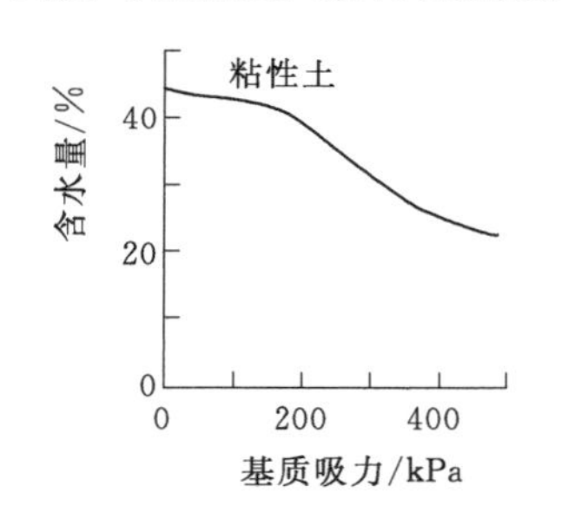

图1　含水量-基质吸力关系曲线

根据室内三轴固结不排水剪切试验[6]，发现含水量的变化对非饱和粘土的粘聚力c值有很大影响。随含水量的增加，土体强度大大降低。在含水量小于14%时，随含水量的增加粘聚力迅速减小；而当含水量大于14%时，粘聚力变化比较平稳（见图2）。

通过以上分析可知，当含水量在8%～14%范围内变化时，粘聚力的变化是引起非饱和土强度大幅度变化的主要因素；而当含水量在20%～45%范围内变化时，基质吸力的变化则可能是引起非饱和土强度大幅变化的主要因素。早在1925年和1927年Haines关于非饱和土的研究表明，粘土吸力增加导致土体凝聚力增加，可以认为，此处的凝聚力是粘聚力和基质吸力二者共同作用的合力。

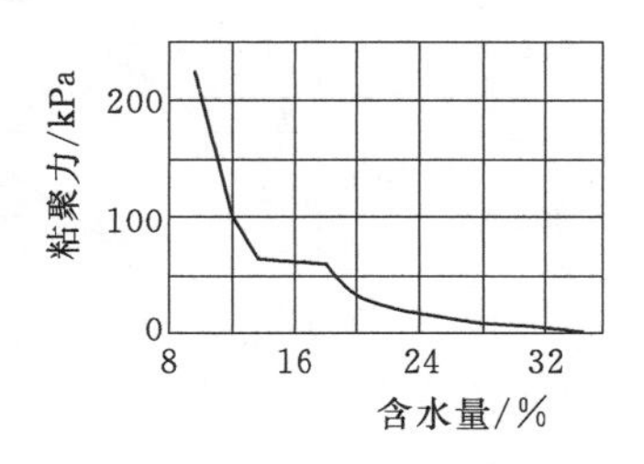

图2　粘聚力-含水量关系曲线

3　工程实例分析[4,7]

揭普高速公路（新亨—池屋段）位于粤东地区，路线起于揭阳市揭东县锡场镇，终点和已经建成通车的普惠（普宁至惠州）高速公路相连，全长45.223km；所经地区地形、地貌复杂，以冲积平原为主，间或有低缓丘陵、台地，地势两端高中间低；高速公路全线采用全封闭、全立交标准设计，路基、桥梁宽24.50m。揭普高速公路沿线高液限土数量大、分布广，大多为全风化花岗岩土及坡残积层亚粘土。在路段内随机挖方取样，筛除粗粒后粒径小于0.074mm的粉粒含量为53%～77%，CBR值普遍大于7%，局部为4%左右。试验土样的土质特性如表1。

表1　　试验土样的土质特性

试验取样点	液限/%	塑限/%	塑性指数	最大干密度/(g/cm²)	最优含水量/%
土样1（K20+060）	65.1	37.6	27.5	1.63	21.4
土样2（K20+260）	63.2	51.5	28.2	1.73	18.3

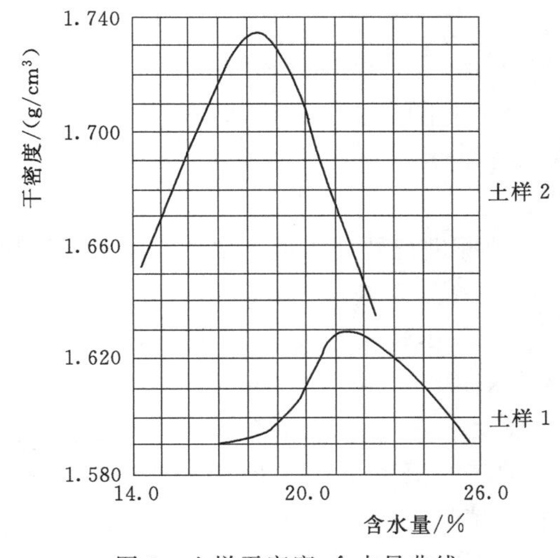

图3　土样干密度-含水量曲线

从表1所列数据可知：诚验土样的液限、塑性指数和最优含水量（见图3）都很高，在不浸水的情况下，土体有较高的强度和承载力（见图4）、较好的稳定性。由于土体天然含水量高（远高于最优含水量），土体要经过几天晾晒后，压实度才可能达到90%。土体粉粒含量高，吸水性强；吸水后，土体强度和承载力大幅下降，并略有膨胀（膨胀量为2.6%～3.8%）。由于工程中高液限土的最优含水量在18.3%～21.4%之间变化，那么压实后土体的含水量应在20%左右，可见，基质吸力的变化（含水量变化引起的）是决定高液限土强度变化的主要因素。

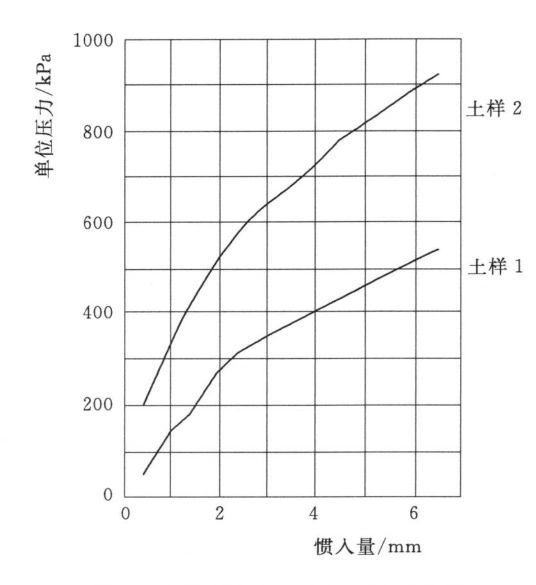

图 4　土样承载比（CBR）试验曲线

4　高液限土处理方法[3,7,8]

4.1　常见的高液限土处理方法

高液限土有不良的工程特性，尽管具有一定的承载力和稳定性，但是因为浸水后土体承载力大幅下降，所以在工程中应作相应的处理，确保土体具有较高的长期承载力和足够的稳定性。常用的高液限土处理方法大致有如下几种：

a）掺入粗颗粒土，改变颗粒级配，减少细颗粒土对土体性质的影响。

b）掺入无机固化材料（石灰或水泥），减小土中水的含量，提高承载力。

c）加铺隔水层，防止外界水体渗入。

d）在一定压实功的条件下，通过改变土体含水量来提高土体承载力等。

以上几种处理方法的具体施工程序和各自的特点可参考相关文献。但是无论采用以上哪一种或几种方法，都要设置隔水带，用来防止外界水的入渗和土体内水的蒸发。当外部水稳态入渗时，负孔隙水压力下降，土体抗剪强度相应降低；而稳态蒸发时，尽管负孔隙水压力增加，但是过量蒸发会使路基表面开裂，整体稳定性降低。可见，高液限土作路基时，采用隔水措施减少土体内水和外界水的交流是必不可少的。

4.2　本工程中的高液限土处理方法

在本工程中，施工路段高液限土分布广、面积大，如果全部换填，将大大增加工程费用。因为在不受水浸泡的条件下整体强度、承载力和稳定性能满足设计要求，所以高液限土用作路基填土时主要用在下部路基部分。为了使土体压实度和 CBR 值达到规范要求，在施工时严格控制填土厚度（一般每层厚 30cm），在碾压时含水量控制在最优含水量正负2%范围内（由于土体天然含水量大，通常要经过几天晾晒后才可能达到这一含水量范围，但是在晾晒过程中不能暴晒，因为土体干缩性较大，暴晒易造成地表开裂，影响路基整体强度），在压实合格后再铺上一层。

在高液限土挖方路段，换填深度根据开挖土体情况进行处理，地下水位较高时，采用盲沟或碎石垫层处理；对塑性指数大于 26、CBR＜8%的高液限土超挖 60cm 进行换填。由于土地资源宝贵，为了降低造价，对于液限大于 50、塑性指数大于 26 且细颗粒（粒径小于 0.075mm）含量不大于 75%、CBR＜8%的高液限土，作为路床顶面 180cm 以下的填料，且增设 50cm 砂层以利于排水；而对于液限大于 50、塑性指数大于 26 且细颗粒（粒径小于 0.075mm）含量大于 75%、CBR＜3%的高液限土作弃方处理。在挖方路段施工时，要求路床顶面以下 0～180cm 范围采用亚粘土填筑，因为符合 93 区和 95 区要求的亚粘土土源较少，故在 95 区范围（路床顶面以下 0～80cm）采用工程性质合格的材料填筑，93 区范围（路床顶面以下 80～130cm）采用粘粒含量大于 20%的粘土填筑，对应的压实度、CBR 值要符合规范要求。为了保证上部路床的施工质量和进度，在距路床顶面 20～55cm 范围内的路段，换填粒径小于 4cm 的未筛分碎石，参见图 5。

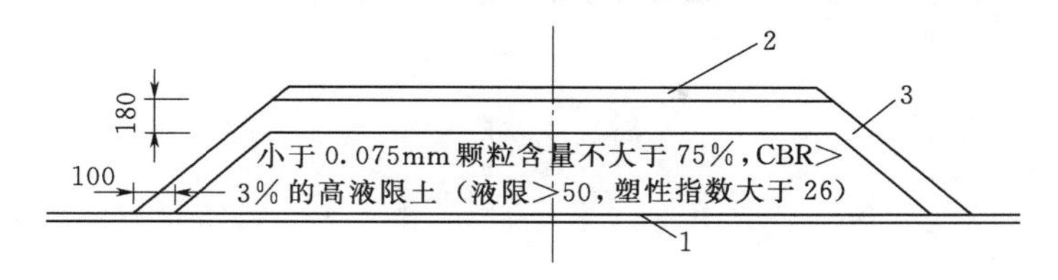

图 5　高液限土路基施工示意

1—50cm 砂；2—路面；3—亚粘土

对于有弱膨胀性的高液限土，暂时作为超载填土，等达到预期沉降后，再挖除超载部分进行碾压。在软土地基路段，当预计沉降量进入地下常水位以下时，不采用高液限土回填，而是采用工程性质合格的材料填筑。对于地下水位高、地表松软、填后碾压无法达到规范要求的路段，先下铺厚度为 50cm 砂垫层，然后在砂垫层顶面进行高液限土填土施工；如果填前碾压压实度可以达到规范要求，则直接在原地表进行高液限土填土施工。另外，在承载力较差的部分铺设土工格栅，通过提高路基横坡坡度加快地表排水，同时采用亚粘土（或工程性质合格的土料）封闭包心、护坡，并且植草防护。

5　结论

高液限土作为一种常见的路基填土，其在工程应用中已经积累了一定经验。高液限土的抗剪强度受含水量变化的影响，而基质吸力变化是影响高液限土抗剪强度变化的主要因素。本文较为详尽地介绍了高液限路基施工方法及措施，相信对以后类似的工作有所裨益。

参考文献

［1］　公路工程试验规范（JT/J 051—1993）.

［2］　公路路基施工技术规范（JT/J 033—1995）.

［3］　柯杰平，陈念斯. 惠普高速公路高液限土的特性分析及处理方法. 广东公路交通 2001，(3).

［4］　Delwyn G. Fredlund Harianto Rahardjo. Soil Mechanics for Unsaturated Soils（中文版）. 北京：中国建筑工业出版社，1997.

［5］　孟黔灵，姚海林，邱伦峰. 吸力对非饱和土抗剪强度的贡献. 岩土力学，2001，(12).

［6］　李兆平，张弥，赵慧丽. 含水量的变化对非饱和土强度影响的试验研究. 西部探矿工程，2001，(4).

［7］　李兆平，张弥，赵慧丽. 揭普高速公路工程地质特征评价及处理措施. 公路与汽运，总第 92 期.

［8］　黄厚庆. 高液限土在路堤土程中的应用研究. 中南公路工程，2001，(12).

橡胶粉改性沥青混合料性质研究

卢剑涛　王　钊

（武汉大学土木建筑工程学院，湖北武汉　430072）

摘　要： 该文分析研究了橡胶粉改性沥青混合料的流变学性质、抗断裂和抗拉性质、橡胶与SBS聚合物改性沥青的交互作用及其对沥青混合料各种性质的影响和橡胶粉改性沥青在铁路道床上的应用情况。

关键词： 橡胶粉；改性沥青；CRM

文章编号： 1671－2579（2003）06－0077－04

橡胶粉改性沥青（CRM）是将回收的橡胶经裂解脱硫后作为沥青改性剂，具有改性效果显著、原料丰富、工艺简单、价格低廉等特点。随着道路铺筑和修复成本的提高以及橡胶废品处理面临的经济环境压力，各国对橡胶粉改性沥青的应用越来越重视。目前国内对橡胶粉改性沥青混合料性质的研究少之又少，同类的研究主要在国外进行。

1　橡胶粉改性沥青的流变性质

1.1　流变性质

流变性研究简单来说就是研究材料对所施加应力的时间-温度响应。剪切流变试验研究表明，随着剪变率的增加，常规沥青混合料和橡胶粉改性沥青混合料会大致依次显示出剪切增稠（即膨润性）、牛顿体、剪切变稀（即拟塑性）的性质，见图1。

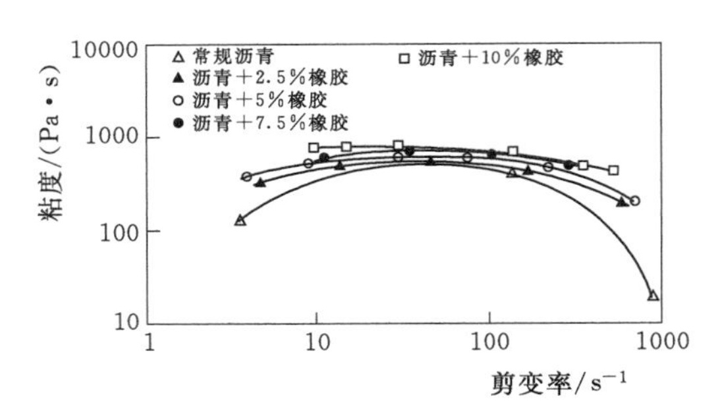

图1　55℃时常规沥青与橡胶粉改性沥青混合料的粘度随剪变率变化图

从图中还可以看出橡胶粉改性沥青混合料的剪切粘度随着橡胶粉含量的增加而增加，改性沥青混合料较常规沥青混合料表现出牛顿体性质的剪变率范围更大，与之对应的是膨润性和拟塑性的剪变率范围则减小。

F. J. Navarro等人利用广义Maxwell模型研究橡胶粉改性沥青的动态线性粘弹性性质，发现使用橡胶粉对沥青改性，对高温下的储存模量和损失模量都有显著的提高，而对低温下的两种模量则有显著的减小。橡胶粉改性沥青表现出了增强的粘弹性性质，比常规沥青具有更高的粘性。T. J. Lougheed等人用Brookfield试验来研究CRM沥青混合料的

本文发表于2003年12月第23卷第6期《中外公路》。

粘度性质，发现 CRM 加入混合料后，由于芳香族油的吸收和橡胶颗粒膨胀，混合料粘度增加。随着橡胶比例的增加，对粘度的影响越明显。M. Murphy 等人研究回收的废轮胎橡胶（TTRB）性质，发现 TTRB 能增加沥青混合料的粘度、软化点，降低针入度，11% TTRB 混合料比基质沥青的抗老化性能也有所提高。

有意思的是，F. J. Navarro 通过分析橡胶粉改性沥青与 SBS 改性沥青在高温和低温下的 G'、G''随加载频率的变化，对两者的流变学性质进行比较，发现橡胶粉改性沥青（9wt,%，颗粒粒径 0.35mm）表现出了与 SBS 改性沥青（3wt,%SBS，－10℃和 7wt,%SBS，75℃）相似的线性粘弹性性质。

1.2 橡胶粉颗粒粒径对沥青流变学性质的影响

上面的研究中还发现废橡胶粉对沥青 G'、G''的改变随着橡胶粉颗粒粒径的增加而增加，而且由于橡胶的加入，沥青表现出从大范围剪变率的牛顿体性质到剪切变稀性质的变化，因此流变曲线表现出了粘度从不变（低剪变率区）到减小（幂律区）的变化。所以橡胶粉改性沥青的流变性质可以用 Carreau 模型来描述。Carreau 模型的表达式如下：

$$\eta=\frac{\eta_0}{[1+(\lambda_c\gamma)^2]^s} \tag{1}$$

式中　s——与剪切变稀区域的斜率相关的参数；

λ_c——材料的特征时间（$\lambda_c=1/\gamma_c$，γ_c 是剪切变稀区域的下限临界剪变率）；

η_0——材料的零剪变率粘度。

F. J. Navarro 等人根据试验数据，分析了 50℃时颗粒粒径对 Carreau 模型参数的影响，并利用公式：$\eta_0=\sum_{i=1}^{n}G_i\lambda_i$ 计算，提出了 50℃时，γ_c、η_0 和颗粒粒径（PS）的关系：

$$\lambda_c=16.2e^{5.34PS} \tag{2}$$

$$\eta_0=2.2\times10^4e^{2.62PS} \tag{3}$$

从试验结果看，λ_c、η_0 随橡胶颗粒粒径呈指数增长的关系。橡胶颗粒粒径越大，沥青的粘度越高。目前对于橡胶粉颗粒粒径对沥青混合料性质的影响表述不一，按照一般的看法，颗粒粒径增加，橡胶粉颗粒的整个表面积减小，那么颗粒粒径的增加应该导致粘度的减小。然而试验的结果与之恰恰相反，因此很多专家又提出粘度随颗粒粒径的提高与颗粒的纵横比（长度/直径）有很大的关系，颗粒的纵横比的增加会导致粘度的提高。因此对于橡胶颗粒粒径对沥青混合料性质的影响还有待研究。

2 橡胶粉改性沥青混合料的抗断裂性质和抗拉性质

沥青混合料的抗断裂性质和抗拉性质是影响路面结构稳定性的重要因素。

Mustaque Hossain 等人对在 5℃和 25℃两种温度下，三种不同的橡胶含量（19%、22%、24%）和三种不同的 AR（asphalt rubber）混合料含量（6%、7.5%、9%）的沥青混凝土混合料试样进行了断裂试验和间接拉伸试验。

试验结果显示 AR 混合料含量对 CRM 试样的断裂能量有很大的影响，特别是在低温下 AR 含量越高，断裂能量的平均值就越高，但是对试样的间接拉伸强度没有显著的影响。而且橡胶含量对各种试验参数值也无显著的影响。

通过对CRM与常规沥青混合料进行对比试验，发现在低温下，常规沥青混合料的单位断裂能量的平均值远远低于CRM混合料的平均值；常温下（25℃），常规沥青混合料的单位断裂能量差不多只有CRM混合料的50%。这说明CRM相对于常规沥青混合料具有优越的抗断裂性能。

A. A. Zaman等人的研究发现沥青胶泥经橡胶粉改性后的断裂寿命有很大的提高，随着橡胶含量的增加，混合料的断裂寿命提高。可见，通过研究AR混合料的抗断裂性质来优化混合料设计是研究橡胶粉改性沥青混合料性质的一个重要思路。

3 橡胶-SBS聚合物改性沥青的交互作用

3.1 理论准备

1）交互作用

废橡胶粉加入沥青后，在高温及机械力的作用下，橡胶吸收了沥青中轻质油分子，加上煤焦油软化作用，橡胶颗粒逐渐软化，网状结构逐渐被撑开，部分交联点及分子链发生断裂，上述过程称为橡胶颗粒的“溶胀”。聚合物颗粒之间以及聚合物和沥青之间的分子交互作用具有温度敏感性。随着温度的升高，聚合物颗粒更易相溶，更易相互作用。

2）SBS的两相系统

SBS聚合物改性沥青（SBS PMBs）的两相系统分为富沥青质相和富聚合物相，因此决定了SBS PMBs在低温和高频时基质沥青相对较硬，此时聚合物沥青混合料的力学性质主要由基质沥青决定；而在高温和（或）低频下，基质沥青表现出更多的流体性质，其力学性质的作用减弱，SBS聚合物结构的弹性体性质占优势。通过分析PMB在这两种极端条件下的力学表现来研究橡胶沥青的交互作用是非常必要的。

3.2 养护试验

养护试验主要研究SBS PMB被橡胶吸收的最大数量。橡胶的吸收比率可以用于描述交互作用的速度。在试验中对不同的橡胶/沥青比例进行研究以确定橡胶沥青的交互作用与这两种材料比例的关系。

养护试验结果显示：溶胀量随着时间的增加而增加，但溶胀速度减小，这与常规针入度级配沥青的呈对数趋势溶胀相似。随着橡胶/沥青比例的减小，最大溶胀量逐渐增加，并在155℃时趋近于110%这个极限值，这说明橡胶粉只能吸收SBS PMB中的某些组分。

3.3 交互作用对沥青组分的影响

按照Shell公司四组分法（又称Corbett法，SARA法），沥青组分分为饱和分、芳香分、胶质和沥青质。对沥青组分分析，发现未加入橡胶养护的样品的芳香分减少，胶质增多，饱和分和沥青质含量保持稳定。这是由于养护试验中样品在高温下的氧化所致。加入橡胶养护的沥青的芳香分和饱和分减少，而胶质和沥青质增多，橡胶粉吸收了减少的这部分饱和分和芳香分，表明橡胶粉对易溶的轻分子更易吸收。

3.4 交互作用对沥青流变性质的影响

G. D. Airey等人利用动态剪切流变仪（DSR）来研究沥青混合料在一定的温度和加载频率下的线性粘弹性性质。在试验中，通过对应力应变测试，可得到不同温度、频率和

应变水平下的沥青样品的劲度和粘度。复数剪切模量的绝对值$|G^*|$代表试验中沥青的剪切劲度。

动态剪切试验比较了加入橡胶养护和没有加入橡胶养护时的复数模量和相位角在SBS PMB老化后的变化，发现后者较大。如果假设SBS PMB的老化和基质沥青的氧化对于加入橡胶养护和没有加入橡胶养护的作用是一样的，那么这种不同则是由于在橡胶介入后的软沥青质组分较多的损失引起。

沥青中轻分子量组分被橡胶吸收，对残余沥青的流变性质产生了显著的影响。高频时，基质沥青性质占优势，氧化老化与轻组分被橡胶吸收的共同作用致使在养护期劲度的逐步增加和相位角的减小。而在低频时，聚合物性质占优势，劲度的减小和相位角的显著增加则由于沥青中软沥青质的减小导致聚合物沥青体系的不相容，SBS改性剂的沉淀和混合料聚合物性质的随之减小所引起。

3.5 交互作用对沥青粘结力的影响

G. D. Airey等人用在155℃下养护试验后的残余沥青样品进行粘结力（cohesion）试验，使用的试验装置是Vialit钟摆仪，发现由于混合料氧化老化，达到最大粘结能量的温度随老化时间的延长而升高。橡胶的介入增加了达到峰值粘结能量的温度，同时减小了最大粘结能量。而达到最大粘结能量的温度的升高表示沥青变脆，这说明橡胶和SBS PMB的相互作用减小了沥青的粘结性。

3.6 交互作用对IAA力学耐久性的影响

冲击吸收沥青混合料（IAA）是一种专利技术，就是将回收的废轮胎用干法制成橡胶粉加入到常规连续级配的沥青材料中。

对含有15%橡胶的IAA材料（15%橡胶，10% SBS PMB，75%集料）和不含橡胶的同等级配的沥青混合料进行磨损试验。结果显示：单纯的高温氧化老化对材料的抗老化性能的影响不明显，但是氧化老化、橡胶和沥青的交互作用以及橡胶对沥青中轻组分的吸收的共同作用对IAA材料的力学耐久性产生了显著的作用，极大地降低了材料的力学耐久性。

4 废橡胶粉改性沥青在铁路上的应用

在铁路道床的设计中，如何使用一种经济有效的方法来减弱振动是铁道工程的主要课题。铁路道床的理想材料应该具有高阻尼和高劲度。最近几十年，沥青混合料被广泛用于铁路道床的铺设，并且取得了很好的效果，能够明显地降低成本，在各种环境和交通状况下都有优异的表现。

X. G. Zhong等人利用共振柱试验和循环三轴试验测试橡胶改性沥青的剪切模量和阻尼比，研究其在铁路道床上的应用潜力。

共振柱试验是试验室最常用于测量土的低应变动态性质的试验。试验使用的是Drnevich型号的共振柱系统。这套设备被广泛用于测量土、混凝土、岩石在小应变条件下的劲度和阻尼比。循环三轴试验是最常用于测量土在高应变水平下的动态性质的试验。

试验结果表明：在沥青混合料中加入废橡胶粉增加了沥青混合物的阻尼比。对于橡胶含量20%的CRMA，平均阻尼比大约为9.5%。对于不合废橡胶粉的沥青混合物，阻尼比大约为5.5%。试验并对相同应力应变条件下的非饱和地基土的阻尼比进行了测试，其平均值为3.8%，远低于CRMA。因此，CRMA是一种非常有吸引力的铁路路基减振材料。

随着加入的橡胶含量的增加，沥青混合物的劲度也慢慢增加。在相同的应力应变水平，CRMA的剪切模量大概是非饱和地基土的50倍。CRMA的劲度性质完全满足铁路路基结构的需求。

沥青混合料（含或不含橡胶）的劲度随着约束压力增大而随剪切应变有所减小。除了橡胶含量外，影响沥青混合物的剪切模量和阻尼比的因素还有很多，例如空隙含量、橡胶类型、集料级配和不同的拌和压实方法等。

另外，使用橡胶粉改性沥青混合料路面材料能够显著地增加减小振动的能力，是铁路道床理想的建筑材料。

5 结语

1）沥青混合料加入橡胶粉改性后，高温下的储存模量和损失模量都显著提高，而低温下的两种模量则显著减小，而且这种变化随着橡胶粉颗粒粒径的增大越来越明显。沥青混合料的粘度随着橡胶粉含量及橡胶颗粒粒径的增加而增加。改性沥青混合料较常规沥青混合料表现出牛顿体性质的剪变率范围更大，表现出了比常规沥青混合料更强的粘弹性性质，而且粘度、软化点、针入度和抗老化性能等方面都有所提高。

2）CRM相对于常规沥青混合料具有优越的抗断裂性能。研究AR混合料的抗断裂性质和抗拉性质来优化沥青混合料设计是研究橡胶粉改性沥青混合料性质的一个重要的思路。

3）橡胶粉和SBS PMB的交互作用减小了沥青混合料的粘结性，极大地降低了IAA材料的力学耐久性，对沥青混合料的流变性质也有很不利的影响。因此对于橡胶-SBS PMB的综合改性沥青来说，加入橡胶粉改性主要是考虑到废橡胶粉的处理问题。

4）在沥青混合料中加入废橡胶粉增加了沥青混合物的阻尼比和劲度。使川橡胶粉改性沥青混合料路面材料能显著地增加减小振动的能力，是铁路道床理想的建筑材料。

参考文献

[1] A. A. Zaman, A. L. Fricke, and C. L. Beatty Rheological Properties of Rubber - Modified Asphalt Journal of Transportation Engineering/November/December, 1995.

[2] T. J. Lougheed, and A. T. Papagiannakis Viscosity Characteristics of Rubber - Modified Asphalts Journal of Materials in Civil Engineering/August, 1996.

[3] M. Murphy, etc. Recycled Polymers for Use as Bitumen Modifiers Journal of Materials in Civil Engineering/July/August, 2001.

[4] F. J. Navarro, etc. Rheological Characteristics of Ground Tire Rubber - Modified Bitumens Chemical Engineering Journal, 89 (2002) 53 - 61.

[5] Mustaque Hossain, Stuart Swartz and Enam Hoque Fracture and Tensile Characteristics of Asphalt -

Rubber Concrete Journal of Materials in Civil Engineering/November, 1999.

[6] Xiaohu Lu and Ulf Isacsson Influence of Styrene - Butadiene - Styrene Polymer Modification on Bitumen Viscosity Fuel Vol. 76, No. 14/15, pp. 1353 - 1359, 1997.

[7] Xiaohu Lu, Ulf Isacsson, and Jonas Ekblad Phase Separation of SBS Polymer Modified Bitumens Journal of Materials in Civil Engineering/February, 1999.

[8] X. G. Zhong; X. Zeng; and J. G. Rose Shear Modulus and Damping Ratio of Rubber - Modified Asphalt Mixes and Unsaturated Subgrade Soils.

A Case History of Installation of Geosynthetics in Asphalt Pavements

Z. Wang W. L. ZOU T. Wang

(School of Civil and Architectural Engineering, Wuhan University, Wuhan 430072, China
wazh@public. wh. hb. cn
H. M. Zhang S. X. Wang
Yuci Bureau of Highway, Yuci 030600, China)

Abstract: Several experimental pavement sections were constructed to evaluate the field performances of geosynthetic - reinforced asphalt pavements. The geosynthetics used in these experiments were glass - fiber grids, plastic grids (Tensar AR1), non - woven needle punched geotextiles and Tensar AR - G geocomposites, which were installed between the asphalt surface layer and granular base coated by emulsified asphalt in the reconstruction pavement sections or between the old pavement and new overlay. After opening for traffic, with the time pass, the follow - up surface deflection inspection and crack survey show that the deflection and cracks in reinforced sections were smaller than nonreinforced sections. It was also seen that some reinforced sections were damaged badly because of slippage of asphalt layer. Neither fiberglass grid nor non - woven geotextile - reinforced asphalt overlay could effectively retard reflective crack, which indicates that geosynthetics should not exhibit their effectiveness, if the bearing capacity of old pavement was poor or the overlay thickness was too thin.

1 INTRODUCTION

A large proportion budget of pavement maintenance is spent each year in China solely on the repairs of pavement defects associated with cracking. After a certain number of service years, pavement defects (cracking) appear at the surface due to repeated traffic loading, local environment (moisture and temperature induced) and aging (Gurung, 2003). Geosynthetics have been used for unpaved roads on subgrade to fulfill one or more of the basic factions of reinforcement, separation, filtration and drainage. An interlayer of geosynthetics can be placed over the distressed pavement or within the overlay to create an overlay system. The geosynthetic interlayer contributes to the life of the overlay via stress relief and/or reinforcement and by providing a pavement moisture barrier (GFR, 2003).

There are situations when even the most elaborate system for combating reflective cracking will be ineffective. Then, reconstruction is the only option. Depending upon the cause of the problem, this can involve removing layers of pavement, improving subgrades and repaving (Carver & Sprague, 2000).

Because reflection cracking has a variety of contributing causes, including current pavement condition, traffic, crack spacing, temperature and moisture changes in the base course and subgrade, presence or absence of voids beneath the pavement surface, overlay thickness, geosynthetic type and position, tack coat application rate and correct installation of geosynthetics, therefore each of these field conditions affects the rate at which the reflective crack propagates through the overlay (Lytton, 1989). Evaluation results from documents - published have varied from favorable to unfavorable, and sometimes inconclusive or indicating no significant benefit (Maurer & Malasheskie, 1989).

2 BACKGROUND

In 2001, with the financial support of Jingzhong Branch Bereau of Highway, Shanxi Province, China, two sets of experimental pavement sections were constructed. The primary objectives of this study is to determine the practical efficiencies of several type of geosynthetics on reducing pavement deflection, retarding reflective crack forming in asphalt concrete overlay. The follow - up inspection and crack survey of all reinforced pavement sections were maintained after construction to compare with each other and with nonreinforced pavement sections, which were located beside every reinforced one, to determine overall or relative performance of each treatment.

3 PROJECT SITES DESCRIPTION

The project sites are located on the highway system of Jingzhong District, Shanxi Province, China. The experimental pavement sections distributed in Yuci County, Xiyang County, Heshun County and Yushe County, where freeze/thaw cycling are relatively high. The width of roads varied between 10m and 12m, and the pavement surfaces were old bituminous slip seal, the pavement conditions were generally poor. In addition, since the major vehicles were overweight trucks, so alligator - crack and pavement deformation were very serious. A summary of the old pavement structure and crack rating based on preconstruction survey are shown in Table 1.

4 PROGRAM OF STUDY

According to the different experimental objectives, two programs of asphalt pavement reinforcement were conducted for evaluation.

Table 1 **Summary of preconstruction pavement conditions**

Experimental pavement section	Service years	Road grade	Old pavement Structure	Average daily traffic	Crack rating /%
Yuci	6	three	35mm AM[a]+180mm granular base	3500	45.8
Xiyang	23	two	30mm AM+200mm granular base	2982	43.4
Heshun	16	two	60mm AM+200mm granular base	3600	57.2
Yushe	20	three	30mm AM+200mm granular base	2000	58.6

a AM=Asphalt macadam.

4.1 Program Ⅰ

The aims of program Ⅰ were to evaluate the effectiveness of asphalt pavement reinforcement on improving integral stiffness and strength of pavement and on preventing contraction crack of base course.

The experimental pavement section for program Ⅰ was selected in Yuci County (refer to Table 1 for the details of its pavement conditions) . After the old distressed asphalt macadam was removed, reconstruction of pavement was immediately finished. Figure 1 shows two kinds of structural composition of the new construction pavement. Two types of geogrids were used in these experimental pavement sections: fiberglass grid and plastic geogrid provided by five manufactures, and were installed in the interface between the asphalt surface layer and granular base. The properties of two types of geogrids are shown in Table 2.

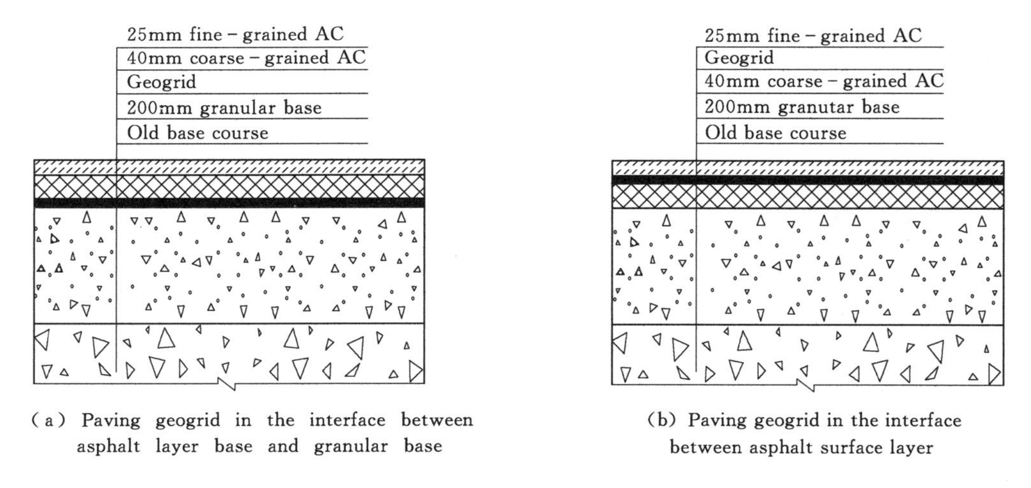

(a) Paving geogrid in the interface between asphalt layer base and granular base

(b) Paving geogrid in the interface between asphalt surface layer

Figure 1 Pavement's cross-section for program Ⅰ

The reinforced pavement sections and nonreinforced pavement sections were arranged at intervals of about 50m, and the chainages of which are shown in Table 3.

Table 2 **Properties of Geotextiles used for program Ⅰ**

Geogrid type	Model	Tensile strength (kN/m)		Elongation Ratio /%		Grid size (mm×mm)	Breadth (m)	Temperature of withstanding (C)
		Radial	Weft	Radial	Weft			
Plastic grid	Tensar AR1	20	20	11	11	65×65	3.8	160
	Tensar AR - G[a]	20	20	11	11	65×65	3.8	160
Fiberglass grid	GGA 2021	60	60	4	4	20×20	1.5～4.0	280
	TGG - 8080	80	80	3	3	18×18		280
	LB2000 Ⅱ	56.9	50.7	3.5	3.8	20×20	1.5～2.0	280

a A geocomposite developed by attaching a nonwoven geotextile to one side of the geogrid.

Table 3 **The arrangement for program Ⅰ**

Location of pavement section	Chainage	Section number	Model of geogrid - reinforced	Location of paving geogrid
Yici City	CH 64+900～CH 64+950	2	LB 2000 Ⅱ	Interface between asphalt layer base and granular subase
	CH 65+000～CH 65+033	4	Tensar AR1	
	CH 65+160～CH 65+208	6	GGGA 2021	
	CH 65+260～CH 65+333	8	TGG - 8080	
	CH 73+810～CH 73+860	10	LB 2000 Ⅱ	Interface between asphalt layers

4.2 Program Ⅱ

The primary aim of program Ⅱ was to evaluate the effectiveness of paving geogrids/geotextiles as an interlayer on the top of old cracked pavement preconstruction overlay on retarding reflective crack. The properties of geotextiles are shown in Table 4. The test pavement sections for program Ⅱ were selected in Heshun County, Xiyang County and Yushe County. Figure 2 shows two kinds of structural composition of the asphalt overlay reinforcement system, and the specific arrangement corresponding each test pavement section is shown in Table 5.

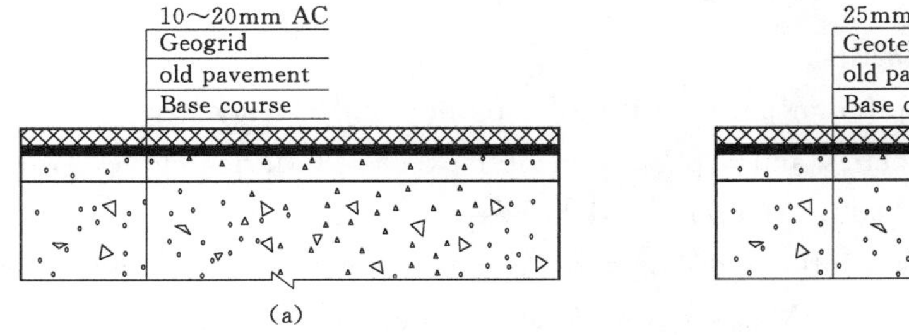

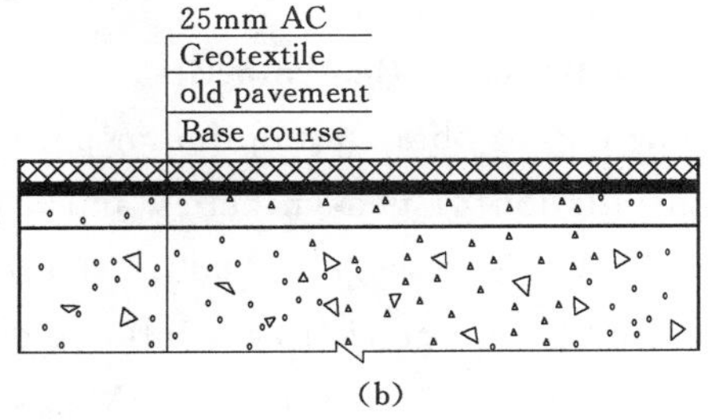

Figure 2 Pavement's cross - section for program Ⅱ

Table 4　　Properties of geotextiles used for program Ⅱ

Geotextiles type	Tensile strength (kN/m)	Elongation ratio (%)	Thickness (mm)	Mass/area (g/m²)	Capacity of absorbing asphalt (l/m²)
Non - woven needle - punched	0.4	50	0.8	135	0.91
Non - woven heat - bonded	6.0	30～70	0.6	150	—

Table 5　　The arrangement for program Ⅱ

Location of pavement section	Chainage	Section number	Geogrid/geo - texitile	Overlay Structure
Xiyang	CH981+450～CH982+000	12	LB2000 Ⅱ	Geogrid+10～20mm AM[a]
Heshun	CH1021+400～CH1021+700	13	LB2000 Ⅱ	Geogrid+10～20mm AM
Yushe	CH82+650～CH83+000	14	LB2000 Ⅱ	Geogrid+10～20mm AM
Xiyang	CH972+665～CH972+695	15	Tensar AR - G	Tensar AR - G+25 AC[b]
	CH972+600～CH972+655	16	Nov - woven, needle - punched	Geotextile+25 AC
	CH972+698～CH972+700	17	Heat - bonded	Geotextile+25 AC

a　AM=Asphalt macadam.

b　AC=Asphalt concrete.

5　CONSTRUCTIONS

5.1　Surface Preparation

The commencement of construction for the experimental pavement sections selected for program Ⅰ and program Ⅱ occurred in September 2001 and in August 2001, respectively.

As far as the pavement sections of program Ⅰ, the old asphalt macadam layer was removed before all others, and the surfaces of old base courses were compacted and leveled. Then all accumulations of dust, debris, water, and other foreign matters were swept off, and the surfaces of old base courses were coated by emulsified asphalt. For the pavement sections of program Ⅱ, before cleaning pavement surface, the areas exhibiting significant cracks and potholes received preliminary repairs.

5.2　Installation of Geosynthetics

The key to obtaining optimum performance of a reinforcing interlayer system is correct installation of geosynthetics and asphalt cement tack coat (Marienfeld & Guram, 1999; Carver & Sprague, 2000; Maurer & Malasheskie, 1989). Winkling of geosynthetics and poor tack coat application were the most commonly encountered problems with placing geosynthetics (Maurer & Malasheskie, 1989). Therefore, during construction, the following three critical aspects were seriously conducted:

1. The tack coat was applied at the proper rate and uniformly spread for complete

coverage. The typical tack coat application rate was 0.8～1.21/m^2. The roughness of the surface, the porosity of the road received slight modification of this application rate in accordance with the experiences of construction crew.

2. Geosynthetics laydown must be smooth, with minimal wrinkling. The laydown operation proceeded in the direction of wheel travel. Stiff bristle brooms were employed to make geosynthetics bond old pavement surface by hand.

Geogrid was demanded to extended a additional length in accordance with 1.0%～1.5% of the original length of geogrid. Namely, one end of geogrid was fixed in place at the beginning point and unrolled, and then jigs were used to hold the other end and extend the geogrid to the demanded length, and also geogrid was fixed with nails at intervals of 1～2m.

3. For geogrid, transverse paving joint between successive rolls of geogrid was overlapped 300～400mm, and longitudinal paving joint was overlapped about 100mm, and for geotextile, at joints, overlapped the geolcxlile by 250～750mm. Apply additional tack coat or emulsion uniformly along the overlap seam.

5.3 Placement of the Asphalt Concrete Overlay

The placement of the asphalt concrete overlay closely followed geosynthetic installation to avoid potential damage by traffic. The velocity of vehicles was limited not to exceed 5km/h, and sharp turning and braking were inhibited. In order to prevent lay down rig from slipping or damage geosynthetic, hot asphalt mixture was broadcasted over the geosynthetic before the traffic. Meanwhile, the potential for laydown rig to pick up geosynthetics was restricted. The maximum temperature of asphalt mixture was limited not to exceed 165℃.

6 RERULTS AND DISICUSSION

6.1 Deflection

The first survey was performed after construction, i.e., in October 2001 for program Ⅰ, and in August 2001 for program Ⅱ, and a follow-up survey was performed in April 2002 during a scheduled annual pavement condition survey.

For program Ⅰ, separating each pavement section into two components, left side passing through vehicles fully loaded with coal and right side passing through vehicles lightly loaded.

The deflections of the reinforced pavement section with geogrid in the interface between asphalt layer base arid granular base from CH64+860 to CH65+500 in Yuci are shown in Table 6, and that with geogrid in the interface between asphalt layers from CH73+730 to CH73+860 in Yuci are shown in Table 7.

Table 6　　Average deflection from CH64+860 to CH65+500 in Yuci

Section number	Geogrid - reinforced	Left - side (0.01mm)				Right - side (0.01mm)			
		October 2001		April 2002		October 2001		April 2002	
		Average	Standard deviation	Average	Standard deviation	Average	Standard deviation	Average	Standard deviation
1	—[a]	5.6	2.3	5.4	1.4	5.8	1.3	4.0	1.7
2	LB2000 Ⅱ	9.8	5.5	5.1	1.2	6.6	3.1	4.5	1.3
3	—	5.8	1.5	11.6	10.4	7.4	3.2	8.3	2.7
4	Tensar AR1	11	8.2	22.3	3.5	6	2.6	11.7	2.1
5	—	7.8	4.0	7.2	2.8	6.1	3.0	9.1	3.8
6	GGA2021	9	3.3	13.1	1.6	6.2	2.4	11	6.6
7	—	8.4	2.6	9.7	2.3	6.6	3.8	8.2	2.7
8	TGG - 8080	9.1	4.2	7.9	1.0	10	3.8	4.2	1.9
9	—	6.7	3.7	14.3	5.8	7.8	2.4		

a　Nonreinforcement.

Table 7　　Average deflection from CH73+730 to CH73+860 in Yuci

Chainage	Section number	Geogrid - reinforced	Deflection (0.01mm)			
			October 2001		April 2002	
			Average	Standard deviation	Average	Standard deviation
CH73+730～CH73+810	11	—[a]	6.6	2.6	33.7	2.4
CH73+810～CH73+860	10	LB2000 Ⅱ	4.9	2.5	12	Ⅱ[b]

a　Nonreinforcement.

b　Only one deflection point was surveyed from CH73+810 to CH73+860.

It can be seen from Table 6 that the difference of the deflections between reinforced and nonreinforced pavement sections did not display after just opening for traffic in October 2001. But the survey results in April 2002 indicated that tile deflections of pavement sections reinforced with LB200 Ⅱ and TGG - 8080 fiberglass grid were smaller than that of nonreinforced sections. But the variation of deflection of pavement sections reinforced with Tensar AR1 plastic grid and GGA2001 fiberglass grid demonstrated an opposite situation, and even the deflections of the pavement sections were larger than that of the adjacent nonreinforced pavement sections (Section number is respectively 3, 5 and 7). Actually, GGA2001 grid has similar property to LB2000 Ⅱ grid, and were used for an equal pavement structure and also in the same reinforcement position, the difference performance between them may be caused by the different in subgrade strength caused by freeze/thaw cycling.

In addition, Table 6 indicates that the efficiency of reinforced pavement section with Tensar AR1 plastic grid was the poorest, and also it was seen in the field that pavement distress such as squirting slurry and alligator - cracks occurred in the left side of this pavement section. The reasons lie in the following aspects: (1) High elongation ratio and low strength of Tensar AR1 plastic grid. (2) Sometimes Tensar AR1 plastic grid was easily picked up by the rig of paving machine during construction.

The results from Table 7 seem to indicate that heightening the position of reinforcement geogrid in asphalt surface layer is beneficial to reduce deflection of pavement. But an additional pavement condition survey showed, with the time pass by, slippage and coming loose of the pavement surface occurred in the partial areas, and even reinforcement geogrid was exposed, which was caused for too thin asphalt surface layer (see Figure 1) .

For program Ⅱ, data in Tables 8 and 9 indicate the performance of asphalt overlay reinforcement is not well, which is strongly related to the pavement's preconstruction conditions and the overlay thickness. The pavement sections selected for asphalt overlay reinforcement tests have various preconstruction pavement deficiencies such as pothole, shoving and alligator crack, and the repairs of these deficiencies wasn't conducted completely, therefore, geosynthetics did not exhibit their reinforcement effectiveness. On the other hand, the overlay thickness of these experimental pavement sections was not more than 25mm (refer to Figure 2 and Table 5); the thin overlay thickness was unable to increase pavement's integral strength.

Table 8　Average deflection of asphalt overlay reinforcement in Xiyang and Heshun

Location of pavement section	Section number	Geogrid - reinforced	Deflection (0.01mm)			
			August 2001		April 2002	
			Average	Standard deviation	Average	Standard deviation
Xiyang	12	LB2000Ⅱ	50.4	19.9	56.4	19.9
Heshun	13	LB2000Ⅱ	53.1	2.2	6.4	29.6

Table 9　Average deflection of asphalt overlay reinforcement in Yushe

Location of pavement section	Section number	Geogrid - reinforced	Deflection (0.01mm)			
			August 2001		April 2002	
			Average	Standard deviation	Average	Standard deviation
Yushe	14	LB2000Ⅱ	113.4	25.3	170.65	56.4

6.2 Crack

After construction, the follow - up crack survey from October 2001 to April 2002 indicates the surfaces of all reinforced pavement sections selected for program Ⅰ were generally level, and also there were not apparent cracks. After April 2002, in the partial areas of the pavement section (from CH65+000 to CH65+033) reinforced with Tensar AR1 grid, pavement distress such as alligator - cracked and squirting slurry occurred, and even asphalt mixture became loose in the pavement section (from CH73+810 to CH73+860) reinforced with LB2000 Ⅱ grid. The occurrences of distress of the pavement sections resulted from much the same as reasons causing their excessive deflection discussed in the former section.

The primary type of cracks observed in the pavement sections selected for program Ⅰ were transverse cracks (2 ~ 6mm wide) caused by base course thermal contraction crack. However, the number of crack in reinforced pavement sections was less than the nonreinforced pavement sections. So it seems a conclusion can be drawn that reinforced pavement structure can reduce crack to some extent, but it is unrealistic to count to use geosynthetic - reinforced to eliminate crack.

Figure 3 and Figure 4 show the variation of reflective crack of asphalt overlay with temperature in the pavement sections selected for program Ⅱ.

During several months after construction (from October 2001 to March 2002), reflective crack didn't occur. But with the drop in temperature, reflective cracks appeared and progressively developed. And then, with the temperature going up, number and width of reflective crack tended to decrease gradually. This indicates the influence of temperature changes on reflective crack. Meanwhile, it illustrates that asphalt overlay reinforcement can't perform satisfying effectiveness to prevent reflective crack from changes in temperature.

The experimental pavement section from CH82+600 to CH83+000 in Yushe initially had the highest level of distress, and crack ratio amounted to 58.6% (refer to Table 1), the initial average deflection of pavement was 1.52mm in September 2001. One month after construction of the new overlay, many of distinct cracks were observed, and in October 2001, the pavement exhibited a cracking pattern similar to which originally existed in the old pavement. Up to April 2002, the cracking completely propagated into and through the new overlay, and the reinforcing geogrids were also exposed in partial areas and even were broken at the locations of cracking (see Fig. 5).

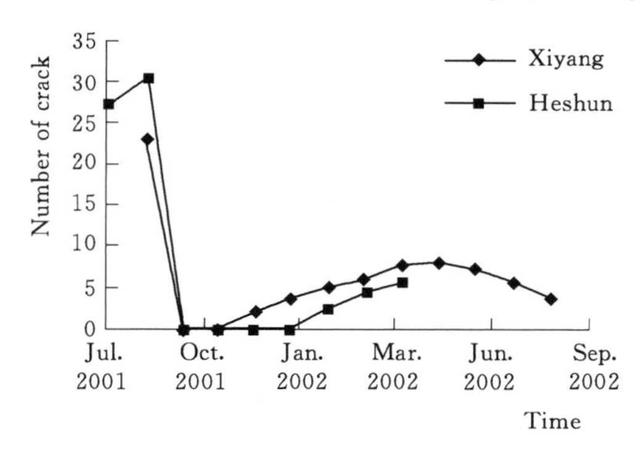

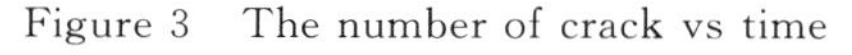
Figure 3　The number of crack vs time

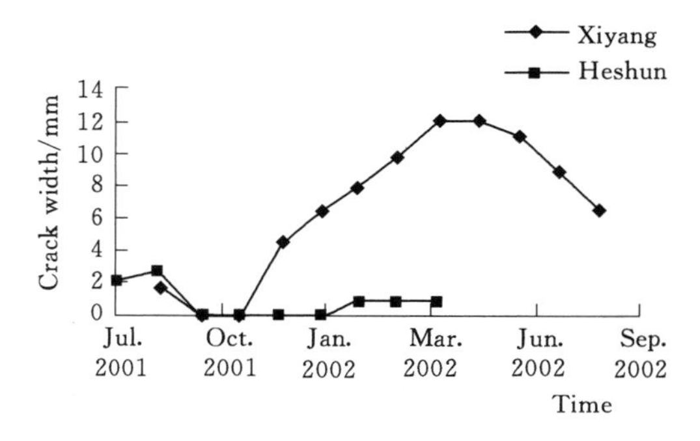

Figure 4　The crack width vs time

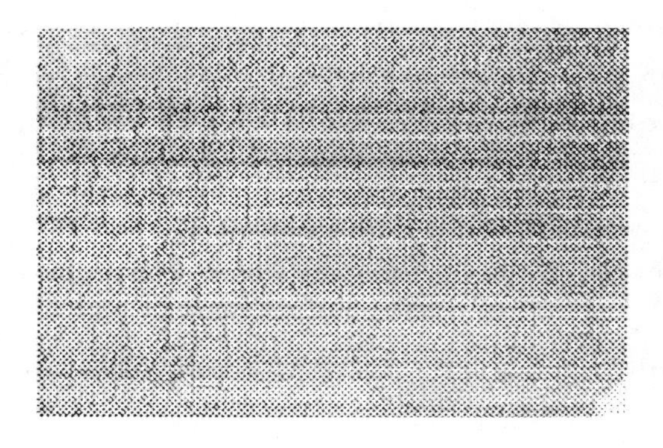

Figure 5 The cracking situation in the reinforced pavement section with LB2000 Ⅱ

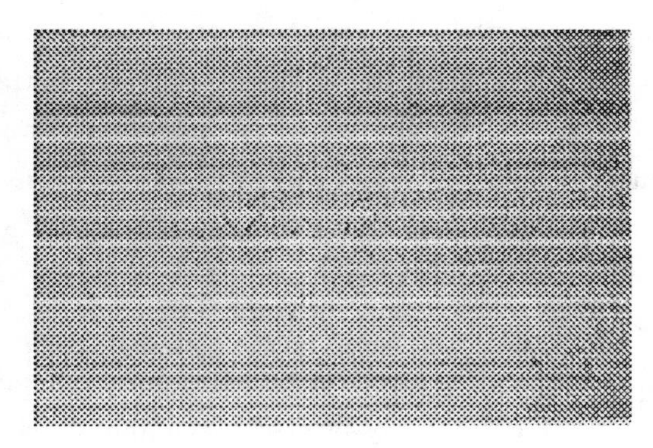

Fig 6 Crack pattern just like grid in the reinforced pavement section with Tensar AR－G

The reasons leading to this experimental pavement section reinforced with LB2000 Ⅱ grid deterioration after only a few months are the following four aspects:

(1) Serious cracking situation of old pavement.

(2) Ageing and insufficient strength of old pavement.

(3) Inadequate thickness of new overlay. The new overlay thickness was only 10～20mm.

(4) Omitting preliminary treatment to old pavement distress completely. For example, the initial cracks were not filled except for significant cracks and potholes before construction.

Two types of geotextile (non－woven needle－punched and heat－bonded) and a type of geocomposite (Tensar AR－G) were employed to reinforce the asphalt overlay section from CH 972＋600 to CH 972＋700 in Xiyang (refer to Table 5) . But the occurrence of reflection cracking took place within a month after overlay construction. Up to March 2002, the efficiency of reinforced pavement sections was inferior to the nonreinforced pavement sections, and in the partial areas there was similar distress feature to grid pattern (see Figure 6) .

The reasons for the poor efficiency of asphalt overlay reinforced with geoiextiles and geocomposiles primarily lie in inadequate overlay thickness (≤25mm) and relatively high elongation ratio of the geolextiles. Geotextile interlayer reduces the bond strength between layers, under repeated traffic loading, overlay easily slip and shove along geotextile interlayer.

7 CONCLUSIONS

Based on the field test results and above analysis, the following conclusions can be drawn:

1. The efficiency of reinforced asphalt pavement with geogrid for improving stiffness

and strength of pavement structure is influenced by a variety of contributing factors. Fiberglass grid provides relatively better performance of pavement than plastic grid because of its higher stiffness and strength as well as lower elongation ratio. Besides, the high elongation ratio of plastic grid is inconvenient for reinforcing asphalt pavement.

2. The test results indicate paving geogrid on the top of base course decreases crack and improves pavement performance. But it is unrealizable to eliminate thermal contraction crack of base course.

3. Geotextiles decrease the bond strength between layers, and the geotextiles with high enlogation may lead slippage and shoving of pavement surface on the occasion of thin thickness of overlay.

4. The location of reinforcement material should be seriously taken into account. It appears to provide better efficiency to pave geosynthetics between base course and asphalt surface layer than within the asphalt surface layer, because the latter probably lends to decrease the bond strength between asphalt layers, and occur slipping crack under repeated traffic loading.

5. Although reinforced asphalt surface layer with geotextiles or geogrids in site didn't realize the predeterminated ideal efficiency of improving pavement performance completely, but in general, geogrids and geocomposites are superior to geotextiles.

6. The old pavement should be filled or milled at locations where there are cracks and potholes. Special attention should be paid to areas that show structural or subgrade distress. In distressed areas the pavement should be replaced or stabilized before geosynthetic installation.

7. Base course stiffness affects the efficiency of reinforced asphalt pavement. GGA2021 grid and LB2000 Ⅱ grid have similar properties, but two types of geogrids performed different influences upon the pavement performance since the different subbase stiffness caused by freeze/thaw influence. Moreover, pavement distress, such as squirting slurry, cracking, occurred in the pavement section reinforced with Tensar AR1 grid for the same reason. Therefore, keeping the stability of base course is an essential condition for geogrids performing predetermined functions.

8. The treatment of too thin asphalt surface layer or asphalt overlay with geosynthetics is inefficient to prevent reflection cracking and reduce pavement deflection. At most, this treatment is only regarded as a pavement maintenance measure. Therefore, an adequate thickness of asphalt surface layer or asphalt overlay should be designed based on the anticipate traffic.

REFERENCES

Carver, C. A. and Sprague, C. J., "Asphalt Overlay Reinforcement", *Geotechnical Fabrics Report*, Vol. 18,

No. 2, pp. 30 - 33 (2000).

GFR, "Overlay Stress Absorption and Reinforcement", *Geotechnical Fabrics Report*, Vol. 21, No. 3, pp. 8 - 10 (2003).

Gurung, N., "A laboratory Study on the Tensile Response of Unbound Granular Base Road Pavement Model Using Geosynthetics", *Geotextiles and Geomembrances*, Vol. 21, No. 1, pp. 59 - 68 (2003).

Lytton, R. L., "Use of Geotextiles for Reinforcement and Strain Relief in Asphalt Concrete", *Geotextiles and Geomembrances*, Vol. 8, No. 3, pp. 217 - 237 (1989).

Maricnfeld, M. L. and Guram, S. K., "Overview of Field Installation for Paving Fabric in North America", *Geotextiles and Geomembrances*, Vol. 17, No. 2, pp. 105 - 120 (1999).

Maurer, D. A and Malasheskie, G. J., "Field Performance of Fabrics and Fibers to Retard Reflective Cracking", *Geotextiles and Geomembrances*, Vol. 8, No. 3, pp. 239 - 267 (1989).

土工合成材料在沥青路面的应用及其设计

王协群[1]　安骏勇[2]　王　钊[3,4]

（1. 武汉理工大学土木工程与建筑学院，湖北武汉　430070；
2. 中国科学院武汉岩土力学研究所，湖北武汉　430071；
3. 武汉大学土木建筑工工程学院，湖北武汉　430072；
4. 清华大学土木水利学院，北京　100084）

摘　要： 随着交通量和轴载的增加，对路面使用性能的要求越来越高，这也促进了路用土工合成材料产品的不断发展。国内外对土工合成材料应用于沥青路面进行了大量的室内与现场试验及理论分析工作。结果表明，土工合成材料能有效防止各种病害，改善路面的使用性能。对目前土工合成材料在沥青路面结构应用的几种设计方法进行了分析和评价，并根据美国地沥青协会（AI）所提出沥青路面罩面的设计程序，介绍了土工合成材料用于沥青罩面加筋，以减薄罩面厚度的设计方法。

关键词： 土工合成材料；路面性能；沥青罩面；设计

中国分类号： TU 416.212　**文献标识码：** A　**文章编号：** 1000－7598－（2004）07－1093－06

Application of Geosynthetics to Asphalt Pavement and Its Design

WANG Xie－qun[1]　AN Jun－yong[2]　WANG Zhao[3,4]

（1. School of Civil and Architectural Engineering，Wuhan University of technology，Wuhan 430072，China；
2. Institute of Rock and Soil Mechanics，Chinese Academy of Sciences，Wuhan 430071，China；
3. School of Civil and Architectural Engineering，Wuhan University，Wuhan 430072，China；
4. School of Civil and Hydraulic Engineering，Tsinghua University，Beijing 100084，China）

Abstract： With the growth of traffic volume and axial load，the requirements for pavement performances are higher day by day，thus many types of geosynthetics products used for road have been developed. The laboratory and field test achievements and the theoretically analytical investigations on improving performance of geosynthetic－reinforced

---

本文发表于2004年7月第25卷第7期《岩土力学》。
本文为基金项目“土工合成材料在防汛抢险和堤防建设中的开发应用”之子项目“国外土工合成材料应用调研”（编号00437201000081）。

asphalt pavement are evaluated. Those design methods of geosynthetics - reinforce asphalt pavement are analyzed. Furthermore, in accordance with the design procedure for asphalt overlay proposed by the Asphalt Institute in the United States of America, a design method for asphalt overlay with geosythentics interlayer on cracked pavement is introduced.

Key words: geosythetics; pavement performance; asphalt overlay; design

1 引言

沥青面层的质量直接关系到路面结构的使用性能和道路的社会服务形象，而它的造价又占了工程投资很大的比例。因此，如何既能提高沥青路面的使用性能、防止各种病害，又能降低建设与维护费用，一直是道路工程界和学术界十分关心的课题。自从20世纪70年代美国首次使用聚丙烯（PP）针刺无纺织物解决沥青路面的开裂问题以后，随着土工格栅、土工格网和复合型产品的相继问世，土工合成材料系列产品在软基处理、加筋土支挡结构、各种路面结构和道路排水等工程中都得到了相当广泛的应用。目前，用土工合成材料改善路面性能已被实践证明是一种可靠的方法。英国S.F.Brown教授介绍北美、欧洲和远东对Tensar格栅的使用效果时认为，可减少车辙50%，可防止反射裂缝，可减少沥青面层厚度36%。国外应用表明，考虑到最终使用寿命内的养护、修补等花费，加筋路面可以节约12%～16%的资金[1,2]。不过，土工合成材料使用的效果受现有路面结构强度、损坏和修补情况、加铺沥青层厚度、气候条件、土工合成材料的种类、施工工艺等因素影响，不正确施工和使用会影响沥青路面的性能，诱发其它类型的破坏（如泛油、面层材料剥落、推移等），导致使用的失败[3]。

2 土工合成材料路面应用的研究

2.1 路面用土工合成材料的发展

目前，路面工程中应用的土工合成材料产品种类繁多，根据这些材料的特点可分为土工织物和土工格栅两大类。

最早在20世纪80年代，应用于路面的土工合成材料是Tansar AR1塑料格栅。为防止热沥青对塑料的破坏，发展了玻纤格栅，还有美国新赛提克公司的针刺无纺织物Pave DR381和德国科德宝公司的热粘无纺织物Lutradur。鉴于无纺织物在沥青路面中良好的隔离和防水效果，以及采用施工措施避免塑料的熔化，Tansar公司又推出塑料格栅和织物的复合产品Tansar AR-G。以上土工合成材料一般布置在面层和基层之间。另有一些纤维材料如GoodRoad Ⅱ、Bonifiber和Dolanit用于沥青混凝土面层内加筋。这三种材料多次介绍于近年的《公路》和《中国公路学报》期刊中，并附有大量在我国成功应用的实例。

2.2 土工合成材料在路面结构中应用的研究内容

土工合成材料在路面结构中应用的研究，从国外应用情况看，主要集中在以下几个方面：

（1）土工合成利料特性研究，包括与特性相应的试验方法的研究；

（2）土工合成材料与路基土或路面结构层相互作用特性的研究；

（3）用土工合成材料的分析、计算方法、施工工艺要求；

（4）应用土工合成材料后，结构的整体特性和使用效果的研究。

相对于其它比较成熟的应用领域，尽管土工合成材料在路面工程中应用的文献不少，但总体上是不太成熟的，仍然处于研究阶段。针对相互作用机理、设计计算方法等内容的研究，近期新的发展不大，但有关规范、指南的制定与修订仍在继续。不过定性认识都较一致，认为土工合成材料在路面结构层中通过发挥综合作用改善道路的使用性能，包括：隔离不同粒径材料，维持结构层厚度；通过摩阻和嵌锁作用增强结构层刚度，减少车辙和不均匀沉降；承担剪应力，扩大竖向应力分布范围，减薄面层或基层厚度；吸收裂缝尖端应力集中，延缓反射裂缝发展；防水和保温作用等[4~8]。

2.3　国外对土工合成材料在路面结构中应用的研究

1982年，英国首次将10000m^{2}土工格栅用于已裂缝的旧水泥混凝土路面的沥青罩面加筋，以控制反射裂缝。

1985年Browd[9,10]等报道了英国诺丁汉（Nottingham）大学用Tansar AR1塑料格栅加筋沥青路面的研究成果。试验结果表明，加筋可以减少车辙达70%，可以延缓反射裂缝的扩散，甚至在有的试样上完全消除了裂缝的扩散。随着荷载循环作用次数的增加，未加筋路面的刚度迅速降低，疲劳裂缝也从沥青面层底发展；而加筋路面不同，一旦沥青产生裂缝，格栅便开始承担拉应力，在相当长的时间里保持了初始刚度没有变化。

Austin[4]等研究了加筋对沥青路面性能的改善。试验进行加筋与不加筋的对比研究，其中加筋材料分别采用Tansar AR1塑料格栅及其与土工织物的复合产品Tansar AR－G两种。试验对比了加筋（分为在沥青面层底部和在沥青面层中间）和不加筋时，路面变形、车辙深度和地基应力的不同。结果表明（见图1，2，3），将复合加筋材料Tansar AR－G置于面层与基层之间效果最好。他们还进行了加筋对延缓反射裂缝效果的室内对比试验。不加筋条件下，轮载循环作用3300次反射裂缝就贯穿了沥青面板，而用Tansar AR1土工格栅加筋，这一数值增大到13000次，用Tansar AR－G复合产品时，达到了25000次。可见加筋对延缓反射裂缝的发展有非常好的效果，而又以复合产品的效果为最好。

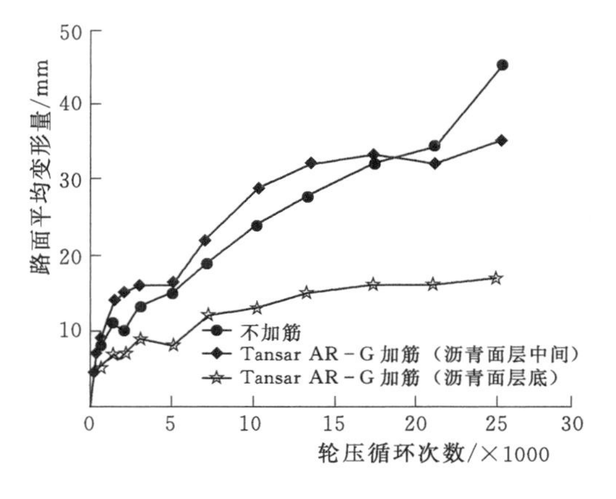

图1　荷载作用次数与路面平均变形关系图

Fig. 1　Average surface deformation vs number of loading

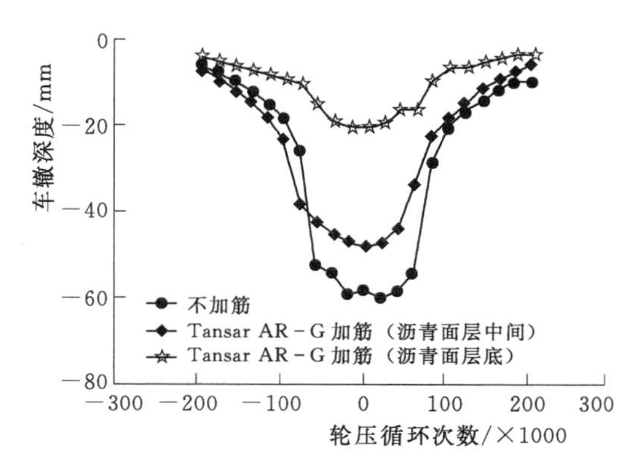

图2　25000次循环后车辙剖面

Fig. 2　Rut profiles after 25000 wheel passes

2000 年 Huntington[1]等报道了采用和不用 Tansar BX1100 型格栅在沥青面层和集料基层间加筋的现场对比试验，目的是研究采用格栅加筋减薄基层厚度的效果。对比指标包括路面弯沉（落锤式弯沉仪 FWD 测定）、车辙、路面和路基模量等。不用格栅加筋的试验路段集料基层厚度为 430mm，采用了格栅加筋的试验路段集料基层厚度为 280mm。道路竣工后当年二者均无任何车辙，投入营运 3 年后的试验结果表明，两者的车辙深度几乎一样，而采用格栅加筋的路面弯沉与不加筋的路面弯沉相近或只略有降低。其结论是不加筋的 430mm 厚集料基层可以用 280mm 厚的加筋集料基层代替，大大减薄了基层厚度。

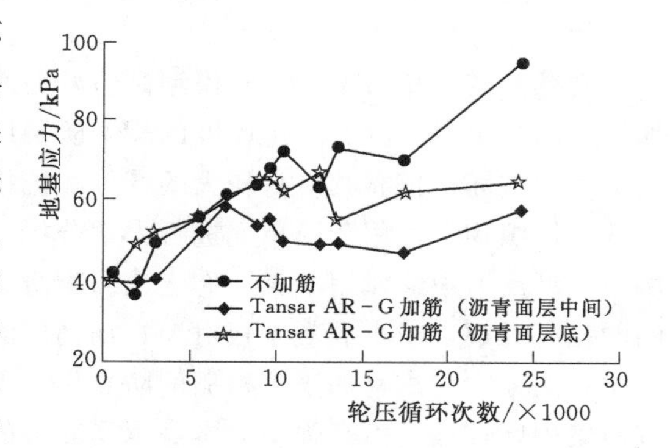

图 3　地基应力随循环作用次数的变化

Fig. 3　Subgrade stress vs number of wheel passes

Labuz[11]等进行了未铺砌路面加筋与不加筋的室内模型试验。加筋材料分为无纺土工织物和带浅窄槽痕的土工膜两种（见图 4）。

试验结果表明，采用土工织物加筋增大了土基与集料基层之间的界面摩擦。通过车辙试验显示，用无纺土工织物加筋的集料基层（厚 100mm）与用带浅窄槽痕的土工膜加筋的集料基层（厚 150mm）和不加筋的集料基层（厚 200mm）的车辙深度是相当的（见图 5）。在上述相同条件下，加筋系统的承载能力系数 N_{cr} 是不加筋系统承载能力系数 N_{cRr} 的 1.6～2.0 倍（承载能力系数 N_c 是车辙深度为 40mm 时，所施加的最大循环应力与土基最终不排水抗剪强度 C_u 之比）。

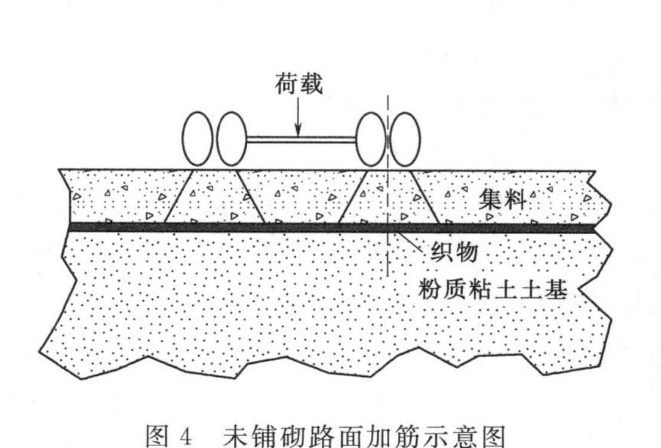

图 4　未铺砌路面加筋示意图

Fig. 4　Reinforced unpaved road diagram

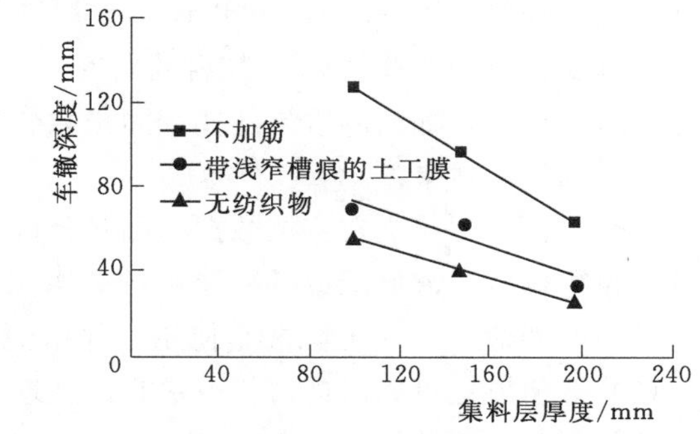

图 5　车辙深度与集料厚度对应图

Fig. 5　Equivalency charts after 10000 cycles

2.4　土工合成材料用于 PCC－AC 结构中防治反射裂缝的研究

旧水泥混凝土路面（PCC）加铺沥青面层（AC）即沥青罩面层的主要问题是沥青加铺层中容易出现反射裂缝，因此，控制与防止反射裂缝是设计的关键。

关于土工合成材料防治反射裂缝的机理，定性研究的较多，目前，还没有建立起普遍接受的理论分析方法。

文献［12］从力学计算和模型试验两方面分析了土工织物的防裂机理。力学分析得到如下结论：①对于具有一定厚度的柔性防裂层，在车辆荷载作用下，能够产生较大的变形而不发生破坏，依靠其自身较大的变形和抗拉强度来抑制反射裂缝的发生。②对于厚度很小的柔性织物，使用薄膜单元进行力学分析，结果表明，此类防裂层对防止车辆荷载引起的剪切型反射裂缝作用不大。③土工织物防裂层的设置，一般能够降低沥青层与混凝土板间的相互约束，减小混凝土板对沥青加铺层的附加温度应力，从而延缓温度型反射裂缝的发生；高强土工织物如土工格栅的防裂作用主要是其隔离功能，它避免了沥青层直接处于应力集中区域，而由高强织物本身承受较大的拉应力。

胡长顺[12]等还通过使用大型疲劳设备，分别模拟车辆荷载和温度荷载疲劳作用。结果表明：在层间设土工布防裂层，对抑制温度型反射裂缝有较好的效果，而对于车辆荷载引起的剪切型反射裂缝，土工织物的作用主要是延缓裂缝的发展，阻碍新裂缝的产生，阻碍原有裂缝的扩张，但并不能防止反射裂缝的产生。土工织物的最佳层位为混凝土板与沥青加铺层的层间。

3 土工合成材料沥青路面应用的设计

土工合成材料在沥青路面应用的设计分为面层设计和罩面设计两方面。

3.1 面层设计

对于面层设计主要有力学、经验和数值三种方法：

(1) 力学方法将土工合成材料视为张力膜，是应用最广泛的力学模型。Giroud 和 Noiray[13]最先将土工织物看作张薄膜，认为土工织物可以扩大荷载分布范围，阻止土基局部剪切破坏。Madhav 在只有竖向相对位移没有转角的 Pasternak 剪切模型中引入粗糙单元来考虑加筋。进一步对 Madhav 的模型进行修改，在薄膜理论的基础上还可以考虑路基土与基层材料的非线性[14]、粒料基层的可压缩性[15]、加筋的侧限作用[14,16]。采用薄膜理论进行分析时，加筋的效果随曲率和张力变化，这两个因数都与车辙有关，小车辙时则体现不出加筋的效果。

(2) 经验方法建立在实测数据的回归分析基础上。经验方法不但可以按延寿命要求来设计，也可以按减薄面层或基层厚度的要求来设计[11]。有的经验方法还可以预测加筋路面的车辙和寿命[17,18]。但除非是使用条件相似，经验方法往往存在使用适应性问题。

(3) 数值方法可以考虑解析方法难以处理的弹塑性加筋模型，且可以采用界面单元考虑加筋材料与路面结构层相互作用的界面特性[19,20]。但数值方法计算复杂且需时长，影响应用。

3.2 罩面设计

土工合成材料罩面层作为防治反射裂缝的技术措施，其应用远比理论丰富，目前还没有合适的理论和广泛的工程实践定量说明加铺土工合成材料后的作用。因此，设计以经验的方法居多。

罩面设计思想有两类[21]。一类是以 Barksdele 为代表，认为使用土工合成材料并不减少罩面厚度，罩面设计按 AASHTO（美国州公路及运输管理员工协会）设计方法进行，即与未铺土工合成材料时相同，但在设计方法中采用排水系数考虑排水作用。鉴于我国在这方面的研究还不深入，《公路土工合成材料应用技术规范》（JTJ/T 019—98）[22]也对此进行了借鉴，即“规定路面结构及厚度的设计仍与未铺土工合成材料时相同”。另一类是以美国地沥青协会 AI（The Asphalt Institute）为代表，认为使用土工合成材料可以减少沥青罩面厚度。AI 认为，土工织物尤其是无纺织物能充分吸收乳化沥青，所以防水是主要功能，但是试验表明，土工织物的模量越高寿命越长，因此认为，加筋与防水作用的界线并不明显。由此 AI 发展了下述基于防水和加筋的两种减薄沥青罩面层厚度的设计方法。

3.2.1 基于土工织物加筋的罩面设计[23]

基于加筋的罩面设计的关键是根据试验或经验确定土工织物防止沥青罩面反射裂缝的有效性参数 FEF：

$$FEF=N_r/N_n \tag{1}$$

式中 FEF 为土工织物有效性参数；N_r 为土工织物加筋情况下，引起破坏所需的荷载重复次数；N_n 为不加筋情况下，引起破坏所需的荷载重复次数。

室内试验结果表明，用不同土工织物加筋试验所得出的 FEF 值差别很大，范围从 2.1～15.9。由试验得出 FEF 后，就可以对罩面设计方法进行修正，以适应于加筋的情况。加筋时设计交通量如下：

$$DTN_r=DTN_n/FEF \tag{2}$$

式中 DTN_n 为不加筋时的设计交通量，等于所确定的道路最初交通量 ITN 乘以一个设计期内调整系数；DTN_r 为加筋条件下的设计交通量。当 DTN_n 和 FEF 确定后，便可由式（2）确定 DTN_r。

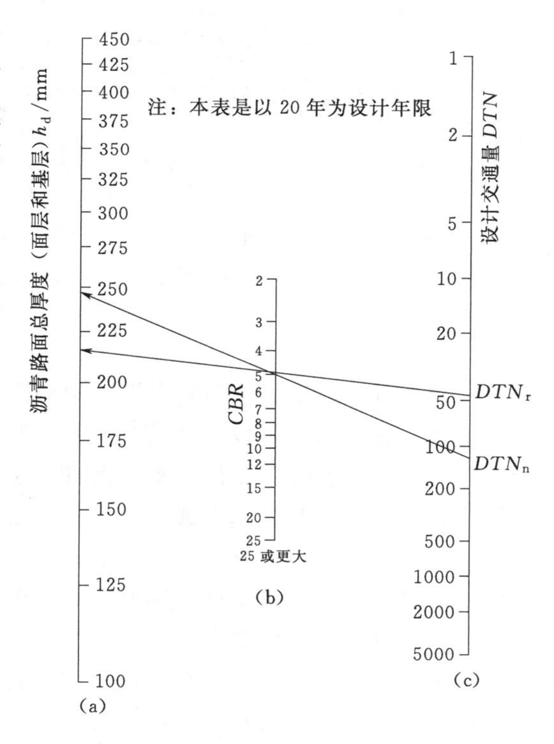

图 6 利用路基 CBR 设计沥青面层厚度图

Fig. 6 Thickness requirements for asphalt pavement structures using unsoaked subgrade soil CBR

对于旧沥青路面的罩面设计，根据设计所要求的路基加筋承载比 CBR 值、不加筋条件下的设计交通量 DTN_n 与加筋条件下设计交通量 DNT_r，利用图 6[23]，便可得到不加筋条件下的路面总厚度（即面层和基层厚度之和）h_{An}和加筋条件下的路面总厚度 h_{Ar}。图 6 中箭头线示意了查图方法。然后，将现有逆路面层和基层的厚度折算为等效厚度 h_e，则不加筋和加筋时所需要的罩面厚度分别为 $h_{An}-h_e$ 和 $h_{Ar}-h_e$，而因加筋所减薄的罩面层厚度为 $\Delta h=h_{An}-h_{Ar}$。

3.2.2　基于土工织物防水的设计[23]

基于防水的罩面设计的关键是保证良好的排水条件。良好的排水可以大大提高路面的使用寿命[21]。

首先按下式对代表回弹弯沉进行修正：

$$RRD=(\overline{X}+2s)fC \tag{3}$$

式中　RRD 为代表回弹弯沉（mm）；$\overline{X}$为贝克曼梁测定回弹弯沉的算术平均值（mm）；S 为标准差；f 为温度调整；C 为与路基含水量有关的调整参数。使用土工织物的防水效果越好，C 值越小；不使用土工织物时，C 值最大。

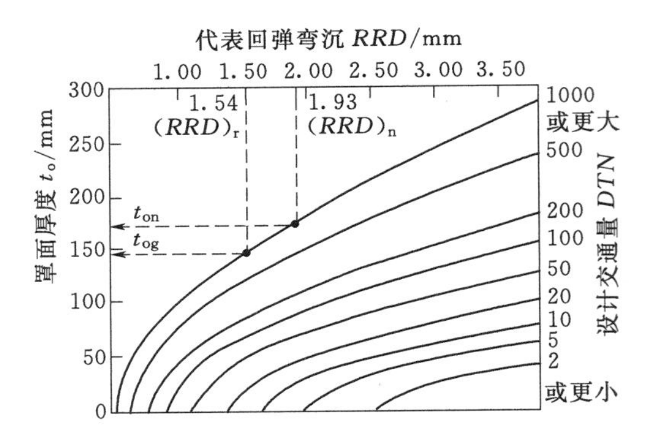

图 7　保证设计弯沉的沥青罩面厚度设计图

Fig. 7　Asphalt concrete overlay thickness required to reduce pavement deflection from a measured to a design deflection value

分别由不加筋的代表回弹弯沉 $(RRD)_n$ 和加筋的代表回弹弯沉 $(RRD)_r$ 及设计交通量 DTN（加筋与不加筋时，DTN 都等于最初交通量 ITN 乘以设计期内调整系数），由图 7[23]便可分别得到不加筋的沥青罩面层厚度 t_{on}和加筋条件下沥青罩面层厚度 t_{og}。图 7 中箭头线示意了查图过程（必要时内插）。则采用加筋减薄的沥青罩面厚度 $\Delta t_o=t_{on}-t_{og}$。

4　结论

（1）国内外对土工合成材料在路面中应用所做的大量试验研究和工程应用，充分表明土工合成材料在路面中可以保证结构层的完整性，增强结构层刚度，减少表面车辙变形，增强沥青混合材料抗疲劳性能，提高沥青面层抵抗反射型缝能力，延长道路使用寿命，并且可以作为加筋材料减少基层或路面结构层的厚度，产生良好的经济效益。

（2）目前，土工合成材料大量用于道路裂缝防治，总体上使用后效果也较好。但相应的理论研究却落后于工程实践，因此，有必要开展土工合成材料在路面工程中应用的基础研究，包括设计计算理论和方法，以及技术规范方面的研究。

（3）对土工合成材料在沥青路面结构中应用的设计方法进行了分析和评价，介绍了土工合成材料用于沥青罩面加筋的设计方法。但目前对土工合成材料防治路面反射加筋裂缝工作机理的认识和所采用的设计理论和方法并不完全成熟，有待于深化和完善。

参考文献

[1]　Huntington G，Ksaibati k. Evaluation of geogrid - reinforced granular base [J]. Geotechnical Fabrics Reports，2000，(Jan/Feb)：20 - 28.

[2]　Tensar Technical Note，BR96. Design guideline for flexible pavements with Tensar geogrid reinforced base layers [R]. Tensar Corporation，April，1996.

[3]　郭忠印，潘正中. 土工织物在路面工程中的应用综述 [J]. 公路，2000，(9)：12 - 18.

[4] Austin R A, Gilchrist A J T. Enhanced performance of asphalt pavements using geocomosite [J]. Geotextiles and Geomembranes, 1996, 14, (March/April), 175-186.

[5] Beuving E. Ven den Elzen M J. M, Hopman P. Selection of geosynthetics and related products for asphalt reinforcement [A]. 5th Int. Conf. On Geotextiles, Geomembranes and Relected Products [C]. Singapore: [s. n.], 1994, 1, 85-90.

[6] Cancelli A. Full scale laboratory testing on geosynthelics reinforced paved roads [A]. Proceedings of the international symposium on earth reinforcement [C]. Japan: [s. n], 1996, 1, 573-578.

[7] Hass R. Geogrid reinforcement of granular bases in flexible pavement. Transportation research record 1188, 1988, 19-27.

[8] Perkins S W. A synthesis and evaluation of geosynthetic reinforced base course layers in flexible pavement [J]. Geosynthetics International, 1997, 4 (6): 549-604.

[9] Brown S F, Brunton J M, Hughes D A B, Broderick B V. Polymer grid reinforcement of asphalt [A]. Annual Meeting of the Association of Asphalt Paving Technologists [C]. Texas: [s. n.], 1985.

[10] Brown S F, Hughes D A B, Broderick B V. The use of polymer grids for improved asphalt performance [A]. Eurobitume Conference [C]. Netherlands: [s. n], 1985.

[11] Labuz T F, Reardon J B. Geotextlie-reinforced unpaved roads: model tests [J]. Geotechnical Fabrics Reports. 2000, (June/July): 38-43.

[12] 胡长顺，曹东伟，刘悦，等. 土工织物在 PCC-AC 结构中应用的理论与实践 [J]. 公路，2000，(9)：1-9.

[13] Giroud J P, Noiray L. Geotextile-reinforced unpaved road design [J]. Journal of the Geotechnical Engineering Division, American Society of Civil Engineering, 1981, 107.

[14] Ghosh C, Madhav M R. Reinforced granular fill soil system: confinement effect [J]. Geotextiles and Geomembranes, 1994, 13 (11): 727-741.

[15] Shukla S K, Chandra S. A study of settlement compressible granular fill-soft soil system [J]. Geotextile and Geomembranes, 1994, 13 (9): 627-639.

[16] Sellmerijer J B. Design of Geotextile reinforced paved road and parking areas, Geotextiles, Geomembranes and related products [R]. Netherlands: [s. n.], 1990, 1, 177-182.

[17] Wen-Sen Tsai, Holtz R D. Rut prediction for roadway with geosynthetic separators [A]. 6th Int. Conf. on Geosynthetics [C]. Atlanta: [s. n.], 1998, 2, 939-944.

[18] Kokkalis A G. Cost versus reinforced effectiveness of geotextiles in pavement works in Greece [A]. 6th Int. Conf. on Geosynthetics [C]. Atlanta: [s. n.], 1998, 2, 959-962.

[19] Dondi G. Three dimensional finite element analysis of a reinforced paved road [A]. 5th Int. Conf. on Geotextiles Geomembrances and Related Products [C]. Singapore: [s n.], 1994, 1, 95-100.

[20] Burd H J, Bracklehurst C J. Finite element studies of the mechanics of reinforced unpaved roads [R]. Geotextiles Geomembrances and Related Products, Netherlands: [s. n.], 1990, 1, 217-222.

[21] 王钊. 国外土工合成材料的应用研究 [M]. 香港：现代知识出版社，2002，400-404.

[22] JTJ/T 019—98，公路土工合成材料应用技术规范 [S].

[23] Koemer R M. Designing with Geosynthetics [M]. USA: Prentice Hall Inc., 1999, 266-285.

路堤压实的影响因素和压实度要求

王　钊　胡海英　邹维列

（武汉大学土木建筑工程学院，武汉　430072）

摘　要： 探讨了影响土体压实的因素，包括压实能量、含水量、土的颗粒组成以及现场施工条件与方法。这些因素均不同程度地影响着土体的压实质量，并影响到土体压实后的性能。结合前人击实试验的成果和高速公路填方路堤强夯质检的数据，分析在提高压实度要求时所导致的压实能量大幅度增加问题，比较各国标准对压实度的要求，从而得出结论：在压实作业中应根据压实土体的应用要求，确定合适的压实含水量，提出合理的压实度设计指标，以达到合理和经济的目的。

关键词： 土体压实；压实度；含水量；压实能量；压实土体性能

中图分类号： U416.111　**文献标识码：** A　**文章编号：** 0451－0712（2004）08－0091－06

填土被广泛用于路堤、堤坝、渠道和地基工程，填土的质量指标主要用压实度表示。压实度反映了干密度与含水量和压实能量之间的相互影响。如果填土工程的压实度达不到标准，对路堤而言，将产生过大的工后沉降，并使路床的 CBR 值偏低，在反复荷载作用下，路面结构易开裂。为提高公路建设的质量，目前在不断提高压实度的设计标准，但应考虑到其他因素也会引起大的工后沉降和路面裂缝，例如，路堤压实度过高，使堤坡和堤脚的土易于吸水软化，进一步使路堤产生较大的侧向位移；堤身过重使路堤下的软土产生更大的压缩变形；此外，也不能排除施工管理和检测方面的原因。压实度的高要求可能导致填方单价的上升和工期的延长，并对质量产生负面作用，故有必要探讨压实度的影响因素和合理要求。

压实能量、土的初始干密度、含水量和土的颗粒组成均影响压实土的性能，此外，现场施工中，碾压土层厚度、碾压遍数、压实机械的类型与功能以及地基下承层的强度等因素也影响土体压实。下面针对各种因素进行具体分析，并对各国关于压实度的要求进行比较。

1　压实能量的影响

众所周知，压实能量越大，干密度越大、最优含水量越低。但继续提高干密度要求，须投入更大的能量增长率，因土粒从紧密状态向超密状态过渡须克服更大的阻力。可以通过比较 2 种击实试验的能量来说明问题：1987 年制定水利电力部的土工试验规程时，曾经做了大量比较试验，原“南实处”击实仪的击实能量比标准普氏击实仪的大 43%，只

本文发表于 2004 年 8 月第 8 期《公路》。

本文为国家自然科学基金资助项目成果（50279036）。

能将压实度90%以上的土样提高2%的压实度[1]；1998年Blotz等人收集了22组不同土样（液限 w_l 为17%～70%）的最大干密度、最优含水量和压实能量试验数据，应用最小二乘回归对这些试验数据进行拟合，发现压实能量分别与最大干密度的指数及最优含水量的指数呈线性关系[2]，即：

$$\frac{E}{E_k}=\exp\left(\frac{\gamma_{d\max,E}-\gamma_{d\max,k}}{2.27\lg w_l-0.94}\right) \tag{1}$$

$$\frac{E}{E_k}=\exp\left(\frac{w_{opt,E}-w_{opt,k}}{12.39-12.21\lg w_l}\right) \tag{2}$$

式中：$\gamma_{d\max,k}$、$w_{opt,k}$和E_k为一条已知的压实曲线上的最大干密度（kN/m³）、最优含水量（%）和压实能量（kJ/m³）；w_l 为土的液限（%）；$\gamma_{d\max,E}$、$w_{opt,E}$分别为对应压实能量E(kJ/m³)的最大干密度（kN/m³）和最优含水量（%）。

采用笔者于1999—2000年在运城～三门峡高速公路填方路堤强夯质检中获得的一组重型击实试验数据[3]（见表1），根据式（1）计算出了压实度设计要求从90%起每提高1%所增加的能耗（见表2）。

从表2可见，当路堤填筑的控制压实度从90%提高到92%时，能耗增加43.1%，提高到93%时，能耗增加72.2%。

表1　运城～三门峡高速公路路堤填土性能

土的种类	塑限/%	液限/%	最优含水量/%	最大干密度/(kN/m³)	击实能量/(kJ/m³)
黄土状粉质粘土	17.5	28.7	12.83	18.82	2740

表2　运城～三门峡高速公路路堤填土压实度的提高与压实能耗的关系

压实度/%	90	91	92	93	95	100
控制干密度/(kN/m³)	16.94	17.13	17.31	17.50	17.88	18.82
压实能量/(kJ/m³)	432	519	618	744	1076	2682
压实度提高范围/%	—	90～91	90～92	90～93	93～95	95～100
压实能量增加百分比/%	—	20.1	43.1	72.2	44.6	149.3

1999年运城～三门峡高速公路路堤竣工后，第2年笔者又将强夯用于侯马～运城高速公路路堤填筑，土性资料基本相同。在运城～三门峡高速公路中，主夯和间夯能级为2000kN·m，分别为9击和6击，夯实前每层填土厚度4.6m，夯实后每层厚度为3.0m，要求路堤的压实度≥90%时，计算得夯实单位体积能量为3100kJ/m³，在侯马～运城高速公路中，为提高质量，将路堤的压实度要求提高为93%，主夯和间夯的击数都提高到16击才达到设计压实度要求，计算夯实单位体积土体的能量达到5200kJ/m³。可见，将已处于紧密状态的土体的压实度再提高3%，其所消耗的能量增大了68%（与表2中计算的72.2%相近），强夯击数的急剧增长使施工队无法承担，最终撤离现场。因此在提高压实度要求时，应考虑到能耗增加对施工的影响。

从表2还可看出重型击实试验（2682kJ/m³）代替轻型击实试验（591.6kJ/m³），能量提高了4.53倍，而对应的压实度要求提高了8%左右，即从91%～92%提高到100%，也就是说重型击实试验的压实度91%～92%相当于轻型击实试验的100%。

实际上，英国学者Head早在1980年就提出了填土适当压实的概念（proper compaction of soil）[4]：适当压实的土抗剪强度高，更加稳定；压缩性低，静载作用下沉降小；CBR值高，反复荷载作用下变形小；渗透性低，吸水倾向小，冻结和冻胀可能小。并指出过分压实不仅存在能量浪费问题，而且对于细粒土，压实度过高，使土体易于吸水膨胀，膨胀后强度会下降，压缩性增大更容易破坏、失稳，这对上覆压力小的堤坡和堤脚更敏感。压实能量大也可能会引起颗粒过于破碎和磨损，使土体易于冻融破坏。

2 影响压实度的其他因素

2.1 含水量

含水量对土体压实后遇水变形特性、强度稳定性和贯入阻力等有明显影响。早期研究认为在最佳含水量 w_{op} 干侧压实粘土形成定向排列差的絮凝结构，而在湿侧压实形成定向排列的分散结构。其后用电子显微镜检查发现主要差别表现在微观结构上，在干侧压实的土具有明显的双重结构，被孔隙包分开的团粒结构和团粒内的结构；而湿侧压实形成更均匀的结构。这种差别为水银压入试验所证实，干侧压实土具有双峰型孔隙尺寸的分布，2个孔隙体积的峰值分别对应于团粒内的小孔隙和大团粒间的孔隙包，而在最佳含水量 w_{op} 或其湿侧的压实土孔隙包较小，和团粒内的孔隙很难区分开。

高含水量下压实的土，不排水强度低，在小平均应力作用下湿化引起的膨胀小，在高平均应力作用下湿化引起的湿陷小。可见不同含水量下压实的土更应归于不同的材料[5]。

在实际工程中，压实含水量的确定应参考土体的具体应用。例如，经常浸水的粘土路基宜在略大于最优含水量条件下压实，尽可能避免压实后的土过于遇水膨胀或湿陷。要求压实土体抗压强度很高时，可控制压实含水量稍低于最优含水量。

2.2 土的颗粒组成

土的颗粒组成不同，用作路基填土材料压实时的工程性质就不同，根据细粒成分含量的多少，大致可划分为粗粒土与细粒土。

粗粒土因其高透水性，在土体压实时一般不用考虑超孔隙水压力以及压实后的遇水稳定性问题，因此相对细粒土而言，可适当放宽压实含水量的控制，这对达到压实度要求影响不大。粗粒土比较容易压实，且压实后具有较高的承载力，对冻结作用不敏感，是较理想的填土材料。粒径均匀的粗粒土表面压实困难，但可通过保持足够高的含水量用光轮压路机快速碾压。

细粒土的渗透性低，土体承受荷载一旦变化，就会在土体内发展超孔隙水压力，易造成失稳。细粒土的变形和强度是含水量的函数，尤其是膨胀变形主要取决于粘粒与水的相互作用，压实含水量越低，土体压实后的干密度越大，即单位体积内粘土颗粒含量越多，遇水后土的膨胀变形就越大。这是因为压实粘土的结构是由含水量、干密度和粘粒含量决定的。初始含水量决定颗粒间的孔隙分布，干密度控制孔隙比，粘粒含量影响宏观结构体和大范围库仑力的形成。基质吸力传递稳定力，使得内部颗粒紧密接触。水渗入碾压粘土时，多余的水减弱了毛细水的联系，促使内部颗粒联结力丧失，总体积减小。印度学者用 ASTM 滤纸法在碾压粘土中测试基质吸力时发现[6]，粘粒含量越大，土中基质吸力越大，浸湿越容易塌陷，根据实验结果建议在压实粘性填土时，控制含水量在最佳含水量 w_{op} 的湿侧，压实至稍低于标准普氏击实试验的最大干密度，以减少湿化引起的膨胀和湿陷。

图 1 所示为粉质亚粘土的一组密实度、压实含水量和抗变形能力的试验结果[7]。由图中关系曲线的变化趋势可以看出，当含水量低于最佳值时，随着压实程度的增加，变形模量也增长，表明提高压实度可以增强抗变形能力。但是含水量超过最佳值时，增长曲线存在一峰值，超过一定的压实度后变形模量反而随压实度增加而降低。然而，上述峰值现象，对有些土（例如粘土）表现得不太明显。

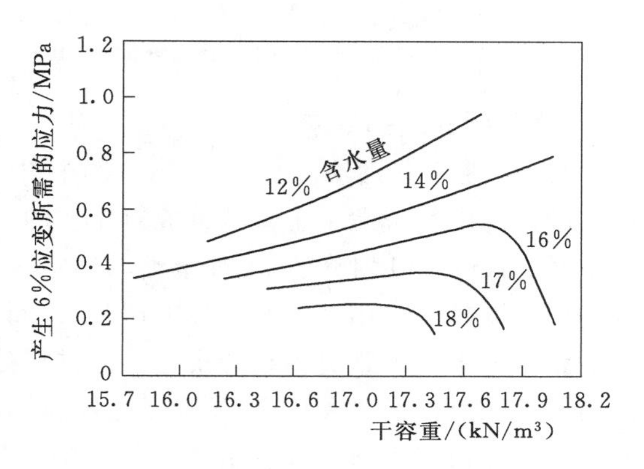

图 1 压实含水量—压实度—抗变形能力关系曲线

除了上述因素，现场碾压时，土层厚度、碾压遍数、压实机械类型与压实方法以及地基下承层的强度等都影响着土体的压实质量。在填土压实前，应对填土层下面的软基进行处理，若地基下承层较软，没有足够的强度，即使压实能量再大，路堤的第 1 层也难于达到较高的压实度，并且填土压实度过高（过重），软基压缩变形增大，也是引起公路路面下沉的原因之一。运城～三门峡高速公路路堤高达 41m，地基为高含水量软土，采用袋装砂井处理，配合路堤强夯，当时只要求下路堤的压实度为 90%，路堤沉降观测 15 个月的数据表明，最大沉降为 110mm，从 2001 年 10 月通车后沉降稳定。

压实土的渗透系数、抗剪强度和压缩性依赖于压实度，但多年来经验表明室内试验和现场压实参数之间不存在什么联系，例如，所有填方工程均要求进行现场碾压试验，使室内试验几乎无用。根本原因在于压实能量的差别，室内采用 2.5～4.5kg 的锤，而现场采用 2～45t 的压实机械[8]。

3 各国击实试验的标准和应用

3.1 击实试验比较

1933 年提出的普氏（Proctor）击实仪，其击实能量相当于当时压实机械的作用，其后，堤坝高度增加，更重压实机械的使用，为更好地模拟现场状况并使压实度不致超过 100%，才出现重型击实试验。普氏标准试验程序在 ASTM 试验规程 D－698（ASTM，1982）和 AASHTO 试验规程 T－99（AASHTO，1982）中有详细地阐述。修正后的普氏试验操作可参见 ASTM 试验规程 D－1557 和 AASHTO 试验规程 T－180。我国轻型、重型击实试验分别相当于普氏标准和修正后的试验规程，现比较于表 3。

表 3　　中国击实试验与普氏击实试验对比

击实方法	锤重 /kg	锤击面直径 /mm	落高 /mm	试筒尺寸			锤击层层	每层锤击次数次	单位击实功 kJ/m³
				内径/mm	高/mm	体积/cm³			
轻型	2.5	51	305	102	116	947.4	3	25	591.6
普氏标准	2.5	50.8	304.8	101.6	116.4	943.2	3	25	593.8
重型	4.5	51	457	152	116	2104	5	56	2682
普氏修改	4.54	50.8	457.2	152.4	116.4	2122	5	56	2684

注　《公路土工试验规程》（JTJ 051—93）和 AASHTO 试验规程 T－180 中对不同粒径的土击实筒尺寸和每层锤击数还有不同的规定，但单位击实功和表 3 数据基本一致，不再列出。

3.2　路基压实度的要求

表 4～表 7 分别给出了中国[9]、美国[10]和日本[11]有关压实度的要求。美国与日本的压实度标准中均考虑了土颗粒组成对压实的影响。美国将颗粒组成不同的土视为不同的材料，对 AASHTO 划分的 14 种土类均确定了具体的压实度要求，细粒成分越多，要求达到的压实度越高（相对于普氏标准试验）。而我国标准中针对细粒成分含量高的粘质土用于下路床及上、下路堤填料的实际，当进行处治或采用重型压实标准确有困难时，规定可采用轻型压实标准（参见表 5）。可见各国标准均考虑到了土的种类不同，压实曲线的性质不同，进而对土的压实质量产生的影响。日本的现场管理标准提出对填土过 75μm 筛，将土分为 2 类，分别采用不同的压实指标。这种双指标控制方式具有一定的合理性，根据土的三相组成理论，只有当土体中固相成分多，液相成分合理，气相成分小于一定值时，路基才能获得较高的强度和稳定性。对于细粒含量少的土，其压实性能受含水量的影响不大，可采用密度比法（即重型击实试验压实度法）控制压实；但对于细粒含量多的土，采用孔隙率指标，综合考虑干密度和含水量的影响，比较合理。

表 4　　中国路基设计压实度要求（重型）

填挖类型		路面底面以下深度 /cm	压实度/%	
			高速公路、一级公路	其他等级公路
填方路基	上路床	0～30	≥95	≥93
	下路床	30～80	≥95	≥93
	上路堤	80～150	≥93	≥90
	下路堤	150 以下	≥90	≥90
零填及路堑、路床		0～30	≥95	≥93

表 5　　中国路基设计压实度要求（轻型）

填挖类型		路面底面以下深度 /cm	压实度/%	
			高速公路、一级公路	其他等级公路
填方路基	上路床	0～30	—	≥95
	下路床	30～80	≥98	≥95
	上路堤	80～150	≥95	≥90
	下路堤	150 以下	≥90	≥90
零填及路堑、路床		0～30	—	≥95

表 6　　美国相对压实度的暂行规范（$\gamma_{d\max}$（Proctor 标准试验））

土的种类	相对压实度 R/%		
	1 级	2 级	3 级
级配良好砾	97	94	90
级配不良砾	97	94	90
舍粉质土砾	98	94	90
含粘质土砾	98	94	90
级配良好砂	97	95	91
级配不良砂	98	95	91
含粉质土砂	98	95	91
含粘质土砂	99	96	92
低液限粉质土	100	96	92
低液限粘质土	100	96	92
低液限有机土	—	96	93
高液限粉质土	—	97	93
高液限粘质土	—	—	93
高液限有机土	—	97	93

注　1 级指 1 层或 2 层建筑物以下 3m 以内填土、路面下 1m 以内地基和防洪堤下 0.3m 以内地基；2 级指建筑物下 3m 以下的填土和路面、防洪土堤下 3m 以下 10m 以上的填土；3 级指需要一定强度或压缩性的其他填土。

表 7　　标准试验、现场管理试验方法和标准（日本）

方位		类别	试验项目		标准值	
					压实度	施工含水量
路床	路床上层	用孔隙率 V_a 控制的土质	标准试验	细粒土的比重试验	$-75\mu m \geqslant 58\%$，$V_a \leqslant 8\%$	满足规定沉降量的含水率
			现场试验	土的密度和含水量试验	$50\% > -75\mu m \geqslant 20\%$，$V_a \leqslant 13\%$	
		用密度比 D_c 控制的土质	标准试验	土的击实标准试验	$-75\mu m < 20\%$，$D_c \geqslant 97\%$	
			现场试验	土的密度和含水量试验		
	路床下层	用孔隙率 V_a 控制的土质	标准试验	细粒土的比重试验	$-75\mu m \geqslant 58\%$，$V_a \leqslant 8\%$	
			现场试验	土的密度和含水量试验	$50\% > -75\mu m \geqslant 20\%$，$V_a \leqslant 13\%$	
		用密度比 D_c 控制的土质	标准试验	土的击实标准试验	$-75\mu m < 20\%$，$D_c \geqslant 92\%$	
			现场试验	土的密度和含水量试验		
路床	路床上层	用孔隙率 V_a 控制的土质	标准试验	细粒土的比重试验	$-75\mu m \geqslant 50\%$，$V_a \leqslant 8\%$	能确保天然含水率或施工机械可通行的含水率
			现场试验	土的密度和含水量试验	$50\% > -75\mu m \geqslant 20\%$，$V_a \leqslant 13\%$	
		用密度比 D_c 控制的土质	标准试验	土的击实标准试验	$-75\mu m < 20\%$，$D_c \geqslant 92\%$	
			现场试验	土的密度和含水量试验		
	路床下层	用孔隙率 V_a 控制的土质	标准试验	细粒土的比重试验	$-75\mu m \geqslant 58\%$，$V_a \leqslant 8\%$	
			现场试验	土的密度和含水量试验	$50\% > -75\mu m \geqslant 20\%$，$V_a \leqslant 13\%$	
		用密度比 D_c 控制的土质	标准试验	土的击实标准试验	$-75\mu m < 20\%$，$D_c \geqslant 92\%$	
			现场试验	土的密度和含水量试验		

注　表中 $-75\mu m$ 表示通过 $75\mu m$ 筛孔的成分；D_c 为压实度。

有些情况根据压实土的使用目的决定压实度的要求，例如路面下 1m 以内地基要求压实土达到 AASHTO 标准压实试验最大干密度的 97%～100%（普氏标准试验），而机场要求达到 100%。

4　路堤沉降的原因

土堤的沉降由 3 部分组成：地基固结沉降、堤身土料的固结和土堤建成后的次压缩。

（1）地基固结沉降。沉降的大小和路堤重量成正比，当堤高一定时，沉降和堤身的干密度成正比。

（2）堤身土料的固结。对于较高土堤或细粒土在高于 w_{op} 含水量条件下填筑的较低填方，在施工期间会产生相当大的超孔隙压力，土堤建成后，超孔隙压力消散，导致沉降。另一个原因是压实度小，孔隙比大，在堤身自重作用下的压缩变形。

（3）次压缩。土堤建成后，即使压实良好的土堤，因部分结合水的挤出、土粒位置的重调整和剪应变亦能引起少量的沉降，特别在粘性土堤中，其抗剪强度小、压缩性高，在 3～4 年中产生的沉降量能达到土堤高度的 0.1%～0.2%，15～20 年内的沉降达到 0.3%～0.6%，因此对高路堤这种沉降也是重要的[12]。

压实度小的原因也与施工和质检有关。笔者 1999 年在运城～三门峡高速公路检测时，曾用探井配合环刀法检测了经核子密度仪检测合格的分层碾压路堤，0.5～2.0m 深度每 0.5m 的压实度分别为：75.9%、81.4%、87.5%和 94.3%，由此可以体会到提高检测准确度的重要性。

5　结语

本文讨论了土体压实的影响因素，对中国、美国和日本提出的不同压实管理标准进行比较，分析了路堤沉降的原因，结合笔者的工程经验认为，《公路路基设计规范》（JTJ 013—95）关于压实度的要求是合理的，为确保路堤的质量，不能一味地提高压实度要求，更应认识和解决以下问题。

（1）影响填土压实的因素较多，包括土的结构、含水量、压实能量和压头方法，各因素的综合影响就更为复杂，有必要进一步研究各种因素的影响程度，结合填土的应用目的探求最佳的压实度要求。

（2）对于细粒含量多的土（如粘性土），因其膨胀变形主要取决于粘粒含量和压实含水量，应提出一个较小的压实度要求，且压实含水量应大于最优含水量，以减小浸陷和膨胀。

（3）确定压实含水量对，适当考虑压实土体的应用要求，例如位于地下水位以下或时常浸水的粘土路堤，因其浸水膨胀，压实含水量应控制在最优含水量以上；远离地下水位且排水条件好、承载量较大的路堤，压实含水量应稍低于最优含水量，使土体具有较高的抗剪强度。

（4）确定压实度设计指标时，应充分考虑提高压实度要求与压实能耗之间的增长关系，例如压实度从 90%提高到 92%，能量平均提高 40%左右；还应考虑到压实度过高，可能会对土体性能造成某些负面影响，如使土体易于冻融破坏，使坡面土体膨胀松软。

(5) 关于特种土和改性土的压实度要求，目前国内外所做的工作还较少，需要进行大量的室内外试验和工程调研，提出合理的压实要求。

(6) 导致路堤工后沉降的原因很多，压实不足只影响堤身压缩变形，而压实度过高增加了地基的压缩变形，此外，不排除施工管理和质检方面的因素。

(7) 关于堤身自重压缩量的计算方法，首先应探明压实曲线的孔隙比与固结曲线在路堤自重压力和反复荷载作用下孔隙比之间的关系。

(8) 研究基质吸力和路堤沉降的关系，包括基质吸力和土的种类、孔隙比以及含水量的关系。

参考文献

[1] SD 128—84 土工试验规程 [S].

[2] Blotz L R. Benson C H, Boutwell G P, etc. Estimating Optimum Water Content and Maximum Dry Unit Weight for Compacted Clays [J]. Journal of Geotechnical and Geoenvironmental Engineering, 1998, 124 (9).

[3] 王钊，姚政法，范景相. 强夯在高路堤填筑上的应用 [J]. 公路，2001，(12).

[4] Head K H. Manual of soil laboratory testing [M]. London, Pentech Press, 1980.

[5] Sivakumar V, Wheeler S J. Influence of compaction procedure on the mechanicalbehaviour of an unsaturated compacted clay, Part 1: Wetting and isotropic compression [J]. Geotechnique, 2000, 50 (4).

[6] Rao S M, Revanasiddappa K. Role of Soil Structure and Matric Suction in Collapse of a Compacted Clay Soil [J]. Geotech. Testing J, 2003, 260 (1).

[7] 李道辅. 高速公路路面设计与施工 [M]. 北京：人民交通出版社，2001.

[8] Omotosho P O. Multi - cyclic influence on standard laboratory compaction of residual soils [J]. Engineering Geology, 1993, 36.

[9] JTJ 013—95 公路路基设计规范 [S].

[10] Braja M. Das Principles of Geotechnical Engineering [M]. Fourth edition, Boston, PWS Publishing Company, 2000.

[11] 孙淑勤，李雯，张佩旭. 中、日公路土质路基压实控制方法比较 [J]. 国外公路，2001，21 (2).

[12] 张剑锋，等编译. 岩土工程勘测设计手册 [M]. 北京：水利电力出版社，1992.

中美路堤压实设计与施工控制标准的比较分析

胡海英[1]　王　钊[1]　杨志强[2]

（1. 武汉大学土木建筑工程学院，武汉　430072；
2. 美国 Baker 工程和能源公司）

摘　要： 从填土选择、含水量控制及压实度标准 3 个方面对国内与美国（主要是依阿华州）的路堤设计与施工控制标准进行了比较，并作了详细的分析，重点强调了填土选择与含水量控制对提高路堤压实质量的重要性。得出结论：除了控制压实度，有必要对影响路堤压实的其他因素进行深入研究并提出相应的要求，才能全面提高路堤的质量。

关键词： 填土选择；含水量控制；压实度标准；路堤质量

中国分类号： U416.12　　**文献标识码：** B　　**文章编号：** 0451－0712（2004）09－0152－05

路堤是公路的重要组成部分，其质量的好坏影响到公路的稳定性和耐久性，尤其是路堤的稳定性和均匀性关系到公路的整体质量。为提高路堤质量，目前国内有不断提高路堤压实度标准的趋势，但应考虑到提高压实度可能也会给土体性能与施工带来一些负面影响，并且在施工和管理方面也可能存在影响路堤质量的因素。在这种情况下，有必要了解国外的相应标准，对路堤设计与施工规范进行深入的分析。本文将主要从路堤填土的选择、含水量控制及压实度标准 3 个方面进行分析，并将国内与美国的对应标准进行比较。

1　填土选择

路堤的质量与所选填土的工程性质及其填筑部位有很大关系。因此，要选择合适的路堤填土，有必要对各类填土的工程性质有所了解。

首先，填土中细粒成分的含量决定着土的诸多性质，如变形性、渗透性、强度、冻融敏感性等。细粒含量不同的土表现出来的压实性能也不尽相同，一般工程上将填土依据其细粒含量大致划分为细粒土和粗粒土 2 类，粗粒土因其透水性、强度、变形稳定性、冻融敏感性优于细粒土，常被用作理想的路堤填料。国内《公路路基设计规范》（JTJ 013—95）（下文简称《规范》）就明确规定“宜选用级配较好的粗粒土作为填料”[1]。细粒土因其渗透性低，在荷载作用下会产生超孔隙水压力，易造成压实土体失稳，且土中粘粒与水的相互作用使其易产生膨胀变形，强度也受含水量的影响，因而一般将其填筑于路基的底部或不直接用于填筑路基，这在《规范》中也有规定[1]。

土的体积变化是土的最不利的工程性质之一，它直接影响到路堤的稳定和路面的质量。除土的压缩外，土的体积变化主要取决于土的膨胀潜势和冻融敏感性。若将膨胀潜势

本文发表于 2004 年 9 月第 9 期《公路》。

和冻融敏感性高的土填筑于易浸水区或冻融影响范围内，在一定的条件下（如遇水、降温等），土体会发生体积膨胀变形或冻融破坏。研究表明，土的膨胀潜势和冻融敏感性与土的液限（LL）、塑性指数（PI）以及细粒含量有关[2]。因此，若根据液限、塑性指数和细粒含量对土进行分类，则可区分出易膨胀和易冻融的土类，在设计和施工中就可避免将其填筑在浸水区或冻融影响区。

美国各州制定的填土分类标准不尽相同，依阿华州交通局在1998—2001年间对本州内的路堤质量进行调查、试验、分析和研究，发现填土类型现场鉴别不准确是导致路堤质量不好的原因之一，对此提出了基于液限、塑性指数和细粒含量的填土分类标准，将填土最终划分为"优选的"、"适合的"与"不适合的"3类、其中无粘性土（过75μm筛的含量少于16%）划入"优选的"一类，中间粒级的土（过75μm筛的含量在16%～35%之间）为"适合的"填土，粘性土（过75μm筛的含量超过35%）则需要进行更详细的分类，见图1和表1[3]。其中的细度标志数FDN(Fineness Designation Numbers）通过分组指数的经验公式确定，分组指数是塑性指数、液限和过75μm筛的通过量的加权函数，评估三者的综合作用，其表达式为：分组指数$=(F_{75\mu m}-35)[0.2+0.005(LL-40)]+0.01(F_{75\mu m}-15)(PI-10)$，根据该式求解出的$F_{75\mu m}$就是细度标志数$FDN$。分组指数为15时，对应的$FDN$是中塑性粘土"优选的"和"适合的"分界线；分组指数为30时，得出的FDN用于区别高塑性粘土中"适合的"与"不适合的"填土。

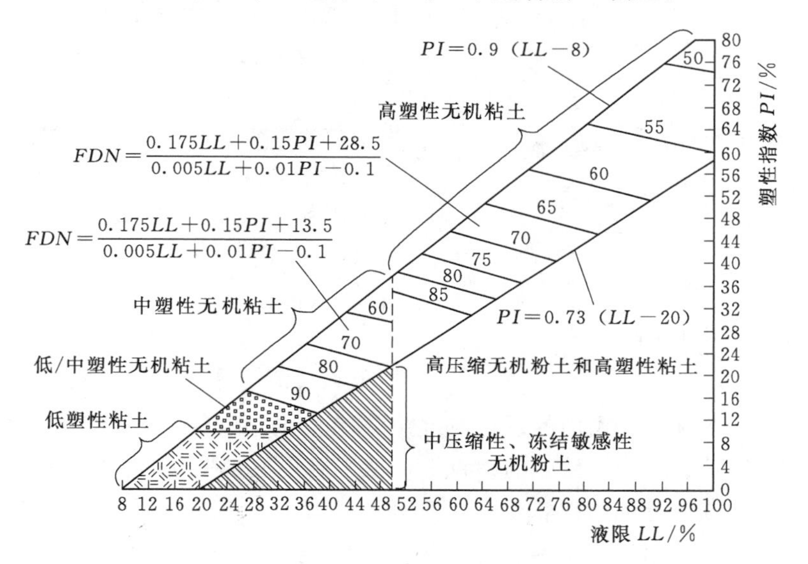

图1 依阿华州粘性土性能分类

在依阿华州，"优选的"填土因其可提供充分的体积稳定性、低冻融敏感性以及良好的承载力，因此将其直接填筑于路面结构之下0～0.6m以内；"适合的"一类填于路面结构下0.6～1.5m的范围内，这一范围通常为冻融循环区和干湿反复变化区；"不适合的"一般为高塑性粘土或高压缩性、易冻融的粉土，将其填于"适合的"土以下（路基顶面下1.0～1.5m)，使其避免于季节性水分变化和冻融变化，同时上部的积土压力有利于约束该类土[2]。在宾夕法尼亚州和新泽西州，路堤填筑后在其侧面（表面）常需要覆盖1层粘性土，作用是防止雨水侵蚀路堤和利于植被。相应地在国内，只有吹（填）砂（粉煤灰）路基，为保护边坡稳定和植物生长，在边坡表层应用粘质土填筑，路床顶面用粗粒土封闭[1]。

表 1　　美国依阿华州细粒及粗粒塑性填土分类标准

填土初步分类	填土最终分类及标准		
	“优选的”	“适合的”	“不适合的”
低塑性粘土	$F_{75\mu m}\leqslant 45$ 且 $F_{425\mu m}\leqslant 70$	$46\leqslant F_{75\mu m}\leqslant 70$	$F_{75\mu m}>70$
低/中塑性无机粘土	$F_{75\mu m}<60$	$60\leqslant F_{75\mu m}\leqslant 70$	$F_{75\mu m}>70$
中塑性无机粘土	$F_{75\mu m}\leqslant FDN$	$F_{75\mu m}>FDN$	—
高塑性无机粘土	—	$F_{75\mu m}\leqslant FDN$	$F_{75\mu m}>FDN$
中压缩性无机粉土	—	—	这一范围内所有的土
高压缩性无机粉土和高塑性有机粘土	—	—	这一范围内所有的土

注　$F_{75\mu m}$为过 75μm 筛的百分比；$F_{425\mu m}$为过 425μm 筛的百分比；FDN 为细度标志数（见图 1）。

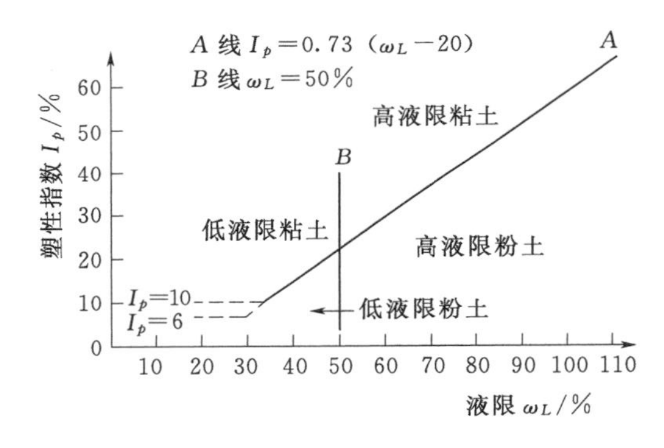

图 2　国内细粒土分类

我国公路路基土分类采用的方法是先按有机质含量划分为有机土和无机土；其次按粒组含量划分为巨粒土、粗粒土和细粒土，其中过 75μm 筛的细粒含量超过 50%的土称为细粒土，细粒土再采用塑性图法进一步划分为高液限粉土（A 线以下且 B 线以右）、低液限粉土（A 线以下且 B 线以左、$I_p=10$ 线以下）、高液限粘土（A 线以上且 B 线以右）、低液限粘土（A 线以上且 B 线以左、$I_p=10$ 线以上），见图 2；黄土、膨胀土、红粘土和盐渍土作为特殊土分类[4]。对各类土在路基中适合的填筑部位，国内的现行规范并没有很明确的规定，仅要求“砾类土、砂类土应优先选作路床填料，土质较差的细粒土可填于路堤底部”，但对于路基各部位填料的强度问题，参考了国内外的情况，引入了加州承载比（California Bearing Ratio，简写为 *CBR*）指标[1]。该指标用于表征路基土、填料和稳定土的强度，其值为标准试件在贯入量为 2.5mm 时施加的试验荷载与标准碎石材料在相同贯入量时所施加的荷载之比值（%），在施加试验荷载之前，需要对试件进行饱水，因此该指标在一定程度上也反映了材料的水稳性。国内的《规范》中 *CBR* 的规定值符合路基的受力特征，比较合理。

比较国内和依阿华州的路基填土分类方法可见，尽管两者的分类依据大致相同，但后者对土种类的划分更详细、明确和简单实用，尤其引入了细度标志数的概念，将高、中塑性无机粘土进行了更详细的分类，在一定程度上扩展了适用于填筑路堤的填土范围，又因其对每类填土均明确了适宜的填筑部位，因此更有利于提高路堤质量。

2 含水量控制

在最优含水量的干侧还是湿侧压实填土一直是土方工程中有争议的问题之一，实际上合理的压实含水量应根据填土的类型和要获得的工程性能以及实用性来选择。一般认为含水量对无粘性土的压实性能影响不大，对粘性土的压实性能产生很大的影响，表2即描述了粘性路堤土的工程性能与普氏最优含水量的关系[5]。但无粘性土的压实存在着与含水量相关的湿胀问题，在湿胀含水量处，无论施加多大的能量，都不能使无粘性土压实到80%或以上的相对密度[5]。虽然无粘性土在湿胀含水量处压实密度低，但压实土体表面上可能会表现出“明显”的稳定性，然而这种稳定性只是暂时的，一旦有水进入土体，土颗粒间的表面水张力会减小，在外荷载作用下颗粒更容易移动，引起土体沉降[5]，因此，无粘性土压实时，应避免在湿胀含水量处进行。可见，无论是粘性填土还是无粘性填土在压实操作过程中进行含水量控制都是十分必要的。

表2　粘性填土性能与含水量变化的关系

土的性能	最优含水量干侧	最优含水量湿侧
强度	高	低
颗粒排列	不规则性强	不规则性弱
渗透性	高	低
压缩性	高	低
固结	快	相对较慢
孔隙压力	低	高
应力-应变模量	高	低
膨胀性	高	低
冻融效应	高	低
灵敏性	灵敏	相对灵敏性低

美国在含水量控制方面，各州制定的标准不同，其中有31个州没有具体的含水量控制要求（除了路基处理外），只要含水量可以保证达到要求的干密度即可；其他的19个州则提出了具体的要求，见表3[6]。从表3可以看出，美国在确定最适宜（以最小的压实功获得最好的稳定性）的压实含水量方面没有一致的原则，但是在19个要求控制含水量的州中有5个州要求含水量控制在最优含水量的±2%范围内，这与国内《公路路基施工技术规范》（JTJ 033—95）中的规定相同[7]。也有的州其含水量控制视材料而定，例如，堪萨斯州根据土的分类确定了5个不同的含水量控制范围，新墨西哥州（New Mexico）根据土的塑性确定含水量的控制范围。美国的这些控制含水量的州集中于环境条件不利于公路性能的地区。

表 3　　美国各州路堤压实含水量控制要求

含水量控制标准	州的数量/个	含水量控制标准	州的数量/个
获得规定压实的适宜含水量	31	−2～+1	1
±5	1	±2	5
−4～0	1	0～+3	1
−4～+2	3	0～+5	1
−4～+5	1	≤+2	1
±3	1	≤+3	1
−2～0	1	≤最优含水量的115%	1

在此重点介绍依阿华州有关路堤含水量的控制情况。起初，依阿华州交通局有关路堤的规范没有要求将含水量作为路堤施工控制标准（除了特定的处理区），后经试验验证含水量的控制对提高土的均匀性、控制土的工程性能起着重要作用，于是在 2001 年 2 月颁布施行的《依阿华州交通局土方工程质量管理特别规定》中补充规定施工中采用含水量施工图（Moisture Content Construction，简写为 MCC）控制标准，见图 3 和图 4[3]。图 3 为无粘性土的含水量控制图，该图依据该州修改后的相对密度试验（该试验设计用于确定无粘性土的湿胀含水量，其试验设备和操作过程仅是在相对密度试验的室内设备和试验规范 ASTM D 4253 及 D 4254 的基础上作了一些修改，可以得出相对密度与含水量之间的关系曲线，见文献［3］）进行绘制，为避免无粘性土中的湿胀现象，应确定湿胀含水量范围，在填筑时避开，湿胀含水量范围为 80%相对密度对应的 2 个含水量之间的范围，同时为防止填土过湿造成压实后稳定性降低，应控制含水量上限 M，M 的计算方法为：M=［800/最大干密度（kg/m^3）−0.3］×100%，式中最大干密度由修改后的相对密度试验确定。图 4 为粘性土的含水量控制图，含水量的范围根据标准普氏最优含水量试验结果确定，因“优选的”或“适合的”填土铺在路堤的上部，其含水量控制以减小膨胀潜势、提高均匀性和承载稳定性为目的，因此控制范围确定为最优含水量的−1%～+3%；对于“不适合的”填土，其最优含水量为 20%或以上时，含水量控制范围稍宽一些（在最优含

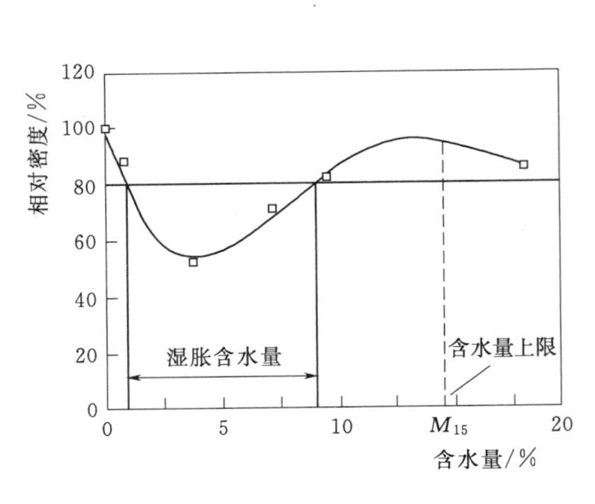

图 3　依阿华州无粘性土含水量控制

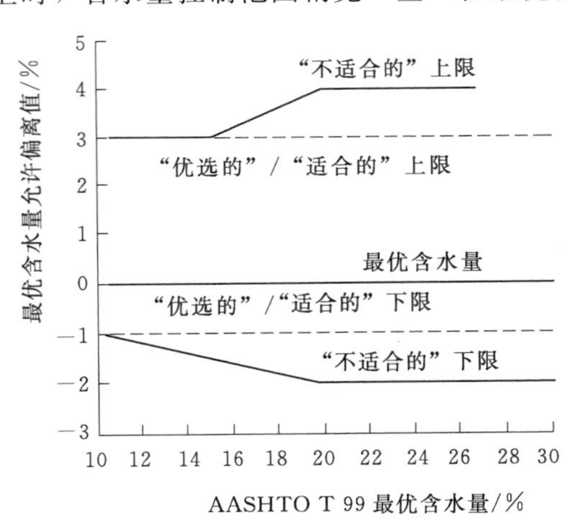

图 4　依阿华州粘性土含水量控制

水量的－2%～＋4%），最优含水量低于20%时，控制范围稍窄（上限为1.2倍的最优含水量，下限为0.9倍的最优含水量，最窄界限为－1%～＋3%），根据各种土的普氏压实曲线形状与最优含水量的关系可知，这种含水量控制方法有利于提高填土压实的均匀性。综上，该含水量控制图与前面所述填土的分类相互对应，根据填土的性质确定其适宜的含水量，有利于保证路堤的施工质量，与不考虑土的性质而采用同一含水量控制范围的方法相比，该法更合理一些。

3 压实度控制

压实度是被普遍采用的控制填土压实质量的有效指标。美国的压实度控制与含水量控制的情况相似，各州制定的标准也各不相同，表4为各州控制的最小压实度[6]，其中只有10个州采用的是修改后的普氏试验标准（对应国内的重型击实试验标准），大多数州采用标准普氏试验下压实度最小控制值为95%的标准，可见其压实度控制标准并不高。美国有的州根据材料的类型制定相应的压实规范，如依阿华州粘性土采用标准普氏试验下的压实度指标，要求路基下0.9m深度内达到95%的压实度，0.9m以下达到93%；无粘性土则采用相对密度控制压实，要求最小相对密度要达到80%[3]。国内压实度标准主要采用重型击实试验标准，控制值随路基填筑部位不同，路基下0.8m以内压实度最小控制值为95%，0.8～1.5m之间为93%，1.5m以下要求至少达到90%；只有天然稠度小于1.1、液限大于40、塑性指数大于18的粘质土用于下路床以下时，在不能达到重型压实度标准的情况下，才允许采用轻型击实试验标准（对应标准普氏试验），压实度最小控制值在路基下1.5m以内为95%，1.5m以下是90%[1]。可见，国内采用轻型击实试验时，压实度标准与美国大多数州的标准相当，若采用重型击实试验，则压实度控制值偏高。

表4　　美国各州填土路堤压实度控制情况

压实度最小值/%	采用标准击实功的州/个	采用修改后的击实功的州/个
85	0	1
90	2	1
92	2	1
95	30	5
96	1	0
97	1	0
98	0	1
100	5	1

4 结语

从3个方面对国内和美国（主要是依阿华州）的路堤设计与施工控制标准的比较可以看出，两者之间的差别较大，国内主要是从压实度方面对路堤质量进行控制，美国（以依阿华州为代表）则重视影响路堤压实质量的各方面因素，除了前面提到的对填土选择、含水量控制、压实标准作出了相应的规定外，对摊铺层厚、各层碾压遍数、路堤压实稳定性与均匀性控制等均进行了深入的试验研究并提出了相关的要求[5]。此外，路堤的质量控制与采样的频率和范围有关，美国在施工规范中要求1000m³测试与取样1次，测试的内容包括压实层厚、含水量、密度、稳定性与均匀性；国内要求每2000m³检验8点的压实度[7]，可见在采样范围和测试内容方面均没有美国要求严格。综上所述，美国（以依阿华州为代表）的路堤设计与质量控制在很多方面更有利于提高路堤的综合质量，建议国内亦根据我国的土质情况进行相关的试验研究，以提出合适的标准。

参考文献

[1] JTJ 013—95 公路路基设计规范［S］.

[2] David J White, Kenneth L Bergeson. Empirical Performance Classification for Cohesive Embankment Soils［J］. Geotechnical Testing Journal, 2002.

[3] SP—95509M, Special Provision For Quality Management - Earthwork（QM - E）［S］.

[4] JTJ 051—93 公路土工试验规程［S］.

[5] David J White, Kenneth L Bergeson, Charles T Jahren, Matt Wermager. Embankment Quality Phase Ⅱ Final Report［R］. Center for Transportation Research and Education Iowa State University, 1999.

[6] Kenneth Bergeson, Chuck Jahren, Matt Wermager, Dave White. Embankment Quality Phase I Report［R］. Center for Transportation Research and Education Iowa State University, 1998.

[7] JTJ 033—95 公路路基施工技术规范［S］.

路基粒状填土的旋转压实试验

邹维列[1]　王　钊[1]　杨志强[2]

（1. 武汉大学土木建筑工程学院，湖北武汉　430072；
2. Baker 工程和能源公司，费城美国）

摘　要： 尽管击实试验是目前最流行的室内土体压实试验方法，但实际上与现场任何一种压实方法都无相似之处，且不适用于无粘性土（粒状土）的压实试验。无粘性土的振动击实试验方法也存在很多问题。现代重型压实设备的使用，路基粒状填土的压实密度达到了目前室内规范试验方法不可能达到的水平。介绍了美国采用供高性能沥青路面混合料设计与质量控制之用的旋转压实机对粒状土进行的压实试验。其结果表明，旋转压实试验能有效模拟路基粒状填土的现场压实特征；可采用压实压力 200kPa、旋转角为 1.25°、旋转次数为 90、旋转速度为 20rpm 的试验结果来控制粒状填土路基的现场压实质量。

关键词： 粒状土；击实试验；振动压实试验；旋转压实试验

中图分类号： TU 441　**文献标识码：** A　**文章编号：** 1000 - 7598 - （2004） 11 - 1775 - 04

Gyratory Compaction Test for Field Compaction Simulation of Granular Subgrade Soils

ZOU Wei - lie　WANO Zhao　Michael Z. YANG

(1. School of Civil and Architectural Engineering, Wuhan University, Wuhan 430072, Chian;
2. Michael Baker Jr. , Inc. Pennsylvania, US)

Abstract: Although it has no similarity to any type of field compaction method, the Proctor compaction test is by far the most popular laboratory testing method, and it is widely accepted that the proctor compaction test is ineffective for cohesionless soils. Vibration compaction test for cohesionless soils needs to be improved for the practical applications. Due to the application of much heavier earth moving and vibration roller compaction equipment, soil densities compacted in the field are reaching levels that are not attainable in the laboratory. This paper introduces the test results of the gyratory test procedure conducted with Servopac gyratory compactor with 200kPa vertical pressure, 1.25 degree gyration angle, 90 gyrations, and 20 gyrations per minute, and the test results show considerable promise to be the construction specification for the quality

---

本文发表于 2004 年 11 月第 25 卷第 11 期《岩土力学》。
本文为国家自然科学基金资助项目成果（No. 50279036）。

control of field compaction for granular soils.

Key words：granular soils；proctor tests；vibration compaction test；gyratiory compaction test

1　引言

国内外一般都要求路基优先选用级配较好的砾（角砾）类土、砂类土等粗粒土作为填料[1,2]，并在天然含水量接近最佳含水量时进行填筑、辗压，才是比较经济合理的选择。因此，首先需要通过室内标准试验来获得填料的最优含水量 ω_{opt} 和最大干密度 $\rho_{d(max)}$。现代重型振动压实设备的使用，现场粒状填土的压实密度达到了在室内采用目前规范试验方法不可能达到的水平[2]，现场压实能量使填土获得了比室内重型击实（修正普氏）试验更大的干密度和更低的最优含水量。如果采用室内重型击实试验所确定的 $\omega_{opt(室内)}$（明显比现场 $\omega_{opt(现场)}$ 大）压实现局粒状填土，压实后土体的 $\rho_{d(max)}$ 比采用 $\omega_{opt(现场)}$ 实际能够达到的 $\rho_{d(max)}$ 更小。此外，许多研究人员发现，击实试验方法对纯砂及小于等于 0.075mm 土粒的含量不大于试样总质量 12%的砂类土并不合适[2]。因为这类土中没有或较少含有粘粒，在击实时土料会移动，使压实密度较低，且击实曲线不是“驼峰型”，难于定出最优含水量。对于这类透水性良好的无粘性土，大多数岩土工程技术人员总体上都接受以“相对密度”作为压实度控制指标。我国《土工试验方法标准》[3]（GB/T 50123—1999）中，对于砂的相对密度试验，规定砂的最小干密度试验采用漏斗法和量筒法，砂的最大干密度试验采用振动锤击法。这和目前国外的规定基本上是相似的。最大干密度在国外一般用振动台法测定。然而 Christensen[4] 指出，在所调查的美国 45 个州中，没有一个州采用相对密度来测定和控制无粘性土的压实。Tavenas[5] 认为其原因在于：一是不同试验所测得的最大、最小干密度的“可复验性”差，尤其是最大干密度，因为试验并不总是采用同一个振动台，且振动台难于校准；二是相对密度试验中需要测定 $\rho_{d(max)}$，$\rho_{d(min)}$ 和现场 ρ_d 共 3 个参数，测定其中每一个参数的误差所引起的综合偏差可能达到不可接受的程度。我国《土工试验规程》也指出：相对密度中的 3 个参数对相对密度都很敏感，因此，试验方法和仪器设备的标准化是十分重要的，而目前尚无统一而完善的测定方法，此外，振动台法还存在试验耗时和试样移出困难等问题。因此，有必要研究适应当前现场压实机具的粒状填土的室内试验方法，以获得与现场压实和路面交通条件下相似的压实密度。

2　旋转压实试验

2.1　关于 SHRP Superpave

从 1987 年 10 月至 1993 年 3 月的近 5 年半时间里，美国执行了一项耗资 5000 万美元的“公路路面材料研究计划”（strategic highway research program，简称 SHRP）。该计划的目标是提出关于沥青路面材料规定、实验和设计的新方法，以提高路面的使用性能。SHRP 沥青路面材料研究计划的成果之一就是“Superpave”，其意指“高性能沥青路面”（superior performing asphalt pavement）。SHRP Superpave 规定了沥青混合料的组成、分析与设计及沥青路面使用性能的预测等。

SHRP 是美国路面材料设计与施工研究的里程碑，对美国公路工程产生了相当大的影响。Superpave 大大提高了沥青路面的使用性能和使用寿命。

2.2 旋转压实机

自 SHRP Superpave 沥青路面设计方法诞生以来，旋转压实试验机的应用越来越普遍。它的研制开发源于 1962 年美国陆军建设兵团水道试验站（Waterways Experiments Station）对柔性路面和填土压实的研究。研究发现，对于某些土体，尤其是无粘性土，采用击实试验结果来控制基层和底基层的压实质量，在开放交通后都产生了过量沉降。于是他们研制了旋转试验机（Gyratory Testing Machine，简称 GTM），就是目前常见的旋转压实机（Gyratory Compactor）的前身。试验研究表明[5,6]，经过旋转压实后土样的内部结构与实际道路在工后重复车载作用下的结构更为相似。GTM 除了能通过自身可调的揉搓作用（旋转剪切）模拟柔性路面的往复交通作用外，还能模拟竖向车载，从原理上讲，它比击实试验更为合理。影响其试验结果的因素有 4 个：旋转角度、竖向压实压力、旋转速度和旋转次数。

2.3 旋转压实试验与击实试验、振动压实试验的比较

文献［2］选用有代表性的稳定基层材料进行现场和室内试验。室内试验包括重型击实试验、振动压实试验和旋转压实试验。旋转压实机采用美国 IPC 公司生产的 Servopac Gyratory Compactor。通过重型击实试验、振动压实试验、旋转压实试验和现场试验结果的相互比较，对旋转压实试验进行评价。用于试验的几种基层材料见表 1[2]。

表 1　用于试验比较的几种基层材料

Table 1　Soil materials used for laboratory evaluation

取样地点	土　类	≤0.075mm 土粒的含量
Sun Coast Parkway	细砂	3
Tomasville Road	细砂	6%～8%
1#	粉砂	12%
2#	粉砂	24%

图 1 为用于 Thomasville 的路基填料（细砂）的现场与室内试验结果[2]。从图 1 可以看出，重型击实和振动压实的试验结果与现场试验结果有很大的不同。重型击实试验的最优含水量 $\omega_{opt}=12\%$，最大干密度 $\rho_{d(max)}=1.7702\mathrm{g/cm^3}$，而现场压实填土的最优含水量 $\omega_{opt}=10.5\%$，最大干密度 $\rho_{d(max)}=1.8231\mathrm{g/cm^3}$，即两者最优含水量相差 1.5%，最大干密度相差 $0.0529\mathrm{g/m^3}$。若按路基压实度（重型击实）达到 95%的要求，则现场填土压实干密度 ρ_d 只需达到 $0.95\times1.7702=1.6817\mathrm{g/cm^3}$，与现场实际达到的最大干密度相差 $0.1414\mathrm{g/cm^3}$；若按压实度达到 98%，则所要求的与现场实际达到的最

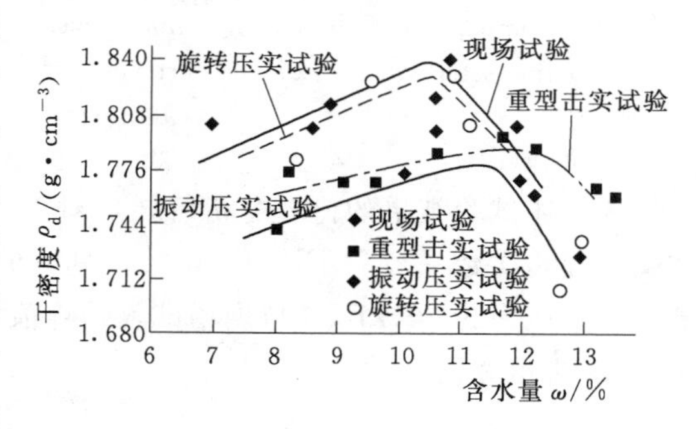

图 1　细砂（细粒含量 6%～8%）3 种室内试验结果与现场试验结果的比较

Fig. 1　Comparison of field and three laboratory tests results for fine sand with 6%～8% of line

大干密度相差0.0883g/cm³。同样是取自Sun Coast Parkway的路基土料[2]，重型击实试验和振动压实试验结果都比现场试验结果低得多，其现场最大干密度（1.7622g/cm³）比由重型击实试验确定的最大干密度（1.7061g/cm³）大0.0561g/cm³，而最优含水量相差约5%。以上说明目前的规范严重低估了在当前施工条件下，现场粒料填土可达到的最大干密度，也就是说重型击实试验不适用于确定无粘性土现场压实的质量控制要求，室内压实曲线不能模拟无粘性土的现场压实特性，两者没有对应关系。但从图1可见，旋转压实曲线（压实压力200kPa，旋转角1.25°，旋转次数90次）却很接近现场试验结果。

图2表明[2]，对于细砂，采用200kPa的压实压力、旋转角1.25°、旋转次数仅30次的旋转压实试验就获得与重型击实试验和振动压实试验相近的结果。随着旋转次数的增加，压实干密度增大（达到90次时与现场试验结果1.7622g/cm³相近）。

试验结果表明，击实试验对粉砂是合适的，但对振动压实试验并不适合（参见图3[2]）。小于等于0.075mm土粒的含量为试样总质量12%的粉砂，采用200kPa压力，1.25°旋转角，旋转次数60次达到与重型击实相近的结果（其3种压实曲线未给出）。但如图3所示，对小于等于0.075mm土粒含量为24%的粉砂，旋转次数至少需要90次方可达到与重型击变相近的结果。

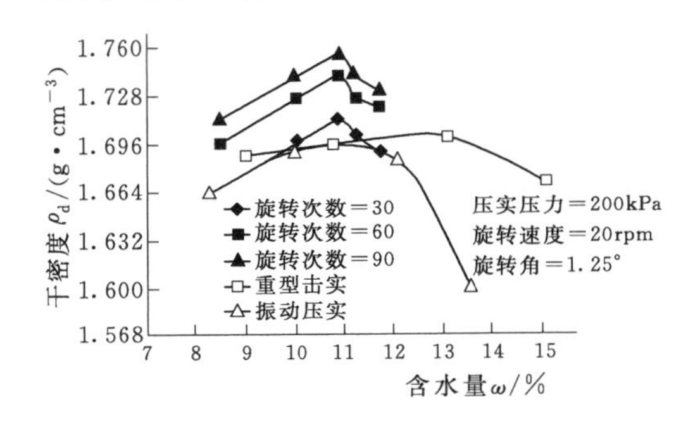

图2　细砂（细粒含量3%）3种压实曲线的比较

Fig. 2　Comparison of three compaction curves for fine sand with 3% of fine particles

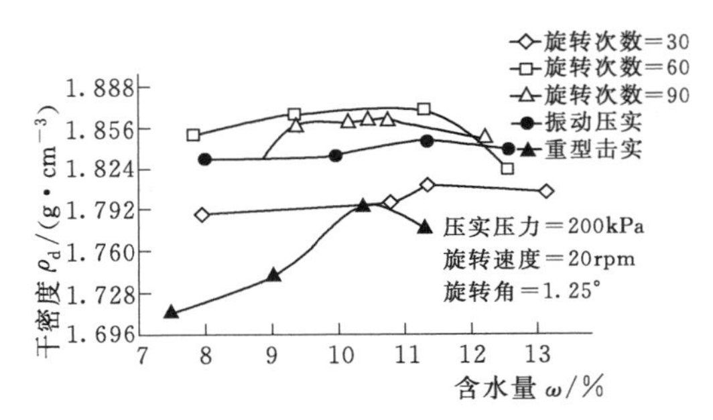

图3　粉砂（细粒含量24%）3种压实曲线的比较

Fig. 3　Comparison of three compaction curves for silty sand with 24% of fine particles

从上述试验结果的比较分析可知，对于常用作填方路基材料的细砂和粉砂的旋转压实试验，旋转次数一般应不小于90次，具体的选择可随所希望的现场压实干密度而变化。最优压实压力为200kPa（与现场试验的峰值压力相当[2]），合理的旋转角为1.25°（与Superpave规范相同）。

3　旋转压实的影响因素

Butcher[7]研究认为，旋转速度对试验结果几乎没有什么影响。现今的旋转压实机基本上是为沥青混合料试样的压实试验设计的。但用旋转压实机进行土样的压实试验迄今还几乎没有什么研究。美国SHRP Superpave对沥青混合料试样一般采用1.25°的旋转角，竖向压实压力600kPa。但土样比沥青混合料试样刚度小，击实所需能量要小。因此，压实土样的旋转角度和竖向压实压力的最优值应当不超过 SHRP Superpave 的值。对此由美国佛罗里达交通部（FDOT）和联邦公路管理局（FHWA）共同发起、佛罗重达 A&M 大学和佛罗里达州立大学进行了专题研究。其在对旋转压实试验影响因素研究中，保持旋转速度为 20rpm，旋转角度分别为 1.0°和 1.25°，竖向压力从 100～500kPa 变化，而旋转次数分别为 30，60 和 90 次。

其试验主要结论为：

（1）旋转次数

随着旋转次数的增加，干密度增大，最优含水量降低。旋转次数从 30 次增加到 60 次，干密度增大了 2%；但从 60 次增大到 90 次，干密度仅增大了 1%。这说明旋转次数较低时，干密度对旋转次数更敏感。

（2）旋转角度

总的看来，旋转角度比旋转次数对干密度的影响要小。同时，旋转角度的影响与土中细粒含量有关。当细粒含量较低（<6%）时，旋转角度的影响较大，但随着细粒含量的增加，旋转角度的影响已不明显。

（3）竖向压力

试验结果表明，随着竖向压力的增加，干密度增大。但当压力达到 200kPa 后，继续增大竖向压力，干密度并没有明显增加。200kPa 的压力与现场压实设备的峰值压力也是相当的。

此外，当含水量较高（最优含水量的湿侧），随着压实能量和试验时间的增加，土样中的水会渗出（损失）。因此，如果压实过程中土样含水失去太多，由旋转压实机中的软件所确定的含水量是不准确的。即软件基于试验之前的土样质量来计算试验之后的土样密度比实际要大，导致土样含水量达到最优含水量之后，随着含水量的增加，压实曲线继续上升，没有峰值密度。

为了修正这一错误，压实后可将试样从试模取出称取质量，然后，在试样的中间取出大约 100g 土样，测定其含水量。则压实后的干密度应由下式计算：

$$\rho_d = \frac{m}{[\pi(D^2/2) \times H](1+\omega)} \tag{1}$$

式中　ρ_d 为试验后的土样干密度；m 为试验后称取的土样质量；D 为试模直径，为 150mm；H 为试验后的土样高度；ω 为试验后测定的土样含水量。

4　结语

轻型（标准普氏）击实试验和重型（修正普氏）击实试验不适合于确定无粘性土现场压实的最大干密度和最优含水量。无粘性土的振动压实方法也尚不完善；

在施工现场常用重型机具的压实作用下，粒料土所达到的最大干密度比室内重型击实试验和振动压实试验所确定的最大干密度更大；

对于细砂，旋转压实试验是一种比击实试验更可靠的室内试验方法。

本文所介绍的试验证明，采用 200kPa 的压实压力，1.25°的旋转角，旋转次数 90 和旋转速度 20rpm 的旋转压实试验能很好模拟粒状土的现场压实特征；

本文限于对常用作路基填土材料的细砂和粉砂的室内击实试验、振动压实试验和旋转压实试验结果与现场压实试验结果进行了介绍和讨论，推荐了供SHRP Superpave沥青混合料设计与质量控制之用的旋转压实试验方法。进一步的研究应扩展到粘性土的旋转压实试验。只要对粘性土的旋转压实试验能获得与重型击实试验相似的最大干密度，就说明是可行的。

参考文献

[1] JTJ 013—95　公路路基设计规范［S].

[2] Ping W V, Xing Gui-yan, Leonard M, Yang Zeng-hai. Evaluation of laboratory compaction techniques for simulating field soil compaction［R]. Phase Ⅱ Report. Florida, U. S.: Florida State University, 2003.

[3] GB/T 50123—1999　土工试验方法标准［S].

[4] Christensen B. State and national agency standard specification review［R]. Master's Report. [s. l.]: The University of Texas at Austin, 1999.

[5] Tavenas F A. Difficulties in the use of relative density as a soil parameter［A]. Evaluation of Relative Density and Its Role in Geotechnical Projects Involving Cohesionless Soils［M]. ASTM STP 523, [s. l]: [s n.]. 478-483.

[6] Ping W V, Xing Gui-yan, Leonard M, Yang Zeng-hai. Laboratory simulation of field compaction characteristics［R]. Phase I Report. Florida, U. S. A: Florida State University, 2003.

[7] Butcher M. Determining Gyratory Compaction Characteristics Using Servopac Gyratory Compactor［M]. In Transporta tion Research Record 1630. TRB, Washington: National Research Council, 1998.

长寿沥青路面结构的层厚设计与分析

邹维列[1,2]　王　钊[1]　彭远新[1]

（1. 武汉大学土木建筑工程学院，武汉　430072；
2. 岩土与结构工程安全湖北省重点实验室，武汉　430072）

摘　要： 介绍和讨论了一种用于重交通长寿沥青路面的层厚设计方法。该方法基于限制沥青层底的拉应变和路基顶面的压应变，采用两个准则来校核所设计的沥青层厚度的适宜性：一是控制设计荷载作用下的最大路表弯沉；二是控制相邻两个无结合料处治的集料层的模量比。采用“等效模量”概念来考虑路基、路面材料的模量随季节的变化；在预测疲劳（与荷载相关的裂缝）和路基变形时，采用了“累计损伤”的概念。给出了广东—梧州高速试验路段长寿沥青路面结构组合设计实例，最后对与疲劳裂缝有关的两个关键问题进行了讨论。

关键词： 长寿沥青路面；响应模型；累计损伤；等效模量；疲劳极限；疲劳裂缝

中图分类号： U 416.217　**文献标识码：** A　**文章编号：** 1000－7598（2009）03－0645－06

Design and Analysis of Layer Thickness of Perpetual Asphalt Pavement Structure

ZOU Wei－lie[1,2]　WANG Zhao[1]　PENG Yuan－xin[1]

（1. School of Civil Engineering，Wuhan University，Wuhan 430072，China；
2. Hubei Key Laboratory of Security of Geotechnical and Structural Engineering，Wuhan 430072，China）

Abstract： A design method of layer thickness of perpetual asphalt pavement structure for heavy traffic is introduced and discussed. Based on limiting the tensile strain at the bottom of the asphalt layer and the vertical compressive strain at the top of the subgrade，the suitability of layer thickness is checked by two criteria. One is controlling the maximum surface deflection under the design load，and the other is controlling the modulus ratio between adjacent unbound aggregate base and subbase layer. The cumulative damage concept in predicting the fatigue (load－related cracking) and subgrade distortion is applied. Seasonal variations of material properties are considered by using equivalent modulus concept. A practical design of perpetual asphalt pavement structure for Guangdong to Wuzhou Expressway in Guangdong Province，China，is presented. Two key design issues related to fatigue cracking are discussed.

Key words： perpetual asphalt pavement；response model；cumulative damage；equivalent modulus；fatigue cracking

---

本文为交通部西部交通建设科技项目（No. 200531874010）；山西省交通厅科技项目（No. 00－27）。

1　引言

由于半刚性基层沥青路面的缺点，甚至是无法克服的缺点，在我国广泛修建的半刚性基层沥青路面结构频繁产生各种损坏。短期损坏最直接的原因是施工质量不到位及离析造成的，较长时间的损坏或者说耐久性不足则具有某种共性，影响也更大[1]。目前我国一些交通部门主观上希望按照现在国际上通行的方法，建设一些采用柔性基层、复合式基层的长寿沥青路面（perpetual asphalt pavement）[2]，但因为目前我国《公路沥青路面设计规范》仍规定采用“弯沉”作为设计和施工质量检验的唯一指标（这在世界上也是唯一的[2]），若采用柔性基层沥青路面，施工质量检验就过不了关。所以沈金安研究员在第二届全国公路科技创新高层论坛上呼吁：“在这种情况下，努力引进国际上的先进技术，引进国外的标准、规范，实现交通建设的跨越式发展。否则，再进行几年的研究，也未必能够统一意见。而每年几千公里的高速公路可等待不起，这种状况不能再延续下去了”[2]。基于此，本文对美国长寿沥青路面的沥青层厚度设计思想与方法进行介绍与讨论，为引进国外长寿沥青路面结构设计方法进行必要的技术储备。

2　长寿路面的力学设计法

以往采用经验方法（如 CBR 法或 AASHTO 结构系数法）设计沥青路面结构无法考虑按功能设置的路面各结构层在抗疲劳、车辙和低温裂缝方面的贡献或作用。因此，长寿沥青路面采用能考虑各层功效的力学设计法。即运用力学方法来分析路面结构对气候和荷载的响应，根据结构破坏的临界状态，选择合适的材料和层厚。

设计长寿沥青路面的性能目标为：服务期内路基有足够的水温稳定性；中间沥青层要有足够的厚度和柔度，以避免出现从下至上的疲劳裂缝（bottom - up fatigue cracking）；上部沥青层要有足够的刚度以抵抗车辙。它要求路面结构层的上层的混合料为骨架密实结构，在使用年限内（一般指超过 40 年而没有结构性的破坏），只需要每隔一定年限（如 10 年）对表面的材料进行铣刨和罩面，因此，面层一般采用 Superpave 混合料、开级配抗滑表层 OGFC（open - graded friction course）或高质量的 SMA 混合料（Stone Matrix Asphalt mix）[3-5]。

道路的结构性破坏通常主要与裂缝、车辙的累积有关，因此，基于力学性能的设计准则是控制沥青层底弯拉应变不超过疲劳极限对应的应变临界值。Monismith 和 Long[5]建议沥青层底的拉应变不超过 60$\mu\varepsilon$（普通沥青），路基顶面的垂直压应变小于 200$\mu\varepsilon$。

3　长寿沥青路面层厚度设计

柔性路面的结构性病害与沥青混合料表面裂缝或轮迹带车辙的累积和发展有关。因此，本文要介绍的设计方法在预测这两种类型的病害时采用了“累积损伤”（cumulative damage）的概念。该方法也考虑了各层材料特性与模量的季节性变化对这些病害的影响。对拟定的不同路面结构组合（厚度、模量）的评价，就是基于在不同季节下对各种荷载所引起损坏（层底拉应变、车辙）的计算结果，并通过综合分析这些计算结果来评价对路面结构总的损伤。

柔性路面的"破坏"定义为网裂面积超过轮载作用面积的10%（亦即裂缝率超过10%）或车辙深度达到12.5mm。在这样的规定下，认为破坏指数（damage index）达到1.0时，则需要进行路面表层的维修。之所以选取10%的网裂和12.5mm的车辙深度作为判断标准，是因为过去美国对在役路面的调查表明，达到这样的损坏程度，一般就需要启动路面维修计划了。

另外采用了两个准则对基于力学方法得到的设计厚度进行校核。一是限制最大路表弯沉（maximum surface deflection）；二是限制相邻两个无结合料处治的集料层的模量比（modulus ratio between two adjacent unbound pavement layers）。

3.1 结构响应设计准则

（1）无结合料处治集料层的极限模量比准则

在现场，无处治的基层和底基层的长期模量取决于其支撑层的模量。因为在基层和底基层的下部分存在着压实度降低（de－compaction）的潜势。美国工程师兵团提出了一个准则来限制这些无结合料处治集料层的模量，见图1[6]。此图可用于确定无结合料处治集料基层和底基层的最大模量。

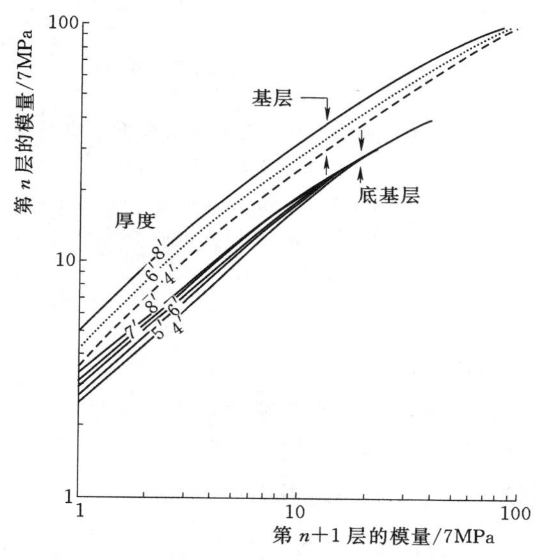

图1 无结合料处治集料基层和底基层的模量控制准则[6]（注：1′＝25.4mm）

Fig.1 Modulus control criteria of unbound aggregate base and subbase layer[6] (1′＝25.4mm)

（2）路基顶面竖向压应变——路基保护准则

车辙或路面变形被认为主要发生在路基，并与路基顶面的竖向压应变有下面的经验关系：

$$\lg N_{fv}=b_3[\lg(M_{R(soil)})]-b_2[\lg(\varepsilon_{vs})]-[\beta_v b_1] \tag{1}$$

式中：N_{fv}为使路面变形超过12.5mm的荷载重复作用次数；$M_{R(soil)}$为路基土的弹性模量（psi，10^5psi＝698MPa，下同）；ε_{vs}为路基顶面的竖向压应变；b_1、b_2、b_3为室内重复荷载作用下，由土的三轴试验得到的土性参数。其中b_1是室内试验结果与现场观测结果的调整系数，$\beta_v b_1=10.90$；$b_2=4.082$；$b_3=0.955$；β_v为现场路基顶面竖向压应变的校正系数。

图2给出了路基保护准则所采用的不同路基模量下，路基顶面竖向压应变与车载重复作用次数的关系曲线[6,7]。

既然认为车辙主要发生在路基，因此路基之上的各结构层应充分压实，并具有足够的强度，使这些结构层产生的变形或车辙是可以忽略的。

（3）疲劳裂缝准则

柔性路面的疲劳裂缝主要是由于重复的车辆荷载作用，由沥青层底的水平拉应变产生的。疲劳破坏和沥青层底的水平拉应变之间有如下的经验关系[8]：

$$\lg N_{ft}=\beta_t k_1-k_2[\lg(\varepsilon_t/10^6)]-k_3[\lg(E/10^3)] \tag{2}$$

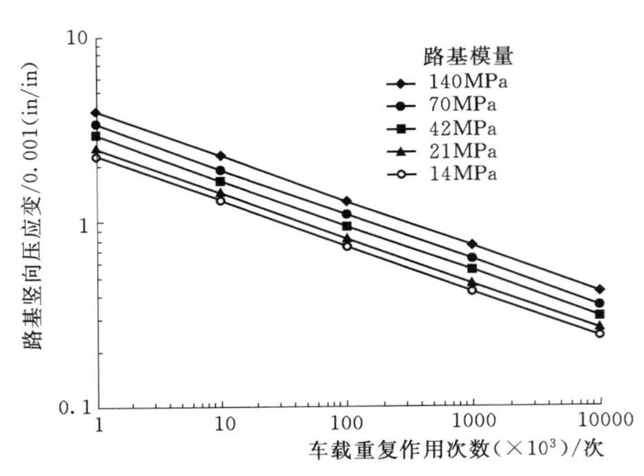

图2　变形破坏准则采用的基顶竖向压应变与轮载重复作用次数的关系曲线[6]

Fig. 2　Relationship between subgrade vertical compressive strain and wheel load applications for deformation failure criteria[6]

式中：N_{ft}为产生疲劳裂缝的荷载重复作用次数；ε_t为沥青层底的拉应变；E为沥青混合料的模量；k_1、k_2、k_3为室内梁式疲劳试验测定的沥青混合料的特性参数（当裂缝开始出现时，$\beta_t k_1=14.820$；裂缝率≤10%时，$\beta_t k_1=15.947$；裂缝率≥45%时，$\beta_t k_1=16.086$；$k_2=3.291$；$k_3=0.854$）；β_t为现场疲劳裂缝——拉应变的校正系数。此值随破坏准则（即疲劳破坏的程度）而变化，决定于沥青混合料的组成。Von Quintus 等发现，现场校正系数主要决定于破坏时的间接拉应变和总的弹性模量[9-10]。图3为不同沥青混合料模量下沥青混合料拉应变与产生10%网裂的荷载重复作用次数之间的关系曲线（假定由车载引起的裂缝起始在沥青层底）[8]。

在现场，总的疲劳裂缝采用“累计损伤”（cumulative damage）来预测。在一个季节性分析期内，对于不同的车载，采用下面式（3）来累计在分析期内，不同季节里、不同车载产生的疲劳裂缝损伤。

$$D_k=\sum_{j=1}^{k}\sum_{i=1}^{m}\frac{n_{ij}}{N_{fij}} \tag{3}$$

式中：D_k为经历季节k的疲劳损伤；m为车载等级数量；n_{ij}为季节j期间，某一等级车载$i(i=1,\cdots,m)$的实际重复作用次数；N_{fij}为达到破坏时车载i在季节j的重复作用次数。

荷载型疲劳裂缝开始出现在路表面或路表面附近，并向下贯穿。这种形式的疲劳裂缝被认为在具有较大模量梯度的厚沥青面层中更为普遍。总体上看，路面疲劳裂缝多为发生在轮迹边缘附近的纵向裂缝。其机制被认为是轮迹附近的拉应力和剪应力综合作用的结果。

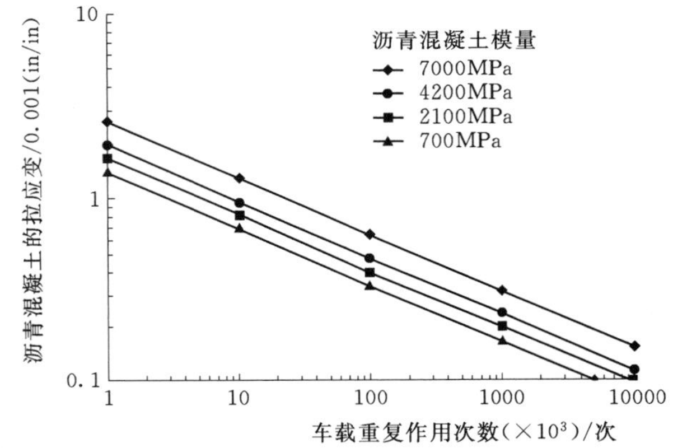

图3　路面网裂破坏准则采用的沥青混合料拉应变与的轮载作用次数的关系曲线[8]

Fig. 3　Relationship between asphalt concrete tensile strain and wheel load applications for net crack failure criteria[8]

（4）最大路面弯沉准则——总体结构合适性检查

采用 80kN 标准轴载下的路面最大弯沉来进行路面设计与评价。目前已有多个设计准则，但应用最广泛的是由 AASHO 道路试验室或英国交通研究实验室（TRL）提出的临界弯沉关系[11,12]。临界弯沉关系可用于判断路面结构是否可以接受，但并不具体预测发生哪种病害。

3.2 材料响应准则

（1）永久变形

尽管路基保护准则假定各路面结构层不产生永久变形，但路面变形或车辙实际上可能是各沥青层和/或无结合料处治的集料层永久变形（塑性应变）的结果。长寿沥青路面的设计方法就要考虑二者对车辙的贡献。式（4）给出了一个经验性的有结合料的和无结合料的材料的永久变形模型。

$$\frac{\varepsilon_{\mathrm{p}}}{\varepsilon_{\mathrm{r}}}=\beta_i a N_{\mathrm{b}} \tag{4}$$

式中：ε_{p} 为荷载重复作用 N 次后，在 h_i 层积累的塑性应变；ε_{r} 为在 h_i 层的中间位置的弹性应变；N 为荷载重复作用次数；a，b 为材料特性参数；β_i 为现场路面各层永久变形的校正系数。

为了计算路面总车辙量，应估算路面各层中间位置处的弹性应变。采用式（5）[10]估算各层在一个季节性的分析期内，不同轮载下的车辙深度。

$$RD=\sum[\varepsilon_{\mathrm{p}i}(N)h_i] \tag{5}$$

式中：RD 为包括路面各层和路基的总车辙量（mm）；$\varepsilon_{\mathrm{p}i}$为第 i 层在荷载重复作用 N 次后的积累塑性应变；h_i 为第 i 层的厚度（mm）。

（2）温度裂缝

温度裂缝预测模型是基于 Roque 和 Hiltunen 在 SHRP 计划研究期间所做的工作而提出来的[13]。此模型是基于力学、尤其是断裂力学原理。基于裂缝长度的可能分布和裂缝百分率之间的假定关系，采用式（6）来预测现场裂缝的程度。

$$C_{\mathrm{f}}=\beta_5\,\mathrm{Prob}(\lg C>\lg h_{\mathrm{AC}})=\beta_5 N\left(\frac{\lg(C/h_{\mathrm{AC}})}{S_{\lg a}}\right) \tag{6}$$

式中：C_{f} 为观测的横向温度裂缝总量（以路面 500 英尺内产生的裂缝长度来表示）；β_5 为现场校正系数。Prob（ ）表示可能性；C 为预测的裂缝深度（采用 Roque 和 Hiltunen 提出的基于力学的温度裂缝模型计算）；h_{AC}为沥青层厚度；N（ ）为标准正态分布；$S_{\lg a}$为路面裂缝长度对数值的标准偏差。

3.3 结构层模量的确定——“等效损伤”概念

前述公式（1）、（2）涉及材料的模量，它们会随着季节和其他因素的影响而变化。为此，在设计时采用“等效模量”（equivalent modulus）的概念来处理，即不是将一个典型年份成不同季节分别取材料的模量值来计算车载产生的损伤，而是对一个完整年采用等效（总体损伤相同）的材料模量。以下简要介绍对于沥青混合料、无结合料的集料及路基土的等效模量的确定方法。

（1）沥青混合料——“等效温度”概念

在疲劳方程式（2）中，沥青混合料的等效年度模量采用式（7）、（8）确定。

$$E_d=[\sum E(T)_i DF_i]/(\sum DF_i) \tag{7}$$

$$DF_i=7.4754\times10^{10}[E(T)_i]^{-1.908} \tag{8}$$

式中：E_d 为沥青混合料等效年度模量或设计模量；$E(T)_i$ 为 i 季节时路面中间深度处平均温度 T(℉) 下的混合料模量（由室内测量或根据现场弯沉盆反算并调整与室内条件相符合）；DF_i 为 i 季节时，疲劳裂缝损伤系数。

（2）无结合料处治集料和路基土——“等效季节模量”

①采用无结合料处治的集料基层和底基层的损伤系数来保障有足够的上覆或表面厚度，以防止在含水率增大期间，基层和底基层材料产生过应力（overstressing）、沥青混合料面层产生高拉应力。基层和底基层的“等效年度模量”按照式（9）、（10）确定[14]。

$$M_{R(Aggregate)}=\sum[(M_{RA})_i(UF)_i]/[\sum(UF)_i] \tag{9}$$

$$(UF)_i=1.885\times10^3(M_{RA})_i^{-0.721} \tag{10}$$

式中：$M_{R(Aggregate)}$ 为无结合料处治的基层和底基层集料的等效年度弹性模量；$(UF)_i$ 为在 i 季节时，无结合料处治的集料基层和底基层的损伤系数；$(M_{RA})_i$ 为在 i 季节，某一含水率状态时，无结合料处治的基层和底基层集料的弹性模量。

②采用由路基变形引起的永久变形损伤系数来确保有足够的上覆厚度来防止路基在含水率增大期间，路基产生过应力和过量的永久变形。式（11）、（12）可以用来计算路基土的等效年度模量[14-15]。

$$M_{R(Soil)}=\sum[(M_{RS})_i(US)_i]/\sum(US)_i \tag{11}$$

$$(US)_i=4.022\times10^7(M_{RS})_i^{-1.962} \tag{12}$$

式中：$M_{R(Soil)}$ 为路基土的等效年度弹性模量；$(M_{RS})_i$ 为在 i 季节，某一含水率状态下，室内测得的路基土的弹性模量；$(US)_i$ 为在 i 季节，路基土的损伤系数。

4 广—梧高速试验段长寿沥青路面结构组合设计

广（东）—梧（州）高速在吸收国外已有长寿路面结构研究经验的基础上，结合我国多年的研究实践积累，设计了考虑路面各层受力特点和作用的长寿命路面结构组合，并修建了 3 种试验路路面结构，见表 1[16]。

表 1　广—梧高速试验路段长寿沥青路面结构组合设计[16]

Table 1　Structure combination design of perpetual asphalt pavement in test section of Guangdong - Wuzhou Expressway

结构 1		结构 2		结构 3	
级配碎石结构层	厚度/cm	水泥稳定碎石结构层	厚度/cm	级配碎石结构层	厚度/cm
SMA-13 抗滑表层	4	SMA-13 抗滑表层	4	SMA-13 抗滑表层	4
SAC-20Ⅰ中间层+橡胶粉	13	SAC-20Ⅰ中间层+橡胶粉	13	AC-20Ⅰ中间层	13
AC-25Ⅰ HMA 承力层	15	AC-25Ⅰ HMA 承力层	8	AC-25Ⅰ HMA 承力层	15
2%水泥稳定层	20	水泥稳定碎石层	32	4% 水泥稳定层（振碎）	20
级配碎石层	20	砂砾/级配碎石层	15	级配碎石层	20

5 设计的关键问题

设计的关键问题有3个：①沥青混合料疲劳极限的适用性；②起源于路表面的疲劳裂缝准则的适用性；③影响设计的现场因素和条件（如气候、地表下岩土与排水状况、路基土的物理与力学特性）。鉴于过去人们对第3个问题已有较多的研究和相当的重视，在此仅讨论前两个问题。

（1）沥青混合料的疲劳极限

疲劳极限或称耐久极限（endurance limit ）被定义为荷载重复作用次数与产生的应力或应变关系曲线的水平渐进线。因此，较低的应力或应变会导致无限大的车载重复作用次数。

对于长寿沥青路面，耐久极限或疲劳极限的适用性已成为确定沥青层厚度的关键问题。根据过去提出的疲劳方程，设计交通量越大，则路面沥青层越厚。沥青混合料是否存在一个作为混合料特性的疲劳极限或耐久极限，是有争议的。无论怎样，要得到这个极限，需要荷载重复作用次数如此之大，以至于采用室内梁式疲劳试验来证实混合料的疲劳强度变得不现实[17]。这个值似乎更多的是一个“实际”的限制，而不是一个耐久极限。

（2）起于表面的疲劳裂缝

大多数为确定沥青层厚度所进行的与荷载有关的疲劳分析，都假定裂缝从沥青混合料层底开始，并向上发展贯穿至路表面。但对于厚的沥青层，越来越多的证据和研究成果表明这些与荷载有关的裂缝是从路表面开始，向下扩展，但深度有限，一般不会波及联结层和基层。其机制解释有各种观点，比较一致的认识有如下几点：①在轮胎边缘附近，具有高接地压力的轮胎对沥青混合料表面的撕裂（tearing ）作用，致使在剪应力和拉应力作用下，出现裂缝并扩展；②路表面附近沥青混合料的逐渐老化使其刚度增大，加上轮载附近的接地压力高，引起了裂缝出现，并在剪应力作用下扩展；③在温度应变、应力和轮载对路表面和其附近引起的拉应变的共同作用下，导致裂缝出现，并在拉应力作用下扩展，而表面附近的沥青老化加速了这一过程。

6 结语

本文介绍的长寿沥青路面的响应模型以及确定层厚的设计方法代表了目前长寿路面的设计思想与技术现状。可以相信这个方法比传统方法更加准确，不过它对于损伤和病害的预测是建立在交通预测（包括交通量、轴载和胎压）必须准确的基础之上的。实际上对这些损伤的预测也是近似的，因为主要涉及对土体和路面材料的工程分析。

参考文献

[1] 沈金安．国外沥青路面设计方法总汇［M］．北京：人民交通出版社，2004：1-10.
[2] 沈金安．如何解决路面结构设计中存在问题［J］．交通世界，2004，113（11）：38-41.
[3] NEWCOMB D E，BUNCHER M，HUDDLESTON I J. Concepts of perpetual pavements. transportation research circular 503：perpetual bituminous pavements［M］．［S. l.］：Asphalt Pavement Alliance，2001.

[4] BROCK J D. The new generation pavement - high performance asphalt [J]. Hot Mix Asphalt Technology，2002，September/October：22 - 25.

[5] MONISMITH C L，LONG F. Overlay design for cracked and seated portland cement concrete (PCC) pavement - interstate route 710. Technical Memorandum TM UCB PRC 99 - 3 [R]. Berkeley：Pavement Research Center，Institute for Transportation Studies，University of California，1999.

[6] BARKER W R，BRABSTON W N. Development of a structural design procedure for flexible airport pavements [R]. U. S：Army Engineer Waterways Experiment Station，FAA，1975.

[7] VON QUINTUS H L，KILLINGSWORTH B. Analyses relating to pavement material characterizations and their effects on pavement performance [M]. U. S.：FHWA，1998.

[8] FINN F N，NAIR K，MONISMITH C. Minimizing premature cracking of asphalt concrete pavements. NCHRP Report 195 [R]. Washington D. C.：NCHRP，National Research Council，1973.

[9] VON QUINTUS H L，SCHEROCMAN J A，HUGHES C S，et al. Asphalt - aggregate mixture analysis system：AAMAS. NCHRP Report No. 338 [R]. Washington D. C.：NCHRP，National Research Council，1991.

[10] RAUHUT J B，LYTTON R L，DARTER M I. Pavement damage functions and load equivalence factors. Report No. FHWA/RD - 84/018 [R]. U. S.：FHWA，1984.

[11] KINGHAM R I. Development of the asphalt institute's deflection method for designing asphalt concrete overlays for asphalt pavements. Report 69 - 3 [R]. [S. l.]：Asphalt Institute Research，1969.

[12] NUNN M. Design of perpetual roads for heavy traffic [R]. Presented at the Australian Asphalt Pavement Association Industry Conference. Crowthorne，U. K.：Transport Research Laboratory，1998.

[13] LYTTON R L. Development and validation of performance prediction models and specifications for asphalt binders and paving mixes. Report No. SHRP - A - 357 [R]. Washington D. C.：SHRP，National Research Council，1993.

[14] VON QUINTUS H，KILLINGSWORTH B. Design pamphlet for the determination of layered elastic moduli for flexible pavement design in support of the 1993 AASHTO guide for the design of pavement structures [M]. U. S.：FHWA，1997.

[15] VON QUINTUS H，KILLINGSWORTH B. Design pamphlet for the determination of design subgrade in support of the 1993 AASHTO guide for the design of pavement structures [M]. U. S.：FHWA，1997.

[16] 陈泽松，李海华．广梧高速公路试验路段的路面结构组合设计 [J]. 公路，2005，(8)：243 - 246.
CHEN Ze - song，LI Hai - hua. A design case on perpetual bituminous pavement structure in Guang - Wu Expressway [J]. Highway，2005，(8)：243 - 246.

[17] VON QUINTUS H L. Hot - mix asphalt layer thickness design for longer - life bituminous pavements [M]. [S. l.]：Asphalt Pavement Alliance，2001.

Field Trial for Asphalt Pavements Reinforced with Geosynthetics and Behavior of Glass - Fiber Grids

Wei - lie Zou[1] Zhao Wang[2] Hui - ming Zhang[3]

Abstract: This paper presents details of a large field trial and some observations conducted to evaluate the practical efficiencies of geosynthetically reinforced asphalt pavements in Shanxi Province, China. Three glass - fiber grids (LB2000 Ⅱ, TGG - 8080, GGA 2021), one plastic grid (Tensar AR1), two geotextiles (nonwoven needle - punched and nonwoven heat - bonded), and one geocomposite (Tensar AR - G) application were selected for evaluation. These geosynthetics were installed in the interface between new asphalt pavement layers (APL) and new cement - stabilized gravel - sand base courses coated by emulsified asphalt or within new APL in the reconstruction of asphalt pavement sections (Program Ⅰ), or in the interface between old APL and new overlay layers in the asphalt overlay pavement sections (Program Ⅱ). In each program, reinforced sections with different geosynthetics were compared with each other and with nonreinforced sections to determine relative performance. Inspections after construction showed that the integrated damage ratio and deflection in the pavement sections reinforced with glass - fiber grids were less than other pavement sections. Furthermore, after about 4 years of service, glass - fiber grids were dug out and no breaking and node movement were discovered. Nevertheless, observations indicated that geosynthetics may not be effective, if bearing capacity of the base course/subgrade is inadequate, or if the overlay thickness is too thin, or if preconstruction repair of distressed old pavement is incomplete.

DOI: 10.1061/ (ASCE) 0887 - 3828 (2007) 21: 5 (361)

CE Database subject headings: Asphalt pavements; Geosynthetics; Reinforcement; Coverings; Field tests; Glass fibers; Grid systems.

---

[1]Associate Professor, College of Civil Engineering, Wuhan Univ., Wuhan 430072, People's Republic of China. E - mail: zwilliam@126.com.

[2]Professor, College of Civil Engineering, and Director, Inst. of Geotechnical Engineering, Wuhan Univ., Wuhan 430072, People's Republic of China. E - mail: wazh136@163.com.

[3]Senior Engineer, Jinzhong Branch of Shanxi Highway Bureau, Yuci 030600, People's Republic of China.

Note. Discussion open until March 1, 2008. Separate discussions must be submitted for individual papers. To extend the closing date by one month, a written request must be filed with the ASCE Managing Editor. The manuscript for this paper was submitted for review and possible publication on July 25, 2006; approved on March 1, 2007. This paper is part of the *Journal of Performance of Constructed Facilities*, Vol. 21, No. 5, October 1, 2007. ©ASCE, ISSN 0887 - 3828/2007/5 - 361 - 367/ $ 25.00.

Introduction

After a number of service years, pavement defects (cracking) appear at the surface due to repeated traffic loading, local environment distress (moisture and temperature induced), and aging (Gurung 2003) . The traditional flexible - pavement rehabilitation using the overlay method is expensive and rarely provides a durable solution as the cracks rapidly propagate through the new asphalt layer forming so - called "reflective cracks" (Rigo 1993) . In contrast, an interlayer of geosynthetics can be placed over the distressed pavement or within the overlay to create an overlay system. The geosynthetic interlayer contributes to the life of the overlay via stress relief and/or reinforcement and by providing a pavement moisture barrier (Barazone 2000; GFR 2003; Maurer and Malasheskie 1989; Rigo 1993).

Numerous field trials and full - scale laboratory investigations have illustrated that geosynthetics used to reinforce unpaved roads on soft subgrade facilitate compaction (Bloise and Ucciardo 2000), improve the bearing capacity (Floss and Gold 1994; Gobel et al. 1994; Huntington and Ksaibati 2000; Labuz and Reardon 2000), extend the service life (Austin and Gilchrist 1996; Cancelli and Montanelli 1999; Collin et al. 1996; Jenner and Paul 2000), reduce the necessary fill thickness (Bloise and Ucciardo 2000; Cancelli and Montanelli 1999; Huntington and Ksaibati 2000; Jenner and Paul 2000; Labuz and Reardon 2000; Miura et al. 1990; Zhao and Foxworthy 1997), reduce deformations (Austin and Gilchrist 1996; Chan et al. 1989; Jenner and Paul 2000), delay rut formation (Austin and Gilchrist 1996; Cancelli and Montanelli 1999; Knapton and Austin 1996; Zhao and Foxworthy 1997), and retard the development of reflective cracks (Austin and Gilchrist 1996).

There are situations when even the most elaborate system for combating reflective cracking will be ineffective. Then, reconstruction is the only option. Depending upon the cause of the problem, this can involve removing layers of pavement, improving/stabilizing base course/subgrade, and repaving. This option is extraordinarily expensive and time consuming (Carver and Sprague 2000; GFR 2003; Marienfeld and Guram 1999).

Because reflective cracking has a variety of contributing causes, including current pavement condition, traffic, crack spacing, temperature and moisture changes in the base course and subgrade, presence or absence of voids beneath the pavement surface, overlay thickness, geosynthetic type and position, tack coat application rate, and correct installation of geosynthetics, each of these field conditions affects the rate at which the reflective crack propagates through the overlay (Lytton 1989). Evaluation results from published documents have varied from favorable to unfavorable, and sometimes inconclusive or indicating no significant benefit (Maurer and Malasheskie 1989).

Table 1 **Summary of Preconstruction Pavement Conditions**

Sites	Years of service	Road class	Old pavement structure	Average daily traffic	Crack rating C_k^a (%)
Yuci	6	three	35mm AM+180mm CSGSBC[b]	3500	45.8
Xiyang	23	two	30mm AM+200mm CSGSBC	2982	43.4
Heshun	16	two	60mm AM+200mm CSGSBC	3600	57.2
Yushe	20	three	30mm BS[c]+200mm CSGSBC	2000	58.6

a $C_k = (C_A + L \times 0.3)/A$, where C_k = crack rating of pavement (in m^2/1, 000m^2; L = length of a piece of crack (in m); C_A = area of pavement with crack (including alligator - crack and lump - crack) (in m^2); A = pavement area of a pavement section surveyed (in 1,000m^2); 0.3 = influence coefficient of converting the length of a piece of a crack into the area [after The Professional Code of the People's Republic of China. (2003). Field test methods of subgrade and pavement for highway engineering (TJT 059 - 95). Chinese Communication Press, Beijing, 116 - 117].

b CSGSBC = cement - stabilized gravel - sand bases courses.

c BS = bituminous surfacing, which is a type of wearing course of pavement.

In addition, some Chinese highway engineers are concerned about the durability of geosynthetics. In particular, glass - fiber grid is brittle material, and bond of the node of radial fiber and weft fiber may be unreliable. Engineers express concerns about whether breaking or node movement will take place during use. These concerns seriously limit the extensive application of glass - fiber grids to highways in China (Wang et al., unpublished research report, August 2005).

A field trial was conducted in China in 2001 to examine the practical efficiencies of seven types of contemporary geosynthetics made overseas and in China on reducing pavement deflection and cracks in reconstructed asphalt concrete (AC) pavement, and on retarding reflective crack formation in AC overlays. Follow - up inspection and crack survey of all reinforced sections were maintained after construction to compare systems with each other and with nonreinforced sections, which were located beside every reinforced one, to determine overall or relative performance of each treatment (Wang et al. 2004). After 3 years and 10 months of use, the glass - fiber grids were dug out to evaluate their working condition.

Table 2 **Arrangement of Experimental Sections Reinforced with Geogrids**

Chainage	Geogrid model	Location of geogrid installed in pavement structure
CH64+900 - 64+950	LB 2000 Ⅱ	In the interface
CH65+000 - 65+033	Tensar AR1	between new APL
CH65+160 - 65+208	GGA 2021	and new CSGSBC
CH65+260 - 65+333	TGG - 8080	
CH73+810 - 73+860	LB 2000 Ⅱ	Within new APL[a]

a APL = asphalt pavement layers.

FIELD TRIAL

Description of Sites and Pavement Conditions

The engineering project sites are located on the highway system of Jinzhong District, Shanxi Province, China, and the experimental pavement sections distributed in Yuci County, Xiyang County, Heshun County, and Yushe County Jingzhong District, respectively, where freeze - thaw influence is relatively severe. These pavement sections are all 12m wide, and there are two travel lanes in both directions. The pavement surface layers were asphalt macadam (AM). The pavement conditions have been generally poor. In addition, since the major vehicles were overburden trucks fully loaded with coal, surface alligator - crack and pavement deformations were very advanced. A summary of the structural types and crack ratings of the old pavements based on preconstruction surveys is presented in Table 1.

Design of the Field Trial

According to the different experimental objectives, two programs of asphalt - pavement reinforcement were conducted for evaluation.

1. The aims of Program Ⅰ were to evaluate the effectiveness of asphalt - pavement reinforcement with geogrids on improving integral stiffness and strength of pavement structure, and simultaneously on preventing contraction cracks of the base course. The reinforced pavement sections and nonreinforced pavement sections were arranged at intervals of about 50m in Yuci County. Chainages are shown in Table 2. The properties of two types of geogrids used are shown in Table 3. Two types of structural composition of the new construction pavement are shown in Fig. 1.

Table 3　Properties of Geogrids Used for Program Ⅰ

Geogrid type	Model	Tensile strength (kN/m)		Elongation ratio (%)		Grid - mesh size (mm×mm)	Breadth (m)	Temperature of withstanding (℃)
		Radial	Weft	Radial	Weft			
Plastic grid	Tensar AR1	20	20	11	11	65×65	3.8	160
	Tensar AR - G[a]	20	20	11	11	65×65	3.8	160
Glass - fiber grid	GGA 2021	60	60	4	4	20×20	1.5 - 4.0	280
	TGG - 8080	80	80	3	3	18×18	—	280
	LB2000 Ⅱ	56.9	50.7	3.5	3.8	20×20	1.5 - 2.0	280

a　Tensar AR－G＝a geocomposite developed by attaching a nonwoven geotextile to one side of the geogrid.

2. The primary aim of Program Ⅱ was to evaluate the effectiveness of installing geogrids (LB2000 Ⅱ)/geotextiles (nonwoven needle - punched and nonwoven heat - bonded) as an interlayer on the top of an old distressed pavement preconstruction asphalt overlay

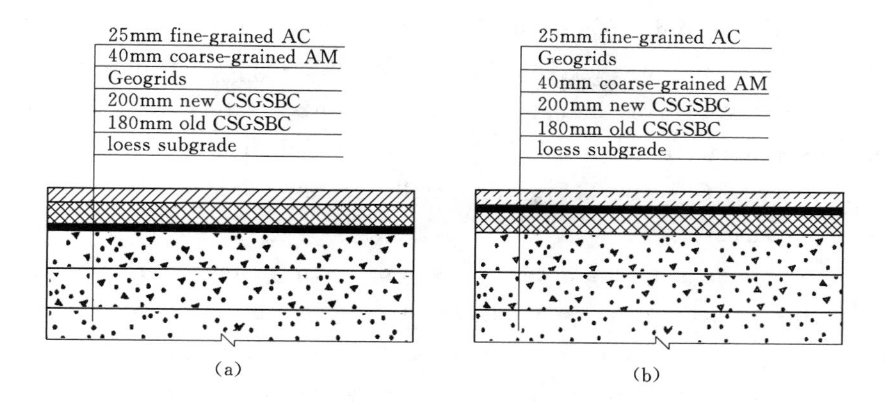

Fig. 1 Pavement's cross section for Program Ⅰ:
(a) installation of geogrids in the interface between new APL and new CSGSBC;
(b) installation of geogrids within new APL

layer on retarding reflective cracking. The reinforced pavement sections and nonreinforced pavement sections were also arranged at intervals of about 50m, and the chainages and corresponding overlay structure are shown in Table 4. The properties of geotextiles used are shown in Table 5. This paper primarily introduces Program Ⅰ.

Table 4 Arrangement of Pavement Sections Reinforced with Geotextiles/Geogrids

Sites	Chainage	Model of geotextile/geogrid	Overlay structure
Xiyang	CH981+450－982+000	LB2000 Ⅱ	Geogrids+10－20mm BS
Heshun	CH1021+400－1021+700	LB2000 Ⅱ	Geogrids+10－20mm BS
Yushe	CH82+650－83+000	LB2000 Ⅱ	Geogrids+10－20mm BS
Xiyang	CH972+665－972+695	Tensar AR－G	Tensar AR－G+25mm AC
	CH972+605－972+655	Nonwoven needle－punched	Geotextiles+25mm AC
	CH972+700－972+750	Nonwoven heat－bonded	Geotextiles+25mm AC

Table 5 Properties of Geotextiles Used for Program Ⅱ

Geotextile type	Tensile strength (kN/m)	Elongation ratio (%)	Thickness (mm)	Mass/area (g/m^2)	Capacity of absorbing asphalt (l/m^2)
Nonwoven needle－punched	0.4	50	0.8	135	0.91
Nonwoven heat－bonded	6.0	30－70	0.6	150	—

Site Operation

Surface Preparation

The commencement of construction for the experimental pavement sections selected for Program Ⅰ occurred in September 2001. The old AM pavement layer was removed before all others, then the old cement - stabilized gravel - sand base course (CSGSBC) was compacted, and the surface was leveled. After completing the placement of the new CSGS-BC on the old CSGSBC, all accumulations of dust, debris, water, and other foreign substances on the surface were swept off. The emulsified asphalt tack coat was sprayed over the surface of the new CSGSBC before the installation of geogrids.

Installation of Geogrids

The key to obtaining optimum performance of a reinforcing interlayer system is the correct installation of geosynthetics and asphalt tack coat application rate (Barazone 2000; Carver and Sprague 2000; Marienfeld and Guram 1999). Wrinkling of geosynthetics and poor tack coat application were the most commonly encountered problems with placing geosynthetics (Maurer and Malasheskie 1989). Therefore, during the installation of geogrids, the following three critical aspects were carefully inspected:

1. Geogrids paving must be smooth, with minimal wrinkling. The paving operation proceeded in the direction of wheel travel. Stiff bristle push brooms were employed to manually ensure binding of the geogrids to the surface of the new CSGSBC.

2. The geogrid must develop tensile stresses before it strengthens the new CSGSBC, a process that requires time. This highlights the need to get as much tension in the geogrid during construction as possible (Chan et al. 1989; Huntington and Ksaibati 2000; Koerner 1998) . The geogrid was required to be tensioned an additional length of 1.0 - 1.5% of the original length of geogrid. One end of the geogrid was fixed to the new CSGSBC by two row of pegs at intervals of 300 - 400 mm and then it was unrolled. Jigs were used to hold the other end and tension the geogrid to the required length. Also, the geogrid was fixed on the surface of the new CSGSBC by means of nails at intervals of 2 - 3m.

3. When two segments of geogrid came together, an overlap was created (i. e. , the transverse paving joint between successive rolls of geogrid was overlapped about 300mm, and the longitudinal paving joint was overlapped about 100mm) . The overlap areas were fixed with nails.

The installation of self - adhesive geogrid (GGA 2021) was very easy, with an even bond with the surface of the new CSGSBC. However, during spreading of asphalt mixture the plastic geogrid easy to be pushed and shoved for its high elongation ratio. Moreover, the plastic geogrid was often lifted by paving equipment passing over it.

Spreading and Rolling of the Asphalt Mixture

Spreading and rolling of the asphalt mixture closely followed the geogrid installation to avoid potential damage from traffic. The velocity of construction traffic was limited not to exceed 5km/h, and sharp turning and braking were prohibited. In order to prevent paving machines from slipping and damaging the geogrids, hot asphalt mixture was spread over the geogrid before permitting traffic. Simultaneously, this method also prevented the geogrid from being picked up by paving equipment passing over it. The maximum temperature of the asphalt mixture was limited not to exceed 165℃.

Results and Discussion

Deflection

The first survey was performed after construction (i. e. , in October 2001 for Program Ⅰ, and in August 2001 for Program Ⅱ) . The follow - up survey was performed in April 2002.

For discussion convenience, two travel lanes of each experimental pavement section were separated into two components; the left lane was dedicated for overburdened vehicles fully loaded with coal, and the right lane primarily for lightly loaded returning vehicles.

The average surface deflections of the reinforced pavement sections with geogrids in the interface between new APL and new CSGSBC from CH64+860 to CH65+500 in Yuci are shown in Table 6, and those within new APL from CH73+730 to CH73+860 in Yuci are shown in Table 7.

Table 6 Average Surface Deflections of Reinforced Sections and Nonreinforced Sections from CH64+860 to CH65+500

Chainage	Geogrid model	Direction							
		Left lane (0. 01mm)				Right lane (0. 01mm)			
		October 2001		April 2002		October 2001		April 2002	
		Average	S. D. [a]	Average	S. D.	Average	S. D.	Average	S. D.
CH64+860 - 900	—[b]	5. 6	2. 3	5. 4	1. 4	5. 8	1. 3	4. 0	1. 7
CH64+900 - 950	LB2000 Ⅱ	9. 8	5. 5	5. 1	1. 2	6. 6	3. 1	4. 5	1. 3
CH64+950 - 65+000	—	5. 8	1. 5	11. 6	10. 4	7. 4	3. 2	8. 3	2. 7
CH65+000 - 033	Tensar AR1	11	8. 2	22. 3	3. 5	6	2. 6	11. 7	2. 1
CH65+033 - 160	—	7. 8	4. 0	7. 2	2. 8	6. 1	3. 0	9. 1	3. 8
CH65+160 - 208	GGA2021	9	3. 3	13. 1	1. 6	6. 2	2. 4	11	6. 6
CH65+208 - 260	—	8. 4	2. 6	9. 7	2. 3	6. 6	3. 8	8. 2	5. 7
CH65+260 - 333	TGG - 8080	9. 1	4. 2	7. 9	1. 0	10	3. 8	4. 2	1. 9
CH65+333 - 500	—	6. 7	3. 7	14. 3	5. 8	7. 8	2. 4	#[c]	#

a S. D. =standard deviation.

b —=nonreinforcement.

c # =no reading taken.

It can be seen from Table 6 that the deflections of the left lane involving loaded vehicles were generally greater than those of the right lane. It can also be seen from Table 6 that the difference of the deflections between reinforced pavement sections and adjacent nonreinforced pavement sections was not apparent shortly after opening for traffic in October 2001. The deflections of some reinforced pavement sections were actually a little greater

Table 7　　**Average Surface Deflections of Reinforced Sections and Nonreinforced Sections from CH73+730 to CH73+860**

Chainage	Geogrid model	Deflection (0. 01mm)			
		October 2001		April 2002	
		Average	S. D. [a]	Average	S. D. [a]
CH73+730 - 810	—[b]	6. 6	2. 6	33. 7	2. 4
CH73+810 - 860	LB2000 Ⅱ	4. 9	2. 5	12	*[c]

a　S. D. =Standard deviation.

b　— =nonreinforcement.

c　* =only one deflection point from CH73+810 to CH73+860 was surveyed in April 2002.

than those of adjacent nonreinforced pavement sections. Huntington and Ksaibati (2000) also concluded by falling - weight deflection analysis in general, that initially conventional bases are structurally stronger than reinforced bases. However, the survey results in April 2002 indicated that the deflections of pavement sections CH64 + 900 ~ 950 and CH65 + 260~333, reinforced with LB200 Ⅱ and TGG - 8080 glass - fiber grid, respectively, were all smaller than those of adjacent nonreinforced sections. However, the variation of deflection of pavement sections reinforced with Tensar AR1 plastic grid (CH65 - 65+033) and GGA 2021 glass - fiber grid (CH65 + 160 - 208) indicated a reverse trend relative to the other treatments, namely, the deflections of these pavement sections were larger than those of the adjacent nonreingorced pavement sections. Actually, GGA 2021 grid has similar properties to LB2000 Ⅱ grid (see Table 3) . They were used for an identical pavement structure and in the same structural layer. Their different behaviors may be attributed to the fact that the section of subgrade (loess embankment) from CH64+160 to CH65+208 was located on a gully, and the freeze - thaw influence caused the section of base course/ subgrade strength to decrease more heavily. The freeze - thaw influence also caused the deflections of three adjacent nonreinforced sections (CH64 + 950 - 65 + 000, CH65 + 033 - 160, and CH65 + 208 - 260) to display a increasing tendency. In addition, Table 6 indicates that the efficiency of a reinforced pavement section (CH65+000 - 65+033) with Tensar AR1 plastic grid was the poorest. It was also seen in the field that pavement distress, such as squirting slurry and alligator - cracks, occurred in the left lane of this pavement section (see Fig. 2) . The reasons may be explained by (1) the high elongation ratio and low strength of Tensar AR1 plastic grid; and (2) the tend-

Fig. 2　Squirting slurry and alligator - cracks in the pavement section reinforced with Tensar AR1

ency of Tensar AR1 plastic grid to be picked up by paving machines during construction.

Table 7 indicates that the difference of the average deflections between a reinforced pavement section (CH73 + 810 - 860) and an adjacent nonreinforced pavement section (CH73+730 - 810) was also small (0. 049mm versus 0. 066mm) shortly after opening for traffic in October 2001. After 6 months (from October 2001 to April 2002), the average deflection (0. 12mm) of the reinforced pavement sections was much smaller than the deflection (0. 337mm) of the nonreinforced pavement sections; namely, the former was only 35. 6% of the latter. It seems that reinforcement with geogrids in the interface between new APL and new CSGSBC was more beneficial to reduce deflection of the pavement than that within new APL. Nevertheless, an additional pavement condition survey showed, as time passed by, slippage and delamination of asphalt mixture occurred in the many areas of the pavement section (CH73+810 - 73+860) reinforced with geogrids within new APL (see Table 2) and some reinforcement geogrids were even exposed. Although reinforced geogrids increased the integrated flexing - tensile strength, simultaneously reinforced geogrids installed within new APL decreased the shear strength of the interface between asphalt layers. This was consistent with the results of laboratory tests (Wang 2003) .

Table 8 **Integrated Damage Ratios of Pavement Surfaces of Trial Sections**

Chainage	Geogrid model	Time T^a	Feb.	Mar.	Apr.	May	Jun.	Jul.	Aug.	Oct.	Dec.
			2002								
		(℃)	1. 8	7. 9	13	18	22	24	23	16	10
CH64+860 - 900	—[b]		0	0	0	0. 2	0. 3	0. 5	1. 9	3. 6	4. 2
CH64+900 - 950	LB2000 Ⅱ		0	0	0	0	0	0. 1	0. 1	0	0. 1
CH64+950 - 65	—		0	0	0	0. 2	0. 3	0. 4	0. 4	0. 3	0. 4
CH65+208 - 260	—		0. 1	0. 1	0	0. 3	0. 7	0. 8	1. 9	2. 2	2. 5
CH65+260 - 333	TGG - 8080		0	0	0	0	0. 6	0. 8	0. 9	0. 9	0. 9
CH65+333 - 500	—		0	0. 2	0. 3	0. 5	0. 7	0. 9	1	1. 2	1. 9

a T=temperature.

b —=nonreinforcement.

For Program Ⅱ , survey data show that the performance of the asphalt overlay reinforcement was not desirable, which was strongly related to the preconstruction conditions of the old pavement and the overlay thickness. The pavement sections selected for asphalt overlay reinforcement tests had various preconstruction pavement deficiencies such as potholes, shoving, and alligator cracks, and the repairs of these deficiencies were not conducted completely. Therefore, reinforcement with geotextiles/geogrids did not exhibit their reinforcement effectiveness. On the other hand, the overlay thickness of these experimental pavement sections was not more than 25mm (see Table 4) . A thin overlay thickness combined with geotextiles/geogrids was unable to effectively increase the pavement's integral strength. Increasing the overlay's thickness is the most basic way to slow reflective cracking (Carver and Sprague 2000) . Limits on the thickness of an overlay are the expense of the asphalt and the increase in the height of the road structure.

Crack

The primary type of cracks observed in the pavement sections selected for Program Ⅰ were transverse cracks (2 - 6mm wide, refer to Fig. 3) caused by shrinkage cracking of the semirigid base course (CSGSBC), which extended the full width of an experimental pavement section. However, the number of cracks in the reinforced pavement sections was less than those in the nonreinforced pavement sections. The effectiveness of reinforcement with glass - fiber geogrids LB2001 Ⅱ and TGG - 8080 was most beneficial, which was consistent with the survey results of deflections of the identical pavement sections. Table 8 shows the integrated damage ratios (a parameter reflecting cracks, potholes, shoving of pavement, etc.) of the pavement sections reinforced with LB2001 Ⅱ and TGG - 8080. A conclusion can be drawn that reinforced pavement structures can reduce cracking to some extent, but it is unrealistic to count on using geosynthetic - reinforced pavement to totally eliminate cracks.

Two types of geotextile (nonwoven needle - punched and nonwoven heat - bonded) and a type of geocomposite (Tensar AR - G) were employed to reinforce the asphalt overlay pavement section (CH 972+605 - 750) in Xiyang County (see Table 4) . But in the second month, after completing overlay construction (i. e. , August 2002), the occurrence of reflective cracking took place in the pavement reinforced with the nonwoven heat - bonded geotextile. By December 2002, the performance of reinforced pavement sections was inferior to the adjacent nonreinforced pavement sections, and also in the partial areas of the pavement sections reinforced with Tensar AR - G, the pavement cracks were formed in accordance with the shape of grid mesh (see Fig. 4) .

Fig. 3　Transverse cracks occurring in the pavement

Fig. 4. Shoving of asphalt mixture of experimental pavement section reinforced with Tensar AR - G grid

The reasons for the poor performance of asphalt overlay reinforced with nonwoven geotextiles and geocomposites (Tensar AR – G) primarily relate to inadequate overlay thickness (≤25mm, see Table 4) and relatively high elongation ratio and low tensile strength of the geotextiles, which does not resist the movement that causes crack propagation. However, the reinforcement was beneficial to the pavement for stress relief and waterproofing. In addition, a geotextile interlayer reduces the bond strength between layers. Under repeated traffic loading, overlays may easily slip and shove along the interlayer.

Performance of Glass – Fiber Grids after a Long Exposure Time

The results of field trials and mechanism analysis of asphalt pavement reinforced with glass – fiber grids between pavement structural layers demonstrate a positive effectiveness. In addition, glass – fiber grids not only possess high strength and stiffness, but also commonly have a self – adhesive function and level surface, so installation of glass – fiber grids is also convenient. But owing to some engineers' concerns mentioned in the "Introduction" section, glass – fiber grids LB2000 Ⅱ and GGA 2021 installed in Yuci County were dug out for examination on 12 July 2005 (i. e. , 3 years and 10 months after installation) . The number of samples (each with a plane size of $30 \times 30cm^2$) amounted to eight, and a photo of one of them is shown in Fig. 5. A partial magnified view is shown in Fig. 6.

Fig. 5 Sample pit in CH65+165

Fig. 6 Partial magnified view of a sample dug out in CH65+165

Fig. 6 indicates that glass – fiber grids and the upper AC have been integrated, in a similar way to the situation of a reinforcing bar and concrete within reinforced concrete. Even though tying joints of reinforcing bars are not firm, after reinforced concrete is loaded, the tying joints will not move. In addition, no breaking or clear sign of wear and tear were discovered in the glass – fiber surface. The good behavior of glass – fiber grids was attributed to the following aspects:

1. The old AM pavement layer was removed before all other work, and the old CSGSBC was compacted and leveled. Before installation of glass – fiber grids, all accumulations of dust, debris, water, and other foreign matters were removed, and the surface of the new CSGSBC was coated by emulsified asphalt.

2. The glass - fiber grid conformed with the technical requirements of the relative codes, and possessed a self - adhesive function.

3. The particle size of macadam in the AM mixture was not more than 20mm (i. e. , not to exceed the geogrid - mesh size of the glass - fiber grid) .

4. The maximum temperature of the asphalt mixture was limited, not to exceed 165℃, and the rolling of the asphalt mixture was completed before the asphalt mixture coagulated.

CONCLUSIONS

Based on the field trial results and analyses, it can be concluded that:

• The integrated damage ratio and deflection of pavement reinforced with geogrids/geotextiles are less than unreinforced pavement, especially for glass - fiber grids. After about four years of use, the glass - fiber grids were inspected, showing no break or node movement.

• The effectiveness of reinforcing asphalt pavement with geogrid for improving stiffness and strength of pavement structure is influenced by a variety of factors. These include: geogrids type, base course/subgrade stability, etc. Pavement distress prematurely occurred in the pavement section reinforced with Tensar AR1 plastic grid because of its low strength and high elongation. Glass - fiber grids GGA 2021 and LB2000 Ⅱ have similar properties, but the two types of geogrids performed differently due to the different base course/subgrade strength caused by freeze - thaw influence. Therefore, maintaining the stability of base course/subgrade is an essential condition for geogrids performing desired functions.

• The location of reinforcement geogrids should be carefully considered. It appears to provide better performance when geogrids are installed in the interface between asphalt pavement layers and base courses than within the asphalt pavement layers, because the latter probably decreases the shear strength between layers and slipping cracks are most likely to occur under repeated traffic loading. In addition, on the occasion of too thin an overlay, geotextiles with high enlongation and low tensile strength may result in slippage and shoving of pavement.

• The old pavement should be filled or milled at locations where there are cracks and potholes. Special attention should be paid to areas that show structural distress. In distressed areas the pavement should be replaced or stabilized before geosynthetic installation.

Acknowledgments

This material is based on work supported by the Jinzhong Branch of Shanxi Highway Bureau under the Jinzhong Branch Project No. 01 - 22. The writers wish to thank T. Wang,

S. X. Wang, and X. Y. You for their assistance in laboratory test, field trial, and data analyses.

REFERENCES

Austin, R. A. , and Gilchrist, A. J. T. (1996) . "Enhanced performance of asphalt pavement using geocomposites. " *Geotext. Geomembr.* , 14, 175 - 186.

Barazone, M. (2000). "Installing paving synthetics—An overview of correct installation procedures (part one). " *Geotech. Fabr. Rep.* , 18 (3), 16 - 18.

Bloise, N. , and Ucciardo, S. (2000). "On site test of reinforced freeway with high - strength geosynthetics" *Proc.* , *2nd European Geosynthetics Conf.* , Vol. 1, 369 - 371.

Cancelli, A. , and Montanelli, F. (1999) . "In - ground test for geosynthetic reinforced flexible paved roads. " *Proc.* , *Geosynthetics Conf.* , Vol. 2, Boston, 863 - 878.

Carver, C. A. , and Sprague, C. J. (2000). "Asphalt overlay reinforcement. " *Geotech. Fabr. Rep.* , 18 (2), 30 - 33.

Chan, F. , Barksdale, R. D. , and Brown, S. F. (1989). "Aggregate base reinforcement of surfaced pavements. " *Geotext. Geomembr.* , 8 (3), 165 - 189.

Collin, J. G. , Kinney, T. C. , and Fu, X. (1996). "Full scale highway load test of flexible pavement systems with geogrid reinforced base courses. " *Geosynthet. Int.* , 3 (4), 537 - 549.

Floss, R. , and Gold, G. (1994). "Causes for the improved bearing behaviour of the reinforced two - layer system. " *Proc. 5th Int. Conf. Geotextiles, Geomembranes, and Related Products*, Vol. 1, Singapore, 147 - 150.

GFR. (2003). "Overlay stress absorption and reinforcement. " *Geotech. Fabr. Rep.* , 21 (3), 8 - 10.

Gobel, C. H. , Weisemann, U. C. , and Kirschner, R. A. (1994) . "Effectiveness of a reinforcing geogrid in a railway subbase under dynamic loads. " *Geotext. Geomembr.* , 13 (2), 91 - 99.

Gurung, N. (2003). "A laboratory study on the tensile response of unbound granular base road pavement model using geosynthetics. " *Geotext. Geomembr.* , 21 (1), 59 - 68.

Huntington, G. , and Ksaibati, K. (2000). "Evaluation of geogridreinforced granular base. " *Geotech. Fabr. Rep.* , 18, 20 - 28.

Jenner, C. G. , and Paul, J. (2000). "Lessons learned from 20 years experience of geosynthetic reinforcement on pavement foundations. " *Proc.* , *2nd European Geosynthetics Conf.* , Vol. 1, 421 - 425.

Knapton, J. , and Austin, R. A. (1996). "Laboratory testing of unpaved roads. " *Proc.* , *Int. Symp. on Earth Reinforcement*, 615 - 618.

Koerner, R. M. (1998). *Designing with geosynthetics*, 4th Ed. , Prentice - Hall, Upper Saddle River, N. J. , 336 - 346.

Labuz, T. F. , and Reardon, J. B. (2000). "Geotexitle - reinforced unpaved roads: model tests. " *Geotech. Fabr. Rep.* , 18, 38 - 43.

Lytton, R. L. (1989). "Use of geotextiles for reinforcement and strain relief in asphalt concrete. " *Geotext. Geomembr.* , 8 (3), 217 - 237.

Marienfeld, M. L. , and Guram, S. K. (1999). "Overview of field installation for paving fabric in North America. " *Geotext. Geomembr.* , 17 (2), 105 - 120.

Maurer, D. A. , and Malasheskie, G. J. (1989). "Field performance of fabrics and fibers to retard reflective cracking. " *Geotext. Geomembr.* , 8 (3), 239 - 267.

Miura, N., Sakai, A., Taesiri, Y., Yamanouchi, T., and Yasuhara, K. (1990). "Polymer grid reinforced pavement on soft clay ground." *Geotext. Geomembr.*, 9 (1), 99 - 123.

Rigo, J. M. (1993). "General introduction, main conclusions of the 1989 conference on reflective cracking in pavements, and future prospectus." *Proc.*, *2nd Int. RILEM Conf.*, 3 - 20.

Wang, T. (2003). "Principles and properties of pavement reinforcement with geosynthetics." Ph. D. thesis, College of Civil Engineering, Wuhan Univ., Wuhan, China (in Chinese).

Wang, Z., Zou, W. L., Wang, T., Zhang, H. M., and Wang, S. X. (2004). "A case history of installation of geosynthetics in asphalt pavement." *Proc.*, *of the 3rd Asian Regional Conf on Geosynthetics*, Korean Geosynthetics Society (KGSS), Seoul, Korea, Session G4, 431 - 438.

Zhao, A., and Foxworthy, P. T. (1999). "Geogrid reinforcement of flexible pavements: a practical perspective." *Geotech. Fabr. Rep.*, 17 (4), 28 - 34.